阿尔金成矿带早古生代构造演化与找矿预测

陈柏林　陈正乐　祁万修　王　永等　著

科学出版社

北　京

内 容 简 介

本书是关于阿尔金成矿带早古生代构造演化与找矿预测的一部专著。它全面论述了阿尔金成矿带早古生代大地构造环境及区域构造演化，划分了成矿带与成矿作用类型，阐述了沉积作用、火山喷发作用、岩浆侵入作用、构造变形作用、成矿作用及其年代学，构建了多级序构造控矿模型，分析了典型矿床（田）成矿特征与控矿因素，提出了一套多元信息找矿预测方法及找矿标志，书中还介绍了典型找矿示范区和找矿成效，将为阿尔金地区今后的地质研究和矿产勘查工作部署提供科学依据和技术支撑。

本书观点鲜明，理论基础扎实，论点有据，实际资料丰富，章节合理，文笔通顺，重点突出，特别是对构造控矿规律的总结、构造多级序控矿作用的论述、主要找矿示范区发现过程的所思所想，代表了当代构造控矿研究的前沿，是矿田构造研究与找矿预测、科研服务生产的成功实例。本书可供构造地质学、矿床学、矿田构造学等方面的大专院校老师、研究生和野外地质勘查人员阅读参考。

图书在版编目(CIP)数据

阿尔金成矿带早古生代构造演化与找矿预测／陈柏林等著．—北京：科学出版社，2025.6

ISBN 978-7-03-076532-1

Ⅰ.①阿… Ⅱ.①陈… Ⅲ.①成矿带-早古生代-成矿构造-新疆②成矿带-金属矿床-成矿预测-新疆 Ⅳ.①P617.245

中国国家版本馆 CIP 数据核字（2023）第 191620 号

责任编辑：王 运 张梦雪／责任校对：何艳萍
责任印制：肖 兴／封面设计：无极书装

科学出版社出版
北京东黄城根北街 16 号
邮政编码：100717
http://www.sciencep.com
北京建宏印刷有限公司印刷
科学出版社发行 各地新华书店经销
*
2025 年 6 月第 一 版 开本：889×1194 1/16
2025 年 6 月第一次印刷 印张：24
字数：741 000

定价：339.00 元
（如有印装质量问题，我社负责调换）

本书作者名单

陈柏林　陈正乐　祁万修　王　永　赵恒乐　孙　岳

吴　玉　孟令通　蒋荣宝　李松彬　崔玲玲　周永贵

何江涛　杨　屹　李　丽　韩凤彬　郝瑞祥　陈星彤

刘　兵　李希良　赵　雷　李传班　王　斌　刘　牧

韩梅梅　张　昊　陈安东

前　言

阿尔金地区处于无居民、无淡水、无主干公路、切割深、地貌陡峻的高寒山区，是我国西部地质与矿产勘查程度最低的地区之一。

阿尔金成矿带（红柳沟-拉配泉段）位于甘青新交界的新疆一侧，行政上属于新疆维吾尔自治区巴音郭楞蒙古自治州若羌县管辖，地理坐标范围为89°50′E～92°10′E、38°45′N～39°15′N，东西向长约200km，南北向平均宽55km，面积约为1.1万km^2。

阿尔金成矿带在20世纪90年代以前除了开展过1：20万区域地质调查外，在地质找矿上几乎是空白。20世纪90年代中期（“九五”期间）至21世纪初，由于西部大开发的需要，开展第一轮地质找矿工作，取得了初步成果。但是由于国家计划调整，“十五”期间阿尔金地区地质研究与勘查投入明显减少。“十一五”和“十二五”期间，阿尔金地区掀起了第二轮地质研究与找矿勘查工作高潮，民间投资也大量涌入，为解决地质找矿工作中的关键科学问题，相关部门实施了“十一五”和“十二五”国家科技支撑计划项目专题“阿尔金山东段红柳沟矿带大型铜、金、铅锌矿床找矿靶区优选与评价技术应用研究”（编号：2006BAB07B02-04）、“阿尔金成矿带多元信息成矿预测与找矿示范”（编号：2011BAB06B08-04）、中国地质调查局地质调查专项“阿尔金喀腊大湾地区铁多金属矿构造控矿研究与找矿预测”（编号：1212011085043）和“阿尔金北缘构造变形与多金属矿找矿预测”（编号：12120113095800），以及国家自然科学基金青年基金项目“阿尔金北缘早古生代造山型金矿床构造-流体成矿过程”（编号：41502086）等研究项目。项目负责单位是中国地质科学院地质力学研究所，参加单位是新疆维吾尔自治区地质矿产勘查开发局第一区域地质调查大队。这批项目的实施，让阿尔金成矿带在区域构造演化、矿床类型与成矿作用、控矿因素等关键科学问题的研究方面取得了重大进展，特别是在构造控矿与找矿预测方面取得重大突破，实现了地质科研为地质找矿服务的宗旨，也培养了一批研究生和野外一线技术骨干。

构造与矿产具有密切的关系，构造在成矿控矿中的作用已经越来越受到重视。大地构造背景和构造单元控制成矿省和大型成矿带分布，区域构造控制成矿带和矿集区分布，而中小构造则控制矿田、矿床、矿化带、矿体分布。在与沉积作用有关的矿床中的构造往往通过控制沉积地层分布进而控制矿床的分布，与岩浆熔离作用和结晶分异作用有关的矿床中构造往往通过控制成矿作用有关的侵入岩的分布而控制矿床的分布；在热液型矿床中，构造变形是驱动含矿流体运移的动力，构造形迹成为成矿物质沉淀聚集的空间场所；成矿后，构造一方面对已经形成的矿床可能起到叠加改造而变富变大的作用，但也可能起到破坏的作用，另一方面区域性隆升和剥露既可以恰到好处地使矿床抬至地表易被发现和利用，也可以因抬升过大而剥蚀殆尽；同时，深层次高温高压条件下的韧性变形往往可以促使成矿元素活化、迁移，形成含矿动力变质热液，进入成矿作用过程，导致成矿作用发生。项目研究团队以现代构造地质学、地质力学、构造控岩控矿和构造成岩成矿理论为指导思想和理论依据，研究阿尔金成矿带的构造控矿特征和控矿规律，建立不同级序构造控矿-找矿模式，并进行找矿预测。

在上述研究工作基础上，通过综合研究，以“十二五”国家科技支撑计划项目专题“阿尔金成矿带多元信息成矿预测与找矿示范”（编号：2011BAB06B08-04）的研究报告为主体，融合和汇总了其他四个研究项目的成果，最终编撰成书。本书涵盖了成矿大地构造环境及区域构造演化、成矿带划分与成矿作用类型、主要地质作用（沉积作用、火山喷发作用、岩浆侵入作用及构造变形作用）及其年代学、成矿作用及其年代学、构造控矿作用及多级序构造控矿模型、典型矿床（田）成矿特征与控矿因素、多元信息找矿预测及找矿标志、找矿成效等方面。

本书是前述项目全体同志集体劳动的成果，全书共12章，各章节的具体分工是：陈柏林执笔前言、第1章、第7章、第8章、第10章和结束语，王永、李松彬、郝瑞祥、陈柏林执笔第2章，陈星彤、周永贵、孙岳执笔第 3 章，陈柏林、陈正乐、孙岳、吴玉、李松彬执笔第 4 章，陈柏林、李松彬、何江涛、崔玲玲执笔第 5 章，陈柏林、郝瑞祥、蒋荣宝、李丽执笔第 6 章，孟令通、陈柏林、王永执笔第 9 章，孙岳、陈柏林执笔第 11 章，陈柏林、祁万修、王永、赵恒乐执笔第 12 章；全书由陈柏林统稿。部分矿区地质底图由新疆维吾尔自治区地质矿产勘查开发局第一区域地质调查大队提供，计算机成图由何江涛、孙岳完成，遥感图件由陈星彤、周永贵、孙岳处理完成，文中插图清绘由陈柏林、王永、何江涛等完成。

在 2006～2016 年的十年中，在新疆维吾尔自治区人民政府 305 项目办公室（简称 305 项目办公室）、中国地质调查局、中国地质科学院及地质力学研究所领导的关怀和支持下，在有关院士专家的指导下，项目研究团队紧密协作、努力工作，圆满完成研究任务。项目成果于 2011 年、2013 年和 2016 年通过了 305 项目办公室和中国地质调查局组织的专家组验收评审，均被评为优秀科研成果。

项目研究过程中，始终得到 305 项目办公室的马映军主任、王宝林主任、段生荣主任、李月臣副主任、潘成泽副主任、马华东副主任、颜启明处长、朱炳玉处长，新疆维吾尔自治区地质矿产勘查开发局董连慧总工程师、冯京副总工程师，新疆维吾尔自治区地质调查院王克卓院长，新疆维吾尔自治区地质矿产勘查开发局第一区域地质调查大队赵树铭总工程师、王世新队长等在业务上的具体指导；项目办公室及项目专家组从立项、设计到年度工作安排等各个方面对研究工作提出了宝贵建议，在此表示深深的谢意。同时感谢中国地质科学院地质力学研究所龙长兴所长、徐勇所长、邢树文所长、赵越副所长、侯春堂副所长、马寅生副所长及张永双处长、郭涛主任、渠洪杰副处长、余佳副处长，新疆大学陈川教授，西安地质调查中心王兴安研究员等领导专家及中国地质科学院地质力学研究所矿田构造研究室的各位同事的关怀和指导。中国地质调查局国家地质实验测试中心、北京离子探针中心、中国地质科学院地质研究所同位素实验室、中国地质科学院矿产资源研究所同位素实验室、中国地质调查局武汉地质调查中心同位素实验室、中国地质科学院地质力学研究所 X 光岩组实验室、动力成岩成矿实验室、中国地质大学（北京）EBSD 实验室、中国科学院地质与地球物理研究所古地磁实验室、东华理工大学电子探针实验室、吉林大学地球科学学院 LA-ICP-MS 实验室、核工业北京地质研究院同位素实验室、中国地震局地质研究所裂变径迹实验室、河北省区域地质矿产调查研究所实验室、中国地质博物馆磨片室等在样品的制备、测试分析上给予了支持，在此一并表示感谢。

本书的出版得到“十一五”和“十二五”国家科技支撑计划项目（编号：2006BAB07B02-04 和 2011BAB06B08-04）、中国地质调查局地质调查专项（编号：1212011085043 和 12120113096000）、国家重点研发计划项目（编号：2017YFC0602602 和 2016YFC0600207）、中国地质科学院地质力学研究所基本科研业务费项目（编号：JYYWF20180602）联合资助。

目　录

第1章 地层岩石特征

1.1 大地构造背景

阿尔金山位于青藏高原东北缘，东接祁连山，西接昆仑山，是我国西部两个最大的盆地——塔里木盆地和柴达木盆地的分界线（图1-1）。从板块构造上分析，位于昆仑山与祁连山之间的阿尔金山地区地处中朝-塔里木板块西段（塔里木板块）南侧边缘，南侧隔柴达木地块、昆仑山断裂带与青藏高原的羌塘地块遥相呼应（何国琦等，1994）（图1-1）。

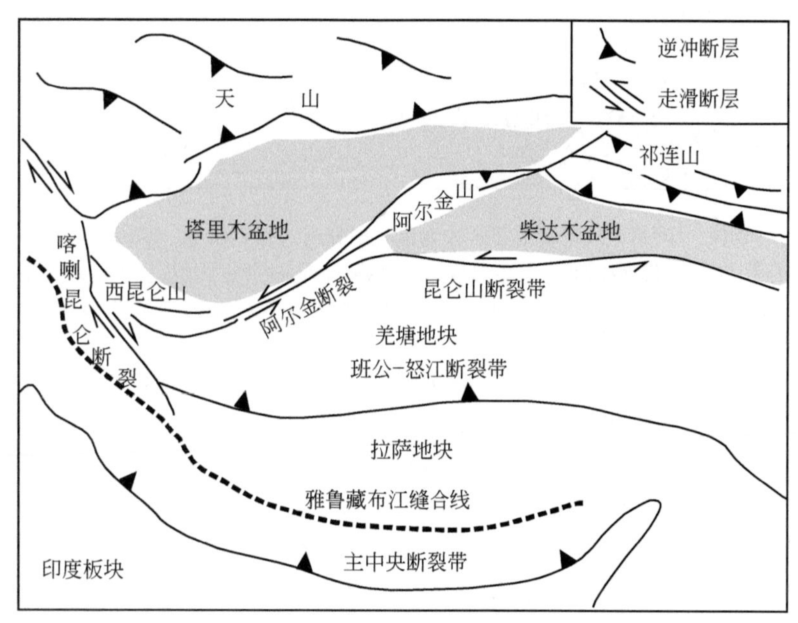

图1-1 阿尔金成矿带大地构造位置图

由于不同的研究者对大地构造单元的概念理解不同和研究方向的差异，对阿尔金山东段的大地构造单元的划分有较大争议，青海地质矿产局（1993）将阿尔金山南断裂之南划分为柴达木准地台柴达木北缘台缘褶断带，认为其与阿尔金山-塔里木在早古生代以前是一个整体，晚古生代是一个地台活化阶段，三叠纪后又合并在一起，进入陆内造山；新疆维吾尔自治区地质矿产厅（1993）认为阿尔金山南缘断裂以北属于塔里木地台，从南向北划分出阿尔金山断隆和塔里木台坳；许志琴等（2001）将阿尔金山以红柳沟-拉配泉带和江尕勒萨依-吐拉东为界，划分为阿拉善-敦煌地体、北祁连-北阿尔金山早古生代缝合带、祁连-阿尔金山地体、南祁连-南阿尔金山缝合带、柴达木-东昆仑地体五个构造单元；王永和等（2004）在1∶25万苏吾什杰幅区域地质调查时将阿尔金山造山带自北向南划分为阿北地块、阿北（红柳沟-拉配泉）早古生代蛇绿混杂岩带、阿中（金雁山-米兰河）地块、阿南（茫崖-库牙克）早古生代蛇绿混杂岩带。

吴益平等（2008）从古生代板块构造角度认为阿尔金山东段的大地构造位置隶属于塔里木板块、塔里木古陆缘地块，由四个三级构造单元组成：北阿尔金古陆块、红柳沟-拉配泉奥陶纪裂谷带、中阿尔金中元古代裂陷槽和祁曼塔格早古生代沟弧系。

本书根据区内的物质组成和构造形迹，参照刘永顺等（2010）的划分方案，将阿尔金山地区的大地构造单元划分为三个Ⅰ级单元和五个Ⅱ级单元（图1-2）。

Ⅰ：塔里木地块。

Ⅰ-1：塔里木南缘新生代断陷盆地；Ⅰ-2：阿尔金北缘地块。

Ⅱ：中阿尔金地块。

Ⅱ-1：红柳沟-拉配泉加里东期结合带；Ⅱ-2：索尔库里新生代走滑拉分盆地。

Ⅲ：柴达木地块。

阿尔金成矿带（本书仅指红柳沟-拉配泉段，其东段指喀腊大湾地区，西段指红柳沟-巴什考供地区，下同）位于阿尔金山的东段（也称为阿尔金山北缘），跨越上述五个Ⅱ级构造单元。

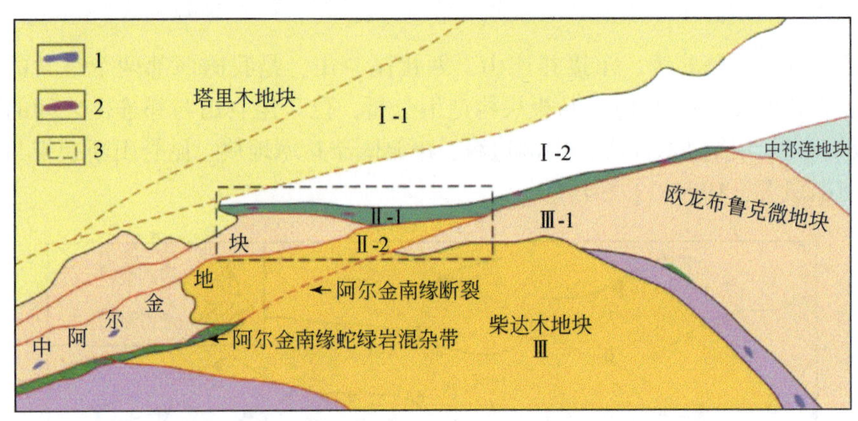

图1-2　阿尔金成矿带及邻区大地单元划分图（据刘永顺，2010修改）

Ⅰ-塔里木地块（Ⅰ-1-塔里木南缘新生代断陷盆地，Ⅰ-2-阿尔金北缘地块）；Ⅱ-中阿尔金地块（Ⅱ-1-红柳沟-拉配泉加里东期结合带，Ⅱ-2-索尔库里新生代走滑拉分盆地）；Ⅲ-柴达木地块；1-榴辉岩；2-蛇绿岩；3-研究区

同样引人瞩目的是阿尔金走滑断裂，该断裂是中国西部最大的走滑断裂之一，呈北东东向延绵近1500km，以其强烈的贯穿性、巨大的规模、强烈的活动性以及巨大的走滑位移量为特征，是青藏高原北缘一条主控边界断裂，跨越不同构造单元，分割了塔里木盆地和柴达木盆地（图1-1）。断裂两侧前新生代各个时代的地层、岩浆岩带、变质相带、褶皱构造带、断裂构造带、成矿带等一系列地质体发生错移、拖曳和牵引，显示出该断裂巨大左行走滑的相对位移，也是我国西北地区一条重要的活动断裂（国家地震局"阿尔金活动断裂带"课题组，1992；新疆维吾尔自治区地质矿产厅，1993；张建新等，1998a；崔军文等，1999；许志琴等，1999；周勇和潘裕生，1999；Yin et al.，1999；Sobel and Arnaud，1999；尹安，2001）。

阿尔金成矿带位于塔里木地块东南缘阿尔金山东段红柳沟-拉配泉奥陶纪裂谷带中，北接塔里木盆地，南与柴达木盆地毗邻。在区域构造上地处北东东向阿尔金走滑断裂北侧与东西向阿尔金北缘断裂所夹持的区域（图1-2）。

1.2　区域地层

区内出露地层主要为太古宇、元古宇、古生界、中生界及新生界（图1-3）。

1.2.1　太古宇

区内太古宙地层主要出露在北部地区，即阿尔金北缘断裂以北地区（图1-2），其他地区出露甚少。新疆维吾尔自治区地质矿产厅（1993）在《新疆地质志》中把阿尔金北缘地区的新太古界称为米兰群（西段）和达格拉格布拉克群（东段），为一套中高温变质的高角闪岩相-麻粒岩相变质岩系，由麻粒岩、变粒岩、钾长片麻岩、斜长角闪岩和条带状混合岩等组成。片麻理产状总体较平缓，呈开阔型褶皱。原岩可能为含钾高的酸性火山岩、富镁质玄武岩和拉斑玄武岩，与上覆地层多为断层接触，局部可见元古宇不整合其上。

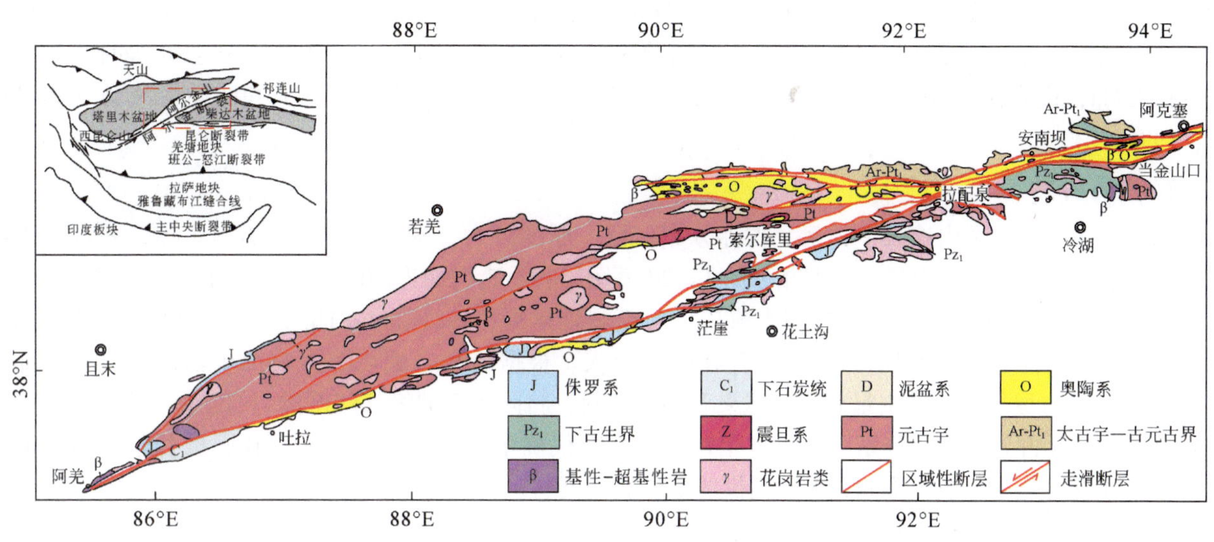

图1-3 阿尔金山区域地质简图（据王小凤等，2004，修改）

王云山和陈基娘（1987）最早获得阿尔金山拉配泉北东15km处黑云斜长片麻岩2462.5Ma年龄值，非常接近太古宙。孙勇等（1992）、车自成等（1995a）获得拉配泉北阿克塔什塔格由长英质麻粒岩、基性麻粒岩和斜长角闪岩组成的非层序性地层的全岩Sm-Nd等时线年龄为2787±151Ma，其中基性麻粒岩和角闪岩得到的等时线年龄为2792±208Ma，并认为这套杂岩的形成时代为新太古代，年龄为2590～2790Ma。Gehrels等（1999）得到其中片麻岩U-Pb锆石年龄约为2800Ma。这套新太古代杂岩的形成可能与混合岩化关系密切，$\varepsilon_{Nd}(t)$具有低的负值，为-3.77～-3.75（车自成等，1995a；车自成和刘良，1997）。李惠民等（2001）在阿尔金山东端（拉配泉麻扎塔格一带）古老花岗片麻岩中发现3605±43Ma的锆石（单颗粒锆石U-Pb稀释法，四颗锆石的上交点年龄），其中两颗锆石的$^{207}Pb/^{206}Pb$表面年龄达3560±1Ma和3526±2Ma，它们仅有少量放射成因铅丢失。这是迄今为止阿尔金地区最老的年龄数据，也是塔里木地块存在始太古代基底的重要证据。

最近，李永顺等在可孜勒塔格西的黑云母斜长片麻岩中获得2705±23Ma的锆石SHRIMP年龄，该年龄来自七个颗粒锆石核部或者振荡环带不明显的浑圆状锆石，显示了该区很可能存在新太古代中期的地壳增生。

由于经历高级变质作用，区内太古宇是作为变质岩的一部分而存在的，而非真正意义上的太古宙地层，或者说属于非层序性地层（图1-3）。

1.2.2 元古宇

1. 古—中元古界

区内古元古界称为阿尔金群，主要分布在东北部的克孜勒乌增至温格勒·果阿一线，是一套以低角闪岩相为主的变质岩系，主要由角闪片岩、角闪斜长变粒岩、长石黑云角闪片岩、黑云石英角闪片岩及大理岩等组成，多未见顶、底，原岩可能为火山复理石-碳酸盐岩建造。同时在该套地层中发育一套角闪岩相变质的眼球状糜棱岩。下部以变质片岩为主，也发育火山岩；中上部石英岩、叠层石灰岩占优势，表现了从活动带向稳定带转化的过程。火山岩的研究表明，岩石类型主要为玄武岩、粗玄岩、英安岩和流纹岩类，具有明显的基性-酸性双峰式火山岩组合特征。其中玄武岩多数处在碱性系列，具有类似于大陆裂谷火山岩组合的性质。轻稀土元素中等程度富集，少数基性岩具有平坦型稀土配分型式；$\varepsilon_{Nd}(t)\approx 6.4\pm1.4$，$I_{Sr}=0.70287\pm0.001$，表现出岩浆来源于亏损地幔的某些特征。同时具有高的$\delta^{18}O$和$^{207}Pb/^{204}Pb$，$\delta^{18}O\approx0.66\%\sim0.92\%$，$^{206}Pb/^{204}Pb=18.75\sim19.35$，$^{207}Pb/^{204}Pb=15.62\sim15.79$，很可能是发育在地壳较薄的活动大陆边缘之上的裂谷，性质类似于过渡性裂谷或弧后盆地（车自成等，1995a）。阿尔金山东北段的拉配泉北火山岩Sm-Nd全岩等时线年龄为1793±270Ma（孙勇等，1997），阿尔金山中部苏吾什杰火山岩 Rb-Sr 全岩等时线年龄为 1883±110Ma，说明在古元古代末至中元古代初期，阿尔金地区还处在地壳活动性较强的状态。拉配泉北太古宇阿克塔什塔格麻粒岩中辉石、斜长石和全岩的 Sm-Nd 等时线年龄为 1704±105Ma，说明在 1700Ma 前后区内有一次混合岩化作用，导致地壳厚度增大和活动性减弱（车自成等，1995a）。

2. 中元古界

前人曾认为阿尔金山地区中、新元古界分布广泛，厚度巨大，构成了阿尔金山脉主体，并进一步划分为长城系、蓟县系和青白口系。但相邻的 1∶20 万图幅将沿走向相连的同一地层划分成不同时代，如在 1∶20 万巴什考供幅和索尔库里幅中划为蓟县系（新疆地矿局，1981a，1981b），在 1∶20 万俄博梁幅中划为奥陶系（青海地质矿产局，1981），存在明显出入。根据近年来 1∶25 万石棉矿幅修测成果、部分 1∶5 万矿产调查成果以及本书最新研究成果和测年资料，将阿尔金北缘从红柳沟-拉配泉一带原划为中元古界上部或新元古界的一部分划归为早古生代地层，时代确定为寒武纪，并依据新疆维吾尔自治区地质矿产勘查开发局第一区域地质调查大队提供的地质底图资料进行划分和叙述。

1）长城系（Ch）巴什考供群

长城系（Ch）巴什考供群分布于阿尔金成矿带西段的红柳泉及扎斯勘赛河一带，呈东西向延伸。其底与古太古界米兰群呈断层接触，顶与蓟县系马特克布拉克组假整合接触，视厚度达 6355m。从老至新可分为扎斯勘赛河组（Ch*z*）：为阳起石角岩、角闪石角岩、火山碎屑岩及碎屑岩等，视厚度为 4245m；红柳泉组（Ch*h*）：为石榴子石更长片麻岩、云母片岩、二云母石英片岩、堇青石二云母石英片岩、石英岩、黑云斜长片麻岩等，视厚度为 1643m；贝克滩组（Ch*b*）：由砂岩、石灰岩及硅质岩组成，产叠层石，视厚度为 467m。

2）蓟县系（Jx）塔昔达坂群

该岩群在区内分布最为广泛，主要分布于成矿带中西段的金雁山、卓阿布拉克、索尔库里北山以及金鸿山北坡一带，与上覆青白口系索尔库里群呈角度不整合接触，厚达 14000m 以上。从老至新分为卓阿布拉克组（Jx*zh*）：为火山碎屑岩建造，局部地区由红柱石片岩、十字石片岩等组成，厚 2139～6232m；木孜萨依组（Jx*mz*）：为变质碎屑岩类夹碳酸盐岩，厚 1264～3592m；金雁山组（Jx*j*），以碳酸盐岩为主，夹少量碎屑岩，富含叠层石，厚 1008～1601m。

3）青白口系（Qb）索尔库里群

该岩群主要分布在额兰塔格以南的冰沟南、以北的乙亚加拉克山以及平洼沟、因格布拉克等地，以角度不整合超覆于蓟县系塔昔达坂群之上，顶部被下奥陶统额兰塔格组角度不整合所覆盖，除冰沟南地区外，一般多为不整合接触。自老而新分为乱石山组（Qb*l*）：主要为一套片理化砂岩和含砾砂岩、局部地区夹砂质灰岩，厚 213～389m；冰沟南组（Qb*bg*）：主要为灰岩、结晶灰岩、硅质条带及团块灰岩，在冰沟南地区，尚有较多砂岩、粉砂岩分布，厚 821～2221m；平洼沟组（Qb*pw*）：主要为一套灰岩、白云岩、局部地区为大理岩，富含叠层石，厚 128～1555m；小泉达坂组（Qb*x*）：主要为一套碎屑岩、结晶灰岩，局部地区为大理岩与硅质岩和片岩类，厚 337～2810m。

1.2.3　古生界

阿尔金山下古生界有相当一部分是由原来的中元古界解体而来。根据钟端等（1995）的研究，在拉配泉齐勒萨依的拉配泉群 b 组中发现有许多晚寒武世化石，包括牙形刺、腕足动物、三叶虫和疑源类等。其中的牙形刺化石种属主要产于华北地区的上寒武统长山组至凤山组，属晚寒武世晚期牙形刺 *Proconodontus* 带；而其中的 *Yosimuraspis* 属三叶虫化石可能产于下奥陶统最下部，也可下延至上寒武统最上部，因此可能为上寒武统，并被命名为塔什布拉克组，与张显庭等（1984）命名的拉配泉群 b 组相当。同时，最近几年的科研成果（刘永顺等，2010；陈柏林等，2016a）和本研究获得一批高精度锆石 SHRIMP 年龄，大多数集中在 470～520Ma。所以，将地质上东西向相连、属于同一地层系统的原1∶20 万索尔库里幅的蓟县系塔昔达坂群和俄博梁幅的奥陶系拉配泉群划归为寒武系。

研究区下古生界缺失志留系，上古生界只局部出露石炭系。

1）寒武系（ϵ）

寒武系主要分布于大平沟、喀腊大湾一带和苦水河、滩涧山一带。呈东西向延伸，为一套火山-沉积岩系，间夹灰岩薄层及透镜体。产三叶虫、腕足类、牙形石和疑源类等化石，底部与蓟县系浅变质岩呈角度不整合接触或断层接触，顶部与下奥陶统（?）砾岩整合接触。东部喀腊大湾地区自老而新分为喀腊大湾组（$\epsilon_{1-2}k$）：主要岩性为玄武岩、安山岩和流纹岩，厚562～1876m；塔什布拉克组（$\epsilon_3 ts$）：砂岩、泥岩夹砾岩、泥灰岩、灰岩等，厚度为1139～3232m。在滩涧山一带，分为滩涧山群，其第二段主要为火山岩，第三段为碳酸岩。

对于喀腊大湾地区喀腊大湾组（$\epsilon_{1-2}k$）和塔什布拉克组（$\epsilon_3 ts$）（原斯米尔布拉克组和卓阿斯米尔布拉克组）的层序和上下关系，开展了研究。

在八八铁矿沟口北侧、阿尔金北缘断裂南侧4km的3512高地西侧的喀腊大湾沟东剖面，发育156m厚沉积岩夹层，沉积岩夹层以南为火山岩，以北为辉长岩体（图1-4）。沉积岩剖面南段为砾岩，不整合覆盖于安山质火山岩之上，近南端砾石粒径达5～10cm，局部最大达20cm，向北20～30m后，砾石的粒径减小，为2～5cm，再向北变化为含砾砂岩、砂岩，过100m后快接近辉长岩体时，则出露粉砂岩、泥岩甚至泥灰岩（图1-4）。同时在大旋回序列内，还存在次一级的微层序列变化，如在层4内部，发育厚度为40～50cm的微层序列，岩性从巨-粗砾岩到细砾岩再到砂岩（图1-5a）；在层5内部，微层序列岩性从中-粗砾岩到细砾岩、含砾砂岩，再到粗砂岩、中砂岩、细砂岩（图1-4、图1-5b）；而在层6内部，微层序列岩性从细砾岩、含砾砂岩到粗砂岩、中砂岩，再到粉砂岩、泥岩、泥灰岩（图1-5c）；该火山岩中沉积岩夹层的沉积序列特点非常清楚地反映了沉积层自南向北的变化特点。

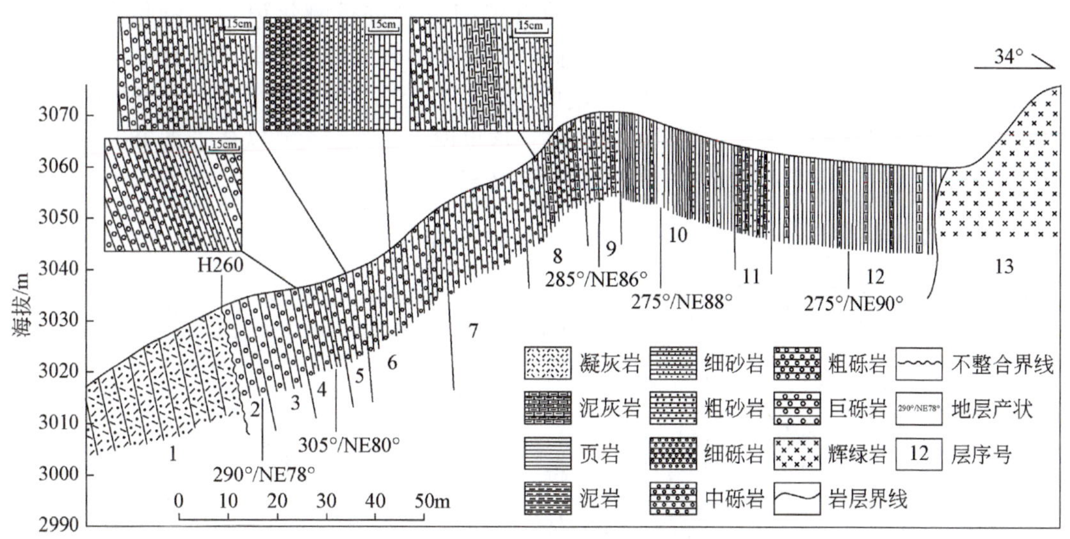

图1-4　阿尔金成矿带东段喀腊大湾沟东侧沉积岩系剖面

图1-5　阿尔金成矿带东段喀腊大湾沉积岩韵律照片

a-砾岩和粗砂岩；b-细砂岩和粉砂岩；c-泥岩

同时，喀腊大湾沟西侧剖面，发育126m沉积岩系夹层，沉积岩夹层以南为火山岩，以北为辉长岩体。剖面南段为砾岩，不整合覆盖于安山质火山岩之上，近南端砾石粒径达5～10cm，局部最大达20cm，往北砾石的粒径减小，为2～5cm，再向北变化为含砾砂岩、砂岩；过110m（斜距）后则主要出露粉砂岩、泥岩甚至泥灰岩（图1-6）。同时在大旋回序列内，也存在次一级的微层序列变化。

该砂砾岩层（砾岩占多数）向东断续延伸可达近10km，至八八铁矿沟口北侧东沟5km处，其南侧为具有典型枕状构造的玄武岩，砂砾岩层不整合覆盖于枕状玄武岩之上。

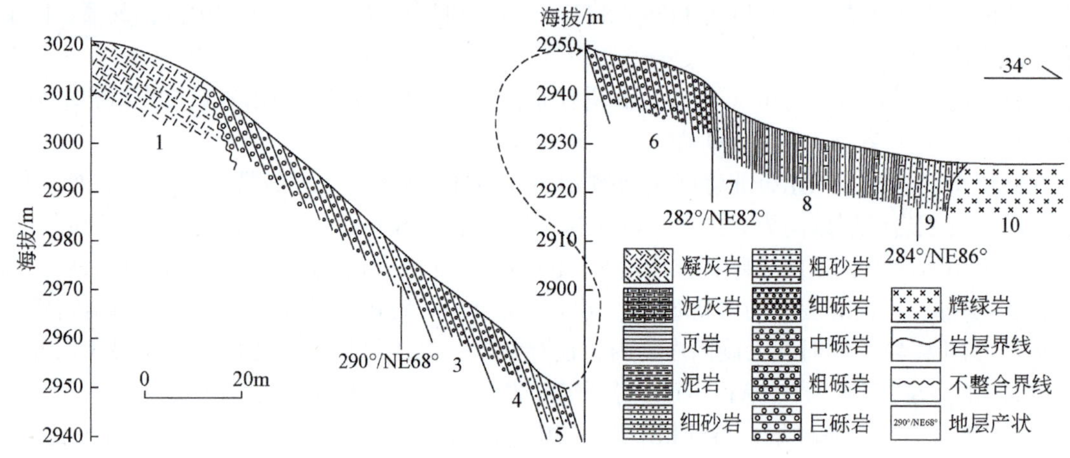

图1-6　阿尔金成矿带东段喀腊大湾沟西侧沉积岩系剖面

笔者对侵入于该剖面以西约200m处砂岩中的石英闪长岩进行测年研究，结果为472.5±7.43Ma（图1-7），该年龄控制了沉积岩夹层的时代上限。同时，对喀腊大湾铁矿带北侧含有磁铁矿砾石的砂砾岩进行碎屑锆石年龄测试，其峰值年龄为510Ma，最低年龄为485Ma，说明该砾岩沉积发生时，物源区存在510Ma的岩浆岩，而且最年轻的岩浆岩时代在485Ma；这也说明在喀腊大湾铁矿带被480Ma的中酸性花岗质杂岩体侵位破坏并发生夕卡岩化改造作用时，磁铁矿体已经存在。

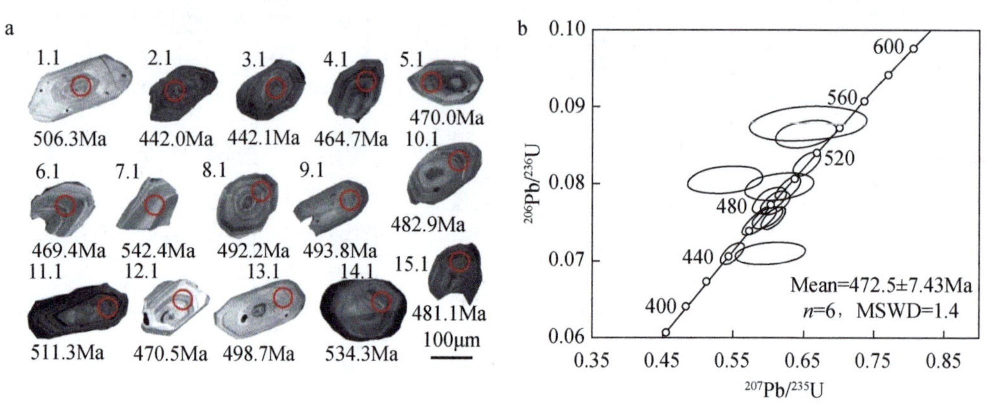

图1-7　喀腊大湾沟石英闪长岩锆石阴极发光图像（a）和SHRIMP谐和年龄图（b）

2）奥陶系（O）

巴什考供和索尔库里地区下、中奥陶统零星分布于巴什考供南断裂以南的亚普恰萨依、木孜布拉克及环形山等地，为一套滨海-浅海沉积的碎屑岩-碳酸盐岩建造（新疆地矿局，1981a，1981b）。下部为砂岩、粉砂岩夹碎屑灰岩，含有腕足动物、三叶虫、角石等化石；中部为灰色薄层状灰岩、结核状灰岩、厚层灰岩，偶见砂岩，含有腕足动物、瓣鳃类、层孔虫、三叶虫、角石等化石；上部为深灰色薄层、中厚层状灰岩、结晶灰岩夹粉砂岩，含有三叶虫、笔石等化石。这些化石经刘第镛等（1984）与董得源和王宝瑜（1984）研究，确定为奥陶纪沉积。下、中奥陶统碳酸盐岩建造厚500m，底与新元古界青白口系不整合接触，顶为断层切割。自下而上分为：①早奥陶世大湾期额兰塔格组（O_1e），底部为砾岩、砂砾岩和细砂岩等，岩性变化较大，下、中部化石较多，上部化石较少；②早奥陶世特牛潭期至中奥陶世早期的环形山组（O_2h），化石丰富。

3）泥盆系（D）

泥盆系分布非常局限，仅在西部的巴什考供、恰什坎萨依两地局部出现，称为恰什坎萨依组（$D_{2-3}q$），为一套片理化-千枚岩化灰黑色碳泥质岩粉砂岩，属于浅海-滨海相碎屑沉积，含大量微古植物化石，如 *Retusotriletes* sp.（弓脊孢）和 *Cymbosporites* sp.（杯栎孢属）等（新疆地矿局，1981a）。

4）石炭系（C）

区内石炭系出露零星，仅有两处，第一处位于研究区中东部的白尖山断裂南侧，严格受构造控制，呈条带状东西向展布；以生物碎屑灰岩为特征，含有极其丰富的化石，有蜓类、腕足类、珊瑚类、苔藓虫及海百合茎等（图 1-8）。第二处出露于白尖山北 8km、阿北断裂以北，受北北西向断裂构造控制，呈北西向展布。该地层岩性单一，以碎屑岩（含砾石英砂岩、岩屑砂岩、长石石英砂岩等）为主，夹碳酸盐岩、碳质页岩及煤层，产动物、植物化石。时代为晚石炭世，属海退层序的地台型沉积。

图 1-8　阿尔金成矿带东段白尖山东沟石炭系生物碎屑灰岩（正交偏光）

索尔库里地区上石炭统的因格布拉克组（C_2yg）分为上、下两段，总厚度为 404m 左右（新疆地矿局，1981b）。下段以生物灰岩和灰岩为主，多为中厚层状，岩相稳定，常含有碳质和少量硅质夹层，含有极其丰富的化石，有蜓类、腕足类、珊瑚类、苔藓虫及海百合茎等。上段以滨海相碎屑岩为主，下部主要为石英砂岩、砂砾岩，上部为杂色粉砂岩和细砂岩，夹层少，生物化石极少。

1.2.4　中生界

中生界仅局部出露侏罗系，主要由紫红-灰绿色砂砾岩夹泥质粉砂岩、页岩及煤层组成。侏罗系煤层是阿尔金山地区煤矿开采的主要层位。

中—下侏罗统（J_{1-2}）为叶尔羌群：零星分布在红柳泉沟、库木奇布拉克、因格布拉克及拉配泉等地，呈东西向展布，主要为一套河湖相的粗碎屑岩及含煤建造，以杂色砾岩、砂岩、粉砂岩夹泥岩为主，未见顶，下部不同层位超覆于元古宇、石炭系之上，一般厚 170～450m；大煤沟组（$J_{1-2}d$）：分布于青新交界的索尔库里南山局部，为粗碎屑岩、砂岩夹煤层；采石岭组（J_2c）：分布于青新交界的索尔库里南山局部，以砂岩、含砾砂岩、粉砂岩为主。

1.2.5　新生界

1. 古近系（E）与新近系（N）

古近系与新近系主要分布在索尔库里盆地、索尔库里北盆地、巴什考供盆地及贝克滩北等地区，主要为一套河湖相沉积，与老地层常呈不整合或断层接触，顶被第四系（不整合）覆盖。自下而上分为干柴沟组（E_3—N_1g）：岩性以泥岩和泥灰岩为主；油砂山组（$N_{1-2}y$）：岩性为含砾砂岩、泥质粉砂岩及杂色泥岩；狮子沟组（N_2s）：岩性为细砾岩、细砂岩、泥质粉砂岩。

2. 第四系（Q）

第四系（Q）主要为陆相沉积，分布相当广泛，成因类型复杂。下更新统为湖相沉积，中更新统为冰碛-冰水堆积、洪积，上更新统为洪积；全新统为化学堆积（石膏、芒硝和石盐等）、湖积、沼泽堆积、冲积、洪积、坡积、残积和风成堆积、冰川堆积等，主要分布在山间谷地和山麓地带。

1.3 研究区岩浆岩

阿尔金成矿带岩浆活动比较强烈，岩浆岩类型多样，从超基性岩、基性岩到中性岩、中-酸性岩、酸性岩均有发育。岩浆岩出露面积比较大，占区内面积超过10%。占前新生界出露面积近20%。对岩浆岩的时代，一直存在比较大的争议。1∶20万区域地质调查资料曾将研究区内侵入岩划分为新元古代与晚古生代两个主要时期。本书依据1∶25万石棉矿幅修测资料、Gehrels等（2003b）的锆石U-Pb稀释法年龄、戚学祥等（2005a）、吴才来等（2005，2007）、杨经绥等（2008）、刘永顺等（2010）、杨子江等（2011）和韩凤彬等（2012）的锆石SHRIMP测年数据，以及作者最近五年的最新测年数据，结合岩浆岩产出的地质构造环境，将其中大部分新元古代和晚古生代中酸性侵入岩修订为早古生代侵入岩（图1-3）。其中极少部分没有测年数据，仅仅侵入在太古宇片麻岩中的片麻状岩浆岩保留划归元古宙。

1.3.1 中酸性侵入岩

中酸性侵入岩是阿尔金成矿带分布最广、出露最多的侵入岩，出露面积占前新生界出露面积的16%以上。岩石类型包括花岗岩、花岗闪长岩、闪长岩等，研究区内从红柳沟到拉配泉共出露40多个规模不等的岩体。

1. 早古生代中酸性侵入岩

早古生代（加里东期）是区内中酸性侵入岩的主要发育时代，其中钙碱系列造山花岗岩以钾长花岗岩为主，侵入的最新地层为奥陶系，区内最大的中酸性侵入岩为冰沟岩体。

1）巴什考供岩体

巴什考供岩体位于成矿带西段的巴什考供盆地北缘和南缘，以及贝克滩背斜的南翼，因为被巴什考供新生代盆地覆盖而呈两部分分布于盆地北缘和南缘，并各自呈东西向长条状，出露面积约为100km²。1∶20万巴什考供幅区域地质调查报告（新疆地矿局，1981a）将巴什考供盆地北缘岩体确定为新元古代第二次侵入的花岗闪长岩，将盆地南缘岩体确定为新元古代第二次侵入的花岗岩。吴才来等（2005）研究认为该岩体为一杂岩体，由粉红色花岗岩、灰白色花岗岩、灰白色花岗闪长岩、灰白色石英闪长岩等组成，其中粉红色花岗岩呈不规则脉状分布在石英闪长岩中，同时也包含了不规则状的石英闪长岩团块；局部还发育浅灰白色花岗伟晶岩。

按照刘家远（2003）关于花岗杂岩体的有关概念，巴什考供盆地南缘花岗岩也是一杂岩体，由巨斑花岗岩、粉红色似斑状花岗岩、灰白色似斑状花岗岩组成，其中红色花岗岩为主体相岩石。粉红色似斑状花岗岩中包裹了团块状的灰白色似斑状花岗岩，两者呈逐渐过渡关系，而灰白色似斑状花岗岩中包裹了巨斑花岗岩的角砾，巨斑花岗岩被灰白色花岗岩脉穿插。

吴才来等（2005，2007）研究获得巴什考供岩体粉红色和灰白色花岗岩锆石SHRIMP年龄为431.1～434.6±1.6～3.8Ma（6个样品，盆地南、北缘各3个），同时获得盆地南缘巨斑花岗岩锆石SHRIMP年龄为474.3±6.8Ma，盆地北缘灰白色石英闪长岩锆石SHRIMP年龄为481.6±5.6Ma。杨子江等（2012）测得该岩体东段的锆石SHRIMP年龄为461.7±12.7Ma。本书运用LA-ICP-MS方法测得巴什考供盆地北缘贝克滩金矿粉红色碱性花岗岩（$K_2O+Na_2O=9.29\%$）年龄为444±5Ma（表1-1，图1-9a），测得巴盆北缘木孜萨依灰白色花岗岩的年龄为437.3±2.4Ma（表1-1，图1-9b）与吴才来等（2005）的巴什考供南粉红色似斑状花岗岩的年龄（446.6±5.2Ma）非常接近。

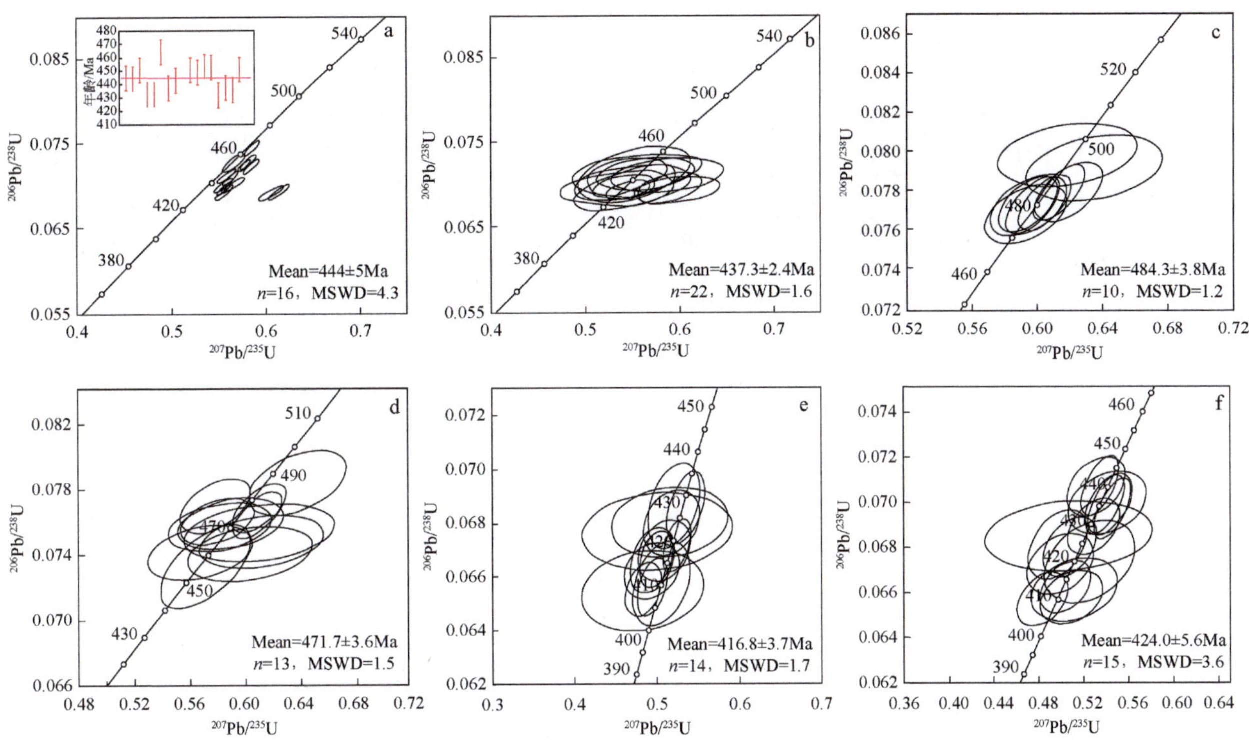

图1-9 阿尔金成矿带西段巴什考供一带花岗岩体锆石 LA-ICP-MS 和 SHRIMP 测年结果

a-K55-1，贝克滩南钾长花岗岩；b-A105-2，巴什考供盆地北缘木孜萨依沟灰白色花岗岩；c-A07-1，巴什考供盆地北正长花岗岩；d-A41-1，巴什考供盆地南似斑状斜长花岗岩；e-A127-1，盘龙沟金矿石英二长花岗岩；f-A33-1，沟口泉铁矿东侧似斑状花岗岩。Mean 为平均年龄

笔者同时运用锆石 SHRIMP 方法测得巴什考供盆地北正长花岗岩年龄为484.3±3.8Ma、巴什考供盆地南似斑状斜长花岗岩年龄为471.7±3.6（表1-1，图1-9c、d），与吴才来等（2005、2007）巴什考供盆地南缘巨斑花岗岩、灰白色石英闪长岩年龄相当或非常接近。

表1-1 阿尔金成矿带西段中酸性侵入岩锆石测年结果统计

序号	样号	岩性	采样位置	年龄/Ma	测试方法/颗粒数	MSWD	数据来源
1	K55-1	钾长花岗岩	贝克滩金矿	444±5	LA-ICP-MS/18	4.3	本书
2	A105-2	灰白色花岗岩	巴什考供盆北缘木孜萨依	437.3±2.4	LA-ICP-MS/22	1.6	本书
3	A115-2	花岗岩	恰沟最北段	416.5±3.1	LA-ICP-MS/10	0.75	本书
4	A07-1	正长花岗岩	巴什考供盆地北	484.3±3.8	锆石 SHRIMP/10	1.2	本书
5	A41-1	似斑状斜长花岗岩	巴什考供盆地南	471.7±3.6	锆石 SHRIMP/13	1.5	本书
6	A127-1	石英二长花岗岩	盘龙沟金矿	416.8±3.7	锆石 SHRIMP/14	1.7	本书
7	A313-1	钾长花岗岩	贝克滩金矿南	476.8±2.0	LA-ICP-MS/23	0.74	本书
8	A331-1	石英闪长岩	红柳沟剖面1	516.0±2.5	LA-ICP-MS/18	0.38	本书
9	A334-1	钾长花岗岩	红柳沟剖面2	505.8±3.1	LA-ICP-MS/14	0.63	本书
10	A340-4	含矿花岗岩	红柳沟剖面2	499.0±2.4	LA-ICP-MS/15	0.94	本书
11	A342-1	似斑状斜长花岗岩	红柳沟剖面2	536.0±2.6	LA-ICP-MS/20	0.27	本书
12	A345-2	钾长花岗岩脉	贝克滩剖面2	511.8±2.4	LA-ICP-MS/12	0.58	本书
13	A352-1	铜矿化变形花岗岩	红柳沟	503.9±1.9	LA-ICP-MS/14	0.65	本书
14		粉红色花岗岩	巴什考供盆地北	434.6±1.6	锆石 SHRIMP/7	0.47	吴才来等，2007
15		灰白色花岗岩	巴什考供盆地北	433.1±3.4	锆石 SHRIMP/6	0.33	吴才来等，2007

续表

序号	样号	岩性	采样位置	年龄/Ma	测试方法/颗粒数	MSWD	数据来源
16		灰白色似斑状花岗岩	巴什考供盆地南	434.5±3.8	锆石 SHRIMP/9	1.5	吴才来等，2005
17		粉红色似斑状花岗岩	巴什考供盆地南	446.6±5.2	锆石 SHRIMP/17	0.87	吴才来等，2005
18		石英闪长岩	巴什考供盆地北	481.6±5.6	锆石 SHRIMP/9	0.80	吴才来等，2007
19		巨斑花岗岩	巴什考供盆地南	474.3±6.8	锆石 SHRIMP/10	0.83	吴才来等，2005
20		花岗岩	巴什考供盆地东	461.7±12.7	锆石 SHRIMP		杨子江等，2012
21	H203-1	花岗闪长岩	卓阿尔布拉克西	439.6±3.5	锆石 SHRIMP/14	0.95	本书
22	H213-1	花岗岩	卓阿尔布拉克南	444.5±4.5	锆石 SHRIMP/9	1.3	本书
23	A33-1	似斑状花岗岩	沟口泉铁矿东	424.0±5.6	锆石 SHRIMP/14	3.6	本书
24		斑状花岗岩	阔什布拉克	443.0±5.0	锆石 ID-TIMS	上交点	陈宣华等，2003
25		花岗岩	冰沟中段	418.5±9.6	锆石 SHRIMP		杨子江等，2012
26		花岗岩	冰沟南段	410.7±11.9	锆石 SHRIMP		杨子江等，2012
27	H193-1	花岗闪长岩	克斯布拉克	463.0±3.0	锆石 SHRIMP/9	0.21	本书
28	H200-1	花岗闪长岩	克斯布拉克	476.7±3.5	锆石 SHRIMP/12	0.79	本书
29	K97-1	细粒正长花岗岩	大平沟金矿	478.0±7.0	LA-ICP-MS/14	7.3	本书
30	H247-1	花岗岩	大平沟	477.1±4.7	锆石 SHRIMP/11	1.13	本书
31		黑云母花岗岩	大平沟西	485.0±10.0	锆石 ID-TIMS/5		杨屹等，2004
32	K354-1	粗晶钾长花岗岩	大平沟东沟	409.0±7.2	锆石 SHRIMP/12	0.71	本书

本书还运用 LA-ICP-MS 方法获得恰什坎萨依沟（也称为“恰沟”）最北端花岗岩 416.5±3.1Ma、贝克滩金矿南钾长花岗岩年龄 476.8±2.0Ma、红柳沟剖面石英闪长岩年龄 516.1±2.5Ma、红柳沟剖面钾长花岗岩年龄 505.8±3.1Ma、红柳沟剖面含矿花岗岩年龄 499.0±2.4Ma、红柳沟剖面似斑状斜长花岗岩年龄 536.0±2.6Ma、贝克滩剖面钾长花岗岩年龄 511.0±2.4Ma、红柳沟铜矿化变形花岗岩年龄 503.9±1.9Ma（表 1-1，图 1-10a～h）。运用锆石 SHRIMP 测得恰什坎萨依沟盘龙沟金矿石英二长花岗岩的年龄 416.8±3.7Ma（表 1-1，图 1-9e），上述 20 个年龄数据（表 1-1）和吴才来等（2005，2007）数据非常明显分为三组，第一组为 499.0～536.0Ma，第二组为 461.7～481.6Ma，第三组为 416.5～446.6Ma，代表了阿尔金成矿带西段巴什考供-红柳沟地区三期中酸性侵入岩的侵入活动时期。

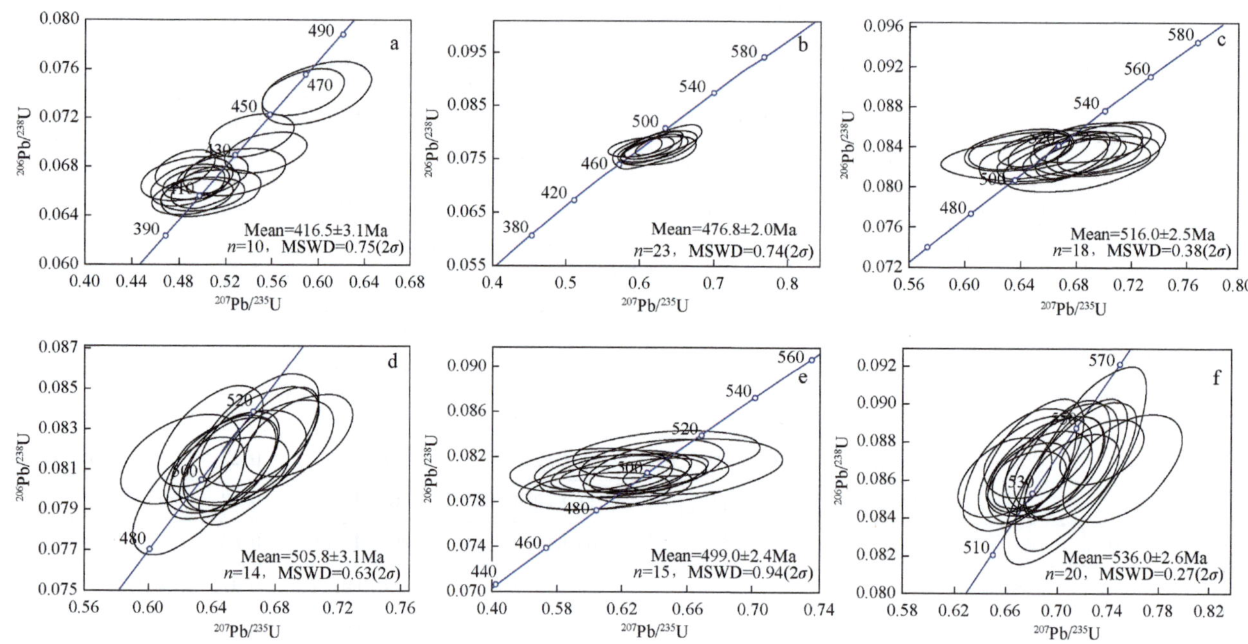

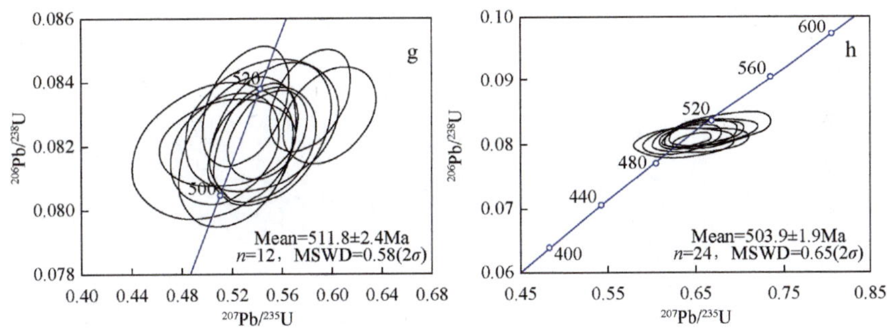

图1-10　阿尔金成矿带西段巴什考供一带花岗岩锆石 LA-ICP-MS 测年结果

a-A115-2，恰什坎萨依沟北段花岗岩；b-A313-1，贝克滩金矿南花岗岩；c-A331-1，红柳沟石英闪长岩；d-A334-1，红柳沟钾长花岗岩；e-A340-4，红柳沟含矿花岗岩；f-A342-1，红柳沟似斑状斜长花岗岩；g-A345-2，红柳沟钾长花岗岩；h-A352-1，红柳沟铜矿化变形花岗岩

2）冰沟花岗岩岩体

冰沟花岗岩岩体位于成矿带中部略偏西的位置，主体分布在阔什布拉克以北卡拉山至冰沟一带，向东延伸至卓阿布拉克以东18km，沿贝克滩复背斜核部出露，为不规则椭圆状展布，呈较大岩基产出，是区内最大的花岗岩体。出露面积超过600km²。组成岩石有灰色、灰白色粗粒、中-细粒黑云母花岗岩，含角闪石黑云母花岗岩，似斑状含角闪石黑云母花岗岩，似斑状黑云母花岗岩等。新疆地矿局（1981a）将它划归为新元古代中期第四侵入次斑状黑云母花岗岩和似斑状黑云母斜长花岗岩。现有测年资料显示该岩体为早古生代偏晚期侵入岩。陈宣华等（2001）给出该岩体西南角部分443±5Ma的锆石U-Pb年龄，本书运用锆石SHRIMP方法测得该岩体西北角（沟口泉铁矿东侧）岩体年龄为424.5±5.6Ma（图1-9f）、测得东段卓阿布拉克附近岩体年龄为439.6±3.5Ma和该岩体被卓阿布拉克断裂左行断错18km后位于卓阿布拉克南沟的岩体年龄为445.5±4.5Ma（图1-11a、b）；杨子江等（2012）测得该岩体中部和南部的锆石SHRIMP年龄为418.5±9.6Ma和410.7±11.9Ma。6个年龄数据（表1-1）明显分为两组，第一组为439.6～445.5Ma，第二组为410.7～424.5Ma，代表了该岩体的两次侵入成岩时期。值得指出的是，作者认为冰沟花岗岩岩体也是一个杂岩体，岩性比较复杂，其中似斑状黑云母花岗岩可能属于第二个期次的侵入岩，与白尖山北似斑状二长花岗岩（后文）为同一个侵入期次。

3）塔什布拉克-大平沟岩体

塔什布拉克-大平沟岩体位于成矿带中部北带，紧邻阿尔金北缘断裂带南侧，从克斯布拉克经塔什布拉克、大平沟西到大平沟一带出露，东西向延伸约45km，西宽东窄，面积约为150km²。侵位于太古宙片麻岩、长城系红柳沟组浅变质岩和寒武纪喀腊大湾组火山岩中。《1∶20万索尔库里幅区域地质调查报告》（新疆地矿局，1981b）将其划为新元古代第二期第五侵入次黑云母花岗岩。天津地质矿产研究所（2008）1∶25万石棉矿幅修测将其确定为志留纪正长花岗岩。该岩体为中酸性侵入岩，由正长花岗岩、黑云母花岗岩、花岗闪长岩等组成。本书运用锆石SHRIMP方法测得该岩体西段塔什布拉克岩体西端（克斯布拉克南侧）锆石年龄为463.0±3.0Ma（H193-1）和476.7±3.5Ma（H200-1）（图1-11c、d）。本书还运用锆石LA-ICP-MS方法测得大平沟金矿细粒钠碱性正长花岗岩（$K_2O+Na_2O=7.08\%$，$Na_2O=6.60\%$）年龄

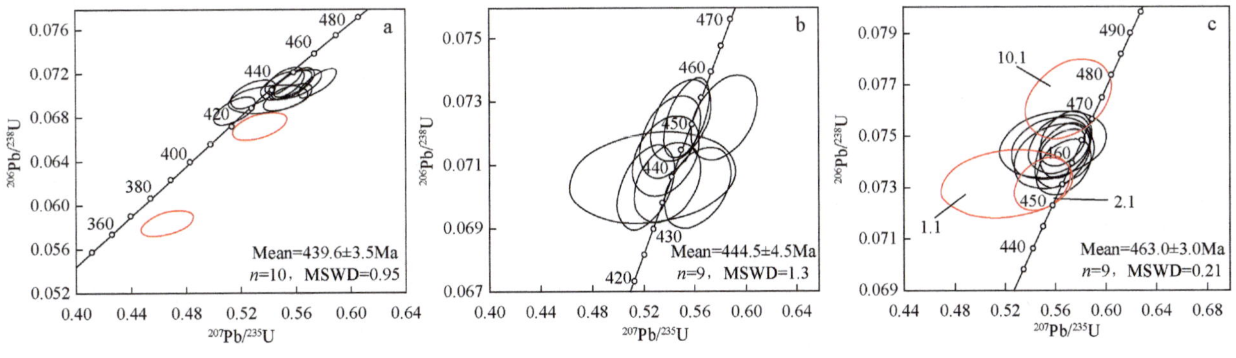

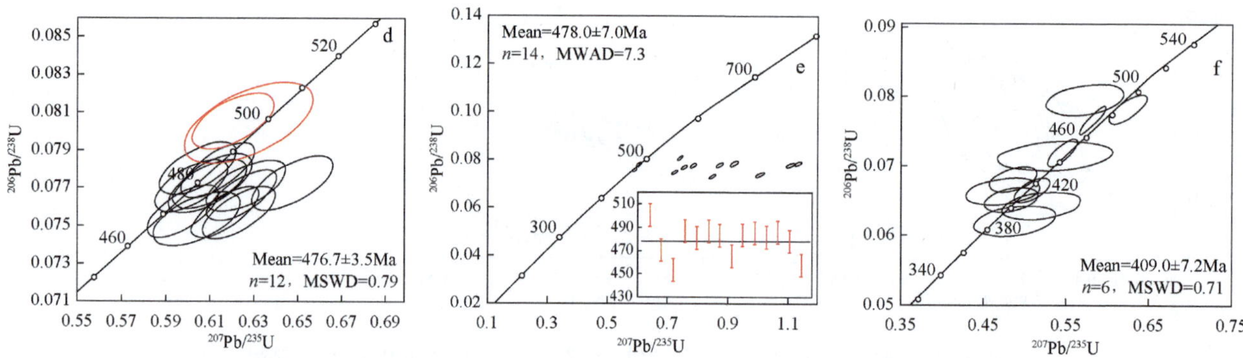

图 1-11　冰沟花岗岩岩体东段、克斯布拉克岩体和大平沟地区花岗岩锆石 SHRIMP 测年结果

a-H203-1，冰沟花岗岩体东段卓阿布拉克西沟；b-H213-1，冰沟花岗岩体东段卓阿布拉克南沟；c-H193-1，克斯布拉克岩体大平沟塔什布拉克岩体西端；d-H200-1，克斯布拉克岩体大平沟塔什布拉克岩体西端；e-K97-1，大平沟地区大平沟金矿细粒钠碱性正长花岗岩；f-K354，大平沟地区大平沟东沟粗晶钾长花岗岩

为 478.0±7.0Ma（图 1-11e）。韩凤彬等（2012）运用锆石 SHRIMP 方法测得该岩体东段大平沟岩体年龄为 477.1±4.7Ma（表 1-1）。此外杨屹等（2004）运用锆石 ID-TIMS 方法给出该岩体中东段的大平沟西岩体年龄为 485.0±10.0Ma。5 个年龄数据比较接近，代表了该岩体的成岩时代。而大平沟东沟粗晶钾长花岗岩本书测得年龄为 409.0±7.2Ma（表 1-1，图 1-11f），其与北缘地区碰撞后花岗岩相当。

4）喀腊大湾阿北岩体

喀腊大湾阿北岩体位于阿尔金成矿带中偏东部北带，在喀腊大湾沟与阿尔金北缘断裂交汇部位及其东侧，出露面积约 20km²。侵位于太古宙片麻岩、长城系红柳沟组浅变质岩和寒武系喀腊大湾组火山岩和塔什布拉克组沉积岩中。该同类岩体在冰沟花岗岩岩体内部也有零星出露。新疆地矿局（1981a，1981b）将其划为晚古生代（海西期）第二期第二侵入次黑云母花岗岩。天津地质矿产研究所（2008）1∶25 万石棉矿幅修测将其确定为奥陶纪侵入岩。该岩体为酸性侵入岩，主体由二长花岗岩组成。Gehrels 等（2003a）运用锆石 U-Pb 稀释法测得该岩体年龄为 413±5Ma（表 1-2）；韩凤彬等（2012）测得该岩体东北部分的二长花岗岩 417±5Ma 的锆石 SHRIMP 年龄（图 1-12，表 1-2）。本书运用锆石 SHRIMP U-Pb 方法测得 432.4±4.9Ma 的年龄（表 1-2，图 1-13a）。本书还运用锆石 LA-ICP-MS 方法测得该岩体年龄 418.9±3.8Ma（表 1-2，图 1-13b）；四个年龄数据比较接近（表 1-2），显示该岩体属于早古生代晚期的志留纪中晚期，代表了该岩体的成岩时代。

表 1-2　阿尔金成矿带东段中酸性侵入岩锆石测年结果

序号	样号	岩性	采样位置	年龄/Ma	测试方法/颗粒数	MSWD	数据来源
1	H293-1	似斑状二长花岗岩	阿尔金北缘	432.4±4.9	锆石 SHRIMP/9	1.9	本书
2	H25-1	花岗岩	阿尔金北缘	417.0±5.0	锆石 SHRIMP/9	1.3	本书
3	A355-1	花岗岩	阿北断裂带	418.9±3.8	LA-ICP-MS/12	2.7	本书
4		浅肉灰红色花岗岩	喀腊大湾北	413.0±5.0	锆石 ID-TIMS/5	0.33	Gehrels et al., 2003a
5	H283-1	花岗岩	7910 铁矿南	495.9±3.7	锆石 SHRIMP/12	1.08	本书
6	H139-1	花岗岩	7910 铁矿南	479.0±4.0	锆石 SHRIMP/13	1.2	本书
7	H352-2	细粒花岗岩	7914 铁矿南	488.0±5Ma	锆石 SHRIMP/13	0.66	本书
8	H70-3	石英闪长岩	八八铁矿南	477.0±4.0	锆石 SHRIMP/17	1.3	本书
9		细粒黑云母花岗岩	喀腊大湾	482.0±11.0	锆石 ID-TIMS		Gehrels et al., 2003a
10	H31-1	似斑状二长花岗岩	白尖山东	431.0±4.0	锆石 SHRIMP/12	1.6	本书

续表

序号	样号	岩性	采样位置	年龄/Ma	测试方法/颗粒数	MSWD	数据来源
11	H272-1	片麻状花岗闪长岩	7910 铁矿北	506.2±2.3	锆石 SHRIMP/13	1.5	本书
12	K139-1	黑云母花岗闪长岩	4337 高地北	475.0±9.0	LA-ICP-MS/15	13	本书
13	H233-1	闪长岩	卡拉塔格	457.3±6.5	锆石 SHRIMP/7	1.6	本书
14				431.4±3.4	锆石 SHRIMP/8	1.07	本书
15	H225-3	闪长岩	卡拉塔格南	467.5±6.5	锆石 SHRIMP/9	1.6	本书
16	K411-1	灰色黑云母花岗岩	喀腊大湾西沟	449.0±3.0	锆石 SHRIMP/10	1.3	本书
17	H262-1	细粒闪长岩	八八铁矿沟口北	472.5±7.4	锆石 SHRIMP/6	1.4	本书
18	K262-1	花岗闪长岩	喀腊达坂	494.4±5.5	锆石 SHRIMP/12	0.62	本书
19	H03-1	片麻状花岗岩	阿北银铅矿	514.0±6.0	锆石 SHRIMP/9	0.96	本书
20	A69-1	灰白色花岗岩	更新沟北侧沟	497.0±4.0	锆石 SHRIMP/9	1.8	本书
21				465.6±5.9	锆石 SHRIMP/4	0.77	本书
22	A69-2	浅肉红色花岗岩	更新沟北侧沟	486.4±4.3	锆石 SHRIMP/9	0.56	本书
23	K272	糜棱质闪长岩	阿北变形带	478.1±2.4	LA-ICP-MS/17	0.27	本书
24	A231-1	次花岗斑岩	阿北银铅矿北侧	1866.0±8.0	LA-ICP-MS/19	0.03	本书
25	A233-1	钾长花岗岩	阿北银铅矿北侧	2524.0±28.0	LA-ICP-MS/9	2.1	本书
26				1930.0±14.0	LA-ICP-MS/6	0.12	本书
27	A233-2	二长花岗岩	阿北银铅矿北侧	1843.0±5.0	LA-ICP-MS/16	0.03	本书
28	H258-1	片麻状花岗闪长岩	7918 铁矿南侧	1366.0+/-5.0	锆石 SHRIMP/9	0.82	本书

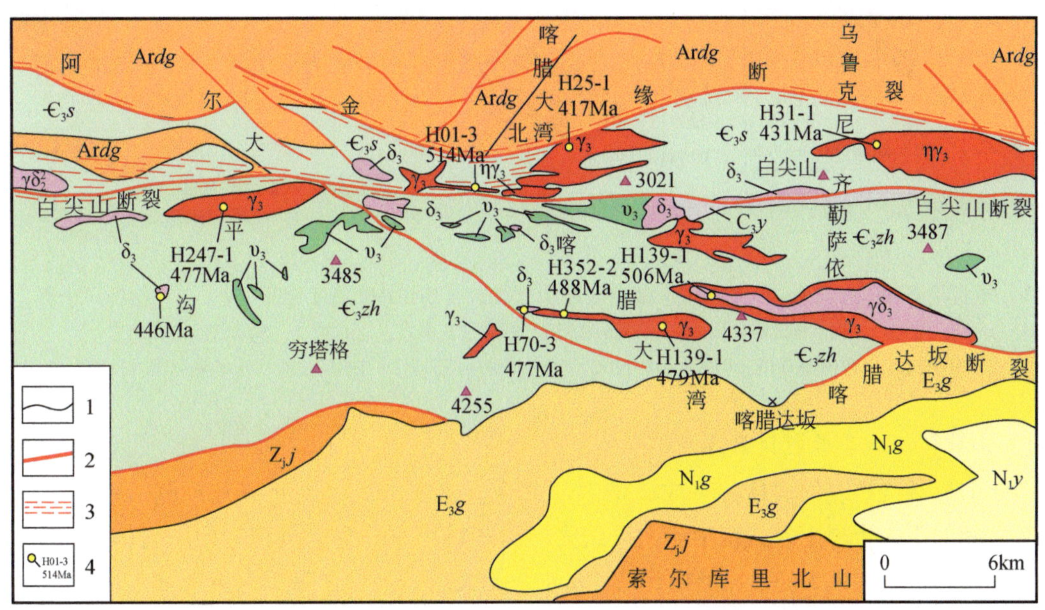

图1-12 阿尔金成矿带东段喀腊大湾地区地质构造及侵入岩年龄分布图

N_1y-中新统下油砂山组；N_1g-中新统上干柴沟组；E_3g-渐新统下干柴沟组；C_3y-上石炭统因格布拉克组；$Є_3s$-斯米尔布拉克组；$Є_3zh$-卓阿布拉克组；Z_jj-金雁山组；Ardg-太古宇达格拉格布拉克组；$γδ_2^2$-元古宙花岗闪长岩；$υ_3$-早古生代辉长岩；$δ_3$-早古生代闪长岩；$γδ_3$-早古生代花岗闪长岩；$γ_3$-早古生代花岗岩；$ηγ_3$-早古生代似斑状二长花岗岩；1-地质界线；2-断裂；3-韧脆性变形带；4-锆石 SHRIMP 年龄及采样点

5）八八铁矿-7910铁矿带南中酸性杂岩体

该杂岩体位于成矿带中偏东部南带，出露于喀腊大湾沟八八铁矿-7910铁矿带南侧，呈东西向长条状展布，东西向长约12km，东段较宽，为1.5～2.0km，中西段为0.8～1.4km，出露面积约为16km²，由7910铁矿南花岗岩体（原1∶20万地质图填出）、7918铁矿-7914铁矿南细粒钾长花岗岩和八八铁矿南石英闪长岩（两者均由1∶1万铁矿区地质图填出）等组成。侵位于下古生界上寒武统喀腊大湾组火山岩和塔什布拉克组沉积岩中。新疆地矿局（1981b）1∶20万区域地质调查填出7910铁矿南花岗斑岩体，将其划为晚古生代第二期第二侵入次花岗斑岩，天津地质矿产研究所（2008）1∶25万石棉矿幅修测将其确定为奥陶纪花岗闪长岩。该岩体为中酸性侵入杂岩体，由正长花岗岩、花岗闪长岩、石英闪长岩等组成。韩凤彬等（2012）测得该杂岩带西段八八铁矿南石英闪长岩477.0±4.0Ma、中西段7914铁矿南细粒钾长花岗岩488.0±5.0Ma和东段7910铁矿南花岗岩479.0±4.0Ma的锆石SHRIMP年龄（图1-13c、e、f）。本书补充测定7910铁矿南花岗岩495.9±3.7Ma的锆石SHRIMP年龄（图1-13d）。Gehrels等（2003）运用锆石U-Pb稀释法测得该杂岩带东段花岗岩年龄为482.0±11.0Ma；上述五个年龄数据比较接近（表1-2），属于早古生代奥陶纪，代表了该岩体的成岩时代。

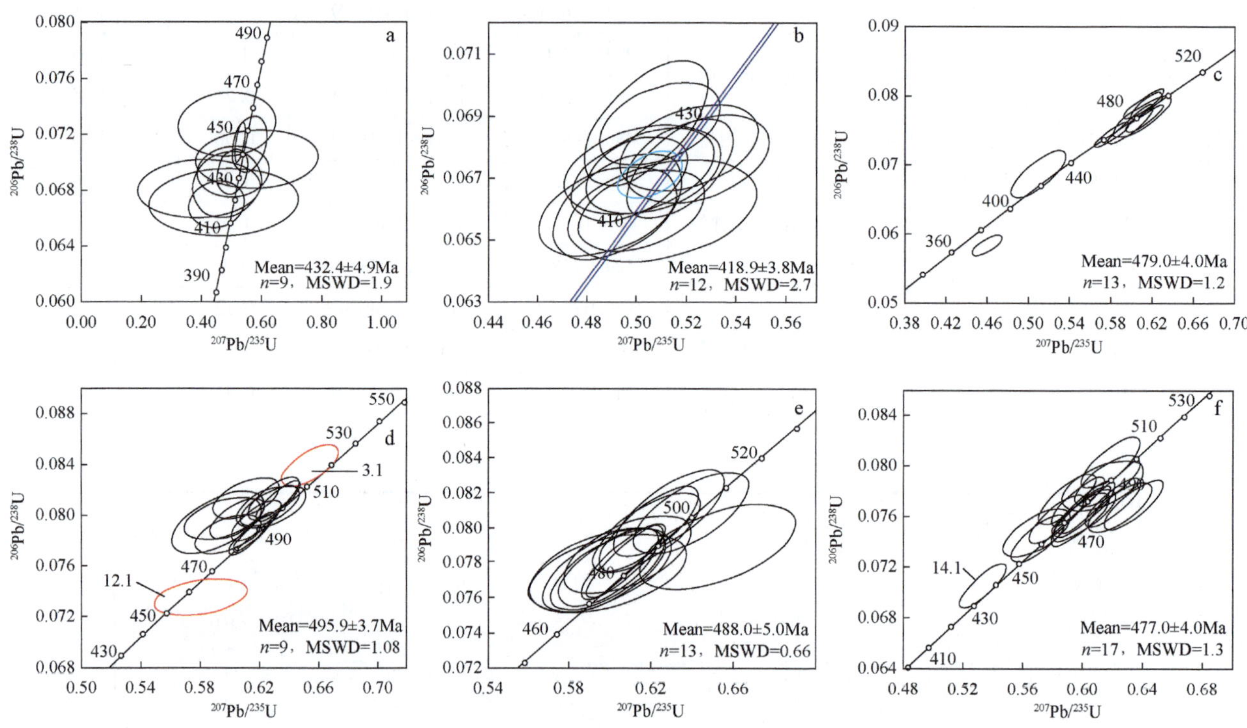

图1-13　阿北花岗岩体和八八-7910铁矿带南中酸性杂岩体锆石SHRIMP测年结果（c、e、f据韩凤彬等，2012）

a-H293-1，阿尔金北缘花岗岩；b-A355-1，阿北断裂带花岗岩；c-H139-1，7910铁矿南花岗岩；d-H283-1，7910铁矿南花岗岩；e-H352-2，7914铁矿南花岗岩；f-H70-3，八八铁矿南石英闪长岩

6）白尖山北似斑状二长花岗岩体

白尖山北似斑状二长花岗岩体位于成矿带东部北带，出露于白尖山北侧及东侧，阿尔金北缘断裂与白尖山断裂之间的下古生界上寒武统喀腊大湾组火山岩和塔什布拉克组沉积岩中。岩体呈近东西向展布，东西长约12km，宽3.0～4.5km，出露面积约48km²。同类岩石向西在喀腊大湾阿北岩体南侧也有零星出露。新疆地矿局（1981b）将其划为晚古生代（海西期）第二期第二侵入次黑云母花岗岩（外圈）和花岗闪长岩（内圈）。天津地质矿产研究所（2008）1∶25万石棉矿幅修测将其确定为奥陶纪花岗闪长岩。该岩体为酸性侵入岩，主体为似斑状（钾长石斑晶可达4～6cm）二长花岗岩。韩凤彬等（2012）测得该岩体似斑状二长花岗岩431.0±4.0Ma的锆石SHRIMP年龄（表1-2）。该年龄数据显示该岩体属于早古生代晚期的志留纪早中期，代表了该岩体的成岩时代。

7）4337高地北中酸性杂岩体

4337高地北中酸性杂岩体位于成矿带东部南带，出露于喀腊大湾7910铁矿北-4337高地以北及其以东一带，呈北西西向延伸，长约15km，西窄东宽，西段宽1.0～2.5km，中东段为3.0～4.5km，岩体为小型岩株，出露面积约52km²，由7910铁矿北花岗闪长岩体（原1∶20万地质图岩体主体）、4337北黑云母花岗岩和白尖山东沟南花岗岩等组成。侵位于下古生界上寒武统喀腊大湾组火山岩和塔什布拉克组沉积岩中。其中7910铁矿北花岗闪长岩体具有韧脆性变形片麻状构造。新疆地矿局（1981b）1∶20万区域地质调查将该岩体内圈划为晚古生代第二期第二侵入次花岗闪长岩，外圈划为晚古生代第二期第二侵入次黑云母花岗岩；天津地质矿产研究所（2008）1∶25万石棉矿幅修测将其确定为奥陶纪侵入岩。韩凤彬等（2012）测得该杂岩带西段7910铁矿北片麻状花岗闪长岩体506.2±2.3Ma的锆石SHRIMP年龄（图1-14a，表1-2）。本书运用LA-ICP-MS方法测得白尖山东沟南黑云母花岗闪长岩（$K_2O+Na_2O=7.15\%$，$SiO_2=67.00\%$）年龄为475.0±9.0Ma（图1-14b，表1-2）。两个年龄数据存在明显差异，结合宏观上片麻状构造的发育特点，可以认为属于两期侵入岩，分别为寒武纪末期和奥陶纪中期。

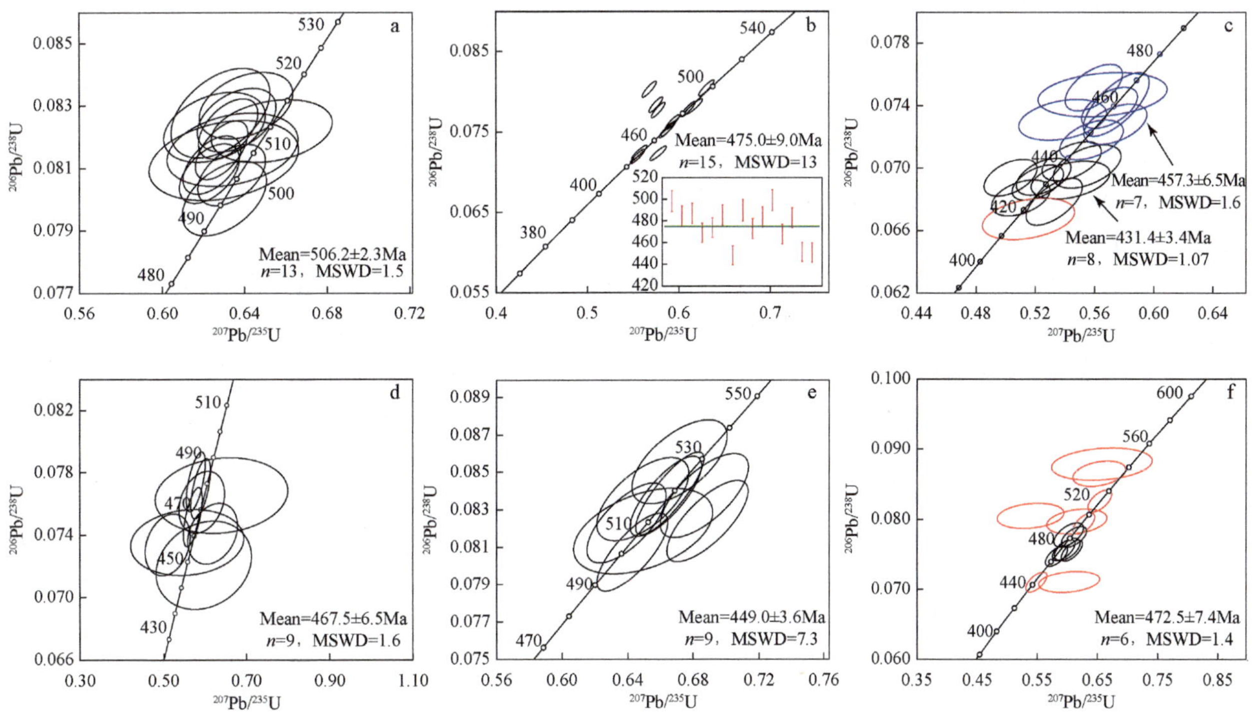

图1-14　喀腊大湾地区中酸性侵入岩锆石SHRIMP U-Pb测年结果（其中a据陈柏林等，2012）

a-H272-1，4337高地北西段（7910铁矿北）片麻状花岗闪长岩；b-K139-1，4337高地北花岗闪长岩；c-H233-1，卡拉塔格闪长岩；d-H225-3，卡拉塔格南闪长岩；e-K411-1，喀腊大湾西沟灰色黑云母花岗岩；f-H262-1，八八铁矿沟口北细粒闪长岩

8）卡拉塔格闪长岩体与喀腊大湾西沟花岗岩体

卡拉塔格闪长岩体位于大平沟中南段的卡拉塔格及其以南，呈出露面积很小的小岩体出现，长约0.8km，宽0.6km，出露面积约为0.5km²。新疆地矿局（1981b）1∶20万区域地质调查将该岩体内圈划为晚古生代第二期第二侵入次的闪长岩。本书运用锆石SHRIMP U-Pb方法测得卡拉塔格闪长岩457.3±6.5Ma和431.4±3.4Ma的年龄，测得卡拉塔格南闪长岩467.5±6.5Ma的年龄（图1-14c、d，表1-2）。同时，喀腊大湾西沟出露灰色黑云母花岗岩，本书运用锆石SHRIMP U-Pb方法测得其年龄为449.0±3.0（表1-2，图1-14e）；在喀腊大湾中段的八八铁矿沟口北侧1.5km西侧，出露一套细粒闪长岩，侵入到一套上层朝北的沉积岩系中，其锆石SHRIMP U-Pb年龄为472.5±7.4Ma（表1-2，图1-14f）。

9）更新沟花岗岩体

该岩体位于成矿带东端南带，出露于拉配泉西侧的更新沟一带，构造上位于阿尔金走滑断裂带与喀腊达坂断裂交汇部位的西北侧。呈东西向延伸，长约7.5km，宽1.5～2.0km，出露面积约13km²。野外调查发现主要由粉红色花岗岩和灰白色花岗岩组成，按青海地质矿产局（1981）1∶20万俄博梁幅地质图其侵位于拉配泉群第二岩性段（火山岩段）中，按天津地质矿产研究所（2008）修测 1∶25 万地质图，其侵位于上寒武统喀腊大湾组火山岩中。岩体南侧被喀腊达坂断裂东段断错，东南角被阿尔金走滑断裂断错。按青海地质矿产局（1981）1∶20 万俄博梁幅区域地质调查将该岩体内圈划为早中生代印支期第二侵入次斑状二长花岗岩（$\pi\eta\gamma_5^{1b}$）。本书对其进行测年研究，其中灰白色花岗岩的锆石 SHRIMP 年龄为 497.0±4.0Ma 和 465.0±5.9Ma，粉红色花岗岩的锆石 SHRIMP 年龄为 486.4±4.3Ma（表 1-2，图 1-15a、b）。说明该岩体为早古生代奥陶纪，属同碰撞期侵入岩。

区内还有一些可能属于早古生代（加里东期）的中酸性侵入岩，如贝克滩北花岗闪长岩体，杨子江等（2012）获得 481.5±5.3Ma 的锆石 SHRIMP 年龄；阿北银铅矿片麻状钾长花岗岩，韩凤彬等（2012）测得锆石 SHRIMP 年龄为 514.0±6.0Ma（表 1-2）。其他中酸性侵入岩体由于目前没有确切的测年数据，不再细述。

2. 其他时代中酸性侵入岩

1）元古宙中酸性侵入岩

元古宙中酸性侵入岩主要侵位于阿尔金北缘断裂以北的太古宇深变质岩中，且主要分布于研究区中东段的喀腊大湾沟口至东北角的克孜乐·塔斯·苏一带，主要有正长花岗岩、花岗闪长岩、闪长岩、石英正长岩、英云闪长岩等，岩石普遍发生变质作用，具有片麻状构造。片麻理产状与围岩一致，呈北西-北北西走向。

本书运用 LA-ICP-MS 方法，测得喀腊大湾沟阿北银铅矿北侧的次花岗斑岩年龄为 1866.0±8.0Ma，测得钾长花岗岩年龄为 2524.0±28.0Ma 和 1930.0±14.0Ma，测得二长花岗岩年龄为 1843.0±5.0Ma（表 1-2，图 1-15c～e）。在 7918 铁矿-7915 铁矿南侧，发育一套中粗粒片麻状花岗闪长岩，岩体呈窄长条带状产出，侵位于含铁中基性火山岩中，锆石 SHRIMP U-Pb 测年结果显示上交点年龄为 1366.0±5.0Ma（表 1-2，图 1-15f）。

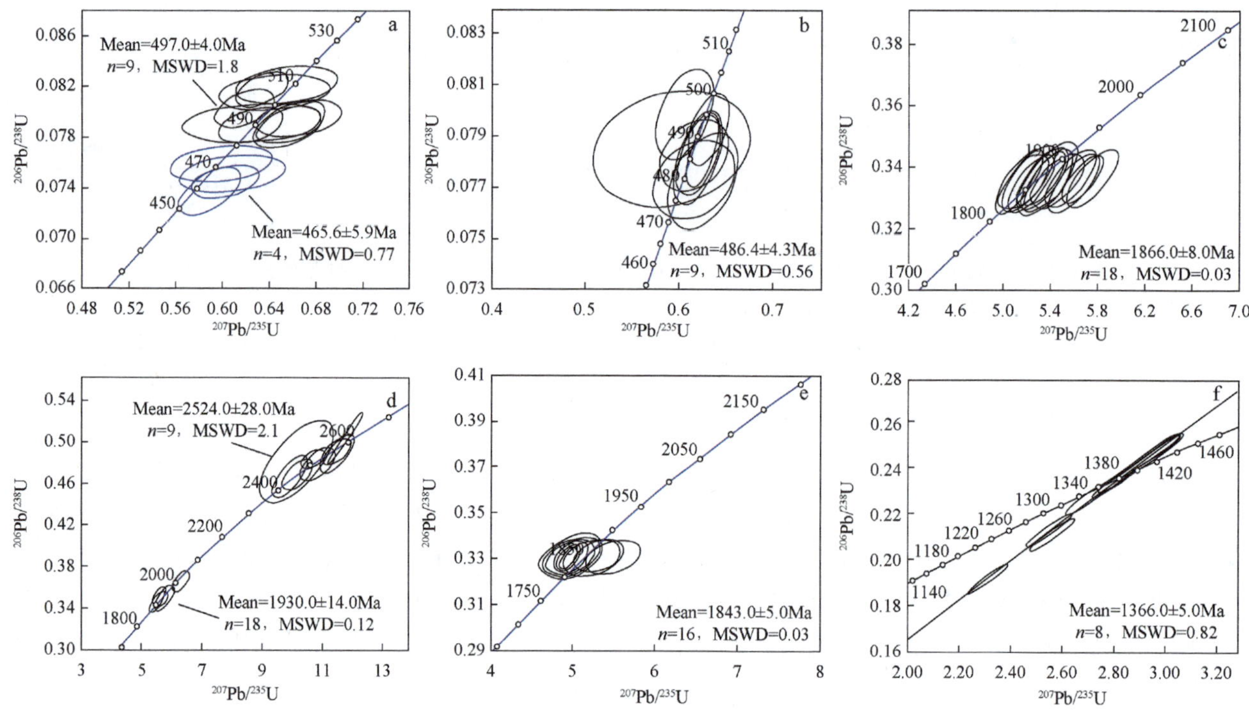

图 1-15　拉配泉更新沟花岗岩和元古宙花岗岩锆石 SHRIMPU-Pb 方法测年结果

a-A69-1，拉配泉更新沟灰白色花岗岩；b-A69-2，拉配泉更新沟粉红色花岗岩；c-A231-1，阿北银铅矿北侧次花岗斑岩；d-A233-1，阿北银铅矿北侧钾长花岗岩；e-A233-2，阿北银铅矿北侧二长花岗岩；f-H258-1，7918 铁矿南侧片麻状花岗闪长岩

2）晚古生代（海西期）中酸性侵入岩

海西期中酸性侵入岩主要出露在阿尔金走滑断裂南东侧的青新交界一带。以花岗闪长岩、闪长岩为主，有少量二长花岗岩、钾长花岗岩，岩石化学分析表明该期的侵入岩大致沿钙碱系造山花岗岩演化线分布，具有地台活化区花岗岩浆特征。

3）中生代（燕山期）

中生代（燕山期）中酸性侵入岩较少，仅在研究区东侧边缘中北部的塔什布拉克西侧分布，岩性为正长花岗岩，侵位于寒武系喀腊大湾组火山岩和塔什布拉克组沉积岩和早古生代中酸性侵入岩中。

1.3.2 基性-超基性侵入岩

基性-超基性侵入岩主要分布在阿尔金成矿带北侧的红柳沟-拉配泉蛇绿岩带之中。主要呈小岩株或微小岩体断续状、串珠状产出。在空间分布上具有一定的规律性，西段红柳沟-恰什坎萨依一带，基性岩与超基性岩伴生产出；中段恰什坎萨依-卓阿布拉克北一带，主要出露规模较大基性侵入岩；而东段的白尖山-塔什布拉克北侧，主要是零散出露超基性侵入岩。

1）基性侵入岩

规模较大的基性侵入岩位于红柳沟一带和卓阿布拉克北。岩性为辉长岩，侵位于长城系、蓟县系浅变质岩中，在冰沟一带基性侵入岩又被早古生代晚期中酸性侵入岩侵位或与后者呈断裂接触关系。新疆地矿局（1981a）将其划为新元古代第二期第五侵入次辉长岩。杨经绥等（2008）最新给出了红柳沟蛇绿混杂岩带中堆晶辉长岩的锆石SHRIMP年龄为479.4±8.5Ma，这一年龄数据与同一蛇绿混杂岩带中的贝克滩玄武岩的Sm-Nd全岩等时线年龄（524Ma）（刘良等，1998）和恰什坎萨依沟的枕状玄武岩TEMS单颗粒锆石U-Pb年龄（448.0±3.0Ma）（修群业等，2007）虽然存在一定的差异，但是代表了早古生代基性-超基性构造岩浆活动序列。

本书作者在研究过程中，于2012年野外工作期间在喀腊大湾地区发现了堆晶辉长岩。该堆晶辉长岩位于喀腊大湾八八铁矿沟口北侧1.5km的东侧叉沟中，沿白尖山断裂带南侧也有发育，其北侧侵位于阿北银铅矿片麻状花岗岩体（514±6Ma）东延部分，其南侧与一套由砾岩、砂砾岩、砂岩、粉砂岩、泥岩组成的沉积岩系呈断层接触关系。堆晶辉长岩与枕状玄武岩呈互层状产出，堆晶辉长岩有伟晶结构和粗晶结构两类，伟晶结构堆晶辉长岩中的辉石和斜长石晶体可达10～30mm（图1-16a～c），粗晶结构辉长

图1-16 喀腊大湾地区堆晶辉长岩

岩中的辉石和斜长石晶体一般为 2～5mm（图 1-16d、e），两种结构的辉长岩呈不规则状过渡关系（图 1-16f）。本书对喀腊大湾地区堆晶辉长岩进行了测年研究，运用锆石 SHRIMP U-Pb 方法测得伟晶结构辉长岩年龄为 515. 5±7. 9Ma（表 1-3，图 1-17a），同时获得喀腊大湾地区另外两个样品初步年龄，即粗晶结构辉长岩（K432-1）为 513. 6±3. 1Ma 和中细粒结构辉长岩（K482-1）为 478. 0～517. 0Ma（表 1-3）。

同时，本书在阿尔金成矿带西段红柳沟、斯米尔布拉克等地对不同特征的辉长岩开展测年研究，获得红柳沟南侧细粒辉长岩锆石 SHRIMP 年龄为 499. 0±10. 0Ma，红柳沟剖面含钾长石辉长岩锆石 LA-ICP-MS 年龄为 511. 8±3. 8Ma，斯米尔布拉克中粒结构辉长岩锆石 SHRIMP 年龄为 508. 1±2. 9Ma（表 1-3，图 1-17b、c、d）。

表 1-3　阿尔金成矿带中基性侵入岩锆石测年结果统计

序号	样号	岩性	采样位置	年龄/Ma	测试方法/颗粒数	MSWD	数据来源
1	K432-1	粗晶结构辉长岩	喀湾东一叉沟	513. 6±3. 1	锆石 SHRIMP/16	0. 96	本书
2	K432-2	伟晶结构辉长岩	喀湾东一叉沟	515. 5±7. 9	锆石 SHRIMP/7	0. 56	本书
3	K482-1	中细粒结构辉长岩	喀湾东一叉沟口	478. 0～517. 0	锆石 SHRIMP/12		本书
4	A48-1	细粒辉长岩	红柳沟南淡水沟	499. 0±10. 0	锆石 SHRIMP/6	0. 69	本书
5	A109-1	辉长岩	斯米尔北沟	508. 1±2. 9	锆石 SHRIMP/8	0. 91	本书
6	A338-1	含钾长石辉长岩	红柳沟剖面 2	511. 8±3. 8	LA-ICP-MS/13	1. 6	本书
7		堆晶辉长岩	红柳沟	479. 4±8. 5	锆石 SHRIMP/11	0. 50	杨经绥等，2008
8	H264-1	细粒辉长岩	八八铁矿北	458. 1±5. 4	锆石 SHRIMP/5	1. 6	本书
9	H358-1	变形辉长岩	喀腊大湾铜锌矿东	756. 0±12. 0	锆石 SHRIMP/6	1. 7	本书

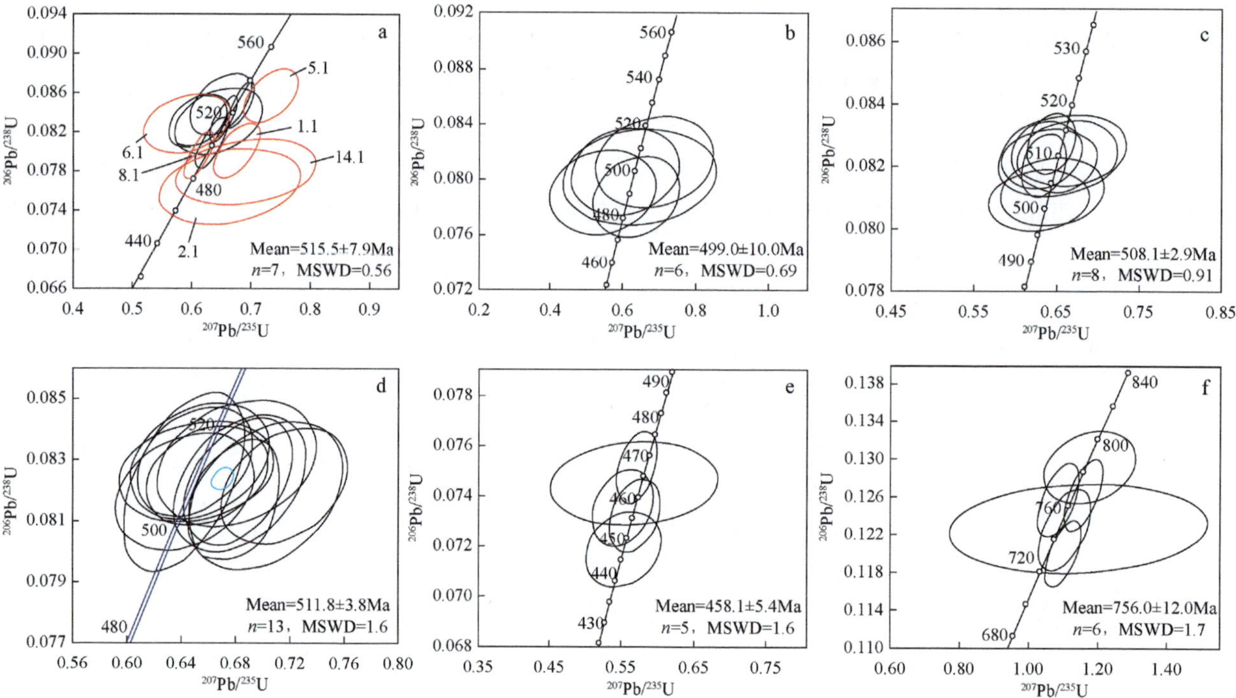

图 1-17　阿尔金成矿带中基性、基性侵入岩锆石 SHRIMP U-Pb 方法测年结果

a-K432-2，喀腊大湾东一叉沟伟晶结构辉长岩；b-A48-1，红柳沟南淡水沟细粒辉长岩；c-A109-1，斯米尔布拉克北沟辉长岩；d-A338-1，红柳沟含钾长石辉长岩；e-H264-1，八八铁矿北辉长岩；f-H358-1，喀腊大湾铜锌矿东变形辉长岩

这些测年结果数据非常接近，在 499. 0～516. 0Ma，说明不管是阿尔金成矿带东段的喀腊大湾地区还是西段的红柳沟地区，代表洋壳残留的堆晶辉长岩具有同时代特点。与其他枕状玄武岩及碰撞前、同碰

撞中酸性侵入岩、火山岩构成完整的沟弧盆岩浆演化序列。

此外，本书对侵位于该处辉长岩南侧的沉积岩系中的细粒闪长岩运用锆石 SHRIMP U-Pb 方法进行了测年，测年结果为458.1±5.4Ma（图1-17e）。另外，在喀腊大湾铜锌矿东段，测得变形辉长岩年龄为756.0±12.0Ma（图1-17f）。

2）超基性侵入岩

超基性侵入岩位于红柳沟-恰什坎萨依一带和白尖山-塔什布拉克北侧一带，西段红柳沟-恰什坎萨依一带侵位于长城系、蓟县系浅变质岩中，东段白尖山-塔什布拉克卓一带侵位于寒武系喀腊大湾组火山岩和塔什布拉克组沉积岩中，并与太古宇片麻岩、早古生代中酸性侵入岩、石炭系沉积岩呈断层接触关系。主要岩性为橄榄岩、辉石橄榄岩、橄榄辉石岩，岩石大多数发生强烈的蛇纹石化。这些基性-超基性侵入岩被认为是蛇绿混杂岩的组成部分（郭召杰等，1998）。

1.3.3　火山岩

区内火山岩比较发育，分布广泛，有多个时代。新疆地矿局（1981a，1981b）1∶20万区域地质报告确定为太古宙、元古宙两个主要时期，西段红柳沟-卓阿布拉克一带含较多火山岩的地层划归为长城系巴什考供群、蓟县系塔昔达坂群。而青海地质矿产局（1981）将研究区东段（拉配泉一带）含火山岩的地层划归为奥陶系拉配泉群；王小凤等（2004）依据 Gehrels 等（2003b）在红柳沟和卡拉塔格两地沉积岩（砂岩）中的两个碎屑锆石的年龄（分别为482Ma和487Ma）将红柳沟-拉配泉一带的大面积包含火山岩的中元古界划归为奥陶系，但是缺少火山岩的直接年龄数据。天津地质矿产研究所（2008）依据在喀腊大湾西沟流纹英安岩的锆石 SHRIMP 年龄503±14Ma将图幅区内（阿克达坂以东的）含火山岩地层（原为蓟县系塔昔达坂群卓阿布拉克组）划归为寒武系—奥陶系拉配泉群。本书对喀腊大湾地区火山岩开展了年代学研究，获得中基性火山岩517±7Ma的锆石 SHRIMP 年龄，也获得中酸性火山岩477～488Ma的锆石 SHRIMP 年龄，进一步确认早古生代火山岩的存在。因此，研究区火山岩存在三个时期，即太古宙、元古宙和早古生代。

1. 早古生代火山岩

早古生代是阿尔金成矿带火山岩最为发育的时期，由于地处红柳沟-拉配泉早古生代裂谷区，火山活动强烈，各类火山岩均有出露。依据新疆第一区调队提供的地质底图，早古生代火山岩主要分布于大平沟及其以东地区，划归为寒武系喀腊大湾组。岩石化学显示以中基性和中酸性两个端元出现较多，呈现双峰式特点。

1）中基性火山岩

中基性火山岩是喀腊大湾复向斜寒武系喀腊大湾组的主要火山岩类型，从空间分布上，在复向斜北翼寒武系喀腊大湾组中基性火山岩相对更多。主要岩性有玄武岩，局部为含辉石斑晶玄武岩，特别是在大平沟西侧出露比较多的辉斑玄武岩。

区内中基性火山岩一部分具有海底喷发特点，发育非常典型的枕状构造，在拉配泉、喀腊大湾和恰什坎萨依地区均可见到（图1-18）。

作者前期对喀腊大湾八八铁矿沟口一带的中基性火山岩剖面进行了较详细的研究，该剖面出露比较完整，宽度为4.0km。沉积岩夹层及其沉积韵律特征显示南侧为下部层位，北侧为上部层位。剖面中段中基性火山岩层出露宽度约为3.1km，岩性以玄武岩为主，部分为略偏中性的安山质玄武岩和安山岩，夹少量中酸性火山岩；剖面南段为一倒转不整合砾岩层覆盖于其南侧的灰黑色泥岩、粉砂岩及泥灰岩夹灰岩透镜体之上，剖面北段玄武岩被一套厚度为156m的沉积岩系不整合覆盖，依次出露砾岩、含砾砂岩、粗砂岩、细砂岩、粉砂岩、泥岩及泥灰岩。岩层产状为近东西走向，近于直立或向北、向南陡倾（图1-19a）。

为了确定本区中基性火山岩的时代，作者对该剖面的中基性火山岩开展了锆石 SHRIMP 测年研究。为便于挑选锆石单矿物，测年样品采于中基性火山岩层中的偏中性、相对结晶稍粗的部位。样品为灰黑-暗灰绿色，镜下观察为微晶等粒结构。矿物成分：斜长石含量为70%～75%，粒径0.2～0.4mm居多，自形

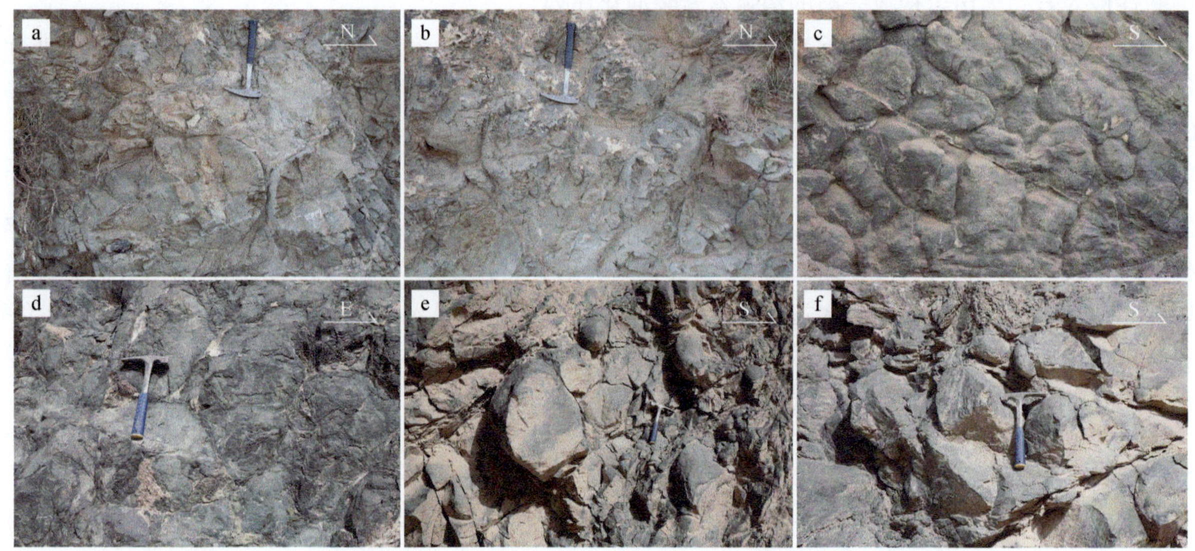

图 1-18　阿尔金成矿带玄武岩枕状构造特征

a、b-拉配泉地区；c、d-喀腊大湾地区；e、f-恰什坎萨依地区

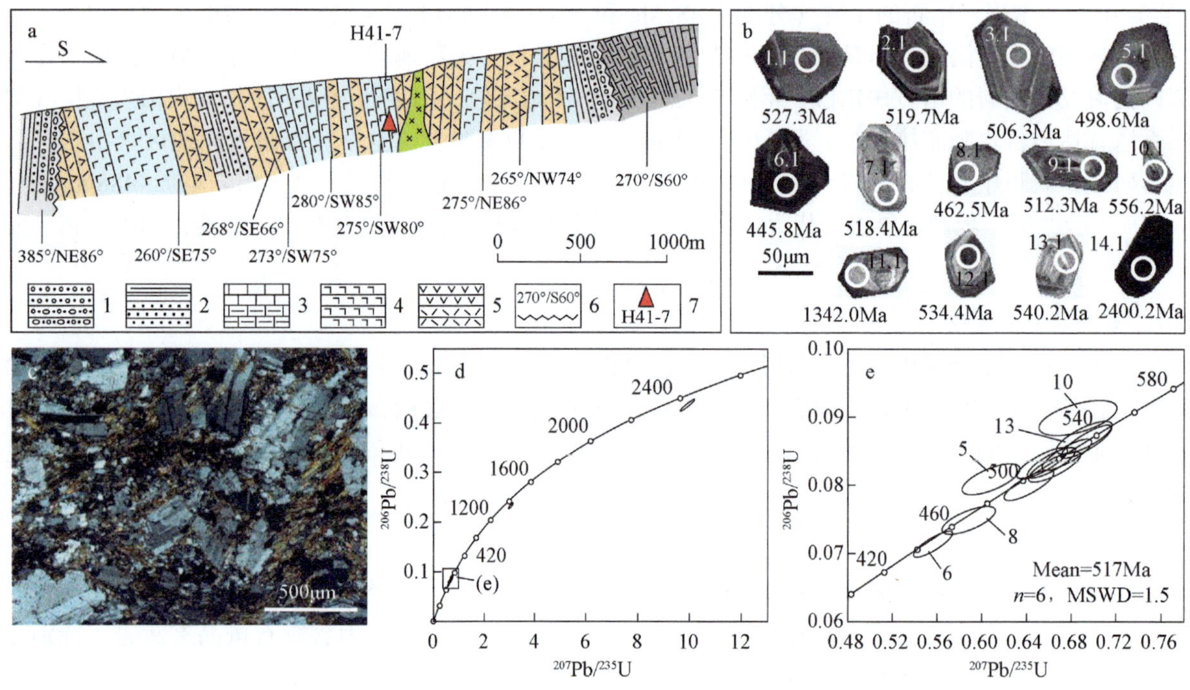

图 1-19　喀腊大湾八八铁矿沟口中基性火山岩及其年龄

a-中基性火山岩沉积岩剖面图（1-砾岩及含砾砂岩；2-粉砂岩及泥岩；3-灰岩及泥灰岩；4-玄武岩；5-流纹岩及安山岩；6-角度不整合及岩层产状；7-样品位置）；b-测年火山岩锆石阴极发光图像；c-测年样品显微结构照片；d-全部测点谐和曲线；e-除 11.1 和 14.1 之外测点谐和曲线

板状，长条状；辉石+角闪石含量为 25%~30%，粒径 0.05 ~0.1mm 居多，短柱状、粒状；长条状斜长石构成近三角形格架，辉石颗粒充填其间，构成典型的微晶闪长-辉（长）绿结构（图 1-19c）。其中锆石颗粒较小，为 0.02 ~0.06mm。

用常规方法将岩石样品粉碎至约 300μm，经磁法和密度分选后，淘洗，挑纯。由于中基性火山岩锆石不仅含量低，而且颗粒也细小，5 个中基性火山岩样品中只有 1 个样品挑选出了 51 个单颗粒锆石。然后将锆石样品和标样（TEM）一起用环氧树脂固定于样品靶上。样品靶表面经研磨抛光，直至锆石新鲜截面露出。对靶上锆石进行镜下反射光、透射光照相（图 1-19b）后，进行阴极发光（Cathodo Luminescene，CL）分析，再进行镀金以备分析（宋彪等，2002）。SHRIMP U-Pb 年龄测试数据通过在北京离子探针中心的网络虚拟实验室SHRIMP远程共享控制系统（SHRIMP Remote Operation System，SROS）远程控制位于澳大利亚科廷大学（Curtin University）的SHRIMPⅡ获得，数据通过Internet网络实现传输，依据Compston等（1984，1992）和William（1998）与Williams和Claesson（1987）以及William等（1996）的分析流程和原理，采用跳峰扫描，记录ZrO^+、$^{204}Pb^+$、背景值、$^{207}Pb^+$、$^{208}Pb^+$、U^+、Th^+、ThO^+和UO^+9个离子束峰，每7次扫描记录一次平均值。一次离子流为4.0nA，加速电压约10kV的O^{-2}，样品靶上的离子束斑直径为25~30μm，质量分辨率约5000（1%峰高）。应用澳大利亚地质调查局标准锆石TEM（417Ma）进行元素间的分馏校正。应用澳大利亚国立大学地学院参考锆石M257（年龄417Ma，U含量840×10^{-6}）标定所测锆石的U、Th和Pb含量。分析时每测3~4次样品后测定一次标样（TEM），以控制仪器的稳定性和离子计数统计的精确性。数据处理采用Ludwig（2001，2003）的ISOPLOT及SQUID 1.02程序，数据处理时尽量避免系统误差（Stacey and Kramers，1975；宋彪等，2006）。表1-4列出主要测试结果，并给出^{204}Pb和^{208}Pb两种普通铅校正的年龄结果。表1-4中所列单个数据点的误差均为1σ，加权平均年龄具95%的置信度。本书使用^{208}Pb校正的结果（也满足U含量要大于等于Th含量的条件，表1-4中为$^{232}Th/^{238}U$绝大部分小于等于1）。

表1-4　阿尔金喀腊大湾地区玄武岩锆石SHRIMP U-Pb分析结果

测点	^{206}Pbc /%	$U/10^{-6}$	$Th/10^{-6}$	$^{232}Th/^{238}U$	$^{206}Pb^*/10^{-6}$	总$^{238}U/^{206}Pb$	总$^{207}Pb/^{206}Pb$	$^{206}Pb/^{238}U$	$^{207}Pb/^{206}Pb$	$^{206}Pb/^{238}U$ 年龄①/Ma	误差（1σ）	$^{206}Pb/^{238}U$ 年龄②/Ma	误差（1σ）
1.1	0.09	715	683	0.99	52.0	11.82	0.05871	0.0845	0.05798	523.0	±9.1	527.3	±10.7
2.1	0.18	1598	1669	1.08	115	11.98	0.05913	0.0833	0.05763	515.8	±8.9	519.7	±10.6
3.1	0.27	559	378	0.70	38.9	12.33	0.05678	0.0809	0.05460	501.3	±8.8	506.3	±9.9
5.1	0.10	678	459	0.70	46.6	12.49	0.05904	0.0800	0.05821	496.2	±8.8	498.6	±9.9
6.1	0.35	3232	4405	1.01	199	13.97	0.05942	0.0713	0.05657	444.2	±7.6	445.8	±9.8
7.1	0.16	534	439	0.85	38.3	11.99	0.05826	0.0832	0.05697	515.4	±9.1	518.4	±10.5
8.1	0.90	1737	726	0.43	113	13.24	0.06433	0.0749	0.05700	465.4	±8.1	462.5	±8.7
9.1	0.03	717	544	0.78	51.0	12.08	0.05852	0.0827	0.05831	512.4	±8.9	512.3	±10.1
10.1	0.45	555	367	0.68	43.0	11.07	0.05904	0.0899	0.05530	555.1	±9.9	556.2	±11.1
11.1	0.05	560	169	0.31	112	4.308	0.09559	0.2320	0.09517	1345.1	±21.9	1342.0	±22.9
12.1	0.06	740	180	0.25	55.0	11.56	0.05866	0.0865	0.05817	534.5	±9.3	534.4	±9.7
13.1	0.10	672	502	0.77	50.3	11.48	0.05841	0.0870	0.05761	538.0	±9.4	540.2	±10.7
14.1	0.09	631	186	0.30	236	2.291	0.16559	0.4360	0.16478	2332.8	±35.1	2400.2	±35.9

注：误差为1σ；Pbc和Pb^*分别代表普通铅和放射成因铅，下同；$^{206}Pb/^{238}U$年龄①为假设$^{206}Pb/^{238}U$-$^{204}Pb/^{232}Th$年龄谐和校正普通铅获得，$^{206}Pb/^{238}U$年龄②为假设$^{206}Pb/^{238}U$-$^{208}Pb/^{232}Th$年龄谐和校正普通铅获得。

共分析了13个锆石颗粒，11个颗粒的分析结果在谐和图上比较接近，其中6个颗粒的分析结果在谐和图上组成密集的一簇（图1-19e），$^{206}Pb/^{238}U$加权平均年龄为517±7Ma，方差为1.5，这一年龄解释为中基性火山岩的喷出结晶年龄。颗粒11.1和14.1的分析结果与其他颗粒不一致，11.1颗粒分析结果显示为1342.0±22.9Ma，而14.1颗粒分析结果显示为2400.2±35.9Ma，结合CL图像可以清楚地看出14.1颗粒具有一些熔蚀特征，说明是一个残留的老锆石，其年龄代表的是玄武岩岩浆捕获或熔蚀的早期岩石的年龄；11.1颗粒可以清楚地看出具有一个继承核，分析点在该较老的继承核上。所以这两个颗粒年龄值较大。从本区地质实际分析，这两个年龄分别代表玄武岩中的锆石碎屑可能来源为新太古界和中元古界变质岩系。同时，颗粒6.1和8.1具较高的U含量（3232×10^{-6}和1737×10^{-6}），说明分析点范围有较高U锆石包体，结果是年龄值偏低。因此，这几个颗粒均未参加年龄计算。

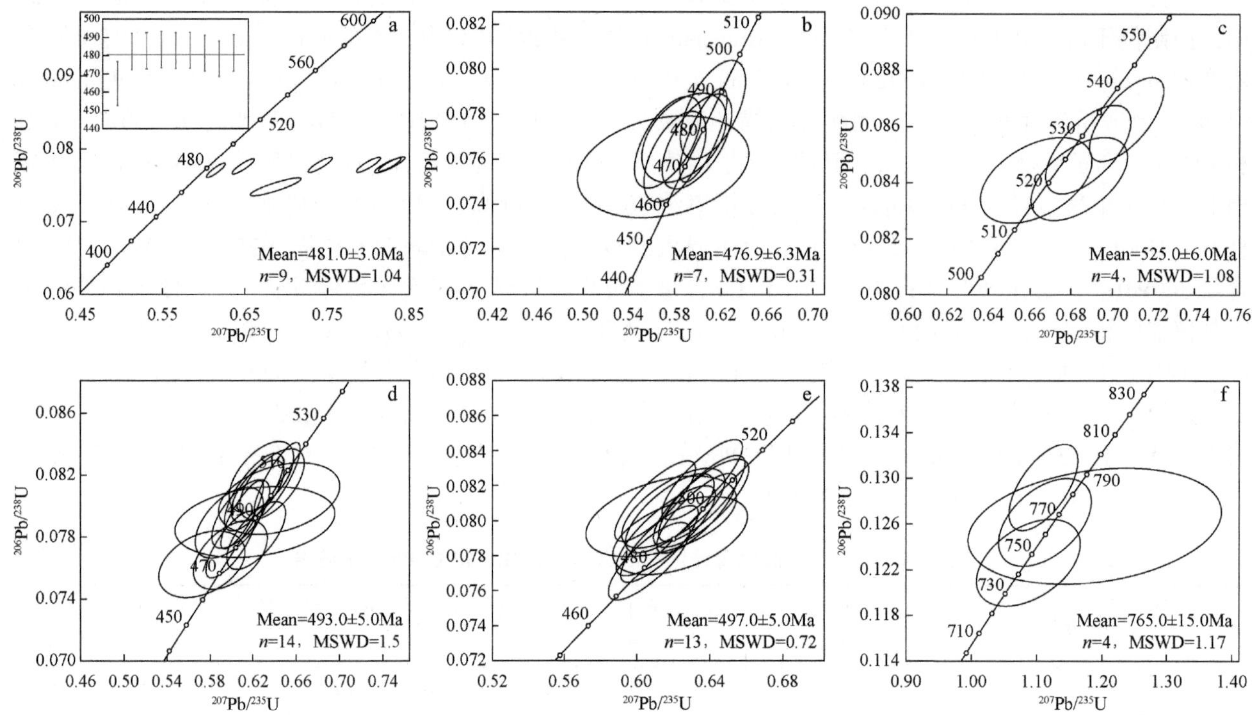

图 1-20　阿尔金成矿带中基性火山岩锆石测年结果

a-K53-1，贝克滩金矿区片理化基性火山岩；b-A46-1，红柳沟南侧淡水沟片理化玄武岩；c-K402-1，喀腊大湾翠岭中基性火山岩；d-A240-4，喀腊大湾 7914 铁矿南基性火山岩；e-A244-1，喀腊大湾八八铁矿基性火山岩；f-H379-1，拉配泉铜矿点东基性火山岩

本书还对阿尔金成矿带研究区内的部分玄武岩开展了锆石 SHRIMP 和锆石 LA-ICP-MS 测年，获得成矿带西段的贝克滩金矿区的片理化玄武岩年龄为 481.0±3.0Ma（表 1-5，图 1-20a）、红柳沟南淡水沟的片理化玄武岩年龄为 476.3±6.3Ma（表 1-5，图 1-20b），获得成矿带东段喀腊大湾翠岭中基性火山岩年龄为 525.0±6.0Ma（表 1-5，图 1-20c）、喀腊大湾 7914 铁矿南基性火山岩年龄为 493.0±5.0Ma（表 1-5，图 1-20d）、喀腊大湾八八铁矿基性火山岩年龄为 497.0±5.0Ma（表 1-5，图 1-20e）。

本书的测年数据制约了这套火山岩系时代。7 个中基性火山岩的测年结果非常接近，为 476.3～525.0Ma。不管是阿尔金成矿带西段的贝克滩一带及其附近地区，还是东段的喀腊大湾地区，差异不大。其中两个发生片理化的中基性火山岩略微小一点，为 476.3～481.0Ma，5 个未发生片理化的中基性火山岩为 493.0～525.0Ma。值得指出的是，喀腊大湾地区中基性火山岩是铁矿的主要赋矿岩石，这些赋矿火山岩比造成夕卡岩化的中酸性侵入岩（480Ma 左右）明显大 20～30Ma，也反映了铁矿床的形成与后期夕卡岩化改造属于不同构造演化阶段岩浆活动的结果。

表 1-5　阿尔金成矿带中基性火山岩锆石测年结果

序号	样号	岩性	采样位置	年龄/Ma	测试方法/颗粒数	MSWD	数据来源
1	H41-7	中基性火山岩	喀腊大湾	517.0±7.0	锆石 SHRIMP/6	1.5	本书
2	K53-1	片理化基性火山岩	贝克滩金矿区	481.0±3.0	锆石 LA-ICP-MS/9	1.04	本书
3	A46-1	片理化玄武岩	红柳沟南淡水沟	476.9±6.3	锆石 SHRIMP/7	0.31	本书
4	K402-1	中基性火山岩	喀腊大湾西翠岭	525.0±6.0	锆石 SHRIMP/4	1.08	本书
5	A240-4	基性火山岩	喀腊大湾 7914 铁矿南	493.0±5.0	锆石 SHRIMP/14	1.5	本书
6	A244-1	基性火山岩	喀腊大湾八八铁矿	497.0±5.0	锆石 SHRIMP/13	0.72	本书
7	H379-1	基性火山岩	拉配泉铜矿点东	765.0±15.0	锆石 SHRIMP/4	1.17	本书

此外，区内局部还存在相对较老一些的中基性火山岩，如成矿带东段拉配泉铜矿点东侧的基性火山

岩，运用锆石SHRIMP方法，获得765.0±15.0Ma的年龄（表1-5，图1-20f），该结果与喀腊大湾铜锌矿东侧变形辉长岩年龄（756.0±12.0Ma）（表1-3，图1-17f）非常接近，可能属于同一期中基性岩浆活动的产物。

2）中酸性火山岩

中酸性火山岩主体发育在喀腊大湾地区南带（图1-21），出露于喀腊达坂–喀腊大湾西沟南段–穷塔格一带，主要岩性有流纹岩、流纹斑岩、流纹英安岩、霏细岩、英安岩等，同时还伴随较多的火山碎屑岩，如凝灰岩、晶屑凝灰岩、熔结凝灰岩等，局部出露火山砾岩。其中晶屑凝灰岩是喀腊达坂铅锌矿的直接赋矿围岩。

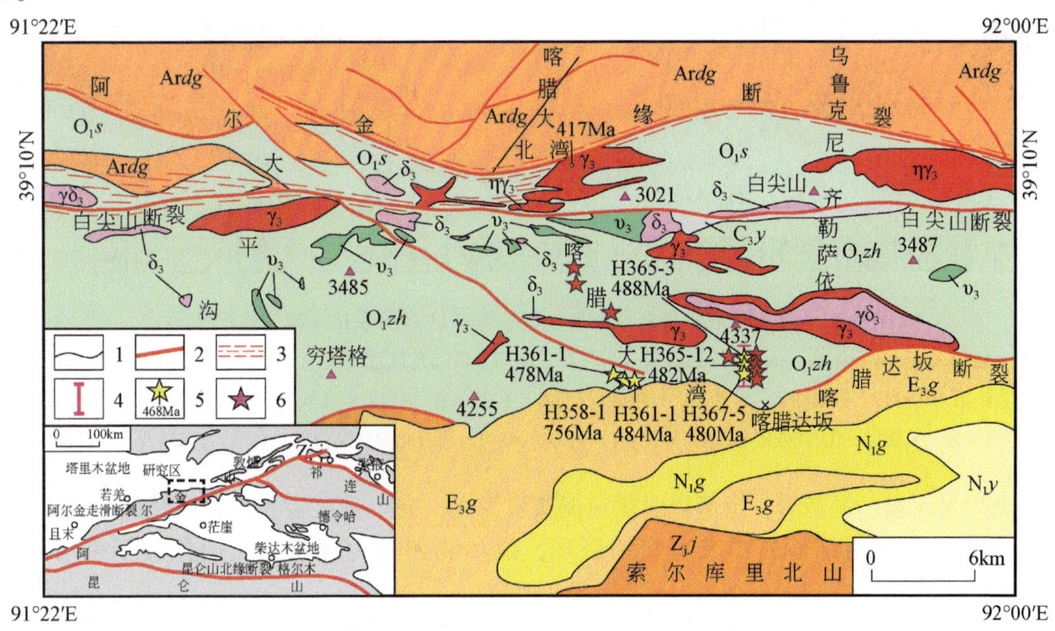

图1-21　阿尔金成矿带东段喀腊大湾地区地质构造及火山岩年龄分布图

N_1y-中新统下油砂山组；N_1g-中新统上干柴沟组；E_3g-渐新统下干柴沟组；C_3y-上石炭统因格布拉克组；O_1s-斯米尔布拉克组；O_1zh-卓阿布拉克组；Z_jj-金雁山组；Ardg-太古宇达格拉格布拉克组；υ_3-早古生代辉长岩；δ_3-早古生代闪长岩；$\gamma\delta_3$-早古生代花岗闪长岩；γ_3-早古生代花岗岩；$\eta\gamma_3$-早古生代似斑状二长花岗岩；1-地质界线；2-断裂；3-韧脆性变形带；4-火山岩剖面（图1-30）位置；5-SHRIMP年龄及采样点；6-岩石化学样点

喀腊达坂铅锌矿区剖面是卓阿布拉克组（O_1zh）火山–沉积地层最为典型的剖面，依据岩石类型及其组合特点，自南向北、由老至新划分出六个岩性段，其中第一岩性段为火山凝灰岩、碳质泥岩及含黄铁矿石英钠长斑岩，因其主体在矿区以南，不作细述，第二至第六岩性段分述如下（图1-22）。

第二岩性段（O_1zh^2）：主要为沉积岩，分布在矿区中南部，岩性为浅灰绿色泥质与凝灰质砂岩互层，夹灰黑色灰岩、碳质泥岩、粉砂岩及石英钠长斑岩，厚度约为450m，未见底。

第三岩性段（O_1zh^3）：主要为酸性–中酸性火山凝灰岩；分布矿区中部，厚度为350～1000m。

第四岩性段（O_1zh^4）：主要为酸性熔岩、酸性火山凝灰岩，以晶屑凝灰岩为特征，夹少量辉绿岩脉和石英脉，为矿区含矿岩性段；火山岩层产状为298°/NE64°，分布在矿区中部和东南角。地表风化后以白色、灰白色为主，新鲜岩石为稍深的灰白色或灰色。本岩性段为矿化蚀变带，各种蚀变强烈而多样，最主要的是岩石普遍具黄铁矿化，还发育硅化、绢云母化、滑石化、重晶石化等围岩蚀变；同时发育方铅矿、闪锌矿及铜蓝、孔雀石等矿化，地表氧化带发育褐铁矿化和黄钾铁矾化。矿带中已圈出39个矿体，绝大多数在本岩性段内。厚度为350～900m。

第五岩性段（O_1zh^5）：主要为中性熔岩–凝灰岩，夹极少量泥岩、泥灰岩；地层产状为295°/NE55°，分布在矿区北部和东部，岩石类型单一，层内发育辉绿岩脉和石英脉，厚度为200～2000m。

第六岩性段（O_1zh^6）：主要为沉积岩，地层产状为290°/NE48°，分布于矿区北部，主要为一套正常沉积的碎屑岩。岩性分为三部分：下部以灰黑色泥灰岩为主夹少量灰岩和泥岩透镜体；中部以砂岩、粉

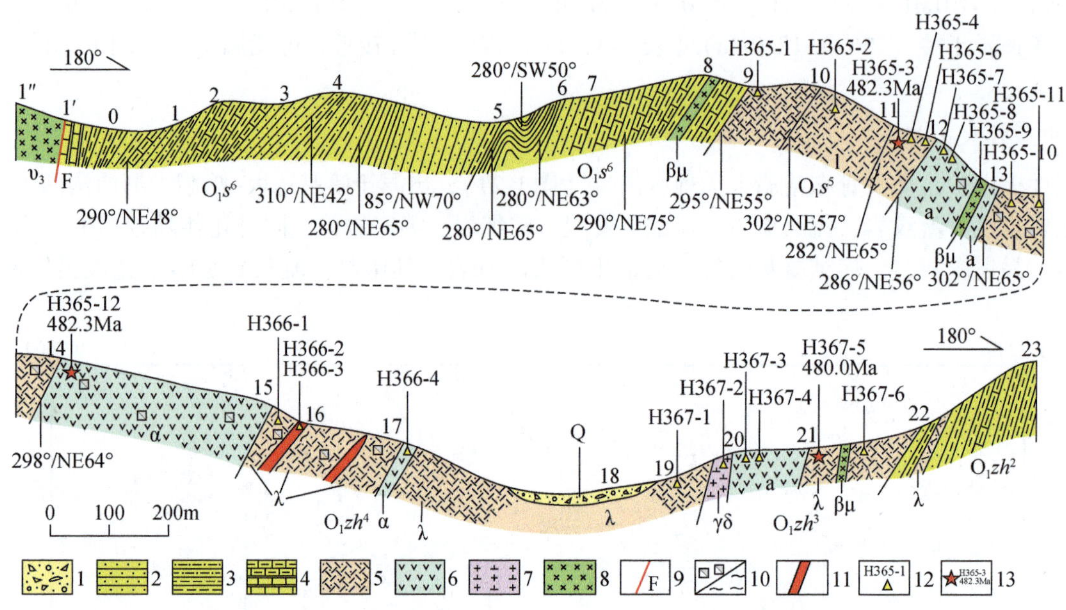

图 1-22　阿尔金成矿带东段喀腊达坂铅锌矿区卓阿布拉克组岩性剖面图

O_1zh^2-卓阿布拉克组第二岩性段；O_1zh^3-卓阿布拉克组第三岩性段；O_1zh^4-卓阿布拉克组第四岩性段；O_1zh^5-卓阿布拉克组第五岩性段；O_1zh^6-卓阿布拉克组第六岩性段；1-第四系；2-砂岩；3-粉砂岩/泥岩；4-泥灰岩/灰岩；5-流纹质晶屑凝灰岩；6-玄武岩；7-花岗闪长岩；8-辉绿岩；9-断层；10-黄铁矿化/绢云母化；11-铅锌矿体；12-岩石化学样品位置；13-锆石年龄及其样品位置

砂岩为主，夹少量泥岩、泥灰岩；上部以浅灰色泥灰岩为主，夹少量灰岩和泥岩透镜体。其中在 H365 地质观察点，中部的浅变质细砂岩中发育交错层理，指示北侧为上部层位，南侧为下部层位，厚度大于 200m。

依据火山岩岩性组合与变化，喀腊达坂铅锌矿区的 6 个岩性段可以划分为 1 个火山喷发旋回和 3 个喷发亚旋回。

第一喷发亚旋回：由第一岩性段岩石组成，岩性有火山凝灰岩、碳质泥岩及含黄铁矿石英钠长斑岩。推测该喷发旋回为一套由基性到酸性岩浆演化形成的火山熔岩-火山碎屑岩建造。

第二喷发亚旋回：由第三、第四岩性段岩石组成，岩性为凝灰质细砂岩、粉砂岩夹凝灰岩、含黄铁矿中酸性熔岩、流纹岩、流纹安山岩、凝灰岩等（浅变质后为石英片岩、绢云片岩、绿泥石英片岩夹绿泥片岩、石英岩），属一套中基性-酸性火山熔岩-火山岩碎屑岩建造。火山作用表现为连续式喷发，伴随有潜火山活动，该喷发亚旋回的后期是区内铜铅锌多金属矿的重要成矿阶段。

第三喷发亚旋回：由第五岩性段岩石组成，岩性有中基性火山岩、火山凝灰岩、英安质凝灰岩等，其中有较多玄武岩夹层和透镜体，并有辉绿岩脉侵入，上部夹少量碎屑岩。反映该喷发旋回为一套由基性到中酸性岩浆演化形成的火山熔岩-火山碎屑岩-碎屑岩建造。

由此可见喀腊大湾地区火山活动的特点是由中基性向中酸性方向逐步演化，表现喷溢爆发期—间歇式喷发期—喷溢喷发期的火山作用过程，在整个喷发旋回的后期是区内铜多金属成矿的重要时期。向北地层中出现含碳质细碎屑沉积建造，说明该地区经历强烈火山喷发—喷溢旋回后进入相对宁静时期。

在喀腊大湾铜锌矿，主要为酸性火山岩。在东部拉配泉地区，出露酸性火山岩和基性火山岩（枕状玄武岩），该两处采样点，火山岩剖面不一一细述。

共选择 6 个中酸性火山岩样品，在喀腊达坂铅锌矿剖面选择 2 个酸性火山岩和 1 个中性火山岩样品，在喀腊大湾铜锌矿选择 2 个酸性火山岩样品，在拉配泉地区选择 1 个酸性火山岩样品。经选样、制靶、靶面抛光、反-透射光照相、镀金、阴极发光照像后（图 1-23），进行测试。锆石 SHRIMP U-Pb 年龄测试在北京离子探针中心完成，测试结果见表 1-6。表中同时给出^{204}Pb 和^{208}Pb 两种普通铅校正的年龄结果。表 1-6 中所列单个数据点的误差均为 1σ，加权平均年龄具 95% 的置信度。本书使用^{208}Pb 校正的结果（也满足 U 含量要大于等于 Th 含量的条件，即表 1-6 中^{232}Th/^{238}U 绝大多数小于等于 1）。

图1-23　阿尔金成矿带喀腊大湾地区中酸性火山岩锆石阴极发光图像

a-喀腊达坂铅锌矿酸性火山岩（H365-3）；b-喀腊达坂铅锌矿酸性火山岩（H367-5）；c-喀腊达坂铅锌矿中性火山岩（H365-12）；d-喀腊大湾铜锌矿酸性火山岩（H360-1）；e-喀腊大湾铜锌矿酸性火山岩（H361-1）；f-拉配泉酸性火山岩（H378-1）

（1）喀腊达坂铅锌矿第三岩性段酸性火山岩（H365-3）：锆石晶体较小，长为40～70μm，宽为15～40μm，长宽比为1.4：1～2.2：1，个别达3.2：1，大部分锆石较自形，多数呈中-短柱状，少数为粒状，个别长柱状，且具明显的振荡环带和扇形环带（图1-23a）；Th/U值为0.43～0.89，平均为0.625（表1-6），清楚地指示它们为岩浆成因锆石，未见继承核。

共分析了15个锆石颗粒，其中12个颗粒的分析结果在谐和图上组成密集的一簇（图1-24a），$^{206}Pb/^{238}U$加权平均年龄为485.4±3.9Ma，方差为0.74，这一年龄解释为喀腊达坂铅锌矿酸性火山岩的年龄。颗粒1.1的CL图像上可以看出这个锆石颗粒与本样品的大多数锆石明显不同，为一较大颗粒锆石晶体的一部分；颗粒5.1和12.1的CL图与大多数不合群，因此这3个颗粒未参加年龄计算。

（2）喀腊达坂铅锌矿第四岩性段酸性火山岩（H367-5）：锆石晶体中等，长为60～140μm，宽为30～70μm，长宽比为1.4：1～2.2：1，大部分锆石较自形，多数呈中等柱状，且具明显的振荡环带和扇形环带（图1-23b）；Th/U值为0.38～0.50，平均为0.446（表1-6），清楚地指示它们为岩浆成因锆石，未见继承核。

共分析了13个锆石颗粒，全部13个颗粒的分析结果在谐和图上组成密集的一簇（图1-24b），$^{206}Pb/^{238}U$加权平均年龄为482.3±5.1Ma，方差为0.76，这一年龄解释为喀腊达坂铅锌矿含矿酸性火山岩的年龄。

（3）喀腊达坂铅锌矿中性火山岩（H365-12）：样品采自第五岩性段中性火山岩（H365-12），锆石晶体比较小，长为60～90μm，宽为40～60μm，长宽比为1.4∶1～1.8∶1，大部分锆石较自形，呈中-短柱状，且具明显的振荡环带和扇形环带（图1-23c）；Th/U值为0.52～0.89，平均为0.645（表1-6），清楚地指示它们为岩浆成因锆石，未见继承核。

共分析了16个锆石颗粒的17个分析点，全部17个点的分析结果在谐和图上组成密集的一簇（图1-24c），$^{206}Pb/^{238}U$加权平均年龄为482.0±4.4Ma，方差为0.64，这一年龄解释为喀腊达坂铅锌矿中性火山岩的年龄。

（4）喀腊大湾铜锌矿酸性火山岩（H360-1）：锆石晶体比较小，长为60～80μm，宽为40～50μm，长宽比为1.2∶1～1.8∶1，大部分锆石较自形，多数呈中-短柱状，且具明显的振荡环带和扇形环带（图1-23d）；Th/U值为0.48～0.84，平均为0.63（表1-6），清楚地指示它们为岩浆成因锆石，未见继承核。

共分析了13个锆石颗粒，全部13个颗粒的分析结果在谐和图上组成密集的一簇（图1-24d），$^{206}Pb/^{238}U$加权平均年龄为477.6±4.9Ma，方差为0.37，为喀腊大湾铜锌矿酸性火山岩的年龄。

（5）喀腊大湾铜锌矿酸性火山岩（H361-1）：锆石长为70～120μm，宽为50～70μm，长宽比为1.2∶1～2.0∶1，大部分锆石较自形，多数呈中-短柱状，且具明显的振荡环带和扇形环带（图1-23e）；Th/U值为0.49～0.67，平均为0.561（表1-6），清楚地指示它们为岩浆成因锆石，未见继承核。

表1-6　阿尔金成矿带东段喀腊大湾地区中酸性火山岩锆石SHRIMP U-Pb分析结果

测点号	$^{206}Pb_c$ /%	U /10^{-6}	Th /10^{-6}	$^{232}Th/^{238}U$	$^{206}Pb^*$/10^{-6}	总$^{238}U/^{206}Pb$	误差/±%	总$^{207}Pb/^{206}Pb$	误差/±%	$^{206}Pb/^{238}U$	误差/±%	$^{207}Pb/^{206}Pb$	误差/±%	$^{206}Pb/^{238}U$年龄/Ma①	误差(1σ)	$^{206}Pb/^{238}U$年龄/Ma②	误差(1σ)
H365-3 喀腊达坂铅锌矿酸性火山岩																	
1.1	0.65	224	116	0.54	23.7	8.11	2.0	0.0671	1.5	0.123	2.0	0.067	1.5	744.7	14.0	750.7	15.3
2.1	0.44	660	393	0.62	44.5	12.74	2.0	0.0586	1.2	0.078	2.0	0.059	1.2	485.1	9.6	488.9	10.6
3.1	0.29	545	271	0.51	36.8	12.73	1.9	0.0591	1.3	0.079	1.9	0.059	1.3	486.0	8.8	487.8	9.6
4.1	0.46	435	334	0.79	28.9	12.93	1.9	0.0619	1.5	0.077	1.9	0.062	1.5	477.9	8.9	479.5	10.1
5.1	1.59	325	231	0.74	23.6	11.85	2.0	0.0659	1.6	0.084	2.0	0.066	1.6	514.4	9.9	520.6	11.1
6.1	1.13	276	144	0.54	18.9	12.55	2.0	0.0638	1.8	0.080	2.0	0.064	1.8	488.7	9.5	493.2	10.3
7.1	1.27	252	120	0.49	17.1	12.60	2.0	0.0628	1.8	0.079	2.0	0.063	1.8	486.2	9.4	488.7	10.3
8.1	1.05	446	283	0.65	30.2	12.69	1.9	0.0604	3.3	0.079	1.9	0.060	3.3	484.1	8.9	487.0	10.0
9.1	1.26	267	111	0.43	18.3	12.55	2.2	0.0680	2.5	0.080	2.2	0.068	2.5	488.4	10.4	489.6	11.2
10.1	0.92	456	393	0.89	31.2	12.53	1.9	0.0620	1.4	0.080	1.9	0.062	1.4	490.5	9.1	493.8	10.6
11.1	0.82	490	329	0.69	33.5	12.55	1.9	0.0611	1.4	0.080	1.9	0.061	1.4	490.3	9.0	491.3	10.1
12.1	1.01	168	100	0.61	11.8	12.24	2.2	0.0709	4.2	0.082	2.2	0.071	4.2	501.3	10.9	497.9	12.0
13.1	0.73	468	273	0.60	30.9	13.00	1.9	0.0629	2.3	0.077	1.9	0.063	2.3	474.3	8.9	475.5	9.9
14.1	0.48	569	393	0.71	38.5	12.71	1.9	0.0609	1.3	0.079	1.9	0.061	1.3	486.1	8.8	487.1	10.0
15.1	0.67	501	276	0.57	34.0	12.65	1.9	0.0616	2.4	0.079	1.9	0.062	2.4	487.2	9.0	488.6	9.9

续表

测点号	^{206}Pbc /%	U /10^{-6}	Th /10^{-6}	^{232}Th/^{238}U	^{206}Pb*/10^{-6}	总^{238}U/^{206}Pb	误差 /±%	总^{207}Pb/^{206}Pb	误差 /±%	^{206}Pb/^{238}U	误差 /±%	^{207}Pb/^{206}Pb	误差 /±%	^{206}Pb/^{238}U 年龄/Ma①	误差 (1σ)	^{206}Pb/^{238}U 年龄/Ma②	误差 (1σ)
H367-5 喀腊达坂铅锌矿酸性火山岩																	
1.1	0.56	398	193	0.50	26.3	13.00	1.9	0.0614	1.5	0.077	1.9	0.061	1.5	475.2	8.9	476.1	9.6
2.1	0.63	323	147	0.47	21.4	12.95	2.0	0.0608	2.7	0.077	2.0	0.061	2.7	476.4	9.0	478.2	9.8
3.1	0.77	222	87	0.40	14.5	13.16	2.0	0.0640	2.0	0.076	2.0	0.064	2.0	468.7	9.3	469.9	9.9
4.1	0.75	259	113	0.45	17.1	12.96	2.2	0.0620	1.9	0.077	2.2	0.062	1.9	475.5	10.2	476.1	10.9
5.1	0.24	493	239	0.50	33.2	12.74	1.9	0.0583	1.4	0.078	1.9	0.058	1.4	486.0	8.9	486.7	9.6
6.1	0.60	353	148	0.43	24.1	12.60	1.9	0.0597	1.6	0.079	1.9	0.060	1.6	489.5	9.2	490.8	9.8
7.1	0.70	403	194	0.50	27.7	12.48	1.9	0.0607	1.4	0.080	1.9	0.061	1.4	493.4	9.1	495.1	9.9
8.1	0.96	229	83	0.38	15.2	12.89	2.0	0.0640	1.9	0.078	2.0	0.064	1.9	477.3	9.5	479.2	10.0
9.1	0.42	288	111	0.40	19.3	12.79	2.0	0.0605	1.9	0.078	2.0	0.061	1.9	483.4	9.5	483.2	10.2
10.1	0.84	329	145	0.45	22.7	12.46	2.0	0.0619	1.6	0.080	2.0	0.062	1.6	493.7	9.4	495.1	10.1
11.1	0.79	279	119	0.44	18.4	13.00	2.0	0.0625	2.6	0.077	2.0	0.062	2.6	474.1	9.1	474.8	9.8
12.1	0.65	333	135	0.42	22.6	12.65	2.0	0.0617	1.6	0.079	2.0	0.062	1.6	487.3	9.2	488.8	9.9
13.1	0.67	410	184	0.46	27.9	12.63	1.9	0.0607	1.5	0.079	1.9	0.061	1.5	487.8	9.1	490.7	9.8
H365-12 喀腊达坂铅锌矿中性火山岩																	
1.1	0.64	295	176	0.62	20.3	12.48	2.0	0.0605	2.8	0.080	2.0	0.060	2.8	494.0	9.5	495.7	10.6
2.1	0.42	382	229	0.62	25.4	12.90	1.9	0.0605	1.6	0.078	1.9	0.061	1.6	479.4	9.0	480.9	10.0
3.1	0.74	433	293	0.70	29.0	12.81	1.9	0.0628	1.5	0.078	1.9	0.063	1.5	481.0	9.0	484.7	10.1
4.1	0.65	392	202	0.53	26.8	12.56	1.9	0.0603	1.6	0.080	1.9	0.060	1.6	490.6	9.2	492.5	10.0
5.1	1.14	306	220	0.74	20.5	12.81	2.0	0.0650	1.7	0.078	2.0	0.065	1.7	479.2	9.3	482.9	10.5
6.1	0.46	443	264	0.62	29.8	12.77	1.9	0.0617	1.7	0.078	1.9	0.062	1.7	483.8	9.0	484.5	10.0
7.1	0.87	605	406	0.69	40.6	12.81	1.9	0.0619	1.3	0.078	1.9	0.062	1.3	480.5	8.9	482.9	10.0
7.2	0.58	460	302	0.68	30.9	12.78	1.9	0.0637	3.1	0.078	1.9	0.064	3.1	482.9	9.0	482.8	10.0
8.1	1.29	348	199	0.59	23.0	12.97	2.0	0.0666	1.6	0.077	2.0	0.067	1.6	473.0	9.2	474.8	10.2
9.1	1.86	431	268	0.64	29.4	12.61	1.9	0.0722	1.3	0.079	1.9	0.072	1.3	483.1	9.0	489.0	10.1
10.1	0.76	570	473	0.86	37.5	13.05	1.9	0.0631	1.6	0.077	1.9	0.063	1.6	472.5	8.7	480.1	10.0
11.1	1.30	323	176	0.56	21.9	12.69	2.0	0.0688	2.8	0.079	2.0	0.069	2.8	482.9	9.3	485.9	10.2
12.1	1.02	372	194	0.54	25.5	12.52	1.9	0.0685	1.5	0.080	1.9	0.068	1.5	490.5	9.3	490.8	10.2
13.1	0.87	664	427	0.66	44.9	12.69	1.9	0.0628	1.2	0.079	1.9	0.063	1.2	484.7	8.8	487.1	9.8
14.1	0.78	581	408	0.73	37.8	13.21	1.9	0.0629	2.0	0.076	1.9	0.063	2.0	466.9	8.5	469.2	9.6
15.1	0.60	514	326	0.66	35.2	12.54	1.9	0.0621	1.3	0.080	1.9	0.062	1.3	491.9	9.0	491.2	10.0
16.1	0.90	352	177	0.52	23.6	12.82	2.1	0.0625	2.3	0.078	2.1	0.063	2.3	480.1	9.9	481.6	10.8
H360-1 喀腊大湾铜锌矿酸性火山岩																	
1.1	0.38	596	395	0.68	40.1	12.77	1.9	0.0586	1.3	0.078	1.9	0.059	1.3	484.2	8.8	487.6	9.9
2.1	0.72	446	207	0.48	29.7	12.90	1.9	0.0619	1.7	0.077	1.9	0.062	1.7	477.8	9.0	481.4	9.7

续表

测点号	$^{206}Pb_c$ /%	U /10^{-6}	Th /10^{-6}	$^{232}Th/^{238}U$	$^{206}Pb^*$/10^{-6}	总$^{238}U/^{206}Pb$	误差/±%	总$^{207}Pb/^{206}Pb$	误差/±%	$^{206}Pb/^{238}U$	误差/±%	$^{207}Pb/^{206}Pb$	误差/±%	$^{206}Pb/^{238}U$年龄/Ma①	误差(1σ)	$^{206}Pb/^{238}U$年龄/Ma②	误差(1σ)
3.1	0.43	732	446	0.63	48.5	12.96	2.0	0.0587	1.2	0.077	2.0	0.059	1.2	477.1	9.3	480.4	10.3
4.1	0.80	413	230	0.58	26.8	13.27	2.0	0.0613	2.3	0.075	2.0	0.061	2.3	464.6	8.8	466.5	9.7
5.1	0.38	675	482	0.74	44.6	13.00	1.9	0.0590	1.4	0.077	1.9	0.059	1.4	476.0	8.7	480.0	9.8
6.1	0.84	430	204	0.49	28.3	13.03	1.9	0.0624	1.6	0.077	1.9	0.062	1.6	472.9	8.9	473.8	9.7
7.1	1.04	348	198	0.59	23.0	13.00	2.0	0.0631	1.9	0.077	2.0	0.063	1.9	473.0	9.2	475.9	10.1
8.1	0.39	579	335	0.60	38.5	12.93	1.9	0.0601	1.2	0.077	1.9	0.060	1.2	478.5	8.7	480.2	9.6
9.1	0.62	384	221	0.60	25.4	13.00	1.9	0.0603	1.8	0.077	1.9	0.060	1.8	474.7	8.9	477.8	9.8
10.1	0.26	907	646	0.74	60.7	12.83	1.9	0.0588	1.0	0.078	1.9	0.059	1.0	482.6	9.0	485.7	10.2
11.1	0.43	662	434	0.68	44.3	12.82	1.9	0.0589	1.2	0.078	1.9	0.059	1.2	482.2	8.7	485.7	9.7
12.1	0.39	391	203	0.54	26.2	12.82	1.9	0.0585	2.2	0.078	1.9	0.058	2.2	482.2	9.0	483.7	9.8
13.1	0.30	770	626	0.84	51.5	12.84	1.8	0.0585	1.1	0.078	1.8	0.058	1.1	482.0	8.6	485.6	9.9
H361-1 喀腊大湾铜锌矿酸性火山岩																	
1.1	0.20	625	346	0.57	42.2	12.73	2.1	0.0574	1.5	0.079	2.1	0.057	1.5	486.6	9.7	488.4	10.6
2.1	0.89	332	182	0.57	22.1	12.92	2.0	0.0607	1.6	0.077	2.0	0.061	1.6	476.5	9.2	479.5	10.1
3.1	0.25	393	195	0.51	26.1	12.93	1.9	0.0592	1.5	0.077	1.9	0.059	1.5	478.9	8.9	478.5	9.6
4.1	0.23	723	472	0.67	49.8	12.48	1.9	0.0583	1.1	0.080	1.9	0.058	1.1	496.0	8.8	497.1	9.9
5.1	0.21	653	398	0.63	44.3	12.68	1.9	0.0581	1.2	0.079	1.9	0.058	1.2	488.4	8.8	490.2	9.7
6.1	1.09	277	135	0.50	18.1	13.16	2.0	0.0646	2.3	0.076	2.0	0.065	2.3	467.1	9.4	470.0	10.1
7.1	0.58	459	256	0.58	30.6	12.88	1.9	0.0605	1.8	0.078	1.9	0.060	1.8	479.2	8.9	481.5	9.7
8.1	0.32	428	205	0.49	28.7	12.82	1.9	0.0576	1.5	0.078	1.9	0.058	1.5	482.8	8.9	484.7	9.7
9.1	0.38	450	239	0.55	30.2	12.81	1.9	0.0602	1.4	0.078	1.9	0.060	1.4	482.6	8.9	485.0	9.7
10.1	0.58	570	314	0.57	38.5	12.70	1.9	0.0600	1.3	0.079	1.9	0.060	1.3	485.8	8.8	487.7	9.7
11.1	0.27	512	275	0.55	34.3	12.80	1.9	0.0586	1.4	0.078	1.9	0.059	1.4	483.5	8.9	486.1	9.7
12.1	0.25	538	290	0.56	36.8	12.54	1.9	0.0578	1.3	0.080	1.9	0.058	1.3	493.5	9.0	494.4	9.8
13.1	0.62	433	217	0.52	29.4	12.67	1.9	0.0600	1.6	0.079	1.9	0.060	1.6	486.8	9.1	487.5	9.9
14.1	0.62	519	294	0.59	34.8	12.80	1.9	0.0607	1.3	0.078	1.9	0.061	1.3	482.2	8.8	486.1	9.7
H378-1 拉配泉酸性火山岩																	
1.1	0.62	381	260	0.71	25.3	12.92	1.9	0.0598	2.3	0.077	1.9	0.060	2.3	477.5	8.9	478.9	10.1
2.1	0.43	284	190	0.69	19.1	12.79	2.4	0.0610	1.7	0.078	2.4	0.061	1.7	483.3	11.0	483.6	12.4
3.1	0.68	411	259	0.65	27.8	12.70	2.1	0.0603	1.5	0.079	2.1	0.060	1.5	485.6	9.7	487.7	10.8
4.1	0.26	683	511	0.77	45.9	12.80	1.9	0.0582	1.2	0.078	1.9	0.058	1.2	483.9	8.7	485.7	9.9
5.1	0.34	501	336	0.69	34.6	12.45	2.1	0.0594	1.3	0.080	2.1	0.059	1.3	496.2	10.0	496.7	11.2
6.1	0.52	489	430	0.91	34.0	12.35	2.1	0.0613	1.3	0.081	2.1	0.061	1.3	499.3	10.0	500.0	11.7
7.1	0.51	409	254	0.64	26.6	13.21	1.9	0.0595	1.5	0.076	1.9	0.059	1.5	467.9	8.7	469.7	9.7
8.1	0.77	447	235	0.54	14.7	26.19	2.0	0.0577	3.0	0.038	2.0	0.058	3.0	239.7	4.7	240.5	5.1

续表

测点号	$^{206}Pb_c$ /%	U /10^{-6}	Th /10^{-6}	$^{232}Th/^{238}U$	$^{206}Pb^*$/10^{-6}	总$^{238}U/^{206}Pb$	误差 /±%	总$^{207}Pb/^{206}Pb$	误差 /±%	$^{206}Pb/^{238}U$	误差 /±%	$^{207}Pb/^{206}Pb$	误差 /±%	$^{206}Pb/^{238}U$ 年龄/Ma①	误差 (1σ)	$^{206}Pb/^{238}U$ 年龄/Ma②	误差 (1σ)
9.1	0.36	749	666	0.92	51.3	12.53	1.9	0.0586	1.1	0.080	1.9	0.059	1.1	493.2	8.8	493.0	10.3
10.1	1.02	351	310	0.91	23.1	13.05	2.0	0.0612	1.6	0.077	2.0	0.061	1.6	471.2	9.2	474.3	10.7
11.1	1.46	275	202	0.76	18.0	13.16	2.0	0.0639	2.5	0.076	2.0	0.064	2.5	465.5	9.1	469.0	10.3
12.1	0.35	369	194	0.54	25.2	12.57	1.9	0.0606	1.6	0.080	1.9	0.061	1.6	491.8	9.2	491.4	10.0

①为假设$^{206}Pb/^{238}U$-$^{204}Pb/^{232}Th$年龄谐和校正普通铅；②为假设$^{206}Pb/^{238}U$-$^{208}Pb/^{232}Th$年龄谐和校正普通铅。

共分析了14个锆石颗粒，全部14个颗粒的分析结果在谐和图上组成密集的一簇（图1-24e），$^{206}Pb/^{238}U$加权平均年龄为483.7±4.8Ma，方差为0.62，这一年龄解释为喀腊大湾铜锌矿酸性火山岩的年龄。

（6）拉配泉酸性火山岩（H378-1）：锆石长为80～110μm，宽为50～80μm，长宽比为1.2∶1～1.8∶1，大部分锆石较自形，多数呈短柱状，且具明显的振荡环带和扇形环带（图1-23f）；Th/U值为0.54～0.92，平均为0.726（表1-6），清楚地指示它们为岩浆成因锆石，未见继承核。

共分析了12个锆石颗粒，其中11个颗粒的分析结果在谐和图上组成密集的一簇（图1-24f），$^{206}Pb/^{238}U$加权平均年龄为482.7±5.6Ma，方差1.5，这一年龄解释为喀腊大湾铜锌矿酸性火山岩的年龄。颗粒8.1测试点离边缘较近，而且该锆石颗粒发生裂纹，周边有不规则黑色斑带，可能部分受到后期构造或蚀变的影响而出现少量放射性Pb的丢失，其分析结果年龄偏小，未参加年龄计算。

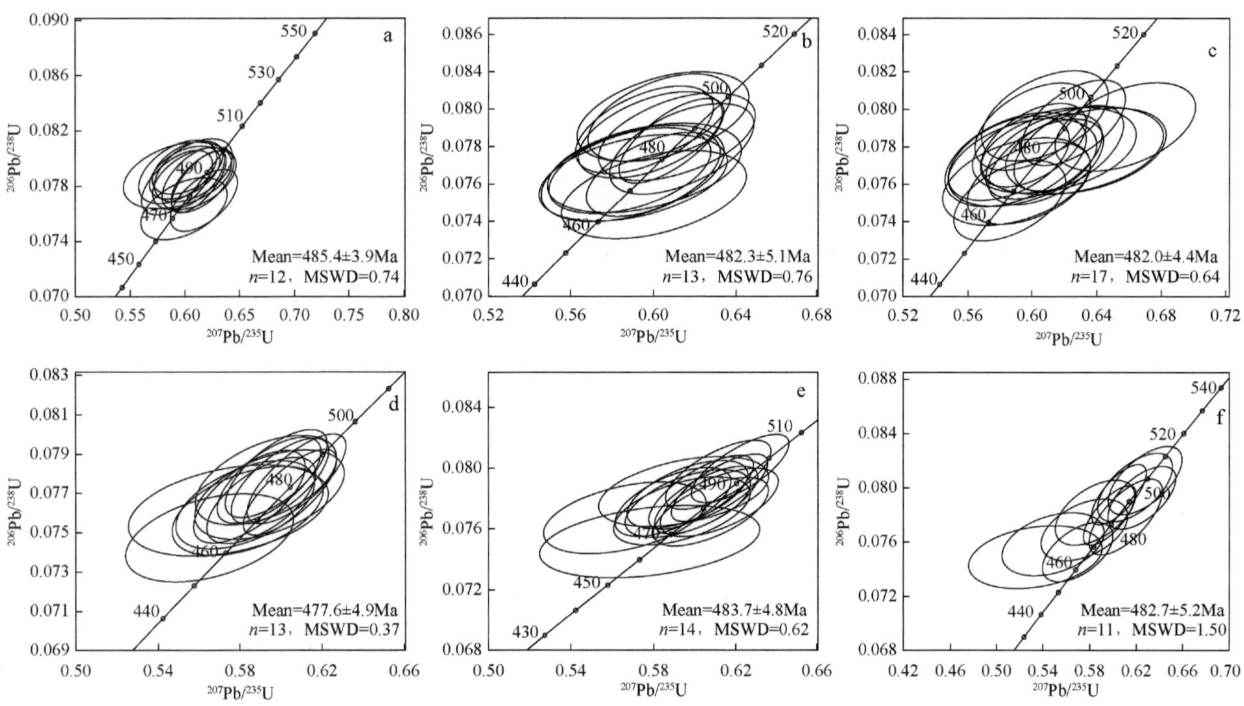

图1-24　阿尔金山喀腊大湾地区中酸性火山岩锆石SHRIMP U-Pb年龄谐和图

a-H365-3；b-H367-5；c-H365-12；d-H360-1；e-H361-1；f-H378-1

本书还对研究区其他部位的中酸性火山岩进行了测年研究，运用锆石SHRIMP方法测得喀腊大湾西沟含浆屑中酸性火山熔岩（图1-25）年龄为461.0±3.0Ma和487.0±4.0Ma（表1-7，图1-26a、b），喀腊大湾铜锌矿酸性火山岩年龄为509.0±6.0Ma（表1-7，图1-26c）。运用锆石LA-ICP-MS方法测得喀腊大湾7914铁矿沟口酸性火山岩年龄为495.6±2.2Ma，喀腊大湾铜锌矿北酸性火山岩年龄为485.2±2.7Ma（表1-7，图1-26d、e）。阿尔金成矿带西段红柳沟–巴什考供–恰什坎萨依沟一带中酸性火山岩出露比较少，仅局部少量出露，本书运用锆石 SHRIMP 方法测得红柳沟南侧酸性火山岩年龄为 473.6±6.4Ma（表 1-7，图 1-26f）。

图 1-25　阿尔金成矿带喀腊大湾西沟含浆屑（集块）中酸性火山岩野外露头

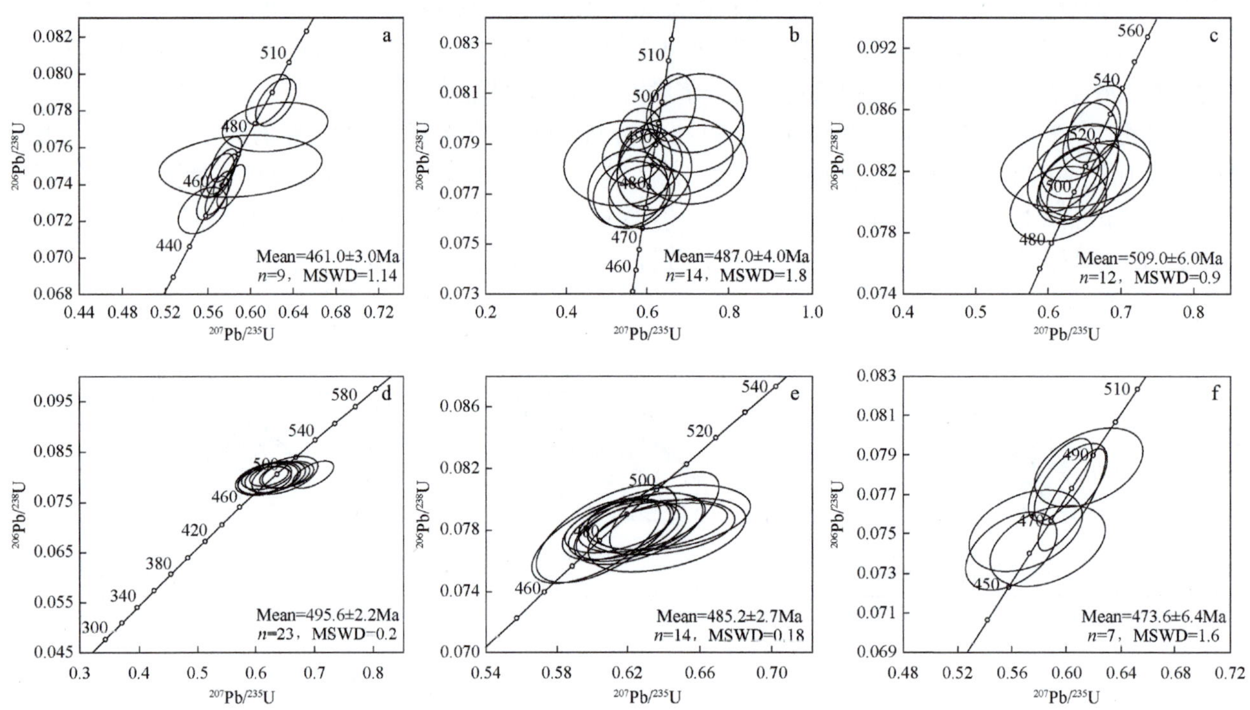

图 1-26　阿尔金成矿带中酸性火山岩锆石测年结果

a-K471-1，喀腊大湾西沟含浆屑酸性火山岩；b-K476-1，喀腊大湾西沟含浆屑酸性火山岩；c-A243-1，喀腊大湾铜锌矿酸性火山岩；d-A373-1，喀腊大湾 7914 铁矿沟口酸性火山岩；e-A390-2，喀腊大湾铜锌矿北中酸性火山岩；f-A51-1，红柳沟南中酸性火山岩

表 1-7　阿尔金成矿带中酸性火山岩锆石测年结果统计

序号	样号	岩性	采样位置	年龄/Ma	测试方法/颗粒数	MSWD
1	H365-3	酸性火山岩	喀腊达坂铅锌矿	488.2±5.9	锆石 SHRIMP/17	1.4
2	H367-5	酸性火山岩	喀腊达坂铅锌矿	482.3±5.1	锆石 SHRIMP/17	0.76
3	H365-12	中性火山岩	喀腊达坂铅锌矿	482.0±4.4	锆石 SHRIMP/10	0.64
4	H360-1	酸性火山岩	喀腊大湾铜锌矿东	477.6±4.9	锆石 SHRIMP/13	0.37
5	H361-1	酸性火山岩	喀腊大湾铜锌矿东	483.7±4.8	锆石 SHRIMP/14	0.62
6	H378-1	酸性火山岩	拉配泉铜矿点东	482.7±5.6	锆石 SHRIMP/13	1.5
7	K471-1	酸性火山岩	喀腊大湾西沟	461.0±3.0	锆石 SHRIMP/9	1.14
8	K476-1	酸性火山岩	喀腊大湾西沟	487.0±4.0	锆石 SHRIMP/14	1.8

续表

序号	样号	岩性	采样位置	年龄/Ma	测试方法/颗粒数	MSWD
9	A243-1	酸性火山岩	喀腊大湾铜锌矿	509.0±6.0	锆石 SHRIMP/12	0.9
10	A373-1	酸性火山岩	喀腊大湾 7914 铁矿沟口	495.6±2.2	锆石 LA-ICP-MS/23	0.2
11	A390-2	酸性火山岩	喀腊大湾铜锌矿北	485.2±2.7	锆石 LA-ICP-MS/14	0.18
12	A51-1	酸性火山岩	红柳沟南侧	473.6±6.4	锆石 SHRIMP/7	1.6

以上显示，喀腊大湾、喀腊达坂及拉配泉地区中酸性火山岩形成年龄非常接近，属于同一期次火山喷发系列，时代为晚寒武世—早奥陶世晚期。

在阿尔金成矿带北部一带，紧邻阿尔金北缘断裂带部位，中酸性火山岩总体出露较少，以中基性火山岩为主，局部可见以偏中性火山岩为主，主要岩性为安山岩和英安岩，可见气孔和杏仁构造（图1-27）。

图1-27 阿尔金成矿带中性火山岩中杏仁构造

a-安山岩杏仁构造，白尖山；b、c-安山岩杏仁构造，喀腊大湾

另在白尖山一带还发现含铁英安岩、含铁碧玉岩等。1：25 万石棉矿幅修测报告（天津地质矿产研究所，2008）测得流纹英安岩锆石 SHRIMP 年龄为 503.0±14.0Ma，代表了早古生代早期火山活动。该年龄与成矿带东段八八铁矿北侧火山岩剖面中的中基性火山岩 514Ma 非常接近。

2. 其他时代火山岩

早古生代以前的沉积岩均发生了不同程度的变质作用，因此早古生代以前的火山岩均以变质岩的形式出现。

（1）在新太古代高角闪岩相-麻粒岩相区域变质岩石中，有许多原岩以中酸性火山岩为主，兼富镁质玄武岩、拉斑玄武岩。其中角闪片麻岩和角闪岩原岩为玄武岩或玄武安山岩，黑云钾长片麻岩原岩为中酸性火山岩（流纹岩或流纹安山岩）。

（2）元古宙火山岩。长城系和蓟县系中火山岩与地层一起发生中等-浅变质作用，以变质玄武岩-安山岩-流纹岩组合为主，有基性向酸性、裂隙式向中心式喷溢的演化趋势，元古宙火山岩主要分布于研究区西部，以红柳沟-卓阿布拉克一带出露最多。

其中长城纪火山岩出露相对较少，由变质玄武岩、基性集块岩、火山角砾岩及酸性火山凝灰岩组成，蓟县纪早期以基性-中基性火山岩为主，由角闪粗玄岩、拉斑玄武岩、斜长安山岩、安山质玄武岩、英安岩等组成，并与正常的海相碎屑岩及碳酸盐岩层相间产出；晚期以酸性火山岩为主，发育霏细岩、流纹岩及酸性火山碎屑岩，呈韵律式层状产出，每一韵律以爆发相开始，以溢流相结束。

1.4 变质作用与变质岩

本区多期构造运动和岩浆活动造就了多期变质作用，具有复杂的变质演化系列，形成多类型变质岩石。

1.4.1 区域变质作用

新太古界米兰群（包括阿克塔什塔格群）普遍经历了中、高温区域变质作用，变质相为高角闪岩相和麻粒岩相，以紫苏辉石、单斜辉石为代表性矿物，混合岩化强烈。岩石类型以各类片麻岩为特征，如花岗片麻岩、黑云斜长片麻岩、黑云钾长片麻岩、黑云角闪片麻岩、角闪斜长岩、角闪钾长岩、角闪岩等。依据刘永顺等（2010）SHRIMP 年代学研究成果，米兰群麻粒岩相变质作用发生在 2.5 ~ 2.4Ga 时期。原岩恢复以大陆的钙碱性玄武岩系列和拉斑玄武岩系列为主，夹杂砂岩、灰岩等，属基性火山岩夹碎屑岩-碳酸盐岩建造。

古元古界（阿尔金群）经受了中级区域变质作用，变质相为绿片岩相，局部达到低角闪岩相。主要岩性为黑云角闪石英片岩、黑云石英片岩、大理岩和混合片麻岩（图 1-28），其原岩为碎屑岩建造和基性-中酸性火山岩建造，变质作用与构造部位有关，中压相系分布于背斜轴部，低压相系分布于背斜两翼，组成数个递增变质带，其热轴方向与区域构造线一致。

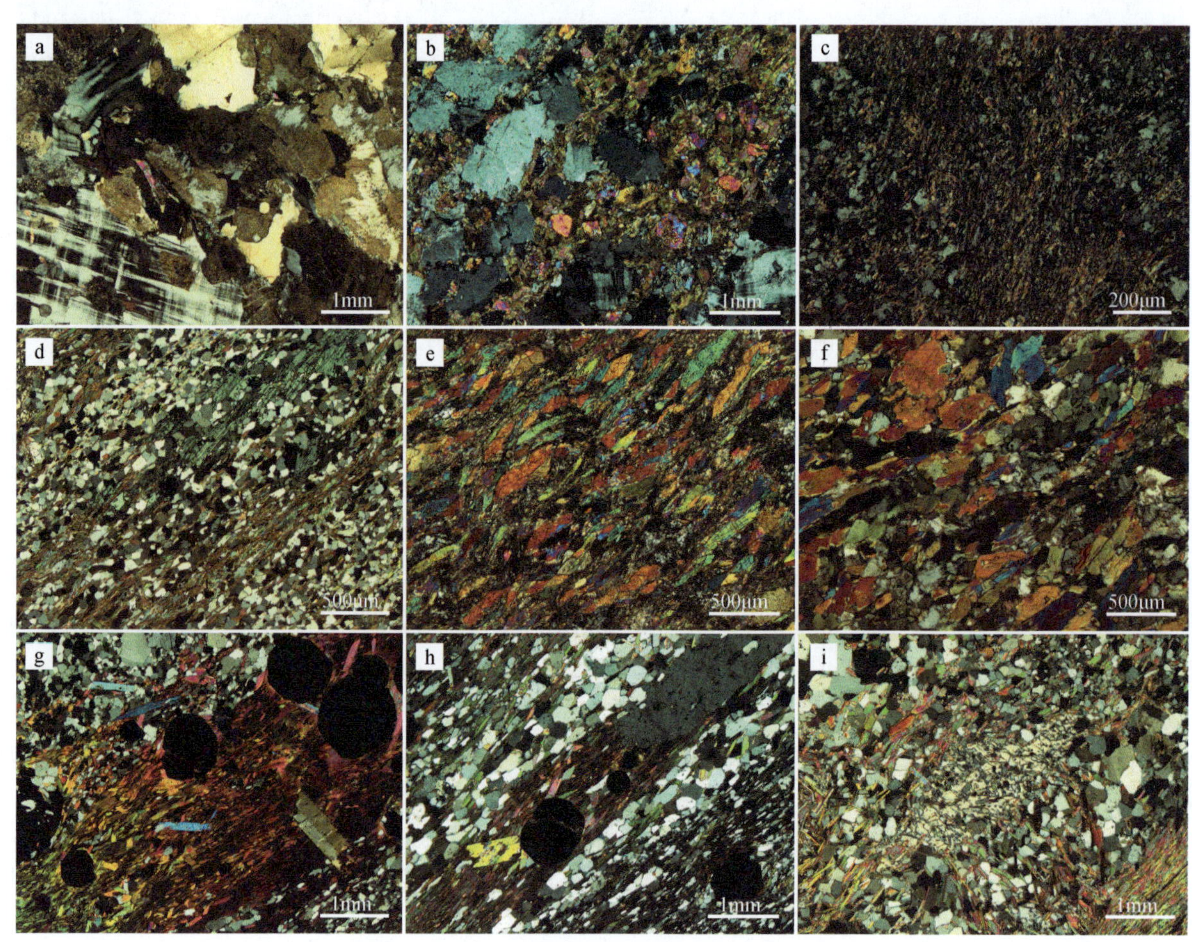

图 1-28 阿尔金成矿带主要变质岩类显微照片

a-K198-1，含黑云母钾长片麻岩，正交偏光；b-K76-1，含角闪黑云正长片麻岩，正交偏光；c-K49-2，灰色千枚岩，正交偏光；d-K287-4，绢云母石英片岩，正交偏光；e-K203-1，角闪片岩，正交偏光；f-K350-2，片状角闪石岩，正交偏光；g-K363-8，含夕线石石榴子石黑云母石英片岩，正交偏光；h-K363-8，含夕线石石榴子石黑云母石英片岩，正交偏光；i-K363-9，含十字石黑云母石英片岩，正交偏光

中元古界变质岩系包括长城系和蓟县系。其原岩为碎屑岩建造和碳酸盐岩建造，除局部受侵入岩影响变质程度稍高外，一般均属绿片岩相的区域低温变质作用，变质作用发生于蓟县期末的阿尔金运动。

上寒武统和中上奥陶统火山-沉积建造主要经受了葡萄石-绿纤石相埋深变质作用，局部受挤压作用影响，出现斜黝帘石+阳起石组合，进入低绿片岩相。

1.4.2　动力变质作用

早古生代中晚期是本区洋壳俯冲、地块碰撞时期，伴随有大规模动力变质作用。动力变质作用发生在岩浆岩和高级变质岩中时为退变质作用，而发育在未变质或轻微变质岩石中则是进变质作用，最典型的动力变质作用是形成了区内阿尔金北缘高压变质泥质岩带和韧性（韧脆性）剪切变形变质带。

1. 阿尔金北缘高压变质泥质岩带

红柳沟-拉配泉蛇绿混杂岩带中存在一条走向近东西的高压变质岩带，其中的高压变质片岩主要由石榴子石+多硅白云母+蓝晶石或石榴子石+硬绿泥石+多硅白云母+绿泥石组成，普遍见金红石和富镁电气石，可见白云石和文石。变质条件估算为550±33°C 和1.4～2.0GPa。该带的变质围岩有石榴白云母石英片岩、二云母石英片岩、石榴黑云更长片麻岩和不纯大理岩及各种片岩、片麻岩等。

高压变质泥质岩带在贝克滩东侧-恰什坎萨依沟一带最为典型，其中的多硅白云母$^{40}Ar/^{39}Ar$高温坪（温度>790℃，^{39}Ar的累计析出大于80%）年龄和等时线年龄分别为574.68±2.5Ma和572.58±5.52Ma，代表了高压变质作用的年龄。低温坪年龄出现在约470Ma，代表了后期热事件的改造。这说明阿尔金地区在早古生代可能发生过板块俯冲作用，俯冲深度达到50～80km（车自成等，1995b；张建新等，1999a，1999b，2002，2007）。

2. 韧性（韧脆性）剪切变形变质带

沿阿尔金北缘断裂带和拉配泉断裂带，均发育韧性（韧脆性）剪切变形带。其最大的特点是与断裂构造密切共生，可以穿越各种地层岩石。

沿阿尔金北缘断裂带发育的韧性剪切变形带，其影响和发生动力变质作用的地层岩石主要是太古宙片麻岩，使太古宙片麻岩发生绿片岩相的动力退变质作用，形成各种糜棱岩。变形深度为12～15km，变质条件估算为300～350℃和0.3～0.4GPa，变形差应力为59～61MPa（陈柏林等，2002，2008）。

而拉配泉断裂带伴生的韧脆性剪切变形带可以发育在早古生代玄武岩、安山岩、流纹岩、凝灰岩等各种火山岩中，也可以发育在砾岩、砂岩、泥岩、灰岩等各种沉积岩中，还可以发育在辉石橄榄岩、辉长岩、闪长岩和花岗岩等各种侵入岩中。例如，在贝克滩南金矿区范围内，就可见韧脆性剪切变形带发育在辉石橄榄岩、花岗岩、玄武岩、安山岩、砾岩、砂岩和灰岩中。当其发育在火山岩和沉积岩中时，伴随低绿片岩相进变质作用，形成各种片岩、千枚岩和片状大理岩；当其发育在侵入岩中时，伴随动力退变质作用，形成各种糜棱岩和构造片岩。变形深度为8～12km，变质条件估算为250～300℃和0.2～0.3GPa，变形差应力为80～120MPa。

韧性（韧脆性）剪切变形带及其动力变质作用的时代与区域板块碰撞时期一致，即早古生代。大平沟金矿床属于韧性剪切带型，成矿流体与韧性剪切变形密切相关，形成于韧性剪切变形过程中发生的动力分异作用，属于动力变质热液，特别是国内外少见的钾长石石英脉型富矿体，与发生韧性变形的钾长变粒岩在岩石、矿物成分上具有相似性。大平沟金矿流体包裹体Rb-Sr等时线年龄为482Ma（杨屹等，2004；Chen et al.，2005），反映出成矿作用、韧性剪切变形变质作用、区域板块碰撞作用的密切关系和时代的高度一致。

在喀腊大湾沟，紧邻阿尔金北缘断裂带出露一套变形闪长岩，岩石遭受韧性剪切而发育透入性面理和线理构造，面理产状为112°/SW75°；矿物拉伸线理明显，线理倾伏向为114°～137°，倾角为25°～43°（图1-29a）。面理构造与脆-韧性剪切带延伸方向一致，说明其变形受区域性韧性剪切作用控制。在接近AC面的野外露头面上，可见长英质成分发生韧性变形，而角闪石呈残碎斑晶存在，并指示右行正断的运动学特征（图1-29b）。显微镜下观察，可见石英含量为10%～15%，发生了强烈韧性变形，普遍形成动态重结晶细小颗粒，并呈云雾状定向排列；角闪石呈较大颗粒的残碎斑晶存在；斜长石一部分碎裂成小颗粒，另一部分为残碎斑晶；少量黑云母定向排列（图1-29c）。岩石整体为糜棱状构造（图1-29a～c）。

本书对该变形闪长岩进行锆石LA-ICP-MS测年研究，锆石分选在河北省廊坊中地地质勘探技术服务有限公司完成，经过制靶、表面抛光后，进行锆石反射光、透射光和CL图像详细观察和照相。该变形闪长岩锆石为无色-淡黄色透明状，自形程度较好，多数呈长柱状，少数为短柱状、粒状，长宽比多数在

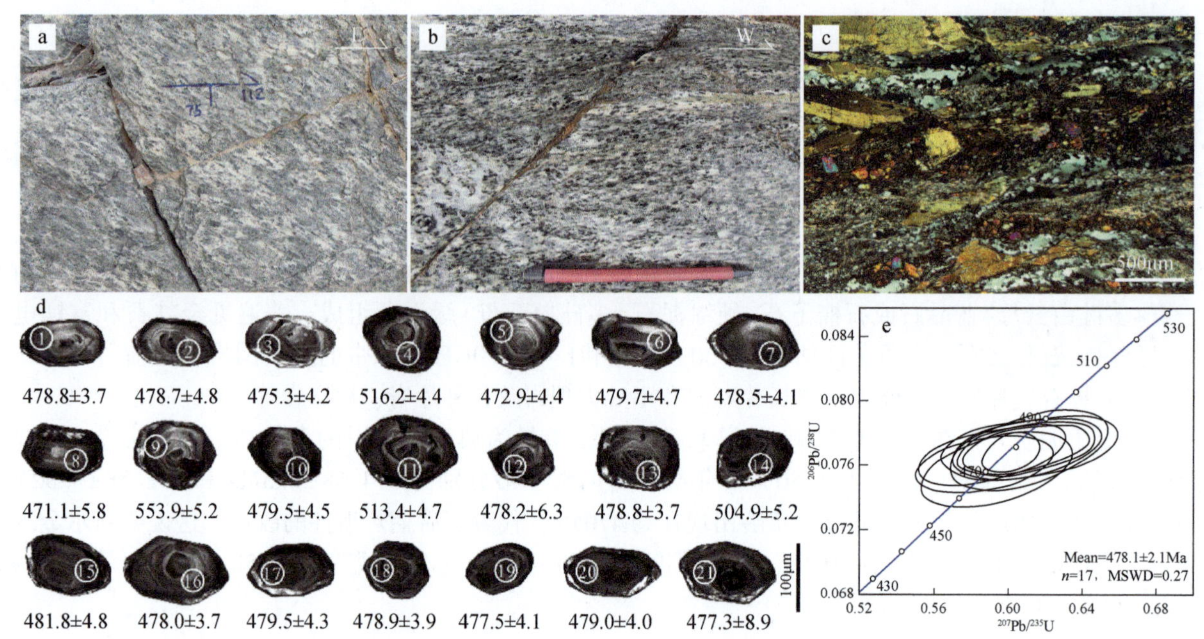

图 1-29　阿尔金北缘韧脆性变形带变形闪长岩及其锆石年龄

a-阿尔金北缘断裂变形带变形闪长岩，AB 面上可见角闪石弱定向排列及 A-线理，K272；b-阿尔金北缘断裂变形带变形闪长岩，近 AC 面上可见 S-C 面理，K272；c-变形闪长岩显微照片，石英发生强烈变形，出现动态重结晶细粒化，角闪石呈残碎斑晶，正交偏光 2. 5×10；d-变形闪长岩锆石阴极发光图像及测试位置；e-锆石 LA-ICP-MS 测年结果

2∶1；在阴极发光图中，大部分锆石具有明显的核-边结构，核部显示清晰的韵律环带结构，具典型岩浆结晶锆石特征，而边部显示出无分带或弱分带的变质边，具有变质成因锆石特征（图 1-29d），通过对比观察锆石的晶体形态和内部结构，选择测试分析的最佳点位。LA-ICP-MS 锆石 U-Pb 定年在中国地质大学（武汉）地质过程与矿产资源国家重点实验室矿床地球化学分室完成，测试结果显示 U、Th 含量及其比值符合岩浆成因特点。共测试 21 颗锆石，其中 17 颗锆石在 U-Pb 年龄谐和图中均位于 $^{206}Pb/^{238}U$ 与 $^{207}Pb/^{238}U$ 谐和线上或附近（图 1-29e），$^{206}Pb/^{238}U$ 年龄为 471. 1±5. 8Ma～479. 9±4. 3Ma，加权平均年龄为 478. 1±2. 1Ma（MSDW=0. 27），该年龄可代表变形闪长岩的形成年龄，其余 4 颗锆石（K272-1-4、K272-1-9、K272-1-12 和 K272-1-16）的 $^{206}Pb/^{238}U$ 年龄分别为 516. 2±4. 4Ma、553. 9±5. 2Ma、513. 4±4. 7Ma 和 504. 9±5. 2Ma，可能为捕获锆石的年龄。

该测年结果指示，阿尔金北缘构造变形发生在 478. 1Ma 之后，结合该区未发生变形的阿北花岗岩、白尖山二长花岗岩的锆石测年结果（前文）410～440Ma，说明韧性变形在 440～410Ma 之前结束。

1. 4. 3　热接触变质作用

热接触变质作用主要与中酸性侵入岩关系比较密切，研究区内出露较多的中酸性侵入岩，因此热接触变质作用也较发育。

当中酸性岩浆岩侵入到细碎屑岩中时，主要发生角岩化。如在大平沟中南段，主要出露黑色泥岩夹钙质粉砂岩，卡拉塔格闪长岩的侵入导致泥岩、粉砂岩发生热接触变质作用，形成红柱石角岩，岩石发生角岩化后坚硬致密，其中红柱石晶体可达 0. 5～1. 0mm。镜下观察可见红柱石晶体（图 1-30a）。

当中酸性岩浆岩侵入到火山岩中时，主要发生夕卡岩化。如在喀腊大湾中南段地区，喀腊大湾南正长花岗岩（年龄 479Ma）侵入到含铁玄武岩中时，一方面发生夕卡岩化，形成钙铁石榴子石、透闪石、透辉石等夕卡岩矿物和石榴子石透辉石夕卡岩（图 1-30b～f），其中石榴子石晶体可达 2～5cm；另一方面使玄武岩中的铁矿物发生热变质和重结晶，形成颗粒较大的磁铁矿，并得到进一步富集。

当中酸性岩浆岩侵入到碳酸岩中时，主要发生大理岩化。如在喀腊大湾地区，喀腊大湾南正长花岗岩侵入到灰岩中和泥质灰岩中时，形成大理岩、透闪石大理岩、透辉石大理岩（图 1-30d）。

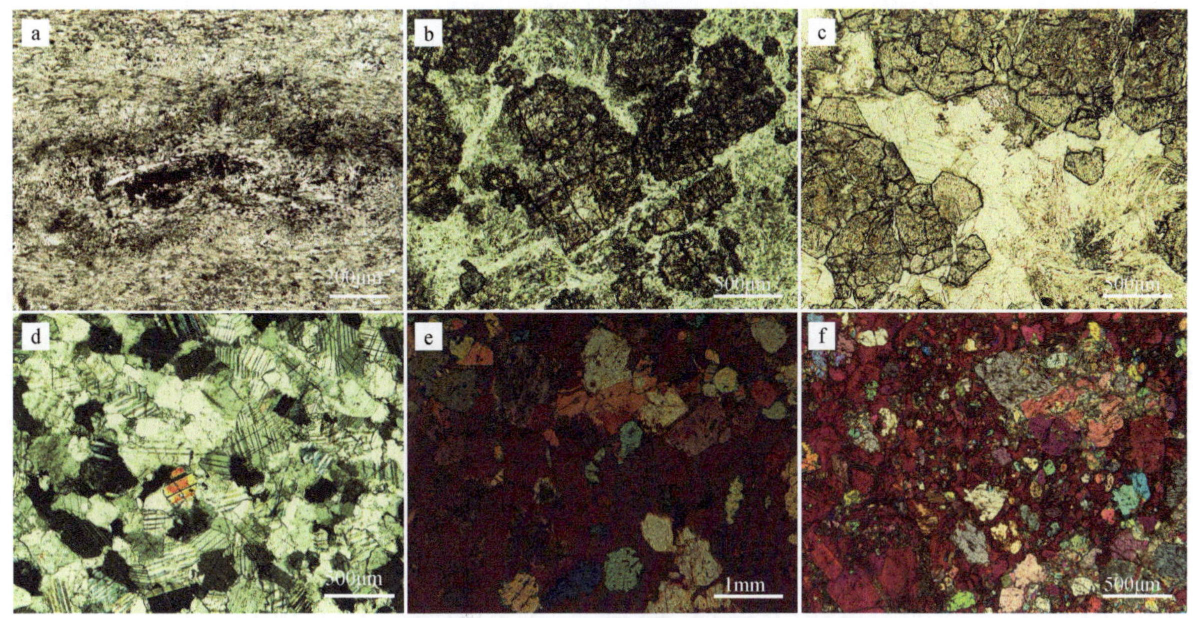

图1-30 各种接触交代变质岩

a-K29-1，红柱石斑点板岩，红柱石自形晶体，局部中间有黑点，大平沟卡拉塔格北，单偏光；b-H259-3，石榴子石绿帘石夕卡岩，石榴子石呈自形晶，绿帘石以他形为主，7918铁矿，正交偏光；c-H259-2，石榴子石透辉石夕卡岩，石榴子石呈自形晶体，7918铁矿，正交偏光；d-H123，接触交代变质岩-透辉石大理岩，方解石呈六边形相嵌状连生，八八铁矿，正交偏光；e-K129-6，透辉石石榴子石夕卡岩，7910铁矿ZK16401，正交偏光；f-K129-6，绿帘石透辉石石榴子石夕卡岩，7910铁矿ZK16401，正交偏光

热接触变质作用的时代与中酸性岩浆岩的侵入时代一致。大平沟中南段和喀腊大湾中南段地区引发热接触变质作用的中酸性侵入岩属于早古生代中期奥陶纪，热接触变质作用的时代也应该是早古生代中期奥陶纪。

值得指出的是，阿尔金成矿带内热接触变质作用虽然普遍不如区域变质作用和动力变质作用强烈，但是由于中酸性岩浆岩的侵入活动往往伴随热流体的活动，是成矿作用的有利条件和载体，应该引起必要的重视。

第2章 岩石地球化学与构造环境

阿尔金成矿带（红柳沟–拉配泉段）岩浆岩非常发育，在时代上以早古生代为主，在岩浆岩类型上既有侵入岩，又有火山岩，在岩性上从酸性到超基性均有发育，火山岩中以中基性火山岩和中酸性火山岩比较发育为特征，代表了红柳沟–拉配泉地区裂谷（弧后盆地或有限洋盆）演化的双峰式火山岩特征；而从酸性到超基性侵入岩也代表了从裂谷（弧后盆地或有限洋盆）的张开、俯冲、闭合到地块碰撞及碰撞后伸展等不同构造环境的岩浆活动与演化的产物。关于岩浆岩时代及精细测年成果已在第1章做了叙述。本章将从中基性火山岩、中酸性火山岩、中酸性侵入岩及基性–超基性侵入岩的岩石地球化学特征入手，分析探讨其形成的大地构造环境。由于区内东段与西段中基性火山岩岩石化学特征及其构造环境出现明显差异，将分节讨论。

2.1 喀腊大湾中基性火山岩岩石地球化学

中基性火山岩是阿尔金成矿带东段喀腊大湾地区最主要的火山岩之一。在板块构造演化旋回（威尔逊旋回）中，中基性火山岩是早期板块扩张、洋壳形成时期的主要火山岩成分之一，并持续到洋壳闭合阶段。在规模较小的裂谷（弧后盆地）演化过程中，中基性火山岩也起到同样的角色。

成矿带东段喀腊大湾地区中基性火山岩分布相对较少，在原1∶20万索尔库里地质图（新疆地矿局，1981a，1981b）上，呈不规则状分布于卓阿布拉克组和斯米尔布拉克组中，与中酸性火山岩（流纹岩、英安岩、安山岩、酸性–中酸性火山凝灰岩、晶屑凝灰岩及钠长霏细斑岩、英安斑岩）及沉积岩系（砂岩、泥岩、泥灰岩、碳质千枚岩、千枚岩化粉砂岩、板岩、结晶灰岩、大理岩）共生。天津地质矿产研究所（2008）依据在喀腊大湾西沟流纹英安岩的锆石SHRIMP年龄（503±14Ma）将图幅区内（阿克达坂以东的）含火山岩地层（原为蓟县系塔昔达坂群卓阿布拉克组）划归为寒武系—奥陶系拉配泉群。并将以火山岩为主的部分确定为喀腊大湾组（$\epsilon_{1-2}k$：主要岩性为玄武岩、安山岩和流纹岩，厚度为562～1876m），将以沉积岩为主的部分确定为塔什布拉克组（$\epsilon_3 ts$：主要岩性为砂岩、泥岩夹砾岩、泥灰岩、灰岩等，厚度为1139～3232m）。

2.1.1 样品位置与宏观特征

（1）样品位置：喀腊大湾地区的中基性火山岩采样位置见图2-1。

（2）样品宏观微观特征：喀腊大湾地区中基性火山岩野外为灰绿色–灰黑色，微晶结构、斑状结构（图2-2b～d），块状构造。岩石主要由基性斜长石（50%～60%）、辉石（30%～40%）组成，具有少量的橄榄石和金属矿物（图2-2a）。微晶结构的玄武岩，矿物颗粒结晶细小，具有碳酸盐化和绿泥石化特征（图2-2d）。斑状结构的玄武岩，斑晶主要为长板状的斜长石和绿泥石化的辉石，基质为填间结构，斜长石微晶杂乱排列构成格架，其间充填有火山玻璃和绿泥石化的辉石颗粒。

本次用来测试的所有中基性火山岩样品均采自上寒武统卓阿布拉克组（$\epsilon_3 zh$），样品分布于研究区内的喀腊大湾、穷塔格、齐勒萨依沟等地，选用变质及风化较弱的岩石样品进行主量元素、微量元素以及稀土元素岩石地球化学测试分析。

（3）分析方法：研究过程中进行了比较大量的岩石化学测试，但是在构造环境判断中，选择了其中10个较新鲜的中基性火山岩样品的测试数据进行分析。样品测试由国家地质实验测试中心完成。氧化物用X荧光光谱仪3080E测试，执行标准分别如下：Na_2O、MgO、Al_2O_3、SiO_2、P_2O_5、K_2O、CaO、TiO_2、MnO、Fe_2O_3、FeO，按《硅酸盐岩石化学分析方法 第28部分：16个主次成分量测定》（GB/T

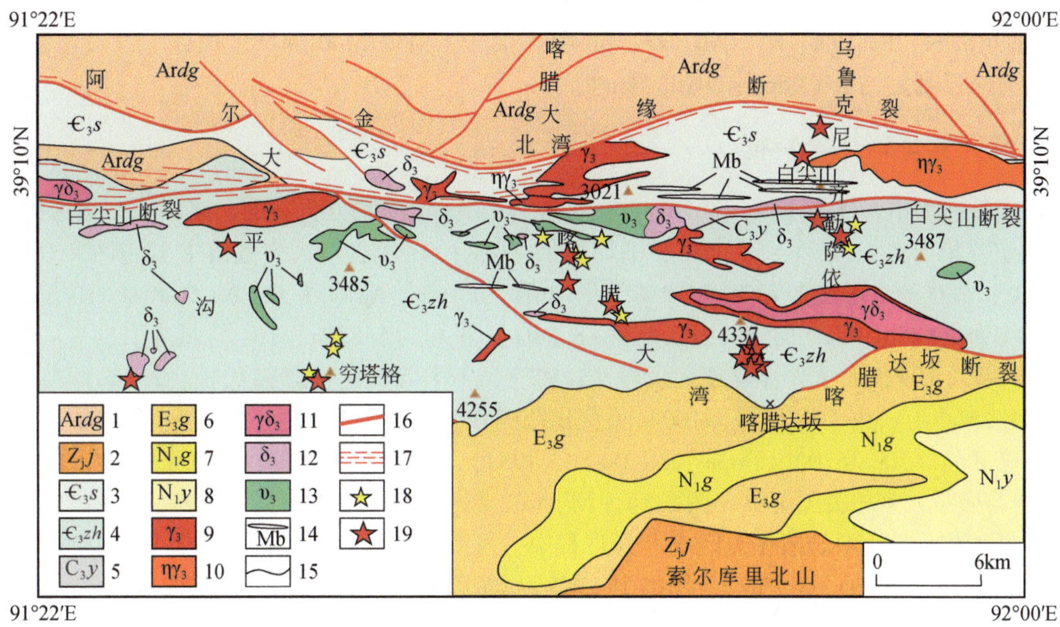

图2-1　阿尔金成矿带东段喀腊大湾地区区域地质及火山岩采样位置图

1-太古宇米兰群达格拉格布拉克组；2-震旦系金雁山组；3-寒武系上统斯米尔布拉克组；4-寒武系上统卓阿布拉克组；5-石炭系上统因格布拉克组；6-渐新统下干柴沟组；7-中新统上干柴沟组；8-中新统下油砂山组；9-早古生代花岗岩；10-早古生代二长花岗岩；11-早古生代花岗闪长岩；12-早古生代闪长岩；13-早古生代辉长岩；14-大理岩透镜体；15-地质界线；16-断层；17-韧脆性变形带；18-中基性火山岩采样点；19-中酸性火山岩采样点

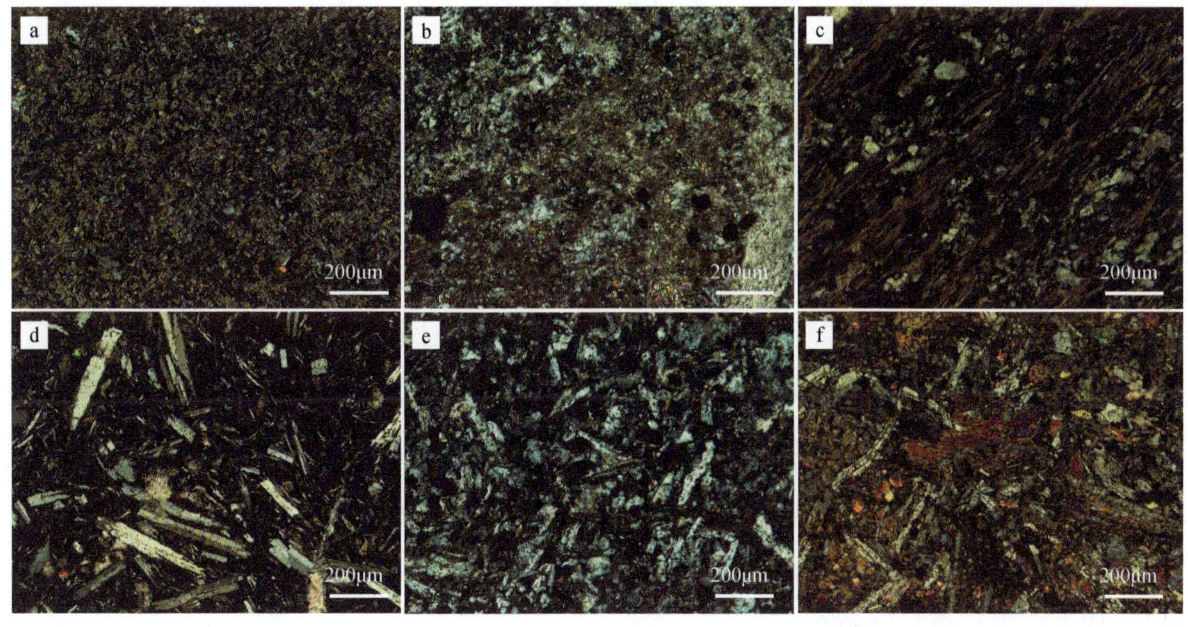

图2-2　阿尔金成矿带东段喀腊大湾地区中基性火山岩的岩相学特征

a-K68-1，玄武岩，隐晶结构，K68-1，穷塔格西沟；b-玄武岩，K22-1，大平沟中段；c-片理化安山玄武岩，鳞片变晶结构，K133-1，喀腊大湾中段；d-玄武岩，微晶结构，斜长石呈针状晶体，K132-2，喀腊大湾中段；e-含磁铁矿玄武岩，微晶结构，K145-1，齐勒萨依东沟；f-玄武岩，微晶结构，K147-1，齐勒萨依东沟

14506.28—2010）标准；H_2O^+ 按《硅酸盐岩石化学分析方法 第2部分：化合水量测定》（GB/T 14506.2—2010）标准；CO_2按《土壤碳酸盐测定》（NY/T 786—1988）标准；LOI按《森林土壤矿质含量（铁、钛、锰、钙、镁、磷）烧失量的测定》（LY/T 1253—1999）标准；稀土元素La、Ce、Pr、Nd、Sm、Eu、Gd、Tb、Dy、Ho、Er、Tm、Yb、Lu、Y和微量元素Cu、Pb、Th、U、Hf、Ta、Sc、Cs、V、

Co、Ni 用等离子质谱 Excell 测试，执行标准为《电感耦合等离子体质谱分析方法通则》（JY/T 0568—2020）；微量元素 Sr、Ba、Zn、Rb、Nb、Zr、Ga 用 X 荧光光谱仪 2100 测试，执行《波长色散 X 射线荧光光谱分析方法通则》（JY/T 0569—2020）标准。

2.1.2 主量元素地球化学特征

区内的中基性火山岩样品主量元素分析数据见表 2-1。主量元素分析表明，喀腊大湾地区中基性火山岩 SiO_2含量主要集中在 43.32%~53.39%，平均为 48.69%；Al_2O_3含量大多数集中 12.70%~16.45%，平均为 14.85%；CaO 的含量在 3.73%~8.91%，平均值为 7.03%。$Na_2O>K_2O$，Na_2O+K_2O 的含量为 2.33%~5.84%，平均为 4.62%。MgO 的含量为 2.88%~8.54%，平均为 5.82%，TiO_2含量为 1.24%~2.75%，平均为 2.0%，远大于现代大洋洋脊拉斑玄武岩（1.5%），与大陆板内拉斑玄武岩（2.2%）类似（Pearce et al.，1984）。$Mg^{\#}$ [$=Mg/(Mg+Fe)\times100$] 值变化范围较大，主要为 42 ~ 62，有一个样品甚至低至 30，远低于原生玄武岩（$Mg^{\#}$为 70）（Dupuy and Dostal，1984），说明玄武岩在形成过程中发生了结晶分异作用。在 MgO 与微量元素相关图解中（图 2-3），Ni、Co、Cr 与 MgO 呈正相关。另外，TFeO 与 TiO_2呈明显的正相关。这种相关性反映岩浆在源区或上升过程中，发生了橄榄石、尖晶石和钛铁氧化物的分离结晶过程（图 2-3a ~ d）。在 SiO_2-Nb/Y 分类图解中，喀腊大湾地区的样品主要落入亚碱性玄武岩区（图 2-3e）。

表 2-1 阿尔金成矿带东段喀腊大湾地区中基性火山岩主量元素分析结果

序号	样品号	测试结果/%															
		SiO_2	TiO_2	Al_2O_3	Fe_2O_3	FeO	MnO	MgO	CaO	K_2O	Na_2O	P_2O_5	H_2O	CO_2	LOI	总量	$Mg^{\#}$
1	K68-1	46.16	2.75	12.70	4.83	8.15	0.21	5.03	8.26	2.70	1.63	0.33	3.42	3.18	5.83	99.35	42
2	K147-1	47.01	1.33	15.85	3.50	6.16	0.15	8.54	7.60	2.69	2.72	0.24	2.96	0.6	2.99	99.35	62
3	K166-1	43.32	1.24	15.48	3.30	6.57	0.16	8.02	8.09	0.80	3.92	0.23	5.08	3.08	7.38	99.29	60
4	K132-2	50.31	1.66	16.45	5.47	6.23	0.17	5.09	5.43	0.98	4.86	0.43	3.14	0.33	2.71	100.55	45
5	K133-1	48.62	1.83	16.03	4.18	7.53	0.19	6.32	3.73	0.81	4.58	0.32	4.34	2.00	5.39	100.48	50
6	K135-1	50.77	2.17	13.69	5.35	7.42	0.21	4.90	8.91	0.58	2.15	0.24	2.74	0.80	2.98	99.93	42
7	K137-1	50.14	2.02	14.71	5.20	7.20	0.18	5.28	6.31	0.84	4.74	0.30	2.24	0.30	1.97	99.46	44
8	H54-1	47.42	2.55	14.67	3.24	11.48	0.22	7.14	7.90	0.14	2.19	0.27	2.02	0.35	1.33	99.59	47
9	H102-2	53.39	2.22	13.91	4.97	7.71	0.22	2.88	6.51	2.90	2.48	0.60	1.60	0.26	1.32	99.65	30
10	H100-3	49.77	2.32	15.01	3.49	7.71	0.24	5.03	7.54	1.75	2.78	0.53	3.06	0.70	2.71	99.93	45

将喀腊大湾地区中基性火山岩与北阿尔金蛇绿混杂岩带其他地区玄武岩（辉长岩）的主要氧化物地球化学特征（杨经绥等，2002；张志诚等，2009；孟繁聪等，2010）进行对比，可以看出，喀腊大湾地区中基性火山岩的 SiO_2平均含量与其他地区大致相等，TiO_2的平均含量大于米兰红柳沟大洋中脊型玄武岩和阿克塞地区大洋中脊或弧后盆地型辉长岩，小于红柳泉地区弧后盆地型玄武岩。K_2O 的平均含量大于其他地区的中基性火山岩，P_2O_5、Al_2O_3的平均含量介于其他地区之间。

2.1.3 稀土元素地球化学特征

阿尔金成矿带东段喀腊大湾地区中基性火山岩稀土元素分析结果见表 2-2。

稀土元素的总量为 76.51×10^{-6} ~ 250.12×10^{-6}（表 2-2），平均为 149.47×10^{-6}，轻重稀土分异不明显（LREE/HREE = 2.81 ~ 6.15），岩石 $(La/Yb)_N$为 2.05 ~ 6.38，δEu = 0.81 ~ 0.92，平均为 0.87，显示轻微的 Eu 负异常，表明无大量的斜长石分离结晶（Wood et al.，1979），在球粒陨石标准化的稀土元素分配型式图上（图 2-4a），中基性火山岩具有一致的配分曲线特征表明喀腊大湾地区中基性火山岩源于相同的岩浆源区。

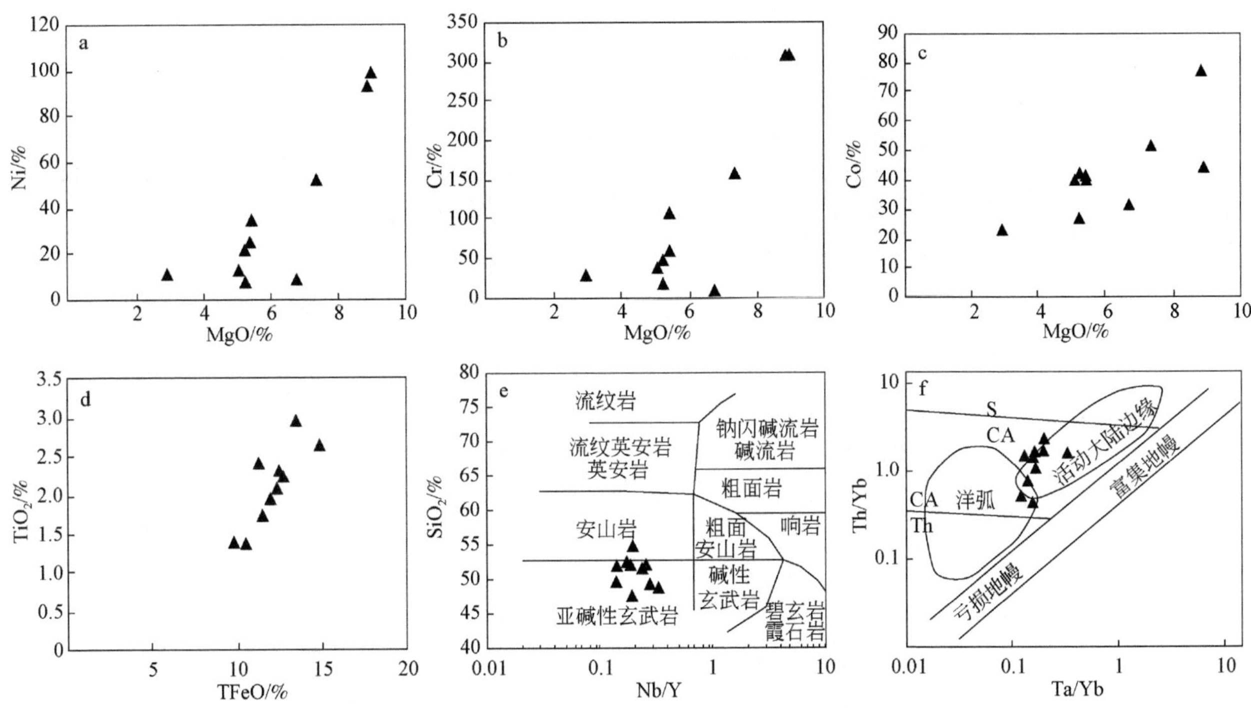

图 2-3　阿尔金成矿带东段喀腊大湾地区玄武岩 MgO 与微量元素及 TiO_2 与 TFeO 变化图

a、b、c、d-MgO 与微量元素及 TiO_2 与 TFeO 变化图；e-SiO_2-Nb/Y 图解；f-Th/Yb-Ta/Yb 图解；

S-钾玄岩系列；CA-钙碱性系列；Th-拉斑系列

表 2-2　阿尔金成矿带东段喀腊大湾地区中基性火山岩稀土元素分析结果

序号	样品号	元素含量/10^{-6}															ΣREE	LREE	HREE	LREE/HREE	$(La/Yb)_N$	δEu
		La	Ce	Pr	Nd	Sm	Eu	Gd	Tb	Dy	Ho	Er	Tm	Yb	Lu	Y						
1	K68-1	17.5	43.8	6.05	29.2	8.23	2.41	9.61	1.61	10.5	2.13	6.79	0.89	5.76	0.85	63.5	145.33	107.19	38.14	2.81	2.05	0.83
2	K147-1	19	46.3	5.99	26.7	5.81	1.54	5.58	0.86	4.86	0.99	2.95	0.38	2.47	0.38	28.8	123.81	105.34	18.47	5.70	5.20	0.83
3	K166-1	10.9	25.5	3.34	15.4	3.72	1.2	4.64	0.69	4.51	0.9	2.77	0.35	2.3	0.35	26.8	76.57	60.06	16.51	3.64	3.20	0.88
4	K132-2	38.8	83.6	9.76	40.5	8.89	2.37	8.6	1.39	8.06	1.62	4.91	0.64	4.11	0.6	47.6	213.85	183.92	29.93	6.15	6.38	0.83
5	K133-1	28.2	56.3	6.39	27.4	6.27	1.91	6.42	1.02	6.64	1.34	4.29	0.57	3.83	0.55	39.8	151.13	126.47	24.66	5.13	4.98	0.92
6	K135-1	17.2	39.3	5.15	23.3	6.08	1.95	7.12	1.22	7.95	1.6	4.98	0.66	4.36	0.63	47.1	121.50	92.98	28.52	3.26	2.67	0.91
7	K137-1	20.2	45.4	5.67	25.4	6.36	2.01	7.33	1.27	7.61	1.55	4.97	0.64	4.12	0.62	46.6	133.15	105.04	28.11	3.74	3.31	0.90
8	H54-1	17.8	43.2	5.67	25.1	6.36	1.95	6.76	1.05	6.52	1.26	3.38	0.48	3.13	0.43	36	123.09	100.08	23.01	4.35	3.84	0.91
9	H102-2	36.3	84.1	10.9	48	12.4	3.59	14.6	2.34	15.1	3.09	8.68	1.28	8.56	1.18	91.5	250.12	195.29	54.83	3.56	2.87	0.82
10	H100-3	23.2	52.9	6.7	29.7	7.7	2.53	9.09	1.42	9.27	1.88	5.29	0.76	4.99	0.71	54.7	156.14	122.73	33.41	3.67	3.14	0.92

2.1.4　微量元素地球化学特征

喀腊大湾地区中基性火山岩的微量元素分析数据显示（表 2-3），Nb 值为 $5.12\times10^{-6}\sim17.4\times10^{-6}$，Zr/Hf 值为 36.39～46.76，$(Th/Nb)_N$ 值为 1.6～8.33，Nb/La 值小于 1，在原始地幔平均成分标准化蛛网图（图 2-4b）中，样品比较富集 Ba、U、K，普遍具有 Nb、Ta 负异常，部分样品具有 Sr、Ti、Th 的负异常，无 Zr、Hf 异常，与典型具有 Nb、Ta、Ti、Zr、Hf 亏损特征的岛弧玄武岩不同（Kelemen et al.，1990；Mc Culloch and Gamble，1991；Pearce and Peate，1995），曲线由强不相容元素部分的隆起状随着元素不相容性的降低逐渐趋于平缓，这种现象区别于典型大陆板内玄武岩“驼峰”式的微量元素配分型式。

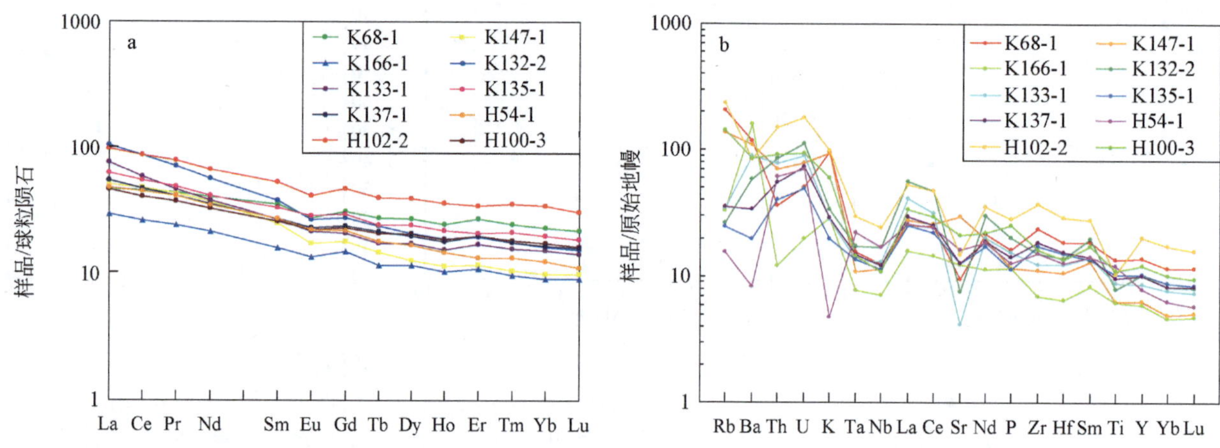

图 2-4　喀腊大湾地区中基性火山岩稀土元素配分图解（a）和微量元素标准化图解（b）

表 2-3　阿尔金成矿带东段喀腊大湾地区中基性火山岩微量元素分析结果　（单位：10^{-6}）

序号	样品号	Cr	Co	Ni	Cu	Zn	Rb	Sr	Zr	Nb	Ba	Hf	Ta	Pb	Th	U
1	K68-1	59	40.7	25.1	39.9	150	131	199	267	8.78	829	5.71	0.63	8.44	3.1	1.06
2	K147-1	306	44.5	98.6	15.2	102	86.6	631	123	8.08	767	3.25	0.44	8.1	6.01	1.67
3	K166-1	307	77.4	92.7	58.8	86.7	20.9	262	77.6	5.12	1122	2	0.32	8.99	1.03	0.42
4	K132-2	16.1	42.2	21	111	132	16.7	159	168	12.2	412	4.26	0.71	7.72	7.34	2.37
5	K133-1	10.6	31.3	8.24	17.5	147	21.9	88.8	139	9.31	634	3.82	0.56	4.69	6.69	1.88
6	K135-1	35.8	39.7	13.2	40.9	138	15.6	269	192	8.11	139	4.66	0.55	14.3	3.47	1.03
7	K137-1	109	39.8	35	47.7	115	22.2	266	208	8.68	236	4.75	0.61	7.1	4.68	1.55
8	H54-1	157	51.2	52.6	14.1	115	9.82	341	170	12.0	58.5	3.92	0.90	19.8	5.24	1.49
9	H102-2	30.2	23.0	10.8	25.4	129	149	315	416	17.4	590	8.95	1.21	22.0	12.7	3.77
10	H100-3	47.0	27.4	7.77	17.1	127	91.9	449	180	7.80	605	4.18	0.59	56.3	7.75	2.00

2.1.5　中基性火山岩成因与形成环境讨论

1. 地壳混染作用

岩石地球化学表明，基性岩浆若同化陆壳物质，会增加岩浆的 SiO_2、K_2O 和 Th、Rb、Zr、Hf 等大离子亲石元素丰度，同时会升高 La/Nb 值、Zr/Nb 值（Barker and Menzies，1997；Mecdonald et al.，2001）。而且总分配系数相同或相近的元素比值不受分离结晶作用和部分熔融程度的影响，元素比值之间的相关变化可以准确地验证同化混染作用是否存在及其程度。图 2-5 显示了 La/Nb-Ce/Pb、Ce/Nb-Th/Nb、Th/Yb-Ta/Yb 之间大致呈正相关，反映了中基性火山岩受到了地壳物质的混染。另外，地壳物质强烈亏损 Nb

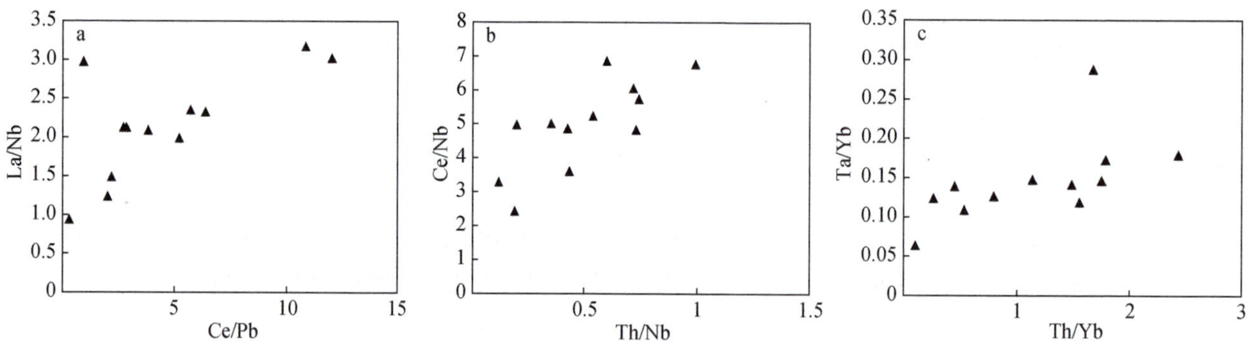

图 2-5　阿尔金成矿带东段喀腊大湾地区中基性火山岩微量元素比值相关性图

而高度富集Pb，因而具有较低的Nb/U值和Ce/Pb值。喀腊大湾中基性火山岩样品的Nb/U值和Ce/Pb值分别为3.9～12.1和0.9～12，与大陆地壳的范围（Nb/U=10，Ce/Pb=4）（Hofmann et al.，1986）基本一致，远低于大洋中脊玄武岩（MORB）和洋岛玄武岩（OIB）（Nb/U=47±7，Ce/Pb=25±5），同样显示出喀腊大湾地区中基性火山岩的原始岩浆在上升过程中经历了地壳物质的混染。

2. 中基性火山岩成因及形成环境

喀腊大湾地区中基性火山岩具有高K_2O（0.8%～2.9%），明显高于大洋中脊玄武岩，在球粒陨石标准化稀土元素配分图解上，相比N-MORB明显富集轻稀土元素，在原始地幔标准化的微量元素蛛网图上，表现为Nb、Ta的亏损，与具有Nb、Ta正异常的OIB明显不同。在Th/Yb-Ta/Yb构造环境判别图解中（图2-3f），样品主要落入活动大陆边缘环境。高的Nb（5.12×10^{-6}～17.4×10^{-6}）值也说明喀腊大湾地区中基性火山岩与岛弧环境的中基性火山岩不同，岛弧环境的中基性火山岩Nb<2×10^{-6}（Pearce and Peate，1995）。陆壳物质的混染也可以使岩石表现为Nb、Ta的负异常。喀腊大湾地区中基性火山岩具有高的Th/Ta值、Th/Hf值、Ta/Hf值，在Th/Hf-Ta/Hf构造环境判别图解中（图2-6a），主要落入了大陆拉张带（或初始裂谷）玄武岩区。在Pearce和Cale（1977）的$w(MgO)-w(TFeO)-w(Al_2O_3)$图解上，多数落在洋中脊和洋底区，部分投在大陆火山岩区（图2-6b），在Mullen（1983）提出的少量氧化物$w(MnO)\times10-w(TiO_2)-w(P_2O_5)\times10$图解（图2-6c）中，主要类型为岛弧拉斑玄武岩（IAT）区，少量处在洋岛碱性玄武岩（OIA）区和钙碱性玄武岩（CAB）区。

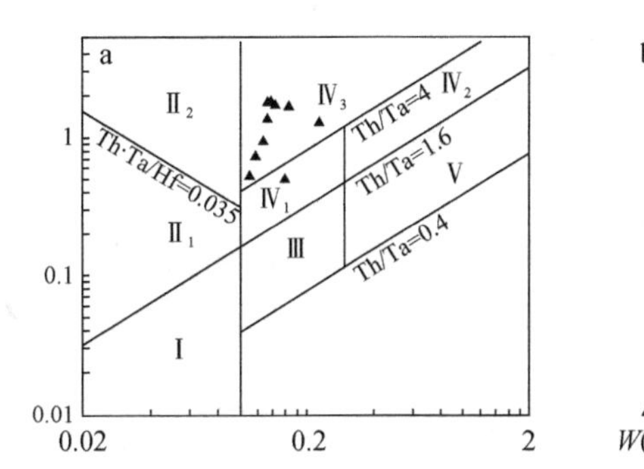

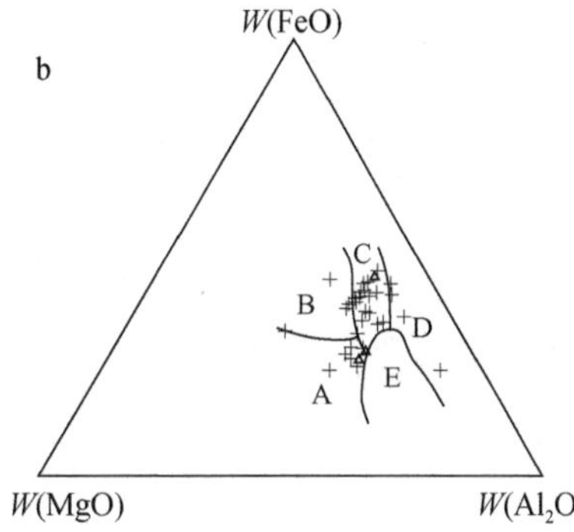

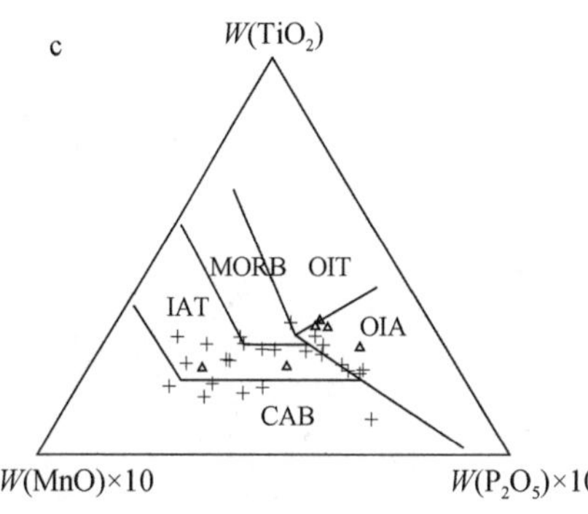

图2-6 喀腊大湾地区玄武岩构造环境判别图解

a-Th/Hf-Ta/Hf图解：Ⅰ-板块发散边缘-N-MORB区；Ⅱ-板块汇聚边缘（$Ⅱ_1$-大洋岛弧玄武岩区；$Ⅱ_2$-陆缘岛弧及陆缘火山弧玄武岩区）；Ⅲ-大洋板内洋岛、海山玄武岩区及T-MORB、E-MORB区；Ⅳ-大陆板内玄武岩区（$Ⅳ_1$：陆内裂谷及陆缘裂谷拉斑玄武岩区；$Ⅳ_2$-陆内裂谷碱性玄武岩区；$Ⅳ_3$-大陆拉张带（或初始裂谷）；Ⅴ-地幔热柱玄武岩区；b-W（FeO）$-W$（MgO）$-W$（Al_2O_3）图解（底图据Pearce and Cale，1977；+为中基性火山岩，Δ为辉绿岩脉）：A-洋中脊和洋底玄武岩；B-洋岛火山岩；C-大陆火山岩；D-洋岛扩张中心火山岩；E-造山带火山岩；c-W（TiO_2）$-W$（MnO）$-W$（P_2O_5）图解（底图据Mullen，1983；+为中基性火山岩，Δ为辉绿岩脉）：MORB-洋脊玄武岩；OIT-洋岛拉斑玄武岩；OIA-洋岛碱性玄武岩；IAT-岛弧拉斑玄武岩；CAB-钙碱性玄武岩（岛弧）

结合前人研究成果（王小凤等，2004；张峰等，2008）和野外观测，喀腊大湾地区玄武岩所在的卓阿布拉克组（ϵ_3zh）发育一套由镁铁质和长英质火山岩组成的双峰式火山岩组合。双峰式火山岩可以出现在多种大地构造背景中，如大陆裂谷、洋岛、大陆拉张减薄、弧后盆地、造山后、洋内岛弧和成熟岛弧/活动陆缘等（王焰等，2000）。大陆裂谷环境形成的双峰式火山岩的玄武岩一般富大离子亲石元素（LILE）、Th和高场强元素（HFSE），Zr/Nb值为4～87，Zr/Y值为2～5（Foder and Vetter，1984），而喀腊大湾地区中基性火山岩表现为高场强元素的Nb、Ta亏损，Zr/Nb值为13～30，Zr/Y值为2.8～4.7，与大陆拉张减薄地区玄武岩类似，与Th/Hf-Ta/Hf构造环境投图结果一致，显示出喀腊大湾地区玄武岩可能形成于大陆拉张减薄或初始裂谷环境。

通过喀腊大湾地区中基性火山岩和北阿尔金蛇绿混杂岩带其他地区中基性火山岩地球化学数据的对比，其具有高的K_2O，球粒陨石标准化稀土元素分配型式与形成于弧后盆地海山环境的红柳泉玄武岩相似，与形成于大洋中脊和弧后盆地的米兰红柳沟和阿克塞青崖子的玄武岩不同；在微量元素的球粒陨石分配型式与北阿尔金蛇绿混杂岩带其他地区的明显不同，且北阿尔金蛇绿混杂岩带其他地区玄武岩表现为 Nb、Ta、Ti、Zr、Hf 正异常或无异常，这种不同反映了中基性火山岩形成环境的不同（郝瑞祥等，2013）。

2.2 中酸性火山岩岩石地球化学

中酸性火山岩是阿尔金成矿带地区最主要的火山岩之一。在板块构造演化旋回（威尔逊旋回）中，中酸性火山岩是板块俯冲、洋壳闭合和碰撞时期的主要火山岩成分，并可持续到碰撞后阶段。换一个角度说，中酸性火山岩是岛弧构造环境最主要的火山岩类型。

2.2.1 样品位置与岩石特征

1. 样品位置

本次研究采样范围自西向东贯穿全区，样品主要采自卓阿布拉克组和斯米尔布拉克组，主要分布于喀腊大湾中部、喀腊达坂北部、大平沟北部、齐勒萨依沟北部及穷塔格等地区（样品位置见图 2-1）。选取新鲜样品进行主量元素、微量元素以及稀土元素测试。

2. 岩石宏观微观特征

采集的英安岩和流纹岩呈灰白色、灰褐色，具有流纹构造，斑状结构，斑晶含量低于 10%。英安岩中主要出现斜长石斑晶，偏向中性端元的英安岩中常见角闪石，偶见辉石斑晶；流纹岩中的斑晶以石英为主，可见斜长石。岩石基质普遍发生重结晶，新生的细粒石英呈团块状或条带状，新生鳞片状云母呈条带状与石英相间出现，并呈现定向排列（图 2-7），具有弱碳酸盐化蚀变。

图 2-7 阿尔金成矿带东段喀腊大湾地区中酸性火山岩结构照片

a-含磁铁矿酸性火山岩，K148-1，齐勒萨依东沟，正交偏光 10×10；b-流纹斑岩，K248-1，喀腊大湾中段，正交偏光 2.5×10；c-流纹岩，K283-2，喀腊大湾西沟，正交偏光 5×10；d-弱片理化安山岩，K287-1，喀腊达坂，正交偏光 5×10；e-浆屑凝灰岩，K346-1，大平沟西沟，正交偏光 2.5×10；f-含闪锌矿晶屑凝灰岩，K397-1，喀腊达坂东，正交偏光 5×10

2.2.2 主量元素地球化学特征

区内中酸性火山岩样品主量元素测试分析数据见表 2-4。

表 2-4　阿尔金成矿带东段喀腊大湾地区中酸性火山岩样品主量元素测试分析结果

序号	样品号	测试结果/%															特征参数				
		SiO_2	TiO_2	Al_2O_3	Fe_2O_3	FeO	MnO	MgO	CaO	K_2O	Na_2O	P_2O_5	H_2O^+	CO_2	LOI	Total	TFe	Na+K	Na/K	DI	δ
1	K111-1	59.56	0.75	17.28	3.16	1.83	0.14	1.96	2.77	4.27	5.47	0.29	1.52	0.35	1.70	101.05	4.67	9.74	1.28	76.50	5.73
2	K12-1	61.66	0.64	15.87	3.70	1.78	0.07	3.09	5.70	1.95	3.99	0.24	0.72	0.20	0.90	100.51	5.11	5.94	2.05	61.30	1.89
3	H365-12	61.66	1.19	12.56	3.78	6.72	0.38	3.31	1.39	0.20	4.00	0.32	3.10	0.21	1.88	100.70	10.12	4.20	20.00	64.80	0.95
4	K174-1	61.78	0.47	14.84	2.21	2.53	0.13	1.99	5.82	0.72	4.68	0.16	2.12	1.35	1.61	100.41	4.52	5.40	6.50	64.80	1.55
5	K11-4	64.29	0.44	14.89	3.18	1.60	0.08	2.47	6.22	1.04	3.72	0.17	1.02	1.17	1.00	101.29	4.46	4.76	3.58	61.70	1.06
6	H375-1	65.29	0.17	17.43	3.25	0.68	0.02	0.42	0.36	0.42	9.32	0.05	1.02	0.17	1.91	100.51	3.6	9.74	22.19	91.50	4.26
7	H365-1	65.37	0.74	12.15	2.53	4.34	0.42	1.85	3.76	1.23	4.21	0.10	0.98	1.74	1.71	101.11	6.62	5.44	3.42	69.60	1.32
8	K11-5	65.78	0.44	15.09	3.16	1.35	0.07	2.62	3.79	1.86	4.12	0.15	1.40	0.20	1.46	101.49	4.19	5.98	2.22	69.20	1.57
9	K155-1	65.99	0.60	13.99	2.13	3.14	0.07	2.34	2.21	0.96	5.24	0.08	2.04	0.50	1.19	100.48	5.06	6.20	5.46	74.70	1.67
10	K136-1	66.60	0.60	16.13	1.94	2.96	0.07	1.38	0.40	2.84	5.45	0.12	1.16	0.20	1.03	100.88	4.71	8.29	1.92	84.10	2.91
11	K175-1	67.42	0.34	14.13	1.16	2.42	0.08	1.61	2.31	1.77	4.71	0.09	1.96	1.60	2.00	101.60	3.46	6.48	2.66	70.80	1.72
12	H365-3	68.61	0.25	15.21	2.35	1.44	0.04	0.97	0.54	5.40	2.04	0.05	1.90	0.52	2.23	101，55	3.56	7.44	0.38	84.70	2.16
13	K24-3	71.70	0.41	8.04	0.22	2.39	0.03	5.33	3.19	0.12	2.37	0.12	2.72	1.30	2.58	100.52	2.59	2.49	19.75	67.10	0.22
14	H367-5	72.62	0.21	12.54	1.09	1.94	0.07	0.48	0.61	5.45	3.00	0.05	1.80	0.30	0.99	101.14	2.92	8.45	0.55	90.40	2.41
15	H365-4	72.86	0.21	13.67	0.88	1.77	0.01	1.10	0.22	2.27	4.64	0.05	1.14	0.26	1.14	100.22	2.56	6.91	2.04	88.80	1.60
16	H351-5	73.55	0.22	12.31	0.45	3.09	0.08	2.13	0.36	0.20	5.66	0.05	1.46	0.09	1.35	101.00	3.49	5.86	28.30	84.30	1.12
17	K44-1	75.43	0.18	11.40	1.23	2.48	0.01	3.85	0.09	0.36	2.41	0.02	2.60	0.10	1.29	101.65	3.59	2.77	6.69	76.90	0.24
18	H365-10	75.60	0.53	11.03	2.24	0.63	0.01	0.42	0.24	0.81	5.09	0.05	1.18	0.06	2.08	99.93	2.65	5.90	6.28	92.60	1.07
19	H367-6	76.99	0.15	11.28	0.58	0.95	0.02	0.30	0.57	5.02	2.48	0.05	0.60	0.47	0.81	100.27	1.47	7.50	0.49	93.30	1.65
20	K147-2	79.17	0.16	11.01	0.17	1.40	0.02	0.59	0.44	1.08	4.49	0.02	0.64	0.15	0.67	100.5	1.55	5.57	4.16	91.70	0.86
21	K60-2	79.52	0.15	11.15	0.16	0.41	0.02	0.20	0.06	3.26	4.00	0.01	0.24	0.10	0.34	99.57	0.55	7.26	1.23	97.20	1.44

英安岩的 SiO_2 含量高，为 59.56%~68.61%，平均为 64.50%；TiO_2 含量总体较低，但变化大，为 0.17%~1.19%，平均为 0.55%；MgO 含量为 0.42%~3.31%，平均为 2.0%；Al_2O_3 含量较高，为 12.15%~17.28%，平均为 14.96%，CIPW 计算 A/CNK 值为 0.8~1.4，且部分样品具有标准矿物刚玉出现，反映了岩石具有准铝质到过铝质的性质；K_2O+Na_2O 含量较高，为 4.2%~9.74%，平均为 6.63%，Na_2O/K_2O 值>1.28，最大可达 20，属于钠质型，仅样品 H365-3 的 Na_2O/K_2O 小于 1，为钾质型，总体上具有 I-S 型花岗岩的特征。流纹岩的 SiO_2 含量较高，为 71.70%~79.52%，平均为 75.27%；TiO_2 含量明显比英安岩低，为 0.16%~0.53%，平均为 0.27%，为低 TiO_2 流纹岩类；MgO 含量低但变化较大，主要为 0.2%~5.33%，平均为 1.6，少数样品高 MgO（>2%）；Al_2O_3 含量相对英安岩明显降低，为 8.04%~13.67%，平均为 11.38%，CIPW 计算得到 A/CNK 为 1.03~1.30，且具有标准矿物刚玉出现，为弱过铝质-过铝质岩石，具有 I-S 型花岗岩的特征。DI 为 67.10~97.20，平均为 85.2，反映了分异程度较高；K_2O+Na_2O 含量为 2.49%~8.45%，平均为 5.85%，Na_2O/K_2O 值为 1.22~19.75，为钠质型，仅样品 H367-5 和 H367-6 的 K_2O/Na_2O 值大于 1.8，为钾质型。

火山熔岩缺乏明确的矿物学标志，因此地球化学特征成为划分岩浆系列和确定岩石类型的主要方法。大多数测试样品的烧失量 LOI<2%、CO_2<0.5%、H_2O^+<2%，说明岩石在后期地质过程中成分变化不大，可以认为是新鲜的，一小部分样品的这些指标较高，可能与碳酸盐化蚀变有关（表 2-4）。所以去除 CO_2、H_2O^+ 和 LOI 后将主要氧化物成分重新换算成百分含量进行 TAS 投点，样品落在 Ir-Irvine 线下方的亚碱性区，仅样品 H375-1 和 H111 落在碱性区；运用岩石化学计算里特曼指数（$\delta=(K_2O+Na_2O)^2/(SiO_2-43)$）为 0.2~2.4，属于钙碱性系列，仅样品 H375-1 和 H111 的 δ 值大于 3.3 但小于 6，为碱性系列；在岩性上大多数样品落在流纹岩和英安岩区，仅一个落在安山岩区，另外两个落在粗面英安岩区（Q>20%）（图 2-8a），这与运用抗蚀变微量元素组合 Nb/Y-Zr/Ti 图解的投图结果一致。

在 SiO_2-K_2O 图解上，大部分样品落在低钾-钙碱系列和钾玄岩系列，表现出一定的极性（图 2-8b）；在 FAM 图解上，大部分样品落在钙碱性区（图 2-8c），仅有一个样品落在拉斑系列区，虽然 Mg、Fe 含量的降低呈现出明显的富碱趋势；但在 An-Ab-Or 图解（图 2-8d）上，样品主要分布在钠质和普通型火山岩区，仅喀腊大湾三个样品落在钾质火山岩区，与 SiO_2-K_2O 图解中的分布一致。随 SiO_2 含量的增高，MgO、TFeO、CaO、P_2O_5、TiO_2、MnO 和 Al_2O_3 等常量元素氧化物与 SiO_2 含量呈现良好的负相关关系，而 K_2O 和 Na_2O 与 SiO_2 相关性不强（图 2-8e~l），可能与 K、Na 后期的活动性有关。

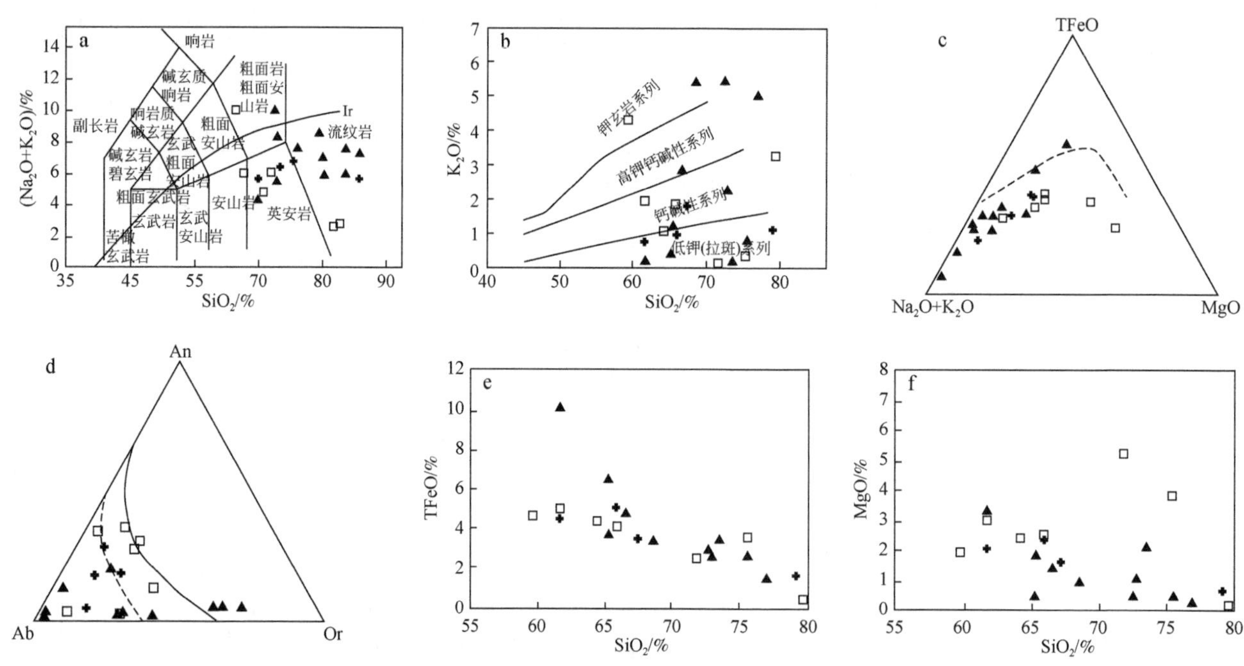

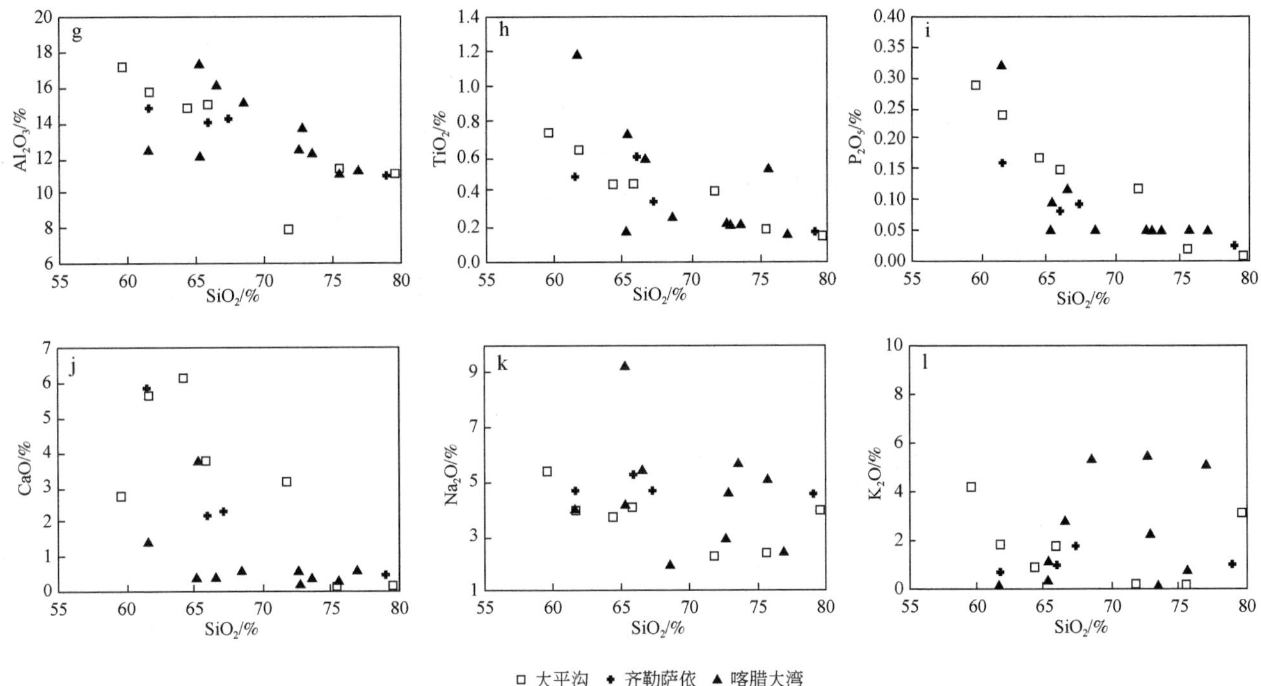

图 2-8　阿尔金成矿带东段喀腊大湾地区中酸性火山岩地球化学参数投影

底图据 Irvine and Baragar, 1971；Peccerillo and Taylor, 1976；Le Maitre, 1986；Richwood, 1989

2.2.3　稀土元素地球化学特征

阿尔金成矿带东段喀腊大湾地区中酸性火山岩稀土元素测试结果见表 2-5。

阿尔金成矿带东段的喀腊大湾、大平沟和齐勒萨依三地的英安岩具有相似的 REE 球粒陨石标准化配分形式，总体表现为稀土总量高，Eu 负异常较弱的轻稀土富集型右倾曲线（图 2-9a）。但是大平沟地区的英安岩具有强烈的轻重稀土分异，较高的稀土总量和极弱的 Eu 负异常，LREE/HREE 和 La_N/Yb_N分别为 14.7～21.70（平均为 18.9）和 20.27～35.52（平均为 28.8），ΣREE（不含 Y）为 153.02×10^{-6}～550.10×10^{-6}（平均为 270.5×10^{-6}），δEu 为 0.74～1.02，平均为 0.91，具有 OIB 的特征。喀腊大湾沟和齐勒萨依两地的英安岩具有弱的轻重稀土分异，较低的稀土总量和弱的 Eu 负异常。喀腊大湾沟英安岩的 ΣREE 为 185.65×10^{-6}～323.44×10^{-6}，平均为 198.25×10^{-6}，LREE/HREE 和 La_N/Yb_N分别为 4.08～11.17（平均为 7.3）和 2.84～9.11（平均为 6.56），δEu 为 0.32～0.97，平均为 0.65，仅样品 H375-1 的 Eu 负异常较强。齐勒萨依英安岩样品的 ΣREE 平均为 123.1×10^{-6}，LREE/HREE 和 La_N/Yb_N分别平均为 8.72 和 8.47，δEu 平均为 0.83（表 2-5），具有与 Atherton 和 Tarney（1980）描述的秘鲁活动大陆边缘花岗岩基 Linga 和 Tiybaya 上部单元及相伴酸性火山岩相似的稀土分布形式。

大平沟、喀腊大湾沟和齐勒萨依三个地区的流纹岩具有一致的稀土元素分配特征，REE 球粒陨石标准化分布图表现为稀土总量高、Eu 负异常显著的轻稀土弱富集型右缓倾斜曲线（图 2-9b）。稀土总量 ΣREE 变化大，为 86.14×10^{-6}～333.73×10^{-6}，平均为 233.85×10^{-6}，LREE/HREE 分别为 1.52～16.33（平均为 7.01）和 1.29～18.07（平均为 6.78），反映了轻重稀土分异较弱，仅样品 H147-2 和 H365-10 分别表现出极强和极弱的轻重稀土分异，δEu 值为 0.26～0.83，平均为 0.45，反映了强烈的 Eu 负异常，说明在熔融过程中斜长石呈稳定相存在或岩浆演化过程发生较强的斜长石分离结晶作用，也或者具有活动大陆边缘壳源重熔火山岩的特征。

表 2-5　阿尔金成矿带东段喀腊大湾地区中酸性火山岩稀土元素测试结果

岩石类型	序号	样品号	样品位置	元素含量/10^{-6}															ΣREE	LREE	HREE	LREE/HREE	La_N/Yb_N	δEu
				La	Ce	Pr	Nd	Sm	Eu	Gd	Tb	Dy	Ho	Er	Tm	Yb	Lu	Y						
英安岩类	1	K111-1	大平沟(DPG)	120	262	25.9	96.7	15.5	2.99	9.93	1.41	6.71	1.21	3.72	0.45	3.1	0.48	37.1	550.1	523.09	27.01	19.37	26.16	0.74
	2	K12-1	大平沟(DPG)	48.5	97.5	10.5	39.3	5.89	1.65	4.2	0.53	2.44	0.45	1.29	0.16	0.99	0.15	12.8	213.55	203.34	10.21	19.92	33.1	1.01
	3	H365-12	喀腊大湾(KLDW)	64.7	130	16.6	61	12.8	2.42	10.2	1.49	8.87	1.92	5.8	0.88	5.88	0.88	52.8	323.44	287.52	35.92	8.0	7.44	0.65
	4	K174-1	齐勒萨依(QLSY)	21.9	47.8	5.39	20.6	3.97	1.11	3.53	0.5	2.86	0.57	1.85	0.25	1.74	0.29	17.3	112.36	100.77	11.59	8.69	8.51	0.91
	5	K11-4	大平沟(DPG)	33.3	67.5	7.67	29	4.7	1.11	3.41	0.51	2.48	0.47	1.41	0.18	1.11	0.17	13.3	153.02	143.28	9.74	14.71	20.27	0.85
	6	H375-1	喀腊大湾(KLDW)	46.5	96.7	8.08	25.2	4.14	0.41	3.65	0.57	3.75	0.88	2.85	0.47	3.45	0.59	23.3	197.24	181.03	16.21	11.17	9.11	0.32
	7	H365-1	喀腊大湾(KLDW)	31.1	70	9.55	41	10.1	3.29	10.4	1.24	10.2	2.2	6.59	1.04	7.4	1.35	55.2	205.46	165.04	40.42	4.08	2.84	0.98
	8	K11-5	大平沟(DPG)	41	75.7	7.77	28.4	4.14	1.15	2.87	0.39	1.79	0.32	0.92	0.11	0.78	0.11	9.03	165.45	158.16	7.29	21.7	35.52	1.02
	9	K155-1	齐勒萨依(QLSY)	27.2	59.6	5.94	22.4	4.03	1.01	3.84	0.59	3.54	0.71	2.22	0.32	2.18	0.32	20.7	133.9	120.18	13.72	8.76	8.43	0.78
	10	K136-1	喀腊大湾(KLDW)	46.2	60.2	9.44	35.5	6.61	1.46	6.53	1.1	6.76	1.4	4.57	0.64	4.55	0.69	43.9	185.65	159.41	26.24	6.08	6.86	0.68
	11	K175-1	齐勒萨依(QLSY)	20.5	36.4	3.92	14.3	2.7	0.7	2.36	0.33	1.88	0.37	1.2	0.15	1.15	0.18	11.5	86.14	78.52	7.62	10.3	12.05	0.85
流纹岩类	1	H365-3	喀腊大湾(KLDW)	68.3	129	15.8	59	11.7	1.42	11.5	1.96	13	2.84	8.46	1.28	8.23	1.24	89.8	333.73	285.22	48.51	5.88	5.61	0.37
	2	K24-3	大平沟(DPG)	32.5	69.8	7.52	28.5	5.63	0.7	4.98	0.81	4.56	0.92	2.94	0.39	2.62	0.37	28.7	162.24	144.65	17.59	8.22	8.38	0.4
	3	H367-5	喀腊大湾(KLDW)	55.4	125	13.9	54.7	13	2.22	13.4	2.29	14.9	3.25	9.75	1.5	9.85	1.56	97.9	320.72	264.22	56.5	4.68	3.8	0.51
	4	H365-4	喀腊大湾(KLDW)	58	129	13.1	47.8	10.4	1.21	9.72	1.65	10.5	2.28	6.63	1.02	6.64	1.01	63.7	298.96	259.51	39.45	6.58	5.9	0.37
	5	H351-5	喀腊大湾(KLDW)	41.7	97	10.1	39.4	9.18	1.24	9.5	1.59	10.4	2.32	6.91	1.03	6.81	1.09	63.6	238.27	198.62	39.65	5.01	4.14	0.41
	6	K44-1	大平沟(DPG)	52.5	110	12.3	47.9	10	1.08	9.6	1.85	12.1	2.53	8.6	1.31	9.67	1.51	71.2	280.95	233.78	47.17	4.96	3.67	0.34
	7	H365-10	喀腊大湾(KLDW)	18.4	38.8	4.33	17.2	5.16	1.37	9.8	2.18	16.6	3.79	11.1	1.59	9.67	1.39	134	141.38	85.26	56.12	1.52	1.29	0.59
	8	H367-6	喀腊大湾(KLDW)	49	105	11.6	44.2	9.97	1.2	10.1	1.54	9.28	2.04	6.12	0.94	6.41	1.01	57.4	258.41	220.97	37.44	5.9	5.17	0.37
	9	K147-2	齐勒萨依(QLSY)	79.4	148	13.6	45.1	6.81	1.02	5.14	0.84	4.39	0.85	2.93	0.42	2.97	0.46	27.6	311.93	293.93	18	16.33	18.07	0.53
	10	K60-2	大平沟(DPG)	35.5	47.4	7.99	28.3	4.18	0.32	2.98	0.57	3.59	0.85	3.15	0.48	3.66	0.61	30.5	139.58	123.69	15.89	7.78	6.55	0.28

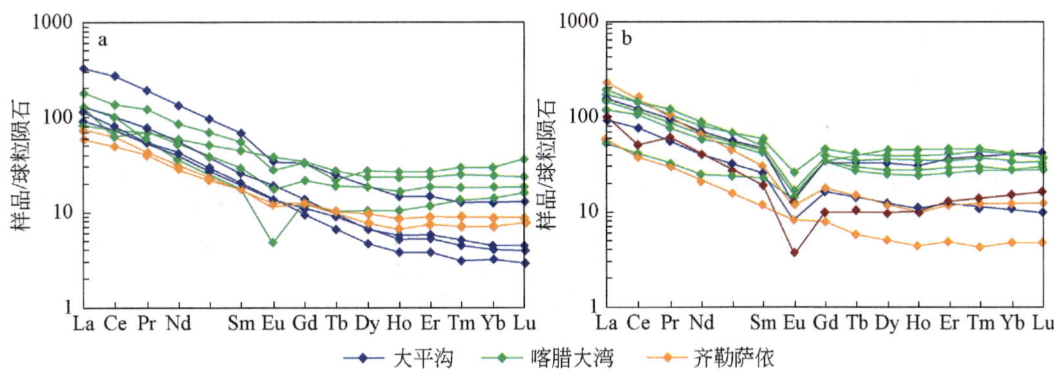

图2-9　阿尔金成矿带东段中酸性火山岩稀土元素球粒陨石标准化图

（底图据 Taylor and Lennan，1985）

2.2.4　微量元素地球化学特征

阿尔金成矿带东段喀腊大湾地区中酸性火山岩微量元素测试结果见表2-6。喀腊大湾地区的英安岩和流纹岩的微量元素原始地幔标准化比值蛛网图总体上显示了较为一致的分布模式（图2-10），LILE 相对 HFSE 富集，具有明显 Nb（Ta）、P、Ti、Rb、Sr 相对亏损和 K、Ba、Th、Zr、Ce、Sm 相对富集，表现出岛弧和板内火山岩的双重地球化学特征。大平沟北和齐勒萨依的样品相对喀腊大湾沟的样品 Nb-Ta 亏损更强，Zr-Hf 富集较弱且 Zr 显示弱的负异常，具有岛弧火山岩的明显特征，喀腊大湾的样品 Nb-Ta 亏损很弱，Zr-Hf 明显富集且 Ti 亏损强烈，岛弧火山岩的印迹减弱，具有明显的壳源火山岩特征。

2.2.5　中酸性火山岩成因与形成构造环境讨论

火山作用过程中微量元素地球化学行为具有很强的规律性，且性质稳定的微量元素受后期热事件影响较小，因而其丰度组合、元素比值及演化特征已成为探讨岩浆成因、恢复和重塑古火山事件发生演化及构造环境的重要地球化学指纹。

喀腊大湾地区的英安岩和流纹岩总体上高 SiO_2、富碱（Na_2O+K_2O）、高 A/CNK 和低钛、低镁铁，具有壳源 I-S 型花岗岩的特征。在稀土元素方面具有明显右倾轻稀土富集的分配形式，重稀土呈平坦型，英安岩无 Eu 负异常，或具有弱的 Eu 负异常，流纹岩具有显著的 Eu 负异常，与活动大陆边缘环境火山岩一致。微量元素以显著的高 K、Ba、Th、U、Pb、Zr、Hf 和低 Sr、P、Ti、Nb、Ta 为特征，大部分样品 La/Nb值为 1.38～10.2，平均为 3.74，介于原始地幔（La/Nb=1）和典型的大陆地壳（La/Nb>12）之间；Nb/Ta 值为 12.5～15.0，平均为 14.9，介于正常地壳（Nb/Ta=12.3）与原始地幔（Nb/Ta=17.8）之间，显示出壳幔物质混合的特征，一部分样品 Nb/Ta 值大于 19，在榴辉岩的 Nb/Ta 值范围内，说明可能还存在深源榴辉岩相的部分熔融。较高的 Th/Ta 值和 Th/Nb 值，分别为 6.45～37（平均为 15.8）和 0.24～2.0（平均为 1.12）以及 Ta/Yb<0.5 值等特征与活动大陆边缘火山岩的特征一致（Michael and Eva，2000）。

从中-酸性火山岩 Th/Ta-Yb 构造环境判别图解（Michael and Eva，2000）中可以看出，喀腊大湾沟英安岩和流纹岩主要落在活动大陆边缘区（active continental margins），而大平沟和齐勒萨依两地的样品主要落在活动大陆边缘与洋内岛弧区（oceanic arcs）两者界线附近（图2-11a）；将与花岗岩类成分相当的流纹岩、英安岩样品运用 Yb-Ta 和 Yb+Ta-Rb 进行构造环境判别，喀腊大湾沟的样品点落在板内花岗岩（WPG），而大平沟和齐勒萨依的样品落在火山弧花岗岩（VAG）区（图2-11b、c），具有岛弧和板内火山岩的双重地球化学特征，充分表明喀腊大湾地区的中酸性火山岩形成于活动大陆边缘环境，与洋壳的俯冲消减作用密切相关。本次研究发现区内北部大平沟和齐勒萨依两地的样品（如 K11-4、K11-5、K12-1、

表 2-6　阿尔金成矿带东段喀腊大湾地区中酸性火山岩微量元素测试结果

序号	样品号	元素含量/10^{-6}															Th/Ta	La/Nb	Nb/Ta	岩石类型
		Rb	Sr	Zr	Nb	Ba	Hf	Ta	Pb	Th	U	Cr	Co	Ni	Cu	Zn				
1	K111-1	111.0	456.0	320.0	20.9	3656.0	7.7	1.2	57.2	43.3	8.8	11.6	6.8	4.2	10.9	109.0	37.0	5.7	17.9	英安岩类
2	K12-1	38.8	790.0	193.0	4.7	1526.0	4.3	0.2	12.0	1.1	0.3	104.0	20.0	41.9	34.1	103.0	6.7	10.3	27.8	
3	H365-12	3.7	89.7	443.0	16.1	347.0	8.7	1.1	45.0	14.7	4.2	71.7	8.9	35.6	44.2	1412.0	13.4	4.0	14.6	
4	K174-1	14.8	408.0	127.0	8.2	1090.0	3.5	0.7	15.1	14.7	3.1	12.1	12.2	7.8	22.1	72.3	20.1	2.7	11.3	
5	K11-4	26.9	772.0	120.0	5.0	521.0	3.2	0.4	12.4	6.1	1.8	63.8	16.5	27.3	55.0	77.4	14.0	6.7	11.3	
6	H375-1	10.2	58.6	545.0	35.3	132.0	12.5	2.3	27.0	50.2	14.1	21.2	2.6	12.4	6.9	29.8	21.5	1.3	15.1	
7	H365-1	45.2	176.0	1691.0	22.4	831.0	25.7	1.2	71.0	8.0	2.9	28.7	1.9	17.8	12.0	819.0	6.5	1.4	18.1	
8	K11-5	31.7	603.0	158.0	3.4	1689.0	3.7	0.2	11.8	2.9	0.4	128.0	16.6	66.0	41.2	66.7	18.3	12.0	21.4	
9	K155-1	21.9	239.0	163.0	12.5	350.0	4.2	0.9	46.5	11.3	3.1	30.8	14.0	10.1	30.4	80.3	12.2	2.2	13.4	
10	K136-1	53.6	74.9	393.0	17.6	1228.0	8.7	1.3	4.6	19.5	6.0	3.4	6.1	1.4	17.4	70.7	14.9	2.6	13.4	
11	K175-1	43.9	227.0	92.3	5.2	567.0	2.4	0.4	17.7	8.1	1.5	35.0	8.7	12.6	22.4	53.3	21.3	4.0	13.7	
1	H365-3	153.0	65.2	543.0	24.6	1312.0	11.8	1.9	11.8	28.3	12.4	148.0	3.6	72.1	48.6	79.3	15.3	2.8	13.3	流纹岩类
2	K24-3	4.2	101.0	209.0	8.9	323.0	5.5	0.9	7.4	17.0	2.5	74.7	4.3	25.2	8.1	60.3	18.5	3.6	5.1	
3	H367-5	97.8	37.8	771.0	25.7	815.0	16.2	1.9	12.2	24.4	6.4	43.0	0.8	20.0	6.6	112.0	12.6	2.2	5.9	
4	H365-4	64.3	111.0	461.0	21.9	641.0	10.4	1.7	38.7	24.5	7.9	62.5	1.9	33.8	8.9	66.0	14.5	2.7	5.5	
5	H351-5	3.3	64.6	625.0	20.9	187.0	12.9	1.7	33.1	17.1	4.7	41.7	1.3	19.0	6.3	122.0	10.2	2.0	5.1	
6	K44-1	15.6	161.0	363.0	20.6	1690.0	9.6	1.4	11.2	19.4	5.0	2.7	1.3	0.8	4.7	95.2	14.2	2.6	5.6	
7	H365-10	27.0	140.0	576.0	26.9	407.0	11.4	1.4	52.7	17.3	7.4	37.7	1.0	17.7	12.8	38.8	12.7	0.7	18.6	
8	H367-6	180.0	45.9	400.0	16.9	971.0	9.2	1.5	24.4	21.8	5.9	17.4	0.9	7.5	5.1	94.0	14.5	2.9	5.0	
9	K147-2	37.0	103.0	195.0	18.9	222.0	5.1	1.4	22.4	28.0	6.8	5.3	2.0	3.6	5.5	47.6	19.7	4.2	4.7	
10	K60-2	60.4	29.5	251.0	15.6	809.0	7.2	1.1	2.7	15.4	4.9	4.1	0.4	1.4	4.7	17.3	13.6	2.3	6.0	

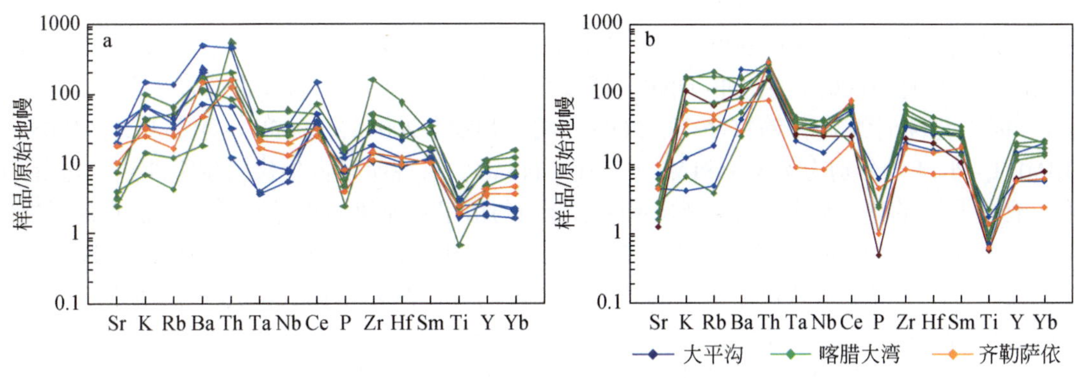

图 2-10　阿尔金成矿带东段喀腊大湾地区火山岩微量元素原始地幔标准化图

a-英安岩；b-流纹岩（图例同图 2-9）

K174-1 和 K175-1 等）具有高 Sr（>400ppm[①]）、低 Y（<18ppm）低 Yb（<1.8ppm）、高 Al_2O_3（>15%）、低 MgO（<3%）和高 La_N/Yb_N值的典型埃达克岩的特征，同时发现在研究区南部喀腊达坂地区的部分样品（如 H367-5、H367-6 和 H365-3 等）具有碱性钾玄岩系列的典型特征（图 2-11b、c）。埃达克岩和钾玄岩具有特殊成因意义，通常认为埃达克岩是俯冲消减带这一特殊构造环境的典型岩石组合，是由岛弧下热的俯冲板片（洋壳或陆壳）部分熔融以及熔体交代地幔橄榄岩熔融的结果（Kay，1978；Defand and Drummond，1990），而俯冲带内钾玄岩的出现是大洋岩石圈俯冲结束，陆内汇聚开始的岩石学标志（邓晋福等，1996），其形成与板块俯冲时洋壳及陆源沉积物在深部（榴辉岩相）产生的大量流体–熔体与亏损地幔的交代作用有关。自北向南该区的火山岩显示出从岛弧向板内岩浆演化的特征。由于受到俯冲消减作用的影响，还是表现出明显的岛弧火山岩的特征（李松彬等，2013）。

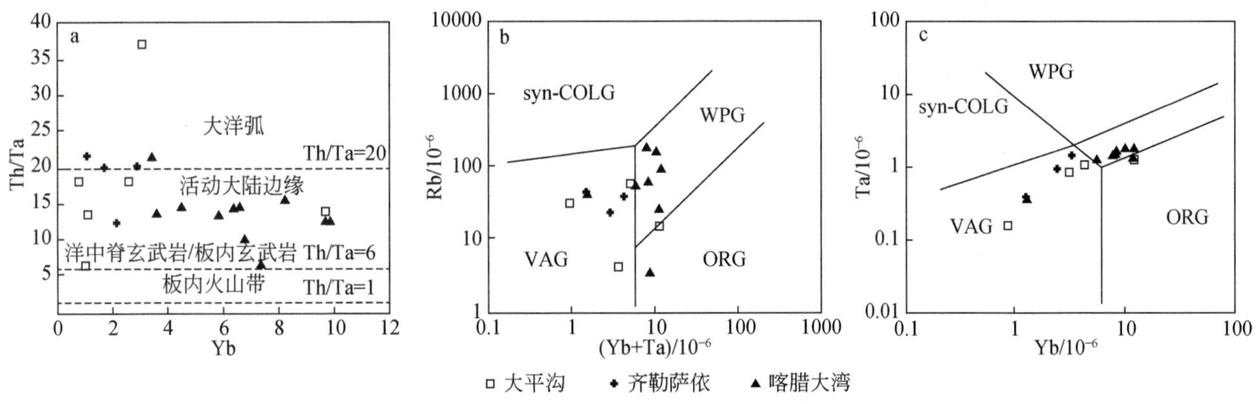

图 2-11　阿尔金成矿带东段流纹岩的 Yb+Ta–Rb 和 Yb–Ta 构造环境判别图（图例同图 2-8）

a-Yb–Th/Ta，底图据 Michael and Eva，2000；b 和 c-Yb+Ta–Rb 和 Yb–Ta 图解；WPG-板内花岗岩；VAG-火山弧花岗岩；Syn-COLG-同碰撞花岗岩；ORG-洋中脊花岗岩（底图据 Pearce et al.，1984）

阿尔金北缘地区存在早古生代的蛇绿岩套并且其中的基性火山岩具有 MORB 和 OIB 组合（吴峻等，2002），证明在早古生代阿尔金北缘地区存在一定规模的大洋，同位素测年获得蛇绿岩套中枕状熔岩 448～524Ma（张建新等，1999a；陆松年等，2002a，2002b；修群业等，2007）和辉绿岩墙 479～521Ma 的年龄（吴峻等，2002；张志诚等，2009），代表了早古生代北阿尔金地区洋壳的形成年龄，但是这些年龄值之间的时间跨度达到 50Ma，可能反映了古阿尔金洋的存留时间。同时还发现一条与蛇绿岩带共存的高压蓝片岩和榴辉岩带，并获得了榴辉岩中多硅白云母 512±3Ma 的坪年龄和 513±5Ma 的等时线年龄以及蓝片岩中钠云母 491±3Ma 的坪年龄和 497±10Ma 的等时线年龄（张建新等，2007），说明在早古生代阿尔

① 1ppm = 10^{-6}。

金地区已经发生了洋壳的深俯冲消减作用。

此外在阿尔金北缘偏南地区识别出一条近东西向展布的岛弧岩浆岩带，如恰什坎萨依、巴什考供盆地边缘以及阔什布拉克地区的I型俯冲-同碰撞钙碱性花岗/石英闪长岩-斜长花岗岩组合和I-S型碰撞-后碰撞花岗岩-钾长花岗岩组合（陈宣华等，2002；戚学祥等，2005a，2005b；吴才来等，2005，2007），锆石SHRIMP U-Pb年龄分别为474～481Ma和431～446Ma，这说明早古生代阿尔金北缘地区处于活动大陆边缘俯冲消减带的环境。天然地震探测显示阿尔金山与塔里木地块的边界断层阿尔金北缘断裂以30°左右的倾角向南东方向下插到80km深处后与阿尔金南缘走滑断裂交汇，之后又向南倾斜下插到150km处，反映了在洋盆闭合以后塔里木地块经历了继续向南陆内俯冲于阿尔金山及柴达木盆地之下（许志琴等，1999）。这些事实表明在早古生代时期阿尔金北缘地区的洋壳是自北向南俯冲消减的。而本研究在喀腊达坂获得了酸性火山岩477.6～488.2Ma的锆石SHRIMP U-Pb年龄（本书第1章火山岩部分），在时代上与前述的阿尔金北缘蛇绿岩带的形成年龄、高压变质岩带的变质年龄以及广泛发育俯冲-碰撞期花岗岩类的年龄具有很好的一致性，并且微量及稀土元素地球化学特征表明喀腊大湾地区中酸性火山岩自北向南具有从岛弧向板内环境演化的趋势，这与阿尔金北缘地区早古生代洋壳自北向南的俯冲是一致的。因此可以认为是喀腊大湾地区在早古生代处于活动大陆边缘环境，一套钙碱性准铝质-过铝质中酸性火山岩是早古生代阿尔金地区洋壳向南俯冲消减作用的直接响应和产物。

2.3　花岗岩岩石地球化学

花岗岩是阿尔金成矿带区内最主要的岩浆岩之一。在板块构造演化旋回（威尔逊旋回）中，花岗岩是板块俯冲、洋壳闭合和碰撞时期的主要岩浆岩类型，并可持续到碰撞后阶段。换一个角度说，花岗岩是岛弧构造环境和碰撞后构造环境最主要的岩浆岩类型。

2.3.1　喀腊大湾地区花岗岩分布与岩相学特征

1. 花岗岩分布特征

中酸性侵入岩分布最广，出露面积占下古生界出露面积的16%以上。这些侵入岩侵位于下古生界上寒武统卓阿布拉克组（$€_3zh$）与斯米尔布拉克组（$€_3s$）之中，沿阿尔金北缘断裂带南侧呈不规则带状分布，总体呈近东西走向。岩石类型包括花岗岩、花岗闪长岩、闪长岩等（图2-12）。

2. 花岗岩岩相学特征

1）大平沟花岗岩岩体

该岩体位于成矿带东段的喀腊大湾以西，东西长约9km，宽1.5～2.5km，地表出露面积约18km²，侵位于下古生界上寒武统卓阿布拉克组黑色泥岩夹钙质粉砂岩中。岩石为灰白色中粗粒半自形结构，块状构造。主要矿物有石英，占20%左右，他形粒状，粒径约1.0mm；碱性长石，约占35%，半自形粒状结构；斜长石，含量为30%左右，半自形板状。次要矿物有片状黑云母，含量约5%，绿泥石化强烈（图2-13a）。

2）喀腊大湾阿北花岗岩体

喀腊大湾阿北花岗岩体位于成矿带中偏东部北带，在喀腊大湾沟与阿尔金北缘断裂交汇部位及其东侧，出露面积约20km²。侵位于下古生界上寒武统斯米尔布拉克组（$€_3s$）之中。岩石呈灰白色，多为块状构造，中粗粒等粒结构。主要矿物有他形石英（20%～25%）、自形-半自形斜长石（含量为25%～30%）、碱性长石（含量为30%～35%）、聚片双晶和卡钠复合双晶发育，环带结构发育。次要矿物有黑云母，片状构造，有绿泥石化蚀变。副矿物有磷灰石、榍石、锆石等。对其的测试和研究显示其年龄为417Ma左右（图2-13b）。

3）喀腊大湾阿北银铅矿岩体

喀腊大湾阿北银铅矿岩体位于阿尔金成矿带中偏东部北带，在喀腊大湾沟与阿尔金北缘断裂交汇部

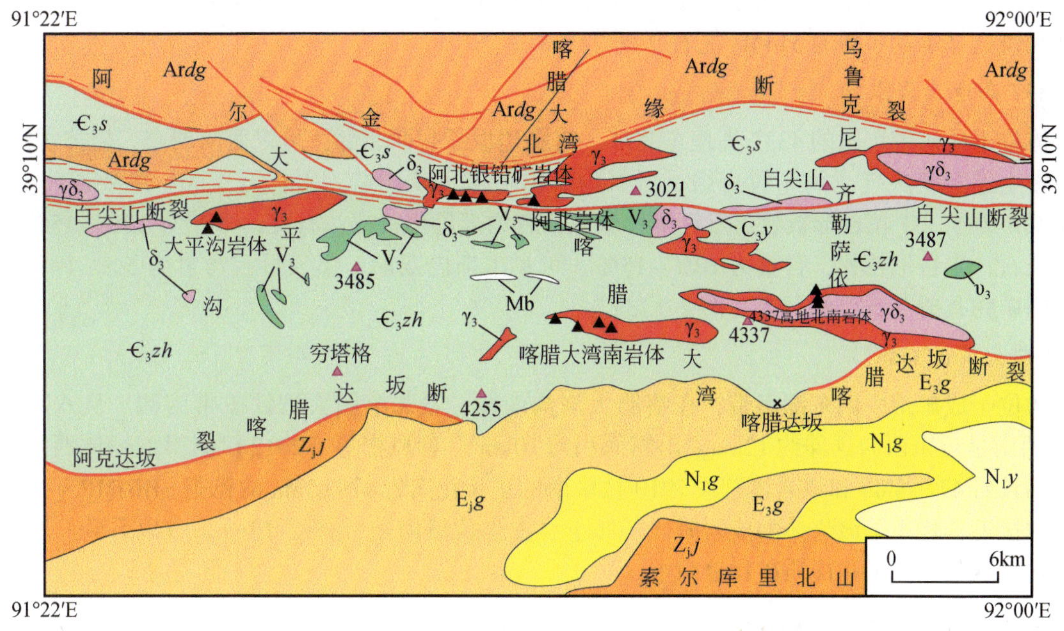

图2-12　阿尔金成矿带东段喀腊大湾地区区域地质及花岗岩位置图

Ardg-太古宇米兰岩群达格拉格布拉克组；Z_1j-震旦系金雁山组；ϵ_3zh-上寒武统卓阿布拉克组；ϵ_3s-上寒武统斯米尔布拉克组；C_3y-上石炭统因格布拉克组；E_3g-渐新统下干柴沟组；N_1g-中新统上干柴沟组；Mb-大理岩；$\gamma\delta_3$-早古生代花岗闪长岩；γ_3-早古生代花岗岩；δ_3-早古生代闪长岩；ν_3-早古生代辉长岩

图2-13　阿尔金成矿带东段喀腊大湾地区花岗岩显微照片

a-大平沟花岗岩体，正交偏光；b-喀腊大湾阿北花岗岩体，正交偏光；c-喀腊大湾阿北银铅矿岩体，正交偏光；d-4337高地北岩体，正交偏光；e-喀腊大湾南岩体，正交偏光；f-白尖山似斑状二长花岗岩，正交偏光

位及其西侧，岩体为小型岩株，出露面积约5.0km²，侵位于下古生界上寒武统卓阿布拉克组（ϵ_3zh）。在宏观上，岩石结构为中细粒不等粒结构，发育碎裂和脆性片理化，片麻状构造。以钾长石和石英为主的斑晶占40%~50%，粒径多为0.15～1.00mm。石英含量为20%～25%，呈他形粒状；斑晶中钾长石占20%～25%，发育卡斯巴双晶和格子双晶，部分为条纹长石；钾长石、斜长石和黑云母组成的基质占50%～55%，为隐晶质结构，粒径为0.1～0.3mm；基质钾长石占15%～20%；斜长石占25%～30%，部分

发育绢云母化；黑云母占 5%~10%，片状，可见绿泥石化；岩石副矿物有少量榍石、磷灰石和锆石。对其的测试和研究显示其年龄为 514Ma 左右（图 2-13c）。

4）4337 高地北岩体

该岩体位于成矿带东段的 4337 高地东北部，喀腊达坂断裂西北部，呈东西向展布，岩体规模为岩株，侵位于下古生界上寒武统卓阿布拉克组。岩石为灰白色似斑状构造，斜长石斑晶。主要矿物有斜长石，含量为 35%~40%，中粒自形板状，发育聚片双晶，有绢云母化特征；石英，含量为 10%~15%，他形粒状；碱性长石，半自形粒状，含量为 10%~15%，可见卡斯巴双晶；黑云母，含量为 5%~10%，可见绿泥石化。副矿物有磷灰石、榍石等（图 2-13d）。

5）喀腊大湾南岩体

该岩体位于成矿带中偏东部南带，在喀腊大湾沟南段，紧邻喀腊大湾铁矿带南侧。从八八铁矿南到 4337 高地西南呈近东西向延伸约 12km，出露面积约 10km²。韩凤彬等（2012）测得该岩体西段八八铁矿南的石英闪长岩 477±4Ma 和该岩体东段 7910 铁矿南的正长花岗岩 479±5Ma 的锆石 SHRIMP 年龄。两个年龄数据非常接近，代表了该岩体的成岩时代，属于早古生代奥陶纪（图 2-13e）。可以看到一些黑云母和角闪质矿物呈脉状充填于花岗质矿物缝隙中。

2.3.2　主量元素地球化学特征

区内中酸性侵入岩较多，岩石化学测试也做了较多样品，为便于分析，这里只选择五个代表性岩体，对其岩石地球化学测试结果进行分析，并探讨其形成的构造环境。区内五个典型花岗质岩体主量元素分析数据见表 2-7。

表 2-7　阿尔金成矿带东段喀腊大湾地区花岗岩主量元素分析数据

序号	样品号	岩体名称	测试结果/%															A/CNK
			SiO_2	TiO_2	Al_2O_3	Fe_2O_3	FeO	MnO	MgO	CaO	K_2O	Na_2O	P_2O_5	H_2O^+	CO_2	LOI	总计	
1	H247-1	大平沟岩体	73.42	0.22	13.21	1.46	0.34	0.04	0.35	0.85	4.58	3.60	0.05	1.02	0.35	1.37	99.49	1.063
2	H248-1	大平沟岩体	76.36	0.07	12.30	0.73	0.20	0.02	0.64	0.38	4.85	3.76	0.02	0.24	0.18	0.42	99.75	1.015
3	K354-1	大平沟岩体	74.03	0.16	14.14	0.50	0.63	0.04	0.39	1.24	4.35	3.64	0.07	0.92	0.43	1.01	100.20	1.092
4	K272-2	阿北岩体	71.70	0.27	14.83	1.18	0.68	0.04	0.73	2.62	2.44	4.05	0.11	1.12	0.17	1.13	99.78	1.054
5	K405-1	阿北岩体	58.37	0.66	15.59	3.24	3.79	0.16	3.90	6.32	1.88	3.41	0.19	0.38	0.43	1.82	99.33	0.815
6	K439-1	阿北银铅矿岩体	69.89	0.51	14.78	2.17	0.47	0.04	0.75	1.94	0.06	5.09	0.08	2.42	1.47	3.89	99.67	1.618
7	K480-1	阿北银铅矿岩体	68.06	0.48	13.74	1.98	1.35	0.04	1.29	2.04	2.49	3.46	0.07	1.80	3.19	4.99	99.99	1.19
8	K480-2	阿北银铅矿岩体	68.01	0.47	13.42	3.40	0.27	0.10	0.60	3.14	0.75	4.19	0.08	2.66	2.41	5.07	99.50	1.169
9	K139-1	4337 高地北岩体	67.00	0.36	15.00	1.61	1.63	0.07	1.15	3.09	3.78	3.37	0.17	1.41	1.17	2.58	99.81	0.983
10	K140-1	4337 高地北岩体	67.60	0.32	14.47	1.21	1.81	0.08	1.20	2.84	2.59	4.21	0.14	1.62	1.55	3.17	99.64	0.972
11	K140-4	4337 高地北岩体	76.18	0.05	12.71	0.07	0.34	0.01	0.09	0.70	5.08	3.30	0.00	0.44	0.35	0.79	99.32	1.042
12	K495-1	喀腊大湾南岩体	75.05	0.18	13.14	1.04	0.93	0.02	0.49	0.63	0.83	6.92	0.03	0.46	0.34	0.80	100.06	0.979
13	K484-1	喀腊大湾南岩体	74.82	0.20	13.49	0.75	0.99	0.02	0.41	0.43	0.57	7.34	0.03	0.44	0.43	0.87	99.92	1.001
14	K901-2	喀腊大湾南岩体	74.12	0.24	13.37	0.17	1.74	0.02	1.31	0.39	0.12	7.04	0.04	1.18	0.43	1.61	100.17	1.076

从 Rickwood（1989）的 SiO_2-K_2O 投图比值上看，喀腊大湾南岩体具有极强的钾元素亏损，K_2O 含量为 0.12%~0.83%，这显示出拉斑的性质。值得注意的是，该岩体附近有铁、钼等金属的矿化，铁矿赋存于深灰色变质玄武岩中。根据前人研究成果，在 7918 铁矿早古生代的火山沉积岩系中，即早古生代稍早喷发的中基性火山岩（喀腊大湾铁矿围岩）均表现为低钾特点，同时铁矿体附近的夕卡岩化带，所以花岗岩的低钾可能是与玄武岩和夕卡岩化带相邻有关。除此之外，其他四个岩体的钾元素含量均超过 1.5%（1.88%~5.09%），投图落在了高钾钙碱性系列中。第一组为大平沟岩体，第二组为阿北花岗岩体，第三

组为阿北银铅矿岩体，第四组为 4337 高地北岩体，第五组为喀腊大湾南岩体。

第一组，也就是大平沟岩体，其 SiO_2 含量偏高且变化范围较小（73.42%~76.36%），主量元素显示出低 Mg 低 Ti、高 K 的特征，主量元素的变化均比较稳定，表现高钾钙碱性岩石系列的特征。第二组阿北花岗岩体的 SiO_2 变化范围大，从花岗闪长岩到花岗岩均有分布，SiO_2-K_2O 图（图 2-14a），落在钙碱性系列的区域内。第三组，阿北银铅矿岩体的样本，SiO_2 变化范围不大（68.01%~69.89%），具有富 K 低 Na 的特征。第四组 4337 北岩体的 SiO_2（67.00%~76.18%），Al 和 Ti 等主量元素随 Si 含量的增多而减少。第五组喀腊大湾南岩体 SiO_2 的样本含量变化范围不大（74.12%~75.05%），主量元素的含量比较集中，基本无变化，另外显示出了极强的低 K 的现象（图 2-14a）。另外，该岩体 Na 含量相对其余四组岩体较高（6.92 ~7.34），可能是该岩体与 7918 铁矿玄武岩围岩和矿体夕卡岩化带接近的缘故，由于铁矿的形成与岩浆钠化密切相关，说明这可能导致了该样品的 K、Na 异常表现。

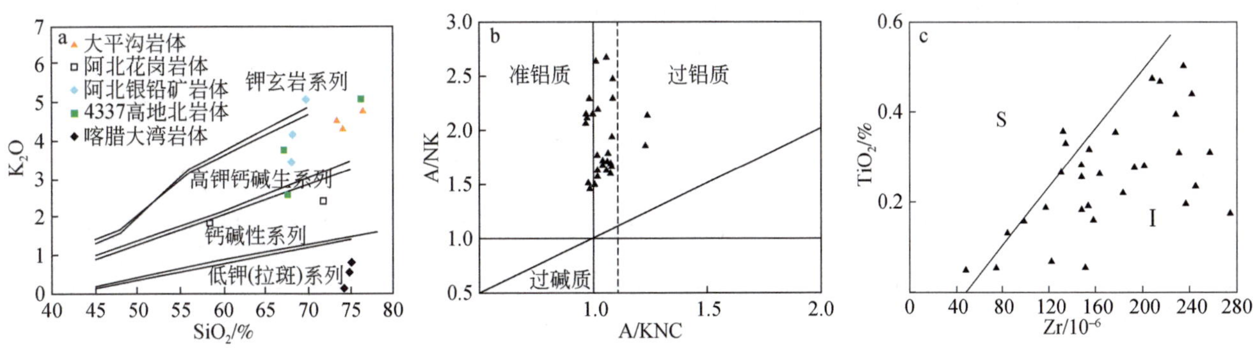

图 2-14　阿尔金成矿带东段喀腊大湾地区花岗岩主量元素地球化学投影

a-SiO_2-K_2O 图解；b-A/KNC-A/NK 判别图；c-I-S 型分类图

A/KNC-A/NK 图解显示，阿北银铅矿岩体显示了较高的铝饱和指数，但作者认为这种表现可能由于该岩体为银铅矿赋矿围岩而导致的蚀变，其余岩体的铝饱和指数均在 1.0 ~1.1 附近（图 2-14b）。投图数据选用了全部本地区花岗岩样本而没有按照岩体划分。铝饱和指数小于 1.0 的为 I 型花岗岩特征，大于 1.1 为 S 型花岗岩特征，1.0 ~1.1 的花岗岩同时具有 I 型和 S 型花岗岩特征，需要进一步确定。

Zr-TiO_2 投图显示，绝大多数花岗岩样本投在了 I 型花岗岩的区域内，少部分位于 S 型或 I-S 型交界处，呈现出过渡性质（图 2-14c）。这说明本地区花岗岩应该大部分属于 I 型花岗岩大类，可能代表着火山岛弧花岗岩性质（肖庆辉，2002）。

2.3.3　微量元素地球化学特征

喀腊大湾地区 5 个岩体 14 个样品的微量元素分析数据见表 2-8。

与主量元素相比较，微量元素具有更优秀的示踪能力，在判断岩浆作用起源、研究岩浆作用过程中，有更精确的区分能力。根据喀腊大湾地区花岗岩微量元素分析数据（表 2-8），绘制了 5 个花岗岩岩体各自的 ORG（洋脊花岗岩）标准化的蛛网图（图 2-15）。从图解中不难看出 5 个岩体的一些共同特点：大离子不相容元素 Rb 和 Th 均具有比较明显的峰值，岩浆可能有过强烈分异。除第五组喀腊大湾南岩之外，K 的含量均比 ORG（洋脊花岗岩）含量要高许多，Ba 的含量除个别样本均有一个低谷表现。Ta、Nb、Ce、Zr、Hf、Sm、Y、Yb 与洋脊花岗岩相比含量变化不大，然而呈含量递减的趋势。高场强元素 Zr、Nb、Y、Yb 质量分数较低及 Zr+Nb+Ce+Y 总量较低。高场强元素 Zr、Nb、Y 质量分数较低及 Zr+Nb+Ce+Y 总量较少。Nb、Ta 的亏损说明花岗岩岩浆的源区可能与地壳有关。自 Zr 之后的 Zr、Hf、Y、Yb 4 个元素的含量低于洋脊花岗岩的标准值。这种形式与格陵兰岛 Skaergaard 岩体元素表现形式十分相似（Paster et al.，1974）。

表 2-8　喀腊大湾地区花岗岩微量元素分析数据

序号	样品号	岩体名称	含量/10^{-6}														
			Rb	Sr	Ba	Th	U	Nb	Ta	Zr	Hf	Co	Ni	Cr	Cu	Pb	Zn
1	H247-1	大平沟岩体	159	68.55	281.9	46.86	3.79	21.63	1.94	183.1	6.17	1.896	1.49	2.757	5.57	11.13	19.71
2	H248-1		202.8	39.96	135.1	36.53	3.09	33.22	2.79	121.5	5.74	0.53	8.58	19.34	3.78	12.62	10.28
3	K354-1		228	140	668	22.2	2.34	12.9	1.33	98.5	3.09	1.76	2.42	4.52	7.00	32.6	16.9
4	K272-2	阿北岩体	118	312	775	14.5	1.14	9.32	0.97	130	3.69	4.04	4.30	7.02	6.99	15.9	29.9
5	K405-1		51.0	317	639	4.36	3.19	8.70	0.53	119	3.35	21.3	25.0	69.0	41.9	14.2	85.4
6	K439-1	阿北银铅矿岩体	194	16.5	211	14.0	2.48	13.6	1.00	235	6.35	10.2	18.2	22.8	5.26	16.1	349
7	K480-1		143	56.1	277	16.2	3.01	12.6	1.06	207	5.97	7.37	15.0	36.9	9.86	21.0	31.0
8	K480-2		180	25.7	269	18.1	2.60	12.9	1.13	214	5.96	7.32	12.1	20.8	17.1	724	1939
9	K139-1	4337 高地北岩体	195	509	1252	20.2	3.44	16.5	1.52	176	4.47	6.63	3.93	9.31	25.5	35.7	68.4
10	K140-1		159	353	826	19.2	3.32	22.9	1.21	154	3.83	5.74	6.36	13.2	9.54	41.3	81.2
11	K140-4		299	71.6	67.3	13.9	6.06	12.0	1.25	47.4	2.99	0.51	0.26	1.41	2.45	74.2	21.6
12	K495-1	喀腊大湾南岩体	20.6	71.4	167	30.9	6.61	16.4	1.06	273	7.14	3.74	2.09	5.18	1.62	4.40	13.3
13	K484-1		25.4	55.5	129	28.2	4.16	17.9	1.20	236	6.12	2.39	1.98	3.19	1.44	2.26	23.0
14	K901-2		2.14	40.8	40.1	29.0	4.60	12.9	0.93	245	5.95	2.00	1.53	3.17	1.78	2.39	17.3

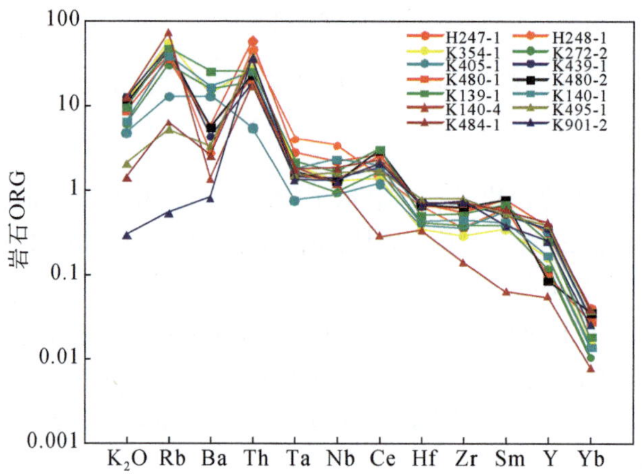

图 2-15　花岗岩微量元素 ORG 标准化蛛网图（底图据 Pearce et al.，1984）

2.3.4　稀土元素特征

喀腊大湾地区 5 个岩体 14 个样品的稀土元素测试数据见表 2-9。

从表 2-9 和图 2-16 的测试结果来看，喀腊大湾地区各岩体稀土元素特征既有相似之处，也有明显的差异，代表了它们形成构造环境的差异。

（1）大平沟岩体：大平沟岩体富集稀土元素，$\Sigma REE=117.74\times10^{-6}\sim232.50\times10^{-6}$，从球粒陨石标准化的分布图中可以看出，大平沟岩体样稀土元素表现为轻稀土富集轻度右倾斜，呈较为平坦的 V 字形图形（图 2-16a）。轻重稀土分馏，LREE/HREE 范围为 5.39～11.12，$(La/Yb)_N$ 为 2.60～12.23；δEu 负异常明显，图 2-16a 中 Eu 的尖锐低谷说明斜长石大量晶出导致了残余熔体中的负异常。

（2）阿北岩体：$\Sigma REE=106.42\times10^{-6}\sim136.23\times10^{-6}$，稀土元素呈右倾曲线（图 2-16b），轻重稀土分异程度较小，LREE/HREE=5.74～8.27，表明轻稀土富集，δEu 轻微负异常（0.74～0.75）。球粒陨石标准化图上并未有 Eu 元素的低谷（图 2-16b）。

表 2-9　阿尔金成矿带东段喀腊大湾地区花岗岩稀土元素分析数据

序号	样品号	岩体名称	元素含量/10^{-6}															ΣREE	LREE	HREE	LREE/HREE	La_N/Yb_N	δEu	δCe
			La	Ce	Pr	Nd	Sm	Eu	Gd	Tb	Dy	Ho	Er	Tm	Yb	Lu	Y							
1	H247-1	大平沟岩体	63.65	88.14	12.54	41.58	6.74	0.66	5.40	0.80	4.91	0.95	3.00	0.43	3.23	0.46	26.00	232.50	213.32	19.19	11.12	14.13	0.32	0.72
2	H248-1		27.18	50.96	7.04	25.06	5.38	0.20	4.91	0.73	4.49	0.85	2.52	0.35	2.41	0.35	21.71	132.43	115.82	16.61	6.97	8.09	0.12	0.88
3	K354-1		26.90	47.40	5.10	16.40	3.06	0.46	2.08	0.33	2.02	0.39	1.12	0.18	1.20	0.18	11.1	117.74	99.32	18.42	5.39	16.08	0.53	0.93
4	K272-2	阿北岩体	33.40	57.80	6.15	20.00	3.44	0.74	2.37	0.29	1.67	0.31	0.87	0.12	0.84	0.12	8.23	136.23	121.53	14.70	8.27	28.52	0.75	0.92
5	K405-1		14.60	41.20	5.12	23.60	4.93	1.19	4.72	0.71	3.97	0.80	2.44	0.34	2.43	0.37	22.90	106.42	90.64	15.78	5.74	4.31	0.74	1.17
6	K439-1	阿北银铅矿岩体	31.10	62.10	7.03	26.30	4.59	0.67	4.24	0.69	4.24	0.84	2.71	0.39	2.64	0.41	25.00	147.95	131.79	16.16	8.16	8.45	0.46	0.99
7	K480-1		39.80	86.20	8.75	32.20	5.61	0.87	4.85	0.70	3.84	0.76	2.37	0.30	2.21	0.33	6.77	188.79	173.43	15.36	11.29	12.92	0.50	1.08
8	K480-2		48.40	102.00	10.40	38.50	7.03	1.14	5.80	0.97	5.31	1.05	3.21	0.43	2.83	0.41	5.99	227.48	207.47	20.01	10.37	12.27	0.53	1.06
9	K139-1	4337 高地北岩体	54.80	105.00	10.10	36.40	6.03	1.46	4.45	0.64	3.06	0.59	1.74	0.22	1.50	0.23	17.70	226.22	213.79	12.43	17.20	26.21	0.82	1.02
10	K140-1		35.90	66.60	6.75	23.70	3.74	0.77	2.82	0.39	1.93	0.35	1.12	0.15	1.12	0.19	11.70	145.53	137.46	8.07	17.03	22.99	0.70	0.98
11	K140-4		5.97	9.81	1.04	3.23	0.57	0.16	0.47	0.08	0.44	0.10	0.37	0.06	0.64	0.13	3.78	23.07	20.78	2.29	9.07	6.69	0.92	0.89
12	K495-1	喀腊大湾南岩体	39.80	60.50	7.29	25.00	4.72	0.54	4.14	0.76	4.61	0.95	3.00	0.43	3.07	0.47	27.30	155.28	137.85	17.43	7.91	9.30	0.37	0.81
13	K484-1		53.20	78.60	8.88	30.30	5.10	0.47	4.83	0.81	4.84	0.97	3.29	0.45	3.16	0.48	29.70	195.38	176.55	18.83	9.38	12.08	0.29	0.81
14	K901-2		46.10	71.80	6.69	21.60	3.36	0.46	2.92	0.49	2.66	0.54	1.84	0.27	1.99	0.32	17.70	161.04	150.01	11.03	13.60	16.62	0.44	0.89

（3）阿北银铅矿岩体：阿北银铅矿岩体稀土元素分布经过球粒陨石标准化显示右倾（图 2-16c），角度较大，稀土总量ΣREE＝147.95×10^{-6}～227.48×10^{-6}，轻重稀土比 LREE/HREE＝8.16～11.29。分布形式图上显示 Eu 元素的低谷，δEu＝0.46～0.53，为负异常。

（4）4337 高地北岩体：4337 高地北岩体稀土元素总量为 145.53×10^{-6}～226.22×10^{-6}，LREE/HREE＝9.07～17.20，显示曲线斜率较大（图 2-16d），轻重稀土元素分异程度较大。分布形式图显示该岩体稀土元素无明显富集和亏损迹象。δEu 有弱负异常（0.70～0.92）。

（5）喀腊大湾南岩体：喀腊大湾南岩体 REE 总量范围为 155.28×10^{-6}～195.38×10^{-6}，轻重稀土元素比为 7.91～13.60，曲线呈右倾，Eu 元素低谷尖锐明显（图 2-16e），δEu＝0.29～0.44。

上述 5 个岩体的稀土元素总量均低于世界酸性岩平均稀土元素总量（288×10^{-6}，陈德潜和陈刚，1990）。它们的分布情况大致可以分为两种类型，即有 Eu 亏损低谷的和无 Eu 低谷或 Eu 低谷不明显的两组。大平沟岩体、阿北银铅矿岩体、喀腊大湾南岩体为有 Eu 低谷亏损表现的，阿北花岗岩岩体和 4337 高地北岩体即为第二种形式。

结合微量元素稀土元素特征，具有 Ba、Eu 负异常，Th、K 等的正异常，可能显示出源区存在斜长石而缺少石榴子石和角闪石。镜下观察显示均存在斜长石，而实验数据显示斜长石在大于 1.5×10^8Pa 的环境下不稳定，因此推断它们的源区应该不会过深。

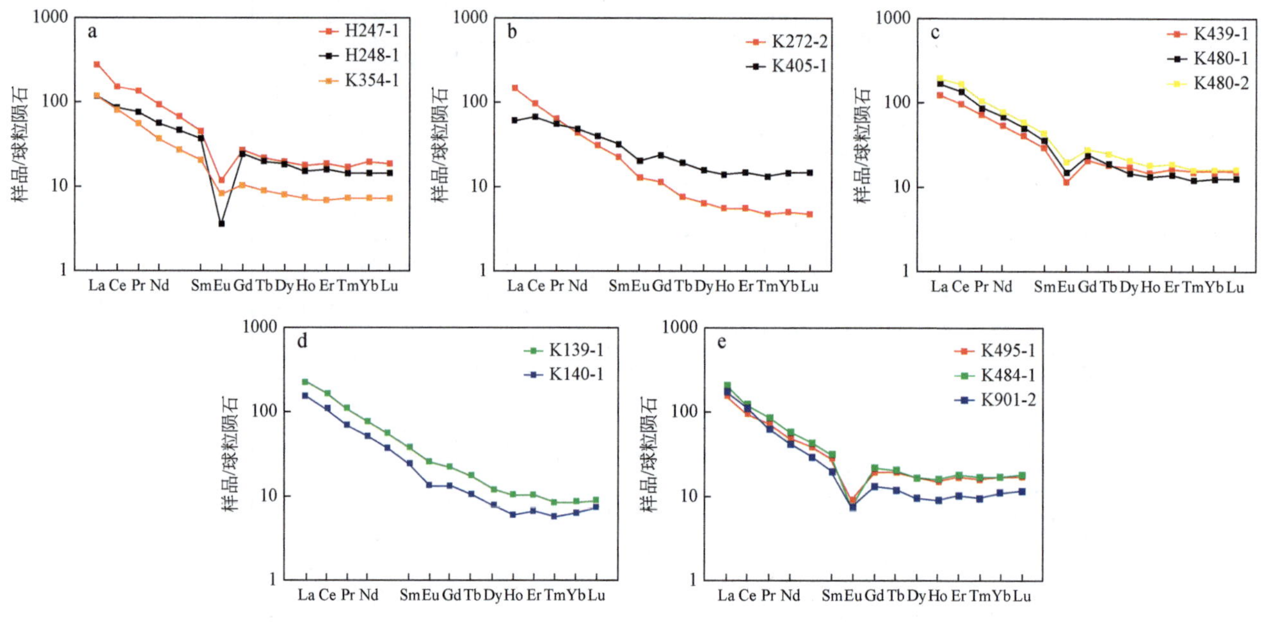

图 2-16　阿尔金成矿带东段花岗岩稀土元素分布型式图（标准依据 Sun and McDonough，1989）

a-大平沟岩体；b-阿北花岗岩体；c-阿北银铅矿岩体；d-4337 高地北岩体；e-喀腊大湾南岩体

2.3.5　花岗岩成岩构造环境特征

花岗岩作为地壳中最重要的组成部分之一，是大陆地壳有别于大洋地壳的最主要的物质组成标志，也是大陆形成、演化的特征标志物之一，与大陆地壳生长发育有直接的联系（王涛，2000）。研究表明，花岗岩成因类型不仅反映了源区性质，而且是岩浆形成的构造环境的一种判别标志（Eby，1992；Barbarin，1996）。

一些学者已经对喀腊大湾地区周边同时或接近时代的中酸性侵入岩构造环境特征进行了严谨的探讨。陈宣华等（2003）对阔什布拉克岩体进行了锆石 U-Pb（TIMS）测年，得出岩体的形成时代为 443Ma，并对其形成的构造环境作了探讨，认为该岩体形成于岛弧环境。戚学祥等（2005b）等则在确定喀孜萨依岩体（404.7Ma）、恰什坎萨依岩体（481.5Ma）的定年基础上，认为该地区两者的形成环境并非岛弧环境，而是走滑过程中以地幔楔为源区的岩浆上升过程中同化部分壳源物质形成具有岛弧性质的岩浆。戚学祥等（2005b）的年龄数据可以借鉴，但对构造环境的认识值得商榷，因为那时阿尔金走滑断裂还没有形成。吴才来等（2005，2007）对巴什考供盆地南缘花岗杂岩进行了岩石地球化学和锆石 SHRIMP 定年研究，得出该杂岩体的巨斑花岗岩、红色花岗岩、灰白色似斑状花岗岩和粉红色似斑状花岗岩的年龄分别为 474Ma、446Ma、437Ma 和 434Ma，形成于陆陆碰撞-碰撞后的构造环境；拉配泉地区齐勒萨依岩体的辉长岩和闪长岩的锆石 LA-ICP-MS 定年结果分别为 477Ma 和 69.7Ma（张占武等，2012）。

运用 Pearce 等（1984）的花岗岩微量元素比值构造环境图解进行投影，大平沟岩体、阿北银铅矿岩体和 4337 高地北岩体的点在同碰撞环境和火山弧环境交界处，阿北花岗岩体和喀腊大湾南部岩体则更偏向火山岛弧的构造环境（图 2-17a ~ d）。从图 2-17a ~ d 的图解中，我们能看出的是，这 5 个早古生代岩体虽然具有火山岛弧的性质，但是它们在图解上交界处的过渡性的表现，可能说明其形成的构造环境是一个复杂的构造体制转换的环境。但是如果要分析整体的大地构造环境和各个地质单元的关系，还要结合包括花岗岩在内的更多的地质信息来加以判断。

Rb/30-Hf-3Ta 花岗岩构造环境图解（图 2-17e、f）中显示，喀腊大湾南岩体显示 Rb 元素十分亏损的特点，Rb 和 K 同族且均为大离子亲石元素，有相似的活动性质；基于前文对于南部岩体 K 元素的推测，可认为喀腊大湾南岩体花岗岩的原岩 K 和 Rb 元素的含量比当下含量要高，在 Rb/30-Hf-3Ta 图解中喀腊大湾南岩体的投点应该相对向火山弧区域靠拢，该岩体的性质可能更偏向火山岛弧性质而不是板内花岗岩。这样看来，这 5 个岩体的构造环境特征处于火山弧和碰撞作用的交界处，与运用 Pearce 等（1984）相关图解反映出的结论类似（刘牧等，2014）。

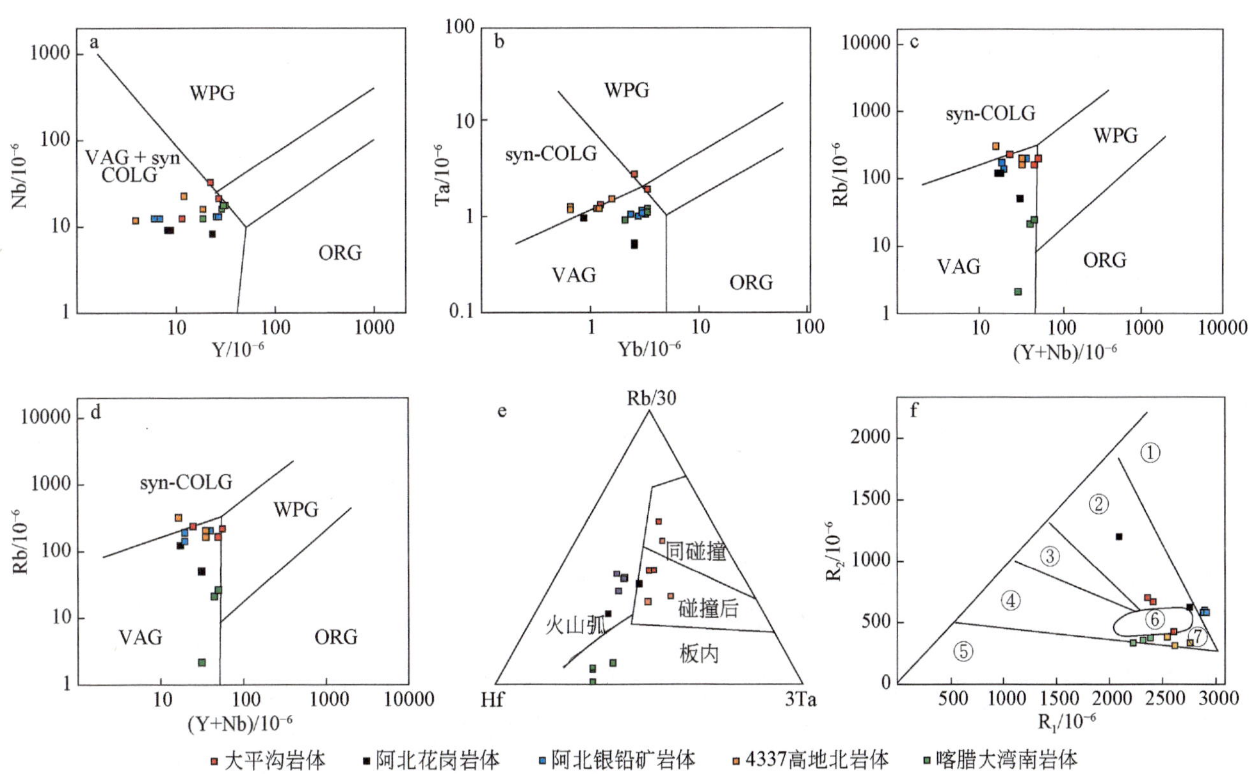

图 2-17　喀腊大湾地区花岗岩微量元素构造环境判别图解（底图据 Pearce et al.，1984）

a-Y-Nb 图解；b-Yb-Ta 图解；c-（Y+Nb）-Rb 图解；d-（Y+Nb）-Rb 图解；e-Rb/30-Hf-3Ta 图解；f-R_1-R_2构造图解，①地幔斜长花岗岩；②破坏性活动板块边缘（板块碰撞前花岗岩）；③板块碰撞后隆起期花岗岩；④晚造山期花岗岩；⑤非造山期 A 型花岗岩；⑥同碰撞花岗岩；⑦造山期后 A 型花岗岩

2.4　红柳沟一带基性火山岩地球化学特征

成矿带西段（红柳沟-恰什坎萨依一带）与东段（大平沟-喀腊大湾-拉配泉一带）在中基性火山岩

发育上存在比较明显的差异；本小节主要分析西段中基性火山岩岩石化学特征及其构造环境。

2.4.1　样品位置与宏观特征

1. 样品位置

阿尔金成矿带西段的中基性火山岩样品位置见图 2-18。

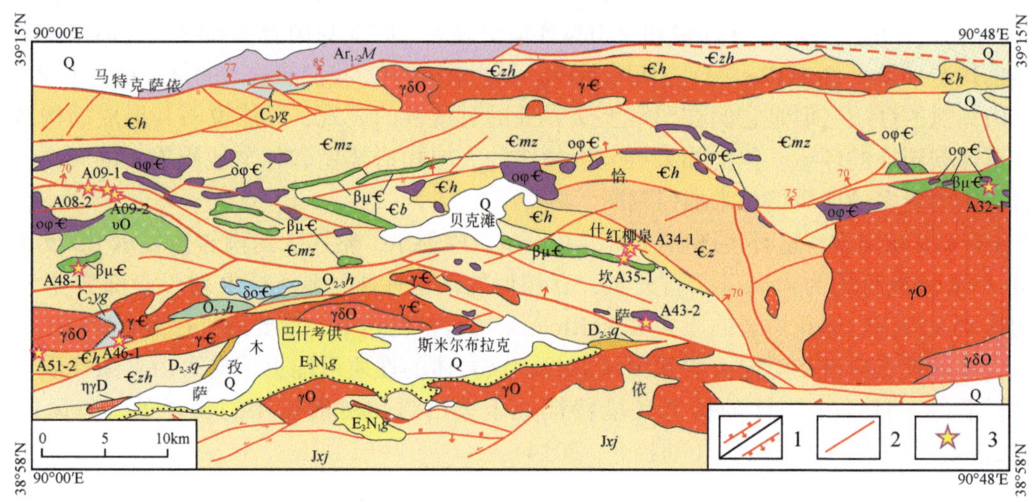

图 2-18　阿尔金成矿带西段红柳沟—恰什坎萨依一带中基性火山岩样品位置图

Q-第四系；E_3N_1g-上干柴沟组；C_2yg-因格布拉克组；$D_{2-3}q$-恰什坎萨依组；$O_{2-3}h$-环形山组；€*b*-贝克滩组；€*h*-红柳泉组；€*z*-扎斯勘赛组；€*mz*-木孜萨依组；€*zh*-卓阿布拉克组；*Jxj*-金雁山组；$Ar_{1-2}M$-中新太古界米兰群；ηγD-泥盆纪二长花岗岩；νO-奥陶纪辉长岩；γδO-奥陶纪花岗闪长 岩 γO-奥陶纪花岗岩；δο€-寒武纪石英闪长岩；βμ€-寒武纪辉长辉绿岩；οφ€-寒武纪橄榄岩、辉石岩；γ€-寒武纪花岗岩；1-逆断层/正断层；2-性质不明断层/推测断层；3-样品位置

2. 样品宏观微观特征

阿尔金成矿带西段中基性火山岩野外为灰绿色-灰黑色，大部分具有块状构造（图 2-19a、d），一部

图 2-19　阿尔金成矿带西段中基性火山岩宏观-微观特征

a-K203，恰什坎萨依北段中基性火山岩远景，岩石具有块状构造；b-K183，贝克滩南金矿区中基性火山岩，岩石具有明显片状构造；c-A43，红柳沟南沟变形中基性火山岩，含少量磁铁矿，岩石具有条带状片状构造；d-A34，恰什坎萨依南段中基性火山岩远景，与厚层灰岩构成陡枢纽褶皱；e-玄武岩，含少量辉石斑晶，斑状构造，基质隐晶质，贝克滩南金矿区，正交偏光；f-玄武岩，含少量磁铁矿，块状构造，隐晶质结构，恰什坎萨依北段，正交偏光

分具有枕状构造（图 1-19e、f），另一部分经历构造变形改造具有片状构造或者条带状构造（图 2-19b、c），其中在恰什坎萨依南段，可见块状构造的中基性火山岩与厚层灰岩互层（或断片状），又形成陡枢组褶皱构造（图 2-19d）。

中基性火山岩镜下为微晶结构或隐晶结构、部分斑状结构（图 2-19e、f）。岩石主要由基性斜长石（50%~60%）、辉石（30%~40%）组成，具有少量的橄榄石和金属矿物。隐晶-微晶结构的玄武岩，矿物颗粒结晶细小，具有碳酸盐化和绿泥石化特征，含有少量（2%~4%）的磁铁矿（图 2-19f）。斑状结构的玄武岩，斑晶主要为辉石，基质为隐晶填间结构，部分因后期变形，斜长石微晶出现弱定向排列（图 2-19e）。

2.4.2　主量元素地球化学特征

阿尔金成矿带西段地区基性火山岩主量元素分析结果见表 2-10。

表 2-10　阿尔金成矿带西段地区基性火山岩主量元素分析结果　（单位:%）

序号	样号	样品岩性	SiO_2	Al_2O_3	CaO	Fe_2O_3	FeO	K_2O	MgO	MnO	Na_2O	P_2O_5	TiO_2
1	A34-1	恰沟南段玄武岩	51.42	13.80	9.87	4.86	9.70	0.14	4.97	0.22	2.44	0.34	2.24
2	A43-2	恰沟南段玄武岩	50.55	12.38	8.79	7.66	8.94	1.59	3.86	0.17	2.92	0.31	2.83
3	A46-1	淡水沟片理化玄武岩	50.56	13.88	7.05	8.26	7.88	0.11	5.11	0.29	3.32	0.42	3.12
4	A51-2	红柳沟东含磁铁矿玄武岩	46.59	15.69	6.59	11.61	6.35	0.32	4.24	0.33	5.28	0.31	2.69
5	A32-1	沟口泉细粒辉长岩	51.71	15.36	10.10	2.72	7.75	0.23	6.91	0.18	3.85	0.12	1.06
6	A35-1	恰沟南段杏仁构造玄武岩	47.14	14.37	8.67	4.22	10.74	0.19	9.52	0.19	3.06	0.17	1.74
7	A48-1	红柳沟细粒辉长岩	50.06	14.48	11.63	3.01	8.50	0.34	7.79	0.18	2.60	0.12	1.29
8	A08-2	红柳沟辉绿岩脉	53.69	15.37	9.47	3.48	3.89	2.32	9.17	0.21	1.76	0.07	0.56
9	A09-1	红柳沟辉石岩	52.99	4.90	14.63	3.04	5.04	0.12	18.47	0.18	0.34	0.01	0.28
10	A09-2	红柳沟辉石岩	54.58	3.99	14.42	2.24	5.32	0.16	18.37	0.18	0.44	0.02	0.29

注：测试单位为国家地质实验测试中心。

从表 2-10 可以看出，红柳沟一带中基性火山岩 SiO_2 含量为 46.59%~53.69%，平均为 49.04%；Al_2O_3 含量为 11.12%~15.69%，平均为 13.8%；CaO 含量为 4.64%~11.38%，平均为 8.32%；Na_2O+K_2O 含量为 2.42%~5.53%，平均为 3.77%；MgO 含量为 3.56%~8.96%，平均为 6.09%；TiO_2 含量为 0.53%~3.56%，平均为 1.97%；全铁（TFeO）含量为 6.64%~14.59%，平均为 11.83%，Mg 指数 [$Mg^{\#}=Mg/(Mg+Fe)$] 变化范围主要为 33.29~59.95，平均为 47.79，均低于原生玄武岩（$Mg^{\#}=68\sim75$），表明阿尔金北缘断裂构造带内基性火山岩在形成过程中经历了较强的结晶分异作用。在 TAS 图解中（图 2-20a），样品主要落在正常玄武岩的范畴内，仅个别样品落在粗面玄武岩、玄武安山岩内。在 SiO_2-(Na_2O+K_2O) 分类图解中（图 2-20a），大部分样品落入亚碱性系列。在 Zr/TiO_2-Nb/Y 图中，大部分样品落在亚碱性玄武岩和安山岩/玄武岩的边界上，仅一个样品落在安山岩区域内（图 2-20b），说明阿尔金构造带内的基性火山岩属于亚碱性玄武岩和安山岩/玄武岩之间的过渡类型。在 TFeO/MgO-SiO_2 图解（图 2-20c）上所有样品明显分成两组，一组完全落在了拉斑玄武岩系列范围内，另一组则落在了拉斑系列到钙碱性系列的过渡区域，反映了研究区基性岩浆源区和构造环境的多元性，在 K_2O-SiO_2 图解上大部分样品都表现出了低钾（拉斑）系列的特点（图 2-20d）。

2.4.3　微量及稀土元素特征

阿尔金成矿带西段中基性火山岩微量元素和稀土含量见表 2-11、表 2-12。

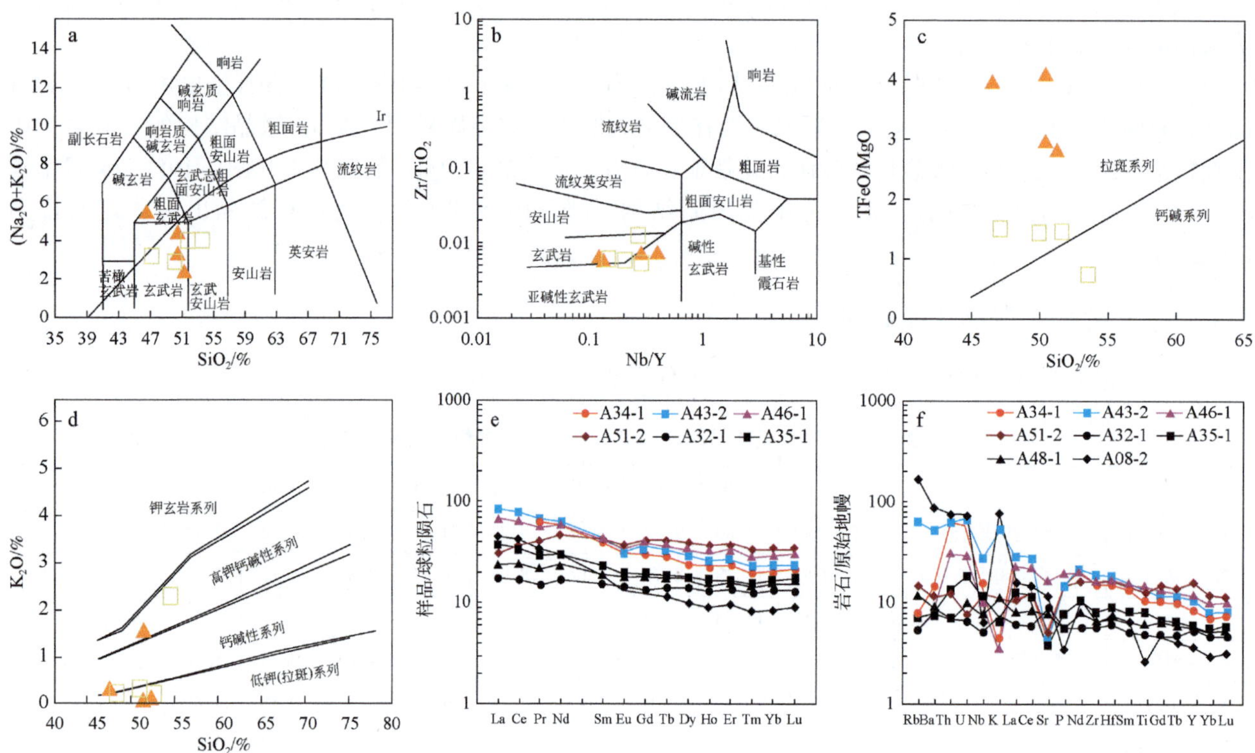

图 2-20　阿尔金成矿带西段中基性火山岩岩石化学主量元素图解和微量稀土元素蛛网图

a-TAS 图解（底图据 Le Maitre，1986）；b-$Zr/TiO_2-Nb/Y$ 图解（底图据 Winchester and Floyd，1977）；c-$TFeO/MgO-SiO_2$ 图解（底图据 Miyashiro，1974）；d-岩石系列 K_2O-SiO_2 图解（底图据 Peccerillo and Taylor，1976）；e-稀土元素球粒陨石标准化分布形式图（标准化值据 Sun and McDonough，1989）；f-微量元素原始地幔标准化蛛网图（标准化值据 Sun and McDonough，1989）

从表 2-11 可以看出，稀土元素总量（ΣREE）为 $39.43\times10^{-6}\sim138.06\times10^{-6}$，平均为 117.9×10^{-6}，轻重稀土分异较为明显（LREE/HREE = 1.81 ~ 5.9），平均为 4.72，轻稀土相对略富集，重稀土相对略亏损，$(La/Yb)_N$为 0.92 ~ 5.38，平均为 4.8，δEu 为 0.56 ~ 1.03，平均为 0.90，显示为轻微的 Eu 负异常，表明有少量的斜长石分离结晶。在基性火山岩的稀土元素球粒陨石标准化图解（图 2-20e）上配分曲线呈较为平坦的右倾型，各样品 REE 配分模式大致相互平行，但明显分为两组，样品 A34-1、A43-2、A46-1、A51-2 配分曲线总体位于其余四个样品的上方，显示出物源上存在微细差异的特征，结合采样位置和岩性、结构构造特点，样品 A43-2、A51-2 均含有少量磁铁矿，样品 A34-1、A46-1 结晶较细，以隐晶结构为主，其中样品 A34-1 还发育杏仁构造；而样品 A08-2、A32-1、A48-1 均结晶稍粗，具细粒结构或辉绿结构，块状构造为主，不见杏仁构造。同时测年数据显示，样品 A46-1 为 476.3±6.3Ma，与样品 A51-2 含磁铁矿玄武岩伴生的中酸性火山岩年龄为 473.6±6.4Ma，而样品 A48-1 为 499±10Ma，可能是玄武岩岩浆结晶分异作用的反映，或者不同阶段玄武岩岩浆物源有小的差异。

总体配分曲线高于 N-MORB 和 E-MOEB，而接近于 OIB，与夏威夷和日喀则洋岛玄武岩相似（Hofmann et al.，1986；Xia et al.，2008），样品不同程度地富集 Rb、Th、U 等大离子亲石元素，强烈富集 Pb，亏损 Nb、Ta、Zr 等高场强元素和 Ti（图 2-20e），与具有典型 Nb、Ta、Ti、Zr、Hf 亏损特征的岛弧玄武岩相同（Kelemen et al.，1990；McCulloch and Gamble，1991；Pearce and Peate，1995），曲线由强不相容元素部分的隆起状随着元素不相容性的降低逐渐趋于平缓。基性岩中高场强元素（HFSE）Nb/Ta 值为 14.51 ~ 18.68，平均为 16.44，略低于 OIB（17.8，Sun and McDonough，1989），Zr/Hf 值为 32.41 ~ 42.24，平均为 36.27，与 OIB（35.9）相一致。总体上，玄武岩样品的曲线与 OIB 形态基本一致。

表2-11　阿尔金成矿带西段中基性火山岩稀土元素测试结果

序号	样品号	元素含量/10^{-6}															ΣREE	LREE	HREE	LREE/HREE	$(La/Yb)_N$	δEu	δCe
		La	Ce	Pr	Nd	Sm	Eu	Gd	Tb	Dy	Ho	Er	Tm	Yb	Lu	Y							
1	A34-1	19.9	47.5	5.88	27.3	5.86	1.82	6.12	1.06	6.07	1.27	3.87	0.50	3.45	0.55	37.9	131.15	108.26	22.89	4.73	4.14	0.92	1.06
2	A43-2	19.3	48.0	6.22	29.3	6.61	1.92	7.12	1.25	7.30	1.46	4.44	0.59	3.96	0.59	47.8	138.06	111.35	26.71	4.17	3.50	0.85	1.07
3	A46-1	16.0	39.1	5.24	26.9	6.80	2.17	8.18	1.39	8.78	1.78	5.37	0.72	4.90	0.75	52.4	128.08	96.21	31.87	3.02	2.34	0.89	1.04
4	A51-2	7.31	22.7	3.78	22.0	6.61	2.13	8.57	1.51	9.83	2.06	6.23	0.84	5.72	0.86	69.7	100.15	64.53	35.62	1.81	0.92	0.87	1.05
5	A32-1	4.18	10.3	1.43	7.64	2.23	0.84	2.81	0.51	3.48	0.74	2.30	0.33	2.30	0.34	23.9	39.43	26.62	12.81	2.08	1.30	1.03	1.03
6	A35-1	8.59	20.6	2.78	14.0	3.56	1.12	3.90	0.70	4.40	0.92	2.80	0.38	2.76	0.43	26.6	66.94	50.65	16.29	3.11	2.23	0.91	1.03
7	A48-1	5.59	14.6	2.02	10.8	2.86	1.01	3.69	0.65	4.27	0.87	2.63	0.37	2.57	0.39	26.0	52.32	36.88	15.44	2.39	1.56	0.95	1.06
8	A08-2	10.8	25.6	3.20	14.0	2.82	0.79	2.69	0.43	2.58	0.51	1.60	0.21	1.44	0.23	16.9	66.90	57.21	9.69	5.90	5.38	0.86	1.06
9	A09-1	8.73	18.9	2.59	11.4	2.50	0.46	2.51	0.46	2.82	0.59	1.86	0.26	1.76	0.27	18.3	55.11	44.58	10.53	4.23	3.56	0.56	0.96
10	A09-2	8.60	18.8	2.32	10.4	2.35	0.44	2.31	0.40	2.24	0.48	1.43	0.19	1.31	0.19	15.3	51.46	42.91	8.55	5.02	4.71	0.57	1.01

表 2-12 阿尔金成矿带西段中基性火山岩微量元素分析结果

序号	样品号	元素含量/10^{-6}													Th/Ta	La/Nb	Nb/Ta
		K	P	Ti	Rb	Sr	Ba	Th	U	Nb	Ta	Zr	Hf	Sc			
1	A34-1	1132	13455	14650	5.03	83.80	99.20	5.72	1.25	11.20	0.73	166.00	4.62	41.70	7.84	1.78	15.34
2	A43-2	13237	16973	16950	40.20	92.20	363.00	5.26	1.35	19.20	1.12	212.00	5.66	37.10	4.70	1.01	17.14
3	A46-1	890	18696	18090	3.56	335.00	55.20	2.64	0.62	7.09	0.45	186.00	5.14	43.20	5.87	2.26	15.76
4	A51-2	2692	16098	15550	9.19	105.00	79.50	1.06	0.16	8.55	0.49	180.00	4.94	56.90	2.16	0.85	17.45
5	A32-1	1873	537	6127	3.51	185.00	64.70	0.60	0.14	3.63	0.21	64.00	1.84	43.50	2.85	1.15	17.29
6	A35-1	1587	742	10960	4.59	77.90	54.60	1.13	0.39	7.96	0.50	89.80	2.77	47.10	2.26	1.08	15.92
7	A48-1	2800	535	8409	7.53	160.00	54.60	0.58	0.21	5.37	0.37	77.50	2.36	50.00	1.57	1.04	14.51
8	A08-2	19238	323	3212	106.00	246.00	595.00	6.36	1.51	4.56	0.31	71.80	2.12	33.60	20.52	2.37	14.71
9	A09-1	959	46	1413	1.38	73.50	13.40	2.33	0.50	1.85	0.14	36.10	1.33	64.70	16.64	4.72	13.21
10	A09-2	1303	91	1562	3.95	107.00	29.30	2.51	0.52	2.02	0.15	40.60	1.32	63.70	16.73	4.26	13.47

总之，阿尔金成矿带西段的基性火山岩为亚碱性玄武岩系列，岩石具有高 Ti（TiO_2 = 0.53%～3.56%）、高 Fe（TFeO = 6.64%～14.59%）、高 Mg（MgO = 3.56%～8.96%）、Th/Ta 值相对较高（1.56～20.51），以及 LREE 和 HREE 分异较为明显（La_N/Yb_N = 0.92～5.38）等特征，REE 和微量元素特征与 OIB 类似，岩浆源区和构造环境具有多样性。

2.4.4 岩浆源区及构造环境

在 Zr/Y-Zr 判别图中可以看出，大部分样品落在 MORB 的区域，有两个样品落在洋中脊玄武岩和板内玄武岩的边界上（图 2-21a），总体具有 MORB 的特征。在 Ta/Yb-Th/Yb 构造环境图解中，所有样品均落入大洋岛弧和活动大陆边缘区域（图 2-21b）；在 Hf/3-Th-Nb/16 及 2Nb-Zr/4-Y 判别图中，样品落入火山弧玄武岩区域内（图 2-21c、d）；在 Ti/100-Zr-3Y 判别图中，所有样品落入 MORB 区域内，仅个别落入钙碱性玄武岩区域内（图 2-21e），表明其形成环境具有洋中脊（MORB）特征。因此，阿尔金成矿带西段中基性火山岩更多地显示出大洋中脊和洋岛的特征，而显示活动大陆边缘岛弧环境的信息比较少。主要显示出大洋中脊和少量岛弧的混合特征堆晶辉长岩，其来源于原始地幔或略富集地幔，它暗示了远洋到近洋的成岩环境，或两种环境类型的岩石呈断片或洋壳残留与增生楔叠置在一起。

虽然在形成时间上存在小的差异，稍晚形成的更接近大洋中脊（MORB）和拉斑玄武系列的构造环境，稍早形成的更接近陆缘环境，但是这与板块汇聚碰撞过程及其岩浆演化序列相矛盾。所以与形成时代无关。

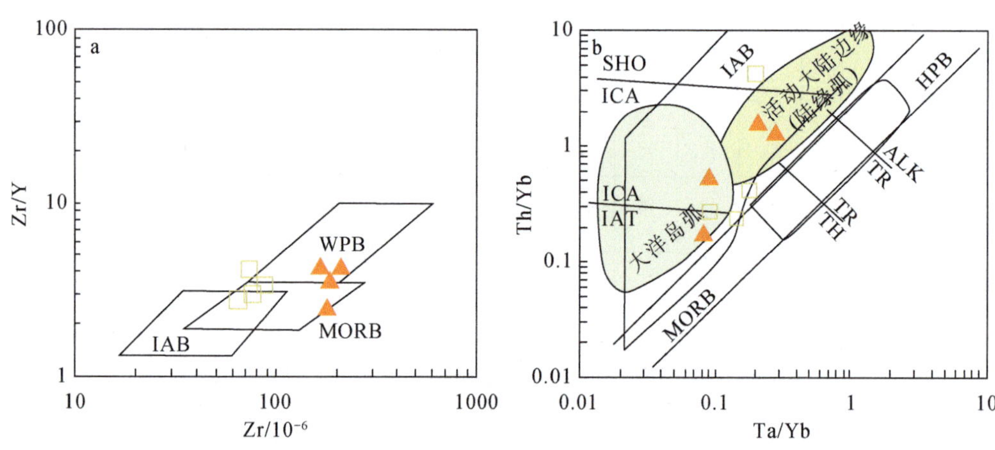

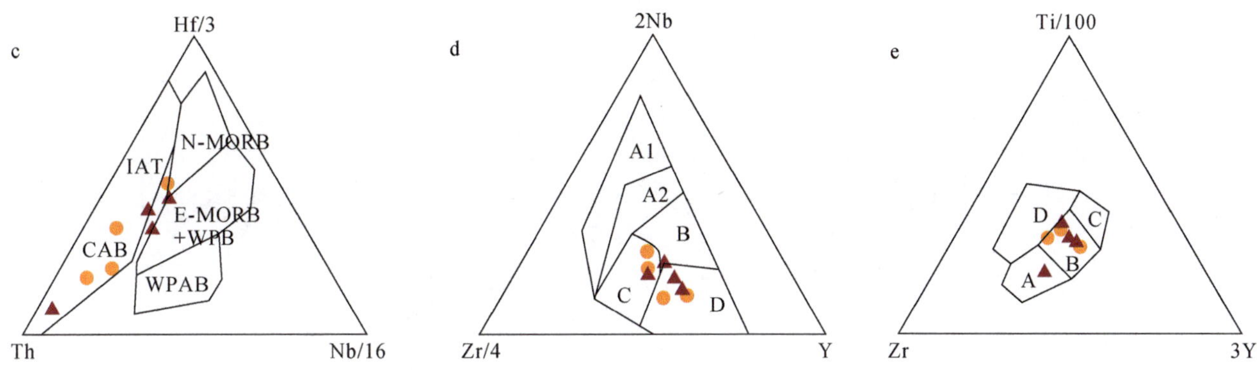

图 2-21　阿尔金成矿带西段中基性火山岩岩石地球化学投影

a-Zr/Y-Zr 判别图解（底图据 Pearce and Norry，1979。IAB-岛弧玄武岩；MORB-洋中脊玄武岩；WPB-板内玄武岩）；b-Th/Yb-Ta/Yb判别图解（底图据 Pearce，1982，IAB-岛弧玄武岩；IAT-岛弧拉斑系列；ICA-岛弧钙碱系列；SHO-岛弧橄榄玄粗岩系列；WPB-板内玄武岩；MORB-洋中脊玄武岩；TH-拉斑玄武岩；TR-过渡玄武岩；ALK-碱性玄武岩）；c-Hf/3-Th-Nb/16 判别图解（底图据 Wood，1980。CAB-钙碱性玄武岩；IAT-岛弧拉斑系列；WPAB-板内碱性玄武岩；WPT-板内拉斑玄武岩；N-MORB-正常洋中脊玄武岩；E-MORB-异常洋中脊玄武岩）；d-2Nb-Zr/4-Y 判别图解（底图据 Meschede，1986。A1-板内碱性玄武岩；A2-板内碱性玄武岩和板内拉斑玄武岩；B-EMORB；C-板内拉斑和火山弧玄武岩；D-NMORB 和火山弧玄武岩）；e-Ti/100-Zr-3Y 判别图解（底图据 Pearce and Cann，1973。A-钙碱性玄武岩；B-MORB；C-岛弧拉斑玄武岩；D-板内玄武岩）

2.5　堆晶辉长岩及其地球化学特征

堆晶辉长岩和枕状玄武岩被认为是板块碰撞过程洋壳的残留，是蛇绿混杂岩的最重要组成岩石类型。前人在恰什坎萨依和拉配泉地区发现了枕状玄武岩，在红柳沟发现了堆晶辉长岩。本书在阿尔金成矿带东段喀腊大湾地区发现了堆晶辉长岩和枕状玄武岩。本小节对喀腊大湾地区堆晶辉长岩及其地球化学特征进行分析，进而讨论其反映的大地构造环境。

2.5.1　宏观地质特征

喀腊大湾地区堆晶辉长岩主要出露于阿尔金成矿带东段的喀腊大湾沟中游，阿尔金北缘断裂带南侧约 4km，东西叉沟以南，以喀腊大湾东沟与白尖山沟之间的部位为主，在喀腊大湾东叉沟西侧、西叉沟和大平沟金矿西偏南 10km 处也有出露（图 2-22）。

以喀腊大湾东叉沟东侧 2km 处剖面做介绍，堆晶辉长岩与枕状玄武岩呈互层状产出，走向（延长方向）为东西向，南北向出露宽度为 400～500m，向东延伸约 3km。南侧与一套沉积岩系呈断层接触，沉积岩系之南为枕状玄武岩；北侧与玄武岩呈渐变关系，玄武岩被中粗粒似斑状二长花岗岩侵入接触（图 2-23）。在喀腊大湾东叉沟西侧，堆晶辉长岩剖面与东侧剖面基本一致；在喀腊大湾西叉沟，堆晶辉长岩呈较大的捕虏体或包体出露于玄武岩中；在大平沟金矿西偏南 10km 处，堆晶辉长岩出露宽度约 200m，与辉斑玄武岩呈渐变关系。该四处堆晶辉长岩均在同一东西走向方向上呈断续状出露（图 2-22）。

堆晶辉长岩呈灰绿色，在宏观上有伟晶结构和粗晶结构两类，伟晶结构堆晶辉长岩中的辉石和斜长石晶体可达 10～30mm（图 1-16a～c），粗晶结构辉长岩中的辉石和斜长石晶体一般为 2～5mm（图 1-16d、e），两种结构的辉长岩呈不规则状过渡关系（图 1-16f）。

堆晶辉长岩的矿物组成主要为辉石和基性斜长石，伟晶结构辉长岩由于晶体结晶颗粒太大，各矿物之间关系难以在同一个显微照片中显示，故以粗晶辉长岩为例进行描述。粗晶辉长岩辉石含量为 40%～50%，晶体呈短柱状，以单斜辉石为主，大小为 2～5mm，自形晶体为主，部分为半自形；部分晶体发生蚀变，形成蛇纹石、绿泥石。斜长石含量为 50% 左右，晶体呈板状或柱状，以半自形为主，具有带状双晶，大小为 2～5mm（图 2-24）。

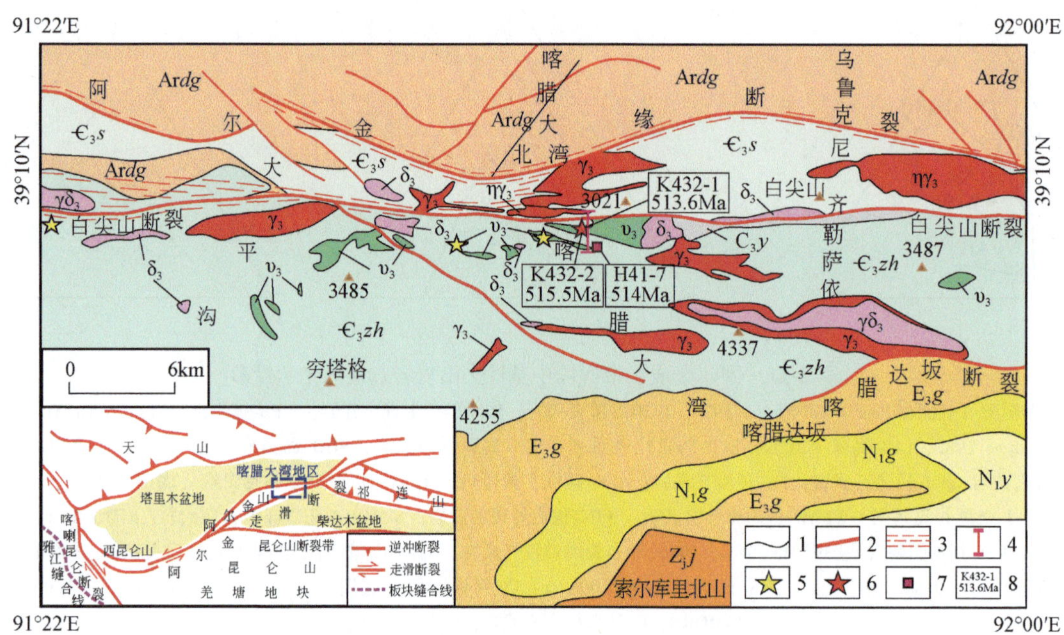

图 2-22　阿尔金成矿带东段喀腊大湾地区地质构造及堆晶辉长岩分布图

N_1y-中新统下油砂山组；N_1g-中新统上干柴沟组；E_3g-渐新统下干柴沟组；C_3y-上石炭统因格布拉克组；Z_jj-金雁山组；Ardg-太古宇达格拉格布拉克组；δ_3-早古生代闪长岩；$\gamma\delta_3$-早古生代花岗闪长岩；γ_3-早古生代花岗岩；$\eta\gamma_3$-早古生代似斑状二长花岗岩；υ_3-早古生代辉长岩；1-地质界线；2-断裂；3-韧脆性变形带；4-堆晶辉长岩剖面（图 2-23）位置；5-堆晶辉长岩出露及岩石化学采样点；6-堆晶辉长岩 SHRIMP 年龄样点；7-玄武岩年龄采样点；8-锆石 SHRIMP U-Pb 年龄

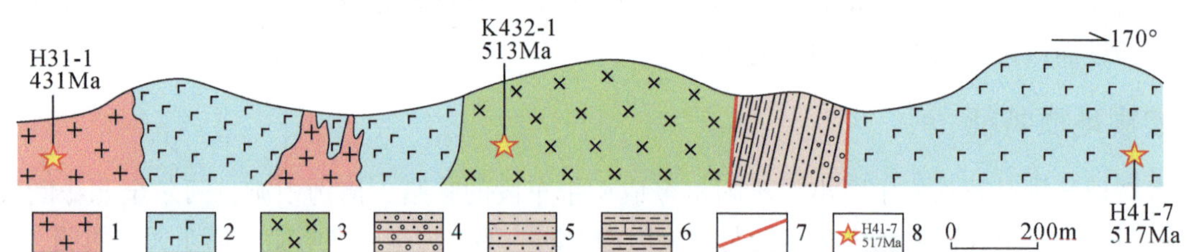

图 2-23　阿尔金成矿带东段喀腊大湾地区堆晶辉长岩地质剖面

1-似斑状二长花岗岩；2-枕状玄武岩；3-堆晶辉长岩；4-砾岩及含砾砂岩；5-粗砂岩及细砂岩；6-泥岩及泥灰岩；7-断层；8-锆石年龄及样点

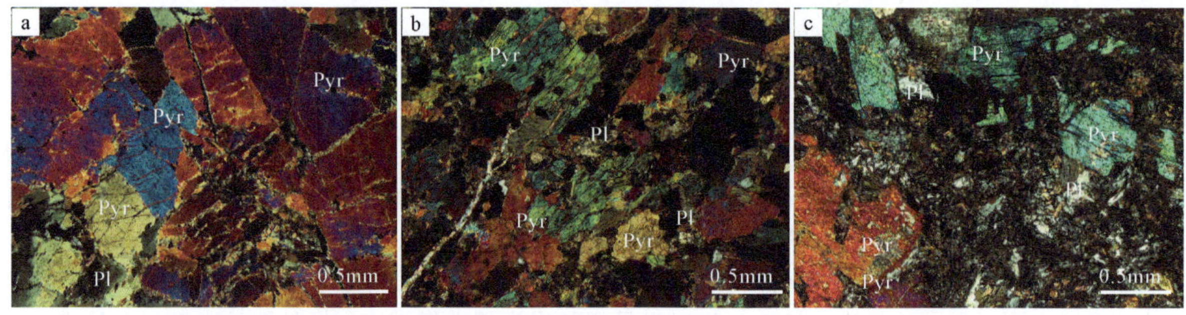

图 2-24　阿尔金成矿带东段喀腊大湾地区不同结构特征的堆晶辉长岩显微照片

a-伟晶辉长岩；b、c-粗晶辉长岩，正交偏光，2.5×10；Pyr-辉石；Pl-斜长石

2.5.2　堆晶辉长岩地球化学特征

1. 主量元素特征

主量元素分析结果见表2-13，辉长岩主量元素分析表明，辉长岩 SiO_2 含量主要集中在42.50%～48.38%，平均为47.11%；Al_2O_3 含量大多数集中在11.02%～22.98%，平均为15.75%；CaO的含量在10.02%～22.98%，平均值为10.70%。$Na_2O>K_2O$，MgO的含量为5.82%～14.77%，平均为8.81%，TiO_2 含量为0.09%～1.25%，平均为0.85%。成矿带西段红柳沟辉长岩与东段喀腊大湾东沟辉长岩相比较（表2-13），具有高的 Al_2O_3（40.95%～42.95%）、CaO（15.53%～17.37%），相对低的 SiO_2（40.95%～42.95%）、Na_2O（0.22%～0.76%）、K_2O（0.08%～0.48%）、TiO_2（0.03%～0.09%）。

2. 稀土元素特征

稀土元素的总量为 5.49×10^{-6}～117.24×10^{-6}（表2-14），平均为 42.32×10^{-6}，总体含量较低。稀土元素的球粒陨石标准化配分曲线表现为平坦型（图2-25a）。轻重稀土分异不明显（LREE/HREE=1.51～3.52），岩石 $(La/Yb)_N$ 主要为0.76～2.96，绝大多数样品表现为无明显的Eu异常，$\delta Eu=0.91$～3.51，平均为1.05，只有K433-1与K429-1表现为明显的Eu正异常。辉长岩总的表现为具有相似的配分曲线，说明辉长岩来源于相同的岩浆源区。成矿带东段喀腊大湾地区与西段米兰地区的辉长岩的稀土元素配分曲线相似（图2-25b），总体为平坦型，但米兰地区辉长岩的稀土元素总量明显更少。

3. 微量元素特征

微量元素分析数据显示（表2-15），在原始地幔平均成分标准化蛛网图（图2-25c）中，曲线总体比较平缓，普遍具有Nb、Ta负异常，部分样品具有Sr的正异常，与米兰红柳沟地区辉长岩微量元素的原始地幔平均成分标准化蛛网图不同，米兰区辉长岩表现为Th、Nb、Zr、Hf的负异常，Sr的正异常（图2-25d）。成矿带东段喀腊大湾地区与西段米兰红柳沟地区蛛网图有所不同，可能代表其来源有所差异。

4. 形成的构造环境

堆晶辉长岩作为蛇绿岩套的重要组成部分，是判别蛇绿岩带存在与否的重要依据。现有研究表明，蛇绿岩主要产出于大洋中脊，作为洋壳的一部分存在，其次为弧后盆地。喀腊大湾地区的辉长岩，有相对平坦的稀土元素分配形式及低的 K_2O（0.07%～1.02%，平均为0.44），具有大洋中脊玄武岩的特征，其Nb、Ta为负异常，表现出消减带的特征，在Hf/3-Th-Ta构造环境判别图解中（图2-25e），落入岛弧火山岩区域，说明喀腊大湾地区堆晶辉长岩可能形成于弧后盆地。

米兰红柳沟地区堆晶辉长岩与喀腊大湾地区辉长岩稀土元素的配分曲线相一致，也具有低的 K_2O（0.08%～0.48%），都具有大洋中脊玄武岩的特征。

2.5.3　堆晶辉长岩的形成时代

在喀腊大湾东叉沟东段（K432地质观察点）的粗晶结构和伟晶结构堆晶辉长岩中各选一个样品（图1-16），用常规方法将岩石样品粉碎至约300μm，经磁法和密度分选后，淘洗、挑纯锆石单矿物。样品中锆石颗粒中等偏大，在0.12～0.20mm，部分可达0.25～0.30mm。然后将锆石样品和标样（TEM）一起用环氧树脂固定于样品靶上。样品靶表面经研磨抛光，直至锆石新鲜截面露出。对靶上锆石进行镜下反射光、透射光照相后，进行CL分析，再进行镀金以备分析。阴极发光照像在中国地质科学院地质研究所电子探针室完成。

锆石SHRIMP U-Pb年龄测试工作在北京离子探针中心完成，按照1.3.3小节中的测试分析流程和数据处理方法进行测试和数据处理。表2-16列出了主要测试结果，并给出 ^{204}Pb 和 ^{208}Pb 两种普通铅校正的年龄结果。表2-16中所列单个数据点的误差均为1σ，加权平均年龄具95%的置信度。本书使用 ^{208}Pb 校正的结果（也满足U含量要大于等于Th含量的条件，即表2-16中为 $^{232}Th/^{238}U$ 绝大多数小于等于1）。

表 2-13 阿尔金成矿带喀腊大湾地区与米兰红柳沟地区堆晶辉长岩主量元素分析结果

序号	样品编号	样品位置	岩石化学分析结果/%															数据来源
			SiO_2	TiO_2	Al_2O_3	Fe_2O_3	FeO	MnO	MgO	CaO	Na_2O	K_2O	P_2O_5	CO_2	H_2O^+	LOI	Total	
1	K347-9	大平沟西	47.69	0.17	10.06	5.58	9.79	0.07	8.35	11.02	2.08	0.39	0.71	0.26	1.90	2.08	100.15	本研究
2	K412-1	喀腊大湾东沟	45.90	0.07	11.53	1.28	3.09	0.73	7.31	22.98	2.11	0.01	0.12	0.86	3.54	1.47	101.00	
3	K421-1		48.38	0.19	7.35	3.64	8.64	0.76	5.82	13.97	4.24	0.30	2.12	1.38	2.44	1.00	100.23	
4	K426-1		46.91	1.36	15.70	2.68	7.29	0.17	7.68	10.02	2.97	0.26	0.15	1.29	3.10	1.67	101.23	
5	K432-1		48.17	0.11	14.05	1.83	4.20	0.30	10.14	16.04	1.68	0.02	0.40	0.43	2.24	1.46	101.07	
6	K432-2		48.34	0.13	11.70	2.15	4.87	0.25	10.52	15.45	2.30	0.03	0.71	0.26	2.70	0.65	100.06	
7	K433-1		42.50	0.15	10.02	2.21	6.68	0.10	14.77	14.51	1.24	0.01	0.09	2.76	5.02	0.66	100.72	
8	K456-1	喀湾西沟	48.96	0.14	10.88	2.44	5.01	1.02	5.88	16.31	3.60	0.14	1.25	2.24	2.26	0.76	100.89	
9	03Y26-11	米兰红柳沟	42.16	17.37	17.98	5.45		0.10	11.91	0.09	0.22	0.24	0.00			4.88		杨经绥等，2008
10	03Y26-12		42.75	16.61	17.31	5.87		0.09	12.30	0.09	0.42	0.08	0.01			4.11		
11	03Y26-18		40.95	15.53	26.61	4.06		0.08	7.20	0.03	0.76	0.48	0.01			4.78		
12	03Y26-19		42.95	16.18	20.08	5.06		0.09	10.80	0.09	0.56	0.24	0.01			4.08		
13	03Y26-21		42.23	15.93	21.43	5.13		0.09	10.71	0.07	0.46	0.18	0.01			4.34		

表 2-14 阿尔金成矿带喀腊大湾地区与米兰红柳沟地区堆晶辉长岩稀土元素分析结果

序号	样品号	稀土元素分析结果/10^{-6}															ΣREE	LREE/HREE	$(La/Yb)_N$	δEu	数据来源
		La	Ce	Pr	Nd	Sm	Eu	Gd	Tb	Dy	Ho	Er	Tm	Yb	Lu	Y					
1	K374-9	3.74	9.65	1.53	7.51	2.45	0.89	3.63	0.67	4.62	1.08	3.18	0.45	2.97	0.46	26.4	42.83	1.51	0.85	0.91	1~8，本书；9~13，杨经绥等，2008
2	K412-1	0.70	1.65	0.20	0.97	0.23	0.34	0.38	0.06	0.40	0.08	0.22	0.02	0.21	0.05	2.19	5.49	2.92	2.25	3.51	
3	K421-1	17.10	38.50	4.99	23.00	5.83	1.89	6.81	1.11	7.22	1.42	4.33	0.57	3.90	0.57	39.80	117.24	3.52	2.96	0.92	
4	K426-1	7.34	17.70	2.51	12.20	3.47	1.34	4.24	0.71	4.57	0.92	2.76	0.36	2.43	0.34	26.0	60.89	2.73	2.04	1.07	
5	K432-1	1.17	8.59	0.51	2.87	0.96	0.48	1.40	0.26	1.62	0.34	1.14	0.15	1.04	0.16	9.72	20.69	2.39	0.76	1.27	
6	K432-2	1.98	7.87	0.80	4.46	1.38	0.64	2.14	0.38	2.52	0.52	1.64	0.23	1.49	0.22	14.50	26.27	1.87	0.90	1.14	
7	K433-1	0.63	2.17	0.19	1.00	0.26	0.27	0.32	0.05	0.35	0.08	0.27	0.02	0.28	0.05	2.20	5.92	3.23	1.52	2.86	
8	K456-1	5.92	15.50	2.34	12.10	3.46	1.31	4.47	0.76	5.23	1.08	3.34	0.44	2.95	0.45	30.50	59.35	2.17	1.36	1.02	
9	03Y26-11	0.11	0.29	0.05	0.26	0.12	0.07	0.17	0.03	0.22	0.05	0.13	0.02	0.10	0.02	1.11	1.64	1.22	0.74	1.50	
10	03Y26-12	0.16	0.41	0.07	0.34	0.15	0.07	0.19	0.03	0.25	0.06	0.14	0.02	0.13	0.02	1.31	2.04	1.43	0.83	1.27	
11	03Y26-18	0.15	0.32	0.04	0.19	0.06	0.06	0.08	0.01	0.08	0.02	0.05	0.01	0.04	0.01	0.41	1.12	2.73	2.53	2.65	
12	03Y26-19	0.17	0.35	0.05	0.33	0.13	0.08	0.18	0.03	0.21	0.05	0.15	0.02	0.11	0.02	1.11	1.88	1.44	1.04	1.60	
13	03Y26-21	0.16	0.32	0.05	0.27	0.12	0.08	0.15	0.03	0.19	0.04	0.12	0.02	0.10	0.02	0.96	1.67	1.49	1.08	1.82	

表 2-15　阿尔金成矿带喀腊大湾地区与米兰红柳沟地区堆晶辉长岩微量元素分析结果

序号	样品号	微量元素分析结果/10^{-6}																			数据来源
		Rb	Ba	Th	U	K	Ta	Nb	La	Ce	Sr	Nd	P	Zr	Hf	Sm	Ti	Y	Yb	Lu	
1	K374-9	1.05	16.8	0.36	0.3	581	0.15	2.43	3.74	9.65	118	7.51	1702	27.8	1.1	2.45	4257	26.4	2.97	0.46	本研究
2	K412-1	26.2	132	0.17	0.1	6370	0.02	0.31	0.7	1.65	233	0.97	46	3.98	0.12	0.23	756	2.19	0.21	0.05	
3	K421-1	20.5	213	3.79	1.32	6613	0.55	8.99	17.1	38.5	270	23.0	1372	159	3.91	5.83	13321	39.8	3.9	0.57	
4	K426-1	10.1	74.6	1.31	0.75	2158	0.25	3.12	7.34	17.7	377	12.2	655	90.3	2.26	3.47	8153	26	2.43	0.34	
5	K432-1	3.31	40.7	0.22	0.05	900	0.01	0.14	0.63	2.17	133	1.00	47	2.59	0.09	0.26	585	2.2	0.28	0.05	
6	K432-2	10.6	80.7	0.57	0.08	2569	0.05	0.45	1.17	8.59	200	2.87	90	15	0.5	0.96	2474	9.72	1.04	0.16	
7	K433-1	8.35	87.2	0.83	0.05	2152	0.07	0.76	1.98	7.87	213	4.46	136	20.6	0.7	1.38	4413	14.5	1.49	0.22	
8	K456-1	29.6	517	0.43	0.17	8854	0.14	2.29	5.92	15.5	311	12.1	639	101	2.71	3.46	7836	30.5	2.95	0.45	
9	03Y26-11	6.54	29.12	0.09	0.08	1992	0.02	0.04	0.11	0.29	131.07	0.26	0	0.49	0.02	0.12	540	1.11	0.1	0.02	杨经绥等，2008
10	03Y26-12	0.87	5.19	0.09	0.06	664	0.03	0.04	0.16	0.41	119.85	0.34	44	0.64	0.02	0.15	540	1.31	0.13	0.02	
11	03Y26-18	18.83	79.51	0.09	0.07	3985	0.06	0.2	0.15	0.32	247.03	0.19	44	0.32	0.01	0.06	180	0.41	0.04	0.01	
12	03Y26-19	7.76	43.41	0.09	0.07	1992	0.02	0.03	0.17	0.35	179.38	0.33	44	0.6	0.03	0.13	540	1.11	0.11	0.02	
13	03Y26-21	5.08	18.39	0.09	0.07	1494	0.01	0.02	0.16	0.32	182.96	0.27	44	0.45	0.02	0.12	420	0.96	0.1	0.02	

表 2-16 阿尔金成矿带喀腊大湾地区堆晶辉长岩锆石 SHRIMP U-Pb 年龄分析结果

测点号	^{206}Pbc /%	U/10^{-6}	Th/10^{-6}	^{232}Th/^{238}U	^{206}Pb*/10^{-6}	总^{238}U/^{206}Pb	误差/±%	总^{207}Pb/^{206}Pb	误差/±%	^{206}Pb/^{238}U	误差/±%	^{207}Pb/^{206}Pb	误差/±%	^{206}Pb/^{238}U 年龄/Ma①	误差(1σ)	^{206}Pb/^{238}U 年龄/Ma②	误差(1σ)
粗晶辉长岩（K432-1）																	
2. 1	0. 47	362	222	0. 63	21. 8	14. 26	2. 8	0. 0575	3. 5	0. 0698	2. 8	0. 0575	3. 5	435	±12	443	±13
3. 1	0. 00	277	186	0. 70	15. 7	15. 16	2. 3	0. 0621	4. 0	0. 0660	2. 3	0. 0621	4. 0	411. 8	±9. 2	416	±10
3. 2	0. 09	640	542	0. 87	47. 3	11. 63	2. 0	0. 05646	1. 4	0. 0859	2. 0	0. 05646	1. 4	531	±10	539	±12
4. 1	0. 23	529	386	0. 75	33. 3	13. 64	2. 1	0. 0570	2. 9	0. 0731	2. 1	0. 0570	2. 9	455. 0	±9. 2	461	±10
5. 1	0. 46	272	160	0. 61	19. 7	11. 85	2. 0	0. 0599	2. 1	0. 0840	2. 0	0. 0599	2. 1	520	±10	528	±11
6. 1	0. 21	274	150	0. 57	20. 1	11. 74	2. 1	0. 0594	2. 0	0. 0850	2. 1	0. 0594	2. 0	526	±10	532	±12
7. 1	—	426	137	0. 33	30. 2	12. 110	0. 57	0. 05940	1. 2	0. 08269	0. 58	0. 05940	1. 2	512. 1	±2. 8	512. 5	±3. 0
8. 1	0. 12	386	226	0. 60	26. 3	12. 590	0. 60	0. 05834	1. 6	0. 07933	0. 61	0. 05834	1. 6	492. 1	±2. 9	494. 8	±3. 2
9. 1	0. 15	514	374	0. 75	36. 7	12. 037	0. 54	0. 05830	1. 1	0. 08295	0. 55	0. 05830	1. 1	513. 7	±2. 7	515. 4	±3. 1
10. 1	0. 27	403	225	0. 58	28. 7	12. 074	0. 59	0. 05827	1. 3	0. 08260	0. 60	0. 05827	1. 3	511. 6	±2. 9	514. 3	±3. 2
11. 1	—	292	171	0. 61	20. 8	12. 052	0. 68	0. 0589	1. 7	0. 08303	0. 68	0. 0589	1. 7	514. 2	±3. 4	515. 0	±3. 8
12. 1	—	348	205	0. 61	24. 6	12. 14	0. 89	0. 05752	1. 4	0. 08238	0. 89	0. 05752	1. 4	510. 3	±4. 4	510. 9	±4. 9
13. 1	—	109	56	0. 53	7. 88	11. 89	1. 1	0. 0616	2. 4	0. 08434	1. 1	0. 0616	2. 4	522. 0	±5. 7	518. 1	±6. 2
14. 1	0. 59	229	134	0. 60	16. 5	11. 95	1. 1	0. 05886	1. 7	0. 08320	1. 1	0. 05886	1. 7	515. 2	±5. 4	519. 1	±5. 8
15. 1	0. 39	246	144	0. 60	16. 9	12. 53	1. 1	0. 05969	1. 6	0. 07950	1. 1	0. 05969	1. 6	493. 1	±5. 3	496. 0	±5. 7
伟晶辉长岩（K432-2）																	
1. 1	0. 00	149	172	1. 19	10. 3	12. 49	2. 3	0. 0613	3. 1	0. 0801	2. 3	0. 0613	3. 1	497	±11	504	±13
2. 1	1. 02	39	29	0. 78	2. 58	12. 95	3. 2	0. 0714	6. 6	0. 0764	3. 3	0. 0631	12	475	±15	484	±17
4. 1	0. 71	114	88	0. 80	8. 35	11. 71	2. 5	0. 0616	3. 6	0. 0848	2. 5	0. 0558	4. 9	525	±12	531	±14
5. 1	—	195	160	0. 85	14. 3	11. 69	2. 1	0. 0608	3. 5	0. 0857	2. 1	0. 0622	3. 6	530	±11	537	±12
6. 1	0. 97	133	111	0. 86	9. 55	11. 96	2. 4	0. 0598	4. 1	0. 0828	2. 4	0. 0519	7. 9	513	±12	529	±14
7. 1	0. 22	1166	1360	1. 20	83. 6	11. 98	1. 9	0. 05889	1. 0	0. 0833	1. 9	0. 05708	1. 6	515. 8	±9. 2	531	±11
8. 1	0. 36	405	449	1. 15	27. 8	12. 52	2. 0	0. 0588	1. 7	0. 0796	2. 0	0. 0559	1. 9	493. 6	±9. 5	506	±12
9. 1	0. 09	412	362	0. 91	28. 6	12. 36	2. 2	0. 0577	1. 8	0. 0808	2. 2	0. 0570	2. 0	501	±10	511	±12
10. 1	0. 56	60	48	0. 82	4. 33	11. 97	2. 7	0. 0610	4. 3	0. 0830	2. 7	0. 0564	7. 1	514	±13	520	±15
11. 1	0. 76	256	186	0. 75	18. 4	11. 95	2. 1	0. 0596	2. 2	0. 0830	2. 1	0. 0534	4. 9	514	±10	524	±12
12. 1	0. 78	237	239	1. 04	17. 1	11. 93	2. 1	0. 0599	2. 3	0. 0832	2. 1	0. 0535	5. 2	515	±10	533	±12
13. 1	—	1039	1279	1. 27	75. 6	11. 81	1. 9	0. 05825	1. 1	0. 0847	1. 9	0. 05832	1. 1	524. 1	±9. 3	539	±12
14. 1	0. 95	79	45	0. 58	5. 37	12. 71	2. 7	0. 0720	3. 6	0. 0779	2. 8	0. 0644	11	484	±13	491	±14

注：北京离子探针中心测试，误差为 1σ；Pbc 和 Pb* 分别代表普通铅和放射成因铅；①为假设^{206}Pb/^{238}U–^{204}Pb/^{232}Th 年龄谐合校正普通铅；②为假设^{206}Pb/^{238}U–^{208}Pb/^{232}Th 年龄谐合校正普通铅。

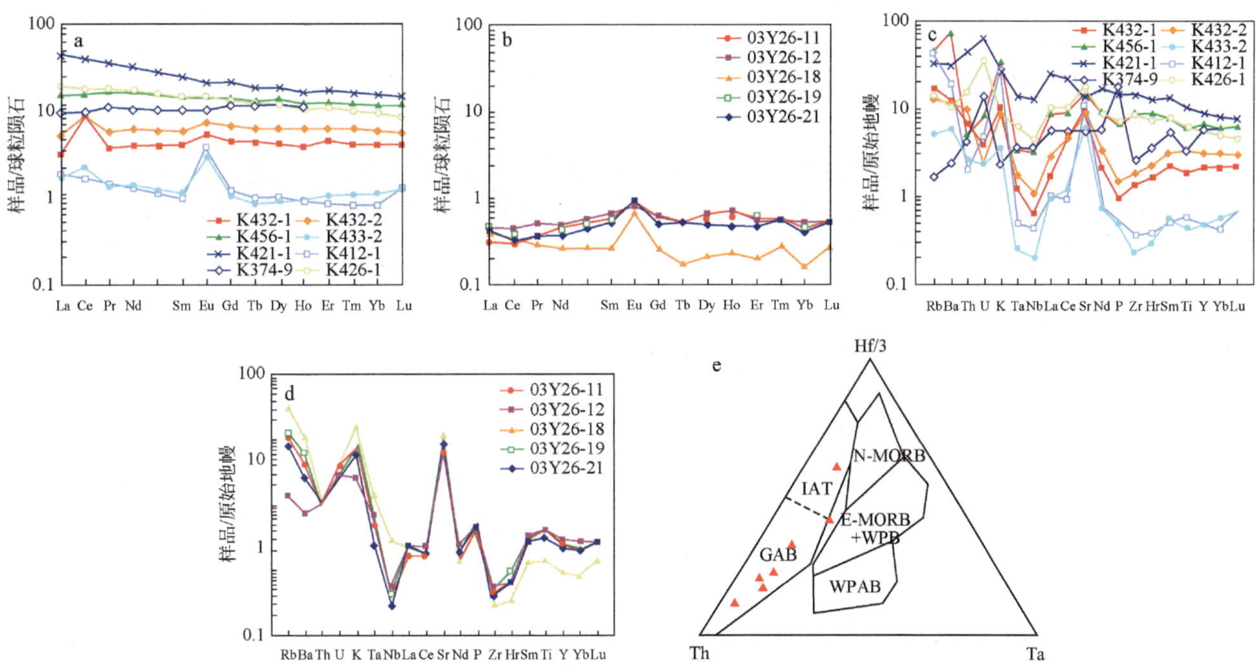

图 2-25　阿尔金成矿带堆晶辉长岩的稀土元素微量元素配分图及 Hf/3-Th-Ta 图解

a、c-喀腊大湾堆晶辉长岩稀土微量元素配分图；b、d-红柳沟堆晶辉长岩稀土微量元素配分图；e-Hf/3-Th-Ta 图解（底图据 Wood et al., 1979。GAB-钙碱性玄武岩；IAT-岛弧拉斑系列；WPAB-板内碱性玄武岩；WPB-板内拉斑玄武岩；N-MORB-正常洋中脊玄武岩；E-MORB-异常洋中脊玄武岩）

（1）样品 K432-1：共分析了 15 个锆石颗粒，谐和图见图 2-26a。15 个颗粒的分析结果在谐和图上分布有些分散，其中 7 个颗粒的分析结果在谐和图上组成密集的一簇（图 2-26b），$^{206}Pb/^{238}U$ 加权平均年龄为 513.6±3.1Ma，方差为 0.96，这一年龄解释为堆晶辉长岩的结晶年龄。颗粒 2.1、3.1 和 4.1 的分析结果与其他颗粒不一致，结果明显偏小，可能存在放射性成因铅的流失；颗粒 7.1、8.1、13.1、14.1 和 15.1 或者离谐和线较远，或者锆石颗粒环带不够清晰，这些颗粒均未参加年龄计算。

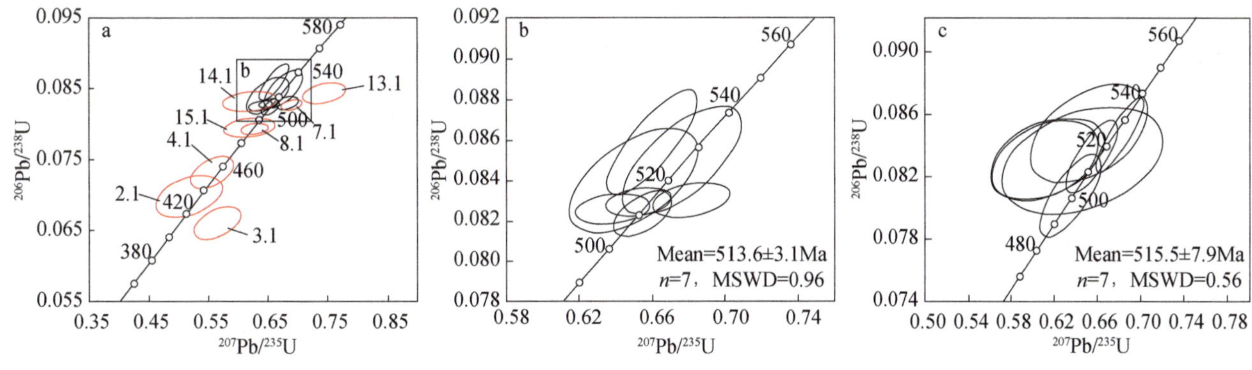

图 2-26　阿尔金成矿带东段喀腊大湾堆晶辉长岩锆石 SHRIMP U-Pb 谐和曲线图

a-K432-1 样品所有 15 个测点谐和曲线图；b-K432-1 样品舍去异常后 7 个测点谐和曲线图；c-K432-2 样品舍去异常后 7 个测点谐和曲线图

（2）样品 K432-2：共分析了 13 个锆石颗粒，谐和图见图 1-17a。13 个颗粒的分析结果在谐和图上分布比较集中，其中 7 个颗粒的分析结果在谐和图上组成密集的一簇（图 2-26c），$^{206}Pb/^{238}U$ 加权平均年龄为 515.5±7.9Ma，方差为 0.56，这一年龄解释为堆晶辉长岩的结晶年龄。颗粒 1.1、2.1、5.1、6.1、8.1 和 14.1 的结果偏离谐和线较远，这些颗粒均未参加年龄计算。

值得指出的是，该堆晶辉长岩的两个测年结果与堆晶辉长岩南侧的具有枕状构造玄武岩的年龄 517.0±

7.0Ma（前期专题，本书第1章1.3.3小节）非常一致，代表了本区早古生代晚寒武世的海相喷发和新生洋壳的形成。该结果比杨经绥等（2008）的米兰红柳沟地区堆晶辉长岩（样品03Y26-11）年龄479±8Ma稍大，反映出北阿尔金地区洋壳形成与海相枕状玄武岩的喷发在整个洋盆（弧后盆地）演化过程具有一定的持续性。

在地球化学特征上，米兰红柳沟地区堆晶辉长岩与喀腊大湾地区辉长岩稀土元素的配分曲线相一致，也具有低的 K_2O（0.08%~0.48%），都具有大洋中脊玄武岩的特征。虽然杨经绥等（2008）通过对米兰红柳沟蛇绿岩剖面中深成堆晶岩（异剥橄榄岩-橄榄二辉石岩-（橄榄）辉石岩-辉长岩-斜长岩组合）的研究，认为其产出于弧后盆地环境，并据此认为北阿尔金为弧后盆地。但是本研究团队认为，该弧后盆地应该具有相当的规模，或者说具有大洋的特点。

2.6　超基性侵入岩及其地球化学特征

阿尔金成矿带基性-超基性岩广泛发育，它不仅仅是地质构造演化的重要组成部分和载体，也可能是地质找矿的重要线索，作者对区内的超基性岩的分布、地球化学特征开展了较为详细的调查和研究。

2.6.1　阿尔金成矿带超基性岩宏观分布

阿尔金成矿带基性-超基性岩深成岩类比较发育、出露较多，呈小岩株或微小岩体断续状、串珠状产出，共有72个超镁铁-镁铁质岩体，总面积约 $80km^2$。曾经作为区内寻找与基性-超基性侵入岩有关矿床的有利地区。

（1）基性-超基性岩在空间分布上具有一定的规律性，主要沿区内两个蛇绿混杂岩带分布。北带出露在红柳沟、贝克滩北、恰什坎萨依北段、冰沟北段、卓阿布拉克北段、克斯布拉克、白尖山、塔什布拉克一直到拉配泉一带，全长超过200km，宽度1~2km，呈近东西向延伸；其中红柳沟-克斯布拉克一带的中西段出露面积较大、岩体单个面积较大，东段白尖山-拉配泉一带出露面积小、岩体单个体面积也较小。南带出露在红柳沟、贝克滩南、恰什坎萨依南段，长度约60km，宽度为0.5~1.0km，呈北西西向延伸。

（2）基性-超基性岩的岩性组合在不同区段也存在一定的差异。在西段红柳沟-恰什坎萨依一带，以超基性侵入岩为主，伴生基性侵入岩；在中段冰沟-卓阿布拉克北段一带，以出露大面积的基性侵入岩为特征，超基性侵入岩以较小岩体出露于规模较大基性侵入岩之中；而在东段的白尖山-塔什布拉克北侧，主要出露超基性侵入岩。

（3）基性-超基性岩的分布、岩性组合及其相互关系受板块俯冲碰撞、洋壳残留、增生杂岩带叠置、韧脆性变形带以及后期脆性断裂切割改造控制。超基性岩类主要由堆晶橄榄岩、异剥橄榄岩、方辉橄榄岩、蛇纹岩、二辉橄榄岩和辉石岩等组成，副矿物有钛铁矿、磁铁矿、黄铁矿、锆石、磷灰石和金红石等，其中普通辉石常被绿泥石交代。根据区内超基性岩的产出特征、铬铁矿化特征以及普遍发育的蛇纹石化现象，前人研究认为它们属于阿尔卑斯型超镁铁岩，可能为大洋扩张中脊上升结晶析出的，属于蛇绿岩套的组成部分。

本书研究的基性-超基性岩以成矿带西段为主，主要是在红柳沟、贝克滩和恰什坎萨依地区；岩性以辉石岩、橄榄辉石岩为主（图2-27a~f）。其中贝克滩南侧及东南侧一带的超基性岩较其他位置出露的超基性岩蚀变更加强烈，主要为蛇纹石化和滑石化，部分蚀变为蛇纹岩（图2-27g~i）。

2.6.2　主量元素地球化学特征

阿尔金成矿带西段橄辉岩主要分布在恰什坎萨依北段、恰什坎萨依南段、红柳沟北部。主量元素分析结果剔除挥发组分 H_2O、CO_2 和LOI之后重新换算到100%（表2-17）。

图 2-27　阿尔金成矿带西段超基性岩体宏观特征

a-A52 点，红柳沟北坡，超基性岩呈不大的岩瘤状出露，与厚层灰岩呈断层接触；b-A205 点，贝克滩西北，超基性岩与厚层灰岩呈断层接触；c-K229 点，贝克滩南，超基性岩具有块状构造，蛇纹石化较明显；d-A25 点，贝克滩东南，超基性岩呈北西西向带状产出，与厚层灰岩呈断层接触；e-K204 点，恰什坎萨依北段，超基性岩呈北西西向带状产出，与厚层灰岩呈断层接触；f-A31 点，冰沟北段，超基性岩呈不规则瘤状产于较大的基性侵入岩之中；g-含磁铁矿蚀变超基性岩，磁铁矿为蚀变后析出，贝克滩南；h-蛇纹石化、滑石化超基性岩，贝克滩东南；i-含铬云母蛇纹石化蚀变超基性岩，贝克滩东南

表 2-17　阿尔金成矿带超基性侵入岩主量元素分析结果

序号	样号	样品位置	SiO_2 /%	Al_2O_3 /%	CaO /%	Fe_2O_3 /%	FeO /%	K_2O /%	MgO /%	MnO /%	Na_2O /%	P_2O_5 /%	TiO_2	Tol	Ni/10^{-6}	TFeO	Mg$^{\#}$	M/F	$M\times F$
1	K251-1	喀腊大湾	45.21	15.98	11.31	3.03	5.80	0.16	8.28	0.17	2.11	0.08	0.97	100	117	8.53	63.38	2.03	61.28
2	K275-1	喀腊达坂	45.52	14.76	8.36	1.47	7.74	1.49	7.21	0.20	2.48	0.18	1.39	100	83	9.06	58.65	1.51	56.72
3	K292-1	喀湾中段	46.15	16.94	10.98	4.08	5.71	1.06	8.41	0.16	1.87	0.11	1.18	100	103	9.38	61.51	1.96	68.49
4	K349-1	大平沟	43.45	15.35	8.91	1.08	6.92	0.92	7.21	0.15	3.29	0.29	1.34	100	108	7.89	61.96	1.72	49.39
5	K359-2	大平沟东	45.57	13.42	8.10	2.18	10.62	0.78	8.88	0.21	2.85	0.25	1.94	100	86	12.58	55.72	1.35	96.98
6	K374-9	大平沟西	47.69	11.02	10.06	5.58	9.79	0.07	8.35	0.17	2.08	0.39	0.71	100	147	14.81	50.12	1.20	107.35
7	A04-1	恰沟北段	46.84	11.39	8.96	9.71	5.69	4.88	6.44	0.13	1.54	0.38	4.05	100	104	14.43	44.29	1.14	80.64
8	A04-2	恰沟北段	48.20	8.65	11.11	6.47	6.42	0.46	12.75	0.17	1.73	0.41	3.64	100	452	12.24	64.99	2.42	135.47
9	A04-3	恰沟北段	47.18	9.20	10.17	6.95	6.61	0.27	13.01	0.17	2.21	0.50	3.73	100	416	12.87	64.32	2.37	145.40
10	A52-1	红柳沟北	48.72	14.91	7.53	5.43	9.42	2.73	4.15	0.21	3.12	0.45	3.33	100	60	14.31	34.05	0.62	51.49
11	H194-2	卓阿布拉克	40.61	6.57	6.06	4.56	4.08	0.02	29.86	0.14	0.19	0.00	0.06	100	816	8.18	86.68	8.59	211.95
12	H197-1	卓阿布拉克	42.17	0.57	0.18	4.89	0.84	0.02	38.86	0.08	0.01	0.00	0.01	100	1482	5.24	92.97	22.45	176.80
13	K159-1	白尖山东沟	40.08	1.43	0.26	4.30	1.31	0.00	38.91	0.03	0.15	0.00	0.05	100	2110	5.18	93.05	21.46	174.93
14	A29-1	沟口泉	45.40	1.82	0.22	5.97	1.86	0.02	44.48	0.12	0.06	0.01	0.05	100	1769	7.23	91.65	17.23	279.00

续表

序号	样号	样品位置	SiO_2 /%	Al_2O_3 /%	CaO /%	Fe_2O_3 /%	FeO /%	K_2O /%	MgO /%	MnO /%	Na_2O /%	P_2O_5 /%	TiO_2	Tol	$Ni/10^{-6}$	TFeO	$Mg^{\#}$	*M/F*	*M×F*
15	A31-1	沟口泉	46.67	1.32	4.47	5.79	3.49	0.02	38.01	0.13	0.08	0.01	0.02	100	1780	8.70	88.62	11.02	286.95
16	A22-1	贝克滩南	44.78	0.58	0.10	7.65	2.94	0.01	43.79	0.07	0.06	0.00	0.01	100	1968	9.82	88.82	12.25	373.45
17	A22-2	贝克滩南	47.68	1.79	0.25	3.82	1.47	0.01	44.83	0.03	0.07	0.00	0.03	100	1072	4.91	94.22	25.07	190.95
18	A23-1	贝克滩南	44.43	0.59	0.15	8.65	1.80	0.01	44.26	0.06	0.03	0.00	0.01	100	2222	9.58	89.17	13.90	368.25
19	A23-2	贝克滩南	43.60	0.59	6.30	2.56	0.78	0.01	45.93	0.22	0.00	0.00	0.01	100	2148	3.08	96.37	38.48	122.93
20	A23-3	贝克滩南	49.75	0.47	0.31	2.08	0.67	0.01	46.56	0.11	0.01	0.00	0.01	100	1270	2.55	97.02	48.63	102.94
21	A23-4	贝克滩南	39.89	1.86	0.11	15.42	5.38	0.01	37.09	0.17	0.05	0.01	0.02	100	1414	19.25	77.45	5.36	619.59
22	A23-5	贝克滩南	42.84	0.71	1.47	8.34	3.55	0.01	42.91	0.13	0.04	0.00	0.01	100	1875	11.05	87.38	10.42	411.58
23	A24-1	贝克滩南	48.69	0.42	0.10	2.86	7.32	0.01	40.51	0.06	0.01	0.00	0.01	100	2577	9.89	87.95	8.45	347.93
24	A25-1	贝克滩东南	45.69	1.11	0.17	6.45	2.59	0.02	43.80	0.06	0.08	0.01	0.02	100	1951	8.39	90.29	14.24	319.15
25	A73-1	拉配泉	48.23	1.07	1.29	7.33	3.37	0.02	38.56	0.08	0.03	0.00	0.02	100	1665	9.96	87.34	10.32	333.47

注：$Mg^{\#}=100×Mg^{2+}/(Mg^{2+}+Fe^{2+})$；$M/F=(Mg^{2+}+Ni^{2+})/(Fe^{2+}+Fe^{3+}+Mn^{2+})$（吴利仁，1963）。

结果显示全岩 SiO_2 含量为 39.89%～49.75%，平均为 45.40%。除 SiO_2 之外，分析样品的 Al_2O_3、CaO、K_2O、Na_2O、MgO、P_2O_5、TiO_2 的含量明显分为两组，第一组（表 2-17 中序号 1～10）为喀腊大湾、大平沟、恰什坎萨依和红柳沟北超基性岩，岩性主要为辉长岩、辉斑玄武岩；第二组（表 2-17 中序号 11～25）为拉配泉、卓阿布拉克、沟口泉和贝克滩地区的超基性岩，岩性主要为单辉辉橄岩、二辉辉橄岩、单辉辉石岩等，普遍蛇纹岩化。第一组上述氧化物含量分别为 8.65%～16.94%、7.53%～11.31%、0.07%～4.88%、1.54%～3.29%、4.15%～13.01%、0.08%～0.50%、0.71%～4.05%；第二组上述氧化物含量分别为 0.42%～6.57%、0.10%～6.30%、0.01%～0.02%、0.01%～0.19%、29.86%～46.56%、≤0.01%、0.01%～0.06%；两组样品的 Na_2O+K_2O 分别为 1.92%～6.03% 和 0.01%～3.03%，*M/F* 值和 $Mg^{\#}$ 分别为 0.62%～2.42%、34～65 和 0.01%～0.19%、77～97，第一组样品的 $Mg^{\#}$ 明显小于残留地幔岩的 $Mg^{\#}$（89～92），而第二组样品的 $Mg^{\#}$ 基本在地幔岩的 $Mg^{\#}$ 范围内（平均值为 90）。说明第一组样品应为一种部分熔融程度相对较高的熔体。吴利仁（1963）根据 *M/F* 值将超基性岩分为镁质超基性岩（*M/F*>6.5）、铁质超基性岩（*M/F*=2～6.5）、富铁质超基性岩（*M/F*=0.5～2），据此，第一组样品为富铁质超基性岩（平均为 1.63），第二组样品为镁质超基性岩（平均 17.85）。总的来说，第二组样品相对于第一组样品具有更高的 MgO 含量和更低的 $A1_2O_3$、CaO、K_2O、TFeO、Na_2O、P_2O_5 和 TiO_2 含量，因此也导致了第二组样品具有更高的 *M/F* 和 $Mg^{\#}$。

在 TAS 图解上（图 2-28a），第一组样品主要落在了 Ir 分界线下方亚碱性辉长岩范围内，第二组样品落在了橄榄辉长岩到亚碱性辉长岩的范围内，虽然第一组样品的 Na_2O+K_2O 含量更高一些，但还在亚碱性范围内。由于超基性岩 SiO_2 含量低，不适用 AFM 图解，通常利用 $TiO_2/10-P_2O_5-MnO$ 三项氧化物投图来判别其大致构造环境（图 2-28b）。第一组样品大部分落于洋岛拉斑玄武岩区内，少数落在邻近的洋岛碱性玄武岩区内，第二组样品都落在了钙碱性玄武岩区内，说明区内的超基性岩具有不同的产出环境。第二组样品的采样位置更靠近成矿带南部，更靠近大陆边缘的岛弧环境。

在超镁铁-镁铁质岩浆分异时，Ni 和 Mg 往往以类质同象的形式进入硅酸盐矿物结晶相，因此 Mg 含量的高低通常可以指示熔体中成矿元素 Ni 含量的高低。根据 Haughton 等（1974）的实验，镁铁质熔浆中亚铁含量是控制硫溶解度的主要成分，因此常量元素铁的含量高低，一般可表示熔体溶解携带矿化元素 S 的能力大小，而溶度积$[Ni^{2+}]×[S^{2-}]$的大小关系到形成 NiS 组分的能力大小。考虑到 Ni 与 Mg、S 与 Fe 的关系，用镁铁乘积来表征岩浆形成硫化镍组分的能力；镁铁乘积用 *M×F* 来表示，是指岩石中 Si、Al、Fe、Mg、Ca、Na 和 K 共 7 种元素的原子总数换算为 100 时，Mg 原子数和 Fe 原子数百分比的乘积。根据含矿样品中 Ni 含量和镁铁乘积做出的谐和曲线（图 2-28c）显示出 *M×F* 与岩石中镍矿化程度有极好的正相关性，一方面说明岩浆深部分异程度越彻底，还原性越强，氧逸度越低，就越有利于 Ni 元素的富集；另一

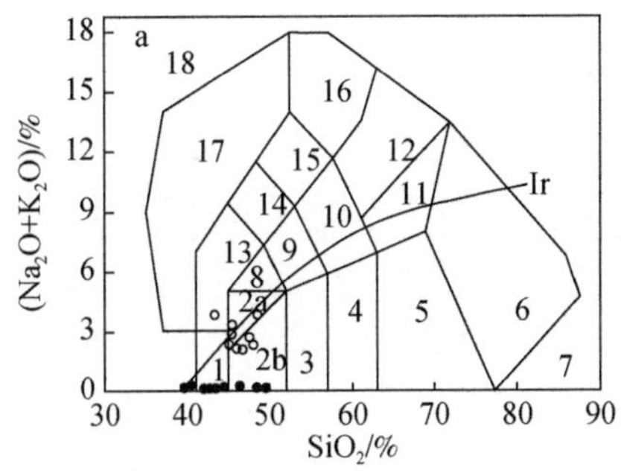

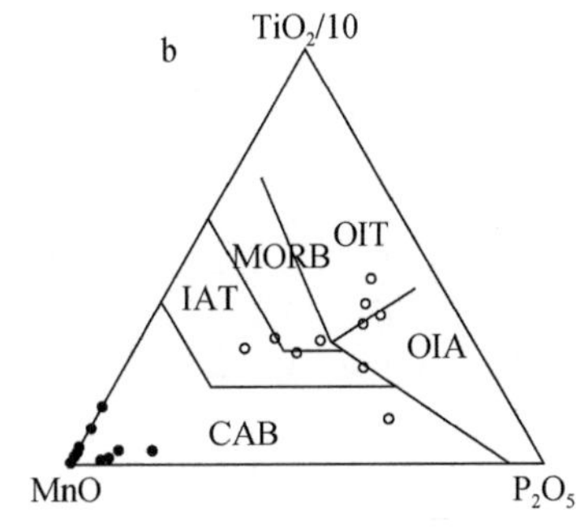

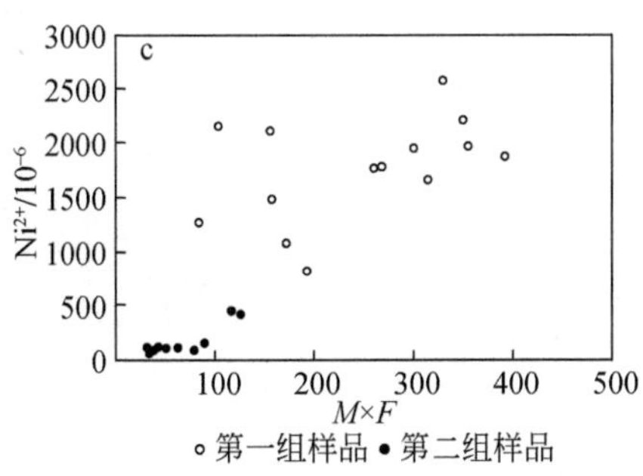

图 2-28　阿尔金成矿带超基性岩主量元素成分图解

a-$Na_2O+K_2O-SiO_2$（TAS）图解（Ir-Irvine 分界线上方为碱性，下方为亚碱性；1-橄榄辉长岩；2a-碱性辉长岩；2b-亚碱性辉长岩）；b-$TiO_2/10-P_2O_5-MnO$ 图解（OIT-洋岛拉斑玄武岩；OIA-洋岛碱性玄武岩；MORB-洋中脊玄武岩；IAT-岛弧拉斑玄武岩；CAB-钙碱性玄武岩）；c-$M\times F$-Ni 图解

方面也预示了有些基性程度偏低的镁铁质岩石具有较高成矿潜力的可能性，如北疆喀拉通克岩体赋矿岩性为苏长岩、橄榄苏长岩类，含有较高的 FeO（9%～13%）往往代表了低的氧逸度环境，表明高的 FeO 含量有利于铜镍硫化物的富集。

2.6.3　稀土元素特征

阿尔金成矿带超基性侵入岩稀土元素分析结果见表 2-18。

第一组样品（表 2-18 中序号 1～10）稀土元素总含量（ΣREE）较高，为 30.91×10^{-6}～190.19×10^{-6}，平均为 102×10^{-6}，轻重稀土分异明显（LREE/HREE＝1.59～9.12），平均为 4.43，$(La/Yb)_N$ 为 0.89～14.85，平均为 5.5，δEu 为 0.71～1.07，显示轻微的 Eu 负异常，说明岩浆演化过程中经历的斜长石分离结晶作用有限，斜长石未在岩浆演化早期结晶出来。在稀土元素球粒陨石标准化图解上（图 2-29a），样品的配分模式为轻稀土富集的右倾式，类似于地幔橄榄岩底辟侵位过程中早期部分深熔作用分异出的熔体，所有样品曲线特征十分一致，显示这些岩石来自相同的源区，样品与 OIB 配分曲线相似。

第二组超基性侵入岩样品（表 2-18 中序号 11～25）的稀土元素总含量（ΣREE）很低，为 0.28×10^{-6}～34.26×10^{-6}，平均为 4.82×10^{-6}，一些元素含量甚至低于检测限，在能完整显示球粒陨石标准化曲线的样品中，轻重稀土分异明显（LREE/HREE＝1.36～74.20），平均为 12.33，$(La/Yb)_N$ 为 0.65～30.91，平均为 10.35。δEu 值变化较大，为 0.57～2.37，在计算出的 δEu 中，大部分为 1 左右，异常不明显。在稀土元素球粒陨石标准化图解上（图 2-29a），样品的配分模式为轻稀土稍微富集的微右倾式，各样品曲线特征有些差异，显示它们源区存在微小的差异，该稀土元素特征与图拉尔根含矿岩体，以及喀拉通克、岛弧钙碱性玄武岩相似，具有类似岛弧钙碱性玄武岩的某些属性。

2.6.4　微量元素特征

阿尔金成矿带超基性侵入岩稀土元素分析结果见表 2-19。

第一组样品（表 2-19 中序号 1～10）微量元素比较高，Th/Ta 值较小为 1.19～6.03，平均为 3.27；La/Nb 值较小为 0.66～3.02，平均为 1.43；Nb/Ta 值较大为 12.00～20.16，平均为 16.48。在微量元素原始地幔标准化图解上，大离子亲石元素如 Rb、K 地球化学活动性强，受后期蚀变作用影响明显，分布形式不太一致，除此之外的其他元素特征十分一致，均强烈亏损 Sr 元素，研究认为 Sr 的负异常可能是由岩石的蚀变作用引起的，而样品 P 的正异常指示其成岩物质来自于富集型地幔 E-MORB。第二组超基性侵入岩样品（表 2-19 中序号 11～25）的微量元素含量很低，Th/Ta 值较大为 7.63～8.20，平均为 7.92；La/Nb值较大为 1.08～24.40，平均为 7.12；Nb/Ta 值较小为 2.00～5.20，平均为 3.23。在原始地幔标准化图解上，大部分样品未能完整地显示出标准化曲线，但也可以看出，样品较富集大离子亲石元素 Rb、Ba，蛇纹石化作用导致 Rb、Ba、Th、K 等元素相对富集，Zr、Hf、Ta 等元素相对亏损（标准化图上没有数据点，说明含量低于检测值）。

表 2-18　阿尔金成矿带超基性侵入岩稀土元素分析结果

序号	样品号	元素含量/10^{-6}															ΣREE	LREE	HREE	LREE/HREE	$(La/Yb)_N$	δEu	δCe
		La	Ce	Pr	Nd	Sm	Eu	Gd	Tb	Dy	Ho	Er	Tm	Yb	Lu	Y							
1	K251-1	2.34	6.29	1.13	5.96	2.11	0.90	3.12	0.51	3.25	0.73	2.13	0.27	1.88	0.29	19.0	30.91	18.73	12.18	1.54	0.89	1.07	0.94
2	K275-1	8.96	20.7	3.01	13.6	3.93	1.40	4.69	0.77	4.81	1.08	3.04	0.43	2.86	0.42	27.8	69.70	51.60	18.10	2.85	2.25	1.00	0.97
3	K292-1	3.99	11.3	1.90	9.74	3.16	1.24	4.10	0.67	4.38	0.95	2.72	0.39	2.48	0.37	21.7	47.39	31.33	16.06	1.95	1.15	1.05	1.00
4	K349-1	17.6	36.5	4.74	19.6	4.41	1.08	4.86	0.69	4.32	0.91	2.56	0.38	2.34	0.35	23.8	100.34	83.93	16.41	5.11	5.40	0.71	0.96
5	K359-2	11.6	27.9	4.09	18.7	5.41	1.93	6.23	1.00	6.49	1.40	3.93	0.55	3.53	0.50	34.5	93.26	69.63	23.63	2.95	2.36	1.01	0.99
6	K374-9	3.74	9.65	1.53	7.51	2.45	0.89	3.63	0.67	4.62	1.08	3.18	0.45	2.97	0.46	26.4	42.83	25.77	17.06	1.51	0.90	0.91	0.99
7	A04-1	23.3	54.9	7.59	36.2	7.84	2.45	7.44	1.13	5.38	0.93	2.52	0.28	1.75	0.25	29.8	151.96	132.28	19.68	6.72	9.55	0.97	1.01
8	A04-2	24.0	51.3	6.28	29.0	5.73	1.74	5.08	0.80	3.66	0.63	1.70	0.18	1.18	0.16	19.3	131.44	118.05	13.39	8.82	14.59	0.97	1.00
9	A04-3	38.3	73.3	9.52	40.5	7.58	2.20	6.93	1.04	4.95	0.89	2.55	0.30	1.85	0.28	28.9	190.19	171.40	18.79	9.12	14.85	0.91	0.91
10	A52-1	21.4	53.3	7.09	34.2	8.07	2.02	9.27	1.55	9.17	1.85	5.58	0.72	5.02	0.75	60.3	159.99	126.08	33.91	3.72	3.06	0.71	1.06
11	H194-2	0.33	0.68	0.10	0.46	0.14	0.09	0.20	0.05	0.32	0.07	0.23	0.00	0.23	0.00	1.74	2.90	1.80	1.10	1.64	1.03	1.64	0.91
12	H197-1	0.14	0.27	0.00	0.17	0.05	0.00	0.07	0.00	0.08	0.00	0.07	0.00	0.10	0.00	0.55	0.95	0.63	0.32	1.97	1.00	1.00	0.89
13	K159-1	0.00	0.00	0.00	0.22	0.00	0.00	0.10	0.00	0.13	0.00	0.1	0.00	0.09	0.00	0.87	0.42	0.00	0.42	0.00	0.00	0.00	0.00
14	A29-1	0.09	0.25	0.01	0.18	0.05	0.01	0.10	0.01	0.13	0.01	0.09	0.01	0.10	0.01	0.90	0.99	0.57	0.42	1.36	0.65	0.98	1.05
15	A31-1	1.01	2.00	0.25	0.97	0.20	0.17	0.24	0.01	0.19	0.01	0.13	0.01	0.13	0.01	1.21	5.29	4.60	0.69	6.67	5.57	2.37	0.95
16	A22-1	0.06	0.12	0.01	0.05	0.02	0.01	0.05	0.01	0.02	0.01	0.02	0.01	0.02	0.01	0.11	0.28	0.23	0.05	4.60	8.01	0.90	0.99
17	A22-2	2.60	4.46	0.39	1.25	0.19	0.02	0.16	0.02	0.18	0.02	0.12	0.01	0.14	0.02	1.07	9.49	8.89	0.60	14.82	13.32	0.97	0.97
18	A23-1	1.22	1.77	0.17	0.50	0.05	0.01	0.05	0.01	0.02	0.01	0.02	0.01	0.02	0.01	0.19	3.76	3.71	0.05	74.20	30.91	0.99	0.83
19	A23-2	6.42	9.11	2.46	9.55	1.41	0.26	1.32	0.24	1.24	0.24	0.84	0.12	0.91	0.14	9.74	34.26	29.21	5.05	5.78	5.06	0.57	0.56
20	A23-3	0.50	1.16	0.11	0.42	0.06	0.01	0.07	0.01	0.10	0.02	0.06	0.02	0.06	0.01	0.55	2.54	2.25	0.29	7.76	5.98	1.00	1.16
21	A23-4	0.59	1.51	0.14	0.61	0.10	0.02	0.19	0.02	0.14	0.02	0.12	0.02	0.10	0.02	0.77	3.50	2.95	0.55	5.36	4.23	0.99	1.25
22	A23-5	0.22	0.37	0.00	0.11	0.02	0.01	0.05	0.01	0.02	0.01	0.02	0.01	0.02	0.01	0.12	0.75	0.70	0.05	14.00	18.22	0.90	0.93
23	A24-1	0.46	0.60	0.06	0.18	0.02	0.08	0.05	0.01	0.02	0.01	0.02	0.01	0.02	0.01	0.21	1.43	1.38	0.05	27.60	24.72	1.34	0.76
24	A25-1	0.06	0.10	0.02	0.07	0.02	0.01	0.08	0.01	0.02	0.01	0.02	0.01	0.02	0.01	0.27	0.31	0.23	0.08	2.88	23.51	0.92	0.80
25	A73-1	0.59	1.69	0.23	1.15	0.34	0.13	0.31	0.05	0.28	0.06	0.17	0.02	0.16	0.02	1.90	5.16	4.13	1.03	4.01	2.65	1.20	1.12

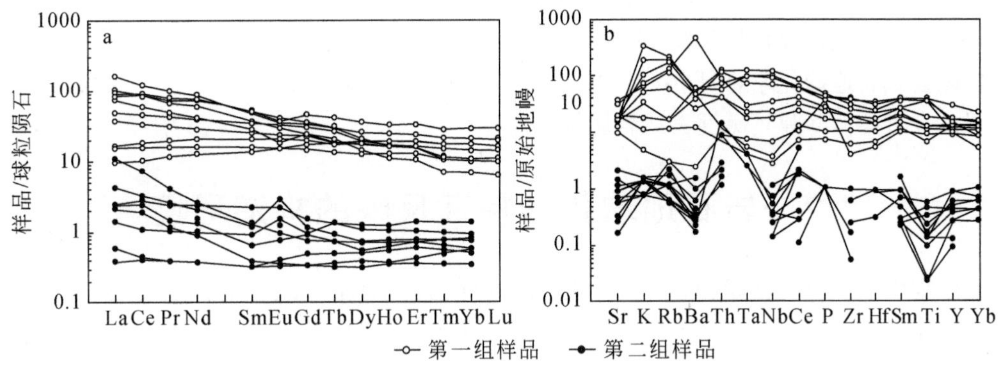

图 2-29　阿尔金成矿带超基性侵入岩稀土微量元素配分形式图（标准化值据 Sun and McDonough，1989）
a-稀土元素球粒陨石配分形式图；b-微量元素原始地幔标准化蛛网图

表 2-19　阿尔金成矿带超基性侵入岩微量元素分析结果

序号	样品号	元素含量/10^{-6}													Th/Ta	La/Nb	Nb/Ta
		K	P	Ti	Rb	Sr	Ba	Th	U	Nb	Ta	Zr	Hf	Sc			
1	K251-1	1328	349	5815	4.06	227	85.40	0.30	0.24	1.02	0.08	42.30	1.37	36.9	3.75	2.29	12.75
2	K275-1	12369	786	8333	59.80	210	331	1.78	0.61	6.44	0.35	102.00	2.80	36.7	5.09	1.39	18.40
3	K292-1	8799	480	7074	44.40	368	328	0.50	0.24	1.32	0.11	74.80	2.06	36.9	4.55	3.02	12.00
4	K349-1	7637	1266	8033	40.90	429	3145	3.68	0.92	12.3	0.61	129.00	2.86	27.9	6.03	1.43	20.16
5	K359-2	6475	1091	11630	20.30	183	182	1.70	0.57	8.11	0.46	131.00	3.51	34.7	2.66	1.43	17.63
6	K374-9	581	1702	4256	1.05	118	16.80	0.36	0.30	2.43	0.15	27.80	1.10	56.2	2.40	1.54	16.20
7	A04-1	40486	1644	24190	76.3	157	371	3.09	0.62	35.4	1.98	256	6.28	39.2	1.56	0.66	17.88
8	A04-2	3831	1780	21800	5.88	182	405	2.35	0.4	31.8	1.97	173	4.43	29.7	1.19	0.75	16.06
9	A04-3	2203	2178	22290	5.77	226	291	5.44	0.53	41.6	2.45	213	4.92	43	2.22	0.92	16.98
10	A52-1	22681	1950	24330	69.0	147	259	4.81	0.94	24.5	1.46	269	6.96	38.9	3.29	0.87	16.78
11	H194-2	166	0.00	360	0.39	13.37	3.25	0.00	0.00	0.12	0.06	1.77	0.06	—	—	2.75	2.00
12	H197-1	166	0.00	60	0.20	6.78	1.85	0.07	0.08	0.13	0.00	0.41	0.00	—	—	1.08	—
13	K159-1	0	0.00	300	0.42	10.6	10.70	0.00	0.10	0.09	0.00	1.73	0.00	8.05	—	—	—
14	A29-1	193	51	209	0.42	3.8	3.12	0.00	0.00	0.05	0.00	1.15	0.00	10.6	—	1.80	—
15	A31-1	180	47	106	0.22	10.7	2.53	0.05	0.08	0.14	0.00	0.46	0.00	9.93	—	7.21	—
16	A22-1	97	0	10.8	0.44	2.07	1.68	0.00	0.13	0.00	0.00	0.2	0.00	9.47	—	—	—
17	A22-2	95	0	152	0.22	8.37	1.3	0.61	0.17	0.2	0.08	4.42	0.18	15.6	7.63	13.00	2.50
18	A23-1	96	0	15.4	1.08	17.8	7.02	0.09	0.00	0.05	0.00	0.44	0.00	8.53	—	24.40	—
19	A23-2	102	0	56.3	1.1	125	48	4.87	0.37	0.05	0.00	1.02	0.07	8.17	—	12.80	—
20	A23-3	95	0	16.3	0.48	6.3	1.69	0.00	0.22	0.00	0.00	0.65	0.00	6.65	—	—	—
21	A23-4	94	49	93.8	0.79	1.97	2.02	0.41	0.99	0.26	0.05	6.84	0.19	11.4	8.20	2.27	5.20
22	A23-5	97	0	19.9	0.53	3.95	1.2	0.00	0.00	0.05	0.00	0.21	0.00	5.29	—	4.40	—
23	A24-1	95	0	15.6	0.44	3.7	0.77	0.00	0.26	0.00	0.00	0.12	0.00	8.67	—	—	—
24	A25-1	191	50	79.3	0.38	3.13	1.85	0.00	0.00	0.00	0.00	0.42	0.00	8.08	—	—	—
25	A73-1	189	0	70.1	0.63	25.4	4.33	0.12	0.29	0.4	0.00	1.01	0.00	11.5	—	1.48	—

微量元素含量及分布形式受控于岩浆体系，不同的构造环境又发育不同的岩浆体系，因此可以通过对比讨论岩体就位的构造环境。例如，洋中脊拉斑玄武岩以亏损大离子亲石元素、富 LREE 为特征，岛弧拉斑玄武岩以低钾低钛、平坦型稀土配分为特征，而岛弧钙碱玄武岩则具有高钾、低钛、高 Sr 含量、富

LREE、亏损高场强元素的特征（Lassiter and Depaolo，2013）。微量元素标准化图解显示第二组样品亏损 Nb、Ta 等元素，可能和来自消减带物质的加入有关（张旗等，1999）。从表 2-19 中可以看出第一组样品与大陆裂谷拉斑玄武岩地球化学特征相似，第二组样品与图拉尔根含矿岩体，以及喀拉通克、岛弧钙碱性玄武岩相似，具有类似岛弧钙碱性玄武岩属性。

2.7　岩石地球化学特征反映的构造环境

阿尔金成矿带广泛发育镁铁质和长英质岩浆岩，火山岩组成了双峰式火山岩组合，前人研究认为其中玄武质岩石端元是地幔部分熔融的产物。岩石化学分析说明阿尔金成矿带的中酸性火山岩东段主要为钙碱性火山岩，是活动大陆边缘或者岛弧环境的产物，一些玄武岩也显示出钙碱性特征，也有可能是活动陆缘或岛弧环境下的产物。而西段的岩浆岩地球化学特征更多显示出大洋中脊和洋岛构造环境。

1. 中基性火山岩反映的构造环境

在 Pearce 和 Cale（1977）的 $w(MgO)-w(TFeO)-w(Al_2O_3)$ 图解上，东段中基性火山岩多数落在洋中脊和洋底区，部分投在大陆火山岩区（图 2-6b），不同源区可能反映了构造环境的转换。而辉绿岩脉在洋中脊、洋底以及大陆火山岩区都有分布，说明该区辉绿岩脉可能产自不同的构造背景，辉绿岩脉至少有两期（图 2-6b）。在 Mullen（1983）提出的少量氧化物 $w(MnO)\times10-w(TiO_2)-w(P_2O_5)\times10$ 图解（图 2-6c）中，东段中基性火山岩主要类型为岛弧拉斑玄武岩（IAT）区，少量处在大洋岛屿碱性玄武岩（OIA）区和钙碱性玄武岩（CAB）区。

在 Th/Yb-Ta/Yb 构造环境判别图解中，东段中基性火山岩主要落入活动大陆边缘环境（图 2-3f），而西段主要落入洋岛或洋岛与大洋中脊过渡区，少数落入活动大陆边缘环境（图 2-21b ~ e）。在 Th/Hf-Ta/Hf 构造环境判别图解中，东段地区主要落入了大陆拉张带（或初始裂谷）玄武岩区（图 2-9）；而在 Zr/Y-Zr判别图中，西段中基性火山岩主要落入大洋中脊区，部分落入大洋中脊与岛弧重叠区，少数落入板内玄武岩区（图 2-21a）。

2. 中酸性火山岩反映的构造环境

喀腊大湾地区的英安岩和流纹岩总体上高 SiO_2、富碱（Na_2O+K_2O）、高 A/CNK 和低钛、低镁铁，具有壳源 I-S 型花岗质岩浆的特征。在中-酸性火山岩 Th/Ta-Yb 构造环境判别图解（Michael and Eva，2000）中可以看出，喀腊大湾沟英安岩和流纹岩主要落在活动大陆边缘区（active continental margins），而大平沟和齐勒萨依两地的样品主要落在活动大陆边缘与洋内岛弧区（oceanic arcs）两者界线附近（图 2-11a）；将与花岗岩类成分相当的流纹岩、英安岩样品运用 Yb-Ta 和 Yb+Ta-Rb 进行构造环境判别，喀腊大湾沟的样品点落在板内花岗岩（WPG），而大平沟和齐勒萨依的样品落在火山弧花岗岩（VAG）区（图 2-11b、c），具有岛弧和板内火山岩的双重地球化学特征，充分表明其喀腊大湾地区的中酸性火山岩形成于活动大陆边缘环境，与洋壳的俯冲消减作用密切相关。作为含有陆壳熔融组分、最能够反映属于活动大陆边缘或岛弧的中酸性火山岩在西段红柳沟-恰什坎萨依一带发育非常少。

3. 花岗岩反映的构造环境

在 SiO_2-K_2O 图解中显示，阿尔金成矿带东段绝大多数花岗岩为高钾钙碱性系列，个别属于低钾拉斑性质（图 2-14a）。在 Zr-TiO_2投图中，绝大多数花岗岩投在了 I 型花岗岩的区域内，少部分位于 S 型或 I-S 型交界处呈现出过渡性质（图 2-14c）。这说明本地区花岗岩应该大部分属于 I 型花岗岩大类，可能代表着火山岛弧花岗岩性质。大平沟岩体、阿北银铅矿岩体和 4337 高地北部岩体的投影点在同碰撞环境和火山弧环境交界处，阿北花岗岩体和喀腊大湾南部岩体则更偏向火山岛弧的构造环境。以 Pearce 等（1984）的花岗岩微量元素比值构造环境图解进行投影，大平沟岩体、阿北银铅矿岩体和 4337 高地北部岩体的点在同碰撞环境和火山弧环境交界处，阿北花岗岩体和喀腊大湾南部岩体则更偏向火山岛弧的构造环境（图 2-17a ~ d）。在 Rb/30-Hf-3Ta 花岗岩构造环境图解（图 2-17e、f）中显示，这五个岩体的构造环境特征处于火山弧和碰撞作用的交界处，其中喀腊大湾南岩体显示出 Rb 元素十分亏损的特点，Rb 和 K 同族且均为大离子亲石元素，有相似的活动性质。显示出其更偏向火山岛弧性质而不是板内花岗岩。总之，在喀腊大湾地区，总体为裂谷（弧后盆地）-岛弧-碰撞带构造环境，在北部偏向裂谷（弧后盆地）和碰撞带构造环境，发育中基性火山岩、蛇绿混杂岩和韧性变形带；南部偏向岛弧构造环境，发育较多中酸性火山岩。

4. 堆晶辉长岩反映的构造环境

喀腊大湾地区的堆晶辉长岩，其相对平坦的稀土元素分配形式及低的 K_2O（0.07%~1.02%，平均为 0.44%），具有大洋中脊玄武岩的特征，其 Nb、Ta 的负异常，表现出消减带的特征，在 Hf/3-Th-Ta 构造环境判别图解中（图 2-25e），落入岛弧火山岩区域。相应西段红柳沟一带的堆晶辉长岩虽然在稀土元素总量上明显偏低，但是配分模式非常相似，在微量元素特征方面也非常相似。总体上说明东段喀腊大湾地区堆晶辉长岩与杨经绥等（2008）认为的西段红柳沟地区堆晶辉长岩地球化学特征相似，具有大洋中脊玄武岩的典型特点，推测可能形成于弧后盆地，抑或在规模上不是很大的北阿尔金洋。

5. 超基性侵入岩反映的构造环境

阿尔金成矿带超基性侵入岩地球化学特征显示两组，以喀腊大湾、大平沟、恰什坎萨依和红柳沟北超基性岩为代表的第一组具有较高氧化物（除 MgO 外）含量、较高 Na_2O+K_2O 值、较高 TFeO 值、较低 M/F 值和较低 $Mg^{\#}$ 值等特点，而以拉配泉、卓阿布拉克、贝克滩及沟口泉为代表的超基性岩具有较低氧化物（除 MgO 外）含量、较低 Na_2O+K_2O 值、较低 TFeO 值、较高 M/F 值和较高 $Mg^{\#}$ 值等特点。从空间上，前者相对出露于北侧，更接近于洋中脊、洋岛构造环境，而后者出露于南侧，更接近于大陆边缘的岛弧构造环境。

总之，中基性火山岩地球化学明显显示，研究区东段（大平沟-喀腊大湾-白尖山-拉配泉地区）与西段（红柳沟-贝克滩-恰什坎萨依地区）存在比较明显的差异，西段中基性火山岩更多显示出大洋中脊或洋岛的特点，而东段中基性火山岩更多显示出活动大陆边缘的特点。然而不论是弧后盆地还是北阿尔金洋，在红柳沟-拉配泉一带是作为具有统一的整体出现的，而地球化学特征的不同反映出作为一个整体已经被改造了，目前沿纵向（或走向）上所保留的地质体具有横向上的差异，反映了后期构造变形及脆性断裂的改造作用。

第 3 章　多源遥感地质信息识别

遥感信息具有客观性和直观性，在构造解译方面有着比其他地质现象的解译更为有效的优势，因此国内外对于遥感地质构造解译做了大量有成效的工作。最近十多年来，依据蚀变中不同离子对不同波长光反射的不同，遥感信息也越来越多被应用于矿化蚀变提取，为地质找矿提供信息和依据。

3.1　基于遥感影像的构造信息解译

3.1.1　研究区范围及区域构造背景

1. 遥感解译区域

解译区域的地理坐标为 91°16′00″E ~ 92°00′00″E、38°55′00″N ~ 39°15′00″N，长 60km，宽 40km，面积约为 2400km^2。

研究区在区域上位于北东东向阿尔金走滑断裂北侧与东西向阿尔金北缘断裂所夹持的区域，北接塔里木地块南缘，南与柴达木盆地毗邻。

2. 使用的数据

地质图 1 ∶ 200000 的索尔库里幅（J-46-Ⅷ）遥感影像传感器为 ETM +（Enhanced Thematic Mapperplus），两景 ETM+影像能够覆盖整个项目区。影像数据标识分别为 LE71380331999239EDC00 和 LE71390332002238SGS00。

3. 数据获取时间

LE71380331999239EDC00 数据获取的开始时间为 1999 年 8 月 27 日 04：19：19，其结束时间为 1999 年 8 月 27 日 04：19：46；LE71390332002238SGS00 数据获取的开始时间为 2002 年 8 月 26 日 04：20：35，其结束时间为 2002 年 8 月 26 日 04：21：02。

4. 数据来源

ETM+影像下载自国际科学数据服务平台（International Scientific Data Service Platform），网址为 http://datamirror. csdb. cn/index. jsp [2014-05-28]。

3.1.2　数据预处理

1. 地质图的坐标系建立

以地质图为基准图，一般地质图多采用扫描方式变成数字化的地质图，此时，地质图为一个普通的图片，用专业软件打开时，缺少投影信息和坐标信息，需要进行添加。研究区地质图为 1954 年北京坐标系，1956 年黄海高程系。目前，常用的遥感处理软件缺少中国的坐标系统，因此，需要在软件中重新建立。一个坐标系的建立需要三个方面的内容：参考椭球、基准面、投影方式。不同的投影方式造成地图的变形不同。下面为索尔库里幅坐标系的建立。

1）椭球体建立

1954 年北京坐标系使用 Krassovsky 椭球，在软件中已经有了，可以不用重建。

2）添加基准面

把 Beijing-54、Krassovsky、−12、−113、−41 添加到基准面参数文件 datum. txt 中。

3）添加投影方式

在主菜单选择 Map->Customize Map Projection Definition，如图 3-1 所示，将相应的参数添加。我国 1954 年北京坐标系采用高斯-克吕格投影，但该专业软件没有，只能采用近似的横向墨卡托（Transverse Mercator）投影，通过设置比例因子（Scale factor）为 0.999600 达到基本相近。

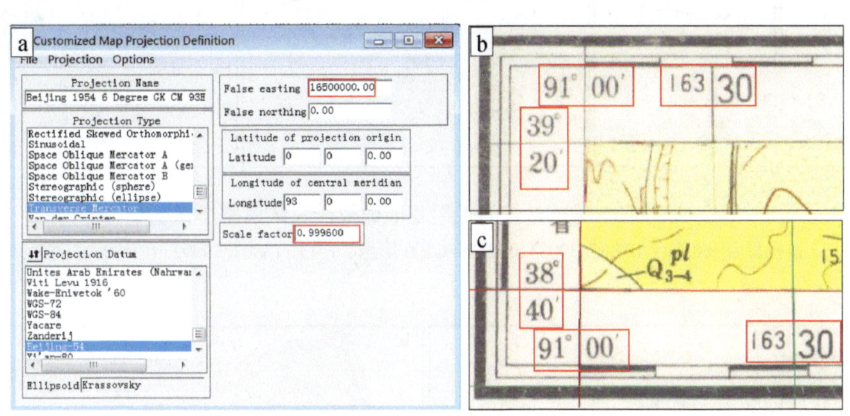

图 3-1　遥感图件投影参数设置与坐标格网扣合

a-投影参数设置；b-地质图坐标系参数；c-经纬度及平面直角坐标格网扣合

研究区经度为 90°～92°，地质图平面直角坐标系带号为 $n=16$，见图 3-1，如果希望在添加坐标格网图层时看到代号，则需要把代号添加的东伪偏移的最前面，将东伪偏移（false easting）为 16500000.00m，北伪偏移（false northing）为 0.00m。

中央经线需要通过计算出几度分带来换算，几度分带=［91/(16-1)］取整=6，因此，平面直角坐标采用的 6 度分带，该 6 度带的中央经线（Longitude of central meridian）：$L=6n-3=6\times16-3=93$。计算获得的中央经线填入到图 3-1a 的参数格中。

然后，采用图像校正的功能模块，通过地形图四个角点或经纬度格网线交点可以很轻易地给地质图添加控制点坐标，校正后，就给地形图添加上了经纬度坐标系（图 3-1b、c）。

但是，此时并没有完全正确给地形图加上坐标，如果通过叠加格网图层，就会发现，经纬度扣合得很好，平面直角坐标格网发生较大的偏移，原因在于建立投影时，没有高斯-克吕格投影，只能采用近似的横向墨卡托投影。此时，通过量测获得偏移的距离，把偏移的距离添加到东纬偏移和北纬偏移的参数项中，重新建立坐标投影。地质图不需要重新校正，只需要换成新建的投影，就能既保证经纬度的吻合，也保证平面直角坐标系很好地扣合。

2. 遥感影像的几何校正

由于 ETM+影像的采用美国习惯的参考椭球、基准面、投影方式（图 3-2a），因此，直接叠加时，同样的经纬度和中国地质图会有偏差。此时，以添加好坐标系的地质图为正确的基准图，对遥感影像进行几何精校正。校正采用二元一次多项式：

$$\begin{cases} x = a_1u + a_2v + a_3 \\ y = b_1v + b_2v + b_3 \end{cases}$$

式中，x、y 为变换前图像坐标；u、v 为变换后图像坐标；a、b 为多项式系数。

至少需要三个以上的控制点，才能对遥感影像进行几何校正。依次对两景影像进行校正。

3. 遥感影像色调

1）两景影像镶嵌后色调不一致

分别浏览两景影像时（图 3-2b、c），影像均采用 7、4、2 三个波段做假彩合成，色调是一致的。而两景 ETM+遥感影像进行镶嵌时，会出现明显色调不一致，见图 3-3a。

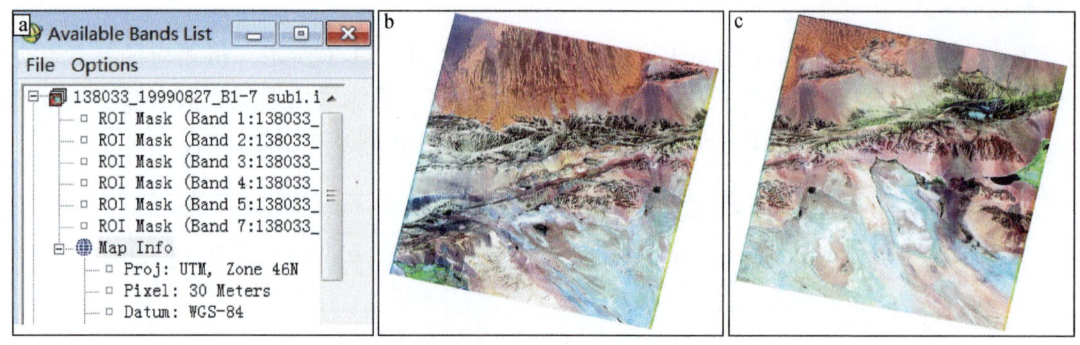

图 3-2　遥感影像的投影基准面及研究区遥感影像

a-投影及基准面；b-LE71390332002238SGS00 影像；c-LE71380331999239EDC00 影像

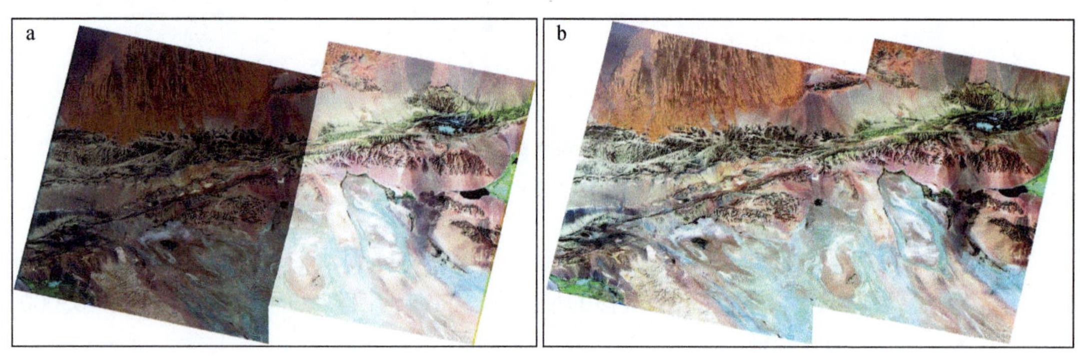

图 3-3　做过直方图拉伸前后图像镶嵌效果

a-做直方图拉伸前的镶嵌效果；b-做直方图拉伸后的镶嵌效果

2）色调不一致的原因

单独看影像，色调比较相近，是因为专业软件为适应人的眼睛需求，在不同显示窗口对不同影像自动进行了不同的色调拉伸，并没有显示影像的真实值。

LE71380331999239EDC00 影像 7、4、2 波段的真实值为 band 7：0 ~ 255，band 4：0 ~ 255，band 2：0 ~ 255。LE71390332002238SGS00 影像 7、4、2 波段的真实值为 band 7：0 ~ 182，band 4：0 ~ 179，band 2：0 ~ 238。

当两幅影像镶嵌（拼接）到一起时，两者在统一的显示窗口下，两景影像真实值范围不同，用统一的拉伸方法，只能保证某一景影像颜色饱满、清晰分明，另外的影像就不能保证了，除非两景影像真实值范围相近，显示效果才能一致。产生两景影像真实值差别的原因有以下几方面。

（1）两景影像拍摄时的天气状况。LE71380331999239EDC00 数据如下：平均云量为 0，左上云量为 0，右上云量为 0，左下云量为 0，右下云量为 0。LE71390332002238SGS00 数据如下：平均云量为 0，左上云量为 0，右上云量为 0，左下云量为 0，右下云量为 0。

两者在拍摄时均处于天气晴朗、空中无云的状态，单独看影像也很清晰，是没有烟尘、雾气的影像，因此，对两景影像来讲，大气窗口的状况是相似的，不是大气原因造成两景影像的差别。所以，不适宜通过大气校正来达到两景影像色调的一致。

（2）季节状况。两景影像拍摄时间一个为 8 月 27 日，一个为 8 月 26 日，均为盛夏，地物状况也相似，影像镶嵌不应该出现太大的色调偏差。

（3）太阳高度角、方位角。通过分析两景影像拍摄时的其他参数，发现 LE71380331999239EDC00 影像的太阳方位角为 139.010437，太阳高度角为 55.0122108。LE71390332002238SGS00 影像的太阳方位角为 136.8355408，太阳高度角为 54.5250435。两者的太阳高度角和方位角不同，在可见光范围，太阳光是获取影像的电磁波最主要的能源，其方位的不同导致光照强度不同，造成传感器接收到的光照强度不同，从而引起影像色调的不一致。

3）色调调整

影像色调的差异是由于光照强度的不同引起的，那么对色调处理可以通过两种方法进行调整：颜色均衡化或直方图的拉伸。本次采用的是对两幅影像 7、4、2 波段分别进行的直方图的线性拉伸调整，拉伸后两景影像对应的 7、4、2 波段的值一致，然后，再进行镶嵌，其形成的假彩图像效果不错，见图 3-3b。

3.1.3　解译标志

1. 地质标志

（1）地质体移位：地质体横向、纵向和斜向移位。在遥感图像上，同一地质体被错开，而使地层或岩石单元缺失或重复，岩层沿断裂带走向线呈斜交、斜切关系等现象形成标志（图 3-4）。

（2）断裂带结构性标志：包括构造透镜体、“入”字形次级断裂形迹、劈理密集带、长轴状侵入岩体（图 3-5）。

2. 色调标志

（1）线状色调异常：在正常的背景上出现线状色调异常（图 3-4 ~ 图 3-6）。

（2）带状色调异常：一般由规模巨大的断裂带构成色调异常，如阿尔金走滑断裂（图 3-7）。

（3）色调异常界面：断裂界面两侧截然不同的地层或岩石单元形成色带反差界限（图 3-8、图 3-9）。

图 3-4　地质体移位——阿克达坂西南一带岩层沿断裂带走向线呈斜交/斜切关系

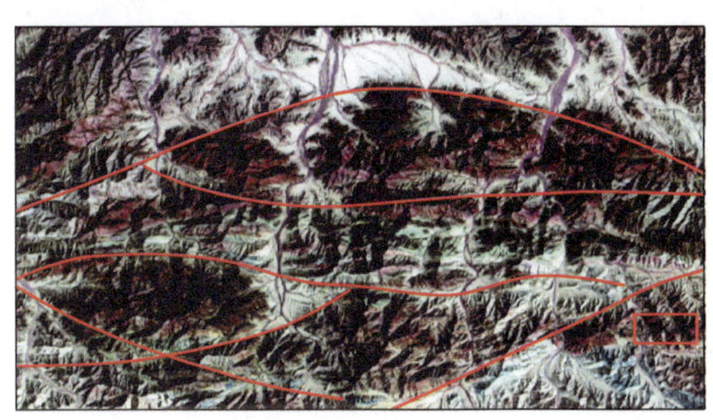

图 3-5　阿尔金北缘断裂——白尖山一带构造透镜体和“入”字形次级断裂形迹

图 3-6　阿尔金山北坡线状色调异常（太古宇米兰群）——库木布拉克一带线状色调异常

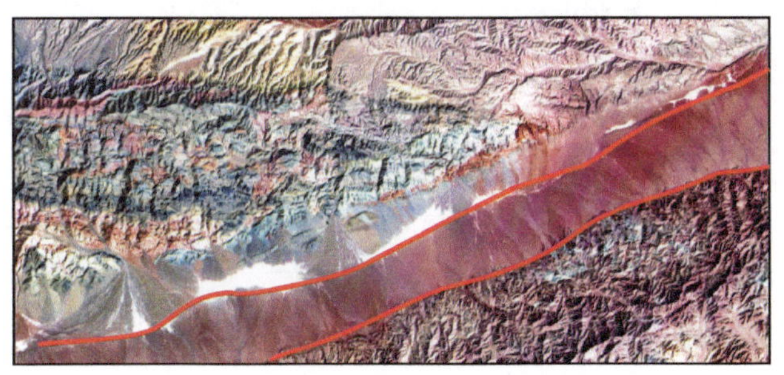

图 3-7　阿尔金走滑断裂——索尔库里走廊带状色调异常

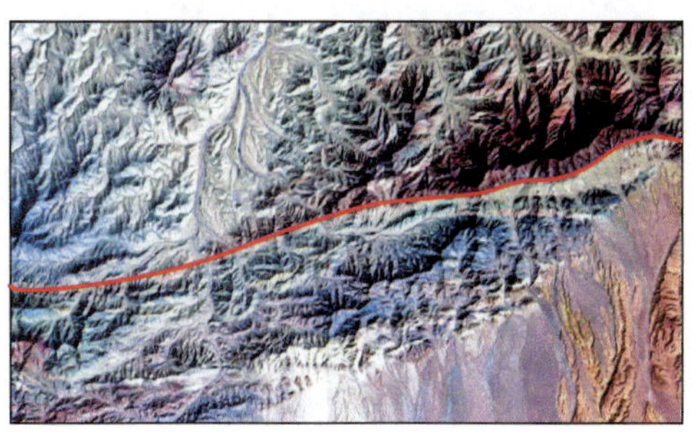

图 3-8　胜利达坂一带地层色带反差

3. 地貌标志

（1）冲积锥、洪积扇、河流支流交汇点等呈线状排列（图 3-10）。

（2）残余露头、残山、丘岗、洼地呈线性排列（图 3-11）。

图 3-9　喀腊达坂一带岩石单元色带反差

图 3-10　索尔库里北山冲积锥线性排列

4. 水系及水文标志

河流呈直角或锐角状急转弯，或沿某线性面发生突变，往往与线性构造有关（图 3-12、图 3-13）。

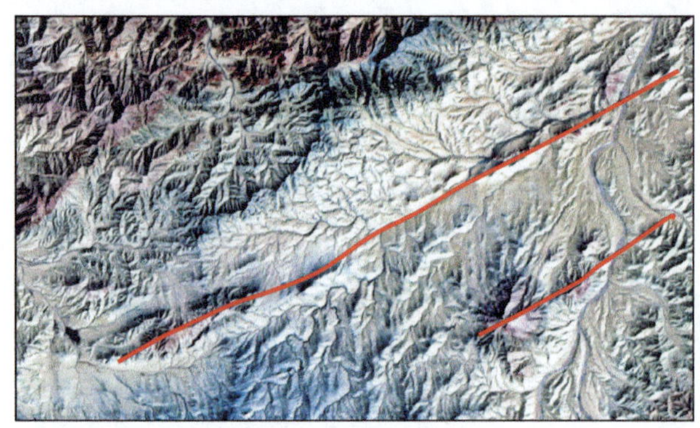

图 3-11　阿克达坂东侧残余露头形成的线状排列

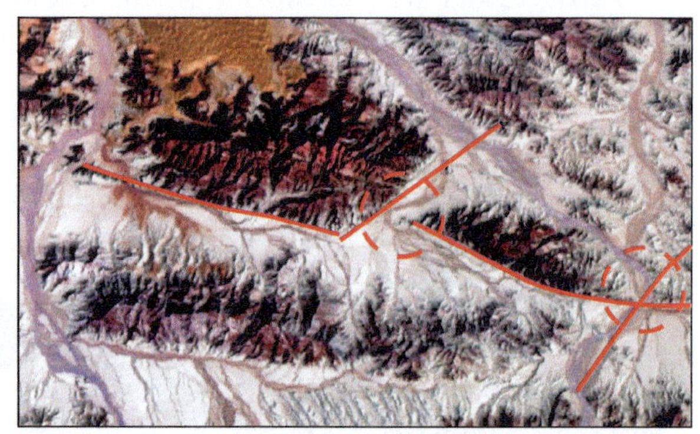

图 3-12　大平沟西侧（太古宇米兰群）河流急转弯处线性界面突变

5. 节理

岩石在构造应力作用下，发生破裂形成密集的节理带和各种裂隙带，其中大平沟东侧一带木兰群变质岩中 X 型共轭节理尤为发育（图 3-14）。

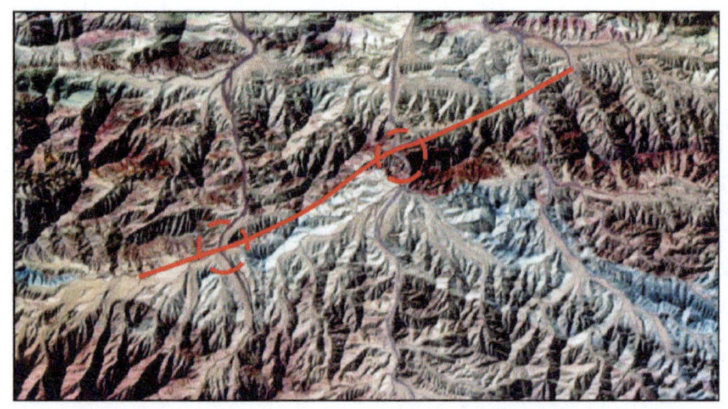

图 3-13　白尖山东南侧（4337 高地北）河流急转弯

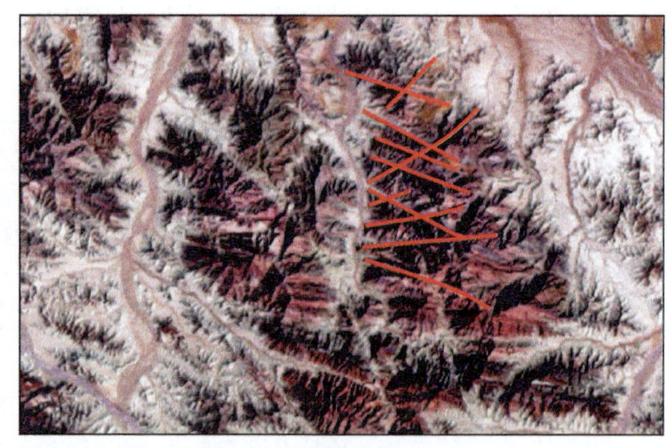

图 3-14　大平沟东侧（太古宇米兰群）岩体内部直线和弧形密集节理

3.1.4　构造解译结果

依据以上地质、地貌、色彩、水系-水文等构造解译标志，对研究区的地质构造进行解译，详见图3-15。

图3-15　阿尔金成矿带遥感构造解译图

3.2　ETM+遥感蚀变信息解译

3.2.1　ETM+（TM）基本参数

ETM+（TM）的基本参数见表3-1。

表3-1　ETM+（TM）各波段波长

波段	波段范围/μm	中心频率/μm	分辨率/m	波段	波段范围/μm	中心频率/μm	分辨率/m
1	0.45～0.52	0.485	30	5	1.55～1.75	1.650	30
2	052～0.60	0.560	30	7	2.08～2.35	2.215	30
3	0.63～0.69	0.660	30	6	10.4～12.5	11.450	60
4	0.76～0.86	0.830	30	8	0.52～0.90		15

3.2.2　围岩蚀变解译波谱基础

遥感探测的是地表物质的光谱信息，地表不同的物质在光谱信息上是不同的，而且通过一定的方法经过筛选是可以区分的。因此只要有一定面积的蚀变岩石出露，遥感都有可能探测出来。当存在矿体或隐伏矿体时，都会伴随不同程度的围岩蚀变，这便是找矿蚀变遥感异常提取的地质基础。当然蚀变信息的强弱是至关重要的。

3.2.3　围岩蚀变信息提取的依据

区内的蚀变主要有褐铁矿化、黄钾铁矾化、黄铁矿化、高岭土化、绿泥石化、绢云母化、硅化等。

岩石中均含有 Fe^{3+}、Fe^{2+}、OH^-、CO_3^{2-}，而这些离子振动过程产生电子跃迁特征明显，有利于提取矿化蚀变的异常信息。由这些基团构成的主要造岩矿物在 0.45～2.35μm 谱段上有明显的特征谱带。

1. 铁化

铁化是指褐铁矿化、黄钾铁矾化、黄铁矿化等。

（1）褐铁矿化：褐铁矿（$Fe_2O_3 \cdot nH_2O$）实际上并不是一种单独矿物，而是针铁矿、水针铁矿和纤铁矿、水纤铁矿、更富含水的氢氧化铁胶凝体、铝的氢氧化物以及含水的氧化硅、泥质等常共同产出。

（2）黄钾铁矾化：黄钾铁矾（$KFe_3[SO_4]_2(OH)_6$）一般为块状或是土状，呈赭黄色至暗褐色，是黄铁矿等铁的硫化物在地表氧化带形成的矿物，与热液交代有关。以形成的黄钾铁矾化岩石为主。该矿物只有在干旱环境中才能持久存在，在潮湿环境中，会迅速分解，产生氢氧化铁，故常同褐铁矿等伴生。研究区有较多的黄钾铁矾发育，可以和祁连山地区金属硫化物矿床氧化带上部有大量的黄钾铁矾发育进行对照。

（3）黄铁矿化：含硫的热液作用于围岩，使围岩产生黄铁矿（FeS_2）化的一种蚀变作用。研究区的喀腊达坂铅锌矿蚀变带具褐铁矿化、黄铁矿化、绢云母化、硅化。

铁化涉及的主要矿物有黄铁矿（FeS_2）、褐铁矿（$Fe_2O_3 \cdot H_2O$）[针铁矿、纤铁矿（$FeO(OH)$）]、黄钾铁矾（$KFe_3[SO_4]_2(OH)_6$）、黄铜矿（$CuFeS_2$）、磁铁矿（$FeFe_2O_4$）、铬铁矿（（Mg，Fe）Cr_2O_4）、赤铁矿（Fe_2O_3）、绿帘石（$Ca_2Al_2(Fe^{3+},Al)[SiO_4][Si_2O_7]O(OH)$）等。

用遥感光谱分析铁化的物质，在波谱曲线上有三个明显的吸收带和两个反射峰。第一个吸收带位于 0.4～0.5μm，对应 ETM+的第一波段 TM1；第二个吸收带位于 0.8～1.0μm，对应 ETM+的第四波段 TM4；第三个吸收带位于 2.2～2.4μm，对应 ETM+的第七波段 TM7。第一个反射率升高的带在 0.6～0.8μm，对应 ETM+的第三波段 TM3。第二个反射率相对较高的带在 1.3～1.9μm，对应 ETM+的第五波段 TM5（图 3-16a）。

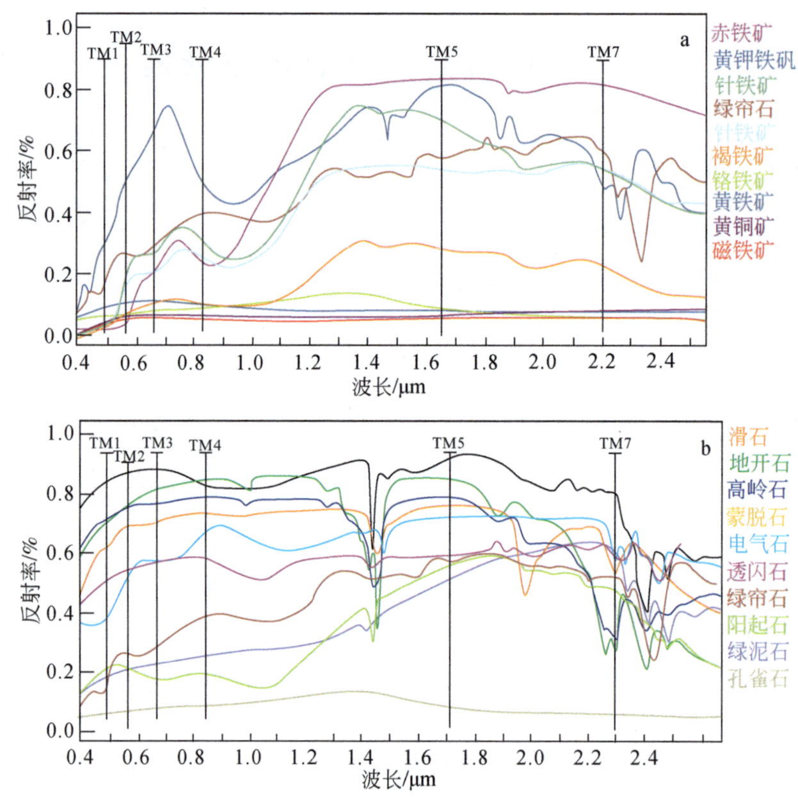

图 3-16　铁化矿物（a）和泥化（羟基）矿物（b）光谱曲线

在 ETM+影像处理中，采用比值法（即大值/小值），强化铁化的信息，通过对 TM3/TM1、TM3/TM4、

TM5/TM4 进行处理，然后分别对应 R、G、B 做假彩合成。通过图 3-16 可以看出，理论上对黄钾铁矾化（蓝色的线）效果应该最为理想，对褐铁矿化（包括纤铁矿、褐铁矿）比较理想，对赤铁矿并不适用，而对于波谱曲线平滑黄铁矿、黄铜矿、磁铁矿也不适用。

合成后的彩色影像的强化部分会偏浅色、亮色，以喀腊达坂铅锌矿及其周边地区为例，图像中铁化的蚀变区为浅粉色（图 3-17）；在图 3-17 中清楚显示出喀腊达坂铅锌矿及其被北北西向断层断错的部分（泉东铅锌矿），铁化蚀变区表现为浅粉色。

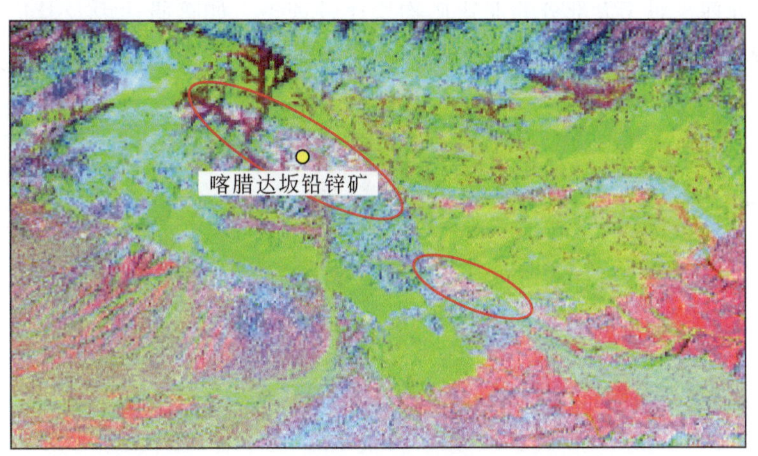

图 3-17　喀腊达坂铅锌矿和泉东铅锌矿铁化信息

喀腊大湾地区的铁化蚀变图（图 3-18）显示，在整个喀腊大湾地区铁化蚀变最明显的地区是喀腊达坂、喀腊大湾-喀腊大湾西一带，在正对幸福口北侧的索尔库里北山局部有弱的铁化显示。

图 3-18　遥感信息提取圈定的铁化蚀变图（图中浅粉色表示褐铁矿化和黄钾铁矾化的范围）

2. 泥化

本书泛指与热液作用有关的泥化蚀变，如绢云母化、绿泥石化、高岭土化，常分布在蚀变带的上部。围岩主要为各种富含硅铝酸盐矿物的岩浆岩。在蚀变过程中，矿物分解和钙、铁等基性组分被强烈淋滤，产生由绢云母、石英、绿泥石、绿帘石、孔雀石、迪开石、高岭石、蒙脱石、电气石等组成的岩石，这些矿物均含有羟基。研究区泥化涉及的含有羟基的主要矿物有绢云母（$K\{Al_2[Si_3AlO_{10}](OH)_2\}$）、绿泥石（$Y_3[Z_4O_{10}](OH)_2 \cdot Y_3(OH)_6$）、绿帘石（$Ca_2Al_2(Fe^{3+},Al)[SiO_4][Si_2O_7]O(OH)$）、孔雀石（$Cu_2CO_3(OH)_2$）、阳起石（$Ca_2(Mg,Fe^{2+})_5(Si_8O_{22})(OH)_2$）、滑石（$Mg_3[Si_4O_{10}](OH)_2$）、迪开石（$Al_4[Si_4O_{10}](OH)_8$）、高岭石（$Al_4[Si_4O_{10}](OH)_6$）、蒙脱石（$(Al,Mg)_2[Si_4O_{10}](OH)_2 \cdot nH_2O$）、符山石（$Ca_{10}(Mg,Fe)_2Al_4(SiO_4)_5(Si_2O_7)_2(OH)_4$）、透闪石（$Ca_2Mg_5(Si_8O_{22})(OH)_2$）、电气石（$[Na,K,Ca][Mg,F,$

$Mn, Li, Al]_3[Al, Cr, Fe, V]_6[BO_3]_3[Si_6O_{18}][OH, F]_4$）等。图 3-16b 为这些含有羟基矿物的光谱曲线。

在波谱曲线上有三个明显的吸收带，第一个吸收带位于 0.4～0.5μm，对应于 ETM+的第一波段 TM1；第二个吸收带位于 1.4μm 左右，没有对应的波段；第三个吸收带位于 2.15～2.4μm，对应 ETM+的第七波段 TM7。第一个反射高值区位于 0.4～1.4μm，对应 ETM+的第二、三、四波段 TM2、TM3、TM4；第二个反射高值区位于 1.45～2.15μm，对应 ETM+的第五波段 TM5（图 3-16b）。

在 ETM+影像处理中，同样采用比值法（大值/小值）强化泥化的信息，通过对 TM5/TM7、TM3/TM1、TM2/TM1 进行处理，对于大部分的泥化矿物均比较理想，如喀腊达坂及其周边地区，泥化显示出浅灰白色调（图 3-19）。

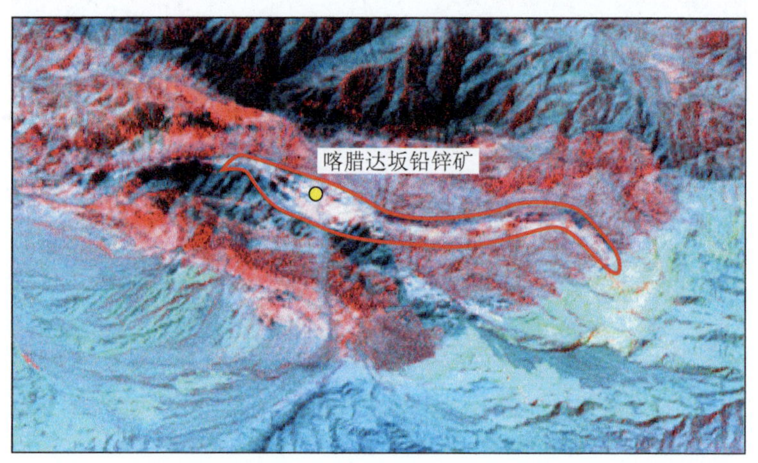

图 3-19　喀腊达坂铅锌矿及其周边地区泥化信息图

整个研究区由遥感信息识别的泥化区域见图 3-20。

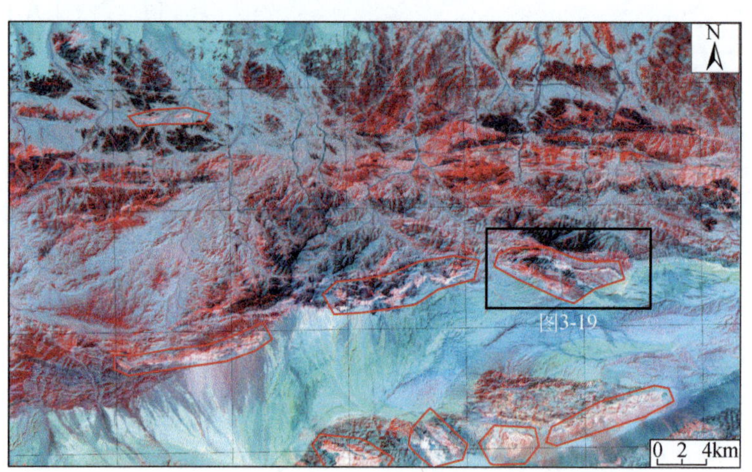

图 3-20　遥感信息提取圈定的泥化蚀变分布图（图中浅粉色表示绢云母化、绿泥石化、高岭土化蚀变范围）

3. 硫化

在缺氧的条件下，对黄铁矿、黄铜矿、闪锌矿、方铅矿等原生硫化物中的 Fe^{2+}、Zn^{2+}、Pb^{2+}等发生置换反应，生成次生硫化物，如辉铜矿和铜蓝等，从而使矿石中的铜含量增高。

硫化涉及的主要矿物有黄铁矿（FeS_2）、黄铜矿（$CuFeS_2$）、闪锌矿（ZnS）、方铅矿（PbS）、铜蓝（CuS）、黝铜矿（$Cu_{12}Sb_4S_{13}$）等。这些含有硫元素矿物的光谱曲线见图 3-21a。

在波谱曲线上，方铅矿、黄铜矿、黄铁矿、铜蓝的波谱曲线几乎为水平的直线，比值算法不适合这些矿物信息的提取。而闪锌矿波谱曲线变化有起伏，比值法有利于信息提取。ETM+的第四、五波段

（TM4、TM5）为反射率高值区，ETM+的第一、二、三、七波段（TM1、TM2、TM3、TM7）为反射率低值区（图 3-21a）。

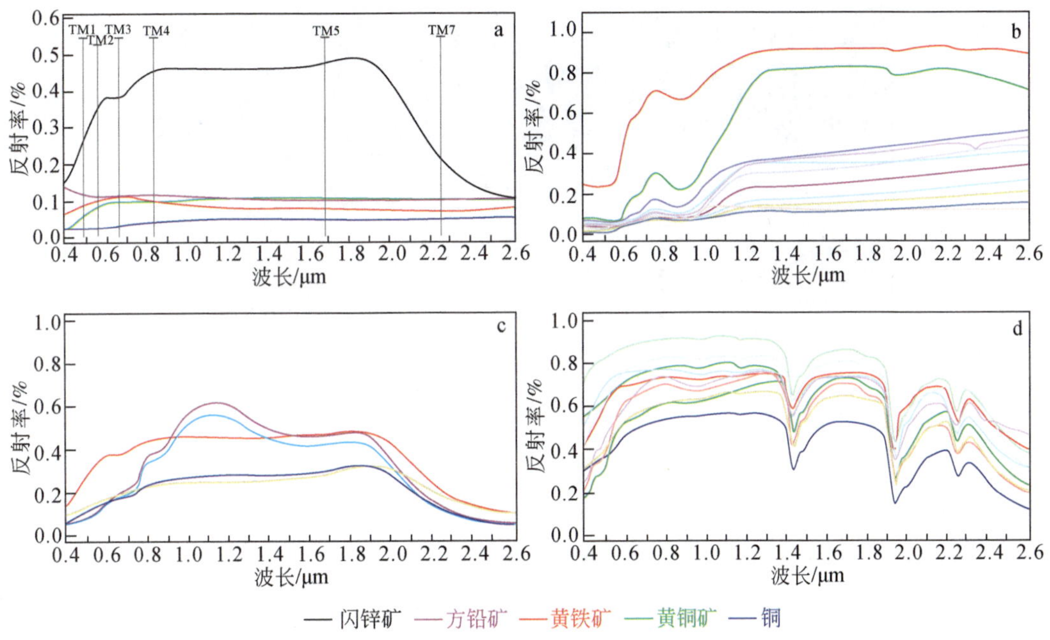

图 3-21　硫化矿物光谱曲线和矿物同物异谱曲线

a-硫化矿物光谱曲线；b-铁化-赤铁矿矿物同物异谱曲线；c-硫化-闪锌矿矿物同物异谱曲线；d-泥化-蒙脱石矿物同物异谱曲线

在图像增强时，同样采用比值法，对 TM5/TM2、TM7/TM1、TM4/TM3 进行增强处理，对于大部分的硫化矿物均比较理想，如喀腊达坂地区，硫化蚀变显示出鲜艳的黄色调（图 3-22）。

图 3-22　喀腊达坂铅锌矿及其周边地区硫化信息

整个研究区由遥感信息识别的硫化蚀变区域见图 3-23。图 3-23 中显示在整个喀腊大湾地区硫化蚀变比较明显的地区是喀腊达坂、喀腊大湾-喀腊大湾西一带、更新沟地区，在索尔库里北山东段也有分散的硫化显示。

3.2.4　ETM+遥感解译的不确定性

目前，ETM+数据的公开对于大面积地质调查非常有利，特别是对于一些交通不便，海拔高的地区，可以快速地大面积地初步分析解译地质状况。然而，由于 ETM+波段少，在一般光谱仪采集的上千个点的

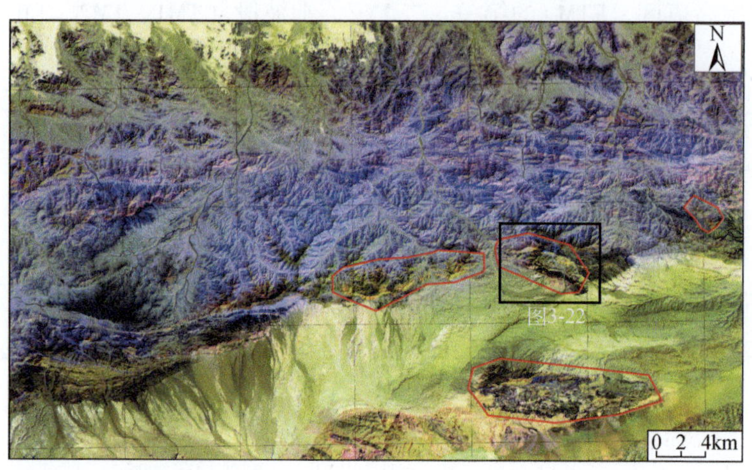

图 3-23　遥感信息提取圈定的硫化蚀变图（图中褐黄色表示硫化的范围）

波谱信息中，只有六个点（第六波段除外）可以用来提取信息，提取的信息比较局限。因此，实际解译过程需要从有限的数据中，尽可能多地、准确地获取信息。在本次遥感信息提取中，发现了不少值得探讨的问题，它们影响了遥感解译的准确性，归纳如下。

（1）铁化、泥化、硫化矿物的多样性：不论是 Fe^{2+}、Fe^{3+}矿物、羟基矿物，还是含硫矿物，都存在矿物多样性。如含 Fe^{2+}、Fe^{3+}矿物，不一定是铁矿物，如石榴子石、十字石、电气石、普通角闪石、黑云母、蛭石、普通辉石、橄榄石、霓石、海绿石、绿帘石、符山石等，并不一定可以作为铁矿蚀变带信息提取有益指标。所以，在信息解译时，最好有研究区蚀变带的样本，明确其蚀变带存在或者发育哪些具体的矿物，这样在蚀变信息提取时，可以提高其准确度，同时分析其光谱，确定适宜的处理方法。

（2）同物异谱现象：同一种矿物由于其化学成分的波动性，易形成光谱的多样性。有的波谱曲线差异比较大，如铁化中的赤铁矿，波谱曲线趋势一致，但有一定范围增大或缩小，个别测试的波谱曲线发射率明显增大（图 3-21b）；又如硫化中的闪锌矿，波谱曲线趋势一致，但有一定范围增大或缩小，在波长大于 1.4μm 时，变化范围比较小，在波长小于 1.4μm 时变化较大（图 3-21c）；再如泥化中的蒙脱石，在各个波长范围波谱曲线都有一定范围的变化（图 3-21d）。同物异谱现象的存在给遥感信息解译准确度造成不小干扰。

（3）矿石品位差别：关于矿石，针对某种矿物都存在矿物含量（品位）上的差异，即这种矿物在该岩石中的含量不同，遥感解译以纯净矿物的光谱曲线作为对照，那么，纯净的矿物光谱和含有该矿物不同品位的岩石的波谱之间存在一定的差异，由于岩石成分的多样性，也形成含有矿物的岩石光谱的多样性，对该矿物的信息提取造成一定的干扰。

（4）蚀变强弱差别：和矿物品位的差别原理类似。

（5）同谱异物：在提取蚀变信息时，常常会出现蚀变区撒满冲积物区、荒漠区、黄土区，这是因为这些表土的矿物成分和蚀变矿物成分有相同成分，特别是对于泥化信息的提取，往往提取的范围比实际找矿的靶区大得多。这时，需要对干扰的表土样本和蚀变的样本分析对比，找出不同的特点，才能更科学、更准确地进行遥感信息提取。

3.3　ASTER 遥感蚀变信息解译

3.3.1　数据源及特点

本研究采用的是 ASTER（Advanced Spaceborne Thermal Emission and Reflection Radiometer）多光谱遥感影像。ASTER 是由美国国家航空航天局（NASA）和日本经济产业省（METI）联合研发，安装在 Terra 卫星上的多光谱成像仪，由可见光-近红外波段 VNIR（0.52 ~ 0.86 μm）、短波红外波段 SWIR（1.60 ~

2.43 μm）和热红外波段 TIR（8.125～1.65 μm）三个子系统组成，共 14 个波段，幅宽为 60km×60km，具体的技术参数见表 3-2，相对传统的 TM（ETM+）数据而言，ASTER 数据的空间与光谱分辨率有了很大的提高，特别是增加了专门为地质矿产勘查设置的 SWIR 和 TIR 波段，这使得它在遥感地质调查与基础研究中有更广阔的应用前景。

表 3-2　ASTER 数据技术参数

序号	波段	波段号	波长范围/μm	空间分辨率/m	量化级别/bit	中心波长/μm	序号	波段	波段号	波长范围/μm	空间分辨率/m	量化级别/bit	中心波长/μm
1	VNIR	1	0.52～0.60	15	8	0.56	9		8	2.295～2.365	30	8	2.330
2		2	0.63～0.69	15	8	0.66	10		9	2.360～2.430	30	8	2.395
3		3N	0.78～0.86	15	8	0.82	11	TIR	10	8.125～8.475	30	12	8.300
4		3B	0.78～0.86	15	8	0.82	12		11	8.475～8.825	90	12	8.650
5	SWIR	4	1.60～1.70	30	8	1.65	13		12	8.925～9.275	90	12	9.100
6		5	2.145～2.185	30	8	2.165	14		13	10.25～10.95	90	12	10.600
7		6	2.185～2.225	30	8	2.205	15		14	10.95～11.65	90	12	11.300
8		7	2.235～2.285	30	8	2.260							

研究区共涉及 3 景 ASTER 遥感数据，本次选取的遥感影像无云、无雾，时相为盛夏，几乎无雪，影像质量较好，数据级别为 L1B 级，数据具体情况见表 3-3。

表 3-3　研究区 ASTER 数据信息

序号	景号	时相	数据级别	数据质量
1	ASTL1B 0404020443581112220003	2004 年 4 月 2 日	L1B	良好
2	ASTL1B 0408150449341112220004	2004 年 8 月 15 日	L1B	良好
3	ASTL1B 0408150449341112220005	2004 年 8 月 15 日	L1B	良好

3.3.2　图像预处理

大量遥感实验表明，地表矿物的诊断性波段位于 ASTER 影像的 VNIR 和 SWIR 波段，尤以 SWIR 波段对热液蚀变矿物较为敏感，在本次影像预处理时，去除了原始影像的 TIR 波段，将 SWIR 波段重采样至 15m 分辨率，然后与 VNIR 波段组成一个九个波段的影像作为基础影像，在进行研究之前对影像进行了以下预处理。

（1）辐射定标：ASTER 影像 L1B 级数据为 DN 值，由于需要进行大气校正，在处理前，需要对数据进行辐射定标，即将原始的 DN 值转换成辐射值。因此，在处理之前，需要利用 ASTER 数据头文件的详细信息，将 DN 值转换为表观反射率，具体过程不再详述。

（2）串扰效应去除：ASTER 影像 SWIR 波段存在着由于探测器单元的光子泄漏（主要为第 4 波段泄漏对第 5 和第 9 波段产生影响）产生的辐射率偏移或附加误差造成的串扰现象（Cross-talk），利用从日本 ASTER 地面数据系统（GDS）官方网站（www.gds.aster. ersdac.or.jp.［2014-06-05］）获取的去串扰效应软件，对研究区 3 景图像进行了去串扰效应处理。

（3）图像边框裁剪：ASTER 数据的 VNIR 波段和 SWIR 波段的成像时间相差 1s，因此两个波段区间的图像覆盖范围略有不同，在使用前，对第 3、5、6、7 波段分别进行 gt0 运算，得到新的 3、5、6、7 波段，再对新的 3、6 波段进行逻辑运算，得到图像的东西向切边框掩膜数据，同理对新的第 5、7 波段进行逻辑与运算，得到图像的南北向切边框掩膜数据，再对新获得的两个方向的切边框数据进行逻辑运算，获取全边框掩膜数据，利用该掩膜数据作为掩膜波段对整幅影像进行掩膜处理，得到覆盖范围一致的影像。

（4）几何精校正：本研究选用的是 ASTER 影像 L1B 级数据，其原始数据已经过了辐射校正和系统级几何校正，在图像镶嵌前，利用图像-图像的方式，选择控制点，RMS 误差控制在 1 个像元以下，进行几何精校正。

（5）图像镶嵌、裁剪：研究区涉及 3 景 ASTER 影像，由于 3 景影像存在着时相上的差异，还存在着色调与反差，利用 ENVI 4.8 软件，进行色调与反差的调整，镶嵌拼接生成一个在几何形态上和色调分布协调一致的整体图像，然后进行 731 波段假彩色合成，按照项目要求裁切出研究区范围的 ASTER 影像（图 3-24）。

图 3-24　阿尔金成矿带 ASTER 合成影像

3.3.3　已知典型矿床蚀变类型

阿尔金成矿带位于阿尔金山东段北缘，近些年随着矿产勘查工作的深入，区内陆续有新的矿床（点）被发现，矿产种类不一，有铁、铜、锌、金、银等，这些矿床（点）的成矿特征各不相同，目前研究比较深入的有位于成矿带东南的喀腊大湾东叉沟沟脑的喀腊达坂铅锌矿、位于成矿带中部靠北的阿北银铅矿和位于大平沟地区的大平沟金矿，这三个矿床的地表蚀变均比较明显，喀腊达坂铅锌矿地表蚀变以黄钾铁矾、褐铁矿、绿泥石、高岭土等蚀变矿物为主，阿北银铅矿地表以绢云母、绿帘石、绿泥石等蚀变为主，而大平沟金矿地表以黄铁矿、绢云母、绿泥石等蚀变为主，统计分析已有的矿床研究资料，研究区的蚀变矿物类型多样，既有含铁（主要为 Fe^{3+}）氧化物矿物（铁帽）和含羟基矿物（包括 Al-OH 和 Mg-OH），也有碳酸盐矿物（CO_3^{2-}），本书在矿化蚀变信息提取时，以地表蚀变最为强烈的喀腊达坂铅锌矿为参照依据，采用多种方法，对各种方法得到的结果进行相互验证，选择蚀变集中的地区作为矿化蚀变信息的目标区。

区内地表几乎无植被覆盖，基岩裸露，能够对遥感矿化蚀变信息提取形成干扰的地物主要有沙漠、冲积扇、白泥地、少量低矮的植被和浅覆盖第四系坡积物，植被一般沿着研究区的干河床分布，沙漠集中分布在成矿带的北部，冲积扇、白泥地主要分布在成矿带的东南部，由于干扰地物集中分布，与基岩裸露地区基本不形成冲突，在图像处理前没有对此类地物做掩膜处理，而是选择影像分析处理后，人为剔除落在此类地物上的伪蚀变信息。

3.3.4　典型蚀变矿物波谱特征

ASTER 遥感数据从光谱分辨率的角度讲仍然为多光谱数据，短波红外设置有五个波段，可以识别常见蚀变矿物 2210nm、2330nm 附近的光谱特征。在短波红外（SWIR）的子系统与热红外（TIR）子系统中，各矿物、岩石在不同的波段具有吸收波谱特征。波段 3 主要是黄钾铁矾的吸收波段，也就是很多含铁离子的矿物吸收波段；波段 5 和波段 6 主要是含 Al-OH 矿物的吸收波段，如高岭石、迪开石、伊利石、白云母和明矾石等的吸收光谱范围；波段 8 和波段 10 主要是硅酸盐矿物的吸收波段，在这些波段上能对长石类矿物、橄榄石类和辉石类矿物有吸收特征；而碳酸盐类矿物的吸收特征主要集中在 7、8 和 9 波段。

各波段的不同矿物的吸收特征也不同，本次研究也从USGS波谱库中挑选了区内出露的最常见的蚀变矿物，将其波谱重采样至ASTER波段（图3-25），可以看出大部分蚀变矿物在ASTER VNIR波段并不具有诊断性特征，而在SWIR波段则非常明显，这成为本次矿化蚀变信息提取的依据。

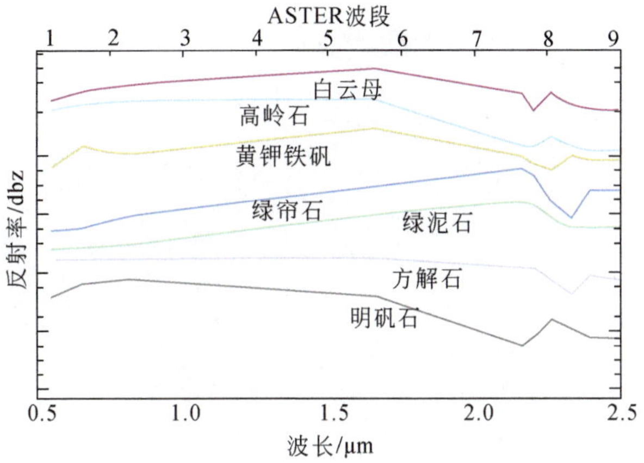

图3-25　区内常见蚀变矿物USGS标准波谱库重采样至ASTER波段

3.3.5　矿化蚀变信息提取方法与结果分析

在多光谱遥感数据普遍使用的谱段范围内（0.4～2.5μm），矿物标型光谱特征都与碳酸根、铁离子、水和键型等阴离子基团和一些阳离子有关，这些离子或离子基团在不同波段产生的特征性谱段成为矿物鉴别的主要依据。

本书矿化蚀变信息提取的工作流程见图3-26。

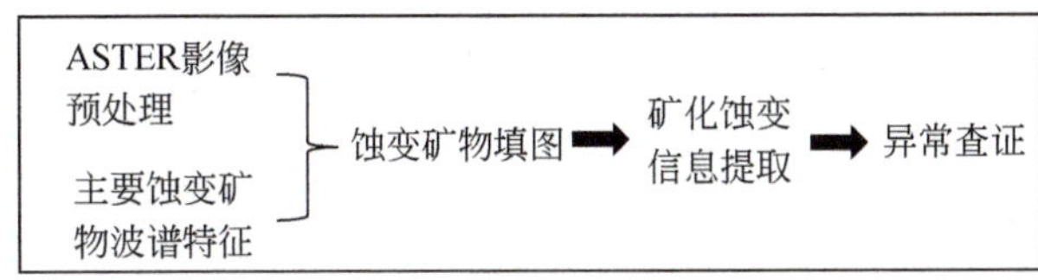

图3-26　喀腊大湾地区遥感矿化蚀变信息提取工作流程

常用的多光谱遥感影像蚀变矿物填图方法有主成分分析法、波段比值法、最小噪声分离变换法等，每一种处理方法的数学原理都有所不同，处理结果也各有优缺，在处理弱信息提取时，应互相结合应用，取长补短，得到有意义的信息。

区内已知矿化蚀变类型种类较多，蚀变矿物种类出露也较多，本次研究在蚀变矿物填图阶段分别采用波段比值法、蚀变矿物指数法、最小噪声分离变换法和主成分分析法来探测含Fe^{3+}氧化物矿物（铁帽）、含OH基矿物（包括Al-OH、Mg-OH）和含CO_3矿物，运用不同方法得到的结果有所不同，在单类蚀变矿物的填图中，有可能存在同谱异物或同物异谱的状况，在最终矿化蚀变信息的提取中，选择不同蚀变矿物比较集中的地区作为矿化蚀变信息提取的目标区，这样能够增加结果的可信度和可靠性。

1. 矿化蚀变信息提取方法

1）蚀变矿物填图

波段比值法是一种常用的多光谱图像处理方法，由两个波段对应像元的DN值之比或几个波段组合的对应像元DN值之比获得，通常来说，会根据特定目标的反射率特征选择反射率差值最大的两个波段来生成比值图像，它可以消除或减弱地形等环境因素的影响，扩大不同地物的光谱差异，达到增强矿物在不同波段的反射特征的目的。波段比值法在ETM和ASTER时代都有广泛的应用，ASTER可见光-短波红外波段（VNIR-SWIR）有九个波段（band 1～band 9），理论上可以选择的波段比值比ETM更多，可以获得比ETM更高的蚀变矿物的探测精度，波段比值法获得的图像结果为一个比例图像，目标区已经得到了亮化，原理上亮度越大的像元与目标的符合度就越高，在本书中，对波段比值的结果进行了图像线性拉伸处理，目的是增加图像的对比度；考虑到地质事实以及结果的不确定性，在对结果图像进行解译时，依据成矿带地质背景，人为对分布在沙漠、冲积扇、第四系沉积物的亮色像元不加以解译，认为落在基岩裸露区的亮色像元为目标区域。

依据对成矿带内已有典型矿床的蚀变类型分析，区内存在多种类型的蚀变矿物，在选择波段比值法时，需要考虑到不同类型的蚀变矿物，针对不同的蚀变矿物，参照前人的研究经验（Oliver and Kalinowski，2004），采用不同的波段（加和）比值，对比值结果进行线性拉伸处理，增强图像对比度，以亮色像元集中连片分布的地区作为蚀变矿物的分布区，现分述如下。

（1）band 4/band 5值用于提取含铁氧化物矿物分布范围，结果见图3-27，亮色像元主要集中分布在喀腊大湾西、喀腊达坂铅锌矿和大平沟西地区。

（2）band 7/band 6值主要用来识别白（绢）云母的分布（Hewson et al.，2005），由于白（绢）云母

图3-27　含 Fe^{3+} 氧化物（铁帽）band 4/band 5

广泛存在于中-低温热液蚀变中，在中性和酸性火成岩及板岩等富铝岩石中是最为常见的蚀变矿物，利用波段比值法探测白（绢）云母的分布，可大致定性探测到区域热液蚀变的范围分布，因此可用它作为热液蚀变的指示矿物。结果如图3-28所示，图3-28中亮色像元分布的地区比较分散，可能存在着异物同谱的现象，总体来看，热液蚀变呈线性分布，近东西向和北东向，热液蚀变分布与区域断裂喀腊达坂断裂和阿尔金北缘断裂的走向大致一致，推断断裂构造与热液蚀变应存在着密切的联系。

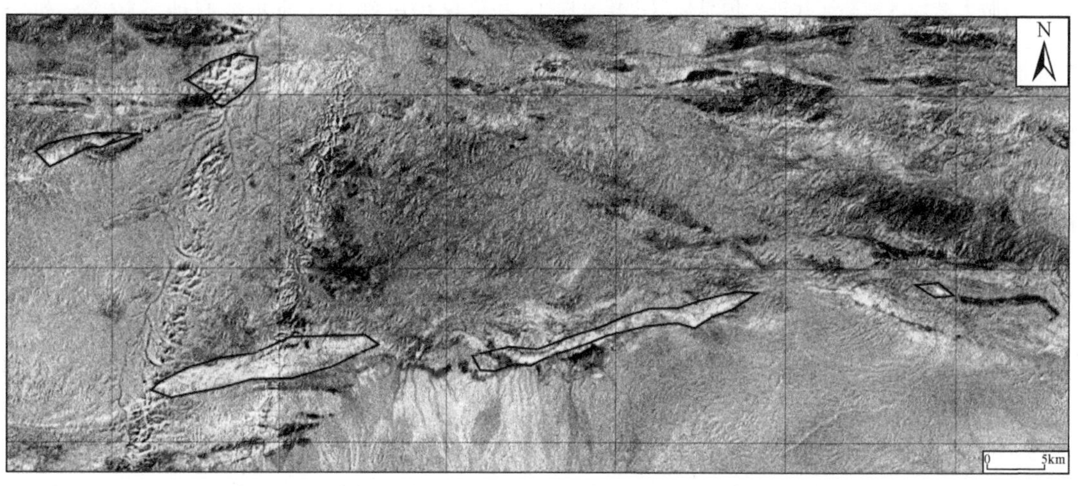

图3-28　白（绢）云母 band 7/band 6

（3）band（6+9）/band 8 值用以识别含 Mg-OH 闪石类矿物（Hewson et al.，2005），这类矿物在区内也比较常见，与矿化关系密切，结果见图3-29。与白（绢）云母类似，该类蚀变矿物结果同样存在着分布范围分散的问题，其中部分蚀变类矿物落在了研究区的岩浆岩岩体出露地区，可能与岩体的矿物组成有关。

（4）band（7+9）/band 8 值用以识别绿泥石、绿帘石等含 Al-OH 蚀变矿物，该类蚀变矿物与矿化关系密切，结果见图3-30。

（5）band（5×7）/band（6×6）值用以识别黏土类矿物，该类矿物在研究区分布比较广泛，与白（绢）云母的覆盖范围比较一致（图3-31）。

2）蚀变矿物指数填图

基于典型蚀变矿物波谱特征，特别是在 ASTER 数据 SWIR 波段的诊断性谱带特征，Ninomiya（2003）利用 ASTER 数据的 VNIR 和 SWIR 波段定义了几种不同类型蚀变矿物的蚀变指数，公式如下：

图3-29　闪石类（含Mg-OH）矿物 band（6+9）/band 8

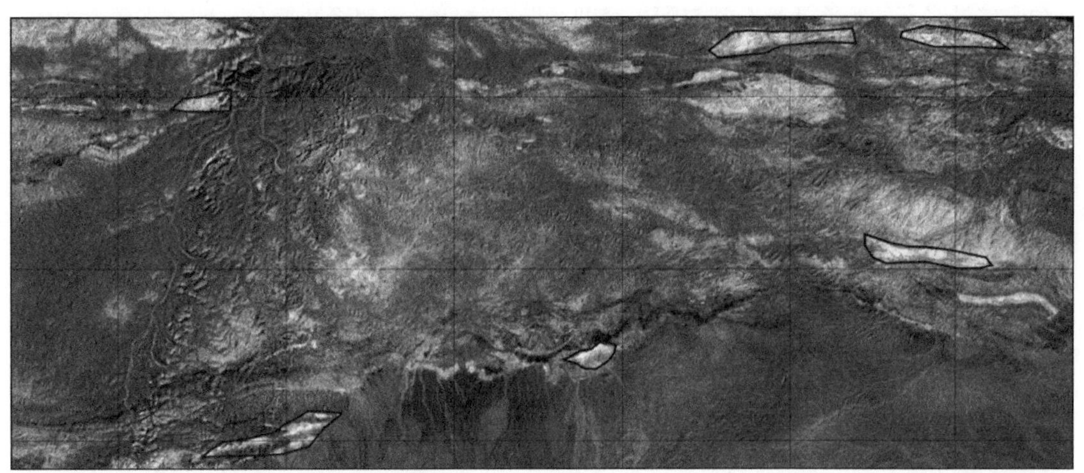

图3-30　绿泥石、绿帘石、碳酸盐类矿物 band（7+9）/band 8

图3-31　黏土类矿物 band（5×7）/band（6×6）

$$\mathrm{OHI} = (\text{band } 7/\text{band } 6) \times (\text{band } 4/\text{band } 6)$$

$$\mathrm{KLI} = (\text{band } 4/\text{band } 5) \times (\text{band } 8/\text{band } 6)$$

$$\mathrm{CLI} = (\text{band } 6/\text{band } 8) \times (\text{band } 9/\text{band } 8)$$

该蚀变矿物指数定义使用的数据为 ASTERL1B 级原始数据，无须大气校正，直接使用原始 DN 值数据参与运算，它可以定性判定干旱-半干旱地区基岩裸露程度高的蚀变矿物分布，比较简单快捷，其在美国 Cuprite 地区的应用与地质事实吻合较好；Zhang 等（2007b）、Safwat 等（2010）利用该方法进行矿化蚀变信息提取也取得了很好的效果。本次结合成矿带内实际情况，采用了该蚀变矿物指数，在研究区进行了含 OH 基蚀变矿物、高岭石、方解石蚀变矿物填图，在进行了波段运算后，进行了图像拉伸处理，亮度大的像元为目标区域。处理结果如图 3-32 ~ 图 3-34 所示。

由于高岭石属于含 OH 基的硅酸盐矿物的一种，所以从图 3-32 和图 3-33 中可以看出，含 OH 基矿物与高岭石蚀变分布也较吻合，基本沿近东西向的喀腊达坂断裂、阿尔金北缘断裂以及其他方向的次级断裂分布，显示这些蚀变矿物的形成和分布与区域构造活动有密切的关系。但是也存在一些差异，如沿阿尔金北缘断裂和北东东向的卓阿布拉克断裂一带，高岭石蚀变分布明显少于含 OH 基矿物的蚀变分布（图 3-32、图 3-33）。

而方解石不含 OH 基，在图 3-32 和图 3-34 中可以看出，含 OH 基矿物与方解石蚀变分布虽然总体延伸上有相似的沿东西向喀腊达坂断裂、近东西向阿尔金北缘断裂或区内次级断裂分布的特点，但是各自也有明显差异。方解石蚀变分布在喀腊达坂断裂中段、阿尔金北缘断裂西段明显少于含 OH 基矿物的蚀变分布，而在成矿带东部的喀腊达坂断裂与阿尔金北缘断裂之间，方解石蚀变分布明显多于含 OH 基矿物的蚀变分布（图 3-32、图 3-34）。

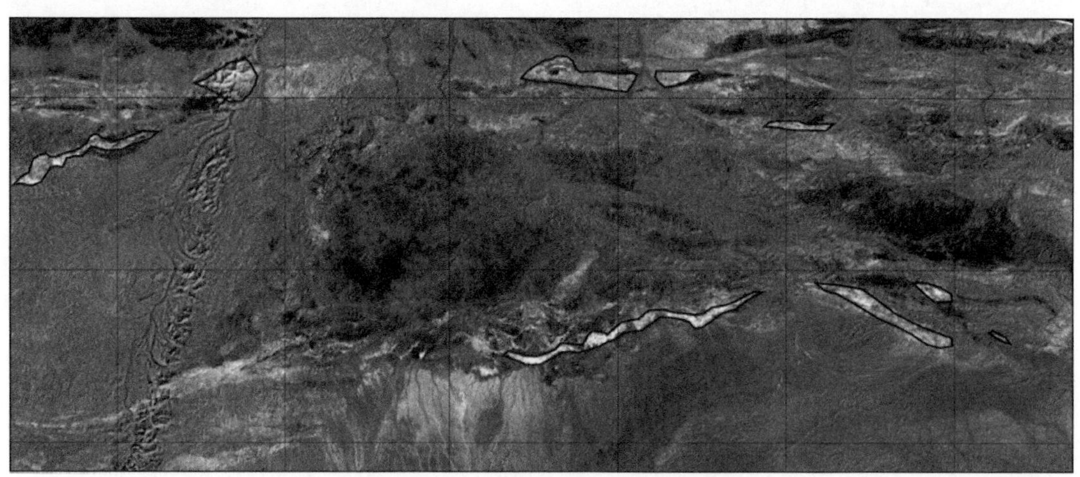

图 3-32　OHI 指数（含羟基蚀变矿物）

图 3-33　KLI（以高岭石为代表的蚀变矿物）

图3-34　方解石矿物

3）MNF 变换探测光谱异常

在地质矿产勘探中，地表物质光谱的异常往往意味着热液蚀变的发生。在常用的多光谱数据处理方法中，最小噪声分离变换（minimum noise fraction rotation，MNF rotation）可以有效地确定光谱异常的位置，区分蚀变岩与未蚀变岩，常被利用来进行矿化蚀变信息的提取。

最小噪声分离变换用于判定图像数据内在的维数（即波段数）、分离数据中的噪声、减少随后处理中的计算需求量，是一种常用的多光谱数据的降维法。它本质上是两次层叠的主成分变换，第一次变换（基于估计的噪声协方差矩阵）用于分离和重新调节数据中的噪声，这步操作使变换后的噪声数据只有最小的方差且没有波段间的相关；第二次变换是对噪声白化数据（noise-whitened）的标准主成分变换，为了进一步进行波谱处理，通过检查最终特征值和相关图像来判定数据的内在维数，数据空间可被分为两部分：一部分与较大特征值和相对应的特征图像相关；其余部分与近似相同的特征值以及噪声占主导地位的图像相关。

常见的热液蚀变矿物的诊断性谱带一般分布在 ASTER 的 SWIR 波段，利用这些波段进行 MNF 变换，能有效确定光谱异常的位置，本次研究根据 Ben-Dor 等（1994）的建议，利用 IARR（内部平均相对反射率）方法对整幅数据进行了大气校正，接着选择 ASTER 的 SWIR 4 ~ 9 波段进行了 MNF 变换，变换后各波段的特征值及其贡献百分比如表 3-4 所示。

表 3-4　ASTER 数据 SWIR 波段 MNF 变换后各波段特征值及贡献百分比

MNF 波段	特征值	贡献百分比/%	MNF 波段	特征值	贡献百分比/%
1	933.058533	88.16	4	14.472691	1.37
2	65.938466	6.23	5	9.994975	0.95
3	25.309177	2.39	6	9.574394	0.90

在对 MNF 变换的研究中，一般认为贡献百分比数值接近 1 的波段包含了大部分的噪声，从表 3-4 可以看出，转换后的 4、5、6 波段特征值接近 1，认为它们是噪声信息，将之去除，利用保留的 1、2、3 波段进行了 RGB（R=1、G=2、B=3）波段组合，如图 3-35 所示。

可以看出组合图形中绝大部分区域颜色细腻单一，观察并参照喀腊达坂铅锌矿地表蚀变区域，认为图 3-35 中浅绿色和浅黄色混合区域的地物发生了成分变换，产生了光谱异常，因此被确定为蚀变异常区域，在图 3-35 中找到这两种颜色混合的区域，并用不规则线标示出来，可以看出蚀变的分布区域主要位于喀腊达坂铅锌矿、阿北银铅矿和喀腊大湾西，喀腊达坂铅锌矿的蚀变异常明显被断裂分为两部分，阿北银铅矿的蚀变范围扩展到了喀腊大湾大沟的东段，喀腊大湾西的带状蚀变与利用波段比值法进行的蚀

图 3-35　阿尔金成矿带 ASTER 影像 SWIR 波段 MNF 变换合成影像

变矿物探测分布范围较为一致，与利用蚀变矿物指数法提取的热液蚀变矿物分布也比较吻合。

4）主成分分析变换

主成分分析（principal component analysis，PCA）也叫作主成分变换、主分量分析或 Karhunen-Loeve 变换，是建立在统计特征基础上的多维（如多波段）正交偏光线性变换，由于遥感图像的不同波段之间往往存在着很高的相关性，从直观上看，就是不同波段的图像很相似。因而从最有用信息的角度考虑，有相当大一部分数据是多余和重复的。主成分变换的目的就是把原来多波段图像中的有用信息集中到数目尽可能少的新的主成分图像中，并使这些主成分图像之间互不相关，也就是说各个主成分包含的信息内容是不重叠的，从而大大减少总的数据量并使图像信息得到增强，使图像更易于解译。

主成分分析法是根据蚀变矿物的波谱特征选择主成分变换波段，分析变换后的特征向量载荷因子的大小和符号，确定每个波段对矿化蚀变矿物的光谱响应贡献，判别适合提取蚀变矿物异常的主分量图像，利用蚀变矿物在主分量图像中的分布特征提取遥感异常信息。

在传统的 ETM 影像提取矿化蚀变信息方面，张玉君教授的"去干扰异常主分量门限化技术"曾作为标准工作流程在中国地质调查局推广，该技术选择了 ETM 影像的 1、3、4、5 波段和 1、4、5、7 波段组合进行主成分分析，分别定义为"铁染主分量"和"羟基主分量"，类似地，在 ASTER 影像主成分分析处理中，选择与 ETM 对应的波段进行主成分分析，同样能够探测到各种含不同离子（离子基团）蚀变矿物信息。

结合前文分析的典型蚀变矿物的波谱特征，本书采用以下波段组合进行蚀变矿物的探测：①考虑到 Fe^{3+}在第 1、3 波段的吸收特征，选择 ASTER 的第 1、2、3、4 波段进行主成分分析探测含 Fe^{3+}矿物信息；②考虑到 CO_3^{2-}在第 5 波段的吸收特点，选择 ASTER 的第 1、3、4、5 波段进行主成分分析探测含 CO_3^{2-}基团的矿物信息；③考虑到含 Al-OH 矿物在第 6 波段的吸收特性，选择 ASTER 的第 1、3、4、6 波段进行主成分分析探测含 Al-OH 离子基团的矿物信息；④考虑到含 Mg-OH 矿物在第 8 波段的吸收特性，选择 ASTER 的第 1、3、4、8 波段进行主成分分析探测含 Mg-OH 离子基团的矿物信息，在主成分分析结果的判别上，第一主分量一般为反照率因子，第二主分量为形状因子，探测信息分布在第三或者第四主分量，表 3-5 ~ 表 3-8 分别为含铁氧化物矿物、含 CO_3^{2-}矿物、含 Al-OH 基团矿物和含 Mg-OH 基团矿物的主成分变换特征向量载荷矩阵。

表 3-5　含铁氧化物矿物波段组合主成分分析特征向量矩阵

特征向量	band 1	band 2	band 3	band 4	百分比/%
PC1	0. 491284	0. 500277	0. 505322	0. 503003	98. 51
PC2	0. 870798	-0. 288446	-0. 295955	-0. 266308	0. 36
PC3	-0. 009205	-0. 806876	0. 303218	0. 506878	0. 09
PC4	0. 016298	-0. 124389	0. 751744	-0. 647412	0. 04

表 3-6　含 CO_3^{2-} 矿物波段组合主成分分析特征向量矩阵

特征向量	band 1	band 3	band 4	band 5	百分比/%
PC1	0. 500441	0. 496897	0. 499975	0. 502671	97. 82
PC2	0. 448076	0. 551971	-0. 504783	-0. 489643	1. 94
PC3	0. 730481	-0. 662212	-0. 148914	0. 075480	0. 16
PC4	-0. 123225	0. 099484	-0. 687782	0. 708431	0. 08

表 3-7　含 Al-OH 基团矿物波段组合主成分分析特征向量矩阵

特征向量	band 1	band 3	band 4	band 6	百分比/%
PC1	0. 500257	0. 496951	0. 500006	0. 502769	97. 66
PC2	0. 415655	0. 580454	-0. 504222	-0. 485865	1. 97
PC3	0. 758757	-0. 644863	-0. 086159	-0. 031879	0. 29
PC4	0. 035524	-0. 016259	0. 698807	-0. 714243	0. 08

表 3-8　含 Mg-OH 基团矿物波段组合主成分分析特征向量矩阵

特征向量	band 1	band 3	band 4	band 8	百分比/%
PC1	0. 496883	0. 502002	0. 499120	0. 501976	98. 12
PC2	0. 580842	0. 413331	-0. 511867	-0. 479347	1. 47
PC3	-0. 644699	0. 758713	-0. 086879	-0. 034209	0. 33
PC4	0. 009660	-0. 038813	-0. 693775	0. 719081	0. 08

从表 3-5 中可以看出，在各主分量中，PC3 主分量所包含的信息中，band 2（-0. 806876）、band 4（0. 506878）的权值最大，认为该主分量的信息主要由 band 2、band 4 贡献，在该主分量中，band 1、band 2 和 band 4 的符号相反，符合含 Fe^{3+} 离子类矿物在 ASTER 第 1、2 波段具有低反射率，而在第 4 波段具有强反射的特征，因此认为 PC3 表征了含铁氧化物矿物信息；从表 3-6 中可以看出，PC4 主分量所包含的信息中，band 4（-0. 687782）和 band 5（0. 708431）的权值最大，可以认为该主分量信息主要由 band 4 和 band 5 贡献，含 CO_3^{2-} 的矿物在第 4 波段具有强反射，第 5 波段具有强吸收，因此 PC4 主分量即为表征含 CO_3^{2-} 矿物的分量，为了直观，将 PC4 灰度图像取反；从表 3-7 中可以看出，探测目标含 Al-OH 基团矿物在 ASTER 第 4 波段为强反射，而在第 6 波段为强吸收特点，而在特征向量矩阵中，PC4 中这两者权值最大，信息也主要由第 4、6 波段贡献，分别为 band 4（0. 698807）和 band 6（-0. 708431），因此 PC4 主分量即为表征含 Al-OH 矿物的分量，亮色调区域为含 Al-OH 基团矿物分布区域；从表 3-8 中可以看出，PC4 主分量所包含的信息中，band 4（-0. 693775）、band 8（0. 719081）的权值最大，因此该主分量的信息主要由 band 4、band 8 贡献；含 Mg-OH 的矿物在 ASTER 第 4 波段有强反射、第 8 波段有强吸收，该主分量即表征了含 Mg-OH 的信息，为了直观，将 PC4 主分量灰度图像取反。

在确定了目标主分量之后，对其进行图像线性拉伸处理，选择亮色调集中的区域判别为对应的蚀变矿物分布区域（图 3-36 ~ 图 3-39）。

图 3-36　含 Fe^{3+} 蚀变矿物分布（PCA1234）

图 3-37　含 Al–OH 蚀变矿物分布（PCA1346）

图 3-38　含 CO_3^{2-} 蚀变矿物分布（PCA1345）

2. 矿化蚀变信息提取结果

阿尔金成矿带各种蚀变矿物的分布范围各有区别，结合地质背景资料，分析认为区内几大类蚀变矿物分布比较集中的地区发生矿化蚀变异常最为可信，由以上蚀变矿物填图结果结合地质构造背景，划分

图3-39 含Mg-OH蚀变矿物分布（PCA1348）

出几个矿化蚀变异常地区（以假彩合成影像作为底图），作为本次研究提取的矿化蚀变信息异常结果(图3-40)。

图3-40 阿尔金成矿带矿化蚀变信息集中分布区域

区内主要异常带特点如下。

(1) 大平沟异常带：带内有大平沟金矿、大平沟西金矿，分布比较多的蚀变矿物有绿泥石类、白(绢)云母类等热液蚀变矿物。

(2) 阿北异常带：带内分布有阿北银铅矿，异常带沿岩体向东延伸，以热液蚀变类矿物绿泥石、白(绢)云母为主。

(3) 喀腊达坂异常带：带内分布以喀腊达坂铅锌矿矿区蚀变最为典型，蚀变矿物以黄钾铁矾等含铁氧化物矿物、绿泥石等羟基矿物以及黏土矿物为主。

(4) 喀腊大湾西异常带：该带位于喀腊大湾铜锌矿及其以西的翠岭铅锌矿一带，呈北东东走向，蚀变呈带状，南北宽度不大，东西延伸较长，根据蚀变矿物填图结果分析，该异常带分布蚀变矿物种类多，以含羟基矿物、含铁氧化物矿物为主，是区内四个异常带中分布面积最大的异常带，有比较大的进一步调查的价值。

3.3.6 异常查证

根据以上提取的矿化蚀变信息，在划定的遥感异常地区选取不同的坐标点，对部分异常带进行了异常查证，以下是查证结果。

1）喀腊大湾西异常带

该异常带分布面积较大，经野外调研有较好的蚀变与矿化现象，特别是喀腊大湾铜锌矿和喀腊大湾西铅锌矿蚀变带，这些矿化蚀变带长度大，成矿条件也比较好，且沿走向有一定的延伸潜力，值得进一步扩大异常查证的范围。

2）喀腊达坂异常带

该异常带以喀腊达坂铅锌矿以及被断错的泉东铅锌矿为主，主体呈带状北西向带状分布，向东延伸部分被断裂破坏或被新生代沉积物覆盖，地表可见强烈的绿泥石化、黄钾铁矾化、褐铁矿化、高岭土化蚀变。

第4章　构造发育特征

阿尔金成矿带位于阿尔金走滑断裂和阿尔金北缘断裂所夹持的地区，不仅经历了裂谷（弧后盆地或有限洋盆）的裂开、洋壳的形成、扩张与俯冲、地块碰撞、碰撞后伸展，还经历了晚中生代以来印度板块碰撞及其向北推挤导致的地壳缩短或阿尔金断裂的巨大走滑所引起的改造等复杂长期的地质演化，构造现象复杂多样，以褶皱构造、断裂构造和韧性剪切带为其主要表现形式。本章对区内的构造变形及其演化特征进行详细的分析阐述。

4.1　褶皱构造特征

区内褶皱构造非常发育，可划分为多个层次，第一层次即整个成矿带尺度的红柳沟–拉配泉复向斜，属于区内一级褶皱构造。其余都为其内部的次级褶皱构造（图1-2）。

4.1.1　红柳沟–拉配泉复向斜

红柳沟–拉配泉复向斜呈东西向贯穿整个阿尔金成矿带，复向斜北翼由太古宇片麻岩和部分元古宇沉积岩系组成。太古宇主要岩性为二长片麻岩、黑云斜长片麻岩、黑云钾长片麻岩、黑云角闪片麻岩、角闪钾长片麻岩、黑云角闪片岩、斜长角闪岩等；元古宇由含叠层石沉积序列组成，主要岩性为厚层含砾石英砂岩、石英岩和硅质灰岩、白云岩。南翼由元古宇沉积岩系组成，主要岩性为厚层含砾石英砂岩、石英岩和硅质灰岩、白云岩、叠层石灰岩等（图4-1～图4-3）。

复向斜中部主要由下古生界火山–沉积岩系组成。根据目前的资料，这套火山–沉积岩系的时代为早古生代晚寒武世—早奥陶世。其中沉积岩系列主要岩性有砾岩、含砾砂岩、砂岩、粉砂岩、泥岩、泥灰岩、灰岩等，火山岩系列主要岩性有玄武岩、玄武质安山岩、安山岩、英安岩、流纹岩、凝灰岩、凝灰质熔岩、晶屑凝灰岩等（图4-1～图4-3）。该复向斜南北两翼和中部又发育许多次级褶皱构造，如北翼太古宇片麻岩，其片麻理构成一个开阔的背形构造。

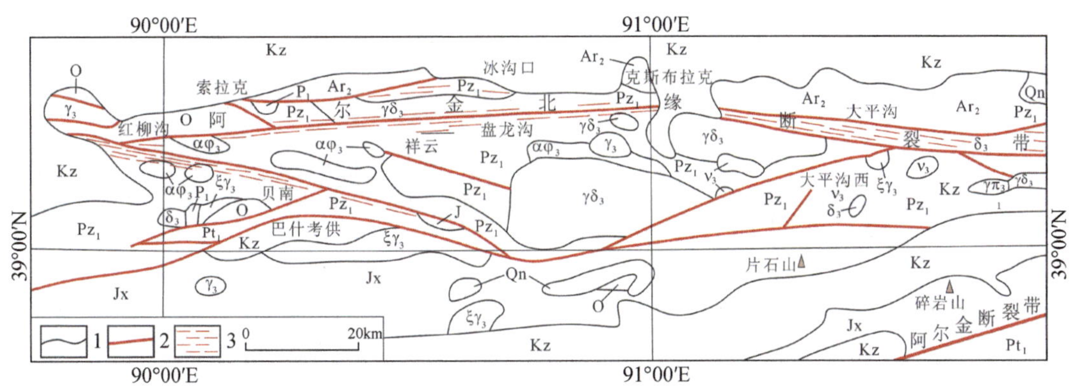

图4-1　阿尔金成矿带区域构造简图（据1：20万索尔库里幅、巴什考供幅及本书资料编制）

Kz-新生界；J-侏罗系；P_1-上二叠统；Pz_1-下古生界；O-奥陶系；Qn-青白口系；Jx-蓟县系；Pt_1-古元古界；Ar_2-新太古界；γ_3-加里东期花岗岩；$\gamma\pi_3$-加里东期花岗斑岩脉；$\xi\gamma_3$-加里东期钾长花岗岩；$\gamma\delta_3$-加里东期花岗闪长岩；δ_3-加里东期闪长岩；ν_3-加里东期辉长岩；$\alpha\varphi_3$-加里东期超基性岩；1-地质界线；2-断裂；3-韧性剪切带

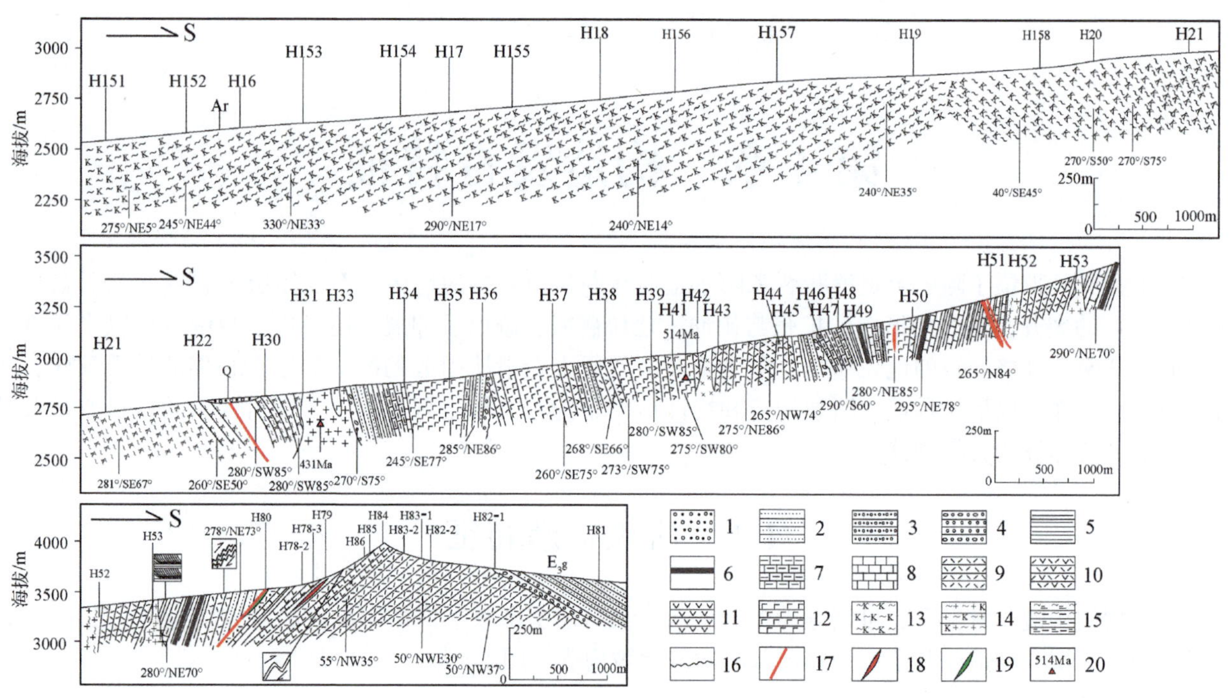

图 4-2　阿尔金成矿带喀腊大湾地区地质构造剖面

1-松散砂砾层；2-砂岩；3-砂砾岩；4-砾岩；5-泥岩；6-碳质泥岩；7-泥灰岩；8-灰岩；9-流纹岩；10-英安岩；11-安山岩；12-玄武岩；13-钾长片麻岩；14-黑云母钾长变粒岩、片麻岩；15-二云母片岩；16-不整合界线；17-断裂；18-铁矿体；19-铜矿体；20-年龄及样品位置

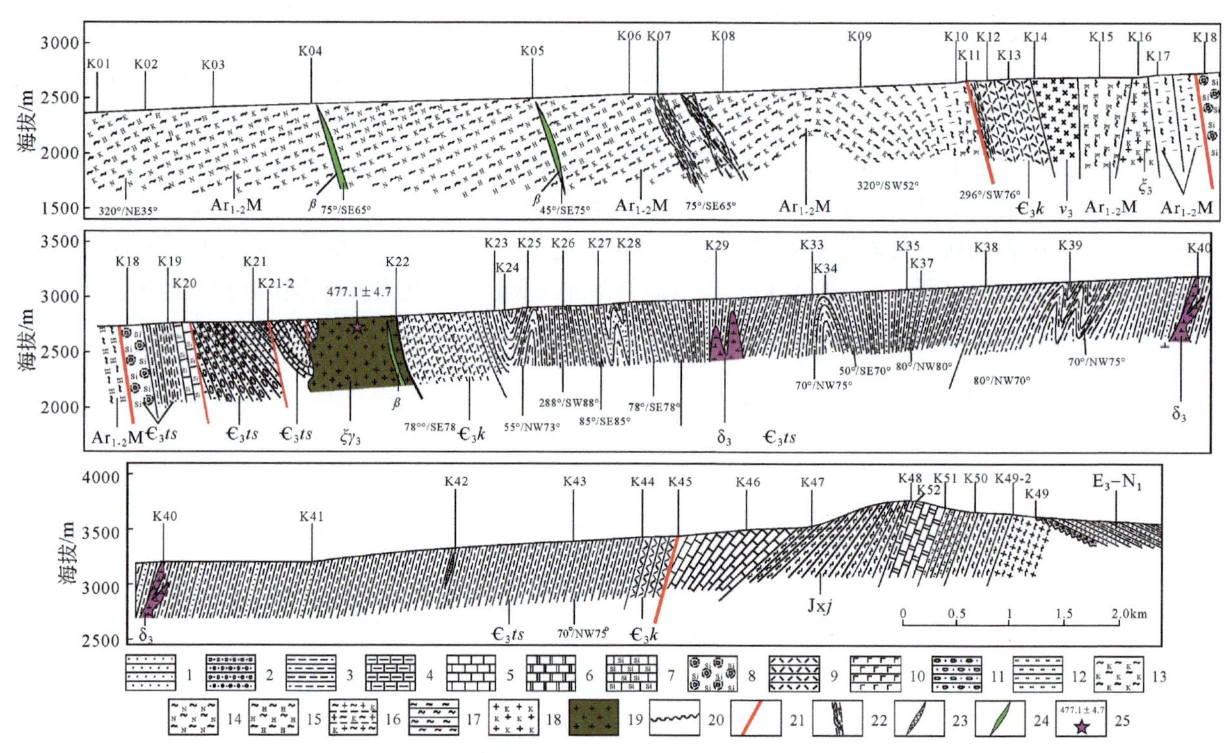

图 4-3　阿尔金成矿带大平沟地区地质构造剖面

1-砂岩；2-砾岩；3-泥岩；4-泥灰岩；5-灰岩；6-大理岩；7-硅质灰岩；8-硅质岩；9-流纹岩；10-玄武岩；11-变形砾岩；12-变质砂岩；13-钾长片麻岩；14-黑云母斜长片麻岩；15-黑云母角闪片麻岩；16-片麻状正长花岗岩；17-片岩；18-正长花岗岩；19-闪长岩；20-不整合界线；21-断裂；22-断裂破碎带；23-石英脉；24-辉绿岩脉；25-锆石 SHRIMP 年龄

沿红柳沟–拉配泉复向斜有许多岩浆岩侵入，按照成因类型与大地构造演化的关系可以划分为与新元古代末—早古生代裂谷裂开和洋壳发育有关的，受最后俯冲碰撞带控制的基性、超基性侵入岩，主要分布于复向斜核部偏北位置，这些基性、超基性侵入岩与硅质岩一起被认为是蛇绿岩带的组成部分（郭召

杰等，1998；吴峻等，2001；杨经绥等，2008)；与碰撞带关系有关的碰撞前、碰撞期和碰撞后三期中-酸性岩浆岩。

4.1.2　喀腊大湾复向斜

喀腊大湾复向斜是区域上红柳沟-拉配泉复向斜的组成部分。复向斜北翼由太古宇片麻岩和部分元古宇沉积岩系组成。太古宇主要岩性为二长片麻岩、黑云斜长片麻岩、黑云钾长片麻岩、黑云角闪片麻岩、角闪钾长片麻岩、黑云角闪片岩、斜长角闪岩等；元古宇由含叠层石沉积序列组成，主要岩性为厚层含砾石英砂岩、石英岩和硅质灰岩、白云岩。同时有部分元古宇片麻状花岗岩。南翼由元古宇沉积岩系组成，主要岩性为厚层含砾石英砂岩、石英岩和硅质灰岩、白云岩、叠层石灰岩等，但是只在喀腊达坂以西出露；在喀腊达坂以东元古宇被古近系和新近系覆盖（图 4-1 ~ 图 4-3)。核部由早古生代火山沉积岩系组成，按照 1∶25 万修测地质图划分为以火山岩为主的喀腊大湾组（$Є_{1-2}k$）和以沉积岩为主的塔什布拉克组（$Є_3ts$）（图 4-4)。其中核部地层又发育多个褶皱构造，二级褶皱由一个背斜和两个向斜组成。

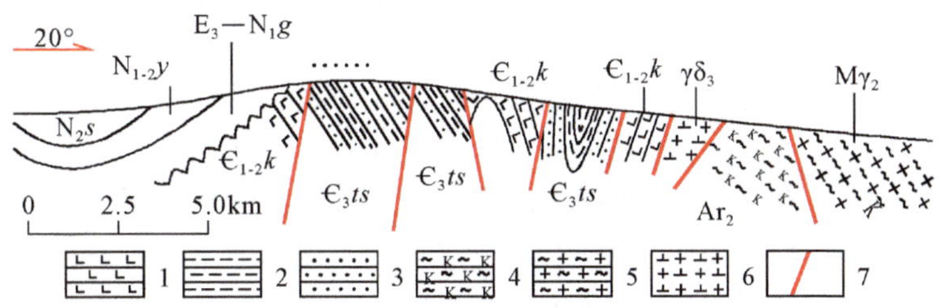

图 4-4　喀腊大湾东剖面（据 1∶25 万修测图编制）

1-玄武岩；2-泥岩；3-砂岩；4-片麻岩；5-片麻状花岗岩；6-花岗闪长岩；7-断裂

二级背斜构造位于喀腊大湾复向斜中部，呈东西向沿 39°08′ ~ 39°09′延伸。东起塔什布拉克一带，向西经牙曼省普布拉克、白尖山南到大平沟一带，出露长度超过 70km。该二级背斜由喀腊大湾组（$Є_{1-2}k$）为核部，塔什布拉克组（$Є_3ts$）为南北两翼（图 4-4)。

南侧二级向斜构造位于喀腊大湾复向斜南部，呈东西向沿 39°05′ ~ 39°06′延伸。东起塔什布拉克南，向西经牙曼省普布拉克南、4337 高地北，到大平沟的卡拉塔格以北和卡拉塔格以西一带，出露长度超过 80km。该二级向斜以塔什布拉克组（$Є_3ts$）为核部，喀腊大湾组（$Є_{1-2}k$）为南北两翼（图 4-4)。其中在大平沟卡拉塔格一带，发育更次级褶皱而出现地层重复，使出露宽度比较大，达到 10km 以上。北侧二级向斜构造位于喀腊大湾复向斜北部，呈东西向沿 39°10′ ~ 39°11′延伸。东起塔什布拉克北，向西经牙曼省普布拉克北、白尖山到大平沟金矿一带，出露长度超过 70km。该二级向斜以塔什布拉克组（$Є_3ts$）为核部，喀腊大湾组（$Є_{1-2}k$）为南北两翼（图 4-5)。

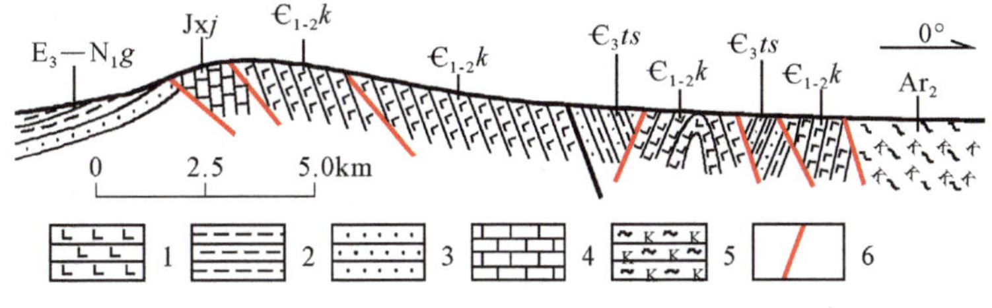

图 4-5　喀腊大湾西剖面（据 1∶25 万修测图编制）

1-玄武岩；2-泥岩；3-砂岩；4-片麻岩；5-灰岩；6-断裂

沿喀腊大湾复向斜有许多岩浆岩侵入，按照成因类型和与大地构造演化的关系认为与新元古代末—早古生代裂谷裂开、洋壳发育有关，受最后俯冲碰撞带控制的基性、超基性侵入岩，主要分布于复向斜核部偏北位置，这些基性、超基性侵入岩与硅质岩一起被认为是蛇绿岩带的组成部分（吴峻等，2001；杨经绥等，2008)。与碰撞带有关的碰撞前、碰撞期和碰撞后三期中-酸性岩浆岩，主要岩体有以下几个：①碰撞前有阿北银铅矿正长花岗岩，SHRIMP 锆石年龄 514Ma；②碰撞期有八八铁矿石英闪长岩

(SHRIMP 锆石年龄 477Ma) 和 7910 铁矿南花岗岩 (SHRIMP 锆石年龄 479Ma), 与其相似的还有 4337 高地北花岗岩 (475Ma)、大平沟花岗岩 (477Ma) 和 7914 铁矿南花岗岩 (488Ma); ③碰撞后有阿北花岗岩, SHRIMP 锆石年龄 417Ma, 阿北南似斑状二长花岗岩, SHRIMP 锆石年龄 431Ma, 与其特征一致的还有白尖山东似斑状二长花岗岩。

4.1.3 大平沟地区褶皱构造及其成因

1. 大平沟地区褶皱构造基本特征

1) *褶皱构造层理与劈 (片) 理关系形成机理*

在褶皱构造研究中, 发生褶皱地层的层理产状与劈 (片) 理产状及其相互关系是分析褶皱构造存在及类型、部位、级别的重要依据。如在图 4-6 的褶皱变形中, 由于褶皱构造在发育过程中地层受到挤压, 垂直挤压方向形成压性劈理, 这种劈理与褶皱的轴面平行, 所以也称为褶皱的轴面劈理。

通过褶皱岩层层理 (b) 与轴面劈理 (apc) 的关系可以分析判断高一级别褶皱的发育部位, 如图 4-6 如果作为剖面褶皱, 在 A 区层理与劈理倾向相同, 劈理倾角陡于层理倾角, 可以判断这是褶皱的正常翼, 高一级褶皱的向斜在左侧、背斜在右侧; 在 B 区层理与劈理倾向相同, 但劈理倾角缓于层理倾角, 可以判断这是褶皱倒转翼, 高一级褶皱的向斜在右侧、背斜在左侧。如果是枢纽比较陡的褶皱构造, 在平面图上可以用从层理走向到劈理走向的锐夹角在层理的哪一侧说明与高一级褶皱的关系。需要指出的是, 任何情况下相同的翼部 (如图 4-6 中各个背斜的右翼) 层理 (b) 与轴面劈理 (apc) 的关系是相同的, 且夹角是比较一致的 (图 4-6)。

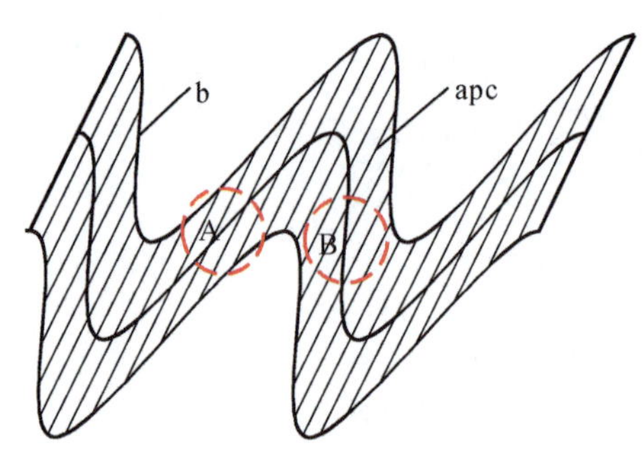

图 4-6 典型褶皱构造层理与劈 (片) 理关系

轴面劈理 (片理) 的发育与否又与发生褶皱的地层岩性具有密切的关系, 一般较细的碎屑岩容易发生劈 (片) 理的置换, 其中泥岩、粉砂质泥岩在褶皱变形过程中是最容易形成轴面劈理并发生面理置换关系的岩性。大平沟地区正好发育灰黑色泥岩和粉砂质泥岩, 这为研究褶皱变形过程中的层理与劈理的置换关系和恢复高一级褶皱构造提供了有利条件。

2) *露头范围褶皱构造出露特征*

大平沟地区沿大沟露头规模的褶皱构造非常发育, 主要出露中南段及其附近, 北起大平沟花岗岩体南界, 南至胜利达坂北侧, 西起阿克达坂、卡拉塔格、卡拉塔格北沟一线, 东至穷塔格、穷塔格北沟一线, 出露范围为南北方向约 6.5km、东西方向约 4km。

(1) K25 ~ K26 点陡枢纽褶皱构造: K25 ~ K26 点位于大平沟中段, 该处可见陡枢纽褶皱构造。该褶皱轴面近东西 (北东东) 走向、倾向北、倾角中等-偏陡, 枢纽向北东中等-偏陡倾斜。卷入褶皱的岩石为灰黑色泥岩夹灰黄色粉砂岩, 同时夹有不易风化、在地表呈突出地貌的中酸性火山岩。总体上形成一个开口向北东东的倾斜向斜构造 (图 4-7a、b)。

在该剖面东段的 K24-2 点一带, 层理与劈理关系指示高一级褶皱背斜在北西侧; 而在该剖面西段的 K25 ~ K26 点一带, 层理与劈理关系指示高一级褶皱背斜在东南侧, 向斜在北西侧。说明该剖面东段和西段处在褶皱的不同翼上, 而且中间还发育一左行断层 (图 4-7a、b)。

在 K26 点, 正位于褶皱转折端附近, 褶皱轴面劈理与层理大角度相交, 其中地层产状为 288°/近直立, 而轴面劈理为 25°/SE75° (图 4-7c)。在 K26-2 点, 位于一个次级褶皱转折端北西侧向翼部转换的位置, 褶皱轴面劈理与层理中等角度相交, 其中地层产状为 345°/NE78°, 而轴面劈理为 32°/SE85° (图 4-7d)。在 K26-3 点, 位于一个次级褶皱转折端外侧, 发育多个低级别褶皱和一条产状 20°/SE75°的左行小断层。由于发育多个小褶皱, 地层产状变化较大, 但是褶皱轴面劈理基本稳定, 走向 35° ~ 45°, 向南东陡倾或近直立 (图 4-7e、f)。同时在灰黄色粉砂岩中沿轴面劈理方向发育后期方解石脉 (图 4-7g、h)。在 K26-4 点, 与 K26-3 点相似, 发育多个低级别褶皱和两条左行小断层 (图 4-7i、j、k)。K26-3 和 K26-4

点均反映位于褶皱转折端附近。

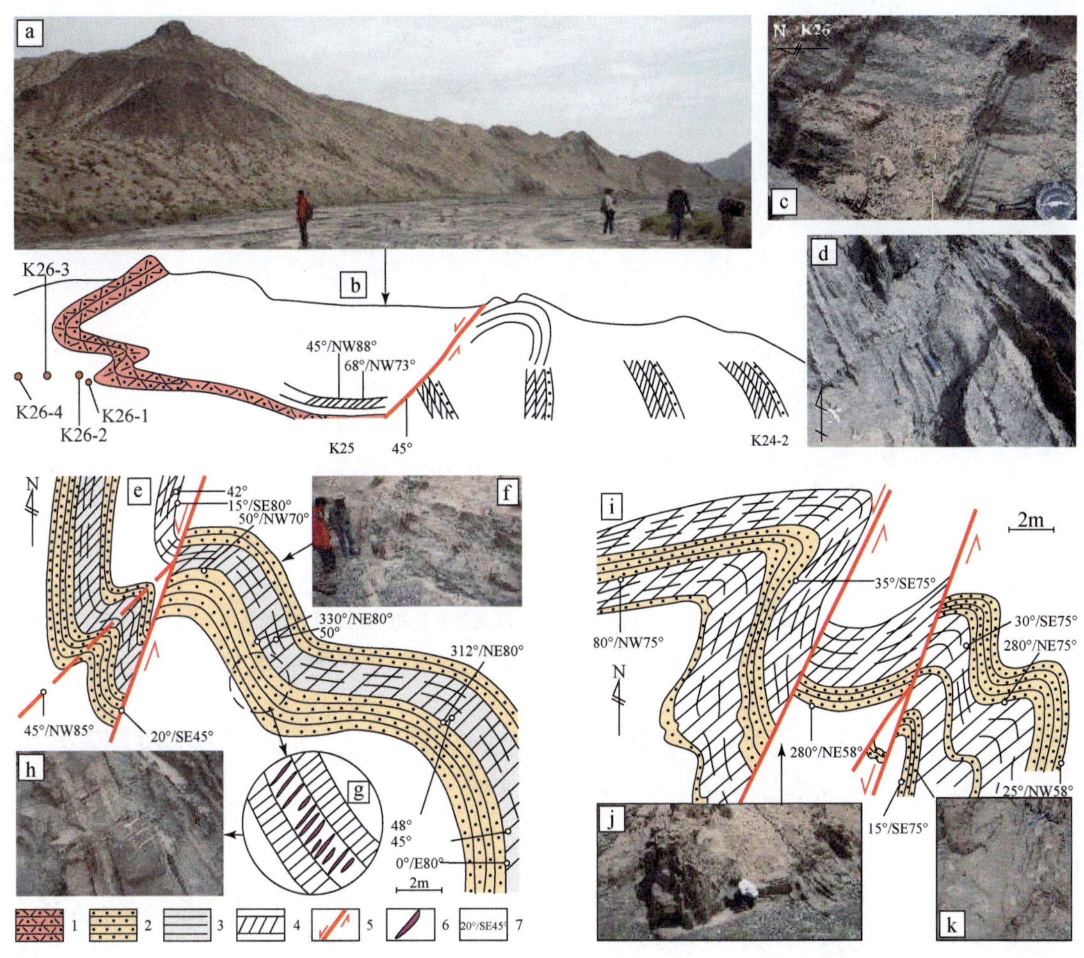

图 4-7　阿尔金成矿带大平沟中段（K25 ~ K26 点）地层褶皱素描图

a-倾斜褶皱远景；b-a 的简单素描图；c-K26 点褶皱轴面劈理与层理大角度相交；d-K26-2 点褶皱轴面劈理与层理中等角度相交；e-K26-3 点褶皱素描图；f-K26-3 点褶皱和左行小断层照片；g-K26-3 点灰黄色粉砂岩中沿轴面劈理发育的方解石脉；h-方解石脉照片；i-K26-4 点褶皱、层理与劈理关系和小断层素描图；j-K26-4 点褶皱、轴面劈理与层理关系和小断层照片；k-局部褶皱轴面劈理与层理中等角度相交；1-中酸性火山岩；2-灰黄色粉砂岩；3-灰黑色泥岩；4-轴面劈理；5-小断层；6-方解石脉；7-产状

（2）在大平沟东侧的叉沟（穷塔格西沟）同样发育许多陡枢纽褶皱构造。在 K65 点北侧山梁，发育一个规模为 200 ~ 300m 的陡枢纽褶皱，内层为浅灰色、灰白色中酸性火山岩，外层为灰色–灰黑色中基性火山岩（图 4-8a）。

（3）在卡拉塔格东南叉沟，同样发育许多陡枢纽褶皱构造。如 K32 点，中薄层灰黑色泥岩形成陡枢纽背斜，岩层产状变化依次是：25°/NW80°→60°/近直立→25°/SE80°，而褶皱轴面劈理保持 25°左右走向比较稳定，枢纽 25°∠60°（图 4-8b）。又如 K32-3 点，发育明显的面理置换，泥岩、粉砂岩层理走向 70°左右，而轴面劈理走向 35°左右（图 4-8c）。再如 K32-4 点，发育多个褶皱转折端，层理变化大，但劈理为 25°/SE75°左右（图 4-8d、e）。

（4）在卡拉塔格北沟，也发育许多陡枢纽褶皱构造，而且可见陡枢纽褶皱呈紧闭–平行褶皱后再发生陡枢纽褶皱的现象。如 K86 点，中薄层灰黑色泥岩夹少量灰黄色粉砂岩形成紧闭–平行陡枢纽后再现在中等陡枢纽褶皱（图 4-9a）。第二次褶皱后，局部岩层层理产状为 64°/SE86°，轴面劈理为 40°/SE80°。在褶皱形成过程中，偏韧性的灰黑色泥岩中形成平行褶皱轴面的劈理，而偏脆性的灰黄色粉砂岩则形成脆性裂隙，发育后期方解石脉（图 4-9b ~ d）。K86 点层理与劈理关系指示其处于高一级别褶皱构造的翼部，并且高一级背斜在东侧，向斜在西侧。局部放大区偏脆性灰黄色粉砂岩被低级别北北西向裂隙左行微小断错，也与褶皱构造形成过程中挤压应力方向及其形成的剪裂隙可以配套（图 4-9c 和图 4-10）。

图 4-8　阿尔金成矿带大平沟中段地区陡枢纽褶皱构造照片

a-穷塔格西沟褶皱，K65 点；b-卡拉塔格东南沟灰黑色泥岩组成的中等-偏陡枢纽褶皱背斜，枢纽倾向北东，倾角 60°，K32 点；c-灰黑色泥岩、粉砂岩中轴面劈理与层理的置换，K32-3 点；d-卡拉塔格东南沟高级别褶皱转折端附近发育多个小褶皱，枢纽陡立，高角度倾向北东，K32-4 点；e-d 的局部放大，褶皱转折端附近层理与轴面劈理呈大角度斜交

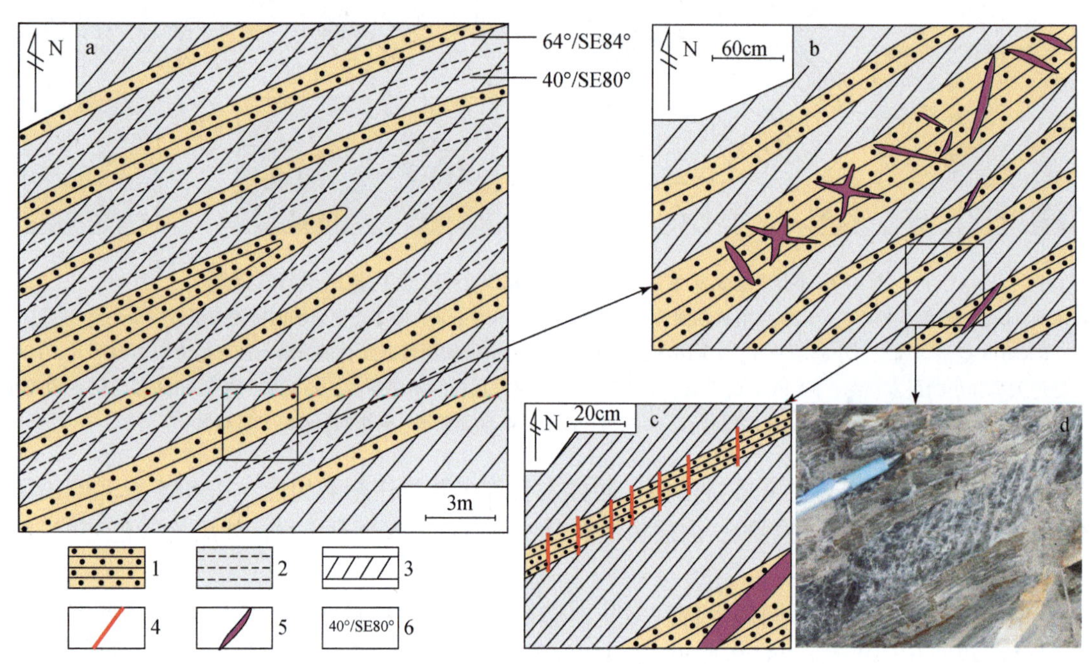

图 4-9　大平沟卡拉塔格北沟陡枢纽褶皱构造

a-陡枢纽叠加褶皱；b-a 的局部放大，在灰黄色粉砂岩中发育 X 型晚期方解石脉；c-b 的局部放大素描图；d-b 的局部放大照片，显示褶皱轴面劈理与层理中等角度相交，沿劈理发育晚期方解石脉；1-灰黄色粉砂岩；2-灰黑色泥岩；3-轴面劈理；4-小断层；5-方解石脉；6-产状

（5）K27（H251）点紧密 M 型褶皱：K27（H251）地质观察点位于大平沟中段，该处为紧密褶皱群，在露头范围内共发育五个背斜和六个向斜，由灰黑色泥灰岩、灰黄色粉砂质泥岩、粉砂岩等组成，局部夹英安质火山岩。褶皱轴面近东西（北东东）走向，倾角近于直立（图 4-11a）。其中 H251 点放大见图 4-11b。褶皱枢纽倾向东，倾角中等偏陡。该褶皱在位态分类上属于直立倾伏褶皱，在剖面上为近 M 型紧闭褶皱，尤其在剖面的南端，为一典型的 M 型向斜构造，并可见明显的劈（面）理置换（图 4-11c）。反映该地质观察点位于高一级褶皱的近核部（或转折端）附近。

（6）H229 点中等 M 型褶皱：H229 观察点位于大平沟南段，该处可见中等 M 型褶皱，由灰色（局部深灰色或浅灰色）火山凝灰岩夹凝灰质粉砂岩、泥岩等组成，两翼夹角中等，局部具有不协调特点；褶皱轴面近东西走向，倾角近于直立（图 4-12a）。褶皱枢纽倾向东，倾角中等偏缓。反映该部位位于高一级褶皱的近转折端附近。

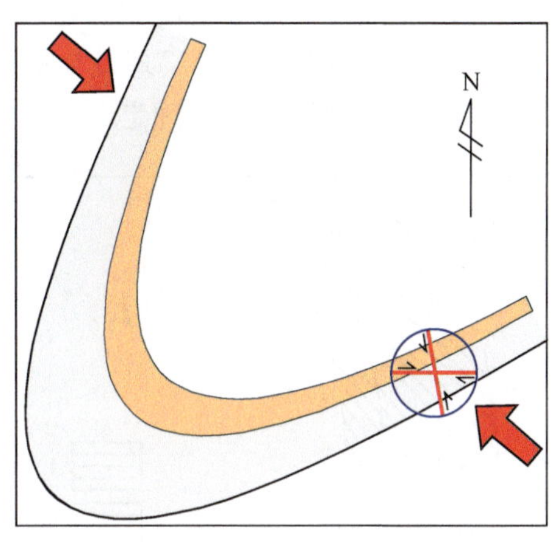

图 4-10　K86 点褶皱所在区域构造位置

（7）H230 点中等 M 型褶皱：H230 观察点位于大平沟南段，在 H229 点以北约 700m 处。该点出露中等 M 型褶皱，主要由细碎屑岩（以泥岩为主夹少量粉砂质泥岩）组成，两翼夹角中等；褶皱轴面近东西走向，倾角近于直立；褶皱轴面劈（片）理置换强烈，劈（片）理与地层层理夹角较大（图 4-12b），反映该地质观察点也处于另一褶皱构造转折端附近。H229 点与 H230 点之间的劈（片）理置换：在 H229 观察点北侧 100 ~ 300m 处一带，地层主要由细碎屑岩组成，岩性以粉砂质泥岩和泥岩为主，地层层理产状为 20° ~ 35°/SE60° ~ 70°，倾角陡到近直立；而轴面劈（片）理走向 70° ~ 85°，近直立，轴面劈（片）理强烈置换地层层理，反映该处位于高一级别褶皱构造的翼部。

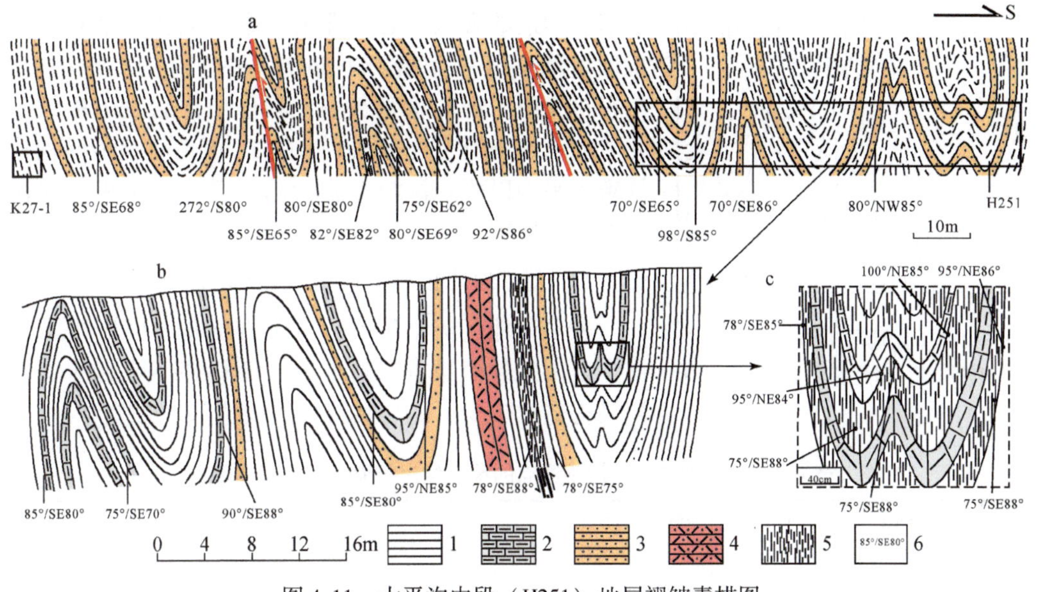

图 4-11　大平沟中段（H251）地层褶皱素描图

1-泥岩；2-泥灰岩；3-粉砂岩；4-英安质火山岩；5-褶皱轴面劈理；6-产状

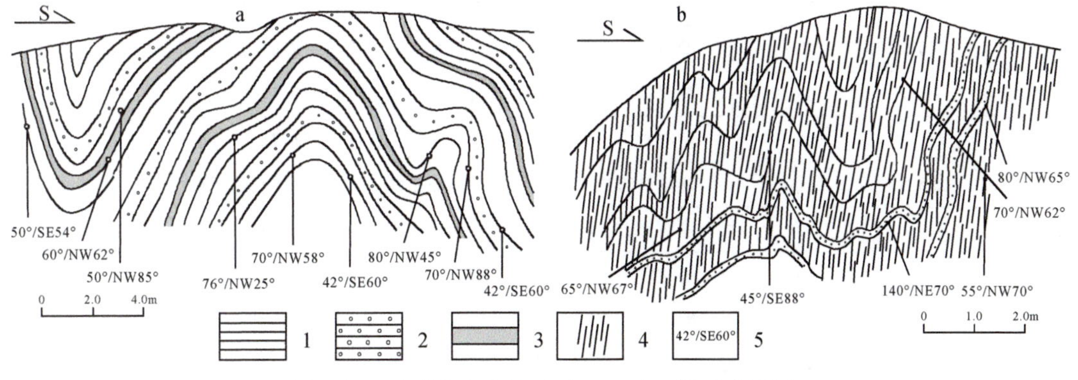

图 4-12　大平沟中南段（H230）地层褶皱素描图

a-H229 地质观察点；b-H230 地质观察点；1-泥岩；2-粉砂岩；3-标志层；4-劈（片）理；5-产状

（8）H231 点层劈（片）理关系：在 H229 观察点和 H230 观察点北侧的大平沟中段，距 H229 观察点约1500m处一带，主要出露泥岩和粉砂质泥岩，岩石劈（片）理置换非常强烈。有趣的是在近南北方向约8m的露头范围内，地层层理发生舒缓的开阔褶皱，走向自北向南的变化是15°→0°→345°→300°→290°，而褶皱轴面劈（片）理走向也发生同样的变化60°→45°→10°→350°→330°，换一句话就是褶皱轴面劈（片）理与地层层理夹角基本不变，即劈（片）理走向总是在地层走向的顺时针方向，夹角为45°左右（图4-13）。

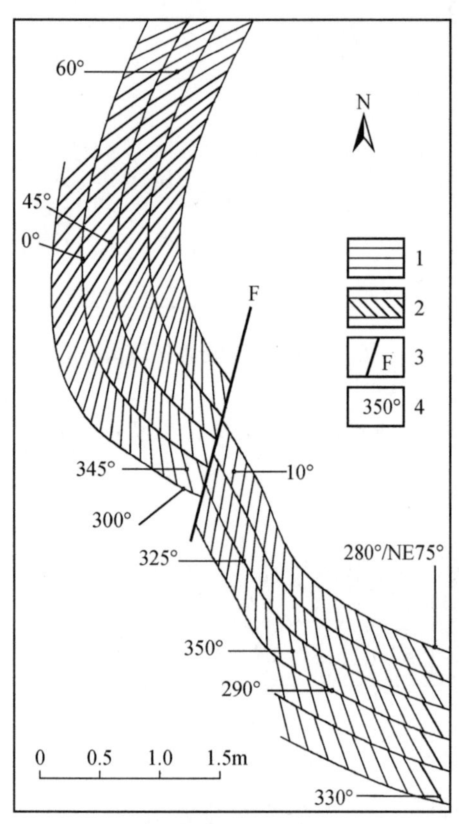

图4-13　H231点地层褶皱素描图

1-泥岩；2-层理劈（片）理关系；3-断层；4-产状

该层劈（片）理关系说明，在图4-13范围内同属于早一期褶皱的翼部，后期又发生了变形，使地层与片（劈）理一起形成较开阔褶皱，最后并被小断层断错（图4-13）。

其他地质点的层劈（片）理关系：沿大平沟自南向北，其他各个地质观察点的地层层理与劈（片）理关系发生规律性变化，不再一一细述，详见表4-1。

2. 大平沟地区褶皱构造形态恢复与成因初探

1）大平沟地区褶皱构造大致形态

依据整个大平沟地区各个小褶皱构造的发育状况和地层层理与褶皱的劈（片）理关系，可以初步恢复大平沟地区较高级别褶皱构造的大致形态，即由六个背斜和七个向斜相间出露为特征（图4-14）。该褶皱构造的发育使得在大平沟中南段地区卓阿布拉克组中部的这套灰黑色粉砂质泥岩发生褶皱重复，其南北方向上的出露宽度达到原来的3～5倍。该褶皱构造的发育是导致大平沟以西地区与喀腊大湾地区地层沉积岩存在走向不连续的主要原因。

2）大平沟地区褶皱构造成因初探

大平沟地区灰黑色粉砂质泥岩出露厚度比喀腊大湾地区大许多是由发生褶皱重复造成的，而相邻不算远的喀腊大湾地区褶皱构造比较少可能与其特殊的构造部位有关。

表4-1　大平沟各个地质观察点的地层层理与劈（片）理关系

序号	位置	层理走向/(°)	劈（片）理走向/(°)	劈理在层理走向的锐角方位	指示褶皱转折端的位置（按枢纽向北东东倾伏）	备注
1	H230南	35	70	顺时针方向	背斜转折端在北东方向，向斜转折端在南西方向	
2	H230-1南	90	60	逆时针方向	背斜转折端在东侧，向斜转折端在西侧	
3	H230-1	20	65	顺时针方向	背斜转折端在北东方向，向斜转折端在南西方向	
4	H231	340	45	顺时针方向	背斜转折端在北东方向，向斜转折端在南西方向	近转折端
5	H231北	20	65	顺时针方向	背斜转折端在北东方向，向斜转折端在南西方向	
6	H231-3	65	20	逆时针方向	背斜转折端在东侧，向斜转折端在西侧	
7	H252-1	285	255	逆时针方向	背斜转折端在东侧，向斜转折端在西侧	
8	H252	340	50	顺时针方向	背斜转折端在北东方向，向斜转折端在南西方向	近转折端
9	H251-2	75	50	逆时针方向	背斜转折端在东侧，向斜转折端在西侧	
10	H250	25	70	顺时针方向	背斜转折端在北东方向，向斜转折端在南西方向	
11	H250西	65	40	逆时针方向	背斜转折端在东侧，向斜转折端在西侧	
12	H251	60	25	逆时针方向	背斜转折端在东侧，向斜转折端在西侧	
13	K23	35	70	顺时针方向	背斜转折端在北东方向，向斜转折端在南西方向	

续表

序号	位置	层理走向/(°)	劈（片）理走向/(°)	劈理在层理走向的锐角方位	指示褶皱转折端的位置（按枢纽向北东东倾伏）	备注
14	K23-2	20	75	顺时针方向	背斜转折端在北东方向，向斜转折端在南西方向	
15	K24	25	55	顺时针方向	背斜转折端在北东方向，向斜转折端在南西方向	
16	K24-2	30	70	顺时针方向	背斜转折端在北东方向，向斜转折端在南西方向	
17	K25	55	23	逆时针方向	背斜转折端在东侧，向斜转折端在西侧	
18	K25-2	68	45	逆时针方向	背斜转折端在东侧，向斜转折端在西侧	
19	K26	288	15	近垂直	近褶皱转折端位置	
20	K26-2①	345	32	顺时针方向	背斜转折端在北东方向，向斜转折端在南西方向	
21	K26-2②	325	35	顺时针方向	背斜转折端在北东方向，向斜转折端在南西方向	
22	K26-2③	305	35	近垂直	近褶皱转折端位置	
23	K26-2④	60	35	逆时针方向	背斜转折端在东侧，向斜转折端在西侧	
24	K26-3①	0	45	顺时针方向	背斜转折端在北东方向，向斜转折端在南西方向	图4-7e露头级别小褶皱
25	K26-3②	312	48	近垂直	近褶皱转折端位置	
26	K26-3③	355	50	顺时针方向	背斜转折端在北东方向，向斜转折端在南西方向	
27	K26-3④	270	50	逆时针方向	背斜转折端在东侧，向斜转折端在西侧	
28	K26-3⑤	15	42	顺时针方向	背斜转折端在北东方向，向斜转折端在南西方向	
29	K26-4①	280	40	逆时针方向	背斜转折端在东侧，向斜转折端在西侧	图4-7i露头级别小褶皱
30	K26-4②	37	45	顺时针方向	背斜转折端在北东方向，向斜转折端在南西方向	
31	K26-4③	25	45	顺时针方向	背斜转折端在北东方向，向斜转折端在南西方向	
32	K27	85	65	逆时针方向	背斜转折端在东侧，向斜转折端在西侧	
33	K28	78	60	逆时针方向	背斜转折端在东侧，向斜转折端在西侧	
34	K30	40	25	逆时针方向	背斜转折端在东侧，向斜转折端在西侧	
35	K31-1①	50	20	逆时针方向	背斜转折端在东侧，向斜转折端在西侧	
36	K31-1②	60	20	逆时针方向	背斜转折端在东侧，向斜转折端在西侧	
37	K31-2	95	20	逆时针方向	背斜转折端在东侧，向斜转折端在西侧	
38	K31-3	320	25	顺时针方向	背斜转折端在北东方向，向斜转折端在南西方向	
39	K31-4	30	55	顺时针方向	背斜转折端在北东方向，向斜转折端在南西方向	
40	K32-1①	25	355	逆时针方向	背斜转折端在东侧，向斜转折端在西侧	
41	K32-1②	60	25	顺时针方向	背斜转折端在北东方向，向斜转折端在南西方向	
42	K32-1③	25	25	平行	背斜与向斜之间的褶皱翼部	
43	K32-1④	25	0	逆时针方向	背斜转折端在东侧，向斜转折端在西侧	
44	K32-2①	300	25	近垂直	发育多个小转折端，近高一级褶皱转折端位置	
45	K32-2②	60	15	逆时针方向	背斜转折端在东侧，向斜转折端在西侧	
46	K32-3	55	30	逆时针方向	背斜转折端在东侧，向斜转折端在西侧	
47	K32-4	75	20	逆时针方向	背斜转折端在东侧，向斜转折端在西侧	
48	K32-5	50	20	逆时针方向	背斜转折端在东侧，向斜转折端在西侧，伴Z形小褶皱	
49	K33①	70	35	逆时针方向	背斜转折端在东侧，向斜转折端在西侧，伴Z形小褶皱	
50	K33②	85	25	逆时针方向	背斜转折端在东侧，向斜转折端在西侧，伴Z形小褶皱	
51	K33③	25	25	平行	背斜与向斜之间的褶皱翼部	

续表

序号	位置	层理走向/(°)	劈（片）理走向/(°)	劈理在层理走向的锐角方位	指示褶皱转折端的位置（按枢纽向北东东倾伏）	备注
52	K35	80	50	逆时针方向	背斜转折端在东侧，向斜转折端在西侧	
53	K36	45	45	平行	背斜与向斜之间的褶皱翼部	
54	K37	70	23	逆时针方向	背斜转折端在东侧，向斜转折端在西侧	
55	K38①	10	45	顺时针方向	背斜转折端在北东方向，向斜转折端在南西方向	
56	K38②	290	45	近垂直	近高一级褶皱转折端位置	
57	K38③	80	45	逆时针方向	背斜转折端在东侧，向斜转折端在西侧	
58	K38④	70	45	逆时针方向	背斜转折端在东侧，向斜转折端在西侧	
59	K39-1①	53	65	顺时针方向	背斜转折端在北东方向，向斜转折端在南西方向	
60	K39-1②	355	65	近垂直	发育多个小转折端，近高一级褶皱转折端位置	
61	K39-1③	70	65	逆时针方向	背斜转折端在东侧，向斜转折端在西侧	
62	K39-2	15	50	顺时针方向	背斜转折端在北东方向，向斜转折端在南西方向	
63	K40	30	350	逆时针方向	背斜转折端在东侧，向斜转折端在西侧	
64	K42-2	325	95	逆时针方向	背斜转折端在东侧，向斜转折端在西侧	
65	K43	70	80	顺时针方向	背斜转折端在北东方向，向斜转折端在南西方向	
66	K64-1	70	40	逆时针方向	背斜转折端在东侧，向斜转折端在西侧	
67	K64-2	80	40	逆时针方向	背斜转折端在东侧，向斜转折端在西侧	
68	K65	345	65	近垂直	较高级别褶皱的转折端	
69	K67	78	42	逆时针方向	背斜转折端在东侧，向斜转折端在西侧	
70	K70-1	290	60	逆时针方向	背斜转折端在东侧，向斜转折端在西侧	
71	K70-2	30	60	顺时针方向	背斜转折端在北东方向，向斜转折端在南西方向	
72	K86-1	64	40	逆时针方向	背斜转折端在东侧，向斜转折端在西侧	
73	K86-2	55	15	逆时针方向	背斜转折端在东侧，向斜转折端在西侧	
74	K87	70	25	逆时针方向	背斜转折端在东侧，向斜转折端在西侧	
75	K90-1	35	20	逆时针方向	背斜转折端在东侧，向斜转折端在西侧	
76	K90-2	40	10	逆时针方向	背斜转折端在东侧，向斜转折端在西侧	
77	K100-1	68	56	逆时针方向	背斜转折端在东侧，向斜转折端在西侧	
78	K100-2	92	60	逆时针方向	背斜转折端在东侧，向斜转折端在西侧	
79	K101	71	30	逆时针方向	背斜转折端在东侧，向斜转折端在西侧	
80	K102-1	15	70	顺时针方向	背斜转折端在北东方向，向斜转折端在南西方向	
81	K102-2	50	70	顺时针方向	背斜转折端在北东方向，向斜转折端在南西方向	
82	K103-1	80	45	逆时针方向	背斜转折端在东侧，向斜转折端在西侧	
83	K103-2	60	60	平行	背斜与向斜之间的褶皱翼部	
84	K105	330	355	顺时针方向	背斜转折端在北侧，向斜转折端在南侧	
85	K106-2	70	35	逆时针方向	背斜转折端在东侧，向斜转折端在西侧	
86	K106-3	95	30	逆时针方向	背斜转折端在东侧，向斜转折端在西侧	
87	K142	65	85	顺时针方向	背斜转折端在北东方向，向斜转折端在南西方向	
88	K155-2	295	85	逆时针方向	背斜转折端在东侧，向斜转折端在西侧	
89	K155-3	290	65	逆时针方向	背斜转折端在东侧，向斜转折端在西侧	

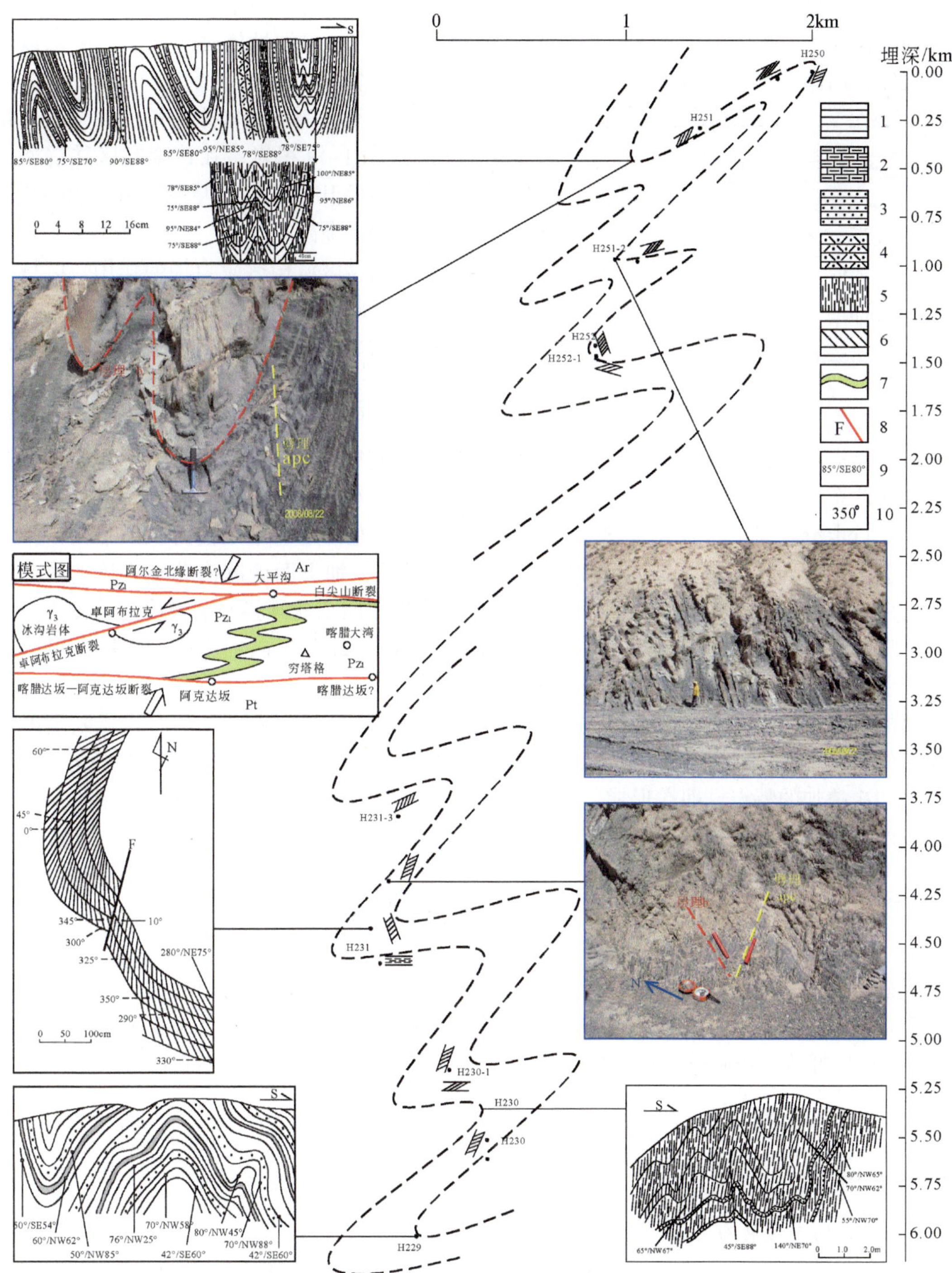

图4-14 大平沟地区褶皱构造初步轮廓图

1-泥岩；2-泥灰岩；3-粉砂岩；4-英安岩；5-轴面劈理；6-层劈关系；7-标志层；8-断裂；9-产状；10-地层和劈理走向

第一是在区域构造上，大平沟-喀腊大湾及相邻地区规模较大断裂构造有两组。第一组是东西向断裂，北侧有阿尔金北缘断裂和白尖山断裂，其中阿尔金北缘断裂是阿尔金北缘结晶基底（由太古界组成）与下古生界盖层（火山-沉积岩系）界线；南侧有喀腊达坂-阿克达坂断裂，该断裂构成南侧元古宇碳酸岩系与下古生界火山-沉积岩系的界线。第二组是北东东向断裂，主要是发育在大平沟以西的卓阿布拉克断裂（图4-15）。

第二是从岩石力学性质上，阿尔金北缘断裂以北的太古宇结晶基底和喀腊达坂-阿克达坂断裂以南的元古宇碳酸岩系都是比较强硬的岩层，而卓阿布拉克组火山-沉积岩系是比较软弱的岩层，尤其是自喀腊大湾向西卓阿布拉克组中火山岩含量逐渐变少，沉积岩含量增加，可塑性增强。同时大平沟以西地区发育冰沟花岗岩体，出露面积达300km^{2}以上，该岩体为刚性地质体。

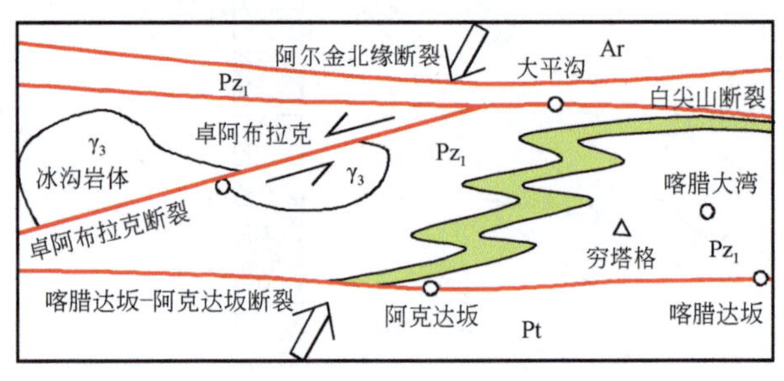

图4-15　大平沟褶皱构造形成机制示意图

第三是冰沟花岗岩体的侵位和隆升使得卓阿布拉克组火山-沉积岩系在该隆起区接受剥蚀，导致花岗岩体隆升区东侧的卓阿布拉克组的向东收缩，出露范围逐渐减小。

第四是区域构造应力场的作用，区域构造应力场作用分两个方面。一方面区域构造应力场表现为主压应力为北北东向；在北北东向主压应力作用下，整个大平沟-喀腊大湾表现为近南北向的压缩，其结果是导致界于两东西向主干断裂之间近东西向展布的卓阿布拉克火山-沉积岩系因受挤压而产状呈现陡倾角或近直立状态。另一方面也是最关键的卓阿布拉克断裂在北北东向主压应力作用下发生左行走滑，根据冰沟花岗岩体东侧边界被错断状况判断，卓阿布拉克断裂左行走滑位移距离为16～18km；卓阿布拉克断裂左行走滑结果使得在大平沟一带不仅受到北北东向的挤应力，而且还存在自南西西向和北东东向的推挤，加上西侧冰沟花岗岩体的隆升，从而在卓阿布拉克火山-沉积岩系出露的西端（大平沟地区）形成枢纽向东陡倾斜的褶皱构造（图4-15）。

上述第一至第三方面是发生褶皱的物质基础，而第四方面（北北东向主压应力作用下卓阿布拉克断裂左行走滑及引起的北东东向收缩）是褶皱形成的直接原因。

值得指出的是，上述对大平沟地区褶皱构造成因归结于冰沟岩体侵入、卓阿布拉克断裂的左行走滑及整体南北向的挤压作用，只是初步的成因分析；实际上，由于阿尔金北缘地区经历多期次变形，褶皱具有明显的多期次叠加的特点，即在形成一期褶皱及相应的劈理置换之后，又发生了第二期褶皱，使早期的轴面劈理产状发生连续变化或再次褶皱（图4-9、图4-13）。

4.2　断裂构造特征

阿尔金成矿带断裂构造非常发育，按延伸可划分为北东东向、近东西向两组，规模最大的北东东向断裂是阿尔金走滑断裂，其次是卓阿布拉克断裂；近东西向的断裂有阿尔金北缘断裂带、拉配泉（白尖山）断裂和红柳沟-野马泉-阿克达坂断裂。其他方向断裂构造较少，其规模也都比较小。

4.2.1　阿尔金走滑断裂

1. 阿尔金走滑断裂宏观展布和构造归属

1）阿尔金断裂的宏观展布

阿尔金断裂是中国西部最大走滑断裂之一，呈北东东向延绵近1500km，以其强烈的贯穿性、巨大的规模、强烈的活动性和巨大位移量为特征。阿尔金断裂西起西藏的拉竹龙，经新疆阿羌、吐拉、索尔库里、阿克塞至甘肃玉门的宽滩山，呈北东东向延伸。在全长约1500km的范围内，断面两侧前新生代地层、构造等一系列地质体发生错移、拖曳和牵引，显示出该断裂巨大左行走滑的相对位移（图1-1～图1-3、图4-1）。

与阿尔金断裂有关的几种概念有阿尔金断裂、阿尔金断裂系、阿尔金系、阿尔金构造带。

阿尔金断裂：阿尔金断裂是最早也是最通用的名词概念，指呈北东东向延绵近1500km、基本呈北东东向线性延伸的断裂，崔军文等（1999）称之为阿尔金山南缘断裂。相对于阿尔金断裂系、阿尔金系、阿尔金构造带来说，它是狭义阿尔金断裂，是阿尔金断裂系的主体或主干断裂。

阿尔金断裂系、阿尔金系：阿尔金断裂系是由多条断层组成的巨型走滑断裂系，由南山逆冲断裂带、西昆仑逆冲断裂带、阿尔金断裂（主干）的左行走滑部分、左行走滑的喀喇喀什断裂和沿塔里木盆地南缘和柴达木盆地西部的压缩和走滑构造组成。主要断层有：①阿尔金断裂（即崔军文等所称的阿尔金南缘断裂）；②且末河（车尔臣河）断裂；③若羌-米兰断裂；④三危山断裂。这些断层构成了巨型的北东东向阿尔金断裂体系。一些地质学家将与阿尔金断裂平行展布的其他一些断裂，如塞克里沙依断裂带、阿尔金北缘（红柳沟）断裂带、北山地块南缘断裂带，划归为阿尔金断裂系；根据构造体系的概念，这些断裂所夹持的地质体也要纳入阿尔金断裂构造体系的范畴，并被称为“阿尔金系”。

阿尔金构造带：与阿尔金系概念和所涵盖的内容差不多，包括相关断裂及断裂之间的地块。而地块中又包括其他构造变形带，如褶皱构造带、韧性变形带、岩浆岩带等。

2）*阿尔金断裂的构造归属*

长期以来，中外地质学家对于阿尔金断裂（构造）带的大地构造性质和归属问题的认识一直颇具争议。从新构造研究角度，Tapponier 和 Molnar（1977）认为阿尔金左行走滑断裂系是青藏高原北部一条重要的应力释放线，是一条岩石圈断裂。Burchfiel 等（1989）根据青藏高原内部及其周缘的褶皱和逆冲构造样式，认为阿尔金断裂带是一条壳内转换断裂，其作用是把沿主干断裂的走滑位移转换为阿尔金断裂南侧地区的地壳缩短。Celal Sengon 和 Borrka（1992）认为阿尔金断裂应与伊朗高原西北缘的安纳托利亚断裂相连，共同构成特提斯北缘的一条巨型走滑断裂系。而从前晚中生代大地构造研究角度，许志琴等（1999）认为阿尔金断裂带是一个经历过多期复杂地质演化历史，由不同层次、不同时期和形成于不同构造环境地质体所组成的造山带，并与相邻造山带有密不可分的关系。

本书讨论的阿尔金走滑断裂主要是众多有关阿尔金断裂（阿尔金断裂、阿尔金断裂系、阿尔金系、阿尔金构造带）概念中狭义的阿尔金主断裂。

2. 阿尔金走滑断裂的位移量

对于阿尔金断裂的走滑位移量同样存在多种观点，大致可分为三种认识。

（1）大位移观点，该观点认为阿尔金断裂走滑位移量在900km以上，甚至达1200km。张治洮（1985）根据断裂带发育的构造岩宽度，认为自古生代以来累计位错量为1200km。崔军文等（1999）根据东、西昆仑晚古生代—早中生代花岗岩类的对比，认为阿尔金断裂南部的走滑量约为750km；根据断裂两侧早古生代地层的对比，推测阿尔金断裂北部的走滑量约为360km或400km（三叠纪以来），合计1100km。李海兵等（2007）依据北祁连高压-低温变质带与北阿尔金高压-低温变质带相对比、柴北缘超高压变质带与南阿尔金超高压变质带相对比，以及包括蛇绿岩带在内的向西延伸等，认为阿尔金断裂走滑位移量为900～1000km。

（2）中位移观点，该观点认为阿尔金断裂走滑位移量为500～700km。Tapponnier 等（1981）根据沿断裂带两侧花岗岩的展布，推算古近纪以来位错量达700km。Pelzer 和 Tapponnier（1988）通过对比阿尔金断裂两边的西昆仑和东昆仑晚古生代岩浆岩带得到的总滑移量约为550km。虢顺民和向宏发（1998）则在统计各条断裂带上位移速率及其相互吻合性的基础上认为总滑移量为580km。葛肖虹等（1998）依据西昆仑山海西—印支期的构造岩浆岩带和东昆仑祁曼塔格-布尔汉布达山构造岩浆岩的对比，认为阿尔金断裂走滑位移量为600～750km。

（3）小位移观点，该观点认为阿尔金断裂走滑位移量为300～500km。许志琴等（1999）根据阿尔金主断裂两侧构造单元，特别是高压-超高压俯冲-碰撞杂岩带的对比，认为阿尔金断裂左行平移总滑移量为400km。Ritts 和 Biffi（2000）依据侏罗系沉积相边界的重建得到阿尔金断裂距今176～170Ma以来的左行走滑位移量为400±60km，阿尔金断裂系西段横切剖面上侏罗纪滨岸沿线长英质侵入体的重建得到的左行位移为360km。Meng 等（2001）根据东西昆仑山早古生代和晚三叠世缝合线的对比以及中生代地层的收缩构造，估计阿尔金断裂南西段和中段的总滑移量为350～400km。Yue 等（2001）估计的阿尔金断裂东段和中段总滑移量为375±25km。Yin 等（2002）依据中生代沉积作用的对比研究，估计的总滑移量为470±70km。Cowgill 等（2003）依据阿尔金断裂两侧地壳俯冲带折返和地幔物质的同位素年代学资料估算的总滑移量为475±70km。Gehrels 等（2003a，2003b）根据阿尔金山与南山的对比，得到总滑移量约为400km、375km或370km。黄立功等（2004）则对塔里木盆地、柴达木盆地和敦煌盆地及其油气藏类型与特点方面进行比较，认为阿尔金断裂存在早期右行、晚期左行的走滑活动，左行位移量大于右行位移量，最终走滑位移量为400km。

本书作者通过对阿尔金成矿带与北祁连山成矿带在铁成矿带、金成矿带、铜铅锌多金属成矿带、钨矿化带以及矿带的组合关系等方面的可比性研究认为，阿尔金走滑断裂的左行走滑位移距离为400km左右（陈柏林等，2010a）。

3. 阿尔金走滑断裂特征

阿尔金走滑断裂位于成矿带东南部，沿青海与新疆交界线一带呈北东70°走向延伸，断裂沿索尔库里走廊南缘出露，出露长度约200km；该断裂也是一条明显的地貌界线，断裂南东侧为索尔库里走廊南山和大通沟北山，断裂北西侧为索尔库里走廊和索尔库里北山以及索尔库里北盆地。

在地质构造上沿阿尔金走滑断裂两侧也有明显的差异，在断裂南东侧出露中元古界蓟县系沉积岩系，火山岩发育比较少，岩浆岩主要为晚古生代侵入岩；而在断裂北西侧除了出露中元古界蓟县系沉积岩系外，还广泛出露下古生界，其中发育比较多火山岩系，而侵入岩时代主要为早古生代。

在索尔库里走廊沿断裂可见很多新构造活动的断层陡坎，反映阿尔金走滑断裂具有非常强烈的新构造活动（图4-16）。与阿尔金断裂的新生代早期走滑活动相关的还有索尔库里北盆地，以及索尔库里北盆地北缘断裂。阿尔金走滑断裂对阿尔金成矿带内的矿化带都是起破坏和改造作用。

图4-16　阿尔金走滑断裂和卓阿布拉克断裂地貌图

a-沿阿尔金断裂发育直线型谷地地貌；b-沿阿尔金断层面发育新构造活动陡坎；c-沿阿尔金断层面发育新构造活动陡坎；d-沿卓阿布拉克断裂直线型谷地地貌，中部远处为冰沟花岗岩体；e-卓阿布拉克断裂北西侧木孜萨依组变质火山岩和变质闪长岩；f-卓阿布拉克断裂北西侧木孜萨依组变质火山岩及其中的花岗岩脉

4.2.2　卓阿布拉克断裂

卓阿布拉克断裂位于红柳沟-拉配泉复向斜内部，自冰沟岩体南侧，经卓阿布拉克，到大平沟与阿尔金北缘断裂归并。全长约70km，呈北东70°走向延伸。沿断裂发育谷地地貌（图4-16d）。断裂南东侧地层为塔什布拉克组沉积岩，以砂岩、粉砂岩、钙质粉砂岩、泥岩和泥灰岩为特点；而北西侧为木孜萨依组变质火山岩（图4-16e），其中发育花岗岩脉（图4-16f）。同时从卓阿布拉克东侧和南侧花岗岩的特点来看，与断裂北西侧的冰沟岩体具有非常相似的特征，应该是同一花岗岩被卓阿布拉克断裂左行断错的结果。按此推算，卓阿布拉克断裂左行走滑位移距离为16～18km。

值得指出的是，大平沟地区发育的陡枢组褶皱构造很大程度上与冰沟岩体的侵位隆升和卓阿布拉克断裂左行走滑作用有关（见4.1节）。

4.2.3　阿尔金北缘断裂

阿尔金北缘断裂在大地构造上是塔里木地块与红柳沟-拉配泉裂谷带的界线，也是成矿带内规模最大的东西向断裂构造，呈东西向贯穿北部地区，西起红柳沟口，经贝克滩北、恰什坎萨依沟口、大平沟金矿、阿北银铅矿、白尖山北到托拉恰普泉一带，区内长240km。西段（红柳沟口-大平沟）出露于39°11′～39°12′，东段（大平沟-托拉恰普泉）出露于39°09′30″～39°10′30″。

阿尔金北缘断裂是太古宇深变质岩系与早古生代浅（未）变质火山-沉积岩系的界线。在红柳沟口-大平沟一带的西段，北侧为太古宇米兰群深变质岩，南侧为长城系红柳沟组中浅变质岩。而在大平沟-托拉恰普泉一带的东段，北侧为太古宇米兰群深变质岩，南侧为下古生界喀腊大湾组火山岩系。

1. 拉配泉-白尖山地区

在拉配泉地区，阿尔金北缘断裂地貌特征非常明显，表现为沟谷地貌（图4-17a）。断裂南侧为一套早古生代火山-沉积岩系、石炭系灰岩和页岩，以及下-中侏罗统砾岩；断裂北侧为太古宇和元古宇变质岩系。断裂北侧的变质岩系由片理化闪长质片麻岩组成，其先是侵入有富含钾长石的花岗岩，后又有基性岩墙群的侵入。这些岩墙具有不同的倾角，但均为一致的北西西倾向。阿尔金北缘断裂在东边切过岩墙群。在北盘片麻岩中，面理发生北北西、近南北向褶皱，如在区内东北角的克孜勒塔斯苏附近，就发育北北西向的倒转背形构造，在露头尺度上表现为同斜褶皱。

图4-17　阿尔金北缘断裂拉配泉-白尖山和喀腊大湾地区地貌与变形特征

a-沿断裂直线开阔型谷地地貌，左侧（断裂北侧）为片麻岩，拉配泉北东侧；b-沿断裂直线开阔型谷地地貌，右侧边部为断裂北侧片麻岩，白尖山北；c-断裂北侧二叠系碎屑岩褶皱构造，白尖山北；d-沿断裂直线开阔型谷地地貌（中部偏左），左侧（断裂北侧）为含角闪正长片麻岩，中部（近断裂南侧）为灰白色花岗岩（阿北花岗岩体），右侧（远处断裂南侧）为变形闪长岩，喀腊大湾大沟；e-断裂北侧（褐红色）近处为含角闪正长片麻岩，远处（灰白色）为黑云斜长片麻岩，喀腊大湾大沟

阿尔金北缘断裂的倾角一般约为50°南倾，局部更陡或较缓。断层露头表现为约2m厚的黄色断层破碎带。在一些断层面上观察到擦痕，显示逆冲运动特点。断裂下盘的结晶岩系变形较弱，没有糜棱岩的形成。断裂的直接上盘为上奥陶统火山岩，夹灰岩、页岩和硬砂岩，地层中发育许多小尺度的不对称褶皱（波长为10～20cm，振幅为5～10cm），向南归并。

在白尖山以东16km一带，阿尔金北缘断裂发育在太古宇片麻岩与早古生代花岗闪长岩之间，断层为中陡倾角倾向南（图4-1、图4-4）。在白尖山地区，阿尔金北缘断裂具有明显沟谷地貌（图4-17b）。断裂南侧为一套早古生代火山-沉积岩系；断裂北侧有太古宇深变质岩（以各种片麻岩类为特征）、元古宇中等变质岩（片岩和变质石英砂岩等），局部出露二叠系碎屑岩，并发生褶皱（图4-17c）。

2. 大平沟地区

在大平沟一带，阿尔金北缘断裂发育在太古宇片麻岩与下古生界下寒武统喀腊大湾组火山岩之间，北侧片麻岩发育北西向背形构造（图4-3），靠近阿尔金北缘断裂的太古宇片麻岩发生韧脆性变形，形成片理化和长英质初糜棱岩（图4-18），糜棱岩片理产状为75°/SE65°。断层向南陡倾，次级片理指示挤压逆冲的活动特点（图4-3、图4-5）。

图4-18 阿尔金北缘断裂野外照片（大平沟，K06点）

a-沿断裂发育开阔的沟谷地貌，左侧（断裂北侧）为太古宇深变质岩；b-断裂地表露头，太古宇片麻岩发生韧脆性变形，形成片理化，K06点；c-断裂露头，太古宇片麻岩发生韧脆性变形，形成片理化，K06点

3. 喀腊大湾地区

阿尔金北缘断裂在喀腊大湾地区表现为一个脆性变形带，地貌上为一开阔的沟谷地貌（图4-17d），脆性变形带宽度大于100m，产状为80°/SE60°。下盘（北侧）为太古宇片麻岩，并发育一个北西向背形构造（图4-3、图4-17e）。上盘（南侧）为花岗岩（阿北岩体、阿北似斑状二长花岗岩体）（图4-17d）及弱变形闪长岩、变形中酸性火山岩、变形正长斑岩脉等。

在喀腊大湾沟与阿尔金北缘断裂交汇部位东侧1000m处，可见到明显的脆性断裂活动剖面。断裂北侧为太古宇片麻岩，断裂位置为谷地地貌，被第四系松散沉积物覆盖，紧挨谷地南侧为强变形的钾长片麻岩，向南依次为构造片岩、片麻状花岗岩和花岗岩。值得指出的是，该处发育多条规模不等的脆性逆冲断层，这些逆冲断层走向近东西向或北东东向，倾向南或南南东，倾角中等。有非常一致显示上盘（南侧）向北逆冲的运动学特点（图4-19）。

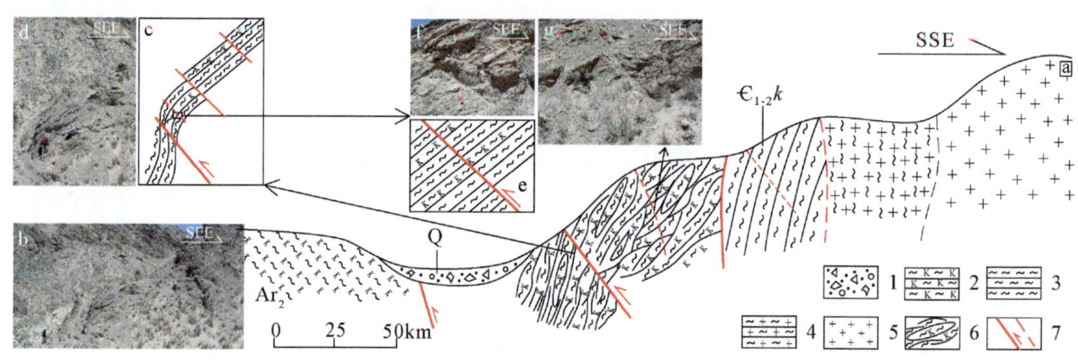

图4-19 阿尔金北缘断裂剖面素描（H28点）

a-主剖面；b-主剖面中右部照片，阿尔金北缘断裂呈谷地地貌，太古宇片麻岩发生韧脆性变形，形成片理化；c和d-主剖面中右部局部放大的剖面和对应照片（断裂南侧强变形片麻岩又发生自南向北的逆冲以及由于逆冲而发生的牵引褶皱）；e和f-c中局部再放大的剖面和对应照片（阿尔金北缘断裂上盘强变形片麻岩中的次级逆冲小断层）；g-主剖面中右部照片（阿尔金北缘断裂上盘强变形片麻岩中的次级逆冲小断层）；1-松散沉积物；2-片麻岩；3-片岩；4-片麻状花岗岩；5-花岗岩；6-强变形钾长片麻岩；7-逆冲断层

4. 恰什坎萨依地区

在恰什坎萨依沟口，阿尔金北缘断裂形成明显的沟谷地貌（图4-20a～c），断裂北侧为太古宇片麻

岩，南侧为长城系红柳沟组浅变质火山岩。在恰什坎萨依沟的另一个露头点，阿尔金北缘断裂形成比较大的破碎带，破碎带宽度约为60m。破碎带北侧为太古宇片麻岩，不易风化，而破碎带风化后呈低缓平坦区，强烈片理化的红柳沟组浅变质火山岩又发生褶皱，指示逆冲活动（图4-20d～f）。

图4-20　阿尔金北缘断裂野外照片（恰什坎萨依，K198～200点）

a-沿断裂发育沟谷地貌，左侧为太古宇片麻岩，右侧为红柳沟组变质火山岩；b-沿断裂发育沟谷地貌，右侧为太古宇片麻岩，左侧为红柳沟组变质火山岩；c-沿断裂发育沟谷地貌，左侧为太古宇片麻岩，右侧为红柳沟组变质火山岩；d-断裂构造变形带，右侧为太古宇片麻岩，左侧为强烈片理化的红柳沟组变质火山岩，并呈低平地貌；e-断裂构造变形带内，强烈片理化的红柳沟组变质火山岩，并呈低平地貌，同时变形片理又发生褶皱，指示逆冲活动；f-断裂构造变形带，左侧为太古宇片麻岩，右侧为强烈片理化的红柳沟组变质火山岩，并呈低平地貌

值得指出的是，阿尔金北缘断裂作为区内重要断裂构造，与其南侧的拉配泉断裂存在着明显的差异，两者之间的构造意义和演化历史也有区别。前者是作为塔里木地块与红柳沟-拉配泉裂谷带的界线存在，形成时代早；而后者与本区蛇绿混杂岩带密切相关并在空间上出露一致，是一个裂谷（或洋盆，或弧后盆地）碰撞封闭后形成的碰撞带，而且保存着部分洋壳的残留。也有学者将上述两者合并为一，但显然与事实是不相符合的。

4.2.4　拉配泉断裂

拉配泉断裂也称白尖山断裂，是阿尔金成矿带内规模很大的断裂构造，呈东西向贯穿中北部，西起红柳沟中段，经贝克滩、恰什坎萨依沟中北段、大平沟金矿南、阿北银铅矿南、白尖山，到托拉恰普泉南一带。整个断裂沿39°09′00″～39°09′30″一带延伸，区内出露长240km。

拉配泉断裂与阿尔金北缘断裂在西段（红柳沟-大平沟）相距较远，为4～10km，两断裂之间夹持的是一套由硅质岩、基性火山岩（枕状玄武岩）、超基性侵入岩及深海碎屑岩组成的蛇绿混杂岩与浅海碳酸盐岩为主组成的沉积岩系，彼此呈断层接触、相互穿插或重复出现的断片组合，属于非常典型的板块碰撞作用形成的洋壳残留与增生楔组合。这套岩石断片组合在冰沟花岗岩体以西区段保留非常完整，在冰沟岩体东侧北部也可少量见及，但是止于卓阿布拉克断裂西侧。

自卓阿布拉克断裂东侧开始，拉配泉断裂与阿尔金北缘断裂在大平沟-托拉恰普泉-拉配泉一带相距较近，为1～2km。两断裂之间夹持岩块虽然主要岩石组合相同，出露了枕状玄武岩、堆晶辉长岩，但是由于出露范围变得狭窄，超基性侵入岩极少出露、浅海碳酸盐岩为主组成的沉积岩系也很少。这可能是后期脆性断裂截切的结果（图4-21）。

在阿尔金成矿带内，拉配泉断裂主要发育在蓟县系木子萨依组浅变质火山岩和下古生界微变质火山沉积岩系中。在西段（红柳沟-大平沟一带）主要是发育在蓟县系木子萨依组浅变质火山岩中；而东段（大平沟-托拉恰普泉一带）主要是发育在下古生界微变质火山沉积岩系中，在大平沟-喀腊大湾一带构成

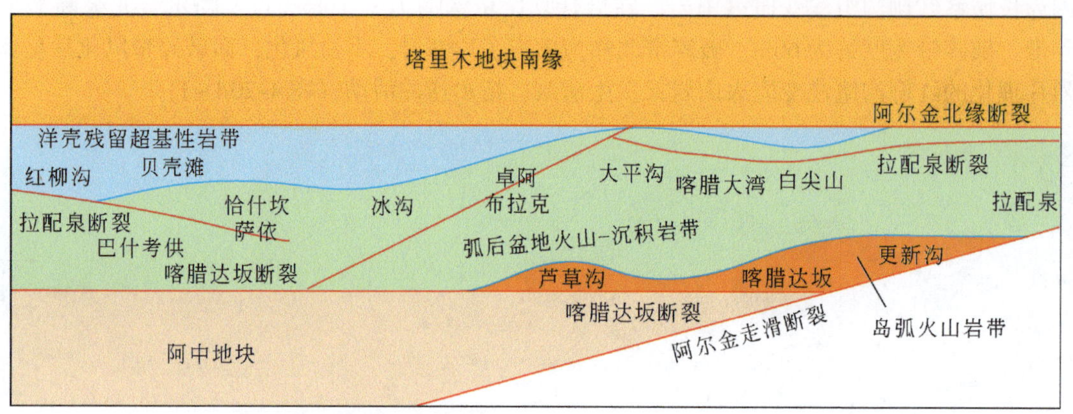

图 4-21　阿尔金成矿带岛弧-弧后盆地-碰撞带序列及其后期断裂破坏示意图

了喀腊大湾组火山岩与塔什布拉克组沉积岩的界线。

拉配泉断裂有三个重要特点：一是广泛发育韧性变形带，这些韧性变形可以发育于各种岩石中，具有明显穿岩性的特点，有花岗岩、辉长岩、超基性岩、玄武岩、安山岩、流纹岩、凝灰岩、砾岩、砂岩、泥岩和灰岩等；二是沿断裂广泛发育出露超基性岩，尤其以西段（红柳沟-冰沟一带）最多，东段（白尖山-托拉恰普泉一带）次之，但在冰沟-大平沟一带的拉配泉断裂中段出露比较少，这些超基性岩连同堆晶辉长岩、枕状玄武岩、硅质岩一起构成蛇绿混杂岩带，代表板块俯冲碰撞后洋壳残留；三是发育高压变质带，这在恰什坎萨依沟最为典型，出露了榴辉岩、蓝片岩、高压变质泥岩等（车自成等，1995b；张建新等，2007）。

在白尖山一带，拉配泉断裂下盘（北盘）为喀腊大湾组火山岩系，上盘（南盘）为塔什布拉克组沉积岩系，两者之间发育韧脆性变形带和破碎带，并夹有分布很窄的石炭系生物碎屑灰岩。北侧发育有强变形砾岩、变形含砾砂岩（图 4-22）。

图 4-22　拉配泉断裂野外照片（白尖山东沟，K155 点）

a-强变形砾岩；b-强变形粉砂岩；c-强变形泥岩

4.3　韧性变形带构造

阿尔金成矿带在早古生代经历板块俯冲和最后地块碰撞，形成了一系列包括高压变质变形在内的韧性-韧脆性变形构造带，韧性、韧脆性变形带在全区地质图上非常明显，西起红柳沟，经贝克滩南、恰什坎萨依沟一带，向东至大平沟、喀腊大湾及其以东地区，全长超过 200km，宽度为 1 ~ 5km，主要沿阿尔金北缘断裂和（或）拉配泉断裂带附近延伸，其中东段（大平沟-喀腊大湾一带）主要发育于北缘断裂附近及其南侧，西段出现两条韧性-韧脆性构造变形带，北带沿盘龙沟-红柳沟一带遭受后期破坏改造明显，保留比较少。南带发育于红柳沟-贝克滩南-恰什坎萨依沟中段等地（图 4-1）。

4.3.1　红柳沟-贝克滩南韧性变形带

红柳沟-贝克滩南韧性变形带西起红柳沟（原红柳沟铜金矿点），经贝克滩南、恰什坎萨依沟中段，向东到扎斯勘赛河上游（南段）一带，最终止于阔什布拉克附近，长度约为 80km，出露宽度为 0.5～3km。该韧脆性变形带呈北西西向延伸，走向 280°～290°，南倾，倾角 65°～80°。

1. 红柳沟段

在红柳沟一带，以原红柳沟铜金矿点最典型，发生韧性变形的岩石有中基性火山岩、中酸性火山岩和花岗质岩石等（图 4-23a～c）。韧脆性变形带内发育典型的糜棱岩和各种变形组构，韧脆性剪切带总体延伸 75°～90°，糜棱岩面理走向 65°～85°，以近直立或向南陡倾为主（图 4-23、图 4-24）。

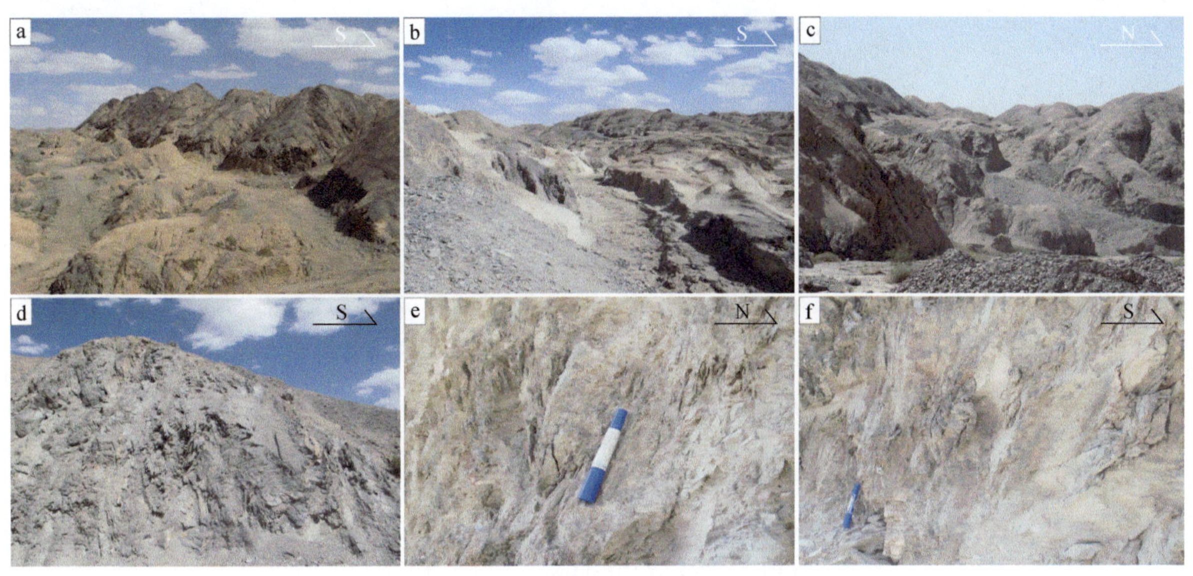

图 4-23　红柳沟铜金矿点韧性变形带远景（A216～A217 点）

a-红柳沟铜金矿点中东段韧性变形带远景，发生韧性变形的岩石为中基性火山岩、花岗岩等；b-红柳沟铜金矿点中西段韧性变形带远景，发生韧性变形的岩石为中基性火山岩、中酸性火山岩等；c-红柳沟铜金矿点中东段韧性变形带远景，发生韧性变形的岩石为中基性火山岩、花岗岩等；d-红柳沟铜金矿点西段，强变形中基性火山岩，片理走向近东西向，倾角陡或近直立，次级褶皱指示南侧向东向下相对运动，A216 点；e-红柳沟铜金矿点西段，强变形中基性火山岩，片理走向近东西向，倾角陡或近直立，次级褶皱指示南侧向东向下相对运动，A216 点；f-红柳沟铜金矿点西段，基性火山岩中发育强变形带，与片理小角度发育石英脉金矿化，D33 点

在红柳沟金矿点韧性变形带西段，构造变形主要发育于中基性火山岩中，变形带中糜棱岩面理非常发育，并发生次级褶皱，指示剖面上南侧向下的正断层运动（图 4-23d～f）。而强变形含砾砂岩，石英砾石被明显拉长呈眼球状，定向排列，指示平面上为左行相对运动（图 4-24a）。在红柳沟金矿点韧性变形带东段，除了中酸性火山岩发生韧性变形外，最典型的一套钾长花岗岩发生糜棱岩化，其中钾长石形成残碎斑晶，并定向排列，构成 S-C 组构，指示平面上为左行相对运动（图 4-24b、c）。

红柳沟金矿点矿体为含金石英脉，其发育于韧性变形带中，沿与糜棱岩面理呈不同角度的裂隙发育，从裂隙与面理夹角指示矿化发生时变形带相对运动方向为右行（图 4-24b、d、图 4-25）。在一处富金矿体部位，矿化带与变形带主体延伸方向一致，其中含金石英脉主要沿与糜棱岩面理之间呈很小夹角的裂隙（小于 5°～30°，以沿 P 型和 D 型裂隙发育为主）充填，其次是沿与糜棱岩面理之间呈中等-较大夹角（40°～75°，为 R 型和 R′型裂隙）充填（图 4-24e、图 4-26），还有与面理近垂直的 T 型裂隙。含金石英脉以近直立或向南陡倾为主。韧脆性剪切带总体延伸方向、剪切带内残斑排列特点和不对称微褶皱倒向等标志，反映出金矿化发生时运动方向为右行剪切。

2. 贝克滩段

贝克滩段是红柳沟-贝克滩南韧性变形带的中段（图 4-1）。发育比较典型的韧性-韧脆性构造变形。

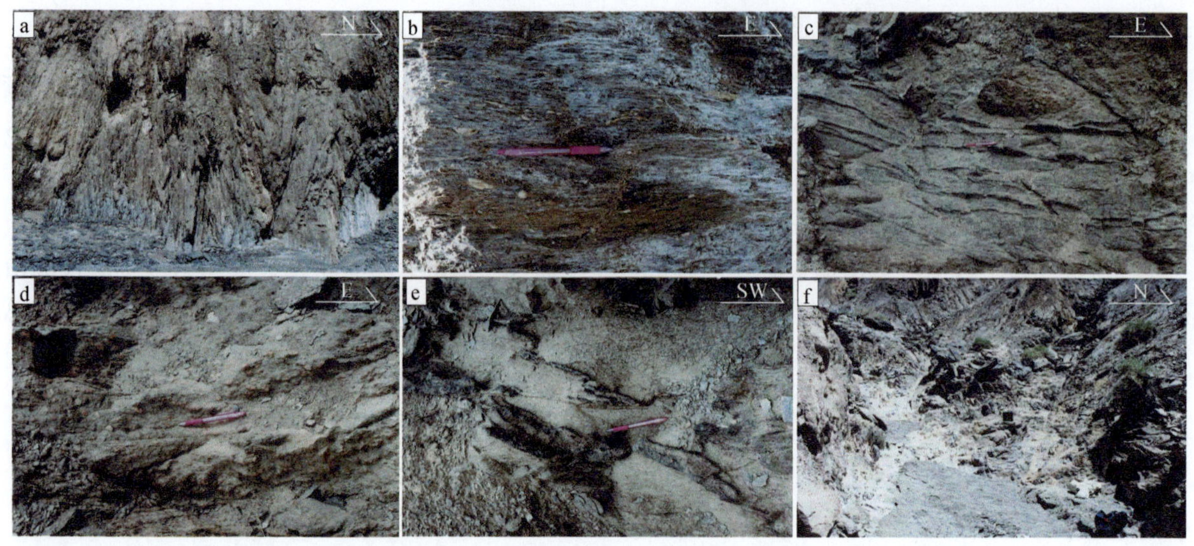

图 4-24　红柳沟铜金矿点韧性变形带特征

a-红柳沟铜金矿点西段，强变形含砾砂岩，石英砾石拉长明显，砂岩强烈片理化，D33 点西；b-红柳沟铜金矿点中段，钾长花岗岩发生强烈韧性变形，钾长石形成残碎斑晶，并具有与面理小夹角或中等夹角的硅化石英脉发育，D31 点；c-红柳沟铜金矿点中段，钾长花岗岩发生强烈韧性变形，钾长石形成残碎斑晶，并具有明显定向排列，发育 S-C 组构，指示左行运动，D31 点；d-红柳沟铜金矿点韧性变形带中沿片理和与之较小角度发育石英脉金矿体，之后石英脉又发生褶皱，指示石英脉形成时及其之后变形为右行，D32 点，其素描图为图 4-25；e-红柳沟铜金矿点韧性变形带中发育不同方向石英脉金矿体，与面理夹角关系有0°～5°（P 型）、15°～（D 型）、45°左右（R 型）、60°～75°（R′型）和近直角（T 型），D32 点，其素描图为图 4-26；f-红柳沟铜金矿点西段，强变形中基性火山岩，片理走向近东西向，倾角陡或近直立，次级褶皱指示南侧向东向下相对运动，A216 点

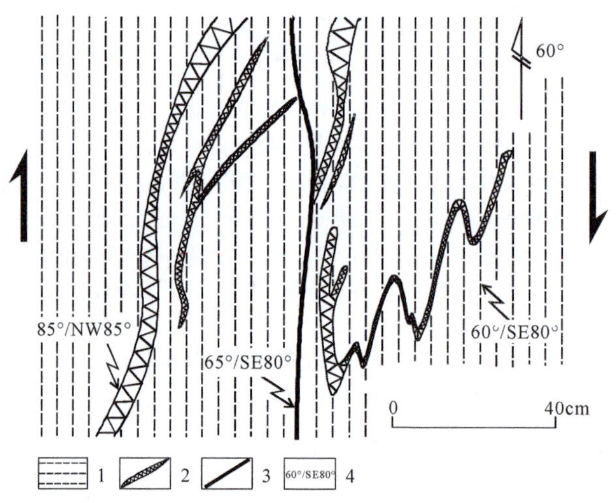

图 4-25　红柳沟地区糜棱岩带与金矿化石英脉关系及反映的运动学特征

1-糜棱岩；2-石英脉；3-脆性断层；4-产状

该区段以贝克滩南金矿区和贝克滩南东一带出露较好。贝克滩南金矿区剖面和贝克滩东南剖面的构造变形特征详见图 4-27。

在贝克滩南侧一带，按 1∶5 万区域地质调查资料主要出露的地质体从北向南依次为中–上奥陶统灰岩，南华系—下奥陶统灰绿色粉砂岩、砂岩、泥岩、砾岩和火山凝灰岩、英安岩、基性玄武岩以及南侧的钾长花岗岩和辉绿岩脉等（图 4-27）。但是本书测年资料显示主要岩石属于早古生代晚寒武世—奥陶纪（详见第 1 章）。

1）贝克滩南剖面

贝克滩南剖面位于贝克滩南金矿区，其主要地质点构造变形特征描述如下。

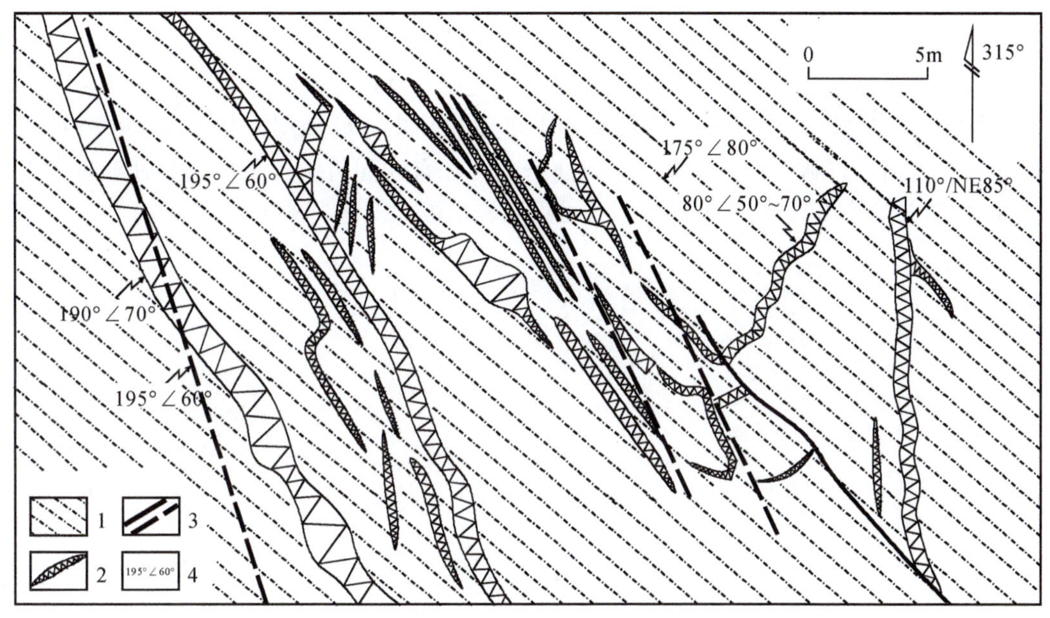

图4-26 红柳沟地区糜棱岩带及与其中含金石英脉关系

1-糜棱岩；2-含金石英脉；3-晚期脆性小断层面；4-产状

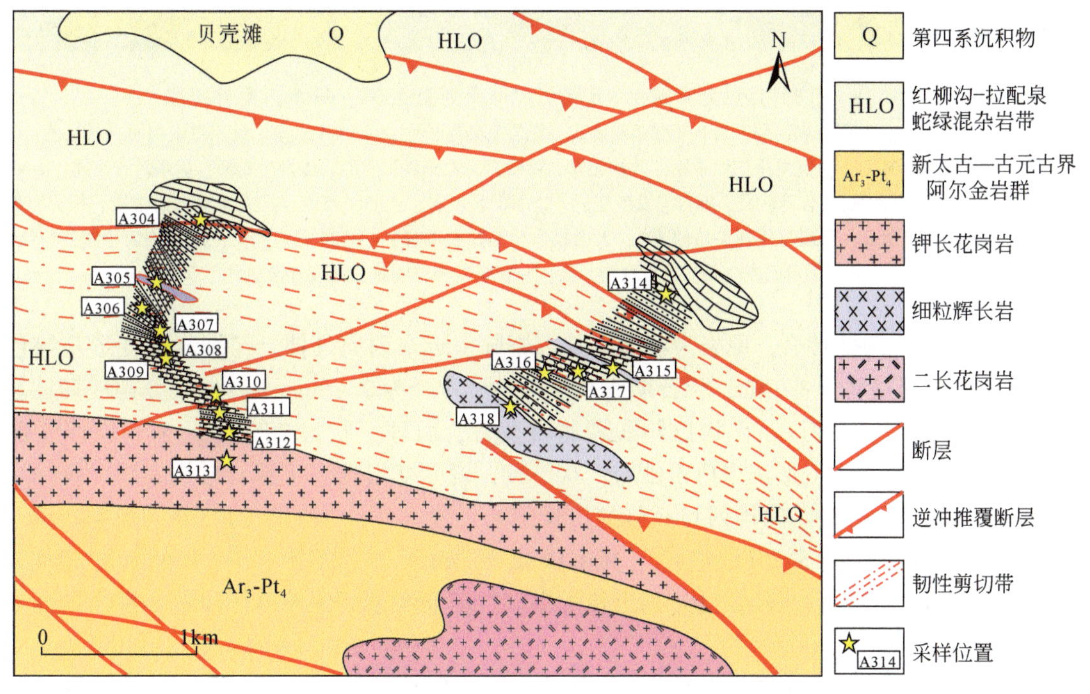

图4-27 贝克滩南一带韧性变形带分布及其研究剖面位置

A304点：点北侧为中-上奥陶统的厚层灰岩，南侧为灰绿色粉砂岩、泥岩，两者之间为断层接触关系，断层走向为近东西向，倾向南，倾角为37°，显示为一条逆冲断层（图4-28a）。南侧粉砂岩、泥岩片理化发育（图4-28b），片理走向为310°～320°，倾向南西，倾角72°～76°，其中沿片理方向可见石英脉，脉宽5～15cm。在该点南侧200m可见“X”形共轭节理和共轭膝折，其两组产状分别为77°/NW66°和40°/SE65°。

A305点：可见超基性岩出露，通过显微镜下观察，橄榄石基本上大部分蚀变为蛇纹石和绢云母，仅保留橄榄石的残晶，沿橄榄石残晶边缘及其裂纹伴随有磁铁矿的析出。该超基性岩块应该属于红柳沟-拉配泉蛇绿混杂岩带的蛇绿岩残片，在俯冲碰撞阶段呈残片与蛇绿岩上覆岩系以及外来岩块一起卷入增生楔中。

A306 点：主要为南华系—下奥陶统的含铁泥岩、粉砂岩、含砾砂岩、砾岩等（图 4-28c、d）。岩石受后期构造变形改造而普遍发育片理（S_1），片理走向为 280°～295°，倾向南西，倾角为 30°～40°，并且片理基本上置换了原始层理（S_0），只在局部露头上可以识别出原始地层产状，为 330°/SW∠9°（图 4-28e）。同时，可见铁白云石脉、石英脉顺片理方向产出，在含铁泥岩中可见矿物拉伸线理发育，产状为 105°∠60°（倾伏向∠倾伏角）。岩石变形强烈，可见砾岩也被片理化（图 4-28f）。

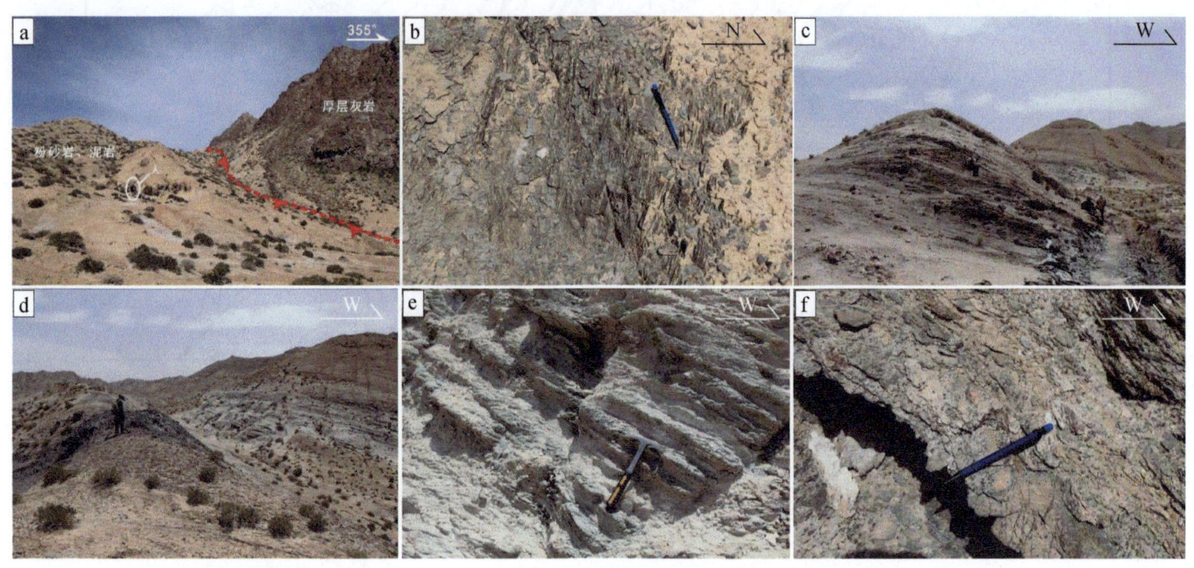

图 4-28　红柳沟-贝克滩韧性变形带贝克滩南剖面 A304、A306 点野外照片

a-A304 点，贝克滩南剖面北端，厚层灰岩、白云岩与灰绿色粉砂岩、泥岩呈断层接触；b-A304 点南，贝克滩南剖面，灰绿色粉砂岩、泥岩发育比较强烈的片理化；c-A306 点，贝克滩南剖面中段，含铁泥岩、粉砂岩、含砾砂岩、砾岩等发生变形，呈条带状出露；d-A306 点，贝克滩南剖面中段，含铁泥岩、粉砂岩、含砾砂岩、砾岩等发生变形，呈条带状出露；e-A306点南，贝克滩南剖面中段，长英质熔结火山碎屑岩发生强烈变形，面理置换明显，层理与片理夹角约 30°，火山碎屑压扁拉长明显；f-A306 点南，贝克滩南剖面中段，熔结火山砾岩，长英质砾石发生强烈韧性变形，被压扁拉长呈长眼球状，面理置换明显

A307 点：出露花岗质糜棱岩，原岩为花岗岩脉，岩脉呈近东西向延伸，与围岩强变形灰绿色粉砂岩为侵入接触关系，出露宽度为 3～4m，长石形成残碎斑晶，粒径为 2～5mm，其他成分构成韧性基质，可见石英拔丝构造。糜棱岩面理以及矿物拉伸线理非常发育，面理产状为 285°/SW55°，拉伸线理侧伏向 115°、侧伏角 65°，与围岩强变形灰绿色粉砂岩产状一致，说明变形发生于脉岩形成之后。拉伸线理主要由长英质基质和少量黑云母的定向排列和石英的拉长定向形成（图 4-29a）。对该花岗质糜棱岩进行 LA-ICP-MS 锆石 U-Pb 测年，获得 542.1±4.3Ma（MSWD=2.3，n=12）的年龄（图 4-29b），可以代表该糜棱岩带中花岗质岩脉的侵位年龄，表明红柳沟-巴什考供韧性剪切带形成于该岩体侵位之后，其变形时代晚于 542.1±4.3Ma。

A308 点：属于强变形带，原岩为中-酸性火山岩，并夹有薄层粉砂岩、砂岩，岩石经历了强烈韧性构造变形改造，形成长英质糜棱岩、糜棱面理和线理发育，面理产状为 280°/SW50°，其中可见多条石英细脉沿面理方向产出（图 4-29c）。在显微镜下，可见中-酸性火山岩中的斑晶（长石和部分石英）被压扁拉长，形成残碎斑晶，含量约 20%，微细晶结构的火山岩主体发生变形流动构造，其中部分长英质形成拔丝构造，构成韧性基质（主要成分为微细粒石英和云母），含量约 80%。在定向薄片 AC 面上，可见“δ”型旋转碎斑，指示其具左行剪切的特征（图 4-29d）。

A309 点：主要为中性火山岩，向南逐渐变为基性火山岩，岩石普遍片理化，片理产状为 295°/SW70°，可见拉伸线理，产状为 280°∠45°。同时，在岩石中发育膝折构造，膝折面产状为 317°/SW75°，其指示的运动方向为左行剪切，与上述显微镜下观察结果一致。

A310 点：出露基性火山岩夹薄层中-酸性火山岩，矿物拉伸线理，产状为 279°∠36°。

图 4-29　贝克滩剖面中韧性变形带变形岩石野外和显微照片及部分锆石 LA-ICP-MS 测年结果

a-A307 点，贝克滩南剖面中段，花岗质糜棱岩，岩石发生强烈变形，糜棱面理和线理发育；b-贝克滩南剖面中段，花岗质糜棱岩锆石 LA-ICP-MS 测年结果；c-A308 点，贝克滩南剖面中段长英质糜棱岩，可见多条石英细脉沿糜棱面理产出；d-A308-1，长英质糜棱岩显微照片，可见“δ”型旋转碎斑指示左行剪切，正交偏光；e-A311 点，贝克滩南剖面南段，变形中基性火山岩夹变形中酸性火山岩、粉砂岩、砂岩；f-A311 点南，贝克滩南剖面南段，变形中基性火山岩中夹中酸性火山岩，并见脆性断层及断层泥

A311 点：该点南侧为基性火山岩，点北侧为粉砂岩、砂岩等，其片理化发育，片理产状为 278°/SW67°，与整个变形带的片理产状一致。往南 20m，在粉砂岩、泥岩中发育一条走滑断层（图 4-29e、f），断层走向为 60°～65°，倾向南东，倾角为 75°，在靠近断层处普遍发育有断层泥。

K183 点（A312 点，贝克滩金矿 TC5101）：剖面南段，主要出露基性火山岩，片理化明显，其产状主要为 288°/SW76°，可见不太明显的线理，线理产状东侧伏 35°（图 4-30a）。野外可见多条石英脉呈东西向展布，与基性火山岩片理产状一致（图 4-30b、c）。而含金石英脉整体倾向北，倾角约为 75°，与片理有明显夹角（走向夹角 10°～15°，倾向夹角 20°～30°），含金石英脉中可见黄铁矿化、孔雀石化等，紧挨含金石英脉的片理化中基性火山岩中可见铁白云石化蚀变，颗粒可达 1mm。

图 4-30　贝克滩金矿韧脆性变形带特征

a-强片理化带中基性火山岩（变形玄武岩），面理产状 288°/SW76°，线理 90°∠35°，K183 点；b-变形玄武岩片理化带中沿片理（或微角度斜交）发育石英-铁白云石脉，K184 点；c-变形玄武岩片理化带中沿片理发育石英-铁白云石脉，K184 点；d-贝克滩西矿带片理化钾长花岗岩，同时片理化带中小褶皱，指示南侧向下运动，K54 点；e-强变形含砾凝灰质砂岩的层理面理置换，K187 点；f-黑云母正长岩，未发生构造变形，贝克滩南剖面南端，A313 点；g-黑云母正长岩，未发生构造变形，贝克滩南剖面南端，K55 点；h-贝克滩南黑云母正长岩，岩石主要由正长石大于 80%、少量斜长石、石英、黑云母组成，正交偏光；i-贝克滩黑云母正长岩锆石 LA-ICP-MS 测年结果

在该点西侧，贝克滩金矿西段，片理化带发育，涉及变形的还有钾长花岗岩（图 4-30d）、超基性岩体等。在该点东侧，贝克滩金矿 TC4101 及 ZK4102 机台一带（K187 点），可见含砾凝灰质砂岩的层理片理置换关系，此处含砾凝灰质砂岩层理自西向东逐渐向南东、向南转弯变化，而片理沿 100°～110°方向穿切层理（图 4-30e）。

K55 点（A313）：贝克滩剖面最南端，出露黑云母正长花岗岩，岩体呈东西（北西西-南东东）向展布，与其北侧的变形带呈侵入接触关系，正长花岗岩中可见有辉绿岩脉穿插。室内镜下鉴定，为黑云母正长岩，矿物含量为正长石 80%～85%、斜长石 3%～5%、石英 3%～5%、黑云母（退变质为绿泥石）5%～6%、磁铁矿 2%～3%。岩石中粗粒等粒结构，矿物颗粒为 3～6mm，块状构造（图 4-30f、g）。

野外和显微镜下观察，该黑云母正长岩并未发生变形（图 4-30h），与韧脆性构造变形带呈侵入接触关系，表明其晚于红柳沟-巴什考供韧性剪切带的形成。本书对该黑云母正长岩进行了 LA-ICP-MS 锆石 U-Pb 法测年研究，获得年龄为 444.0±5.0Ma（MSWD=4.3，n=18）（图 4-30i），这说明红柳沟-巴什考供韧性剪切带的形成时代早于444.0±5.0Ma。

2）贝克滩东南剖面

该剖面与贝克滩南剖面具有衔接关系，在构造部位上为贝克滩南剖面的北延部分（图 4-27），构造变形强烈，其中剖面北段向东延伸就是恰什坎萨依沟的高压变质带，限于篇幅，不一一细述，其中构造变形带产状走向近东西向，向南陡倾，发育陡枢纽褶皱构造，次级褶皱指示变形相对运动为平面上北侧向西的左行，剖面上为南侧相对下降，空间上为左行正断（图 4-31a、b）。与贝克滩南、红柳沟一带具有一致性。

3. 恰什坎萨依南段

恰什坎萨依南段是红柳沟-贝克滩南韧性变形带的东段（图 4-1），在该处表现为发育在高级片麻岩和混杂堆积之间的一个高角度南倾的韧性剪切带（前人曾经将其称之为恰什坎正断层）。

整个变形带由强变形白云母片岩（高级变质泥岩带）、高压榴辉岩、蓝片岩、变质变形硅质岩（石英岩）等组成。野外可见超高压变质岩（主要为榴辉岩）呈大小不一的透镜状分布于强变形白云母片岩中，大者数十米、一二百米，小者仅仅为数米（图 4-31c）。榴辉岩呈暗红色、暗紫红色，露头上石榴子石颗粒为 1～3mm，绿辉石为暗绿色，短柱状，粒径为 1～3mm，粒状结晶结构，致密块状构造（图 4-31d）。榴辉岩北侧依次出露糜棱岩化片麻岩和强变形白云母片岩、强变形硅质岩。糜棱岩化片麻岩和白云母片岩糜棱面理和线理非常发育，拉伸线理由条痕状石英、石英拔丝构造等组成的矿物定向排列构成（图 4-31e）。糜棱岩面理产状为走向近东西，向南陡倾，线理产状变化较大，主要为向东侧伏。S-C 组构、不对称眼球构造和次级褶皱指示南侧向南向东下滑的左行剪切运动（图 4-31f）。硅质岩呈灰色、灰黑色，中层层状构造或块状构造，多处可见紧闭褶皱构造（图 4-32a、b）。硅质岩中局部可见被改造后断坪断坡构造（图4-32c）。

图4-31 红柳沟-贝克滩南韧性变形带贝克滩东南剖面（A316点）及恰什坎萨依段（K213点）韧脆性变形带特征

a-贝克滩东南剖面，构造变形带，次级褶皱指示左行相对运动，A316点；b-贝克滩东南剖面，南侧为强变形中基性火山岩，北侧未变形含砾砂岩，A315点；c-超高压变质带，榴辉岩呈大小不一的透镜状分布于白云母片岩中，恰什坎萨依，K213点；d-图c的局部放大，榴辉岩露头，主体由石榴子石、绿辉石等组成，恰什坎萨依，K213点；e-强变形白云母片岩，左行正滑变形，K213点；f-强变形白云母片岩，次级褶皱指示剖面上为南侧下降正滑变形，K213点

图4-32 红柳沟-贝克滩南韧性变形带恰什坎萨依段硅质岩变形特征

a-硅质岩发生紧闭褶皱；b-硅质岩发生不协调褶皱；c-硅质岩中早期断坪断坡构造

所以，红柳沟-贝克滩南韧性变形带是红柳沟-拉配泉裂谷（有限洋盆或弧后盆地）闭合、地块碰撞过程中形成的深层次韧性剪切带。

4.3.2 拉配泉断裂韧性构造变形带

拉配泉断裂在喀腊大湾、大平沟等地发育强烈的韧性构造变形带，并沿阿尔金北缘断裂南侧发育（图4-1、图4-2）。与以大平沟金矿区为代表的阿尔金北缘韧性变形带存在明显的差异，不属于同一构造变形带。本小节主要以喀腊大湾和大平沟的构造变形为例进行总结。

1. 喀腊大湾地区

在喀腊大湾地区，拉配泉断裂表现为韧性剪切变形带，倾向南，倾角中等稍偏陡。下盘为寒武系喀腊大湾组火山岩及变质基性岩、片麻状花岗岩等，上盘有年龄较新（417～431Ma）的早古生代花岗岩侵入的由玄武岩、安山岩、流纹岩、砂岩、泥岩和泥灰岩（大理岩）组成的寒武纪地层。

该韧性变形带出露宽度为 80 ~ 200m，由糜棱岩化花岗岩、糜棱岩化二云母片岩、片状大理岩、闪长质糜棱岩、花岗质糜棱岩等组成。糜棱岩面理构造和线理构造均非常发育，剪切带内面理倾向南，倾角为 50° ~ 75°（图 4-3、图 4-33a ~ d）。拉伸线理均向东倾伏，倾伏角为 35° ~ 55°（图 4-33e）。在接近 AC 面的露头，变形闪长岩中角闪石残碎斑晶呈不对称性，指示上盘向南东的左行正滑移剪切运动方式（图 4-33f）。

图 4-33　拉配泉断裂韧性变形带野外照片（喀腊大湾）（K272 点）
a-片麻状花岗岩，阿北银铅矿；b-安山玄武质糜棱岩；c-强变形闪长岩；d-c 的局部放大，闪长质糜棱岩；e-阿尔金北缘断裂变形带变形闪长岩，AB 面上可见角闪石弱定向排列及 A-线理；f-变形带变形闪长岩，近 AC 面上可见 S-C 面理

镜下观察变形带中岩石变形在矿物层次具有明显的变形标志，花岗质糜棱岩中石英发生强烈波状消光和动态重结晶，与少量绢云母构成韧性基质，长石和少量残留较大颗粒石英为残碎斑晶，构成典型糜棱状构造和核幔构造；当韧性变形非常强烈，长石类矿物绝大部分分解为石英和绢云母，且绢云母组分发生迁移时，残留石英，使变形岩石中石英含量很高，构成硅质糜棱岩（图 4-34a）。在强变形英安质凝灰岩中，同构造重结晶绢云母和细小颗粒的长英质矿物定向排列，构成千糜状构造；变形岩石形成绢英质糜棱岩（图 4-34b）。在闪长质糜棱岩中，角闪石和部分斜长石呈眼球状、透镜状残碎斑晶，动态重结晶石英和绢云母构成韧性基质，具有核幔构造和糜棱状构造，残碎斑晶长短轴比值达到 1∶4（图 4-34c ~ f）。

2. 大平沟地区

拉配泉断裂在大平沟地区也表现为一个强变形带（图 4-2、图 4-4 和图 4-35），断层倾向南，倾角中等。下盘为新太古代塔格拉格布拉克组深变质岩系，主要岩性为黑云斜长片麻岩、黑云角闪片岩、硅化带和硅质灰岩，上盘为塔什布拉克组灰岩夹玄武岩，其南侧为早古生代晚期花岗岩。变形带宽度约 140m，主要为强变形火山砾岩和火山集块岩（图 4-35）。砾石大小为 5 ~ 10cm，最大达 20cm 左右，成分为花岗岩、长英质片麻岩、石英岩、硅质等，还有部分火山集块岩。构造变形非常强烈，砾石变形后明显被拉长，Rxz 值一般为 2 ~ 4（图 4-35b、f），而火山集块岩变形后拉长更加突出，Rxz 值可达 5 ~ 10（图 4-35a、c ~ e）。变形面理（S_1）产状为 280°/SW52°。面理上发育线理，向东侧伏，侧伏角为 50°。指示断层左行下滑变形运动方向（图 4-35b、f）。运动方向与喀腊大湾地区一致（图 4-33）。

对强变形砾岩和火山集块岩，选择砾石比较小的样品（含砾火山碎屑岩），切制构造定向薄片和镜下观察显示，变形带中岩石变形在矿物层次具有明显的变形标志，强变形含砾火山碎屑岩砾石呈残碎斑晶形式存在，而砾岩的胶结物和火山凝灰质成分承担绝大多数应变，并结晶形成定向排列的同构造变形成因绢云母，构成韧性基质，长石和少量残留较大颗粒石英为残碎斑晶，构成典型糜棱状构造和类似核幔构造（图 4-36）。

图4-34　拉配泉断裂韧性变形岩石显微照片

a-花岗质糜棱岩，石英发生强烈波状消光和动态重结晶，K243-1，正交偏光10×10，宽度1.39mm；b-强变形英安质凝灰岩，同构造重结晶绢云母定向排列，K252-1，正交偏光；c-变形闪长岩，角闪石和部分斜长石为残碎斑晶，动态重结晶石英和绢云母构成韧性基质，石英、长石和角闪石残斑应变轴比Rxz约4/1，K124-2，正交偏光；d-变形闪长岩，角闪石和部分斜长石为残碎斑晶，动态重结晶石英和绢云母构成韧性基质，石英、长石和角闪石残斑应变轴比Rxz约4/1，K124-2，正交偏光；e-变形闪长岩，角闪石和部分斜长石为残碎斑晶，动态重结晶石英和绢云母构成韧性基质，石英、长石和角闪石残斑应变轴比Rxz约4/1，K272-1，正交偏光；f-变形闪长岩，角闪石和部分斜长石为残碎斑晶，动态重结晶石英和绢云母构成韧性基质，石英、长石和角闪石残斑应变轴比Rxz约4/1，K272-1，正交偏光

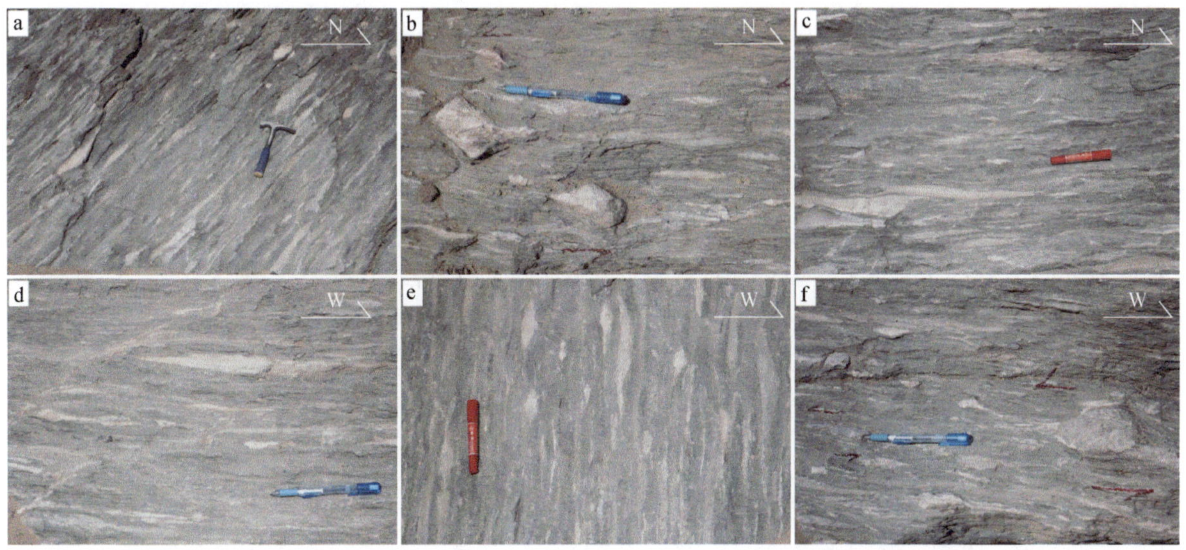

图4-35　拉配泉断裂韧性变形带野外照片（大平沟）

a-强变形火山砾岩和火山集块岩，近AC面，太平沟，K20；b-强变形火山砾岩和火山集块岩，近AC面，照片内左行运动方向，太平沟，K20；c-强变形火山砾岩和火山集块岩，近AC面，太平沟，K20；d-强变形砾岩火山和火山集块岩，近AC面，太平沟，K21；e-强变形砾岩火山和火山集块岩，近AC面，太平沟，K21；f-强变形砾岩，照片内左行运动方向，太平沟，K21

3. 变形岩石应变测量

1）变形岩石露头测量

对拉配泉韧性变形带大平沟变形砾岩和火山集块岩，在野外露头上选择近于AC面和BC面进行实地

图 4-36　拉配泉断裂韧性变形岩石显微照片及其变形应变比值（喀腊大湾）

a-变形含砾火山凝灰岩，砾石形成为残碎斑晶，火山凝灰质胶结物承担主要应变，并形成同构造重结晶定向排列的绢云母，构成韧性基质，大平沟，K21-1，正交偏光；b-变形含砾火山凝灰岩，砾石形成为残碎斑晶，火山凝灰质胶结物承担主要应变，并形成同构造重结晶定向排列的绢云母，构成韧性基质，大平沟，K21-1，正交偏光；c-变形火山凝灰岩，残碎斑晶很少，火山凝灰质胶结物承担主要应变，并形成同构造重结晶定向排列的绢云母、方解石等，构成韧性基质，大平沟，K21-1，正交偏光

测量（图 4-35），在 K21 地质点共测量 167 个数据（其中近 AC 面测量 133 个数据，近 BC 面测量 34 个数据）。变形砾石长短轴比为 2～4，个别达 5 以上，平均为 Rxz = 3. 61，Ryz = 1. 61；而火山集块岩变形后长短轴比为 5～12，个别达 15 以上，平均为 Rxz = 13. 25，Ryz = 2. 55。弗林系数约为 0. 39（表 4-2），反映以压扁为主的剪切变形特点。

表 4-2　大平沟地区（K21 点）变形砾岩和火山集块岩应变量估算结果

序号	标志体性质	AC 面测量数/个	Rxz	BC 面测量数/个	Ryz	AB 面测量数/个	Rxy	弗林系数（*F*）
1	花岗质角砾	7	3. 61			8	1. 61	0. 42
2	火山集块	126	13. 25	14	5. 88	26	2. 25	0. 38
合计（平均）		133	12. 72	14		34	2. 21	0. 39

2）构造定向薄片镜下测量

对拉配泉韧性变形带喀腊大湾地区各种变形岩石（花岗质糜棱岩、闪长质糜棱岩、变形英安质火山凝灰岩等）在野外采集定向标本，室内切制 AC 片和 BC 片，在光学显微镜下，选择应变标志体（火山岩中的斑晶如石英和长石、变质变形过程中形成的黄铁矿变斑晶以及变斑晶矿物两端的压力影等、眼球状或透镜状角闪石残碎斑晶、斜长石残碎斑晶等），分别测量其长短轴，测量结果见表 4-3。求得应变轴比 Rxz 一般为 2. 78～5. 85（表 4-3），反映该韧性变形带发生过非常强烈的变形。相关变形标志体见图 4-34、图 4-36～图 4-39。

图 4-37　拉配泉断裂大平沟地区韧性变形岩石显微照片及其应变测量标志体

a-变形钙质泥岩，应变主要由泥质成分承担，并见层理劈理置换，含黄铁矿变斑晶，长短轴比 4/1，大平沟，K24-1，正交偏光；b-变形钙质泥岩，应变主要由泥质成分承担，含黄铁矿变斑晶及压力影，长短轴比 4/1，白尖山东沟，K164-1，正交偏光；c-变形黑色泥岩，黄铁矿变斑晶，两端发育很长的压力影构造，长短轴比值 Rxz 达 4～6，白尖山东沟，K142-3，正交偏光

表4-3　喀腊大湾地区变形岩石应变量估算结果

序号	样号	岩性	标志体性质	标志体个数/个	Rxz	样品位置
1	K21-1	强变形含砾火山凝灰岩	长英质碎屑	15	3.61	大平沟
2	K24-1	变形钙质泥岩	黄铁矿变斑晶	6	3.01	大平沟
3	K124-1	闪长质糜棱岩	角闪石残碎斑晶	32	3.08	喀腊大湾
4	K124-2	闪长质糜棱岩	角闪石残碎斑晶	28	3.87	喀腊大湾
5	K142-3	变形黑色泥岩	黄铁矿变斑晶+压力影	8	4.86	白尖山东沟
6	K164-1	变形含钙质泥岩	黄铁矿变斑晶+压力影	7	4.15	白尖山东沟
7	K243-1	花岗质糜棱岩	长石、角闪石残碎斑晶	18	2.78	喀腊大湾
8	K362-1	变形流纹质晶屑凝灰岩	浆屑	19	5.83	大平沟东沟
9	K272-4	闪长质糜棱岩	长石、角闪石残碎斑晶	29	3.63	喀腊大湾
10	K372-2	强变形花岗岩	石英质残碎斑晶	27	4.19	大平沟东沟
11	K377-2	强变形酸性火山岩	长英质残碎斑晶	22	3.69	大平沟西沟
12	K272-1	闪长质糜棱岩	长石、角闪石残碎斑晶	28	3.68	喀腊大湾
13	K272-1	闪长质糜棱岩	石英残碎斑晶	24	4.16	喀腊大湾
14	K272-4	闪长质糜棱岩	石英残碎斑晶	21	4.75	喀腊大湾
15	K243-1	花岗质糜棱岩	石英残碎斑晶	28	4.28	喀腊大湾
16	H13-1	强变形酸性火山岩	黄铁矿变斑晶+压力影	31	4.25	喀腊大湾
17	H14-2	强变形酸性火山岩	黄铁矿变斑晶+压力影	7	5.66	喀腊大湾
18	H22-1	花岗质糜棱岩	强烈拉长的石英残斑	25	4.89	喀腊大湾
19	H23-2	花岗质糜棱岩	强烈拉长的石英残斑	21	4.66	喀腊大湾
20	H38-4	强变形酸性火山岩	黄铁矿变斑晶+压力影	26	5.85	喀腊大湾
21	H43-5	强变形酸性火山岩	黄铁矿变斑晶+压力影	35	4.42	喀腊大湾
22	H285-1	变形绢云母石英片岩	变斑晶+压力影	34	3.81	喀腊大湾

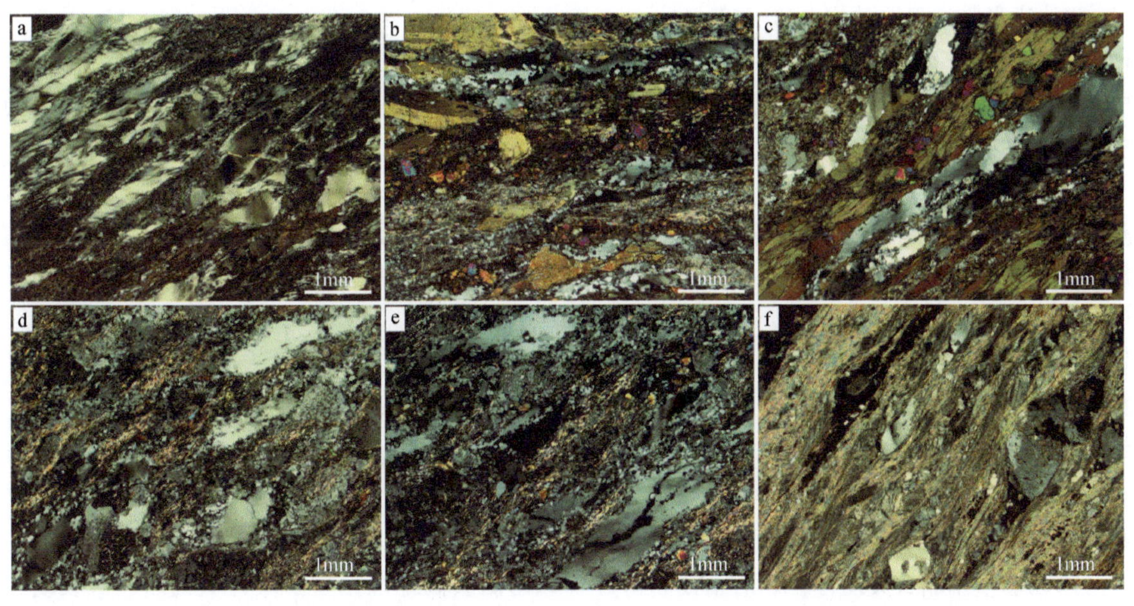

图4-38　拉配泉断裂大平沟地区韧性变形岩石显微照片及其应变测量标志体

a-花岗质糜棱岩，石英残碎斑晶发生强烈波状消光，形态为长眼球状，长短轴比值为大于4/1，喀腊大湾，K243-1，正交偏光；b-变形闪长岩，角闪石和部分斜长石为残碎斑晶，石英、长石和角闪石残斑应变轴比Rac约4/1，喀腊大湾，K272-1，正交偏光；c-变形闪长岩，角闪石和部分斜长石为残碎斑晶，石英、长石和角闪石残斑应变轴比Rac约4/1～5/1，喀腊大湾，K272-4，正交偏光；d-变形蚀变花岗岩，长石和部分变形后石英呈眼球状残碎斑晶，应变轴比Rac约4/1～5/1，大平沟东沟，K372-2，正交偏光；e-变形蚀变花岗岩，长石和部分变形后石英呈眼球状残碎斑晶，应变轴比Rac约4/1～5/1，大平沟东沟，K372-2，正交偏光；f-强变形酸性火山岩，长石和少量石英斑晶变形后呈眼球状残碎斑晶，应变轴比Rac约3/1～4/1，大平沟西沟，K377-2，正交偏光

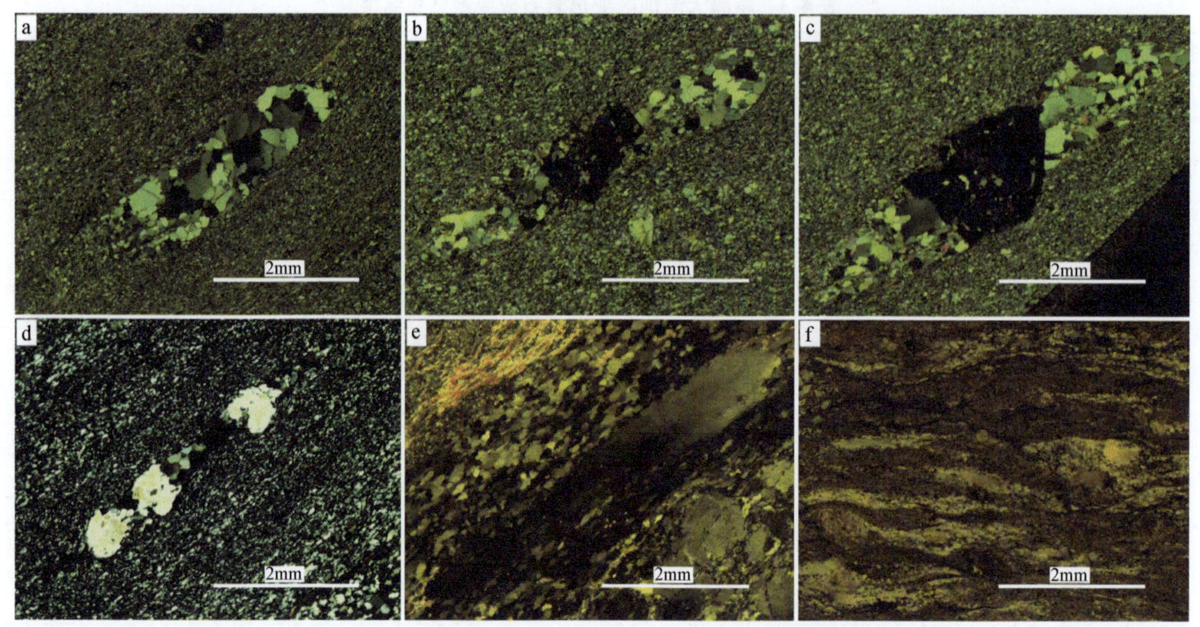

图 4-39 拉配泉断裂韧性构造变形带喀腊大湾地区变形岩石显微照片

a-强变形酸性火山岩，少量动态重结晶绢云母定向排列，硅质团块（晶屑）变形被拉长，应变长短轴比值 Rxz 达 4～5，喀腊大湾，H13-1，正交偏光；b-强变形酸性火山岩，发育黄铁矿变斑晶，两端发育很长的压力影构造，应变长短轴比值 Rxz 可达 5～7，喀腊大湾，H14-2，正交偏光；c-强变形酸性火山岩，黄铁矿变斑晶，两端发育很长的压力影构造，应变长短轴比值 Rxz 达 5～7，喀腊大湾，H38-4，正交偏光；d-强变形酸性火山岩，硅质团块（石英质晶屑）拉长，应变长短轴比值 Rxz 达 4～5，火山岩微晶基质也发生动态重结晶并定向排列，喀腊大湾，H43-5，正交偏光；e-花岗质糜棱岩，石英强烈变形拉长，形成动态重结晶颗粒，动力变质矿物绢云母强烈定向，石英长眼球体应变长短轴比值 Rxz 达 5～7，喀腊大湾，H22-1，正交偏光；f-花岗质糜棱岩，石英强烈变形拉长，形成动态重结晶颗粒，动力变质矿物绢云母强烈定向，石英长眼球体应变长短轴比值 Rxz 达 5～7，喀腊大湾，H23-2，正交偏光

4. 变形运动学、动力学和变形机制

1）韧性变形带变形运动方向的确定

拉配泉断裂韧性变形带在大平沟、喀腊大湾一带面理构造非常发育，而线理及 S-C 组构相对稍差一些，反映本区变形方式是以压扁变形略占优势的剪切变形为特征。其中大平沟变形砾岩和火山集块岩的应变测量显示的弗林系数（*F*）为 0.38～0.42，也说明了变形具有压扁占优势的特点。

糜棱岩面理面上的线理构造反映了构造变形过程中的物质运动方向，本区韧脆性变形带虽然线理发育稍差一点，但野外露头中线理构造还是非常明显的，其产状是在面理面上向东 45°左右侧伏（以喀腊大湾闪长质糜棱岩线理最为典型，见图 4-33e），而且具有正滑特点，在空间上是左行正断的运动特征。从第 5 章变形岩石组构特点上也反映了左行正断的运动学特征。这与红柳沟－贝克滩南韧性变形带的运动学特点相吻合（图 4-24、图 4-29c、d）。

2）韧性变形构造差应力估算

韧性变形构造差应力有多种估算方法，本研究选用糜棱岩动态重结晶石英粒度法。Twiss（1977）经过实验研究认为，石英在韧性蠕变状态下，其动态重结晶粒度与变形时的差应力存在下列关系：$\sigma_1-\sigma_3=6.1\times D^{-0.68}$。式中 D 表示重结晶石英粒径，单位为 mm 时，差应力 $\sigma_1-\sigma_3$ 单位为 MPa。

对区内动态重结晶石英发育较好的糜棱岩薄片（以喀腊大湾地区强变形酸性火山岩、闪长质糜棱岩为主），在显微镜下测量动态重结晶颗粒的粒径（图 4-34a、图 4-39e、图 4-40），依据 Twiss（1977）公式求得拉配泉断裂韧性变形带发生构造变形的构造差应力绝大多数为 51～63MPa（表 4-4）。从表 4-4 中可知，除个别结果比较大外，差应力值属于中等偏低。这与拉配泉断裂韧性变形带属于左行正断的运动学相吻合。

表4-4 拉配泉断裂韧性变形带糜棱岩类石英动态重结晶粒度法差应力估算结果

序号	样号	岩性	样品位置	重结晶石英颗粒粒径/μm	差应力（$\sigma_1-\sigma_3$）/MPa
1	K123-1	变形酸性火山岩	喀腊大湾	32.26	63.01
2	K124-1	闪长质糜棱岩	喀腊大湾	43.75	51.22
3	K243-1	花岗质糜棱岩	喀腊大湾	12.22	121.93
4	K272-1	闪长质糜棱岩	喀腊大湾	35.71	58.81
5	K272-4	闪长质糜棱岩	喀腊大湾	40.00	54.44

图4-40 拉配泉断裂韧性构造变形带变形岩石动态重结晶石英微细颗粒显微照片

a-花岗质糜棱岩，石英强烈变形拉长，形成动态重结晶颗粒，动力变质矿物绢云母强烈定向，喀腊大湾，K123-1，正交偏光；b-花岗质糜棱岩，石英强烈变形拉长，形成动态重结晶颗粒，动力变质矿物绢云母强烈定向，喀腊大湾，K243-1，正交偏光；c-花岗质糜棱岩，石英强烈变形拉长，形成动态重结晶颗粒，动力变质矿物绢云母强烈定向，喀腊大湾，K123-1，正交偏光

3）变形条件和形成背景分析

综上所述，可以认为拉配泉断裂韧性变形带发生于地壳中等深度（8～10km）中–低温（250～350°C）条件下。韧脆性构造变形的差应力为51～63MPa，主压应力方向为南南东–北北西向的伸展应力，变形运动学特点为左行正断变形。

4.3.3 阿尔金北缘韧脆性构造变形带

阿尔金北缘韧脆性变形带出露于紧邻阿尔金北缘断裂带及其北侧的老变质岩系（塔里木地块南缘）的边缘部位，其与北缘断裂南侧拉配泉断裂的韧性变形带具有明显的差异，发生变形的岩石主要为变质岩，岩性有斜长片麻岩、黑云斜长片麻岩、角闪斜长片麻岩、花岗质片麻岩及变质较深的各种火山–沉积岩系（主要为中酸性火山岩、中基性火山岩）等。阿尔金北缘韧性变形带由于受后期脆性断裂构造的破坏，显得很不完整，最典型的是大平沟金矿区，本小节以大平沟金矿区韧性变形带为例进行分析阐述，为叙述方便，以下简称为大平沟韧性变形带。

1. 宏观展布

阿尔金北缘大平沟韧脆性构造变形带总体呈东西向展布（图4-1），在大平沟地区可划分为多条呈舒缓波状延伸的次级变形带。根据韧脆性构造变形带的展布和组合规律，可以划分为南、北两个亚带（图4-41）。在这两个亚带中，北亚带延伸比较长，矿区范围内断续延伸400余米，东段中部宽度较大，达到20余米，而南亚带延伸较短，仅260m左右，最宽处位于中部偏东，可达30m。

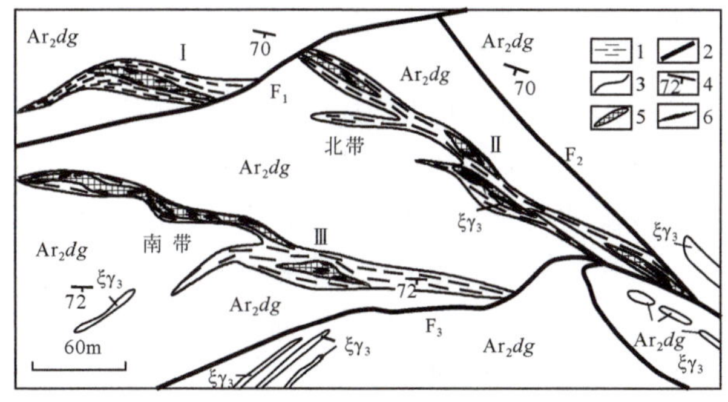

图4-41 大平沟金矿区韧脆性构造变形带分布图
（据陈柏林等，2008）

Ar_2dg-新太古界达格拉格布拉克群；$\xi\gamma_3$-加里东期钾化花岗岩；1-韧脆性变形带；2-晚期脆性断裂；3-地质界线；4-产状；5-蚀变糜棱岩型金矿（化）体；6-钾长石石英脉型富矿体

北亚带由Ⅰ、Ⅱ号韧脆性构造变形带组成，该亚带东段走向为北西西向（走向300°），向西逐渐向近东西向偏转（走向265°～270°）。北亚带在中

段偏西被北东东向的 F_1 断裂（走向 65°～85°）左行切割为Ⅰ号、Ⅱ号两段，Ⅰ号西段向西逐渐变小尖灭；Ⅱ号南东端被北西向 F_2 断裂（走向 320°）局部斜切。Ⅱ号段南侧发育两个走向近东西向的次级变形带小分支（图 4-41）。南带由Ⅲ号韧脆性构造变形带组成，南带由Ⅲ号韧脆性构造变形带组成，该带东段走向近东西向（走向 270°～280°），向西逐渐与北带西段逐渐靠近，中段发育走向为南西西向的分支韧脆性构造变形带，东端被北东东向的 F_3 断裂（走向 65°～85°）截切；西段向西逐渐变小尖灭（图 4-41）。

由于南、北两亚带呈弧形相向延伸，共同围成了中间的构造透镜体，而透镜体地块中构造变形强度明显减弱，构成了比较典型的强变形带和弱变形域（透镜体地块）的变形式样组合（图 4-41）。这种变形式样不仅在矿区范围内，而且在一条控矿构造变形带内部也由尺度不一的弧形糜棱岩带及其所夹持的透镜体地块（弱变形域）组成，在平面（图 4-41）和剖面上（图 4-42 和图 4-43）均具有这种特征。

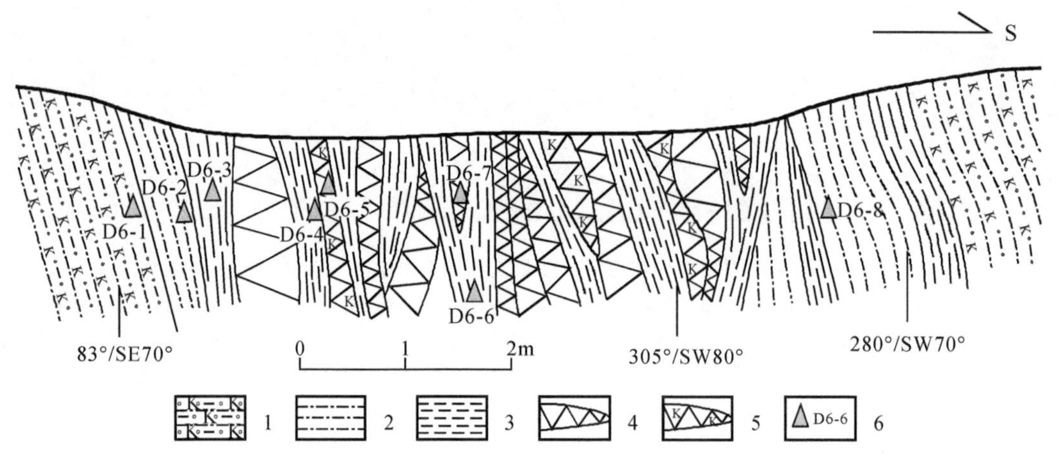

图 4-42　大平沟金矿区韧脆性构造变形带探槽剖面素描（据陈柏林等，2008）
1-变形钾长片麻岩；2-初糜棱岩；3-糜棱岩；4-石英脉；5-钾长石石英脉；6-采样点位置

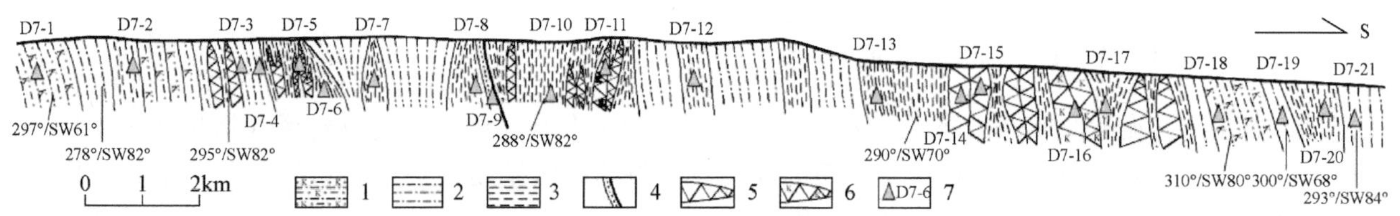

图 4-43　大平沟金矿区韧脆性构造变形带探槽剖面素描（据陈柏林等，2008）
1-变形钾长片麻岩；2-初糜棱岩；3-糜棱岩；4-断层泥；5-石英脉；6-钾长石石英脉；7-采样点位置

2. 构造带变形性质

大平沟韧脆性变形带内岩石的线理、面理构造发育，同构造变形的新生矿物绢云母以及矿物定向组构等都表现了明显的韧脆性构造变形特征。

在韧脆性变形带内部结构上，由多组弧形断面组成的透镜体显示了压性、压扭性的力学性质。从变形带内面理与线理构造相对发育程度来看，面理更为发育，而线理构造发育相对稍差一点，说明韧脆性构造变形以压扁变形略占优势。同时从面理面上的矿物生长线理的产状分析，大多数具有中等的侧伏角向东侧伏，反映韧脆性构造变形以右行逆冲为特征的压扭性构造变形为主。

3. 构造变形岩石类型

根据断裂构造带岩石变形特征可划分为糜棱岩系列岩石和碎裂岩系列岩石，矿区韧脆性变形构造带主要由糜棱岩系列岩石组成，主要构造岩有糜棱岩化钾长变粒岩、绢英钾长质初糜棱岩、糜棱岩等。

（1）糜棱岩化变质碱性安山（英安）质火山岩：这是区内韧脆性变形构造带边缘最普遍的岩石，是原岩在构造应力作用下变形和糜棱岩化程度最低的岩石。主要表现为原岩的结构构造未被破坏，仅是部分钾长石发生碎裂，少量石英发生韧性变形，出现波状消光、核幔构造和动态重结晶，少量（10%左右）动力变质新生矿物绢云母呈定向排列。岩石总体变形较弱，仍保持原岩变晶结构特点，能够辨认原岩矿物成分。

（2）绢云母石英钾长质初糜棱岩：这是变形带区内较普遍出现的构造岩类型，其变形程度高于糜棱岩化钾长变粒岩。主要特征是原岩［变质碱性安山（英安）质火山岩］中大部分钾长石发生碎裂，成大小不等透镜体状；石英普遍发生粒内变形，经动态重结晶形成细小的颗粒定向排列；有较多的（20%~30%）动力变质新生矿物绢云母呈明显的定向排列；原岩结构构造已经破坏，经过韧脆性变形形成糜棱岩状结构，由残碎斑晶和韧性基质两部分组成。残碎斑晶主要为透镜状、眼球状钾长石，韧性基质（<50%）主要为动态重结晶的细粒石英和定向排列的新生细小绢云母。

（3）糜棱岩：在区内韧脆性变形构造带中占主要地位，其变形程度高于初糜棱岩。原岩结构构造已经全部破坏，形成典型糜棱岩状结构，由残碎斑晶和韧性基质两部分组成。残碎斑晶（<50%）主要为透镜状、眼球状钾长石；韧性基质（>50%）主要为动态重结晶的细粒石英和定向排列的新生细小绢云母。原岩（变粒岩）中几乎所有钾长石发生碎裂和动力变质，形成大小不等透镜体状和动力变质成因，且具明显定向排列的新生绢云母；石英普遍发生粒内变形，经动态重结晶形成细小颗粒，并定向排列；而且由于钾长石的构造动力变质作用，分解并形成石英和绢云母两种矿物，所以糜棱岩中石英含量明显增加；韧性基质总量大于50%，而残碎斑晶含量为20%~50%。按糜棱岩主要矿物成分可以进一步划分为长英质糜棱岩、绢英质糜棱岩、石英质糜棱岩或硅质糜棱岩。

由于后期脆性变形叠加，区内部分糜棱岩发生碎裂，形成碎裂糜棱岩。

4. 变形岩石组构特征

变形岩石X光岩石组构显示区内石英（11$\bar{2}$0）极图多数为球对称，无定向组构，石英光轴没有优选方位。部分石英（11$\bar{2}$0）极图具有产状为100°/SW60°的不太明显的圆环带。恢复石英光轴点极密产状10°/30°，与韧脆性剪切变形的面理接近垂直，结合糜棱岩薄片显微镜下可观察到消光带与面理近垂直的现象，说明岩石在韧脆性变形过程中，石英以底面和近于底面滑移的方式发生变形，反映出中–低温条件下（250~350°C）石英发生韧脆性变形的典型变形机制，可以推断其形成深度应该在韧脆性转换带的上部（8~10km）。X光岩组分析还显示，绢云母（110）极图大多数均表现为呈近东西向或北东东向、倾角较陡的环带，环带构造与宏观韧脆性剪切带的面理构造近于平行，表明在韧脆性剪切变形过程中，鳞片状绢云母以近于平行近东西向韧脆性剪切带的面理构造方向定向排列。

区内糜棱岩类磁化率各向异性度 P 值平均为1.4254，反映变形比较强烈，在以F-L（磁面理–磁线理）作坐标轴的类弗林图解上，大部分样品投影点集中在磁椭球扁率 $E=1$ 的直线附近，表明本区导致形成磁组构的构造变形主要为简单剪切变形，21个糜棱岩类样品最小磁化率轴（K_3）走向为348.2°，说明变形最大主压应力以北北西向为主。

5. 变形岩石应变估算

应变测量就是利用岩石中的某些标志体（如化石、鲕粒、矿物等）的形态、分布和物性来确定岩石的应变状态，从而认识岩石的构造变形机制、建立区域应变场、计算剪位移等。

经对糜棱岩中矿物（其他变形标志体少见，主要为石英和长石）眼球体作为标志体在显微镜下的估算，Rxz一般为2.08~3.63（表4-5，图4-44）。对于其他样品的变形状态，依据磁化率椭球的形状与应变椭球的形状之关系，即 $K_1/K_3=(L_1/L_3)^a$ 来进行应变估算（$Rxz=L_1/L_3$），式中幂指数 a 值依据Rathore（1980）与陈柏林和李中坚（1997）的结果进行取值，即对长英质和石英质糜棱岩 $1/a$ 值取6.0进行估算，可以由磁组构的磁化率椭球轴比 K_1/K_3（即 P 值）推算求得应变椭球轴比（表4-6）。该结果与由应变标志体直接测量获得的应变量（表4-5）非常接近。

由表4-5和表4-6可以看出，区内岩石总体变形比较强，由磁组构磁各向异性度 P 值估算的岩石应变轴比Rxz一般为2.9~4.8，这表明本区构造变形是中等偏强。以主应变Rxz=2.9~4.8，并按简单剪切模式公式计算，轴向压缩率可达到35%~55%，如果考虑本区压扁稍占优势，则轴向压缩率还要更大一点。

表 4-5 阿尔金北缘韧性变形带变形岩石应变量估算结果

序号	样号	岩性	标志体性质	标志体个数/个	Rxz	样品位置
1	K06-1	变形角闪斜长片麻岩	石英质眼球体	11	2.51	大平沟
2	K08-1	变形角闪斜长片麻岩	石英质眼球体	16	3.06	大平沟
3	K10-1	变形黑云斜长片麻岩	石英质眼球体	29	3.56	大平沟
4	K13-1	变形正长斑岩	正长石眼球体	31	2.89	大平沟
5	K15-1	变形正长闪长斑岩	正长石眼球体	17	2.96	大平沟
6	K17-1	变形角闪黑云斜长片岩	石英质眼球体	22	2.08	大平沟
7	K92-1	变形钾长变粒岩	黄铁矿及压力影	12	3.63	大平沟金矿
8	K93-2	绢英质糜棱岩	石英质残碎斑晶	28	2.82	大平沟金矿
9	K356-1	变形角闪斜长片麻岩	长石角闪石残斑	21	2.12	大平东沟
10	K387-3	变形花岗岩	石英残碎斑晶	23	2.78	克斯布拉克

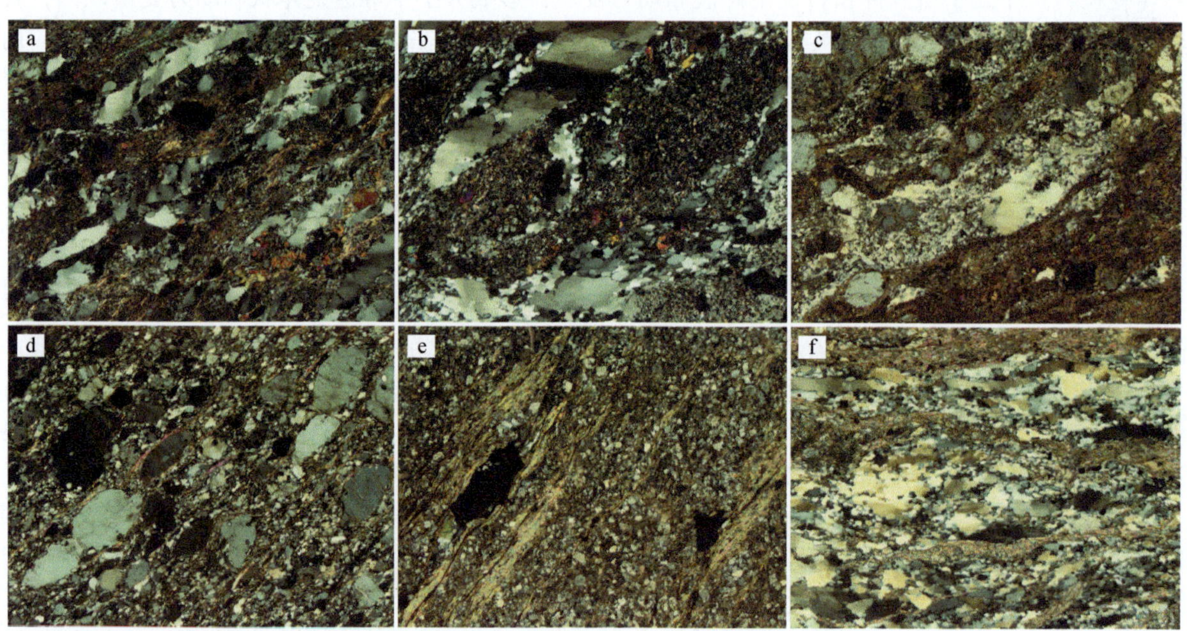

图 4-44 阿尔金北缘韧性变形带变形岩石显微照片

a-变形角闪斜长片麻岩，见石英质眼球体，应变轴比 Rxz=2.0～3.0，K06-1，大平沟北段，正交偏光 2.5×10，宽度 5.57mm；b-变形角闪斜长片麻岩，见石英质眼球体，应变轴比 Rxz 达到 3.0，K08-1，大平沟北段，正交偏光 5×10，宽度 2.79mm；c-变形黑云斜长片麻岩，见石英质眼球体，应变轴比 Rxz 为 3.5，K10-1，大平沟北段，正交偏光 2.5×10，宽度 5.57mm；d-变形正长斑岩，见正长石眼球体，应变轴比 Rxz 为 3，K13-1，大平沟北段，正交偏光 2.5×10，宽度 5.57mm；e-变形钾长变粒岩，黄铁矿变斑晶及压力影，应变轴比 Rxz 为 3.6，K92-1，大平沟金矿区，正交偏光 2.5×10，宽度 5.57mm；f-绢英质糜棱岩，石英质残斑眼球体，应变轴比 Rxz 为 2.8，K93-2，大平沟金矿区，正交偏光 2.5×10，宽度 5.57mm

表 4-6 大平沟地区糜棱岩由磁组构估算的应变量结果（据陈柏林等，2008）

单样					岩类平均				
序号	样号	岩性	K_1/K_3（P 值）	Rxz	序号	样号	岩性	K_1/K_3（P 值）	Rxz
1	D6-1	变形酸性火山岩	1.1945	2.91	4	D7-3	初糜棱岩	1.2407	3.65
2	D6-2	糜棱岩	1.2045	3.05	5	D7-7	糜棱岩	1.3002	4.83
3	D7-1	变形钾长变粒岩	1.2360	3.57	6	D7-21	初糜棱岩	1.2186	3.27

注：有许多糜棱岩样品因为强烈的蚀变矿化作用，磁化率各向异性被不同程度均一化了，无法用 P 值进行主应变估算。

6. 变形运动学、动力学和变形机制

1）韧性变形带变形运动方向的确定

大平沟地区韧性变形带主要发育构造面理，而线理及 S-C 组构相对稍差一些，反映本区变形方式是以压扁变形略占优势的剪切变形为特征。

糜棱岩面理上的线理构造反映了构造变形过程中的物质运动方向，本区韧脆性变形带虽然线理发育稍差一点，但野外露头中线理构造还是非常明显的，其产状是在面理上向东 45°左右侧伏，而且具有逆冲特点，在空间上是右行逆冲的运动特征。D6-6、D6-8、D7-10 和 D7-13 样品的 X 光绢云母（110）极图与宏观面理之间的夹角关系（恢复绢云母条带为北东东走向），指示韧脆性构造变形带的运动方向是右行。同时，岩石磁组构分析显示变形最大压缩轴以北北西向（21 个糜棱岩类样品平均走向 348.2°）为主，那么近东西向韧脆性构造变形带应该是右行逆冲的压扭性特征。三方面反映的运动学特点是吻合的，也与西段红柳沟地区金矿化期的变形运动方向（图 4-25、图 4-26）一致。

2）韧性变形构造差应力估算

本研究选用糜棱岩动态重结晶石英粒度法估算韧性变形构造差应力。

Twiss（1977）等经过实验研究认为，石英在韧性蠕变状态下，其动态重结晶粒度与变形时的差应力存在下列关系：$\sigma_1-\sigma_3=6.1\times D^{-0.68}$。式中 D 表示重结晶石英粒径，单位为 mm 时，差应力 $\sigma_1-\sigma_3$ 单位为 MPa。对区内动态重结晶石英发育较好的糜棱岩薄片，在显微镜下测量动态重结晶颗粒的粒径（图 4-45），依据 Twiss（1977）公式求得大平沟金矿区韧脆性变形的构造差应力为 52～80MPa（表 4-7）。从表 4-7 中可知，差应力值属于中等偏低，较崔军文等（1999）在阿尔金北缘断裂下盘片麻岩中测得差异应力值（122MPa）要小。这说明是在较高温度和含矿热流体作用下，比较低的构造差应力引起本区比较强韧性变形，这也与本区钾长石变粒岩的构造动力退变质作用明显特点相吻合。

图 4-45　阿尔金北缘断裂韧性构造变形带变形岩石动态重结晶石英微细颗粒显微照片

a-变形角闪斜长片麻岩，石英强烈变形拉长，形成动态重结晶颗粒，动力变质矿物绢云母强烈定向，大平沟北段，K06-1，正交偏光 10×10，宽度 1.39mm；b-变形角闪斜长片麻岩，石英强烈变形拉长，形成动态重结晶颗粒，动力变质矿物绢云母强烈定向，大平沟东沟，K356-1，正交偏光 5×10，宽度 2.79mm；c-变形角闪斜长片麻岩，石英强烈变形拉长，形成动态重结晶颗粒，动力变质矿物绢云母强烈定向，大平沟东沟，K356-1，正交偏光 5×10，宽度 2.79mm

表 4-7　石英动态重结晶粒度法差应力估算结果

样号	岩性	样品位置	重结晶石英颗粒粒径/μm	差应力 $(\sigma_1-\sigma_3)$ /MPa	样号	岩性	样品位置	重结晶石英颗粒粒径/μm	差应力 $(\sigma_1-\sigma_3)$ /MPa
K06-1	变形角闪斜长片麻岩	大平沟	29.41	67.10	K356-1	变形角闪斜长片麻岩	大平沟东沟	31.25	64.39
K08-1	变形角闪斜长片麻岩	大平沟	36.36	58.09	K387-3	变形花岗岩	克斯布拉克金矿	22.73	79.95
K10-1	变形角闪斜长片麻岩	大平沟	23.81	77.47	K387-4	花岗闪长质糜棱岩	克斯布拉克金矿	29.41	67.10
K11-1	变形条带状英安岩	大平沟	41.67	52.95	K387-5	花岗闪长质糜棱岩	克斯布拉克金矿	27.78	69.76
K15-1	变形正长闪长斑岩	大平沟	41.67	52.95	D1-1	强变形石英脉	大平沟金矿区	35.00	59.62
K93-2	绢英质糜棱岩	大平沟	35.71	58.81	D7-5	强变形含金石英脉	大平沟金矿区	33.33	61.63

注：K 编号样品为本书采样测量估算，D 编号样品据陈柏林等（2008）。

3）变形条件和形成背景分析

综上所述，可以认为阿尔金北缘大平沟地区的韧脆性构造变形带是发生于地壳中等深度（8～10km）中-低温（250～350°C）条件下。韧脆性构造变形的差应力为52～80MPa，主压应力方向为北北西向，变形运动学特点为右行逆冲的压扭性变形。

4.4　阿尔金山山体隆升-剥露过程

4.4.1　区域地质背景及其样品的采集

阿尔金成矿带位于阿尔金山东段的红柳沟-拉配泉段，塔里木地块结晶基底的南界，总体上呈近东西方向延伸（图1-2），是北东东向阿尔金走滑断裂北侧与东西向阿尔金北缘断裂夹持区域及邻区（陈柏林等，2010b），海拔以2200～3800m为主。研究区地层从太古宇至新生界均有发育。太古宇主要出露于北部地区，为一套高角闪岩相（局部麻粒岩相）变质岩。元古宇主要为浅变质的碳酸盐岩及中基中酸性火山岩及碎屑岩。下古生界为浅变质的火山-沉积岩系。上古生界仅局部出露石炭系和二叠系灰岩、碳质泥岩；中生界仅出露侏罗系砂砾岩、泥岩夹煤层；新生界为松散砂砾层。阿尔金成矿带可划分为沿索尔库里走廊延伸的阿尔金走滑断裂带（即通常的阿尔金断裂）、巴什考供-金雁山断裂带、阿尔金北缘断裂带及其相关的地块（陈柏林等，2008）。构造现象复杂多样，以褶皱、断裂和韧性剪切带为主要表现形式。该区岩浆活动比较强烈，类型多样，以加里东期为主，少量元古宇和印支期，并以加里东期为主的基性超基性岩体（陈正乐等，2006）和早古生代花岗闪长岩规模最大。为了确定阿尔金北缘山脉的东西隆升差异及其阶段性特征，野外对东西方向上卓阿布拉克、大平沟和喀腊大湾地区进行了系统采样，具体样品位置见图4-46。共计采集22个样品，岩性主要为花岗闪长岩、闪长岩和花岗岩，均为加里东期侵入岩。单个样品重量大于2kg，空间坐标位置由便携式GPS测定。

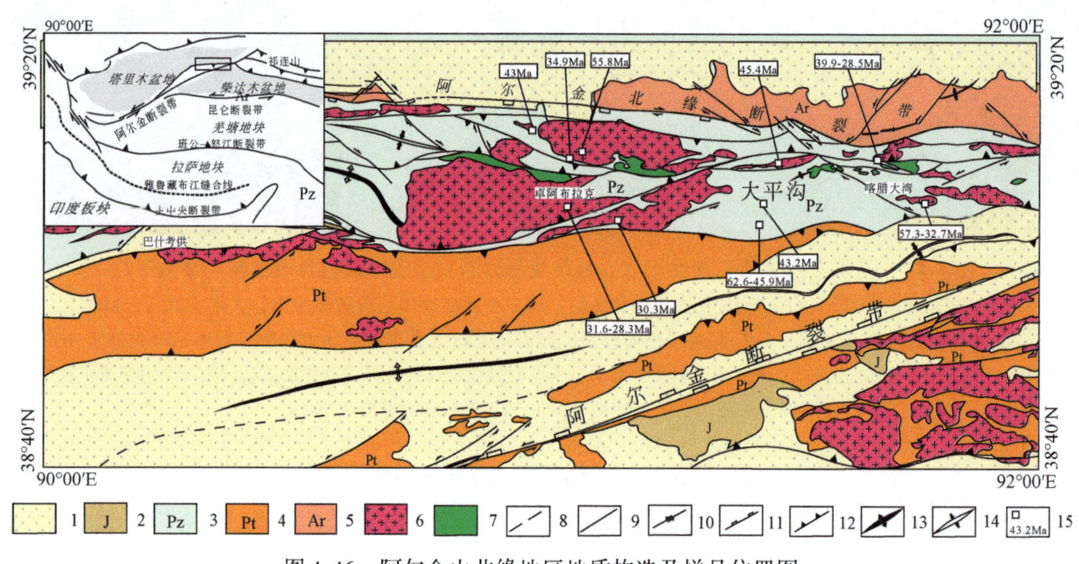

图4-46　阿尔金山北缘地区地质构造及样品位置图

1-新生界；2-中生界（侏罗系）；3-古生界；4-元古宇；5-太古宇；6-花岗岩类；7-基性岩；8-推测断层；9-地质界线；10-走滑断层；11-正断层；12-逆冲断层；13-背斜；14-向斜；15-采样点及径迹年龄

4.4.2　裂变径迹定年原理及实验方法

裂变径迹定年技术是20世纪60年代兴起的一种同位素年代学方法（李小明，1999；李小明等，2000；付明希，2003），特别适用于缺乏有效沉积记录等地区的低温构造演化分析（朱文斌等，2007）。目前，裂变径迹定年技术已广泛应用于含油盆地的热史模拟、造山带的隆升与剥露、盆山耦合关系、沉积盆地分析、成矿热液及断裂活动时限等方面的研究（向树元等，2007；陈正乐等，2008；李松峰和徐思煌，2009；王绪诚和许长海，2010；柳振江等，2010；乔建新等，2012），不少学者也利用裂变径迹定年技术对阿尔金山及青藏高原地区的隆升做了研究（陈正乐等2001a，2001b，2002a，2006，2008；刘永江等，2007；刘超等，2007）。本节主要利用裂变径迹定年技术，结合研究区地质资料分析，探讨阿尔金北缘山脉新生代隆升历史，对比山体隆升剥露差异及其阶段特征。

裂变径迹定年原理是高能带电粒子穿过绝缘固体时留下的强烈辐射损伤痕迹，即径迹，这些径迹在一定温度以下能够被矿物（如锆石、榍石、磷灰石等）保存，并且具有随温度增加而径迹密度减小和径迹长度缩短的特性，当温度达到一定数值时，损伤愈合，径迹消失，即径迹退火特性。Green（1995）对磷灰石裂变径迹退火过程研究表明每个径迹的最终长度是由其所经历的最高温度所决定的，在超过退火带温度（封闭温度）时，径迹不能留存；在退火带范围内，径迹保存长度随温度-时间变化会有不同程度缩减；当温度继续下降至退火带温度以下，新生径迹以原始长度保存，所以径迹长度能够反映温度-时间信息。因此，在修正矿物化学成分、晶体特性、D_{par}等参数对裂变径迹影响的基础上，根据样品裂变径迹的年龄和长度数据能够恢复该样品经历的温度历史，建立温度-时间函数关系，可模拟出该地区的热演化历史。

本次样品的裂变径迹测年实验在中国地震局地质研究所地震动力学国家重点实验室进行，由谷元珠完成全部样品的测试工作。本实验采用外探测器法对样品进行裂变径迹分析，有关实验条件如下。磷灰石蚀刻条件为5.5% HNO_3，室温20°C，20s；外探测器采用低铀含量白云母，蚀刻条件为40% HF，室温20°C，40min；Zeta标定选用国际标准样，标准玻璃为美国国家标准局CN-5铀标准玻璃；样品送中国原子能科学研究院492反应堆进行辐照；径迹统计用OLYMPUS偏光显微镜，在放大1000倍浸油条件下完成。磷灰石裂变径迹的封闭温度采用110±10°C，退火带温度为60～120°C（王世成等，1991），年龄误差为±1σ。

4.4.3　实验测试结果

区内22个样品测试分析结果见表4-8。在年龄测试过程中，全部样品的磷灰石单颗粒测量数目均大于20，径迹长度的测量数目均大于50条，部分超过100条，满足后面热史模拟的要求。所有测试样品$P(x^2)>5\%$，即通过x^2检测，服从泊松分布（朱文斌等，2007；乔建新等，2012），并且年龄直方图呈单峰，单颗粒年龄不分散，说明各样品的单颗粒年龄属于同一年龄组分，因此本书所用的径迹年龄均为池年龄。研究区样品径迹年龄为62.6±3.5～28.3±1.7Ma，径迹长度为13.25～14.29μm，标准差为0.99～1.32μm，具有典型的无扰动基岩型特征（王世成和康铁笙，1991），热冷却历史相对单调，即磷灰石径迹从不能保留的高温阶段相对缓慢地冷却到封闭温度至地表温度，这个过程中没有经历再次增温或其他热事件（陈文寄等，1999）。裂变径迹长度分布的标准差（S）和平均径迹长度的关系见图4-47。从采样位置上分析，样品径迹年龄和样品高程基本呈正相关（图4-48），南侧海拔相对较高，径迹年龄较大，说明海拔高低不同的样品先后进入退火带的事实。大平沟样品H226-1处在南侧且海拔较高，测试的径迹年龄最大，喀腊大湾北段海拔较低，其样品的径迹年龄较小。此外，样品均为侵入岩，代表山体隆升年龄，而非断层活动年龄。

卓阿布拉克地区位于成矿带中西段，采集的7个样品分别位于卓阿布拉克的北沟、西沟和南沟，岩性为斜长花岗岩、花岗闪长岩和花岗岩。样品H202-1、H203-1和H204-1为一组，采自卓阿布拉克西沟，岩性均为花岗闪长岩，测试年龄和径迹长度基本一致，分别为约29Ma和约14.20μm。7个样品的裂变径迹年龄为55.8～28.3Ma，径迹年龄在30Ma左右较集中，揭示了卓阿布拉克地区在古新世末—渐新世发生快速隆升。

大平沟地区位于成矿带中部，其中3个样品采自大平沟南段，岩性为闪长岩，径迹年龄为62.6～43.2Ma；1个样品（编号H247-1）采自北段，岩性为花岗岩，径迹年龄为45.4Ma。表明大平沟地区快速隆升作用发生于古新世—始新世中期。

表 4-8　阿尔金北缘地区磷灰石裂变径迹数据

序号	样品编号	高程/m	岩性	N_c	ρ_d (N_d) /10^6cm^2	ρ_s (N_s) /10^5cm^2	ρ_i (N_i) /10^6cm^2	铀含量/10^6	$P(x^2)$ /%	r	径迹年龄 (Ma±1σ)	平均径迹长度 (μm±1σ) (N_j)	标准差/μm	样品位置
1	H193-1	2217	花岗闪长岩	26	0.787(1967)	1.751(148)	0.569(481)	9.0	99.6	0.792	43.0±4.3	14.20±0.14(72)	1.21	卓阿布拉克北沟
2	H199-1	2458	斜长花岗岩	26	0.770(1944)	3.757(588)	1.487(2327)	23.9	8.1	0.815	34.9±2.0	13.73±0.11(103)	1.18	
3	H200-1	2487	花岗闪长岩	24	0.768(1920)	7.344(896)	1.794(2189)	29.2	55.2	0.721	55.8±3.0	13.70±0.10(102)	0.99	
4	H202-1	3175	花岗闪长岩	23	0.758(1896)	4.092(536)	1.947(2550)	32.1	54.4	0.828	28.3±1.7	14.12±0.11(95)	1.08	卓阿布拉克西沟
5	H203-1	3225	花岗闪长岩	23	0.749(1872)	4.117(667)	1.902(3082)	31.8	34.7	0.679	28.8±1.6	14.20±0.13(101)	1.29	
6	H204-1	3268	花岗闪长岩	25	0.739(1848)	4.648(581)	1.930(2413)	32.7	64.6	0.801	31.6±1.9	14.29±0.10(102)	1.04	
7	H213-1	3001	花岗岩	25	0.730(1824)	4.333(637)	1.859(2733)	31.8	12.6	0.630	30.3±1.7	13.70±0.11(102)	1.13	卓南沟
8	H225-3	3415	闪长岩	26	0.720(1801)	1.133(119)	0.316(332)	5.5	99.9	0.686	45.9±5.2	13.61±0.12(90)	1.16	大平沟南段
9	H226-1	3467	闪长岩	26	0.711(1777)	6.901(804)	1.391(1620)	24.4	58.5	0.711	62.6±3.5	14.01±0.10(103)	1.05	
10	H233-1	3005	闪长岩	26	0.701(1753)	1.408(145)	0.406(418)	7.2	99.4	0.793	43.2±4.5	13.45±0.14(65)	1.11	
11	H247-1	2780	花岗岩	26	1.330(3320)	1.578(239)	0.821(1243)	7.7	77.0	0.696	45.4±3.5	14.09±0.13(62)	1.10	
12	H258-1	3273	花岗岩	25	1.320(3298)	3.016(380)	2.163(2725)	20.5	22.7	0.705	32.7±2.1	13.81±0.13(103)	1.32	喀腊大湾南段
13	H274-1	3282	花岗岩	24	1.310(3277)	2.251(296)	1.033(1358)	9.9	97.5	0.972	50.7±3.7	13.37±0.16(60)	1.22	
14	H282-1	3544	花岗岩	22	1.300(3255)	2.633(395)	1.483(2224)	14.3	61.0	0.846	41.0±2.6	14.05±0.11(86)	1.01	
15	H284-1	3443	花岗岩	23	1.290(3233)	1.466(217)	0.586(867)	5.7	53.8	0.856	57.3±4.7	13.25±0.15(52)	1.02	
16	H285-1	3352	花岗岩	24	1.280(3211)	1.970(331)	1.154(1938)	11.3	28.1	0.610	38.9±2.6	13.96±0.12(70)	1.05	
17	H291-1	3141	花岗岩	26	1.280(3189)	0.602(151)	0.481(1207)	4.7	95.2	0.621	28.5±2.6	13.63±0.15(72)	1.31	喀腊大湾北段
18	H292-1	3086	花岗岩	26	1.270(3167)	1.195(307)	0.796(2046)	7.8	80.8	0.784	33.9±2.4	14.12±0.13(90)	1.11	
19	H293-1	3048	花岗岩	28	1.260(3146)	0.921(199)	0.564(1218)	5.6	39.6	0.396	36.6±3.1	13.72±0.13(70)	1.07	
20	H294-1	2998	花岗岩	24	1.250(3124)	1.215(220)	0.677(1225)	6.8	48.7	0.602	39.9±3.2	14.00±0.12(105)	1.19	
21	H295-1	2964	花岗岩	24	1.240(3102)	0.983(172)	0.647(1132)	6.5	96.2	0.700	33.5±3.5	13.90±0.13(70)	1.07	
22	H296-1	2920	花岗岩	27	1.230(3080)	0.967(174)	0.741(1334)	7.5	93.4	0.552	28.5±2.5	13.86±0.13(82)	1.18	

注：N_c=样品颗粒数；ρ_d=铀标准玻璃对应外探测器的诱发径迹密度；N_d=铀标准玻璃的诱发径迹数；ρ_s=自发径迹密度；N_s=自发径迹数；ρ_i=诱发径迹密度；N_i=诱发径迹数；$P(x^2)$ = 自由度为 N_c-1 时 x^2 概率；r=单颗粒自发和诱发径迹之间的相关系数；N_j=所测量的围限径迹长度数。

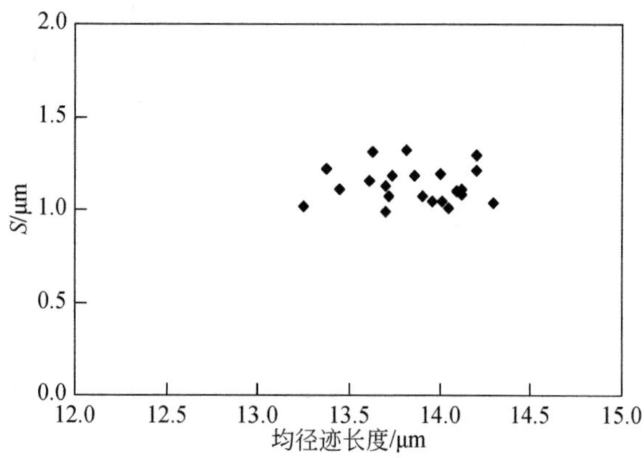

图 4-47　阿尔金北缘地区样品磷灰石裂变径迹长度分布的标准差和平均径迹长度的关系

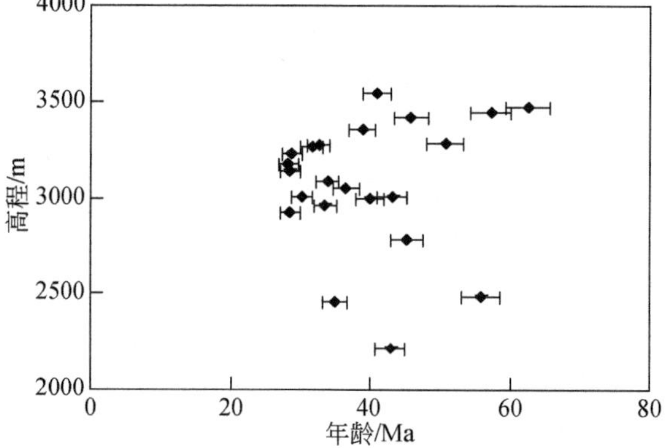

图 4-48　阿尔金北缘地区样品高程和径迹年龄关系

喀腊大湾地区位于成矿带东部，共采集 11 个样品，岩性均为花岗岩。5 个样品采自喀腊大湾中南段，径迹年龄为 57.3～32.7Ma；6 个样品采自北段，径迹年龄为 39.9～28.5Ma。表明喀腊大湾地区快速隆升主要发生在始新世—渐新世。

4.4.4　热史模拟

裂变径迹的长度会因热事件而缩短或消失，但热事件之后的径迹长度不受影响，因此，径迹长度记录了时间-温度信息，利用径迹长度和年龄可以模拟出样品所经历的热历史。阿尔金北缘地区样品的热演化史模拟是基于地质资料和磷灰石裂变径迹数据分析，热史模拟软件为AFT Sovle，采用Ketcham等（1999）多组分退火模型和Monte Carlo（蒙特卡罗）方法，D_{par}初始值为1.5，初始径迹长度为16.3μm，模拟次数设置为10000次。多次模拟得出可接受热史模拟区间、好的模拟区间和最佳模拟曲线。卓阿布拉克和大平沟样品模拟结果见图4-49，喀腊大湾样品模拟见图4-50。从图4-49中可以看出，除样品H204-1和H293-1 K-S检验值为0.43和0.34外，其他样品均不小于0.5，年龄GOF值均大于0.5，说明所有样品模拟结果可以接受且可信度高（K-S检验代表径迹长度模拟值和实测值的吻合程度；年龄GOF代表径迹年龄模拟值和实测值的吻合程度）。若K-S检验值和年龄GOF值都大于5%，表明模拟结果可以接受，当这些值超过50%时，模拟结果较好（朱文斌等，2007）。

根据区内样品模拟的温度-时间曲线可知，卓阿布拉克、大平沟和喀腊大湾样品均呈现相似的热历史，表明所有样品在新生代期间经历了快速隆升和缓慢剥蚀过程。卓阿布拉克地区样品H200-1开始快速隆升相对较早，发生在古新世（约55Ma），其余样品模拟曲线形态相似，快速隆升发生在始新世—渐新世

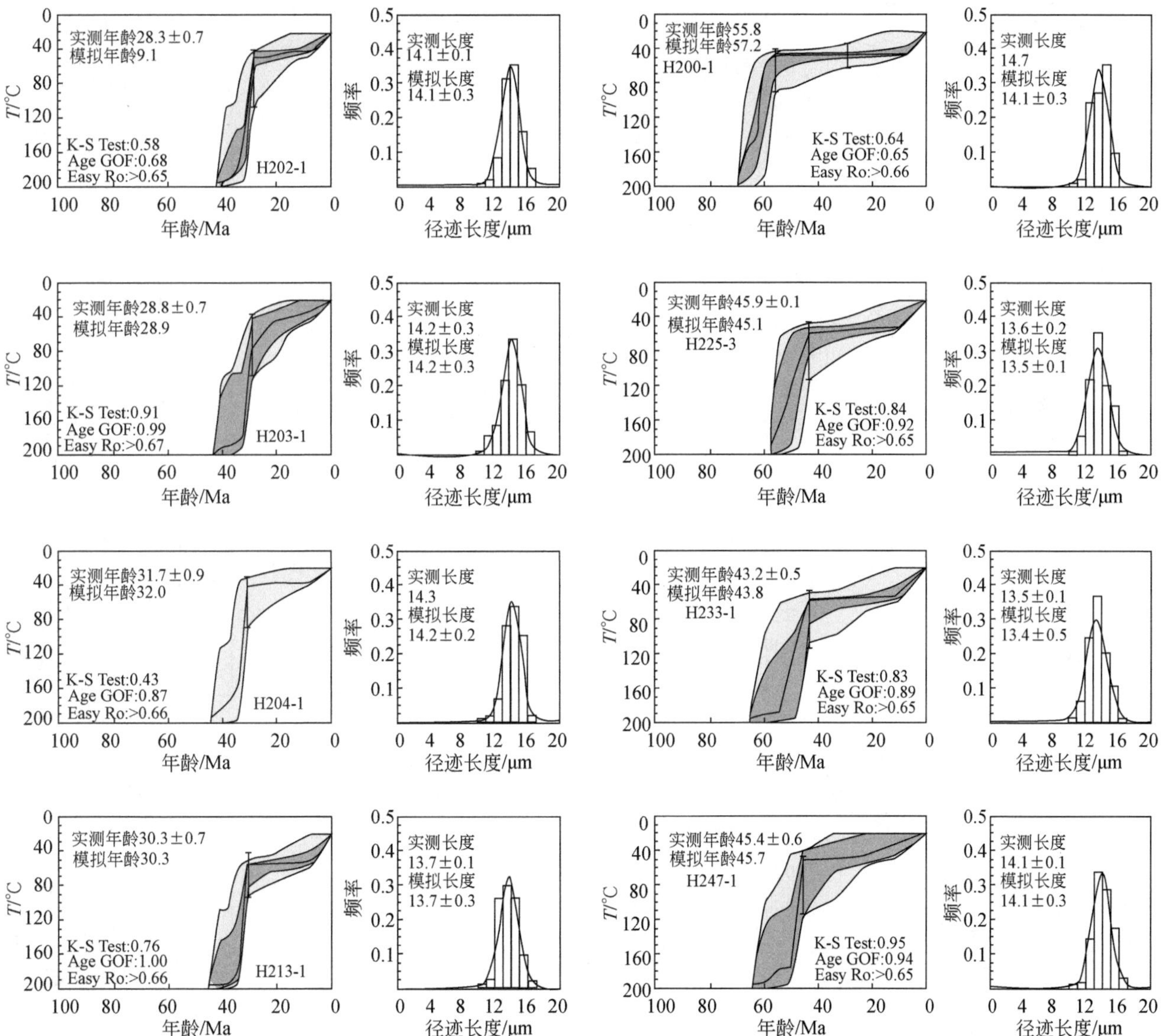

实测年龄34.9
模拟年龄34.8
K-S Test:0.94
Age GOF:0.97
Easy Ro:>0.66
H199-1
实测长度
13.7±0.2
模拟长度
13.7±0.4
实测年龄62.3±0.5
模拟年龄62.9
H226-1
K-S Test:0.57
Age GOF:0.95
Easy Ro:>0.65
实测长度
14.0
模拟长度
14.0±0.2
实测年龄43±0.3
模拟年龄43.1
K-S Test:0.98
Age GOF:0.98
Easy Ro:>0.65
H193-1
实测长度
14.2±0.2
模拟长度
14.1±0.3
T/°C
年龄/Ma
频率
径迹长度/μm
好的模拟区间
可接受模拟区间
最佳模拟曲线
约束线

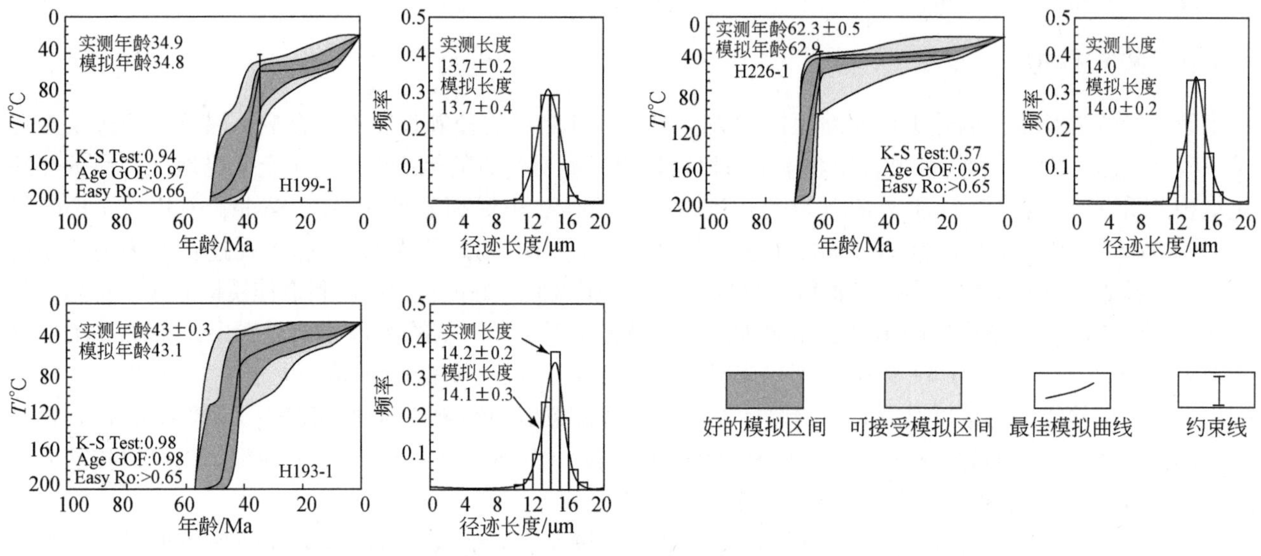

图 4-49 卓阿布拉克、大平沟样品热模拟图（右侧后四个为大平沟样品）

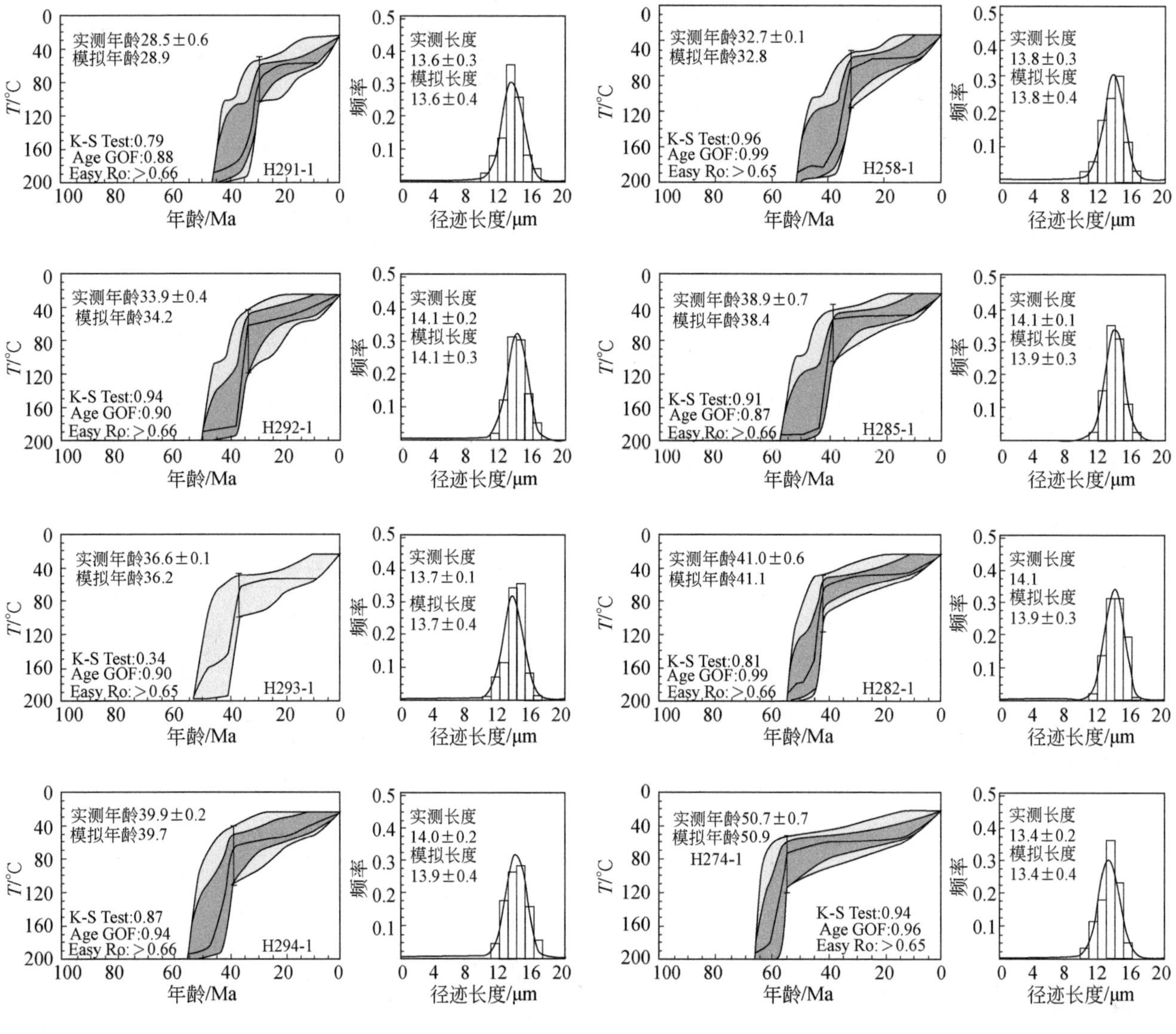

实测年龄28.5±0.6
模拟年龄28.9
K-S Test:0.79
Age GOF:0.88
Easy Ro:>0.66
H291-1
实测长度
13.6±0.3
模拟长度
13.6±0.4
实测年龄32.7±0.1
模拟年龄32.8
K-S Test:0.96
Age GOF:0.99
Easy Ro:>0.65
H258-1
实测长度
13.8±0.3
模拟长度
13.8±0.4
实测年龄33.9±0.4
模拟年龄34.2
K-S Test:0.94
Age GOF:0.90
Easy Ro:>0.66
H292-1
实测长度
14.1±0.2
模拟长度
14.1±0.3
实测年龄38.9±0.7
模拟年龄38.4
K-S Test:0.91
Age GOF:0.87
Easy Ro:>0.66
H285-1
实测长度
14.1±0.1
模拟长度
13.9±0.3
实测年龄36.6±0.1
模拟年龄36.2
K-S Test:0.34
Age GOF:0.90
Easy Ro:>0.65
H293-1
实测长度
13.7±0.1
模拟长度
13.7±0.4
实测年龄41.0±0.6
模拟年龄41.1
K-S Test:0.81
Age GOF:0.99
Easy Ro:>0.66
H282-1
实测长度
14.1
模拟长度
13.9±0.3
实测年龄39.9±0.2
模拟年龄39.7
K-S Test:0.87
Age GOF:0.94
Easy Ro:>0.66
H294-1
实测长度
14.0±0.2
模拟长度
13.9±0.4
实测年龄50.7±0.7
模拟年龄50.9
H274-1
K-S Test:0.94
Age GOF:0.96
Easy Ro:>0.65
实测长度
13.4±0.2
模拟长度
13.4±0.4
T/°C
年龄/Ma
频率
径迹长度/μm

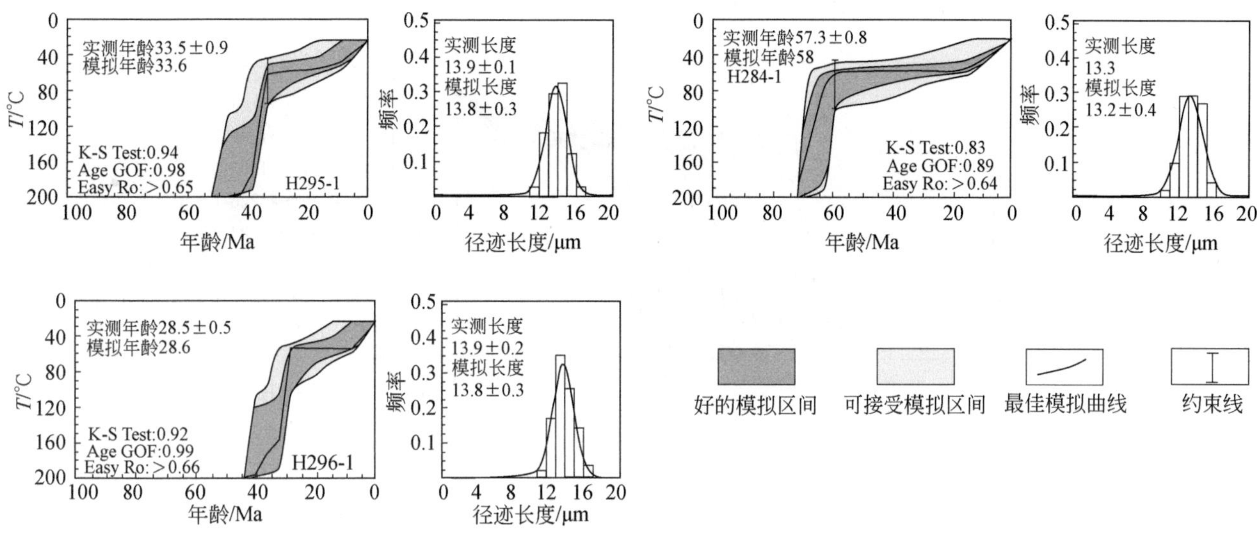

图 4-50　喀腊大湾样品热模拟图（左侧为北段样品，右侧为中南段样品）

（44～28Ma）；大平沟地区样品 H226-1 开始隆升在古新世（约 62Ma），其余样品隆升均在始新世（50～43Ma）；喀腊大湾地区北段 6 个样品为一组具有基本一致的热史模拟曲线，快速隆升发生在渐新世（37～28Ma），中南段样品 H284-1 和 H274-1 位置相近，快速隆升发生在古新世（57～50Ma），其余 3 个样品快速隆升发生在始新世—渐新世（44～32Ma）。在中新世（约 8Ma）所有样品也略显加快降温趋势，但前期降温已超过磷灰石愈合温度上限（60℃），且未发生增温过程，样品径迹长度也呈单峰式（无后期热事件），故本次测试和模拟不能反映研究区山体在中新世的快速隆升。样品 H226-1 采自大平沟南段卡拉塔格南，H284-1 采自喀腊大湾中南段，这两个样品均位于研究区南部，径迹年龄分别为 62.6Ma 和 57.3Ma，最先发生快速隆升；其余样品年龄主要集中在 50～28Ma，这与 Jolivet 等（2001）利用锆石和磷灰石裂变径迹得出阿尔金和昆仑地区在 40±10Ma 期间受印度板块和亚欧板块碰撞相对强烈活动的时间相吻合。根据研究区样品径迹年龄和热史模拟曲线，阿尔金北缘山体隆升主要发生在古近纪。

4.4.5　径迹年龄的地质意义

根据样品所处位置、径迹年龄和温度–年龄模拟曲线（图 4-51），系统对比阿尔金北缘卓阿布拉克、大平沟、喀腊大湾地区的磷灰石裂变径迹年代学数据，揭示了阿尔金北缘地区山体隆升历史相对简单，但具有明显的时空差异性。时间上，阿尔金北缘地区新生代至少经历了一期的快速隆升和后期的缓慢剥蚀过程。快速隆升发在古新世—渐新世（63～28Ma），样品从封闭温度快速冷却至 40℃左右，假设封闭温度 110℃，地温梯度是 30℃/km，地表温度为 20℃，即样品从地下 3km 抬升至近地表大约 0.7km 深度，隆升速率约 0.46mm/a（快速隆升期限设为 5Ma）；在渐新世之后所有样品模拟曲线相对平稳，揭示了阿尔金北缘地区此时活动微弱，以缓慢剥蚀为主。对比青藏高原地区构造热事件及快速隆升时限（钟大赉和丁林，1996；Jolivet et al.，2001；Tapponnier et al.，2001；刘文灿等，2004；刘超等，2007）与本次测试年龄的一致性，且印度板块和亚欧板块在 55～50Ma 发生大规模碰撞至渐新世（高永丰等，2003），阿尔金北缘山脉古近纪的隆升很可能与印度板块向亚欧板块俯冲碰撞导致地壳缩短增厚及青藏高原的隆升有关，且一直影响到阿尔金北缘 28Ma 左右的山体隆升。之后板块碰撞的应力方向发生偏转，岩石圈物质侧向挤出，即碰撞的构造响应事件主要发生在青藏高原东部（来庆洲等，2006；沈传波等，2007），部分发生在青藏高原北西方向（John et al.，2011；陈正乐等，2008），北部可能受到阿尔金走滑断裂的影响，应力逐渐减小而无明显构造事件。空间上，阿尔金北缘山脉呈现非整体隆升特征，研究区南侧样品的径迹年龄相对大于北侧的径迹年龄，揭示山脉隆升由南到北的趋势，这与印度板块由南向北俯冲碰撞亚欧板块事件也是一致的；大平沟地区样品径迹年龄相对早于两侧卓阿布拉克和喀腊大湾地区径迹年龄，说明在古新世—渐新世阿尔金北缘的隆升在东西方向上也不作为一个整体，显示自中间向两侧隆升趋势。

总之，阿尔金北缘地区山体的隆升在时间上和空间上都具有一定的规律。

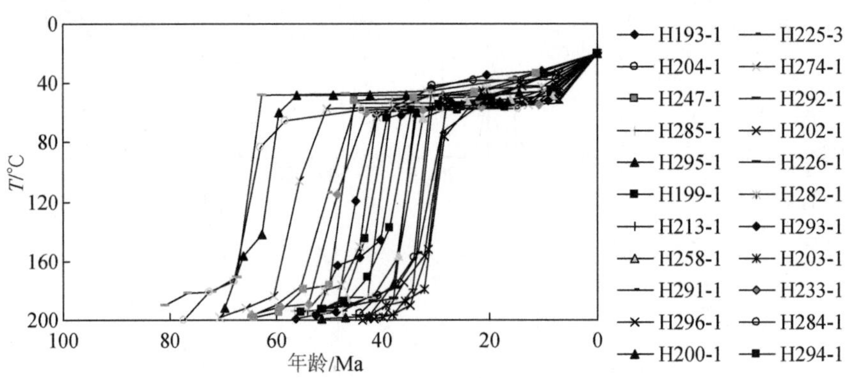

图 4-51　阿尔金北缘样品温度-时间模拟最佳曲线图

4.4.6　邻区构造事件对比

阿尔金地区经历了造山运动和岩浆热事件，具有多期次阶段性抬升剥露、走滑和变形作用。陈正乐等（2001b，2002a，2002b，2006b）利用裂变径迹定年技术测得岩性为钾长花岗岩的阿北冰沟岩体（卓阿布拉克）年龄为 61 ~ 34Ma，表明该岩体的隆升剥露作用发生于古新世—始新世期间；利用若羌-茫崖地区样品得到 35. 6 ~ 13. 6Ma 的年龄，推测阿尔金山脉隆升始于渐新世延续到中新世，且非均匀隆升；根据磷灰石裂变径迹确认阿尔金主断裂带附近岩体在 8Ma 左右经历了一次抬升-冷却或热扰动的构造热事件作用（万景林等，2001）。王瑜等（2002）根据磷灰石裂变径迹资料确定阿尔金山北部地区（阿克塞-当金山口一带）新生代以来至少经历了三次构造抬升。第一次发生在新生代早中期（45 ~ 25Ma），第二次发生在新生代中期（20 ~ 15Ma），第三次发生在新生代晚期（9 ~ 7Ma）。刘永江等（2007）利用 ^{40}Ar-^{39}Ar 法和沉积物的研究得出阿尔金在新生代之前并未隆起，而是在晚渐新世、晚中新世和上新世发生明显隆升且与断裂带活动具有密切成因联系。张志诚等（2008）利用磷灰石裂变径迹定年得出，阿尔金断裂带东段经历了类似于青藏高原北缘地区的冷却降温历史，受控于欧亚板块南部昆仑、羌塘、拉萨地体的碰撞拼合和印度碰撞后持续挤压作用。索尔库里、阿克塞、索尔库里北盆地渐新世到中新世沉积记录了阿尔金构造变形事件（Ritts et al.，2004），阿尔金断裂北部磨拉石记录其快速隆升时限为 13. 7 ~ 9Ma（Sun et al.，2005）。

已有研究表明阿尔金北缘山脉在古近纪的快速隆升与印度板块向北俯冲碰撞及青藏高原周边热事件具有一定的联系，其隆升原因应为印度板块向亚欧板块的俯冲碰撞所引发的一系列地质效应。前人的研究也表明在中新世阿尔金山发生快速隆升，且阿尔金断裂有大规模走滑运动，但本次阿尔金北缘样品裂变径迹的模拟并没有显示山体的快速隆升，可能原因有两种：一是没有采集到记录渐新世晚期以来（包括 8Ma 左右）山体隆升的样品；二是在渐新世阿尔金北缘山体已经隆升剥蚀到现今的高度，后期基本没有隆升事件，也反映出阿尔金主断裂带的活动范围较小，同样野外观察也未发现阿尔金北缘断裂的明显活动迹象，因此，在中新世阿尔金断裂的左行走滑与阿尔金北缘山体隆升关系不大。总结青藏高原及周边地区构造事件发生位置和时间，可以得出：所有事件均与印度板块和亚欧板块汇聚造成青藏高原地区地壳缩短增厚有关，且构造事件发生具有一定的顺序，先是青藏高原及边缘，后向东部扩展，对此可用下地壳流动挤出模式解释。

综上所述，阿尔金北缘山脉在新生代的隆升具有明显的时空差异性，时间上表现为前期的快速隆升（古新世—渐新世）和之后的平稳剥蚀；空间上表现为从南向北和自中间向两侧的隆升趋势。山体隆升主要与印度板块向亚欧板块俯冲碰撞有关，而裂变径迹年龄没有反映出与阿尔金断裂走滑活动的关系。总体上与青藏高原及周边地区地质事件具有一定的耦合关系，对其研究丰富和扩展了对阿尔金山乃至青藏高原北部的整体认识。

4.5　构造演化特征

4.5.1　构造体系

1. 构造体系的概念

构造体系是许多不同形态、不同性质、不同等级和不同序次，但具有成生联系的各项地壳结构要素所组成的构造带以及它们之间所夹地块或地块组合而成的总体；这个总体，是一定方式的区域性构造运动（即地壳的一个组成部分的运动）的结果（李四光，1973）。地壳结构要素也就是构造形迹。构造形迹是指各种褶皱和各种断裂，以及巨型隆起、拗陷等，它们是地壳运动的产物，也是地应力作用的结果。一定方式的地壳运动，在它所波及的范围内产生的一切构造形迹，不管它们的形象、规模、方位、性质有什么差别，都是在统一的构造应力场作用下形成的（中国地质科学院地质力学研究所，1978）。

李四光（1976）在其长期的地质实践过程中总结出了一套构造体系研究的方法和步骤：①鉴定每一种构造形迹或构造单元（结构要素）的力学性质；②辨别构造形迹的序次，按照序次查明同一断裂面力学性质可能转变的过程；③确定构造体系的存在和它们的范围；④划分巨型构造带，鉴定构造型式；⑤分析构造体系的复合和联合；⑥探讨岩石力学性质和各种类型构造体系中应力的活动方式；⑦进行模拟实验。李四光及他创办的地质力学研究所的研究者把中国及东亚濒太平洋地区的地质构造划分为巨型纬向构造体系、经向构造体系和各种扭动形式的构造体系。其中巨型纬向构造体系有阴山-天山构造带、秦岭-昆仑构造带和南岭构造带等；经向构造体系中最强大的一条经向构造带出现在川滇地区的西部，包括横断山、大凉山、大雪山及岷山诸山脉。而扭动形式的构造体系则包括多字形构造（新华夏构造体系、华夏系和华夏式构造体系及河西系）、山字形构造体系（祁吕贺兰山字形、淮阳山字形等）、旋扭构造体系（青藏歹字形构造体系以及帚状构造、S 形与反 S 形构造）和入字形构造。

现今地球表面的构造体系实际上主要是燕山运动以来的产物，而且每一个构造体系都有其漫长的发展历史。因此，对构造体系发展历史和古构造体系组合形态的研究，显然是认识地壳运动史的重要根据（高庆华等，1996）。

在现今地壳运动研究中，马宗晋和杜品仁（1995）从全球角度划分出了三大构造系统（“系统”与“体系”的本质是一致的）：①环太平洋构造系统，以大洋岩石圈向大陆岩石圈的深俯冲为构造特征；②大洋脊构造系统，以大洋岩石圈内裂谷-转换断层的组合构造为特征；③北大陆构造系统，主要分布在北纬 20°～50°的纬向环带，以大陆岩石圈边缘和内部各种断裂的相互作用为特征。

2. 构造体系与板块构造

板块构造理论是海底扩张-大陆漂移学说的自然引申，它是在归纳总结了大陆漂移和海底扩张观点的基础上提出来的。板块构造理论中包括岩石圈、软流圈、转换断层、板块俯冲和大陆碰撞等一系列概念，它首次为地球科学提供了一个把地球作为一个整体的构造模型，一种关于全球构造与组成的统一概念，一个考察地球历史的新的角度，以及一个把详细的局部性地质研究组成整体的框架（马宗晋和杜品仁，1995）。板块构造与构造体系理论在本质上非常一致。从某种意义分析，构造体系中的地块与板块相当，而构造带与板块边缘的变形带一致。因此，构造体系研究中必须而且可以吸收板块构造理论的研究成果。

3. 构造-岩相组合和构造岩相带

地质作用（岩浆作用、沉积作用和变质作用）过程在岩石圈板块内部或板块边缘的特定部位上形成各种岩石并改变着岩石性质，而每一个部位又都有其特定的物理化学条件控制着该部位岩石的化学组成、矿物组成和结构构造，因此，这些特征可以用来判别岩石的成因位置，了解岩石形成演化的历史（Raymond，2007）。

目前研究比较成熟的包含各种成因岩石组合的岩石圈板块内部和板块边缘的构造环境类型，如图 4-52 所示，包括转换断层、扩张中心、大洋板块内部、俯冲带、弧前盆地、火山弧和造山带、被动大陆边缘、弧后盆地和大陆板块内部。以下根据 Raymond（2007）的描述加以简单介绍。

在扩张中心（SC），地幔橄榄岩的部分熔融产生的岩浆在浅处形成大洋拉斑玄武岩和洋中脊玄武岩（MORB）。洋中脊玄武岩在洋壳的其他岩石之上形成层状和枕状的岩盖，并共同构成蛇绿岩套。蛇绿岩套由玄武岩和深海沉积物以及其下的席状岩墙群、非层状深成分异岩、堆晶辉长岩和超基性岩类组成，底部（基底）为地幔超基性构造岩。由于洋壳被断开，在扩张中心形成了盆地，其中充填了从毗邻的断层上盘洋壳运输来的基性岩角砾，并具有少量典型的远洋沉积物。海水在裂隙发育的岩石中的渗透流动，导致发生水热交代作用，在靠近扩张中心岩浆房上部的区域产生了水热（接触）变质作用，形成了浊沸石相、葡萄石-绿纤石相或钠长绿帘角岩相的变质岩。在深处，变形作用和岩浆岩向地壳温度的普遍再平衡导致了变辉长岩质构造岩（角闪石片岩）和相应的绿片岩和角闪岩相岩石的产生。沿着断裂则形成糜棱岩和碎裂岩（图4-52）。

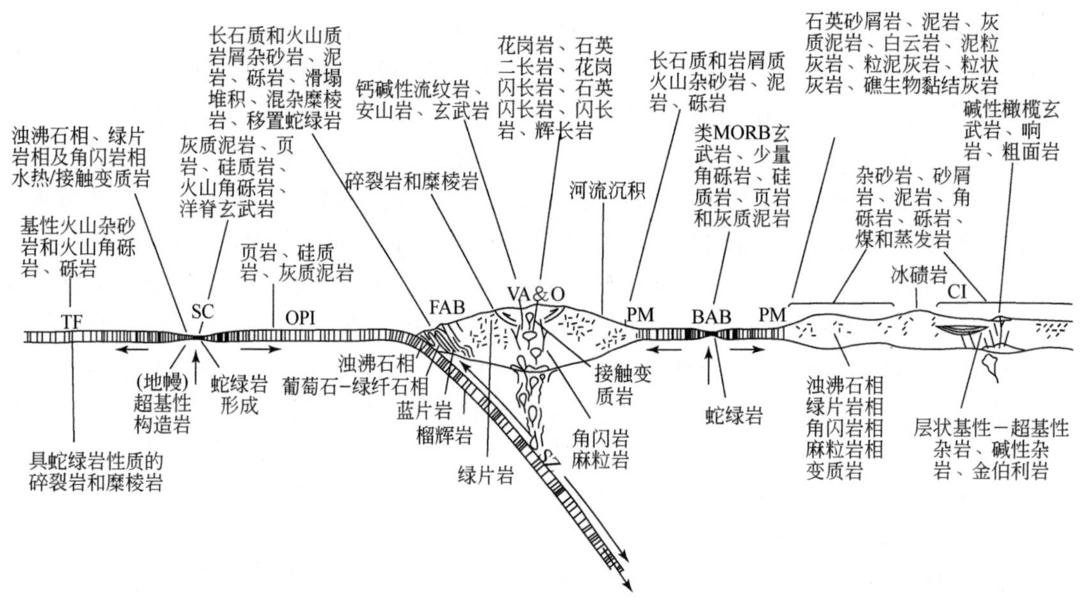

图4-52　岩石圈板块内部和板块边缘主要构造环境的构造-岩石组合类型（据Raymond，2007）

切过洋壳的转换断层（TF）内具有与扩张中心相同的岩石组合，但这些岩石可能因为偏差应力的作用而普遍变形。这些转换断裂带的特征是蛇绿混杂岩和糜棱岩带；当沿着转换断层发育明显的陡断坡时，从断坡上剥蚀下来的角砾就可能堆积在断裂带内。大洋转换断裂带内也有远洋深海沉积。大陆内部的转换断裂带内具有范围较广的沉积岩，包括滑坡角砾岩和岩屑流、湖积页岩、河成砾岩、砂岩和页岩。

在开阔洋盆内部（OPI），远洋深海沉积作用是岩石形成的主要过程。页岩、硅质岩（燧石）和生物成因灰岩等细粒沉积岩在受海水温度、海水深度以及与大陆及火山的远近等因素控制的环境下形成。

与俯冲带（SS）相伴的环境有以下几种：海沟、前弧盆地、俯冲带（sensu stricto）、火山弧和伴生的造山带、弧后盆地以及弧后被动边缘。海沟和前弧盆地的特征沉积岩类包括滑塌堆积、浊积杂砂岩及相关岩石和深海页岩。前弧的海沟和海沟-斜坡盆地中的水下冲积扇更是以浊积岩和滑塌堆积为特征。经受松软沉积物变形作用的沉积岩类和动态重结晶沉积岩类也会在前弧区发育。底辟杂岩侵入到前弧区，可以产生滑塌堆积。在很少数情况下，岩浆也会侵入到前弧和海沟的岩石中，产生深成岩侵入体和接触变质作用。

俯冲带是一个变质作用和深熔作用发育的地方。在前弧区的下部，俯冲板块带下来的岩石经受着越来越高的变质压力，而温度仍然很低。以温度划分，向下俯冲的沉积岩和下伏洋壳经受了从低温到中温的变质条件，包括浊沸石相、葡萄石-绿纤石相、蓝片岩相、绿片岩相、角闪岩相和榴辉岩相。岩石在上驮板块之下下沉时被不断加热而引起脱水反应，产生的流体相向围岩中迁移。在100～200km深度范围内，少量俯冲岩石的熔融作用和上覆地幔显著的部分熔融作用，产生了具有拉斑玄武岩质、钙碱性和碱性特征的岩浆。

俯冲带内产生的岩浆为火山弧（VA&O）的形成提供了物质来源。岩浆在深部形成侵入体，喷出在地表则形成火山岩；在过渡区，岩浆将分异、同化围岩，或把地壳的基底熔融而变成硅质岩浆。几种岩浆的混合将产生安山岩。硅质岩浆喷出形成流纹岩等，而如果它们没有到达地表，则结晶形成钙碱性的深成岩类，如花岗闪长岩和石英二长岩。大多数硅质岩浆的结晶产物是花岗岩。花岗岩质岩浆的分异将产生流体相并结晶为伟晶岩。在深部，侵入体周围热流体的加热作用，以及板块碰撞的区域应力，引起了区域性的动热变质作用，形成绿片岩相、角闪岩相和麻粒岩相的变质地体；在浅部，与中成和浅成侵入体相伴产生浊沸石相和各种角岩相的接触变质岩；在地表将形成河成、湖成和冰川沉积，它们大部分是短命的，部分将被保留并成岩。

弧后盆地（BAB）由于地幔的上升而形成，并导致部分熔融和岩浆侵入，以及在岛弧背对俯冲带的一端引起相应的地壳扩张。弧后盆地的主要岩类与 MORB 相似，但在化学成分上有细小的差别。首先是蛇绿岩质的地壳。虽然弧后扩张中心的规模远远小于洋中脊扩张中心，但在这里形成的岩石与后者非常相像。也许最明显的区别是沉积岩组合方面的。在盆地的岛弧一侧，主要岩石是沉积和成岩作用形成的火山杂岩和相应的页岩和砾岩；在盆地的大陆一侧，典型的岩石是代表被动边缘的砂屑岩、灰岩、白云岩和页岩。

被动大陆边缘（PM），特别是那些具有宽阔的大陆架和岩礁的被动大陆边缘，以及洋岛海，沉积了现代大陆上所具有的大量沉积岩。其中有各种灰岩（从生物黏结灰岩到灰质泥岩）和白云岩。灰岩主要是生物化学沉积的结果，而白云岩主要是由于地表水流和近地表流体对灰岩的交代而形成的。石英砂屑岩形成于巨大的洋岛和海滨，页岩与这些岩石互层。在向大陆过渡的环境（港湾、潟湖和沼泽三角洲）中，沉积了各种泥岩、砂岩和煤。

大陆内部的岩石类型多变。富碳酸质超基性岩浆的喷发形成含有金伯利岩的火山角砾岩筒，有些岩筒含有金刚石。从碱性橄榄玄武岩母体分异而来的各种碱性岩浆侵入地壳形成碱性杂岩，包括碱性花岗岩、钛铁霞辉岩和碳酸岩。大陆地壳的深处具有绿片岩相、角闪岩相和麻粒岩相的变质温压环境；在地表的不同环境中则形成诸如泥岩、杂砂岩、砂屑岩、蒸发岩、砾岩和一些角砾等。

不同构造部位中形成的特征岩石组合就是构造岩相组合。结合岩石的结构构造，构造岩相组合就可以用来解释区域构造和地壳的演化历史。下面是应用构造岩相组合对本区构造岩相带进行初步划分的结果，也是根据板块构造等现代地质研究成果进行本区构造体系类型和演化过程划分的基本依据。

4. 特征性构造岩相带

本书研究区阿尔金成矿带内特征性构造岩相带有阿尔金北缘麻粒岩相变质带、阿尔金北缘红柳沟-拉配泉蛇绿混杂岩带和阿尔金北缘高压变泥质岩带，而阿尔金山南缘榴辉岩带和阿帕-茫崖蛇绿混杂岩带虽然位于本书的阿尔金成矿带之南侧，鉴于其与整个阿尔金构造带的密切关系，本小节一并作介绍。

1）阿尔金北缘麻粒岩相变质带

阿尔金北缘麻粒岩相变质带主要由太古宇米兰群中-深变质岩系组成，出露于塔里木地块的东部南缘，以阿尔金北缘深大断裂为界。岩性主要由混合花岗岩、混合片麻岩、麻粒岩和混合岩化黑云斜长片麻岩和大理岩组成，区域性混合岩化和花岗岩化发育，变质级别达高角闪岩相-麻粒岩相。受区域热动力变质作用的影响，构造形变以固态流变及静态重结晶为主，韧性剪切变形发育。

2）阿尔金北缘红柳沟-拉配泉蛇绿混杂岩带

阿尔金山北缘红柳沟-拉配泉蛇绿混杂岩带自西而东发育在红柳沟口-贝克滩北-恰什坎萨依沟口-大平沟金矿-白尖山北-拉配泉一线的阿尔金山北麓，宽 8 ~ 15km。沿阿尔金北缘断裂带南侧一带发育，主要由一套复理石沉积及赋存于其中的大量基性-超基性岩岩体、基性-酸性双峰式火山岩组合（包括枕状熔岩、细碧岩）、硅质岩、凝灰岩、凝灰质粉砂岩夹薄层灰岩和一些深变质岩片组成。红柳沟-拉配泉一带由 72 个超镁铁-镁铁质岩体组成了 7 个岩带，总面积约 70km^2，蛇绿岩套中超基性-基性岩类以堆晶岩为主，由堆晶橄榄岩、异剥橄榄岩、辉石岩、堆晶辉长岩组成，辉长岩面积超过 20km^2。郭召杰等（1998）对沿阿尔金山北缘发育的阿尔金山北部蛇绿岩带进行定年，得到阿克塞以东半鄂博图（半果巴）沟蛇绿岩套（三个玄武岩+六个辉长岩）Sm-Nd 等时线年龄为 949±62Ma，辉长岩（六个样品）的 Sm-Nd

等时线年龄为829±60Ma。杨经绥等（2008）测得了贝克滩洋岛玄武岩的年龄（524Ma）和红柳沟蛇绿岩中的辉长岩年龄（479Ma）；本书测得喀腊大湾堆晶辉长岩年龄为514～516Ma，前两者代表了该蛇绿岩带的最早成岩年龄，说明了至少在相当于青白口纪，可能已经有洋盆的发育，其中 $\varepsilon_{Nd}(t)$ ＝+5.9。后两者说明了在寒武纪，洋盆发育到最大规模。

在碳酸盐岩和复理石沉积中曾先后找到晚奥陶世、中奥陶世和晚寒武世至早奥陶世化石（车自成等，1995a）。双峰式火山岩组合的主要组成岩石有钠质玄武岩、拉斑玄武岩、碱流岩和碱性粗面岩；轻稀土中等程度富集，基性岩 $(La/Yb)_N$=2.25～8.25，酸性岩 $(La/Yb)_N$=5.78～9.18；Sr初始比 I_{Sr}=0.7086，并具有高的 $\delta^{18}O$ 和 $^{206}Pb/^{204}Pb$（基性火山岩 $\delta^{18}O\approx0.44\%\sim0.87\%$，$^{206}Pb/^{204}Pb$=15.6418～20.5503；酸性火山岩 $\delta^{18}O\approx0.8\%\sim1.1\%$，$^{206}Pb/^{204}Pb$=19.8965～29.3419），总体表现为大陆裂谷火山岩组合，但其稀土总量不高。8个岩石样品的Rb-Sr等时线年龄为424.28±8.07Ma（车自成等，1995a）。该蛇绿混杂岩带中玄武岩的Sm-Nd等时线年龄为508.3±41～524.4±44Ma（表4-9）（刘良等，1998）。

红柳沟-拉配泉蛇绿混杂岩带中早古生代基性火山岩的 $\varepsilon_{Nd}(t)$ 均为低正值（<+4.29），表现为弱亏损地幔源特征（表4-9）。阿尔金洋盆被认为可能是一个具有异常洋壳的边缘海（车自成和刘良，1997）。因此，本书研究认为，红柳沟-拉配泉地区更接近弧后盆地的构造环境。

表4-9　阿尔金山基性火山岩同位素地球化学特征（据车自成等，1995a）

位置	岩石	t/Ma	$\varepsilon_{Nd}(t)$	I_{Sr}
红柳沟	拉斑玄武岩	508.3	+2.35	0.70748
贝克滩	枕状熔岩	524.4	+3.88	0.70470
茫崖	拉斑玄武岩	481.3	+4.06	0.70654

Sobel和Arnaud（1999）认为阿尔金北缘地区蛇绿混杂岩中的枕状熔岩和高压变质岩是被消减掉的古生代洋壳的残片。他们在茫崖西35km处白云母片岩中得到白云母的 $^{40}Ar/^{39}Ar$WMPA（权重平均坪年龄）年龄为453.4±8.7Ma，片理化浅色花岗岩中得到白云母 $^{40}Ar/^{39}Ar$ WMPA年龄为431.5±7.8Ma（它们被解释为变质年龄）。喀腊大湾一带阿尔金北缘的未变形花岗闪长岩中黑云母的 $^{40}Ar/^{39}Ar$ WMPA年龄为413.8±8.0Ma、锆石SHRIMP U-Pb年龄为413～431Ma。在金山口伟晶岩中得到白云母 $^{40}Ar/^{39}Ar$ WMPA年龄为431.6±7.6Ma。Sobel和Arnaud（1999）依据茫崖-若羌公路上阿尔金山北麓一个大的未变形的细粒浅色花岗岩中值得商榷的白云母 $^{40}Ar/^{39}Ar$ WMPA年龄为382.5±7.4Ma，认为洋盆关闭的时间在早志留世之后和中泥盆世之前，并把它命名为拉配泉缝合线（中古生代），显然与近年研究成果不符；本书认为洋盆关闭的时间在早志留世之后，而在晚志留世之前。根据其北边没有同时代的深成岩，而在其南边存在同时代的岛弧，本书围绕弧后盆地的（有限洋盆）消减俯冲是自北向南发生的，最后塔里木地块南缘与岛弧发生碰撞。这个模式与Gehrels等（2003a）分析的本区岩浆岩锆石U-Pb年龄的分布以及Sobel和Arnaud（1999）研究的南倾消减带的模型是一致的。当然碰撞的时限在早泥盆世之前。

3）阿尔金北缘高压变泥质岩带

红柳沟-拉配泉蛇绿混杂岩带中存在一条走向近东西的高压变质岩带，其中的高压变质片岩主要由石榴子石+多硅白云母±蓝晶石或石榴子石+硬绿泥石+多硅白云母±绿泥石组成，普遍见金红石和富镁电气石，可见白云石和文石。变质条件估算为550±33℃和1.4～2.0GPa。变质围岩有石榴白云母石英片岩、二云母石英片岩、石榴黑云更长片麻岩和不纯大理岩及各种片岩、片麻岩等。

拉配泉-红柳沟断裂带中段贝克滩东侧高压变泥质岩中多硅白云母 $^{40}Ar/^{39}Ar$ 高温坪年龄（温度>790℃，^{39}Ar 的累计析出大于80%）和等时线年龄分别为574.68±2.5Ma和572.58±5.52Ma，代表了高压变质作用的年龄。低温坪年龄出现在约470Ma，代表了后期热事件的改造。这说明阿尔金地区在早古生代可能发生过板块俯冲作用，俯冲深度达到50～80km（车自成等，1995b）。该高级泥质变质岩带也被认为是蓝闪石片岩带（张建新等，2007）。

4）阿尔金山南缘榴辉岩带

阿尔金山南缘榴辉岩（含石榴单斜辉石岩）呈透镜状分布在江尕勒萨依南东到茫崖石棉矿西北的米兰河上游约200km的地带中（位于本书阿尔金成矿带的南侧60～100km），构成近北东东向展布的高压变质岩带，处在阿尔金走滑断裂的西北一侧。榴辉岩的直接围岩为阿尔金群，具有深变质的斜长角闪岩、角闪片岩、含榴斜长片麻岩、白云母石英片岩、二云母石英片岩和角闪质糜棱岩等。榴辉岩相峰期矿物组合为石榴子石+绿辉石+金红石+多硅白云母+石英，其温压条件为：①P=1.40～1.85GPa，T=660～830℃（刘良等，1999）；②P>1.5GPa，T=731～811℃（张建新等，1999a）；晚期退变质矿物组合的温压条件为P=0.5GPa，T=450～500℃（刘良等，1999）。

张建新等（1999a）测定阿尔金西段榴辉岩中全岩-石榴子石-绿辉石Sm-Nd等时线年龄为500±10Ma；四个锆石^{206}Pb/^{238}U表面年龄统计权重平均值为503.9±5.3Ma。角闪质糜棱岩（且末县南）的Sm-Nd矿物对等时线年龄为519±37.3Ma（Liu et al.，1998）。

此外，阿尔金山西段吐拉一带存在以夕线石榴黑云二长片麻岩、石榴黑云二长片麻岩、含石墨夕线石榴黑云片岩等富铝片麻岩（片岩）为主和呈透镜状或薄层状夹于片麻岩（片岩）中的石榴角闪二辉麻粒岩等组成的一套孔兹岩系，其原岩可能为富铝泥质和泥砂质沉积岩，所夹基性麻粒岩的原岩可能为大陆拉斑玄武岩，可能形成于大陆边缘环境；麻粒岩相的峰期变质温度为700～850℃，压力为0.8～1.2GPa，变质锆石的U-Pb及Pb-Pb同位素测定获得麻粒岩相变质作用的时代为462～447Ma（张建新等，1999a）。

因此，在本书阿尔金成矿带的南侧可能存在另一条加里东期的俯冲-碰撞杂岩带，上述的榴辉岩及具有孔兹岩系特征的麻粒岩相岩石可能就是其山根岩石的出露部分（张建新等，1999b；许志琴等，1999，2001）。

阿尔金山南缘榴辉岩带的东延部分为柴达木盆地北缘榴辉岩带，处在阿尔金走滑断裂东南侧（系被阿尔金走滑断裂断错）。其中鱼卡榴辉岩呈透镜状产在大柴旦镇西北方向约40km处的鱼卡河边的黑云斜长片麻岩和花岗质片麻岩之中，围岩属达肯大坂群下亚群，同时产出的还有石榴角闪岩透镜体和一些辉绿岩和辉石岩透镜体。达肯大坂群是指一套由各种片麻岩、片岩、大理岩和角闪岩等组成的强变形、深变质岩系，其主体是经受强烈变形变质的深成花岗质片麻岩，其中含有大量规模不等的斜长角闪岩、黑云斜长变粒岩、含石墨片麻岩、含红柱石片麻岩和浅粒岩等表壳岩残体，李怀坤等（1999）建议称之为“达肯大坂杂岩”。裂陷槽型沉积的震旦系全吉群和以火山岩为主夹含大理岩的奥陶系滩间山群以角度不整合关系上覆“达肯大坂杂岩”之上。单颗粒锆石U-Pb同位素年代学研究表明，“达肯大坂杂岩”中花岗质片麻岩可能主要形成于950～850Ma（李怀坤等，1999）。榴辉岩相峰期矿物组合为石榴子石+绿辉石+金红石+多硅白云母+石英±黝帘石，并含有柯石英（李怀坤等，1999）；具有蜕化变质形成的角闪石（冻蓝闪石）+斜长石+蠕虫状石英，之后可能叠加有变质矿物白云母（杨经绥等，1998；李怀坤等，1999；许志琴等，1999）。估算的榴辉岩变质温压分别为：①700±123℃和2.2GPa（杨经绥等，1998）；②730℃和2.8GPa（许志琴等，1999）；③730℃和>1.7～2.8GPa（李怀坤等，1999）。同一片麻岩地层中还产出一套石榴二辉橄榄岩（杨建军等，1994）。中法合作“阿尔金-祁连”项目组（1999）对柴达木盆地北缘大柴旦榴辉岩进行了锆石U-Pb和Ar-Ar同位素年龄测定，得到1、2、3号锆石^{206}Pb/^{238}U表面年龄统计权重平均值为496.4±18Ma，代表榴辉岩相变质的年龄；4号锆石不一致线的上交点年龄为2158±865Ma，下交点年龄为480±18Ma；榴辉岩中多硅白云母^{39}Ar-^{40}Ar年代学测定得到坪年龄为466.7±1.2Ma，等时线年龄为465.94Ma（MSWD=0.4022），代表榴辉岩在抬升过程中的冷却年龄。

5）阿帕-茫崖蛇绿混杂岩带

阿帕-茫崖蛇绿混杂岩带分布在阿尔金山南坡，沿阿尔金主断裂西起于田县南、东至茫崖一带呈北东东向延伸。已知有71个规模不等的基性-超基性岩岩体断续分布在长约700km的范围内，总面积超过20km^2。该蛇绿岩套主要由复理石及碳酸盐岩地层及其呈透镜状赋存于其中的基性-超基性岩岩体、基性-酸性双峰式火山岩组合（包括枕状熔岩）和少量硅质岩组成。基性-超基性岩主要为蛇纹石化斜辉辉橄岩、斜辉橄榄岩等。

该蛇绿岩套中 8 个玄武岩样品的 Sm–Nd 等时线年龄为 481. 3±53Ma，小于各样品的模式年龄（1004 ~ 1534Ma），说明 481. 3±53Ma 可能为区内蛇绿岩的形成年龄（Liu et al.，1998；刘良等，1998）。

5. 构造体系与构造岩相带概念的结合

构造体系的概念在后来的应用中被越来越多地赋予时空内涵而成为具有现代意识的地质构造概念，而其精髓之所在，也即“联系”的观念被保留下来。互相联系的地质体的组合就是构造体系，而这种联系是具有时间性和空间性的。现代地质分析的任务就是要区分这种具有时空内涵的联系。

高庆华等（1996）尝试提出一些新的观念对构造体系的含义加以新的内容和外延，其中包括构造系统和构造系列的概念。他们认为许多有联系的构造体系往往组合在一起构成多层次的构造系统；地壳运动的方式和方向在不同地质时期可能发生变化，产生形式不同的构造系统；构造系列则为地壳某一区域在一定方式和方向动力作用下所发生的一连串有联系的构造体系。构造系列似乎与构造序次的概念有些相似。

马宗晋和杜品仁（1995）则是以“构造系统”取代“构造体系”的概念，并认为体系的级序与系统的层次观念也是一致的，但其内涵似乎已有很大改变。

由于构造系统和构造系列等术语是由构造体系衍生而来的，其核心内容与原来的构造体系没有实质的差异，为避免术语混淆和应用混乱，本书使用李四光先生的“构造体系”这一概念。李四光先生提出的“构造体系”概念，作为定义具有严格的限制，其内涵和外延也都非常明朗。当然，由于所处地质科学发展水平及时代的局限，“构造体系”概念中包含成因的解释存在许多局限性。

对于同一个地质时代，地质构造环境之间总是相互关联的。而对于同一个地区，可能经历了几个不同的地质构造环境的演变过程。构造体系的形成是与一定地质时期内一定的大地构造背景相联系的。对阿尔金山地区新元古代后期—早古生代的构造体系及其演化过程可以做如下总结。

4. 5. 2　早古生代沟–弧–盆构造体系的形成和演化

根据阿尔金山地区现有的构造带和构造岩相组合，特别是阿尔金地区存在两条高压变质相带（阿尔金北缘高压变泥质岩带和阿尔金南缘榴辉岩带）和两条蛇绿混杂堆积岩带（阿尔金北部蛇绿混杂岩带和阿帕–茫崖蛇绿混杂岩带），结合近年来对红柳沟–喀腊大湾–拉配泉地区火山岩构造环境研究得到的属于岛弧火山岩的认识，可以初步建立阿尔金山地区的早古生代沟–弧–盆构造演化体系（图 4-53）。

根据阿尔金山地区现存的岩相组合特征和有关花岗岩类、火山岩类和沉积岩（硅质岩）的研究结果，对阿尔金山地区新元古代—早古生代的沟–弧–盆构造演化可以划分为以下几个阶段。

（1）新元古代早期：该时期曾存在过一个可以称之为“阿尔金洋”的洋盆，阿尔金洋的北边是塔里木地块，塔里木地块则是以高角闪岩相和麻粒岩相变质岩系为其结晶基底的古老地块。初期塔里木地块南缘为被动大陆边缘。阿尔金洋规模比较大，其特征是形成了比较典型的远洋硅质岩沉积，部分玄武岩（具有洋中脊玄武岩特征）喷发以及代表较深水下喷发的枕状玄武岩（图 4-53a）。

（2）新元古代后期：该时期发生洋壳俯冲，俯冲方向为阿尔金洋壳向塔里木地块之下俯冲，俯冲的发生改变了塔里木地块大陆边缘的性质，由被动大陆边缘转化为活动大陆边缘，形成钙碱性花岗岩类（岛弧花岗岩类和深熔花岗岩类）侵入，同时形成由俯冲作用而形成的蛇绿岩堆积（阿帕–茫崖蛇绿混杂岩带）和高压变质带（阿尔金榴辉岩带）（图 4-53b）。

（3）在新元古代末—早古生代初期：该时期由于俯冲作用的发展和影响，形成与俯冲作用有关火山岛弧和弧后盆地（红柳沟–拉配泉裂谷），并且弧后盆地（红柳沟–拉配泉裂谷）还发展到相当的规模，形成红柳沟–拉配泉一带偏北侧的硅质岩沉积–枕状玄武岩喷发和偏南侧的岛弧型中酸性火山岩喷发（即双峰式火山喷发活动）（图 4-53c）。

（4）早古生代中期（早奥陶世末—中奥陶世早期）：该时期随着阿尔金洋壳向北俯冲的继续发展及其持续向北的推挤作用，位于阿尔金洋北侧的弧后盆地（红柳沟–拉配泉裂谷）开始了向南的俯冲，形成第二条蛇绿岩带（阿尔金北缘蛇绿混杂岩带，也称红柳沟蛇绿混杂岩带）和高压变质带（阿尔金北缘高压变质泥岩带–阿北蓝片岩带）；至中奥陶世后期（470 ~ 460Ma），阿尔金洋、弧后盆地（红柳沟–拉配泉裂谷）最后碰撞封闭，伴随同碰撞花岗岩的侵入（图4-53d）。志留纪（440～410Ma）俯冲、碰撞和造山之后，发生伸展，发育碰撞后偏碱性中酸性岩浆岩的侵位。

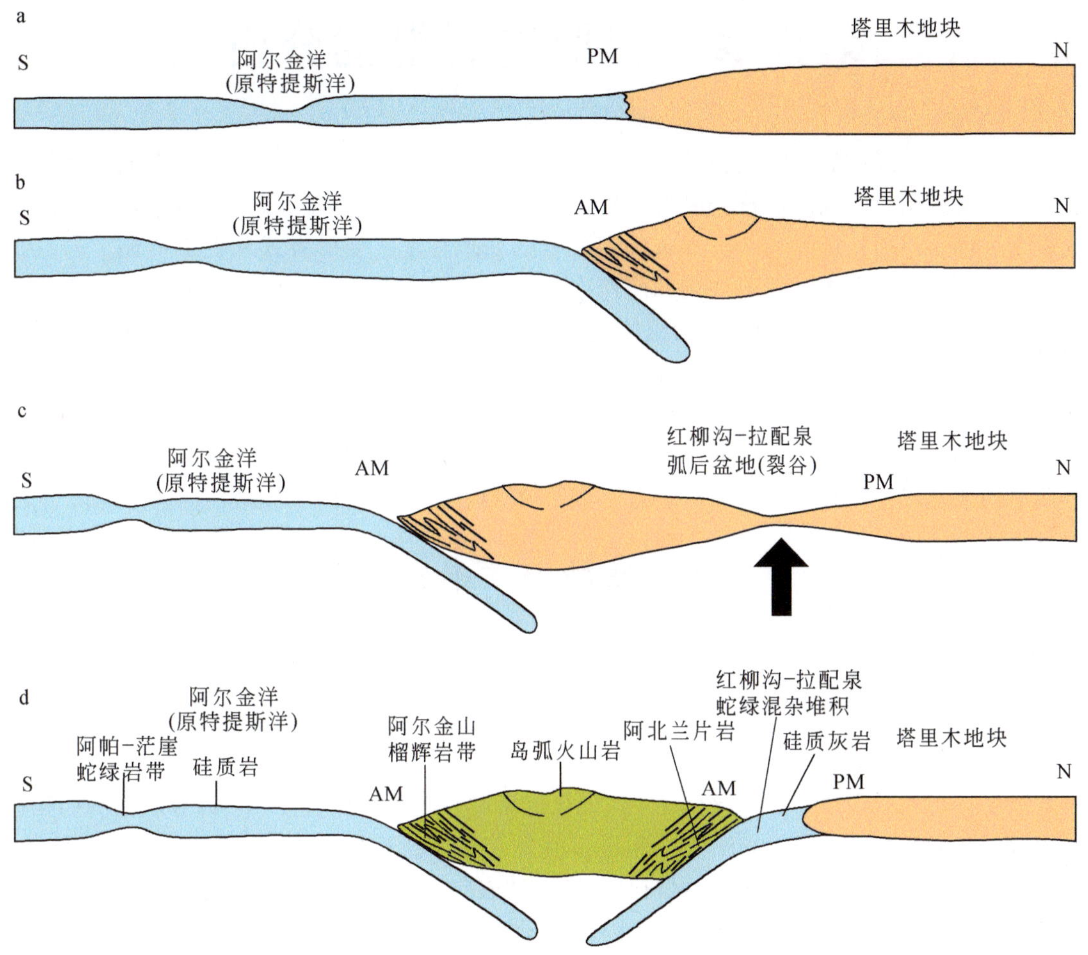

图4-53 阿尔金山地区早古生代大陆边缘和沟弧盆构造体系示意图

AM-活动大陆边缘；PM-被动大陆边缘

这里的“阿尔金洋”很可能是“原特提斯”（潘裕生等，1998）的一部分。

此外，本书作者在阿尔金成矿带恰什坎萨依沟，发现了一种分选性和磨圆度都很好的砾岩层，其成分以花岗岩类、石英岩和硅质岩为主，含少量泥岩和页岩，砾石大小为8～10cm，非常均匀，不整合覆盖在变质泥质岩（页岩）之上，两者一同发生变质作用和面理置换（片理与岩性界线明显不一致），并被古生界玄武岩类（具枕状构造）所覆盖。该砾岩层的特点有可能反映的是阿尔金洋俯冲与弧后盆地扩展的地质事件，即砾岩层代表了阿尔金洋俯冲作用形成的局部造山及弧后盆地起始阶段，而玄武岩则代表弧后盆地的大规模扩张时期的开始。同时对砾岩与邻区同类型砾岩相比，其特征与因特布拉克一带的青白口系乱石山组类似，也与塔里木地块南缘的柳园古堡泉砾岩以及华北地区中元古界底部常州沟砾岩非常相似。说明有另一种可能性的存在，即本区存在真正中元古界，而不是将原来的中元古界全部划分为下古生界。

第5章　变形岩石组构分析

岩石组构是指组成岩石的矿物在岩石中分布的各向异性，或者说是岩石结构要素的规律性，构造变形是引起岩石组构的重要原因。岩石变形组构分析是基于岩石中标志体的研究，通过几何方法或者运用岩石中的矿物物性，借助一定的测试技术来确定岩石的变形程度、变形方式和变形机制。岩石组构的研究测定方法很多，有基于晶体内部光轴转动而产生光性等性质上变化的方法，如光学显微镜、弗氏旋转台（universal stage，U-stage）、X射线衍射组构测量仪和中子衍射仪、透射电镜微区分析、电子背散射衍射（Electron Backscattering Diffraction，EBSD）等。有基于受到定向应力和温度作用而使岩石内磁性矿物产生定向排列、韧性变形或定向重结晶的变化，如磁组构分析方法。虽然上述方法的依据有本质的不同，但是它们都是以确定岩石中矿物分布规律性为目的，继而研究并确定岩石变形方式及变形机制。本书运用电子背散射衍射技术、X射线（X光）衍射技术和磁组构测试方法开展变形岩石组构分析。

5.1　电子背散射衍射组构测试

5.1.1　方法原理与设备

1. 电子背散射衍射的原理

电子背散射衍射的原理早在20世纪50年代就已经清楚，随着计算机技术、计算软件和照相技术的发展，直到20世纪80年代现代的EBSD技术才真正问世，并广泛应用于材料科学分析与研究中（刘庆，2005）。该技术最原始的功能是确定晶体材料某一微区的取向，即单个晶粒取向测定技术（杨平，2007），然而，将其应用于地质领域，尤其是在岩石组构方面却是最近几年才做的尝试。

电子背散射衍射系统通常作为附件安装在扫描电子显微镜（scanning electron microscope，SEM）上，是利用不同晶体结构或方位的电子背散射衍射花样（electron backscattering patterns，EBSP）来测量晶体或矿物取向等显微构造和结构的分析技术。它借助荧光屏和电荷耦荷器件（charge coupled device，CCD）相机采集样品在高能电子束轰击下产生的电子背散射衍射花样，然后将之与数据库中不同晶体的EBSP模拟结果进行匹配，并对匹配结果进行指标化和标定，从而计算出样品中晶体的相分布特征及其三维取向关系等显微构造信息（曹淑云和刘俊来，2006；徐海军等，2007）。

电子背散射衍射（EBSD）具有不同于费氏旋转台、X射线衍射、中子衍射和透射电镜方法进行晶体结构和取向分析的特点，它可以在观测微观组织结构的同时快速、统计性地获得宏观多晶体和各晶粒形貌、结构和取向分析的信息，而且可以计算扫描电镜观测微区组织的结构特征，从而解决了宏观统计性分析与微观局域性分析之间的矛盾（刘俊来等，2008）。

2. 实验设备简介

实验仪器型号为HKL Channel 5.0 System with Nordlys-Ⅱ Detecteor，由丹麦345技术有限公司生产。EBSD由硬件和软件两大部分组成：硬件系统包括一台高灵敏度CCD相机和一套电子背散射衍射花样平均化和背景校正的图像处理系统；软件系统则主要用于控制EBSD像的采集和数据分析。此外，有关的其他辅助设备还有扫描电镜和电子背散射衍射仪的附件、样品磨片机和抛光机、离子溅射仪、超声波清洗器和电解抛光仪等。

5. 1. 2　测试样品和 EBSD 测试

1. 样品采集与制备

测试样品采自阿尔金成矿带喀腊大湾大沟剖面的中北段，即阿尔金北缘断裂变形带附近的变形岩石。在阿尔金成矿带的喀腊大湾地区，阿尔金北缘断裂带是一级主干断裂，以近东西向延伸为特征，是太古宇与下古生界之间的界线，沿阿尔金北缘断裂发育糜棱岩化带和碎裂岩化带，变形岩石宽度超过 600m。据刘良等（1998）和崔军文等（1999）研究，阿尔金北缘断裂带也是该地区的蛇绿混杂岩带和古板块碰撞带，沿该构造变形带及其附近发育超基性岩、蛇纹岩、枕状玄武岩，以及碰撞期花岗岩（490 ~ 460Ma）和碰撞后花岗岩（440 ~ 410Ma）等。本书在宏观构造分析基础上，应用 EBSD 测试技术，对该构造变形带中的变形岩石进行组构测试，进而分析岩石变形环境。

测试样品为野外采集定向标本，室内采用构造定向切制成适合进行 EBSD 测量的薄片，设定向线为 X，即平行面理和线理，代表构造变形过程中物质运动方向；定向面为 XZ，即平行线理、垂直面理，也称为 ac 片。

2. 测试样品变形岩石类型和宏微观变形特点

八个 EBSD 测试样品均采自阿尔金成矿带喀腊大湾大沟剖面的中北段，即阿尔金北缘断裂变形带附近的变形岩石，主要岩石类型有花岗质糜棱岩、变形蚀变花岗岩、变形英安质凝灰岩。

（1）H09-1：变形蚀变花岗岩。宏观上可见片理构造，石英呈拉长状，片理产状为北西西走向，向南西陡倾。主要组成矿物为石英，约占 35%，中–粗粒（粒径为 0. 5 ~ 2mm）呈拉长状，少量细粒（0. 1 ~ 0. 2mm）；长石一半以上已经蚀变，仅残留部分，约为 15%；绢云母为由长石变形蚀变形成，含量为 50%，微晶状。镜下观察石英没有发生明显的颗粒内变形，仅具有强烈的波状消光，构成残碎斑晶；绢云母强烈定向排列，构成韧性基质，也可以称为绢英质糜棱岩（表 5-1，图 5-1a）。

表 5-1　阿尔金北缘断裂变形岩石 EBSD 组构测试样品宏观和微观构造变形特征（据陈柏林等，2014）

序号	样品号	位置	岩性	变形面理产状	矿物组成	宏观变形特点	微观变形特点
1	H09-1	阿北铅银矿	变形蚀变花岗岩	290°/SW72°	石英 35%，中–粗粒，绢云母 50%，长石残留 15%	片理化明显，石英颗粒有拉长，长石强烈蚀变成绢云母	石英波状消光，颗粒内变形较弱，绢云母定向排列
2	H09-4	阿北铅银矿	变形蚀变花岗岩	274°/NE81°	石英 35%，中–粗粒，绢云母 50%，长石残留 15%	片理化明显，石英颗粒有拉长，长石强烈蚀变成绢云母	石英波状消光，颗粒内变形较弱，绢云母定向排列
3	H22-1	阿北断裂变形带	花岗质糜棱岩	84°/NW80°	石英 55%，细粒，绢云母 15%，长石残留 30%	糜棱面理和线理发育，石英强烈拉长，长石呈眼球状	石英呈动态重结晶细粒和定向排列绢云母构成韧性基质，长石为残碎斑晶
4	H23-2	阿北断裂变形带	花岗质糜棱岩	88°/NW82°	石英 50%，细粒，绢云母 15%，长石残留 35%	糜棱面理和线理发育，石英强烈拉长，长石呈眼球状	石英呈动态重结晶细粒和定向排列绢云母构成韧性基质，长石为残碎斑晶
5	H24-1	阿北断裂变形带	花岗质糜棱岩	72°/NW82°	石英 40%，细粒，绢云母 15%，长石残留 45%	糜棱面理和线理发育，石英强烈拉长，长石呈眼球状	石英呈动态重结晶细粒和定向排列绢云母构成韧性基质，长石为残碎斑晶
6	H38-5	喀腊大湾剖面中段	变形英安质晶屑凝灰岩	280°/SW82°	石英 40%，细粒，绢云母 5%，长石 55%，细粒	宏观片理发育，局部发育线理，含未变形长石斑晶	石英呈细粒并定向
7	H41-2	喀腊大湾剖面中段	变形英安质晶屑凝灰岩	275°/SW75°	石英 25%，细粒，绢云母 35%，长石 45%，细粒	宏观片理发育，局部发育线理，含未变形长石斑晶	石英呈细粒并定向，绢云母定向排列明显
8	H43-5	喀腊大湾剖面中段	变形英安质晶屑凝灰岩	275°/NE86°	石英 40%，细粒，绢云母 5%，长石 55%，细粒	宏观片理发育，局部发育线理，含未变形长石斑晶	石英呈细粒并定向

（2）H09-4：变形蚀变花岗岩。宏观上可见片理构造，石英呈拉长状，片理产状为近东西走向，向北陡倾。主要组成矿物为石英，约占35%，中-粗粒（粒径为0.5～2mm）呈拉长状，少量细粒（0.1～0.2mm）；长石一半以上已经蚀变，仅残留部分，约占15%；绢云母为由长石变形蚀变形成，含量为50%，微晶状。镜下观察石英没有发生明显的颗粒内变形，仅具有强烈的波状消光，构成残碎斑晶；绢云母强烈定向排列，构成韧性基质，也可以称为绢英质糜棱岩（表5-1，图5-1b）。

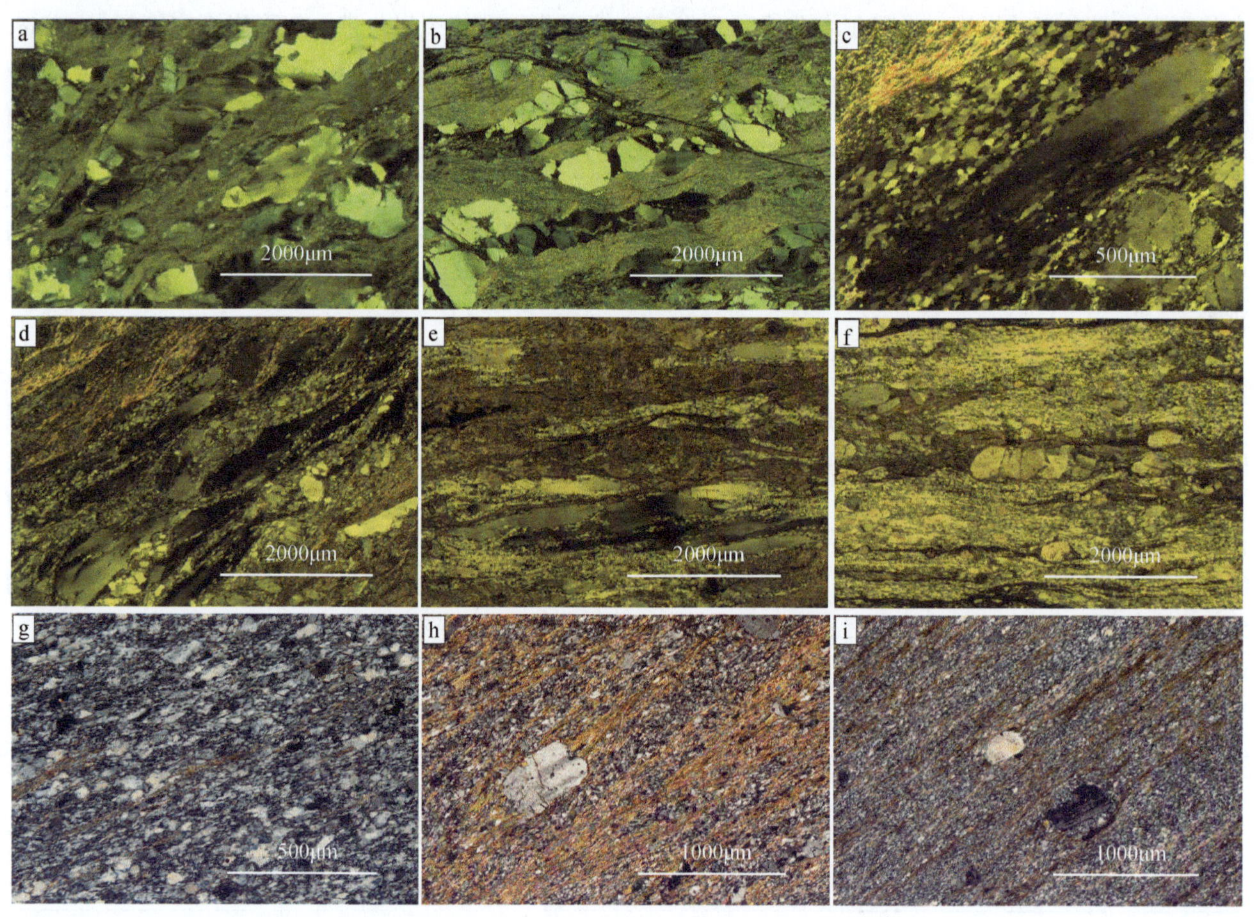

图5-1　EBSD测试样品显微照片

a-H09-1变形蚀变花岗岩，石英波状消光和变形纹，蚀变矿物绢云母等强烈定向排列，正交偏光；b-H09-4变形蚀变花岗岩，石英波状消光和变形纹，蚀变矿物绢云母等强烈定向排列，正交偏光；c-H22-1花岗质糜棱岩，石英强烈变形拉长，形成动态重结晶颗粒纹，动力变质矿物绢云母强烈定向，正交偏光；d-H22-1花岗质糜棱岩，石英强烈变形拉长，形成动态重结晶颗粒纹，动力变质矿物绢云母强烈定向，正交偏光；e-H23-2花岗质糜棱岩，石英强烈变形拉长，形成动态重结晶颗粒纹，动力变质矿物绢云母强烈定向，正交偏光；f-H24-1花岗质糜棱岩，石英强烈变形拉长，形成动态重结晶颗粒，动力变质矿物绢云母强烈定向，正交偏光；g-H38-5变形英安质晶屑凝灰岩，长英质微晶颗粒变形拉长，显示定向排列，正交偏光；h-H41-2变形英安质晶屑凝灰岩，长英质微晶颗粒变形拉长，变形重结晶绢云母定向排列，正交偏光；i-H43-5变形英安质晶屑凝灰岩，长英质微晶颗粒变形拉长，变形重结晶绢云母定向排列，正交偏光

（3）H22-1：花岗质糜棱岩。宏观上可见片理构造，石英呈拉长状，线理明显，片理产状为近东西走向，向北陡倾，岩石呈糜棱状构造。主要组成矿物为石英，约占55%，多数已变形细粒化（粒径为0.02～0.05mm），一部分残斑石英颗粒较大，为0.2～0.5mm（图5-1c）；长石在构造变形过程中，一部分以残斑形式存在，约占30%，另一部分发生动力变质作用，形成绢云母和石英，使岩石中石英含量明显增加；绢云母为变形过程中由长石动力变质形成，含量约为15%，微晶鳞片状，并定向排列（表5-1，图5-1c、d）。

（4）H23-2：花岗质糜棱岩。宏观上可见片理构造，石英呈拉长状，线理明显，片理产状为近东西向，向北陡倾，岩石呈糜棱状构造。主要组成矿物为石英，约占50%，小部分为变形细粒化（粒径为0.02～0.05mm），大部呈残斑石英存在，颗粒较大，为0.2～0.5mm（图5-1e）；长石在构造变形过程中，大部分以残斑形式出现，约 35%，小部分发生动力变质作用，形成绢云母和石英，使岩石中石英含量明显增加；绢云母为变形过程中由长石动力变质形成，含量约为 15%，微晶鳞片状，并定向排列（表 5-1，图 5-1e）。

（5）H24-1：花岗质糜棱岩。宏观上可见片理构造，石英呈拉长状，线理明显，片理产状为北东东走向，向北陡倾，岩石呈糜棱状构造。主要组成矿物为石英，约占 40%，一部分为变形细粒化（粒径为 0.02 ~ 0.05mm），较大部分呈残斑石英出现，颗粒较大，为 0.2 ~ 0.5mm；长石在构造变形过程中，大部分以残斑形式存在，约为 45%，小部分发生动力变质作用，形成绢云母和石英，使岩石中石英含量明显增加；绢云母为变形过程中由长石动力变质形成，含量约为 15%，微晶鳞片状，并定向排列（表 5-1，图 5-1f）。

（6）H38-5：变形英安质晶屑凝灰岩。宏观上可见片理构造，长英质呈细小颗粒状，局部发育线理构造，片理产状为近东西走向，向南陡倾。主要组成矿物为石英，约占 40%，大部分为细小颗粒，呈现一定的拉长（粒径为 0.02 ~ 0.05mm）；长石大部分呈细小颗粒状出现（粒径为 0.02 ~ 0.05mm），约为 55%，个别长石以几乎没有变形的残斑（晶屑）形式存在；部分凝灰质成分在变形过程中重结晶形成定向排列的微晶鳞片状绢云母，含量约为 5%（表 5-1，图 5-1g）。

（7）H41-2：变形英安质晶屑凝灰岩。宏观上可见片理构造，长英质呈细小颗粒状，局部发育线理构造，片理产状为近东西走向，向南陡倾。主要组成矿物为石英，约占 25%，大部分为细小颗粒，呈现一定的拉长（粒径为 0.02 ~ 0.05mm）；长石大部分呈细小颗粒状出现（粒径为 0.02 ~ 0.05mm），约占 45%，个别长石以几乎没有变形的残斑（晶屑）形式出现；较大部分凝灰质成分在变形过程中重结晶形成定向排列的微晶鳞片状绢云母，含量约为 35%（表 5-1，图 5-1h）。

（8）H43-5：变形英安质晶屑凝灰岩。宏观上可见片理构造，长英质呈细小颗粒状，局部发育线理构造，片理产状为近东西走向，向南陡倾。主要组成矿物为石英，约占 40%，大部分为细小颗粒，呈现一定的拉长（粒径为 0.02 ~ 0.05mm）；长石大部分呈细小颗粒状出现（粒径为 0.02 ~ 0.05mm），约占 55%，个别长石以几乎没有变形的残斑（晶屑）形式存在；部分凝灰质成分在变形过程中重结晶形成定向排列的微晶鳞片状绢云母，含量约为 5%（表 5-1，图 5-1i）。

3. EBSD 测试

本次所测量的都是石英颗粒，测试过程中是测量石英颗粒相对于切片面的光轴方位，通过 EBSD 系统的配套软件——HKI 公司开发的 Channel 5.0 System with Nordlys-Ⅱ Detector，将测量数据采用等面积下半球投影，获得矿物的优选方位极点等面积图（图 5-2）。对于石英给出光轴<0001>投影图、面网（10$\bar{1}$0）极图，以及面网（11$\bar{2}$0）的极点<11$\bar{2}$0>上下投影图和石英锥面面网（10$\bar{1}$1）的极图。事实上，五个方位的投影图所代表的意义是相同的，或者说，后四个图虽然各不相同，但是都可以从这些图中的任何一个推导出石英光轴<0001>的投影图。

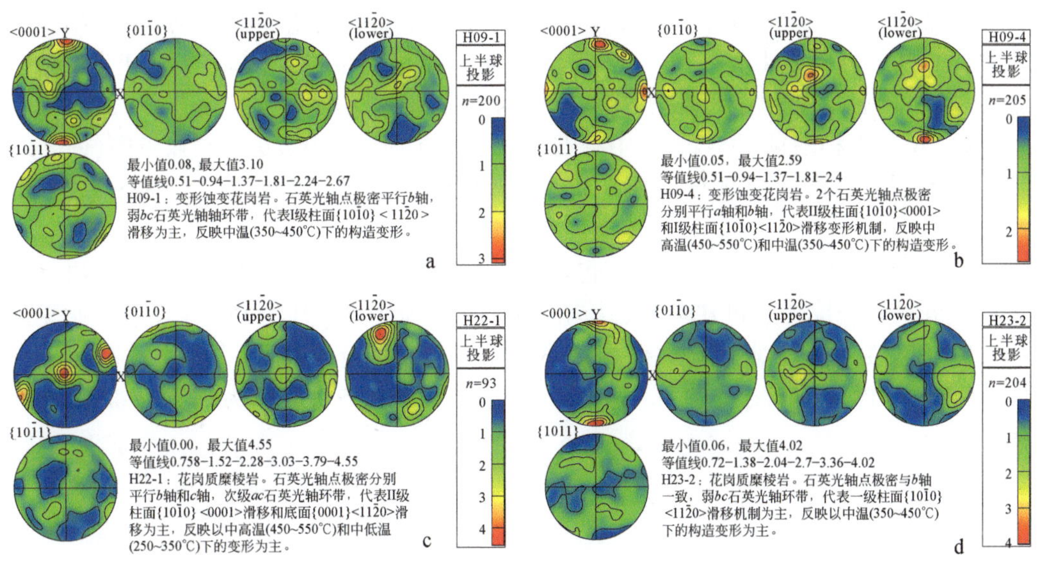

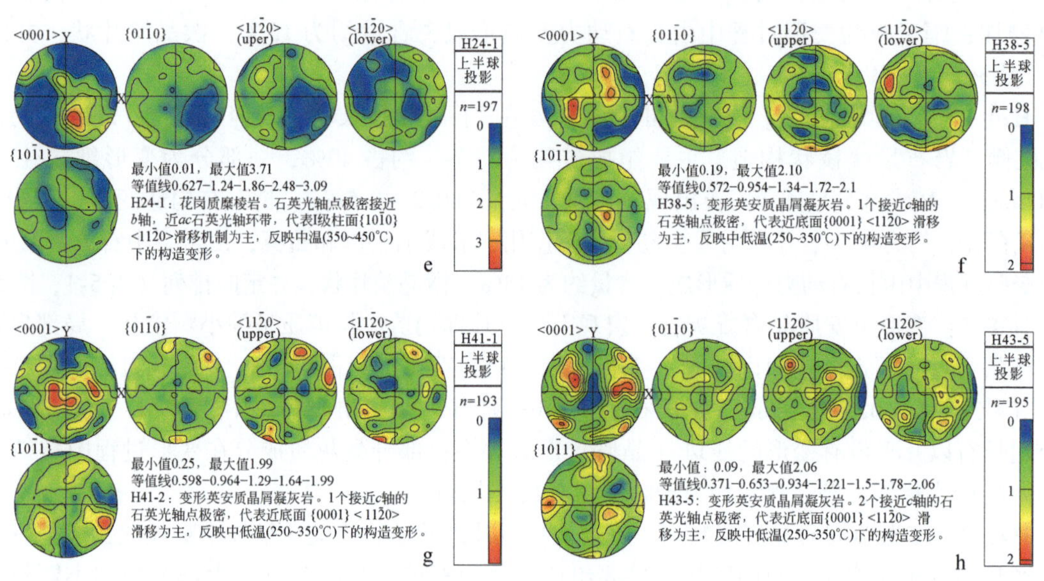

图 5-2　阿尔金喀腊大湾地区变形岩石石英 EBSD 组构图

5.1.3　EBSD 测试结果分析

由于石英为三方晶系，属于一轴晶矿物，石英光轴<0001>即为 Z 轴方向。而且，石英光轴<0001>组构图与石英柱面面网（10$\bar{1}$0）、(11$\bar{2}$0）的极图呈法线关系。所以在组构分析中，只要分析石英光轴<0001>组构图就可以了。

根据石英光轴与岩组坐标轴的相对位置，前人将石英的方位图划分为以下八种主要类型（郑伯让和金淑燕，1989）。①极密Ⅰ型：与岩组坐标轴 a 重合；②极密Ⅱ型：在 ac 面内，a 轴两侧各约 42°的两个极密；③极密Ⅲ型：在 bc 面内，b 轴两侧各约 38°的两个极密；④极密Ⅳ型：数个极密，沿以 b 轴为环带轴约 70°的小圆分布，但并不一定连续为环带；⑤极密Ⅴ型：与岩组坐标轴 c 重合；⑥极密Ⅵ型：数个极密，沿以 b 轴为环带轴约 50°的小圆分布，但并不一定连续为环带，部分研究者认为Ⅳ型极密与Ⅵ型极密相伴产生，属同一成因，不宜再分；⑦极密Ⅶ型：在 ab 面内，b 轴两侧各约 50°的两个极密；⑧极密Ⅷ型：与岩组轴 b 轴重合。

对于上述八种类型的解释，前人也提出了相关的看法：如将石英的优选方位认为是粒内运动结果的平移滑动假说（郑伯让和金淑燕，1989），根据石英的晶体结构提出的针状破裂假说（Griggs et al., 1960），但是这些假说将问题简单化了，并带有很大的臆测性，存在着诸多缺点与不足。事实上，综合这八种类型来看，其分类可以简化为两种：点极密和环带极密。上述类型中除了极密Ⅳ型和极密Ⅵ型外，其他均为点极密型。本书的极密类型则是按照点极密与环带极密来分析。

八个样品的 EBSD 组构图见图 5-2。其中有五个样品具有非常好的石英光轴点极密(图 5-2a ~ e)，另外三个样品的石英光轴点极密不太明显（图 5-2f ~ g)。具体组构图特征分析如下（表 5-2）(据陈柏林等，2014)。

第一类为具有单个石英光轴点极密并伴有包含该点极密的次级环带的组构图，以 H09-1（变形蚀变花岗岩）、H23-2（花岗质糜棱岩）和 H24-1（花岗质糜棱岩）为代表。其中 H09-1（变形蚀变花岗岩）和 H23-2（花岗质糜棱岩）的石英光轴点极密平行 c 轴，伴有近于平行 bc 面的弱石英光轴环带；H24-1（花岗质糜棱岩）石英光轴点极密位于 b 轴和 c 轴之间更接近 b 轴的位置，环带为位于 bc 面与 ac 面之间更接近 ab 面的位置。

表 5-2　阿尔金北缘断裂变形岩石 EBSD 组构测试结果解释表

序号	样品号	岩性	测量颗粒/粒	石英光轴组构特点	石英变形机制	构造变形条件
1	H09-1	变形蚀变花岗岩	200	石英光轴点极密平行 *c* 轴，弱 *bc* 石英光轴环带	近底面（0001）$\langle 10\bar{2}1 \rangle$ 滑移为主	中低温（250 ~ 350℃）条件下的变形
2	H09-4	变形蚀变花岗岩	205	2 个石英光轴点极密分别平行 *a* 轴和 *c* 轴	Ⅱ级柱面（$10\bar{1}0$）$\langle 0001 \rangle$ 和近底面（0001）$\langle 11\bar{2}0 \rangle$ 滑移	中高温（450 ~ 550℃）和中低温（250 ~ 350℃）条件下的变形
3	H22-1	花岗质糜棱岩	93	2 个石英光轴点极密分别平行 *a* 轴和 *b* 轴，次级 *ab* 石英光轴环带	Ⅱ级柱面（$10\bar{1}0$）$\langle 0001 \rangle$ 滑移为主，次为Ⅰ级柱面（$10\bar{1}0$）$\langle 1\bar{2}10 \rangle$ 滑移	中高温（450 ~ 550℃）条件变形为主，次为中温（350 ~ 450℃）条件下的变形
4	H23-2	花岗质糜棱岩	204	石英光轴点极密平行 *c* 轴，弱 *bc* 石英光轴环带	底面（0001）$\langle 11\bar{2}0 \rangle$ 滑移为主	中低温（250 ~ 350℃）条件下的变形
5	H24-1	花岗质糜棱岩	197	石英光轴点极密接近 *b* 轴，近 *ab* 石英光轴环带	Ⅰ级柱面（$10\bar{1}0$）$\langle 1\bar{2}10 \rangle$ 滑移为主	中温（350 ~ 450℃）条件下的变形
6	H38-5	变形英安质晶屑凝灰岩	198	石英光轴点极密接近 *b* 轴	Ⅰ级柱面（$10\bar{1}0$）$\langle 1\bar{2}10 \rangle$ 滑移为主	中温（350 ~ 450℃）条件下的变形
7	H41-2	变形英安质晶屑凝灰岩	193	石英光轴点极密接近 *b* 轴	Ⅰ级柱面（$10\bar{1}0$）$\langle 1\bar{2}10 \rangle$ 滑移为主	中温（350 ~ 450℃）条件下的变形
8	H43-5	变形英安质晶屑凝灰岩	199	2 个石英光轴点极密接近 *b* 轴	Ⅰ级柱面（$10\bar{1}0$）$\langle 1\bar{2}10 \rangle$ 滑移为主	中温（350 ~ 450℃）条件下的变形

第二类为具有两个石英光轴点极密的组构图，以 H09-4（变形蚀变花岗岩）和 H22-1（花岗质糜棱岩）为代表。其中 H09-4（变形蚀变花岗岩）为分别平行于 *a* 轴和 *c* 轴的石英光轴点极密；H22-1（花岗质糜棱岩）为分别平行于 *b* 轴和接近 *a* 轴的石英光轴点极密，伴有接近平行 *ab* 面的次级环带。

第三类为虽然含有石英光轴点极密，但是点极密不是很明显，总体上石英光轴投影呈较为分散状态的组构图，三个变形凝灰岩的石英光轴组构图属于此类型，可见弱的点极密接近于 *b* 轴。

事实上，石英组构优选取向与变形岩石的宏观变形特征、微观变形特点，特别是显微镜下的显微变形特点密切相关。具有明显石英光轴点极密的第一类和第二类石英光轴组构图，其对应的变形岩石样品在显微镜下可以见到非常明显的矿物尺度和矿物内部的变形特点，矿物尺度的变形如压扁拉长，形成透镜状或眼球状形态等；矿物内部的变形如石英的强烈波状消光、拔丝构造、石英颗粒内的亚颗粒结构和动态重结晶等（图 5-1a ~ f）；特别是糜棱岩类样品，其显微镜下矿物尺度和矿物颗粒内的构造变形是非常强烈的（图 5-1c ~ f）。而石英光轴点极密不太明显的样品在显微镜下所能够见到的矿物尺度的变形弱许多。

5.1.4　EBSD 反映的构造变形条件

石英组构特点能够反映本区岩石的构造变形的条件，按照石英组构类型和变形滑移系与变形温压条件的关系（Heidelbach et al.，2000；刘庆，2005；徐海军等，2007；刘俊来等，2008），在韧性变形过程中，在中低温条件（250 ~ 350℃）下，石英在构造变形过程中主要通过底面（0001）$\langle 11\bar{2}0 \rangle$ 位错滑移系发生蠕变；在中温条件（350 ~ 450℃）下，石英变形主要通过Ⅰ级柱面（$10\bar{1}0$）$\langle 1\bar{2}10 \rangle$ 位错滑移系发生蠕变；在中高温条件（450 ~ 550℃）下，石英变形主要通过Ⅱ级柱面（$10\bar{1}0$）$\langle 0001 \rangle$ 位错滑移系发生蠕变，而在高温条件（>600℃）下，则主要通过快速重结晶和恢复过程发生变形，如高温结晶恢复形成变晶糜棱岩，石英从细小的动态重结晶颗粒结晶恢复形成板状晶体。本区的石英光轴组构图中的光轴点极密既有平行于面理或与面理小角度相交（点极密近于平行 *a* 轴和 *b* 轴），也有与面理近于垂直为主（点极密近于平行 *c* 轴），代表石英的变形滑移系既有底面（0001）$\langle 11\bar{2}0\rangle$位错滑移系，也有Ⅰ级柱面（10$\bar{1}$0）$\langle 1\bar{2}10\rangle$和Ⅱ级柱面（10$\bar{1}$0）$\langle 0001\rangle$位错滑移系，同时，同一样品也具有两种类型组构的叠加，反映出这些变形岩石有的经历了至少两期构造变形，构造变形时温度条件既有中低温，也有中温和中高温。在多期构造变形过程中，石英光轴组构图与运动学 *c* 轴接近的点极密，代表了石英的变形为底面（0001）$\langle 11\bar{2}0\rangle$位错滑移系，反映出后期中低温变形的叠加。

5.2　变形岩石 X 光组构分析

5.2.1　原理及样品

1. X 光组构分析原理

X 光组构分析就是运用 X 光衍射技术测定岩石中矿物分布的各向异性。矿物内部晶体结构有许多面网，如石英（10$\bar{1}$0）、（11$\bar{2}$0）、（10$\bar{1}$1）、（0001）面网，方解石（10$\bar{1}$2）、（000$\bar{1}$）面网，绿泥石（004）面网，绢云母（110）面网等，每种矿物的每个面网对于 X 射线都有特定的衍射现象，且它们之间是可以区别的。根据需要，可以用 X 光衍射技术来确定岩石中某种主要矿物的某个面网分布的规律性，进而确定该矿物分布的规律性，并达到分析岩石组构的目的（姜光喜等，1982，1997；陈柏林和刘兆霞，1996）。

2. 采样与制样

测试样品采自阿尔金成矿带喀腊大湾大沟剖面中北段，即阿尔金北缘断裂变形带附近变形岩石。测试样品为野外采集定向标本，室内采用构造定向切制成适合进行 X 光组构测量的岩片，岩片为直径为 25mm、厚度为 2mm 的圆形光片，一面细磨抛光，供测试用；定向线为 *X*，平行面理和线理，代表构造变形过程中物质运动方向；定向面为 *XZ*，即平行线理、垂直面理的切面，也称为 ac 片。

5.2.2　样品宏观、微观特征

样品的宏观微观特征见表 5-1、表 5-3 和图 4-39、图 5-1、图 5-3。10 个测试样品中有 8 个与 EBSD 组构测试样品相同，其宏观微观特征见上节。本节仅对另外两个样品的宏观微观特征作补充描述。

表 5-3　阿尔金北缘断裂变形岩石 X 光组构测试样品宏微观构造特征

序号	样品号	位置	岩性	变形面理产状	矿物组成	宏观变形特点	微观变形特点
1	H13-1	穷塔格东	变形酸性火山凝灰岩	60°/NW50°	石英 35%，细粒，绢云母 25%，长石 40%，细粒	宏观片理发育，局部发育线理，含未变形长石斑晶	石英呈细粒并定向，绢云母定向明显，见变斑晶及压力影
2	H15-9	穷塔格东	变形酸性晶屑凝灰岩	55°/NW60°	石英 30%，细粒，绢云母 35%，长石 35%，细粒	宏观片理发育，局部发育线理，含未变形长石斑晶	石英呈细粒并定向，绢云母定向明显，见钾长石晶屑及眼球体

（1）H13-1：变形酸性火山凝灰岩。宏观上可见片理构造，长英质呈细小颗粒状，局部发育线理构造，片理产状为近东西走向，向南陡倾。主要组成矿物为石英，约占 35%，大部分为细小颗粒，呈现一定的拉长（粒径为 0.02～0.05mm）；长石大部分呈细小颗粒状出现（粒径为 0.02～0.05mm），约为 40%；较大部分凝灰质成分在变形过程中重结晶形成定向排列的微晶鳞片状绢云母，含量约为 25%（表 5-3，图 4-39a）；岩石中可见黄铁矿变斑晶，粒度为 0.5～2mm，两端发育压力影，压力影矿物为石英，黄铁矿变斑晶连同压力影矿物的长短轴比可达 5∶1～6∶1（图 5-3a～c）。

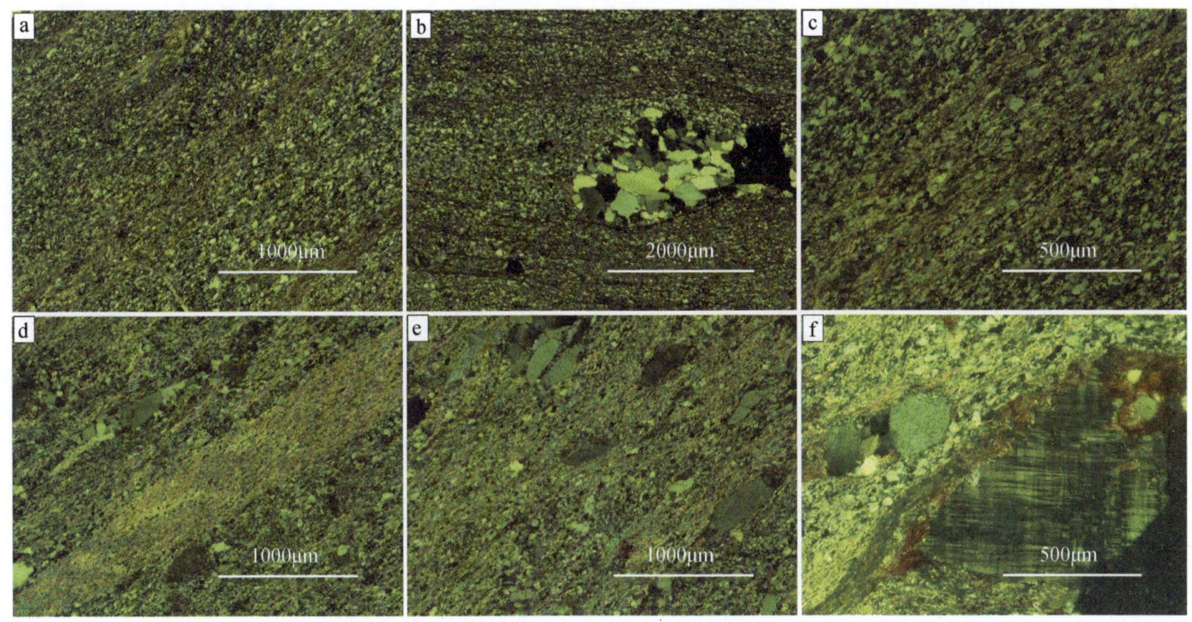

图 5-3　部分变形岩石 X 光组构测试样品显微照片

a-H13-1 变形酸性火山凝灰岩，长英质微晶颗粒变形拉长，变形重结晶绢云母定向排列，正交偏光；b-H13-1 变形酸性火山凝灰岩，局部放大，见黄铁矿变斑晶及由长英质矿物组成的压力影构造，正交偏光；c-H13-1 变形酸性火山凝灰岩，长英质微晶颗粒变形拉长，变形重结晶绢云母定向排列，正交偏光；d-H15-9 变形酸性晶屑凝灰岩，长英质微晶颗粒变形拉长，变形重结晶绢云母定向排列，正交偏光；e-H15-9 变形酸性晶屑凝灰岩，钾长石斑晶及晶屑呈眼球状，长轴与片理方向一致，长短轴比达 3∶1，正交偏光；f-H15-9 变形酸性晶屑凝灰岩，变形重结晶绢云母定向排列，钾长石斑晶具有典型格子双晶，正交偏光

（2）H15-9：变形酸性晶屑凝灰岩。宏观上可见片理构造，长英质呈细小颗粒状，局部发育线理构造，片理产状为近东西走向，向南陡倾。主要组成矿物为石英，约占 30%，大部分为细小颗粒，呈现一定的拉长（粒径为 0.02～0.05mm）；长石大部分呈细小颗粒状出现（粒径为 0.02～0.05mm），约为 35%；较大部分凝灰质成分在变形过程中重结晶形成定向排列的微晶鳞片状绢云母，含量约为 35%（表 5-3，图 5-3d）；岩石中可见钾长石晶屑和斑晶，粒度为 0.5～2mm，发育极好的格子双晶（图 5-3f），晶屑和斑晶具有明显的与片理构造一致长轴方向，长短轴比可达 3∶1（图 5-3e、f）。

5.2.3　样品测试

在经过显微镜观察鉴定的基础上，考虑到测试对象矿物的含量要求（石英>25%）和粒度要求（<1mm），结合本区韧性变形带糜棱岩变形特征研究的需要，选取了 10 块样品，切制成水平切片或 ac 片，进行 X 光组构测试。确定衍射矿物为石英和绢云母，其中石英 6 个，绢云母 4 个。测试工作在中国地质科学院地质力学研究所 X 光岩组实验室进行。

5.2.4　岩石组构基本特征

将测试结果经投影作图（等面积施密特网上半球投影）（图 5-4）。经与样品产状、与宏观构造关系分析，岩石主要组构特征列于表 5-4。

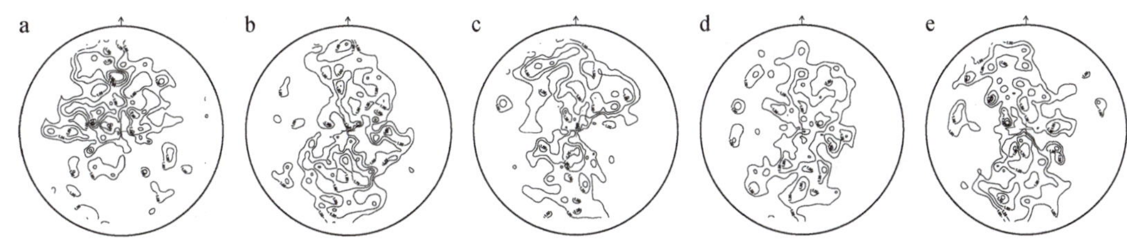

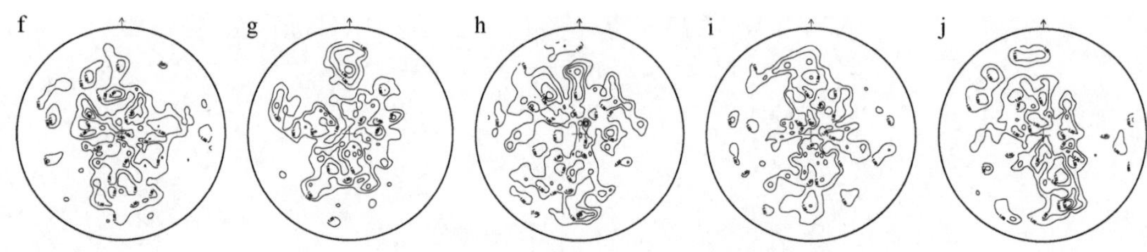

图 5-4　阿尔金山东段地区变形岩石 X 光岩组

a-H22-1，石英（$10\bar{1}0$）晶面极图，等密线 1-1.25-1.5-1.75-2%；b-H23-2，石英（$10\bar{1}0$）晶面极图，等密线 1-1.25-1.5-1.75-2%；c-H24-1，石英（$10\bar{1}0$）晶面极图，等密线 1-1.25-1.5-1.75%；d-H09-1，绢云母（110）晶面极图，等密线 1-1.25-1.5-1.75%；e-H09-4，绢云母（110）晶面极图，等密线 1-1.25-1.5-1.75-2%；f-H43-5，石英（$10\bar{1}0$）晶面极图，等密线 1-1.25-1.5-1.75%；g-H38-4，石英（$10\bar{1}0$）晶面极图，等密线 1-1.25-1.5-1.75%；h-H38-4，石英（$10\bar{1}0$）晶面极图，等密线 1-1.25-1.5-1.75%；i-H13-1，绢云母（110）晶面极图，等密线 1-1.25-1.5-1.75%；j-H15-9，绢云母（110）晶面极图，等密线 1-1.25-1.5-1.75-2%

表 5-4　阿尔泰构造变形岩石 X 光岩组图特征及解释结果一览表

序号	标本号	切片性质	定向面产状	切线产状（a 线理）	所测矿物及面网	X 光衍射图特征	恢复矿物光轴点极密产状	组构与宏观构造的关系	显微组构解释
1	H22-1	ac	295°/NE57°	315°∠30°	石英（$10\bar{1}0$）	近于平行 *ab* 面弱大圆环带	石英光轴点极密与 *c* 轴一致	点极密与运动学 *c* 轴一致	中-低温韧性变形，底面型滑移
						近于平行 *bc* 面弱大圆环带	石英光轴点极密与 *a* 轴一致	点极密与运动学 *a* 轴一致	中高温韧性变形，Ⅱ级柱面型滑移
2	H23-2	ac	145°/SW80°	145°∠0°	石英（$10\bar{1}0$）	近于平行 *ab* 面的大圆环带	石英光轴点极密与 *c* 轴一致	点极密与运动学 *c* 轴一致	中-低温韧性变形，底面型滑移
3	H24-1	ac			石英（$10\bar{1}0$）	近于平行 *ab* 面弱大圆环带	石英光轴点极密与 *c* 轴一致	点极密与运动学 *c* 轴一致	中-低温韧性变形，底面型滑移
						近于平行 *ac* 面弱大圆环带	石英光轴点极密与 *b* 轴一致	点极密与运动学 *a* 轴一致	中温韧性变形，Ⅰ级柱面型滑移
4	H09-1	ac	140°/SW70°	160°∠25°	绢云母（110）	近于平行 *ab* 面的大圆环带		环带与东西向变形带一致	韧性变形过程中，绢云母定向排列
5	H09-4	ac	140°/SW82°	155°∠25°	绢云母（110）	近于平行 *ab* 面的大圆环带		环带与东西向变形带一致	韧性变形过程中，绢云母定向排列
6	H38-4	ac	275°/N50°	285°∠15°	石英（$10\bar{1}0$）	很弱的平行 *ab* 面大圆环带	石英光轴点极密与 *c* 轴一致	点极密与运动学 *c* 轴一致	中-低温韧性变形，底面型滑移
7	H41-2	ac			石英（$10\bar{1}0$）	很弱的平行 *ab* 面大圆环带	石英光轴点极密与 *b* 轴一致	点极密与运动学 *b* 轴一致	中-高温韧性变形，柱面型滑移
8	H43-5	ac	225°/NW40°	225°∠0°	石英（$10\bar{1}0$）	很弱的平行 *ab* 面大圆环带	石英光轴点极密与 *c* 轴一致	点极密与运动学 *c* 轴一致	中-低温韧性变形，底面型滑移
9	H13-1	ac			绢云母（110）	近于平行 *ab* 面的大圆环带		环带与东西向变形带一致	韧性变形过程中，绢云母定向排列
10	H15-9	ac	280°/NE75°	100°∠30°	绢云母（110）	近于平行 *ab* 面的大圆环带		环带与东西向变形带一致	韧性变形过程中，绢云母定向排列

1. 阿尔金北缘构造带变形岩石 X 光组构特征

阿尔金北缘构造带是成矿带区内规模最大、活动时间最长、构造变形最强烈的构造带。该构造带走向近东西向，倾角陡立。构造变形既发育于太古宇深变质岩中，又发育于下古生界中浅变质的火山–沉积岩中，各种构造面理（包括糜棱岩面理）非常明显，产状为近东西向（北西西向），倾角近直立，矿物拉伸线理有的近于水平，也有部分向东中等角度倾伏（小于 30°～50°）。而且一些花岗岩中也发育了比较强烈的构造变形。

阿尔金北缘构造带变形岩石以阿北铅银矿和喀腊大湾剖面共五个样品为代表。样品以变形蚀变花岗岩、花岗质糜棱片麻岩为主，在 X 光石英（10$\bar{1}$0）极图中，主圆环带近于平行 *ab* 面的大圆环带（图 5-4a～c），恢复石英光轴点极密与运动学 *c* 轴一致，反映的是中低温韧脆性近底面滑移变形特点。次级环带近于平行 *bc* 面（H22-1）和 *ac* 面（H24-1）的大圆环带（图 5-4a、c），恢复石英光轴点极密与运动学 *a* 轴和 *b* 轴一致，反映的是中高温韧性Ⅱ级柱面和中温韧性Ⅰ级柱面滑移变形特点。同时对阿北铅银矿的变形蚀变花岗岩，其 X 光组构图中，绢云母（110）极图为平行 *ab* 面的大圆环带，反映变形过程中，绢云母平行构造面理定向排列，为中-低温韧脆性变形特点（图 5-4d～e，表 5-4）。

2. 喀腊大湾剖面中南段变形岩石 X 光组构特征

喀腊大湾剖面中南段位于阿尔金北缘构造带南侧，虽然发生了一定程度的变形，但是其变形作用强度明显低许多。以变形英安质凝灰岩为代表（H38-4、H41-2 和 H43-1），在 X 光石英（10$\bar{1}$0）极图中，基本上为组构不明显的 X 光组构图，仅有弱的近于平行 *ab* 面圆环带，恢复石英光轴点极密近于 *c* 轴，反映中低温条件的比较弱的构造变形（图 5-4f～g，表 5-4）。

3. 喀腊大湾剖面南段变形岩石 X 光组构特征

喀腊大湾剖面南段位于阿尔金北缘构造带南侧较远，受阿尔金北缘构造带影响较小。但是其距离索尔库里北盆地北缘断裂构造变形带比较近，该处酸性火山岩也发生了一定程度的变形，变形作用强度一般，主要表现为绢云母的动力变质重结晶，并定向排列。以穷塔格地区的（H13-1 和 H15-9）变形酸性火山岩为代表，在 X 光绢云母（110）极图中，基本上为平行 *ab* 面的大圆环带，反映变形过程中，绢云母平行构造面理定向排列，为中-低温韧脆性变形特点（图 5-4h～i，表 5-4）。

5.2.5　X 光岩石组构解释及其反映的变形物化条件

在组构图中石英光轴点极密与运动学 *c* 轴一致是最主要类型，代表了石英是以近底面滑移机制发生变形，其运动学指向是（0001）<11$\bar{2}$0>，是典型中低温（250～350℃）条件下发生韧性-脆性变形的特点；而石英光轴点极密与运动学 *b* 轴和 *a* 轴一致的只有三个，代表石英是以柱面Ⅰ型或Ⅱ型滑移机制发生变形，其运动学指向是（10$\bar{1}$0）<11$\bar{2}$0>，是典型中温（350～450℃）条件下发生韧性变形的特点。

5.3　变形岩石磁组构分析

5.3.1　原理

岩石磁组构分析是指利用岩石磁化率各向异性来研究岩石的组构特征。磁组构的结晶学特点是岩石中磁性矿物的颗粒或晶格的定向以及它们的组合，物理实质是磁化率各向异性，表现形式为磁化率椭球的形状和方向。磁组构作为地质研究手段最早由 Graham（1954）提出，但真正得到普遍应用是 20 世纪 70 年代后期开始的，主要应用于构造地质及环境地质等问题的研究领域（Kligfield et al.，1977，1982；Rathore，1980；Hround，1982）。

岩石在形成和后期构造变形过程中，其内部的铁磁性矿物由于形态、结晶方向、排列以及分布的差异导致不同方向上磁化率的差异，被称为磁化率各向异性（AMS），即磁组构。它可由具有一定形态和空间定向的磁化率椭球体予以表征。已有研究表明岩石的磁化率各向异性程度与岩石的变形程度呈正相关关系，变形岩石应变椭球体的形态、主轴方位与磁化率椭球体具有良好的对应关系（即共轴性），两者的主轴方位基本一致，反映了变形岩石的整体组构和应变特征以及优势产状；同时对于既定的变形岩石，两椭球体的主轴呈指数关系。相对于传统的野外露头、应变标志体统计与测量、显微尺度单颗粒分析以及其他变形分析测试手段，AMS 方法具有灵敏度高、快速有效的优势，并且对于缺乏应变标志的弱应变岩石具有良好的显示。因此，可用 AMS 方法来定量测定变形岩石的组构及其应变特征，运用磁化率椭球体的形态和空间定向来分析岩石所经历的构造历程、构造变形的性质以及应力作用的方式、方向（郭武林，1984；吴汉宁，1988；阎桂林，1996）。

在 AMS 研究中，K_m为平均磁化率（即体磁化率），而磁组构的参数可由 K_1、K_2、K_3（$K_1>K_2>K_3$，分别代表了磁化率椭球体的最大、中间和最小磁化率主轴）的比值定义，磁面理 $F=K_2/K_3$，与最小磁化率方向垂直；磁线理 $L=K_1/K_2$，与最大磁化率方向一致或近于一致；P'为矫正后磁化率各向异性，表示岩石中铁磁性矿物择优取向的程度，与变形强度有明显的正相关，可用来表征岩石的变形强度；磁化率椭球体的扁率 $E=K_2^2/(K_1K_3)$，$E>1$ 表示磁化率椭球为扁球体型，面理较发育，$E<1$ 表示椭球体为长球体型，线理较发育；磁化率椭球体形状因素 $T=(2\ln K_2-\ln K_1-\ln K_3)/(\ln K_1-\ln K_3)$，更能够表征椭球体的形态，$0<T\leqslant 1$，为扁球体型，$-1<T\leqslant 0$，为长球体型。

磁组构方法的应用非常广泛，Kligfield 等（1977）将磁化率各向异性作为应变标志应用于加拿大安大略盆地黏土岩研究；Rathore（1980）和 Kligfield 等（1982）探讨了英格兰湖区板岩和瑞士阿尔卑斯地区鲕状灰岩磁化率各向异性及其与应变的关系；张达和李东旭（1999）将磁组构方法应用于岩体侵位机制的分析；陈柏林和李中坚（1997）首次将磁组构方法应用于矿田构造分析，从后期矿化热事件对磁各向异性的部分均一化现象来探讨某些矿床中构造变形与矿化的时序关系和矿化机制，并通过对磁各向异性与应变轴率的对比，试图探讨不同岩性岩石的磁化率椭球与应变椭球轴比关系式 $(K_j/K_i)=(L_j/L_i)^a$（i，$j=1$，2，3，$i\neq j$）中幂指数 a 值的大小（陈柏林，1999）。

5.3.2　样品采集与实验测试

区内由于经历多期构造变形，特别是早古生代中期的洋壳闭合和板块俯冲碰撞，岩石发生了强烈的构造变形。在开展 EBSD、X 光组构测试的同时，对区内变形岩石也开展磁组构测试。

在样品选择与布置方面，以成矿带内大平沟和喀腊大湾沟两条近南北向的大沟作为主干构造观察剖面，构造样品主要沿构造观察剖面或横向追索构造带一定距离进行采集，样品集中分布于阿尔金北缘韧脆性变形带内的大平沟金矿区、阿北银铅矿区、喀腊大湾沟北部，以及成矿带南部的喀腊达坂断裂带、喀腊达坂铅锌矿区和穷塔格地区，此外沿断裂带及研究区中部有零星取样（表 5-5）。采集的变形岩石样品均在野外进行定向标记，在室内垂直定向面钻取高约 2.2cm、直径为 2.5cm 的圆柱状样品 106 块。样品测试工作在中国科学院地质与地球物理研究所古地磁国家重点实验室完成。运用捷克 AGICO 的 Kamppabridge（卡帕乔 KLY-4S）磁化率仪测试，测试场强 300A/m，工作频率为 875Hz，体磁化率检出限为 3×10^{-6}SI，AMS 选装样品检出限为 2×10^{-6}SI，测试精度为 0.1%，在测量过程中，通过手动变换样品的位置，分别沿三个互相垂直的轴缓慢旋转，当样品进入测量线圈之后，电桥进行调零，在样品旋转过程中，由于只测量磁化率的变化值（在一次旋转过程中测量 64 次），灵敏度很高，运用 SUSAM 软件和 Anisoft 42 软件包程序自动计算出样品的磁化率椭球体特征值（平均磁化率 K_m、磁化率各向异性度 P、磁线理 L、磁面理 F、磁化率椭球体扁率 E、形状因子 T 和主磁化率轴的空间产状）及其测量的统计误差，测试结果见表 5-5。

5.3.3　磁组构特征分析

1. 平均磁化率 K_m

平均磁化率 $K_m=(K_{max}+K_{int}+K_{min})/3$（单位为 10^{-6}SI），反映了测试样品中矿物磁化率的综合特征，与岩石中铁磁性矿物的类型、形态、结晶方向以及排列分布等密切相关。本次研究中所测试样品的 K_m 值变化幅度较大，为 $-6.25\times10^{-6}\sim38817.2\times10^{-6}$SI，磁化率的最大差异可达四个数量级，测试样品的平均磁化率值主要集中在三个区间内：$0\sim300\times10^{-6}$SI、$400\times10^{-6}\sim1000\times10^{-6}$SI 和 $>1000\times10^{-6}$SI，分别占样品总数的 47.6%、30.5% 和 21.9%（表 5-5），整体表现为微弱磁性到弱磁性岩石样品，对于样品 K364-1 磁化率为负值，反映了其可能主要由反磁性矿物构成，后文不予讨论。平均磁化率 K_m的值由大到小的排列为：

表 5-5　阿尔金北缘喀腊大湾地区构造岩采样位置和磁组构测试结果

序号	样品号	岩性	位置	采样位置坐标			平均磁化率（K_m）	磁线理（L）	磁面理（F）	磁各向异性度（P'）	磁椭球形状因素（T）	磁椭球扁率（E）	最大磁化率产状/(°)		最小磁化率产状/(°)		磁面理产状/(°)		宏观面理产状/(°)	
				北纬	东经	高程/m							倾向（D_1）	倾角（I_1）	倾向（D_3）	倾角（I_3）	倾向	倾角	倾向	倾角
1	H01-1	变形蚀变花岗岩	阿北银铅矿	39°08′48.3″	91°39′14.0″	2951	74.51	1.003	1.002	1.007	−0.066	1	135.5	57.4	344.7	29.2	164.7	60.8	160	48
2	H02-2	安山质玄武岩	阿北银铅矿	39°08′52.0″	91°38′57.8″	2988	449.8	1.044	1.059	1.106	0.142	1.014	297.2	38.6	42.9	18.7	222.9	71.3	210	85
3	H09-1	变形蚀变花岗岩	阿北银铅矿	39°08′37.5″	91°40′21.4″	2918	75.21	1.004	1.014	1.02	0.523	1.01	274.4	32.2	29.2	33.6	209.2	56.4	200	52
4	H09-10	含方铅矿蚀变花岗岩	阿北银铅矿	39°08′37.5″	91°40′21.4″	2918	68.35	1.003	1.014	1.017	0.684	1.011	269.7	44.5	25.6	24.0	205.6	66.0	195	74
5	H11-1	钙质砂岩	喀腊大湾中段	39°08′45.9″	91°40′13.2″	2907	124.99	1.024	1.029	1.054	0.09	1.005	256.8	37.8	5.5	22.5	185.5	67.5	184	65
6	H12-3	泥灰岩	喀腊大湾中段	39°08′50.9″	91°40′12.1″	2997	4.55	1.133	1.104	1.251	−0.116	0.974	101.9	64.1	247.1	21.8	67.1	68.2	192	56
7	H13-1	变形的酸性火山岩	穷塔格东沟	39°03.630′	91°34.764′	3736	2585.55	1.128	1.126	1.375	0.236	1.077	243.9	27.5	123.5	44.3	303.5	45.7	330	50
8	H15-1	安山质凝灰岩	穷塔格东沟	39°03.053′	91°34.825′	3988	3859.2	1.055	1.111	1.176	0.322	1.053	263.1	20.8	162.3	26.3	342.3	63.7	350	48
9	H15-3	含黄铁矿硅质岩	穷塔格东沟	39°03.053′	91°34.825′	3988	39.31	1.009	1.015	1.025	0.28	1.007	245.5	4.5	153.1	28.2	333.1	61.8	350	48
10	H15-4	灰黑色变形泥灰岩	穷塔格东沟	39°03.087′	91°34.861′	3954	655.82	1.016	1.123	1.155	0.764	1.106	260.9	14.3	161.2	33.6	341.2	56.4	340	48
11	H15-5	变形酸性火山岩	穷塔格东沟	39°03.178′	91°35.023′	3895	36576.8	1.272	1.165	1.486	−0.224	0.916	256.4	13.2	161.0	21.6	341.0	68.4	315	65
12	H15-9	变形酸性凝灰岩	穷塔格东沟	39°03.269′	91°35.058′	3851	179.68	1.007	1.007	1.014	−0.03	1	325.7	56.4	120.3	36.9	300.3	53.1	325	60
13	H15-13	变形酸性火山岩	穷塔格东沟	39°03.321′	91°35.066′	3838	173.08	1.016	1.033	1.051	0.345	1.017	56.8	23.7	167.1	38.3	347.1	51.7	338	54
14	H15-14	中基性火山岩	穷塔格东沟	39°03.392′	91°34.972′	3775	12847	1.384	1.261	1.749	−0.168	0.911	44.2	4.6	137.7	36.6	317.7	53.4	326	62
15	H22-1	变形花岗岩	喀腊大湾中段	39°09′50.0″	91°41′47.6″	2923	194.31	1.019	1.03	1.049	0.227	1.011	244.5	22.3	150.6	9.4	330.6	80.6	176	85
16	H23-2	蚀变花岗岩	喀腊大湾中段	39°09′50.0″	91°41′47.6″	2923	96.12	1.04	1.05	1.093	0.104	1.009	271.2	15.6	177.2	14.0	357.2	76.0	358	82
17	H24-1	蚀变花岗岩	喀腊大湾中段	39°09′48.7″	91°41′59.2	2954	166.72	1.05	1.161	1.229	0.511	1.106	17.9	0.5	108.4	43.7	288.4	46.3	162	82
18	H30-1	变形中性火山岩	喀腊大湾中段	39°09′20.1″	91°40′51.9″	2807	474.41	1.012	1.076	1.097	0.722	1.064	250.9	36.3	21.4	41.5	201.4	48.5	198	55
19	H30-2	变形花岗岩	喀腊大湾中段	39°09′20.1″	91°40′51.9″	2807	18.68	1.011	1.063	1.081	0.698	1.052	128.6	61.7	3.2	17.3	183.2	72.7	200	68
20	H30-5	变形花岗岩脉	喀腊大湾中段	39°07′44.1″	91°41′35.8″	2964	469.03	1.022	1.038	1.061	0.255	1.015	276.4	10.1	11.3	25.9	191.3	64.1	190	60
21	H37-2	浅灰白色泥灰岩	喀腊大湾中段	39°07′44.1″	91°41′35.8″	2964	151.25	1.052	1.093	1.151	0.272	1.039	268.8	0.6	359.2	30.3	179.2	59.7	180	72
22	H38-4	灰白色酸性火山岩	喀腊大湾中段	39°07′27.1″	91°41′31.7″	2981	25.21	1.025	1.019	1.044	−0.144	0.944	279.5	51.5	9.8	0.1	189.8	89.9	190	82
23	H41-2	英安质凝灰岩	喀腊大湾中段	39°07′05.0″	91°41′49.8″	3012	234.71	1.036	1.084	1.126	0.387	1.046	273.1	9.9	5.5	13.5	185.5	76.5	185	75
24	H43-5	英安质凝灰岩	喀腊大湾中段	39°06′38.5″	91°42′35.8″	3083	101.15	1.088	1.053	1.148	−0.238	0.968	92.3	13.2	185.4	12.8	5.4	77.2	5	86
25	H72-1	硅化大理岩	喀腊达坂	39°04′59.8″	91°48′34.4″	4167	6.36	1.041	1.008	1.053	−0.68	0.968	149.1	11.8	56.8	10.7	236.8	79.3	325	62
26	H75-1	酸性火山岩	喀腊达坂	39°04′08.5″	91°49′02.3″	3942	45.87	1.003	1.02	1.025	0.722	1.017	289.8	42.4	160.1	35	340.1	55	352	52
27	H84-1	酸性火山岩	喀腊达坂	39°03′36.2″	91°42′37.4″	3994	10538.5	1.145	1.358	1.572	0.386	1.186	344.9	41.2	137.6	45.4	317.6	44.6	334	44

续表

序号	样品号	岩性	位置	采样位置坐标			平均磁化率（K_m）	磁线理（L）	磁面理（F）	磁各向异性度（P'）	磁椭球形状因素（T）	磁椭球扁率（E）	最大磁化率产状/(°)		最小磁化率产状/(°)		磁面理产状/(°)		宏观面理产状/(°)	
				北纬	东经	高程/m							倾向（D_1）	倾角（I_1）	倾向（D_3）	倾角（I_3）	倾向	倾角	倾向	倾角
28	H91-2	基性火山岩	巴什考供	39°05′29.8″	90°09′55.4″	2417	12416.2	1.131	1.815	2.158	0.658	1.605	300.6	33.9	171.4	43.3	351.4	46.7	355	56
29	H126-2	英安岩	喀腊达坂	39°04′40.6″	91°48′57.6″	4110	69.85	1.006	1.282	1.337	0.952	1.275	2805.6	7.5	189.4	39.6	9.4	50.4	10	50
30	H127-2	中酸性火山岩	喀腊达坂	39°04′27.2″	91°48′55.5″	4110	80.91	1.022	1.268	1.333	0.832	1.241	295.5	9.7	198.6	34.7	18.6	55.3	26	52
31	H182-1	二云石英片岩	卓尔布拉克北沟南段	39°05′19.3″	91°10′12.9″	2781	389.33	1.009	1.045	1.058	0.666	1.036	329.6	57.3	181	25.7	11.0	64.3	7	72
32	H184-2	变形酸性火山岩	卓尔布拉克北沟南段	39°05′43.6″	91°10′06.7″	2729	25.59	1.07	1.161	1.248	0.376	1.085	259.9	16.5	164.8	16.5	344.8	73.5	355	85
33	H185-3	变形酸性火山岩	卓尔布拉克北沟南段	39°05′46.9″	91°10′01.8″	2735	74.5	1.019	1.048	1.07	0.422	1.028	271.5	46.6	168	12.5	348.0	77.5	0	87
34	H235-1	含磁铁矿硅质岩	大平沟西沟	39°10′32.6″	91°20′02.1″	2646	15998.3	1.4	1.82	2.579	0.28	1.3	84.4	37.6	327.2	30.7	147.2	59.3	145	56
35	H281-1	绢云母石英片岩	喀腊达坂矿 16 线	39°04′07.4″	91°49′15.1″	3920	24.19	1.007	1.07	1.086	0.822	1.063	281.8	12.3	177.8	48.0	357.8	42.0	4	52
36	H365-1	酸性火山岩	喀腊达坂矿剖面	39°04′29.2″	91°48′57.0″	4111	98.51	1.022	1.122	1.158	0.683	1.098	296.8	9.8	202.1	25.7	22.1	64.3	25	55
37	H365-2	变形酸性火山岩	喀腊达坂矿剖面	39°04′27.2″	91°48′56.0″	4109	143.92	1.218	1.249	1.522	0.059	1.025	138.4	1.7	229.1	23.0	49.1	67.0	50	57
38	H365-4	变形中基性火山岩	喀腊达坂矿剖面	39°04′25.2″	91°48′56.6″	4077	477.05	1.005	1.013	1.018	0.476	1.008	290.2	23.0	184.8	32.1	4.8	57.9	12	65
39	H365-5	石榴子石片岩	喀腊达坂矿剖面	39°04′25.2″	91°48′56.6″	4077	5831.77	1.055	1.143	1.213	0.426	1.083	107.0	5.4	199.8	27.7	19.8	52.3	28	63
40	H365-6	变形酸性火山岩	喀腊达坂矿剖面	39°04′25.2″	91°48′56.6″	4077	136.56	1.015	1.259	1.317	0.876	1.24	301.4	31.9	187.9	32.7	7.9	57.3	12	57
41	H365-7	基性火山岩	喀腊达坂矿剖面	39°04′24.0″	91°48′56.3″	4068	475.12	1.04	1.171	1.232	0.602	1.126	94.4	12.9	192.4	31.3	12.4	58.7	16	56
42	H365-12	基性火山岩	喀腊达坂矿剖面	39°04′19.6″	91°48′55.4″	4018	37973.3	1.199	1.33	1.6	0.223	1.109	109.3	5.5	203.0	33.4	23	56.6	28	64
43	H367-5	变形中-酸性火山岩	喀腊达坂矿剖面	39°03′58.5″	91°48′51.9″	3935	263.7	1.024	1.096	1.13	0.584	1.07	318.4	18.0	218.1	29.0	38.1	61.0	42	53
44	K06-1	糜棱黑云斜长片麻岩	大平沟北段	39°12′08.2″	91°30′24.2″	2538	646.68	1.023	1.067	1.095	0.482	1.043	255.3	14.2	164.0	5.3	344	84.7	355	84
45	K07-1	糜棱黑云斜长片麻岩	大平沟北段	39°12′00.1″	91°30′20.4″	2540	152.59	1.012	1.026	1.04	0.369	1.014	232.8	10.6	331.3	38.0	151.3	52.0	165	65
46	K08-1	构造片岩	大平沟北段	39°11′40.6″	91°30′21.9″	2563	549.27	1.01	1.063	1.079	0.722	1.052	6.0	56.6	139.6	24.4	319.6	65.6	333	64
47	K10-1	糜棱黑云斜长片麻岩	大平沟北段	39°10′31.2″	91°30′43.8″	2650	291.85	1.011	1.052	1.068	0.658	1.041	315.0	59.1	217.7	4.4	37.7	85.6	30	85
48	K11-1	条带状变形岩石	大平沟北段	39°10′27.8″	91°30′41.6″	2667	304.21	1.189	1.328	1.586	0.241	1.116	156.0	61.6	57.3	4.7	237.3	85.3	225	75
49	K17-1	黑云钾长片麻岩	大平沟北段	39°09′30.4″	91°29′47.5″	2721	13628.5	1.187	1.329	1.585	0.247	1.119	146.9	78.2	323.2	11.8	143.2	78.2	130	80
50	K17-2	黑云角闪片岩	大平沟北段	39°09′30.4″	91°29′47.5″	2721	25222.8	1.135	1.214	1.381	0.21	1.07	226.8	57.3	333.5	10.4	153.5	79.6	137	82
51	K19-1	千枚岩	大平沟北段	39°09′04.1″	91°29′52.4″	2757	233.41	1.029	1.016	1.047	−0.28	0.987	165.2	17.7	62.2	35.1	242.2	54.9	51	61
52	K24-1	灰黑色泥岩层理	大平沟中段	39°07′20.3″	91°28′24.6″	2896	89.38	1.018	1.028	1.047	0.221	1.01	26.7	11.8	121.2	20.8	301.2	69.2	120	70
53	K24-3	英安岩	大平沟中段	39°07′20.3″	91°28′24.6″	2896	70.45	1.027	1.088	1.123	0.521	1.06	22.8	3.8	293.3	7.6	293.3	82.4	117	76
54	K28-1	灰黑色泥岩	大平沟中段	39°06′43.9″	91°27′53.5″	2965	194.84	1.03	1.025	1.056	−0.089	0.995	68.9	14.1	343.2	16.6	343.2	73.4	345	80

续表

序号	样品号	岩性	位置	采样位置坐标			平均磁化率（K_m）	磁线理（L）	磁面理（F）	磁各向异性度（P'）	磁椭球形状因素（T）	磁椭球扁率（E）	最大磁化率产状/(°)		最小磁化率产状/(°)		磁面理产状/(°)		宏观面理产状/(°)	
				北纬	东经	高程/m							倾向（D_1）	倾角（I_1）	倾向（D_3）	倾角（I_3）	倾向	倾角	倾向	倾角
55	K59-1	条带状蚀变岩	大平沟金矿	39°06′43.9″	91°27′53.5″	2965	588.17	1.005	1.023	1.029	0.664	1.018	33.0	64.8	2.8	22.1	2.8	67.9	90	51
56	K59-4	糜棱岩	大平沟金矿	39°06′43.9″	91°27′53.5″	2965	4159.07	1.256	1.219	1.531	−0.07	0.971	121.5	64.8	172	16.6	172	73.4	170	65
57	K60-1	变形英安质晶屑凝灰岩	穷塔格西沟	39°03′12.0″	91°32′03.0″	3667	17.66	1.01	1.215	1.259	0.906	1.203	262.9	46.9	3.3	9.6	183.3	80.4	180	85
58	K62-1	变形英安质晶屑凝灰岩	穷塔格西沟	39°04′06.3″	91°31′25.5″	3402	266.32	1.062	1.072	1.139	0.071	1.009	222.5	41.5	332.3	21.0	152.3	69.0	146	70（下）
59	K78-1	中酸性晶屑凝灰岩	大平沟西剖面	39°10′46.9″	91°21′59.7″	2601	128.04	1.036	1.075	1.116	0.341	1.037	299.3	6.6	29.5	1.1	209.5	88.9	215	85（下）
60	K92-1	绢英质糜棱岩	大平沟金矿剖面	39°10′14.5″	91°28′28.3″	2764	525.87	1.046	1.062	1.111	0.152	1.016	109.1	1.2	19.0	6.8	199.0	83.2	200	70
61	K93-1	绢英质糜棱岩	大平沟金矿剖面	39°10′14.5″	91°28′28.3″	2764	1480.88	1.073	1.04	1.118	−0.287	0.969	94.6	48.6	216.6	25	36.6	65.0	15	89
62	K93-2	绢英质糜棱岩	大平沟金矿剖面	39°10′14.5″	91°28′28.3″	2764	322.72	1.015	1.06	1.08	0.585	1.044	288.3	4.8	197.7	7.6	17.7	82.4	195	81
63	K93-3	绢英质糜棱岩	大平沟金矿剖面	39°10′14.5″	91°28′28.3″	2764	451.22	1.009	1.025	1.036	0.461	1.015	80.3	14.3	343.0	26.4	163.0	63.6	170	76
64	K94-1	钾长变粒岩	大平沟金矿剖面	39°10′14.5″	91°28′33.1″	2776	21007.3	1.124	1.034	1.171	−0.551	0.921	106.7	32.1	325.9	51	145.9	39.0	145	87
65	K94-2	糜棱钾长变粒岩	大平沟金矿剖面	39°10′14.5″	91°28′33.1″	2776	758.19	1.063	1.03	1.097	−0.343	0.969	292.2	33.3	68.7	47.8	248.7	42.2	215	75
66	K94-3	钾长变粒岩	大平沟金矿剖面	39°10′14.5″	91°28′33.1″	2776	578.79	1.016	1.037	1.054	0.402	1.021	284.6	0.4	16.6	74.2	196.6	15.8	224	64
67	K94-4	糜棱钾长变粒岩	大平沟金矿剖面	39°10′14.5″	91°28′33.1″	2776	313.42	1.004	1.013	1.018	0.505	1.009	163.2	54.5	34.6	24	214.6	66.0	205	60
68	K94-6	糜棱岩	大平沟金矿剖面	39°10′14.5″	91°28′33.1″	2776	469.42	1.03	1.033	1.064	0.038	1.002	292.5	28.3	103.3	61.4	283.3	28.6	205	77
69	K94-7	糜棱岩	大平沟金矿剖面	39°10′14.5″	91°28′33.1″	2776	9354.88	1.08	1.059	1.144	−0.15	0.98	145.4	52.5	236.1	0.6	56.1	89.4	210	80
70	K94-8	糜棱岩	大平沟金矿剖面	39°10′14.5″	91°28′33.1″	2776	449.71	1.014	1.006	1.02	−0.383	0.993	279.7	2.6	189.1	13.8	9.1	76.2	200	85
71	K94-11	糜棱岩	大平沟金矿剖面	39°10′14.5″	91°28′33.1″	2776	7704.92	1.068	1.082	1.156	0.096	1.014	257.6	19.0	16.8	54.8	196.8	35.2	220	80
72	K94-12	糜棱岩化钾长变粒岩	大平沟金矿剖面	39°10′14.5″	91°28′33.1″	2776	861.65	1.046	1.015	1.064	−0.504	0.97	133.3	15.8	240.7	46.6	60.7	43.4	200	87
73	K95-1	糜棱岩	大平沟金矿剖面	39°10′15.7″	91°28′29.9″	2781	21288.8	1.174	1.075	1.27	−0.379	0.915	323.2	54.6	152.4	35.1	332.4	54.9	196	68
74	K95-3	糜棱岩	大平沟金矿剖面	39°10′15.7″	91°28′29.9″	2781	22378.8	1.133	1.044	1.191	−0.485	0.922	111.3	75.4	315.4	13.4	135.4	76.6	160	62
75	K95-4	糜棱钾长变粒岩	大平沟金矿剖面	39°10′15.7″	91°28′29.9″	2781	16817.8	1.1	1.012	1.125	−0.772	0.92	137.3	14.2	329.0	75.5	149.0	14.5	185	70
76	K95-5	糜棱钾长变粒岩	大平沟金矿剖面	39°10′15.7″	91°28′29.9″	2781	38817.2	1.174	1.049	1.244	−0.537	0.894	263.1	63.7	1.8	4.3	181.8	85.7	200	88
77	K95-7	糜棱钾长变粒岩	大平沟金矿剖面	39°10′15.7″	91°28′29.9″	2781	2618.96	1.022	1.104	1.137	0.632	1.079	190.8	49.1	42.0	36.5	222.0	53.5	226	60
78	K95-8	碎裂钾长变粒岩	大平沟金矿剖面	39°10′15.7″	91°28′29.9″	2781	1474.54	1.015	1.036	1.053	0.398	1.02	279.6	19.1	188.8	2.2	8.8	87.8	190	75
79	K110-1	中酸性火山岩	大平沟西剖面	39°11′05.1″	91°27′41.0″	2561	117.98	1.014	1.149	1.184	0.812	1.132	112.8	72.9	230.3	8.1	50.3	81.9	232	88
80	K123-1	强变形安山质凝灰岩	喀腊大湾中段	39°09′21.8″	91°40′35.9″	2852	64.42	1.021	1.057	1.082	0.452	1.035	300.1	29.1	338.7	48.2	158.7	41.8	160	46
81	K124-1	强变形闪长岩	喀腊大湾中段	39°09′18.0″	91°40′46.9″	2847	303.91	1.005	1.087	1.105	0.89	1.082	238.2	61.5	8.9	19.5	188.9	70.5	195	67

续表

序号	样品号	岩性	位置	采样位置坐标			平均磁化率（K_m）	磁线理（L）	磁面理（F）	磁各向异性度（P'）	磁椭球形状因素（T）	磁椭球扁率（E）	最大磁化率产状/（°）		最小磁化率产状/（°）		磁面理产状/（°）		宏观面理产状/（°）	
				北纬	东经	高程/m							倾向（D_1）	倾角（I_1）	倾向（D_3）	倾角（I_3）	倾向	倾角	倾向	倾角
82	K124-3	强变形安山质凝灰岩	喀腊大湾中段	39°09′18.0″	91°40′46.9″	2847	224.59	1.03	1.033	1.064	0.05	1.003	273.6	36.7	6.5	3.9	186.5	86.1	185	82
83	K133-3	中酸性火山碎屑岩	喀腊大湾中段	39°07′05.5″	91°41′50.1″	3025	239.44	1.061	1.108	1.178	0.265	1.044	296.1	1.3	26.3	8.1	206.3	81.9	25	86
84	K136-1	变形玄武岩	喀腊大湾中段	39°06′35.1″	91°42′35.4″	3092	248.98	1.045	1.138	1.198	0.488	1.088	290.9	0.5	200.7	23.2	20.7	66.8	25	85
85	K164-1	含黄铁矿钙质粉砂岩	白尖山东沟	39°06′36.5″	91°50′50.3″	3296	32.6	1.009	1.009	1.018	0.027	1	252.9	3.6	345.3	33.8	165.3	66.2	340	52
86	K187-1	强变形凝灰质砂岩	贝壳滩金矿	39°04′36.1″	90°25′27.5″	3259	192.61	1.039	1.043	1.084	0.05	1.004	266.7	45.3	13.7	16.1	193.7	73.9	195	72
87	K197-2	石英正长斑岩	贝壳滩金矿剖面	39°04′50.8″	90°25′20.5″	3165	13.22	1.034	1.016	1.052	−0.346	0.983	130.0	19.9	241.2	44.9	61.2	45.1	205	56
88	K206-4	黑色硅质岩	恰什坎萨依北段	39°09′21.1″	90°36′27.4″	2458	293.3	1.018	1.085	1.112	0.646	1.066	326.4	79.6	219.1	3.1	39.1	86.9	220	88
89	K220-1	英安质糜棱岩	贝壳滩金矿剖面	39°04′46.0″	90°25′22.8″	3203	455.26	1.015	1.049	1.067	0.535	1.034	123.4	28.8	214.3	1.7	34.3	88.3	200	76
90	K216-3	含黄铁矿酸性火山岩	贝壳滩金矿	39°04′27.6″	90°26′18.7″	3191	6.78	1.049	1.034	1.085	−0.182	0.985	45.3	2.1	135.5	4.3	315.5	85.7	56	72
91	K229-2	中酸性凝灰岩	恰什坎萨依南段	39°03′14.1″	90°32′41.1″	3017	255.37	1.037	1.204	1.269	0.67	1.16	124.6	1.6	33.9	22.6	213.9	67.4	220	70
92	K243-1	变形钾长片麻岩	喀腊大湾北段	39°09′47.0″	91°40′43.7″	2775	974.85	1.262	1.269	1.602	0.011	1.005	86.5	16.2	340.2	44.0	160.2	46.0	166	55
93	K252-1	变形安山玄武岩	喀腊大湾中段	39°06′37.2″	91°42′35.7″	3090	107.86	1.084	1.091	1.183	0.036	1.006	329.1	4.7	235.7	35.9	55.7	54.1	65	85
94	K272-1	变形闪长岩	喀湾北缘断裂	39°09′18.3″	91°40′52.6″	2823	520.21	1.017	1.071	1.095	0.602	1.053	248.9	49.8	24	30.9	204	59.1	198	60
95	K272-4	变形闪长岩	喀湾北缘断裂	39°09′18.3″	91°40′52.6″	2823	605.91	1.072	1.135	1.221	0.29	1.059	237.0	63	23.4	23.0	203.4	67.0	200	75
96	K326-1	变形闪长岩	巴什考供南剖面	39°03′07.0″	90°13′37.1″	2651	650.93	1.022	1.07	1.098	0.509	1.047	101.6	14.1	10	6.6	190	83.4	175	75
97	K353-1	片理化中基性火山岩	大平沟东沟	39°08′45.7″	91°33′31.6″	2819	3.29	1.437	1.067	1.585	−0.695	0.743	334.8	47.4	22.4	2.2	62.4	87.8	160	40
98	K356-1	变形斜长角闪片麻岩	大平沟东沟	39°09′49.0″	91°33′42.7″	2726	3839.84	1.27	1.306	1.659	0.054	1.028	328.1	76.6	143.1	13.4	323.1	76.6	350	72
99	K377-1	变形玄武岩	大平沟西铜金矿	39°08′14.4″	91°25′13.0″	2875	377.17	1.032	1.085	1.123	0.444	1.051	249.8	24.6	347.3	16.0	167.3	74.0	180	75
100	K377-2	强变形中酸性凝灰岩	大平沟西铜金矿	39°08′14.4″	91°25′13.0″	2875	133.3	1.02	1.021	1.041	0.032	1.001	263.0	27.4	1.7	16.2	181.7	73.8	190	67
101	K387-3	玄武质糜棱岩	克斯布拉克金矿	39°05′07.5″	91°25′43.8″	3228	565.87	1.023	1.044	1.069	0.32	1.021	109.6	7.6	320.3	81.1	140.3	8.9	101	11
102	K387-4	玄武质糜棱岩	克斯布拉克金矿	39°05′07.5″	91°25′43.8″	3228	708.33	1.022	1.078	1.108	0.545	1.055	99.2	37.3	287.3	81.1	107.3	8.9	101	11
103	K387-5	玄武质糜棱岩	克斯布拉克金矿	39°05′07.5″	91°25′43.8″	3228	492.15	1.042	1.026	1.07	−0.244	0.984	262.6	7.4	45.7	80.8	225.7	9.2	101	11
104	K395-1	变形晶屑凝灰岩	喀腊达坂东段	39°03′20.7″	91°50′46.7″	3712	78.41	1.01	1.113	1.139	0.831	1.102	294.0	21.0	176.6	50.3	356.6	39.7	5	35
105	K396-1	含黄铁矿晶屑凝灰岩	喀腊达坂东段	39°03′14.7″	91°50′56.2″	3688	568.4	1.015	1.132	1.165	0.79	1.116	113.7	2.7	204.0	5.0	24.0	85.0	30	85
106	K364-1	含黄铁矿蚀变岩	卓阿布拉克北东	39°05′50.0″	91°10′28.8″	2794	−8.25	1.091	1.037	1.135	−0.415	0.95	285.7	11.5	18.6	14.0	198.6	76.0	20	85

注：K_1、K_2、K_3分别为磁化率椭球体的最大、中间、最小磁化率轴；D、I分别代表磁化率主轴的偏角和倾角；K_m为平均磁化率，单位为10^{-6}SI；磁面理$F=K_2/K_3$；磁线理$L=K_1/K_2$；P'为矫正后磁化率各向异性；磁化率椭球体形状因素$T=(2\ln K_2-\ln K_1-\ln K_3)/(\ln K_1-\ln K_3)$；磁化率椭球体的扁率$E=K_2^2/(K_1K_3)$。

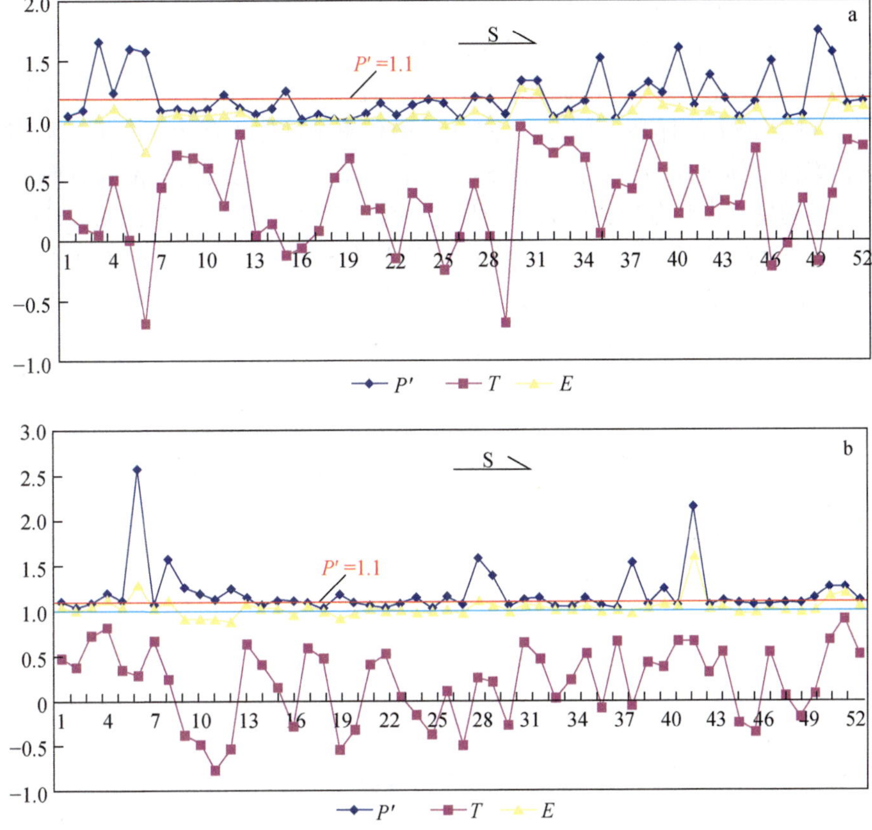

图 5-5 主要剖面磁组构参数 P'、E、T 值自北向南变化图

a-喀腊大湾地区；b-大平沟地区

沉积岩、变形中酸性火山岩（英安岩）和凝灰质火山碎屑岩、变形花岗岩($0\sim300\times10^{-6}$SI)<中-基性火山岩、变形闪长岩、变形黑云斜长片麻岩（$300\times10^{-6}\sim700\times10^{-6}$SI)<钾长变粒岩、糜棱岩、绢英糜棱岩($400\times10^{-6}\sim1000\times10^{-6}$SI)<蚀变糜棱岩、少量中基性、酸性火山岩（$>1000\times10^{-6}$SI)。测试样品的平均磁化率变化很大，说明岩石中磁性矿物的含量、类型的变化比较大。

已有研究表明变形岩石的低磁化率特征主要是由岩石中的顺磁性矿物如黑云母（绢云母）等硅酸盐类矿物引起的。野外采样露头的变形特征、岩性以及显微镜下薄片观察显示，岩石主要由黑云母、绿泥绢云母条带、角闪石等顺磁性矿物和长石、石英等抗磁性矿物组成，且长石、石英在岩石中的含量远高于云母类硅酸盐，因此以抗磁性、顺磁性矿物为主要物质组成的特点是引起测试样品磁化率普遍较低的根本原因。这也是 K_m 值随岩性的变化规律一致的原因。

2. 磁化率椭球形态及磁化率各向异性度

磁化率椭球体形状因子 T、扁率 E、各向异性度 P 等标量参数可以较为精确地反映样品的构造变形特征。区内测试样品磁化率椭球体的扁率 E 为 0.743～1.275，平均为 1.04，以大于 1 为主，但整体在 1 附近变化，其中 $E>1$ 的样品占总数的 76.2%，$E\leqslant1$ 的样品占总数的 23.8%；形状因子 T 为 −0.695～0.952，平均为 0.256，整体上以大于 0 为主，其中 $T>0$ 的样品占总数的 76.2%，$T\leqslant0$ 的样品占总数的 23.8%，与扁率 E 具有良好的对应关系（表 5-5，图 5-5a、b）；磁组构参数 E、T 特征表明区内变形岩石样品磁化率椭球体有两种类型，一种为压扁型，另一种为拉长型，总体上表现为压扁和平面应变形态，进一步说明区内构造变形岩石的变形机制以挤压应力机制下的压扁作用为主，伴随带有剪切性质的拉伸。在自北向南的方向，喀腊大湾地区和大平沟地区 E、T 值均呈锯齿状分布，E 值相对 T 值变化幅度小，两者的折线形态一致，$E\geqslant1$ 与 $E<1$、$T\geqslant0$ 与 $T<0$ 的样品分别相间分布，在成矿带的北部表现更为明显（图 5-5a、b）。在同一条构造剖面上，这种压扁型磁组构与拉长型磁组构相间分布的特征，反映了区内构造变形岩石具有多期叠加磁组构的特征，也可能反映了在统一的构造应力场中，由于岩石的“能干性”和所处构

造部位的不同，从而表现出不同的应变机制。

对磁面理 F 和磁线理 L 的值的统计显示：$F>L$ 的样品占 76.2%，而 $F<L$ 的样品约占 23.8%（表 5-5），表明测试样品整体上以磁面理发育占优势，磁线理发育相对较弱。它们与应变椭球体的扁率 E 和形状因子 T 密切相关，对于 $F>L$ 的样品，其 $E<1$，$T<0$，磁化率椭球体表现为压扁型；而对于 $F<L$ 的样品，其 $E>1$，$T>0$，磁化率椭球体表现为拉长型（图 5-5、图 5-6）。在自北向南的剖面方向上，喀腊大湾地区和大平沟地区的 F、L 均呈锯齿状分布，两者分布形态一致，整体上两者具有正相关性，磁面理较发育的样品，磁线理也相对较发育（图 5-6a、b），反映磁面理比磁线理对应变反应更为敏感。喀腊大湾剖面地区整体呈“V”字形态，南北两端磁面理和磁线理均比中段发育（图 5-6a），反映了南北两侧应变强、中间应变弱的特点，这与野外实际情况相符合，南北两侧的样品在横向上的分布基本与阿尔金北缘断裂带和喀腊达坂断裂带的位置相当，样品的磁组构特征很好地反映了区内整体的构造变形情况；而大平沟地区测试样品的磁面理 F 和磁线理 L 发育程度相近（图 5-6b），在南北两端个别样品差别较大，由于采样位置主要集中在北侧大平沟金矿区和南侧喀腊达坂断裂带附近，该剖面更多地反映了同一构造变形带内不同构造部位变形及应变机制。

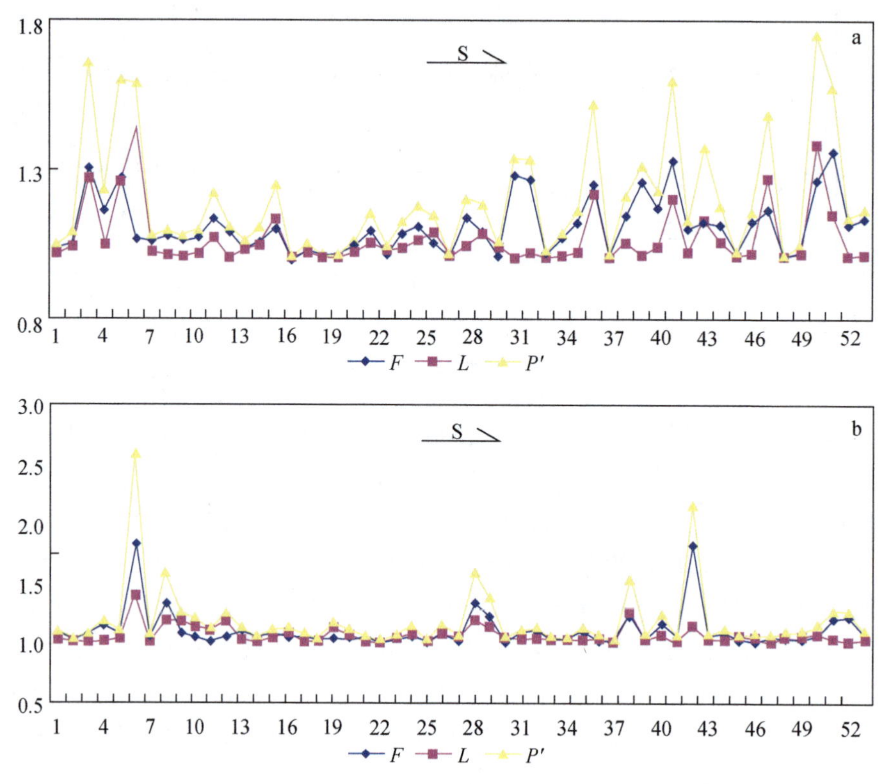

图 5-6　磁组构参数 P'、F、L 值自北向南变化图

a-喀腊大湾地区；b-大平沟地区

为确定应变类型，分别对测试样品的磁面理 F 值和磁线理 L 值的对数值（或值）为坐标轴进行磁组构弗林图解投图（图 5-7a），图解显示，获得数据明显被直线 $\lg L=\lg F$ 分为两组，落在该线下方的样品占 80% 左右，磁化率椭球体为压扁型，磁面理相对磁线理发育，构造变形岩属平面应变；落在该线下方区域的样品约占 20%，磁化率椭球为拉长型，磁线理相对磁面理发育，构造变形属线性应变；此外，上下两个区段的样品有一部分主要沿 $\lg L=\lg F$ 线及其附近分布，线理与面理均较发育，代表的样品则以剪切应变为主。同样，在磁化率各向异性度 P' 和形态参数 T 的关系图解中，近 77% 测试样品的 T 值主要落在 P' 轴上方的压扁组构区，近 23% 测试样品的 T 值落在 P' 轴下方的拉长组构区内（图 5-7b）。以上磁组构参数特征表明区内的构造变形岩石具有多期叠加磁组构的特征，但总体以压扁型和平面应变椭球为主，反映了区内的构造变形岩石形成于挤压和剪切的构造应力场中。

前人研究表明构造变形岩石磁化率各向异性度的大小与变形强度有明显的正相关，可用来表征岩石

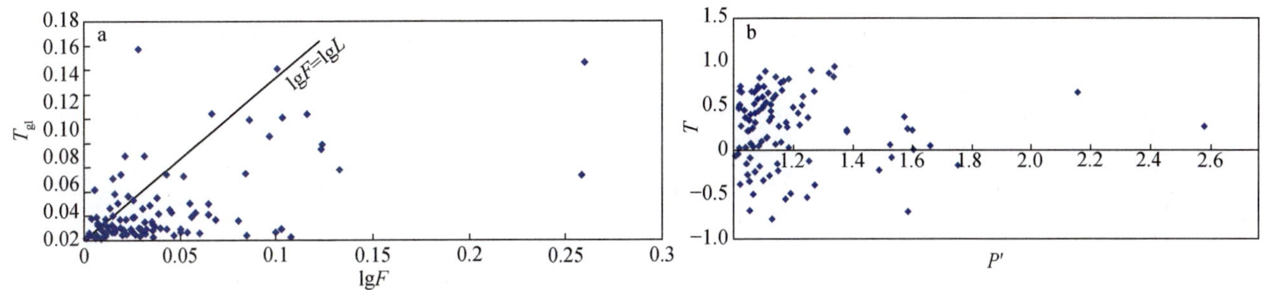

图 5-7　构造岩磁组构 lg$F$-lg$L$ 弗林图解和 P'-T 关系图解

的变形强度，P'≥1.10 为典型的强应变磁组构特征，1.06≤P'<1.10 为弱应变磁组构特征，而 P'<1.06 为极微弱构造应变磁组构或沉积磁组构。测试样品校正磁化率各向异性度 P'普遍较高，平均值达到 1.193，表明区内岩石普遍经历了较强的构造变形作用。P'≥1.10 的强应变磁组构样品占总样品数的 54.3%（57 个），最大可达 2.579，平均为 1.308，表明这些样品经历了强烈的韧性剪切变形，其中 P'≥1.5 的有 12 个，这些样品主要为变形的中酸性、基性火山岩，宏观上变形极强，呈片状、条带状构造，变形面理、矿物拉伸线理十分发育；1.06≤P'<1.10 的弱应变磁组构样品占样品总数的 21.0%（22 个），而 P'<1.06 的微弱应变或者初始磁组构样品占样品总数的 24.7%（26 个），在自北向南的方向上，喀腊大湾和大平沟地区 P'均呈锯齿状变化，喀腊大湾地区 P'波动幅度较大，而大平沟地区 P'整体较均一（表 5-5，图 5-5a、图 5-6），反映了区内构造岩变形强度具有较强的不均一性，即使在同一构造带内变形强度也有差别。这与野外观察到的相对强弱变形带交替出现的变形特征一致，同时也与同一构造带内强变形域与弱变形域相间分布的变形样式一致。

P'、E、T、F、L 沿剖面整体具有相似的折线变化形态（图 5-6、图 5-7），但是磁组构参数的散点图 P'-T（图 5-7b）、K_m-T（图 5-8a）和 K_m-P'（图 5-8b）显示 K_m、P'和 T 三者之间基本没有相关性或极弱的相关性（P'和 T 之间），而 P'-F（图 5-8c）和 P'-L（图 5-8d）散点图显示 F、L 与 P'具有良好的线性正相关关系，且 F 相对 L 与 P'的相关性更强。说明区内磁组构样品的磁化率大小并未受到变形强度以及变形样式的影响，可能与岩石类型以及矿物组成特征关系较大，而变形强度与变形样式之间也没有直接的相互关系或者关系较小，主要与构造应力的大小、作用方式、应力的性质以及岩石的能干性等因素有关。

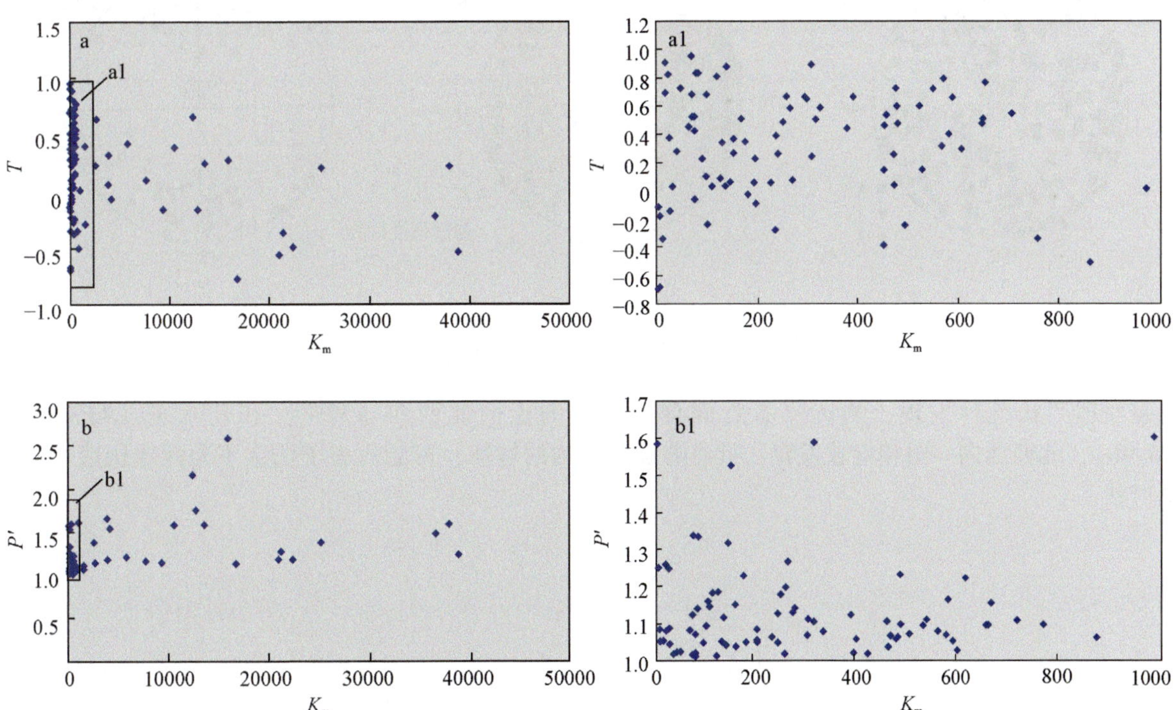

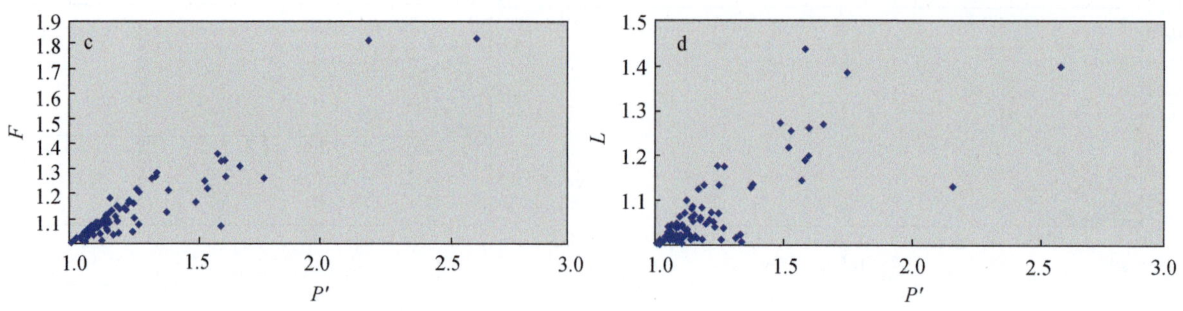

图 5-8　构造岩磁阻构参数 K_m-T、K_m-P'、P'-F 和 P'-L 协变关系图

3. 磁化率主轴方位分析

磁化率椭球体主轴与应变椭球体的主轴具有良好的对应关系，最大磁化率主轴 K_1（磁线理方向）基本与构造线理对应，代表了最大应变方向；而最小磁化率主轴 K_3（磁面理极点）与构造面理、层理的极点基本相一致，代表了最大主压应力的方向和最小应变轴方位，因此磁化率主轴的方位能有效反映岩石组构的优势产状。

将测试样品磁化率主轴数据进行下半球赤平投影（图 5-9），结果显示最大磁化率主轴 K_1（磁线理方向）比较分散，但整体上具有一定的集中分布区，主要分布在第二、第三象限交接部位以及第一、第四象限内，绝大多数落在磁面理上（图 5-9b），空间矢量计算获得 105 个样品 K_1 的优势方位为 275. 6°，反映了最大应变轴以及磁线理呈近东西向，与区内主干构造（断裂构造变形带）的走向基本一致；而最小磁化率主轴 K_3（磁面理极点方向）分布相对集中，基本与 K_1 垂直，在第一、第二、第三与第四象限均有分布，但在第一与第二、第三与第四交接部位集中分布，空间矢量计算获得 105 个测试样品 K_3 的优势产状为 184°∠10°，表明最小应变轴呈近南北向，代表了本区经受的最大主压应力方向（图 5-9b），因此在整体上反映了本区在近东西方向上表现为拉伸作用，而在南北方向表现为挤压作用。这与野外宏观上的构造变形面理产状基本一致。

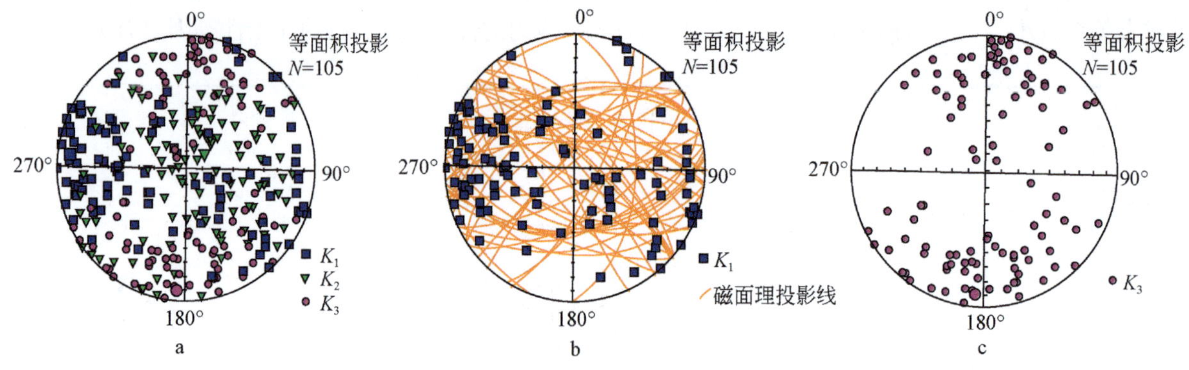

图 5-9　磁化率椭球主轴以及磁面理下半球赤平投影

磁面理产状统计发现，测试样品磁面理明显分为走向北西西（57%）和北东东（43%）两组（图 5-9b），北西西向一组相对较发育；具有叠加磁组构的特征，可能代表了两次不同性质构造变形的构造面产状。

第 6 章　喀腊大湾铁矿田

喀腊大湾铁矿田位于阿尔金成矿带东段喀腊大湾中上游一带。距离青海省花土沟镇和冷湖镇约230km。地理坐标为91°38′31″E～91°46′36″E、39°04′36″N～39°06′18″N。出露海拔为3400～4100m，矿田范围地形切割强烈。

2006年新疆维吾尔自治区地质矿产勘查开发局第一区域地质调查大队和武警黄金地质研究所共同组成的矿产调查分队在开展穷塔格等四幅1∶5万矿产调查，于8月8日发现了铁矿，命名为“八八铁矿”，当年开展了部分地表勘查工程和硐探工程，初步确定为夕卡岩型铁矿床。2007年7月，作者研究团队进入阿尔金成矿带开展野外地质调查工作，在成矿构造背景分析基础上，通过对八八铁矿及1∶20万区域地质调查发现的白尖山铁矿进行野外精细调查与观测，特别是对铁矿体的宏观展布、赋矿围岩特征、矿石特征、蚀变矿物等方面开展较详细研究，认为铁矿床属于火山沉积成因，具有成带产出特点。同时，依据已有铁矿产出的火山-沉积岩系组合，即铁矿体都产于大理岩带南侧中基性火山岩中的空间关系，结合大理岩带展布特点，于2007年9月初在野外工作期间提出了喀腊大湾地区两个东西向呈带状的铁矿找矿靶区，并于2007年9月10～25日，在八八铁矿以东至4337高地约10km范围的追索过程中，连续发现五处铁矿（7910、7914、7915、7918和7920），并对其中两处地表矿化较好的铁矿（7915和7918）开展了1∶2000地质草图的填图工作，采集了6个小剖面共19个连续拣块样品，初步控制了该两个铁矿地表矿体延伸和展布。同时在2007年度研究成果总结中，详细分析了“八八-4337高地”和“白尖山-3121高地”两个靶区的成矿条件和找矿远景。2008年新疆维吾尔自治区地质矿产勘查开发局第一区域地质调查大队矿产分队（六分队）依据该研究总结的找矿靶区资料，对“3121高地-白尖山铁矿找矿靶区”开展了野外追索，并于2008年6月相继发现了白尖山西（也称万荣）、8617和8618三个铁矿，确认了“3121高地-白尖山-3081高地”长达21km的铁矿矿带；同时，对2007年发现的7915和7918铁矿进行了地表工程控制、磁法测量和初步钻探工作。2009～2010年新疆维吾尔自治区地质矿产勘查开发局第一区域地质调查大队首先对喀腊大湾铁矿的八八-4337高地铁矿带开展1∶1万地质填图和1∶1万地面磁测；其次对八八铁矿、7914铁矿、7915铁矿、7918铁矿和7910铁矿继续开展地表控制和深部工程控制，初步圈定了7910铁矿的隐伏铁矿体；然后发现了八八西铁矿；最后对白尖山西铁矿西段开展1∶2000地质补充草测和剖面草测，比较准确圈定了地表矿体形态。

新疆维吾尔自治区地质矿产勘查开发局第一区域地质调查大队在铁矿勘查过程中自西向东异常编为Ⅰ号（八八铁矿）、Ⅱ号（八八西铁矿）、Ⅲ号（7914铁矿）、Ⅳ号（7915铁矿）、Ⅴ号（7918铁矿）和Ⅵ号（7910铁矿）。7920铁矿因为品位较低（相当于含铁玄武岩，含铁15%左右）未列入勘查范围。2011～2014年，新疆维吾尔自治区地质矿产勘查开发局第一区域地质调查大队以7910铁矿的隐伏铁矿为主对喀腊大湾铁矿田进行了详细勘查，提交了详查报告。进一步扩大了矿床规模，并探求了资源量，其中仅7910铁矿达到大型规模。

从八八铁矿到7910铁矿（Ⅵ号）六个铁矿床呈带状分布，具有相同的成因（即火山沉积成矿、夕卡岩化改造）和控矿因素（受特定的火山沉积层位与岩性控制），符合矿田的概念，本书将其确定为喀腊大湾铁矿田。该铁矿田与白尖山铁矿带、由更新沟铅锌矿-喀腊达坂铅锌多金属矿-喀腊大湾铜锌矿-大湾西（翠岭）铅锌矿构成的火山岩型多金属矿田、以阿北银铅矿为代表的热液型多金属矿床、以大平沟为代表的韧性剪切带型金矿床构成喀腊大湾矿集区。本章主要针对喀腊大湾铁矿田的地质特征、矿床特征、控矿构造及其成因进行阐述和分析。

6.1 铁矿田地质概况

喀腊大湾铁矿田位于阿尔金成矿带东部，在大地构造上位于塔里木板块之塔里木古陆缘地块的红柳沟-拉配泉奥陶纪裂谷带，在矿产区划上属于阿尔金金、铜、镍及多金属、铁、稀有、稀土成矿带的红柳沟-拉配泉金、铜及多金属、铁成矿亚带，在区域构造上位于阿尔金北缘断裂带和拉配泉-（白尖山）断裂以南、喀腊达坂断裂北侧的喀腊大湾复向斜核部偏南部位（图6-1）。

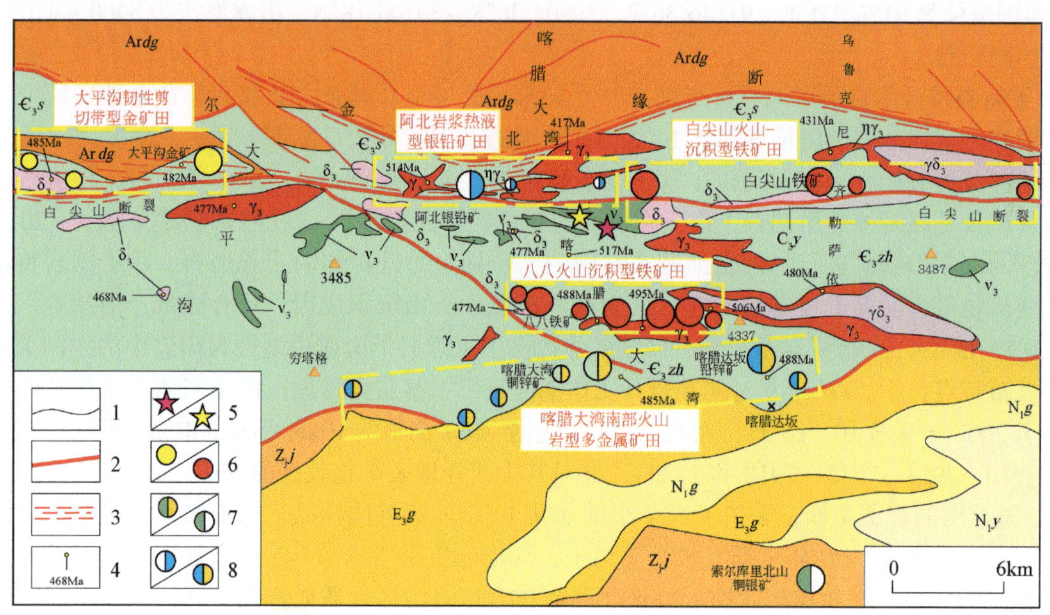

图6-1　阿尔金成矿带东段喀腊大湾矿集区地质构造与矿产分布图

N_1y-中新统下油砂山组；N_1g-中新统上干柴沟组；E_3g-渐新统下干柴沟组；C_3y-上石炭统因格布拉克组；$∈_3s$-斯米尔布拉克组；$∈_3zh$-卓阿布拉克组；Z_2j-金雁山组；Ardg-太古宇达格拉格布拉克组；$ν_3$-早古生代辉长岩；$δ_3$-早古生代闪长岩；$γδ_3$-早古生代花岗闪长岩；$γ_3$-早古生代花岗岩；Mb-大理岩带；1-地质界线；2-断裂；3-韧脆性变形带；4-同位素年龄及其样位；5-枕状玄武岩/堆晶辉长岩出露位置；6-金矿床/铁矿床；7-铜锌矿床/铜银矿床；8-银铅矿床/铅锌矿床

6.1.1 地层及其变质作用

矿田范围内出露地层为下古生界上寒武统卓阿布拉克组（$∈_3zh$）。

1. 地层主要岩性组合

卓阿布拉克组（$∈_3zh$）：该组为铁矿田内的唯一地层单位，出露于整个矿田区域。主要岩性组合为泥岩、泥灰岩、碳质千枚岩、千枚岩化粉砂岩、板岩、结晶灰岩、大理岩和流纹岩、英安岩、安山质玄武岩、酸-中酸性火山凝灰岩、晶屑凝灰岩及钠长霏细斑岩、英安斑岩、辉绿岩，其中夹有铁矿层。厚度为700～2000m。对于卓阿布拉克组这套火山-沉积岩系，1∶20万区域地质图定为震旦系，1∶100万新疆地质志编图改为蓟县系，之后又改为奥陶系（奥陶纪裂谷由此称谓），最新测年资料显示为寒武系（详见1.3.3节及图1-18～图1-20，图1-22、图1-24）。

新疆维吾尔自治区地质矿产勘查开发局第一区域地质调查大队1∶1万地质填图，依据与喀腊达坂铅锌矿床地层的对比，将喀腊大湾铁矿田范围内卓阿布拉克组（$∈_3zh$）划属于第五岩性段和第六岩性段，其中第六岩性段又可以进一步划分为三个岩性亚段。本书认为喀腊达坂铅锌矿床与喀腊大湾铁矿田分属于不同构造微单元的地质体，前者为岛弧环境中酸性火山岩系，后者为弧盆过渡带中基性火山岩系（夹沉积岩及老残片或断片），难有可比性。依据相关岩性组合，单独划分为四个岩性亚组，其中第三亚组是铁矿床产出层位（图6-2）。

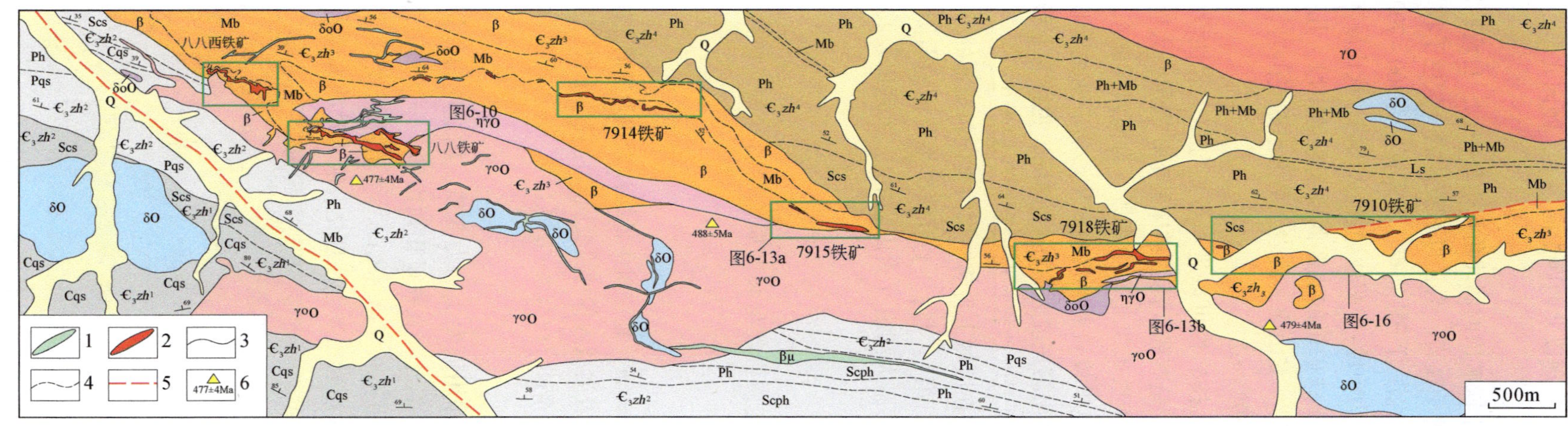

图6-2 喀腊大湾地区八八火山-沉积型铁矿田地质构造图（据新疆第一区域地质调查大队2014年资料修改）

Q-第四系；$€_3zh^4$-卓阿布拉克组第四亚组；$€_3zh^3$-卓阿布拉克组第三亚组；$€_3zh^2$-卓阿布拉克组第二亚组；$€_3zh^1$-卓阿布拉克组第一亚组；γO-奥陶纪花岗岩；γoO-奥陶纪斜长花岗岩；ηγO-奥陶纪二长花岗岩；δO-奥陶纪闪长岩；δoO-奥陶纪石英闪长岩；βμ-辉绿玢岩；Mb-大理岩；Ls-薄层灰岩；β-玄武岩；Ph-灰色千枚岩；Scph-深灰色绿泥石千枚岩；Pqs-灰色石英片岩；Scs-绢云母绿泥石片岩；Cqs-绿泥石石英片岩；1-辉绿岩脉；2-铁矿体；3-地质界线；4-岩性界线；5-断层；6-锆石SHRIMP年龄

（1）第一亚组（ϵ_3zh^1）：该组出露于铁矿田的西南角、喀腊大湾西沟的西南侧。由三套岩性组合组成，自南西向北东是绿灰色-黄绿色微晶片岩、浅灰绿色绿泥石石英片岩、灰绿色绢云母绿泥石片岩，出露宽度约为1300m，也称为下部片岩组。片理以北西西走向为主，倾向北东，倾角为49°～79°。恢复原岩为中性-中酸性火山岩、火山凝灰岩。

（2）第二亚组（ϵ_3zh^2）：该组出露于铁矿田的西北角至南部中段。自南西向北东主要岩性组合是绿灰色长英质片岩、石英片岩、大理岩、灰色千枚岩、绢云母石英片岩、灰色千枚岩夹薄层状灰岩、灰色千枚岩、灰色千枚岩夹石英片岩，以及绢云母绿泥石千枚岩等，出露宽度为300～700m。片理走向以北西西为主，倾向北东，倾角该组40°～63°。恢复原岩为中性-中酸性-酸性火山岩、火山凝灰岩夹灰岩、泥灰岩。

（3）第三亚组（ϵ_3zh^3）：该组出露于铁矿田的北部西段至东部中段，几乎贯穿整个铁矿带区。自南西向北东依次是玄武岩、大理岩、玄武岩、安山质玄武岩，局部出露安山岩。出露宽度为100～900m，片理以北西西向为主，倾向北东，倾角为39°～67°。

第三亚组是区内铁矿床的产出层位，按岩性可以进一步划分三个岩性段，即下部玄武岩段、大理岩段和上部玄武岩段，其中，下部玄武岩段是喀腊大湾铁矿床的赋矿岩层，大理岩段为找矿标志层。

（4）第四亚组（ϵ_3zh^4）：该组出露于铁矿田北部中东段。自南西向北东主要岩性组合是灰绿色绢云母绿泥石夹灰色千枚岩、泥质灰岩、灰色千枚岩夹黑褐色变质砂岩、灰色千枚岩、灰色千枚岩夹灰白色-土黄色-青灰色大理岩、局部夹玄武岩，出露宽度为500～1500m，也称为上部片岩组。片理以北西西向为主，倾向北东，倾角为46°～79°。恢复原岩以砂岩、泥岩和泥灰岩为主。

值得指出的是，1：25 石棉矿幅修测在区域上将喀腊大湾复向斜核部的火山沉积岩系划分为喀腊大湾组（火山岩组）和塔什布拉克组（沉积岩组），与1：1 万铁矿带范围地质图存在明显出入。初步对比表明，矿田范围玄武岩及其以南岩层属于喀腊大湾组（火山岩组），大理岩及其以北岩层属于塔什布拉克组（沉积岩组）。

2. 变质作用

矿田范围内岩石变质作用复杂，按变质岩类型和变质作用的方式，划分为区域变质作用、动力变质作用和热接触变质作用。

1）区域变质作用

矿田范围内上寒武统卓阿布拉克组（ϵ_3zh）地层发生低绿片岩相为主的变质作用。经历低绿片岩相变质作用的岩石总体变质程度不深，主要变质岩类型为各种浅变质的片岩及千枚岩、板岩、大理岩，变质矿物组合为绿泥石（黑云母）-绢云母（白云母）-钠长石-石英-方解石等，标志矿物为绿泥石、黑云母。

2）动力变质作用

矿田范围内岩石普遍遭受构造应力作用而发生动力变质，构造应力作用使地层岩石发生明显变形，具体表现为碎裂岩化、片理化，局部糜棱岩化。在铁矿田西南部，一部分中性-中酸性火山岩和火山凝灰岩［1：1 万地质填图划归为卓阿布拉克组第一亚组（ϵ_3zh^1）］在构造变形过程中形成糜棱岩或强烈片理化形成构造片岩（图6-3a），局部区段大理岩也发生片理化，成为片状大理岩（图6-3b、c）。

图6-3 喀腊大湾铁矿田动力变质岩石

a-构造片岩，喀腊大湾西沟；b-片状大理岩，7910 铁矿区；

c-片状大理岩，八八西铁矿区

3）热接触变质作用

热接触变质作用在喀腊大湾铁矿田是重要的变质作用之一，热接触变质作用的出现与其南部钠碱性正长花岗岩体（喀腊大湾南正长花岗岩体）侵入有关，主要发育于岩体的外接触带。并形成两种热接触变质岩石。

喀腊大湾铁矿田八八南-7910南花岗杂岩体（年龄477～488Ma）主体侵位于以玄武岩为主的中基性火山岩中，所以沿岩体外接触带主要发生夕卡岩化，形成钙铁石榴子石、透闪石、透辉石等特征的夕卡岩矿物和石榴子石透辉石夕卡岩，其中石榴子石晶体可达2～5cm（图6-4）；同时夕卡岩化热变质作用使中基性火山岩中的铁矿物发生热变质和重结晶，局部形成颗粒较大的磁铁矿晶体，并可能得到进一步富集。

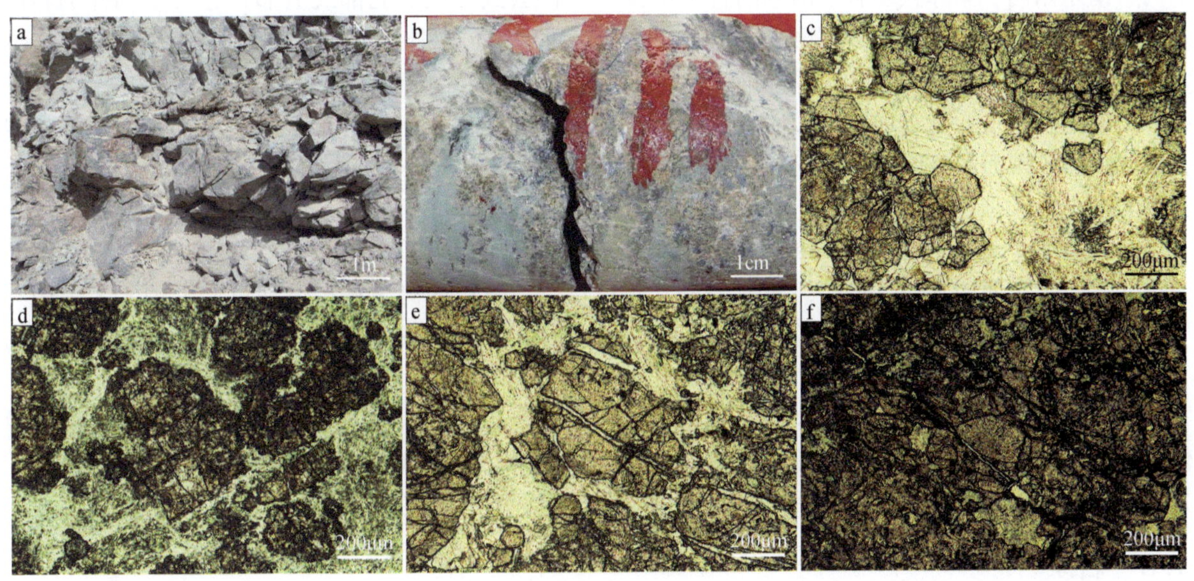

图6-4　喀腊大湾铁矿带热接触变质岩石

a-夕卡岩，由石榴子石、绿帘石为主组成，并具分层集中特点，7915铁矿，H267；b-夕卡岩，由石榴子石、绿帘石为主组成，7910铁矿WZK16401～320m，K129；c-石榴子石透辉石夕卡岩，石榴子石呈自形晶体，H259-2，7918铁矿，正交偏光5×10；d-石榴子石绿帘石夕卡岩，石榴子石呈自形晶，绿帘石以他形为主，H259-3，7918铁矿，正交偏光5×10；e-石榴子石透辉石夕卡岩，石榴子石呈自形晶体，H263-1，7915铁矿，正交偏光5×10；f-块状石榴子石夕卡岩，几乎全部由石榴子石组成，H263-1，7915铁矿，正交偏光5×10

另外，在铁矿田的含铁中基性火山岩北侧的灰岩，因为受到喀腊大湾7910南花岗杂岩体热作用影响，发生了大理岩化，形成大理岩、透闪石大理岩、透辉石大理岩、透闪石透辉石大理岩以及石榴子石透辉石大理岩等（图6-5）。

图6-5　喀腊大湾铁矿带热接触变质岩石

a-片状大理岩，7915铁矿西侧；b-大理岩，正交偏光，5×10；c-大理岩，正交偏光，5×10

6.1.2　构造

矿田范围构造线呈近东西（北西西）向展布，地层以向北陡倾的单斜层为主，倾角为75°～88°，仅矿田西段八八铁矿附近可见地层和含矿岩系发生陡枢纽褶皱，另外局部出现小型褶曲。区内断裂构造不太发育，主要有平行含矿岩系的层间断裂和斜穿含矿岩系的斜向断裂。

（1）八八铁矿直立陡倾伏背斜构造：按照褶皱构造的位态分类，直立陡倾伏是指轴面近直立、枢纽陡倾伏（60°～80°）的褶皱构造。八八铁矿直立陡倾伏背斜构造轴面近东西走向，倾角近直立；枢纽向西陡倾，野外测量统计平均倾角为65°。该褶皱发育在下古生界寒武系上统卓阿布拉克组第三亚组（€_3zh^3）内，由该组地层不同岩性段的对称重复所表现出来，核部为第一岩性段（下部玄武岩段）组成，两翼为第二岩性段（大理岩段）及第三岩性段（上部玄武岩段）组成。在八八铁矿北侧约500m的北翼，大理岩段呈近东西向延伸，向西至八八西铁矿西北侧后，岩性界线由东西向逐渐转向南西向→南北向→东南向→南东东向。紧邻大理岩层南侧的含铁层位（下部玄武岩段的北部或上部）也发生同样的转向变化。该背斜构造北翼完整，从核部第一岩性段（下部玄武岩段）向外（北东方向），依次出露第二岩性段（大理岩段）、第三岩性段（上部玄武岩段）；其北为卓阿布拉克组第四亚组（€_3zh^4）（片岩组）。背斜构造南翼很不完整，主要是被后期中酸性岩浆杂岩侵入而遭受吞食破坏。而在铁矿田西段中酸性侵入岩南侧，主要出露卓阿布拉克组第一亚组（下部片岩组），包括绢云母片岩、绢云母石英片岩、石英片岩、绿泥石片岩夹少量大理岩（图6-2）。

（2）近东西向断裂：近东西向断裂发育于铁矿田东段7918铁矿床以东地区，断裂位于7910铁矿床主矿体北侧，近东西向延伸，走向为80°～85°，倾角较陡。断裂南侧为铁矿体和近矿大理岩，片理与断裂平行；而断裂北侧出露大理岩和各种片岩，片理走向为北西西向或北西向，与断裂走向存在明显的夹角（图6-2）。

（3）北西向断裂：北西向断裂发育于铁矿田西段及中东段北部，沿喀腊大湾主沟及西叉沟呈北西向延伸，走向为310°～315°，倾角较陡。在7918铁矿北西1000m处可见其明显断错铁矿带北侧岩性段，但在7918铁矿与7910铁矿之间，几乎没有位移，两侧铁矿几乎连续延伸（图6-2）。

6.1.3 岩浆岩

区内岩浆活动强烈，主要分布有侵入岩、各种脉岩及火山岩。

1. 中酸性侵入岩

铁矿田范围内发育两期中酸性侵入岩，第一期为片麻状二长花岗岩，主体顺岩石片理侵位延伸；第二期为稍晚期的花岗杂岩体，主要岩性有正长花岗岩、花岗闪长岩、石英闪长岩等，岩体穿切玄武岩等中基性火山岩、大理岩、片岩和片麻状二长花岗岩和铁矿层（图6-2）。

1）*片麻状二长花岗岩*

片麻状二长花岗岩出露于铁矿田中西部偏南侧、八八铁矿床北-7915铁矿床南一带，7918铁矿床以南有零星出露。以宽度不大的条带状呈近东西向或北西西向延伸，八八铁矿床北-7915铁矿床南一带出露长度约为3.6km，宽度为200～500m，出露面积约1km²。岩石呈中等灰色、浅灰色，中粗粒结构，片麻状构造（图6-2、图6-6）。

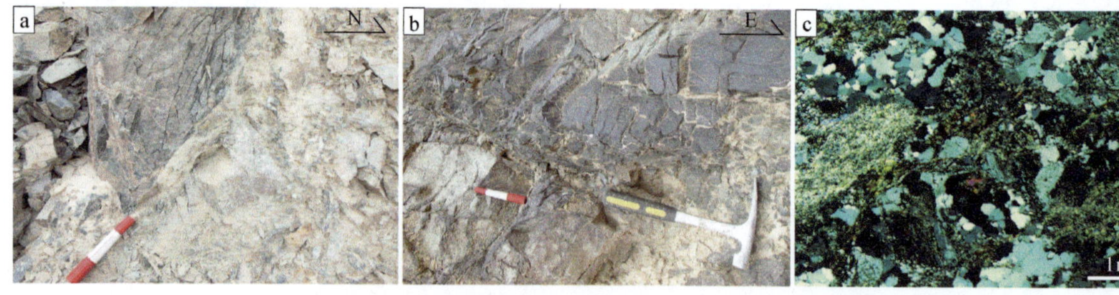

图6-6　喀腊大湾铁矿带片麻状二长花岗岩宏观、微观照片

a-片麻状二长花岗岩，7918铁矿东端；b-片麻状二长花岗岩，7915铁矿西段；c-片麻状二长花岗岩显微照片，7918铁矿东端，正交偏光

对铁矿田内片麻状二长花岗岩进行了测年研究，样品采自7918铁矿床南侧，镜下观察显示，岩石的主要矿物组成如下。斑晶占30%~40%，为钾长石和斜长石，粒径以0.5~2mm居多。矿物成分：斜长石含量为15%~20%，半自粒状，聚片双晶；钾长石含量为15%~20%，发育卡斯巴双晶和格子双晶，矿物表面干净，部分为条纹长石。基质占60%~65%，由钾长石、斜长石和黑云母组成，粒径为0.1~0.3mm，钾长石含量为25%~30%，斜长石含量为25%~30%，薄片中发育次生水（绢）云母化；黑云母含量为5%~15%，片状，多数发生绿泥石化（图6-6c、图6-7a）；此外还含有少量榍石、磷灰石和锆石。其中锆石颗粒较小，为0.06~0.10mm。

岩石化学显示为亚碱性花岗岩系列；微量元素结果显示为高铅高铁酸性侵入岩，稀土元素反映岩浆分异作用不明显（表6-1）。单颗粒锆石SHRIMP测年结果显示片麻状二长花岗岩的年龄为1366.4+5.3Ma或1366.4−5.5Ma（图6-7b、c）。

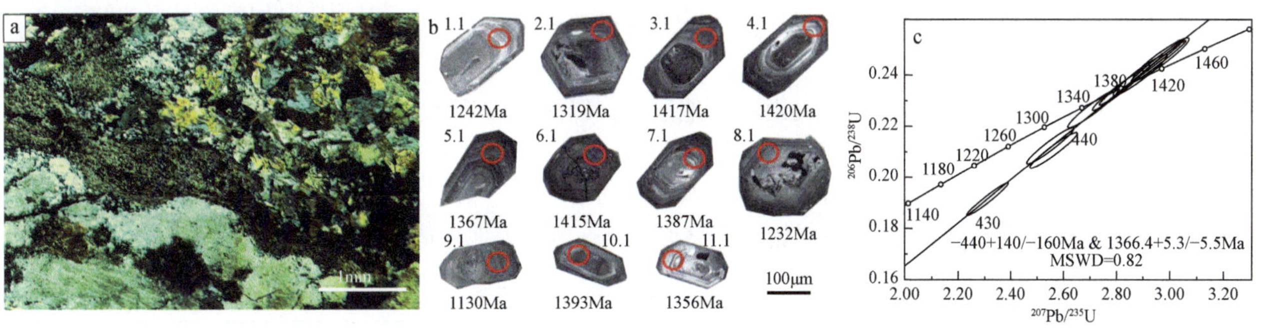

图6-7　喀腊大湾铁矿带片麻状二长花岗岩微观照片、锆石CL图像及SHRIMP U-Pb年龄谐和图

a-片麻状二长花岗岩，7918铁矿东端，正交偏光；b-锆石CL图像；c-SHRIMP U-Pb年龄谐和图

表6-1　7918铁矿南片麻状花岗闪长岩主量、微量和稀土元素分析结果

主量元素含量/%

样品号	Na_2O	MgO	Al_2O_3	SiO_2	P_2O_5	K_2O	CaO	TiO_2	MnO	Fe_2O_3	FeO	H_2O^+	CO_2	LOI	总量
H258-1	6.20	2.10	15.22	62.35	0.11	0.87	5.11	0.48	0.04	0.39	2.66	1.92	2.30	4.49	100.22

微量元素含量/10^{-6}

样品号	Cr	Co	Ni	Cu	Zn	Rb	Sr	Y	Zr	Nb	Ba	Ta	Pb	Th	U	Hf
H258-1	29.1	8.73	13.6	6.60	32.6	45.1	272	48.7	221	17.5	454	2.93	9.84	53.0	10.2	7.31

稀土元素含量/10^{-6}

样品号	La	Ce	Pr	Nd	Sm	Eu	Gd	Tb	Dy	Ho	Er	Tm	Yb	Lu		
H258-1	83.3	154	17.0	55.8	9.56	1.02	8.80	1.44	8.79	1.68	5.18	0.74	5.24	0.75		

喀腊大湾铁矿田范围内片麻状花岗岩与含铁中基性火山岩的关系，据1∶1万地质草测为整合接触关系，但是在1∶1万地质填图上同样显示，在褶皱转折端部位，含铁玄武岩明显围绕片麻状花岗岩分布。所以，结合片麻状花岗岩与中基性火山岩年龄，两者可能属于假整合接触关系，即含铁玄武岩以平行不整合关系覆盖在时代老许多的片麻状花岗岩之上，之后两者一起发生同步褶皱。

2）八八–7910铁矿床南中酸性杂岩体

出露于铁矿田南部，呈东西向带状横贯整个铁矿田范围，岩体形态为向西横卧的“Y”形，在7914铁矿床以东的铁矿田中东段为东西向单体出露，在7914铁矿床以西的铁矿田西段分叉成两支，北支沿八八铁矿到八八西铁矿呈北西西向延伸，南支沿八八铁矿以南约1.2km处向西（南西西）延伸，并越过喀腊大湾西沟。岩体东西向长约12km，出露宽度为0.6~1.8km，出露面积约为15km²。杂岩体由7910铁矿南钠碱性正长花岗岩体、7914铁矿南细粒钾长花岗岩和八八铁矿南石英闪长岩等组成。岩体穿切片麻状花岗岩、下部含铁玄武岩及铁矿体、南翼片岩、大理岩等各个岩性段。本研究团队前期专题对该杂岩体进行了测年研究，三个样品测年结果是7910铁矿南正长花岗岩体（H139-1）为479±4Ma、7914铁矿南细粒钾长花岗岩（H352-2）为488±5Ma、八八铁矿南石英闪长岩（H70-3）为477±4Ma（韩凤彬等，2012）（表1-2），该杂岩体的三个年龄数据非常接近，代表了该岩体的成岩时代，说明虽然杂岩体中岩性有所差异，但是形成时代是一致的，均属于早古生代奥陶纪早期。

2. 脉岩

在铁矿田范围内，脉岩也非常发育，以辉绿岩脉最多，少量闪长岩脉或花岗斑岩脉。

辉绿岩脉是铁矿田范围内最发育的脉岩，1∶1万填图显示，辉绿岩脉达60余条，主要分布于八八铁矿床、八八西铁矿床和7914铁矿床一带的喀腊大湾铁矿田西段，中东段出露比较少。从不同岩性段来看，辉绿岩脉最多出露在大理岩段中，其次是中酸性侵入岩中；从辉绿岩脉的延伸方向上，以近东西向为主，其次是北东向（主要在八八铁矿床花岗岩体中）；从脉岩的侵入关系分析，辉绿岩脉不仅穿切地层不同岩性段，而且穿切片麻状花岗岩、正长花岗岩、石英闪长岩，还穿切铁矿体。因此，其形成时代应该是最晚的。

3. 火山岩

在铁矿田范围内，火山岩主要在火山沉积地层中，以出露较多玄武岩为特点，而且以玄武岩为代表的中基性火山岩是铁矿体的直接围岩。

岩石化学成分显示，本区玄武岩为高铁偏碱性系列玄武岩，稀土元素特征表明岩浆分异作用不是很明显，而微量元素特征显示其属于大洋俯冲带靠近岛弧一侧的大地构造环境（表6-2）。

表6-2　喀腊大湾铁矿带玄武岩主量元素、微量元素、稀土元素分析结果

主量元素/%

样品号	Na_2O	MgO	Al_2O_3	SiO_2	P_2O_5	K_2O	CaO	TiO_2	MnO	Fe_2O_3	FeO	H_2O^+	CO_2	LOI	总量
H41-1	3.56	4.03	13.90	50.07	0.43	1.78	6.40	2.62	0.24	6.12	7.71	2.12	0.70	0.61	99.68
H52-1	3.73	2.68	13.63	54.27	0.60	0.65	5.42	2.37	0.26	5.28	8.21	2.06	1.39	2.68	99.77
H54-1	2.19	7.14	14.67	47.42	0.27	0.14	7.90	2.55	0.22	3.24	11.48	2.02	0.35	1.33	99.59

微量元素/10^{-6}

样品号	Cr	Co	Ni	Cu	Zn	Rb	Sr	Y	Zr	Nb	Ba	Ta	Pb	Th	U	Hf
H41-1	15.3	35.1	10.1	80.9	174	63.5	322	62	284	29.9	752	0.71	868	4.71	1.41	5.99
H52-1	15.1	24.3	4.4	18.3	143	26.8	355	72.1	285	42.0	597	1.22	21.5	12.3	3.61	6.30
H54-1	157	51.2	52.6	14.1	115	9.82	341		170	12.0	58.5	0.90	19.8	5.24	1.49	3.92

稀土元素/10^{-6}

样品号	La	Ce	Pr	Nd	Sm	Eu	Gd	Tb	Dy	Ho	Er	Tm	Yb	Lu	Y	
H41-1	20.4	49.4	6.39	29.9	7.81	2.46	9.54	1.56	10.1	2.10	6.01	0.85	5.81	0.83	62.0	
H52-1	33.8	77.2	9.79	42.0	10.5	2.66	11.7	1.89	12.0	2.39	6.70	0.96	6.53	0.92	72.1	
H54-1	17.8	43.2	5.67	25.1	6.36	1.95	6.76	1.05	6.52	1.26	3.38	0.48	3.13	0.43	36	

其他

样品号	ΣREE	LREE	HREE	LREE/HREE	La_N/Yb_N	δEu
H41-1	153.16	116.36	36.80	3.16	2.52	0.87
H52-1	219.04	175.95	43.09	4.08	3.71	0.73
H54-1	123.09	100.08	23.01	4.35	3.84	0.91

6.2　铁矿田地面磁场特征

在喀腊大湾铁矿田范围内进行了高精度1∶1万剖面磁测，磁测工作主要沿已圈定的铁矿化蚀变带及矿体进行追索和部署。测线南北方向布置，线长2000m，线距200m，点距40m，铁矿体附近加密至10～20m。测网的测线测点均由手持GPS定位仪确定。

矿田及其周围磁异常变化值为-9496.3～11861.5nT，按中值定理以400nT为异常下限，全区共划分出磁异常区六个，编号分别为Ⅰ、Ⅱ、Ⅲ、Ⅳ、Ⅴ、Ⅵ号（表6-3，图6-8）。

表6-3 喀腊大湾铁矿田地面磁异常特征一览表

编号	位置	形态	长度/m	宽度/m	磁异常/nT		产状		对应铁矿床	数据来源
					最低	最高	走向	倾角		
Ⅰ	18～26线	近视长方形	600～900	400～600	-1906	11861	近东西	近直立	八八铁矿床	新疆维吾尔自治区地质矿产勘查开发局第一区域地质调查大队，2014
Ⅱ	10～14线	近似椭圆形	600～800	300～500		1091	近东西	近直立	八八西铁矿床	
Ⅲ	36～44线	条带状	600～750	200		2332	近东西	近直立	7914铁矿床	
Ⅳ	60～66线	长条带状	600～700	200		9462	近东西	陡北倾	7915铁矿床	
Ⅴ	84～88线	似条带状	200～250	400	-2804	3359	近东西	陡北倾	7918铁矿床	
Ⅵ	96～108线	条带状	700～900	500～700	-3068	9178	近东西	陡北倾	7910铁矿床	

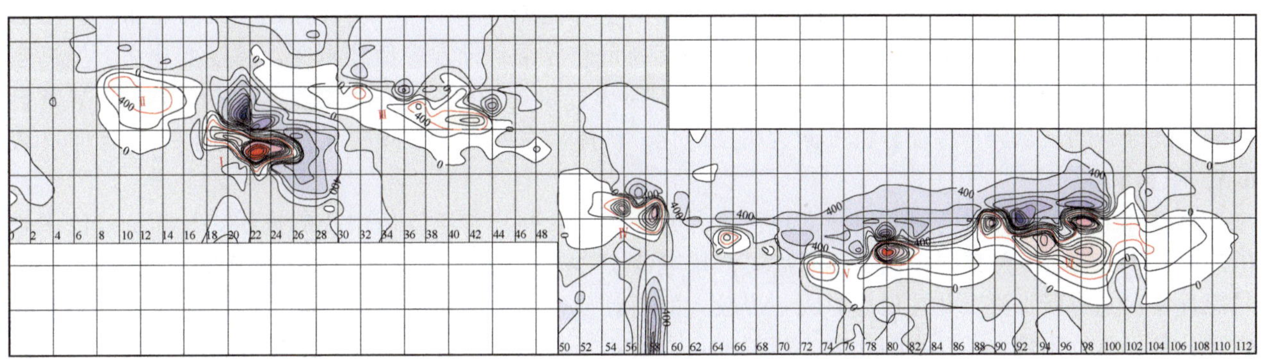

图6-8 喀腊大湾铁矿带地面磁异常图（据新疆第一区域地质调查大队，2014）

1. Ⅰ号磁异常

该异常分布在铁矿田西部偏南，与八八铁矿床分布范围基本吻合，是整个铁矿田范围内最高的磁异常。磁异常变化值为-1906.1～11861.5nT，异常形态为近似长方形，呈近东西向延伸。异常等值线稠密，梯度变化急剧，最大梯度达50nT/m以上。控制异常长度为600～900m，宽度为400～600m，从异常特征分析推断为顺层磁化，磁性体产状近于直立，呈板状形态。从磁异常特征可以推断铁矿体的总方位呈东西向，矿体倾向北，向下具有一定延伸。并在北翼突然出现高负磁异常，而在南翼伴随有缓慢升高的弱负值异常。异常自西向东延伸约1200m处封闭，为矿田的赋矿层位，岩性主要为灰白色中厚层状大理岩夹铁矿层、玄武岩。对应于矿田内分布的八八铁矿床，在矿体出露地表处磁场值急剧升高（表6-3，图6-8）。

2. Ⅱ号磁异常

Ⅱ号磁异常位于Ⅰ号异常的北西侧，为相对中低磁异常带，异常形态呈似椭圆形。异常等值线稀疏，梯度变化小，最大梯度为5nT/m。异常呈近东西走向，长度为600～800m，宽度为300～500m，正峰值为1091.4nT，异常自西向东延伸约600m处封闭。与Ⅰ号异常相距约500m。磁异常特征显示，地表及地下存在磁性体，但是其规模与Ⅰ号异常反映的磁性体要小许多。磁异常与地表八八西铁矿床相对应（表6-3，图6-8）。

3. Ⅲ号磁异常

Ⅲ号磁异常位于Ⅰ号异常东北部，与圈定的7914铁矿床分布范围基本吻合，为相对中低磁异常带。异常等值线稀疏，梯度变化小，正峰值为2332nT，异常形态呈东西走向的条带状，控制异常长度为600～

750m，宽度约为200m。在异常的西北翼和东北翼伴随有微弱的负异常。结合地质资料和物探资料推测矿体向北倾。磁异常与地表7914铁矿床相对应（表6-3，图6-8）。

4. Ⅳ号磁异常

Ⅳ号磁异常位于矿田中部，与圈定的7915铁矿床分布范围基本吻合，为相对中高磁异常带。异常形态呈长条状，东宽西窄，较为规则。异常等值线较密，梯度变化大，呈近东西走向，倾向北，异常长度为600～700m，宽度约为200m，正峰值为9462.4nT，在异常的北翼伴随有微弱的负异常。从异常特征分析推断为顺层磁化，结合地质资料和物探资料推测矿体向北倾。矿体露头处磁场值迅速升高（表6-3，图6-8）。

5. Ⅴ号磁异常

Ⅴ号磁异常位于矿田中东部，与圈定的7918铁矿床分布范围基本吻合，为相对中高磁异常，伴生有负异常，磁异常变化值为-2804.3～3359.3nT，自西向东逐渐减弱，并与Ⅵ号异常相接。异常形态呈似带状分布，异常等值线较密，梯度变化大，控制异常长度为200～250m，宽度约为400m，并在矿体北翼突然出现较高负磁异常。从异常特征分析推断矿体的总方位呈东西向，矿体倾向北（表6-3，图6-8）。

6. Ⅵ号磁异常

Ⅵ号磁异常位于矿田东部，与圈定的7910铁矿床分布范围基本吻合，为相对的高磁异常带。异常形态呈不规则的条带状，西窄东宽，并在北翼伴随有高负磁异常。异常等值线稠密，梯度变化大，呈近东西走向，磁异常变化值为-3068.6～9178.4nT，控制异常长度为700～900m，宽度为500～700m。异常自西向东逐渐减弱。从异常特征分析推断为顺层磁化，矿体呈东西走向，倾向北，向下具有一定延伸（表6-3，图6-8）。

从整体上来看，Ⅴ号、Ⅵ号磁异常均正负异常相伴生，两异常正峰值中心的连线，与其负峰值中心的连线几乎平行。Ⅴ号磁异常向东逐渐减弱，并与Ⅵ号磁异常相接，两异常均被0等值线闭合包围。而Ⅵ号磁异常向东有所加强，并在局部形成一个较大的高磁异常区。整体上形成一个中间低两头高的条状异常带，负异常均出现在正异常的北翼，相对的负异常都比较高。结合地质资料和物探资料，从异常特征分析推断，推测矿体呈近东西走向，倾向北，向下具有一定延伸。

6.3　矿床地质特征

6.3.1　铁矿带特征

矿田范围内整个铁矿带长约12km，呈近东西向（北西西向）延伸，因为褶皱西段在南侧向回弯曲，但是由于褶皱回弯部分大多数被后期中酸性岩体侵位吞食，仅保留刚刚回弯的一小段，因此铁矿化带整体成一钩把朝东、钩尖向南的钩状形态（图6-2）。沿该铁矿化带，发育了大小不等、贫富不一的一系列沿走向断续分布、尖灭再现的共七个矿床（矿体群）（1：1万地质图范围内是六个），即Ⅰ（八八）、Ⅱ（八八西）、Ⅲ（7914）、Ⅳ（7915）、Ⅴ（7918）、Ⅵ（7910）矿床。此外，在7910铁矿以东约6km处也可以见含铁玄武岩（野外命名为7920铁矿）（图6-2、图6-9）。已发现的铁矿体主要分布在一定的地层层位上，即大理岩带南侧的中基性火山岩中，严格受地层层位和岩性控制，总方位呈近东西向，大多倾向北，部分倾向南，倾角为65°～85°。铁矿体形态呈层状、似层状、透镜状、带状、不规则状，沿矿带内断续分布。目前地表和钻探工程已经控制共76个铁矿体，其中，$Ⅰ_6$、$Ⅰ_{11}$、$Ⅲ_1$、$Ⅲ_2$、$Ⅲ_3$、$Ⅳ_1$、$Ⅴ_1$、$Ⅴ_4$、Ⅵ（多为隐伏矿体）矿

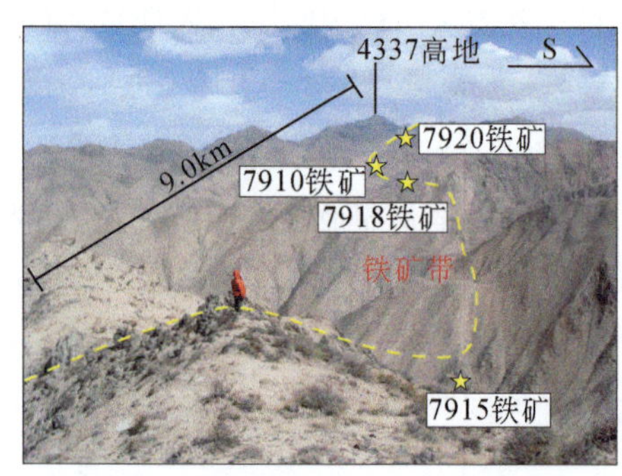

图6-9　八八铁矿以东-4337高地一带铁矿床位置图

体规模较大，为矿带内的主矿体，其他矿体规模相对较小。后期中酸性岩体侵位，一方面破坏吞食了已有铁矿体，另一方面，其岩浆热液交代活动可能对铁矿体进行了改造作用，并促使有用矿物由赤铁矿向磁铁矿转化。铁矿床成因类型属火山沉积型。

6.3.2 矿床地质特征

整个铁矿田有七个矿体集中区（矿床），限于铁矿床规模和工作程度不一一描述。本书仅对规模较大、研究和勘查工作程度比较高的八八铁矿、7915铁矿、7918铁矿和7910铁矿的矿床地质特征进行阐述。

1. 八八铁矿

八八铁矿位于喀腊大湾铁矿田的西段，八八铁矿背斜构造南翼，距转折端约1.0km（图6-2）。八八铁矿是整个铁矿田中最早发现的铁矿，矿体地表出露广，易于开发利用。

1）*矿区地层岩石*

矿区地层为下古生界寒武系上统卓阿布拉克组火山岩和沉积岩（图6-10）。其中火山岩以中基性火山岩（玄武岩、安山质玄武岩）为主，局部岩性变化为玄武质安山岩，个别出现安山岩；沉积岩以灰岩为特征，夹泥质灰岩、灰质泥岩，变质后为大理岩、绢云母片岩、绢云母绿泥石片岩等。

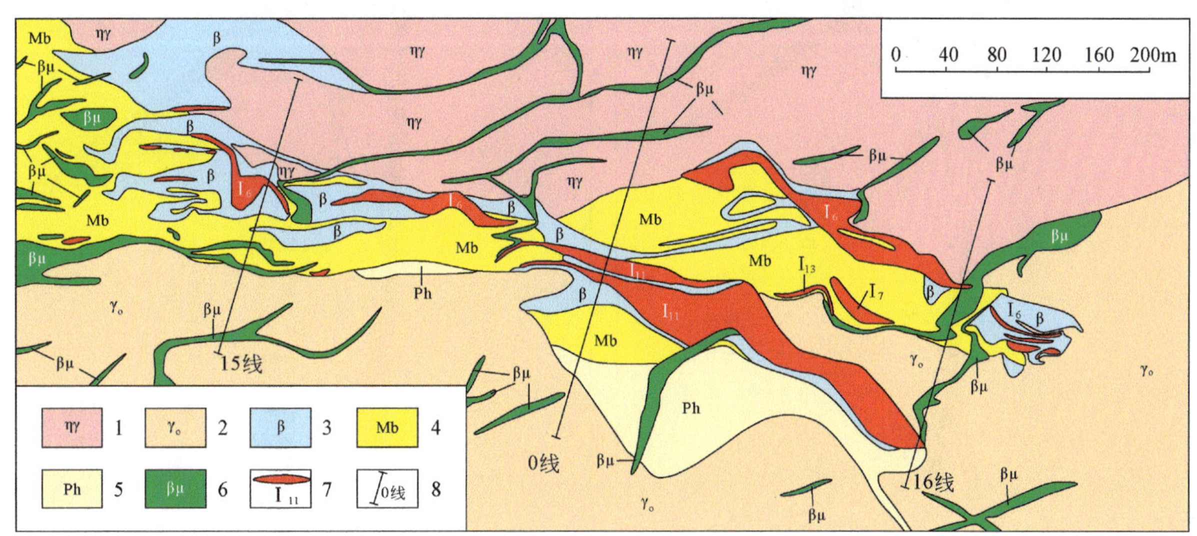

图6-10 喀腊大湾铁矿田八八铁矿床地质图（据新疆第一区域地质调查大队2014年资料修编）
1-二长花岗岩；2-花岗岩；3-玄武岩；4-大理岩；5-千枚岩；6-辉绿岩脉；7-铁矿体及编号；8-勘探线及编号

矿区岩浆岩有片麻状二长花岗岩、花岗岩（局部岩性为石英闪长岩）和辉绿岩脉。片麻状二长花岗岩可能形成较早，局部被卓阿布拉克组上段较晚的火山岩不整合覆盖。花岗岩（石英闪长岩）为后期侵入岩，年龄为477±4Ma（韩凤彬等，2012），侵位并吞食卓阿布拉克组火山岩、沉积岩、片麻状二长花岗岩以及含矿岩系和铁矿体（图6-11）。辉绿岩脉更晚，穿切各类地层岩石、矿体和花岗杂岩体（图6-10、图6-11）。

2）*矿体特征*

铁矿体均分布在下古生界寒武系卓阿布拉克组火山岩与沉积岩（大理岩）界线南侧的中基性火山岩中（图6-10～图6-12），并被岩体侵位破坏（北为片麻状二长花岗岩，南为石英闪长岩），个别矿体产于大理岩内。

图 6-11　八八铁矿床地表出露特征及 8 线剖面图

a-8 线剖面图（据新疆第一区域地质调查大队，2014）；b-矿体出露在大理岩南侧玄武岩中，八八铁矿山脊；c-八八铁矿磁铁矿体出露在玄武岩中，八八铁矿山脊北坡

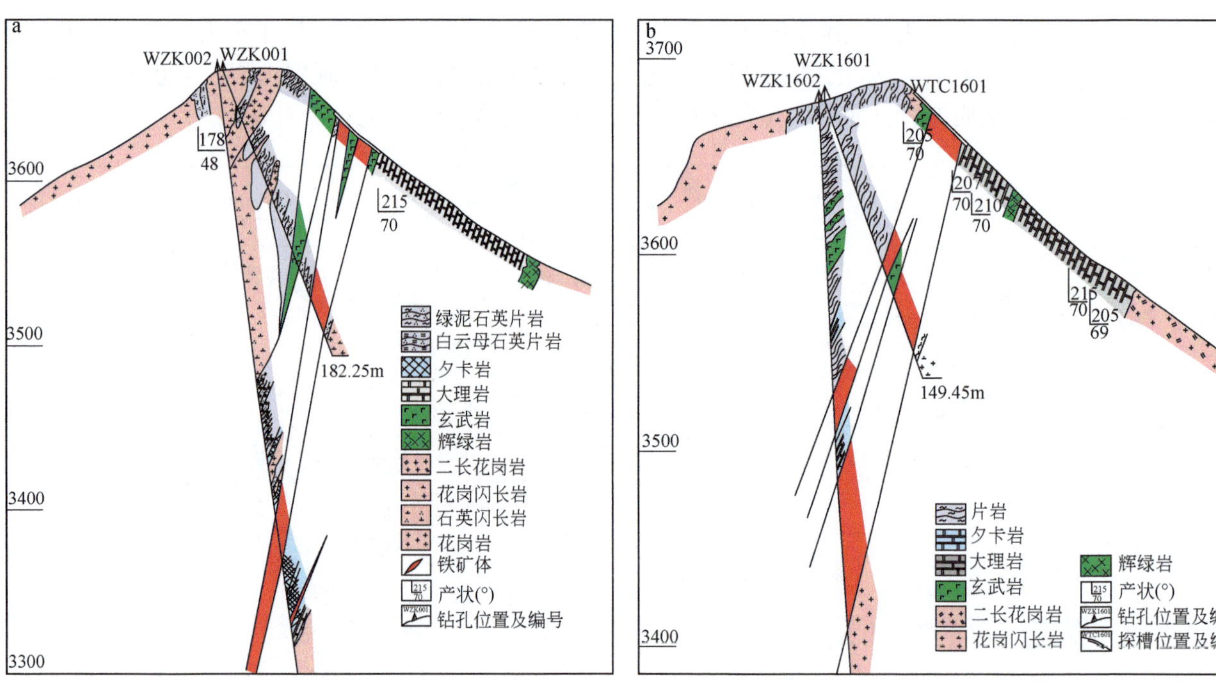

图 6-12　八八铁矿 0 线和 16 线剖面图（据新疆第一区域地质调查大队 2014 年资料修编）

a-0 线剖面图；b-16 线剖面图

矿区内共圈出铁矿体 17 个，单个矿体长度为 30～400m，宽 1.62～17.77m。总体走向为 280°～290°，以倾向南为主，倾角为 70°左右。在形态上以似层状为主，部分为脉状、透镜状及复杂透镜体等。矿体规模越大，形态越复杂。富矿体呈复杂的透镜状，主体部位厚且膨胀，局部收缩，两端延伸部位呈须状分叉。其中，I_6、I_{11}矿体规模较大，为矿区的主矿体，其他矿体规模相对较小（图 6-10）。

I_6矿体：该矿体地表出露最长铁矿体，出露于 15 线～26 线（图 6-10），长度约为 870m，由 WTC1101、WTC0701、WTC1603、WTC2601 共四个地表工程和两个硐探工程控制。矿体北部与花岗岩接触，南东部为夕卡岩化火山-沉积岩，东段夕卡岩化较弱，矿体与围岩界线清楚，呈似层状产出，产状为走向 300°、倾向南西、地表平均倾角 67°，深部平均倾角为 80°，厚度为 8.75～22.51m，平均厚度为 13.57m，控制最大斜深为 100m。单样品位为 21.40%～51.20%，平均品位为 31.99%。矿体沿走向厚度和品位变化不大。

I_{11}富矿体：该矿体位于矿区东段偏南位置，为矿区内最大矿体，该矿体地表出露于 3 线～24 线，长度约为 400m，由 WTC0301、WTC0001、WTC0401、WTC0801、WTC1201、WTC1601、WTC2001、WTC2401 共八个地表工程和 WZK0001、WZK0002、WZK 0801、WZK0802、WZK0803、WZK1601、

WZK1602、WZK1603、WZK2401 共九个钻探工程控制。矿体呈似层状、透镜状产出，沿走向从中心向两侧有逐渐变窄的趋势；矿体产状与火山沉积岩系一致，走向为300°、倾向南西、倾角为77°。真厚度为1.99～28.66m，地表最大宽度出露在8线附近，最大视厚达超过30m，平均真厚度为16.94m，控制斜深最大为385m，TFe 品位为25.04%～44.99%，平均品位约为33.50%（图6-10～图6-12）。

其他矿体规模相对较小，矿体长30～270m，厚1.62～17.77m，矿体平均品位为TFe 26.60%～41.96%，矿体的总方位呈北西向，矿体倾向北，倾角为82°～86°。

2. 7915 铁矿

7915 铁矿位于喀腊大湾铁矿田的中部位置（图6-1、图6-2），于2007年9月15日被发现，地表矿体出露宽度大，品位富，易于开发利用。

1）*矿区地层岩石*

矿区地层为下古生界寒武系卓阿布拉克组火山岩和沉积岩，喀腊大湾组火山岩和塔什布拉克组沉积岩（图6-13a）。火山岩以中基性火山岩（玄武岩、安山质玄武岩）为主，夹少量英安岩，分布于矿区南侧中西部，呈北西西向展布。沉积岩以大理岩为特征，夹黑色泥岩、泥质粉砂岩及英安岩，分布于矿区中北部，泥质岩石经变质作用形成绢云母片岩等。

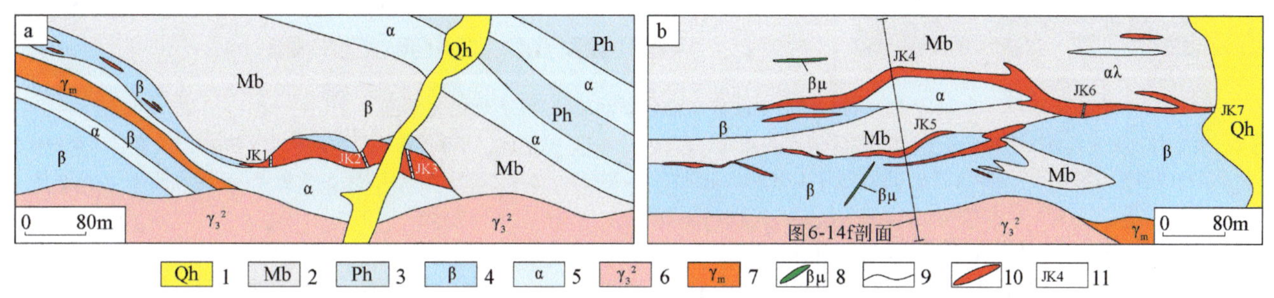

图6-13 喀腊大湾铁矿田7915铁矿和7918铁矿地质图（据陈柏林等，2009修改）

a-7915铁矿；b-7918铁矿；1-第四系；2-大理岩；3-黑云母绿泥石片岩；4-浅变质玄武岩；5-安山岩；6-早古生代花岗岩；7-片麻状花岗岩；8-辉绿岩脉；9-地质界线；10-铁矿体；11-样品位置与编号

矿区岩浆岩有片麻状二长花岗岩、细粒正长花岗岩。

片麻状二长花岗岩为基底岩系，为中元古代侵入岩，岩石呈浅灰色；被喀腊大湾组火山岩不整合覆盖。细粒正长花岗岩为后期侵入岩，岩石呈浅红色，侵位吞食喀腊大湾组玄武岩和英安岩、塔什布拉克组大理岩和黑色泥岩、片麻状二长花岗岩以及含矿岩系和铁矿体（图6-13a）。

2）*矿体特征*

铁矿体均分布在下古生界寒武系卓阿布拉克组火山岩与沉积岩界线南侧的玄武岩中，并被细粒正长花岗岩岩体侵位破坏。

矿区内只有1个规模大的铁矿体（IV_1号矿体），该铁矿体地表由WTC1801、WTC2601、WTC3401三个探槽控制（图6-13a），深部由WZK1801、WZK2601两个钻孔控制。整体上表现为东西走向，矿体长约290m，厚度为1.35～36.43m，平均厚为12.33m，形态以透镜状为主。矿石类型以块状磁铁矿为主，单样品位为TFe 21.84%～49.55%，平均品位为36.52%。其他矿体规模相对较小（图6-13a、图6-14a～e）。

3. 7918 铁矿

7918 铁矿位于喀腊大湾铁矿田的中东部位置（图6-2），于2007年9月18日被发现，在整个喀腊大湾铁矿田中，发育有地表沿走向延伸最大的铁矿体。

1）*矿区地层岩石*

矿区地层为下古生界寒武系卓阿布拉克组火山岩和沉积岩（图6-13b、图6-14f）。火山岩以玄武岩为主，夹英安岩；分布于矿区中南部，呈东西向展布，出露宽度为45～120m。沉积岩主要为大理岩，分布

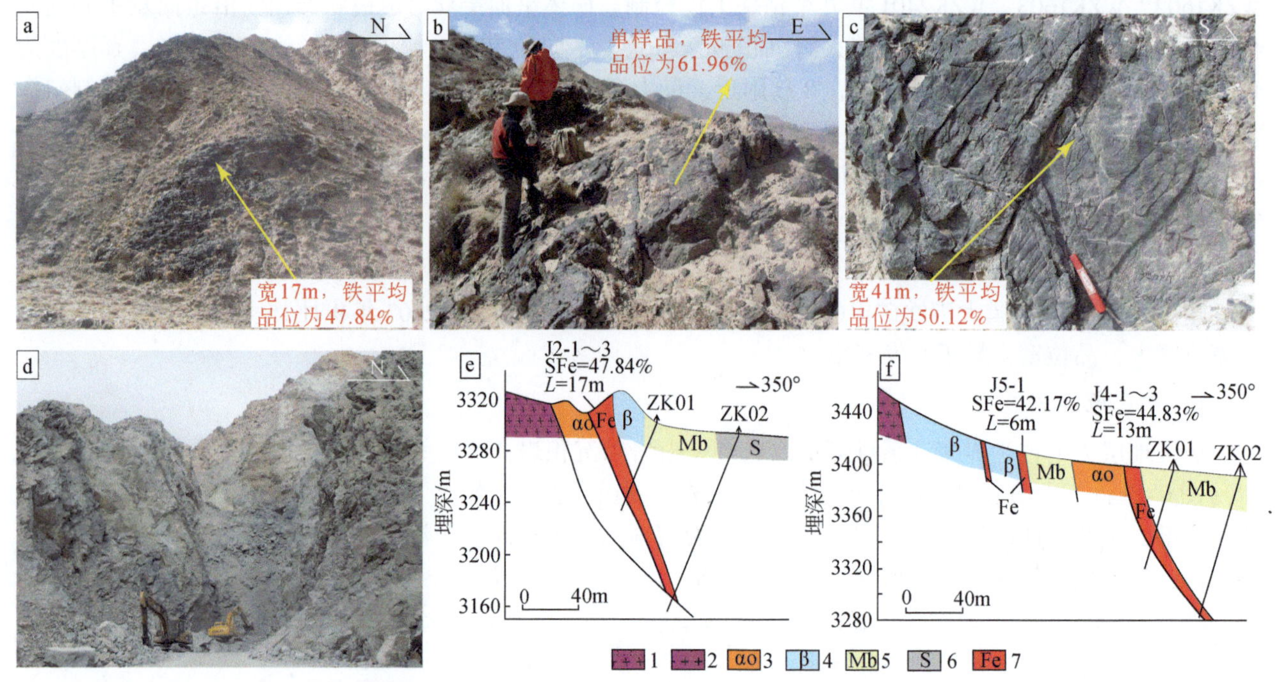

图 6-14　7915 铁矿床磁铁矿体露头照片及相关剖面

a-Ⅳ1 铁矿体，开采前露头照片；b-中西段小富铁矿体出露在玄武岩中；c-Ⅳ1 铁矿体，开采前露头照片；d-7915 铁矿床Ⅳ1 矿体采矿现场；e-7915 铁矿 0 线剖面；f-7918 铁矿 0 线剖面；1-片麻状花岗岩；2-花岗岩；3-英安岩；4-玄武岩；5-大理岩；6-碳质板岩；7-铁矿体

于矿区中北部，图内出露宽度为 60 ~ 120m。

矿区岩浆岩只出露片麻状二长花岗岩，位于矿区南部。片麻状二长花岗岩为基底岩系，为中元古代侵入岩，岩石呈浅灰色，与玄武岩可能呈平行不整合关系。本研究过程中对 7918 铁矿东段矿体南侧出露的片麻状二长花岗岩开展了测年研究，获得 1366. 4±5. 5Ma 的锆石 SHRIMP 年龄（图 6-7c），代表了其属于中元古代的产物。

2）*矿体特征*

铁矿体均分布在下古生界寒武系卓阿布拉克组火山岩与沉积岩界线南侧的火山岩中，共 6 个矿体。单个矿体长度为 30 ~ 910m，宽 1. 62 ~ 17. 0m。总体呈东西向延伸，倾向北为主，倾角为 75° ~ 85°。在形态上以似层状为主，部分为脉状、透镜状及复杂透镜体等。矿体规模越大，形态越复杂。富矿体呈复杂的透镜状，主体部位厚且膨胀，局部收缩，两端延伸部位呈须状分叉。矿区东端矿体没有尖灭，跨过喀腊大湾主沟，继续向东延伸，与 7910 铁矿床的矿体相连。

V_1号矿体：该矿体位于矿区西部，向西延出图外约 400m，地表由 WTC1001、WTC3401″、WTC3401′和 WTC5001 控制，深部由 WZK3401 钻孔控制，矿体长约 910m，控制斜深为 180m；矿体厚度为 3. 48 ~ 11. 57m，平均厚度为 7. 79m。产状走向为 285°，倾向北东，地表倾角为 75° ~ 85°、深部为 51°。矿体单工程品位 TFe 为 29. 61% ~ 39. 25%，平均品位 TFe 为 31. 04%；单样品位 TFe 为 20. 90% ~ 54. 60%，有用组分均匀。矿体呈似层状、脉状产出，局部膨大，地表延伸局部被第四系冲洪积覆盖；沿倾斜方向厚度逐渐变大，品位变化不大。赋矿岩石为灰绿色夕卡岩化中基性火山岩，矿石多为致密块状磁铁矿（图 6-13b）。

V_3 矿体：该矿体出露于 82 线附近，由 WTC8201 地表工程控制，矿体呈似层状，长约 240m，厚度为 15. 37m，产状为走向 72°，倾向北北西，倾角为 70°，品位为 37. 37%。

V_4矿体：该矿体与 7910 铁矿床的铁矿体相连，在 7918 铁矿床范围内，几乎贯穿整个矿区，地表出露长度约为 680m，宽 1. 5 ~ 16. 0m，最大宽度出露在中部 88 线附近，约 17m，平均厚度为 12. 5m。走向方位为 270°，倾向北为主，倾角为 75° ~ 85°。矿体形态呈似层状，主体从喀腊大湾大沟沟边出露，向西跨越两个小山梁（图 6-13b、图 6-14f、图 6-15），将在后文描述。

图6-15　7918铁矿磁铁矿体地表露头照片和矿石特征

a-铁矿体产出特征及其与玄武岩大理岩的空间关系，V4号铁矿体；b-铁矿体产出特征及其与玄武岩大理岩的空间关系，V4号铁矿体，西山梁西侧；c-V4铁矿体采矿现场，西山梁东侧；d-V4铁矿体采矿现场，西山梁西侧；e-条带状铁矿石；f-条带状铁矿石

4. 7910 铁矿

7910铁矿位于喀腊大湾铁矿田的东段（图6-2）。于2007年9月10日发现，是该区在八八铁矿发现一年多之后由“十一五”国家科技支撑计划重点项目“新疆大型矿集区预测与勘查开发关键技术研究”（新疆305项目）之“阿尔金山东段红柳沟矿带大型铜、金、铅锌矿床找矿靶区优选与评价技术与应用研究”专题组发现最早的铁矿床，也是整个喀腊大湾地区铁矿找矿“从点到带”取得重大突破的起点。

1）*矿区地层岩石*

矿区地层为下古生界寒武系卓阿布拉克组火山岩和沉积岩（图6-16）。火山岩以玄武岩为主，夹英安岩；分布于矿区中南部，呈东西向展布，出露宽度为40～200m。沉积岩下部大理岩段，出露宽度为60～

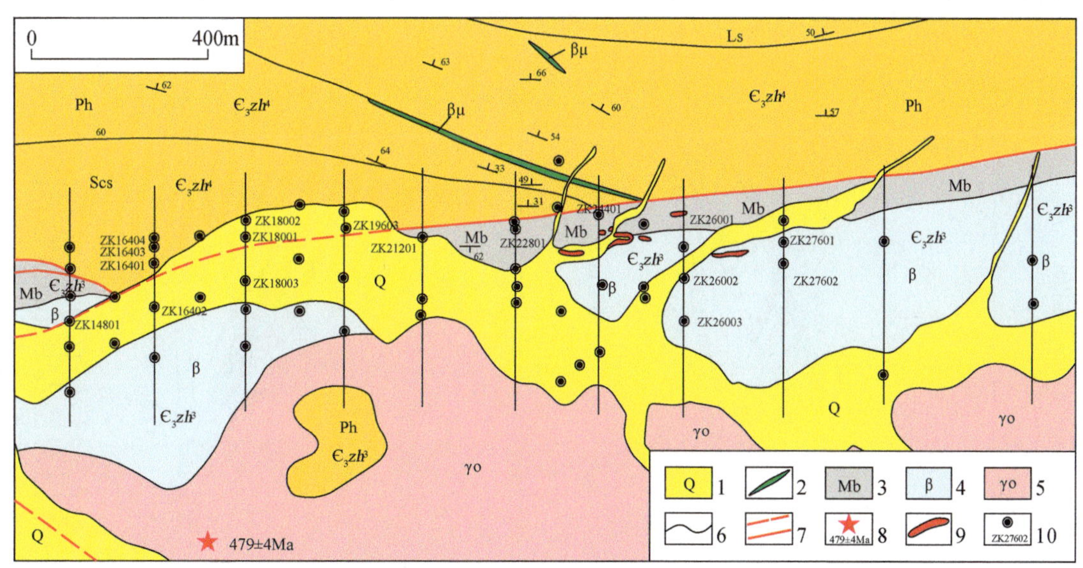

图6-16　喀腊大湾铁矿田7910铁矿地质草图（据新疆第一区域地质调查大队2014年资料修编）

Ph-夹灰色千枚岩；Scs-石英砂岩；$Є_3zh^4$-上寒武统卓阿布拉克组第四亚组；$Є_3zh^3$-上寒武统卓阿布拉克组第三亚组；1-第四系；2-辉绿岩脉；3-大理岩；4-玄武岩；5-花岗岩；6-地质界线；7-实/推测断层；8-锆石SHRIMP年龄及样位；9-铁矿体；10-钻孔及编号

80m；沉积岩上部灰色千枚岩、薄层状灰岩等，分布于矿区中北部，图内出露宽度为100～500m。

矿区岩浆岩只在南侧出露钠碱性正长花岗岩，属于花岗杂岩体的一部分，年龄为479Ma（韩凤彬等，2012）。岩石呈浅红色，侵位吞食卓阿布拉克火山岩（玄武岩、英安岩）、沉积岩（大理岩和黑色泥岩）、片麻状二长花岗岩，以及含矿岩系和铁矿体（图6-16）。沿该钠碱性正长花岗岩，夕卡岩化作用非常强烈，主要夕卡岩矿物有石榴子石、绿帘石、透辉石、透闪石等。

值得指出的是，杂岩体中钠碱性正长花岗岩可能是导致发生强烈夕卡岩化和钼矿化的最主要原因。

2）矿体特征

铁矿体均分布在下古生界寒武系卓阿布拉克组火山岩与沉积岩界线下侧的中基性火山岩（玄武岩）中。由于7910铁矿大部分被第四系覆盖，地表矿体出露较少，仅见一个铁矿体，断续延伸长度为220m，宽1.62～14.0m。总体呈东西向延伸，倾向北为主，倾角为55°～75°，矿体形态为似层状。1∶1万磁测（图6-8）显示，Ⅵ号磁异常是唯一可以与八八铁矿相对应Ⅰ号异常相当的磁异常，磁异常变化值为-3068～9178nT，而且正负异常相伴生，反映地下存在高强度的磁性体。经过2009～2010年普查和2011～2014年详查钻探工程控制，发现大型隐伏铁矿体。

V_4铁矿体：该矿体是7910铁矿床最大铁矿体，为7918铁矿床V_4铁矿体向东继续延伸的铁矿体。该矿体出露于70～348号勘探线之间，仅在7918铁矿床范围内的82～110线和在7910铁矿床范围的196线地表有出露，总体为半隐伏矿体，由7个地表工程和51个钻探工程控制（图6-17），呈东西向贯穿整个矿区。矿体长3600m，单工程厚0.7～52.95m，平均厚度为13.80m。控制标高为3355～2862m，最大埋深为580m（348线），控制最大斜深为280m。矿体在走向上为膨大缩小的透镜状，矿体厚度变化系数为89.35%，属厚度变化中等的矿体。控制矿体单工程数量共计64个，单工程TFe品位为21.00%～53.09%，平均品位为35.10%。品位变化系数为28.68%，属有用组分分布均匀矿体。仅该铁矿体铁矿石量接近5400万t，占整个喀腊大湾铁矿田铁矿资源量的一半（详见第11章典型找矿示范区）。

V_8铁矿体：该矿体是7910铁矿床第二大铁矿体，为隐伏铁矿体，位于矿床中西部116～276号勘探线之间，由37个钻探工程控制，矿体形态总体呈不很规则近水平的似层状，在走向、倾向上具有波状弯曲的产出特征。矿体长2050m，厚0.79～58.60m，平均厚度为5.62m。矿体厚度变化系数为167.77%，属厚度变化复杂的矿体。控制最大斜深（180线）为475m（图6-17），最小斜深（196线）为75m，平均为224m。矿体单工程TFe品位为20.81%～48.09%，平均品位为38.60%。品位变化系数为32.58%，属有用组分分布均匀矿体。该铁矿体铁矿石量接近1100万t，接近八八铁矿床的总矿石量。

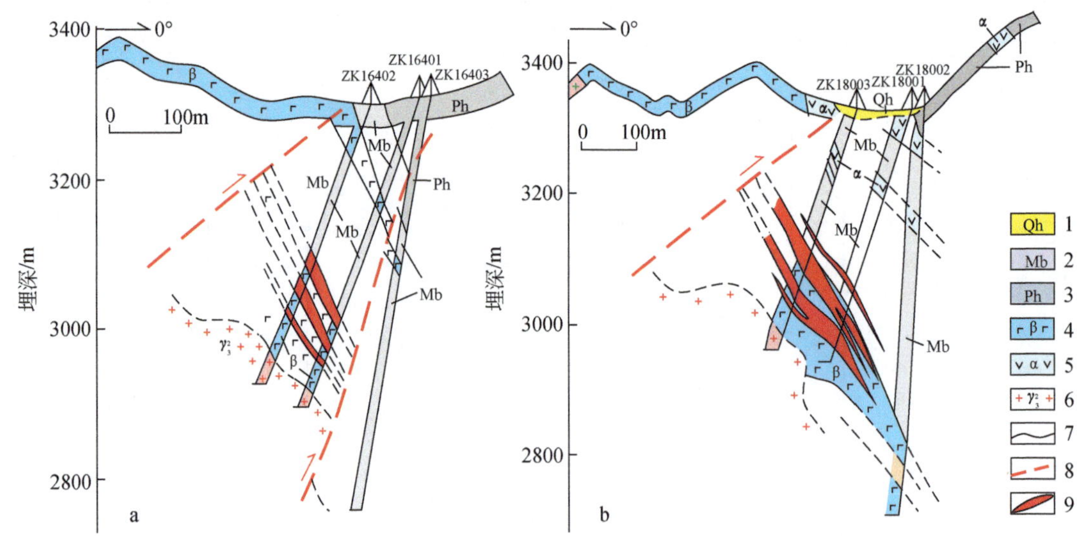

图6-17　7910铁矿床勘探线剖面（据新疆第一区域地质调查大队2014年资料修编）

a-164线剖面；b-180线剖面；1-第四系；2-大理岩；3-黑云母绿泥石片岩；4-浅变质玄武岩；5-英安岩；6-早古生代花岗岩；7-地质界线；8-推测断层；9-铁矿体

V_{6-3}号矿体：该矿体是 7910 铁矿床第三大铁矿体，为半隐伏铁矿体，位于矿床中部 116 ~ 276 号勘探线之间，地表出露于 188 线 ~ 244 线（图 6-18）。由六个地表工程和六个钻探工程控制。矿体形态总体呈似层状，沿走向、倾向呈波状产出。控制矿体长 1220m，厚度为 1.50 ~ 11.48m，平均厚度为 10.86m。厚度变化系数为 79.27%，属厚度变化中等的矿体。控制最大斜深（252 线）为 150m，最小斜深（212 线）为 30m，平均为 100m。矿体单工程 TFe 品位为 20.20%~44.23%，平均品位为 30.74%。品位变化系数为 24.99%，属有用组分分布均匀矿体。该铁矿体铁矿石量为 320 万 t。

图 6-18　7910 铁矿床铁矿体露头及勘查工程现场照片

a-矿床中段 V6-3 铁矿体露头，244 线东侧；b-矿床中段 V6-3 铁矿体露头，244 线西侧；c-矿床中段 V6-3 铁矿体露头，244 线西侧；d-244 线刚刚施工完成的钻探工程；e-276 线正在施工钻探工程及岩心；f-ZK27601 钻孔岩心

整个喀腊大湾铁矿田还有八八西铁矿床、7914 铁矿床和 7920 铁矿化点，由于其规模和地质勘查及研究程度较低，本书不再详细叙述。

6.4　矿 石 特 征

6.4.1　矿石类型及其矿物成分

矿田范围内现已查明的矿物有 20 多种。其中金属矿物 10 多种，非金属矿物 10 多种。由于成矿温度、所处地质环境和形成条件等的不同或相似，从而产生了不同或相似的矿石类型。反映在矿物共生组合上既有差异性，又有相似性。矿石类型分类方案比较多，有结构构造分类、氧化程度分类、赋矿围岩分类等，本书以含矿岩石经历的地质作用，并结合矿物组合进行分类，喀腊大湾铁矿田矿石类型总体比较简单，分为中基性火山岩型铁矿石和夕卡岩型铁矿石两类，矿物共生组合情况列于表 6-4。

表 6-4　各类型铁矿石矿物共生组合表

矿石类型	金属矿物		非金属矿物	
	主要	次要	主要	次要
火山岩类铁矿石	磁铁矿	镜铁矿、赤铁矿、褐铁矿、黄铁矿、磁黄铁矿	微晶长石、微晶辉石、绿泥石、绢云母、	石榴子石、绿帘石、透辉石、透闪石、石英
夕卡岩类铁矿石	磁铁矿	镜铁矿、褐铁矿、黄铁矿、辉钼矿、磁黄铁矿	石榴子石、绿帘石、透辉石、透闪石	长石、绢云母、石英、方解石、褐帘石

中基性火山型铁矿石主要是在火山沉积基础上，经历区域变质作用形成，而夕卡岩型铁矿石主要是经历了后期花岗杂岩侵入引起热接触变质作用而形成，由于夕卡岩化作用强度不同，往往出现过渡类型铁矿石。本区有用矿物主要为磁铁矿。

6.4.2 矿石结构构造

1. 矿石结构

铁矿石结构多样，按结晶粗细分为粗粒结构、中粒结构和细粒结构，并以中细粒结构为主，部分为中粗粒结构（图6-19）。按矿物自形程度分为他形结构、半自形结构和自形结构（图6-19）。部分经过夕卡岩化改造发生结晶变粗，具有变晶结构，部分氧化矿石形成交代结构和交代残留结构。

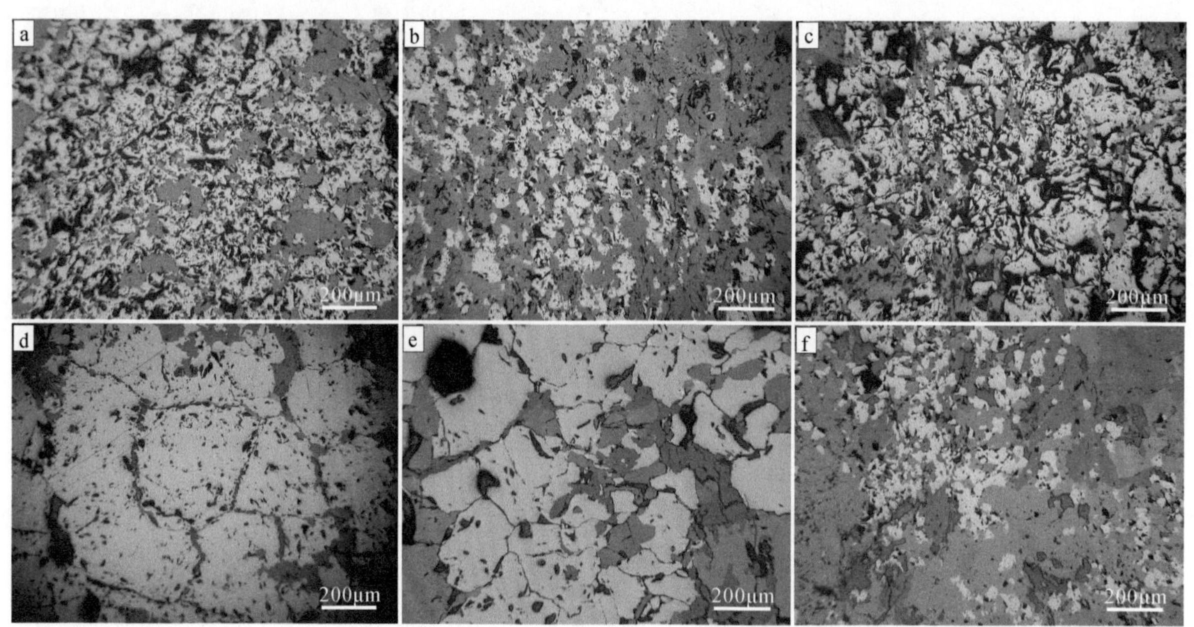

图6-19　喀腊大湾铁矿田典型矿石结构构造显微照片

a-磁铁矿呈中细粒他形粒状结构，粒径为0.03～0.10mm，中-稠密浸染状构造，7910铁矿床，H142-2，反光10×10，宽度为1.40mm；b-磁铁矿呈中细粒他形粒状结构，粒径为0.03～0.15mm，稀疏浸染状构造，7915铁矿床，H164-1，反光10×10，宽度为1.40mm；c-磁铁矿呈中粗粒他形-半自形粒状结构，粒径为0.05～0.20mm，中-稠密浸染状构造，7915铁矿床，H163-1，反光10×10，宽度为1.40mm；d-磁铁矿呈粗-巨粒半自形粒状结构，粒径为0.10～0.50mm，块状构造，八八铁矿床，H69-1，反光10×10，宽度为1.40mm；e-磁铁矿呈粗-巨粒半自形-自形粒状结构，粒径为0.10～0.50mm，块状构造，八八铁矿床，H69-2，反光10×10，宽度为1.40mm；f-磁铁矿呈中细粒他形粒状结构，粒径为0.04～0.15mm，稀疏浸染状构造，7918铁矿床，H161-1，反光10×10

2. 矿石构造

铁矿石构造可以划分为条带状构造、条纹状构造、块状构造、浸染状构造；其中浸染状构造可细分为稀疏浸染状、中等浸染状和稠密浸染状构造（图6-20）。

6.4.3 主要矿物特征

喀腊大湾铁矿田各铁矿床金属矿物主要为磁铁矿，含极微量黄铁矿；非金属矿物有造岩矿物和夕卡岩矿物，造岩矿物不再描述，夕卡岩矿物在后文叠加矿化作用小节中单独描述。

磁铁矿成分电子探针分析结果见表6-5。磁铁矿全铁成分大部分在88%以上，部分为81%～88%，最高达98.87%，平均为90.95%；伴有少量其他杂质元素，其中有害杂质铅硫等含量比较低，属于较优质磁铁矿石。

图 6-20　喀腊大湾铁矿田典型矿石类型和矿石构造

a-条带状构造铁矿石，7910 铁矿；b-条带状构造铁矿石，7910 铁矿；c-块状构造铁矿石，7915 铁矿；d-块状构造铁矿石，八八铁矿 WZH1602 钻孔岩心；e-块状构造铁矿石，八八铁矿；f-条纹状铁矿石，7910 铁矿 WZH27601 钻孔岩心

表 6-5　喀腊大湾铁矿带磁铁矿电子探针分析结果　　（单位:%）

序号	光片号	样品位置	测点	成分														
				Na_2O	NiO	K_2O	MgO	ΣFeO	CaO	Al_2O_3	MnO	P_2O_5	SiO_2	Cr_2O_3	TiO_2	PbO	SO_3	合计
1	H67-1	八八铁矿床	3. 1	0. 02	0. 00	0. 00	0. 03	92. 13	0. 00	0. 10	0. 10	0. 03	0. 01	0. 03	0. 03			92. 49
2	H67-2	八八铁矿床	1. 1			0. 00	0. 03	97. 76		0. 04	0. 09		0. 15	0. 01	0. 04	0. 03	0. 04	98. 29
3	H67-2	八八铁矿床	1. 2	0. 07		0. 02	0. 07	96. 97		0. 07	0. 06		0. 15	0. 05	0. 07	0. 00	0. 02	97. 58
4	H69-2	八八铁矿床	1. 2	0. 08	0. 00	0. 00	0. 04	91. 93	0. 00	0. 04	0. 12	0. 07	0. 06	0. 05	0. 06			92. 45
5	H78-1	大湾铁矿床	1. 1	0. 00	0. 00	0. 04	0. 03	91. 75	0. 00	0. 01	0. 04	0. 00	0. 00	0. 03	0. 00			91. 89
6	H78-1	大湾铁矿床	1. 2	0. 00	0. 00	0. 02	0. 00	90. 48	0. 00	0. 02	0. 07	0. 03	0. 00	0. 03	0. 02			90. 67
7	H78-1	大湾铁矿床	1. 3	0. 00	0. 00	0. 00	0. 00	91. 77	0. 00	0. 01	0. 05	0. 05	0. 00	0. 02	0. 08			91. 97
8	H78-1	大湾铁矿床	2. 1	0. 01	0. 00	0. 00	0. 00	91. 58	0. 00	0. 02	0. 04	0. 00	0. 02	0. 02	0. 00			91. 69
9	H78-1	大湾铁矿床	22	0. 00	0. 00	0. 03	0. 00	92. 04	0. 00	0. 01	0. 06	0. 00	0. 05	0. 03	0. 03			92. 25
10	H78-2	大湾铁矿床	1. 1	0. 00	0. 00	0. 02	0. 00	91. 39	0. 00	0. 04	0. 05	0. 00	0. 07	0. 02	0. 00			91. 59
11	H78-2	大湾铁矿床	1. 2	0. 02	0. 00	0. 00	0. 01	92. 30	0. 00	0. 00	0. 06	0. 02	0. 01	0. 04	0. 03			92. 48
12	H78-3	大湾铁矿床	1. 1	0. 00	0. 00	0. 00	0. 01	92. 61	0. 00	0. 07	0. 01	0. 01	0. 00	0. 03	0. 11			92. 85
13	H80-2	大湾铁矿床	1. 3				0. 01	93. 81		0. 06				0. 01		0. 06	0. 06	94. 05
14	H80-2	大湾铁矿床	1. 4	0. 02			0. 01	98. 87		0. 04	0. 02		0. 01	0. 07			0. 02	99. 16
15	H166-1	7918 铁矿床	1. 1	0. 00	0. 00	0. 01	0. 00	91. 93	0. 26	0. 05	0. 10	0. 02	0. 08	0. 05	0. 05			92. 55
16	H167-1	7918 铁矿床	1. 1	0. 00	0. 00	0. 01	0. 00	92. 42	0. 00	0. 01	0. 03	0. 00	0. 06	0. 02	0. 02			92. 58
17	H167-1	7918 铁矿床	1. 2	0. 00	0. 00	0. 01	0. 01	92. 15	0. 04	0. 01	0. 07	0. 00	0. 06	0. 03	0. 01			92. 39
18	H259-2	7918 铁矿床	2. 1	0. 12	0. 00	0. 01	0. 01	91. 02	0. 00	0. 00	0. 02	0. 00	0. 02	0. 01	0. 00			91. 21
19	H259-2	7918 铁矿床	2. 2	0. 00	0. 00	0. 00	0. 00	91. 52	0. 00	0. 01	0. 12	0. 00	0. 03	0. 00	0. 02			91. 69
20	H267-5	7915 铁矿床	1. 3	0. 00	0. 00	0. 00	0. 00	84. 68	0. 00	0. 05	0. 10	0. 00	0. 15	0. 05	0. 00			85. 03
21	H267-5	7915 铁矿床	1. 4	0. 08	0. 00	0. 00	0. 07	85. 33	0. 04	0. 05	0. 09	0. 00	0. 32	0. 04	0. 05			86. 08

续表

序号	光片号	样品位置	测点	成分														
				Na_2O	NiO	K_2O	MgO	ΣFeO	CaO	Al_2O_3	MnO	P_2O_5	SiO_2	Cr_2O_3	TiO_2	PbO	SO_3	合计
22	H267-5	7915 铁矿床	2.1	0.00	0.00	0.00	0.08	85.07	0.01	0.00	0.01	0.01	0.31	0.01	0.00			85.50
23	H267-5	7915 铁矿床	2.3	0.02	0.00	0.01	0.05	86.00	0.06	0.03	0.14	0.04	0.22	0.02	0.01			86.60
24	H351-3	7914 铁矿床	1.1	0.00	0.00	0.00	0.16	92.72	0.00	0.05	0.01	0.05	0.54	0.03	0.02			93.59
25	H351-3	7914 铁矿床	1.2	0.00	0.00	0.00	0.00	92.89	0.00	0.06	0.09	0.01	0.04	0.05	0.00			93.13
26	H351-4	7914 铁矿床	1.1	0.00	0.02	0.00	0.01	92.44	0.00	0.04	0.11	0.03	0.02	0.05	0.04			92.75
27	H375-3	7918 铁矿床	1.1	0.02	0.05	0.02	0.02	81.33	0.00	0.02	0.00	0.00	0.21	0.00	0.02			81.67
28	H375-3	7918 铁矿床	3.2	0.04	0.00	0.00	0.01	83.14	0.00	0.02	0.04	0.00	0.41	0.07	0.05			83.77
29	H375-4	7918 铁矿床	1.5	0.00	0.00	0.00	0.03	92.41	0.00	0.02	0.12	0.06	0.13	0.07	0.00			92.85
30	H375-4	7918 铁矿床	1.6	0.04	0.00	0.00	0.13	91.49	0.10	0.16	0.13	0.03	0.54	0.04	0.00			92.66

6.5 铁矿床成因分析

对于喀腊大湾地区铁矿床成因，前人未开展专项研究，只有初步的认识。1∶20 万区域地质调查发现白尖山铁矿，初步认为属于沉积类型；2006 年，八八铁矿被发现之后，根据八八铁矿的蚀变特点，并以八八铁矿为代表，对喀腊大湾地区铁矿成因类型提出两种初步认识。

1）*夕卡岩成因类型观点*

1∶5 万矿产调查承担单位（新疆第一区域地质调查队区调分队和武警黄金地质研究所）将八八铁矿成因类型归为夕卡岩型，并认为与其南侧的石英闪长岩有关。其主要依据有两点：其一是空间上铁矿体和含铁玄武岩南侧发育有石英闪长岩，其二是在矿化蚀变带中发育绿帘石和石榴子石，具有夕卡岩类的蚀变矿物组合。

2）*辉绿岩热液成因类型观点*

新疆第一区域地质队矿产普查分队及祁万修等（2008）认为喀腊大湾地区铁矿是与辉绿岩岩浆热液有关、受区域性断裂控制的浅成热液交代充填型铁矿床。其主要依据是认为铁矿化产于石炭纪侵入岩（斜长花岗岩和石英闪长岩，实际上为奥陶纪岩体）与围岩（大理岩和片岩）接触带附近的辉绿岩内。

“十一五”国家科技支撑计划重点项目“新疆大型矿集区预测与勘查开发关键技术研究”（新疆 305 项目）之“阿尔金山东段红柳沟矿带大型铜、金、铅锌矿床找矿靶区优选与评价技术与应用研究”研究团队在研究初期（2007 年）认为属于火山沉积类型，据此提出预测区并获得验证和取得找矿突破，陈柏林等（2009）对该铁矿的火山沉积成因类型首次做了较为系统论述。本节从喀腊大湾地区铁矿床宏观地质特征、成矿物质来源、磁铁矿矿物学特点、矿床形成时代、夕卡岩化改造作用等方面对铁矿床成因进行分析。

6.5.1 铁矿宏观地质特征反映的成因信息

铁矿床宏观地质特征包括铁矿体产出的构造背景、宏观展布、产出部位和层位、赋矿围岩特征、矿石特征、蚀变矿物等方面。喀腊大湾地区铁矿的宏观基本特征可总结为以下几方面。

（1）首先在大地构造背景上，本区与祁连山西段具有相似的成矿作用背景，区域上有成型的火山沉积-改造型镜铁山超大型铁矿床，同时白尖山等地区发育较多与火山岩、沉积岩及硅质岩有关的铁矿床。

（2）直接赋矿岩石或者与铁矿体密切伴生的岩石具有隐晶质结构（图 6-21a、c），而没有辉绿结构；并可见层状构造、似层状构造、纹层状构造、杏仁状构造和枕状构造（图 6-21b、图 1-27、图 6-15e、图 6-20a～b、图 6-20e～f）。

图6-21　含铁中基性火山岩结构构造特点

a-八八铁矿玄武岩隐晶质结构和似层状构造；b-7915 铁矿南侧玄武岩隐晶质结构和杏仁状构造；c-白尖山东含磁铁矿玄武岩隐晶质结构

（3）辉绿岩属于比较“干”的岩浆岩，不具备形成岩浆热液矿床的条件。野外地质调查发现铁矿直接围岩不是辉绿岩，而是中基性火山岩。

（4）特别是从喀腊大湾地区铁矿床产出的位置来看，具有明显的火山沉积层位控制特点，铁矿体的宏观展布都位于大理岩带南侧的中基性火山岩中，岩性组合和层位特点非常明显（图6-2、图6-11、图6-12、图6-22）。

图6-22　含铁中基性火山岩和铁矿体与大理岩带空间位置关系

a-白尖山铁矿矿体出露在大理岩带南侧；b-7915 铁矿东段铁矿体在大理岩南侧，玄武岩及含铁玄武岩被后期花岗岩侵位截切；c-八八西铁矿床大理岩与含铁玄武岩关系

（5）铁矿体宏观展布明显具有带状分布，铁矿石往往具有条带状、似层状构造（图6-20a、b、f）。

（6）虽然一些铁矿床发育较多的中酸性岩浆岩，但是从具体铁矿体的产出位置来看，铁矿体并没有围绕岩浆岩分布的特点，与岩浆岩的接触带产状关系不大，仍然是与一定的地层岩石有关；整个喀腊大湾地区，所有铁矿体都是呈近东西向（北西西向）延伸。

（7）1∶1万地质填图（图6-2）和钻探剖面（图6-11、图6-13、图6-14、图6-17）显示，该铁矿田南侧的中酸性杂岩体明显穿切吞食了含铁岩系和铁矿体。

所以，本书认为喀腊大湾铁矿田铁矿成矿作用与火山沉积地层关系密切，矿带、矿体的产出均受火山沉积地层的控制。

6.5.2　磁铁矿矿物学特征对矿床成因的启示

磁铁矿可以形成于各种不同的地质环境中，既可以以副矿物的形式存在于各种岩石中，如侵入岩、喷出岩、交代蚀变岩、区域变质岩，也可以作为矿石矿物存在于各种成因类型的铁矿中，不同成因的磁铁矿具有不同的标型特征，近年来，人们通过对磁铁矿地球化学成分的研究，来指示各种不同成因的铁矿床。徐国风和邵洁涟（1979）通过对各种成因类型的磁铁矿床中磁铁矿的化学成分的分析，用于区分岩浆型铁矿床、接触交代型铁矿床、热液交代型铁矿床、区域变质型铁矿床。陈光远等（1987）通过对磁铁矿单矿物化学分析资料进行统计，建立了磁铁矿的 TiO_2-Al_2O_3-MgO 成因图解，用于区分沉积变质–接

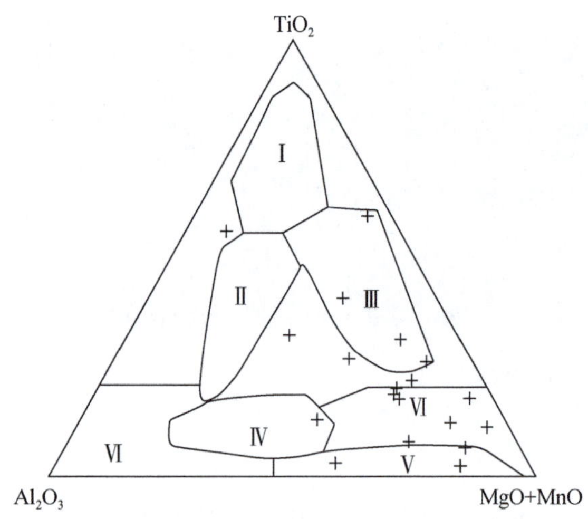

图 6-23 喀腊大湾铁矿田磁铁矿 TiO_2-Al_2O_3-MgO+MnO 图解（底图据林师整，1982）

Ⅰ-副矿物型；Ⅱ-岩浆岩型；Ⅲ-火山岩型；Ⅳ-接触交代型；Ⅴ-夕卡岩型；Ⅵ-沉积变质型

触交代磁铁矿、酸性-碱性岩浆磁铁矿、超基性-基性-中性岩浆磁铁矿。林师整（1982）根据 3000 多个磁铁矿化学成分数据制作了 TiO_2-Al_2O_3-(MgO+MnO) 磁铁矿成因三角图解，更准确地用于区分侵入岩中副矿物型及岩浆型、火山岩型、接触交代型、夕卡岩型和沉积变质型铁矿床中形成的磁铁矿。

喀腊大湾铁矿田铁矿床的磁铁矿单矿物电子探针分析结果见表 6-5。磁铁矿的主要成分为 FeO 和 Fe_2O_3，全铁∑FeO 含量为 81.33%～99.16%，平均为 90.95%；SiO_2 含量为 0～0.54%，平均为 0.13%；Al_2O_3 含量为 0～0.16%，平均为 0.03%；TiO_2 含量为 0～0.11%，平均为 0.02%；MnO 含量为 0～0.14%，平均为 0.07%；MgO 含量为 0～0.16%，平均为 0.03%；CaO 含量为 0～0.26%，平均为 0.02%；Na、K、P、Ni 含量很低，大多低于检测下限。低 TiO_2 说明其不是岩浆型铁矿，低的 MgO 和 CaO 与夕卡岩型铁矿不同，在磁铁矿 TiO_2-Al_2O_3-MgO+MnO 图解中（图 6-23），主要落在了火山岩型和沉积变质型铁矿区域，说明其成因与火山沉积作用关系较密切，属于火山沉积型铁矿。

6.5.3 相关火山岩岩石地球化学反应的成矿构造环境

在铁矿田内与铁矿关系密切的是中基性火山岩，大部分铁矿体均产于中基性火山岩中。通过对与铁矿有关的中基性火山岩的岩石地球化学特征研究，能够反映铁矿床形成的大地构造环境。

1. 岩石学特征

喀腊大湾铁矿田与铁矿关系密切的中基性火山岩为灰绿色、灰绿黑色，总体结晶比较细，以微晶结构（图 6-24a、f）和隐晶结构（图 6-24b、c）为主，部分具有斑状结构（图 6-24d），大多为块状构造，

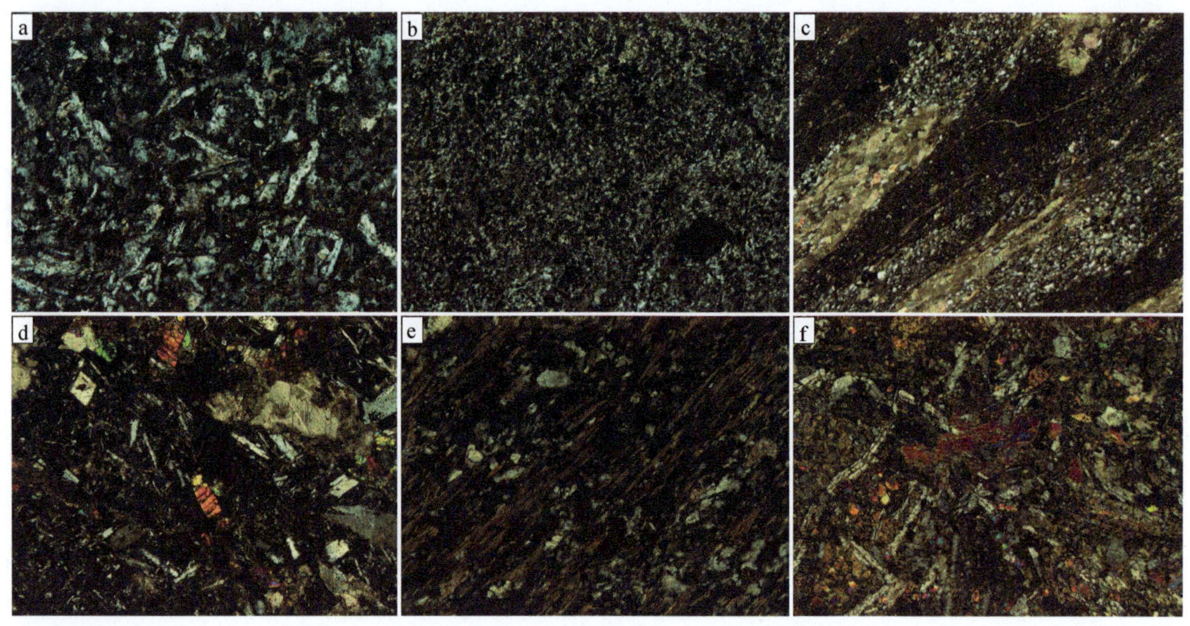

图 6-24 喀腊大湾铁矿田中基性火山岩的岩相学特征

a-含磁铁矿玄武岩（K145-1）齐勒萨依东沟，正交偏光 10×10，宽度为 1393.71μm；b-含磁铁矿玄武岩（K162-1），齐勒萨依东沟，正交偏光 10×10，宽度为 1393.71μm；c-含磁铁矿中基性火山岩 7910 铁矿 ZK16401 孔 58m（K129-3），正交偏光 2.5×10，宽度为 5.6mm；d-中基性火山岩，喀腊大湾中段（K132-2）正交偏光 5×10，宽度为 2.8mm；e-片理化中基性火山岩，喀腊大湾中段（K133-1），正交偏光 2.5×10，宽度为 5.6mm；f-微晶玄武岩，齐勒萨依东沟（K147-1），正交偏光 2.5×10，宽度为 5.6mm

局部构造变形形成片理构造（图6-24e）。岩石主要由基性斜长石（50%~60%）、辉石（30%~40%）组成，具有少量的橄榄石和金属矿物（图6-24d）。微晶结构的玄武岩矿物颗粒结晶细小，部分具有一定的变形，而且具有碳酸盐化和绿泥石化特征（图6-24c）。斑状结构的玄武岩，斑晶主要为长板状的斜长石和绿泥石化的辉石，基质为填隙结构，斜长石微晶杂乱排列构成格架，其间充填有火山玻璃和绿泥石化的辉石颗粒。

2. 地球化学特征

1）主量元素特点

矿田内中基性火山岩样品主量元素分析数据见表6-6。从表6-6中看，区内中基性火山岩 SiO_2 含量集中在43.32%~50.77%，平均为48.17%；Al_2O_3 含量大多数集中在12.7%~16.45%，平均为14.95%；CaO的含量为3.73%~8.91%，平均为7.09%；$Na_2O>K_2O$，Na_2O+K_2O 的含量为2.33%~5.84%，平均为4.54%；MgO的含量为4.9%~8.54%，平均为6.15%；TiO_2 含量为1.24%~2.75%，平均为1.99%，远大于现代大洋洋脊拉斑玄武岩（1.5%），与大陆板内拉斑玄武岩（2.2%）（Pearce et al.，1984）类似。在 SiO_2-Nb/Y 分类图解中，矿田内样品主要落入亚碱性玄武岩区（图6-25）。在 $Mg^{\#}$［$Mg^{\#}=Mg/(Mg+Fe)\times$

表6-6 喀腊大湾铁矿田中基性火山岩主量元素分析结果 （单位：%）

序号	样号	测试结果															
		SiO_2	TiO_2	Al_2O_3	Fe_2O_3	FeO	MnO	MgO	CaO	K_2O	Na_2O	P_2O_5	H_2O^+	CO_2	LOI	总计	$Mg^{\#}$
1	K68-1	46.16	2.75	12.7	4.83	8.15	0.21	5.03	8.26	2.7	1.63	0.33	3.42	3.18	5.83	99.35	42
2	K147-1	47.01	1.33	15.85	3.50	6.16	0.15	8.54	7.60	2.69	2.72	0.24	2.96	0.6	2.99	99.35	62
3	K166-1	43.32	1.24	15.48	3.30	6.57	0.16	8.02	8.09	0.80	3.92	0.23	5.08	3.08	7.38	99.29	60
4	K132-2	50.31	1.66	16.45	5.47	6.23	0.17	5.09	5.43	0.98	4.86	0.43	3.14	0.33	2.71	100.55	45
5	K133-1	48.62	1.83	16.03	4.18	7.53	0.19	6.32	3.73	0.81	4.58	0.32	4.34	2.00	5.39	100.48	50
6	K135-1	50.77	2.17	13.69	5.35	7.42	0.21	4.9	8.91	0.58	2.15	0.24	2.74	0.80	2.98	99.93	42
7	K137-1	50.14	2.02	14.71	5.20	7.20	0.18	5.28	6.31	0.84	4.74	0.30	2.24	0.30	1.97	99.46	44
8	H54-1	47.42	2.55	14.67	3.24	11.48	0.22	7.14	7.90	0.14	2.19	0.27	2.02	0.35	1.33	99.59	47
9	H102-2	53.39	2.22	13.91	4.97	7.71	0.22	2.88	6.51	2.90	2.48	0.60	1.60	0.26	1.32	99.65	30
10	H100-3	49.77	2.32	15.01	3.49	7.71	0.24	5.03	7.54	1.75	2.78	0.53	3.06	0.70	2.71	99.93	45

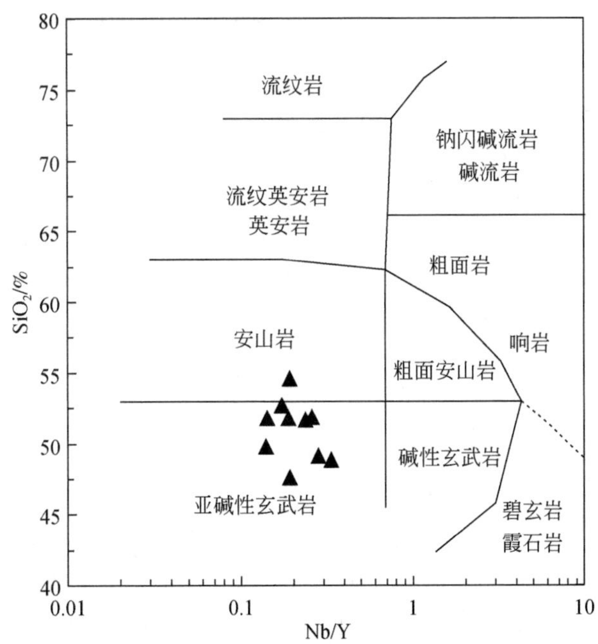

图6-25 喀腊大湾铁矿田玄武岩 SiO_2-Nb/Y 图解（据 Winchester and Floyd，1977）

100］变异图解中，Mg#值变化范围较大，主要变化于 42 ~ 62，低于原生玄武岩（Mg#为 70）（Dupuy and Dostal，1984），说明玄武岩在形成过程中发生了结晶分异作用。在 MgO 与微量元素相关图解中（图 6-26a ~ c），Ni、Co、Cr 与 MgO 呈正相关；TiO_2 与 TFeO 呈正相关（图 6-26d）。

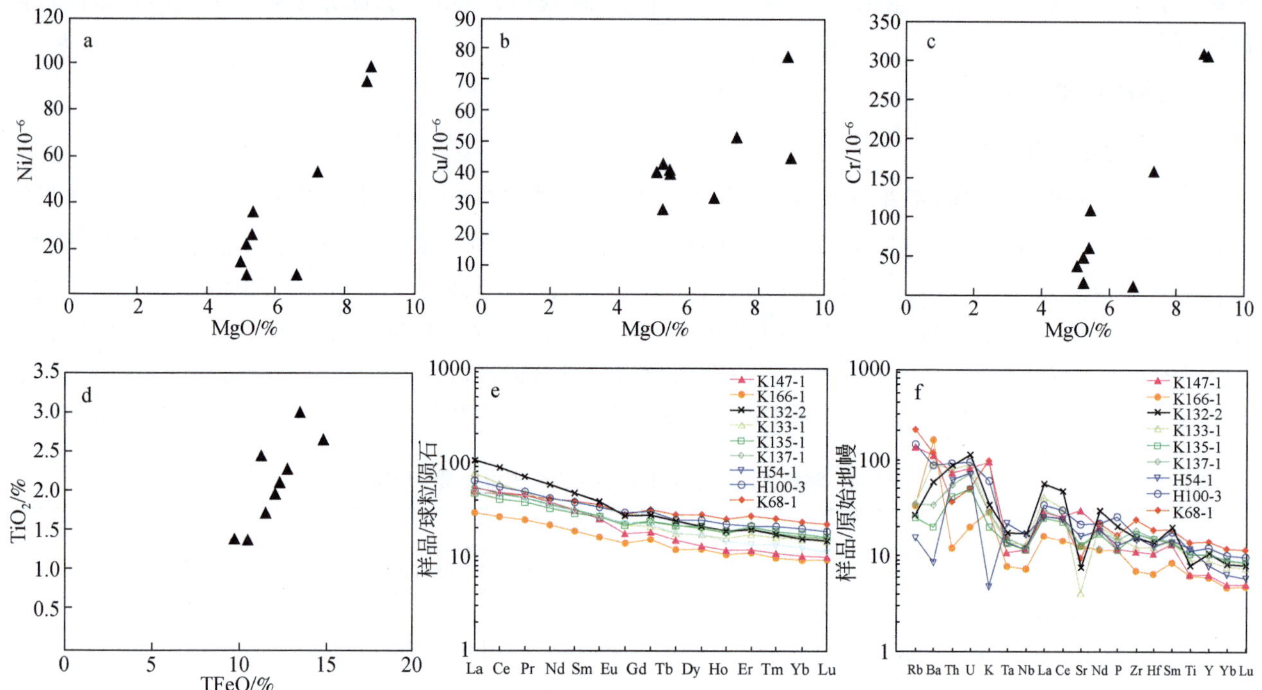

图 6-26　喀腊大湾铁矿田玄武岩元素相关性及微量和稀土元素配分图解

2）稀土元素特点

喀腊大湾铁矿田中基性火山岩样品稀土元素分析数据见表 6-7。

表 6-7　喀腊大湾铁矿田中基性火山岩稀土元素分析结果及主要参数表

序号	样号	测试结果/10^{-6}															ΣREE	LREE	HREE	LREE/HREE	$(La/Yb)_N$	δEu
		La	Ce	Pr	Nd	Sm	Eu	Gd	Tb	Dy	Ho	Er	Tm	Yb	Lu	Y						
1	K68-1	17.5	43.8	6.05	29.2	8.23	2.41	9.61	1.61	10.5	2.13	6.79	0.89	5.76	0.85	63.5	145.33	107.19	38.14	2.81	2.05	0.83
2	K147-1	19.0	46.3	5.99	26.7	5.81	1.54	5.58	0.86	4.86	0.99	2.95	0.38	2.47	0.38	28.8	123.81	105.34	18.47	5.70	5.20	0.83
3	K166-1	10.9	25.5	3.34	15.4	3.72	1.20	4.64	0.69	4.51	0.9	2.77	0.35	2.3	0.35	26.8	76.57	60.06	16.51	3.64	3.20	0.88
4	K132-2	38.8	83.6	9.76	40.5	8.89	2.37	8.60	1.39	8.06	1.62	4.91	0.64	4.11	0.6	47.6	213.85	183.92	29.93	6.15	6.38	0.83
5	K133-1	28.2	56.3	6.39	27.4	6.27	1.91	6.42	1.02	6.64	1.34	4.29	0.57	3.83	0.55	39.8	151.13	126.47	24.66	5.13	4.98	0.92
6	K135-1	17.2	39.3	5.15	23.3	6.08	1.95	7.12	1.22	7.95	1.6	4.98	0.66	4.36	0.63	47.1	121.50	92.98	28.52	3.26	2.67	0.91
7	K137-1	20.2	45.4	5.67	25.4	6.36	2.01	7.33	1.27	7.61	1.55	4.97	0.64	4.12	0.62	46.6	133.15	105.04	28.11	3.74	3.31	0.90
8	H54-1	17.8	43.2	5.67	25.1	6.36	1.95	6.76	1.05	6.52	1.26	3.38	0.48	3.13	0.43	36	123.09	100.08	23.01	4.35	3.84	0.91
9	H102-2	36.3	84.1	10.9	48.0	12.4	3.59	14.6	2.34	15.1	3.09	8.68	1.28	8.56	1.18	91.5	250.12	195.29	54.83	3.56	2.87	0.82
10	H100-3	23.2	52.9	6.70	29.7	7.70	2.53	9.09	1.42	9.27	1.88	5.29	0.76	4.99	0.71	54.7	156.14	122.73	33.41	3.67	3.14	0.92

稀土元素的总量为 76.57×10^{-6} ~ 250.12×10^{-6}（表 6-7），平均为 149.47×10^{-6}，轻重稀土分异不明显（LREE/HREE = 2.81 ~ 6.15），岩石 $(La/Yb)_N$ 为 2.05 ~ 6.38，δEu = 0.83 ~ 0.92，平均为 0.88，显示轻微的 Eu 负异常，表明无大量的斜长石分离结晶（Wood et al.，1979），在球粒陨石标准化的稀土元素分配型式图上（图 6-26e），玄武岩具有一致的配分曲线特征表明喀腊大湾铁矿田玄武岩源于相同的岩浆源区。

3）微量元素特点

喀腊大湾铁矿田中基性火山岩样品微量元素分析数据见表6-8。

表6-8　喀腊大湾铁矿田中基性火山岩微量元素分析结果　（单位：10^{-6}）

序号	样号	测试结果														
		Cr	Co	Ni	Cu	Zn	Rb	Sr	Zr	Nb	Ba	Hf	Ta	Pb	Th	U
1	K68-1	59	40.7	25.1	39.9	150	131	199	267	8.78	829	5.71	0.63	8.44	3.1	1.06
2	K147-1	306	44.5	98.6	15.2	102	86.6	631	123	8.08	767	3.25	0.44	8.1	6.01	1.67
3	K166-1	307	77.4	92.7	58.8	86.7	20.9	262	77.6	5.12	1122	2	0.32	8.99	1.03	0.42
4	K132-2	16.1	42.2	21	111	132	16.7	159	168	12.2	412	4.26	0.71	7.72	7.34	2.37
5	K133-1	10.6	31.3	8.24	17.5	147	21.9	88.8	139	9.31	634	3.82	0.56	4.69	6.69	1.88
6	K135-1	35.8	39.7	13.2	40.9	138	15.6	269	192	8.11	139	4.66	0.55	14.3	3.47	1.03
7	K137-1	109	39.8	35	47.7	115	22.2	266	208	8.68	236	4.75	0.61	7.1	4.68	1.55
8	H54-1	157	51.2	52.6	14.1	115	9.82	341	170	12.0	58.5	3.92	0.90	19.8	5.24	1.49
9	H102-2	30.2	23.0	10.8	25.4	129	149	315	416	17.4	590	8.95	1.21	22.0	12.7	3.77
10	H100-3	47.0	27.4	7.77	17.1	127	91.9	449	180	7.80	605	4.18	0.59	56.3	7.75	2.00

从表6-8可以看出，喀腊大湾铁矿田中基性火山岩的微量元素具有特殊性特征，Nb值为5.12×10^{-6} ~ 17.4×10^{-6}，Zr/Hf值为36.39 ~ 46.76，$(Th/Nb)_N$值为1.6 ~ 6.24，Nb/La值小于1，在原始地幔平均成分标准化蛛网图（图6-26f）中，样品比较富集Ba、U、K，普遍具有Nb、Ta负异常，部分样品具有Sr、Ti、Th的负异常，无Zr、Hf异常。曲线由强不相容元素部分的隆起状随着元素不相容性的降低逐渐趋于平缓，区别于典型大陆板内玄武岩“驼峰”式的微量元素配分曲线。

3. 大地构造环境

喀腊大湾铁矿田玄武岩具有高K_2O（0.8%~2.7%），明显高于大洋中脊玄武岩，在球粒陨石标准化稀土元素配分图解上，岩石相比N-MORB明显富集轻稀土元素，在原始地幔标准化的微量元素蛛网图上，表现为Nb、Ta的亏损，与具有Nb、Ta正异常的OIB明显不同。普遍具有Nb、Ta负异常，部分样品Ti负异常，具有岛弧火山岩的特征。在构造环境判别图解Hf/3-Th-Ta和2Nb-Zr/4-Y图解中（图6-27），分

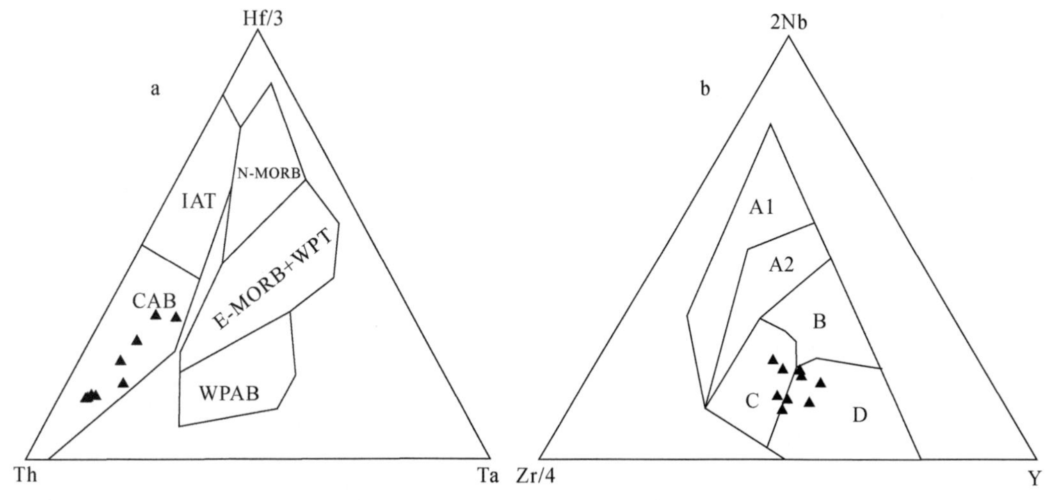

图6-27　喀腊大湾地区玄武岩Hf/3-Th-Ta（a）和2Nb-Zr/4-Y（b）图解

（底图据Wood et al.，1979；Meschede，1986）

CAB-钙碱性玄武岩，IAT-岛弧拉斑系列；MORB-洋中脊玄武岩；A1-板内碱性玄武岩；A2-板内碱性玄武岩和板内拉斑玄武岩；B-E-MORB；C-板内拉斑和火山弧玄武岩；D-N-MORB和火山弧玄武岩

别落在的岛弧钙碱性火山岩和火山弧玄武岩区。说明本地区总体为一个岛弧环境，前人在阿尔金山红柳沟地区发现了席状岩墙群具有 MORB 的性质，代表海底扩张的环境。红柳泉枕状玄武岩具有 OIB 的性质，孟繁聪等（2010）认为是形成于弧后盆地海山环境。张建新等（2007）在红柳沟一带发现了高压低温的蓝片岩和榴辉岩，其形成与洋壳的俯冲有关。同时在米兰红柳沟蛇绿混杂岩带发现了岛弧型的花岗闪长岩和同碰撞-碰撞后的花岗杂岩体。张志诚等（2009）认为该带东部阿克塞青崖子附近蛇绿混杂岩代表的是一个复杂的地缝合线。以上说明北阿尔金蛇绿混杂岩带是一个复杂的俯冲增生杂岩带。本矿田内基性火山岩主要位于北阿尔金山地区中东段，总的地球化学特征显示为一个岛弧环境，说明铁矿形成于岛弧环境。

6.5.4 夕卡岩化改造作用

喀腊大湾铁矿带在形成之后发生了夕卡岩化改造作用，其改造具体表现为以下几个方面。

1. 夕卡岩化改造的宏观特点

1）夕卡岩化改造的地质特点

喀腊大湾铁矿田在形成之后发生了夕卡岩化改造作用，但是夕卡岩化改造作用分布是不均匀的。在八八西铁矿、八八铁矿及 7914 铁矿夕卡岩化表现比较微弱，仅仅见到绿帘石化，石榴子石很少且晶体也比较小，一般为 1～3mm，其他夕卡岩矿物极少见；在 7915 铁矿，除绿帘石常见外，石榴子石含量也明显增加，而且晶体也相对比较大，个别可达5～8mm，其他夕卡岩矿物少见；在 7918 铁矿，绿帘石不仅含量高，而且存在细晶面状和粗晶脉状两种类型，石榴子石最发育，有的形成 1～3cm 的石榴子石巨晶颗粒，呈条带状分布，部分蚀变岩中石榴子石含量可达 85% 以上，同时发育透辉石、阳起石、透闪石等夕卡岩类矿物；最东侧的 7910 铁矿以发育透辉石最为特征，石榴子石和绿帘石次之，透辉石晶体为粗晶-巨晶，颗粒可达 1～3cm，部分蚀变岩中透辉石含量可达 75% 以上，构成块状透辉石岩。

从夕卡岩化的强弱变化来看，从西向东，即从八八西铁矿到 7910 铁矿，夕卡岩化的强度越来越强，但是与铁矿的大小和品位没有直接关系；夕卡岩的矿物含量和组合也发生明显的变化，从西向东矿物含量逐渐增大，其矿物组合变化为绿帘石（少）+石榴子石（少）→绿帘石（多）+石榴子石（多）→绿帘石（多）+石榴子石（多）+透辉石+透闪石+阳起石→透辉石（多）+石榴子石，同样，夕卡岩的矿物含量和组合变化与铁矿的大小和品位也没有直接关系。

因此，夕卡岩化过程对铁矿没有明显的成矿作用表现。

2）夕卡岩化改造的矿石结构构造特点

在矿石的结构上，一方面夕卡岩化过程是一个热流体作用过程，部分磁铁矿发生重结晶而颗粒变大，构成磁铁矿的中粒-粗粒粒状结构或者巨晶结构（图 6-19d、e 和图 6-28a、b）；另一方面夕卡岩矿物结晶过程对已经形成的磁铁矿构成包含结构，如石榴子石包含磁铁矿（图 6-28c、d，表 6-9）。

在矿石构造上，可见石榴子石、绿帘石、透辉石以及绿泥石等与磁铁矿构成条带状构造和条纹状、纹层状构造（图 6-20a、b、f 和图 6-28e、f），表明夕卡岩矿物的结晶具有比较明显的成分选择性，而且受到原始层状构造的限制。

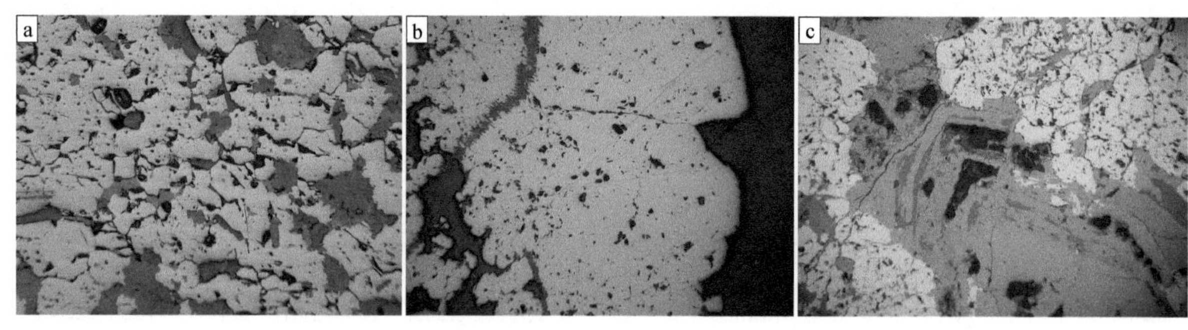

图6-28　喀腊大湾铁矿田矿石结构构造图

a-较多中粒磁铁矿呈比较均匀的稠密状分布于矿石中，构成稠密浸染状构造，宏观上为块状构造，7918铁矿，H167-1，反光10×10，宽度为1.40mm；b-磁铁矿呈他形粗-巨晶粒状结构，矿石中磁铁矿含量高，稠密浸染状构造，7914铁矿，H362-1，反光10×10，宽度为1.40mm；c-磁铁矿呈中粒他形粒状结构，团块状构造和条带状构造，石榴子石包裹磁铁矿生长，环带穿越磁铁矿，7918铁矿，H162-2，反光10×10，宽度为1.40mm；d-磁铁矿呈中粒他形粒状结构，团块状构造和条带状构造，石榴子石包裹磁铁矿生长，环带穿越磁铁矿，7918铁矿，H162-2，反光10×10，宽度为1.40mm；e-铁矿石具有条纹状构造，条纹很细，由石榴子石、绿泥石和磁铁矿纹层组成，代表原始物质的纹层特点，7910铁矿，ZK27602；f-铁矿石具有条纹状构造，条纹很细，由石榴子石、绿泥石和磁铁矿纹层组成，代表原始物质的纹层特点，7910铁矿，ZK27602

2. 夕卡岩矿物成分特征对夕卡岩化改造作用的指示

夕卡岩矿物的成分与其形成作用和条件具有一定的关系，通过对夕卡岩矿物的电子探针分析，从夕卡岩矿物成分特点可以分析夕卡岩化作用。测试样品采自喀腊大湾铁矿田各矿床的矿体周围的蚀变岩中，其中7918铁矿有8个样品、7915铁矿有4个样品、八八铁矿有2个样品、7910铁矿有1个样品。

（1）石榴子石：喀腊大湾铁矿田各矿床中石榴子石电子探针分析结果见表6-9。石榴子石的端元组分以钙铁榴石（And）为主，其变化范围为48.56%~91.81%，平均为69.86%；其次为钙铝榴石（Gro），其变化范围为6.72%~49.58%，平均为28.6%。镁铝榴石（Pyr）和锰铝榴石（Sps）的含量较低，两者之和的变化范围为0.58%~3.63%，平均为1.35%。铁铝榴石（Alm）和钙铬榴石（Uranium）的含量更低，很多样品中铁铝榴石和钙铬榴石的含量低于检测值下限，因含量太低没有在表中列出。石榴子石端元组分图解表明，喀腊大湾铁矿田的石榴子石为钙铁榴石-钙铝榴石系列，钙铁榴石比钙铝榴石含量高，大部分集中在钙铁榴石一端（图6-29a），与其他夕卡岩成因的石榴子石相似。

Gaspar等（2008）研究了石榴子石的成分与其形成作用有密切关系，认为变质成因和岩浆成因的石榴子石以富铝的钙铝榴石为主，而钙铁榴石主要存在于夕卡岩系统中。通过对喀腊大湾铁矿田各铁矿石榴子石端元组分的投图分析，其为钙铁榴石-钙铝榴石系列，主要为钙铁榴石，其端元组分的变化特征与世界大型夕卡岩型铁矿的石榴子石端元组分相类似（同属于钙铁榴石-钙铝榴石系列），但也表现出一定的差异性（集中在钙铁榴石一端，钙铝榴石含量明显偏低）（图6-29b）。反映石榴子石与中基性火山岩具有一些相关性。

（2）绿帘石：绿帘石电子探针分析结果见表6-10。绿帘石主要化学成分如下：SiO_2含量为30.27%~37.25%，平均为34.21%；CaO含量为16.34%~24.19%，平均为20.73%；Al_2O_3含量为16.51%~25.15%，平均为20.81%；FeO含量为7.78%~14.30%，平均为10.09%；Ni、Mn、Cr、Ti等微量元素的含量很低，总体表现为富Al、Ca，贫Fe、Mg的特点。

（3）阳起石：阳起石电子探针分析结果见表6-11。阳起石主要化学成分如下：SiO_2含量为50.15%~54.19%，平均为52.79%；CaO含量为11.94%~25.86%，平均为14.69%；MgO含量为10.01%~18.63%，平均为16.54%；Al_2O_3含量为0.13%~2.44%，平均为1.27%；变化范围较大，Ni、Mn、Cr、Ti等微量元素的含量很低，总体表现为富Mg、Ca，贫Fe、Al的特点。

表 6-9　喀腊大湾铁矿田石榴子石电子探针分析结果

序号	样品号	位置	测点	主成分分析结果/%								阳离子数									端元组分			
				SiO_2	TiO_2	Al_2O_3	Cr_2O_3	FeO	MnO	MgO	CaO	Si	Ti	Al	Cr	Fe^{3+}	Fe^{2+}	Mn	Mg	Ca	And	Spe	Gro	Pyr
1	H375-3	7918 铁矿	a-3	35. 07	0. 27	4. 31	0. 00	21. 49	0. 95	0. 00	32. 98	2. 98	0. 02	0. 43	0. 00	1. 53	0. 00	0. 07	0. 00	3. 00	74. 58	2. 23	23. 19	0. 01
2	H375-3	7918 铁矿	a-4	36. 07	0. 27	8. 11	0. 01	18. 09	0. 35	0. 15	34. 13	2. 95	0. 02	0. 78	0. 00	1. 24	0. 00	0. 02	0. 02	2. 99	61. 18	0. 79	37. 40	0. 11
3	H375-3	7918 铁矿	a-5	36. 05	2. 15	10. 21	0. 00	14. 39	0. 39	0. 24	34. 05	2. 91	0. 13	0. 97	0. 00	0. 97	0. 00	0. 03	0. 03	2. 95	48. 56	0. 89	49. 58	0. 13
4	H375-3	7918 铁矿	a-6	36. 13	0. 41	9. 38	0. 00	16. 17	0. 38	0. 14	34. 10	2. 95	0. 03	0. 90	0. 00	1. 11	0. 00	0. 03	0. 02	2. 99	54. 72	0. 87	43. 84	0. 13
5	H375-3	7918 铁矿	c-3	36. 14	0. 06	8. 56	0. 00	17. 94	0. 29	0. 11	34. 30	2. 95	0. 00	0. 82	0. 00	1. 21	0. 02	0. 02	0. 01	3. 00	59. 50	0. 66	38. 89	0. 15
6	H375-3	7918 铁矿	c-4	36. 15	0. 18	8. 26	0. 00	17. 77	0. 30	0. 14	34. 24	2. 96	0. 01	0. 80	0. 00	1. 22	0. 00	0. 02	0. 02	3. 00	60. 00	0. 68	38. 75	0. 15
7	H375-3	7918 铁矿	c-5	35. 69	0. 11	5. 51	0. 02	21. 55	0. 32	0. 11	33. 97	2. 95	0. 01	0. 54	0. 00	1. 49	0. 00	0. 02	0. 01	3. 01	73. 38	0. 74	25. 39	0. 18
8	H375-3	7918 铁矿	c-6	35. 39	0. 06	4. 44	0. 00	23. 30	0. 26	0. 08	33. 64	2. 95	0. 00	0. 44	0. 00	1. 60	0. 02	0. 02	0. 01	3. 00	78. 61	0. 59	19. 72	0. 19
9	H375-3	7918 铁矿	c-7	35. 46	0. 07	4. 52	0. 00	23. 09	0. 26	0. 05	33. 74	2. 95	0. 00	0. 44	0. 00	1. 59	0. 02	0. 02	0. 01	3. 01	78. 19	0. 59	20. 47	0. 21
10	H375-3	7918 铁矿	c-8	36. 45	0. 18	8. 91	0. 00	17. 34	0. 34	0. 09	34. 58	2. 95	0. 01	0. 85	0. 00	1. 17	0. 00	0. 02	0. 01	3. 00	58. 00	0. 77	40. 84	0. 23
11	H375-3	7918 铁矿	c-9	35. 33	0. 12	4. 09	0. 00	23. 25	0. 28	0. 04	33. 76	2. 95	0. 01	0. 40	0. 00	1. 62	0. 00	0. 02	0. 00	3. 02	80. 00	0. 65	19. 20	0. 32
12	H375-4	7918 铁矿	a-1	35. 76	0. 65	6. 63	0. 02	19. 97	0. 42	0. 18	34. 01	2. 93	0. 04	0. 64	0. 00	1. 37	0. 00	0. 03	0. 02	2. 99	67. 59	0. 95	30. 69	0. 34
13	H375-4	7918 铁矿	a-2	36. 63	0. 56	10. 92	0. 01	14. 41	0. 30	0. 22	35. 02	2. 94	0. 03	1. 03	0. 00	0. 97	0. 00	0. 02	0. 03	3. 01	47. 43	0. 66	51. 04	0. 37
14	H375-4	7918 铁矿	a-3	35. 71	0. 34	7. 30	0. 01	19. 71	0. 39	0. 17	33. 95	2. 93	0. 02	0. 70	0. 00	1. 33	0. 02	0. 03	0. 02	2. 98	65. 32	0. 89	32. 34	0. 44
15	H375-4	7918 铁矿	a-4	36. 42	0. 51	9. 94	0. 00	15. 68	0. 38	0. 21	35. 02	2. 93	0. 03	0. 94	0. 00	1. 06	0. 00	0. 03	0. 03	3. 02	51. 57	0. 83	46. 77	0. 45
16	H375-4	7918 铁矿	c-2	35. 14	0. 17	3. 83	0. 00	23. 47	0. 21	0. 06	34. 32	2. 93	0. 01	0. 38	0. 00	1. 64	0. 00	0. 01	0. 01	3. 07	79. 49	0. 48	19. 80	0. 55
17	H267-1	7915 铁矿	a-1	35. 01	0. 52	3. 35	0. 01	23. 78	0. 93	0. 03	31. 86	2. 97	0. 03	0. 34	0. 00	1. 66	0. 03	0. 07	0. 00	2. 90	83. 19	2. 23	13. 51	0. 57
18	H267-1	7915 铁矿	b-1	36. 01	0. 42	9. 17	0. 00	16. 81	0. 40	0. 22	33. 67	2. 95	0. 03	0. 89	0. 00	1. 13	0. 02	0. 03	0. 03	2. 95	56. 12	0. 92	41. 43	0. 58
19	H267-1	7915 铁矿	b-2	35. 59	0. 03	5. 23	0. 00	21. 65	0. 40	0. 04	34. 02	2. 96	0. 00	0. 51	0. 00	1. 50	0. 00	0. 03	0. 01	3. 03	73. 69	0. 93	25. 21	0. 61
20	H267-1	7915 铁矿	b-3	36. 09	0. 09	7. 58	0. 00	18. 21	0. 26	0. 09	34. 59	2. 97	0. 01	0. 73	0. 00	1. 25	0. 00	0. 02	0. 01	3. 05	61. 08	0. 59	37. 99	0. 69
21	H259-2	7918 铁矿	a-1	34. 48	0. 00	2. 10	0. 03	25. 32	0. 26	0. 03	33. 67	2. 94	0. 00	0. 21	0. 00	1. 80	0. 00	0. 02	0. 00	3. 07	87. 40	0. 60	11. 76	0. 73
22	H259-2	7918 铁矿	a-2	34. 39	0. 01	2. 14	0. 02	24. 73	0. 20	0. 05	33. 49	2. 95	0. 00	0. 22	0. 00	1. 78	0. 00	0. 01	0. 01	3. 08	85. 88	0. 47	13. 39	0. 82
23	H259-2	7918 铁矿	a-3	34. 23	0. 00	2. 12	0. 01	24. 99	0. 21	0. 03	33. 91	2. 93	0. 00	0. 21	0. 00	1. 79	0. 00	0. 02	0. 00	3. 11	85. 75	0. 48	13. 61	0. 85
24	H259-3	7918 铁矿	d-1	34. 52	0. 00	0. 47	0. 03	26. 48	0. 35	0. 13	33. 31	2. 97	0. 00	0. 05	0. 00	1. 91	0. 00	0. 03	0. 02	3. 07	91. 81	0. 81	6. 72	0. 9
25	H259-3	7918 铁矿	d-2	34. 74	0. 37	3. 29	0. 02	23. 69	1. 12	0. 03	32. 13	2. 96	0. 02	0. 33	0. 00	1. 68	0. 00	0. 08	0. 00	2. 93	83. 54	2. 66	13. 45	0. 97

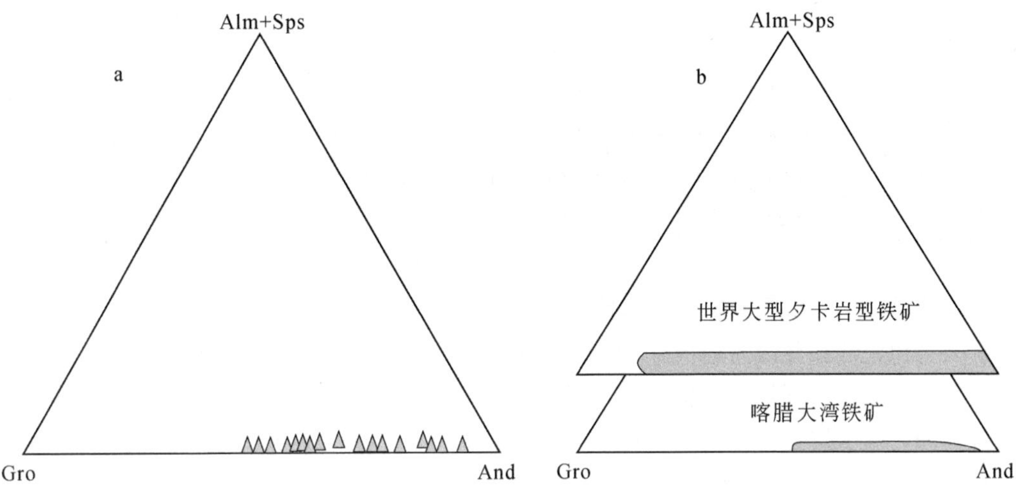

图6-29　喀腊大湾铁矿田石榴子石端元组分三角图解（a）及与世界大型夕卡岩型铁矿石榴子石端元组分对比图（b）（底图据 Meinert，1992）

表6-10　喀腊大湾铁矿田绿帘石电子探针分析结果　（单位:%）

序号	样品号	位置	测点	Na_2O	NiO	K_2O	MgO	FeO	CaO	Al_2O_3	MnO	P_2O_5	SiO_2	Cr_2O_3	TiO_2	总计
1	H375-1	7918 铁矿	B-2	0.00	0.00	0.01	0.24	7.78	16.34	16.51	0.00	0.02	30.27	0.00	0.05	76.63
2	H375-1	7918 铁矿	B-3	0.03	0.05	0.00	0.03	8.18	16.66	17.76	0.09	0.00	30.31	0.04	0.00	94.94
3	H375-2	7918 铁矿	B-1	0.01	0.06	0.01	0.04	8.42	16.92	18.31	0.02	0.00	30.74	0.00	0.00	94.70
4	H267-2	7915 铁矿	a-2	0.00	0.00	0.00	0.00	8.52	17.18	18.55	0.20	0.02	30.93	0.05	0.10	94.07
5	H267-2	7915 铁矿	b-2	0.02	0.01	0.00	0.12	8.60	17.30	18.94	0.21	0.04	31.58	0.07	7.72	95.20
6	H267-2	7915 铁矿	b-3	0.03	0.00	0.01	0.03	8.67	22.21	19.45	0.21	0.04	34.94	0.07	0.02	95.05
7	H267-4	7915 铁矿	a-2	0.00	0.04	0.00	0.02	9.83	22.22	21.64	0.14	0.03	35.55	0.00	0.02	73.05
8	H267-4	7915 铁矿	b-1	0.03	0.04	0.01	0.00	10.26	23.04	21.80	0.07	0.00	35.82	0.00	0.00	74.67
9	H267-4	7915 铁矿	c-1	0.00	0.00	0.00	0.02	10.92	23.20	21.92	0.34	0.09	36.56	0.01	0.07	75.57
10	H267-4	7915 铁矿	d-1	0.00	0.00	0.00	0.03	11.11	23.26	23.34	0.18	0.00	36.65	0.00	0.06	73.01
11	H267-5	7915 铁矿	a-2	0.00	0.00	0.01	0.02	12.07	23.35	23.48	0.13	0.00	37.01	0.00	0.20	92.27
12	H267-5	7915 铁矿	b-2	0.00	0.03	0.00	0.01	12.51	23.64	23.67	0.16	0.01	37.09	0.00	0.00	92.13
13	H351-3	7914 铁矿	a-3	0.00	0.00	0.00	0.03	14.30	24.19	25.15	0.11	0.00	37.25	0.00	0.11	96.38
平均值				0.01	0.02	0.00	0.05	10.09	20.73	20.81	0.14	0.02	34.21	0.02	0.64	86.74

表6-11　喀腊大湾铁矿田阳起石电子探针分析结果　（单位:%）

序号	样品号	位置	测点	Na_2O	NiO	K_2O	MgO	FeO	CaO	Al_2O_3	MnO	P_2O_5	SiO_2	Cr_2O_3	TiO_2	Total
1	H375-1	7918 铁矿	A-2	0.22	0.01	0.06	10.01	2.55	11.94	1.59	0.12	0.00	50.15	0.00	0.02	94.56
2	H375-1	7918 铁矿	B-1	0.18	0.04	0.03	15.29	7.11	12.48	0.13	0.11	0.00	50.37	0.00	0.01	94.76
3	H375-1	7918 铁矿	C-1	0.35	0.04	0.08	15.52	7.91	12.58	0.38	0.21	0.01	52.25	0.01	0.08	94.25
4	H375-1	7918 铁矿	C-2	0.20	0.00	0.04	16.51	8.13	12.65	0.83	0.23	0.05	52.79	0.03	0.08	94.63
5	H375-1	7918 铁矿	D-1	0.18	0.00	0.05	16.84	8.20	12.68	0.85	0.18	0.04	52.96	0.01	0.01	93.83
6	H375-2	7918 铁矿	B-2	0.17	0.00	0.04	17.02	8.64	12.71	0.94	0.34	0.01	53.10	0.02	0.05	95.03
7	H375-2	7918 铁矿	B-3	0.30	0.05	0.06	17.17	10.24	12.81	1.00	0.31	0.00	53.20	0.02	0.10	94.31
8	H267-1	7915 铁矿	a-2	0.23	0.00	0.02	17.17	10.70	12.88	1.25	0.22	0.00	53.40	0.00	0.02	95.27
9	H267-1	7915 铁矿	c-1	0.37	0.00	0.09	17.86	10.95	12.90	1.64	0.28	0.01	53.52	0.00	0.06	95.29

续表

序号	样品号	位置	测点	Na_2O	NiO	K_2O	MgO	FeO	CaO	Al_2O_3	MnO	P_2O_5	SiO_2	Cr_2O_3	TiO_2	Total
10	H267-5	7915 铁矿	a-1	0.61	0.05	0.12	18.16	11.57	13.08	1.89	0.32	0.00	53.69	0.01	0.08	93.20
11	H259-3	7918 铁矿	d-5	0.58	0.05	0.00	18.26	11.73	23.68	2.29	0.72	0.00	53.90	0.00	0.01	97.66
12	H69-2	八八铁矿	a-1	0.03	0.00	0.01	18.63	12.09	25.86	2.44	0.30	0.01	54.19	0.03	0.00	98.86
平均值				0.29	0.02	0.05	16.54	9.15	14.69	1.27	0.28	0.01	52.79	0.01	0.04	95.14

3. 稀土元素特征对夕卡岩化改造作用的指示

稀土元素因为稳定性往往成为地质作用的示踪剂。本书通过对喀腊大湾铁矿田各铁矿的花岗岩、近矿蚀变岩和远矿蚀变岩，不同结构、构造特征的矿石、不同典型结构构造矿石中磁铁矿单矿物进行了稀土元素测试，以探讨夕卡岩化改造作用以及各类岩石、矿石在物质来源上的异同特点。

1）花岗杂岩体稀土元素特征

铁矿田内各个花岗杂岩稀土元素测试结果见表6-12。花岗岩稀土元素总量ΣREE（不含Y）为125.38 $\times10^{-6}$ ~ 280.65 $\times10^{-6}$，平均为204.71 $\times10^{-6}$，轻重稀土分异比较明显，LREE/HREE = 6.04 ~ 13.60，$(La/Yb)_N$为6.73 ~ 20.01，变化范围较大，属于轻稀土富集型，且轻稀土的分馏比重稀土明显，$(La/Sm)_N$和$(Gd/Yb)_N$的比值分别为3.84 ~ 9.04 和0.08 ~ 0.16。δEu = 0.17 ~ 0.51，平均为0.30，显示明显的Eu负异常，稀土元素配分型式表现为明显右倾斜、明显铕负异常的V形曲线（图6-30a）。

表6-12　喀腊大湾铁矿田花岗岩稀土元素测试结果

序号	样品号	位置	测试结果/10^{-6}															ΣREE	LREE/HREE	$(La/Yb)_N$
			La	Ce	Pr	Nd	Sm	Eu	Gd	Tb	Dy	Ho	Er	Tm	Yb	Lu	Y			
1	K901-1	7915 铁矿	42.8	72.3	6.79	23.2	3.65	0.61	3.68	0.61	3.9	0.78	2.75	0.41	2.85	0.47	24.2	164.8	9.67	10.15
2	K901-2	7915 铁矿	46.1	71.8	6.69	21.6	3.36	0.46	2.92	0.49	2.66	0.54	1.84	0.27	1.99	0.32	17.7	161.04	13.60	15.65
3	K911-5	八八铁矿	114	64.6	16.7	53.5	7.91	0.46	6.36	1.08	6.07	1.16	3.85	0.55	3.85	0.56	32.8	280.65	10.95	20.01
4	K912-4	八八铁矿	47.7	91	10.3	40.3	7.8	0.42	7.49	1.28	8.01	1.63	5.13	0.73	4.79	0.74	46.4	227.32	6.63	6.73
5	K917-1	7918 铁矿	50	96.6	10.3	39.7	7.53	0.58	6.69	1.07	6.33	1.27	3.88	0.5	3.37	0.5	33.6	228.32	8.67	10.03
6	K923-3	7910 铁矿	64.8	102	11.6	39.5	6.69	0.53	5.35	0.94	5.26	1.1	3.41	0.45	3.29	0.53	32	245.45	11.07	13.31
7	K947-1	八八铁矿	63.6	110	10.7	38.4	6.95	1.45	6.36	1.04	6.2	1.26	3.98	0.54	3.78	0.55	36.8	254.81	9.75	11.37
8	H266-1	7915 铁矿	35.9	41.64	6.04	20.05	3.63	0.32	3.66	0.68	4.58	1	3.3	0.51	3.58	0.51	26.77	125.38	6.04	6.78

2）夕卡岩稀土元素特征

各类夕卡岩稀土元素测试结果见表6-13。

表6-13　喀腊大湾铁矿田各类夕卡岩稀土元素测试结果

序号	样品号	位置	类型	测试结果/10^{-6}															ΣREE	LREE/HREE	$(La/Yb)_N$	δEu
				La	Ce	Pr	Nd	Sm	Eu	Gd	Tb	Dy	Ho	Er	Tm	Yb	Lu	Y				
1	H259-3	7918 铁矿	Grt	5.44	12.16	1.48	6.19	1.41	2.01	1.77	0.30	2.16	0.52	1.71	0.24	1.59	0.2	17.46	37.18	3.38	2.31	3.90
2	H267-1	7915 铁矿	Grt	10.04	22.78	3.21	16.68	5.56	3.06	6.82	0.97	5.3	0.93	2.35	0.3	1.88	0.26	27.17	80.14	3.26	3.6	1.52
3	H375-2	7918 铁矿	Ep-Grt	40.00	78.40	8.84	32.30	5.96	1.08	4.61	0.66	3.87	0.84	2.47	0.37	2.45	0.38	23.9	182.23	10.64	11.03	0.63
4	H375-3	7918 铁矿	Ep-Grt	10.10	53.60	8.87	30.40	3.72	6.26	3.26	0.45	2.78	0.59	1.87	0.3	1.81	0.26	18.8	124.27	9.98	3.77	5.49
5	H375-4	7918 铁矿	Ep-Grt	16.10	66.40	12.00	45.10	5.66	7.96	5.51	0.87	5.62	1.22	3.7	0.54	3.09	0.44	42.4	174.21	7.30	3.52	4.36
6	K901-4	7915 铁矿	Ep	46.00	99.60	11.80	49.20	11.70	1.02	12.8	2.40	15.8	3.54	12.1	1.86	13.2	2.12	108	283.14	3.44	2.35	0.25
7	K901-9	7915 铁矿	Ep	20.30	67.60	10.40	48.60	11.30	2.58	11.7	1.90	11.6	2.3	6.95	0.95	6.29	0.98	67.2	203.45	3.77	2.18	0.69

续表

序号	样品号	位置	类型	测试结果/10^{-6}															ΣREE	LREE/HREE	$(La/Yb)_N$	δEu
				La	Ce	Pr	Nd	Sm	Eu	Gd	Tb	Dy	Ho	Er	Tm	Yb	Lu	Y				
8	K908-1	7918 铁矿	Grt	11.20	26.70	3.81	17.00	2.99	2.90	3.43	0.59	4.09	1.01	3.12	0.41	2.62	0.36	53.4	80.23	4.13	2.89	2.77
9	K927-6	7910 铁矿	Ep-Grt	4.63	7.36	1.02	4.30	0.99	0.24	1.05	0.18	1.09	0.26	0.83	0.12	0.71	0.1	13.2	22.88	4.27	4.41	0.72
10	K938-1	7918 铁矿	Grt	9.05	19.90	2.05	8.07	1.69	0.71	2	0.32	1.97	0.47	1.48	0.19	1.19	0.17	21.3	49.26	5.32	5.14	1.18

注：Ep 为绿帘石夕卡岩；Grt 为石榴子石夕卡岩；Ep-Grt 为绿帘石榴夕卡岩。

从表 6-13 中可以看出，各类夕卡岩稀土元素的总量ΣREE（不含 Y）为 $22.88\times10^{-6}\sim283.14\times10^{-6}$，变化范围较大，平均为 123.69×10^{-6}，不同的样品，其轻重稀土分异程度不同，大多数样品其 LREE/HREE 主要集中在 3.26 ~ 10.64，$(La/Yb)_N$ 主要介于 2.18 ~ 11.03，轻重稀土分异较弱，属于轻稀土略微富集的平坦型，而 H375-2、H375-3、H375-4 的值较大，其 LREE/HREE 集中在 7.30 ~ 10.64，属于轻稀土富集型。δEu = 0.25 ~ 5.49，既有正异常也具有明显的负异常（图 6-30b）。喀腊大湾铁矿田夕卡岩在野外主要发育于中基性火山岩中，部分与大理岩伴生，其夕卡岩矿物主要为石榴子石、透辉石、绿帘石、阳起石、透闪石等，其稀土元素的配分曲线分为轻稀土略微富集型和富集型两类，说明夕卡岩在物质组成上有两种来源，其一是中基性火山岩在热作用下的热变质成因，主要物质组成来源于中基性火山岩，表现为轻稀土略微富集型，与铁矿田内中基性火山岩的稀土元素特征一致；其二是花岗杂岩侵入过程中热流体与围岩（灰岩、泥岩等）交代形成，主要物质组成来源于花岗杂岩中热流体和灰岩、泥岩等，表现为轻稀土富集型，与铁矿田南部中酸性杂岩体的稀土元素特征一致。

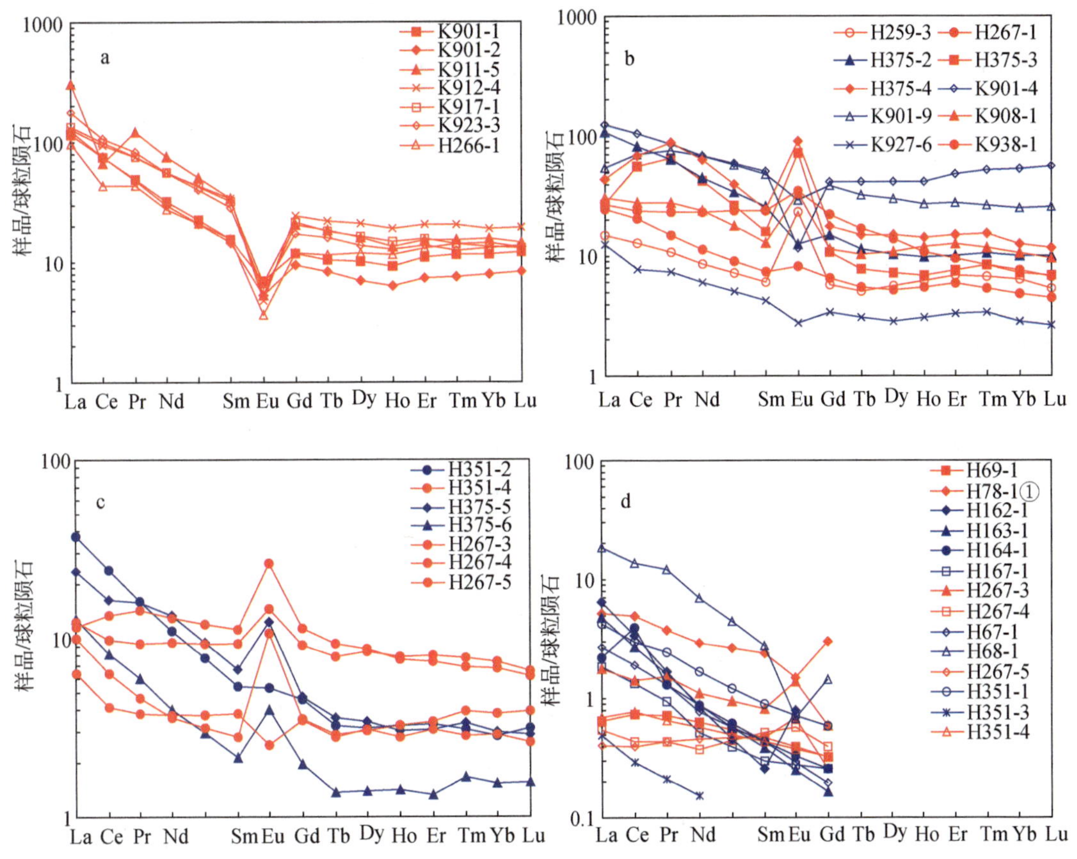

图 6-30　喀腊大湾铁矿田花岗岩（a）、夕卡岩（b）、铁矿石（c）、磁铁矿（d）稀土元素配分图解

夕卡岩中部分样品表现为 Eu 的正异常，部分样品表现为 Eu 的负异常，Eu 异常的产生与该元素在自然界可以以不同价态存在有关。在地球化学过程中，稀土元素一般表现为正三价，当 Eu 主要以 Eu^{2+} 存在时，电荷数的减少和离子半径的相对增大，使 Eu 具有不同于其他三价稀土的地球化学行为，在地质地球

化学作用过程中与其他稀土元素发生分离，形成 Eu 的正异常。而影响流体中 Eu 的价态变化因素有温度、压力和 Ph，其中以温度最为重要。高温是 Eu 在流体中以 Eu^{2+}存在的必要条件，随着温度的降低，流体中 Eu^{3+}逐渐增多（Michael Bau，1991；丁振举等，2003；杨富全等，2007）。由于不同类型夕卡岩遭受的蚀变程度不同，Eu 正异常可能代表蚀变流体的特征，而 Eu 负异常可能部分继承了原岩的 Eu 负异常，这与夕卡岩产于火山岩中的野外事实相符合。

3）铁矿石稀土元素特征

铁矿石稀土元素测试结果见表 6-14。从表 6-14 中可以看出，铁矿石稀土元素的总量ΣREE（不含 Y）为 $15.34\times10^{-6}\sim53.31\times10^{-6}$，平均为 33.28×10^{-6}，其稀土元素配分曲线分为两类：平坦型和右倾型（图 6-30c），平坦型矿石 LREE/HREE=2.20～3.35，$(La/Yb)_N$为 1.67～3.45，轻稀土较重稀土略微富集；而右倾型其 LREE/HREE=7.90～10.01，$(La/Yb)_N$为 7.90～10.01，其轻稀土比较富集。δEu=1.06～3.40，主要表现为 Eu 的正异常，只有 H351-4 表现为 Eu 的负异常。

表 6-14　喀腊大湾铁矿田铁矿石稀土元素测试结果

序号	样品号	位置	矿石类型	测试结果/10^{-6}															ΣREE	LREE/HREE	$(La/Yb)_N$	δEu
				La	Ce	Pr	Nd	Sm	Eu	Gd	Tb	Dy	Ho	Er	Tm	Yb	Lu	Y				
1	H267-3	7915 铁矿	浸染状	4.28	12.90	1.97	9.21	2.60	2.30	3.47	0.54	3.32	0.65	1.86	0.25	1.70	0.24	19.30	45.27	2.77	1.70	2.34
2	H267-4	7915 铁矿	条带状	4.55	9.34	1.28	6.80	2.14	1.28	2.82	0.46	3.21	0.68	2.02	0.28	1.84	0.25	21.16	36.94	2.20	1.67	1.59
3	H267-5	7915 铁矿	块状	3.67	6.13	0.63	2.55	0.65	0.93	1.07	0.16	1.19	0.24	0.77	0.10	0.72	0.10	8.572	18.91	3.35	3.45	3.40
4	H351-2	7914 铁矿	条带状	13.70	23.00	2.21	7.85	1.25	0.46	1.40	0.19	1.20	0.28	0.83	0.11	0.71	0.12	9.06	53.31	10.01	13.04	1.06
5	H351-4	7914 铁矿	浸染状	2.35	3.93	0.52	2.64	0.88	0.22	1.09	0.17	1.17	0.28	0.86	0.14	0.94	0.15	10.30	15.34	2.20	1.69	0.69
6	H375-5	7918 铁矿	条带状	8.77	15.80	2.19	9.58	1.55	1.08	1.44	0.21	1.31	0.26	0.78	0.12	0.75	0.11	8.82	43.95	7.83	7.90	2.21
7	H375-6	7918 铁矿	块状	4.75	7.88	0.81	2.85	0.50	0.35	0.61	0.08	0.53	0.12	0.33	0.06	0.38	0.06	3.97	19.31	7.90	8.45	1.94

4）磁铁矿单矿物稀土元素特征

磁铁矿单矿物稀土元素测试结果见表 6-15。

表 6-15　喀腊大湾铁矿田磁铁矿单矿物稀土元素测试结果

序号	样品号	位置	测试结果/10^{-6}															ΣREE	LREE/HREE	$(La/Yb)_N$	δEu
			La	Ce	Pr	Nd	Sm	Eu	Gd	Tb	Dy	Ho	Er	Tm	Yb	Lu	Y				
1	H69-1	八八铁矿	0.24	0.70	0.10	0.45	0.11		0.10		0.19		0.17		0.15		1.65	2.21	2.62	1.08	0.98
2	H78-1	大湾铁矿	0.35	0.82	0.09	0.34	0.08		0.08		0.10		0.07		0.10		0.63	2.03	4.80	2.37	0.99
3	H162-1	7915 铁矿	2.42	3.29	0.23	0.59	0.06	0.07			0.05						0.47	6.71	133.20		6.20
4	H163-1	7915 铁矿	1.78	2.59	0.22	0.62	0.09		0.05								0.28	5.35	106.00		0.91
5	H164-1	7915 铁矿	0.81	3.81	0.18	0.62	0.10		0.08		0.13		0.11		0.18		0.84	6.02	11.04	3.04	0.97
6	H167-1	7918 铁矿	0.68	1.28	0.13	0.37	0.07		0.08		0.08		0.05		0.05		0.54	2.79	9.73	9.19	1.00
7	H267-3	7918 铁矿	0.65	1.36	0.21	0.78	0.19	0.12	0.18		0.20		0.16		0.17		1.41	4.02	4.66	2.58	1.96
8	H267-4	7915 铁矿	0.20	0.42	0.06	0.27	0.12	0.05	0.12		0.15		0.08		0.06		0.97	1.53	2.73	2.25	1.26
9	H67-1	八八铁矿	1.00	1.82	0.18	0.55	0.10		0.06		0.08		0.06		0.07		0.57	3.92	13.52	9.65	0.93
10	H68-1	八八铁矿	6.91	13.20	1.67	5.07	0.64	0.06	0.44	0.07	0.39		0.30		0.30		3.32	29.05	18.37	15.56	0.33
11	H267-5	7915 铁矿	0.15	0.38	0.06	0.33	0.11	0.06	0.08		0.06						0.31	1.23	7.79		1.87
12	H351-1	7914 铁矿	1.56	2.89	0.34	1.19	0.21		0.18		0.15		0.11		0.12		1.04	6.75	11.05	8.78	0.98
13	H351-3	7914 铁矿	0.18	0.28		0.11									0.05		0.30	0.62	11.40	2.43	
14	H351-4	7914 铁矿	0.26	0.75	0.09	0.41	0.10		0.10		0.13		0.10		0.13		0.98	2.07	3.50	1.35	0.99

从表6-15中可以看出，磁铁矿单矿物稀土元素的总量∑REE（不含Y）大多数为$0.62\times10^{-6}\sim6.75\times10^{-6}$，平均为$3.48\times10^{-6}$，总体含量很低，样品的大部分重稀土元素的含量低于仪器的检测下限（0.05×10^{-6}），但稀土元素总体表现为轻稀土略微富集型和富集型（图6-30d）。由于铕异常用$n(\mathrm{Eu})/n(\mathrm{Eu}^*)$或δEu表示，其中Eu表示样品的实际标准化Eu含量，Eu^*表示样品中Sm和Gd标准化含量的线性内插投影点，即无Eu异常时的位置。其计算值为$n(\mathrm{Eu})/n(\mathrm{Eu}^*)=2n(\mathrm{Eu})_N/n(\mathrm{Sm}_N+\mathrm{Gd}_N)$。所以要计算δEu，必须测得Eu、Sm、Gd值，在磁铁矿的稀土元素测试中，只有H267-3、H267-4、H267-5的Eu、Sm、Gd值高于仪器检测下限，δEu分别为1.96、1.26、1.87，表现为Eu的正异常。

在所有浸染状矿石、致密块状矿石和磁铁矿单矿物中，稀土元素的配分曲线均分为两类，轻稀土略微富集型和富集型。说明铁矿石和磁铁矿在物质组成上有两种来源，其一是来源于中基性火山岩，表现为轻稀土略微富集型，与铁矿田内中基性火山岩的稀土元素特征一致；其二是在花岗杂岩体侵入过程中热变质结晶成因，物质来源除了其接触的中基性火山岩外，有部分来源于花岗杂岩侵入过程中热流体，表现出轻稀土富集型，与铁矿田南部中酸性杂岩体的稀土元素特征比较相似。

5）*花岗岩、夕卡岩、铁矿石、磁铁矿稀土元素比值及其相关性*

Michael（1996）的研究认为，岩石或矿物的Y/Ho值可以判断其产生于硅酸盐熔体还是流体。喀腊大湾铁矿田南部的花岗杂岩体，其Y/Ho值为26.46～32.78，其中，样品K911-5、K912-4的值分别为28.28、28.47，与球粒陨石值相近，但总体来说，花岗杂岩体具高度演化岩浆的特征，其性质介于流体与硅酸盐熔体之间，具有过渡性质（Michael，1996）。区内夕卡岩的Y/Ho值为28.45～52.87，平均为36.45。铁矿石的Y/Ho值为29.74～36.79，平均为33.26。夕卡岩、矿石的Y/Ho值虽然有一定值在重叠范围，但是还存在一定的差异，夕卡岩变化范围大，平均值大，矿石变化范围小，平均值略低，表明矿石更多地表现出硅酸盐熔体的特点，与球粒陨石值也相对接近些。而夕卡岩的较高Y/Ho值，更多地表现出岩浆期后热流体的特点。所以铁矿石与夕卡岩的物质来源存在一定的差异。

Michael和Peter（1995）在对矿床中萤石和方解石的稀土元素地球化学行为进行研究后认为，同源脉石矿物的Y/Ho-La/Ho大体呈水平分布。对喀腊大湾铁矿田不同铁矿床花岗岩、夕卡岩、铁矿石进行Y/Ho-La/Ho投图，其总体呈水平分布（图6-31a），但是有三个夕卡岩样品偏离较大，表明具有不同源性。在稀土元素Sm/Nd-LREE/HREE和Sm/Nd-Td/La变异图解上（图6-31b、c），样品表现为明显的相关性，表明矿石和夕卡岩与花岗杂岩具有一定程度的相关关系，但是在整体相关分布中，铁矿石与花岗岩分别位于不同端元，又明显反映出两者之间的差异。

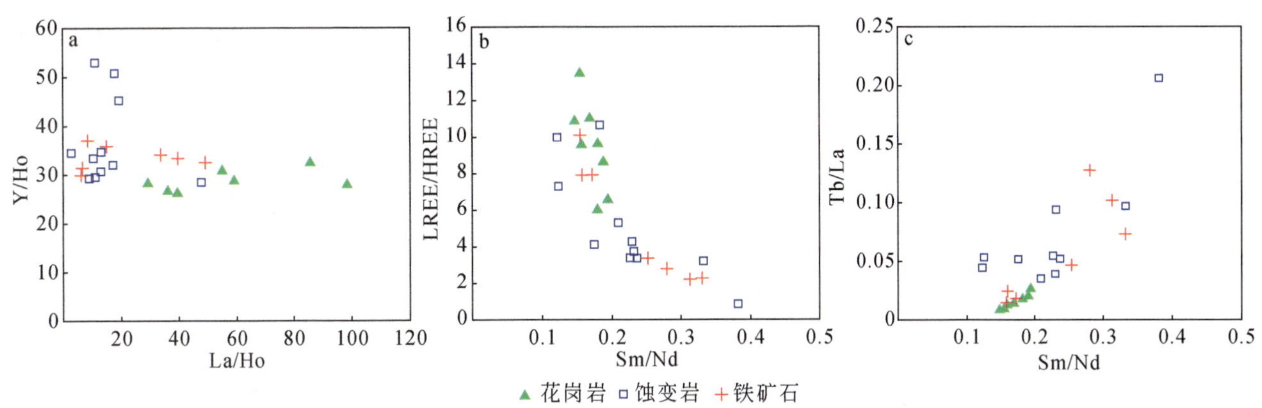

图6-31　喀腊大湾铁矿田花岗岩、铁矿石、夕卡岩的La/Ho-Y/Ho、Sm/Nd-LREE/HREE、Sm/Nd-Tb/La图解

6.5.5　成矿时代

从喀腊大湾铁矿田内各铁矿床的地质特征和后期蚀变叠加特点来看，铁矿成矿作用的基础是火山沉积作用，后期受中酸性岩浆岩侵入作用，使铁矿床一方面遭到破坏吞食，另一方面发生了夕卡岩化改造。

1. 火山沉积成矿作用时代

铁矿成矿作用与中基性火山岩关系密切，成矿物质主要来源是中基性火山岩，属于与火山沉积作用有关的铁矿床类型，因此，中基性火山岩的喷发时代就是铁矿床的成矿时代。

对喀腊大湾铁矿田中火山岩的形成时代，1∶20 万将其确定为中元古代蓟县纪，王小凤等（2004）将其划分为奥陶纪，2008 年 1∶25 万石棉矿幅修测报告，依据在喀腊大湾西沟流纹英安岩的锆石 SHRIMP 年龄（503±14Ma）将喀腊大湾地区火山岩确定为寒武纪—奥陶纪。本书研究过程中对中基性火山岩进行锆石 SHRIMP 测年研究，样品采自八八铁矿沟口的中基性火山岩，获得 517±7Ma 锆石 SHRIMP 年龄（详见第 1 章及图 1-18），同时获得阿尔金成矿带西段贝克滩地区的玄武岩 481±3Ma 的锆石 LA-ICP-MS 年龄（详见第 1 章及图 1-19a）。

所以，喀腊大湾铁矿田中基性火山岩的喷发时代是晚寒武世—早奥陶世；那么，与中基性火山岩关系密切的铁矿床的火山沉积成矿作用时代也是晚寒武世—早奥陶世，年龄在 481 ~ 517Ma。

2. 夕卡岩化改造作用有关的花岗杂岩体时代

夕卡岩化改造作用与喀腊大湾铁矿带南侧的花岗杂岩体的侵入作用有关，其侵位的时间就是夕卡岩化改造作用的时代。

喀腊大湾铁矿田南部侵入岩为喀腊大湾南岩体，1∶20 万区调将其确定为晚古生代。经过 1∶1 万铁矿带地质填图，该岩体出露面积比 1∶20 万地质图扩大了很多，而且为一个中酸性杂岩体，由钠碱性正长花岗岩、细粒正长花岗岩和石英闪长岩等组成。本书测得该杂岩带西段八八铁矿南石英闪长岩 477±4Ma、中西段 7914 铁矿南细粒钾长花岗岩 488±5Ma 和东段 7910 铁矿南花岗岩 479±5Ma 的锆石 SHRIMP 年龄（详见第 1 章及图 1-16）（韩凤彬等，2012）。三个年龄为 477 ~ 488Ma，数据非常接近，代表了该花岗杂岩体的侵位时代。

3. 夕卡岩化改造作用伴生辉钼矿形成时代

喀腊大湾铁矿田的夕卡岩化过程伴生有辉钼矿的形成，局部构成独立钼矿体，其主要分布于铁矿田东部的 7910 铁矿。已有勘查资料显示，辉钼矿主要为隐伏矿体。用于测年的辉钼矿分别采自 7910 铁矿钻孔 WZK16401、WZK14801 和 ZK27601 的岩心，样品比较新鲜。

辉钼矿样品经过挑选、研磨、分解、蒸馏分离锇、萃取分离等一系列处理后，采用美国 TJA 公司生产的 TJA X-Series ICPMS 测定同位素比值。对于 Re 选择质量数为 185、187，用 190 检测 Os。对于 Os 选择质量数为 186、187、188、189、190、192，用 185 检测 Re。用 TJA X-series ICPMS 测得的 Re、Os 和^{187}Os 的空白值分别为（0.0157±0.0008）ng/g、（0.0001±0.0002）ng/g 和（0.0000±0.0001）ng/g，远小于所测样品中铼、锇含量，不会影响实验中铼、锇含量的准确测定。

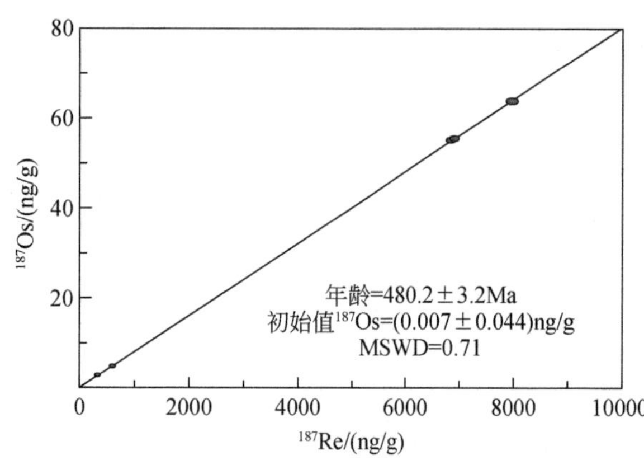

图 6-32　辉钼矿^{187}Re-^{187}Os 同位素等时线年龄图

六个辉钼矿铼-锇同位素测试结果及其特征值列于表 6-16。其模式年龄的变化范围为 477.1 ~ 483.3Ma，平均为 480.3Ma，变化范围较小。在^{187}Re-^{187}Os 图中（图 6-32），六个辉钼矿的数据均排列在一条直线上，该直线对应的等值线年龄为 480.2±3.2Ma（MSWD = 0.71），^{187}Os 的初始值为 0.007±0.044。

夕卡岩化作用形成的辉钼矿铼-锇同位素等时线年龄（480Ma）与引起夕卡岩化作用的花岗杂岩体年龄（477 ~ 488Ma）非常一致。

所以，喀腊大湾铁矿田火山沉积成矿时代是晚寒武世—早奥陶世，年龄在 481 ~ 517Ma，夕卡岩化改造作用时代是早古生代中期的奥陶纪，年龄在 480Ma 左右。

表 6-16　阿尔金成矿带东段喀腊大湾铁矿田辉钼矿 Re-Os 同位素测试结果

序号	原样名	样重/g	w(Re)/(μg/g)		w(普 Os)/(ng/g)		w(^{187}Re)/(μg/g)		w(^{187}Os)/(ng/g)		模式年龄/Ma	
			测定值	不确定度	测定值	不确定度	测定值	不确定度	测定值	不确定度	测定值	不确定度
1	K129-5	0.00808	12.64	0.14	0.0102	0.0456	7.944	0.090	63.76	0.51	479.8	7.7
2	K129-7	0.03140	10.97	0.10	0.0607	0.0352	6.894	0.063	55.47	0.46	481.0	7.1
3	K129-8	0.01022	10.85	0.09	0.1827	0.0796	6.820	0.059	55.13	0.45	483.3	7.0
4	K130-1	0.00196	0.9757	0.0150	0.0305	0.2054	0.6133	0.0094	4.909	0.041	478.5	9.2
5	K130-2	0.01804	0.5583	0.0065	0.1237	0.0288	0.3509	0.0041	2.832	0.025	482.5	8.0
6	K182-1	0.03034	5.396	0.044	0.2801	0.0636	3.391	0.028	27.06	0.24	477.1	7.0

6.5.6　铁矿床成因分析

1. 铁矿床成因

根据喀腊大湾铁矿田铁矿床的产出特征，即受火山沉积岩系特定的层位和岩性控制，具有似层状、带状延伸特点，矿体产状与火山沉积岩系产状一致或基本一致，不受侵入岩及岩体接触带形态、产状的影响，矿石具有条带状、条纹状构造特点，结合成矿大地构造环境、岩石地球化学特征、不同岩石矿石稀土元素特征等，对比区域上同类铁矿床的产出特征，可以认为，喀腊大湾铁矿属于火山沉积岩型铁矿床，后期经历了被花岗杂岩体吞食破坏和夕卡岩化改造作用。

2. 铁矿床成矿作用及其演化

铁矿床成矿作用及其演化可以概括为以下过程。

（1）在新元古代早期，阿尔金洋（古特提斯洋的一部分）扩张形成之后，新元古代后期：发生洋壳俯冲，俯冲方向为阿尔金洋壳向塔里木地块之下俯冲，俯冲作用改变了塔里木地块大陆边缘性质，由被动大陆边缘转化为活动大陆边缘，形成钙碱性花岗岩类（岛弧花岗岩类和深熔花岗岩类）侵入，同时形成与俯冲作用有关的蛇绿岩堆积（阿帕-茫崖蛇绿混杂岩带）和高压变质带（阿尔金榴辉岩带）。

（2）在新元古代末—早古生代初期：由于俯冲作用的发展和影响，形成与俯冲作用有关的火山岛弧和弧后盆地（红柳沟-拉配泉裂谷），并且弧后盆地（红柳沟-拉配泉裂谷）还发展到相当的规模，形成红柳沟-拉配泉一带偏北侧的硅质岩沉积-枕状玄武岩喷发和偏南侧的岛弧型中酸性火山岩喷发（即双峰式火山喷发活动）。其中高铁玄武岩喷发沉积形成了喀腊大湾火山沉积型铁矿床（时代为 517 ~ 481Ma），其基底是塔里木地块或早期岛弧岩系残留，其中可能与早期的片麻状二长花岗岩呈平行不整合接触关系覆盖其上，在其他一些部位沉积形成硅铁建造型铁矿床。

（3）早古生代中期（早奥陶世末—中奥陶世早期）：随着阿尔金洋洋壳向北俯冲的继续发展及其持续向北的推挤作用，位于阿尔金洋北侧的弧后盆地（红柳沟-拉配泉裂谷）开始了向南的俯冲并继而发生碰撞，形成第二条俯冲碰撞带。与俯冲碰撞作用相伴生的构造变形作用使含铁玄武岩及铁矿层发生褶皱变形，形成八八铁矿背斜为代表的褶皱、岩石地层的片理化以及浅变质作用。

（4）在碰撞过程中，伴随大面积同碰撞重熔型中酸性岩浆岩的侵位，一方面中酸性岩浆岩破坏了已经形成的火山沉积地层和铁矿的完整性，另一方面钠碱性中酸性侵入岩的侵位伴随较多流体作用，发生夕卡岩化，导致已经形成的火山沉积型铁矿床被改造，时代在 480Ma 左右。

晚古生代以来，经历多次隆升剥露，最后铁矿床抬升至目前的地表状态。

第 7 章　喀腊达坂铅锌矿床

喀腊达坂铅锌矿床位于阿尔金成矿带中东段的喀腊大湾地区，邻近 4337 高地南侧（图 6-1）。中心地理坐标为 91°49′10″E、39°04′20″N，平均海拔为 3950m。矿区地形切割强烈，交通不便。该矿床是研究区阿尔金成矿带内唯一达到大型规模的铅锌铜多金属矿床。

1979～1981 年新疆地质矿产局开展的 1∶20 万地质矿产调查中圈定了喀腊达坂综合异常（编号为 23 号的 PbZn 元素异常和 13 号的铜、铅、铋矿物异常）。2000 年，由新疆维吾尔自治区地质调查院承担的"新疆阿尔金断裂北带资源评价"项目，在区内开展了 1∶10 万水系沉积物测量工作，进一步圈定喀腊达坂地区的 HS-21 号多金属综合异常；2003 年对 HS-21 号多金属综合异常开展了二级查证，进行了 1∶2 万岩屑地球化学测量，确认了地表矿化蚀变带的存在，并进行了初步槽探工程揭露，发现了喀腊达坂铅锌矿。2004～2005 年，由新疆地矿局第一区域地质调查大队开展矿区普查工作，利用大比例尺地质填图、激电（磁法）剖面测量、地表稀疏槽探揭露和少量钻探工程控制等手段，初步查明了矿区地质特征、矿体规模、形态、产状和矿石质量；初步控制资源量达中型规模。2006～2012 年，由新疆地矿局第一区域地质调查大队开展矿区普查和部分区段详查工作，利用大比例尺地质草（修）测、瞬变电磁剖面测量、槽探工程揭露以及较多钻探工程控制等手段，开展普查（详查）评价工作，基本查明了矿带和矿体的延伸、产状和规模，控制资源量达大型规模。

本书对该矿床的成矿作用、矿床成因、成矿作用时代、构造控矿等方面开展了研究工作。

7.1　矿 区 地 质

在地质构造上喀腊达坂铅锌矿区位于阿尔金北缘断裂和喀腊达坂断裂所夹持的下古生界上寒武统火山沉积岩系出露区的东南部靠近喀腊达坂断裂的位置（图 6-1）。

7.1.1　矿区地层

矿区主要出露下奥陶统卓阿布拉克组（O_1zh）中浅变质岩系和少量第四系洪冲积物（图 7-1）。

（1）下奥陶统卓阿布拉克组（O_1zh）：依据岩石类型及其组合特点，自南向北、由老至新划分出六个岩性段（图 7-1、图 7-2）。

第一岩性段（O_1zh^1）：该段主要为酸性-中酸性熔岩和凝灰岩，上部夹灰黑色含碳质泥岩和粉砂质泥岩；分布于矿区南部，沿喀腊达坂断裂北侧分布，南侧与新近系红层不整合接触，局部为断层接触，北侧与第二岩性段断层接触，厚度大于 200m。

第二岩性段（O_1zh^2）：该段主要为沉积岩；分布在矿区中南部，岩性为浅灰绿色泥质与凝灰质砂岩互层，夹灰黑色灰岩、碳质泥岩、粉砂岩及石英钠长斑岩，南与第一岩性段为断层接触，北与第三岩性段为整合接触，厚度约为 450m。

第三岩性段（O_1zh^3）：该段主要为酸性-中酸性火山凝灰岩；分布矿区中部，南、北分别与第二、四岩性段整合接触，东部与第四、五岩性段断层接触，厚度为 350～1000m。

第四岩性段（O_1zh^4）：该段主要为酸性熔岩、酸性火山凝灰岩，以晶屑凝灰岩最为特征，夹少量辉绿岩脉和石英脉，为矿区含矿岩性段；地层产状为 298°/NE64°，分布在矿区中部和东南部。地表呈白色、灰白色为主，新鲜岩石为稍深的灰白色或灰色。本岩性段为矿化蚀变带，各种蚀变强烈而多样，最主要的是岩石普遍具褐铁矿化，同时发育硅化、绢云母化、黄钾铁矾化、滑石化、重晶石化等；发育方铅矿、闪锌矿及铜蓝、孔雀石等矿化，带中已圈出 39 个矿体，绝大多数在本岩性段内。南、北分别与第三、五

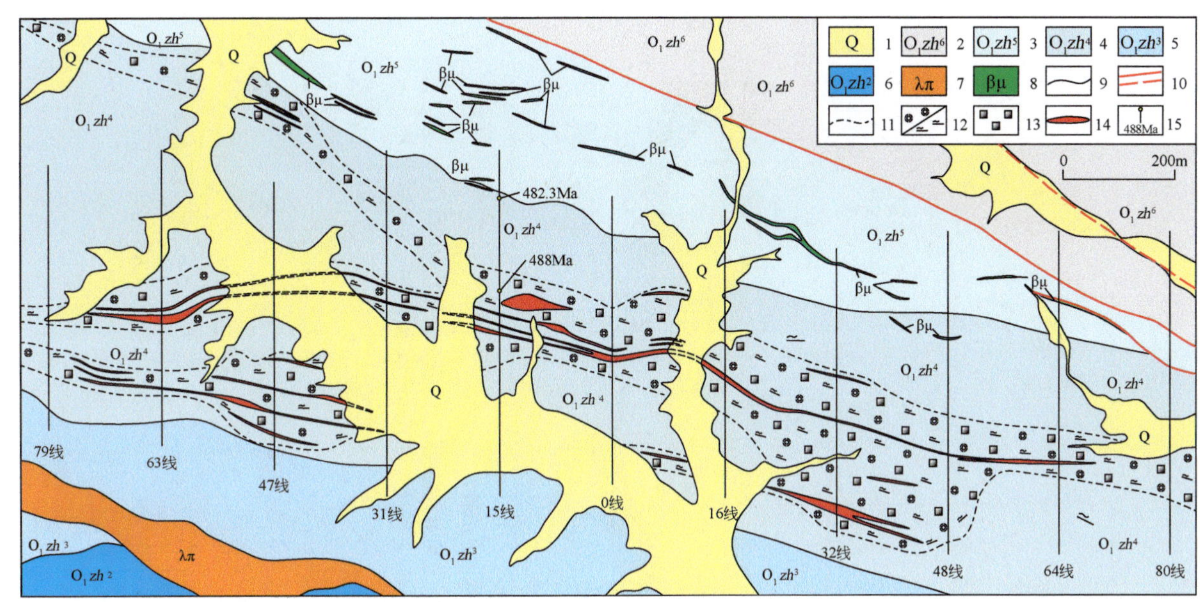

图7-1　喀腊达坂铅锌矿矿区地质图及剖面位置（据新疆第一区域地质调查大队2012年资料修改）

1-第四系；2-卓阿布拉克组第六亚组；3-卓阿布拉克组第五亚组；4-卓阿布拉克组第四亚组；5-卓阿布拉克组第三亚组；6-卓阿布拉克组第二亚组；7-石英钠长斑岩；8-辉绿岩脉；9-地质界线；10-断层；11-蚀变带界线；12-硅化/绢云母化；13-黄铁矿化；14-铅锌矿体；15-锆石SHRIMP年龄及其样品位置

岩性段整合接触，东部局部地段与第六岩性段断层接触，厚度为350～900m。

第五岩性段（O_1zh^5）：该段下部主要为中基性-中性熔岩及凝灰岩，上部为中酸性-中性熔岩-凝灰岩，夹极少量泥岩、泥灰岩；地层产状为295°/NE55°，分布在矿区北部和东部，岩石类型单一，层内发育辉绿岩脉和石英脉，南与第四岩性段整合接触，北与第六岩性段断层接触，厚度为200～2000m。

第六岩性段（O_1zh^6）：该段主要为沉积岩，地层产状为290°/NE48°，分布于矿区北部，主要为一套正常沉积的碎屑岩。岩性分为三部分，下部以灰黑色泥灰岩为主，夹少量灰岩和泥岩透镜体；中部以砂岩、粉砂岩为主，夹少量泥岩、泥灰岩；上部以浅灰色泥灰岩为主，夹少量灰岩和泥岩透镜体。其中在H365地质观察点，中部的浅变质细砂岩中发育交错层理，指示北侧为上部层位，南侧为下部层位（图7-3），厚度大于200m。

（2）新近系（N）：该系分布于矿区南西部，延伸稳定，为一套河湖相碎屑岩建造，主要岩性为红色泥质粉砂岩、细砂岩、砂岩夹泥岩，北部与上寒武统卓阿布拉克组第一岩性段（O_1zh^1）角度不整合接触，厚度大于300m。矿区图（图7-1）内未出露。

（3）第四系洪冲积物（Q_4^{pal}）：该系沿水系洼地分布，由砾石、细砂、亚砂土、砂土组成，沟岸阶地两侧为黄土，碎石坡积层（图7-1）。

需要指出的是，卓阿布拉克组六个岩性段新老岩性段的划分依据主要有两点：第一，在区域上（喀腊达坂及其邻区范围）八八铁矿北侧2km的卓阿布拉克组内，火山岩中约200m的沉积岩夹层的粒度由南向北逐渐减小，由巨-粗砾岩到细砾岩，再到砂岩、细砂岩，最后到粉砂岩、泥岩、泥灰岩，呈现出明显的沉积韵律，符合沉积过程中粒度随沉积的进行逐渐减小这一规律。第二，在喀腊达坂矿区，卓阿布拉克组第六个岩性段以沉积岩为主，并发现交错层理（图7-3），交错纹层向北撒开、向南收敛，而且北侧纹层交切南侧纹层，指示南侧为下部层位、北侧为上部层位的南老北新层序特点。

7.1.2　矿区构造

矿区构造是区域构造及其发生发展在矿区的具体表现，是受区域构造制约的。一方面，由阿尔金北缘断裂和喀腊达坂断裂所夹持的下古生界上寒武统—下奥陶统火山沉积岩系（即塔里木板块之塔里木古陆缘地块的红柳沟-拉配泉奥陶纪裂谷带的一部分）组成的喀腊大湾复向斜的南翼，同时又处于阿尔金北

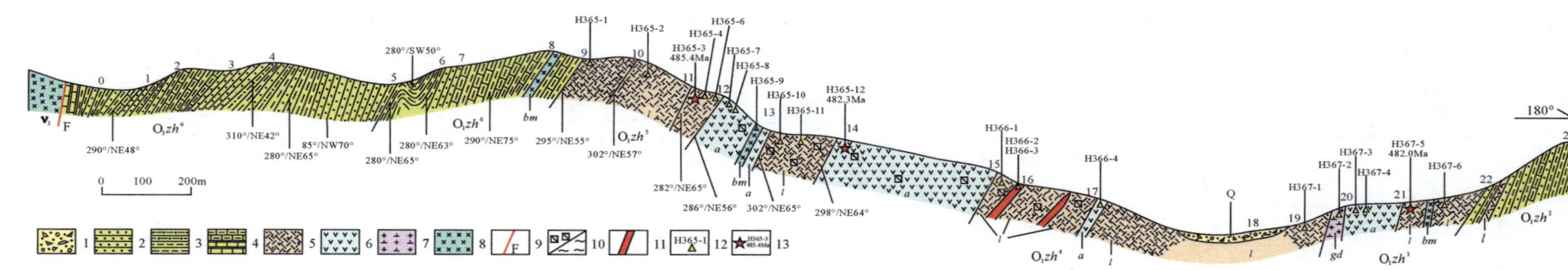

图7-2　喀腊达坂铅锌矿区卓阿布拉克组岩性剖面图 (据陈柏林等, 2016a)

O_1zh^2-卓阿布拉克组第二岩性段；O_1zh^3-卓阿布拉克组第三岩性段；O_1zh^4-卓阿布拉克组第四岩性段；O_1zh^5-卓阿布拉克组第五岩性段；O_1zh^6-卓阿布拉克组第六岩性段；1-第四系；2-砂岩；3-粉砂岩/泥岩；4-泥灰岩/灰岩；5-流纹质晶屑凝灰岩；6-玄武安山岩；7-花岗闪长岩；8-辉绿岩；9-断层；10-黄铁矿化/绢云母化；11-铅锌矿体；12-岩石化学样品位置；13-锆石年龄及其样品位置

图7-3　喀腊达坂铅锌矿区卓阿布拉克组第六岩性段中的纹层和交错层理
a-钙质粉砂岩与泥灰岩互层中的纹层构造；b-第六岩性段中的交错层理；c-b 的素描图

缘蛇绿混杂岩带的南侧，早期构造变形强烈；另一方面受晚中生代以来由于印度板块持续向北推挤作用而引发的阿尔金左行走滑断裂及其伴生构造的影响，晚中生代以来的构造变形叠加也十分强烈，因此构成喀腊达坂铅锌矿区复杂的构造变形形迹。

1. 单斜（褶皱南翼）构造

喀腊达坂铅锌矿区卓阿布拉克组（O_1zh）的六个岩性段自南向北依次为第一岩性段（O_1zh^1）、第二岩性段（O_1zh^2）、第三岩性段（O_1zh^3）、第四岩性段（O_1zh^4）、第五岩性段（O_1zh^5）和第六岩性段（O_1zh^6），显示出明显单斜构造特征。依据岩性段上下关系，结合矿区在喀腊大湾复向斜南翼的位置，可认为喀腊达坂铅锌矿区可能是在一个规模较大向斜构造的南翼。岩层产状基本上是北西西走向（以280°～290°为主，部分为85°～90°或300°～310°），倾向北北东，倾角中等，一般为45°～65°（图7-2）。

矿区内卓阿布拉克组地层总体为单斜构造，但是发育比较多低级别褶皱构造（图7-4），这些小褶皱往往具有向斜北翼短、南翼长的不对称特点，说明这些单斜层之间的相对运动是北侧（上部）层位向南向上运动、南侧（下部）层位向北向下运动，进一步反映出高一级的褶皱构造向斜核部在北侧，背斜核部在南侧。同时在矿区15线北段第六岩性段也发育这种低级别不对称褶皱（由一个背斜和一个向斜组成，岩层产状依次是280°/NE63°、280°/SW50°和280°/NE65°），指示北翼向上的运动特点（图7-2）。这些小褶皱现象与矿区处于喀腊大湾复向斜南翼的构造位置相吻合。

图7-4　喀腊达坂铅锌矿区地层小型褶皱构造
a-钙质粉砂岩中次级褶皱，15线北段；b-钙质粉砂岩中次级褶皱，15线北段；
c-粉砂质千枚岩中次级褶皱，16线北段

2. 变质变形构造

喀腊达坂铅锌矿区卓阿布拉克组火山沉积岩系经历了浅变质变形作用。

1）变质作用的表现

矿区内各岩性段地层均经历浅变质作用，导致泥岩、泥灰岩等细碎屑岩和火山岩、火山凝灰岩等发生变质结晶作用，形成各种片岩。由于变质作用程度比较低，总体结晶程度比较低，以微晶为主，片岩也是各种微晶片岩。

第一岩性段上部夹层灰黑色含碳质泥岩浅变质后成为微晶碳质片岩；第二岩性段的沉积岩系中的泥岩类发生浅变质后形成浅灰绿色碳质片岩、灰黑色碳质片岩及灰色钙质片岩；第三岩性段酸性-中酸性火山凝灰岩发生浅变质后形成绿灰色、浅灰褐色长英质片岩；第四岩性段酸性熔岩、酸性火山凝灰岩发生浅变质后形成灰褐色-灰白色石英片岩、绢云片岩、灰绿色绿泥石石英片岩夹绿泥石片岩、灰白色微晶石英岩；第五岩性段中性-中基性熔岩-凝灰岩发生浅变质后形成灰绿色绿泥石片岩和绿泥石石英片岩；第六岩性段沉积岩发生浅变质后形成灰黑色片岩为主并夹少量大理岩和绿泥片岩透镜体。

2）变形作用的表现

矿区内各岩性段地层在经历浅变质作用的过程中由于受到定向构造应力的作用，在变质结晶的同时发生各种构造变形。构造变形作用的第一种表现是重结晶矿物定向排列，其中以绢云母、绿泥石等片状矿物最明显（图 7-5a），而且其他粒状矿物，如石英、方解石也可能发生定向排列（图 7-5b）；构造变形作用的第二种表现是岩石形成片理构造（图 7-5a ~ c）；构造变形作用的第三种表现是凝灰岩中一些火山碎屑、熔岩团块发生压扁拉长等构造变形，变形轴比（a/c）可达 2 ~ 4；同时，黄铁矿等矿物的两端形成压力影构造，压力影矿物为石英（图 7-6）。

图 7-5　变质变形岩石各种片理构造

a-绢云母绿泥石片岩，绢云母、绿泥石等片状定向排列，H15-1，正交偏光；b-石英片岩，石英颗粒具有弱定向排列，少量绢云母定向排列明显，H38-4，正交偏光；d-绢云母绿泥石片岩，绢云母、绿泥石等片状定向排列，H124-2，正交偏光

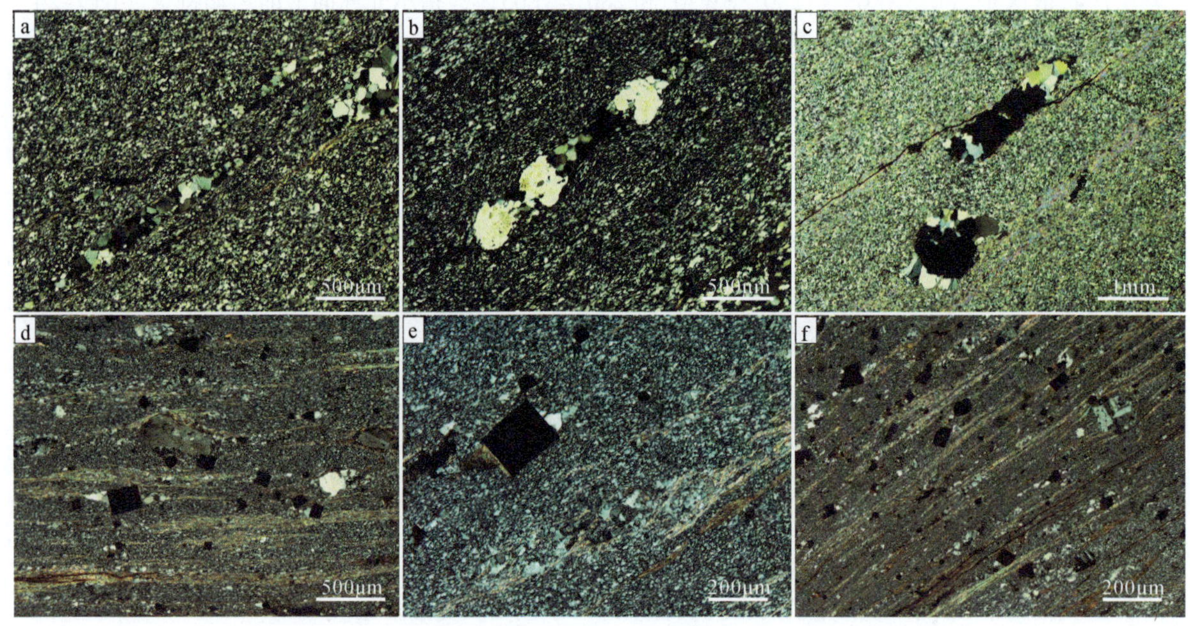

图 7-6　晶屑凝灰岩构造变形过程中标志体的变形特点及其应变

a-H126-2，浆屑凝灰岩，熔岩团块发生压扁拉长变形，a/c 达 2 ~ 4，正交偏光；b-H127-1，浆屑晶屑凝灰岩，石英质晶体团块发生压扁拉长变形，a/c 达 2 ~ 4，正交偏光；c-黄铁矿变斑晶压力影构造，压力影矿物为石英，H281-2；d-K395-1，含闪锌矿变形晶屑凝灰岩，黄铁矿变斑晶及其不对称“σ 型”压力影构造，指示片内左行，喀腊达坂东段（泉东铅锌矿），正交偏光；e-K395-1，含闪锌矿变形晶屑凝灰岩，黄铁矿变斑晶及其不对称“σ 型”压力影构造，指示片内左行，喀腊达坂东段（泉东铅锌矿），正交偏光；f-K395-1，含闪锌矿变形晶屑凝灰岩，黄铁矿变斑晶及其不对称“σ 型”压力影构造，指示片内左行，喀腊达坂东段（泉东铅锌矿），正交偏光

3）构造变形的运动学特点

从变形晶屑凝灰岩中黄铁矿变斑晶两侧不对称的“σ型”压力影构造可以判断，本区构造变形在平面上为左行的相对运动（图7-6c、d）。

需要指出的是变质变形作用过程一方面导致变形标志体的压扁拉长，另一方面变质变形作用过程中出现新生矿物以及压力影的形成说明存在物质组分的调整、交换和迁移；同样这种物质组分的调整、交换和迁移作用会发生在火山岩中含矿物质上，使含矿层变贫或变富。

3. 脆性断裂构造

喀腊达坂铅锌矿区断裂构造主要为北西西向和北西向，少量发育北东向次级断裂，其中北西西向断裂为顺层断裂，而北西（北北西）向断裂为穿层断裂。

（1）北西西向顺层断裂：北西西向顺层断裂走向一般为270°～290°，倾向北北东，倾角为45°～70°，与矿区地层走向、倾向和倾角基本一致。一些顺层断裂构成矿区卓阿布拉克组（O_1zh）内不同岩性段的分界线，如第五岩性段（O_1zh^5）与其北侧第六岩性段（O_1zh^6）呈断裂接触关系。同时顺层断裂发育形成层间破碎带，有可能成为后期热液叠加矿化作用的有利矿化充填空间。

（2）北西（北北西）向穿层断裂：北西（北北西）向穿层断裂主要发育在矿区东部和北部，以F_3断裂为代表。该断裂走向为320°～330°，倾角比较陡。断裂两侧地层岩石被断错，断裂南西侧为卓阿布拉克组（O_1zh）第一至第六岩性段的火山岩夹沉积岩，其中第一和第三至第六岩性段以火山岩为主，并发育铅锌矿化带（图7-1、图7-2），但是在F_3断裂北东侧以泥灰岩为主，且厚度巨大与断裂西侧无法对比（图7-7a、b）。断裂破碎带宽2～5m，使断裂东侧黄白色泥灰岩与断裂西侧灰黑色火山碎屑岩接触，而且断裂破碎带东缘最新构造活动还使小水沟被右行断错8～10m（图7-7c）。

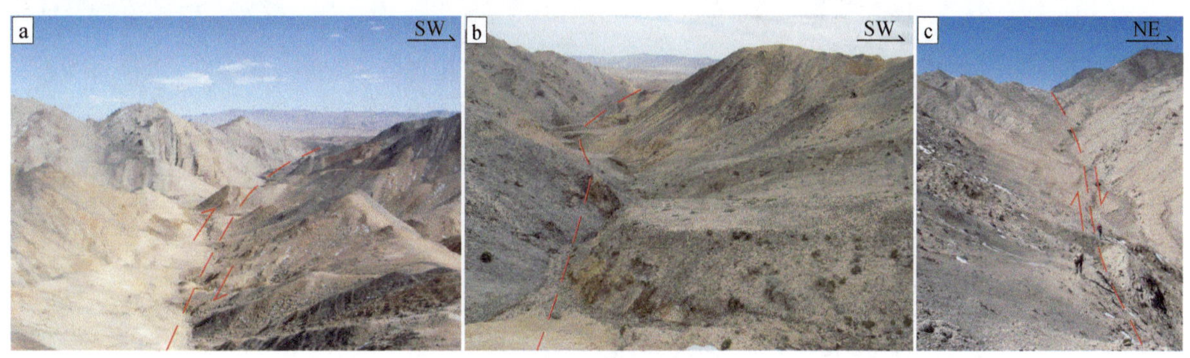

图7-7 北西向断裂构造照片

a-北西（北北西）向断裂断错火山沉积岩系和矿化带，断裂南西侧为卓阿布拉克组火山沉积岩系，断裂北东侧以厚度巨大的泥灰岩为主，喀腊达坂矿区东段，断裂中南段；b-北西（北北西）向断裂右行断错火山沉积岩系和矿化带，喀腊达坂矿区东段，断裂南段；c-北西（北北西）向断裂右行断错火山沉积岩系和矿化带，喀腊达坂矿区东段，断裂北段

7.1.3 岩浆岩

1. 火山岩喷发旋回划分

依据部分岩石中保留的原岩组构特点及其火山岩岩性组合特点，大致划分出一个火山喷发旋回和三个喷发亚旋回。

第一喷发亚旋回：由第一、二岩性段岩石组成，岩性有火山岩、火山凝灰岩、碳质泥岩及含黄铁矿石英钠长斑岩等。推测该喷发旋回为一套由基性到酸性演化形成的火山熔岩-火山碎屑岩建造。

第二喷发亚旋回：由第三、四岩性段岩石组成，岩性为凝灰质细砂岩，粉砂岩夹凝灰岩、含黄铁矿-中酸性熔岩、流纹岩、流纹安山岩、凝灰岩等（浅变质后为石英片岩、绢云片岩、绿泥石英片岩夹绿泥片岩、微晶石英岩），属一套中基性-酸性火山熔岩-火山岩碎屑岩建造。火山作用表现为连续式喷发，伴随有潜火山活动，该喷发亚旋回的后期是区内铜铅锌多金属矿的重要成矿阶段。

第三喷发亚旋回：由第五岩性段岩石组成，岩性有中基性火山岩、火山凝灰岩、英安质凝灰岩等，其中有较多玄武岩夹层和透镜体，并有辉绿岩脉侵入，上部夹少量碎屑岩。反映该喷发旋回为一套由基性到中酸性演化形成的火山熔岩-火山碎屑岩-碎屑岩建造。

由此可见喀腊大湾地区火山活动的特点是由中基性向中酸性方向逐步演化，表现喷溢爆发期—间歇式喷发期—喷溢喷发期的火山作用过程，在整个喷发旋回的中后期是区内铜多金属成矿的重要时期。上部地层（第六岩性段）中出现含碳质细碎屑沉积建造，说明该地区经历强烈火山喷发—喷溢旋回后进入相对宁静时期。

2. 火山岩年代学特点

在喀腊达坂铅锌矿床综合地质剖面（15 线附近）选择两个酸性火山岩和一个中性火山岩样品开展年代学测试，两个酸性火山岩分别位于第三岩性段下部和第五岩性段上部，中性火山岩位于第五岩性段下部，具体采样位置见图 7-2。

酸性火山岩岩性为流纹岩或流纹质含晶屑凝灰熔岩，岩石具有微晶-隐晶质结构，矿物以微晶长石和微晶石英为主，暗色矿物含量低（小于5%），块状构造或流纹状构造（图 7-8a、b）。酸性火山岩 SiO_2 含量为 68. 61% 和 72. 62%，K_2O+Na_2O 含量为 7. 44% 和 8. 45%。Na_2O/K_2O 为 0. 38 和 0. 55；属于高钾酸性岩浆岩系列，稀土元素和微量元素特点显示为活动大陆边缘的岛弧构造环境。

图 7-8　喀腊达坂铅锌矿中酸性火山岩显微照片

a-流纹质晶屑凝灰熔岩，含石英、正长石晶屑，H365-3，正交偏光；b-流纹质晶屑凝灰熔岩，含长石晶屑和斑晶，H367-5，正交偏光；c-安山岩，含斜长石斑晶，H365-12，正交偏光

中性火山岩为安山岩，岩石具有微晶-隐晶质结构，矿物以微晶长石为主，石英微量，暗色矿物以微晶角闪石、黑云母为主，含量约为 15%，块状构造（图 7-8c）。化学成分 SiO_2 含量为 61. 66%，K_2O+Na_2O 含量为 4. 20%，Na_2O/K_2O 为 20，属钠碱性岩浆。

酸性火山岩 H365-3 样品年龄测试结果为 485. 4±3. 9Ma，含矿酸性火山岩 H367-5 样品年龄为 482. 0±5. 1Ma，中性火山岩 H365-12 样品年龄为 482. 3±4. 4Ma（图 1-21、图 1-22、图 1-23、图 1-24）。

3. 侵入岩

（1）闪长岩（δ_3）：闪长岩分布在矿区中南部，形态呈不规则面状，面积约为 0. 04km^2。岩体北侧、西侧为卓阿布拉克组第三岩性段（O_1zh^3），南侧为卓阿布拉克组第二岩性段石英钠长斑岩，东侧被第四系覆盖，除东侧外两者间均为侵入接触，接触界线清楚，围岩中未见矿化蚀变现象，岩体边缘出现细粒边，见围岩残留体或捕虏体。侵入时代为早古生代。

（2）花岗闪长岩（$\gamma\delta_3$）：花岗闪长岩分布于矿区中西部，共有两个岩体，形态呈不规则“透镜状”“似饼状”，总面积约为 0. 38km^2。较大的花岗闪长岩体侵位于卓阿布拉克组第四岩性段（O_1zh^4）中，个别地段围岩与岩体接触处有辉绿岩脉沿裂隙侵入；较小的岩体位于较大岩体南侧，侵位于卓阿布拉克组第三岩性段（O_1zh^3）中，岩体倾向北，沿外接触带岩石具热接触变质，发育弱的褐铁矿化、绿泥石化绢云母化。侵入时代为早古生代。

（3）次火山岩：区内次火山岩仅为石英钠长斑岩体，属火山活动晚期岩浆活动产物，侵入卓阿布拉克组第二、三岩性段。次火山岩呈不规则“长条形”“脉状”，一般长度为 100 ~ 300m，宽度为 5 ~ 20m，最大长度达千余米，宽百余米，顺层分布，延伸方向北西西 290°，北倾，倾角为 48°～67°，有分支复合现象。岩石呈浅灰绿色，风化后呈褐色、褐红色，斑状结构、隐晶质结构，块状构造。由隐晶质石英和少量钠长石斑晶组成，具黄铁矿化、绿泥石化蚀变。硫化物呈星点状、稀疏浸染状分布于岩石中，局部含量高达 10%，一般在 3%～5%。岩体旁侧围岩具硅化、黄铁矿化、绢云母化、绿泥石化蚀变。

4. 脉岩

脉岩主要分布在矿区中北部第四、五岩性段，种类有辉绿岩脉和石英脉。

辉绿岩脉主要出现在第四、五岩性段，少量出现在第三岩性段，走向北西西 275°～295°，长度为 800～2500m，宽度为 10～20m，岩石为暗绿色，具辉绿结构，块状构造，成分主要是辉石、斜长石，有绿泥石化蚀变。岩脉两侧围岩具黄铁绢云岩化特征。

石英脉主要分布在第四岩性段，其他五个岩性段较少。多沿构造带出露，表面呈浅黄色，断面为乳白色，由石英和少量褐铁矿、黄钾铁矾组成，形态呈“长条状”“透镜状”，地表出露宽度为 0.2～1.0m，走向北西西，倾向北，倾角为 60°～70°。第五岩性段有少量石英脉沿片理分布，断续延伸，长度几米至十几米，宽度为 0.05～0.15m，近东西向，近直立，呈烟灰色-灰白色，成分为石英，含少量褐铁矿。

7.2 矿区火山岩地球化学特征

7.2.1 概述

矿区内主要出露岩性为下奥陶统卓阿布拉克组（O_1zh）火山沉积岩系，岩性为中-基性、中-酸性火山岩、火山碎屑岩夹正常沉积碎屑岩、碳酸盐岩等。由于铅锌矿化主要与中-酸性火山凝灰岩关系密切，所以岩石化学以选择中-酸性火山岩及火山凝灰岩为主。样品共 13 件，采自喀腊达坂铅锌矿区 7 线坑道、16 线坑道口和 15～19 线剖面。岩石地球化学分析由国家地质实验测试中心完成。

7.2.2 主量元素地球化学特征

喀腊达坂铅锌矿区火山岩类主量元素分析数据见表 7-1。

表 7-1　喀腊达坂铅锌矿区中酸性火山岩主量元素化学分析结果　　（单位：%）

序号	样号	SiO_2	Al_2O_3	Fe_2O_3	FeO	CaO	MgO	K_2O	Na_2O	TiO_2	MnO	P_2O_5	H_2O^+	CO_2	LOI	总量
1	H370-9	61.95	20.7	2.09	0.38	0.36	2.33	7.00	0.27	0.32	0.033	0.051	2.8	0.35	3.97	102.60
2	H370-10	66.92	13.87	5.15	1.06	0.18	2.54	4.96	0.23	0.26	0.082	<0.05	2.08	0.36	4.33	102.02
3	H370-14	63.75	9.09	5.03	3.79	0.49	8.00	3.10	0.10	0.17	0.21	0.06	3.10	0.30	5.27	102.46
4	H365-1	65.37	12.15	2.53	4.34	3.76	1.85	1.23	4.21	0.74	0.42	0.096	0.98	1.74	1.71	101.13
5	H365-3	68.61	15.21	2.35	1.44	0.54	0.97	5.40	2.04	0.25	0.04	<0.05	1.90	0.52	2.23	101.50
6	H365-4	72.86	13.67	0.88	1.77	0.22	1.10	2.27	4.64	0.21	<0.01	<0.05	1.14	0.26	1.14	100.16
7	H365-10	75.60	11.03	2.24	0.63	0.24	0.42	0.81	5.09	0.53	<0.01	<0.05	1.18	0.06	2.08	99.91
8	H365-12	61.66	12.56	3.78	6.72	1.39	3.31	0.20	4.00	1.19	0.38	0.32	3.10	0.21	2.88	101.60
9	H367-5	72.62	12.54	1.09	1.94	0.61	0.48	5.45	3.00	0.21	0.072	0.01	1.80	0.30	0.99	101.11
10	H367-6	76.99	11.28	0.58	0.95	0.57	0.3	5.02	2.48	0.15	0.023	0.01	0.60	0.47	0.81	100.23
11	H275-1	67.38	13.22	0.9	2.91	2.11	1.04	4.22	3.92	0.54	0.12	0.08	1.22	1.68	2.67	102.01
12	H275-2	59.25	13.84	0.71	6.27	0.57	8.32	4.11	0.38	0.53	0.26	0.12	3.84	1.15	4.42	103.77
13	H277-1	75.41	12.38	1.32	1.06	0.27	1.78	1.08	4.17	0.19	0.05	0.03	1.62	0.14	2.00	101.51

表 7-1 主量元素分析表明，SiO_2 含量主要集中在 59.25%～76.99%，平均为 68.34%；TiO_2 含量为 0.15%～1.19%，平均为 0.41%；MgO 含量为 0.3%～8.32%，平均为 2.50%；Al_2O_3 含量浮动较大，较高

者为 20.7%，低者为 9.09%，平均为 13.20%；K_2O的含量为 0.15%~1.19%，平均为 0.41%；K_2O+Na_2O 的含量为3.20%~8.45%，平均为6.10%；对所采集的样品进行 TAS 分类投图（图 7-9a）。

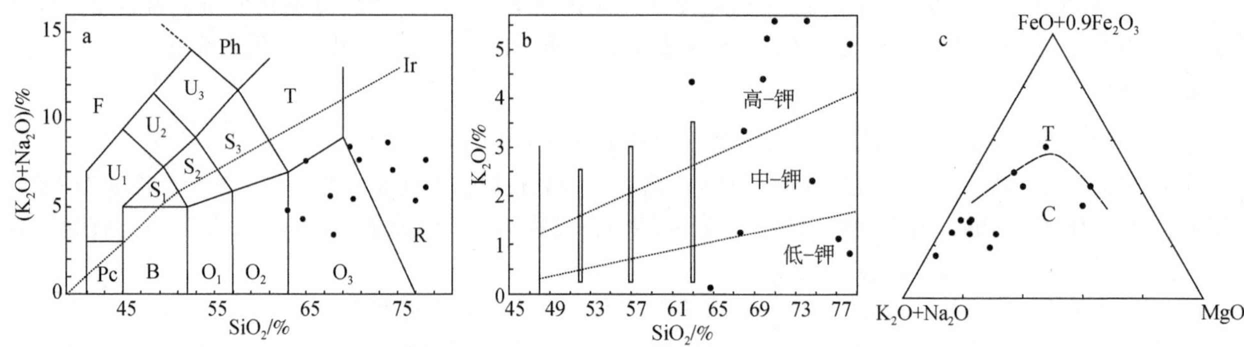

图 7-9 喀腊达坂铅锌矿中酸性火山岩主量元素地球化学图解

a-TAS 图解（Pc-苦橄玄武岩；B-玄武岩；O_1-玄武安山岩；O_2-安山岩；O_3-英安岩；R-流纹岩；S_1-粗面玄武岩；S_2-玄武质粗面安山岩；S_3-粗面安山岩；T-粗面岩、粗面英安岩；F-副长石岩；U_1-碱玄岩、碧玄岩；U_2-响岩质碱玄岩；U_3-碱玄质响岩；Ph-响岩；Ir-Irvine 分界线，上方为碱性，下方为亚碱性）（底图据 Le Bas et al., 1986）；b-K_2O-SiO_2 图解（底图据 Le Maitre, 1986, 1989）；c-AFM 图解（T-拉斑玄武岩系列；C-钙碱性系列）（底图据 Irvine and Baragar, 1971）

从图 7-9 中可以看出，样品主要分布在中酸性成分的区域。主要岩性为英安岩和流纹岩，13 个样品的岩石化学成分均处在 Irvine 分界线的下方，为亚碱性系列。在喀腊达坂铅锌矿区酸性火山岩低钾、中钾和高钾划分图解中（图 7-9b），除样品 H370-9 的 K_2O 含量为 7.33%，未能投入图解中外，其他 12 个样品有 7 个落入高钾类别中，而仅有 2 个（H365-1、H365-4）为中钾，3 个（H277-1、H365-10、H365-12）为低钾类别。在 AFM 图解中（图 7-9c），样品集中分布于钙碱性系列区域，并且表现为一定的演化趋势。结合野外、镜下观察，以及主量元素投图可初步推知矿区以酸性火山岩为主，主要为钙碱性的高钾英安岩、流纹岩类火山岩。

7.2.3 微量元素地球化学特征

喀腊达坂铅锌矿区酸性火山岩微量元素化学分析结果见表 7-2。

表 7-2 喀腊达坂铅锌矿区中酸性火山岩微量元素化学分析结果 （单位：10^{-6}）

序号	样号	Cr	Co	Ni	Cu	Zn	Rb	Sr	Zr	Nb	Ba	Hf	Ta	Pb	Th	U	Y
1	H370-9	47.4	2.96	31.5	14.4	577	217	56.0	794	34.4	9127	17.4	2.53	31.1	44.9	8.95	86.1
2	H370-10	397	5.96	174	44.4	1884	161	22.5	563	20.5	6257	11.8	1.50	59.9	28.9	6.92	80.8
3	H370-14	33.1	3.93	22.8	42.6	1108	170	9.03	305	13.5	1233	6.21	0.99	41.8	15.4	5.28	44.7
4	H365-1	28.7	1.91	17.8	12.0	819	45.2	176	1691	22.4	831	25.7	1.24	71.0	8.00	2.87	55.2
5	H365-3	148	3.63	72.1	48.6	79.3	153	65.2	543	24.6	1312	11.8	1.85	11.8	28.3	12.4	89.8
6	H365-4	62.5	1.88	33.8	8.86	66.0	64.3	111	461	21.9	641	10.4	1.69	38.7	24.5	7.92	63.7
7	H365-10	37.7	1.00	17.7	12.8	38.8	27.0	140	576	26.9	407	11.4	1.36	52.7	17.3	7.35	134
8	H365-12	71.7	8.91	35.6	44.2	1412	3.71	89.7	443	16.1	347	8.69	1.10	45.0	14.7	4.18	52.8
9	H367-5	43.0	0.76	20.0	6.56	112	97.8	37.8	771	25.7	815	16.2	1.93	12.2	24.4	6.35	97.9
10	H367-6	17.4	0.90	7.48	5.06	94.0	180	45.9	400	16.9	971	9.21	1.5	24.4	21.8	5.93	57.4
11	H275-1	21.7	9.41	9.26	13.3	223	137	107	219	13.6	706	6.96	1.33	56.6	28.1	6.91	59.5
12	H275-2	5.71	2.27	2.43	8.11	343	145	53.2	482	21.6	2300	13.0	1.73	75.1	17.4	5.98	92.9
13	H277-1	1.97	1.43	1.12	7.99	88.5	33.4	59.8	218	14.2	480	7.28	1.11	11.7	18.6	3.99	53.3

微量元素 Rb 的含量范围为 $3.71\times10^{-6}\sim217.00\times10^{-6}$，平均为 110.31×10^{-6}，含量的变化范围比较大。矿区内 13 个酸性火山岩的微量元素原始地幔的配分型式表明 13 个样品配分型式非常一致，均显示明显的 Sr 负异常，Nb、Ta 负异常，Pb 正异常（图 7-10a）。

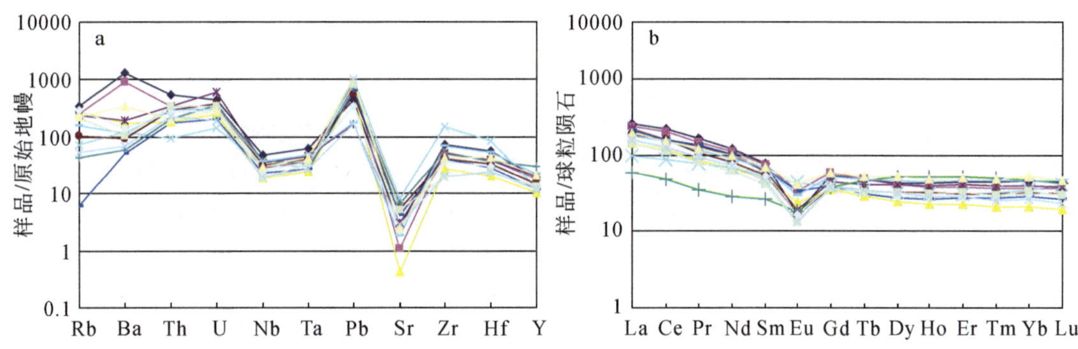

图 7-10　喀腊达坂铅锌矿区中酸性火山岩微量元素（底图据 Sun and McDonough，1989）和稀土元素（底图据 Boynton，1984）配分图解

7.2.4　稀土元素地球化学特征

喀腊达坂铅锌矿区中酸性火山岩稀土元素分析结果见表 7-3。

表 7-3　喀腊达坂铅锌矿区中酸性火山岩稀土元素分析结果和特征参数

序号	样品号	元素含量/10^{-6}															ΣREE	LREE/HREE	$(La/Yb)_N$	$(La/Sm)_N$	$(Gd/Yb)_N$	δEu	δCe
		La	Ce	Pr	Nd	Sm	Eu	Gd	Tb	Dy	Ho	Er	Tm	Yb	Lu	Y							
1	H370-9	80.6	176	20.0	73.1	15.3	1.24	13.9	2.26	14.0	3.02	9.32	1.46	9.50	1.48	86.1	421.18	6.50	5.72	3.31	1.18	0.35	1.03
2	H370-10	73.9	162	17.6	66.0	14.7	2.44	15.1	2.28	13.3	2.75	7.94	1.17	7.53	1.19	80.8	387.90	6.22	6.62	3.16	1.62	0.61	1.05
3	H370-14	43.0	94.0	10.3	40.0	9.36	1.75	8.94	1.34	7.74	1.64	4.64	0.68	4.29	0.64	44.7	228.32	6.21	6.76	2.89	1.68	0.66	1.04
4	H365-1	31.1	70.7	9.55	41.0	10.1	3.29	10.4	1.66	10.2	2.20	6.59	1.04	7.4	1.35	55.2	206.58	3.68	2.83	1.94	1.13	0.93	0.98
5	H365-3	68.3	129	15.8	59.0	11.7	1.42	11.5	1.96	13.0	2.84	8.46	1.28	8.23	1.24	89.8	333.73	5.68	5.60	3.67	1.13	0.49	0.91
6	H365-4	58.0	129	13.1	47.8	10.4	1.21	9.72	1.65	10.5	2.28	6.63	1.02	6.64	1.01	63.7	298.96	6.35	5.89	3.51	1.18	0.47	1.08
7	H365-10	18.4	38.8	4.33	17.2	5.16	1.37	9.8	2.18	16.6	3.79	11.1	1.59	9.67	1.39	134	141.38	1.46	1.233	2.24	0.82	0.83	1.01
8	H365-12	64.7	130	16.6	61.0	12.8	2.42	10.2	1.49	8.87	1.92	5.80	0.88	5.88	0.88	52.8	323.44	7.44	7.42	3.18	1.40	0.67	0.93
9	H367-5	55.4	125	13.9	54.7	13.0	2.22	13.4	2.29	14.9	3.25	9.75	1.5	9.85	1.56	97.9	320.72	4.46	3.79	2.68	1.10	0.62	1.06
10	H367-6	49.0	105	11.6	44.2	9.97	1.20	10.1	1.54	9.28	2.04	6.12	0.94	6.41	1.01	57.4	258.41	5.69	5.15	3.09	1.27	0.48	1.03
11	H275-1	43.9	88.2	9.69	36.2	7.97	0.95	9.25	1.55	10.2	2.19	6.71	0.98	7.05	1	59.5	225.86	4.66	4.19	3.47	1.06	0.48	0.99
12	H275-2	59.4	124	14.6	58.9	13.2	2.97	15.4	2.47	16.8	3.50	10.7	1.55	10.8	1.55	92.9	335.55	4.10	3.71	2.82	1.15	0.75	0.99
13	H277-1	50.4	100	11.5	43.3	8.98	1.00	9.64	1.63	10.5	2.06	6.07	0.81	5.45	0.77	53.3	252.00	5.64	6.24	3.53	1.43	0.46	0.96

岩石中稀土元素总量范围是 141.38～421.18；轻重稀土元素比为 1.46～7.44，平均为 5.24，表现为轻稀土富集；$(La/Yb)_N$ 值范围为 1.233～7.42，平均为 5.02；$(La/Sm)_N$ 值范围为 1.94～3.67，平均为 3.04；δEu 的范围是 0.35～0.93，平均值为 0.60；δCe 的范围是 0.91～1.08，平均值为 1.00。矿区内 13 个酸性火山岩的稀土元素球粒陨石的配分型式中，除 H365-1 样品未出现 Eu 异常并且稀土元素有漂移外，其他 12 个样品的配分趋势都非常一致，呈现出一致的 Eu 负异常，曲线呈右倾状，而 H365-1 之所以出现上述结果，推测是因为 H365-1 发生了硅化现象（图 7-10b）。

7.2.5　构造环境

利用 Pearce（1982，1983）Nb-Y、Ta-Yb、（Y+Nb）-Rb 和（Yb+Ta）-Rb 图解（图 7-11），对本区 13 个酸性火山岩投图分析。在 Nb-Y 判别图解中，13 个火山岩样品全部投影在 WPG（板内区）的区域，而在 Ta-Y 判别图解中，进一步验证了其板内的性质。在四种判别图解中，除（Y+Nb）-Rb 和（Yb+Ta）-Rb 图解中有一个样品投影到 ORG（洋脊区）区域外，其他投影都非常一致。说明其整体构造环境属于板内性质，可能形成于大洋俯冲带靠近岛弧一侧偏板内的大地构造环境。喀腊达坂铅锌矿酸性火山岩在 La/Sm-La 图解（图 7-12）显示出本区火山岩部分熔融与分离结晶两种成岩机制是同时存在的。

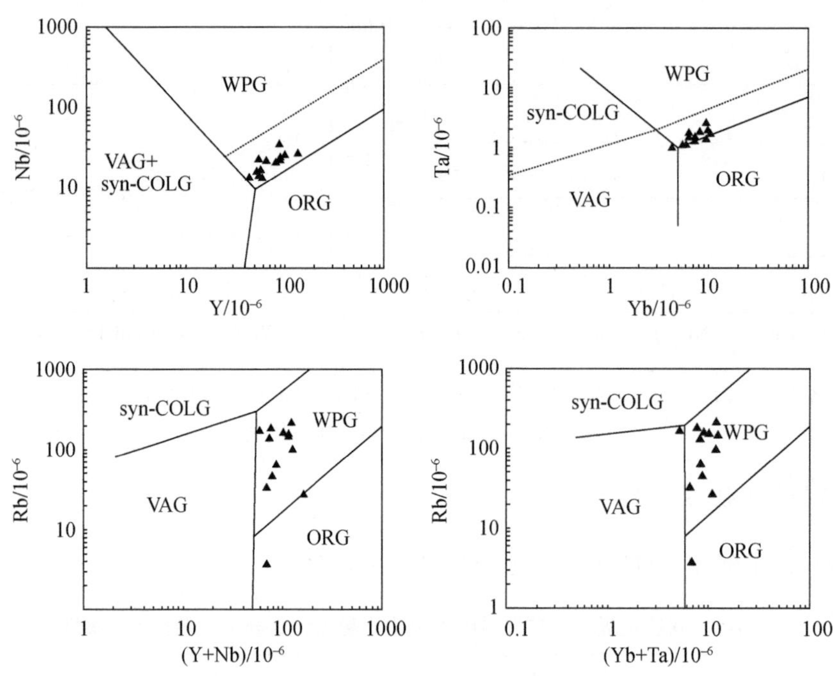

图 7-11　喀腊达坂铅锌矿酸性火山岩微量元素构造环境判别图解（底图据 Pearce et al., 1984）
syn-COLG-同碰撞带；VAG-岛弧区；WPG-板内区；ORG-洋脊区

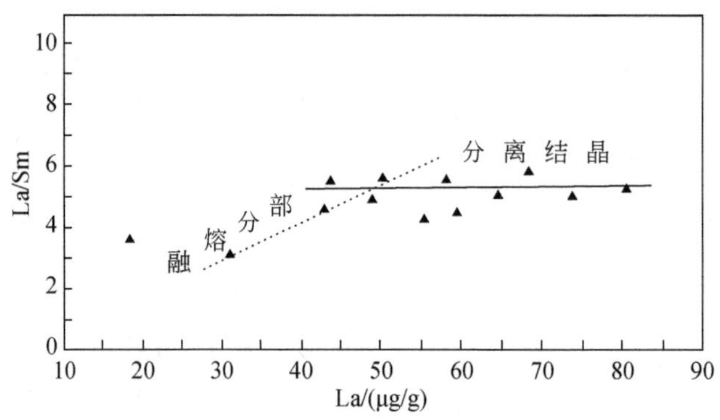

图 7-12　喀腊达坂铅锌矿酸性火山岩 La/Sm-La 图解

7.3　矿床地质特征

喀腊达坂铅锌矿区出露卓阿布拉克组火山-沉积岩系，以中性-中酸性火山碎屑岩夹中性-中基性火山岩，并与沉积岩互层。矿体的直接围岩主要岩性为酸性-中酸性晶屑凝灰岩。

7.3.1　矿化蚀变带

依据岩石破碎程度、蚀变矿物空间展布特征及铅锌矿（化）体分布范围等圈定矿化蚀变带，矿区内发育两条矿化蚀变带，均分布在卓阿布拉克组第四岩性段（O_1zh^4）内(图 7-1、图 7-13)。铜铅锌多金属矿化带向东聚合向西发散，带长 4km 以上，宽 50～600m，走向近东西向；地表呈黄色、褐红色、灰褐色等；带内蚀变强烈，主要有黄铁矿化、绢云母化、硅化等。地表风化黄钾铁矾和褐铁矿化，并可见少量孔雀石、铜蓝、方铅矿、闪锌矿、铅矾等矿化。主要有用组分有 Pb、Zn，伴生有用组分有 Cu、Au、Ag、S 等。新鲜矿化蚀变岩石以灰色、浅灰色为特点。

图 7-13　喀腊达坂铅锌矿蚀变带远景照片

a-蚀变带远景；b-地表黄铁矿化蚀变强烈，15 线探槽；c-蚀变带远景

7.3.2 赋矿岩石特征

矿区含矿地层为下古生界下奥陶统卓阿布拉克组中酸性火山岩-火山碎屑岩系，该地层整体上呈北西西走向，北北东倾向，倾角中等偏陡，多为 40°~65°，岩性为酸性火山岩、褐红色凝灰岩、灰绿色绿泥石石英岩夹绿泥石片岩、石英岩（岩石普遍具褐铁矿化），层内发育辉绿岩脉和石英脉，并发育黄钾铁矾蚀变带（带中具铅锌及铜蓝、孔雀石等矿化）。其中，赋矿岩系为第四岩性段黄铁矿化（风化为褐铁矿）绢云滑石片岩夹石英岩、绿泥石英片岩和绿泥石英片岩夹石英岩、绢云滑石片岩（原岩为中酸性火山熔岩及含晶屑火山凝灰岩），成矿环境与喀腊大湾铜多金属矿床基本一致。

7.3.3 矿体规模及特征

矿体大多数与火山沉积地层呈整合接触，即矿体与火山沉积地层产状一致，总体走向为近东西向或北西西向，倾向北北东，倾角中等，以 35°~45°为主。矿体长 65~840m，视厚为 1.6~13.95m，总体上具有锌高、铅低的特征，部分矿体沿走向、倾向具有尖灭、再现，膨胀、收缩，分支复合和隐伏、半隐伏的分布特征。沿走向断续延伸大于 300m 的矿体有四个，编号参照新疆地矿局第一区调大队的编制方式，以下仅对 $Ⅱ_1$、$Ⅶ_1$、Ⅸ号矿体简单描述。

1. $Ⅱ_1$号矿体特征

$Ⅱ_1$号矿体是工业矿体中最大的一个，矿体呈似层状，在走向上延伸很稳定，地表槽探工程控制西起 15 勘探线，经过 7 勘探线、0 勘探线、8 勘探线、16 勘探线，到 24 勘探线，出露长度超过 800m（图 7-1、图 7-14）。经过深部钻探工程控制，西起 63 勘探线，向东过 47 勘探线、31 勘探线、15 勘探线、0 勘探线、16 勘探线、24 勘探线、48 勘探线、到 64 勘探线，矿体长度超过 2400m。

矿体在倾向上延伸也同样较稳定，如 15 线剖面，虽然 ZK1505 矿体不够工业品位，但存在低品位矿体，而 ZK1506 和 ZK1507 见到较厚较富的铅锌矿体还说明倾斜方向具有尖灭再现的特征。从地表 KTC1501，经 ZK1501、ZK1502、ZK1503、ZK1505，到 ZK1506 和 ZK1507，已经控制矿体倾向延伸 910m（图 7-14）。另外，8 勘探线和 16 勘探线均控制铅锌矿体 400m 以上（图 7-15a、b）。单工程视厚为 0.82~39.44m，平均视厚为 12.31m。形态呈层状、似层状、透镜状，内部有夹石，有分支复合现象。

矿体总体走向为 290°，倾向北，倾角为 30°~65°（图 7-1、图 7-14、图 7-15a、b）。

有用组分为铅、锌，伴生有用组分铜、金、银、硫。

矿体受层位控制明显，厚度比较大，品位比较高，基本无断层破坏或岩脉穿插，构造对矿体影响很小；赋矿岩石主要为灰色绿泥石片岩，顶板为灰绿色绿泥石化石英片岩，底板为灰白色滑石化白云石英片岩。矿体厚度变化系数 90%，沿走向、倾向相对比较连续，厚度较大；品位变化系数 124%，有用组分分布较均匀，伴生有用组分变化较大。

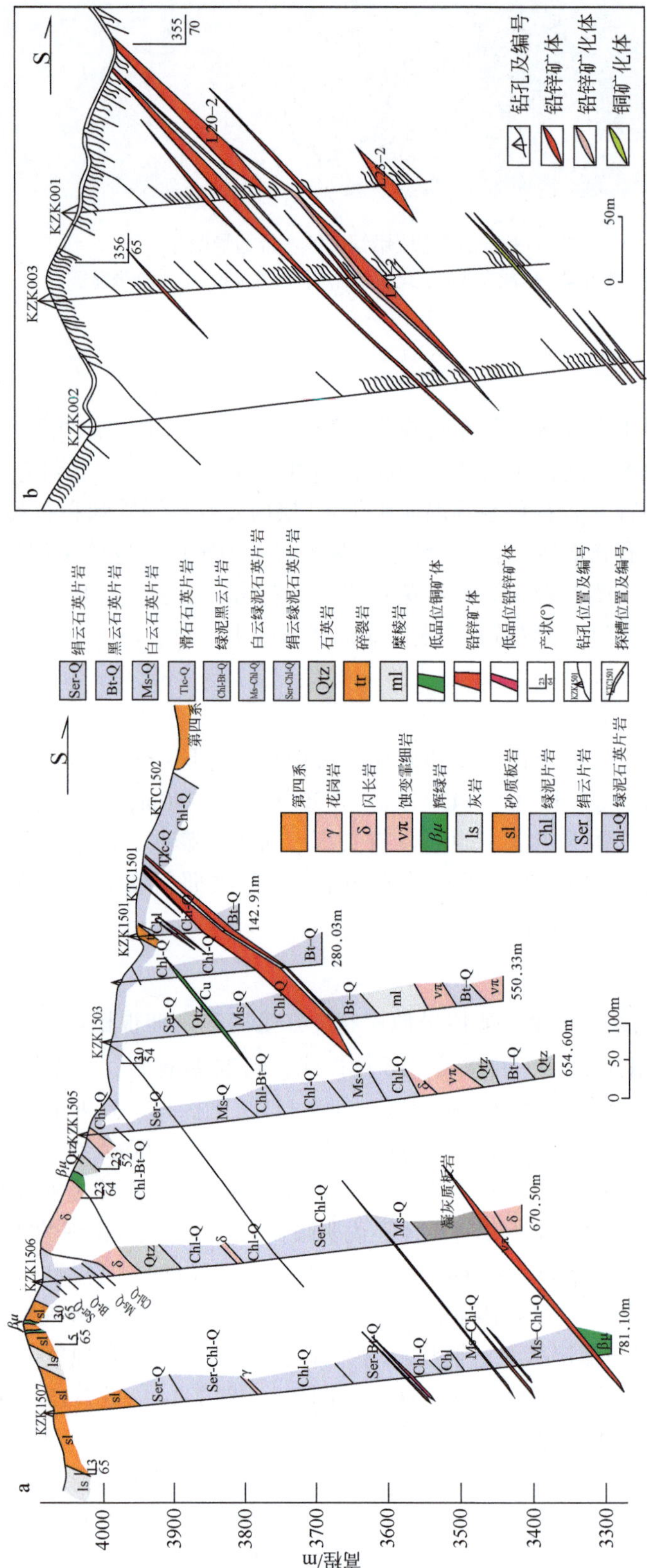

图7-14　喀腊达坂铅锌矿15和0勘探线剖面图（据新疆地矿局第一区域地质调查大队，2012）

a-15勘探线剖面图；b-0勘探线剖面图

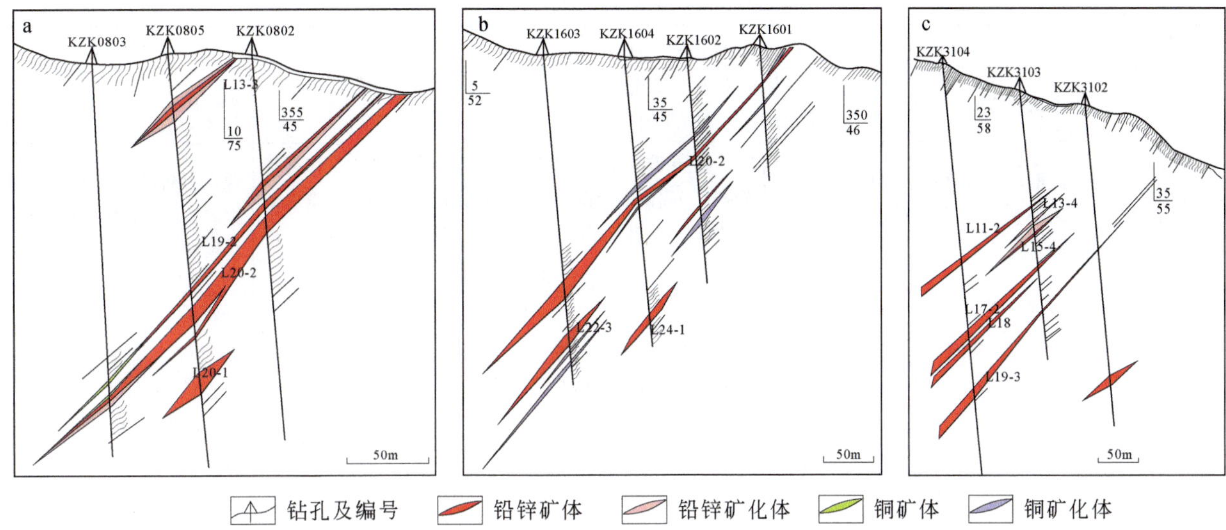

图 7-15　喀腊达坂铅锌矿 8 勘探线（a）、16 勘探线（b）和 31 勘探线（c）剖面图
（据新疆第一区域地质调查大队，2012）

2. $Ⅶ_1$ 号矿体特征

$Ⅶ_1$ 号矿体是半隐伏低品位矿体中最大的一个，矿体形态呈层状，总体产状为走向 289°，倾向北东，倾角为 50°～55°，受层位控制明显，沿走向、倾向其连续性差。该矿体东段出露地表，西段向深部侧伏，断续长约 1000m。地表出露于 32 线和 40 线，由 KTC3202、KTC4002 探槽控制，长 100m（图 7-1）；深部由 31 线、7 线、0 线、16 线和 32 线共 9 个钻孔控制，地下深部断续隐伏长约 900m（图 7-15b、c）。沿倾向最大控制斜深约 475m（32 线）。单工程视厚为 2.00～12.37m，矿体平均视厚为 6.23m。有用组分铅、锌。矿体厚度比较大，品位比较低，沿走向厚度、品位变化较大。

3. Ⅸ号矿体特征

Ⅸ号矿体是隐伏工业矿体中最大的一个，断续长 300m，单工程视厚为 2.20～31.04m，平均视厚为 9.69m，最大控制斜深为 280m；有用组分为铅、锌。矿体受层位控制明显，厚度比较大，品位比较高，沿走向其厚度变化较大，品位变化不大。

7.4　矿 石 特 征

7.4.1　矿石的矿物组合特征

矿区已查明的矿物有 20 多种。其中金属矿物 10 种，非金属矿物 10 种。由于成矿温度、所处地质环境和形成条件等的不同或相似，从而产生了不同或相似的矿石类型。反映在矿物共生组合上既有差异性，又有相似性。矿石类型分类方案比较多，有结构构造分类、氧化程度分类、赋矿围岩分类等，本报告运用有用元素组合进行分类，喀腊达坂矿区矿石类型及矿物共生组合情况列于表 7-4。

从表 7-4 中可以看出，区内存在四种矿石类型，即锌铅矿石（图 7-16a）、锌铅铜矿石（图 7-16b）、铅铜矿石（图 7-16c）和铅矿石（图 7-16d）。这四种矿石类型的矿物组合和产出部位既有差异又有相似性。由于仅仅是根据有用矿物组合划分的，所以往往会有两种或三种矿石同产一处，有些矿石类型是过渡型的。

表 7-4 各类型矿石矿物共生组合表

类型		锌铅矿石	锌铅铜矿石	铅铜矿石	铅矿石
金属矿物	主要	含铁闪锌矿、方铅矿	含铁闪锌矿、方铅矿、黄铜矿	方铅矿、黄铜矿	方铅矿
	次要	黄铜矿、黄铁矿、白铅矿、黝铜矿、磁黄铁矿、磁铁矿、褐铁矿	黄铁矿、磁黄铁矿、斑铜矿、辉铜矿、磁铁矿、白铁矿、褐铁矿、铜蓝、白铅矿、黝铜矿	含铁闪锌矿、黄铁矿、磁黄铁矿、斑铜矿、辉铜矿、磁铁矿白铁矿、褐铁矿、铜蓝、白铅矿、黝铜矿	含铁闪锌矿、黄铁矿、黄铜矿、磁黄铁矿、磁铁矿、褐铁矿、白铅矿、黝铜矿
非金属矿物	主要	石英	石英	石英	石英
	次要	绢云母、绿泥石、长石、滑石、重晶石、绿帘石、黏土矿物、白云母、萤石、褐帘石	绢云母、绿泥石、长石、滑石、重晶石、绿帘石、黏土矿物、白云母、萤石、褐帘石	绢云母、绿泥石、长石、滑石、重晶石、绿帘石、黏土矿物、白云母、萤石、褐帘石	绢云母、绿泥石、长石、滑石、重晶石、绿帘石、黏土矿物、白云母、萤石、褐帘石

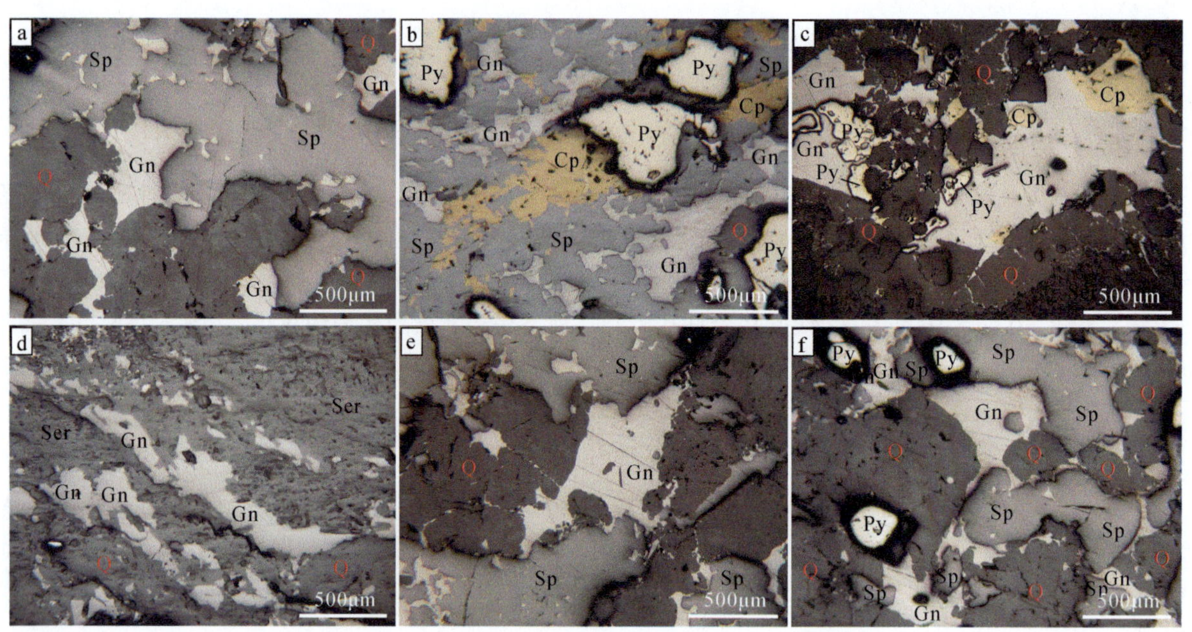

图 7-16 喀腊达坂铅锌矿典型矿石类型和主要矿物特征

a-铅锌矿石，金属矿物主要为闪锌矿（Sp）和方铅矿（Gn），非金属矿物主要为石英（Q），闪锌矿呈半自形粒状赋存于石英粒间，方铅矿呈他形粒状赋存于石英和闪锌矿等矿物粒间，反光5×8；b-铅锌铜矿石，金属矿物主要为闪锌矿（Sp）、方铅矿（Gn）、黄铜矿（Cp）和黄铁矿（Py），非金属矿物主要为石英（Q），闪锌矿为团块状，包裹黄铁矿颗粒，方铅矿和黄铜矿赋存于闪锌矿晶间，反光5×8；c-铅铜矿石，金属矿物主要为方铅矿（Gn）和黄铜矿（Cp），少量黄铁矿（Py），非金属矿物主要为石英（Q）和绢云母（Ser），方铅矿呈较大半自形晶体赋存于石英和绢云母晶间，黄铜矿呈中小颗粒赋存于石英或方铅矿晶间，黄铁矿呈不规则交代残留状，反光5×8；d-方铅矿矿石，金属矿物主要为方铅矿（Gn），方铅矿呈半自形-他形粒状发育于石英（Q）、绢云母（Ser）等非金属矿物颗粒之间，集合体呈条带状，可能沿浅变质变形火山岩片理分布，细小方铅矿呈浸染状发育于脉石矿物中，反光5×8；e-闪锌矿（Sp）呈半自形粒状赋存于石英（Q）、绢云母等非金属矿物颗粒之间，颗粒较大；方铅矿（Gn）呈半自形-他形粒状发育于闪锌矿、石英、绢云母等非金属矿物颗粒之间，或者呈细小颗粒或乳滴状发育于闪锌矿颗粒内，反光5×8；f-闪锌矿（Sp）呈半自形粒状赋存于石英（Q）、绢云母等非金属矿物颗粒之间，颗粒较大，方铅矿（Gn）呈半自形-他形粒状发育于闪锌矿、石英、绢云母等非金属矿物颗粒之间，或者呈细小颗粒或乳滴状发育于闪锌矿颗粒内，少量黄铁矿（Py）呈自形粒状赋存于石英颗粒间，反光5×8

7.4.2 主要矿物特征

1. 含铁闪锌矿

区内所见闪锌矿多为含铁闪锌矿，手标本呈褐红色、暗褐色、黑褐色。以半自形晶或他形粒状晶为主，反光镜下为灰色，反射率较低，突起较高，常呈半自形粒状或不规则的粒状集合体和细脉沿绢云母石英片岩中的硅酸盐矿物（绢云母、石英）晶隙间充填分布，并与方铅矿共生（图7-16a、b、e、f），同时常有方铅矿固熔体分离形式析出小颗粒（图7-16a、c、e、f）。闪锌矿矿物粒径一般为0.2～2mm，最小粒径在0.01mm以下，部分闪锌矿颗粒很大，达2～3mm，甚至大于5mm（图7-16a、b），并包裹有黄铁矿矿物残留体（图7-16b和图7-17a、b）。

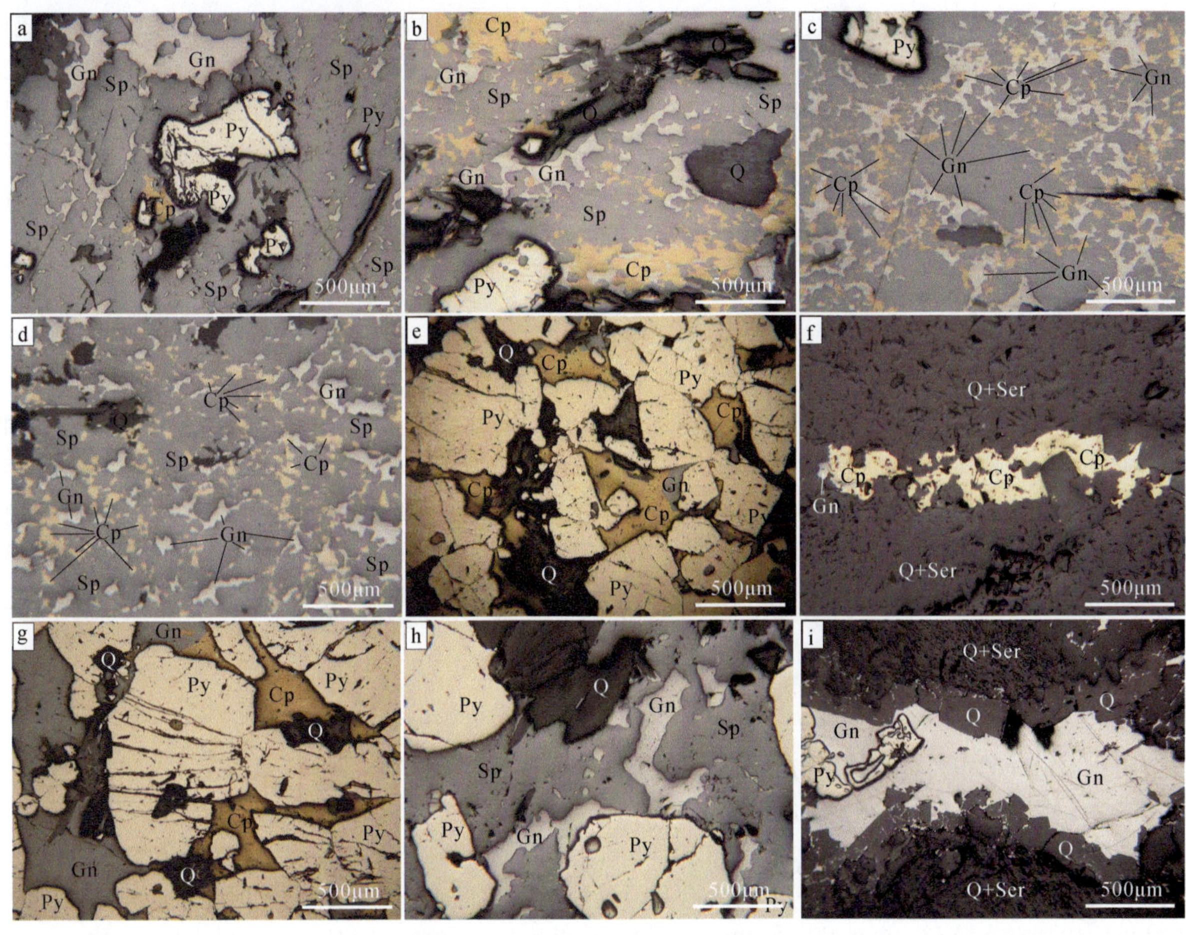

图7-17　喀腊达坂铅锌矿主要矿物特征

a-大颗粒含铁闪锌矿（Sp）中包裹早期形成的黄铁矿（Py），其中黄铁矿往往具有被熔蚀的特点，方铅矿（Gn）呈半自形粒状赋存于闪锌矿的晶间和裂隙、解理中，或者呈细小颗粒或乳滴状发育于闪锌矿颗粒内，反光5×8；b-大颗粒含铁闪锌矿（Sp）颗粒内发育浸染状中下小颗粒的方铅矿（Gn）和黄铜矿（Cp），同时包裹早期黄铁矿（Py），早期黄铁矿边部被熔蚀，反光5×8；c-含铁闪锌矿（Sp）中发育细小颗粒或乳滴状的方铅矿（Gn）和黄铜矿（Cp），早期黄铁矿（Py）晶体边部被熔蚀，被包裹于含铁闪锌矿颗粒内，反光5×8；d-细小颗粒或乳滴状的方铅矿（Gn）和黄铜矿（Cp）发育于大颗粒含铁闪锌矿（Sp）颗粒内或裂隙中，反光5×8；e-黄铜矿（Cp）呈他形中等粒状发育于自形黄铁矿（Py）粒间或发育于黄铁矿与脉石矿物石英（Q）等晶体间，同时见少量方铅矿（Gn），反光5×8；f-细小颗粒或乳滴状的方铅矿（Gn）和黄铜矿（Cp）发育于大颗粒含铁闪锌矿（Sp）颗粒内或裂隙中，构成似条带状或脉状构造，反光5×8；g-黄铜矿（Cp）呈他形中等粒状发育于自形黄铁矿（Py）粒间、裂隙中或黄铁矿与脉石矿物石英（Q）晶间，同时见少量方铅矿（Gn），反光5×8；h-细小颗粒或乳滴状的方铅矿（Gn）和黄铜矿（Cp）发育于大颗粒含铁闪锌矿（Sp）颗粒内或裂隙中，黄铁矿（Py）半自形，部分被熔蚀，反光5×8；i-方铅矿（Gn）呈半自形沿浅变质酸性火山岩（主要由石英和绢云母组成）片理交代充填，构成似条带状或脉状构造；黄铁矿（Py）被方铅矿包裹交代和熔蚀，构成交代穿孔和交代残留结构，反光5×8

2. 方铅矿

方铅矿为铅灰色，金属光泽，阶梯状立方体解理完全，以半自形晶和他形粒状晶为主；粒度总体较细，多数一般为0.2～1mm，少数达1～3mm，最小粒径为0.01mm。反光镜下为亮白色，反射率较高，突起中等偏高（图7-16d），从方铅矿与其他矿物的关系或者方铅矿的赋存关系来看，主要有两种状态，其一是方铅矿呈独立的颗粒赋存在石英、绢云母等非金属矿物颗粒之间，这种产出状态的方铅矿一般颗粒相对较大（图 7-16c、d）；其二是方铅矿常呈乳滴状、雏晶状嵌布于铁闪锌矿中（图 7-16c、图 7-17a）。从方铅矿在矿石中的分布看，一是呈浸染状分布于其他矿物间（图 7-16a ~ c 和图 7-16e、f），二是呈条带状分布于脉石矿物间（图 7-16b）。

3. 黄铜矿

黄铜矿为铜黄色，表面常有蓝色、紫褐色等斑状锖色，条痕绿黑色，金属光泽，不透明，硬度较低且性脆。反光镜下为微带绿色的黄色，矿物结晶程度较低，以他形晶为主。本区矿石中黄铜矿含量较低，但分布较广，赋存状态多样。在锌铅铜类型矿石和铅铜类型矿石中，黄铜矿结晶颗粒比较大，可达 0.2 ~ 0.5mm，最大可达 1mm 左右（图 7-16b、c 和图 7-17b）；在其他类型矿石中多为他形粒状晶，集合体呈斑点状、小团块状及细脉状产出或呈乳滴状分布于闪锌矿中，粒径一般为 0.025 ~ 0.005mm，最小粒径为 0.001mm（图 7-17c、d）。黄铜矿也呈中等颗粒状发育于黄铁矿晶体之间，粒径为 0.2 ~ 0.5mm（图 7-17e），或呈不规则条带状产于硅酸盐矿物（绢云母、石英）晶隙间（图 7-17f）。

4. 黄铁矿

黄铁矿为黄白色，表面常有蓝色、紫褐色等斑状锖色，条痕黑色，金属光泽，不透明，硬度较高且性脆。反光镜下为明亮的黄白色，反射率高。矿物结晶程度高，多为自形粒状晶体，呈不同程度浸染状产于硅酸盐矿物（绢云母、石英）晶隙间（图 7-16b 和图 7-17e、g、h）。喀腊达坂铅锌矿区矿石和围岩中黄铁矿含量均比较高，分布也很广，颗粒比较粗。粒径一般为 0.5 ~ 2mm，最大可达 3mm。同时，多数颗粒比较大的黄铁矿往往发育裂隙，而且裂隙中往往有黄铜矿或方铅矿充填（图 7-17e、g）。另外，由于黄铁矿结晶世代比较早，往往被晚世代结晶的矿物交代和包容，黄铁矿本身被熔蚀，形成港湾状边界等（图 7-16b、c 和图 7-17a ~ c），部分黄铁矿被交代较为彻底，残留部分较少，形成交代残留或交代穿孔结构（图 7-16c、图 7-17i）。

7.4.3　主要矿物的成分

喀腊达坂铅锌矿主要金属硫化物电子探子分析结果见表 7-5 ~ 表 7-8。

从表 7-5 中可以看出，本矿区的闪锌矿都为含铁闪锌矿，19 个分析结果的主元素含量如下所示。S 为 32.63%~33.96%，平均为 33.36%，Zn 为 57.04%~64.14%，平均为 62.74%，Fe 为 0.66%~4.28%，平均为 1.50%；除主元素外，含铁闪锌矿还含有其他各种杂质元素成分，特别是金元素含量非常高，19 个分析结果中均含有金元素，含金量为 2.22%~3.69%，平均为 3.08%；同时 19 个分析结果中均含有钼元素，含量为 0.39%~0.65%，平均为 0.501%；此外还不同程度含有铅、铜、铬元素。

表 7-5　阿尔金成矿带喀腊达坂铅锌矿床闪锌矿电子探针分析结果　（单位：%）

序号	测试点号	分析结果																总计
		Se	Fe	S	As	Co	Te	Ni	Pb	Zn	Mo	Cu	Sb	B	Ag	Au	Cr	
1	DH-1-1.2	0.03	0.88	33.09	0.00	0.00	0.00	0.03	0.13	62.97	0.52	0.00	0.00	0.00	0.00	3.25	0.19	101.09
2	DH-1-1.5	0.00	0.66	32.87	0.00	0.00	0.00	0.00	0.04	63.88	0.42	0.06	0.00	0.00	0.00	3.01	0.02	100.95
3	DH-1-1.6	0.00	0.68	33.07	0.00	0.00	0.01	0.00	0.07	63.71	0.51	0.02	0.00	0.00	0.00	3.17	0.02	101.26
4	DH-1-2.2	0.00	1.18	33.57	0.00	0.00	0.00	0.01	0.17	63.34	0.59	0.00	0.06	0.00	0.00	3.58	0.01	102.51
5	DH-1-2.3	0.03	4.28	33.55	0.00	0.04	0.00	0.05	0.13	57.04	0.43	3.65	0.02	0.00	0.00	2.67	0.03	101.92
6	DH-1-2.6	0.00	1.13	33.96	0.00	0.00	0.00	0.03	0.15	63.22	0.42	0.00	0.02	0.00	0.00	3.33	0.03	102.28
7	DH-1-2.9	0.00	0.96	32.89	0.05	0.00	0.02	0.00	0.06	64.14	0.52	0.00	0.05	0.00	0.00	2.81	0.04	101.55
8	DH-2-1.2	0.00	2.20	33.12	0.03	0.02	0.00	0.00	0.01	62.10	0.53	0.00	0.00	0.00	0.00	2.92	0.00	100.92
9	DH-2-2.5	0.00	2.05	33.78	0.00	0.00	0.00	0.01	0.12	62.30	0.50	0.00	0.00	0.00	0.00	2.86	0.02	101.64
10	DH-2-2.6	0.00	2.20	33.74	0.00	0.00	0.02	0.00	0.10	62.68	0.47	0.00	0.06	0.00	0.00	3.24	0.04	102.55
11	DH-4-1.4	0.08	0.89	33.36	0.00	0.00	0.03	0.03	0.15	63.68	0.48	0.00	0.04	0.00	0.00	2.66	0.00	101.39

续表

序号	测试点号	分析结果																总计
		Se	Fe	S	As	Co	Te	Ni	Pb	Zn	Mo	Cu	Sb	B	Ag	Au	Cr	
12	DH-4-1.5	0.02	1.02	33.88	0.00	0.01	0.00	0.00	0.02	63.50	0.65	0.00	0.02	0.00	0.00	2.43	0.00	101.55
13	DH-4-2.1	0.00	1.02	33.41	0.00	0.03	0.02	0.00	0.00	62.89	0.47	0.00	0.03	0.00	0.00	3.37	0.03	101.25
14	DH-4-2.3	0.01	0.90	33.34	0.04	0.01	0.00	0.00	0.17	62.96	0.53	0.00	0.01	0.06	0.00	3.22	0.03	101.27
15	DH-5-1.1	0.02	1.79	33.29	0.00	0.00	0.00	0.02	0.13	62.94	0.65	0.12	0.08	0.00	0.00	3.54	0.10	102.68
16	DH-5-1.5	0.00	1.76	32.63	0.02	0.01	0.03	0.03	0.02	63.01	0.54	0.15	0.00	0.00	0.00	2.22	0.00	100.40
17	DH-5-2.3	0.00	1.62	33.02	0.01	0.01	0.03	0.00	0.18	62.38	0.41	0.00	0.00	0.00	0.00	3.69	0.00	101.34
18	DH-5-2.5	0.03	1.67	33.58	0.04	0.00	0.02	0.00	0.03	62.57	0.49	0.00	0.08	0.00	0.00	2.93	0.06	101.49
19	DH-5-2.6	0.00	1.60	33.70	0.00	0.01	0.00	0.00	0.10	62.77	0.39	0.01	0.00	0.00	0.00	2.62	0.04	101.22
元素平均含量		0.012	1.50	33.36	0.010	0.007	0.009	0.011	0.094	62.74	0.501	0.211	0.025	0.003	0.000	3.08	0.035	

从表 7-6 中可以看出，本矿区方铅矿的成分比较单一，18 个分析结果的主元素含量如下所示。S 为 13.04%~13.57%，平均为 13.317%，Pb 为 85.86%~88.87%，平均为 87.348%；方铅矿的各种杂质成分都比较少，仅有少量的锌元素，18 个分析结果有 17 个含有锌元素，含量为 0.02%~1.26%，平均含量为 0.205%；18 个分析结果中只有 3 个含有金元素，为 0.04%~2.17%，平均为 0.131%。

表 7-6　阿尔金成矿带喀腊达坂铅锌矿床方铅矿电子探针分析结果　（单位：%）

序号	测试点号	分析结果																总计
		Se	Fe	S	As	Co	Te	Ni	Pb	Zn	Mo	Cu	Sb	B	Ag	Au	Cr	
1	DH-1-1.1	0.00	0.00	13.50	0.00	0.00	0.01	0.03	87.35	0.12	0.00	0.00	0.00	0.00	0.00	0.00	0.01	101.01
2	DH-1-2.1	0.00	0.04	13.04	0.00	0.00	0.12	0.00	86.17	0.18	0.00	0.00	0.00	0.00	0.00	0.00	0.09	99.63
3	DH-1-2.4	0.00	0.02	13.44	0.00	0.02	0.09	0.00	87.34	0.22	0.00	0.05	0.00	0.00	0.00	0.00	0.11	101.27
4	DH-1-2.7	0.00	0.00	13.36	0.00	0.00	0.06	0.00	86.42	0.22	0.00	0.00	0.00	0.00	0.00	0.00	0.04	100.10
5	DH-1-2.11	0.00	0.00	13.32	0.00	0.00	0.00	0.00	86.98	0.04	0.00	0.00	0.03	0.00	0.01	0.00	0.09	100.46
6	DH-2-1.1	0.00	0.04	13.25	0.00	0.00	0.00	0.05	88.03	1.26	0.00	0.03	0.04	0.00	0.01	0.00	0.03	102.76
7	DH-2-1.5	0.00	0.00	13.24	0.00	0.06	0.10	0.00	88.87	0.09	0.00	0.00	0.06	0.00	0.00	2.17	0.23	104.83
8	DH-2-2.3	0.01	0.02	13.52	0.00	0.00	0.06	0.00	88.14	0.24	0.00	0.00	0.00	0.00	0.04	0.00	0.09	102.12
9	DH-2-2.4	0.03	0.03	13.31	0.00	0.01	0.06	0.00	87.28	0.12	0.00	0.00	0.06	0.00	0.01	0.00	0.06	100.97
10	DH-4-1.1	0.00	0.01	13.30	0.00	0.02	0.00	0.00	87.81	0.12	0.00	0.03	0.08	0.00	0.00	0.00	0.02	101.39
11	DH-4-1.2	0.00	0.00	13.19	0.00	0.00	0.09	0.00	87.70	0.07	0.00	0.03	0.04	0.00	0.01	0.04	0.10	101.27
12	DH-4-1.3	0.03	0.00	13.41	0.00	0.04	0.02	0.00	88.12	0.02	0.00	0.02	0.00	0.00	0.00	0.00	0.08	101.74
13	DH-4-2.2	0.00	0.01	13.29	0.00	0.00	0.05	0.00	86.96	0.00	0.00	0.00	0.00	0.00	0.00	0.00	0.05	100.36
14	DH-4-2.4	0.00	0.02	13.57	0.00	0.00	0.05	0.02	87.40	0.08	0.00	0.00	0.07	0.00	0.00	0.00	0.06	101.27
15	DH-4-2.5	0.00	0.02	13.27	0.00	0.00	0.01	0.00	86.73	0.42	0.00	0.00	0.06	0.00	0.00	0.00	0.10	100.62
16	DH-5-2.1	0.01	0.00	13.35	0.00	0.00	0.13	0.00	87.54	0.17	0.00	0.10	0.00	0.00	0.00	0.00	0.14	101.44
17	DH-5-2.2	0.00	0.00	13.30	0.00	0.00	0.04	0.00	87.56	0.09	0.00	0.00	0.07	0.00	0.00	0.00	0.09	101.15
18	DH-5-2.4	0.00	0.00	13.29	0.00	0.06	0.11	0.00	85.86	0.23	0.00	0.00	0.02	0.00	0.00	0.15	0.08	99.81
元素平均含量		0.003	0.012	13.317	0.000	0.011	0.057	0.006	87.348	0.205	0.000	0.014	0.029	0.000	0.004	0.131	0.082	

从表 7-7 中可以看出，本矿区黄铜矿的成分比较复杂，8 个分析结果的主元素含量如下所示。Fe 为 30.22%~31.63%，平均为 31.26%，S 为 34.31%~35.15%，平均为 34.80%；Cu 为 28.20%~34.62%，平均为 33.19%；黄铜矿的各种杂质成分也比较多。8 个分析结果中均含有钼元素，含量为 0.35%~

0.58%，平均为0.48%；8个分析结果中均含有微量钴元素，含钴量为0.04%～0.08%，平均为0.55%；同时，8个分析结果中有7个含锌元素，含量为0.12%～1.24%，平均为0.39%；有5个分析结果含金元素，含量为0.03%～1.06%，平均为0.343%；同时不同程度含有其他杂质元素，如铅、硒等。

表7-7　阿尔金成矿带喀腊达坂铅锌矿床黄铜矿电子探针分析结果　（单位：%）

序号	测试点号	分析结果																总计
		Se	Fe	S	As	Co	Te	Ni	Pb	Zn	Mo	Cu	Sb	B	Ag	Au	Cr	
1	DH-1-1.3	0.04	31.30	34.31	0.00	0.05	0.02	0.00	0.04	0.00	0.51	34.62	0.00	0.00	0.00	0.00	0.00	100.89
2	DH-1-1.4	0.02	31.32	34.72	0.00	0.06	0.00	0.01	0.11	0.31	0.47	34.03	0.04	0.00	0.00	0.30	0.00	101.38
3	DH-2-1.3	0.01	30.22	34.87	0.00	0.04	0.00	0.00	0.13	1.24	0.47	33.55	0.01	0.00	0.00	0.48	0.02	101.04
4	DH-2-1.4	0.01	31.50	34.87	0.00	0.04	0.02	0.03	0.25	0.87	0.35	28.20	0.00	0.00	0.03	0.57	0.00	96.73
5	DH-2-2.1	0.00	31.36	35.15	0.01	0.07	0.03	0.00	0.11	0.32	0.48	33.85	0.01	0.00	0.00	0.03	0.04	101.44
6	DH-2-2.2	0.03	31.63	34.94	0.01	0.05	0.04	0.00	0.09	0.13	0.47	33.74	0.00	0.00	0.00	1.06	0.00	102.17
7	DH-5-1.2	0.00	30.77	34.91	0.00	0.05	0.01	0.04	0.04	0.12	0.58	33.69	0.00	0.00	0.07	0.00	0.00	100.27
8	DH-5-1.4	0.03	31.20	34.64	0.03	0.08	0.00	0.01	0.00	0.19	0.52	33.80	0.00	0.00	0.01	0.30	0.07	100.89
元素平均含量		0.018	31.26	34.80	0.006	0.055	0.015	0.012	0.096	0.39	0.48	33.19	0.008	0.00	0.014	0.343	0.016	

从表7-8中可以看出，本矿区黄铁矿的成分也比较复杂，4个分析结果的主元素含量如下所示。Fe为47.01%～47.85%，平均为47.49%，S为53.25%～54.00%，平均为53.63%；黄铁矿的各种杂质成分也比较多。4个分析结果中均含有铅、锌、钼、钴元素，铅含量为0.04%～0.15%，平均为0.11%；锌含量为0.02%～0.16%，平均为0.09%；钼含量为0.64%～0.77%，平均为0.68%；钴含量为0.06%～0.11%，平均为0.09%；此外，不同程度含有银、镍、硒、碲等。

表7-8　阿尔金成矿带喀腊达坂铅锌矿床黄铁矿电子探针分析结果　（单位：%）

序号	测试点号	分析结果																总计
		Se	Fe	S	As	Co	Te	Ni	Pb	Zn	Mo	Cu	Sb	B	Ag	Au	Cr	
1	DH-1-2.4	0.02	47.27	54.00	0.00	0.11	0.07	0.00	0.15	0.07	0.65	0.00	0.00	0.00	0.01	0.00	0.00	102.34
2	DH-1-2.8	0.01	47.81	53.62	0.00	0.09	0.00	0.02	0.04	0.02	0.64	0.00	0.00	0.00	0.02	0.00	0.00	102.26
3	DH-1-2.10	0.00	47.85	53.25	0.00	0.06	0.05	0.00	0.10	0.16	0.64	0.00	0.00	0.00	0.04	0.00	0.02	102.17
4	DH-5-1.3	0.02	47.01	53.66	0.00	0.11	0.01	0.03	0.13	0.10	0.77	0.02	0.00	0.00	0.05	0.00	0.00	101.90
元素平均含量		0.013	47.49	53.63	0.00	0.09	0.03	0.01	0.11	0.09	0.68	0.005	0.00	0.00	0.03	0.00	0.05	

7.4.4　矿石结构构造

1. 矿石结构

区内矿石结构按成因可分为结晶结构、交代结构、固溶体分离结构和压碎结构四种类型。

1）结晶结构

（1）自形晶结构：黄铁矿常呈立方体自形晶产出（图7-17e、g）。

（2）半自形晶结构：含铁闪锌矿多为半自形晶（图7-16a、e、f）。

（3）他形晶结构：黄铜矿，部分闪锌矿、方铅矿等呈他形粒状产出（图7-16，图7-17a、b、c、d）。

（4）填隙结构：方铅矿、黄铜矿呈微细脉状充填于黄铁矿裂隙中（图7-17e、g），或发育于闪锌矿、黄铁矿及脉石晶隙间（图7-16a、e、f和图7-17a）。

（5）包含结构：早生成的矿物被晚生成的矿物所包含，如黄铁矿被含铁闪锌矿包裹（图7-16b、f和图7-17a、b、c）或被方铅矿包裹（图7-17i）。

2）交代结构

（1）交代结构：晚形成的矿物沿早形成的矿物晶隙间进行广泛交代，如含铁闪锌矿、方铅矿交代黄铁矿（图7-16c、图7-17h）。

（2）交代残余及筛状结构：方铅矿、铁闪锌矿强烈交代黄铁矿，使其呈不规则残余体或呈孤岛状分布于方铅矿和铁闪锌矿中（图7-16c和图7-17h、i）。

（3）溶蚀结构：方铅矿沿黄铁矿及铁闪锌矿中心渗透溶蚀交代，并呈团块状分布于黄铁矿中或颗粒黄铁矿之间（图7-17e、h）。

3）固溶体分离结构

黄铜矿呈乳滴状分布在含铁闪锌矿中（具定向排列现象），方铅矿常呈乳滴状、雏晶状嵌布于含铁闪锌矿中（图7-17b～d）。

4）压裂、压碎结构

黄铁矿等性脆，受应力作用影响常被压裂或压碎，形成压裂、压碎结构（图7-17g）。

2. 矿石构造

矿石构造以细脉状构造、浸染状构造、块状构造和团块状构造最为普遍，条带状构造次之。

（1）块状构造：方铅矿、铁闪锌矿、黄铁矿等呈不规则紧密堆积，构成致密块状铅锌（银）矿石（图7-16a、b、e、f和图7-17e、g、h）。

（2）细脉状构造：方铅矿、含铁闪锌矿、黄铜矿等呈细脉状分布于蚀变岩石中，形成细脉状构造矿石（图7-17f、h）。

（3）浸染状构造：黄铜矿、方铅矿等呈分散状分布于岩石中。根据矿石矿物出现疏密程度的不同，又可分为稠密浸染状构造、稀疏浸染状构造和星散浸染状构造（图7-16a和图7-17c、d）。

（4）团块状构造：方铅矿、铁闪锌矿、黄铁矿等呈团块状不均匀地分布于蚀变岩石中（图7-17e、g）。

（5）条带状构造：方铅矿、黄铜矿等在矿体中的某些部位呈较紧密的细脉与脉石矿物相间出现或不同矿物组合分带产出，形成条带状构造（图7-16d）。

7.4.5　矿物生成顺序

该矿床的形成，经历了火山沉积期、浅变形结晶期和表生期三个时期。火山沉积期是矿床形成的主要时期，变质结晶期使已经形成的矿床发生结晶变化和改造，矿物颗粒结晶变粗、加大。

根据矿物共生组合和穿插关系，结合矿床经历的地质作用，将矿区主要矿物生成顺序列于表7-9。

表7-9　喀腊达坂铅锌矿主要矿物生成顺序表

矿物名称	矿化期次		
	火山-沉积期	变质结晶期	表生期
石英	——	——	
长石	——	——	
黄铁矿	——	—	
铁闪锌矿	—	——	
方铅矿	—	——	
黄铜矿	—	——	
磁铁矿	— — —	— — —	
斑铜矿	— —	— — —	
辉铜矿	— —	— — —	
黝铜矿	— —	— — —	
磁黄铁矿	—	— — — —	
白云母	—	——	
绢云母	—	——	
绿帘石	—	—	
绿泥石	— —	— ——	
重晶石	—	—	
滑石	——	—	
白铁矿		—	
铅矾			— — — —
白铅矿		— —	
方解石		— — — — —	
黏土矿物		— —	— — —
铜蓝		—	—
孔雀石			——
褐铁矿			——
萤石		— —	

7.5　矿床成因分析

矿床的形成实质上是地壳中的有用元素从分散到聚集的地球化学过程。对于本区与火山岩有关的矿床而言，这一过程主要包括火山岩的形成环境、火山物质来源、火山岩沉积时期浅部流体作用等几方面内容。由于喀腊达坂铅锌矿的研究工作刚刚开始，各方面测试数据非常少，本书主要根据硫同位素、铅同位素、矿石地球化学等测试数据及其对比，分析矿床成因。

7.5.1 铅同位素特征及其示踪意义

铅同位素测试由自然资源部同位素地质重点实验室完成。铅同位素比值可用多接收器等离子体质谱法（MC-ICP-MS）测定，所用仪器为英国的 Nu Plasma HR，仪器的质量分馏以 Tl 同位素外标校正（李怀坤和 Niu，2003），样品中 Tl 的加入量约为铅含量的 1/2。NBS 981 长期测定的统计结果如下：$^{208}Pb/^{206}Pb = 2.1674 \pm 0.0005$，$^{207}Pb/^{206}Pb = 0.91486 \pm 0.00025$，$^{206}Pb/^{204}Pb = 16.9397 \pm 0.0111$，$^{207}Pb/^{204}Pb = 15.4974 \pm 0.0089$，$^{208}Pb/^{204}Pb = 36.7147 \pm 0.0262$（$\pm 2\sigma$）。喀腊达坂铅锌矿 Pb 同位素组成见表 7-10。显示本矿区各样品的铅同位素组成非常一致，其投影图见图 7-18a、b。

表 7-10　喀腊达坂铅锌矿床矿石铅同位素组成一览表

序号	样号	矿物	$^{208}Pb/^{204}Pb$	$^{207}Pb/^{204}Pb$	$^{206}Pb/^{204}Pb$	$^{208}Pb/^{206}Pb$	$^{207}Pb/^{206}Pb$
1	H276-4	方铅矿	38.0929	15.6289	18.472	2.0622	0.84609
2	H278-2	方铅矿	38.1223	15.629	18.4695	2.06407	0.84621
3	H279-2	方铅矿	38.1194	15.6293	18.4706	2.06379	0.84618
4	DH-1	方铅矿	38.1193	15.6278	18.4685	2.06403	0.84619
5	DH-3	方铅矿	38.1166	15.6255	18.4659	2.06416	0.84618
6	DH-4	方铅矿	38.1188	15.6266	18.4666	2.0642	0.84621
7	DH-5	方铅矿	38.1118	15.6243	18.4638	2.06413	0.84621
8	DH-8	方铅矿	38.1067	15.6234	18.4635	2.06389	0.84618
9	DH-1	黄铁矿	38.1377	15.6346	18.4756	2.06423	0.84624
10	DH-5	黄铁矿	38.1137	15.6256	18.4667	2.06392	0.84615
11	DH-8	黄铁矿	38.1251	15.6302	18.4706	2.06409	0.84622
12	DH-2	黄铁矿	38.1187	15.6288	18.468	2.06404	0.84627
13	阿舍勒铜锌矿	矿石	38.10	15.42	18.16		
14		火山岩	—	15.58	18.06		

注：1～12 数据来源为本书，13～14 数据来源据王登红，1996。

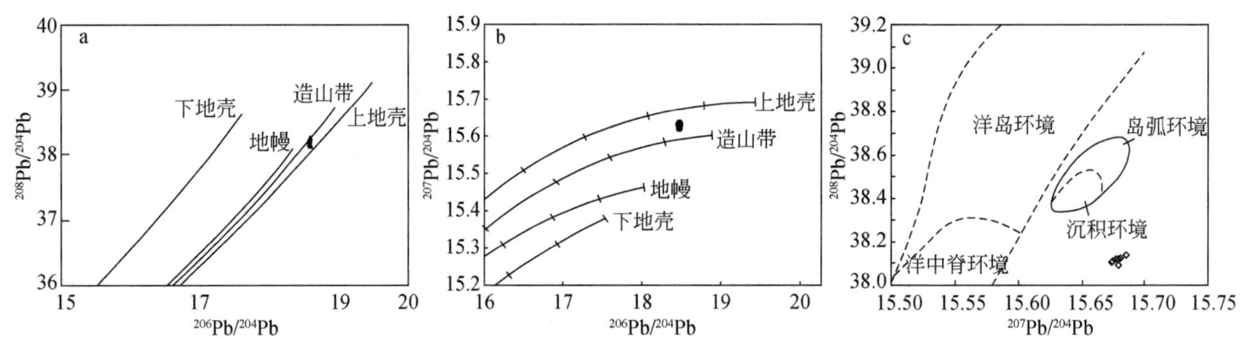

图 7-18　喀腊达坂铅锌矿床矿石铅同位素投影图

铅同位素可以用来示踪物源，在铅同位素模式示踪图中，若投影点落在造山带增长线上方，则必然包含上地壳成分；若投影点位于造山带增长线附近，则显示为混合铅来源（Zartman and Doe，1981；Stacey and Hedlund，1983）。从图 7-18a、b 中可以看出，喀腊达坂铅锌矿床的铅同位素 $^{208}Pb/^{204}Pb$-$^{206}Pb/^{204}Pb$ 和 $^{207}Pb/^{204}Pb$-$^{206}Pb/^{204}Pb$ 投图都非常一致，铅同位素组成投影均单一落入上地壳与造山带之间的区域，反映本矿床矿石的铅具有上地壳铅和造山带铅的混合来源，不具有地幔来源；或者说属于浅源铅来源，不是深源铅来源。据此可以推断，形成含矿火山岩的岩浆很可能来源于造山带的重熔作用，并受到地壳物质混合或者是同化混染作用。与阿舍勒铜锌矿床的铅同位素组成（王登红，1996；陈毓川等，1996）非常相近。

铅同位素可用来判别岩石所处的板块构造环境，尤其适用于大洋环境。在构造背景上，从铅同位素$^{208}Pb/^{204}Pb$-$^{207}Pb/^{204}Pb$投图中（图 7-18c）可以看出洋中脊环境具有较低的$^{208}Pb/^{204}Pb$值和$^{207}Pb/^{204}Pb$值，洋岛环境具有较高的$^{208}Pb/^{204}Pb$值和中等的$^{207}Pb/^{204}Pb$值，而岛弧环境则是具有低到中等的$^{208}Pb/^{204}Pb$值和很高的$^{207}Pb/^{204}Pb$值，岛弧环境与大洋沉积物范围有部分重叠。本矿区铅同位素组成投影点位于岛弧环境下方（图 7-18c），在$^{207}Pb/^{204}Pb$坐标轴上具有岛弧性质，其较低的$^{208}Pb/^{204}Pb$范围推测是上地壳源区的混入，是板块消减作用的结果。同时，这一结果与第 2 章和本章从地球化学特征反映出的区域火山岩和矿区火山岩均形成于岛弧环境这一认识是一致的。

7.5.2　硫同位素特征及其示踪意义

喀腊达坂铅锌矿床的硫同位素组成见表 7-11。

表 7-11　喀腊达坂铅锌矿床及其他矿床硫同位素测试结果

矿床	样号	矿石类型	矿物名称	$\delta^{34}S_{V\text{-}CDT}$‰
喀腊达坂铅锌矿床	H76-2	似层状矿石	黄铁矿	16.7
	H276-1	含方铅矿重晶石脉	方铅矿	9.5
	H276-4	重晶石脉方铅矿石	方铅矿	10
	H278-2	含矿凝灰岩	方铅矿	6.0
	H279-2	含矿滑石片岩	方铅矿	2.6
	DH-1	似层状矿石	方铅矿	6.9
	DH-2	似层状矿石	方铅矿	6.8
	DH-3	似层状矿石	方铅矿	6.5
	DH-4	似层状矿石	方铅矿	6.8
	DH-5	似层状矿石	方铅矿	7.7
	DH-8	似层状矿石	方铅矿	7.0
	DH-1	似层状矿石	黄铁矿	9.9
	DH-2	似层状矿石	黄铁矿	9.1
	DH-5	似层状矿石	黄铁矿	9.9
	DH-8	似层状矿石	黄铁矿	8.8
甘肃石居里铜锌矿床（宋忠宝等，2003）				+5～11
黑矿型矿床（张宝贞等，1985）				+0～8
可可塔勒铅锌矿床（丁汝福等，1999）		块状矿石		−13.2
		浸染状矿石		−10.8
阿舍勒铜锌矿床（王登红等，1996）		浸染状矿石		−7.2
		块状矿石		+5.5

从表 7-11 可以看出，喀腊达坂铅锌矿床的 5 个黄铁矿和 10 个方铅矿的 $\delta^{34}S$ 均为正值，总体上介于+2.6‰～+16.7‰，平均为+8.28‰。15 个数据可以划分为两组，一组<8，另一组集中在 8.8～10（H76-2 例外，为+16.7‰）。可见喀腊达坂铅锌矿矿床的硫同位素组成相对较为集中，虽有两组集中分布范围，但总体上看浮动很小，应该为两种硫源的混合，相应的成矿环境和成矿物理化学条件也为两种不同环境。

从原生含硫矿物来看，喀腊达坂铅锌矿床显示为方铅矿和黄铁矿并存；这种不同价态硫的矿物组合说明成矿热液发生不同价态硫之间的同位素分馏作用非常弱；同时，本区以绢云母化、绿泥石化和硅化为主的围岩蚀变反映成矿流体为弱酸性环境，说明不同成矿阶段的硫同位素分馏也不会很大。所以在同一个矿床中，硫同位素的分馏作用主要发生于不同硫化物之间。目前对于黄铁矿、黄铜矿、方铅矿、闪锌矿等常见硫化物的硫同位素分馏作用的研究比较深入，在300℃条件下，各硫化物之间的硫同位素分馏比较小，因此，喀腊达坂铅锌矿床硫化物的硫同位素组成能够非常贴近成矿流体的硫同位素组成。

通过对比分析发现，以上15个硫同位素组成显示喀腊达坂铅锌矿矿床的硫源正向偏离陨石硫较大，表明不是深源硫，也不是岩浆岩来源为主的硫，而很可能是海相沉积岩来源的硫与岩浆岩来源硫的混合。与北疆阿勒泰地区的可可塔勒铅锌矿床明显不同，与甘肃石居里铜锌矿床相近，与阿舍勒铜锌矿床和日本黑矿型矿差异不太大，后者硫同位素值稍小（小2‰～4‰）。

7.5.3　矿石地球化学特征

稀土元素和微量元素对块状硫化物矿床的形成具有示踪作用，一般认为块状硫化物矿床的形成是从火山岩中萃取贱金属的溶液流出并在海底沉积形成的（王登红和陈毓川，2001）。矿石稀土元素的配分型式可反映成矿热卤水特征。而微量元素往往具有重要的成矿作用环境指示意义。

在五个测试样品中，H366-2、H366-3采自卓阿布拉克组第四岩性段（O_1zh^4）中，剩余三个样品为铅锌矿7线坑道内采集。五个矿石样品的微量元素和稀土元素的地球化学分析数据，见表7-12、表7-13。

表7-12　喀腊达坂铅锌矿区铅锌矿石稀土元素分析结果　（单位：10^{-6}）

序号	样品号	Cr	Co	Ni	Cu	Zn	Rb	Sr	Zr	Nb	Ba	Hf	Ta	Pb	Th	U	Y	备注
1	H370-16	51.9	4.67	27.7	101	160300	22.9	1367	129	4.59	710	3.07	0.11	51300	3.97	0.96	12.2	测试单位为中国地质科学院国家地质实验测试中心
2	H370-7	26.6	5.12	14.3	5363	105700	4.65	3.68	103	3.56	66.6	2.35	0.09	13600	3.24	2.23	14.6	
3	H370-8	19	1.27	16.9	138	40800	75.3	1.87	664	23.2	432	16	0.62	21170	19.4	8.04	101	
4	H366-2	19.5	0.79	15.4	2101	19230	8.45	2862	90.6	0.55	5725	0.86	0.01	39440	1.9	1.31	4.08	
5	H366-3	10.1	0.26	6.39	1203	509	2.92	2040	20	0.40	10170	0.31	0.01	57730	3.00	0.46	0.92	

表7-13　喀腊达坂铅锌矿区铅锌矿石微量元素分析结果　（单位：10^{-6}）

序号	样品号	La	Ce	Pr	Nd	Sm	Eu	Gd	Tb	Dy	Ho	Er	Tm	Yb	Y	Lu	总量	LREE/HREE	备注
1	H370-16	8.14	17.40	2.24	9.40	2.14	0.69	2.40	0.41	2.54	0.54	1.62	0.24	1.53	12.20	0.25	61.74	1.75	测试单位为中国地质科学院国家地质实验测试中心
2	H370-7	15.9	32.90	3.83	15.1	3.06	0.60	3.00	0.43	2.57	0.55	1.62	0.24	1.44	14.60	0.23	96.07	2.80	
3	H370-8	59.7	117	13.4	51.6	11.10	1.91	14.9	2.89	19.10	3.97	11.20	1.59	9.99	101.00	1.50	420.85	1.50	
4	H366-2	7.13	14.40	1.92	7.08	1.36	0.5	1.58	0.20	1.06	0.20	0.56	0.09	0.53	4.08	0.09	40.78	3.59	
5	H366-3	11.70	19.70	1.99	6.88	1.36	0.72	0.92	0.07	0.27	0.01	0.11	0.01	0.10	0.92	0.01	44.77	13.26	

根据表7-12数据绘制的稀土元素配分型式曲线（图7-19a）可知，喀腊达坂铅锌矿矿石轻重稀土比

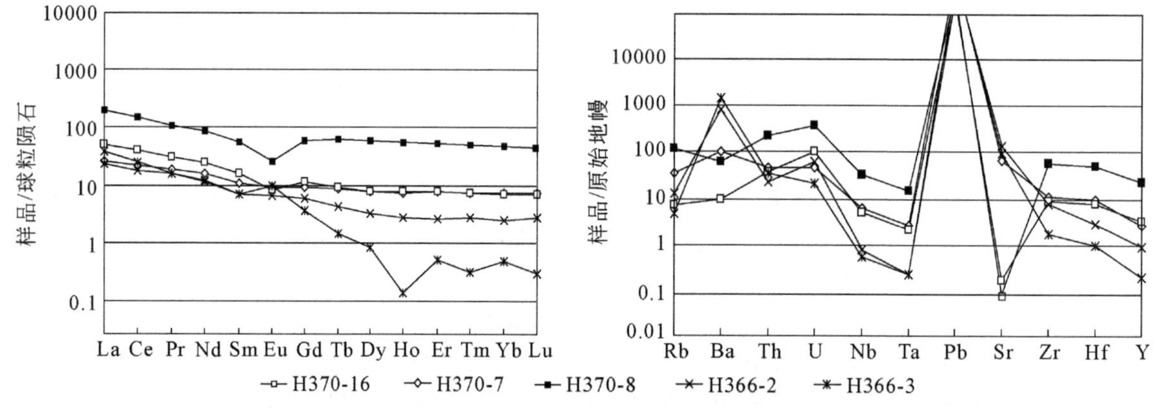

图7-19　稀土（底图据Boynton，1984）喀腊达坂铅锌矿区铅锌矿石微量（底图据Sun and McDonough，1989）和元素配分图解

值范围为1.50～3.59，表现为轻稀土轻微富集；稀土配分曲线表现为右倾型，除H366-3显示明显的Eu正异常、H366-2和H370-16显示为弱正异常外，其他样品显示Eu为负异常。产生这种现象的原因推测是由于氧逸度相对较高使得Eu相对富集。矿石配分曲线与区域岩中酸性火山和矿区中酸性火山岩的稀土元素配分曲线（图2-15b和图7-12b）一致或者相近，反映出它们形成环境和成因上的相似性。

根据微量元素测试数据（表7-13）绘制的蛛网图见图7-19b。可知矿石的铅锌含量都非常高，分别为1.92%～16.03%和1.36%～5.13%；根据Ba异常的不同，将图中样品分为两组：Ba正异常和Ba异常不明显或者负异常。

图中蓝色虚线为采自卓阿布拉克组第四岩性段（O_1zh^4）的H366-2、H366-3铅锌矿石，红色实线为7线坑道采集的H370-7、8、16样品。总体上看，微量元素蛛网图显示为一致的Nb、Ta负异常，但是H366-2、H366-3有明显的Ba富异常，H370-16也显示弱的Ba富异常，这可能与样品周围发现有重晶石的产出有关。

7.5.4　火山岩构造地球化学剖面

将矿区火山岩综合地质构造剖面（图7-2）与该剖面上样品的微量元素测试结果进行对比作图，得到喀腊达坂铅锌矿卓阿布拉克组火山岩地层-构造-地球化学剖面图解（图7-20）。由于H366-2和H366-3两个样品相距非常近，为了便于作图，将这两个点的距离稍作拉开调整。

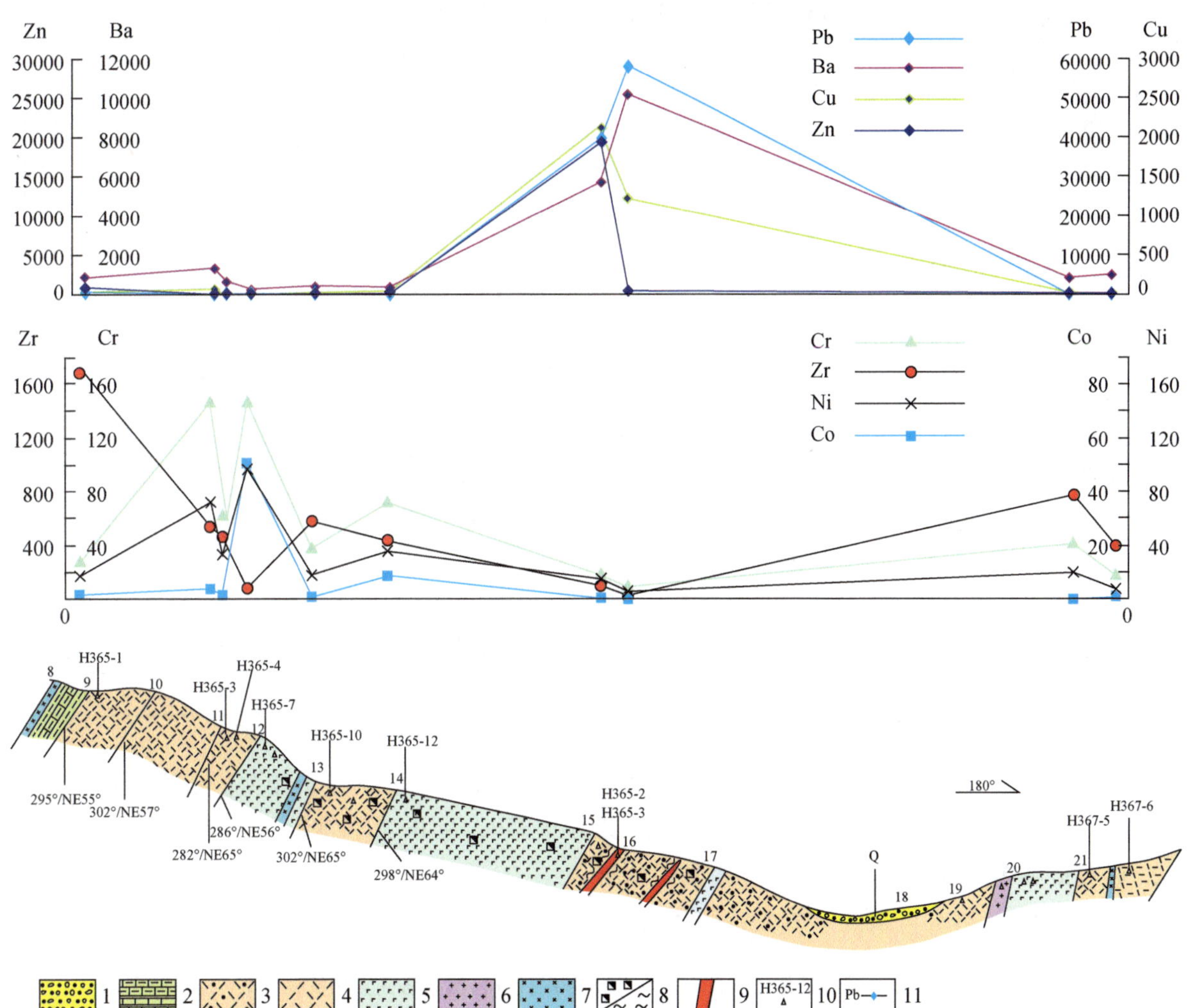

图7-20　喀腊达坂铅锌矿赋矿地层地球化学剖面

1-第四系；2-泥灰岩-灰岩；3-流纹质凝灰岩；4-流纹岩；5-玄武岩；6-花岗闪长岩；7-辉绿岩；8-黄铁矿化-绢云母化；9-铅锌矿体；10-采样位置及样号；11-元素变化曲线

从图 7-20 中看出，Pb、Ba、Cu、Zn 四个元素套合较好，呈一致的增减变化趋势。在含矿火山岩地层剖面中，第四岩性段上部明显高于该段下部和第三、第五岩性段，上述四种金属元素呈现出明显的峰值，峰值位置与地表矿体出露位置一致，说明这几种元素相关性很好。Ba 含量较高的原因与样品中含重晶石有关，成矿环境上可能受海底喷流作用的影响。

Cr、Zr、Ni、Co 四种元素之间的总体变化趋势比较一致，呈比较一致的增减变化趋势。其中 Co、Ni、Cr 三种元素变化趋势几乎完全一致，而 Zr 呈消长关系；在火山岩地层-构造剖面中，与 Pb、Ba、Cu、Zn 四个元素的变化趋势相反，Cr、Zr、Ni、Co 四种元素主要富集在第五岩性段偏基性的火山岩中，而在含矿的第四岩性段偏酸性的火山岩中含量明显降低，在地表矿体出露位置，Cr、Zr、Ni、Co 四种元素含量都非常低。这说明这几种元素与本区的成矿作用可能关系不大，它们主要与偏基性的火山岩有关。

7.5.5　矿化岩石元素组合特征

在矿床形成过程中，各种元素间会相互影响、相互制约，本节对矿区内样品（包括火山岩和矿石）（表 7-3 ~ 表 7-6）的分析结果，进行元素相关性分析。

1. 微量元素相关性

选取矿区中 14 个样品的微量元素做相关性分析，结果见表 7-14。

表 7-14　喀腊达坂铅锌矿矿区样品微量元素相关系数表

	Cr	Co	Ni	Cu	Zn	Rb	Sr	Zr	Nb	Ba	Hf	Ta	Pb	Th	U
Cr	1														
Co	0.096	1													
Ni	0.957	0.306	1												
Cu	-0.157	-0.129	-0.178	1											
Zn	-0.120	-0.127	-0.120	0.488	1										
Rb	0.220	-0.319	0.140	-0.267	-0.238	1									
Sr	-0.175	-0.172	-0.180	0.302	0.274	-0.305	1								
Zr	-0.028	-0.374	-0.065	-0.262	-0.207	0.373	-0.290	1							
Nb	0.019	-0.418	-0.042	-0.363	-0.291	0.524	-0.440	0.783	1						
Ba	0.120	-0.237	0.104	0.050	-0.156	0.438	0.399	0.018	0.026	1					
Hf	-0.012	-0.412	-0.053	-0.300	-0.211	0.451	-0.358	0.975	0.882	0.026	1				
Ta	0.073	-0.412	0.008	-0.349	-0.355	0.628	-0.393	0.711	0.950	0.119	0.807	1			
Pb	-0.215	-0.209	-0.227	0.359	0.580	-0.326	0.856	-0.309	-0.441	0.329	-0.341	-0.465	1		
Th	0.137	-0.432	0.065	-0.313	-0.282	0.547	-0.367	0.509	0.884	0.177	0.646	0.886	-0.377	1	
U	0.057	-0.367	-0.031	-0.313	-0.308	0.330	-0.442	0.396	0.743	-0.090	0.521	0.689	-0.444	0.795	1

由表 7-14 可知 Zn 和 Cu 的相关系数为 0.488，与 Pb 为 0.580，与 Ba 呈负相关，相关系数为-0.156；Pb 与 Cr、Co、Ni、Zr 均呈负相关，与 Cu 的相关系数为 0.359，与 Ba 相关性较好，为 0.329。

2. 矿石矿物电子探针分析结果元素相关性分析

矿石矿物电子探针分析结果（表 7-5 ~ 表 7-8）元素相关性分析见表 7-15。

表 7-15　喀腊达坂铅锌矿矿石矿物电子探针分析结果各元素相关系数表

	Se	Fe	S	As	Co	Te	Ni	Pb	Zn	Mo	Cu	Sb	B	Ag	Au	Cr
Se	1															
Fe	0.198	1														
S	0.243	0.706	1													

续表

	Se	Fe	S	As	Co	Te	Ni	Pb	Zn	Mo	Cu	Sb	B	Ag	Au	Cr
As	0.044	-0.049	0.186	1												
Co	0.193	0.849	0.550	-0.043	1											
Te	-0.118	-0.125	-0.443	-0.174	0.025	1										
Ni	0.206	0.1149	0.184	-0.153	0.061	-0.347	1									
Pb	-0.269	-0.457	-0.901	-0.312	-0.294	0.567	-0.189	1								
Zn	0.076	-0.403	0.353	0.342	-0.424	-0.445	0.094	-0.607	1							
Mo	0.274	0.537	0.945	0.288	0.387	-0.534	0.195	-0.961	0.531	1						
Cu	0.226	0.598	0.251	0.052	0.454	-0.183	0.067	-0.341	-0.342	0.268	1					
Sb	0.019	-0.353	-0.284	0.063	-0.303	-0.0578	-0.048	0.220	0.092	-0.201	-0.226	1				
B	0.000	-0.079	0.064	0.423	-0.064	-0.119	-0.091	-0.110	0.182	0.112	-0.065	-0.061	1			
Ag	-0.036	0.538	0.304	-0.142	0.407	-0.025	0.321	-0.097	-0.343	0.203	0.209	-0.255	-0.062	1		
Au	0.054	-0.377	0.341	0.315	-0.360	-0.397	0.058	-0.600	0.958	0.513	-0.280	0.140	0.193	-0.360	1	
Cr	-0.086	-0.405	-0.544	-0.104	-0.207	0.486	-0.191	0.536	-0.188	-0.519	-0.266	0.245	-0.048	-0.181	-0.078	1

从表 7-15 可以看出，矿石矿物中 Pb、Zn、Au 三种元素之间相关性比较好，相关系数在 0.27～0.69，此外与 S 相关性好，因为 Pb、Zn 以硫化物的矿物形式出现。Pb、Zn、Au 三种元素与成矿元素 Cu 相关系数为绝对值大的负数，-0.83～-0.51，显示为强烈负相关。

其他元素与 Pb、Zn、Au 三元素也基本上是负相关关系，而与元素 Cu 元素主要为正相关关系。

3. 成矿元素与常量元素相关性

成矿元素与常量元素相关性分析见表 7-16。

表 7-16　喀腊达坂铅锌矿床矿化样品常量与成矿元素相关系数表

	Si	Al	Mg	K	Na	Mn	Cr	Co	Ni	Cu	Zn	Pb	Ba
Si	1												
Al	0.81	1											
Mg	0.05	0.29	1										
K	0.74	0.78	-0.04	1									
Na	0.36	0.23	-0.17	-0.13	1								
Mn	0.07	0.24	0.84	-0.33	0.26	1							
Cr	0.51	0.34	-0.22	0.47	0.06	-0.24	1						
Co	0.26	0.21	0.2	0.21	-0.07	0.18	-0.03	1					
Ni	0.51	0.35	-0.22	0.48	0.07	-0.25	0.99	-0.14	1				
Cu	-0.53	-0.39	-0.07	-0.51	-0.29	0.07	-0.27	-0.16	-0.28	1			
Zn	-0.52	-0.3	0.02	-0.4	-0.13	0.11	-0.22	-0.18	-0.22	0.4	1		
Pb	-0.91	-0.83	-0.24	-0.61	-0.27	-0.29	-0.39	-0.28	-0.39	0.22	0.48	1	
Ba	-0.19	-0.16	-0.49	0.2	-0.35	-0.68	0.14	-0.31	0.16	-0.07	-0.38	0.31	1

从表 7-16 中可以看出 Pb 与 Si、Al、K 都呈较高的负相关，相关系数分别为-0.91、-0.83 和-0.61，也就是说在硅化或者氧化严重的岩石中，Pb 矿化现象少；Ni 和 Cr 的关系密切，正相关性很明显，相关系数达到 0.99；Si、Al、K 三种元素之间相关性较好，均呈正相关性；Ba 与 Mn 呈负相关，相关系数可达-0.68。

7.5.6 矿床成因初探

1. 成矿物质来源分析

1）元素地球化学依据

通过对区域、矿区火山岩地球化学分析，发现它们的微量与稀土元素配分型式具有一定的一致性或者相似性。微量元素配分型式出现尖峰形图形，Rb、Ba、Th 处于正的尖峰上，其中尤以 Ba、Th 最丰富，构成峰值，而没有 Sr、Ce、P、Zr、Hf、Sm、Ti、Y、Yb 的明显加入，尤其以 Nb、Ta 为负异常，整体图形呈上隆状。另外，稀土元素配分型式上表现为含有 Eu 负异常的轻稀土微弱富集的右倾型曲线（表 2-5、表 7-4、表 7-12，图 2-15、图 7-26），这些均为岛弧环境的稀土元素特征。结合矿石与火山岩的稀土与微量元素配分曲线趋势一致这一事实，说明矿石与矿区的火山岩具有岩石地球化学上的相似性，推测它们具有同源性，或者说矿石的有用组分来源于火山岩，为火山型矿床。

2）稳定同位素依据

喀腊达坂矿区的铅同位素投影均单一落入上地壳与造山带之间的区域，说明肯定含有上地壳的来源，并且应该有造山带 Pb 来源的混入，而不具有地幔来源的显示，可以认为 Pb 来源较浅，不是深源铅来源；铅同位素构造背景投影图也同时验证了岛弧环境这一结论（表 7-10，图 7-24、图 7-25）。

矿区硫化物的 $\delta^{34}S$ 值（除一个最大值与一个最小值外，其他硫化物的 $\delta^{34}S$ 值集中在 6‰～10‰范围内），硫同位素平均值为 8.28‰，与世界上一些典型的以火山岩为容矿围岩的块状硫化物矿床基本一致（日本黑矿黄铁矿 $\delta^{34}S$ 值为 3.109‰～8.209‰，塞浦路斯黄铁矿型硫化物矿床为 1.909‰～7.0‰），变化范围都不大，较为狭窄。地幔来源硫的 $\delta^{34}S$ 值通常为零（S＝±0‰）（Sakai et al.，1984），依据本区 $\delta^{34}S$ 值范围（6‰～10‰），推断其硫可能来源于地幔岩浆硫和海水硫的混合（表 7-11）。

所以，喀腊达坂铅锌矿床的成矿物质来源是岛弧火山岩，火山物质主要是在板块俯冲碰撞过程中局部熔融形成的岩浆。

2. 成矿时代分析

1）含矿中酸性火山岩的时代

前面的矿床地质特征（即受特定的层位和岩性控制，具有似层状延伸特点）、地球化学等特征分析表明，喀腊达坂铅锌矿属于火山成因块状硫化物矿床（volcanogenic massive sulfide，VMS），那么矿床的形成时代与赋矿火山岩具有相同的形成时代。

在本书 1.3.3 节及本章，已经叙述了矿区含矿中酸性火山岩的年龄，即 482～485Ma。从图 7-2 可以看出，喀腊达坂铅锌矿床的矿体与中酸性火山岩关系密切，测年样品分别位于铅锌矿体的上下盘不远的位置，因此可以认为，喀腊达坂铅锌矿形成于早古生代早-中奥陶世，成矿年龄为 482～485Ma。

2）闪锌矿流体包裹体测年

现有研究显示，流体包裹体是矿物结晶过程中直接捕获的成矿流体，并被封闭保存，因此流体包裹体测年方法被认为直接测定了成矿流体封闭时的年龄。闪锌矿是喀腊达坂铅锌矿最主要的矿石矿物，其结晶形成时代代表了成矿作用的时代。

本书挑选了 10 个闪锌矿单矿物进行流体包裹体测年。测试工作在中国地质科学院宜昌地质矿产研究所同位素实验室完成，首先将粉碎（0.25～0.5mm）精选（99.9% 以上）的闪锌矿样品放入超纯水中用超声波机清洗样品 3～5 遍后烘干备用；称适量的闪锌矿单矿物样品，加入 $^{85}Rb+^{84}Sr$ 混合稀释剂，用适量的王水溶解样品，采用阳离子树脂（Dowex 50×8）交换法分离和纯化铷、锶；再用热电离质谱仪 MAT261 分析铷、锶同位素组成，用同位素稀释法计算试样中的铷、锶含量及锶同位素比值。

在整个同位素分析过程中，用 GBW0411、NBS607 和 NBS987 标准物质分别对分析流程和仪器进行监控。NBS987 的 $^{87}Sr/^{86}Sr$ 同位素组成测定值为 0.71022±0.00002（2σ），与证书值［0.71024±0.000026（2σ）］在误差范围内完全一致；与样品平行测定多次的国际标准 NBS607 平均值分别为 Rb＝523.30×

10^{-6}、Sr=65.57×10^{-6}、$^{87}Sr/^{86}Sr$=1.20046±0.00002（2σ），与证书值［523.30±1.01、65.485±0.30、1.20039±0.00020（2σ）］在误差范围内完全一致；测定 GBW0411 的 Rb、Sr 含量和$^{87}Sr/^{86}Sr$值分别为 248.9×10^{-6}、158.9×10^{-6}和 0.759992±0.00001（2σ），亦与其证书值［249.47±1.04、158.92±0.70、0.75999±0.00020（2σ）］在误差范围内完全一致。同位素分析样品制备的全过程均在超净化实验室完成，全流程 Rb、Sr 空白分别为 0.2×10^{-9}和 0.5×10^{-9}g。

测试仪器为 MAT261 可调多接收热电离固体质谱仪，$^{87}Rb/^{86}Sr$同位素比值测定的相对偏差为 2%，精度为 0.02%，分析误差用 2σ 表示。

喀腊达坂铅锌矿闪锌矿矿物包裹体 Rb-Sr 同位素分析结果见表 7-17。根据 10 件闪锌矿包裹体样品的 Rb-Sr 同位素分析数据，选择其中 6 件样品（序号 1、2、6、7、8、9）的测试结果，采用国际通行的 ISOPLOT 程序进行数据处理，计算得到 Rb-Sr 等时线年龄为 530±8Ma（图 7-21 中 Rb-Sr 等时线图解），初始$^{87}Sr/^{86}Sr$值为 0.71845±0.00029（2σ），MSWD=0.91。

表 7-17 喀腊达坂铅锌矿闪锌矿包裹体 Rb-Sr 同位素分析数据

序号	样号	$w(Rb)/10^{-6}$	$w(Sr)/10^{-6}$	$^{87}Rb/^{86}Sr$	$^{87}Sr/^{86}Sr(2\sigma)$
1	H394-1（1）	0.1263	0.4003	0.9109	0.72493±0.00006
2	H396-2（1）	0.9749	1.0180	2.7710	0.73970±0.00005
3	H394-1（2）	03560	0.2428	4.2410	0.74170±0.00002
4	H396-2（2）	0.3110	0.5769	1.5580	0.73314±0.00004
5	H396-3	1.8450	0.1358	40.09	0.94561±0.00010
6	K119-1	0.1619	0.9053	0.5164	0.72271±0.00010
7	K120-1A	0.9546	0.8096	3.4110	0.74404±0.00009
8	K120-1B	0.5588	0.8527	1.8940	0.73255±0.00010
9	K120-1C	1.7270	1.3750	3.6360	0.74595±0.00010
10	K120-1D	0.2184	0.3916	1.6110	0.73219±0.00009

对于闪锌矿流体包裹体 Rb-Sr 等时线年龄略大于矿体围岩（中酸性火山岩），可以从成矿物质和成矿流体来源上进行解释。首先含矿中酸性火山岩的锆石 SHRIMP 年龄在测量锆石颗粒时一般都是选择锆石颗粒偏边部重新结晶的部分，代表了原来岩石重新熔融后中酸性火山岩重新结晶的年龄；而闪锌矿流体包裹体 Rb-Sr 测年方法，是在洗涤干净的基础上，使用爆裂法打开包裹体、超声波提取-离心分离法获得包裹体内流体样品的。结合物源特点，成矿物质来源为古陆壳，因此难免存在部分锶同位素残留，因而给出较老的年龄。而 SHRIMP 测试的是新生锆石和有老锆石核情况下的外侧边缘，更准确代表了熔融-成矿作用时代。

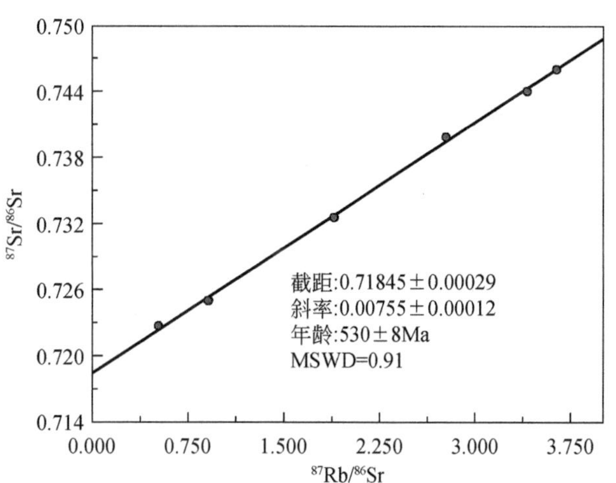

图 7-21 喀腊达坂铅锌矿闪锌矿包裹体 Rb-Sr 等时线年龄图

综合上述，可以认为喀腊达坂铅锌矿床，形成于早古生代中期，在板块俯冲消减后期、板块碰撞前的岛弧大地构造环境，因此推测其矿化年龄可能为 480～485Ma。

3. 矿区构造对铅锌矿化的控制作用

喀腊达坂铅锌矿床是与火山沉积作用有关的矿床类型，所以，构造对矿化的控制不同于热液脉状矿床。对本区而言，构造对矿化的控制作用主要表现在以下几方面。

（1）火山沉积时期的古构造环境控制含矿火山地层的形成和沉积范围，前文有关地球化学研究已经显示，本区火山岩主要为岛弧火山岩，所以，古岛弧构造环境控制含矿火山地层的形成和火山沉积成因矿床的形成。

（2）褶皱构造是通过控制含矿火山岩的分布起到对火山沉积成因矿床分布的控制作用。本区属于喀腊大湾复向斜南翼的一部分，在矿区内表现为单斜层，褶皱构造（喀腊大湾复向斜南翼）控制了含矿火山岩和矿体的总体分布。

（3）与褶皱过程有关的变质变形作用对含矿火山岩进行了一定的改造，使矿物变质重结晶，形成片理化，一些矿物定向排列，对含矿火山岩起到改造作用，但是就目前所观察到的地质现象，改造作用比较微弱，没有根本改变矿体特征。

（4）北西西向顺层断裂主要顺火山岩的岩性层发生过一定的构造活动，一部分成为不同岩性段的分界线，沿顺层断裂虽然部分蚀变作用发生，但是只有在第四岩性段内才出现；目前还没有足够的依据证明这些顺层断裂存在热液活动对矿化起到进一步的富集作用。

（5）后期斜向（北西向）断裂明显切错矿化带和已经形成的矿体。断错特点为右行正断，断错距离为1.20km。将喀腊达坂大型铅锌矿的东段断错至泉东地区（即泉东铅锌矿）。

4. 矿床成因初探

根据喀腊达坂铅锌矿床的产出特征，即受特定的层位和岩性控制，具有似层状延伸特点，与矿区中酸性火山岩、区域上中基性火山岩具有相同大地构造环境（岛弧火山岩）、同源性和近同时性的关系，结合硫、铅同位素地球化学、稀土元素及微量元素地球化学示踪效应，同时对比目前国内外典型的与火山岩有关的铅锌矿床的地质地球化学特征，可以初步认为，喀腊达坂铅锌矿床属于VMS大类中的岛弧火山岩型块状硫化物型亚类，而且可能位于火山喷发中心稍远或靠近大陆一侧或较外（上）部位置。

第 8 章　阿北银铅矿床

阿北银铅矿位于阿尔金山东段喀腊达坂地区喀腊大湾中下游一带，邻近阿尔金北缘断裂（图 6-1）。地理坐标为 91°37′00″E ~ 91°43′00″E、39°07′30″N ~ 39°09′30″N。平均海拔为 2800m，矿区地形切割强烈。距离青海省花土沟镇和冷湖镇约 240km。

2000 年由新疆第一区域地质调查大队和新疆第一地质大队组成的“阿尔金断裂北带资源评价”项目组在对喀腊达坂地区开展 1∶10 万化探测量时在该区圈定出 HS-21 综合异常。2003 年新疆第一区域地质调查大队对 HS-21 异常进行了三级查证工作，2004 年对该异常开展了进一步查证工作，发现并圈定了矿化蚀变带和银铅锌矿体，2005 ~ 2007 年针对矿化蚀变带和主要矿体开展了 1∶1 万、1∶2000 地质草测、地表槽探工程揭露控制和物探激电磁法剖面测量等工作，进一步扩大了矿床规模，并探求了资源量。

8.1　矿区地质特征

阿北银铅矿位于阿尔金成矿带（红柳沟–拉配泉段）东中段的喀腊大湾地区，在大地构造上位于塔里木板块之塔里木古陆缘地块的红柳沟–拉配泉奥陶纪裂谷带，在矿产区划上属于阿尔金金、铜、镍及多金属、铁、稀有、稀土成矿带的红柳沟–拉配泉金、铜及多金属、铁成矿亚带。

在区域构造上位于阿尔金北缘断裂带南侧、拉配泉–(白尖山) 断裂北侧靠近拉配泉–(白尖山) 断裂的部位（图 6-1）。

8.1.1　矿区地层岩石

阿北银铅矿矿区地层岩石比较简单，地层为上寒武统斯米尔布拉克组（ϵ_3s）浅变质火山碎屑岩，侵入岩主要为早古生代片麻状二长花岗岩、斜长花岗岩及辉长–辉绿岩等(图 8-1)

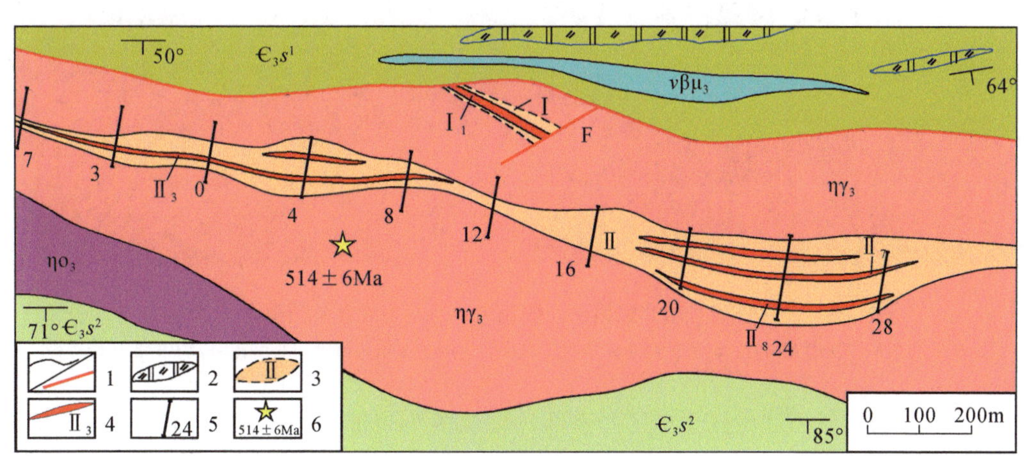

图 8-1　阿北银铅矿矿区地质图

ϵ_3s^1-上寒武统斯米尔布拉克组第一岩性段；ϵ_3s^2-上寒武统斯米尔布拉克组第二岩性段；$\eta\gamma_3$-早古生代二长花岗岩；ηo_3-早古生代斜长花岗岩；$\nu\beta\mu_3$-早古生代辉长辉绿岩；1-地质界线–断裂；2-白云质灰岩；3-矿化蚀变带及其编号；4-银铅矿体及其编号；5-勘探线及编号；6-锆石 SHRIMP 年龄

1. 矿区地层

矿区仅出露斯米尔布拉克组（ϵ_3s），根据岩性差异，可以划分为两个岩性段（图 8-1）。

（1）斯米尔布拉克组第一岩性段（ϵ_3s^1）：该段分布于矿区北部，岩性为灰色、深灰色云母片岩、灰绿色绿泥石片岩、灰色绿泥石石英片岩等，夹白云质灰岩。岩层产状为走向近东西或北西西，倾向南或南南西，倾角为50°～64°。有辉长-辉绿岩体呈脉状侵入于该岩性段中。西部与早古生代二长花岗岩、斜长花岗岩岩体呈侵入接触关系，矿区内与二长花岗岩呈断层接触关系。其中白云质灰岩是本岩性段的标志性岩性。矿区内该岩性段出露宽度大于500m（图8-1）。

（2）斯米尔布拉克组第二岩性段（ϵ_3s^2）：该段分布于矿区南部，岩性为灰绿色绿泥石片岩、灰黑色角闪绿泥片岩、灰黑色硅化凝灰岩、灰绿色绿泥石二云母片岩等，原岩为中基性火山岩夹泥岩、泥灰岩。岩层产状为走向近东西或北西西，倾向南或南南西，倾角为71°～85°。北侧与二长花岗岩岩体呈侵入接触关系，西段与斜长花岗岩呈侵入接触关系。矿区该岩性段出露宽度大于800m（图8-1）。

地层与岩体接触带形成宽度不一的绿泥石化、绢云母化和黄铁矿（风化为褐铁矿、黄钾铁矾）高岭土化等蚀变带。

2. 岩浆岩

矿区岩浆岩主要为二长花岗岩，另外有局部出露斜长花岗岩和辉长辉绿岩。

1）*主要岩浆侵入岩类型*

二长花岗岩（$\eta\gamma_3$）：该岩体主要出露在矿区中部，为矿（化）体的直接围岩，主要由褐色、褐红色细粒二长花岗岩组成。岩体形态呈不规则“长条状”“带状”产出，东西向未圈闭，矿区内东西向长2000m，宽250～600m，面积为0.85km^2；围岩为斯米尔布拉克组（ϵ_3s），两者为侵入接触，岩体倾向北，沿外接触带岩石具热接触变质，有褐铁矿化显示（图8-1、图8-2）。宏观上岩石呈褐红色、不均匀肉红色，发育碎裂和脆性片理化，局部伴有韧脆性变形片麻状构造（图8-2）。中细粒不等粒结构。斑晶占40%～50%，为钾长石和石英，粒径以0.5～1mm居多。矿物成分占比如下，石英占20%～25%，他形粒状，弱波状消光；钾长石含量为20%～25%，发育卡斯巴双晶和格子双晶，矿物表面干净，部分为条纹长石；基质占50%～55%，有钾长石、斜长石和黑云母，粒径为0.1～0.3mm，钾长石为15%～20%，斜长石为25%～30%，薄片中发育次生水（绢）云母化；黑云母为5%～10%，片状，多数发生绿泥石化（图8-3）；此外还含有少量榍石、磷灰石和锆石。其中锆石颗粒较小，为0.06～0.10mm。

图8-2　阿北银铅矿变形花岗岩及其中的含矿裂隙

a-矿区北西矿段变形花岗岩；b-矿区南东矿段变形花岗岩；c-矿区东矿段碎裂变形花岗岩中的含矿破碎带

斜长花岗岩（γo_3）：该岩体出露于矿区西南部，呈北西西向带状出露，长600m，宽100～200m，出露面积为0.10km^2；北侧与二长花岗岩呈侵入接触关系，南侧与斯米尔巴拉克组第二岩性段（ϵ_3s^2）浅变质火山-沉积岩系呈侵入接触关系（图8-1）。

辉长-辉绿岩脉（$\nu\beta\mu_3$）：该岩体出露于矿区北部，呈近东西向脉状侵位于斯米尔巴拉克组第一岩性段（ϵ_3s^1）浅变质火山-沉积岩系中。出露长度为900m，宽度为5～40m，呈东西向延伸。

2）*岩石地球化学与年代学*

阿北银铅矿二长花岗岩岩石化学特征显示为亚碱性花岗岩系列，微量元素结果显示为高铅高铁酸性侵入岩，稀土元素反映岩浆分异作用不明显（表8-1）。

图 8-3　阿北银铅矿二长花岗岩矿物组成

表 8-1　主量、微量和稀土元素分析结果

样品号	主量元素/%														
	Na_2O	MgO	Al_2O_3	SiO_2	P_2O_5	K_2O	CaO	TiO_2	MnO	Fe_2O_3	FeO	H_2O^+	CO_2	LOI	总量
H12-2	5. 58	1. 17	13. 75	70. 07	0. 07	0. 82	2. 34	0. 24	0. 07	1. 21	2. 28	1. 30	1. 39	2. 68	100. 22
样品号	微量元素/10^{-6}														
	Cr	Co	Ni	Cu	Zn	Rb	Sr	Y	Zr	Nb	Ba	Ta	Pb	Th	U	Hf
H12-2	11. 7	7. 18	6. 32	6. 00	31. 9	9. 61	84. 2	7. 14	72. 8	1. 30	88. 8	0. 13	4. 61	0. 68	0. 26	1. 93
样品号	稀土元素/10^{-6}														
	La	Ce	Pr	Nd	Sm	Eu	Gd	Tb	Dy	Ho	Er	Tm	Yb	Lu	
H12-2	2. 71	5. 74	0. 84	3. 68	0. 97	0. 25	1. 00	0. 17	1. 08	0. 22	0. 72	0. 12	0. 93	0. 14	

对二长花岗岩采集了年代学样品，进行单颗粒锆石选样、制靶、阴极发光照相。该样品锆石晶体较小，长为 60 ~ 110μm，宽为 40 ~ 70μm，长宽比为 1. 4 : 1 ~ 2. 2 : 1，大部分锆石较自形，多数呈短柱，少数为等粒状，且具明显的振荡环带和扇形环带（图 8-4a）；Th/U 值为 0. 28 ~ 1. 13，平均为 0. 678（表 8-2），清楚地指示它们为岩浆成因锆石，未见继承核。

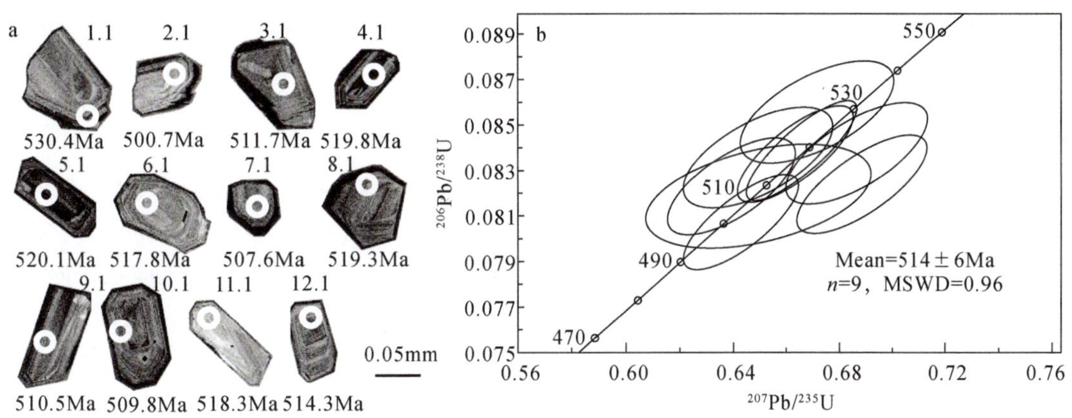

图 8-4　阿北银铅矿二长花岗岩（H03-1）锆石 SHRIMP U-Pb 年龄谐和图
a-锆石 CL 图像；b-锆石 SHRIMP U-Pb 年龄谐和图

共分析了 12 个锆石颗粒，12 个颗粒的全部分析结果在谐和图 8-4b 中组成密集的一簇，$^{206}Pb/^{238}U$ 加权平均年龄为 514±6Ma，方差为 0. 96，这一年龄解释为阿北银铅矿花岗岩的结晶年龄。

表 8-2　阿尔金山喀腊大湾地区中酸性侵入岩锆石 SHRIMP U-Pb 分析结果（阿北银铅矿花岗岩体 H01-3）

测点号	$^{206}Pb_c$ /%	U /10^{-6}	Th /10^{-6}	$^{232}Th/^{238}U$	$^{206}Pb^*$ /10^{-6}	总$^{238}U/^{206}Pb$	误差 /±%	总$^{207}Pb/^{206}Pb$	误差 /±%	$^{206}Pb/^{238}U$	误差 /±%	$^{207}Pb/^{206}Pb$	误差 /±%	$^{206}Pb/^{238}U$ 年龄/Ma①	误差 (1σ)	$^{206}Pb/^{238}U$ 年龄/Ma②	误差 (1σ)
1.1	0.17	400	193	0.50	29.4	11.67	1.7	0.0583	1.4	0.086	1.7	0.0569	2.3	529.2	±8.8	530.4	±9.5
2.1	0.06	573	348	0.63	39.7	12.38	1.7	0.0583	1.2	0.081	1.7	0.0578	1.4	500.4	8.2	500.7	±9.1
3.1	0.26	594	538	0.94	42.1	12.12	1.7	0.0584	1.3	0.083	1.7	0.0563	1.8	509.8	±8.4	511.4	±9.8
4.1	0.14	1083	1184	1.13	78.0	11.93	1.7	0.0586	0.9	0.084	1.7	0.0575	1.4	518.3	±8.3	519.8	±10.1
5.1	0.02	662	574	0.90	47.7	11.92	1.7	0.0577	1.1	0.084	1.7	0.0576	1.1	519.2	±8.6	520.1	±10.1
6.1	0.00	308	230	0.77	22.2	11.94	1.7	0.0595	1.5	0.084	1.8	0.0595	1.9	518.5	±8.8	517.8	±10.0
7.1	0.17	199	103	0.54	14.0	12.19	1.7	0.0589	2.0	0.082	1.8	0.0575	3.9	507.2	±9.0	507.6	±9.7
8.1	0.29	350	182	0.54	25.2	11.93	1.7	0.0587	1.6	0.084	1.7	0.0564	2.3	517.3	±8.7	519.3	±9.5
9.1	-0.16	417	112	0.28	29.5	12.16	1.7	0.0593	1.3	0.082	1.7	0.0606	1.6	510.4	±8.5	510.5	±8.9
10.1	0.22	426	250	0.61	30.1	12.18	1.7	0.0596	1.3	0.082	1.7	0.0579	2.2	507.5	±8.5	509.8	±9.3
11.1	0.59	254	149	0.61	18.3	11.91	1.8	0.0581	1.7	0.084	1.8	0.0534	3.6	516.9	±9.0	518.3	±9.9
12.1	0.01	577	384	0.69	41.1	12.06	1.7	0.0584	1.1	0.083	1.7	0.0583	1.4	513.6	±8.4	514.3	±9.4

8.1.2　构造控矿作用

1. 控矿构造特征

阿北银铅矿控矿构造是发育于二长花岗岩中的偏脆性断裂破碎带，是叠加在二长花岗岩发生韧性变形基础上的偏脆性断裂破碎带（图 8-1）。

阿北银铅矿二长花岗岩早期具有韧脆性变形，普遍形成变形花岗岩和花岗质糜棱岩，糜棱面理近东西向或北西西向（图 8-2）。而叠加在二长花岗岩韧性变形基础上形成的脆韧性断裂破碎带在平面上呈带状展布，走向为北西西向和近东西向，倾向北或北东，倾角比较陡立。断裂破碎带宽度为 20～200m，矿区内分为Ⅰ号和Ⅱ号含矿构造带（图 8-1）。

Ⅰ号含矿构造带位于矿区北部中段，走向 295°～305°，长度约为 260m，宽度约为 60m，其西端止于二长花岗岩与斯米尔布拉克组第一岩性段（$\epsilon_3 s^1$）接触带，东端被后期北东向断裂断错（图 8-1）。

Ⅱ号含矿构造带位于矿区中部，总体走向 265°～280°，矿区内控制长度 1600m，两端延出图外；宽度为 20～200m，沿走向宽度呈胀缩变化，两个膨胀部位分别于东、西两矿段，主要矿体就发育于含矿构造破碎带的膨胀部位（图 8-1）。

在剖面上韧脆性断裂破碎带表现为弧形裂隙夹透镜状岩块的结构特点。在露头尺度，弧形裂隙一般宽度为 20～50cm，局部达 1m 以上。透镜状岩块的长度一般为 2～5m，宽度为 0.5～2m。如在Ⅱ号含矿构造带的北西段勘探坑道口（H01 地质点），变形花岗岩中含矿破碎带由弧形裂隙夹透镜状变形花岗岩岩块构成，单条含矿裂隙也是在二长花岗岩韧性或韧脆性变形之后，沿脆性的 X 型裂隙基础上发展起来的，含矿裂隙由主裂隙和旁侧的呈入字形次级裂隙组成，主裂隙产状为走向北西西，倾向南南西，倾角为 75°，银铅矿体发育于裂隙较宽大的部位（图 8-5）。

在西矿段另一含矿构造带露头（H05 地质点），可见矿体明显赋存在断裂破碎带中。含矿构造带底板断层面产状为 284°/SW59°，断层面上发育斜向擦痕，为向西侧伏，侧伏角为 60°。含矿构造带内由花岗岩透镜体及弧形构造面组成，在较大的构造带中发育银铅矿体（图 8-6）。

在 H06 地质点矿化地质剖面中，较早的断层面产状为 280°/SW65°，擦痕向南东侧伏，侧伏角为 60°；而含矿裂隙为 25°～30°/NW75°，宽度 5cm，局部宽度可达 40cm；但是成矿后裂隙产状 310°～330°/SW75°，宽 3～15cm，其中发育碎粒岩、断层泥，明显穿切含矿构造带和矿体。

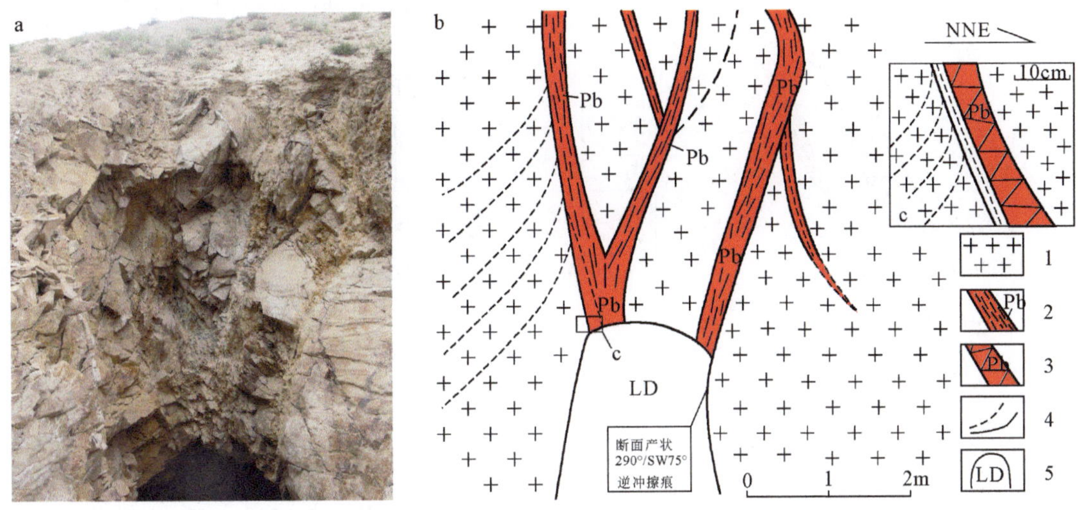

图 8-5　阿北银铅矿控矿构造裂隙素描（H01 地质点）

a-含矿破碎带照片；b-含矿破碎带素描图；c-b 局部放大；1-二长花岗岩；2-含铅破碎带；3-含铅银矿石英脉；4-脆性裂隙；5-老硐

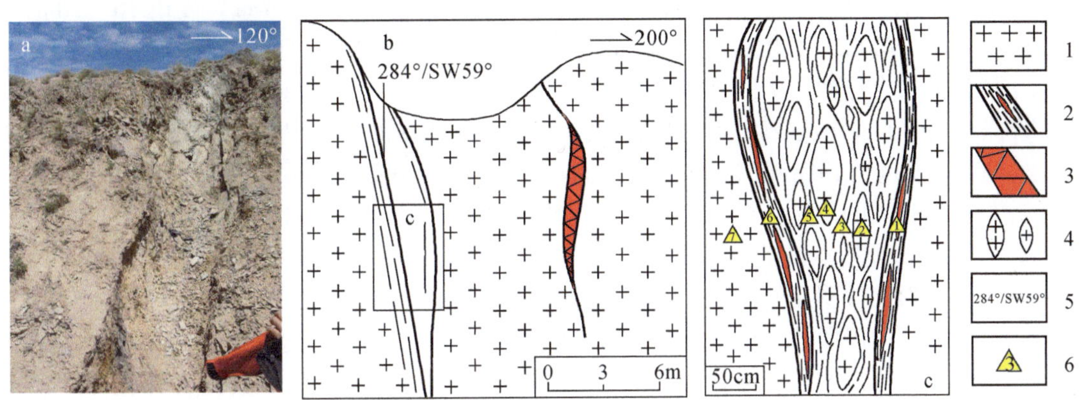

图 8-6　阿北银铅矿控矿构造裂隙素描（H05 地质点）

a-含矿破碎带照片；b-含矿破碎带素描图；c-b 的局部放大；

1-二长花岗岩；2-含铅破碎带；3-含铅银矿石英脉；4-花岗岩透镜体；5-产状；6-样品位置

在Ⅱ号含矿构造带南东段含矿破碎带也具有同样的性质（如 H09 地质点），由多条近 X 型裂隙组成（图 8-7a），或者以不规则多条细裂隙形式出现（图 8-2b、图 8-7b），少数呈单条状裂隙出现（图 8-7c）。在 7 勘探线，钻孔控制的银铅矿体深部延伸也显示出弧形矿体夹透镜状花岗岩岩块的特点（图 8-8）。

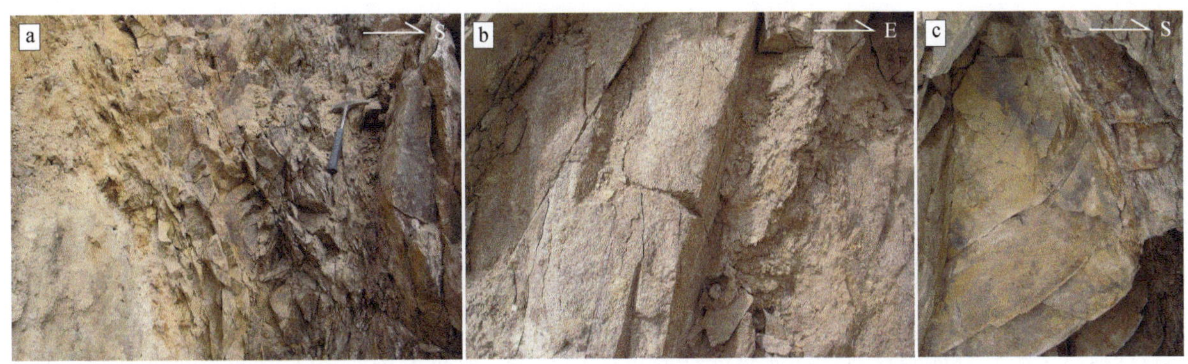

图 8-7　阿北银铅矿南东段控矿构造裂隙照片

a-南东矿段，变形花岗岩中的含矿破碎带，由多条近 X 型裂隙组成，H05 地质点；b-南东矿段，变形花岗岩中的含矿破碎带，H05 地质点；c-南东矿段，变形花岗岩中的含矿破碎带

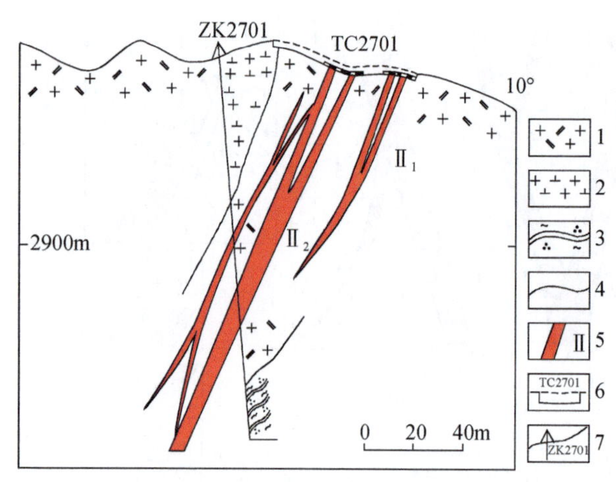

图 8-8 阿北银铅矿 27 线剖面图

1-早古生代二长花岗岩；2-早古生代花岗闪长岩；3-斯米尔布拉克组绿泥石石英片岩；4-地质界线；5-矿体及其编号；6-探槽及其编号；7-钻孔及其编号

含矿构造带韧性-韧脆性变形形成变形蚀变花岗岩，镜下可见比较明显的变形微观构造，岩石组构上也有明显的显示（详见前面有关章节）；而脆性含矿破碎带，微观下属于碎裂蚀变花岗岩和碎裂岩，部分达到碎粒岩，属于脆性动力变质岩。

2. 矿区构造控矿作用

矿区构造控矿作用可以概括为以下几个方面。

第一，目前的银铅矿化均发育于二长花岗岩岩体内的构造破碎带内，所以在矿区范围内，二长花岗岩岩体是一级控矿地质体（图 8-1）。

第二，二长花岗岩体内的Ⅰ号和Ⅱ号构造破碎带是二级控矿构造，控制了银铅矿化蚀变带的空间展布、产状、规模和延伸（图 8-1）。

第三，构造破碎带中破碎强烈与局部宽大部位是最有利的矿化区段。如Ⅱ号构造破碎带，在沿走向 1600m 的范围内，有两个区段破碎强烈，而且破碎带宽度也比较大，破碎带宽度由 10～20m 分别变化为 100～120m 和 140～160m（长度分别为 600m 和 500m），构成了矿区的西矿段和东矿段，目前规模较大的五个银铅矿体都分布在这两个矿段范围内（图 8-1）。

第四，在露头尺度上，构造破碎带内裂隙的具体形态控制矿体的产出和形态。如Ⅱ号含矿构造带的西段勘探坑道口（H01 地质点），银铅矿体的形态与控制其产出的裂隙几乎完全一致地呈弧形延伸（图 8-5）；同时在构造破碎带相对较大的位置，在后期应力场改变时往往容易形成有利赋矿的空间，如Ⅱ号含矿构造带的西段的另一个 H05 地质点(图 8-6b)。

第五，在挤压变形比较明显的构造破碎带内或者旁侧，银铅矿体往往产于局部张扭性裂隙等有利部位。如Ⅱ号含矿构造带的西段的一个露头点（H05 地质点），在变形花岗岩内局部张扭性裂隙中也产出有较大规模的石英脉型矿体，而且石英脉型矿体的膨缩形态与裂隙产状关系表现为向南陡倾部位矿体收缩、向北陡倾部位矿体膨胀变大（图 8-6c），反映出矿化时构造变形为南侧相对下降、北侧相对上升的运动方式，整体具有张扭性力学性质。

第六，本矿区控矿构造形成时具有压扭性的力学性质，延伸和规模一般比较大，因此矿体延伸也比较大，目前有限的钻探资料已经初步证实，其中Ⅱ$_3$ 矿体走向延伸已经达到 1250m；Ⅱ$_7$ 倾向延伸也达到 165m 以上，而且矿体与弧形裂隙一样具有分支复合特点，并可能出现产状相近的隐伏矿体（图 8-8）。

8.2 矿床地质特征

8.2.1 矿带和矿体特征

经初步勘查认为，在阿北银铅多金属矿床矿体主要分布在矿区二长花岗岩体中，空间分布受北西西向、近东西向断裂裂隙控制，按矿体分布范围、空间展布特点划分出 2 个矿带，圈出 10 个矿体（表 8-3，图 8-3）。

1. Ⅰ号矿带

Ⅰ号矿带分布在 0 勘探线与 4 勘探线之间的二长花岗岩体北部内接触带附近，岩体与斯米尔布拉克组第二岩性段（$Є_3s^2$）绿泥石片岩、绿泥石英片岩呈侵入接触。矿带沿南东 155°方向裂隙带分布，与接触蚀变带总体呈 45°斜交，南端为一组北东向裂隙截断；矿带总体长度约 120m，宽度为 20～30m，产状为 35°～85°∠65°～78°，矿带岩石主要为二长花岗岩，岩石破碎，片理化、糜棱岩化强烈，普遍具绿帘石化、绿泥石化、绢云母化、高岭土化蚀变，地表有孔雀石、铜蓝、黄钾铁矾、褐铁矿、方铅矿、闪锌矿等矿化显示。经地表槽探工程揭露控制，带中已圈出 I_1、I_2 两个工业矿体。

表 8-3　阿北银铅矿矿体特征一览表

矿体编号	产状			矿体长度/m	矿体平均真厚度/m	矿体平均品位				
	走向/(°)	倾向	倾角/(°)			$Au/10^{-6}$	$Ag/10^{-6}$	$Cu/10^{-2}$	$Pb/10^{-2}$	$Zn/10^{-2}$
I_1	305	NE	70	100	8.93	0.48	87.33	0.10	6.72	1.81
I_2	310	NE	85	100	3.17	0.23	23.78	0.07	1.78	0.50
II_1	270～300	NE	80	100	3.28	1.24	715.05	3.12	7.10	0.10
II_2	290	NE	75	100	2.92	0.43	257.59	0.43	13.90	0.04
II_3	260～275	NW	75～80	1250	5.63	0.48	198.05	0.37	7.13	0.40
II_4	280	NE	80	100	3.53	0.17	224.14	0.35	12.19	0.12
II_5	280	NE	70	120	3.49	0.09	162.86	0.14	9.69	0.35
II_6	260	NW	80	100	2.23	0.33	211.75	0.50	14.14	0.30
II_7	260	NW	78～83	460	9.06	0.12	97.30	0.26	5.73	0.35
II_8	255	NW	82	450	4.53	0.33	137.44	0.52	6.14	0.14

（1）I_1 矿体：该矿体分布于Ⅰ号矿带北侧，由 BT2 单工程控制。矿体呈脉状、透镜状产出，由致密块状铅锌矿脉和星点状、细脉网脉状铅锌矿石英脉及蚀变花岗岩组成。长度为 100m，厚度为 8.93m，倾向为35°，倾角为70°；平均品位 Pb 为6.72×10^{-2}、Zn 为1.81×10^{-2}、Ag 为87.33×10^{-6}、Cu 为0.10×10^{-2}、Au 为0.48×10^{-6}；有用组分为 Ag、Pb、Zn，伴生有益组分 Cu、Au。

（2）I_2 矿体：该矿体分布于 I_1号矿体下盘，由 BT3 单工程控制。矿体呈脉状、透镜状产出，由致密块状铅锌矿脉和星点状、细脉网脉状含铅锌石英脉及蚀变花岗岩组成。长度为 100m，厚度为 3.17m，平均品位 Pb 为1.78×10^{-2}、Ag 为23.78×10^{-6}、Zn 为0.50×10^{-2}、Cu 为0.07×10^{-2}、Au 为0.23×10^{-6}；有用组分为 Pb，伴生 Ag、Cu、Zn、Au。

2. Ⅱ号矿带

Ⅱ号矿带位于矿区中部，分布在15 勘探线与28 勘探线之间的二长花岗岩体中。根据控制程度分东西两个矿段，东矿段分布于20～28 线之间，西矿段分布于15～12 线之间，中段12～20 线暂未有工程控制。矿带总体长度达 2.3km，宽度为 20～50m，目前西段控制长度达 1400m，东段控制长度达 400m。

经地表槽探工程揭露控制，Ⅱ号矿带目前初步圈出 II_1、II_2、II_3、II_4、II_5、II_6、II_7、II_8等八个工业矿体。矿体呈带状、脉状、透镜状产出，矿体长度为 100～1250m，单工程厚度为 0.77～20.70m，平均厚度为2.23～9.06m，单样最高品位如下：Ag 为3540×10^{-6}、Pb 为60.14×10^{-2}、Zn 为7.04×10^{-2}、Au 为2.45×10^{-6}、Cu 为3.12×10^{-2}。单工程平均品位如下：Ag 为16.00×10^{-6}～914.00×10^{-6}、Pb 为1.78×10^{-2}～49.99×10^{-2}、Zn 为0.04×10^{-2}～2.45×10^{-2}、Au 为0.07×10^{-6}～1.32×10^{-6}、Cu 为0.06×10^{-2}～3.12×10^{-2}。平均品位如下：Ag 为23.78×10^{-6}～715.05×10^{-6}、Pb 为1.78×10^{-2}～14.14×10^{-2}。各矿体特征如下。

（1）II_1矿体：该矿体分布在 3～7 勘探线之间，由 TC701 单工程控制。矿体形态呈向北外凸条带状，长度为100m，视厚度为4.00m，厚度为3.28m，倾向为0°～30°，倾角为80°；平均品位 Pb 为7.10×10^{-2}、Ag 为715.05×10^{-6}、Cu 为3.12×10^{-2}、Au 为1.24×10^{-6}；有用组分为 Pb、Ag、Cu，伴生 Au。

（2）II_2 矿体：该矿体分布在 3～7 勘探线之间，由 TC701 单工程控制。矿体形态呈近东西走向条带状，倾向为20°，倾角为 75°；长度为 100m，视厚度为 3.30m，厚度为 2.92m；平均品位 Pb 为 13.90×10^{-2}、Ag 为257.59×10^{-6}、Cu 为0.43×10^{-2}、Au 为0.43×10^{-6}；有用组分为 Ag、Pb、Cu，伴生 Au。

（3）II_3 矿体：该矿体分布在 12～15 勘探线之间，自西向东由 TC1501、TC701、TC02、TC101、TC05、TC03、TC401、BT4、BT5、BT8、BT9、DM_1、DM_2 工程控制。矿体形态呈东西走向条带状，倾向为350°，倾角为75°；长度为1250m，单工程厚度为1.62～12.23m，平均厚度为5.63m；单工程平均品位如下：Pb 为2.40×10^{-2}～17.90×10^{-2}、Ag 为16.00×10^{-6}～118.53×10^{-6}、Cu 为0.02×10^{-2}～0.93×10^{-2}、Au

为 0.07×10^{-6} ~ 1.32×10^{-6}、Zn 为 0.10×10^{-2} ~ 2.45×10^{-2}。平均品位 Pb 为 7.13×10^{-2}、Ag 为 198.05×10^{-6}、Cu 为 0.37×10^{-2}、Au 为 0.48×10^{-6}、Zn 为 0.40×10^{-2}；有用组分为 Ag、Pb，伴生 Cu、Au、Zn（图 8-9）。

（4）$Ⅱ_4$矿体：该矿体分布在 3 ~ 7 勘探线之间，由 TC701 单工程控制。矿体形态呈近东西走向，条带状，倾向为 10°，倾角为 80°；长度为 100m，厚度为 3.53m，平均品位 Pb 为 12.19×10^{-2}、Ag 为 224.14×10^{-6}、Cu 为 0.35×10^{-2}、Au 为 0.17×10^{-6}；有用组分为 Ag、Pb，伴生有益组分 Cu、Au。

（5）$Ⅱ_5$矿体：该矿体分布在 4 ~ 8 勘探线之间，由 TC401 和 DM_2 工程控制。矿体形态呈近东西走向南凸条带状，倾向为 10°，倾角为 70°，长度为 120m，单工程厚度为 0.77 ~ 6.21m，平均厚度为 3.49m；单工程平均品位如下：Pb 为 4.81×10^{-2} ~ 49.99×10^{-2}、Ag 为 71.81×10^{-6} ~ 914.00×10^{-6}、Cu 为 0.09×10^{-2} ~ 0.53×10^{-2}、Au 为 0.08×10^{-6} ~ 0.20×10^{-6}、Zn 为 0.21×10^{-2} ~ 1.47×10^{-2}。平均品位 Pb 为 9.69×10^{-2}、Ag 为 162.86×10^{-6}、Cu 为 0.14×10^{-2}、Au 为 0.09×10^{-6}，有用组分为 Ag、Pb，伴生 Cu、Au。

（6）$Ⅱ_6$矿体：该矿体位于Ⅱ矿带的东矿段，分布在 24 ~ 28 勘探线之间，由 TC2601 单工程控制。矿体形态呈近东西走向北凸条带状；长度为 100m，厚度为 2.23m，倾向为 350°，倾角为 80°；平均品位 Pb 为 14.14×10^{-2}、Ag 为 211.75×10^{-6}、Cu 为 0.50×10^{-2}、Au 为 0.33×10^{-6}；有用组分为 Ag、Pb、Cu，伴生 Au。

（7）$Ⅱ_7$矿体：该矿体分布在 20 ~ 28 勘探线之间，由 TC2001、TC2601、TC2603、BT2201、BT2401 和 BT2402 工程控制。矿体形态呈北东东向条带状，长度为 460m，单工程厚度为 2.40 ~ 20.70m，平均厚度为 9.06m，倾向为 350°，倾角为 78° ~ 83°；单工程平均品位如下：Pb 为 2.40×10^{-2} ~ 13.10×10^{-2}、Ag 为 36.58×10^{-6} ~ 219.58×10^{-6}、Cu 为 0.06×10^{-2} ~ 0.94×10^{-2}、Zn 为 0.06×10^{-2} ~ 0.74×10^{-2}、Au 为 0.08×10^{-6} ~ 0.33×10^{-6}。平均品位 Pb 为 5.73×10^{-2}、Ag 为 97.30×10^{-6}、Cu 为 0.26×10^{-2}、Au 为 0.12×10^{-6}；有用组分为 Ag、Pb，伴生 Au、Cu。该矿体在 24 勘探线施工了 XD1 斜井拉叉工程，在距地表 BT2401 工程 20m 段高处见 $Ⅱ_7$矿体北分支矿脉，矿脉厚度为 0.98m，平均品位 Pb 为 38.77×10^{-2}、Ag 为 609.23×10^{-6}、Cu 为 0.63×10^{-2}、Zn 为 0.76×10^{-2}、Au 为 0.66×10^{-6}。

（8）$Ⅱ_8$矿体：该矿体分布在 20 ~ 28 勘探线之间，由 TC2001、TC2401 和 TC2601 工程控制。矿体形态呈北东东向条带状，长度为 450m，单工程厚度为 3.86 ~ 5.21m，平均厚度为 4.53m，倾向为 350°，倾角为 78°；单工程平均品位如下：Pb 为 3.53×10^{-2} ~ 8.39×10^{-2}、Ag 为 79.95×10^{-6} ~ 215.45×10^{-6}、Cu 为 0.50×10^{-2} ~ 0.56×10^{-2}、Au 为 0.33×10^{-6}。平均品位 Pb 为 6.14×10^{-2}、Ag 为 137.44×10^{-6}、Cu 为 0.52×10^{-2}、Au 为 0.33×10^{-6}；有用组分为 Ag、Pb、Cu，伴生 Au。

另外，在 $Ⅱ_3$ 矿体和 $Ⅱ_6$矿体北侧还发现有两个矿体，分布于 4 ~ 8 勘探线和 24 ~ 28 勘探线之间，由 BT6 和 BT10 单工程控制。长度分别为 100m、300m，视厚度分别为 2.00m、0.20m，倾向为 350°、345°，倾角为 75°、82°；品位分别是 Pb 为 0.32×10^{-2}、Pb 为 0.98×10^{-2}。

8.2.2　矿石特征

1. 矿石类型

按矿石自然类型可分为氧化矿石、原生矿石和混合矿石三种类型。氧化矿石主要有褐铁矿、黄钾铁矾、孔雀石、铜蓝，赤褐铁矿等，原生矿石为方铅矿和闪锌矿，由于矿体邻近地表，处在氧化带范围内，往往在原生矿石表面形成氧化矿石，因此混合矿石较常见。

按矿石工业类型主要可分为银铅矿石、银铅铜矿石、银铅锌矿石和铅矿石四种类型。其中以银铅和银铅铜矿石为主要类型。

2. 矿石矿物特征

矿石矿物组合比较简单，金属矿物以方铅矿、闪锌矿为主，次为黄铁矿、黝铜矿、黄铜矿，少量磁铁矿、赤铁矿；氧化物主要为褐铁矿、黄钾铁矾，次为孔雀石、铜蓝，赤褐铁矿少量；脉石矿物主要有石英、方解石等。根据岩矿鉴定统计，矿石矿物有十余种（表 8-4）。

表 8-4　矿石矿物组合特征表

矿物	金属矿物		脉石矿物
	硫化物	氧化物	
主要	方铅矿、闪锌矿	褐铁矿、黄钾铁钒	石英
次要	黄铁矿、黝铜矿、黄铜矿	孔雀石、铜蓝	方解石
少量	赤铁矿、磁铁矿	赤褐铁矿	长石、绿帘石、云母

矿石的主要矿物特征分述如下。

方铅矿：铅灰色，金属光泽，他形细-微粒，粒径为 0.03 ~ 0.06mm，少量<0.02mm，星点状、略显带状分布，与其聚集共生闪锌矿微粒，粒径为 0.02 ~ 0.05mm。

镜下观察呈半自形晶体，中粗粒，具有特征的三角形黑影（图 8-9a），或者呈他形粒状（图 8-9b、c），另外还有部分方铅矿以半自形-他形细粒状发育于石英等粒间及石英颗粒内（图 8-9d）。同时部分方铅矿与黄铜矿共生，两者以不规则中-细粒状发育于石英等粒间（图 8-9e）；或者黄铜矿呈中细粒、他形粒状发育于方铅矿粒间或方铅矿裂隙中（图 8-9f）。

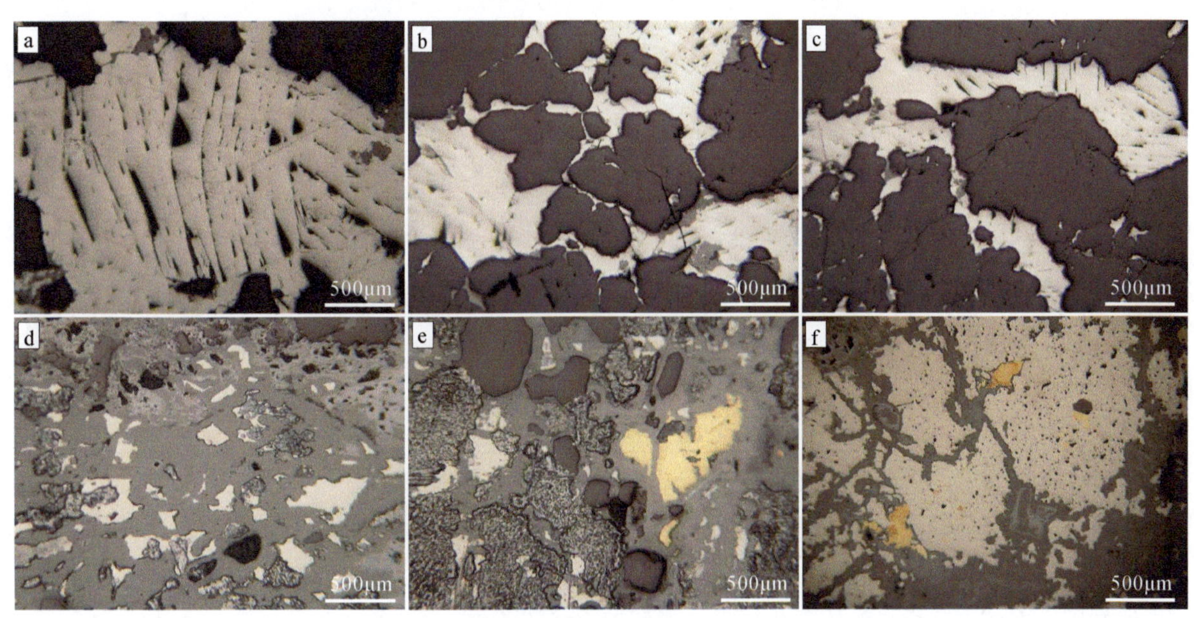

图 8-9　阿北银铅矿主要矿物（方铅矿）照片

a-方铅矿呈中粗粒、半自形粒状发育于石英等粒间，表面具有特征的三角黑影，反光 10×10；b-方铅矿呈他形粒状发育于石英等粒间及石英裂隙中，表面具有特征的三角黑影，反光 10×10；c-方铅矿呈他形粒状发育于石英等粒间及石英裂隙中，表面具有特征的三角黑影，反光 10×10；d-方铅矿呈半自形-他形细粒状发育于石英等粒间及石英颗粒内，反光 10×10；e-方铅矿与黄铜矿共生，呈中细粒、他形粒状发育于石英等非金属矿物粒间，反光 10×10；f-黄铜矿呈中细粒、他形粒状发育于方铅矿粒间，或方铅矿裂隙中，反光 10×10

闪锌矿：灰白色，半自形细粒，粒径为 0.15 ~ 1.00mm，呈稠密浸染状均匀分布于脉石矿粒间，略有定向，少量方铅矿交代闪锌矿，闪锌矿出现略早。

黄铁矿：浅黄色、黄白色，金属光泽，呈半自形-他形细粒，粒径多在 0.08 ~ 0.50mm，少数为 0.80 ~ 1.50mm。多数富集为宽 4 ~ 9mm 的条带平行分布，少数呈浸染状分布（图 8-9f）。

磁铁矿、赤铁矿：黑色，半金属光泽，呈微粒状、星点状、碎粒状或半自形细粒状，部分已褐铁矿化，粒径<0.1mm，与黄铁矿聚集或伴随黄铁矿定向分布，出现略晚。

黄铜矿、黝铜矿：粒径为 0.015 ~ 0.12mm，与方铅矿共生，呈中细粒、他形粒状发育于石英等非金属矿物粒间，或者呈中细粒（图 8-9d）、他形粒状发育于方铅矿粒间，或方铅矿裂隙中（图 8-9f）。还有部分黄铜矿伴随黄铁矿呈浸染状分布或伴随方铅矿交代闪锌矿出现，局部沿黄铁矿晶间碎裂处分布，与磁铁矿共生，矿化晚阶段出现。

孔雀石：是主要次生氧化物，多沿裂隙分布，鲜绿色，玻璃光泽，呈被膜状、碎粒状、隐晶集合体。单偏光镜下呈鲜艳的绿色，反光镜下反射率低，镜下呈短柱状、半自形粒状晶体，细小晶簇或致密粒状放射状集合体和土块集合体。主要发育于次生氧化带，交代次生富集矿物铜蓝和原生矿物黝铜矿，形成交代和交代残留结构。偶见极微量星点状自然铜。

铜蓝：主要铜矿物之一，为次生氧化富集带矿物，手标本上通常呈粉末状或被膜状产出，呈自形-半自形小板状、小片状晶体。在半氧化铜矿石中，铜蓝多沿黄铜矿颗粒的边缘发育，进入较完全氧化带，铜蓝被孔雀石交代。铜蓝是铜矿化的最主要的标志之一。

石英：多为白色、乳白色，粒状变晶，粒径为 0.05～0.4mm，石英片岩中石英多沿长轴定向平行排列，波状消光显著，分布均一。

矿石主要有用组分为银、铅，伴生、共生金、铜、锌，金、铜、锌多达到伴生有用组分综合回收利用指标。

3. 方铅矿的成分

阿北银铅矿床方铅矿的电子探针分析结果见表 8-5。

表 8-5　阿北银铅矿床方铅矿的电子探针分析结果

序号	样品测试点号	分析结果/%																合计	资料来源
		Se	Fe	S	As	Co	Te	Ni	Pb	Zn	Mo	Cu	Sb	B	Ag	Au	Cr		
1	AB-3-2.1	0.03	0.00	13.17	0.00	0.00	0.06	0.02	86.88	0.03	0.00	0.02	0.04	0.00	0.00	0.00	0.04	100.30	本研究采样，东华理工大学测试
2	AB-3-2.2	0.01	0.00	13.44	0.00	0.00	0.05	0.03	87.35	0.02	0.00	0.00	0.05	0.00	0.07	0.00	0.12	101.14	
3	AB-3-1.1	0.00	0.05	13.26	0.00	0.00	0.16	0.04	86.67	0.04	0.00	0.00	0.00	0.00	0.00	0.00	0.11	100.33	
4	AB-3-1.2	0.00	0.00	13.37	0.00	0.01	0.11	0.04	87.04	0.06	0.00	0.04	0.00	0.00	0.00	0.07	0.13	100.86	
5	AB-4-1.1	0.00	0.02	13.10	0.00	0.00	0.06	0.01	86.48	0.12	0.00	0.05	0.00	0.00	0.00	0.00	0.12	99.95	
6	AB-4-1.2	0.02	0.00	13.47	0.00	0.02	0.06	0.00	85.83	0.05	0.00	0.00	0.05	0.00	0.00	0.00	0.09	99.58	
7	AB-4-2.1	0.00	0.00	13.27	0.00	0.02	0.03	0.00	86.78	0.03	0.00	0.04	0.00	0.00	0.00	0.00	0.10	100.26	
8	AB-4-2.2	0.00	0.00	13.46	0.00	0.00	0.00	0.00	88.27	0.05	0.00	0.00	0.03	0.00	0.02	0.00	0.08	101.90	

从表 8-5 中可以看出，本矿区的方铅矿比较纯净，杂质元素含量都很低。仅含少量铬元素。

4. 矿石有用组分

矿体有用、有益组分含量总体变化较大。单样品位变化如下：Pb 为 $0.26\times10^{-2}\sim60.14\times10^{-2}$，Ag 为 $4.52\times10^{-6}\sim3540.00\times10^{-6}$，Cu 为 $0.01\times10^{-2}\sim3.12\times10^{-2}$，Au 为 $0.05\times10^{-6}\sim2.45\times10^{-6}$，Zn 为 $0.02\times10^{-2}\sim7.04\times10^{-2}$。单工程品位变化如下：Pb 为 $1.78\times10^{-2}\sim49.99\times10^{-2}$，Ag 为 $16.00\times10^{-6}\sim914.00\times10^{-6}$。矿体平均品位如下：Pb 为 $1.78\times10^{-2}\sim14.14\times10^{-2}$，Ag 为 $87.33\times10^{-6}\sim715.05\times10^{-6}$。矿床平均品位如下：Pb 为 8.45×10^{-2}，Ag 为 232.39×10^{-6}。Cu 具伴生和共生两种形式，Au 主要呈伴生形式，Zn 除在两个矿体中呈共生和伴生形式外，其他均达不到有益组分含量指标。

矿体沿走向组分及含量变化不大。矿体沿横向组分及含量变化较明显：首先低品位矿石与高品位矿石的有用组分含量变化大，而矿体以高品位矿石为主，所占比例大，且高品位矿石主要分布于矿体中部；其次铅、银两种组分的相关性强，呈正相关特征，金、铜与铅、银呈正相关特征，铜呈共生和伴生两种状态，金呈伴生状态，锌与铅、银及金、铜相关性规律不强，表现为正、负两种相关特征，并主要呈伴生状态，个别呈共生状态。从 $Ⅱ_7$ 矿体施工的 XD1 斜井拉叉工程见矿特征初步分析，矿体沿垂向组分变化均匀，而各组分含量有增高的趋势。

5. 矿石结构构造

从宏观上和镜下鉴定可知，矿石主要为粒状结构，并呈他形细-微粒状。构造具典型细脉状、致密块状或斑块状、条带状、稀疏浸染状和星点状。

8.2.3　围岩蚀变

矿体赋存于早古生代二长花岗岩体（$\eta\gamma_3$）中，围岩岩石类型简单，矿体呈脉状、透镜状、带状沿断裂构造及裂隙产出，围岩与矿体界线明显。围岩受应力、热液蚀变等作用后，构造变形、变晶结构及矿化蚀变明显。

近矿围岩蚀变类型主要有硅化、黄钾铁矾化、绢云母化、高岭土化、碳酸盐化(图8-10)，地表发育有褐黄、土黄色黄钾铁矾-褐铁矿蚀变带，且连续性较好，为矿区矿体重要的找矿标志。

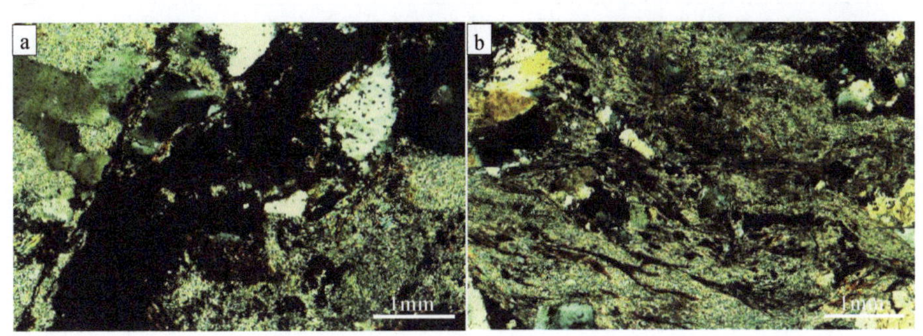

图8-10　阿北银铅矿矿石蚀变矿物照片

a-蚀变花岗岩型矿石中方铅矿呈不规则细脉状，旁侧发育绢云母化、绿泥石化，正交偏光5×10；b-蚀变花岗岩型矿石中方铅矿呈不规则浸染状，岩石整体发育绢云母化、绿泥石化，正交偏光5×10

8.3　矿床成因初探

8.3.1　变形蚀变岩石组分变化特征

构造变形和矿化蚀变作用是导致含矿构造带内包括成矿元素在内的成分变化的决定因素，阿北银铅矿的构造变形带一方面在变形过程中发生元素的迁移和变化，另一方面在后期矿化蚀变作用中又导致矿化元素的变化，以Ⅱ号含矿带西段的H05地质点为例（图8-6c），探讨不同变形强度和不同矿化程度的岩石元素的变化特点。

1. 矿化蚀变变形岩石矿物成分变化特点

从图8-6c可以看出，7个样品构造变形的强弱为1号和6号最强（应变比值约为4.0），3号和5号次之（应变比值约为2.5），2号和4号变形较弱（应变比值约为1.5），7号几乎没有变形，为比较完整的花岗岩（应变比值约为1.0）。而矿化最强的是1号样品，其次是3号和6号样品，其他样品矿化不明显。

H05点小剖面7个样品的岩矿石名称、产出构造部位、矿物组成、结构构造和矿化蚀变特征列于表8-6。

表8-6　阿北银铅矿床蚀变变形岩石特征表

序号	样号	岩石名称	构造部位	矿物组成	变形结构构造特征	蚀变与矿化特征
1	H05-1	强矿化糜棱岩	产于大透镜体边上的主变形带中	脉石英50%、方铅矿25%、其他石英15%、绢云母等10%	强变形，矿物拉长明显，片状构造、细脉状构造、糜棱状构造	方铅矿呈细脉沿变形片理或斜向裂隙产出，强矿化、绢云母化、硅化
2	H05-2	微变形花岗岩	产于较小透镜体上	正长石35%、斜长石20%、石英30%、绢云母15%	弱变形，矿物拉长不明显，块状构造为主、局部弱片状构造	弱变形，弱绢云母化，矿化不明显

续表

序号	样号	岩石名称	构造部位	矿物组成	变形结构构造特征	蚀变与矿化特征
3	H05-3	微矿化糜棱岩	产于小透镜体边上的次级变形带中	正长石 25%、斜长石 10%、石英 35%、绢云母 30%，少量方铅矿	中等变形，矿物拉长较明显，片状构造较发育、似糜棱状构造	方铅矿呈稀疏浸染状产出，部分沿似糜棱片理呈微脉状产出
4	H05-4	微变形花岗岩	产于次级透镜体上	正长石 35%、斜长石 25%、石英 30%、绢云母 10%	弱变形，以块状构造为主	弱的绿泥石化、硅化、铁白云石化
5	H05-5	变形花岗岩	产于小透镜体边上的次级变形带中	正长石 25%、斜长石 10%、石英 35%、绢云母 30%	中等变形，矿物拉长较明显，片状构造较发育、似糜棱状构造	矿化不明显，发育绿泥石化、水云母化、铁白云石化
6	H05-6	矿化糜棱岩	产于大透镜体边上的主变形带中	正长石 10%、斜长石 5%、石英 40%、绢云母 45%，少量方铅矿	强变形，矿物拉长明显，片状构造、糜棱状构造	方铅矿呈浸染状产出，水云母化、高岭土化
7	H05-7	花岗岩	产于主变形带外未变形花岗岩中	正长石 35%、斜长石 25%、石英 30%、绢云母 10%	未变形，块状构造	表面见弱水云母化、弱绿泥石化化，无矿化

不考虑强矿化的 H05-1 样品，其他 6 个样品随着构造变形增强，绢云母含量明显增多，同时长石含量明显减少，而石英略有增多或变化不大。显示出构造变形（糜棱岩化）过程导致长石分解，形成石英和绢云母（退变质反应），但是石英增加不多，反映出可能是有一部分硅质被带出。

2. 蚀变变形岩石常量元素变化特点

按照构造变形强弱顺序，H05 地质点剖面样品的常量元素测试结果见表 8-7，其变化曲线见图 8-11。

表 8-7　蚀变变形岩石常量元素分析结果

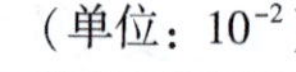
（单位：10^{-2}）

序号	样号	岩石名称	SiO_2	Al_2O_3	Fe_2O_3	FeO	CaO	MgO	K_2O	Na_2O	TiO_2	MnO	P_2O_5	H_2O^+	CO_2	LOI	合计
1	H05-7	花岗岩	75.56	11.09	1.23	0.70	0.88	0.73	4.09	3.40	0.19	0.09	0.04	1.04	0.80	1.74	101.58
2	H05-2	微变形花岗岩	75.01	10.88	1.29	0.74	0.96	0.66	3.97	3.32	0.25	0.11	0.03	1.15	0.86	1.84	101.07
3	H05-4	微变形花岗岩	74.25	11.21	1.39	0.72	0.94	0.69	4.17	3.51	0.21	0.07	0.02	1.11	0.79	1.81	100.89
4	H05-5	变形花岗岩	76.23	11.91	0.84	0.61	0.71	0.47	3.84	2.93	0.21	0.05	0.03	1.62	0.46	1.52	101.43
5	H05-3	微矿化糜棱岩	77.53	12.08	0.48	0.44	0.53	0.25	3.54	2.17	0.28	0.02	0.01	1.95	0.34	1.53	100.93
6	H05-6	矿化糜棱岩	78.32	10.15	0.46	0.41	0.46	0.20	3.36	1.91	0.23	0.02	0.01	1.72	0.10	1.33	98.68
7	H05-1	强矿化糜棱岩	82.45	5.51	2.41	1.42	0.23	0.28	1.63	1.54	0.20	0.03	0.01	1.08	0.10	1.04	97.96

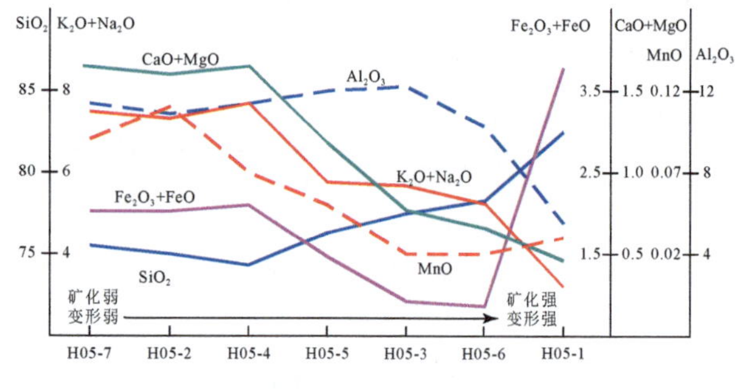

图 8-11　矿化蚀变样品主元素变化图

从表 8-7 和图 8-11 可以看出，不同变形和蚀变强度岩石的常量元素迁移规律比较明显，从花岗岩和弱变形花岗岩到强变形花岗岩和糜棱岩，Fe_2O_3、K_2O、Na_2O 减少明显，MnO、CaO、MgO 略有减少，说明其形成了含矿热液，这与构造变形过程的退变质作用相关，即长石退变质形成绢云母和石英（陈柏林等，2002）。同时由于前述成分的减少，SiO_2 和 Al_2O_3 组分相对升高了。

而叠加矿化的糜棱岩，SiO_2 明显升高，富的矿石 SiO_2 含量更高，这显示了矿化蚀变过程存在硅质的进入，与宏观存在石英脉是吻合的。

3. 矿化元素变化特点

按照构造变形强弱和矿化强弱顺序，H05 地质点剖面样品的矿化元素（Pb、Ag、Cu、Au、Zn）测试结果见表 8-8，其变化曲线见图 8-12。

表 8-8　蚀变变形岩石矿化元素分析结果

序号	样号	岩石名称	Pb/%	$Ag/10^{-6}$	Cu/%	$Au/10^{-6}$	Zn/%
1	H05-7	花岗岩	0. 03	0. 39	0. 02	0. 01	0. 04
2	H05-2	微变形花岗岩	0. 09	0. 81	0. 03	0. 03	0. 07
3	H05-4	微变形花岗岩	0. 08	0. 62	0. 04	0. 05	0. 09
4	H05-5	变形花岗岩	0. 32	5. 19	0. 09	0. 08	0. 11
5	H05-3	微矿化糜棱岩	1. 33	19. 80	0. 18	0. 14	0. 22
6	H05-6	矿化糜棱岩	4. 35	80. 24	0. 36	0. 24	0. 52
7	H05-1	强矿化糜棱岩	8. 42	229. 15	1. 41	1. 24	1. 12

从表 8-8 和图 8-12 可以看出，不同变形和矿化强度岩石的矿化元素迁移规律比较简单，从花岗岩和弱变形花岗岩到强变形花岗岩和糜棱岩，Pb、Ag、Cu、Au、Zn 非常一致地增加，显示出这五种矿化元素之间存在比较明显的相关性，但是各成矿元素还存在差异。五个元素曲线可以分为两组，其中 Pb 和 Ag 为一组，两者变化曲线非常接近，反映其成矿作用相关性更高，而 Cu、Au、Zn 为另一组，变化曲线也非常相似。

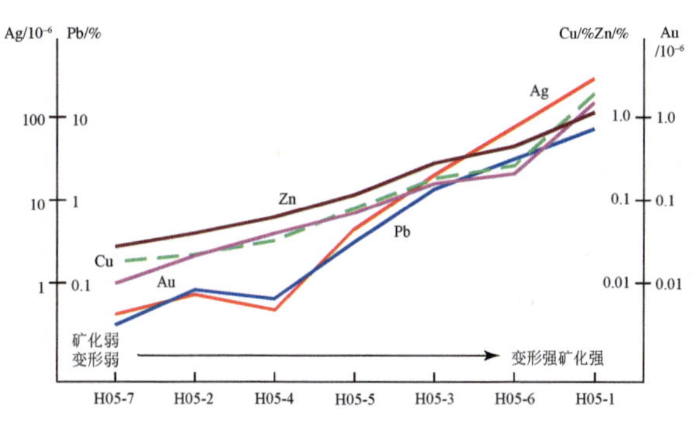

图 8-12　矿化蚀变样品矿化元素变化图

8. 3. 2　稳定同位素特征

1. 氢氧同位素特征

阿北铅银矿床氢氧同位素测定结果见表 8-9，$\delta^{18}O_{石英}=9.6‰\sim12.70‰$，与花岗岩相当（+7‰～+13‰）(福尔，1986)。相应包裹体水的氢同位素 $\delta D=-76‰\sim-56‰$。根据 Clayton 等（1972）给出的石英–水体系中氧同位素分馏随温度变化的关系式：$\delta^{18}O_{石英}-\delta^{18}O_{水}=A(10^6T^{-2})+B$（当 $T\approx200\sim500℃$时，$A=3.38$，$B=-3.40$），并由包裹体捕获温度（取捕获温度 260℃计算）求得的成矿流体中水的$\delta^{18}O_{水}$为 1. 0‰～4. 1‰，将其与相应的δD值投于δD-$\delta^{18}O$图上（图 8-13）可发现，投影点位于岩浆水之左侧，表明以岩浆水为主，并有少量大气降水混入。同新疆其他地区多金属矿床相比，与阿尔金大平沟金矿床（陈柏林等，2005）和阿尔泰可可塔勒铅锌矿床（李博泉和王京彬，2006）非常相似，比阿尔泰阿舍勒铜锌矿床（王登红，1996）雨水影响小，后者岩浆水比例要大得多，几乎无变质水的参与。

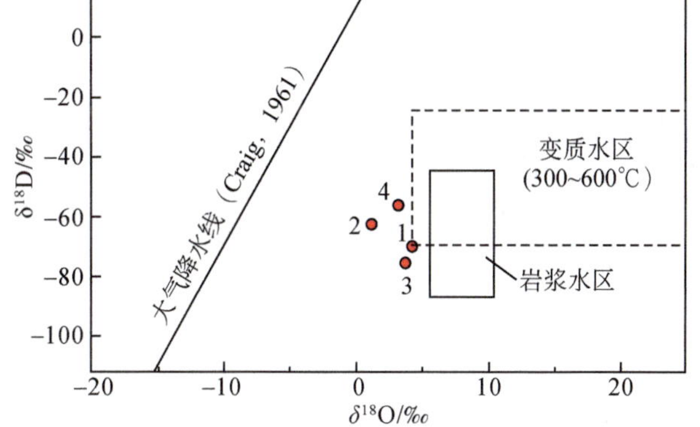

图 8-13　阿北铅银矿床氢氧同位素投影图（序号同表 8-9）

表 8-9　阿北铅银矿床及有关矿床氢氧同位素组成表

序号	样号	位置	岩性	矿物	$\delta^{18}O_{石英}$/‰	$\delta^{18}O_{水}$/‰	δD/‰
1	AB-4	阿北	细脉铅银矿石	石英	+12.7	+4.1	-70
2	H06-1	阿北	细脉铅银矿石	石英	+9.6	+1.0	-62
3	H06-4	阿北	细脉铅银矿石	石英	+12.3	+3.7	-76
4	H09-3	阿北	细脉铅银矿石	石英	+11.7	+3.1	-56
5	大平沟金矿		蚀变糜棱岩石英脉型	石英	+12.0	+3.07	-71
6	可可塔勒铅锌矿		绿泥石黑云母石英脉	石英	+11.7	+4.50	-89.1
7	阿舍勒铜锌矿		矿石	石英	+11.6	+4.40	-110

注：1～4 号为本研究 2007 年采样中国地质科学院矿产资源研究所测试；5 号据陈柏林等（2005）4 个样品平均；6 号据李博泉和王京彬（2006）11 个样品平均；7 号据王登红（1996）。

2. 硫同位素特征

阿尔金山东段喀腊大湾地区铜多金属矿床的硫同位素组成见表 8-10。

表 8-10　阿北银铅矿床硫同位素测试结果

序号	样号	岩石类型	测试矿物	$\delta^{34}S$/‰	资料来源
1	AB-3	脉状铅银矿石	方铅矿	+16.3	本书
2	AB-4	脉状铅银矿石	方铅矿	+15.6	本书
3	AB-5	脉状铅银矿石	方铅矿	+16.0	本书
4	H01-2	脉状铅银矿石	方铅矿	+13.9	本书
5	H05-1	脉状铅银矿石	方铅矿	+14.7	本书
6	H06-2	脉状铅银矿石	方铅矿	+14.0	本书
7	H09-3	脉状铅银矿石	方铅矿	+11.9	本书

从表 8-10 可以看出，阿北铅银矿床矿石方铅矿 $\delta^{34}S$ 为+11.9‰～+16.3‰，平均为+14.63‰；硫同位素组成都非常集中，说明该矿床硫源比较一致，从该矿床的原生含硫矿物来看，阿北铅银矿床主要为方铅矿，含少量黄铁矿，矿物组合说明成矿热液发生不同价态硫之间的同位素分馏作用非常弱；同时，本区以绢云母化、绿泥石化、绿帘石化和硅化为主的围岩蚀变反映成矿流体为弱酸性环境，说明不同成矿阶段的硫同位素分馏也不会很大。所以，在同一个矿床中，硫同位素的分馏作用主要发生于不同硫化物之间。目前对于黄铁矿、黄铜矿、方铅矿、闪锌矿等常见硫化物的硫同位素分馏作用的研究比较深入，在 300℃条件下，各硫化物之间的硫同位素分馏比较小，因此，矿床硫化物的硫同位素组成能够非常贴近成矿流体的硫同位素组成。

硫同位素组成显示阿北银铅矿的硫源正向偏离陨石硫很大，表明不是深源硫，也不是岩浆岩来源为主的硫，而很可能是海相沉积岩来源的硫与岩浆岩来源的硫的混合。与北疆阿勒泰地区的可可塔勒铅锌矿床明显不同，与甘肃石居里铜锌矿床相近，与阿舍勒铜锌矿床和日本黑矿型矿差异不太大，后者硫同位素值稍小（小 2‰～4‰）。

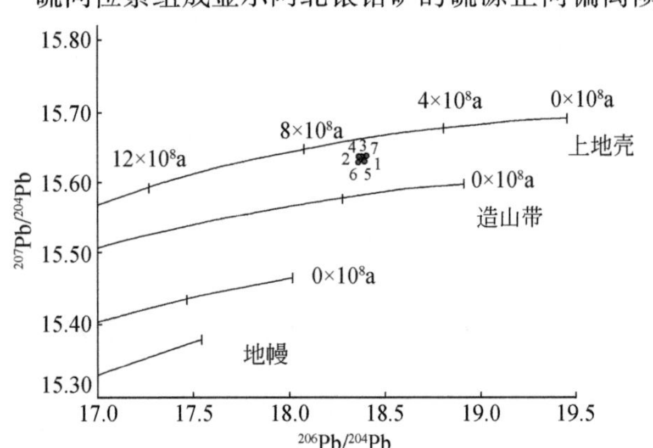

图 8-14　喀腊大湾铜多金属矿床铅同位素投影图

3. 铅同位素特征

阿北银铅矿床铅同位素组成见表 8-11，其投影图见图 8-14。从图 8-14 中可以看出，阿尔金山东段阿北铅银矿床铅同位素组成投影均落入上地壳区，反映该矿床的铅主要来源于上地壳。与北疆阿舍勒铜锌矿存在一定的差异，后者铅同位素组成投影均落入造山带与地幔过渡区域。

表 8-11　阿尔金山东段铜多金属矿床铅同位素组成

序号	样号	采样位置	矿石类型	测试矿物	铅同位素组成		
					$^{206}Pb/^{204}Pb$	$^{207}Pb/^{204}Pb$	$^{208}Pb/^{204}Pb$
1	AB-3	阿北铅银矿	脉状铅银矿石	方铅矿	18.3794	15.6314	38.3435
2	AB-4	阿北铅银矿	脉状铅银矿石	方铅矿	18.3667	15.6307	38.3215
3	AB-5	阿北铅银矿	脉状铅银矿石	方铅矿	18.3777	15.6332	38.3393
4	H01-2	阿北铅银矿	脉状铅银矿石	方铅矿	18.3672	15.6332	38.3166
5	H05-1	阿北铅银矿	脉状铅银矿石	方铅矿	18.3870	15.6323	38.3508
6	H06-2	阿北铅银矿	脉状铅银矿石	方铅矿	18.3765	15.6336	38.3333
7	H09-3	阿北铅银矿	脉状铅银矿石	方铅矿	18.4000	15.6324	38.3692

8.3.3　矿床成因及控矿因素初步分析

阿北银铅矿矿化带主要发育于早古生代二长花岗岩体（$\eta\gamma_3$）中（锆石 SHRIMP 年龄为 514Ma），该岩体为红柳沟-拉配泉弧后盆地碰撞前侵入岩，具有片麻状构造，二长花岗岩体的围岩为早古生代晚寒武世火山沉积岩系。控矿构造为发育于花岗岩体中、北西西走向、呈弧形延伸的低级序韧脆性裂隙构造。矿体呈脉状、透镜状、带状沿断裂构造及裂隙产出。因此该矿床的形成晚于该二长花岗岩体侵入时间。另外，研究区广泛发育碰撞期（490～470Ma）和碰撞后（440～410Ma）中酸性侵入岩，结合硫铅和氢氧同位素指示的成矿物质和成矿流体来源信息，可以认为成矿作用与本区早古生代中晚期红柳沟-拉配泉弧后盆地封闭碰撞作用及其伴生的中酸性岩浆活动有着密切的关系，其成因类型属于岩浆热液型矿床。考虑同样在白尖山断裂带上的大平沟金矿床的 487Ma 成矿年龄（杨屹等，2004），初步推测阿北银铅矿的成矿作用时代也是在早古生代中期，属于碰撞期的中后阶段，为 480～470Ma。

结合本区区域-大地构造演化，可以初步概括区内成矿演化历史。新元古代晚期，区域上在塔里木地块南缘，形成较广阔的阿尔金洋；新元古代末—寒武纪早期，阿尔金洋北侧边界由稳定大陆边缘转化为活动大陆边缘，阿尔金洋盆向北俯冲并形成陆缘火山弧，阿北银铅矿区二长花岗岩侵位；随着俯冲的继续，寒武纪中晚期—早奥陶世早期形成红柳沟-拉配泉弧后盆地，喷发具有岛弧和弧后盆地特点的火山岩，形成喀腊达坂火山岩型铅锌等矿床；早奥陶世晚期，伴随阿尔金洋盆即将封闭，红柳沟-拉配泉弧后盆地也发生向北的俯冲和碰撞，同时形成大型韧性变形带，包括阿北银铅矿区二长花岗岩体在内也发生了大规模韧性变形，形成以大平沟金矿为代表的韧性剪切带型金矿床；碰撞中晚期，一方面构造变形向脆性发展，在阿北银铅矿区二长花岗岩形成韧脆性、呈弧形延伸的控矿裂隙，另一方面同碰撞作用发生了大规模中酸性岩浆侵入作用，随着碰撞接近结束，构造应力场也由原来南北向强烈挤压转化为局部引张，在韧脆性变形带中形成脆性张扭性裂隙，而伴随岩浆侵入活动的岩浆期后热液在萃取围岩中成矿物质后，运移到脆性张扭性裂隙中充填结晶，形成脉状银铅矿床。

8.3.4　找矿标志

（1）直接找矿标志：在岩体接触带或岩体内部，地表发育有褐黄、土黄色黄钾铁矾-褐铁矿蚀变带，且连续性较好，为矿区矿体重要的找矿标志。

（2）矿体均产于区内分布的中酸性花岗岩体中，片麻状二长花岗岩体是重要的间接找矿标志。

（3）断层构造、围岩蚀变标志：有明显断层通过，存在明显的破碎蚀变带，围岩蚀变较强，岩石具有硅化、黄钾铁矾化、绢云母化、高岭土化、碳酸盐化等。

（4）物探找矿标志：存在相对较高的激电极化率异常，对应出现中低电阻率异常，反映深部可能有较富集的硫化矿体存在。

（5）化探异常找矿标志：成矿元素 Au、Cu、Pb、Zn、Ag，伴生 Sb、Cr、Ni、Cd、Mo 等元素，元素组合复杂，套合好，各单元素异常面积大、强度高，基本反映了与元素组合特征相一致矿体存在的可能性，是寻找该类矿产的间接标志。

第 9 章　阿尔金与北祁连成矿环境对比

北祁连成矿成矿带是我国研究程度比较高的成矿带之一，以产出镜铁山大型铁矿床、寒山金矿床、鹰咀山金矿床、柳沟峡钨矿床、白银厂铜多金属矿床而闻名。同时祁连山也是我国研究板块构造的天然实验室，取得众多研究成果。

对阿尔金成矿带与北祁连成矿带的对比研究主要是伴随阿尔金走滑断裂的位移量估算而开始的。将北祁连构造带与西昆仑构造带进行对比，认为其原来属于同一构造带，并据此认为阿尔金走滑断裂达到900～1200km的位移量（张治洮，1985；李海兵等，2007）；而 Tapponnier 等（1981）、虢顺民和向宏发（1998）、葛肖虹等（1998）从阿尔金走滑断裂带两侧晚古生代岩浆岩带和位移速率等方面推算阿尔金走滑断裂位移距离为500～700km。许志琴等（1999）根据阿尔金主断裂两侧构造单元（特别是高压-超高压俯冲-碰撞杂岩带）的对比、Ritts 和 Biffi（2000）依据侏罗系沉积相边界的重建、Cowgill 等（2003）依据阿尔金断裂两侧地壳俯冲带折返和地幔物质的同位素年代学资料、Gehrels 等（2003a，2003b）根据阿尔金山与祁连南山对比认为阿尔金断裂走滑位移量为300～500km。陈柏林等（2010a）认为阿尔金成矿带（红柳沟-拉配泉段）与北祁连成矿带西段非常相似，同属于一条成矿带；也就是说，阿尔金成矿带（红柳沟-拉配泉段）是北祁连山成矿带被阿尔金走滑断裂左行断错的部分。

近年来，阿尔金成矿带（红柳沟-拉配泉段）的早古生代构造演化，尤其是在蛇绿岩套、高压变质岩带、岩浆岩组合和成矿作用等方面吸引了国内外众多学者的关注，并取得了重要成果。本章整理了阿尔金成矿带近几年研究成果，结合前人对北祁连成矿带的研究资料，分析了阿尔金成矿带与北祁连成矿带在结晶基底、下部盖层、早古生代造山带、后碰撞花岗岩带、成矿带及典型矿床等方面的相似性和差异性，以进一步确认阿尔金成矿带是否属于北祁连成矿带的西延部分。

9.1　前寒武纪结晶基底对比

目前，主流观点认为阿尔金造山带早古生代构造单元可划分为敦煌地块/阿北地块、北阿尔金俯冲杂岩带/红柳沟-拉配泉早古生代蛇绿混杂岩带、中阿尔金地块、西南阿尔金俯冲碰撞杂岩带/南阿尔金早古生代蛇绿混杂岩带四个部分，可以分别与阿拉善地块、北祁连俯冲杂岩带、中南祁连地块及柴达木北缘俯冲-碰撞杂岩带对比，构造单元划分见图 1-2。

阿尔金地区和祁连地区前寒武纪结晶基底主要分布在阿北地块、中阿尔金地块、阿拉善地块和中南祁连地块之上，本节通过对比四个地块之上的早前寒武纪地层（变质岩）来总结阿尔金地区和祁连地区在前寒武纪结晶基底构造归属上的异同特点。

9.1.1　阿北地块

1. 新太古界—古元古界

新太古界—古元古界位于阿北地块的米兰岩群（阿克塔什塔格杂岩），是阿尔金山出露的最老变质基底，其北侧被库姆塔格沙漠所覆盖，南侧为早古生代俯冲增生杂岩，与主要由中新元古代岩石所组成的中阿尔金地块相隔。中元古代安南坝群不整合于这套杂岩之上。

这是一套变质程度达麻粒岩相的岩石，是由广泛发育无根褶皱的高度片理化的层状岩石和一些古老岩体组成的下地壳杂岩体，片麻理产状总体较平缓，呈开阔型褶皱。阿尔金麻粒岩主要由麻粒岩相长英质片麻岩、基性麻粒岩和斜长角闪岩组成。长英质片麻岩可划分为紫苏花岗片麻岩、花岗片麻岩和斜长角闪片麻岩三类，经原岩恢复，其原岩应为英云闪长岩，相当于典型的钙碱性灰色片麻岩系；麻粒岩有二辉麻粒岩和石榴子石二辉麻粒岩两类，具有正变质岩的特征；斜长角闪岩地球化学特征相当于典型的太古宙玄武质科马提岩。

青海省区调综合地质大队曾在阿克塔什塔格山的斜长角闪岩中获一组锆石 U-Pb 年龄，其加权平均值为 2589Ma（新疆维吾尔自治区地质矿产厅，1993），初步确定这套岩石形成于新太古代，并命名为阿克塔什塔格群。测试样品为斜长角闪岩，成分为玄武质科马提岩，将其置于太古宙是可信的。车自成和孙勇（1996）获得其全岩 Sm-Nd 等时线年龄为 2787±151Ma，其中，基性麻粒岩和角闪岩得到的等时线年龄为 2792±208Ma，并认为这套杂岩的形成时代为新太古代，年龄介于 2590～2790Ma。同时，石榴子石、斜方辉石矿物对的年龄为 1704±105Ma，代表中元古代构造热事件。李惠民等（2001）、陆松年等（2002a，2002b，2006）和 Lu 等（2008）通过锆石 U-Pb TIMS 和 SHRIMP 等方法，获得阿克塔什塔格杂岩中不同岩石类型的锆石年代学数据，其中英云闪长质片麻岩的岩浆锆石年龄为 2604±102Ma；二长花岗岩的岩浆锆石年龄在 2830±45Ma 左右；花岗片麻岩的岩浆锆石年龄为 2396±36Ma；并在岩浆锆石中获得了 3574～3665Ma 继承性锆石，是迄今为止在中国西北地区获得的最老年代学记录（李惠民等，2001；Lu et al.，2008）。

对阿克塔什塔格杂岩已有一些年代学研究，已有的数据显示在阿克塔什塔格杂岩中共记录有三期热事件，第一期最老岩石是具有 TTG 性质的片麻状花岗岩，其年龄为 2.6～2.8Ga（李惠民等，2001；陆松年等，2002a，2002b，2006；Gehrels et al.，2003a，2003b；Lu et al.，2008），形成了以麻粒岩相为主的 TTG 岩系构成的新太古代克拉通化基底；第二期为 2.45～2.35Ga，具有深成花岗岩的侵入和双峰式岩浆作用；第三期为 2.0～1.8Ga 的角闪岩相变质作用和部分熔融作用及花岗岩岩浆活动（Lu et al.，2008），形成了以角闪岩相为主的古元古代克拉通化基底（葛肖虹和刘俊来，2000）。

总体而言，阿克塔什塔格杂岩与塔里木东北缘库鲁克塔格地区新太古界达格拉格布拉克群相当，均为塔里木古老陆壳基底。前人获得的达格拉格布拉克群角闪斜长片麻岩年龄为 2492±19Ma，并存在 1.9～1.8Ga 的变质锆石，表明了一次重要的构造热事件；托格灰色片麻岩年龄为 2337±6Ma，并存在 3.3Ga 的继承锆石；花岗片麻岩年龄为 1943±6Ma。

2. 中元古界

中元古界上覆于米兰岩群的是安南坝群，为一套粗粒未变质的紫红色含砾砂岩，岩石含有大型斜层理和交错层理，其上部为含厚层叠层石的白云岩和白云质灰岩，这套地层没有发生任何变质作用。地层时代被定为南华纪—震旦纪，一些学者认为其层序与塔里木北缘柯坪一带的南华系—震旦系相似（陆松年等，2006）。但其缺乏塔里木盆地其他南华—震旦系沉积岩广泛发育的冰碛岩特征（张建新等，2011）。两个来自安南坝群含砾砂岩样品的绝大多数碎屑锆石给出了一致的年龄（1920Ma），少量碎屑锆石的年龄在 2400Ma 左右（张建新等，2011）。考虑到安南坝群直接不整合在米兰岩群之上，其最直接物质来源来自于米兰岩群。而且其中记录的 2.0～1.8Ga 的岩浆活动正是阿北地块古元古代克拉通化的直接证据，而明显有别于与罗迪尼亚超大陆会聚有关的构造热事件（晋宁运动）。

同时，在塔里木东北缘库鲁克塔格地区，上覆于托格杂岩（达格拉格布拉克群）的以结晶片岩为主，夹石英岩和大理岩的中元古界兴地塔格群为塔里木克拉通第一套稳定盖层，与华北克拉通盖层长城系相当（车自成和孙勇，1996；郭召杰等，2003）。尽管中元古代地层在阿北地块分布较少，但通过安南坝群和兴地塔格群的对比，我们认为阿北地块此时进入了稳定盖层阶段。

3. 新元古界

新元古界位于阿北地块的新元古界敦煌群，从下向上划分为四个岩组，第一岩组主要由条痕状-眼球状混合岩、角闪黑云斜长片麻岩和石榴黑云片岩、石英岩及少量透辉石岩、大理岩透镜体组成；第二岩组主要为不同成分的大理岩夹少量石榴黑云石英片岩；第三岩组主要为含榴二云母石英片岩、白云母石英片岩和黑云斜长片麻岩，局部含石榴黑云斜长角闪岩；第四岩组为黑云石英片岩、黑云母变粒岩、黑云斜长片麻岩等，局部具有混合岩化现象。区域片麻理呈北西向展布，前人研究认为这套副变质岩系普遍含有石墨，具有孔兹岩系特征（梅华林和李海峰，1997；梅华林等，1998a，1998b；于海峰等，1998），变质程度达高角闪岩相，其原岩形成于活动大陆边缘的滨海-浅海环境（于海峰等，1998，

2002）。此外，还从敦煌群中解体出新太古代的英云闪长岩年龄为2.67Ga（梅华林等，1998b）。

孟繁聪等（2011）通过碎屑锆石的研究获得敦煌群年龄为0.8~2.4Ga，主要集中在1.2~0.8Ga，表明蚀源区主要为中元古代晚期—新元古代早期的岩浆岩。研究样品的沉积时代在0.8Ga之后，最老为震旦纪，这表明敦煌群为阿北地块太古宙变质基底之上较晚的盖层之一。同时，Hf同位素特征和模式年龄表明其中存在太古宙古老地壳物质的再循环和新元古代新生地壳物质，其可能与罗迪尼亚超大陆汇聚有关。

同时，还有不少新元古代中酸性侵入岩侵入阿北地块太古界深变质岩中，且主要分布于中东段的喀腊大湾沟口至东北角的克孜乐·塔斯·苏一带，主要有正长花岗岩、花岗闪长岩、闪长岩、石英正长岩、英云闪长岩等，岩石普遍发生变质作用，具有片麻状构造。片麻理产状与围岩一致，呈北西-南东走向。虽目前缺乏可靠的年龄数据，但可与塔中地区隐伏的花岗闪长岩、闪长岩对比，为塔北（阿北）地块、塔南（阿中）地块之间洋壳消减的岩浆弧产物，并记录了约900Ma受罗迪尼亚超大陆汇聚影响的地块碰撞热事件（李曰俊等，2005；Guo et al.，2005）。而敦煌群中记录的1.2~0.8Ga热事件也正是对这一构造事件的响应。

9.1.2　阿拉善地块

1. 新太古界—古元古界

龙首山位于阿拉善地块西南缘，是阿拉善地块早前寒武纪变质基底出露的重要地区之一。龙首山岩群在龙首山地区主要分布在玉石沟-塔马沟-哈哈泉、东大山、滑石口井等地。与上覆中元古界墩子沟群和韩母山群呈角度不整合（宫江华等，2012）。

古元古界龙首山群为一套高角闪岩相的岩石，下部为白家咀子组，主要岩性为混合岩、白云质大理岩、混合岩化黑云母片麻岩夹斜长角闪岩；上部为塔马子沟组，主要为二云母石英片岩、黑云母石英片麻岩。与米兰岩群相比，缺少麻粒岩相深变质岩系。

甘肃省地质矿产勘查开发局（1989，1997）对龙首山岩群不同类型的岩石进行了全岩Rb-Sr等时线测定，获得从新太古代晚期到古元古代早期不同的年龄信息；汤中立和白云来（1999，2000）认为龙首山岩群下段形成于新太古代，上段形成于古元古代早期。董国安等（2007a）利用锆石SHRIMP U-Pb定年法获得龙首山岩群最上段变沉积岩中碎屑锆石的年龄主要集中在1.7~2.2Ga，少量为2.3~2.7Ga，其中最小年龄为1724±19Ma。修群业等（2002，2007）、宫江华等（2012）通过LA-ICP-MS锆石U-Pb定年获得下段花岗质片麻岩年龄为2041Ma，混合岩化花岗质片麻岩的年龄为2172Ma。而上部黑云母石英片麻岩的碎屑锆石年龄主要集中在2014±17Ma和2146±12Ma，并遭受了约1.89Ga变质事件，表明龙首山群形成于古元古代。

对于龙首山岩群，已有的数据显示其主要遭受了2.0~1.8Ga的角闪岩相变质作用、部分熔融作用和岩浆活动，形成了以角闪岩相为主的古元古代克拉通化基底（汤中立和白云来，1999，2000；修群业等，2002，2007；董国安等，2007a；宫江华等，2012）。同时，少量的新太古代锆石颗粒记录了陆壳成核的过程（董国安等，2007a），而修群业等（2007）的年龄数据也反映了龙首山岩群遭受了早古生代岩浆热事件的改造。

2. 中—新元古界

中元古界墩子沟群上覆于龙首山群，两者呈角度不整合，主要由浅变质的碳酸盐岩和碎屑沉积岩构成。主要岩性为硅质条带白云岩及变石英岩、石英砂岩、砾岩等。根据地层对比，一些学者认为墩子沟群时代为蓟县纪（张新虎，1992；许安东和江修道，2003），而李文渊（1991）利用全岩Rb-Sr等时线获得的年龄为1261±21Ma，认为其形成于中元古代。同时，宫江华等（2012）获得该群底部的变沉积岩碎屑锆石年龄主要集中在2.03~2.05Ga，认为其为阿拉善地块中元古代的稳定盖层，与阿尔金安南坝群相当。

新元古界韩母山群覆于墩子沟群之上，其显著特征是发育一套相当于扬子地块南沱期的冰碛岩，且广泛发育含磷岩石，岩性主要为白云质灰岩及绢云千枚岩、石英砂岩、砾岩。故而普遍认为其形成于震旦纪，同时含磷石英砂岩的Rb-Sr年龄（593±39Ma）和变基性火山岩Rb-Sr年龄（504Ma）也佐证了这一点（张新虎，1992；葛肖虹和刘俊来，1999）。

同时，阿拉善地块广泛发育新元古代岩浆事件，金川超基性岩（李献华等，2004）、阿拉善右旗可克托勒条带状片麻岩、毕极格台花岗闪长片麻岩（耿元生等，2002）及许多最新的新元古代岩浆岩年龄（耿元生和周喜文，2010）的发现都表明新元古代早期的构造活动一直影响到华北地台的西北缘。

9.1.3 阿中地块

1. 古元古界—中元古界

前人曾经认为阿尔金山地区古元古界—中元古界分布广泛，厚度巨大，主体位于阿中地块之上，并可进一步划分为长城系、蓟县系和青白口系。但是相邻的 1∶20 万图幅将沿走向相连的同一地层划归成不同时代，如 1∶20 万巴什考供幅和索尔库里幅划为蓟县纪（新疆地矿局，1981a，1981b）的地层在 1∶20 万俄博梁幅划为奥陶纪（青海地质矿产局，1981），存在明显的出入。同时，杨子江等（2012）通过对阿中地块原划为中元古界长城系、蓟县系的一套富含火山岩地层进行了重新厘定，认为其形成于早古生代，故此处不做太多讨论。

2. 新元古界

分布于阿中地块的阿尔金群是一套以低角闪岩相为主的变质岩系，主要由角闪片岩、角闪斜长变粒岩、长石黑云角闪片岩、黑云石英角闪片岩及大理岩等组成，多未见顶、底，原岩可能为火山复理石-碳酸盐岩建造。同时在该套地层中发育一套角闪岩相变质的眼球状糜棱岩。下部以变质片岩为主，火山岩也很发育；中上部以石英岩、叠层石灰岩占优势，表现了从活动带向稳定带转化的过程。火山岩的研究表明，岩石类型主要为玄武岩、粗玄岩、英安岩和流纹岩类，具有明显的基性-酸性双峰式火山岩组合特征。其中玄武岩多数为碱性系列，具有类似于大陆裂谷火山岩组合的性质。轻稀土元素中等程度富集，少数基性岩具有平坦型稀土配分模式。

张建新等（2011）通过对阿尔金群碎屑锆石的研究认为这些深变质岩石不同于一般意义的变质基底，明显遭受了多期构造热事件的影响，其岩浆锆石的年龄集中在 900～940Ma，表明其形成于新元古代。同时，在阿中地块报道有中元古代末期—新元古代早期岩浆事件（Gehrels et al.，2003a；陆松年等，2006；王超等，2006；Yu et al.，2013），被认为是新元古代罗迪尼亚超大陆汇聚事件的响应。

9.1.4 祁连地块

1. 古元古界—中元古界

祁连地块类似于阿中地块，前人认为中元古界主体分布在祁连地块之上，构成了其沉积盖层，如党河群、托莱南山群、兴隆群、皋兰群的浅变质砂岩、板岩、灰岩、碎屑岩和碳酸盐岩等。其下伏太古宇—古元古界片岩、片麻岩基底。但是，同样缺乏可靠的同位素年代证据，故而不在本章讨论范围之内。

2. 新元古界

出露于祁连地块的新元古界为湟源岩群和化隆岩群。

湟源岩群遭受吕梁期中压型高绿片岩相至低角闪岩相区域动力热流变质作用和弱混合岩化作用，变形复杂。其原岩为泥质、砂质碎屑岩，其次为碳酸盐岩及少量中基性-基性火山岩。前人将湟源岩群定为古元古代的主要依据是侵入该群的响河花岗闪长岩体曾获得 2469Ma 年龄数据（王云山和陈基娘，1987）。该数据通过锆石 U-Pb 测年方法获得，原始数据中锆石的普通铅含量过高，导致扣除普通铅过程中的测试数据不够准确。郭进京等（1999）采用单颗粒锆石 TIMS U-Pb 测年所获得数据为 917±12Ma。因此，湟源岩群的地层时代应大于该数值。陆松年等（2009）通过对该群碎屑锆石的研究发现其碎屑物质来自于中元古代早期变质基底，从而给出 1700～1800Ma 和 1400～1600Ma 两个高频区段。同时，该岩群被 917±12Ma 响河岩体侵入，考虑湟源岩群沉积岩中重复性较好的最年轻碎屑锆石年龄约为 1456Ma，因此它的地层被限定在 1456Ma 与 917±12Ma 之间，即新元古代。

化隆岩群遭受以低角闪岩相为主的区域动力热流变质作用及区域混合岩化作用，变形复杂。其原岩主要为泥质、砂质沉积碎屑岩，其次为基性火山岩和（不纯）碳酸盐岩。陆松年等（2009）利用 LA-ICP-MS 获得的 60 个锆石微区同位素年龄数据得出 1782Ma、1562Ma 两个重要年龄值峰值，认为化隆岩群与湟源岩群一样为中元古代晚期—新元古代的产物。

与相邻阿中地块一样，祁连地块同样有新元古代早期（880 ~ 950Ma）岩浆事件的报道（郭进京等，1999；Wan et al.，2001；董国安等，2007b；Yu et al.，2013；Huang et al.，2015），已有的一些研究显示这些岩浆活动具有同碰撞的性质（Wan et al.，2001），认为是格林威尔构造运动在祁连地区的表现（Yu et al.，2013）。

9.1.5　共同的结晶基底和下部盖层

从以上块体间的对比来看，阿北地块与阿拉善地块具有古元古代以前的古老基底，阿克塔什塔格杂岩中获得的 3665 ~ 3574Ma 继承性锆石表明其基底可能还有中太古代的成分。相比新太古代—古元古代形成的阿尔金米兰岩群，龙首山岩群虽缺乏 2.8 ~ 2.6Ga 的热事件，但阿拉善西部北大山地区的新太古代北大山杂岩（宫江华等，2012）记录了这一事件。表明阿拉善地块、北阿尔金地块（敦煌地块）与华北克拉通一起经历了 2.5Ga 前的成核过程和 2.0 ~ 1.8Ga 的克拉通化过程，显示出了阿拉善地块、北阿尔金地块在新元古代之前与华北克拉通的亲缘关系（Zhai et al.，2005；Zhao et al.，2005，2010）。即此时阿北地块-阿拉善地块与阿中-祁连地块分属不同的大陆。从长城纪开始，阿北地块与阿拉善地块均可见稳定型的盖层沉积。

虽然阿中地块、祁连地块新元古界中存在蚀源区为古元古界的碎屑锆石，但其中也记录了中元古代岩浆事件（张建新等，2011），这与此时华北克拉通进入稳定盖层的特征明显不同；同时，古-中元古代地层缺乏可靠的同位素年龄证据，无法准确还原当时地质情况。有可能的解释是它们曾经是分散的陆块，在位置上可能更靠近扬子克拉通，并与阿拉善-阿北地块相分离。

四个地块上均出现的中元古代末期—新元古代早期的岩浆变质事件被认为是与罗迪尼亚超大陆形成有关，说明这一时期的阿北地块、阿中地块、阿拉善地块和祁连地块参与了罗迪尼亚超大陆形成过程中的汇聚碰撞，也正是这次构造事件（塔里木运动或晋宁运动）造就了塔里木变质基底最终固结（Lu et al.，2008），从震旦纪开始塔里木主体接受了一套以台地相为主的碳酸盐岩沉积，而周缘为大陆边缘沉积（刘训等，1997；葛肖虹和刘俊来，2000）。新元古代早期的阿北地块与阿拉善地块可能已经远离华北克拉通而与阿中地块-祁连地块拼贴在一起，故而在新元古代时期，阿尔金的地质演化历史与扬子克拉通非常相似，而与华北有很大的不同，因为华北克拉通缺乏 1.0 ~ 0.8Ga 的岩浆事件。同时，在塔里木克拉通周边出现的新元古代晚期（约 0.8Ga）的基性岩墙群、基性-超基性侵入体、碱性花岗岩和双峰式火山岩与罗迪尼亚超大陆的裂解有关。

所以，四个地块具有相同的结晶基底和中新元古界盖层，具有相同的前寒武纪演化历史。

9.2　早古生代造山带对比

罗迪尼亚超大陆的裂解导致了北祁连洋-北阿尔金洋的出现，并在后期的演化中经历了洋壳的俯冲、陆壳碰撞以及造山带垮塌等过程，从而造就了规模宏伟的北阿尔金山-祁连山早古生代造山带。近年来，北阿尔金地区早古生代构造演化，尤其是北阿尔金俯冲杂岩带中的岩浆岩组合、蛇绿岩套和高压变质岩带吸引了国内外众多学者的关注（图 1-3）。本节通过对比北阿尔金俯冲杂岩带和北祁连俯冲杂岩带内的岩石类型来探究早古生代北阿尔金洋-北祁连洋的演化历史。

9.2.1　岩浆岩对比

1. 阿尔金喀腊大湾花岗岩岩体

阿尔金喀腊大湾俯冲杂岩带内的花岗岩体年龄主要分布在 510 ~ 470Ma 和 440 ~ 410Ma 两个时间段。前者被认为形成于洋壳俯冲过程中，而后者被认为形成于后碰撞阶段，目前未发现典型的同碰撞花岗岩体。前者主要沿喀腊大湾沟分布，自北向南分别为阿北银铅矿花岗岩体、4337 高地花岗闪长岩体以及喀腊大湾铁矿中酸性杂岩体；后者靠近阿北断裂南侧出露，主要为阿北似斑状花岗岩体和白尖山北似斑状二长花岗岩体。

1）*岩石学特征*

（1）阿北银铅矿花岗岩体：该岩体为小型岩株，呈不规则长轴状，位于喀腊大湾地区东部、拉配泉-红柳沟蛇绿岩北侧，于喀腊大湾沟与阿尔金北缘断裂交叉部位西南侧出露，出露面积约为 5.0km^2，主体侵位于下古生界上寒武统斯米尔布拉克组，并与阿北岩体呈断层接触。该岩体岩性为黑云母二长花岗岩，灰白色-浅肉红色-灰红色，表面多风化而显土黄色。宏观上岩石发育碎裂和脆性片理化，局部伴有韧脆性变形片麻状构造，中细粒似斑状结构，块状构造（图 9-1a）。斑晶含量为 40%～50%，成分为钾长石（粒径以 0.5～1mm 居多）和石英。钾长石含量为 20%～25%，主要为微斜长石（>20%）和少量条纹长石（<10%），可见格子双晶及条纹长石结构；石英含量为 20%～25%，他形粒状，弱波状消光。基质由钾长石（15%～20%）、斜长石（25%～30%）、黑云母（5%～10%）组成，矿物粒径为 1.0～4.0mm。斜长石呈半自形粒状，可见聚片双晶，多数发生绢云母化；斑晶与基质中的钾长石种类相同，均发生强烈土化；黑云母呈半自形片状，多发生绿泥石化，此外，还含有少量榍石、磷灰石和锆石。

图 9-1　北阿尔金中酸性岩体野外特征

a-阿北银铅矿花岗岩体；b-4337 高地北花岗闪长岩；c-八八-7910 铁矿带南中酸性杂岩体；d-阿北岩体；e、f-白尖山东二长花岗岩体

（2）4337 高地北花岗闪长岩：该岩体出露于喀腊大湾 7910 铁矿北-4337 高地东北一带，喀腊达坂铅锌矿的东北侧。岩体呈长轴状岩体，沿东西向展布，西窄东宽，出露面积为 52km^2，并与红柳沟-拉配泉蛇绿岩带展布方向平行。侵位于下古生界上寒武统卓阿布拉克组中，局部伴有韧脆性变形片麻状构造。该岩体岩性为灰白色花岗闪长岩，中粗粒等粒结构，块状构造（图 9-1b）。主要由石英（15%～20%）、碱性长石（25%～30%）、斜长石（An＝25～35，35%～45%）、黑云母（10%～15%）、角闪石（2%～5%）组成，副矿物为榍石、磷灰石和锆石，含量小于 2%。其中，石英呈他形粒状、局部可见波状消光；碱性长石呈半自形粒状，粒径以 2.5～4mm 居多，发育少量卡斯巴双晶；斜长石呈半自形板状，粒径主要为 2.5～4mm，个别可达 10mm，部分发育聚片双晶，多发生绢云母化；黑云母为片状，多数发生绿泥石化；角闪石呈自形中粒柱状。

（3）八八-7910 铁矿带南中酸性杂岩体：该岩体出露于喀腊大湾沟八八-7910 铁矿带南侧，呈东西向长条状展布，东西向长为 12km，东段较宽，为 1.5～2km，中西段为0.8～1.4km，出露面积约为 16km^2，由 7910 铁矿南花岗岩体、7918 铁矿-7914 铁矿南细粒正长花岗岩和八八铁矿南石英闪长岩等组成。侵位于下古生界上寒武统卓阿布拉克组中基性火山岩中。

7910铁矿南正长花岗岩呈灰红色-浅褐红色，宏观上岩相变化较大，局部碎裂，褐铁矿化较普遍，中-细粒近等粒结构（图9-1c）。主要由石英（25%~30%）、碱性长石（35%~45%）、斜长石（An=15~25，25%~30%）组成，副矿物为少量榍石、磷灰石和锆石。其中石英呈他形粒状，局部可见波状消光；碱性长石呈半自形粒状，粒径以1.5~2mm居多，少量发育卡斯巴双晶；斜长石呈半自形板状，部分发育聚片双晶，多发生绢云母化。

7914铁矿南细粒正长花岗岩呈灰红色-浅褐红色，宏观上岩相变化不太明显，中细粒等粒结构。主要由石英（25%~30%）、碱性长石（50%~60%）、斜长石（An=15~25，15%~20%）、黑云母（5%~10%）组成，副矿物为少量榍石、磷灰石和锆石。其中石英呈他形粒状，粒径为0.5~1.0mm，局部可见波状消光；碱性长石呈半自形粒状，粒径以1.0~1.5mm居多，少量发育卡斯巴双晶，发育非常明显的条纹出熔现象；斜长石呈半自形板状，部分发育聚片双晶，多发生绢云母化；黑云母为片状，多数发生绿泥石化。

八八铁矿南石英闪长岩呈灰白色-浅灰色，宏观上岩相变化较大，并穿切含铁玄武岩和磁铁矿体，细粒等粒结构。主要由石英（10%~15%）、斜长石（An=30~40，50%~55%）、黑云母（5%~10%）、角闪石（5%~10%）组成，副矿物为少量榍石、磷灰石、锆石和磁铁矿。其中石英呈他形粒状，粒径为0.4~0.6mm，弱波状消光；斜长石呈半自形板状，部分发育聚片双晶，多发生绢云母化；黑云母呈片状，多发生绿泥石化；角闪石为短柱状，部分发生绿帘石化。

（4）阿北岩体：该岩体位于阿尔金成矿带中偏东部北带，在喀腊大湾沟与阿尔金北缘断裂交汇部位及其东侧，出露面积约为20km^2。侵位于下古生界上寒武统斯米尔布拉克组。岩性主要由黑云母二长花岗岩和似斑状二长花岗岩组成（图9-1d）。

黑云母二长花岗岩呈灰色-灰白色，中粗粒等粒结构，块状构造。主要由石英（25%~30%）、碱性长石（35%~40%）、斜长石（An=10~25，25%~30%）、黑云母（3%~5%）组成，副矿物为榍石、磷灰石和锆石，含量小于2%。其中石英呈他形粒状、弱波状消光；碱性长石多发育卡斯巴双晶和格子双晶，部分为条纹长石；斜长石呈自形板状，粒径主要为2.5~4mm，部分发育聚片双晶。

似斑状二长花岗岩呈灰红色，中粗粒似斑状结构，块状构造，岩体未变形（图9-1d）。斑晶含量为30%~40%，以正长石为主，粒径为5~20mm，有的可达30~50mm，包括条纹长石和微斜长石。基质含量为60%~70%，主要由石英（25%~30%）、碱性长石（10%~15%）、斜长石（15%~20%）、黑云母（<5%）组成。

（5）白尖山东二长花岗岩体：该岩体出露于白尖山东侧，阿尔金北缘断裂与白尖山断裂之间下古生界上寒武统斯米尔布拉克组中，呈近东西向展布，东西长约12km，宽3.0~4.5km，出露面积约为48km^2。样品为似斑状二长花岗岩，灰红色-褐红色，宏观上为块状构造，未见构造变形；中粗粒似斑状结构。斑晶含量为30%~40%，以正长石为主，粒径为5~20mm，部分达30mm以上，碱性长石发育卡氏双晶和条纹结构。基质含量为60%~70%，粒径以2~3mm居多，正长石为10%，斜长石约为20%，斜长石发育聚片双晶，石英为25%，他形粒状，黑云母为5%，片状。此外还含有少量榍石、锆石和金属矿物。锆石为自形粒状，颗粒中等，为0.1~0.18mm，柱状、菱形状，环带结构明显（图9-1e、f）。

2）地球化学特征

（1）阿北银铅矿花岗岩体：该岩体SiO_2含量为72.02%~74.3%，平均值为72.73%；具高K_2O（3.64%~4.47%）、低Na_2O（0.04%~2.62%）的特点（图9-2a），其里特曼指数［$\delta=(Na_2O+K_2O)^2/(SiO_2-43)$］为0.66~1.37，平均值为0.98，属钙碱性岩石，同时在SiO_2-K_2O碱度图中（图9-2c），样品均落在高钾钙碱性系列中；Al_2O_3含量变化于13.00%~15.43%，平均值为14.28%，铝饱和指数变化于1.17~1.61，平均值为1.29，属过铝质岩石（图9-2b）；但含有较低的Fe_2O_3（2.08%~3.12%）、FeO（0.24%~1.42%）、MgO（0.64%~1.36%）、TiO_2（0.44%~0.53%）、P_2O_5（0.07%~0.08%），$Mg^\#$变化于26.04~44.57（图9-2d）。该岩体稀土总量较高，均值为229.16ppm，$\sum$LREE/$\sum$HREE值为3.20~5.43，说明轻重稀土分异不大，δEu值为0.15~0.18。稀土配分曲线图（图9-2e）显示出该岩体轻稀土元素略富集，重稀土元素亏损，以及Eu负异常和稀土元素四分组效应的特征，图形呈左陡右缓“海鸥型”。在微量元

素蛛网图（图 9-2f）中，该岩体显示出了明显的 Ba、Nb、Ta、Sr、P、Ti 的负异常，以及 Pb 的正异常。该岩体的微量元素和稀土元素特征与中国东北部的高分异 I 型花岗岩的特征相类似（Wu et al., 2002）。

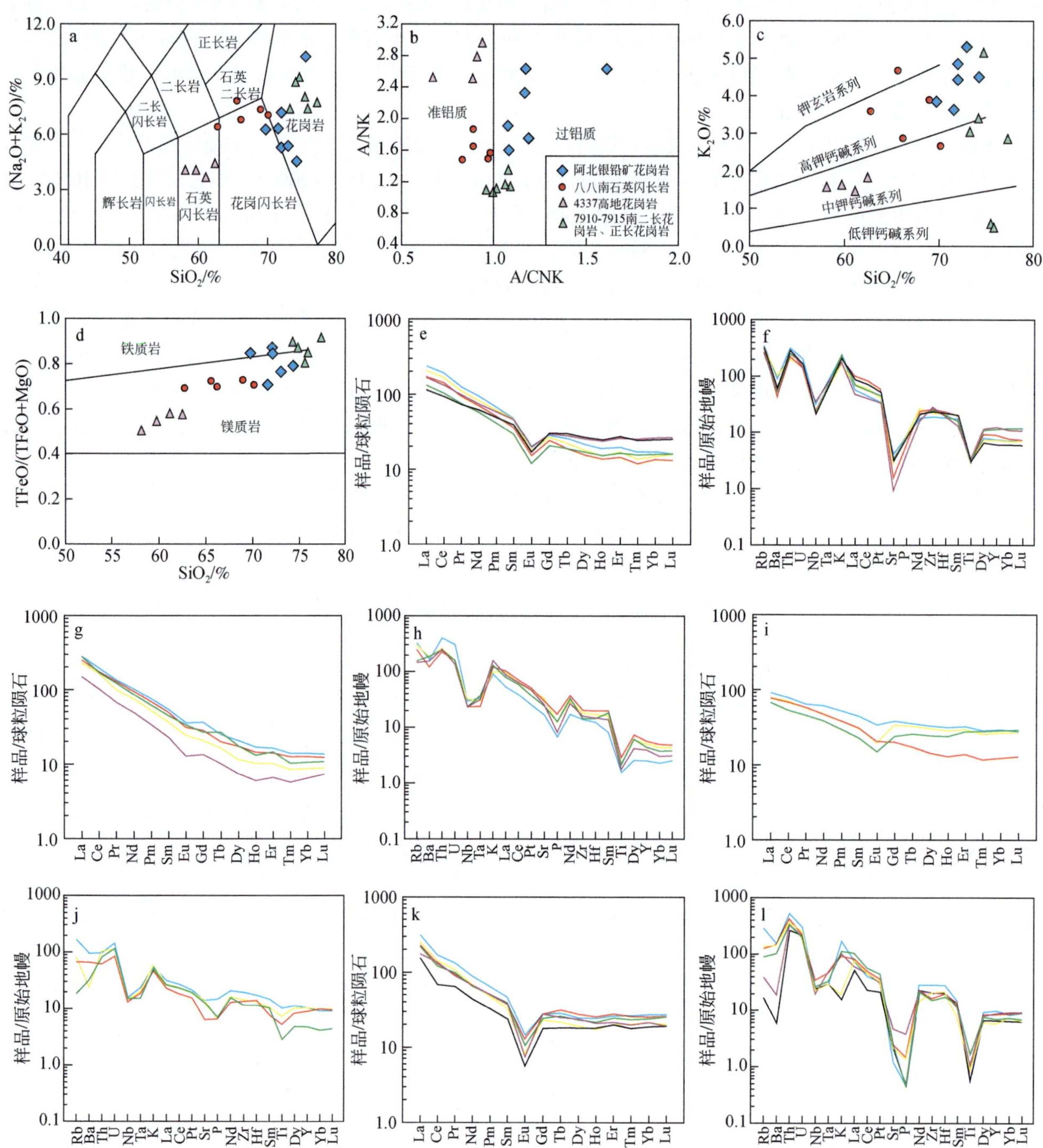

图 9-2　喀腊大湾地区俯冲型中酸性岩体主量元素、稀土元素、微量元素地球化学图解

a-SiO_2-Na_2O+K_2O 投影；b-A/CNK-A/NK 投影；c-SiO_2-K_2O 投影；d-SiO_2-TFeO/(TFeO+MgO) 投影；e-阿北银铅矿花岗岩稀土元素配分图；f-阿北银铅矿花岗岩微量元素蛛网图；g-4337 高地花岗岩稀土元素配分图；h-4337 高地花岗岩微量元素蛛网图；i-八八铁矿南石英闪长岩稀土元素配分图；j-八八铁矿南石英闪长岩微量元素蛛网图；k-7910-7915 铁矿南二长-正长花岗岩稀土元素配分图；l-7910-7915 铁矿南二长-正长花岗岩微量元素蛛网图。图 a～d 共用一个图例

（2）4337 高地花岗闪长岩：在图 9-2a 中，样品点落在花岗闪长岩区域内，与野外定名一致。该岩体 SiO_2 为 62.74%～70.07%，平均值为 66.70%；K_2O（2.88%～4.68%）、Na_2O（2.82%～4.36%）较高，其里特曼指数为 1.84～2.71，平均值为 2.14，属钙碱性岩石；同时在 SiO_2-K_2O 图（图 9-2c）中，样品点

均落在高钾钙碱性系列中；Al_2O_3 为 15.00%～16.01%，平均值为 15.37%，铝饱和指数（IAS）为 0.83～0.98，平均值为 0.91，属准铝质岩石（图 9-2b）；Fe_2O_3(1.25%～2.41%)、FeO(1.68%～3.55%)、MgO(1.18%～2.56%) 较高（图 9-2d），TiO_2(0.33%～0.61%)、P_2O_5(0.15%～0.36%) 低，$Mg^{\#}$ 为 42.17～46.59。该岩体稀土总量较高，∑LREE/∑HREE 值为 5.70～7.10，轻重稀土分异较大，δEu 值为 0.23～0.32。稀土配分曲线图（图 9-2g）显示左陡右缓式，以及弱的 Eu 负异常特征；在微量元素蛛网图（图 9-2h）中，该岩体显示出了明显的 Nb、Ti 的负异常，以及 Th 的正异常。

（3）八八-7910 铁矿带南中酸性杂岩体：在图 9-2a 中样品点落在闪长岩和花岗岩的范围内，与野外定名一致。其中石英闪长岩 SiO_2 含量为 58.09%～62.51%，平均值为 60.36%；K_2O、Na_2O 含量分别为 1.57%～1.83%、2.18%～2.56%，$Na_2O/K_2O>1$，为钠质岩石；同时在 SiO_2-K_2O 图（图 9-2c）中，样品点落在了中钾钙碱性范围内；Al_2O_3 含量为 14.26%～16.96%，平均值为 15.28%，铝饱和指数（ASI）变化于 0.64～0.96，大部分在 1.00 附近，属准铝质岩石（图 9-2b）。二长花岗岩和正长花岗岩 SiO_2 含量为 73.26%～77.30%，平均值为 75.18%；K_2O、Na_2O 含量分别为 0.47%～5.16%、3.92%～7.41%，Na、K 含量变化较大，同时在 SiO_2-K_2O 图（图 9-2c）中，样品点落在了低钾-高钾钙碱性范围内，反映了岩浆形成过程中地壳物质不断加入，岩浆弧不断向成熟发展；Al_2O_3 含量为 12.60%～13.97%，平均值为 13.47%，铝饱和指数（ASI）变化于 0.96～1.09，大部分在 1.00 附近，属准铝质岩石（图 9-2b）。石英闪长岩稀土含量较低，为 131.32～192.83ppm，相比石英闪长岩，二长花岗岩-正长花岗岩稀土含量较高，为 152.21～298.90ppm。同时，稀土元素蛛网图（图 9-2i、k）显示前者稀土分异较小，而后者稀土分异较大，且具明显 Eu 负异常，说明两者源区差异较大，前者可能来自幔源岩浆的结晶分异，而后者来自地壳物质的部分熔融。

（4）阿北岩体：在图 9-3a 中样品点落在花岗岩区域内部及附近，与野外定名相近。阿北花岗岩体 SiO_2 含量为 68.68%～72.83%，平均值为 71.01%；碱含量较高而 CaO 含量较低，K_2O、Na_2O 含量分别为 2.42%～3.62%、3.94%～4.35%，$Na_2O/K_2O>1$，为钠质岩石；其里特曼指数为 1.52～2.11，平均值为 1.83，属钙性-钙碱性岩石，与硅碱图（图 9-3b）上反映的相一致；同时在 SiO_2-K_2O 图（图 9-3c）中，

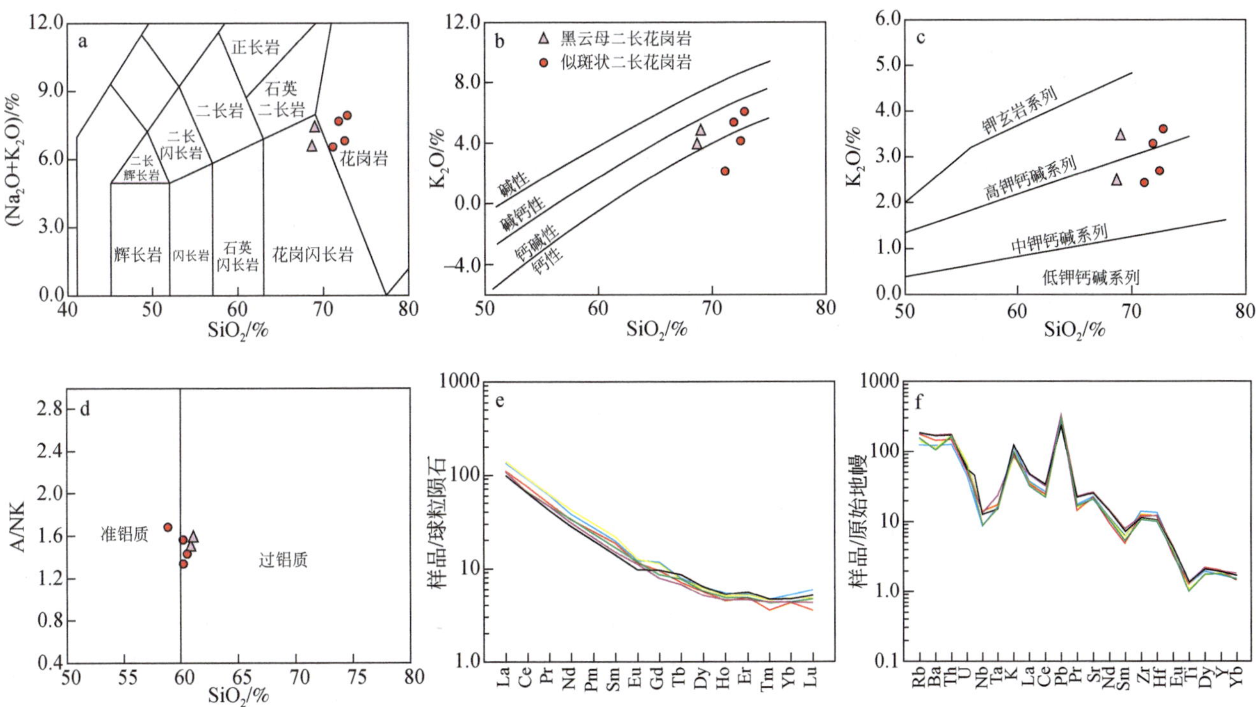

图 9-3　阿北岩体主量元素、稀土元素和微量元素图解

图 a～d 共用一个图例

样品点散落在了中钾钙碱性-高钾钙碱性的边界附近；Al_2O_3 含量为 14.73%～15.71%，平均值为 15.23%，铝饱和指数（ASI）变化于 0.90～1.03，大部分在 1.00 附近，属准铝质-微过铝质岩石（图 9-3d）。该岩体稀土总量较低，为 95.7～136.35ppm，∑LREE/∑HREE 值变化于 5.73～8.20，$(La/Yb)_N$ 值较高，为 21.61～28.52，黑云母二长花岗岩稀土总量高于似斑状二长花岗岩，∑LREE/∑HREE 值更大。稀土配分曲线图（图 9-3e）呈现出明显的左陡右缓式及无负 Eu 异常的特点，表明轻重稀土分异较大；在微量元素蛛网图（图 9-3f）中，大离子亲石元素明显较高场强元素富集，且具有显著的 Nb、Ta、Ti 的负异常，微弱的 Ba 的负异常和明显的 Sr 的正异常，这与岩体高 Sr/Y 值相吻合。

3）*岩石成因*

（1）阿北银铅矿花岗岩体：该岩体为含角闪石、过铝质、高钾钙碱性花岗岩。其高 SiO_2、Al_2O_3、K_2O，低 MgO、Cr、Co、Ni，Th、U、Pb 正异常和 Nb、Ta、Ti、Sr、Eu 负异常表明其为壳源岩浆活动的产物。同时，其 Nb/Ta(11.42～13.6)、Nb/U(4.09～5.48) 和 REE 分配曲线的特征也类似于上地壳的化学组成（Green，1995；Sylvester et al.，1997；Rudnick and Shan，2014）。Eu 负异常和低 Sr/Y 的特征表明其源区大量残留斜长石而不含石榴子石。该岩体具有过铝质的特征表明在熔融过程中有沉积物的加入。然而，该岩体缺乏白云母、石榴子石和继承锆石的特征表明其不是典型的 S 型的花岗岩，考虑到阿北地块基底岩性的复杂性，我们认为其是上地壳部分熔融的产物，具有 I-S 型过渡的特点。同时岩体 517Ma 的年龄为阿尔金北缘地区最早的俯冲型岩浆活动。

（2）4337 高地北花岗岩闪长岩：地球化学特征表明其为钾质钙碱性准铝质岩石，具有高的 SiO_2、K_2O、Sr/Y、La/Yb 和低的 Y、Nb、Ta、HREE 特征，与埃达克岩相类似。一般地，埃达克岩有三种成因：①俯冲板片部分熔融；②加厚下地壳部分熔融；③玄武质岩浆分异结晶作用。产生于俯冲板片部分熔融的埃达克岩具有富 Na 和高 $Mg^{\#}$（>50）、Cr（>50ppm）、Ni（>20ppm）的特征与本岩体不符（Defant and Drummond，1990；Condie，2005），同时，张建新和孟繁聪（2006）认为北阿金洋壳俯冲为冷俯冲，而低的地温梯度无法导致板片部分熔融。对于玄武岩浆分异结晶作用也可以排除，因为北阿尔金地区缺乏铁镁质岩浆活动而大量分布中酸性岩浆活动。因此其形成于加厚的下地壳部分熔融。而其 Nb/Ta（10.86～18.93）表明源区残留的含 Ti 矿物以金红石为主，表明其形成压力大于 15kbar，地壳厚度超过了 50km（John et al.，2011）。该岩体年龄为 494.4±5.5Ma，形成于洋壳俯冲阶段（韩凤彬等，2012），考虑到安第斯型大陆弧是年轻的洋壳以缓角度俯冲在加厚的地壳（>50km）之下，板片脱水引发下地壳部分熔融形成的，该岩体与其相似的成因，表明其形成于洋壳以缓角度向南俯冲的过程中。

（3）八八-7910 铁矿带南中酸性杂岩体：其中闪长岩相对于二长花岗岩和正长花岗岩具有低的 SiO_2、K_2O 和高 MgO、Ni、Co 的特征，表明其主要来自于地幔的部分融熔，而其低的 $Mg^{\#}$ 值，表明其经历了分异结晶作用（Debari and Sleep，1991；Tamura et al.，2000；Yang et al.，2015）。同时，俯冲板片脱水形成的流体进入地幔楔导致地幔部分熔融，形成 LREE 较 HREE 富集、LILE 较 HFSE 富集的特点。而二长花岗岩和正长花岗岩高 SiO_2、低钾-高钾钙碱性，低 MgO、Cr、Ni 的特点表明其为壳源岩浆。其准铝质的特征表明岩浆源区以岩浆岩为主，而缺少沉积物的加入，表明中下地壳可能为其源区。同时，从闪长岩到二长花岗岩到正长花岗岩，其 Rb/Ba、Rb/Sr 和 Th/Ta 不断升高，表明岩浆成分不断向陆壳演化，活动大陆岩浆弧也不断变得更加成熟。

（4）阿北花岗岩体：该岩体中的黑云母二长花岗岩和似斑状二长花岗岩具有相似的稀土配分模式和微量元素分布形式，表明它们具有相似的演化过程。同时，两者均具有高 SiO_2、中钾-高钾钙碱性、Na_2O >K_2O、ACNK≈1 的地球化学特征也佐证了这一点。岩体具有高 Sr(≥400ppm)、低 Y(≤19ppm)、低 Yb (≤2ppm)、中钾-高钾钙碱性、准铝质的地球化学特征，类似于埃达克质岩石。同时，其 427～417Ma 的年龄被认为形成于后碰撞阶段（韩凤彬等，2012），结合其埃达克岩的地球化学性质，本书认为加厚下地壳拆沉是其形成的动力背景。

2. 与北祁连岩体对比

1）时空对比

从岩浆岩时间分布来看，北阿尔金地区俯冲型岩浆岩主要集中在 510～460Ma，其中包括戚学祥等

(2005a) 获得的恰什坎萨依花岗闪长岩年龄 (481.5±5.3Ma)，吴才来等 (2005，2007) 获得的巴什考供盆地北石英闪长岩年龄 (481.6±5.6Ma)、巴什考供盆地南巨斑花岗岩年龄 (474.3±6.8Ma)，以及本书第一章分析的阿北银铅矿花岗岩体、八八-7910 铁矿带南中酸性杂岩体、4337 高地北花岗岩闪长岩等。目前虽未见有同碰撞花岗岩的报道，但是，北阿尔金地区西段蛇绿混杂岩带基质中的绢云母 Ar-Ar 测年将俯冲结束时间 (碰撞开始) 限定在450Ma 左右 (郝杰等，2006)。而年龄为 400 ~ 440Ma 的巴什考供盆地南北缘花岗杂岩体 (吴才来等，2005，2007)、冰沟岩体 (陈宣华等，2003；杨子江等，2012)、喀孜萨依岩体 (戚学祥等，2005b)、阿北花岗岩体和白尖山东二长花岗岩体 (韩凤彬等，2012) 被认为形成于后碰撞阶段。从岩浆岩的空间分布来看，以超基性岩-枕状玄武岩为界，分布着两条俯冲型花岗岩带，北带包括恰什坎萨依花岗闪长岩 (481.5±5.3Ma)(戚学祥等，2005a)、大平沟岩体 (477.1±4.1Ma) (韩凤彬等，2012)、阿北银铅矿花岗岩岩体 (517±6Ma) 和齐勒萨依岩体 (477.5±3.3Ma) (张占武等，2012)；南带包括巴什考供盆地北石英闪长岩 (481.6±5.6Ma) (吴才来等，2007)、巴什考供盆地南巨斑花岗岩 (474.3±6.8Ma) (吴才来等，2005)、4337 高地北花岗闪长岩 (490±2Ma)、八八-7910 铁矿带南中酸性杂岩体 (480 ~ 470Ma)。同时，后碰撞花岗岩多数分布在北带俯冲型花岗岩北侧 (如喀孜萨依岩体、阿北花岗岩体、白尖山东二长花岗岩体) 和南带俯冲型花岗岩南侧 (如巴什考供盆地南北缘花岗杂岩体) (吴才来等，2005，2007)，表明阿尔金北缘早古生代可能存在双向俯冲。

同样地，在北祁连造山带也分布有 510 ~ 460Ma 的俯冲型岩浆岩，其中包括吴才来等 (2004，2006，2010) 报道的柯柯里斜长花岗岩体 (512Ma)、柯柯里石英闪长岩体 (501Ma)、野马咀花岗岩 (508Ma)、民乐窑岩体 (463Ma)、牛心山花岗岩体 (476Ma) 和井子川岩体 (464Ma)，以及 Chen 等 (2014) 报道的柴达诺花岗岩岩体 (517Ma)。同时，年龄分布在 380 ~ 440Ma 的岩体被认为形成于后碰撞阶段，如金佛寺岩体 (419 ~ 403Ma) (张德全等，1995)、黄羊河岩体 (383Ma) (吴才来等，2004)、熬油沟岩体 (438Ma) (陈育晓等，2012) 以及 Yu 等 (2015) 报道的分布于景泰镇东侧的西格拉岩体 (460 ~ 440Ma) 和屈吴山岩体 (430Ma)。从空间分布上看来，北祁连造山带岩浆岩分布与北阿尔金地区分布有着相似之处。以大岔达坂蛇绿岩为界，俯冲型花岗岩可以分为两带，北带主要包括柴达诺花岗岩岩体、民乐窑岩体和井子川岩体，南带主要包括柯柯里斜长花岗岩体、柯柯里石英闪长岩体、野马咀花岗岩和牛心山花岗岩体；而后碰撞花岗岩大部分分布在北带俯冲型花岗岩的北侧，目前报道的只有熬油沟奥长花岗岩体分布在南带俯冲型花岗岩的南侧 (陈育晓等，2012)，表明北祁连造山带和北阿尔金造山带类似，同样存在着双向俯冲。

2) 成因对比

(1) 北带俯冲型岩浆岩：在北祁连造山带与阿北银铅矿花岗岩可对比的为柴达诺花岗岩岩体，其也为过铝质高钾钙碱性花岗岩，具有 I-S 型花岗岩的特征，稀土、微量元素特征与阿北银铅矿花岗岩特征类似。同时，其 517Ma 的年龄与阿北银铅矿花岗岩岩体相近，被 Chen 等 (2014) 认为是北祁连洋向北开始俯冲的产物，为地壳物质在地幔岩浆加热的条件下部分熔融的产物。而时代相近的恰什坎萨依花岗闪长岩体和民乐窑花岗闪长岩体地球化学性质相差较大，前者为钠质钙碱性准铝质花岗岩，为地幔楔部分熔融的产物 (戚学祥等，2005a)；后者为高钾钙碱性过铝质花岗岩，为陆壳部分熔融的产物 (吴才来等，2006)，反映了俯冲过程中物源的复杂性和岩体形成的多样性。

(2) 南带俯冲型岩浆岩：4337 高地北花岗闪长岩的报道表明北阿尔金洋壳向南俯冲的过程中经历了短时间的平板俯冲，但目前未在北祁连造山带发现年代相近，成因类似的岩体。考虑到这种缓角度俯冲 (平板俯冲) 多数情况下是因为浮力较大的海山或无震洋脊随着洋壳一起俯冲下去造成的 (Kay et al., 2005；Li and Li，2007；Klister and Forster，2009；Li et al.，2012)，属随机事件，故而北祁连造山带中未发现平板俯冲形成的岩体也有其合理之处。柯柯里斜长花岗岩体、柯柯里石英闪长岩体和野马咀花岗岩形成于洋壳俯冲过程中的洋壳部分熔融、地幔楔部分熔融和大陆地壳的部分熔融 (吴才来等，2010)，与八八-7910 铁矿带南中酸性杂岩体成因相似。而俯冲过程中沉积物的加入则会导致巴什考贡南北花岗杂岩体出现 S 型花岗岩的特征 (吴才来等，2005，2007)。

(3) 后碰撞花岗岩：阿北花岗岩体的地球化学特征表明其形成于加厚的镁铁质下地壳部分熔融，其源区以残留了大量的石榴子石而不含斜长石为特征。我们认为北阿尔金地区 440 ~ 420Ma 残留有加厚的镁铁质下地壳，而在 420Ma 之后发生了广泛的下地壳拆离与减薄。也就是说，北阿尔金地区构造体制转换的时限为 440 ~ 420Ma，伴随着阿北花岗岩体的侵位。同时，秦海鹏等（2014）对北祁连西格拉花岗闪长岩的研究表明该地区存在两期岩浆作用，年龄分别为 465.6±6.5Ma、443.2±4.8Ma。并认为早期花岗闪长岩的源区深度可能超过 50km，由早期（465.6±6.5Ma）到晚期（443.2±4.8Ma）的岩浆活动反映出加厚地壳减薄、地幔组分贡献增强的趋势，表明北祁连构造体制转换（后碰撞阶段开始）的时间在 440Ma 左右。而 Yu 等（2015）进一步将北祁连造山带形成于 440 ~ 400Ma 的埃达克岩划分为高 $Mg^{\#}$ 埃达克岩和低 $Mg^{\#}$ 埃达克岩，并认为前者形成于拆离下地壳的深熔作用，而后者形成于加厚下地壳的部分熔融。

9.2.2 蛇绿岩对比

蛇绿岩作为大陆造山带中残存的大洋岩石圈残片，记录着地球壳-幔系统不同圈层及其相互作用、板块运动学与动力学的丰富信息。阿尔金蛇绿岩研究是探讨阿尔金地区乃至整个中国西部早期构造格局及其演化的关键，长期受到高度重视（周勇和潘裕生，1998；李锦轶和肖序常，1999）。

1. 北阿尔金蛇绿混杂岩带

阿尔金北部的红柳沟-拉配泉蛇绿混杂岩带呈近东西向分布，西起新疆若羌县米兰红柳沟-拉配泉一线，向东经甘肃阿克塞至肃北一带变为北东东向沿阿尔金主断裂展布。北阿尔金蛇绿混杂岩主要分布在红柳沟、贝克滩南、恰什坎萨依、沟口泉、白尖山、拉配泉等地，全长约 200km（王小凤等，2004），主要由浅变质的火山岩、火山碎屑岩、碎屑岩及少量碳酸盐岩组成，夹具有蛇绿岩特征的基性-超基性岩块、基性岩墙群、硅质岩以及高压变质岩块，有大量弧型中酸性岩浆侵入体，构造变形作用显著，将其肢解破坏，导致蛇绿岩混杂岩层序不全，各岩石单元出露的完整蛇绿岩剖面罕见，但组成蛇绿岩的岩石各单元均有所出露（图 1-16、图 1-18、图 2-27、图 4-31）。

1）*岩石学特征*

大多数地幔橄榄岩仅宽数十米或几米，区内最大的地幔橄榄岩体长约 28km，最宽处达 1.8km，一般为 0.3 ~ 0.8km，面积约为 $20km^2$。地幔橄榄岩主要由方辉橄榄岩和少量纯橄岩组成，纯橄岩在方辉橄榄岩中呈透镜状异离体，纯橄岩与方辉橄榄岩为截然接触关系。地幔橄榄岩大部分已强烈蛇纹石化，地幔橄榄岩与阿尔金群接触处均发生构造变形，片理化强烈，接触边界均未见热变质现象。

堆晶岩主要在红柳沟、大平沟西、喀腊大湾和白尖山西南部位出露，具有典型的堆晶结构。

在蛇绿岩带的最西端（红柳沟一带）出露有较好的席状岩墙群，岩墙产状近直立，倾向北，单个岩墙最厚约 1.5m，最薄约 20cm，有冷凝边，但已不十分明显。岩墙群保留了一部分单斜辉石和辉绿结构，成分表明该岩石为典型的 MORB 型基性岩（杨经绥等，2002）。岩墙群是以构造岩块产出，其南界被第四纪坡积物覆盖，其北部出现少量辉长岩，之后与变质橄榄岩断层接触。变质橄榄岩由方辉橄榄岩和纯橄岩组成，岩石基本上已经强烈蛇纹石化，与北部的变质砂岩地层为断层接触。

熔岩为灰绿色，岩枕大小不一，大者可达到 1.5m，小者为 0.1m 左右，岩枕保持完好形态，岩石变形较弱，变质程度也仅仅为低绿片岩相。枕状熔岩中也常见一些块状或层状熔岩流，两者之间为连续渐变，但块状熔岩的数量明显少于枕状熔岩。这套枕状熔岩为主的熔岩层以高 TiO_2 为特征，具有洋岛玄武岩（OIB）的特点（刘良等，1999；吴峻等，2002）。岩枕或熔岩流之间经常可以见到紫红色的硅质岩的夹层或透镜体，或被构造破碎了的硅质岩岩块。

2）*地球化学特征*

（1）超基性岩：蛇纹石化地幔橄榄岩主要分布在红柳沟、恰什坎萨依、沟口泉、贝克滩、拉配泉等地。其较高的 LOI 表明其蚀变强烈，与野外观察到的强烈蛇纹石化相一致。其具有高 Mg、低 Al、Ca、REE 的地球化学特征反映岩石基性程度较高。稀土配分模式表现为平坦型，由于蛇纹石化作用导致 Rb、Ba、Th、K 等元素相对富集，Zr、Hf、Na、Ta 等元素相对亏损（吴峻等，2001；张志诚等，2009）。其中，贝克滩超基性岩的 $Mg^{\#}$ 为 97.02 ~ 77.45，平均为 89.85，代表了原始地幔的成分。而恰什砍萨依 $Mg^{\#}$

变化范围主要为 44. 29 ~ 64. 99，平均为 57. 87，表明该地区超基性火山岩在形成过程中经历了结晶分异作用。

（2）基性岩：对恰什坎萨依剖面枕状玄武岩、玄武岩进行岩石化学分析得出岩石为拉斑玄武岩、主要呈亚碱性玄武岩，其稀土元素和微量元素含量显示出大洋中脊和岛弧的混合特征，暗示了远洋到近洋的成岩环境，或两种环境类型的岩石因构造而混杂在一起（修群业等，2007；刘函等，2013）。对红柳沟西段枕状玄武岩进行分析得出其均为高钠低钾碱性玄武岩，且样品钛含量较高、铝含量较低，$Mg^{\#}$为 39 ~ 58，显示有结晶分异作用；稀土元素总量比恰什坎萨依含量要高，配分模式与洋岛玄武岩（OIB）类似，但与洋岛玄武岩相比，Rb、K、Sr、P 等元素含量明显偏低，这可能与岩浆源区、部分熔融程度及海水蚀变有关（孟繁聪等，2010）。对阿尔金北缘的细碧化玄武岩分析得出其明显富 Ti，CIPW 标准化矿物中含霞石，岩石为碱性岩系列，为洋岛玄武岩，轻稀土相对富集，高场强元素也较为富集，其 ε_{Nd}值从负值到零值，反映它们来自原始地幔或略富集地幔（吴峻等，2002）。对喀腊大湾地区的玄武岩进行分析得出其为亚碱性玄武岩，在玄武岩源区或上升过程中发生了橄榄石、尖晶石和钛铁氧化物的分离结晶作用，同时也经历了地壳物质的混染（郝瑞祥等，2013），稀土元素与红柳泉地区玄武岩配分型式相类似。样品中 Ba、U、K 较为富集，Nb、Ta 显示负异常，微量元素配分型式与板内玄武岩“驼峰式”完全不同，也与北阿尔金蛇绿混杂岩带中其他地区玄武岩不同，为“双峰式”火山岩中的基性岩。综上所述，可看出阿尔金北缘蛇绿混杂岩带中玄武岩主要具有碱性岩和亚碱性系列，显示出具有更多 OIB 特征的洋岛玄武岩，其来源于原始地幔或略富集地幔。

（3）辉长岩、辉绿岩：在阿尔金北缘蛇绿混杂岩带中，辉长岩主要为亚碱性系列，在结晶过程中具有向拉斑玄武岩方向演化的特征，稀土配分模式为平坦型或轻微富集 LREE 型，具有 E-MORB 到 OIB 的稀土元素特征，大离子亲石元素与不相容元素较原始地幔高出 10 倍，反映这些元素在岩浆分离结晶晚期相对富集（张志诚等，2009）。对冰沟基性-超基性岩进行岩石化学分析后得出相同的结论，即辉长岩与洋壳以及洋中脊玄武岩极为相似，超基性岩与原始地幔较为接近（杨子江等，2012）。米兰红柳沟的辉绿岩与其伴生的熔岩主要为亚碱性系列，辉绿岩的稀土配分模式为平坦型或 LREE 轻微富集型，岩石成分可能更接近 MORB（杨经绥等，2008）。对阿尔金北缘蛇绿混杂岩带的基性岩做了详细研究，显示该杂岩带的辉绿岩与辉长岩 TiO_2 含量中等，CIPW 标准化中不含石英和霞石，均为亚碱性系列岩石，其 ε_{Nd}值为 4.5 ~ 7.4，反映它们来自亏损地幔（吴峻等，2002）。

3）年代学研究

20 世纪 90 年代中期以前，北阿尔金红柳沟-拉配泉蛇绿混杂岩的形成时代被认为是中元古代。但近年来随着同位素年代学的不断发展及高精度测年方法的运用，取得了一大批可靠的年代学数据（表 9-1）。红柳沟-拉配泉蛇绿岩的玄武岩 Sm-Nd 等时线年龄测得 508. 3±41. 4Ma，提出洋壳形成在早古生代早期；在包裹蛇绿岩残片的基质变质岩系中获得的绢云母 Ar-Ar 变质年龄为 455±2Ma 和花岗闪长岩中获得的锆石结晶年龄为 467. 1±6Ma，支持蛇绿岩形成于寒武纪的认识（郝杰等，2006）；利用 TIMS U-Pb 法，测得红柳沟恰什坎萨依沟内枕状玄武岩年龄为 448. 6±3. 3Ma（修群业等，2007），与该地区南、北两段玄武岩测定年龄相似（刘函等，2013）；在米兰红柳沟的红柳泉一带获得榴辉岩中多硅白云母 Ar-Ar 坪年龄为 512±3Ma，等时线年龄为 513±5Ma，蓝片岩中钠云母 Ar-Ar 坪年龄为 491±3Ma，等时线年龄为 497±10Ma，认为存在早古生代洋壳俯冲（张建新等，2007）；利用锆石 SHRIMP U-Pb 法获得北阿尔金米兰红柳沟蛇绿岩中辉长岩的年龄为 479±8Ma，认为代表蛇绿岩的形成时代（杨经绥等，2008）。同样地，张志诚等（2009）利用锆石 SHRIMP U-Pb 法对阿尔金北缘阿克塞青崖子蛇绿混杂岩中的辉长岩进行了定年，年龄为 521±12Ma，认为洋壳形成于古生代早期。对冰沟蛇绿混杂岩中的辉长岩的研究获得其年龄为 449. 5±10. 9Ma，并还发现与其时代一致的含放射虫的硅质岩（杨子江等，2012）。本研究团队测得喀腊大湾、红柳沟南沟、斯米尔布拉克等地的辉长岩年龄为 499 ~ 515Ma。这些数据表明北阿尔金红柳沟-拉配泉蛇绿混杂岩形成时代为早古生代。

表 9-1 北阿尔金造山带中已获得的蛇绿混杂岩年龄统计表

序号	采样地区	岩性	年龄/Ma	测试方法	资料来源
1	红柳沟-拉配泉	玄武岩	508.3±41.4Ma	Sm-Nd 等时线法	刘良等（1999）
2	金雁山	绢云母石英片岩	455±2Ma	Ar-Ar 法	郝杰等（2006）
3	金雁山	花岗闪长岩	467.1±6Ma	锆石 U-Pb 法	
4	恰什坎萨依	枕状玄武岩	448.3±3.3Ma	锆石 U-Pb 法	修群业等（2007）
5	恰什坎萨依	枕状玄武岩	457±14Ma	锆石 U-Pb 法	刘函等（2013）
6	红柳泉	榴辉岩中多硅白云母	512±3Ma	Ar-Ar 法	张建新等（2007）
7	红柳泉	蓝片岩中的钠云母	419±3Ma	Ar-Ar 法	
8	米兰-红柳沟	辉长岩	479±8Ma	锆石 U-Pb 法	杨经绥等（2008）
9	阿克塞青崖子	辉长岩	521±12Ma	锆石 U-Pb 法	张志诚等（2009）
10	冰沟	辉长岩	449.5±10.9Ma	锆石 U-Pb 法	杨子江等（2012）
11	喀腊大湾	堆晶辉长岩	513.6±3.1Ma	锆石 SHRIMP	本书
12	喀腊大湾	堆晶辉长岩	515.5±7.9Ma	锆石 SHRIMP	
13	红柳沟南沟	细粒辉长岩	499.0±10.0Ma	锆石 SHRIMP	
14	斯米尔布拉克	辉长岩	508.1±2.9Ma	锆石 SHRIMP	

4）构造意义

结合前人研究结果，本团队认为本区蛇绿混杂岩具有非常复杂的成因历史，岩石中既保留有 MORB 的背景信息，也存有 SSZ 环境改造的结果，显示出与米兰-红柳沟地区蛇绿岩相似的成因作用（杨经绥等，2008；张志诚等，2009）。岩石地球化学特征显示其具弧后盆地性质，表明北阿尔金洋在早古生代可能是一局限洋盆。该认识与杨子江等（2012）对红柳沟一带沉积盆地岩性、沉积相分析结果一致。考虑其南侧分布着一套形成于活动大陆边缘的基性-酸性火成岩（与喀腊达坂铅锌矿相关），结合整个喀腊大湾地区分布在蛇绿混杂岩两侧的俯冲型花岗岩，可认为北阿尔金洋（局限洋盆）在早古生代发生了双向仰冲，而这套蛇绿岩更可能是以仰冲方式构造拼贴在混杂岩之中的。

2. 北祁连蛇绿混杂岩带

北祁连造山带分为东西两段，蛇绿岩主要分布在东段。东段蛇绿岩由南北两条蛇绿岩带组成，南带主要为玉石沟蛇绿岩带，其北为有大岔大坂的蛇绿岩带；北带主要为九个泉（或塔墩沟）蛇绿岩带，向东可连到景泰县老虎山蛇绿岩，向西可与榆树沟蛇绿岩相连。

其中，玉石沟蛇绿岩出露在托勒山蛇绿岩带内，是北祁连内最具代表性的蛇绿岩单元。其主要岩石类型有斜辉橄榄岩、纯橄岩、辉长岩、角斑岩、细碧质枕状熔岩及团块状含放射虫硅质岩。前人对其玄武岩微量元素研究表明，该蛇绿岩单元内的玄武岩具有 MORB 特征（张旗等，1997）。宋述光等通过流变学和温压条件计算确定该蛇绿岩底部橄榄岩是大洋岩石圈之下软流圈上涌的产物（Song and Su，1998）。该蛇绿岩单元内基性火山熔岩的 Rb-Sr 等时线年龄为 521.48±23.97Ma，且托勒山蛇绿岩带中发育的火山岩-沉积岩系中含有丰富的早奥陶世三叶虫、笔石和腕足类化石（夏林圻等，1998）。最近有关玉石沟蛇绿岩内堆晶辉长岩的锆石年龄报道为 550±17Ma（史仁灯等，2004）。侯青叶等（2005）系统研究了北祁连山玉石沟蛇绿岩单元内枕状玄武岩的元素与 Sr、Nd、Pb 同位素地球化学特征，认为其形成于洋中脊环境或者弧后盆地环境，Sr、Nd 和 Pb 同位素组成特征表明其地幔源区主要存在 DMM（亏损地幔）和 EM Ⅱ（Ⅱ型富集地幔）两类地幔组分端元，枕状玄武岩具有印度洋 MORB 型同位素组成特征，与特提斯洋域地幔的同位素组成类似，从而初步表明北祁连古洋曾是特提斯构造域的一部分。

大岔达坂蛇绿岩由变质橄榄岩、辉长-辉绿岩和枕状熔岩三部分岩石组成。在辉长-辉绿岩单元内，见辉长岩与辉绿岩呈侵入接触关系，辉绿岩宽可达数十米，被辉长岩侵入（张旗等，1997）。大岔达坂最显著的特点是出露拉斑玄武岩-玻安岩组合，其下部是具 MORB 地球化学特征的枕状玄武岩，上部的枕状玄武岩、英安质脉岩和辉长岩显示了高钙玻安岩的性质（冯益民和何世平，1995）。Xia 等（2012）获得下部拉斑玄武岩年龄为 505～517Ma，代表了大岔达坂 SSZ 型蛇绿岩的形成年龄，为洋壳开始俯冲的时间；上部玻安岩年龄为 487±9Ma，代表了弧前盆地打开的时间。

九个泉蛇绿岩作为北祁连山加里东造山带中最具代表性的蛇绿岩残片之一，很早就引起了人们的关注。其主要由地幔橄榄岩、堆晶辉长岩、均质辉长岩、枕状熔岩和火山角砾岩等组成；在其上部整合覆盖的一套由玄武质-玄武安山质熔岩和沉积岩组成的互层岩系，因其含沉积岩而与前者相区别，被称为蛇绿岩上覆岩系（冯益民和何世平，1995；张旗等，1997；夏小洪和宋述光，2010）。夏小洪和宋述光（2010）应用锆石 SHRIMP U-Pb 法对蛇绿岩中的均质辉长岩进行了精确测年，获得其年龄为 490±5.1Ma，该年龄代表九个泉蛇绿岩的形成年龄。地球化学研究表明，该蛇绿岩上部的玄武岩-辉绿岩单元具有典型 N-MORB 特征和弱的俯冲带印记。有可能是北祁连弧后盆地洋脊扩张的产物。同时，钱青等（2001）通过地球化学手段从这套蛇绿岩中解译出部分代表弧后盆地中海山环境的玄武岩。目前主流观点，认为这套蛇绿混杂岩形成于弧后盆地环境。

北祁连蛇绿混杂带中不仅分布着这两条蛇绿岩带，还分布着一条寒武纪裂谷火山岩带，裂谷火山岩带南北侧为两条奥陶系岛弧火山岩带（夏林圻等，1995；宋述光，1997）。其中，中寒武统岩系主要散布于白银、天祝西部、祁连和昌马地区。根据夏林圻等（1995）的研究，中寒武统岩系中火山岩主要为基性和酸性，两者构成了典型的双峰式裂谷火山岩系。上寒武统只出露于昌马地区和玉石沟地区，主要为杂砂岩、板岩和结晶灰岩，火山岩缺失，说明是一较稳定的大陆边缘沉积环境。南侧奥陶系岛弧火山岩带从白银经永登、门源、祁连、至玉石沟北西延伸约 600km，位于玉石沟蛇绿岩和大岔大坂蛇绿岩之间，火山岩主要为基性到酸性的钙碱性系列。北侧奥陶系岛弧火山岩带出露于老虎山-银洞沟一带，位于九个泉蛇绿岩南侧（宋述光，1997；张洪培等，2004；Xia et al.，2012）。故而北祁连造山带自北向南为弧后盆地（九个泉蛇绿岩）—北侧岛弧（老虎山-银洞沟火山岩带）—大岔达坂蛇绿岩（弧前盆地）—裂谷带（白银-天祝西部-祁连-昌马火山岩带）—南侧岛弧（白银厂-青石硐火山岩带）—弧后盆地（玉石沟蛇绿岩），反映了北祁连具有南北双向俯冲特征。

北祁连造山带内的蛇绿岩种类较多，大体可划分出三条带，分别代表了北侧弧后盆地、南侧弧后盆地和弧前盆地，并有相关配套的岛弧岩浆岩和高压变质带。与北祁连造山带有所差异，北阿尔金造山带中的蛇绿岩目前只在红柳沟-拉配泉一带发现，代表了当时的洋盆残留并明显具有俯冲带印记。但总体而言，两者具有可比性，均揭示了北阿尔金洋-北祁连洋在早古生代存在双向俯冲。

9.2.3　高压变质带对比

1. 北阿尔金 HP/LT 变质带

北阿尔金 HP/LT 变质岩石呈构造岩片分布在北阿尔金俯冲增生杂岩之中，并构成俯冲增生杂岩带的一部分（Zhang et al.，2005a；张建新等，2007）。主要由石榴蓝闪石片岩、榴辉岩、含硬绿泥石、石榴子石多硅白云母片岩（泥质片岩）、石英片岩及钙质片岩（主要由碳酸盐矿物及少量石英和白云母构成）等组成。榴辉岩和蓝片岩在露头上呈互层状产出，它们一起构成的透镜体分布在泥质片岩和钙质片岩之中，局部也见与泥质片岩和钙质片岩呈互层状产出，分布在北阿尔金俯冲增生杂岩的中部，呈北西西-南东东向展布，与两侧由超基性岩、辉长岩、基性枕状熔岩及硅质岩等所组成的蛇绿混杂岩呈断层接触。

1）北阿尔金 HP/LT 变质带的岩石学特征

（1）蓝片岩：蓝片岩主要由石榴子石和蓝闪石所组成，还含有不同数量的帘石类矿物（以绿帘石为主，包括少量黝帘石和斜黝帘石）、冻蓝闪石、蓝透闪石、阳起石、多硅白云母、钠云母、绿泥石、钠长石、金红石、榍石及赤铁矿。石榴子石呈自形晶，粒径为 0.5～2.0mm，具有明显的成分环带，从核到边，镁铝榴石分子明显增加，而锰铝榴石分子明显减少，钙铝榴石分子变化不大，具有典型生长环带特征（Zhang et al.，2005a）。蓝闪石主要以基质形式存在，均围绕石榴子石定向分布，构成 HP/LT 条件下的叶理。蓝片岩均发生不同程度的退变质作用，其中一些冻蓝闪石主要围绕蓝闪石边部生长，而另一些则为阳起石生长在蓝闪石的边部，或呈变斑晶增生在蓝闪石之上，且这种变斑晶阳起石中包有小的蓝闪石颗粒。绿帘石常作为变斑晶增生在由蓝闪石定向分布所构成的叶理之上，并具有蓝闪石包体。绿泥石和钠长石常沿石榴子石的裂隙生长，在退变质较强的蓝片岩中，绿泥石几乎完全代替石榴子石，而保留石榴子石的假象。

（2）榴辉岩：榴辉岩主要由石榴子石、绿辉石、冻蓝闪石、石英和多硅白云母所组成，还有少量蓝闪石、硬柱石、帘石类矿物、方解石、钠云母、绿泥石、钠长石和榍石。石榴子石为自形晶或半自形晶，绿辉石与多硅白云母和石英一起定向分布，且基质和石榴子石中的绿辉石包体具有一致的方向，并连续分布，没有发生弯曲，反映高压条件下的变形作用以共轴压扁应变为特征，没有发生明显的旋转变形。在石榴子石中，在核部具有少量蓝闪石包体，在靠近边部偶见有硬柱石包体，与绿辉石共存，代表榴辉岩曾经稳定在硬柱石榴辉岩相区域。晚期的冻蓝闪石呈变斑晶增生在绿辉石组成的叶理之上。多硅白云母粒度较小，与绿辉石共生，绿泥石与钠长石共生，分布在绿辉石的边部，或沿石榴子石、绿辉石和冻蓝闪石的裂隙生长，其形成时代晚于冻蓝闪石。

（3）高压变泥质岩：北阿尔金的高压变泥质岩最早由车自成等（1995b）报道。张建新等（2010）认为高压变泥质岩为榴辉岩和蓝片岩的直接围岩。其主要由石榴子石、多硅白云母、硬绿石、钠云母和石英所组成，含有少量绿泥石、绿帘石、方解石、电气石、钠长石等矿物，部分样品还含有少量蓝闪石，但没有发现蓝晶石。石榴子石局部被绿泥石等矿物所替代，多硅白云母围绕石榴子石分布构成面理。

2）北阿尔金榴辉岩形成的温压条件

Zhang 等（2005a，2005b）通过石榴子石-单斜辉石-多硅白云母（Grt-Cpx-Phe）地质压力计和石榴子石-单斜辉石（Grt-Cpx）地质温度计来获得共生的石榴子石、绿辉石和多硅白云母的温压条件为：T=430～540℃，P=210～214GPa。石榴子石核部蓝闪石矿物包体反映其在进变质过程中经历过蓝片岩相阶段；而退变质过程中冻蓝闪石的形成标志着在降压过程中经历了绿帘角闪岩相阶段；而绿泥石和钠长石的组合反映晚期退变质到绿片岩相条件。

3）北阿尔金 HP/LT 变质带的形成时代

对榴辉岩和蓝片岩进行了 Ar-Ar 年代学测定，获得榴辉岩中多硅白云母的坪年龄为 512±3Ma，等时线年龄为 513±5Ma；蓝片岩中钠云母的坪年龄为 491±3Ma，等时线年龄为 497±10Ma（张建新等，2007）。其中，512±3Ma 的年龄可能接近榴辉岩相变质时代，而蓝片岩中钠云母的 491±3Ma 的年龄可能代表了岩石晚期绿片岩相叠加的时代。

2. 北祁连 HP/LT 变质带

相对于北阿尔金 HP/LT 变质带，北祁连 HP/LT 变质带已有更多的研究（吴汉泉，1980；Wu et al.，1993；许志琴等，1994；张建新等，1997，1998b），特别是近年来对北祁连榴辉岩及相关岩石的研究取得了一些重要进展（宋述光等，2004；张建新和孟繁聪，2006；Zhang et al.，2007a；Song et al.，2007；Wei and Song，2008）。

北祁连高压/低温变质带分布在北祁连造山带中段祁连县清水沟-百经寺一带，延长 200km。主要由各种绿片岩、蓝片岩、榴辉岩及榴辉岩质岩石、变质沉积岩和少量超基性岩块所组成，被认为是早古生代与洋壳俯冲有关的增生楔的深部组成部分（许志琴等，1994；张建新等，1998b）。榴辉岩和榴辉岩质岩石呈透镜或布丁状分布在蓝片岩、绿片岩和变沉积岩中。

（1）榴辉岩：榴辉岩主要由石榴子石、绿辉石、石英、绿帘石/斜黝帘石、角闪石（蓝闪石和阳起石）和白云母所组成（主要为多硅白云母，有少量钠云母），还有少量金红石、榍石、绿泥石、钠长石和不透明矿物。其中石榴子石+绿辉石的含量超过 70%。石榴子石（粒径为 2～10mm）含有绿辉石、绿帘石/斜黝帘石、蓝闪石、石英和金红石包体，少量石榴子石含有硬柱石包体，但大多数榴辉岩的石榴子石中可见绿帘石/斜黝帘石-钠云母集合体组成的包体，代表了硬柱石的假象。基质矿物主要为绿辉石、多硅白云母、蓝闪石和斜黝帘石，它们定向分布构成岩石的叶理和线理。绿辉石局部显示出波状消光和亚颗粒的形成，显示榴辉岩相条件下的动态重结晶作用。在退变质域，绿辉石和蓝闪石部分被阳起石+纳长石所替代，石榴子石部分被绿泥石所替代。蓝闪石和绿帘石也以变斑晶形式存在，且与叶理斜交生长，反映了其形成可能晚于峰期组合。

（2）榴辉岩质变沉积岩：这些岩石主要矿物组成为石榴子石、蓝闪石、绿辉石、多硅白云母和石英，含有少量的钠云母、金红石、帘石类矿物和绿泥石。与榴辉岩相比，这些岩石富含石英和多硅白云母，并定向分布构成叶理。石榴子石变斑晶含有绿帘石/斜黝帘石、石英、蓝闪石、绿辉石和金红石包体，并被定向分布的蓝闪石、绿辉石、石英和多硅白云母所围绕。石榴子石中也见由绿帘石/斜黝帘石-钠云母-石英集合体所组成的硬柱石假象。在基质中，绿辉石和蓝闪石有直的边界，显示它们在结构上的平衡共生。绿泥石在石榴子石的裂隙或退变域中，并且与钠长石共生。

（3）变质演化峰期温压条件估算：利用 Grt-Cpx-Phe 矿物压力计和 Grt-Cpx 矿物温度计，含硬柱石榴辉岩中石榴子石-绿辉石-多硅白云母组合给出的温压条件为 420 ~570℃和 2.1 ~2.6GPa（张建新和孟繁聪，2006；Zhang et al.，2007），应代表了榴辉岩的峰期变质条件。Song 等（2007）获得的榴辉岩相变质沉积岩的峰期变质条件为 495 ~540℃和 2.15 ~2.60GPa，Wei 和 Song（2008）通过北祁连高压变沉积岩的相平衡计算也获得了类似的峰期变质条件。可以看出，北阿尔金和北祁连的高压/低温变质带的峰期变质条件相近。

（4）年代学及其意义：在北祁连 HP/LT 变质带中，对蓝片岩和含蓝闪石绿片岩中多硅白云母的 Ar-Ar 定年结果获得的年龄主要集中在 440 ~460Ma（Wu et al.，1993；张建新等，1997）。这些年龄先前被解释为代表了 HP/LT 变质作用时代。张建新等（1997）考虑到用于 Ar-Ar 定年的岩石不具有榴辉岩相组合，并经历了绿片岩相的叠加，认为其可能不代表榴辉岩相的变质年龄，而可能为榴辉岩在折返过程中蓝片岩或绿片岩相叠加的时代。近年来，在北祁连榴辉岩中获得一些锆石 SHRIMP 年代学数据，宋述光等（2004）获得北祁连香子沟和百经寺榴辉岩的变质锆石 SHRIMP 年龄分别为 463±6Ma 和 468±13Ma。张建新等（2010）对北祁连上香子沟和瓦窑沟的含硬柱石榴辉岩中变质锆石的 SHRIMP 定年分别获得 489±7Ma 和 477±16Ma 的年龄，锆石中石榴子石、绿辉石等包体显示其代表了榴辉岩相的变质作用时代。另外，对百经寺榴辉岩的锆石 SHRIMP 测定获得岩浆锆石核的年龄为 502±16Ma（Zhang et al.，2007a），其原岩可能形成于寒武纪的洋壳环境（宋述光等，2004）。

3. 特征分析

北阿尔金 HP/LT 变质带的岩石组合及峰期变质条件与北祁连 HP/LT 变质带有很大的相似性，可能为北祁连的西沿部分。而北阿尔金榴辉岩和蓝片岩中白色云母（多硅白云母和钠云母）的 Ar-Ar 年龄明显大于北祁连同类岩石中矿物（多硅白云母和蓝闪石）的 Ar-Ar 年龄，可能反映了同一条俯冲带走向上俯冲时间的差异（张建新等，2010）。

以上的资料显示，与环太平洋造山带等典型增生造山带中出现的 HP/LT 变质带相似，北祁连-北阿尔金 HP/LT 变质带具有典型洋壳俯冲的成因特征，特别是硬柱石榴辉岩和含纤柱石的高压变沉积岩（Zhang and Meng，2006；Zhang et al.，2007a；Song et al.，2007）的存在，表明俯冲的洋壳把大量的水带到地幔深处。正是这些富含水的俯冲洋壳在俯冲带深部发生脱水作用并引起部分熔融作用，在北祁连-北阿尔金地区形成了典型的钙碱性岛弧岩浆活动（张建新和许志琴，1995；Xia et al.，2003；吴才来等，2005）。除了早古生代岛弧岩浆带，在北祁连-北阿尔金地区，与 HP/LT 变质带伴生的还有早古生代俯冲增生杂岩、弧后盆地及不同类型的蛇绿岩（MOR 和 SSZ 型）等，构成了典型增生造山带的物质组成。因此，北祁连-北阿尔金早古生代造山带具有典型增生造山带的特征。

9.2.4　早古生代构造演化

根据北阿尔金造山带的构造岩相组合，特别是存在高压变质相带（阿尔金北缘高压变泥质岩带）和蛇绿混杂堆积岩带（阿尔金北部蛇绿混杂岩带），结合阿北地块、阿中地块前寒武结晶基底的构造属性和近年来对喀腊大湾地区岩浆岩的研究，同时参照目前北祁连造山带的研究进展，可以初步认为在早古生代存在北祁连-北阿尔金局限洋盆，两者在演化历史上具有可比性，只是后期为阿尔金走滑断裂错开约 400km。并初步建立北祁连-北阿尔金造山带早古生代沟-弧-盆构造演化体系，主要划分为以下几个阶段。

（1）早古生代初期（中寒武世）：曾存在过一个可以称之为“北祁连-北阿尔金洋”的局限洋盆，其可能是始特提斯洋在中国西部的残留抑或是始特提斯洋闭合形成的弧后盆地，北部是阿拉善-阿北地块，南部为中祁连-阿中地块，两者均为具前寒武结晶纪基底的古老地块。北祁连造山带中分布在白银、天祝西部、祁连县和昌马地区的中寒武统岩火山岩系具有双峰式火山岩特征，可能代表了当时弧盆打开的构造环境。

（2）早古生代中期（晚寒武世末—中奥陶世早期）："北祁连-北阿尔金洋"洋壳发生双向俯冲。在北祁连造山带中，北向俯冲形成了大岔达坂弧前盆地（以出现玻安岩为特征）和九个泉弧后盆地（具有典型的 N-MORB 特征而俯冲带印记较少），以及老虎山-银洞沟岛弧火山岩和民乐窑岩体、井子川岩体、柴达诺花岗岩等岩体；南向俯冲形成玉石沟弧后盆地，以及奥陶纪白银岛弧火山岩和柯柯里斜长花岗岩体、柯柯里石英闪长岩体、野马咀花岗岩和牛心山花岗岩体等。同样地，在北阿尔金造山带中，北向俯冲形成了恰什坎萨依花岗闪长岩、大平沟岩体、阿北银铅矿花岗岩岩体和齐勒萨依岩体等；南向俯冲形成了喀腊达坂岛弧火山岩和巴什考供盆地北石英闪长岩、巴什考供盆地南巨斑花岗岩、4337 高地北花岗闪长岩、八八-7910 铁矿带南中酸性杂岩体等；而分布于红柳沟-拉配泉一线的蛇绿混杂岩带可能代表当时洋壳的残余，由于参与了俯冲过程而具有 SZZ 型的特征。同时，"北祁连-北阿尔金洋"的深俯冲过程使洋壳变质形成榴辉岩，并在后期伴随着高压变质泥岩一同折返，形成 HP/LT 变质带。

（3）早古生代中期（志留纪）：俯冲、碰撞之后，造山带垮塌，区域上广泛发生伸展作用，碰撞阶段加厚的地壳发生减薄、拆沉，故而在北祁连造山带和北阿尔金造山带广泛发育后碰撞中酸性岩浆岩（440～410Ma）。

9.3　成矿带对比

阿尔金成矿带在 20 世纪 90 年代中期以前是矿产空白区。此后，新疆维吾尔自治区人民政府 305 项目办公室、中国地质调查局、新疆维吾尔自治区地质矿产勘查开发局相继组织开展了以地质找矿为主的调查研究工作、1∶50 万化探、部分地区 1∶10 万化探、有利矿化区段的异常查证和矿点普查勘探工作，取得了金、铅锌、铜等多金属矿产找矿的突破（杨风等，2001；陈柏林等，2002，2003，2005；李学智等，2002；陈正乐等，2002b，2002c，2002d；杨屹等，2004；王小凤等，2004；Chen et al.，2005；李月臣等，2007）。最近 10 年 1∶5 万矿产调查、"十一五"和"十三五" 305 项目专题"阿尔金山东段红柳沟矿带大型铜、金、铅锌矿床找矿靶区优选与评价技术与应用研究""阿尔金成矿带多元信息成矿预测与找矿示范"的实施，又在阿尔金成矿带喀腊大湾地区新发现了"八八-4337 高地"和"3121 高地-白尖山-3021 高地"两条铁矿带和相关铅锌矿床，取得铁多金属矿地质找矿的重大突破（祁万修等，2008；陈柏林等，2009，2012；潘成泽等，2015）。同时，在阿尔金山成矿带还初步厘定了主要成矿带的特征和成矿作用主要类型。目前阿尔金成矿带的喀腊大湾地区的主要矿产有近 20 处（图 6-1），按照矿床成因类型，可以划归为以下三大类型。

（1）产于早古生代中浅变质岩中与岛弧及海相火山作用有关的铁铜金铅锌矿床，如喀腊大湾铜锌多金属矿床、喀腊达坂铅锌矿床、盘龙沟金矿点、拉配泉齐勒萨依铜多金属矿点、克孜勒乌增上游铜矿、喀腊大湾铁矿田（六个铁矿床）和 3121 高地-白尖山-3081 高地铁矿带（四个铁矿床）。

（2）产于太古宇、古元古界和震旦系中深变质岩及下古生界浅变质岩中与深层次韧性变形有关的金（铜）矿床，如大平沟金矿床、红柳沟金铜矿床、祥云金矿床、尧勒克萨依金矿点、大平沟西金矿点、贝克滩金矿等。

（3）产于古生代花岗岩中或较早岩石中与古生代侵入岩有关、受断裂裂隙控制的脉状岩浆热液矿床，如阿北银铅矿床、索尔库里北山铜银矿床。

与阿尔金成矿带相比，北祁连山西段的矿产勘查和研究程度均高许多，该区在 20 世纪 50 年代就发现了著名的镜铁山铁矿（刘华山等，1998），20 世纪 80 年代后期至 90 年代初相继发现了寒山、鹰咀山及车路沟蚀变岩型中大型金矿床（毛景文等，1998；叶得金等，2003），同时还发现了镜铁山式铜矿（刘华山等，1998）、弧后扩张脊型（塞浦路斯型）铜矿（夏林圻等，1999）和与细碧岩-角斑岩岩系基性端元的细碧岩或玄武岩有关的肃南石居里铜锌矿床等（杨合群等，2000；邬介人等，2001），在世纪交汇之际，祁连山地区又发现并勘察了小柳沟特大型铜钨矿田（周廷贵等，2002），使祁连山地区成为我国西部最重要的矿产基地之一（图9-4）。本节通过北阿尔金和北祁连出露的铁矿床、金矿床、铅锌矿床的对比，总结其矿产分布和成矿规律。

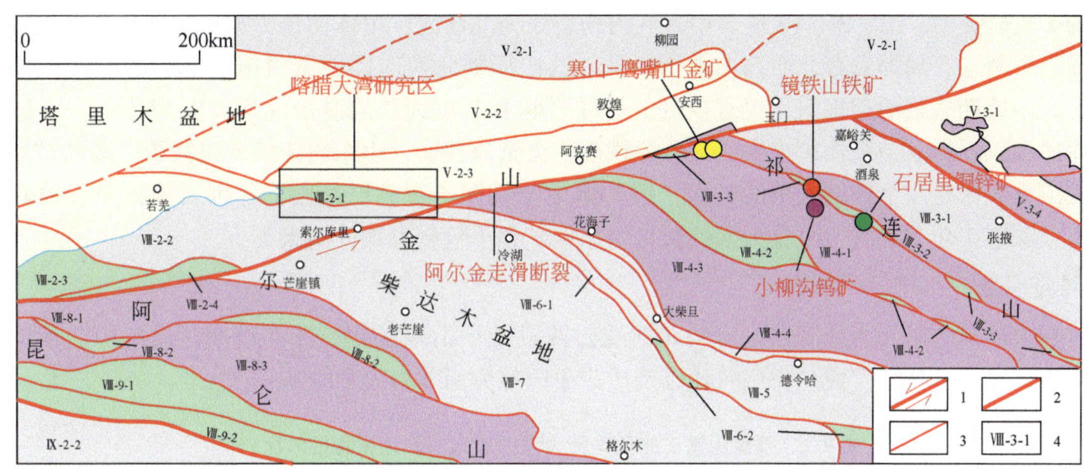

图9-4 阿尔金成矿带与北祁连山西段区域构造格架与典型矿床分布图

V-2-敦煌陆块；V-2-1-柳园裂谷；V-2-2-敦煌古元古代隆起；V-2-3-阿北陆核；V-3-阿拉善陆块；V-3-1-阿拉善右旗-迭布斯格基底杂岩；V-3-4-龙首山古岩浆弧；Ⅷ-2-阿尔金弧盆系；Ⅷ-2-1-红柳沟-拉配泉蛇绿混杂岩带；Ⅷ-2-2-阿中地块；Ⅷ-2-3-江尕萨依-巴什瓦克高压变质增生杂岩带；Ⅷ-2-4-阿帕-芒崖蛇绿混杂岩带；Ⅷ-3-北祁连弧盆系；Ⅷ-3-1-走廊弧后盆地；Ⅷ-3-2-走廊南山岛弧；Ⅷ-3-3-北祁连蛇绿混杂岩带；Ⅷ-4-中-南祁连弧盆系；Ⅷ-4-1-中祁连岩浆弧；Ⅷ-4-2-党河南山-拉脊山蛇绿混杂岩带；Ⅷ-4-3-中祁连岩浆弧；Ⅷ-4-4-宗务隆山-沟里-冈察陆缘裂谷；Ⅷ-5-金吉地块；Ⅷ-6-柴北缘结合带；Ⅷ-6-1-滩涧山岩浆弧；Ⅷ-6-2-柴北缘蛇绿混杂岩带；Ⅷ-7-柴达木地块；Ⅷ-8-东昆仑弧盆系；Ⅲ-8-1-祁曼塔格北坡-夏日哈岩浆弧；Ⅲ-8-2-祁曼塔格蛇绿混杂岩带；Ⅲ-8-3-北昆仑岩浆弧；Ⅷ-9-南昆仑结合带；Ⅲ-9-1-东昆仑南坡俯冲增生杂岩带；Ⅲ-9-2-木孜塔格-布青山蛇绿混杂岩带；Ⅸ-2-巴颜喀拉地块；Ⅸ-2-2-巴颜喀拉前陆盆地；1-左行走滑断裂，2-板块边界断裂，3-构造单元边界断裂，4-构造单元编号

9.3.1 铁矿带对比

1. 阿尔金地区铁矿带

（1）喀腊大湾铁矿田：该矿田位于阿尔金成矿带东段的喀腊大湾地区中部，在东西长约12km的范围内，自西向东依次有八八西、八八、7914、7915、7918、7910共6个铁矿床和7920铁矿点。根据目前勘查成果，该矿田内铁矿332+333资源量超过1.1亿t，334资源量超过2亿t。铁矿体产于浅变质火山-沉积岩系中，围岩变质程度为低绿片岩相，主要岩性为深灰色变玄武岩、灰绿色浅变安山质玄武岩及玄武质安山岩，部分片理比较明显，形成黑云绿泥片岩及大理岩（图6-2）。铁矿物为磁铁矿。矿体呈东西向，赋存在浅变质中基性火山岩（以玄武岩、安山质玄武岩、玄武质安山岩）中，产状与火山-沉积岩系基本一致。大理岩标志层出露于含铁中基性火山岩（玄武岩为主）的北侧。

（2）其他铁矿田（床）：在喀腊大湾铁矿田南侧3km处还有一个喀腊大湾镜铁矿点，经过野外追索，该铁矿点向西为一条长度为8～10km的含铁玄武岩带。在喀腊大湾铁矿田北侧4km，出露白尖山-3121高地火山-沉积型铁矿带，呈近东西向延伸，由白尖山西、白尖山、8617、8618等铁矿床构成，围岩为极浅变质或未变质碎屑岩，铁矿物为赤铁矿、磁铁矿。在喀腊大湾地区自北向南铁矿床的铁矿物从以赤铁矿为主，变化为以磁铁矿为主，再到最南侧出现镜铁矿，与火山-沉积岩系的变质作用程度由浅到深相一致。铁矿层位在7918铁矿附近被奥陶纪岛弧型杂岩体吞食，并发生夕卡岩化改造作用。在阿尔金成矿带西段沟口泉一带出露沟口泉铁矿床，围岩为微弱变质泥质粉砂岩，铁矿物为微细磁铁矿，勘查成果显示沟口泉铁矿床333铁资源量超过2亿t。

阿尔金成矿带铁矿床主要为火山-沉积成因类型，受早古生代北阿尔金洋（弧后盆地）-岛弧构造环境控制，至目前，铁矿床资源量超过6亿t。

2. 镜铁山铁矿

镜铁山铁矿床主要由北大河东、西两侧的黑沟和桦树沟两矿区组成（本章主要以桦树沟矿区为例）。桦树沟矿区出露地层主要为镜铁山群下岩组，共分八层，除底部石英岩外，均为各类千枚岩。总的特征是变质浅，厚度大，相变明显，恢复原岩为中基性火山岩和中酸性凝灰岩。含矿层位于火山喷发沉积旋回上部的千枚岩夹 C、Ca、Si、Fe 质岩中。区内构造线为北西向，主体构造为加里东期北西向线性紧密同斜褶皱和走滑断层，局部发育北西西向剪切断裂。铁矿层随北西向同斜紧密褶皱同步褶皱产出并于转折端加厚。区内后期岩浆活动很弱，仅有少量的辉绿岩脉和石英闪长岩脉沿北西向断裂分布，岩脉本身无矿化。铁矿物以赤铁矿、镜铁矿为主，部分菱铁矿，少量磁铁矿，由东向西镜铁矿减少、菱铁矿增加。

镜铁山铁矿床是一个铁铜共生的矿床，铜矿体主要赋存于铁矿层西段下部围岩中，地表铜矿体呈透镜状产出，深部矿化多层状，可分为含铁碧玉岩型铜矿和千枚岩型铜矿两大类型。

3. 特征分析

阿尔金成矿带喀腊大湾地区铁矿床与北祁连山西段镜铁山地区铁矿床在组成、成矿构造环境、矿床特征、矿床地球化学特征、成矿作用时代以及矿床成因等方面非常相似（表 9-2）。

表 9-2　镜铁山铁矿床和喀腊大湾铁矿床部分地质特征对比表

	矿床	镜铁山铁矿	喀腊大湾铁矿
1	地质背景	北祁连加里东早期裂谷	北阿尔金加里东早期裂谷—活动陆缘环境
2	成矿环境	早期裂谷发育阶段，受控于火山喷发（与 Fe 有关）及海相喷流沉积（与 Cu 有关）作用	裂谷发育阶段形成含铁火山岩系，火山弧岩浆热液叠加改造
3	含矿地层	寒武系（?）镜铁山群含铁硅质-细碎屑建造夹中基性火山岩	寒武系卓阿布拉克组大理岩与浅变质中基性火山岩接触界线的火山岩一侧
4	成矿时代	寒武纪?	含矿火山岩 517±7Ma；夕卡岩期辉钼矿 Re-Os 年龄为 480±3Ma
5	含矿岩石类型	石英岩、各类千枚岩（钙质千枚岩、碳质千枚岩、杂质千枚岩及黑色千枚岩等）及含铁石英岩建造，其中黑色千枚岩的原岩为中基性火山岩，含铁石英岩的原岩为含铁碧玉岩	中基性火山岩以玄武岩为主，逐渐过渡为安山质玄武岩、玄武质安山岩，局部出露安山岩；沉积岩为大理岩、夹泥质灰岩、灰质泥岩，变质后为绢云母片岩、绢云母绿泥石片岩等
6	控矿构造	铁矿层随北西向线性同斜褶皱同步产出，并于转折端加厚；F10 同生断裂控制	具有明显的火山沉积层位控制特点；铁矿体的宏观展布都位于大理岩带南侧的火山岩中，岩性组合和层位特点非常明显
7	矿体形态产状	与地层整合产出且同步褶曲，并与上下地层有相似的沉积韵律，但与围岩界线清楚	矿体随地层褶皱弯曲而弯曲，形成“似层非层，似脉非脉”的特征
8	金属矿物	赤铁矿、菱铁矿、镜铁矿、黄铜矿、黄铁矿、斑铜矿、磁铁矿、褐铁矿等	主要为磁铁矿，次要矿物为镜铁矿、赤铁矿、褐铁矿、黄铁矿、磁黄铁矿、辉钼矿等
9	脉石矿物	碧玉、石英、（铁）白云岩、重晶石、白云母、方解石、绢云母、碳质和泥质等	主要矿物为微晶长石、微晶辉石、绿泥石、绢云母，次要矿物为石榴子石、绿帘石、透辉石、透闪石、石英等
10	矿石结构构造	他形粒状结构、交代结构、包含结构；浸染状构造、条纹状构造、块状及角砾状构造	中细粒结构为主，部分中粗粒结构；部分经过夕卡岩化改造作用发生结晶变粗，往往具有变晶结构；铁矿石构造主要有条带状构造、条纹状构造、块状构造、浸染状构造
11	蚀变矿物	硅化、绢云母化、碳酸盐化、重晶石化及黄铁矿化，绿泥石化局部可见，蚀变和铜矿化关系密切	石榴子石（钙铁榴石-钙铝榴石）、绿帘石（富 Al、Ca，贫 Fe、Mg）、透辉石以及绿泥石
12	矿化分带	铁矿层沿走向由东向西镜铁矿减少而菱铁矿增多；铜矿平均品位则随矿体厚度的变化而变化，总体上由东往西，从上而下具有增高趋势	喀腊大湾地区自北向南铁矿床的铁矿物从以赤铁矿为主，变化为以磁铁矿为主，再到最南侧出现镜铁矿
13	主量元素特征	矿石相对于围岩 Al_2O_3 和 TiO_2 平均含量较低，K_2O 低得多；同时矿石低 Al、Ti、P、K、Ca 等，绝大部分 SiO_2 以碧玉形式出现；Fe、Mn 含量高	矿石具有低的 TiO_2、MgO、CaO，与夕卡岩型铁矿明显不同

续表

	矿床	镜铁山铁矿	喀腊大湾铁矿
14	稀土元素特征	$\sum$LREE/$\sum$HREE=1.96～6.57，各种矿石、岩石变化不同，总体上铁矿石稀土总量低，富集轻稀土，而重稀土相对亏损；稀土配分曲线表现为中间向上隆起（中稀土元素相对富集）的弧形曲线，铁矿石和铁碧玉的Eu异常不规律或不明显	矿石稀土元素总量$\sum$REE平均值为33.28×10^{-6}，明显小于花岗岩，轻重稀土分异较弱，属轻稀土略微富集的平坦型，稀土元素配分模式与花岗岩区别较大，而显示出了与基性火山岩明显的亲缘关系
15	微量元素特征	铁、铜矿石的Co、Ni含量明显低于镜铁山群中的陆源沉积，在Fe-Mn-(Cu+Co+Ni)×10三角图中，铁矿石的投影点落于沉积成因区；Ba的含量高出1～2个数量级，并在矿层顶底板发现了规模达大型的重晶石层状矿床	在TiO_2-Al_2O_3-MgO+MnO图解中，磁铁矿均落入火山岩型和沉积变质型铁矿区域
16	同位素特征	$\delta^{34}S$=8.1×10^{-3}～31.7×10^{-3}（黄铁矿），特点是富集重硫，且离差大。硅质岩的$\delta^{18}O$接近喷流沉积的硅质岩，有海水也有火山作用的特征；碳酸盐矿物的碳氧同位素组成显示它们的形成与深源流体有关	
17	矿床成因	变质火山沉积成因矿床，后期经浅变质改造	火山沉积成因矿床，后期经岩浆热液叠加改造

（1）两者均形成于加里东早期裂谷–岛弧环境。但在赋矿地层上略有差别，镜铁山铁矿为含铁石英岩建造，与一套中浅变质沉积岩密切相关；而喀腊大湾铁矿与一套含Fe中基性火山岩相关（详见第6章及相关图件），为铁矿的直接物质来源。但是，含铁石英岩原岩可能也是一套中酸性火山岩，只是后期的变质分异作用使物质发生重新分配而造就现今的状态。

（2）镜铁山铁铜矿床主要分布于镜铁山群变质火山–沉积岩系中。在成矿时代上尚有争议，早期曾被定为寒武系（薛春纪等，1997），后期被定为中–新元古界。但是，邬介人等（1997）在北祁连西段柳沟峡地区发现的牙形刺化石与青海祁连县郭密寺地区发现的牙形刺化石有相似性，说明其还有可能重新定为寒武系。而喀腊大湾地区铁矿也赋存在火山–沉积岩系中，目前获得的这套火山岩可靠年龄为517±7Ma，后期又被480～470Ma的花岗岩体侵入，故而认为成矿时代为寒武纪，与镜铁山铁矿时代相当。

（3）两者矿体均有似层状延伸的特征，在镜铁山铁矿区，铁矿层和含矿地层随北西向线性同斜褶皱同步产出，并于转折端加厚；同样地，喀腊大湾铁矿田构造线近东西展布，地层以向北陡倾的单斜层为主，在八八铁矿附近可见地层发生弯曲，整体呈一钩状，为倾竖褶皱（图6-2）。含矿层位跟随褶皱弯曲而弯曲，并在褶皱核部富集；表明镜铁山铁矿与喀腊大湾铁矿均记录了成矿后的挤压变形。

（4）两矿区矿体主要含铁矿物为镜铁矿、磁铁矿和赤铁矿。镜铁山铁矿以镜铁矿为主，少量磁铁矿与赤铁矿；而喀腊大湾铁矿以磁铁矿为主，其他两者为辅。究其原因，可能是镜铁山铁矿后期变质改造作用以区域变质作用为主，且变质作用程度比较深；而阿尔金成矿带的铁矿床区域变质作用程度相对比较浅，以赤铁矿+微细磁铁矿为主（白尖山铁矿田）或微细磁铁矿为主（沟口泉），局部（喀腊大湾铁矿田）后期以岩浆热液夕卡岩化改造为主，形成了大量较粗颗粒磁铁矿。

（5）两者蚀变矿物相差很大，前者以硅化、绢云母化、碳酸盐化、重晶石化及黄铁矿化为主，蚀变和铜矿化关系密切；后者以夕卡岩蚀变为主，主要有石榴子石、透辉石、阳起石、绿帘石等（图6-32）。蚀变的差异主要是因为成矿作用的差别引起的，喀腊大湾铁矿存在火山沉积作用成矿和夕卡岩成矿作用的叠加改造；而镜铁山铁矿成因类型为变质沉积矿床，后期的海相喷流沉积成矿作用形成了铜矿，但整个矿区缺少岩浆岩和大理岩地层的特点使其无法发育大规模的夕卡岩矿化。

9.3.2　金成矿带对比

1. 阿尔金成矿带金矿带

阿尔金成矿带金矿床有两种类型，第一种是发育在太古宙深变质岩中与韧性剪切带有关的蚀变糜棱岩型–钾长石石英脉型，以大平沟金矿为代表。第二类是发育在中新元古界—奥陶系中浅变质岩中与韧性-韧脆性变形带有关的金矿床，其中偏韧性变形带蚀变糜棱岩型以贝克滩金矿、红柳沟金铜矿为代表，偏脆性变形带构造蚀变岩型以祥云金矿为代表（陈柏林等，2002；王小凤等，2004）。

（1）大平沟金矿床位于阿尔金成矿带的阿尔金北缘断裂北侧的太古宇结晶基底岩系中，矿区出露太古宇达格拉格布拉克群褐灰色-褐红色变粒岩、灰绿色变粒岩夹片岩、灰绿色片岩夹变粒岩，其中褐红色钾长变粒岩是金矿体直接赋矿围岩。岩层走向近东西向，倾向南，倾角为68°～75°。在褐红色钾长变粒岩中发育韧脆性剪切带，岩石普遍糜棱岩化，并发生构造动力退变质作用，形成各种糜棱岩和绢云母绿泥石片岩等。矿体直接产于韧脆性剪切带中，受韧脆性剪切带和糜棱岩带控制。矿化类型有钾长石石英脉型和蚀变糜棱岩型，其形成与矿区钾长变粒岩在韧性剪切变形过程中的动力分异作用有关（陈柏林等，2002）。成矿物质主要来源于太古宙变质岩系，成矿流体以变质水为主，并有部分岩浆水混入；成矿温度为198～290℃，成矿作用时代为早古生代晚期（480Ma，流体包裹体Rb-Sr等时线年龄）（杨屹，2003），形成于早古生代晚期，与阿尔金洋闭合-板块碰撞过程中发生的大规模韧性剪切变形有关，同时形成矿区外地层中泥质岩劈理置换、挤压褶皱等构造现象。

（2）红柳沟金矿床位于红柳沟地区，矿区出露奥陶系浅变质浅海相碎屑岩夹火山岩，矿区发育韧脆性剪切带，岩石普遍糜棱岩化，并发生构造动力退变质作用，形成各种糜棱岩和绢云母绿泥石片岩等。矿体直接产于韧脆性剪切带中，并严格受韧脆性剪切带和糜棱岩带控制。矿化类型有石英脉型和蚀变糜棱岩型，其中石英脉型矿体受与糜棱岩面理呈小角度相交的P型裂隙和与剪切带边界平行的D型裂隙控制。成矿物质主要来源于浅变质浅海相碎屑岩夹火山岩、变形钾长花岗岩。矿床形成于早古生代晚期，与阿尔金洋闭合-板块碰撞过程中发生的大规模韧性剪切变形有关（陈柏林等，2002）。

（3）祥云金矿床位于阿尔金山东段扎斯勘赛河一带，矿区出露地层为奥陶系浅变质深灰色变质粉砂岩、灰黑色板岩、火山岩，以及早古生代基性-超基性岩侵入岩。矿区发育北西西向和北东向两组脆性断裂。金矿床受脆性断裂带控制，金矿化类型属于破碎带蚀变岩型。有硅化、黄铁矿化、褐铁矿化、绿泥石化、绢云母化、辉锑矿化等。硫同位素显示具有深源特点，反映成矿物质主要来源于浅变质火山-沉积岩系。

2. 北祁连金成矿带

北祁连山西段有寒山、鹰咀山及车路沟蚀变岩型中大型金矿床，三个金矿床相距不远，出露的构造位置相同，即位于阿尔金走滑断裂东段（石包城-宽滩山段）南侧的寒武系—奥陶系浅变质岩中，受韧脆性变形带控制，矿化类型为构造蚀变岩型。

（1）寒山金矿床位于昌马镇以西20km，受走向为280°的韧脆性剪切变形带控制，赋矿围岩大多数为下奥陶统阴沟群海相玄武安山质火山岩系，经韧脆性变形后劈理化强烈，有大量碱质流体的交代作用，岩石不同程度地遭受绢云母化和石英绢云母化。矿床成因研究显示成矿物质来源于劈理化火山岩，成矿流体可能来源于晚古生代岩浆热液（毛景文等，1998）。

（2）鹰咀山金矿床位于昌马镇以西40km的鹰咀山向斜北翼，受走向为270°～290°的韧脆性剪切变形带控制，赋矿围岩大多数为寒武系黑茨沟组火山岩、碎屑岩和碳酸盐岩。其中第二岩性段为凝灰岩、凝灰熔岩、火山角砾岩夹安山岩和英安岩，岩石破碎蚀变强烈，劈理化强烈，为赋矿地层。金矿床是在原始含金火山碎屑岩建造的基础上，多期热液活动导致金元素活化、迁移，最终在适宜的构造部位聚集成矿（叶得金等，2003）。

3. 特征分析

通过近几年对阿尔金北缘金成矿带的研究和对北祁连金成矿带相关文献的分析，我们认为两者均受控于韧脆型剪切带，在一定程度上具有可比性，但也存在差异，尤其是在成矿过程上（表9-3）。

大平沟金矿与红柳沟金矿虽然赋矿围岩不同，但均受到韧性剪切变形过程的影响而导致金的重新活化与迁移，导致蚀变带内发生了元素的迁出和迁入，最终形成蚀变岩型矿石；或在次级脆性裂隙中形成石英脉型金矿。其成矿流体为几乎不含CO_2、低盐度的动力变质热液，矿源层为太古宇达格布拉克群（大平沟金矿）和奥陶系浅变质浅海相碎屑岩夹火山岩（红柳沟金矿），形成于北阿尔金同碰撞阶段（约480Ma）。其成矿过程为：①矿源层的形成（包括太古宇和奥陶系），成矿物质得到原始富集；②寒武纪—

奥陶纪岩浆活动提供了更多的成矿物质，并使成矿物质进一步迁移和富集；③中奥陶世北阿尔金进入碰撞造山阶段，大规模韧性剪切带使金元素重新活化、迁移、富集，在蚀变带内和脆性断层中交代、充填形成金矿床。

表9-3　喀腊大湾地区金矿床和北祁连寒山金矿床部分地质特征对比表

	矿床	大平沟金矿-红柳沟金矿	寒山金矿床
1	地质背景	阿尔金北缘早古生代同碰撞阶段	北祁连碰撞造山向陆内伸展转变时期
2	成矿环境	同碰撞挤压期的韧脆性变形导致金元素的活化、迁移与富集	
3	含矿地层	大平沟金矿床为太古宇达格布拉克群，其中褐红色钾长变粒岩是金矿床的直接赋矿围岩；红柳沟金矿床为奥陶系浅变质浅海相碎屑岩夹火山岩，受韧性变形剪切带影响，部分地段发生糜棱岩化	奥陶系阴沟组中酸性火山岩（杨兴吉，1999）
4	成矿时代	杨屹（2003）利用金矿石流体包裹体Rb-Sr等时线法获得大平沟金矿床成矿年龄为480Ma，为早古生代晚期成矿事件；红柳沟金矿床成矿时代为奥陶系	毛景文等（2000，2003）曾利用石英包裹体Rb-Sr等时线法获得含金石英脉年龄为303±10Ma；杨建国等（2005）测得早期金-毒砂-黄铁矿-石英脉和绢英岩（蚀变岩）中石英包裹体Rb-Sr等时线年龄分别为372Ma和339Ma，认为存在有两期金成矿作用
5	含矿岩石类型	大平沟金矿床为糜棱岩化钾长变粒岩、绢云母石英钾长粗糜棱岩等；红柳沟金矿床为长英质糜棱岩、糜棱片岩、超糜棱岩等	强烈片理化的凝灰岩、熔岩、角砾熔结岩和火山沉积碎屑岩等（杨兴吉，1999；毛景文等，2003；杨建国等，2003，2005）
6	控矿构造	韧脆性构造变形带，压扭性韧性剪切变形的特点决定了金矿化类型以蚀变糜棱岩型为主；赋存含矿石英脉-钾长石脉的构造裂隙以P型为主，少量D型和R型，其为剪切变形派生出的裂隙系统（陈柏林等，2002）	寒山金矿床明显地受控于一条北西西向的韧脆性剪切带，该剪切带长逾10km，剪切带倾向北北东，倾角50°~58°，流体沿糜棱岩带和片理化带交代形成蚀变岩型矿石；叠加在韧脆性剪切带上的两组脆性破裂系统控制了石英脉型金矿的产出
7	变形带特征	总体呈北西西向，呈南、北两带弧形延伸，糜棱面理走向60°~85°，均以近直立或南陡倾为主，整体显示了右行压性、压剪性的特征，且面理发育线理不发育的特征表明以压扁变形为主，而后期含矿断裂未发现明显的张性活动特征	毛景文等（2003）根据剪切带的变形机制、变形作用发生的环境及各种构造要素间的穿切关系认为矿区存在三期变形：第一期韧脆性变形、第二期脆性变形和第三期成矿后的重力韧性变形
8	矿石类型	蚀变岩型为主，石英-钾长石脉型矿石为辅	第一类是含硫化物微细石英（网）脉及被其浸染的黄铁绢英岩，占80%以上；第二类是含硫化物石英脉，呈细脉和大脉产出
9	金属矿物	自然金、自然铜、黄铜矿、黄铁矿等，还有少量闪锌矿、铜蓝、褐铁矿、磁铁矿等	主要有黄铁矿和毒砂，其次为黝铜矿、方铅矿、闪锌矿及黄铜矿，贵金属矿物有自然金、银金矿与辉银矿，与黄铁矿、毒砂、黝铜矿、方铅矿密切共生或连生
10	脉石矿物	石英、绿泥石、钾长石、绢云母和方解石等，其次为绿帘石、黑云母、磷灰石等	主要为细粒石英、玉髓状石英、绢云母、铁白云石和重晶石，其次为伊利石、高岭石和叶蜡石
11	矿石结构构造	主要有变晶结构、交代-充填结晶结构、压碎结构和填隙结构；矿石构造有块状构造、团块状构造、细脉状构造、浸染状构造、片状构造和条带状构造	矿石具半自形-他形粒状或针状、交代溶蚀、交代充填、骸晶、压力影结构等；浸染状、脉状、网脉状、角砾状、条带状及块状构造等
12	金的赋存形状态	大平沟金矿床金的赋存状态有三种：存在于蚀变脉石矿物中的微细粒金；存在于钾长石包裹的黄铁矿晶体中的微细粒金，常与黄铜矿形成连晶；存在于石英脉中的微细粒金，呈石英晶体中的固体包裹体，分布在石英微裂隙附近，形成串珠状或微短脉状自然金	颗粒金为主，在氧化带可次生富集成沿微裂隙充填的自然金细线

续表

	矿床	大平沟金矿-红柳沟金矿	寒山金矿床
13	蚀变矿物	硅化、黄铁矿化、绢云母化、钾长石化、黄铜矿化、方解石化、绿泥石化等	硅化、黄铁矿化、毒砂化、绢云母化、碳酸盐化，局部叶蜡石化、重晶石化和高岭石化；地表氧化带形成白（白色绢英岩带）、黄（黄色黄钾铁矾化带）、红（铁染碳酸盐化带）、绿（绢云母绿泥石化带），颜色差异十分醒目和分带十分清楚的氧化蚀变分带；其中，白色绢英岩带已成为该区寻找同类矿床地表最直接和最有效的找矿标志
14	流体包裹体特征	大平沟金矿床石英中的流体包裹体以气液两相为主，气相比为10%~40%；包裹体含少量CO_2、流体盐度较低；均一法获得的成矿温度为198～290℃，成矿压力为$4.80×10^7$～$7.20×10^7$Pa，深度为3.59～6.00km，与矿区变形特点相吻合	石英中的流体包裹体以液相和气液相两种为主，且前者占绝对优势；成矿温度为100～160℃，属低温热液成矿作用范畴；流体包裹体盐度为5.4%～13.76%，反映成矿流体具低盐度和中等密度特点（毛景文等，2000；杨建国等，2003）
15	元素特征	含金石英脉与围岩的稀土配分具有相似性，均表现出轻稀土强烈富集、Eu异常和Ce异常不明显的特征，表明其具有同源性；稀土元素含量从钾长变粒岩、片理化蚀变岩、含金石英脉到无金石英脉依次降低	寒山金矿床各种蚀变岩和矿石的REE、$(La/Yb)_N$值、δEu虽不尽相同，但稀土元素配分型式基本保持不变，且与赋矿火山岩的稀土配分型式极为相似，表明蚀变岩和矿石为同一来源（杨建国等，2003）
16	同位素特征	大平沟金矿床$\delta^{34}S$为$5.83×10^{-3}$～$6.19×10^{-3}$（黄铁矿），非常集中，说明矿源单一，偏离陨石硫较大的特点说明其主要为地壳硫，可能的物源为赋矿地层（钾长变粒岩）；石英的$\delta^{18}O$为11.2‰～13.0‰，包裹体中的δD=-57‰～-59‰，并由此推知流体以岩浆水或变质水为主，考虑到韧性剪切带的活动，成矿流体中可能变质水占主要优势。红柳沟金矿床$\delta^{34}S$非常集中，说明矿源单一，偏离陨石硫较大的特点说明其主要为地壳硫，可能的物源为变形的奥陶纪地层，相比大平沟金矿，该矿床明显富集重硫（陈柏林等，2005）	矿石硫同位素为-1.9‰～3.31‰，组成变化范围窄，为偏离陨石硫不大的正值，塔式效应分布明显，符合典型岩浆源金矿床硫同位素组成；不同成矿阶段矿石中黄铁矿的$\delta^{34}S$值相对稳定，变化范围小（2.37‰～3.31‰），且与容矿火山岩中黄铁矿$\delta^{34}S$值（3.39‰）极相近，表明容矿火山岩是构成金矿床的成矿物源（毛景文等，2000；杨建国等，2003）；$\delta^{18}O$为-2.51‰～+2.78‰，显现了大气降水的氧同位素组成特点，但是毛景文等（2000）认为氧同位素较低是由流体包裹体温度较低导致，流体中大量的CO_2表明流体为深部来源，形成于地幔排气作用
17	矿床成因	韧性剪切带型金矿（陈柏林等，2002）	与地幔流体交代作用有关的韧性剪切带型金矿床（毛景文等，2000）

对于寒山金矿而言，早奥陶世，北祁连洋壳向华北板块之下俯冲，形成大规模分布的岛弧火山岩，构成金成矿的物质基础。志留纪—早泥盆世，中祁连微板块与华北板块的对接碰撞造成华北板块南缘的增生弧褶皱，并发生剪切变形作用。在以安山-英安质火山碎屑岩为主的岛弧火山岩地段形成了韧脆性剪切带。晚泥盆世—早石炭世，在北祁连后碰撞造山向陆内造山的转化时期，引起沿剪切带下渗的大气降水与深部岩浆水混合，形成以大气降水为主的矿化热液，在侵入体或深部岩浆房热动力驱动下沿剪切带发生对流循环，并不断从剪切带及其两侧围岩中汲取成矿组分，以多阶段形式在剪切带内交代或充填成矿，早期以交代成矿作用为主导，晚期以沿张性裂隙充填为主。

虽然两者在成矿作用上相差很大，但均受控于同构造阶段形成的韧脆型剪切带，表明两者在大地构造位置上紧密联系，可作为对比标志，指示阿尔金北缘金成矿带为北祁连金成矿带的西延部分，被阿尔金走滑断裂左行错断了约400km。

9.3.3　铜铅锌成矿带对比

阿尔金成矿带铜铅锌多金属矿床有喀腊大湾铜锌矿床、阿北银铅矿床、喀腊达坂铅锌矿床和索尔库里北山铜银矿床。分属于两种类型，其中喀腊大湾铜锌矿床和喀腊达坂铅锌矿床是与岛弧火山沉积作用有关的矿床类型，阿北铅银矿床和索尔库里北山铜银矿床为后期热液型矿床。

北祁连山西段铜多金属矿床主要有三种类型，第一类是镜铁山铁矿床的铁矿体底部伴生的铜矿床（镜铁山式）；第二类是与火山-沉积岩系有关的铜多金属矿床，其代表性矿床有肃南石居里铜锌矿床、九个泉铜矿床、白银厂铜多金属矿床等；第三类是与中酸性侵入岩有关的岩浆热液及夕卡岩型铜钼/铜钨多金属矿床，代表性矿床有金佛寺西柳沟铜钼钨铅锌多金属矿床。现将喀腊达坂铅锌矿床与北祁连白银厂铜多金属矿床的基本特征进行对比。

1. 阿尔金成矿带

喀腊达坂地区位于塔里木地块东南缘阿尔金山东段红柳沟-拉配泉奥陶纪裂谷带的中部，北东向阿尔金走滑断裂北侧与东西向阿尔金北缘断裂所夹持的区域，该区域出露喀腊达坂铅锌矿和喀腊大湾铜锌矿及其他火山岩型多金属矿床（图 6-10）。

（1）喀腊达坂铅锌矿：围岩为下奥陶统卓阿布拉克组第四岩性段火山岩，以中酸性晶屑凝灰岩为最主要含矿岩性。矿体延伸稳定，受火山岩特定的层位和岩性控制（图 7-1）。通过对成矿构造环境的调查与分析研究，认为岛弧古构造环境控制了含矿火山地层（矿体）的形成和范围，褶皱构造控制了含矿火山岩（矿体）的分布，后期北西向脆性断裂右行断错破坏了矿化带和矿体的延伸（详见第 7 章及相关图件）。

（2）喀腊大湾铜锌矿：该矿位于喀腊达坂铅锌矿床西侧，围岩地层为下奥陶统卓阿布拉克组的浅变质火山-沉积岩系，变质程度为低绿片岩相，主要岩性为深灰色变质玄武岩、黑云母片岩、浅灰色二云母片岩、石英片岩及大理岩、变质变形钠长霏细斑岩、变质英安斑岩。矿体受浅变质中酸性火山岩、火山凝灰岩的层位和近东西向断裂构造控制。围岩蚀变主要有褐铁矿化、黄铁矿化、黄钾铁矾化、绿泥石化、绢云母化和硅化。矿石矿物主要为黄铜矿、斑铜矿、铜蓝、孔雀石、闪锌矿和方铅矿。矿石中黄铁矿、黄铜矿 $\delta^{34}S$ 平均值为 18.81‰，反映出硫源较大部分来源于海水，说明成矿作用与海相火山岩的密切关系（王小凤等，2004）。

目前研究认为，两者可能是同一成矿系统下的产物，即下部脉状-网脉状铜锌矿带，上部块状-层状铅锌矿带的典型火山成因块状硫化物矿床。

2. 北祁连白银厂铜多金属矿床

甘肃白银厂铜多金属矿田在区域构造上位于北祁连新元古代—早古生代造山带海相火山岩系中。矿田由折腰山（铜-锌型）、火焰山（铜-锌型）、铜厂沟（铜-锌型）、小铁山（铅-锌-铜型）和四个圈（铅-锌-铜型）等五个大中型矿床和若干个矿点组成（图 9-5），其中折腰山、火焰山和小铁山三个矿床规模较大。以白银厂矿床为代表的白银矿田产于以断裂为边界的白银大型火山弯隆上，白银厂矿床则产于火山弯隆内被奥陶纪细碧岩不整合覆盖的、被石英钠长斑岩浅成侵入的石英角斑质火山杂岩系内（宋叔和，1955）。赋矿层岩性主要为石英角斑凝灰岩、石英角斑岩、石英角斑凝灰熔岩和石英钠长斑岩、细碧玢岩等。白银厂矿床主要由两个矿带构成：一个为 30 ~ 50cm 厚的层控富 Zn 硫化物带，产于石英角斑质火山杂岩系顶部，并与赤铁矿硅质岩、铁-锰硅质岩密切伴生；另一个为产于石英角斑质火山杂岩系内部的下伏不整合硫化物带，其铜储量约占整个矿床的 90%。矿体与围岩呈整合关系，北西西向延长，向南西陡倾。矿体呈似层状、透镜状成群产在石英角斑凝灰岩中。矿体上部层位以块状层状矿体为主，为含矿热液在海底沉积而成，与围岩界线分明。该矿床至少发育四种矿石类型：①黄铁矿-磁黄铁矿体；②块状黄铜矿-黄铁矿体；③浸染状矿带；④脉状矿带（侯增谦等，2003）。蚀变岩筒具明显的蚀变分带，自岩筒中央至边缘，绿泥石化带向硅化-绢云母化带递变（彭礼贵等，1995）。这些蚀变-矿化特征反映白银厂矿床是一个海底下部热液流体交代作用形成的筒状矿床（侯增谦等，2003），显示出古火山中心特征，表明这种类型矿床形成于近火山通道相（蒋坤，2010）。

白银厂矿田主要金属矿物为黄铁矿、黄铜矿、闪锌矿、方铅矿，少量磁铁矿、磁黄铁矿、方黄铜矿、黝铜矿、毒砂等。主要的脉石矿物为石英、绢云母、绿泥石、重晶石、长石、方解石等。矿石中黄铁矿呈自形、半自形、他形的晶粒结构出现，黄铁矿晶体有碎裂结构，除矿石以粒状结构为主外，还有固溶体分离结构、共生边结构、胶状结构等。矿石的构造以条带状、致密块状和角砾状为主（甄世军等，2013）。白银厂矿田围岩蚀变主要有绢云母化、硅化、绿泥石化、黄铁矿化、重晶石化、绿帘石化等，以及赤铁矿化、黄钾铁矾化、高岭土化等次生蚀变。

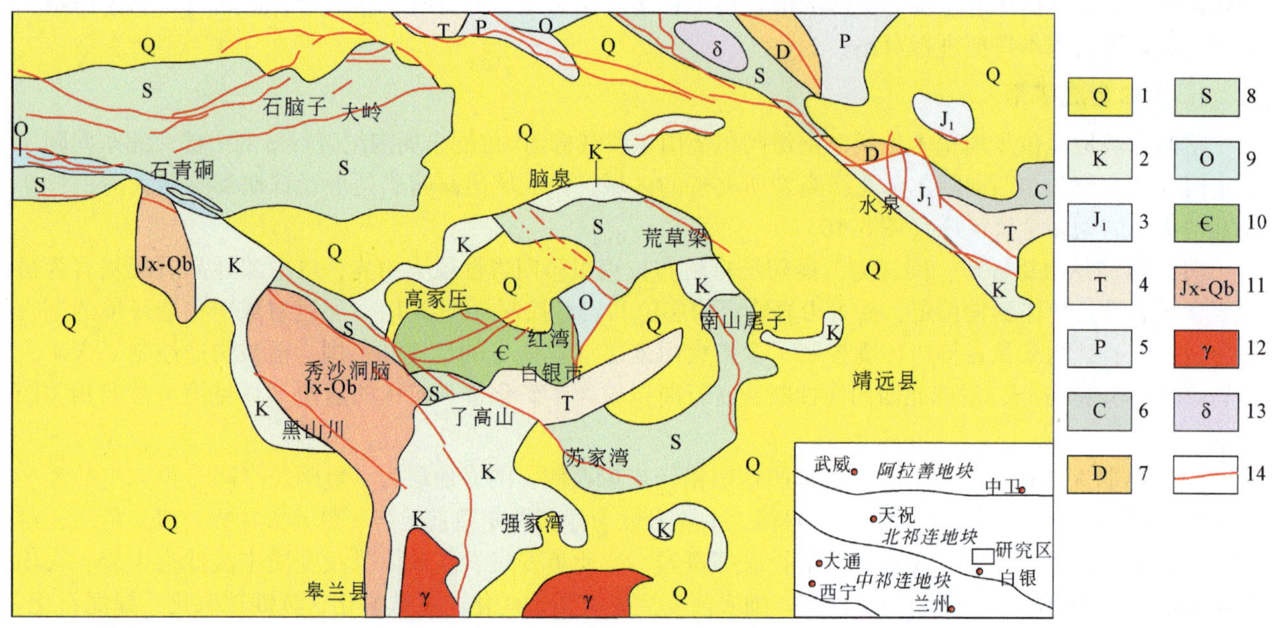

图 9-5　白银矿田地质简图（据王金龙等，2005；廖桂香等，2007）

1-第四系冲积层；2-白垩系砂岩；3-侏罗系砂岩；4-三叠系细砂岩、页岩；5-二叠系细粒长石砂岩、粉砂岩；6-石炭系泥灰岩、灰岩；7-泥盆系砂岩、含砾砂岩；8-志留系板岩及砾岩；9-奥陶系变质岩；10-寒武系千枚岩、大理岩；11-蓟县系—青白口系变质岩；12-花岗岩；13-闪长岩；14-断裂构造

3. 异同特征分析

喀腊达坂铅锌矿与北祁连白银厂铜多金属矿床在形成时代、成矿环境和成矿过程上非常相似，具可比性（表 9-4）。

表 9-4　喀腊达坂铅锌矿和北祁连白银厂铜多金属矿床部分地质特征对比表

	矿床	喀腊达坂铅锌矿	白银厂铜多金属成矿带
1	地质背景	阿尔金加里东期活动陆缘（岛弧）环境	北祁连加里东期活动陆缘环境
2	成矿环境	受控于陆缘弧火山岩的 VMS 型矿床（黑矿型）	
3	含矿地层	下古生界上寒武统卓阿布拉克组中浅变质火山岩	晚寒武世—早奥陶世陆缘弧火山岩
4	成矿时代	根据赋矿火山岩地层年龄和侵位岩体年龄推测其形成时代为 480～470Ma	根据赋矿火山岩地层年龄推测其形成时代为约 480Ma（邬介人，1992；王焰等，2001）
5	含矿岩石类型	中基性火山岩属于高钾高铁偏碱性系列岩浆岩，具有以幔源为主，受到地壳较强混染作用的特征，具有拉斑系列火山弧玄武岩性质；矿区中酸性火山岩属于高钾钙碱性系列岩浆岩，具有板内岩浆岩的构造环境属性，形成于大洋俯冲带靠近古陆壳一侧的火山弧环境；其中中酸性火山岩为主要含矿层位	含矿岩系为细碧岩-石英角斑岩组合，其中中酸性石英角斑质火山杂岩系为主要的赋矿岩石
6	控矿构造	褶皱构造控制了含矿火山岩（矿体）的分布，后期北西向脆性断裂右行断错破坏了矿化带和矿体的延伸（图 7-7），并在此基础上发现了其断层东侧对应的泉东铅锌矿（陈柏林，2016a）	整个矿田产于一个复式背斜构造内，矿体位于背斜的南、北两翼部位（宋志高，1982）；古火山构造控制铜锌矿带的产出，而富 Zn 硫化物矿带具有明显的火山沉积层位控制特点（彭秀红，2007）
7	矿体形态产状	矿体大多数与火山沉积地层整合接触，即矿体与火山沉积地层产状一致，总体为走向近东西向或北西西向，倾向北北东，倾角中等，以 35°～45°为主	石英角斑质火山杂岩系顶部的富 Zn 硫化物带为厚的层状、扁豆状，具层控特点；下部为岩筒状、网脉状铜锌硫化物矿带（侯增谦等，2003）
8	金属矿物	主要为含铁闪锌矿、方铅矿、黄铜矿、黄铁矿，次要为白铅矿、黝铜矿、磁黄铁矿、磁铁矿、褐铁矿	主要金属矿物为黄铁矿、黄铜矿，次要金属矿物为闪锌矿、方铅矿、磁黄铁矿等

续表

	矿床	喀腊达坂铅锌矿	白银厂铜多金属成矿带
9	脉石矿物	长石、石英、白云母、绢云母、绿帘石、绿泥石、重晶石、滑石、萤石等	脉石矿物为石英、绢云母、绿泥石和碳酸盐类矿物
10	矿石结构构造	矿石结构主要有他形粒状结构、填隙结构、交代结构、交代残余结构、包含结构、固溶体分离结构、压裂结构等；矿石构造以细脉状构造、浸染状构造、块状构造和团块状构造为主，条纹状构造次之	矿石以中细粒结构为主，还具有交代结构、交代残留结构、熔蚀结构、反应边结构等；铁矿石构造主要有块状构造、网脉状构造、角砾状构造和浸染状构造等
11	蚀变矿物	矿区内存在两条矿化蚀变带，地表呈黄色、褐红色、灰褐色等，蚀变主要有黄铁矿化、黄钾铁矾化、褐铁矿化、硅化等，地表可见少量孔雀石、铜蓝、方铅矿、闪锌矿、铅矾等	近矿以绢云母化为主、硅化为主；远矿围岩在基性火山岩中发育铁白云石化、碳酸盐化、绿泥石-绿帘石化等
12	矿石地球化学特征	铅锌矿矿石轻重稀土比值范围为1.50～3.59，表现为轻稀土轻微富集；稀土配分曲线表现为右倾型，矿石配分曲线与区域中基性火山岩和矿区中酸性火山岩的稀土元素配分曲线一致或者相近，反映出它们形成环境和成因上的相似性	矿石稀土、微量配分曲线与区域火山岩中基性和矿区中酸性火山岩的稀土元素配分曲线一致或者相近，反映出它们形成环境和成因上的相似性；而火山岩地球化学特征表明其形成于板块俯冲过程中的地幔楔部分熔融和地壳部分熔融，形成过程中存在岩浆混合作用（张兰英等，2008；杜泽忠等，2014）
13	同位素特征	崔玲玲等（2010）获得的Pb同位素结果反映矿石（方铅矿和黄铁矿）的铅具有上地壳铅和造山带铅的混合来源，为浅源铅来源；矿石的$\delta^{34}S$均为正值，介于+2.6‰～+16.7‰的范围内，显示喀腊达坂铅锌矿矿床的硫源正向偏离陨石硫较大，表明不是深源硫，很可能是海相沉积岩来源的硫与岩浆岩来源硫的混合	王兴安（1999）获得的Pb同位素结果反映矿石的铅来自下地壳，但受到上地壳铅及围岩火山岩铅的混染；矿石中黄铁矿$\delta^{34}S$的变化范围为3.7‰～6.3‰，黄铜矿$\delta^{34}S$的变化范围为2.38‰～5.7‰，闪锌矿$\delta^{34}S$为约3‰，$\delta^{34}S$为正值且变化范围窄，说明主要为岩浆来源硫（宋志高，1982），而硫酸盐$\delta^{34}S$接近同期海水硫酸盐（30‰）的特征表明可能存在海水来源硫的混合（王兴安，1999）
14	流体包裹体特征		侯增谦等（2003）认为其成矿流体是一个富集CO_2和CH_4的NaCl-H_2O流体系统并鉴别出5种端元流体：低温（<150℃）高盐度（>12% NaCl）卤水、高温（>320℃）高盐度（>14.5% NaCl）流体、高温（>350℃）中盐度（10%～16% NaCl）富气流体，以及低温（约100℃）低盐度（2%～5% NaCl）流体和中温低盐度流体；并认为成矿过程为在不断被加热循环的海水加入的卤水池中，金属硫化物通过开放空间的沉淀堆积，形成块状硫化物矿体，在海底下部热液补给带内，来自岩浆房的富气流体与较冷的海水混合以及对流经火山岩的交代和充填形成脉状-网脉状矿带
15	成矿作用时代	喀腊达坂赋矿中酸性火山岩锆石SHRIMP U-Pb年龄为480～488Ma；周边侵入这套火山岩的中酸性侵入岩的年龄为460～480Ma；成矿时代为早奥陶世	赋矿火山岩年龄为475～507Ma（左国朝，1985；邬介人，1992；王焰等，2001；左国朝等，2002），侵入该含矿岩系的石英角斑岩年龄为468.3Ma（边千韬，1989）和467.3±2.9Ma（何世平等，2006）
16	矿床成因	VMS型铜铅锌矿床（黑矿型）	

（1）两者均形成于加里东早期活动大陆边缘环境。赋矿围岩均为一套中酸性火山岩，同时，地球化学特征指示这套火山岩形成于陆缘弧（岛弧）构造环境。

（2）根据目前的研究成果，喀腊达坂铅锌矿与北祁连白银厂铜多金属矿床赋矿的中酸性火山岩为早古生代，其中喀腊达坂为早奥陶世，锆石SHRIMP U-Pb年龄为480～488Ma。白银厂铜多金属矿床赋矿火山岩年龄为475～507Ma（左国朝1985；邬介人，1992；王焰等，2001；左国朝等，2002），侵入该含矿岩系的石英角斑岩年龄为468.3Ma（边千韬，1989）和467.3±2.9Ma（何世平等，2006）。说明喀腊大湾地区和白银厂火山岩型成矿作用时期在早奥陶世（480Ma左右）。

（3）喀腊达坂地区以铅锌矿为主，在其西侧可见铜锌矿点，矿体呈层状、似层状延伸。白银厂矿床主要由两个矿带构成：一个为层控富 Zn 硫化物带，产于石英角斑质火山杂岩系顶部；另一个为产于石英角斑质火山杂岩系内部的下伏不整合筒状富铜硫化物带。通过对比，我们认为喀腊达坂多金属成矿区和白银厂多金属成矿区均为海相火山岩块状硫化物型铜铅锌矿床，下部为脉状-网脉状铜锌矿带，上部块状-层状铅锌矿带。现今喀腊达坂矿区铅多铜少而白银厂铜多几乎不含铅的格局可能是由喀腊达坂矿区剥蚀程度较小造成的，故而推测其深部可能存在规模较大的铜矿。

（4）控矿构造都是火山-沉积构造和火山构造，喀腊大湾地区更多地受火山-沉积构造控制，矿体似层状特点更加明显；而白银厂地区则更多地受火山构造控制，存在较多筒状矿体。

（5）具有相似或相近的矿物组成，闪锌矿、黄铜矿、方铅矿都是主要的矿石矿物，有所不同的是喀腊大湾地区总体铅含量比较高，而白银厂铜含量比较高。蚀变矿物也非常相似，石英、绢云母、绿泥石都是主要非金属矿物。还具有相似的矿石结构构造特点。

（6）矿石与赋矿火山岩具有相同或相近的地球化学特征，包括稀土元素、微量元素配分曲线局部一致，微量元素组合、比值相似或相近。硫化物矿物的硫同位素相近，但是喀腊大湾地区 $\delta^{34}S$ 正值偏大，显示海相沉积岩来源的硫更多一些；而白银厂海相沉积岩来源硫混入少一些。

（7）成矿作用时代相近，为早奥陶世，矿床成因相同，为火山成因块状硫化物（VMS）型矿床。

9.3.4　矿带的组合关系

北祁连山西段地区沿北大河一带的地质剖面上，镜铁山特大型铁矿床出露于最北侧，寒山、鹰咀山及车路沟蚀变岩型中大型金矿床虽然位于北大河一带地质剖面以西约 140km，如果将其地质构造层对比则位于镜铁山铁矿带北侧，白银厂铜锌矿床位于镜铁山铁矿东南约 600km，按地质构造层对比则位于镜铁山铁矿带南侧。张洪培（2004）认为北祁连地区寒武纪—奥陶纪由南至北分布了一套岛弧-弧后扩张脊火山岩带。其中，晚寒武世—早奥陶世基性火山-沉积岩具有大陆拉张初始裂陷槽特征，为镜铁山铁矿赋矿岩石；其南侧为中奥陶世中酸性火山岩，形成于活动大陆边缘环境，与白银厂铜锌矿床形成密切相关。

同样地，在阿尔金成矿带地区，铁矿带、铜铅锌多金属矿带、金矿带在地质构造剖面上具有一定组合关系，按照目前这些矿床（带）的位置，铁矿带出露在喀腊大湾沟中北段，铜铅锌多金属矿带出露在喀腊大湾沟南段，金矿带出露在红柳沟-祥云、太平沟地区，对应于铜铅锌多金属矿带出露的喀腊大湾沟北段位置。所以在空间上自北向南依次出露金矿带、铁矿带和铜铅锌多金属矿带。从与矿化有关的地层（火山-沉积岩系）角度分析，金矿带与震旦纪—早古生代早期（早寒武世）的火山-沉积岩系有关，铁矿带则主要与早古生代中期（晚寒武世—早奥陶世）的火山-沉积岩系有关，铜铅锌多金属矿带和与早-中奥陶世的火山-沉积岩系有关。晚寒武世（517Ma）形成的中基性火山岩（喀腊大湾铁矿原岩）与北祁连地区晚寒武世—早奥陶世基性火山-沉积岩可对比；而在 480 ~ 470Ma，洋壳俯冲形成了中酸性火山弧与岩浆岩，并形成了喀腊达坂铅锌矿与喀腊大湾铁矿区的夕卡岩化，与北祁连白银厂地区可对比。而对于阿尔金成矿带的金矿带，虽然其与北祁连成矿带在矿床成因和成矿时代上有些差别，但是均受同构造期的韧性剪切带的控制，表明其产出位置尚可对比。

从矿带或矿床的组合、产出的地层（构造层）的层位与构造位置上看，阿尔金成矿带与北祁连山西段也非常相似。因此可以认为，阿尔金成矿带与北祁连山西段成矿带是完全可以对比的。换句话说就是阿尔金成矿带是北祁连山西段成矿带的西延部分，也是北祁连山西段成矿带被阿尔金走滑断裂带左行断错的部分。

第 10 章　构造控矿规律与找矿预测

构造控矿规律解析、矿床成矿带的划分、成矿作用分析与成矿规律的总结是开展找矿预测和靶区圈定的基础，本章从阿尔金成矿带内最重要的铁、金、铜铅锌多金属矿床和矿化的构造控矿规律、矿床地质特征分析出发，划分主要矿床类型，探讨主要控矿因素，总结不同类型矿床的找矿标志，继而进行找矿靶区和大中型矿床勘查评价基地的圈定，并针对不同预测区段提出今后勘查工作的建议。

10.1　构造多级控矿作用

10.1.1　大地构造背景控制一级矿带的分布和位置

阿尔金山位于昆仑山与祁连山之间，是因阿尔金断裂新生代巨型走滑活动而隆起的年轻山系。阿尔金断裂是中国西部最大走滑断裂之一，呈北东东向延绵近 1500km，具有贯穿性强、活动强烈、规模大、位移量大的特点（图 1-1）。

在阿尔金成矿带的邻区存在三条重要的成矿带，第一条是东天山-北山成矿带，第二条是北祁连山成矿带，第三条是昆仑山成矿带。从区域大地构造上分析，研究区阿尔金成矿带（红柳沟-拉配泉段）与北祁连山成矿带具有更多相似性（详见第 9 章），这里就涉及阿尔金走滑断裂位移量的问题，目前存在三种观点。大位移观点认为大于 900km，甚至 1200km（张治洮，1985；崔军文等，1999；李海兵等，2007）；中位移观点认为为 500 ~ 700km（Tapponnier et al.，1981；Pelzer and Tapponnier，1988；虢顺民和向宏发，1998；葛肖虹等，1998）；小位移观点认为为 300 ~ 500km（许志琴等，1999；Ritts and Biffi，2000；Meng et al.，2001；Yue et al.，2001；Yin et al.，2002；Cowgill et al.，2003；Gehrels et al.，2003b；黄立功等，2004）。我们通过研究支持小位移观点，认为阿尔金断裂走滑左行位移量为 400km 左右，这最符合实际地质情况（陈柏林等，2010a）。所以，从大地构造背景的控矿作用上，阿尔金走滑断裂及其 400km 左右的左行位移量控制了阿尔金成矿带（红柳沟-拉配泉一级成矿带）的分布和位置，将原来的北祁连成矿带西段断错至现位，祁连山已有镜铁山大型铁矿床、寒山金矿床、鹰咀山金矿床、石居里铜锌矿床、小柳沟大型钨矿床等（图 9-7）。因此，阿尔金成矿带与北祁连成矿带西段相似，成矿条件优越，具有良好的找矿前景（陈柏林等，2015）。

10.1.2　区域构造环境控制成矿作用和矿床类型

阿尔金成矿带［红柳沟-拉配泉弧后盆地（裂谷）］是研究区成矿作用的一级构造单元，弧后盆地（裂谷）的裂开导致火山喷发、继而发生洋壳俯冲、最后到地块碰撞，形成大规模韧性-韧脆性变形带和大规模岩浆侵入活动，引发成矿作用发生。由于后期断裂的改造和破坏，阿尔金成矿带西段（红柳沟-恰什坎萨依一带）沟弧盆体系已经很不完整，作为重要组成部分的岛弧火山岩出露很少；而阿尔金成矿带东段（喀腊大湾地区）沟弧盆体系保存比较完整，而且出露的矿床类型比较齐全多样。所以，以喀腊大湾地区为例分析区域构造环境控制成矿作用和矿床类型。

喀腊大湾地区位于红柳沟-拉配泉弧后盆地（裂谷）构造带的中东段，不同的岛弧-弧后盆地-碰撞带构造环境控制不同的成矿作用和矿床类型。依据研究资料（陈柏林等，2015），建立喀腊大湾地区构造环境控制成矿作用类型和矿床类型模式图（图 10-1）。

在喀腊大湾地区南部地区偏向岛弧环境，中酸性火山更为发育，主要发生与中酸性火山岩-火山碎屑

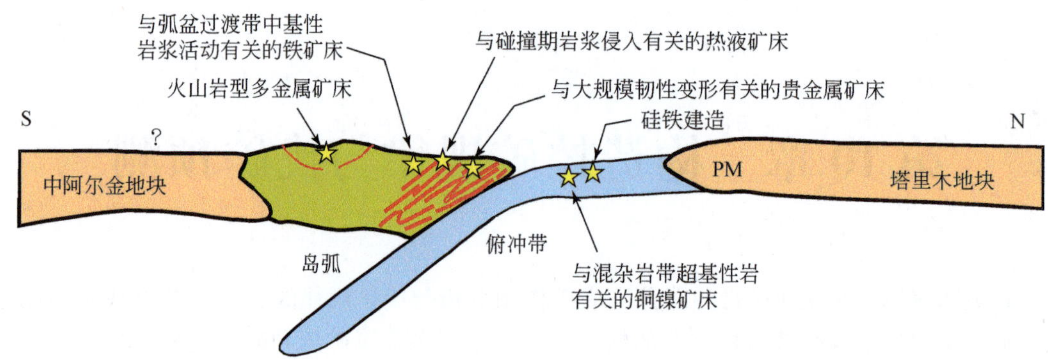

图 10-1　构造环境控制成矿作用类型和矿床类型模式图（据陈柏林等，2010b，2015）

岩有关的成矿作用，形成火山成因块状硫化物（VMS）型喀腊大湾南部铅锌多金属矿田，以喀腊达坂铅锌矿床、喀腊大湾铜锌矿床、翠岭铅锌矿床、泉东铅锌矿床为代表（图 6-1）。

在喀腊大湾地区中南部弧盆过渡带，中基性火山岩（玄武岩为主）更为发育，主要发生与中基性火山岩有关的海底喷流成矿作用，形成富磁铁矿床，以喀腊大湾铁矿田为代表（图 6-1）。

在喀腊大湾地区中北部偏向盆地（裂谷）中心环境，发育中基性火山岩（玄武岩）和碎屑岩及超基性岩体，形成硅铁建造、与碎屑岩有关的赤铁矿（以白尖山铁矿田为代表）和与超基性岩体有关的铜镍铬矿化（图 6-1）。

而处在俯冲带附近的北部地区，主要发生与大规模韧性-韧脆性变形带有关的成矿作用，形成韧性剪切带型金矿床和构造蚀变岩型金矿床，前者以大平沟、贝克滩南等金矿床、红柳沟铜金矿床为代表，后者以陈柏林等（2002）描述的研究区西段的祥云、盘龙沟金矿为代表（图 6-1）。

俯冲碰撞过程岩浆侵入作用则形成岩浆型矿床和热液型矿床，以阿北银铅矿为代表（图 6-1）。

10.1.3　区域构造演化阶段性控矿作用

阿尔金成矿带区域构造演化的不同阶段具有不同的控矿作用，可以概括为以下几方面（陈柏林等，2015）。

1）新太古代—晚元古代早期

该时期为阿尔金成矿带结晶基底和下部盖层岩系形成时期，其形成的是一套以片麻岩为代表的深变质岩和一套巨厚碳酸岩沉积为代表的下部盖层岩系，目前资料显示成矿作用不明显。

2）新元古代晚期—早古生代早期

该时期阿尔金成矿带演化处于拉张扩张时期，形成红柳沟-拉配泉弧后盆地（裂谷），区内火山活动强烈而广泛，形成一套以中基性火山岩为代表的含矿岩系，中基性火山岩锆石 SHRIMP U-Pb 年龄为 481 ~ 517Ma，个别较大（变形辉长岩 756Ma，也可能为残片）；主要发生与火山喷发作用和火山沉积作用有关的成矿作用，形成与中基性火山-沉积作用有关的铁矿床，喀腊大湾铁矿田矿床形成时代与火山岩一致。

3）早古生代中期（晚寒武世—早奥陶世）

该时期红柳沟-拉配泉弧后盆地（裂谷）开始发生俯冲作用，形成岛弧构造环境，并最后挤压、碰撞、闭合，发育岛弧中酸性火山岩、大规模变形带和同碰撞岩浆侵入活动，形成与中酸性火山岩有关的矿床（VMS 型）、与大规模韧性-韧脆性变形带有关的矿床和与岩浆侵入活动有关的热液矿床。

（1）中酸性火山岩锆石 SHRIMP U-Pb U-Pb 年龄为 477 ~ 509Ma。

（2）中酸性侵入岩锆石 SHRIMP U-Pb U-Pb 年龄为 417 ~ 514Ma，其中 520 ~ 490Ma 为前碰撞期，490 ~ 470Ma 为碰撞期，440 ~ 410Ma 为后碰撞期。

（3）喀腊达坂铅锌矿形成时代与含矿火山岩一致，为 480Ma 左右。

（4）铁矿床受同碰撞阶段岩浆侵入作用而发生的叠加夕卡岩化时代为 480.2±3.2Ma（辉钼矿铼-锇等时线年龄）。该年龄与引起铁矿发生夕卡岩化的 7910 铁矿南-八八铁矿南花岗杂岩体的三个锆石 SHRIMP 年龄数据 477±4Ma（八八铁矿南石英闪长岩）、479±4Ma（7910 铁矿南钠碱性花岗岩）和 488±5Ma（7914 铁矿南正长花岗岩）（韩凤彬等，2012）在误差范围内完全一致。

（5）大平沟金矿矿化年龄 487±21Ma（石英流体包裹体铷-锶等时线年龄）（Chen et al.，2005）与其围岩（变形中酸性火山岩）482Ma 以及矿区正长花岗岩 478Ma、大平沟西黑云母花岗岩 485Ma（杨屹等，2004）在误差范围内一致，也与本区发生板块碰撞和大规模韧性剪切带的形成和演化时代相吻合。

（6）俯冲碰撞作用使之前形成的火山沉积作用有关的矿床发生褶皱改造而变成陡立产状，或被改造变富变贫，或被断错，其中一部分褶皱改造作用可能发生于岩浆侵入作用之前，如喀腊大湾铁矿田的褶皱被中酸性侵入岩吞食破坏。

4）晚古生代—中生代

该时期虽然可能发生伸展作用，但是目前未发现有影响的成矿作用，只是将已经形成的矿床发生有限的抬升。

5）晚中生代—新生代

该时期受印度板块与欧亚板块碰撞作用影响，阿尔金断裂发生大规模走滑作用，断错了区域成矿带，使原来与北祁连山成矿带为同一整体的阿尔金成矿带（红柳沟-拉配泉段）被断错，并左行位移至现在部位，位移量约 400km；同时伴随青藏高原整体隆升和阿尔金断裂左行走滑，阿尔金山在新生代发生进一步隆升，并遭受剥露，最终形成目前的矿产分布状态。

10.1.4　主要控矿构造型式

阿尔金成矿带范围内主要控矿构造型式可总结为以下类型（陈柏林等，2015）。

1. 火山-沉积构造控矿

火山-沉积构造主要控制与火山-沉积作用有关的矿床类型，区内受火山-沉积构造控制的矿床有两种，其一是与弧盆过渡带中基性火山岩有关的铁矿床，其二是与岛弧中酸性火山岩有关的火山成因块状硫化物型（VMS 型）铅锌矿床。

（1）铁矿床：①在阿尔金成矿带东段喀腊大湾地区，铁矿带（矿床）的区域分布与火山-沉积岩系展布一致，并受其控制。南带为喀腊大湾火山-沉积型铁矿田，主要受中基性火山岩带控制；北带为白尖山火山-沉积型铁矿田，主要受弧后盆地沉积岩系控制，矿体产于硅质灰岩南侧的安山岩和英安岩及流纹英安岩夹碎屑岩中（图 6-1）。该铁矿带断续向西延伸至阿尔金成矿带中西段，在大平沟西、沟口泉、贝克滩等地出露，铁矿带延伸长度超过 150km，其中沟口泉铁矿床矿体长度大于 2km，厚度为 10～100m，倾向延深大于 500m，初步勘查储量已超过 4 亿 t。②在喀腊大湾火山-沉积型铁矿田范围内，铁矿床的分布受火山-沉积岩系特定层位控制，铁矿床和铁矿体都产于大理岩带南侧的中基性火山岩带中，西段发生褶皱变形，铁矿带、中基性火山岩和其北侧的大理岩带同步褶皱，自西向南转折后被稍后的中酸性杂岩体侵位吞食（详见第 6 章及相关图件）。

（2）铅锌矿床产于南带岛弧环境中酸性火山岩中，该层位形成了喀腊大湾南部火山岩型大型多金属矿田，由喀腊达坂铅锌矿、喀腊大湾铜锌矿、翠岭铅锌矿床、泉东铅锌矿床等构成，矿床受火山岩带火山喷发次级中心构造控制。矿体受火山-沉积岩特定岩性和层位（中酸性火山碎屑岩，即晶屑凝灰岩）控制，矿体呈层状、似层状产出，延伸稳定，规模大。其中喀腊达坂铅锌矿主矿体水平延伸大于 2000m，倾向延深控制到第八排钻孔、斜深 800m 还没有封边（详见第 7 章及相关图件）。

2. 韧脆性剪切带控矿

韧脆性剪切带构造主要控制与韧脆性剪切带有关的金矿床，在阿尔金成矿带北缘地区，韧脆性变形带的发育与金矿床的分布具有密切关系。在区域上，金矿床主要沿阿尔金北缘韧脆性剪切带分布，自东向依次是大平沟金矿、大平沟西金矿、克斯布拉克金矿、冰沟口金矿、盘龙沟金矿、祥云金矿、贝克滩南金矿、索拉克金矿、红柳沟金矿（图 10-2）（陈柏林等，2002，2008，2015）。

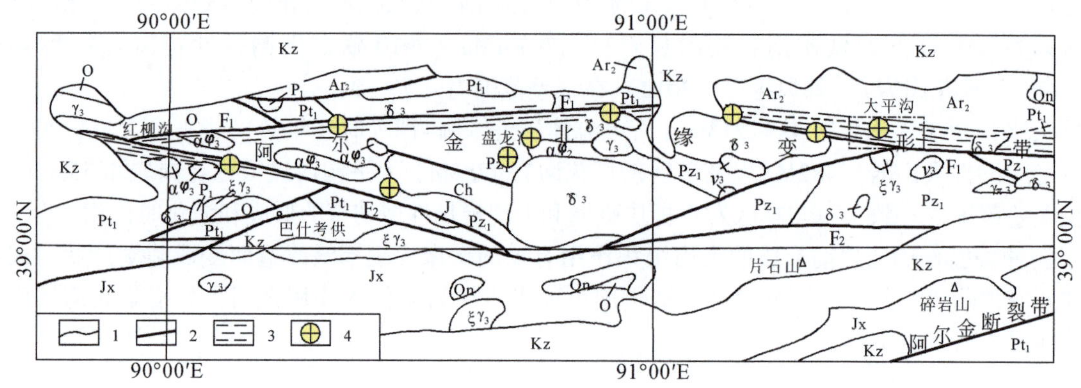

图 10-2　阿尔金北缘地区韧脆性剪切带与金矿床分布图（据陈柏林等，2002，2008）
1-地质界线；2-断裂构造；3-韧性变形带；4-金矿床（点）

具体到金矿床内，矿化主要与强烈的韧性–韧脆性构造变形带有关，金矿体的形态、产状和规模均受变形带的形态、产状和规模控制。①大平沟金矿矿体受弧形变形带控制，矿体主要赋存于与韧性变形带呈小角度的 P 型和 D 型裂隙中，金矿体产状与变形带产状基本一致（图 10-3a）；②贝克滩南金矿床矿体主要受与韧性变形带面理呈 30°～50°夹角的 R 型裂隙控制，韧性变形带产状为 290°/SW70°～80°，而石英脉金矿体产状为 290°/NE60°～70°；③红柳沟金矿床矿体既受与面理（面理产状 85°/SE80°）呈较小角度的 P 型（与面理基本一致或平行）和 D 型（280°/SW70°）裂隙控制，也受与面理呈较大角度的 R 型（295°/NE85°）和 T 型（350°/NE60°）裂隙控制（图 10-3b）（陈柏林等，2002，2008，2015）。

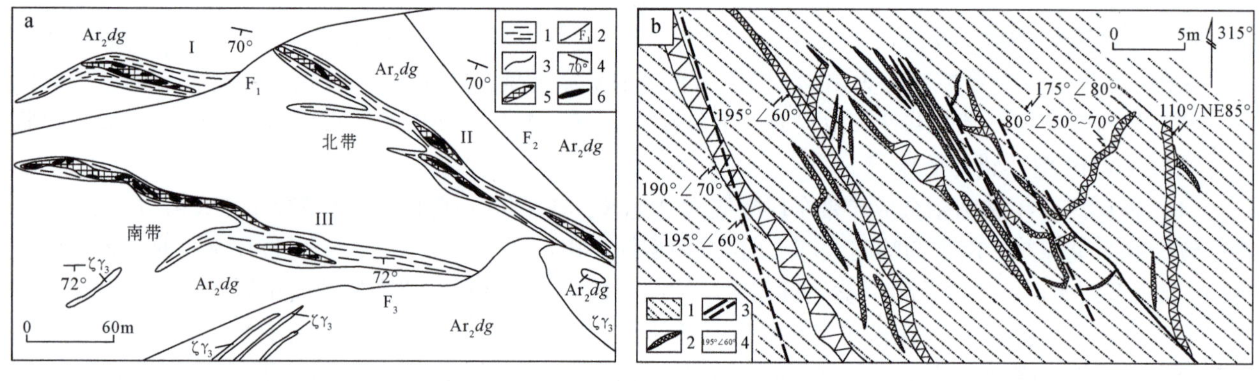

图 10-3　与韧脆性变形带有关的金矿床主要含矿裂隙系统图（据陈柏林等，2002，2008）
a-大平沟金矿平面地质图：1-韧性变形带；2-断层；3-地质界线；4-产状；5-蚀变糜棱岩金矿体；6-含钾长石石英脉金矿体。b-红柳沟韧性变形面理及其与面理不同夹角的不同产状的含金石英脉关系图：1-韧性变形带；2-脆性断层；3-石英脉金矿体；4-产状

3. 断裂裂隙控矿

断裂裂隙构造主要控制岩浆热液型矿床，区内受断裂裂隙构造控制的矿床有脉状银铅矿床和铜银矿床两种。以阿北银铅矿和索尔库里北山铜银矿为代表。

（1）阿北银铅矿床：阿北银铅矿的控矿构造出露于早古生代片麻状二长花岗岩中，是叠加在韧性变形基础上发育起来的韧脆性断裂破碎带（图 8-1）；在平面和剖面上均表现为弧形裂隙夹透镜状花岗岩岩块的结构特点（图 8-5、图 8-6）。韧脆性断裂破碎带是银铅矿重要控矿构造，其形态、规模、产状和分布控制矿体的形态、规模、产状和分布。控矿构造表现为弧形裂隙夹透镜状花岗岩岩块的结构特点，具体矿体受发育于花岗岩中、走向近东西向或北西西向、陡倾角倾向南的偏脆性弧形裂隙控制，矿体往往沿弧形裂隙面呈现分支复合、尖灭再现、膨大缩小、波状延伸的特点（图 8-5、图 8-6、图 8-8）（陈柏林等，2012，2015）。

（2）索尔库里北山铜银矿床：索尔库里北山铜银矿床位于阿尔金成矿带东段南缘的索尔库里走廊北侧，矿区出露蓟县系金雁山组厚层灰岩段、中层灰岩段和青白口系小泉达坂组薄层片岩段三个岩性段。薄层片岩段所构成的推覆原地系统中发育紧闭型小褶皱（小褶皱轴面近东西向、倾角较陡），面理置换明显；中层灰岩段组成的推覆构造外来推覆系统发育中等-开阔型褶皱，推覆构造自南向北推覆（图 10-4）。推覆构造面转折处上盘发育的次级断裂是主要的赋矿构造，这些次级断裂构造表现为不规则的低角度顺层、高角度穿层特征，并具有脆性断裂破碎带的特点（图 10-4 ~ 图 10-6）；矿化带和矿体的形态、产状、分布和规模均严格受赋矿构造的控制，铜银矿体主要赋存于推覆构造上盘褶皱的中层灰岩的次级裂隙中，矿体产状为北东东走向，倾向北西，倾角低缓，具顺层特点（图 10-5a、图 10-6a、c ~ f），局部沿穿层裂隙充填矿体倾角较陡（图 10-5b、图 10-6a、b）。晚期陡倾角阿尔金走滑断裂及其次级断裂在矿区东南角穿切通过（陈柏林等，2003，2015）。

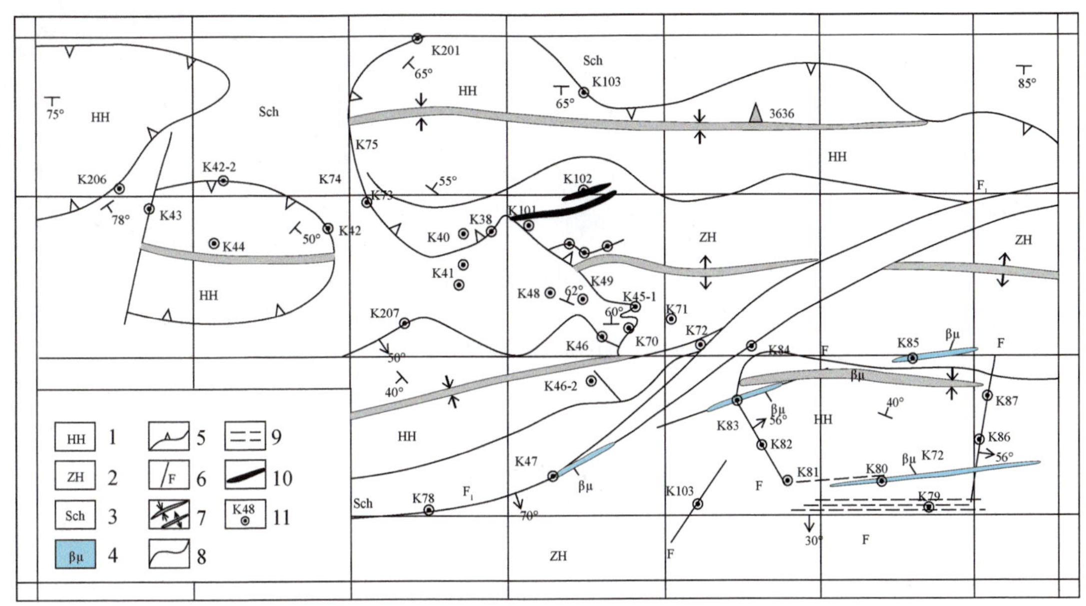

图 10-4　阿尔金成矿带索尔库里北山铜银矿床地质图（陈柏林等，2003）

1-厚层灰岩；2-中层灰岩；3-薄层片岩；4-辉绿岩脉；5-推覆断裂；6-陡倾断裂；7-向/背斜轴；8-地质界线；9-挤压片理带；10-铜银矿体；11-地质点号

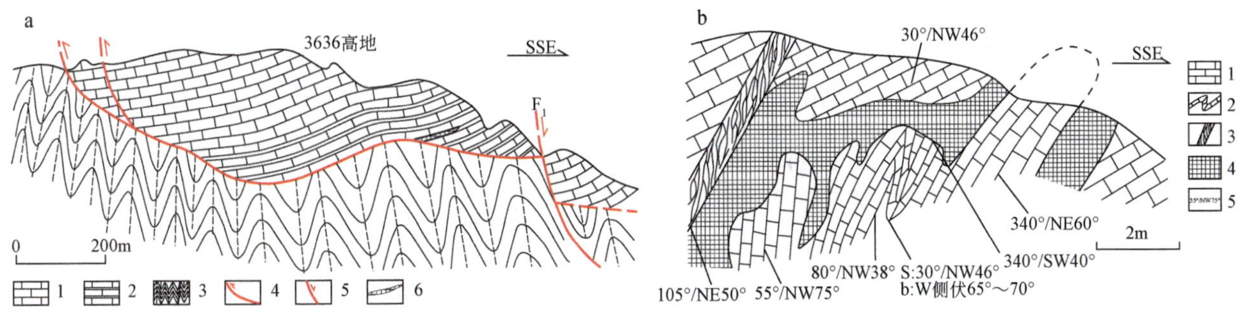

图 10-5　索尔库里北山铜银矿床地质构造剖面（a）和矿体与围岩关系素描图（b）（陈柏林等，2003）

a-铜银矿床构造地质剖面（1-厚层灰岩；2-中层灰岩；3-薄层片岩；4-逆冲推覆断层；5-晚期断裂；6-赋矿断裂及铜银矿化带）；b-铜银矿体与围岩关系采场素描图（1-灰岩；2-薄层灰岩组成的褶皱；3-晚期压扭性断层；4-铜银矿（化）体；5-产状）

4. 岩体及岩体构造控矿

与超基性侵入岩有关的铜镍铬矿床属于岩浆熔离类型，超基性侵入岩形态和产状，特别是超基性岩体下部产状对铜镍硫化物的最后富集起到重要作用，矿体受岩体形态和产状控制。由于目前还没有成型的与超基性侵入岩有关的铜镍铬矿床，不作细述。

图 10-6　索尔库里北山铜银矿床含矿构造照片

a-顺层与穿层含矿裂隙的关系；b-穿层含矿裂隙；c-顺层含矿裂隙；d-顺层含矿裂隙；e-近水平顺层状含矿裂隙与铜矿化；f-近水平顺层状含矿裂隙与铜矿化

10.2　阿尔金成矿带成矿规律

10.2.1　成矿带划分

阿尔金成矿带属于区域上的阿尔金北缘金-铜-铁-多金属一级成矿带。本小节成矿带划分主要是指成矿亚带（二级）和三级矿化带的划分。

在对阿尔金成矿带（红柳沟-拉配泉地区）的地质构成、构造变形特征及其组合、物化探异常特点和矿床（点）分布特征分析的基础上，重点依据本研究团队所开展的野外地质调查、室内矿床成因研究成果和资料，特别是根据矿床的成因类型及其形成的构造环境，将阿尔金成矿带划分为以下 5 个二级成矿亚带和 11 个三级矿化带（矿田）（表 10-1）。

表 10-1　阿尔金成矿带成矿亚带划分简表

二级成矿亚带	三级矿化带（矿田）	构造部位	矿种	地层岩石	岩浆活动	矿化类型
阿尔金成矿带南部东段岛弧火山-沉积成矿亚带	喀腊达坂-喀腊大湾多金属矿化带	岛弧大地构造环境	Pb、Zn、Cu	早古生代中酸性火山岩、火山碎屑岩	早古生代早期火山喷发	VMS 型
	胜利达坂-芦草沟多金属矿化带	岛弧大地构造环境	Pb、Zn、Cu	早古生代中酸性火山岩、火山碎屑岩	早古生代早期火山喷发	VMS 型
喀腊大湾中北部裂谷盆地火山沉积成矿亚带	喀腊大湾铁矿化带（铁矿田）	弧-盆过渡带构造环境	Fe	早古生代基性火山岩（玄武岩）	早古生代早期火山喷发	火山（近源）沉积型
	白尖山铁矿化带（铁矿田）	裂谷盆地构造环境	Fe	早古生代中基-中酸性火山岩、沉积岩	早古生代早期火山喷发	火山（远源）沉积型
	沟口泉-贝克滩铁矿化带	裂谷盆地构造环境	Fe	早古生代中基-中酸性火山岩、沉积岩	早古生代早期火山喷发	火山（远源）沉积型

续表

二级成矿亚带	三级矿化带（矿田）	构造部位	矿种	地层岩石	岩浆活动	矿化类型
阿尔金北缘构造岩浆热液成矿亚带	阿北银铅矿化带	碰撞带构造环境	Pb、Ag	早古生代各种地层岩石	早古生代岩浆侵入岩	岩浆热液型
	大平沟-克斯布拉克金矿化带	碰撞带构造环境	Au	中新元古代—早古生代各种地层岩石	早古生代岩浆侵入岩	变质热液-韧性剪切带型
红柳沟构造岩浆成矿亚带	沟口泉-卓阿布拉克铬矿化带	碰撞带构造环境	Cu、Ni、Cr	早古生代中基-中酸性火山岩、沉积岩	早古生代超基性侵入岩	岩浆岩结晶分异型
	贝克滩南-红柳沟铜金矿化带	碰撞带构造环境	Au	中新元古代—早古生代各种地层岩石	早古生代岩浆侵入岩	变质热液-韧性剪切带型
索尔库里岩浆-变质热液成矿亚带	索尔库里中段金多金属矿化带	南侧陆缘构造环境	Au 多金属	中元古界白云岩和变质泥岩、片岩	不明显	变质热液型
	索尔库里东段多金属矿化带	南侧陆缘构造环境	Cu、Ag	中元古界白云岩和变质泥岩、片岩	不明显	岩浆热液型

10.2.2　主要矿床类型

阿尔金成矿带最重要的金属矿化为铁、金、铜铅锌矿化，相互之间既有密切联系，又有许多差异，根据主要矿床地质特征、赋矿岩石、围岩蚀变等，按成矿过程的地质作用可以将区内的矿床划分为以下几类。

1. 与火山沉积作用有关的矿床类型

阿尔金成矿带位于红柳沟-拉配泉弧后盆地（裂谷）区内，弧后盆地（裂谷）的发生发展直至封闭伴随区内不同类型、不同构造环境的火山沉积作用的发生，其中火山作用由于存在大量地球内部物质喷出，往往发生大规模的成矿作用。所以与火山沉积作用有关的矿床是本区最重要的矿床类型，也是分布最广的矿床类型。依据赋矿岩石、矿种可进一步划分为以下几种。

（1）弧盆过渡带与中基性火山岩（玄武岩、安山岩）有关的富磁铁矿床，以八八-4337 铁成矿带（喀腊大湾铁矿田）为代表，赋矿岩石为中基性火山岩，属于近火山沉积成因矿床类型。

（2）裂谷盆地构造环境与中酸性火山岩（英安岩）有关的贫磁铁矿床，以白尖山南，大平沟西、恰什坎萨依南段、贝克滩南等铁矿点为代表；赋矿岩石为中性火山岩，属于近火山沉积成因矿床类型。

（3）裂谷盆地构造环境与沉积岩有关伴有少量火山岩的赤铁矿床-微晶磁铁矿床，以白尖山铁矿田、沟口泉铁矿为代表；赋矿岩石主要为沉积岩夹少量火山岩，属于远火山沉积成因矿床类型。

（4）岛弧构造环境与中酸性火山岩-火山碎屑岩有关的铅锌多金属矿床（VMS 型），以喀腊达坂铅锌矿、喀腊大湾铜锌矿为代表；赋矿岩石为中酸性火山岩，属于火山直接沉积成因矿床类型（火山岩型、VMS 型）。

2. 与大规模韧性-韧脆性变形作用有关的矿床类型

伴随红柳沟-拉配泉弧后盆地（裂谷）的俯冲和地块碰撞作用，往往使不同类型岩石发生大规模韧性-韧脆性构造变形，韧性-韧脆性变形作用导致成矿元素的活化分异、形成动力变质热液，进入成矿作用过程，运移到适宜的构造部位形成矿床，依据变形带的变形特点可以进一步划分以下两类。

（1）韧性剪切带型金矿床：该矿床主要受韧性剪切变形带控制，以大平沟金矿床、大平沟西铜金矿床、克斯布拉克金矿床、红柳沟铜金矿床、贝克滩南金矿床等为代表；虽然赋矿岩石的原岩时代差异较大、岩性也多种多样，但是唯一的也是最重要的特点是矿区的赋矿围岩都发生了强烈的韧性变形，金矿化或金矿体都与强烈的韧性变形有关，并受韧性变形带控制。金矿物颗粒较大，成矿温度中等-偏高；成矿流体具有岩浆热液和动力变质热液的混合来源特点。

（2）构造蚀变岩型金矿床：该矿床主要受偏脆性断裂破碎带控制，以祥云、盘龙沟金矿为代表。赋矿围岩时代和岩性可以不同，但是都发育偏脆性破碎带，而且矿化蚀变都是属于低温条件的蚀变，矿化蚀变不明显。金矿物颗粒微细，成矿温度中低；成矿流体具有较多的大气降水来源特点。

3. 与岩浆侵入活动有关的矿床类型

在阿尔金洋和红柳沟-拉配泉弧后盆地（裂谷）的封闭和地块俯冲碰撞作用过程中往往发生大规模岩浆侵入活动，区内同碰撞中酸性岩浆岩广泛发育，这些岩浆活动为成矿作用提供了极其重要的热动力条件和流体介质条件，导致发生成矿作用。按照成矿作用与岩浆活动过程可划分为两种类型。

（1）岩浆期后热液型矿床：该矿床以阿北银铅矿和索尔库里北山铜银矿床为代表。阿北银铅矿为近岩浆源的热液矿床，成矿作用温度中等，成矿流体中大气降水组分不高；索尔库里北山铜银矿床为赋存于沉积岩（中层灰岩）中的矿床类型，属于远岩浆岩源的热液矿床，成矿作用温度低，成矿流体中大气降水组分较高。

（2）岩浆期熔离型矿床：该矿床以与超基性岩有关的铜镍铬矿床为代表，主要出露于阿尔金成矿带的西段红柳沟-贝克滩-卓阿布拉克以北地区，初步研究显示区内超基性岩分两种类型，第一类 *M/F* 值平均为 1.13，为富铁质超基性岩，属于无矿类型；第一类 *M/F* 值平均为 11.8，属于与铬铁矿有关的镁质超基性岩。

10.3　找矿预测标志

10.3.1　预测原则和标志

1. 预测原则

虽然最近十几年，阿尔金成矿带的地质研究与矿产调查取得重大进展，一部分金属矿产得到开发，但是区内金属矿产总体勘查开发程度仍然比较低，已经达到或正在进行详查的仅仅有喀腊达坂铅锌矿、喀腊大湾铁矿、沟口泉铁矿以及大平沟金矿、祥云金矿中的部分矿段，得到开发的仅有大平沟金矿、喀腊大湾铁矿和索尔库里北山铜银矿。因此，在进行区内金属矿产成矿预测的时候，虽然针对已有矿床的外围和深部开展预测是非常重要的部分，但是更为重要的是，要在重视对有限的已有矿床、矿点和矿化点的进行矿床成矿作用和矿床成因类型研究的基础上，结合区域地质、化探数据和物探异常，筛选找矿预测标志。同时，要充分重视成矿地质背景和构造演化对成矿作用的控制，要分析成矿的大地构造位置、与成矿作用有关的地层岩石及其形成环境、后期岩浆活动与构造变形对已经形成矿床的进一步改造富集及破坏作用等。由此，根据对区内铜、金、多金属成矿地质条件和控矿因素的分析，本书提出在阿尔金成矿带成矿预测区的优选标志如下。

2. 铁矿预测区优选标志

（1）新元古界或下古生界火山沉积岩出露区，主要是玄武岩、含铁英安岩或含铁碧玉岩、含铁砂岩（粉砂岩）出露区；

（2）存在明显的航磁异常和地面磁异常；

（3）褶皱构造特别是向斜构造核部，断裂构造比较发育的部位；

（4）绿帘石化、褐铁矿化围岩蚀变发育地区；

（5）化探磁铁矿等重砂矿物异常区；

（6）现有铁矿床或有潜力铁矿点深部及其外围地区。

3. 金矿预测区优选标志

（1）太古宇深变质岩或下古生界火山沉积岩出露区，以玄武岩、英安岩或流纹岩及砂岩、粉砂岩和泥岩、泥灰岩等为主；

（2）强烈韧性、韧脆性变形带，或规模较大脆性断裂带旁侧次级断裂带；

（3）有一定中小型规模的早古生代中酸性侵入岩发育，具备提供成矿作用的热动力条件和一定热流体能力；

（4）硅化、黄铁矿化（风化为褐铁矿）、绢云母化、绿泥石化围岩蚀变发育地区；

（5）化探 Au 元素异常或黄金等重砂矿物异常区；

（6）现有金矿床或有潜力金矿点及其外围地区。

4. 铜铅锌多金属矿预测区优选标志

（1）下古生界岛弧型火山岩出露区以中酸性（安山质、英安质、流纹英安质）火山、火山碎屑岩为有利地区，特别是英安质晶屑凝灰岩为最有利岩性；

（2）褶皱构造特别是向斜构造核部，断裂构造发育比较弱的部位；

（3）有小型规模的早古生代中酸性侵入岩或次火山岩发育，或者可能存在古火山口和古火山通道的地区及其不远地区；

（4）硅化、黄铁矿化（风化为褐铁矿）、滑石化、重晶石化、绢云母化蚀变发育地区；

（5）化探铜多金属元素异常区或铜等多金属重砂矿物异常区；

（6）现有铜铅锌多金属矿床或有潜力铜铅锌多金属矿点及其外围地区。

10.3.2　预测区的主要矿床类型

根据对区内已有典型矿床、矿化集中区的系统研究，结合区域成矿构造背景、成矿构造环境和成矿规律，阿尔金成矿带预测的主要矿床类型如下。

1. 铁矿床主要类型

（1）与弧盆过渡带中基性火山岩有关的火山-近源沉积型铁矿床，往往属于富磁铁矿类型，以喀腊大湾铁矿田为代表；

（2）与含铁砂岩（粉砂岩、泥岩）有关的海底（火山）远源沉积型铁矿床，往往属于赤铁矿和/或微晶磁铁矿类型，以成矿带东部的白尖山西、白尖山以及成矿带西段的沟口泉铁矿为代表；

（3）与中酸性火山岩（铁英安岩或含铁碧玉岩）有关的海底喷流-火山沉积型（低品位硅铁建造型）贫赤铁矿-磁铁矿类型；以白尖山东、大平沟西、恰什坎萨依沟、贝克滩南为代表。

2. 金矿床类型

（1）与韧性（韧脆性）剪切带有关的韧性剪切带型金矿床，以大平沟、大平沟西、冰沟口、红柳沟、贝克滩南金矿为代表；

（2）产于区域性大型断裂带旁侧次级断裂中的破碎带蚀变岩型金矿床，以盘龙沟金矿、祥云金矿为代表。

3. 铜铅锌金属矿床主要类型

（1）火山成因块状硫化物型（VMS）矿床，以喀腊达坂铅锌矿、喀腊大湾铜锌矿为代表；

（2）与中酸性侵入岩有关的岩浆热液型矿床，以阿北、索尔库里北山为代表；

（3）与超基性岩有关的岩浆熔离型铜、金、铬、镍矿床，尚无成型矿床。

10.4　找矿预测区概述

10.4.1　找矿预测区分类

在对区内金属矿产成矿规律、不同级序构造控矿规律认识的基础上，结合阿尔金成矿带和预测区的地质工作程度、矿床类型组合，特别是矿产资源潜力和矿床密集发育程度，将找矿预测区确定为找矿靶区和大中型矿床勘查评价基地两大类。其中大中型矿床评价基地包含在最好的找矿靶区之中。找矿靶区依据矿产资源潜力和找到大中型矿床的可能性（即在其中能有确认的大中型矿床评价基地）可进一步划分为A、B、C三类（表10-2）。

表10-2　找矿预测区分类表

大类	分类	编号	名称	范围		大小/km²	矿种	矿床类型	预测矿床规模	备注
				经度	纬度					
找矿靶区	A类	A1	喀腊大湾铁矿田深部找矿靶区	91°37′00″～91°47′00″	39°04′40″～39°06′00″	35	Fe	火山沉积型	大型	
		A2	喀腊大湾西找矿靶区	91°33′00″～91°42′00″	39°02′15″～39°03′30″	50	Pb、Zn、Cu	火山成因块状硫化物型	中型	翠岭
		A3	胜利达坂西找矿靶区	91°10′00″～91°26′00″	38°55′00″～39°00′00″	200	Pb、Zn、Cu	火山成因块状硫化物型	中型	芦草沟
		A4	红柳沟－贝克滩南找矿靶区	90°00′00″～90°28′00″	39°04′00″～39°09′00″	360	Cu、Au	韧性剪切带型斑岩型	中型	红柳沟、贝南、无名
	B类	B1	喀腊达坂东找矿靶区	91°50′00″～91°52′00″	39°03′00″～39°03′40″	3.5	Pb、Zn、Cu	火山成因块状硫化物型	中型	泉东
		B2	大平沟西找矿靶区	91°05′00″～91°26′00″	39°08′00″～39°11′00″	135	Au（Cu）	韧性剪切带型	中小型	
		B3	阿北银铅矿东找矿靶区	91°40′00″～91°43′00″	39°08′30″～39°09′30″	8	Ag、Pb	热液型	小型	
	C类	C1	穷塔格西沟找矿靶区	91°29′00″～91°323′10″	39°03′00″～39°03′45″	5.4	Pb、Zn、Cu	火山成因块状硫化物型	小型	
		C2	白尖山北找矿靶区	91°44′00″～91°55′00″	39°09′30″～39°10′30″	30	Au	韧性剪切带型	小型	
		C3	索尔库里中段找矿靶区	91°01′00″～91°04′00″	38°47′10″～38°47′45″	4	Au	变质热液型	小型	
		C4	沟口泉－卓阿布拉克北找矿靶区	90°43′00″～91°03′00″	39°07′00″～39°10′00″	160	Cr	岩浆熔离型	小型	
		C5	斯米尔布拉克北找矿靶区	90°22′00″～90°25′00″	39°03′00″～34°04′00″	8	Pb、Zn、Cu	岩浆热液型	小型	
大中型矿床勘查评价基地			7910－7918铁矿深部大型铁矿勘查评价基地	91°44′00″～91°47′00″	39°04′40″～39°06′00″	10	Fe	火山沉积型	大型	(1)

注：该大中型矿床勘查评价基地在喀腊大湾铁矿田深部找矿靶区范围内。

（1）A类找矿靶区：为成矿条件十分有利，预测依据充分，矿产资源潜力巨大，已经有中型或以上规模的矿床，并可望进一步扩大规模，达到大型或更大规模的矿床，同时还可能找到新的中型以上矿床的地区。

（2）B类找矿靶区：为成矿条件良好，预测依据较充分，矿产资源潜力大，已经有小型规模的矿床或有矿化线索良好的矿点，并可望进一步扩大规模，达到中型规模矿床，同时还可能找到新的小型以上规模矿床。

（3）C类找矿靶区：为成矿条件有利，有预测依据，具有一定的矿产资源潜力，已有矿点或矿化线索良好，并可望达到小型或小型以上规模矿床，同时还可能找到新的有远景矿点的地区。

10.4.2 找矿靶区分述

1. A 类找矿靶区

1）喀腊大湾铁矿田深部找矿靶区（A1）

（1）靶区位置：靶区位于阿尔金成矿带东段喀腊大湾地区，地理坐标为 91°37′00″E ~ 91°47′00″E、39°04′40″N ~ 39°06′00″N；东西长 14km，南北宽 2.5km，面积约为 $35km^2$，平均海拔为 3400 ~ 4000m。靶区内预测矿床类型为火山沉积（变质）型铁矿床。

（2）成矿地质条件：靶区属于喀腊大湾南部岛弧与弧后盆地过渡带构造环境，为喀腊大湾中北部裂谷盆地火山沉积成矿亚带（二级）的喀腊大湾铁矿化带（三级，即铁矿田）（图 6-1、图 6-2）。所以该找矿靶区成矿地质条件优越，发育与铁矿密切相关的弧盆过渡带含铁中基性火山岩（玄武岩为主）；矿体呈层状、似层状，显示出明显的火山沉积成因特点。

（3）靶区选择依据：本研究团队在承担"十一五"国家科技支撑计划项目过程中，在前人 1∶5 万矿产调查发现八八铁矿的基础上，于 2007 年 9 月连续发现了六个铁矿（八八西铁矿、7910 铁矿、7914 铁矿、7915 铁矿、7918 铁矿、7920 铁矿），奠定了喀腊大湾铁矿田的铁矿床分布基本格局。2008 ~ 2010 年勘查单位新疆第一区域地质调查大队经过地表地质填图、1∶1 万磁测、地表探矿工程和相当数量的钻探工程施工，初步控制该铁矿田范围内铁矿体的产状、延伸、形态、规模和一定深度（最深为 360m）的延伸，求得铁矿石储量 1.1 亿 t。但是除部分铁矿体深部被中酸性侵入岩吞食破坏外，大部分铁矿体深部没有控制封边。特别是其中的 7910 铁矿床主矿体虽然已经控制长度 1600m，但是控制网度偏稀（多数 400m、部分 200m）、控制倾向延深较小（一般为 200 ~ 300m）、东端没有尖灭，西端与 7918 铁矿东端之间还有约 800m 的第四系覆盖未控制区。所以，对 7910 铁矿在东延、深延和西连三方面都没有控制封边，同时，预测区磁异常范围大峰值高（图 6-12），表明深部有大而高的磁性体存在。另外，相邻的 7918 铁矿地表矿体长度达到 680m，表明矿体延伸非常大。因此，该找矿靶区具有极为有利的铁矿找矿前景。其中 7910 铁矿应该与 7918 铁矿相连，深部找矿前景非常可观，资源潜力巨大，作为大中型矿床勘查基地。

（4）下一步工作建议：该找矿靶区下一步工作主要是控制铁矿田内各个矿床中矿体的深部延伸。其中八八铁矿地表及浅部铁矿体大而富，磁异常明显，深部铁矿体应该有较好的延深，但是都需要深部工程控制。特别值得注意的是 7910 铁矿地表矿体出露小，主要为隐伏矿体，至 2010 年底仅在 180 线、212 线、244 线和 276 线进行了稀疏工程（多数 400m、部分 200m）控制，长度在 1600m 以内，东端没有尖灭，西端与 7918 铁矿东端之间还有约 800m 的第四系覆盖未控制区，因此，通过深部工程揭露控制铁矿体东延、深延和西连，如果两个铁矿相连，则主矿体长度和规模会有大幅度的增大。仅仅 7910 铁矿床与 7918 铁矿床相连后深部就有超过大型铁矿床规模的资源量。

2）喀腊大湾西铜铅锌多金属矿找矿靶区（A2）

（1）靶区位置：靶区位于阿尔金成矿带东段喀腊大湾地区，地理坐标为 91°33′00″E ~ 91°42′00″E、39°02′15″N ~ 39°03′30″N；东西长 12km，南北宽 2.2km，面积约为 $26km^2$，平均海拔为 3400 ~ 4100m。靶区内预测矿床为火山成因块状硫化物（VMS）型铜铅锌多金属矿床。

（2）成矿地质条件：该找矿靶区属于喀腊大湾南部岛弧火山-沉积二级成矿带之喀腊达坂-喀腊大湾多金属矿化带（三级）的西段，该区成矿条件优越，发育与铜铅锌多金属矿密切相关的中酸性岛弧火山岩-火山碎屑岩，特别是晶屑凝灰岩；发育与铜铅锌多金属矿密切的围岩蚀变类型，主要有硅化、黄铁矿化（风化为褐铁矿）、滑石化、重晶石化、绢云母化等；属于已有喀腊大湾中型铜锌矿床的西延。

（3）靶区选择依据：喀腊大湾铜锌矿是在 1979 ~ 1981 年新疆地质矿产局开展的 1∶20 万地质矿产调查中圈定了喀腊达坂综合异常、2000 年新疆地质调查院开展的 1∶10 万水系沉积物测量圈定的喀腊达坂地区的 HS-21 号多金属综合异常的基础上发现的，2001 ~ 2003 年新疆第一区域地质调查大队开展矿区普查工作，利用大比例尺地质填图、激电（磁法）剖面测量、地表稀疏槽探揭露和少量钻探工程控制等手段，初步查明了矿区地质特征、矿体产状、规模、形态，初步控制资源量达小型规模。但是由于矿体形态较复杂，矿体连接难度较大，加上2004～2008年主要勘查力量投入到喀腊达坂铅锌矿、阿北银铅矿和喀腊大湾铁矿，一度停止勘查工作。2009年以来新疆第一区域地质调查大队又相继开展的部分勘查工程，控制了深部矿体的延伸和规模，取得了较大进展，资源量达到中型规模。

本团队研究认为喀腊大湾铜锌矿床属于火山成因块状硫化物型、具有似层状特点，矿化带和矿体具有延伸长、规模大的特点。

原来喀腊大湾铜锌矿床仅仅局限于喀腊大湾东叉沟和西叉沟所夹持的地段，而含矿地质体与铜铅锌多金属矿密切相关的岛弧型中酸性火山岩-火山碎屑岩，特别是晶屑凝灰岩在喀腊大湾西叉沟及其以西地段依然比较发育，而且地表追索已经发现铅锌矿化和地表铁帽；因此喀腊大湾铜锌矿床西延区域，具有良好的成矿条件和巨大的找矿潜力。

（4）进一步工作建议：该靶区下一步工作主要是在对喀腊大湾铜锌矿西延进行地表追索、发现新矿体、确定矿化带延伸的基础上，开展地表工程和部分浅部探矿工程，控制矿化带地表和浅部延伸；进而结合必要的物探、化探技术方法探索矿化带深部延伸，并使用深部钻探工程控制矿体，查明矿体延伸、产状和规模。经新疆第一区调队2011～2014年普查，达中型矿床规模（翠岭铅锌矿）。

3）*胜利达坂西找矿靶区（A3）*

（1）靶区位置：靶区位于阿尔金成矿带中西段胜利达坂西及其以西一带，地理坐标为91°10′00″E～91°26′00″E、38°55′00″N～39°00′00″N；东西长22km，南北宽9.0km，面积约为200km^2，平均海拔为3600～4000m。靶区内预测矿床类型为火山成因硫化物（VMS）型多金属矿床。

（2）成矿地质条件：该找矿靶区属于喀腊大湾南部岛弧火山-沉积二级成矿带之喀腊达坂-喀腊大湾三级多金属矿化带的西段，该区成矿条件优越，发育与铜铅锌多金属矿密切相关的中酸性岛弧火山岩-火山碎屑岩，特别是晶屑凝灰岩；发育与铜铅锌多金属矿密切相关硅化、黄铁矿化（风化为褐铁矿）、滑石化、重晶石化、绢云母化等围岩蚀变；属于已有喀腊达板-喀腊大湾铜铅锌矿化带西段的延伸部分。

（3）靶区选择依据：从区域构造单元和构造环境来看，在喀腊大湾地区，自北向南依次是塔里木地块南缘、弧后盆地、俯冲碰撞带、弧盆过渡带和岛弧火山岩带（图10-1）。不同的岛弧-弧后盆地-碰撞带构造环境控制不同的成矿作用和矿床类型。在喀腊大湾南部地区偏向岛弧环境，岛弧中酸性火山更为发育，主要发生与中酸性火山岩-火山碎屑岩有关的成矿作用，是区内火山成因块状硫化物型（VMS）多金属矿床的成矿地质体，形成了以喀腊达板铅锌矿和喀腊大湾铜锌矿为代表的火山岩型多金属矿床。

然而由于阿尔金成矿带在早古生代成矿作用之后发生了多期次构造活动，致使整个阿尔金成矿带（红柳沟-拉配泉地区）南侧的岛弧火山岩带不同程度地被断裂断错或被新近系红层所覆盖。这套与火山岩型多金属矿床关系密切的岛弧火山岩在喀腊达板-喀腊大湾及其以西一带保留比较完整，在喀腊达坂以东多数被新近系红层北缘断裂所断错或被新近系红层所覆盖，只有在更新沟一带残留一部分；在喀腊大湾以西一带，走向逐渐变为南西西向，在4347高地以南一带被新近系红层北缘断裂所断错或被新近系红层所覆盖，再往西在胜利达坂以西一带残留出露一部分岛弧火山岩（图4-24）。

据新疆第一区域地质调查队1∶10化探资料，在胜利达坂以西一带，发育良好的铜铅锌多金属综合异常（图10-7）。另据新疆第一区域地质调查大队承担的1∶25万化探资料，在胜利达坂以西-芦草沟上游一带有良好的铜铅锌异常。此外，遥感解译表明，与喀腊大湾-喀腊达坂火山岩型多金属矿床有关的蚀变在胜利达坂西侧一带有延续的迹象。

本研究团队在2011年在本找矿靶区的东段（胜利达坂西侧5～10km位置）进行了找矿追索，见及含黄铁矿石英脉的片理化酸性火山岩，见及黄铁矿化（风化为褐铁矿化和黄钾铁矾）等蚀变，采集成矿元素分析样品11个，遗憾的是样品铜铅锌成矿元素含量不高，最高Pb+Zn含量为0.4%。同时，在芦草沟北侧，木孜萨依组砂岩、含砾砂岩中含有不同程度的铜矿化，以孔雀石化为主。

总之，该靶区前期虽然还没有发现地表矿体，但是存在早古生代岛弧火山岩这种有利的成矿岩石-成矿地质体，两轮化探均存在明显的异常，遥感蚀变信息也有明确显示，因此，按照前述找矿预测意见，新疆第一区域地质调查大队结合1∶25万化探异常于2013年在该靶区的西段芦草沟一带开展异常查证，终于发现了铜铅多金属矿床，通过2013～2015年初步勘查，芦草沟多金属矿床达到小型偏大规模。需要

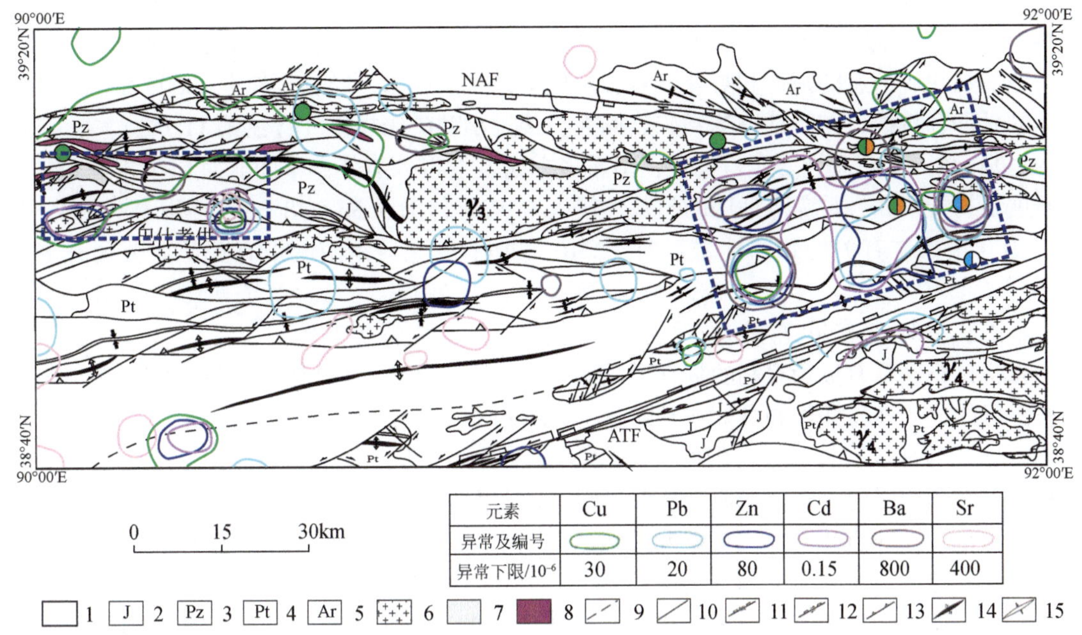

图 10-7　阿尔金成矿带多金属地球化学异常、多金属矿床分布图（据王小凤等，2004）

1-新生界；2-中生界（侏罗系）；3-古生界；4-元古宇；5-太古宇；6-花岗岩类；7-基性岩；8-超基性岩；9-推测断层；10-断层；11-左行正断层；12-右行正断层；13-逆断层及逆掩断层；14-背斜；15-向斜；ATF-阿尔金走滑断裂；NAF-阿尔金北缘断裂

指出的是，芦草沟以东约 10km 范围仍然非常值得进一步工作，该靶区具有极为有利火山岩型多金属矿床的成矿地质条件和良好找矿前景，有望新发现中型规模以上的火山岩型多金属矿床。

（4）进一步工作建议：在该找矿靶区的中东段首先开展异常查证，查明铜多金属异常形成原因，并尽可能发现矿化带；继而开展地表追索和地表工程，初步查明矿化带的延伸、产状和规模；非常有希望找到有一定规模的铜多金属矿床（或被新近系红层覆盖的隐伏矿床）。对靶区西段芦草沟一带通过深部探矿工程，控制矿化带和矿体深部延伸，扩大现有矿体规模。并注意北侧砂岩型铜矿化。

4）*红柳沟-贝克滩铜金矿找矿靶区*（A4）

（1）靶区位置：靶区位于阿尔金成矿带西段的红柳沟-贝克滩一带，地理坐标为 90°00′00″E ~ 90°28′00″E、39°04′00″N ~ 39°09′90″N；东西长 40.0km，南北宽 9.0km，面积约为 360km^2，平均海拔为 2100 ~ 3400m。该靶区内预测矿床为韧性剪切带型金矿床、斑岩型铜矿床、岩浆熔离型铬矿床。

（2）成矿地质条件：靶区属于红柳沟构造岩浆热液成矿亚带（二级）的贝克滩南-红柳沟铜金矿化带（三级），该区成矿条件优越，发育一套与铜金矿密切相关的中基性-中酸性火山岩-火山碎屑岩、韧性-韧脆性变形带、中酸性侵入岩和超基性侵入岩。与韧性剪切带型金矿床、斑岩型铜矿床和岩浆熔离型铬矿床相关的各种蚀变比较发育；预测区内已有西段的红柳沟铜金矿床、东段的贝克滩南金矿床和无名铜矿三个小型矿床，铬矿化也有所显示。

（3）靶区选择依据：该靶区在 1979 ~ 1981 年新疆地质矿产局开展的 1∶20 万地质矿产调查中圈定了多金属（图 10-7）综合异常。该靶区内已有三个小型矿床等矿化有利信息。

1999 ~ 2000 年新疆地矿局第一地质大队发现了红柳沟铜金矿，并开展初步普查，确认为小型矿床。本研究团队开展了研究，认为属于韧性剪切带型金矿床，金矿化受韧性剪切带控制，含金石英脉赋存于韧性剪切带中的 D、P、R、T 等裂隙中（见第 4 章 4. 3. 1 节、本章 10. 1. 4 节及相关图件），具有一定找矿潜力，该矿床在 2007 ~ 2010 年进行了小规模开采，目前处于停产状态。

2009 ~ 2010 年新疆建鑫矿业公司发现了贝克滩南金矿床，并开展初步普查，确定为小型金矿床。本团队前期开展了矿区构造研究，确定其属于韧性剪切带型金矿床，金矿体主要受与韧性变形带面理呈 30° ~ 50°的 R 型裂隙（R 型裂隙与剪切带边界夹角为 15°）控制（见第 4 章 4. 3. 1 节、本章 10. 1. 4 节及相关图件)。

2015 年本团队在认为本找矿靶区成矿条件有利、具有良好找矿潜力、有希望发现新矿床的指导思想下，有目的地加强找矿信息的筛选和野外追索，发现了无名铜矿床，经过野外 1∶2000 草测，初步圈定了地表铜矿体的延伸和规模，初步估算达到矿点偏大、接近小型矿床规模（详见第 11 章）。

红柳沟-贝克滩一带超基性岩非常发育，出露多个超基性侵入岩体，本团队对该预测区内的超基性岩的含矿性开展了初步研究，贝克滩地区的超基性侵入岩 *M/F* 值为 5.36 ~ 48.63，平均为 13.64，属于镁质超基性岩，为与铬铁矿有关的超基性岩系列。2010 ~ 2011 贝克滩东南一带有关矿业公司开展了铬铁矿普查。

另外，本团队 2011 年在贝克滩东发现铜矿化，单样 Cu 品位为 0.26%。

总之，该找矿靶区具有极为有利的韧性剪切带型金矿床、斑岩型铜矿床和与镁质超基性岩有关岩浆熔离型铬铁矿床的成矿地质条件和良好找矿前景，有望新发现规模中型以上的矿床。

（4）进一步工作建议：针对已有的两个韧性剪切带型金矿床，主要沿韧性变形带走向找矿和已有矿床的深部找矿。在预测区内沿韧性变形带开展异常查证，配合部分加密化探，查明铜金异常形成的原因，并有可能发现矿化带；继而开展地表追索和地表工程，初步查明矿化带的延伸、产状和规模；对已有的红柳沟铜金矿和贝克滩南金矿通过深部探矿工程，控制矿化带和矿体的深部延伸，扩大现有矿体规模。针对新发现的无名铜矿床，在通过地表工程控制矿体延伸的基础上，配合钻探工程控制铜矿体的深部延伸，以查明该铜矿床矿化带的延伸、产状和规模。

2. B 类找矿靶区

1）喀腊达坂东（泉东）找矿靶区（B1）

（1）靶区位置：靶区位于阿尔金成矿带东段喀腊大湾地区，地理坐标为 91°50′00″E ~ 91°52′00″E、39°03′00″N ~ 39°03′40″N；东西长 2.9km，南北宽 1.2km，面积约为 3.5km²，平均海拔为 3600 ~ 4000m。该靶区预测矿床为火山成因块状硫化物型（VMS）多金属金矿床。

（2）成矿地质条件：靶区属于喀腊大湾南部岛弧火山-沉积二级成矿带之喀腊达坂-喀腊大湾三级多金属矿化带（矿田）东段，该区成矿条件优越，发育与铜铅锌多金属矿密切相关的中酸性岛弧火山岩-火山碎屑岩，特别是晶屑凝灰岩；发育与铜铅锌多金属矿密切相关硅化、黄铁矿化（风化为褐铁矿）、滑石化、重晶石化、绢云母化等围岩蚀变；属于已有喀腊达板大型铅锌矿床的东延。

（3）靶区选择依据：喀腊达板铅锌矿是在 1979 ~ 1981 年新疆地质矿产局开展的1∶20万地质矿产调查中圈定了喀腊达坂综合异常、2000 年新疆地质调查院开展的 1∶10 万水系沉积物测量圈定的喀腊达坂地区的 HS-21 号多金属综合异常的基础上发现的，2003 ~ 2006 年新疆第一区域地质调查大队开展矿区普查工作，利用大比例尺地质填图、激电（磁法）剖面测量、地表稀疏槽探揭露和少量钻探工程控制等手段，初步查明了矿区地质特征、矿体产状、规模、形态，初步控制资源量达小型规模。2007 ~ 2010 年新疆第一区域地质调查大队继续开展的深部勘查工程，控制了深部矿体的延伸和规模，取得了很大进展，使其成为研究区内第一个达到大型规模的矿床。

本团队研究认为喀腊达板铅锌矿床属于火山成因块状硫化物型，具有似层状特点，矿化带和矿体具有延伸长、规模大的特点。

喀腊达坂铅锌多金属矿床矿化带东端被北北西向后期断裂活动断错，断裂的东侧矿化带的确切位置没有查明。因此本团队将“成矿后斜向断裂的运动学特点和位移量的确定”作为最重要研究任务之一，将“查明北北西向断裂东侧矿化带的确切位置”作为主要研究目标之一。

在室内资料综合研究基础上，结合遥感影像分析，对北北西向断裂的特点有了初步认识。研究团队在 2011 年度的野外工作期间通过地表追索、探槽揭露，特别是对断裂旁侧小构造的观测分析、断层破碎带内断层泥的叶理及其与主断裂关系等研究，确定断裂走向为北北西（约 340°）、倾向北东，并准确地确定了该断裂具有右行正断的运动学特征。同时通过地表追索、标志层对比、遥感影像分析，确定了该断裂的右行走滑位移距离约 1.2km（其中主断裂位移约 1.0km，其西侧三条次级断裂合计位移约 0.2km）。

野外调查与研究显示，在北北西向断裂东侧，喀腊达坂铅锌多金属矿床的矿化带继续向东延伸。矿化带出露位置自 39°03′36″N、91°50′08″E 到 39°03′04″N、91°51′23″E，地表延伸长度约为 1.85km，再往东被 E_3—N_1 红层不整合覆盖。主要岩性、分层及其蚀变特点均与喀腊达坂铅锌矿完全一样。含矿火山岩在地表绝大多数已风化（广泛出现褐铁矿和黄钾铁矾），仅在北西向冲沟的沟底见到原生和半风化含矿火山岩，可见原生闪锌矿，断续出露长度达 145m，宽 2～3m，赋矿岩石为晶屑凝灰岩，目估品位约 2%，四个拣块样品分析 Pb+Zn 品位为 0.68%～1.15%，具有较好找矿前景。

（4）进一步工作建议：该找矿靶区下一步工作主要是对被断错的矿化带进行地表追索，在发现新矿体、确定矿化带延伸基础上，开展地表工程和部分浅部探矿工程，控制矿化带地表和浅部延伸；进而结合必要的物探、化探技术方法探索矿化带深部延伸，并结合深部钻探工程控制，查明矿体的延伸、产状和规模（详见第 12 章）。

2）大平沟西金矿找矿靶区（B2）

（1）靶区位置：靶区位于阿尔金成矿带中偏东段的克斯布拉克–大平沟西一带，地理坐标为 91°05′00″E～91°26′00″E、39°08′00″N～39°11′00″N；东西长 30km，南北宽 4.5km，面积约为 135km²，平均海拔为 2800～3200m。靶区内预测矿床为韧性剪切带型金（铜）矿床。

（2）成矿地质条件：靶区内成矿条件优越，发育中元古界或下古生界火山沉积岩系，以玄武岩、英安岩和流纹岩及砂岩、粉砂岩、泥岩、泥灰岩等为主；发育强烈韧脆性变形带（阿尔金北缘断裂和白尖山拉配泉断裂的韧脆性变形部分），也属于规模较大脆性断裂带（阿尔金北缘断裂）旁侧次级断裂带范围；同时有中小型规模的早古生代中酸性侵入岩发育，具备提供成矿作用的热和一定流体能力；硅化、黄铁矿化（风化为褐铁矿）、绢云母、绿泥石化围岩蚀变非常发育；化探 Au 元素异常或黄金等重砂矿物异常明显，已经有大平沟西金矿点、大平沟铜金矿点、克斯布拉克金矿点等。属于大平沟小型金矿床的西延外围。

（3）靶区选择依据：大平沟小型金矿床是在 1979～1981 年新疆地质矿产局开展的1：20万地质矿产调查中发现了该地区含金较高的单个岩屑样品的基础发现的。20 世纪 90 年代前期至中期，新疆第一区域地质调查大队开展了 1：50 地球化学异常测量，圈出较好的金元素化探异常，1999～2000 年又进行了 1：10 万化探扫面工作和化探异常查证，圈出了矿化带和矿体，并进一步对金矿床开展初步评价。2000～2004 年进入小规模开发，主要开采对象是地表和浅部富矿体。

2009～2011 年新疆第一区域地质调查大队完成了“新疆若羌县大平沟金矿普查”项目，通过对采矿坑道的调查估算核实了已有资源量，施工了少量工程，对深部金矿化情况进行了初步控制。

本团队研究认为大平沟金矿床是受阿尔金北缘断裂韧脆性变形带控制的韧性剪切带型金矿床，金矿体严格受韧性剪切带及其中与糜棱岩面理平行的 P 型裂隙和与剪切带边界平行（与面理呈小角度）的 D 型裂隙控制。北含金构造带长约 1000m，宽 5～15m，走向自西向东依次为 265°、280°、300°。南含金构造带长约 700m，宽 5～15m，走向为近东西向（走向 270°～280°）（图 10-2）。

然而，阿尔金北缘断裂韧脆性变形带呈近东西向延伸范围很大，纵贯研究区北部，自东起于白尖山北侧，经过喀腊大湾下游、大平沟、大平沟西、克斯布拉克、冰沟口、恰什坎萨依沟下游和贝克滩北，一直到红柳沟北，全长 240 多千米，沿线有金矿床（点）近 10 个，除大平沟金矿床做过普查外，大平沟西金矿点（变形中酸性火山岩中）、大平沟西铜金矿点（变形辉斑玄武岩中）和克斯布拉克金矿点（变形花岗岩中）只进行了地表探矿工程的初步控制，尚未进行深部钻探工程控制。因此，本预测区是大平沟金矿床西延区域，具有形成韧性剪切带型金矿床的良好成矿条件，具有寻找同类矿床的很大潜力。

（4）进一步工作建议：对前述三个金矿床（点）在补充开展地表工程揭露，进一步控制金矿体的地表延伸的基础上，结合部分物探技术方法，对金矿床开展深部工程控制，可望扩大现有金矿床（点）的规模；同时，还应该投入一定的工作开展地面普查，特别是克斯布拉克金矿以东至大平沟金矿以西区段，韧脆性变形带非常发育，也具备有利的矿源岩系、岩浆热动力和成矿流体条件，应该非常有希望找到有一定规模的金矿床。

3）阿北银铅矿东找矿靶区（B3）

（1）靶区位置：靶区位于阿尔金成矿带研究区东段喀腊大湾地区东北部，地理坐标东经 91°37′00″E～

91°40′00″E、39°08′30″N ~ 39°09′30″N；东西长 4km，南北宽 2.0km，面积约为 $8km^2$，平均海拔为 2800 ~ 3400m。靶区内预测矿床为岩浆热液型银铅多金属矿床。

（2）成矿地质条件：找矿靶区属于阿尔金北缘构造岩浆热液二级成矿带之阿北银铅岩浆热液三级矿化带，该区成矿条件良好，发育与阿北银铅矿床密切相关的早古生代晚寒武世偏碱性片麻状花岗岩（514Ma）；同时，在这些片麻状花岗岩中发育了一些偏脆性裂隙，局部发育了铁白云石石英脉；发育了相关的蚀变，如硅化、绢云母化等；属于已有阿北银铅矿床的东延。

（3）靶区选择依据：阿北银铅矿床是由新疆第一区域地质调查大队于 2000 年开展1：10万化探测量时在该区圈定出 HS-21 综合异常、2003 年对 HS-21 异常进行三级查证、2004 年对该异常开展了进一步查证工作的基础上发现的。2005 ~ 2007 年新疆第一区域地质调查大队针对矿化蚀变带和主要矿体开展了 1：1 万、1：2000 地质草测、地表槽探工程揭露控制和物探激电磁法剖面测量等工作，2011 ~ 2012 年开展部分深部钻探工程，圈定了矿化蚀变带和银铅锌矿体，初步控制了矿体的形态产状和规模，已经控制 10 个银铅矿体。最大矿体（$Ⅱ_3$ 矿体）已经控制走向长度在 1250m 以上，宽 5.63m，品位银 198g/t，铅 7.13%。矿石矿物以方铅矿为主，围岩蚀变为硅化、黄铁矿化、绢云母化、高岭土化、碳酸盐化，地表发育有褐黄色、土黄色黄钾铁矾-褐铁矿蚀变带，且连续性较好。

本团队研究认为阿北银锌矿床属于受断裂裂隙控制的岩浆热液矿床，具有脉状延伸的特点，矿化带和矿体具有弧形断层面夹持透镜体岩块的特点，规模较大。

阿北银铅矿床位于喀腊大湾东西叉沟分叉处西叉沟的西侧，野外地质调查发现，阿北银铅矿床的赋矿围岩——早古生代晚寒武世偏碱性片麻状花岗岩向东越过西叉沟、分叉处三角地、东叉沟，并继续向东不规则延伸，局部被时代较新的似斑状巨斑二长花岗岩（417Ma）穿插侵位。这些片麻状花岗岩中发育了一些偏脆性裂隙，局部发育了铁白云石石英脉；发育了相关的蚀变，如硅化、绢云母化等；而且，早在 2001 年，新疆第一区域地质调查大队李学智、杨屹工程师在本预测区东侧、白尖山西侧就曾经发现过块状方铅矿矿石。因此，阿北银铅矿床的东延地区，具有良好的成矿条件和很大的找矿潜力。但是由于各种原因，到目前为止，该区还没有开展地表找矿工作。

（4）进一步工作建议：该找矿靶区下一步工作首先进行大比例尺化探，根据大比例尺化探结果开展异常查证，并极可能发现矿化带；继而开展地表追索和地表工程，初步查明矿化带的延伸、产状和规模。该找矿预测区有较好的寻找受断裂裂隙控制的岩浆热液型银铅矿床的找矿前景。

3. C 类找矿靶区

1）穷塔格西沟找矿靶区（C1）

（1）靶区位置：靶区位于阿尔金成矿带研究区东段喀腊大湾西沟与大平沟支流分水岭（穷塔格为分水岭）靠近大平沟一侧，地理坐标为 91°29′00″E ~ 91°32′10″E、39°03′00″N ~ 39°03′45″N；东西长 4.5km，南北宽 1.4km，面积约为 $5.4km^2$，平均海拔为 3500 ~ 3800m。靶区内预测矿床为火山成因块状硫化物（VMS）型多金属金矿床。

（2）成矿地质条件：预测区属于喀腊大湾南部岛弧火山-沉积二级成矿带之喀腊达坂-喀腊大湾三级多金属矿化带（矿田）的西段北分叉，该区成矿条件优越，发育与铜铅锌多金属矿密切相关的中酸性岛弧火山岩-火山碎屑岩，特别是晶屑凝灰岩；发育与铜铅锌多金属矿密切相关硅化、黄铁矿化（风化为褐铁矿）、滑石化、重晶石化、绢云母化等围岩蚀变；属于已有喀腊大湾铜锌矿床的西延的北分叉。

（3）靶区选择依据：喀腊大湾铜锌矿是在 1979 ~ 1981 年新疆地质矿产局开展的1：20万地质矿产调查中圈定了喀腊达坂综合异常、2000 年新疆地质调查院开展的 1：10 万水系沉积物测量圈定的喀腊达坂地区的 HS-21 号多金属综合异常的基础上发现的，2001 ~ 2003 年新疆第一区域地质调查大队开展矿区普查工作，利用大比例尺地质填图、激电（磁法）剖面测量、地表稀疏槽探揭露和少量钻探工程控制等手段，初步查明了矿区地质特征、矿体产状、规模、形态，初步控制资源量达小型规模。但是由于矿体形态较复杂，矿体连接难度较大，加上 2004 ~ 2008 年主要勘查力量投入到喀腊达坂铅锌矿、阿北银铅矿和喀腊大湾铁矿，一度停止勘查工作。2009 以来新疆第一区域地质调查大队又相继开展的部分勘查工程，控制了深部矿体的延伸和规模，取得了较大进展，资源量达到中型矿床规模。

本团队专题研究认为喀腊大湾铜锌矿床属于火山岩型块状硫化物型，具有似层状特点，矿化带和矿体具有延伸长、规模大的特点。

喀腊大湾铜锌矿床向西，过喀腊大湾西叉沟后，含矿地质体——与铜铅锌多金属矿密切相关的岛弧中酸性火山岩-火山碎屑岩（晶屑凝灰岩）出露分为两支，其中南分支向南西西延伸，即前述的喀腊大湾西找矿预测区；北分支向西延伸，从穷塔格主峰南侧向西延伸至穷塔格西沟。

本团队 2010～2011 年野外地质调查发现，在穷塔格西沟南段，岛弧中酸性火山岩-火山碎屑岩非常发育，并可以见到与铅锌多金属矿化相关的蚀变，其中硅化和黄铁矿化最明显，野外拣块样品 Pb+Zn 分析结果 K61-3 为 1.28%、K61-4 为 0.39%。另据新疆第一区域地质调查大队局部大比例尺化探结果显示，该区存在一定的铜铅锌多金属异常。因此，穷塔格西沟具有较好的成矿条件和较大的找矿潜力。

（4）进一步工作建议：该找矿靶区下一步工作主要是对穷塔格西沟地区进行地表追索和调查，有望发现新矿体，在此基础上，开展地表工程和部分浅部探矿工程，控制矿化带地表和浅部延伸，初步查明矿体的延伸、产状和规模。

2）白尖山北金矿找矿靶区（C2）

（1）靶区位置：靶区位于阿尔金成矿带东段白尖山（也称齐勒萨依）地区，地理坐标为 91°44′00″E～91°55′00″E、39°09′30″N～39°10′30″N；东西长 16km，南北宽 2.0km，面积约为 30km²，平均海拔为 2800～3200m。靶区内预测矿床为韧性剪切带型金矿床。

（2）成矿地质条件：靶区属于阿尔金北缘构造岩浆热液成矿带二级成矿带之大平沟-克斯布拉克变质热液矿化带三级金矿化带的东段，预测区内成矿条件较好，发育中元古界或下古生界火山沉积岩系，以玄武岩、英安岩和流纹岩及砂岩、粉砂岩、泥岩、泥灰岩等为主；特别是发育强烈韧脆性变形带（拉配泉断裂的组成部分）；同时有中小型规模的早古生代中酸性侵入岩发育，具备提供成矿作用的热和一定流体能力；部分区段发育硅化、黄铁矿化（褐铁矿）、绢云母、绿泥石化围岩蚀变。

（3）靶区选择依据：靶区位于著名的阿尔金北缘断裂带上，也是大平沟韧性剪切带型金矿床的东延，发育有利的成矿地质体——强烈韧脆性变形带和下古生界火山沉积岩系。在化探异常上，预测区位于 H9Au 多金属元素化探异常的北部，虽然到目前还没有发现金矿化，但是与大平沟、克斯布拉克、贝克滩南等已有金矿床地质特征的对比来看，该区段具有一定的找矿潜力。

（4）进一步工作建议：该找矿靶区下一步工作主要是开展地表异常查证，通过加密化探结合地表追索，查明异常成因，有望发现与韧性-韧脆性变形带有关的金矿化体或矿床。

3）索尔库里找矿靶区（C3）

（1）靶区位置：靶区位于阿尔金成矿带中段偏南部位的索尔库里一带，地理坐标为 91°01′00″E～91°04′00″E、38°47′10″N～38°47′45″N；东西长 4km，南北宽 1.0km，面积约为 4km²，平均海拔为 3000～3400m。靶区内预测矿床为与变质作用有关的变质热液型金矿床。

（2）成矿地质条件：靶区属于索尔库里岩浆-变质热液金多金属二级成矿带之索尔库里中段变质热液三级金矿化带的西段，预测区内成矿条件较好，发育木孜萨依组变质岩，发育较多含黄铁矿石英脉，同时也存在明显的金化探异常（图 10-8）。

（3）靶区选择依据：靶区属于红柳沟-拉配泉裂谷（弧后盆地）的南缘，区内发育成矿地质体（木孜萨依组变质岩），本团队 2011 年进行了野外调查，见较多含黄铁矿石英脉，同时也存在明显的金化探异常，虽然目前还没有发现矿化，但是与其他类似地区比较来看，该区段具有一定的找矿潜力。

（4）进一步工作建议：该找矿靶区下一步工作主要是开展地表异常查证，通过加密化探结合地表追索，查明异常成因，有望发现与木孜萨依组变质岩有关的变质热液型铜金矿化体或矿床。

4）沟口泉-卓阿布拉克北找矿靶区（C4）

（1）靶区位置：靶区位于阿尔金成矿带西段东部的沟口泉-卓阿布拉克北一带，地理坐标为 90°43′00″E～91°03′00″E、39°07′00″N～39°10′00″N；东西长 28km，南北宽 5.5km，面积约为 160km²，平均海拔为 2300～3400m。靶区内预测矿床为与镁质超基性侵入岩有关的岩浆熔离型铬矿床。

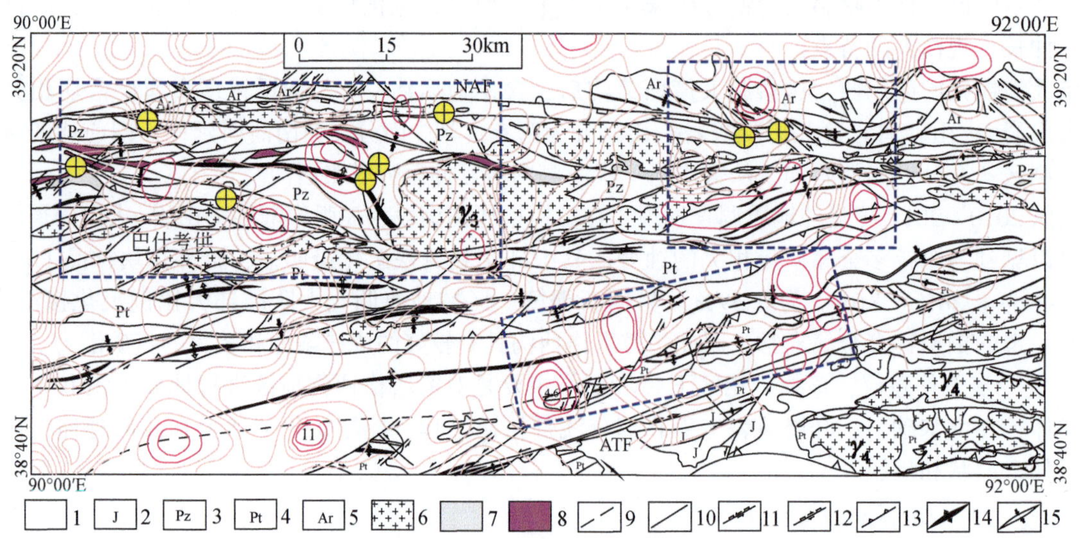

图 10-8　阿尔金成矿带金地球化学异常、金矿床分布与地质套合图（据王小凤等，2004）

1-新生界；2-中生界（侏罗系）；3-古生界；4-元古宇；5-太古宇；6-花岗岩类；7-基性岩；8-超基性岩；9-推测断层；10-断层；11-左行正断层；12-右行正断层；13-逆断层及逆掩断层；14-背斜；15-向斜；ATF-阿尔金走滑断裂；NAF-阿尔金北缘断裂

（2）成矿地质条件：靶区属于红柳沟构造岩浆成矿亚带（二级）中东段的沟口泉卓阿布拉克北铬矿化带（三级）段，该靶区内成矿条件较好，是研究区内超基性侵入岩最发育的区段，初步研究显示，该区段超基性侵入岩属于镁质，四个样品的 M/F 值为8.59～22.45，平均为14.82，属于最有利于铬铁矿成矿的超基性侵入岩类型。

（3）靶区选择依据：靶区属于阿尔金成矿带中早古生代沟弧盆体系（碰撞造山带）中的蛇绿混杂岩带，是阿尔金成矿带从红柳沟到拉配泉240km范围内，蛇绿混杂岩最为发育、超基性侵入岩出露最多的区段；研究显示沟口泉和卓阿布拉克北四个超基性岩样品的 M/F 值为8.59～22.45，平均为14.82，属于与铬铁矿成矿有关的镁质超基性岩。局部也有铬铁矿化显示，虽然目前还没有发现成型的铬铁矿床，但是与其他类似地区比较来看，该区段具有一定的铬铁矿找矿潜力。

（4）进一步工作建议：该找矿靶区下一步工作主要是开展地表调查工作，通过加密取样，仔细筛分和圈定超基性岩的地球化学类型，进行有利成矿岩相带的划分，配合大比例尺岩屑重砂矿物调查，在此基础上开展地表追索、地表工程查明矿化特征，有望发现与镁质超基性侵入岩有关的铬铁矿床。

5）斯米尔布拉克北找矿靶区（C5）

（1）靶区位置：靶区位于阿尔金成矿带研究区西段斯米尔布拉克北一带，地理坐标为90°22′00″E～90°25′00″E、39°03′00″N～39°04′00″N；东西长4.3km，南北宽1.85km，面积约为8km^2，平均海拔为3100～3400m。预测矿床为岩浆热液型多金属矿床。

（2）成矿地质条件：靶区属于红柳沟构造岩浆成矿亚带（二级）中段贝克滩南-红柳沟铜金矿化带（三级）段南侧，该靶测区内成矿条件较好，发育中酸性侵入岩，发育含孔雀石黄铁矿石英脉，同时也存在明显的多金属化探异常（图9-10）。

（3）靶区选择依据：靶区属于阿尔金成矿带中早古生代沟弧盆体系（碰撞造山带）中偏南侧的中酸性侵入岩带，围岩以中基性为主夹中酸性火山岩，本团队2011年野外调查见及含孔雀石黄铁矿石英脉，同时也存在明显的多金属化探异常，虽然目前还没有发现多金属矿化，但是与其他类似地区比较来看，该区段具有一定的找矿潜力。

（4）进一步工作建议：该找矿靶区下一步工作主要是开展地表调查工作，通过加密化探结合地表追索，配合一定的地表工程，开展异常查证，查明异常成因，有望发现与中酸性侵入岩有关的岩浆热液型多金属矿床，也有可能发现与无名铜矿类似的与中酸性小岩体有关的斑岩型铜矿床。

10.4.3　大中型矿床勘查评价基地

在找矿靶区基础上，选择喀腊大湾铁矿田深部找矿靶区（A1）内已经达到中型以上规模而且仍然很有找矿潜力的东段 7910 铁矿–7918 铁矿深部作为大中型矿床勘查评价基地。

1）勘查评价基地位置

勘查评价基地位于阿尔金成矿带研究区东段喀腊大湾地区喀腊大湾铁矿田深部铁矿找矿靶区（A1）的东段，地理坐标为 91°44′00″E ~ 91°46′30″E、39°04′40″N ~ 39°05′20″N；东西长 3.5km，南北宽 1.0km，面积约为 3.50km^2，平均海拔为 3200 ~ 4200m。

2）作为评价基地的依据

7910 铁矿床于 2007 年 9 月 10 日发现，7918 铁矿床于 2007 年 9 月 18 日发现，两者中心相距约 2km。7910 铁矿床因被第四系覆盖，地表矿体仅仅出露长度约 220m，7918 铁矿床则地表矿体出露长度达 680m，因此后者首先得到重视，当年进行了 1∶2000 地质草图的测制，初步控制矿体的形态、产状、延伸和规模。

2008 年开展了 1∶1 万地面磁测，显示 7910 铁矿–7918 铁矿一带磁异常明显，磁异常范围大、异常值高、梯度变化急剧等特点（Ⅴ号和Ⅵ号磁异常，图 6-8）；而且 7910 铁矿–7918 铁矿一带磁异常基本相连。2009 ~ 2010 年依据磁异常重点针对 7910 铁矿开展钻探施工，控制深部铁矿体，施工了 180 线、212 线、244 线和 276 线钻孔（线距 400m，部分区段达到 200m），均揭露到了隐伏铁矿体，矿体为层状、似层状特点，显示出明显的火山沉积成因特点。2011 年进行加密和外延的钻孔工程施工，线距加密到 200m，控制 7910 铁矿主矿体控制长度 1800m，倾向延伸最深达 360m，该主铁矿体可求得铁矿石储量 5500 万 t，仅仅该主矿体就达到大型矿床规模。

但是对 7910 铁矿在东延、深延和西连三方面都没有控制到位。东段 276 线向东没有封边，深部延深除个别钻探过程控制到 360m 外，多数只控制在 200 ~ 300m；向西与 7918 铁矿之间存在 600 ~ 800m 第四系覆盖区，基本没有探矿工程控制。所以，7910 铁矿在东延、深延和西连三个方向都有极大的深部隐伏矿体找矿潜力。

3）勘查主攻方向和预期勘查成果

该大型铁矿勘查评价基地下一步工作主要是控制 7910 铁矿隐伏矿体的西连、深延和东延三个方面。如果西段与 7918 铁矿矿体连接，加上东延的继续控制，则隐伏矿体规模将成倍扩大，主矿体走向长度将可能接近 4km 甚至更长。

如果将 7910 铁矿与 7918 铁矿相连的隐伏主矿体长度按 4000m 计算，延深按其六分之一（670m）计算，平均厚度按 15m 计算，体重按 4.5t/m^{3}计算，则仅仅该一个矿体的铁矿石储量可达 1.81 亿 t，资源潜力非常巨大（详见第 12 章 12.1 节）。

第11章 多元信息成矿预测

11.1 遥感信息提取研究

自20世纪90年代以来，随着遥感空间分辨率、时间分辨率及光谱分辨率的提高，遥感技术的应用领域越来越广，如在农业林业方面，可以观测植被种植结构、农林用地现状和变化图；在城市规划方面，可以进行城镇扩展动态监测、城市建设规划和城市环境评价；在海洋方面可以调查海洋污染；此外，在环境、气象、水文、灾害、军事等领域也均有应用。

近年来，遥感在地质领域的应用研究有了很大的发展和提高，主要体现在影像信息提取的方法和实际应用的成果上。遥感影像中蕴藏着大量地质信息，如不同类型地貌特征、不同类别构造特征、三大岩石岩性特征等。在矿产勘查工作中，充分利用遥感影像所包含的信息可以大大节省人力物力和时间，提高野外工作效率，达到事半功倍的效果。遥感技术在地质中主要发挥着以下作用：①利用高分辨率遥感影像进行构造、岩性的识别和解译；②利用波段（band）比值法、主成分分析法、光谱角分析法等对OH^-、CO_3^{2-}、Fe^{2+}、Fe^{3+}等矿化蚀变信息提取；③利用遥感影像蕴含的“线-带-环-色-块”所反映的与矿带、矿田和矿化有关的信息，建立典型矿床遥感找矿模型，在遥感影像上圈定成矿有利地段或找矿远景区域。

根据矿物光谱反射特征，理论上能被Landsat ETM+和Landsat 8影像识别的蚀变矿物有三类：①铁的氧化物、氢氧化物和硫酸盐矿物，包括褐铁矿、赤铁矿、针铁矿和黄钾铁矾等，这类矿物在ETM+影像的波段1、2、3，光谱反射率曲线上升梯度较大，而在波段4附近有一个较强的光谱吸收带；②羟基类矿物，包括云母和黏土矿物，其反射率曲线的典型特征是在2.2~2.3μm（TM+影像的波段7）范围存在较强的光谱吸收；③碳酸盐矿物（方解石和白云石）和水合硫酸盐矿物（石膏和明矾石）在ETM+波段7均有较强的光谱吸收（王润生等，1999；田淑芳和詹骞等，2013）。

11.1.1 遥感数据获取

本研究数据包括Landsat 7卫星的ETM+（Enhanced Thematic Mapper plus）影像和Landsat 8卫星影像，影像数据来源于中国科学院计算机网络信息中心地理空间数据云（影像下载地址：http://www.gscloud.cn [2014-05-28]）。Landsat 7卫星ETM+机载扫描行校正器（Scan Lines Corrector，SLC）于2003年5月31日突然发生故障，导致获取的图像出现数据重叠和大约25%的数据丢失，因此2003年5月31日之后Landsat 7的所有数据都是异常的，需要采用SLC-off模型校正。虽然可通过多影像局部自适应回归分析模型和多影像固定窗口回归分析模型等方法对图像进行修复，但可能与地物波谱特征存在偏差，影响后续的矿化信息提取。另外，岩性解译和蚀变提取与影像是否有覆盖有关，如云、雪、植被等，而与影像获取时相关系不大。Landsat 8卫星上携带OLI（Operational Land Imager）陆地成像仪和TIRS（Thermal Infrared Sensor）热红外传感器，其空间分辨率和光谱特性等方面与Landsat 7保持了基本一致，卫星一共有11个波段，波段1~7和9~11的空间分辨率为30m，波段8为全色波段，空间分辨率为15m。

本书主要采用2002年Landsat 7 ETM+影像数据2景和2013年Landsat 8 OLI_TIRS影像2景。不同时相、不同类型影像主要是为了对比解译。ETM+影像数据包括八个波段（波段设计），band 1~band 5和band 7的空间分辨率为30m，band 6的空间分辨率为60m，band 8为全色波段，空间分辨率为15m，南北的扫描范围大约为170km，东西的扫描范围大约为183km。与Landsat 7卫星的ETM+传感器相比，Landsat 8卫星的OLI陆地成像仪有九个波段，成像宽幅为185km×185km，在波段设计上有如下的调整：

①band 5 的波段范围调整为 0.845 ~ 0.885μm，排除了水汽在 0.825μm 处吸收的影响；②band 8 全色波段范围变窄，从而可以更好区分植被和非植被区域；③新增 band 1 蓝色波段（0.433 ~ 0.453μm）和 band 9 短波红外波段（1.360 ~ 1.390μm），分别应用于海岸带观测和云检测。ETM+影像数据具体参数见表 11-1、表 11-2 和表 11-3。

表 11-1 研究区 ETM+影像参数表

数据类型	条带号	行编号	时相	中央经度/(°)	中央纬度/(°)	太阳高度角/(°)	太阳方位角/(°)	平均云量/%
ETM+Level1T	139	33	2002.8.26	91.4694	38.9036	54.5250	136.8355	0
ETM+Level1T	140	33	2002.9.2	89.9126	38.9025	52.6652	139.7630	3

表 11-2 ETM+波段信息

序号	band	波段	波长/μm	分辨率/m	主要作用
1	band 1	蓝色	0.45 ~ 0.52	30	能够穿透水体，分辨土壤植被
2	band 2	绿色	0.52 ~ 0.60	30	分辨植被
3	band 3	红色	0.63 ~ 0.69	30	该波段位于叶绿素吸收区域，用于观测道路、裸露土壤、植被种类有很好的效果
4	band 4	近红外	0.76 ~ 0.90	30	用于估算生物数量，该波段可以从植被中区分出水体，分辨潮湿土壤，但是对于道路辨认效果不如 band 3
5	band 5	中红外	1.55 ~ 1.75	30	用于分辨裸露土壤、道路和水，判别不同植被类型，并且有较好的穿透大气、云雾的能力
6	band 6	热红外	0.40 ~ 12.50	60	对热辐射的目标敏感度较强
7	band 7	中红外	2.09 ~ 2.35	30	分辨不同类别的岩石、矿物，也可用于辨识植被覆盖和湿润土壤
8	band 8	微米全色	0.52 ~ 0.90	15	得到的是分辨率为 15m 的全色黑白图像，用于增强空间分辨能力

表 11-3 影像标准参数

序号	产品类型	Level 1T 标准地形校正
1	单元格大小	15m：全色波段 band 8；30m：反射波段 band 1 ~ band 5 和 band 7；60m：热波段 6H 和 6L
2	输出格式	GeoTIFF
3	取样方法	三次卷积
4	地图投影	UTM-WGS 84 南极洲极地投影
5	地形校正	L1T 数据产品经过系统辐射校正和地面控制点几何校正，并且通过 DEM 进行了地形校正。此产品的大地测量校正依赖于高精度的 DEM 数据和精确的地面控制点

11.1.2 影像预处理

遥感影像的预处理主要是为了校正传感器在成像过程中的几何畸变、辐射失真、噪声和高频信息损失等，是影像进一步处理及信息提取的基础（田淑芳和詹骞，2013）。本次研究下载的影像产品为标准地形校正产品，基准为高精度的 DEM 数据和精确的地面控制点，即已经过几何精校正，因此，本次影像处理主要是进行辐射校正、图像镶嵌和影像融合。

1. 辐射校正

原始影像包含了地物及大气等辐射信息，由于大气的存在，辐射经过大气的吸收、反射以及散射，使传感器接收的信号有不同程度的减弱或增强。辐射校正的目的是消除大气中的气溶胶、水蒸气、二氧化碳、固体悬浮物等因素对地物反射光谱的影响。因此，为了得到地表物体的真实光谱特征，必须去除大气对地物的影响。本次采用 FLAASH 方法进行辐射校正，影像处理平台为 ENVI 4.7。

（1）辐射定标：利用 Open external file/Landsat/HDF 菜单，选择_ MTL. txt 文件，打开原始影像，通过 Basic tools/Preprocessing/Calibration utilities/Landsat calibration 选择定标波段文件，确定后打开影像，查看图像的 Data 值变为有小数位的辐射值，而原始影像 Data 值为整数。

（2）文件类型修改：定标后的文件类型是浮点型，而 FLAASH 大气校正输入的文件类型须是 ENVI 标准栅格文件，且是 BIL 或 BIP 储存格式。利用 Basic tools/convert data 工具，选择定标后的影像，转换影像存储格式。

（3）FLAASH 处理：利用 Spectral/FLAASH 工具，在弹出的窗口中输入影像中心位置、传感器类型、飞行时间、大气模型、气溶胶模型等参数，如图 11-1 所示。设置好参数后即可进行大气校正。同时打开辐射校正后的影像和原始影像，并进行 Geographic line，打开同一地物波谱特征曲线，可以看到特征曲线有明显差异（图 11-2）。通过对特征反射波谱曲线的对比可知，辐射校正后的影像更能反映实际地物信息。

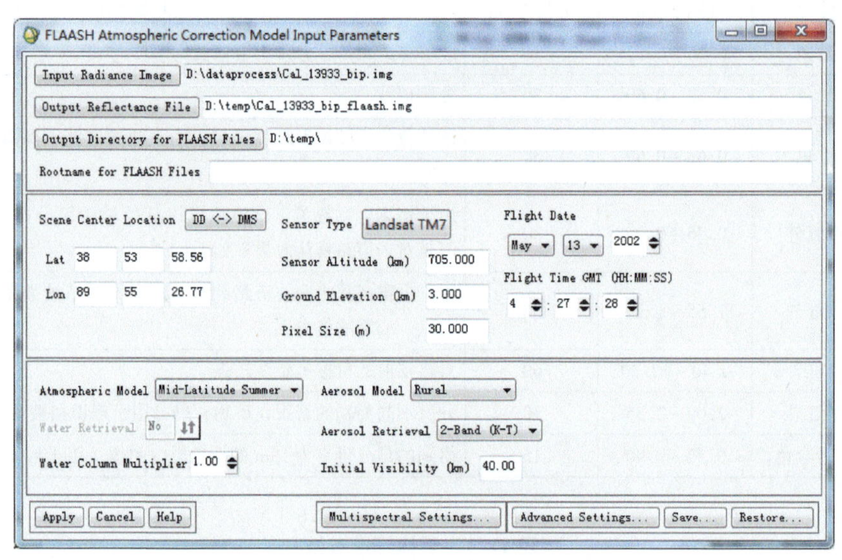

图 11-1　FLAASH 大气校正参数设置

2. 影像镶嵌裁剪

研究区范围为 89°45′E ~ 92°15′E、38°30′N ~ 39°20′N，涉及 2 景 ETM+影像，为了方便后期构造信息提取及影像的出图等，需对 2 景影像进行镶嵌，使之成为一个研究区完整图像。图像镶嵌一般需满足两个条件：一是将 2 景影像进行匹配；二是 2 景影像需有一定的重复区域。影像匹配是为了削弱由于太阳光强、大气成分、获取时间的差异及传感器本身不稳定性而导致的 2 景影像亮度值和对比度的差异。

镶嵌的实现步骤为 Map/Mosaicking/Georeferenced，将辐射校正后的影像导入镶嵌窗口，以一景影像为基准，设置色彩平衡（2 景影像尽量在同一时间或相近时间获取），即可完成影像的镶嵌。

裁剪主要是根据研究区范围裁剪出与研究区相同面积的遥感影像。影像裁剪的方法很多，可根据影像、范围、矢量文件、ROI（Region of Interesting）进行裁剪，由于本次研究区为规则矩形，利用经纬度范围即可裁剪。裁剪后的影像值彩色合成如图 11-3 所示。

3. 影像融合

影像融合是将空间或时间上互补或冗余的信息按照一定的算法进行处理，以此获得一幅更高空间分辨率、时间分辨率和光谱分辨率的新图像。目前基于像素进行遥感影像融合的方法主要有 HSV 变换、Color Normalized（Brovey）变换、Gram-Schmidt spectral sharpening 变换、PC spectral sharpening 变换、CN spectral sharpening 变换等，对于中等分辨率影像，PC spectral sharpening 变换总体效果最优。本次主要是将研究区 30m 分辨率波段与 15m 全色波段进行融合，得到 15m 分辨率的多光谱影像，辅助解译构造信息。

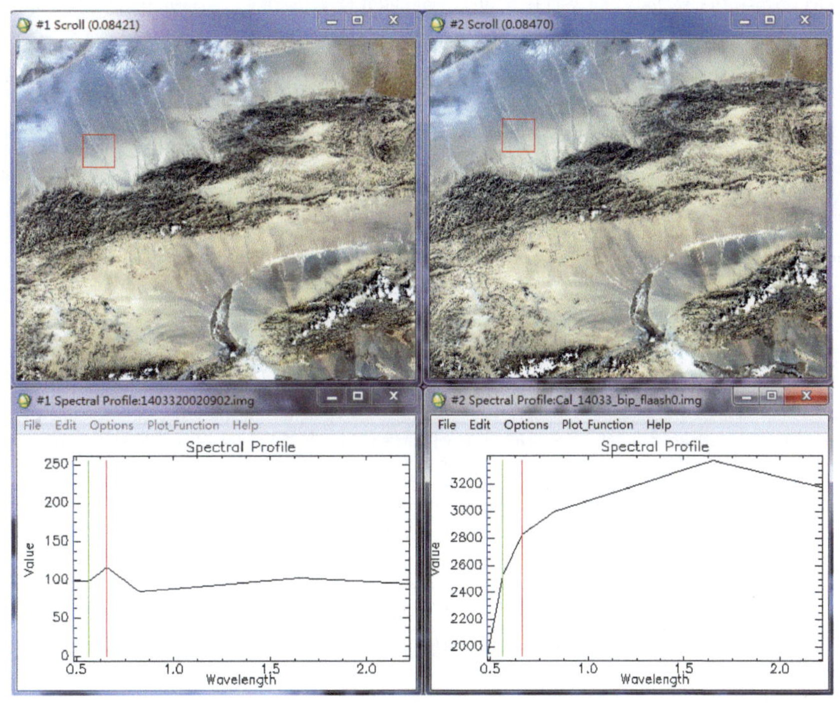

图 11-2　辐射校正前（左）后（右）影像对比

图 11-3　研究区真彩色合成影像

实现具体步骤为 Transform/Image sharpening/PC spectral sharpening，分别选取低分辨率影像和全色波段。

11.1.3　构造信息提取

构造信息提取主要是利用遥感影像识别、解译、提取各种构造形迹，分析各种构造形迹的空间展布和组合规律，以及这些构造形迹与区域矿产的关系，总结区域构造特征，编制区域构造解译图件。解译的基本原则是尽量收集不同时相、不同类型、多波段遥感影像；遵循构造地质学基本理论和原理；结合区域地质资料进行对比分析（田淑芳和詹骞，2013）。

本次提取的构造信息主要是研究区的线性构造和环形构造，线环构造与矿产关系十分密切，一方面为成矿元素富集提供空间，另一方面提供矿液运移的能量。线性和环形构造也是遥感解译中解译效果最明显的，其解译效果常常比野外观测效果更佳。比如在植被发育地区，地表很难观测或识别断层，还有一些大型断裂构造，在地表较为隐蔽，野外难以识别或追索，但在遥感影像上构造形迹却特别明显。

1. 线性构造

线性构造在遥感影像上常以控制岩相、岩性、水系发育、地形地貌等直接或间接方式表现出来。线性构造包括各种岩性界线、不整合界线、侵入体界线等以及断裂破碎带，本书解译的线性构造主要是断裂破碎带。线性构造解译的直接标志有岩性、地层等地质体被切割、错断，使地质体在影像上延伸突然截止，或地质体边界异常笔直；构造破碎带直接出露。间接标志有色调标志；地貌标志，如断层崖的线状展布、断层三角面及山脊、河谷的错断，一系列活动异常点的线状展布或线性负地形；水系标志，如水系错断、异常、对口河、倒钩河等；岩浆、热液活动及植被等标志。断裂构造常用解译标志如表 11-4 所示。

表 11-4　遥感影像中断裂构造解译标志（据田淑芳和詹骞，2013 修改）

序号	标志	解译内容
1	构造标志	主要有构造产状的突变，如断层两侧构造的强度、形态及结构复杂程度不同；构造中断，如不同影像特征的地层突然相截，岩墙、岩脉的突然中断等；断层的伴生构造，如断层一侧出现岩层、岩脉的偏转、小褶皱现象等
2	色调标志	沿断裂带常有色调的显著差异，通过不同波段的组合可突显断裂的色调差异
3	地貌标志	线状沟谷：沿断层带常形成平直的沟谷，且延伸较远，延伸方向与周围地物有所差异
		线状凹地：一系列凹地（负地形）在影像上呈线状或串珠状展布，表示有断裂带发育
		断层崖：一系列呈线状分布的陡坎、陡崖，与周围山脊走向成一定夹角，并切穿周围地形；断裂出口处常形成一系列的洪积扇
		错断山脊：因断层两盘的相对位移使得山脊在地貌上常形成错断
		小岩体的线状展布：小侵入岩体或火山岩体呈线状排列出露常表示有隐伏断裂或基底断裂存在
4	地层标志	在影像上表现地层缺少、横向错开及沿走向斜交等。
5	水系标志	倒钩状、格子状、角状水系、对口河、水系的局部河段异常、线状排列水系整体错动、河湖等某段直线延伸等
6	岩石标志	岩石破碎、构造透镜体、劈理密集带等指示断层存在

在线性构造解译时，充分考虑到不同解译标志，如断裂破碎带中岩石相对破碎，含水量较多，在热红外影像上，破碎带呈现明显色调异常（朱亮璞，1994），在波段合成中引入热红外波段能够突出断裂破碎带信息。通过对不同波段的组合、图像增强和构造解译标志的分析，结合区域地质资料（1∶25 万地质构造图）和野外地质调查，对区内断裂构造进行了解译，解译结果如图 11-4 所示。

图 11-4　研究区线性构造解译（底图为 743 假彩色合成）

遥感影像线性构造解译表明，研究区内断裂构造发育，主体构造线呈北东向和近东西向，区内发育有五条主要断裂，分别为阿尔金主断裂（即阿尔金走滑断裂）、阿尔金北缘断裂、卓阿布拉克断裂、喀腊大湾断裂和喀腊达坂–阿克达坂断裂，分别对应图 11-4 中的阿尔金断裂（ATF）、阿尔金北缘断裂（ANF）、F_1、F_2 和 F_3。它们控制着区内火山岩和岩体的分布，同时在主断裂周围发育有较密集的次级断裂，在已发现的矿床中，多数产出在这些次级断裂构造附近，说明矿体产出与构造的空间相关性强。

2. 环形构造

环形构造在影像上主要表现为由色调、水系、纹理等标志显示的近圆形、环形或弧形，其解译标志与线性构造类似。其反映的地质内容主要有：与岩浆喷出、侵入活动有关，如火山机构（火山口、爆破岩筒、火山锥等）和隐伏侵入岩体；成岩、成矿元素的聚集，如热液蚀变、热辐射等；新构造运动形成的穹隆或凹陷；陨石撞击形成的圆形坑；底辟构造在地表的响应等。根据区域地质背景，本区虽然火山岩非常发育，但受到后期强烈构造变形，使得岩层产状变化强烈，倾角陡立，可能存在的原始火山机构已遭破坏，野外地质调查中亦难发现火山构造。因此，本区环形构造成因主要与岩浆活动和热液蚀变作用有关，岩浆岩以 1∶25 万地质图为准，提取与成矿相关的早古生代中酸性侵入岩；热液蚀变主要根据实测蚀变岩石光谱曲线和遥感影像提取，将会在后文细述。

3. 韧性剪切带

阿尔金山东段地区韧性剪切带较为发育，西起红柳沟，经恰什坎萨依至大平沟、白尖山，并向东延伸，主体沿阿尔金北缘断裂，发育于古元古界变质岩及部分岩体中（陈柏林等，2002）。韧性剪切带在影像上一般有如下特征（田淑芳和詹骞，2013）：①韧性剪切带一般在影像上呈现出由一组近似平行的密集线纹组成的线纹状构造，沿走向时隐时现，线纹构造特征形成原因为韧性剪切带内定向组构（构造片麻理、矿物拉伸线理、糜棱剪切叶理、塑性流变过程形成的条带状矿物等）的差异风化；②韧性剪切带常与后期脆性断裂叠加出现，在影像上呈一条长的线性构造一侧或两侧有密集线纹带出现或长的线性构造与短且密集的线纹构造交替出现；③影像上的线纹构造带密集程度自带中心向两侧逐渐减弱趋势；④在线纹构造带两侧一般未出现地质体被明显错断的现象。根据韧性剪切带在遥感影像上的特征，在研究区北部局部地区表现得非常明显，如图 11-5a 为研究区西段红柳沟韧性剪切带，图 11-5b 为东段白尖山一带韧性剪切带。

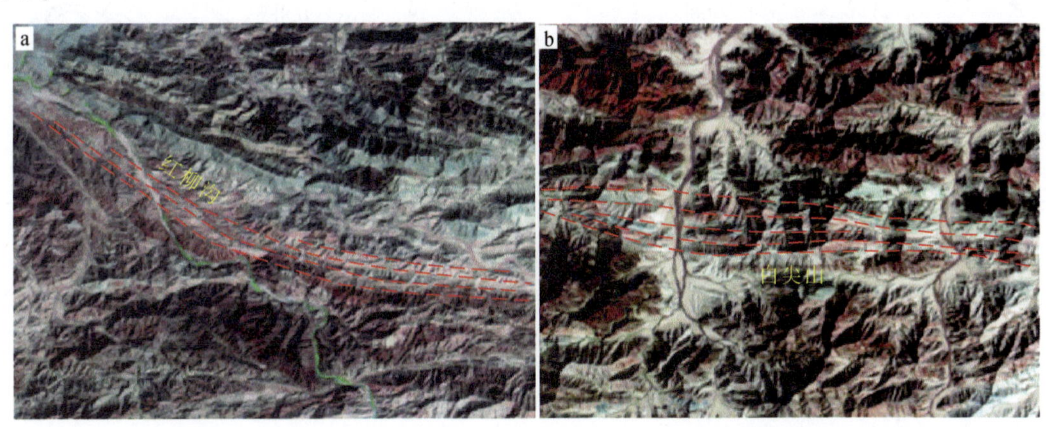

图 11-5　阿尔金成矿带西段红柳沟地区（a）和东段白尖山地区（b）韧性剪切带遥感影像解译

4. 构造与矿产空间关系

构造是驱使成矿物质运动的主导因素，同时也提供了矿液运移的通道和成矿物质沉淀的空间。翟裕生和林新多（1993）将构造对成矿的控制作用总结为 10 个方面，可见构造对矿床的形成和改造有着非常重要的作用。矿床的产出一般位于构造的一定范围之内，也即构造对矿床的影响范围。

本次通过对已知矿点与线性构造的距离分析可知（图 11-6），多数矿床的空间地理位置距线性构造的直线距离在 1.5km 以内。因此，利用 ARCGIS 对研究区的线性构造进行半径为 1.5km 的缓冲区分析，作为后期多元信息找矿预测的一个有利图层。

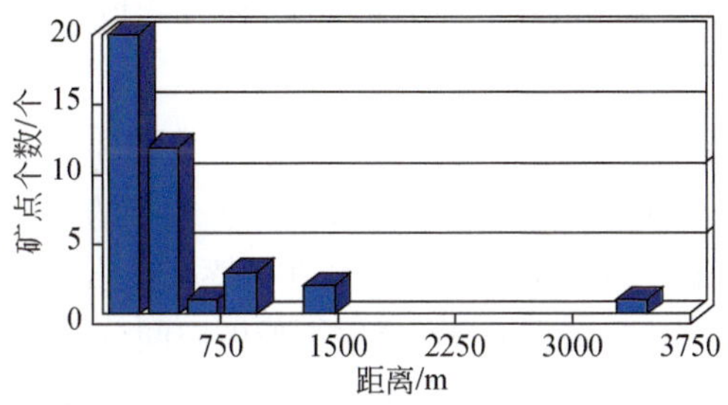

图 11-6　已知矿点到线性构造距离统计直方图

11.1.4　岩石光谱特征分析

采集阿尔金典型矿区的矿化和矿石样品，利用 ASD（Analytical Spectral Devices）岩石光谱分析仪对样品进行反射光谱测试，并利用 ViewApec 软件对反射光谱曲线特征提取和重采样，分析样品在各波段的反射性，为后续的岩性或蚀变异常信息提取提供波谱依据。

1. 岩石光谱测试

为了避免室外光照条件及大气的影响，本次使用 ASD 光谱仪进行岩石样品的室内测试，测试样品以块状为主，部分样品为破碎状。图 11-7a、b 为岩石光谱测试仪器和室内样品测试工作。测试过程中每隔若干时间利用标准白板对仪器进行校正，探头扫描样品时间间隔为 10s，每个扫描点（面）测 5 条曲线。利用 ViewSpec Pro Version 5.6 光谱软件对 5 条岩石光谱曲线作均值处理，并以反射率格式进行保存，再转化为 ASCII 文件。

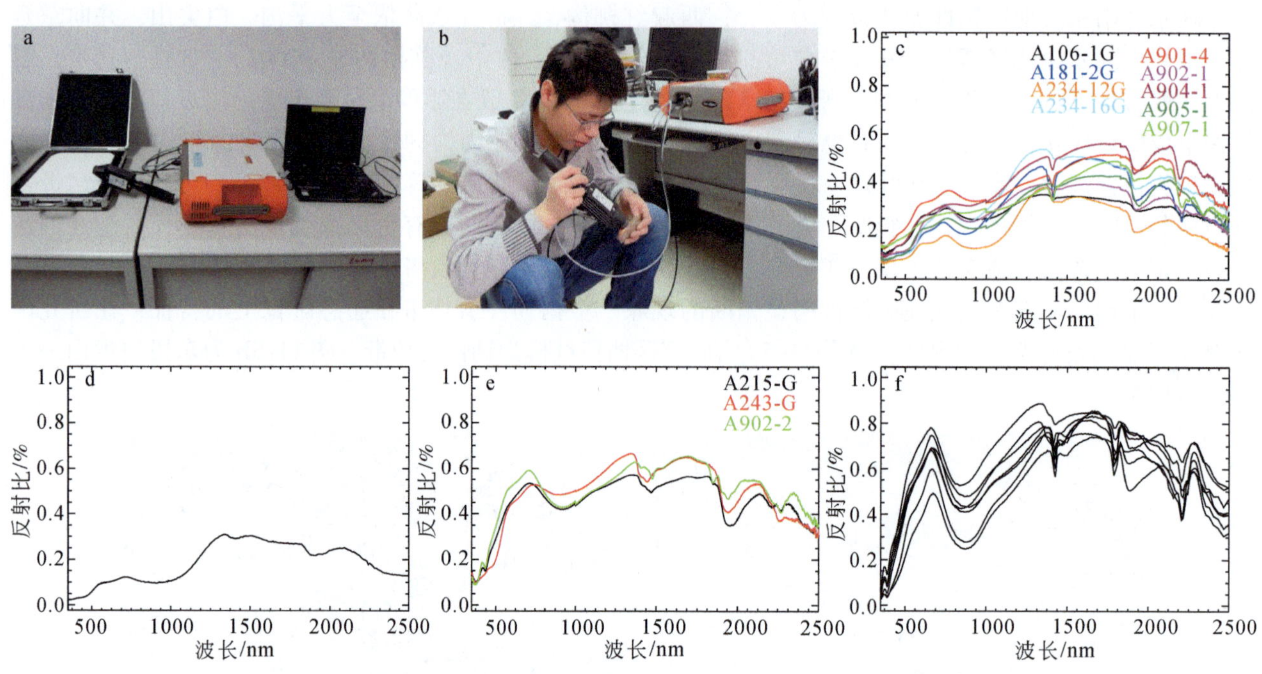

图 11-7　ASD 光谱测试仪器及岩石样品光谱测试及反射波谱曲线

a-ASD 光谱测试仪；b-ASD 光谱测试；c-褐铁矿化样品反射波谱曲线；d-USGS 光谱库中褐铁矿反射波谱曲线；e-黄钾铁矾样品反射波谱曲线；f-USGS 光谱库中黄钾铁矾样品反射波谱曲线

在遥感影像处理软件 ENVI 中，使用 Spectral/Spectral Libraries/Spectral Libray Builder 菜单，选择 ASCII File，导入所有的测试光谱数据，保存为 Spectral Libray file，以便后续对岩石光谱数据的分析和处理。

2. 光谱曲线分析

研究区地表矿石露头较少，岩石的光谱反射曲线差异较大（岩性、含矿量及风化程度差异等），难以利用其曲线从遥感影像上进行特征矿石的提取。地表较为明显的矿化为黄钾铁矾和褐铁矿化，且出露范围较广并满足 ETM+遥感影像的空间分辨率，因此，本次只对褐铁矿和黄钾铁矾的光谱特征进行了分析处理。野外采集了红柳沟铜金矿和喀腊达坂铅锌矿的黄钾铁矾样品，褐铁矿化样品主要采于贝克滩、红柳沟、斯米尔沟、木孜萨依沟、巴什考供盆地北缘、恰什坎萨伊沟及喀腊达坂等地。本次实测褐铁矿化和黄钾铁矾样品岩性及采样位置见表 11-5。

表 11-5　光谱测试样品记录表

序号	样品编号	岩性（原岩）	采样地点	序号	样品编号	岩性（原岩）	采样地点
1	A106-1G	褐铁矿化中酸性火山岩	巴什考供盆地北缘	7	A904-1	褐铁矿化石英脉	斯米尔沟
2	A181-2G	褐铁矿化中酸性火山岩	恰什坎萨依沟	8	A905-1	褐铁矿化破碎带岩石	斯米尔沟
3	A234-12G	褐铁矿化中酸性火山岩	喀腊达坂铅锌矿	9	A907-1	褐铁矿化中酸性火山岩	木孜萨依沟
4	A234-16G	褐铁矿化中酸性火山岩	喀腊达坂铅锌矿	10	A215-G	黄钾铁矾化火山岩	红柳沟南

续表

序号	样品编号	岩性（原岩）	采样地点	序号	样品编号	岩性（原岩）	采样地点
5	A901-4	褐铁矿化玄武岩	贝克滩金矿	11	A243-G	黄钾铁矾化火山岩	喀腊达坂铅锌矿
6	A902-1	褐铁矿化中酸性火山岩	红柳沟	12	A902-2	黄钾铁矾化火山岩	红柳沟

对野外采集的褐铁矿和黄钾铁矾进行波谱曲线的测试，反射率波谱曲线特征如图11-7c ~ f所示。通过对样品的反射率曲线测试和分析，并与USGS光谱库中标准样品波谱曲线作对比，发现其波谱吸收峰和谷具有相同特征，说明实际测试的光谱曲线具有可靠性，可以此为依据对研究区遥感影像进行褐铁矿和黄钾铁矾的提取。

11.1.5　遥感矿化蚀变提取

矿化蚀变信息提取是利用遥感数据进行找矿的一个重要内容，地表中等以上强度的蚀变带常常与大矿富矿紧密相关，如大型特大型内生热液矿床不仅有强烈且较大范围的围岩蚀变出现，而且具有蚀变分带现象（耿新霞等，2010）。地表强烈而大范围的矿化蚀变信息易于在遥感影像上识别和提取。在异常信息的提取时，除了要对影像进行辐射校正、几何校正等预处理过程，通常信息还会受到影像上的云、水体、阴影、第四系等的干扰，因此需要去除这些干扰因素，建立掩膜区。本研究区无植被和水体覆盖，下载的影像亦无云体，去除的干扰主要是新近纪和第四纪地层。

1. 信息提取方法

遥感自20世纪70年代应用到地质矿产领域以来，遥感影像中矿化蚀变信息的提取方法一直是研究的要点和热点。目前，基于多光谱遥感数据进行定性和半定量的蚀变信息提取已有了相对完善的技术方法，并且取得了丰硕的成果（Crouvi et al.，2006；Khan and Mahmood，2008；沈焕峰等，2009；薛重生等，2011；田淑芳和詹骞，2013）。对于遥感蚀变信息的提取，常用的方法主要有比值分析、主成分分析、彩色合成、光谱角分类、神经网络分析、小波分析等方法。本次研究提取研究区蚀变异常信息，一是利用光谱角分析法和测试的反射率波谱曲线提取了研究区的褐铁矿和黄钾铁矾信息；二是利用“掩膜+主成分分析法（比值法）+密度分割”的方法提取了研究区羟基和铁染信息。

1）光谱角分析法

光谱角分析法（spectral anglemapper，SAM）是监督分类的方法之一，指将一个N维空间的点用空间向量来表示，对比野外实测或波谱库中的波谱曲线空间向量角的相似程度来提取某类地物信息，两者的夹角度数越小说明两者的光谱曲线相似度越高，提取和识别的信息可靠程度越好（Kruse et al.，1993；王涛等，2007）。该方法多应用于多光谱或高光谱遥感数据中，波谱分辨率高，易于提取相似信息。本次利用野外采样，实测样品反射波谱曲线，建立光谱数据库作为信息提取的参考。光谱角分析法以实测岩石波谱曲线为参考，充分利用了光谱维的信息，强调光谱的形状特征，相比其他传统分类方法能够去除不同物质波谱相似性的现象，这是光谱角分析法基于波形分类的优势。

2）主成分分析法

主成分分析法（principal components analysis，PCA）又称K-L变换，数学意义是将某一多光谱或高光谱图像，利用变换矩阵进行线性变换产生一组新的组分图像，即变换前后光谱坐标系发生一个角度的旋转（梅安新等，2001）。这种变换具有两个特点，一是对数据进行了压缩，将数据信息主要集中在前几个波段；二是根据变换后的特征向量可判别特定的光谱信息以达到提取的目的。基于此根据岩矿的反射率波谱特征可提取矿化蚀变信息，本次就是对阿尔金山东段的ETM+影像进行了掩膜和主成分分析再加上阈值分割的方法提取了研究区铁染蚀变信息。

3）比值法

比值法又称除法运算，是将同一影像中两个或多个不同的波段进行灰度值相除，以此来增强或突出目标地物的信息，其还有减弱地形和阴影等影响的优点。地物在不同波段具有不同的吸收和反射波谱的特征，当地物在某一波段具有高的反射率，在另一波段具有强的吸收特征，通过这两个波段的比值可以突出这一类地物信息。比值法是遥感影像处理中基础而又常用的方法，比较经典的比值运算有比值植被指数等。前人根据蚀变矿物的波谱特征，总结了一些提取蚀变矿物的比值算法，如 ETM+影像（band 3/band 1）可突出含铁离子蚀变矿物，ETM+（band 5/band 7）可突出含羟基、碳酸根离子蚀变矿物。

2. 褐铁矿

褐铁矿是以含水氧化铁为主要成分的（包含针铁矿、水针铁矿、纤铁矿等）呈红褐色的矿物混合物。在整个研究区从西边的红柳沟、恰什坎萨依到东边的喀腊大湾、白尖山一带均有褐铁矿化发育，图 11-8a 和 b 为野外采集的含黄铁矿火山岩样品，风化后褐铁矿含量很高。

图 11-8　研究区矿化蚀变火山岩样品
a-褐铁矿化火山岩样品；b-褐铁矿化火山岩样品；c-黄钾铁矾化火山岩样品

通过对不同地区褐铁矿化样品的采集和光谱测试，建立光谱数据库，并利用光谱角分析法在 ETM+影像上提取研究区的褐铁矿化信息。在最大光谱角设置中，通过多次试验，每个波谱曲线对应的最大光谱角有所差异：A106-1G 为 0.072，A181-2G、A234-12G 和 A234-16G 为 0.17，A901-4 为 0.062，A902-1 和 A904-1 为 0.097，A905-1 为 0.12，A907-1 为 0.15。最终提取的褐铁矿化蚀变信息如图 11-9 所示。从褐铁矿化蚀变的分布来看，主要呈带状，沿区内的北东东向阿尔金主断裂北侧、阿尔金北缘断裂、卓阿布拉克断裂及喀腊达坂-阿克达坂断裂等主要断裂分布。

图 11-9　光谱角分类法提取的褐铁矿化蚀变信息

3. 黄钾铁矾

黄钾铁矾是金属硫化物在地表氧化而形成，一般呈块状或土状，颜色为黄色、灰白色、暗褐色。它与热液矿床的关系极为密切，可指示热液矿床产出位置。本次在红柳沟铜金矿及喀腊达坂铅锌矿采集了三个黄钾铁矾样品（图 11-8c），通过光谱角分类法（最大光谱角设置：A215-G 为 0.092，A234-G 为 0.115，A902-2 为 0.125）得出研究区黄钾铁矾矿化蚀变信息如图 11-10 所示。

从图 11-10 可以看出黄钾铁矾的分布范围相对黄铁矿化蚀变较小，集中分布在阿尔金北东东向断裂东段北侧，红柳沟、喀腊达坂-阿克达坂断裂及恰克马克塔什达坂地区。实际野外工作中发现面积较大，发育较好的黄钾铁矾在红柳沟和喀腊达坂，其他地区也发现了零星的黄钾铁矾，但是面积太小，ETM+影像上由于空间分辨率关系而无法提取，找矿的指导意义可能也不大。

图 11-10　光谱角法提取的黄钾铁矾化蚀变信息

4. 铁染蚀变

含铁矿物主要有褐铁矿、磁铁矿、角闪石、黄钾铁矾、赤铁矿、针铁矿等，这些矿物在 ETM+影像 band 1（0.45～0.52μm）和 band 4（0.76～0.90μm）有强吸收带，而在波段 band 3（0.63～0.69μm）具较高反射率。据此利用 band 1、3、4、5 进行主成分分析，得出四个不相关的主成分信息和特征矩阵。各主成分特征矩阵见表 11-6。

表 11-6　根据 ETM+影像主成分分析特征矩阵

序号	特征向量	band 1	band 3	band 4	band 5
1	PC1	0.242304	0.493467	0.544545	0.633443
2	PC2	0.57448	0.367229	0.222291	-0.696923
3	PC3	0.718148	-0.125246	-0.596559	0.335701
4	PC4	-0.309072	0.778426	-0.546054	-0.018766

从表 11-6 可以看出，PC1 主要反映了 TEM+band 3 和 band 5 的信息；PC2 主要反映了 band 1 和 band 5 的信息；PC3 反映 band 1 信息；PC4 增加了 band 3、减弱了 band 1 和 band 4 的信息。根据铁染蚀变矿物的波谱特征（在 band 1 和 band 4 具有强的吸收，在 band 3 具有较高反射率特征），PC4 主分量主要代表了研究区的铁染蚀变信息。再对 PC4 进行统计分析，以均值+3 倍标准差为分割阈值提取研究区的铁染信息，结果如图 11-11 所示。从图中可以看出，研究区铁染蚀变也呈带状分布，与黄铁矿分布范围基本一致，但面积相对较小，在阿尔金北缘断裂铁染蚀变信息不明显。

5. 羟基蚀变

高岭石、白云母、叶蜡石、蛇纹石、绿泥石、滑石等矿物都含有羟基（OH^-）、碳酸根（CO_3^{2-}）离子或水（H_2O），它们在 2.2～2.3μm（对应 ETM+影像的 band 7）附近存在强吸收谷，在 1.55～1.75μm（对应 ETM+影像的 band 5）附近具有强反射率。在提取羟基蚀变矿物时，对比了主成分分析法和比值法应用效果，发现比值法提取的羟基蚀变信息效果更好。因此，根据羟基、碳酸根在 band 5 具有强反射和 band 7 强吸收的特点，采用 band 5/band 7 来提取研究区的羟基蚀变信息，分割的阈值为均值+1.5 倍标准差，提取的羟基矿化蚀变信息见图 11-12。从图中可看出羟基矿化蚀变主要分布在阿尔金北缘的红柳沟、恰什坎萨依沟、大平沟、白尖山一带，以及北东东向断裂东段北侧和喀腊达坂断裂一带。

图 11-11　根据 ETM+影像提取的研究区铁染蚀变信息

图 11-12　根据 ETM+影像提取的研究区羟基蚀变信息

11.2　区域地球化学及矿床原生晕

地球化学找矿将矿床的形成与成矿元素的地球化学行为结合起来，主要是研究成矿元素及伴生元素在地壳中的空间分布规律（刘英俊和邱德同，1987），由于这些元素所处的温压条件不同，其在垂直方向上的富集位置有所差异，可指示矿体剥露程度，在水平方向上富集亦反映了矿体存在的可能性。因此，地球化学方法可以用来寻找隐伏矿体，是当前最直接有效的找矿勘查方法之一。随着地球化学方法和技术的逐渐提高，其在资源勘查和找矿预测工作中的作用表现得越来越明显，作为多元信息必要的一部分，为找矿预测结果的合理性和可靠性提供了基础。

11.2.1　区域地球化学特征

元素的地球化学特征，特别是成矿元素和伴生元素，反映了元素富集成矿的规律和物质基础（周永恒，2011）。因此，不同矿床的主要成矿元素异常分布特征是最直接的找矿标志。阿尔金成矿带经历了早古生代以来火山沉积、岩浆侵入活动、变质及构造变形等作用，地质演化复杂且时间较长，使得该区具有非常丰富的成矿物质来源，形成规模较大、不同元素及元素组合异常的区带。

1. 元素地球化学异常

1) Au 元素异常

Au 元素地球化学异常大致分布在西段、东段和索尔库里北山三个集中区（图 10-8）。西段红柳沟-恰什坎萨依地区由四个 Au 高值异常和多个中偏高异常组成，已发现的六个金矿床（点）与异常密切相关。

东段大平沟-喀腊大湾地区有三个高值异常和多个中高值异常，已发现的大平沟金矿和大平沟西金矿点即位于大平沟高值异常区内，但其他高值异常区目前未发现金矿床。索尔库里北山有三个高值异常，位于新近系盆地内的沉积岩区，仅在索尔库里北山中段有少量金雁山组碎屑岩-碳酸盐岩建造出露，异常有待查证。

2）Cu 元素异常

Cu 元素异常大致分布在西段恰什坎萨依-巴什考供-红柳沟和东段喀腊大湾-索尔库里两个地区（图 11-13）。西段大范围高值异常与超基性岩带有关，目前已发现的红柳沟铜矿点和索拉克铜矿点位于大异常的西部和北部，其他区域仍有很大找矿空间。东段三个高值异常区分别与太古宇深变质岩系、早古生代火山沉积岩系和蓟县系金雁山组碎屑岩-碳酸盐岩建造相对应。已有喀腊大湾铜锌矿、喀腊达坂铅锌矿位于喀腊大湾 Cu 元素高值异常区内，索尔库里北山铜银矿位于索尔库里 Cu 元素高值异常区东南部，其他如索尔库里和喀腊大湾北 Cu 元素高值异常成矿潜力较大。

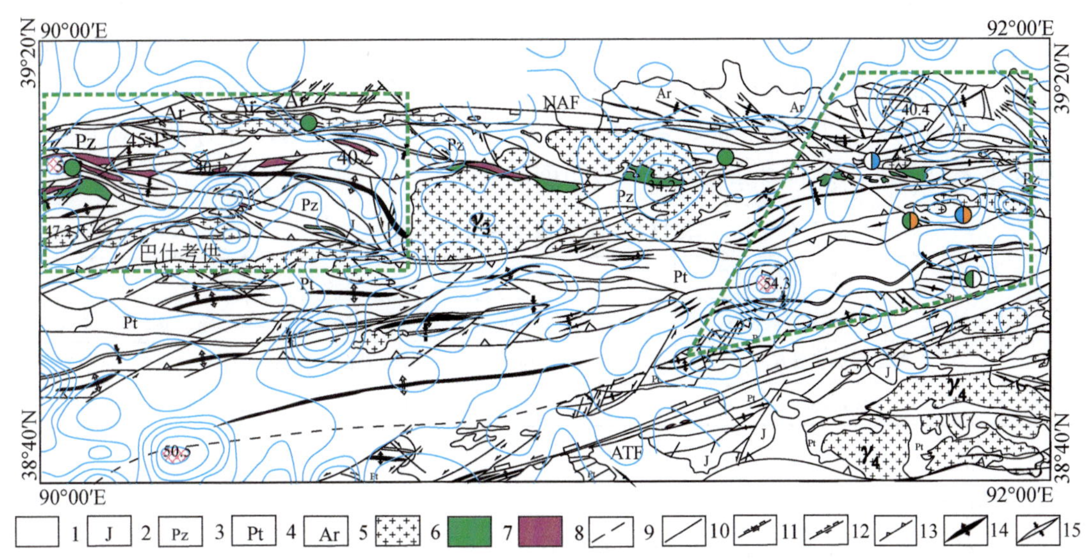

图 11-13　阿尔金成矿带 Cu 地球化学异常、铜多金属矿床分布图（据王小凤等，2004）

1-新生界；2-中生界（侏罗系）；3-古生界；4-元古宇；5-太古宇；6-花岗岩类；7-基性岩；8-超基性岩；9-推测断层；10-断层；11-左行正断层；12-右行正断层；13-逆断层及逆掩断层；14-背斜；15-向斜；ATF-阿尔金走滑断裂；NAF-阿尔金北缘断裂

3）多金属元素组合异常

多金属元素组合异常主要分布在红柳沟-巴什考供和喀腊大湾-索尔库里两个区域（图 10-7）。在红柳沟-巴什考供地区异常范围比较小，与早古生代中酸性侵入岩关系密切，目前发现的索拉克铜矿点和贝克滩南金矿位于巴什考供东多金属元素异常的西段，巴什考供硒元素异常区目前未发现相应矿床，前景较好。喀腊大湾-索尔库里地区有多个高值异常，与早古生代火山沉积岩系和蓟县系碳酸盐岩-碎屑岩建造有关，已发现的喀腊达坂铅锌矿、喀腊大湾铜锌矿、索尔库里北山铜银矿均位于高值异常中，但索尔库里高值异常未发现矿床，具有发现未知矿床的潜力。

2. 研究区异常分带特征

（1）恰什坎萨依异常带：该异常带位于研究区西段，发育有 Cu、Pb、Zn、Mn、V、Ti、W、Au、Ag、Hg、Cr、Ni、Co、As、Cd、Ba、Sb、Bi 和 Mo 等 19 种元素的异常，其中 Cu、Pb、Zn、Bi 和 Cd 异常与中温热液和断裂活动有关，Au、Ag、As、Sb 和 Hg 异常与变质作用和断裂活动密切相关，铁族元素异常与红柳沟的超基性岩带有关，W、Bi 和 Mo 与早古生代花岗岩体有关，Ba 异常可能与海相火山岩有关。该带内已发现盘龙、祥云、贝克滩南、冰沟口、巴什考供北和红柳沟金矿等，以及 Cu 和 Au 的矿化点多处。

（2）大平沟异常带：该异常带位于研究区中部北侧，发育有 Cu、Pb、Zn、Cd、Au、Ag、As、Sb、

La、Nb、Th、Ba、U、Y 和 Zr 等 15 种元素的异常，其中 Cu、Pb、Zn、Au、Ag、Sb、As、Ba 和 Cd 异常与前寒武系变质岩、断裂带和早古生代火山岩有密切关系，La、Nb、U、Th、Y 和 Zr 异常主要与花岗岩相关。该带已发现矿床有大平沟西金矿点、大平沟金矿等。

(3) 索尔库里-喀腊大湾异常带：该异常位于研究区中部偏东的南侧，阿尔金主断裂以北，发育有 Cu、Pb、Zn、Au、Ag、As、Cd、Ba 元素异常及组合异常，元素组合异常以 Cu、Zn、Pb 和 Ag 为主，伴生元素有 Au、Ba、As 和 Cd 等，该异常带沿近东西向断裂发育，破碎带蚀变强烈，是寻找铜银多金属矿床的潜力区。该异常带与区内出露中元古界碳酸盐岩-碎屑岩建造的变质岩、早古生代中酸性火山沉积岩和早古生代中酸性侵入岩有密切关系。目前在该异常带内已发现喀腊达坂铜锌矿、阿北银铅矿、喀腊大湾铜锌矿、索尔库里北山铜银矿等。

11.2.2　矿床原生晕采样及分析方法

1) *矿床原生晕采样*

为了研究不同类型矿床成矿元素及伴生元素地球化学分布特征，本次在阿尔金成矿带选取了贝克滩南金矿、喀腊达坂铅锌矿和喀腊大湾 7918 铁矿为研究对象，对各矿区分别布置了一条矿床原生晕剖面，基本是每隔 20 ~ 30m 采集一个基岩样品，采样深度为 0 ~ 30cm，共采集了 113 个样品。对不同类型矿床选择了不同成矿元素的测试，表 11-7 为三个矿床分析的元素。

表 11-7　矿床原生晕分析元素

序号	矿床	分析元素
1	贝克滩南金矿	Au、Bi、Sn、Cu、Mo、Hg、Sb、Ag、As、Pb、Zn
2	喀腊达坂铅锌矿	Ag、As、Bi、Cd、Cu、Hg、Mo、Pb、Sb、Sn、W、Zn
3	7918 铁矿	Ni、Co、Ti、V、Mn、Fe、Cu、Zn、Mo、Sn、B、Pb

2) *元素组合分析*

本次进行的矿床原生晕地球化学数据处理方法为常用的聚类分析和因子分析方法。聚类分析是依据元素之间可能存在的相似性，并根据相似程度进行分类的统计学方法，在分类过程中不必事先定义分类标准而自动进行分类，归为一类的元素，被认为是具有成因联系或伴生的（张峰，2014）。因子分析是利用一个相关矩阵将复杂的相关性高的变量（元素）归并为少数几个相关性低的而又不减少数据信息的一种多元统计分析方法，类似于主成分分析。

11.2.3　矿床原生晕分析

1. 贝克滩南金矿

贝克滩南金矿位于研究区西段，发育有中元古界或下古生界火山沉积岩系，以玄武岩、英安岩和流纹岩及砂岩、粉砂岩、泥岩、泥灰岩等为主；作为红柳沟断裂的组成部分，区内发育强烈韧脆性变形。同时在金矿区发育有中小型规模的中基性-中酸性早古生代侵入岩，具备提供成矿作用的热和一定流体能力，地表及探槽内除了发生强烈的构造变形外，明显发育有黄铁矿化、褐铁矿化、硅化、绢云母化、绿泥石化围岩蚀变。前人的化探 Au 元素异常及黄金等重砂矿物异常明显。

贝克滩南金矿是受韧脆性变形带控制的石英脉型金矿床，韧脆性变形带内片理化强烈，穿切各种岩石，包括超基性岩、玄武岩、安山岩、英安岩、流纹岩和砾岩、砂岩、粉砂岩以及花岗岩等。韧脆性变形带内石英脉、方解石石英脉、重晶石石英脉发育强烈，脉宽不等，细到 1cm，最宽达 20cm，长度也是从几米到几十米不等，且在多处显示有金的矿化。韧脆性剪切带变形面理（即 C 面理）走向为 280° ~ 290°，倾向南西，倾角为 75° ~ 80°，变形面理上线理向南东侧伏，侧伏角为 30° ~ 65°，显示左行正断的运动性质。石英脉型金矿体发育在变形带内，走向为 280° ~ 290°，倾向北东，倾角为 70° ~ 80°。

本次原生晕剖面起点位于贝克滩南金矿的北侧，起始点岩性为浅褐红色灰岩，坐标为 90°25′10″E、

39°05′26″N，剖面呈南北向切穿金矿中段，终点位于矿床南侧的钾长花岗岩。实测剖面及 Au、Ag、Zn 元素含量如图 11-14 所示。

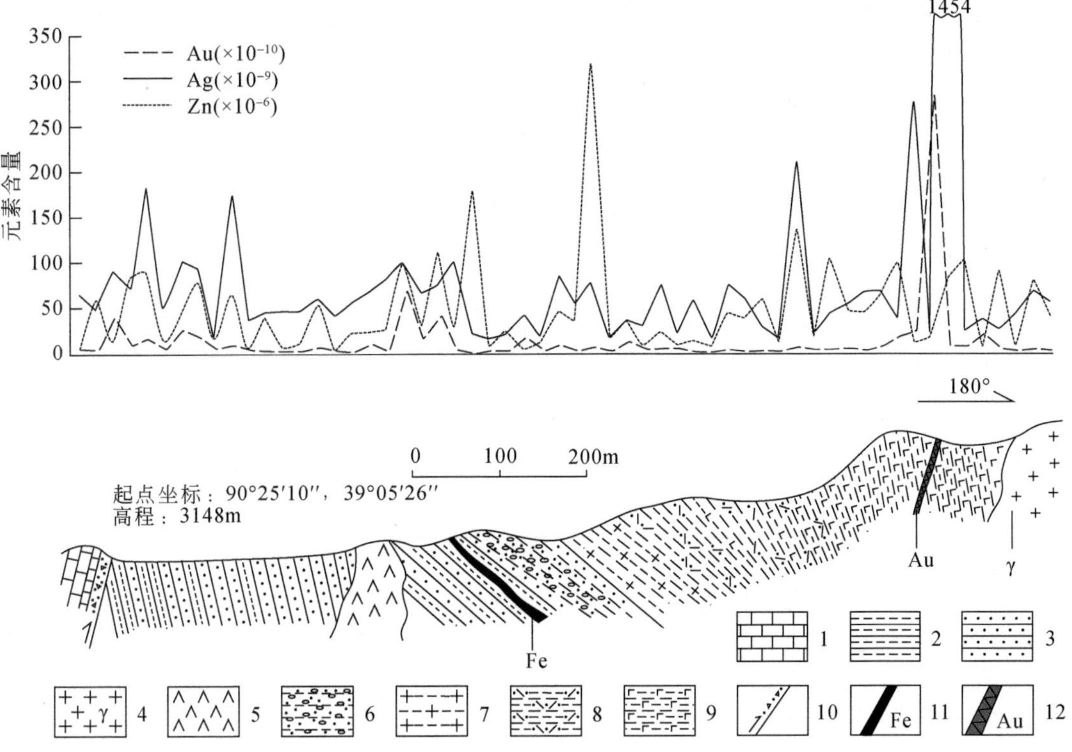

图 11-14　贝克滩南金矿原生晕地质剖面图

1-厚层灰岩；2-泥岩；3-粉砂岩；4-花岗岩；5-超基性岩；6-强糜棱岩化砂砾岩；7-花岗质糜棱岩；8-流纹质糜棱岩；9-强片理化玄武岩；10-断裂及破碎带；11-赤铁矿体；12-石英脉型金矿体

（1）相关分析：贝克滩金矿成矿元素相关性分析结果见表 11-8。相关系数结果显示贝克滩金矿成矿元素中相关性密切的延伸组合为 Sb-As-Mo、Bi-Pb-Sn、Zn-Cu-Mo。

（2）因子分析：对所测成矿元素进行主成分因子分析可知（表 11-9），元素存在三个组合，F_1：Sb-As-Mo；F_2：Bi-Pb-Zn-Sn；F_3：Cu-Sb，结果与相关分析类似。

（3）聚类分析：贝克滩南金矿成矿元素 b 组合、Bi-Pb-Sn 组合、Cu-Zn 组合亲密度较高。统计所测元素的均值发现，元素 Zn 含量相对较高，聚类分析树状图（图 11-15）表明元素 As-Sb 相关性最高，而元素 Zn 与 Cu 相关性高，Cu 元素在剖面局部也有高值异常，因此该区具有铜锌矿成矿的可能性。

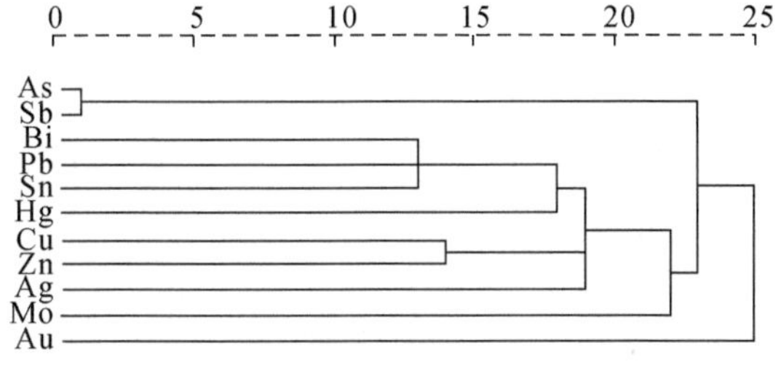

图 11-15　贝克滩南金矿成矿元素聚类分析树状图（皮尔森相关系数，最短距离法）

2. 喀腊达坂铅锌矿

2006～2009 年新疆地矿局第一区调队通过对喀腊达坂铅锌矿采用大比例尺地质草（修）测、地表槽探工程、钻探工程及瞬变电磁剖面测量工程等手段，基本查明了铅锌矿体和矿带的空间产状、规模，控制的资源量达到大型规模。矿体主要赋存于下古生界上寒武统卓阿布拉克组中酸性熔岩、火山凝灰岩层位中，中酸性火山岩-火山碎屑岩是最主要的赋矿岩石。矿区地表矿化蚀变发育强烈，矿化蚀变带与矿体产状一致，呈东西走向。

表 11-8　贝克滩金矿成矿元素相关系数表

	Au	Ag	As	Bi	Cu	Hg	Mo	Pb	Sb	Sn	Zn
Au	1										
Ag	-0.02	1									
As	-0.06	0.001	1								
Bi	-0.07	0.02	0.04	1							
Cu	-0.05	0.27*	-0.04	-0.04	1						
Hg	-0.07	0.05	-0.11	0.29*	-0.09	1					
Mo	0.04	-0.14	-0.34*	-0.08	-0.24	0.03	1				
Pb	-0.09	-0.04	-0.04	0.46**	-0.03	-0.05	0.03	1			
Sb	-0.05	-0.02	0.89**	-0.06	-0.12	-0.14	-0.34**	-0.12	1		
Sn	-0.06	-0.02	-0.1	0.4**	-0.15	-0.01	0.15	0.46**	-0.15	1	
Zn	-0.03	0.14	0.14	0.25	0.43**	0.14	-0.49**	0.08	-0.1	0.07	1

* 相关性在 0.05 水平上显著；

** 相关性在 0.01 上显著。

表 11-9　贝克滩南金矿成矿元素主因子分析结果

因子	Au	Ag	As	Bi	Cu	Hg	Mo	Pb	Sb	Sn	Zn
F1	-0.04	0.14	0.82	-0.24	0.21	-0.19	-0.63	-0.35	0.82	-0.45	0.24
F2	-0.20	0.25	0.12	0.72	0.34	0.25	-0.44	0.56	-0.06	0.46	0.67
F3	-0.10	-0.40	0.46	0.33	-0.67	-0.08	0.18	0.34	0.50	0.43	-0.40

注：下划线表示命名组合元素因子值。

根据喀腊达坂铅锌矿的矿床特点，布置的矿床原生晕剖面呈北南向切穿矿体和矿化蚀变带，剖面起点位于矿体北侧泥灰岩，坐标为 91°49′01″E、39°04′47″N，终点位于矿床南侧中基性火山岩，剖面长约 1000m。实测地质剖面及 Cu、Pb、Zn 元素含量图略。

统计所测成矿元素的均值可知，元素 Pb、Zn、Mo、Sb、W 的均值高于中国大陆岩石圈丰度几倍至十几倍，这些元素对应着矿体的前晕至中晕部分，说明喀腊达坂铅锌矿出露的是矿体前部，在地表以下存在矿体主体部分。

（1）相关分析：根据元素测试分析结果，喀腊达坂铅锌矿成矿元素相关性分析结果见表 11-10。结果表明所测成矿元素中相关性密切的元素组合为 Ag-Hg-Pb-Sb、Zn-Cd、W-Bi 及 Mo-Sn-W。

表 11-10　喀腊达坂铅锌矿成矿元素相关系数

	Ag	As	Bi	Cd	Cu	Hg	Mo	Pb	Sb	Sn	W	Zn
Ag	1											
As	0.19	1										
Bi	0.01	-0.07	1									
Cd	-0.06	-0.1	-0.08	1								
Cu	0.06	-0.05	0.33	-0.07	1							
Hg	0.83**	0.12	0.30	0.004	0.05	1						
Mo	0.43**	0.72**	0.36*	-0.12	-0.03	0.48**	1					
Pb	0.96**	-0.01	-0.02	-0.01	0.07	0.81**	0.23	1				
Sb	0.94**	-0.002	-0.04	-0.04	0.05	0.77**	0.24	0.93**	1			
Sn	0.51**	0.20	0.43**	0.03	-0.08	0.58**	0.56**	0.47**	0.48**	1		
W	0.27	0.23	0.56**	-0.10	0.21	0.41*	0.61**	0.18	0.16	0.53**	1	
Zn	-0.08	-0.14	-0.13	0.77**	-0.05	0.01	-0.21	0.04	-0.06	0.04	-0.16	1

* 相关性在 0.05 水平上显著；

** 相关性在 0.01 上显著。

（2）因子分析：对所测成矿元素进行主成分因子分析可知（表 11-11），元素存在三个组合：F1 Ag-Hg-Pb-Sb-Sn-Mo-W、F2 Bi-W、F3 Cd-Zn，与相关分析结果类似。

表 11-11　喀腊达坂铅锌矿成矿元素主因子分析结果

因子	Ag	As	Bi	Cd	Cu	Hg	Mo	Pb	Sb	Sn	W	Zn
F1	0.91	0.29	0.32	-0.10	0.1	0.9	0.66	0.84	0.83	0.74	0.56	-0.13
F2	0.32	-0.44	-0.55	0.48	-0.18	0.17	-0.54	0.47	0.45	-0.14	-0.55	0.55
F3	-0.19	0.05	0.37	0.78	0.04	0.05	0.18	-0.18	-0.24	0.32	0.3	0.75

注：下划线表示命名组合元素因子值。

（3）聚类分析：喀腊达坂铅锌矿成矿元素聚类分析见图 11-16，显示 Ag-Pb-Sb-Hg、Cd-Zn、As-W-Mo 三组相关性强的元素，结果类似于相关分析和因子分析（图 11-16）。

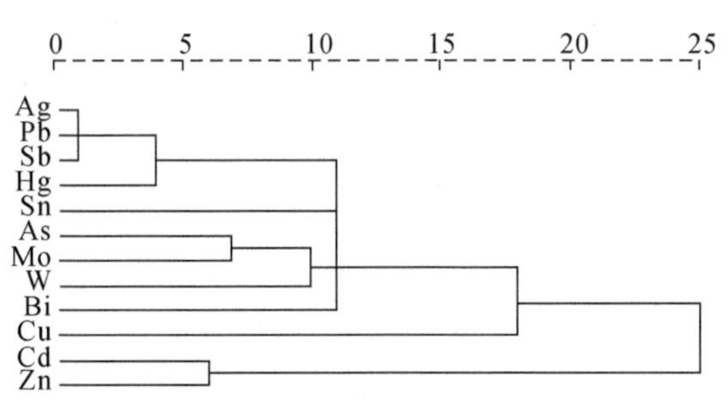

图 11-16　喀腊达坂铅锌矿成矿元素聚类分析树状图（皮尔森相关系数，最短距离法）

3. 喀腊大湾铁矿田

喀腊大湾铁矿田位于阿尔金成矿带东段喀腊大湾地区，矿田内出露地层为下古生界上寒武统卓阿布拉克组，主要岩性组合为千枚岩化粉砂岩、泥岩、碳质千枚岩、泥灰岩、板岩、大理岩、结晶灰岩和酸性-中酸性火山凝灰岩、流纹岩、英安岩、安山质玄武岩、玄武岩、晶屑凝灰岩及钠长霏细斑岩、辉绿岩、英安斑岩、花岗岩，其中夹有条带状铁矿层。构造线呈近东西（北西西）向展布，地层以向北陡倾单斜层为主，倾角为 75°～88°，仅在矿带西段八八铁矿附近可见地层和含矿岩系发生褶皱重复，另外在局部地区出现小型褶曲。区内断裂构造不太发育，主要是斜穿含矿岩系的斜向断裂和平行含矿岩系的层间断裂。区内岩浆活动强烈，主要分布有基性、中酸性侵入岩、各种脉岩及火山岩。

本次采集的是铁矿田中的 7918 铁矿原生晕样品。7918 矿床位于铁矿田的偏东部位，铁矿体分布呈东西向，介于中基性火山岩和大理岩之间，火山岩位于南侧，大理岩位于北侧，火山岩以南为中酸性岩体。矿床原生晕剖面呈南北向切穿矿体，起点位置是中酸性岩体内部，岩性为浅灰色中粗粒花岗岩，坐标为 90°44′15″E、39°05′09″N，终点位于大理岩南侧边界。实测地质剖面及元素含量图略。分析所测元素含量可知，元素 Ni、Ti、Mn、Zn、Mo、Pb 均值相对高于中国大陆岩石圈丰度，矿床原生晕特点与沉积型铁矿后期经热液改造特征相似（刘崇民，2006）。

（1）相关分析：喀腊大湾 7918 铁矿 12 个成矿元素相关性分析结果见表 11-12。根据元素相关系数特征，成矿元素中相关性密切的元素组合为 Cu-Ni-V、Co-Ni-V-Zn-Fe 及 Mn-Sn。

表 11-12　喀腊大湾 7918 铁矿成矿元素相关系数

	B	Co	Cu	Mn	Mo	Ni	Pb	Sn	Ti	V	Zn	Fe
B	1											
Co	0.19	1										
Cu	0.11	0.52*	1									
Mn	-0.05	0.50*	-0.14	1								
Mo	-0.18	0.29	0.15	0.34	1							
Ni	0.05	0.58**	0.92**	0.06	0.06	1						
Pb	-0.1	-0.1	0.07	-0.15	0.4	0.02	1					
Sn	-0.29	0.38	-0.1	0.72**	0.47*	0.14	0.22	1				
Ti	0.03	0.4	0.45*	-0.12	0.36	0.28	-0.03	-0.2	1			

续表

	B	Co	Cu	Mn	Mo	Ni	Pb	Sn	Ti	V	Zn	Fe
V	0.004	0.62**	0.82**	0.03	0.13	0.76**	-0.1	0.01	0.7**	1		
Zn	0.28	0.73**	-0.04	0.55*	0.24	0.005	-0.08	0.35	0.37	0.2	1	
Fe	0.27	0.8**	-0.02	0.66**	0.18	0.09	-0.17	0.49*	0.01	0.2	0.8**	1

*相关性在0.05水平上显著；

**相关性在0.01上显著。

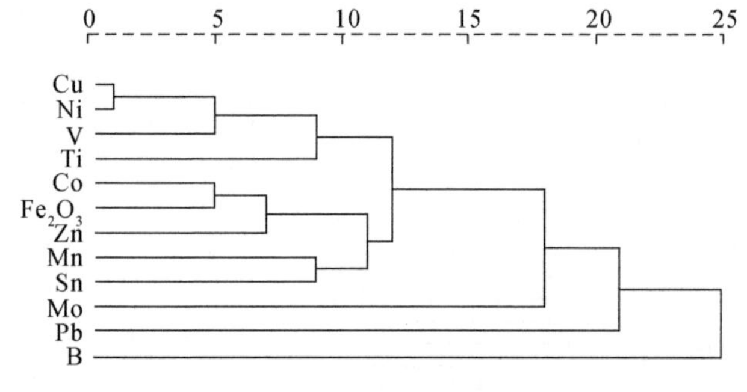

图 11-17　喀腊大湾 7918 铁矿成矿元素聚类分析树状图（皮尔森相关系数，最短距离法）

（2）因子分析：对喀腊大湾铁矿田中的 7918 铁矿进行成矿元素主成分因子分析可知（表 11-13），元素存在三个主成分，包含的元素组合信息分别为 F1 Co-Ni-V-Zn-Fe、F2 Cu-Mn-Sn 和 F3 B-Mo-Pb。

（3）聚类分析：对 7918 铁矿成矿元素进行聚类分析可知（图 11-17），元素 Cu、Ni、V 相似性高，为一类；元素 Co、Fe、Zn 为一类。结果与因子分析和相关分析类似。

表 11-13　喀腊大湾 7918 铁矿成矿元素主因子分析结果

因子	B	Co	Cu	Mn	Mo	Ni	Pb	Sn	Ti	V	Zn	TFe_2O_3
F1	0.14	0.96	0.59	0.55	0.43	0.64	-0.04	0.46	0.51	0.72	0.69	0.69
F2	-0.08	0.06	-0.74	0.68	0.20	-0.57	-0.01	0.61	-0.47	-0.60	0.44	0.55
F3	-0.65	-0.16	0.11	0.06	0.64	0.12	0.68	0.47	0.02	0.02	-0.30	-0.31

注：下划线表示命名组合元素因子值。

11.3　多元信息成矿预测

矿床的形成是一个复杂的地质过程，涉及多方面的地学特征，随着地表易勘查识别的矿产逐渐减少，找矿难度的日益加大，单纯地利用某一学科的知识难以精准地寻找和预测矿床所在的位置。运用多元地学信息和地理信息系统（gas insulated switchgear，GIS）强大的信息管理功能将复杂的矿床转化为易于处理的数字模型，能够轻易地对成矿有利信息进行定量提取，并建立相对合理的找矿预测模型。多元信息找矿预测是基于现代成矿理论和地质异常理论，充分收集与成矿相关的地学信息及信息组合，建立找矿模型并圈出最有可能的矿床产出位置。GIS 作为强大的数据处理和分析平台，在多元信息找矿中起着越来越重要的作用（王功文和陈建平，2008），同样在找矿预测方面取得了很多重要成果。

阿尔金成矿带被认为是北祁连山西段成矿带的西延部分，该区成矿作用条件与北祁连山西段特别相似（陈柏林等，2008，2010a），有着非常好的成矿地质条件和找矿远景，但自然条件相对恶劣，有必要对区内找矿工作进行多种资料的综合研究，或利用新理论新方法来实现找矿突破。本书正是将研究区的地质、地球化学和遥感数据结合起来，在 GIS 技术上完成阿尔金成矿带的找矿预测。

多元信息找矿预测的思路流程大致为：①收集研究区地物化遥和已知矿点数据进行校正和数据化处理，统一不同数据的比例尺、投影参数等；②建立多元信息空间数据库和属性数据库，对多元信息进行分析和挖掘，确定和提取对找矿有利的信息作为预测的信息基础；③在 GIS 软件平台中将研究区分为若干大小相等的单元格，运用证据权方法分析和确定每个找矿有利信息的证据权重 W^+ 和 W^-，并进行独立性检验；④计算研究区内各个预测单元格的后验概率，生成找矿预测图；⑤预测结果分析评价和野外工作验证。具体内容不再详述。

11.3.1 证据权找矿方法

本次找矿预测及远景区圈定采用的是基于 GIS 平台的证据权法。证据权法是一种离散的多元信息统计学方法（陈永清等，2007；席振等，2013），由加拿大地质学家 Bonham-Carter 和 Agterberg（1990）提出并应用到地质领域，经多年发展，方法相对成熟，也在找矿应用方面取得成效。该方法实质就是将地学中与成矿相关的不同学科数据信息关联起来，并将所有信息进行二值化表示，即用“0”（证据未出现）和“1”（证据出现）表示，然后再将所有证据图层进行叠加，权重最多地区就是最有可能成矿区域，也就是找矿后验概率图。利用证据权方法进行找矿预测时要确保输入的证据图层相互之间为条件独立，若两个证据图层之间相关性较明显，其后验概率值就会偏高，后验概率图中找矿远景区面积就会放大，不利于圈定实际找矿靶区。合理找矿预测图应该尽可能缩小远景区面积，去除或减少对找矿不确定的证据图层，不同类型矿床所选择的证据图层可能会有所差异，因此在选择的证据图层应考虑是否对矿床的形成和产出位置具有重要指示意义。陈永清等（2007）和陈建平等（2008）将证据权模型的建立和应用归纳为四个步骤：①研究区域成矿规律和典型矿床特征，确定与矿化相关的控矿因素作为证据图层；②二值化各个证据图层，计算不同图层的证据权重并进行筛选和优化证据图层；③检验图层间的独立性，去除相关性高的图层，再进一步优化和计算证据权重；④计算研究区预测单元的后验概率，生成矿产资源潜力图。在运用证据权法进行实际应用时还需要对结果进行评价和验证，必要时还需要返回修改和优化证据权模型。

关于证据权的基本原理可查阅 Agterberg 和 Bonham-Carter 在 20 世纪 90 年代所著的文献（Agterberg et al.，1990，1993；Bonham-Carter and Agterberg，1990），国内亦有很多资料对其进行阐述，本书不再赘述，运用证据权法进行找矿预测的具体实现步骤将在下面小节中体现。

11.3.2 多元数据库建立

本次数据库的建立是在 ArcGIS 平台上完成的，包括空间数据库和属性数据库。建立空间数据库首先需要设置某一投影参数（本次是西安 80 坐标系），再将研究区 1：25 万地质矿产图（包括油墩子幅、巴什库尔干幅、茫崖幅、石棉矿幅和苏吾什杰幅）和地球化学异常图进行校正和矢量化，使其数字化并具有正确的空间地理位置。属性数据库包含不同地质体的描述或特征等，如岩体属性有岩性、时代、含矿性等，不同矿床或矿点规模、种类等。其属性可以利用 Excel 进行录入，再利用关键字将属性与地质体关联并一一对应，至此可根据属性提取与成矿有关地质体进行分析。地球化学数据主要是研究区 Au、Cu、Pb、Zn 等元素异常分布和三条矿床原生晕剖面，遥感数据是根据 ETM+影像提取的褐铁矿化、黄钾铁矾化、羟基和铁染蚀变信息及线性构造信息，具体内容见表 11-14。

表 11-14　阿尔金成矿带多元信息数据库

序号	数据类型	内容
1	地质数据	地层、岩体、岩性、各种建造、岩体时代、构造环境等
2	化探异常	1：50 万化探异常、1：10 万化探异常、Au、Cu、Pb、Zn 等元素异常，矿床原生晕剖面信息
3	遥感数据	黄铁矿化、黄钾铁矾化、铁染、羟基蚀变信息和线性构造解译
4	矿产信息	已知矿点种类和坐标位置

11.3.3 多元信息提取分析

1. 地质信息提取

根据阿尔金成矿带区域地质背景和成矿规律，研究区金属矿产与火山岩及侵入岩关系密切。与海相火山沉积作用有关的矿床赋矿地层为中新元古代—早古生代中酸性-中基性火山岩-火山碎屑岩-沉积岩系，矿体与火山沉积地层整合接触，总体产状为近东西走向，北北东倾向；太古宇达格拉格布拉克群变质岩金元素背景值高，是与大规模韧性-韧脆性变形作用相关的金矿体的直接赋矿围岩；而与岩浆热液活动有关的矿床主要赋存于寒武纪二长花岗岩的构造破碎带中。根据已知矿点的分布，依据属性从数据库中提取长城系红柳泉组、贝克滩组、扎斯勘赛组，蓟县系木孜萨依组、金雁山组和寒武系喀腊大湾组、塔什布拉克组和寒武纪中酸性侵入岩作为找矿的有利证据图层，并与已知矿点进行叠加分析（图 11-18）。分析结果显示，34 个金属矿点落在这些地层中，占矿点总数的 87.2%，其中长城系红柳泉组、贝克滩组和扎斯勘赛组中的矿点有 9 个，矿床种类以金矿为主；蓟县系木孜萨依组和金雁山组内矿点有 8 个，主要产出铜铅锌多金属矿；寒武系喀腊大湾组、塔什布拉克组含矿点 15 个，矿床种类以铁矿为主；奥陶纪二长花岗岩中矿点有 2 个，一个为阿北银铅矿，另一个为齐勒萨依东铁矿点。统计结果也表明了这些地层和侵入岩与矿点有密切的关系。

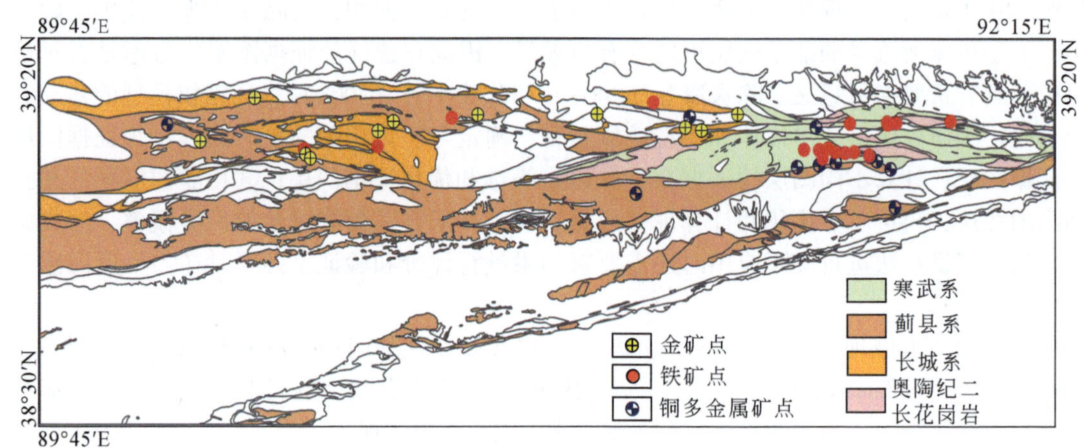

图 11-18　已知矿点与地层叠加分析

构造毋庸置疑对矿床的形成和保存有着非常重要的作用，在研究区北缘发育有与大规模韧性-韧脆性变形有关的韧性剪切带型金矿和构造蚀变岩型金矿，如大平沟金矿、贝克滩南金矿、盘龙沟金矿、祥云金矿等。通过前文对构造的缓冲区分析可知，线性构造的 1.5km 缓冲区是研究区找矿的有利部位，从而对其进行提取作为找矿的证据因子。对线性构造进行 1.5km 缓冲，并叠加矿点可以发现有 38 个矿点均在缓冲区内，占矿点总数的 97.4%（图 11-19）。

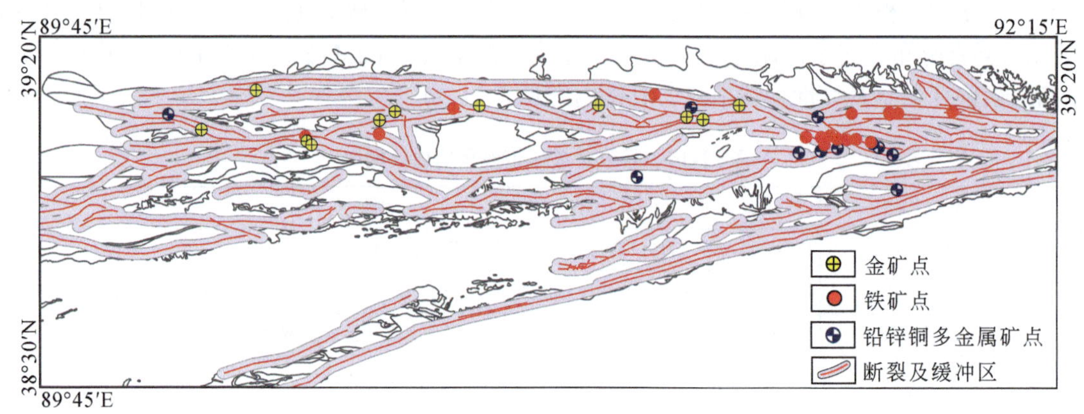

图 11-19　已知矿点与线性构造缓冲区分析

2. 地球化学信息提取

地球化学异常是最直接的找矿信息，它反映了地壳中成矿元素及伴生元素的分布规律，由于不同元素迁移规律不同，通过不同元素的分布规律可以推测隐伏矿体，地球化学信息在以往的找矿勘查工作中发挥着显著的作用。本书结合实际资料提取研究区四种主要成矿元素 Au、Cu、Pb、Zn 的异常信息，Cu、

Pb、Zn 元素异常下限分别为 30×10^{-6}、20×10^{-6}、80×10^{-6}，Au 的异常下限为 1.1×10^{-9}。具体的元素异常分布如图 11-20 所示，从这些元素的异常分布可以看出矿点与研究区北缘异常套合较好，在北东东向断裂北侧也有元素异常分布，但目前未发现较好的矿床，说明该区有成矿的潜力。此外，采集了贝克滩南金矿、喀腊达坂铅锌矿和 7918 铁矿矿床的原生晕剖面样品，对不同矿床的成矿元素进行了聚类分析和因子分析。

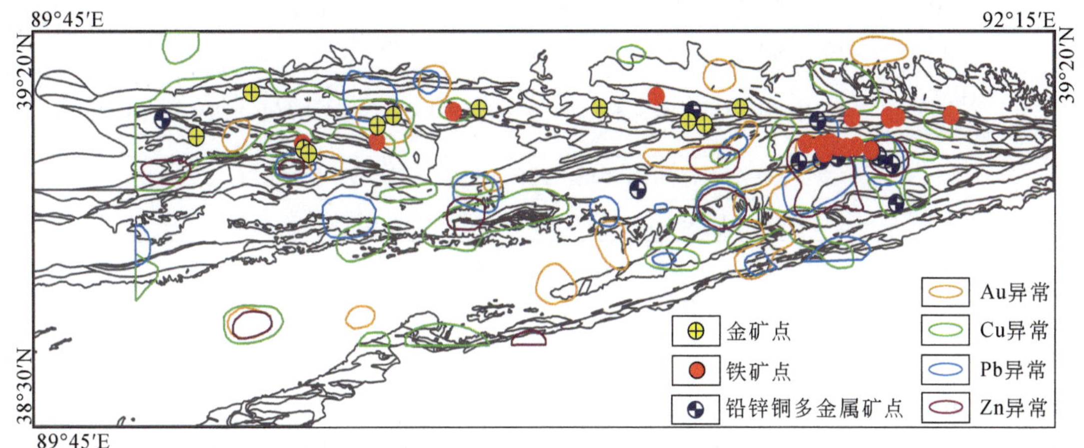

图 11-20　研究区 Au、Cu、Pb、Zn 元素异常分布图

3. 遥感信息提取

遥感的时效性强、同步观测面积大及获取信息限制少等优点使其在矿产勘查领域发挥越来越多的作用，利用多光谱或高光谱数据提取羟基和铁染异常对确定找矿远景区位置具有重要意义（陈建平等，2008）。本次利用 Landdsat 7 ETM+影像提取的是阿尔金山东段地表矿化蚀变信息，首先运用光谱角法和实测样品光谱特征提取了研究区地表褐铁矿化和黄钾铁矾化信息，再运用主成分分析法和比值法提取了羟基和铁染矿化蚀变信息。图 11-21 是研究区四种矿化蚀变信息与已知矿点分布图。

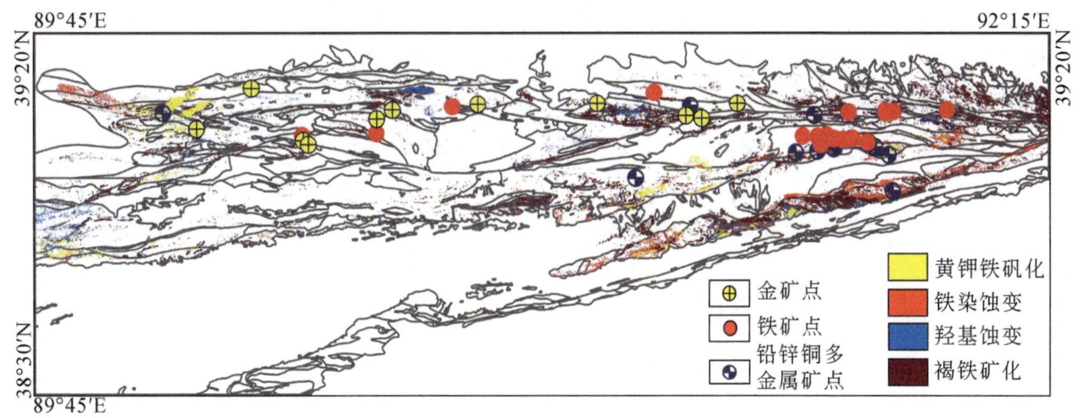

图 11-21　研究区矿化蚀变分布图

总体上看，已知矿点基本落在矿化蚀变内部或周边附近：几乎所有矿点与羟基和黄铁矿蚀变均有空间相关性；喀腊大湾铁矿带和南侧的铜、铅锌矿与铁染蚀变空间相关性明显；红柳沟金矿、铜矿点、巴北金矿、翠岭铅锌矿、喀腊达坂铅锌矿、泉东铅锌矿、索尔库里北山铜银矿主要发育在黄钾铁矾蚀变范围内。

通过对研究区地质、地球化学、遥感数据的分析，本次找矿预测优选变量如表 11-15 所示，具体矿种预测过程中，选择不同变量即可。

表 11-15 阿尔金山东段多元信息找矿预测优选变量

变量类型	优选变量	变量特征描述
地质信息	地层	区内含矿地层主要为长城系红柳泉组、贝克滩组、扎斯勘赛组；蓟县系木孜萨依组、金雁山组；寒武系喀腊大湾组、塔什布拉克组
	构造	区内发育的东西向、北东东向构造及次级构造，与已知矿点空间分析作 1.5km 缓冲区
	岩体	奥陶纪二长花岗岩
地化信息	元素异常	研究区 Au、Cu、Pb、Zn 成矿元素的异常分布
遥感信息	黄铁矿化、黄钾铁矾化	野外实测黄铁矿和黄钾铁矾矿化蚀变样品光谱特征，经光谱角法从 ETM+影像上提取相应蚀变
	铁染蚀变	以主成分分析法在 ETM+影像上提取与铁离子相关蚀变矿物（岩石）
	羟基蚀变	以比值法在 ETM+影像上提取羟基、碳酸根和水相关蚀变矿物（岩石）

11.3.4 多元信息找矿模型

1. 单元格划分

找矿预测之前需要将研究区进行单元格的划分，而单元格划分得是否合理将直接影响预测结果的精确性。目前，规则网格单元法和地质体单元法是矿产预测较为常用的方法（陈建平等，2013；张峰，2014）。规则网格单元法是将研究区按一定的规则网格划分成若干单元，单元格形状相同，面积相等。它的优点是将地质问题与空间坐标位置建立起对应关系，空间性强，计算简单快速，易于实现，但地质意义相对缺乏。地质体单元法是 20 世纪 70 年代王世称教授提出的一种单元划分方法，是按地质研究和统计目的的要求，将相应地质体进行单元格的划分方法，单元格具有一定的空间形态和地质意义，单元格与地质体之间的对应性较强，但地质体确定具有主观性，单元划分难以自动化实现。

规则网格的划分具有一定的原则，若单元格划分过小，在预测方面，人为将地质体分割到许多单元中，显著增加无矿单元及同一控矿单元的数目，不利于找矿预测；在计算方面增加了工作量，降低了工作效率。若单元格划分过大，则增加了有矿单元数目，致使找矿预测的面积扩大，对圈定的远景区意义不大，不利于实际找矿工作。规则网格单元大小的确定常用以下几种方法。

（1）依据研究区范围或比例尺大小。一般 1∶5 万预测图对应网格单元大小为 0.25～1km^2；1∶20 万预测图对应网格单元大小为 4～16km^2；1∶50 万预测图对应网格单元大小为 25～100km^2（李新中等，1998）。

（2）概率统计法。赵鹏大等（1994）提出以落入单元格内的期望矿点数小于或等于实际落入矿点数标准差的三倍为准则。

（3）根据研究区内已知矿点数目及预测区的大小，经验性地确定最优的单元面积，即：

$$S = \text{研究区总面积}/\text{已知矿点数} \times L$$

式中，S 为单元格大小；L 为期望矿点平均数，一般取包括 3 以内的整数（王世称等，2000）。

本次找矿预测考虑到地质体（地层、构造、岩体）在找矿中的重要性，对研究区成矿地质条件进行了分析，提取了与成矿相关的地层和岩体，在此基础上进行规则单元划分。一是避免与成矿相关性小的地质体参与运算；二是结合了两种方法的优势。本次考虑研究区范围和比例尺确定单元格大小为 2km×2km，共约 5280 个单元格。

2. 权值计算

根据研究区成矿规律，对 10.3.3 节所述的长城系、蓟县系、寒武系、奥陶纪二长花岗岩、区内发育的东西向和北东东向构造及次级构造缓冲区、Au、Cu、Pb、Zn 成矿元素的异常分布区、光谱角法从 ETM+影像上提取的黄铁矿和黄钾铁矾矿化蚀变、主成分分析法在 ETM+影像上提取的铁染蚀变、比值法提取的羟基蚀变等 13 个优选证据图层在 MRAS 评价系统中进行权重计算。

11.3.5 远景区圈定

1. Au 矿远景区

根据研究区金矿成矿条件，选择长城系、蓟县系、寒武系、构造缓冲区、Au 元素异常、褐铁矿蚀变、黄钾铁矾蚀变、铁染蚀变和羟基蚀变作为证据权图层，计算的权重如表 11-16所示。其中 W^{+}表示正权值，W^{-}表示负权值，C 表示两者绝对值之和。

表 11-16　研究区 Au 矿床找矿预测权重值

序号	证据图层	W^{+}	W^{-}	C
1	长城系	1. 881	-0. 910	2. 791
2	蓟县系	0. 790	-0. 375	1. 165
3	寒武系	0. 481	-0. 037	0. 518
4	构造缓冲区	0. 675	-0. 620	1. 295
5	Au 元素异常	1. 343	-0. 245	1. 588
6	黄钾铁矾蚀变	0. 364	-0. 066	0. 430
7	铁染蚀变	-0. 428	0. 055	0. 483
8	羟基蚀变	0. 968	-0. 375	1. 343
9	褐铁矿蚀变	0. 839	-0. 922	1. 761

由表 11-16 可以看出，长城系、蓟县系、构造缓冲区、Au 元素异常、褐铁矿和羟基蚀变的证据因子 C 值均超过 1，与 Au 矿关系密切，其中长城系地层 C 值最高，是 Au 矿成矿物质的主要来源。检验上述九个证据层条件独立性可知，当显著性水平为 0. 05 时，所有证据因子条件独立。研究区金矿找矿后验概率如图 11-22 所示，即找矿预测图，其中后验概率大小对应找矿概率大小。

图 11-22　研究区 Au 矿找矿远景区

2. Fe 矿远景区

根据研究区铁矿成矿条件，选择长城系、蓟县系、寒武系、奥陶纪二长花岗岩、构造缓冲区、褐铁矿蚀变、黄钾铁矾蚀变铁染蚀变和羟基蚀变作为证据权图层，计算的权重如表 11-17 所示。检验上述九个证据层条件独立性可知，当显著性水平为 0. 05 时，所有证据因子基本条件独立。研究区铁矿找矿后验概率（找矿预测图）如图 11-23 所示。

表 11-17　研究区 Fe 矿床找矿预测权重值

序号	证据图层	W^+	W^-	C
1	长城系	0.590	-0.091	0.681
2	蓟县系	-0.566	0.107	0.673
3	寒武系	2.651	-1.391	4.042
4	奥陶纪二长花岗岩	2.130	-0.313	2.443
5	构造缓冲区	0.372	-0.244	0.616
6	褐铁矿蚀变	0.966	-1.358	2.324
7	黄钾铁矾蚀变	0	0.136	0.136
8	铁染蚀变	-0.170	0.025	0.195
9	羟基蚀变	1.046	-0.656	1.702

图 11-23　研究区 Fe 矿找矿远景区

从图 11-23 可以看出铁矿远景区有两个，均位于研究区中部至东部，一个呈东西向，带状，连续性好，范围从大平沟至喀腊大湾、白尖山一直到研究区的东侧；另一个位于卓阿布拉克断裂带周边，呈北东东向展布。

3. Cu（Pb、Zn）多金属矿远景区

根据研究区铜铅锌多金属矿成矿条件，选择寒武系、蓟县系、奥陶纪二长花岗岩、构造缓冲区、Cu 元素异常、Pb 元素异常、Zn 元素异常、褐铁矿蚀变、铁染蚀变和羟基蚀变作为证据权图层，计算的权重如表 11-18 所示。由表 11-18 可以看出，所有证据因子的 C 值均超过 1，其中寒武系、奥陶纪二长花岗岩、Pb 元素异常、Zn 元素异常、铁染和羟基蚀变的证据因子 C 值超过 2，与 Cu 多金属矿关系密切，是主要的成矿物质来源和找矿标志。检验上述 10 个证据层条件独立性可知，当显著性水平为 0.05 时，所有证据因子条件独立。研究区铜铅锌多金属矿找矿后验概率（找矿预测图）如图 11-24 所示。

表 11-18　研究区 Cu（Pb、Zn）多金属矿床找矿预测权重值

序号	证据图层	W^+	W^-	C
1	蓟县系	1.128	-0.781	1.909
2	寒武系	2.448	-0.955	3.403
3	奥陶纪二长花岗岩	2.045	-0.283	2.328
4	构造缓冲区	0.809	-0.908	1.717
5	Cu 元素异常	0.964	-0.416	1.370

续表

序号	证据图层	W^+	W^-	C
6	Pb 元素异常	2. 223	-0. 940	3. 163
7	Zn 元素异常	2. 508	-0. 743	3. 252
8	褐铁矿蚀变	1. 159	0	1. 159
9	铁染蚀变	1. 526	-0. 863	2. 389
10	羟基蚀变	1. 257	-1. 068	2. 325

图 11-24　研究区 Cu 多金属矿找矿远景区

从图 11-24 可以看出铜铅锌多金属矿找矿远景区主要集中在研究区东部，西部只存在两个远景区，分别位于贝克滩南端和东北角。此外，铜铅锌远景区基本沿断裂带或断裂交汇处分布。

11. 3. 6　远景区评价

1. Au 矿远景区

本次研究共圈定出三个金矿找矿远景区（图 11-22），区内均为元古宇变质岩系。

（1）I_{Au}-1 为巴什考供盆地以北-红柳沟-贝克滩西一带，已发现的金矿有红柳沟金矿、贝克滩南金矿、贝克滩金矿，该区处在 Au 元素异常中，黄钾铁矾蚀变明显，构造发育且有韧性剪切带穿过，亦发育褐铁矿和羟基蚀变。

（2）I_{Au}-2 为贝克滩以东，恰什坎萨依中段一带，已发现金矿有祥云金矿、盘龙沟金矿，该区正好处在 Au 元素异常和 Au 元素含量较高的长城系地层中，地表褐铁矿和羟基蚀变明显。

（3）I_{Au}-3 为塔什布拉克至大平沟一带，该区正好阿尔金北缘韧（脆）性变形带中，已发现有克斯布拉克金矿、大平沟西金矿、大平沟金矿、大平沟西铜金矿，该带位于老变质岩地层南侧，为金富集提供了物质来源。

这三个远景区均具有良好的找矿前景，有必要进行下一步工作。

2. Fe 矿远景区

根据多元信息找矿本次圈定出两个铁矿找矿远景区（图 11-23），均呈带状分布。

（1）I_{Fe}-1 远景区从大平沟至喀腊大湾、白尖山一直到研究区的东侧，呈东西向，区内主要发育寒武系中基性火山岩。研究区发现的喀腊大湾铁矿带和白尖山铁矿带均位于该远景区内，根据铁矿产出层位及地表强烈的褐铁矿化和羟基蚀变，沿东西方向在该区产出铁矿的可能性极大。

（2）I_{Fe}-2 位于卓阿布拉克断裂带周边，呈北东东向展布，目前虽然在该区没有发现铁矿，但该区位于奥陶纪中酸性侵入岩和寒武系碳酸盐岩的接触部位，地表发育有褐铁矿化和羟基蚀变，因此有发育铁矿的可能性。

3. Cu（Pb、Zn）多金属矿远景区

本次共圈定了七个铜（铅锌）多金属矿找矿远景区（图 11-24），主要沿断裂带或断裂交汇处分布。

I_{Cu}-1 为喀腊大湾、喀腊达坂一带，并向东西两边均有延伸，区内出露地层为寒武系中酸性火山岩，发育有奥陶纪中酸性侵入岩。已发现的喀腊大湾铜锌矿、翠岭铅锌矿、阿北银铅矿、喀腊达坂铅锌矿、泉东铅锌矿等均位于该区内，该区 Cu、Pb、Zn 元素异常明显，发育有羟基、黄钾铁矾矿化。

I_{Cu}-2 远景区与 I_{Fe}-2 远景区位置相似，也处在卓阿布拉克断裂带附近。

其余五个远景区，面积相对较小，虽然目前没有发现铜多金属矿点，但这些远景区空间上均处于 Cu、Pb、Zn 元素异常套合很好的位置，地表亦有褐铁矿和羟基矿化蚀变，具有很好的铜（铅锌）多金属矿找矿潜力。

第12章　典型找矿示范区

12.1　7910-7918铁矿深部找矿示范区

对于喀腊大湾铁矿田的地层、岩石、构造、矿化带、矿床及矿石特征在本书第6章已经有具体的论述。本小节仅对喀腊大湾铁矿田内7910-7918铁矿床深部找矿勘查成果及资源量作总结。

12.1.1　7910-7918铁矿床地质简述

7910铁矿位于喀腊大湾铁矿田的东段（图6-2）。于2007年9月10日发现，是该区在八八铁矿发现一年多后由“十一五”国家科技支撑计划重点项目“新疆大型矿集区预测与勘查开发关键技术研究”（新疆305项目）之“阿尔金山东段红柳沟矿带大型铜、金、铅锌矿床找矿靶区优选与评价技术与应用研究”专题组（本研究团队）最早发现的铁矿，是整个喀腊大湾地区铁矿找矿“从点到带”取得重大突破的起点。7918铁矿位于喀腊大湾铁矿田的中东部位置（图6-2）。于2007年9月18日发现，在整个喀腊大湾铁矿田中，发育有走向延伸最长的地表矿体。

7910和7918两铁矿之间隔喀腊大湾东沟主沟，由于早期主要是发现地表铁矿体，7910铁矿地表铁矿体比较少，而7918铁矿地表铁矿体比较多，且延伸长；以地表铁矿体出露中心计算，两铁矿相距约3.0km。然而在铁矿田发现之后2008年地表磁测发现，7910铁矿是整个铁矿田中唯一与八八铁矿磁异常相当的高磁异常区，而且7910铁矿磁异常与7918铁矿磁异常几乎相连（图6-12）。这一方面预示着7910铁矿虽然地表铁矿体不大，深部肯定存在大而富的隐伏铁矿体；另一方面预示着7910铁矿与7918铁矿隐伏铁矿体应该是相连的，由此表明7910-7918铁矿深部存在巨大的铁矿找矿潜力。前期专题研究报告对此已经做了详细论述，并将其作为两个大型铁矿勘查评价基地之一，预测铁矿石资源量1.35亿t。

7910-7918铁矿区地层为下古生界寒武系喀腊大湾组火山岩和塔什布拉克组沉积岩（图6-13b、图6-16）。喀腊大湾组火山岩以玄武岩为主，夹英安岩；分布于矿区中南部，呈东西向展布，出露宽度为40～140m。塔什布拉克组沉积岩下部大理岩段，出露宽度为60～80m；塔什布拉克组沉积岩上部灰色千枚岩、薄层状灰岩等，分布于矿区中北部，图内出露宽度为100～500m。

矿区岩浆岩出露片麻状二长花岗岩和钠碱性正长花岗岩。片麻状二长花岗岩只发育于7918铁矿段南侧，岩石呈中等灰色、浅灰色，中粗粒结构，片麻状构造，年龄为1366±5Ma（图6-7），被中基性火山岩、沉积岩呈假整合接触围绕。钠碱性正长花岗岩，属于7910-八八铁矿中酸性杂岩体的一部分，位于矿区南部，年龄为479±4Ma（图6-9a）。岩石呈浅红色，侵位吞食喀腊大湾组玄武岩和英安岩、塔什布拉克组大理岩和黑色泥岩、片麻状二长花岗岩以及含矿岩系和铁矿体（图6-23、图6-25）。矿区构造主体为火山沉积岩系的单斜构造，在铁矿体附近由于后期花岗岩的侵位过程中热软化作用发生弯曲。

12.1.2　7910-7918铁矿床深部勘查

新疆第一区域地质调查大队对若羌德泽矿业投资有限公司登记的探矿证（T65120080202002032新疆若羌县喀腊大湾铁矿详查），按照一证一报告的要求在有效期内（2012年6月13日至2015年6月13日）提交详查报告。其中2012～2015年对7910-7918铁矿，在西起34线，东到348线东西向长达8.0km的范围内开展铁矿床详查工作。共投入钻探工作量22000多米，施工钻孔68个，槽探3000m^3，开挖探槽20多条（图12-1、图12-2）。

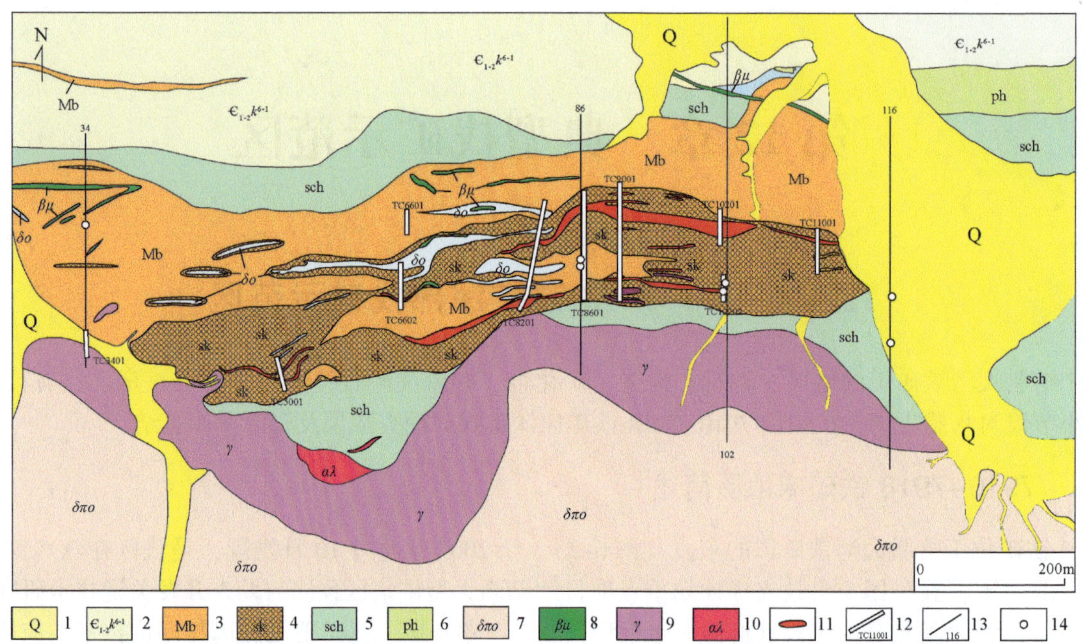

图 12-1　喀腊大湾铁矿田 7918 铁矿平面地质及工程图（详查前，据新疆第一区域地质调查大队，2014）

1. 第四系；2. 寒武系喀拉大湾组第六岩性段第一亚段；3. 大理岩；4. 夕卡岩化大理岩；5. 片岩；6. 千枚岩；7. 闪长玢岩；8. 辉绿岩脉；9. 花岗岩；10. 流纹质安山岩；11. 铁矿体；12. 探槽及编号；13. 勘查线及编号；14. 钻孔

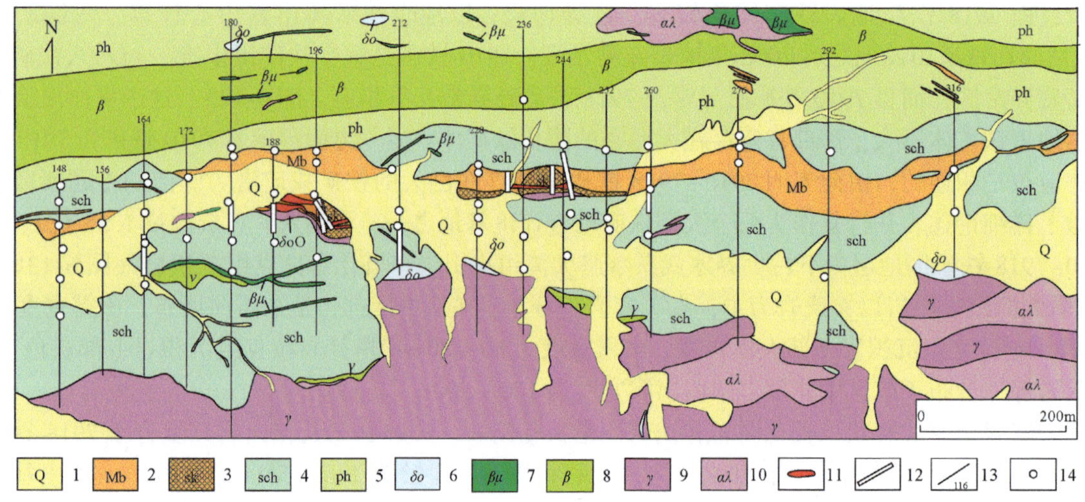

图 12-2　喀腊大湾铁矿田 7910 铁矿平面地质及工程图（详查后，据新疆第一区域地质调查大队，2014）

1. 第四系；2. 大理岩；3. 夕卡岩化大理岩；4. 片岩；5. 千枚岩；6. 闪长玢岩；7. 辉绿岩脉；8. 玄武岩；9. 花岗岩；10. 流纹质安山岩；11. 铁矿体；12. 探槽；13. 勘查线及编号；14. 钻孔

12.1.3　7910-7918 铁矿床深部矿体控制

7910-7918 铁矿床在新疆第一区域地质调查大队勘查称为Ⅴ矿段，因此矿体编号沿用新疆第一区域地质调查大队详查的矿体编号。依据探槽及深部钻探工程见矿情况，7910-7918 铁矿床范围共圈定 31 个磁铁矿体。其中，Ⅴ1、Ⅴ4、Ⅴ6-3、Ⅴ8、Ⅴ9-1 号矿体规模较大，为矿段的主矿体，其他矿体规模较小。25 个为隐伏矿体，2 个为半隐伏矿体。矿体多呈波状弯曲的似层状、脉状、透镜状分布（图 12-3、图 12-4，表 12-1）。赋矿围岩为中基性火山岩，并发生不同程度的夕卡岩化。

现在仅对两个最大铁矿体Ⅴ4 和Ⅴ8 的工程控制情况作介绍。

1. V4号铁矿体

1）矿体产出部位及工程控制情况

V4号矿体位于V号矿段70～348勘查线之间，仅西段（82～110线与196线）部分出露地表，自西向东侧伏，总体为一半隐伏矿体，为矿区最大的矿体。地表由WTC8201、WTC8601、WTC9001、WTC10201、WTC11001、WTC19601、WTC19602等7个工程控制，深部由西至东由WZK8601、WZK10201、WZK11602、WZK11603、WZK14001、WZK14002、WZK14801、WZK14802、WZK14803、WZK14806、WZK15601、WZK15603、WZK15604、WZK16401、WZK16402、WZK16404、WZK16405、WZK17201、WZK17202、WZK18001、WZK18003、WZK18004、WZK18005、WZK18801、WZK19601、WZK19602、WZK21201、WZK21202、WZK21203、WZK22801、WZK22802、WZK22803、WZK22805、WZK23601、WZK23603、WZK23604、WZK24401、WZK24404、WZK24405、WZK25201、WZK25203、WZK25204、WZK26002、WZK26004、WZK26005、WZK27601、WZK27602、WZK27604、WZK29204、WZK31602、WZK34802等51个钻孔控制（表12-1）。

2）矿体规模、形态及产状

矿体长3600m，单工程厚0.7～52.95m，平均厚度为13.80m。控制标高为3355～2862m，最大埋深为580m（348线）。矿体总体走向近东西，呈近水平舒缓弯曲似层状产出。剖面上以地层及构造向斜为主控形态，严格受向斜构造与夕卡岩带控制，向斜南翼多与石英闪长岩体直接接触。矿体形态在走向上起伏较大，在纵剖面和横剖面上的形态变化亦较大。86～102线矿体出露地表，呈近直立状产出，赋存标高为3130～3355m；116～140线矿体位于向斜南翼，呈近水平似层状，略北倾，赋存标高为2965～3100m；148～180线、244～348线矿体在向斜两翼均有产出，形态随构造呈向形层状分布，赋存标高为2810～3280m；188～236线矿体形态呈不规则脉状、似层状产于夕卡岩带及其与侵入岩接触带附近，赋存标高为2800～3220m。矿体局部有夹石，见分支复合、膨胀收缩现象，品位变化不大（图12-3、图12-4）。矿体单工程最大见矿厚度位于WZK23603（52.95m），最小见矿厚度WZK15603（0.70m）。矿体厚度10m以下者居多，达32个工程点；其次为10～30m，为24个工程点；大于30m的有8个工程点（表12-2）。矿体在走向上为膨大缩小的透镜状，矿体厚度变化系数为89.35%，属厚度变化中等的矿体。

3）主要组分含量变化

控制矿体单工程数量共计64个，单工程TFe品位为21.00%～53.09%，平均品位为35.10%。其中，TFe品位小于25%的有5个，TFe品位为25%～35%的有31个，TFe品位为35%～45%的有22个，TFe品位大于45%的有6个。单工程TFe品位变化系数为19%，属有用组分分布均匀矿体。

矿体中单样品数量共计478件，TFe品位为7.55%～60.45%，算术平均品位为33.88%。其中，TFe品位小于25%的有101件，TFe品位为25%～35%的有174件，TFe品位为35%～45%的有127件，TFe品位大于45%的有76件，单样TFe品位变化系数为28.68%，属有用组分分布均匀矿体。

2. V8号矿体

该矿体位于矿床中东部116～276号勘查线之间，矿体均未出露地表，为一隐伏矿体。

1）矿体产出部位及工程控制情况

V8号主矿体为矿区较大的矿体，由WZK11602、WZK11603、WZK14001、WZK14801、WZK14803、WZK14806、WZK15601、WZK16402、WZK16404、WZK16405、WZK17202、WZK18001、WZK18003、WZK18004、WZK18005、WZK18801、WZK18803、WZK19602、WZK21201、WZK21202、WZK21203、WZK22801、WZK22802、WZK22805、WZK23604、WZK24403、WZK24404、WZK24405、WZK25201、WZK25203、WZK25204、WZK26002、WZK26004、WZK26005、WZK27601、WZK27602、WZK27604共37个钻孔控制（表12-1）。

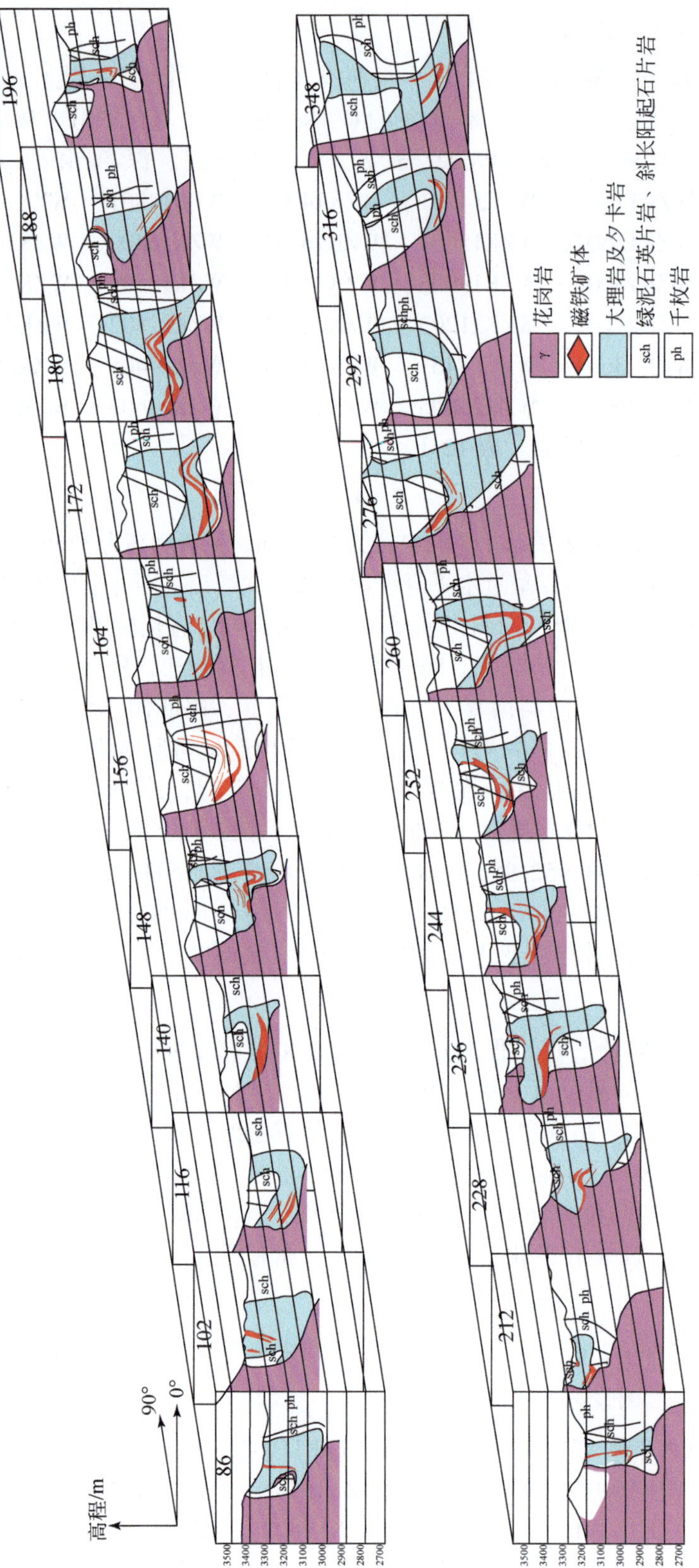

图12-3　喀腊大湾铁矿田7910−7918铁矿联合剖面图(据新疆第一区域地质调查大队，2014)

表12-1　喀腊大湾铁矿田7910–7918铁矿床铁矿体一览表（据新疆第一区域地质调查大队，2014）

序号	矿体编号	控制区间		规模/m		厚度/m		TFe品位/%		产状/(°)		形态	厚度变化系数/%	品位变化系数/%	控制工程	产出特征
		走向(线)	标高/m	长	斜深	区间	平均	区间	平均	倾向	倾角					
1	V1	10~50	3444~3105	910	180	3.48~11.57	7.79	29.61~35.25	32.32	15	51	似层状	79.21	31.21	WTC1001、WTC3401、WZK3401、WTC3401、WTC5001	地表
2	V1-1	34	3528~3165	100	150	1.25	1.25	36.50	36.50	15	51	脉状	—	—	WZK3401	隐伏
3	V2	66	3485~3432	50	—	1.66	1.66	42.15	42.15	355	60	透镜状			WTC6202	地表
4	V3	82	3495~3358	240		15.37	15.37	37.37	37.37	342	70	似层状			WTC8201	地表
5	V4	70~348	3355~2862	3600	280	0.7~52.95	13.80	21~53.09	35.10	345	变化大	波状弯曲的似层状	89.35	19	WTC8201、WTC8601、WTC9001、WTC10201、WTC11001、WTC19601、WTC19602、WZK8601、WZK10201、WZK11602、WZK11603、WZK14001、WZK14002、WZK14801、WZK14802、WZK14803、WZK14806、WZK15601、WZK15603、WZK15604、WZK16401、WZK16402、WZK16404、WZK16405、WZK17201、WZK17202、WZK18001、WZK18003、WZK18004、WZK18005、WZK18801、WZK19601、WZK19602、WZK21201、WZK21202、WZK21203、WZK22801、WZK22802、WZK22803、WZK22805、WZK23601、WZK23603、WZK23604、WZK24401、WZK24404、WZK24405、WZK25201、WZK25203、WZK25204、WZK26002、WZK26004、WZK26005、WZK27601、WZK27602、WZK27604、WZK29204、WZK31602、WZK34802	隐伏
6	V5	90~102	3312~3235	90	75	1.81~4.74	2.76	26.03~37.55	29.39	185	83	脉状			WTC9001、WTC10202、WZK10202	地表
7	V5-1	102	3305~3255	100	50	1.45	1.45	31.50	31.50	188	80	脉状			WZK10202	隐伏
8	V5-2	102	3230~3275	100	45	0.68	0.68	22.10	22.10	188	80	脉状			WZK10202	隐伏
9	V6-1	116	3155~3085	100	125	3.62	3.62	29.59	29.59	350	28	脉状			WZK11602	隐伏
10	V6-2	148~164	3270~2940	300	240	0.61~5.93	5.01	20.55~33.34	27.58	350	18	弯曲脉状	72.62	19.56	WZK14803、WZK15604、WZK15601、WZK15603、WZK16402、WZK16404、WZK16405	隐伏
11	V6-3	188~276	3416~3070	1220	160	1.5~11.48	10.86	20~45.94	30.74	350	36	波状	79.27	24.99	WTC18801、WTC19601、WTC19602、WTC23401、WTC24201、WTC24401、WZK21202、WZK21203、WZK22802、WZK22803、WZK22805、WZK23604、WZK24403、WZK25201、WZK25203、WZK25204、WZK26004、WZK27602、WZK27604	半隐伏
12	V7-1	116	3145~3075	100	125	3.52	3.52	49.78	49.78	350	28	脉状			WZK11602	隐伏

续表

序号	矿体编号	控制区间		规模/m		厚度/m		TFe 品位/%		产状/(°)		形态	厚度变化系数/%	品位变化系数/%	控制工程	产出特征
		走向(线)	标高/m	长	斜深	区间	平均	区间	平均	倾向	倾角					
13	V7-2	148 ~ 164	3206 ~ 3005	300	237	1.0 ~ 2.73	2.30	20.2 ~ 39	26.68	350	12	似层状			WZK14803、WZK15601、WZK15603、WZK15604、WZK16402、WZK16404、WZK16405	隐伏
14	V7-3	180 ~ 188	3116 ~ 2990	200	190	3.07 ~ 5.31	3.91	21.92 ~ 31.57	26.83	350	12	似层状			WZK18003、WZK18004、WZK18801	隐伏
15	V7-4	212	3325 ~ 3280	100	150	1.89 ~ 2.18	2.03	24.70 ~ 33.30	31.47	350	12	脉状			WZK21202、WZK21203	隐伏
16	V7-5	236	3313 ~ 3190	135	130	8.00	8.00	37.17	37.17	350	8	透镜状			WZK23604	
17	V8	116 ~ 276	3355 ~ 2960	2050	224	0.79 ~ 5.86	5.62	20.81 ~ 48.09	38.60	350	8	似层状	167.77	32.58	WZK11602、WZK11603、WZK14001、WZK14801、WZK14803、WZK14806、WZK15601、WZK16402、WZK16404、WZK16405、WZK17202、WZK18001、WZK18003、WZK18004、WZK18005、WZK18801、WZK18801、WZK19602、WZK21202、WZK21202、WZK21203、WZK22801、WZK22802、WZK22805、WZK23604、WZK24403、WZK24404、WZK24405、WZK25201、WZK25203、WZK25204、WZK26002、WZK26004、WZK26005、WZK27601、WZK27602、WZK27604	隐伏
18	V9-1	116 ~ 180	3200 ~ 2824	860	213	1.80 ~ 15.46	5.96	22.16 ~ 47.57	36.28	350	18	似层状	68.06	31.21	WZK11602、WZK11603、WZK14002、WZK14801、WZK14806、WZK15604、WZK16405、WZK17201、WZK17202、WZK18003、WZK18004	隐伏
19	V9-2	260 ~ 276	3147 ~ 2930	300	145	1.18 ~ 8.16	3.58	33.94 ~ 42.50	34.60	350	21	似层状			WZK26005、WZK27602、WZK27604	隐伏
20	V9-3	316 ~ 348	3165 ~ 2920	750	165	2.54 ~ 3.35	2.94	30.30 ~ 30.87	30.48	350	15	似层状			WZK31602、WZK34802	隐伏
21	V10	156	3053 ~ 2967	100	130	1.93	1.93	32.30	32.30	350	43	脉状			WZK15604	隐伏
22	V11	156	2990 ~ 2925	100	100	1.69	1.69	28.60	28.60	350	52	脉状			WZK15604	隐伏
23	V12	164	3103 ~ 3090	100	50	1.58	1.58	2.15	28.15	350	17	透镜状			WZK16402	隐伏
24	V13	164	3098 ~ 3073	100	65	5.39	5.39	29.85	29.85	350	23	透镜状			WZK16402	隐伏
25	V14	164	3090 ~ 3062	100	70	4.54	4.54	25.67	25.67	350	22	透镜状			WZK16402	隐伏
26	V15	164	3058 ~ 3050	100	45	1.03	1.03	44.05	44.05	350	25	透镜状			WZK16402	隐伏
27	V16	228	3210 ~ 3160	100	80	0.38 ~ 1.60	0.99	36.80 ~ 47.80	41.80	350	23	脉状			WZK22801、WZK22802	隐伏
28	V17-1	236	3286	100	75	1.50	1.50	20.70	20.70	350	8	脉状			WZK23604	隐伏
29	V17-2	252	3192 ~ 3176	100	75	2.19	2.19	45.87	45.87	350	8	脉状			WZK25201	隐伏
30	V18-1	236	3274	100	75	1.70	1.70	28.00	28.00	350	8	脉状			WZK23604	隐伏
31	V18-2	252	3192	100	75	2.10	2.10	33.80	33.80	350	8	脉状			WZK25201	隐伏

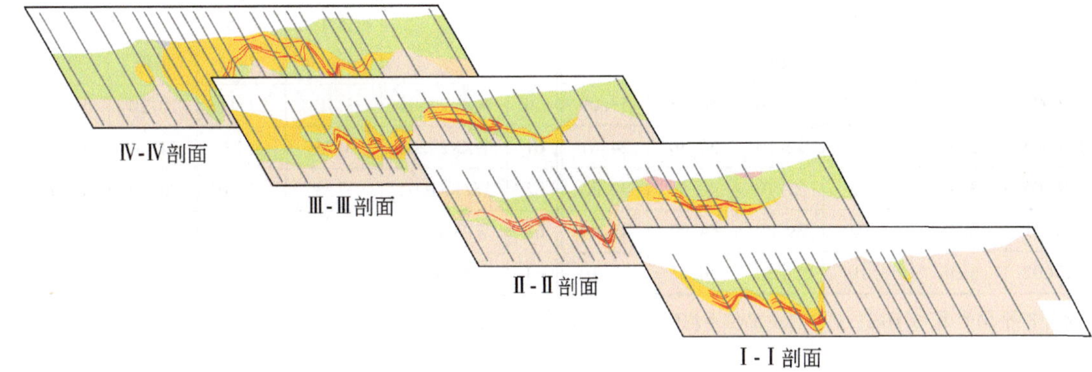

图 12-4 喀腊大湾铁矿田 7910-7918 铁矿联合剖面图（据新疆第一区域地质调查大队，2014）

表 12-2 V4 号主矿体单工程见矿厚度、品位一览表（据新疆第一区域地质调查大队，2014）

序号	工程号	矿体中心标高/m	厚度/m	TFe 品位/%			序号	工程号	矿体中心标高/m	厚度/m	TFe 品位/%		
				最低	最高	平均					最低	最高	平均
1	WTC8201	3315	4.95	23.50	33.20	27.53	28	WZK18001	2975	21.31	21.78	60.45	40.81
2	WTC8601	3293	9.08	32.70	46.20	41.01	29	WZK18003	3050	12.70	12.00	32.50	27.44
3	WTC9001	3320	22.97	26.70	56.20	44.95	30	WZK18004	2958	15.49	20.50	39.09	29.79
4	WTC10201	3317	25.40	20.50	46.30	31.98	31	WZK18005	2935	33.88	20.80	38.60	30.29
5	WTC11001	3310	6.27	33.80	42.90	38.08	32	WZK18801	2997	14.50	30.90	47.80	39.56
6	WTC19601	3348	1.61	49.10	49.10	49.10	33	WZK19601	3316	5.20	25.10	59.10	41.59
7	WTC19602	3350	4.79	34.90	50.00	45.94	34	WZK19602	3173	2.90	20.30	23.70	22.49
8	WZK8601	3181	2.74	32.75	49.75	38.42	35	WZK19602	3116	5.57	27.30	34.03	29.81
9	WZK10201	3190	4.63	25.40	42.50	33.34	36	WZK21201	3254	1.95	31.00	31.00	31.00
10	WZK11602	3036	26.75	20.25	55.30	32.40	37	WZK21202	3245	10.54	20.20	38.20	28.00
11	WZK11603	3006	2.00	36.00	36.00	36.00	38	WZK21203	3265	3.96	39.00	52.90	45.95
12	WZK14001	3091	36.44	20.00	56.30	37.62	39	WZK22801	3190	6.53	37.60	54.60	44.65
13	WZK14002	3100	47.96	20.10	52.40	27.61	40	WZK22802	3240	22.77	23.80	48.05	34.28
14	WZK14801	3038	19.90	22.10	52.05	38.16	41	WZK22803	3220	17.18	23.10	37.00	28.39
15	WZK14801	3142	2.38	25.90	42.05	33.98	42	WZK22805	3240	31.70	20.10	42.90	28.27
16	WZK14802	3012	1.30	21.40	21.40	21.4	43	WZK23601	3170	4.33	41.60	59.20	50.40
17	WZK14803	3015	14.23	21.20	33.65	26.76	44	WZK23603	3215	52.95	20.10	49.20	31.97
18	WZK14806	2985	12.63	23.50	53.50	43.14	45	WZK23604	3205	30.00	21.10	45.30	30.00
19	WZK15601	2960	14.82	26.90	49.00	39.07	46	WZK24401	3233	1.99	27.70	40.35	33.69
20	WZK15603	3087	0.70	21.00	21.00	21.00	47	WZK24401	3175	0.86	26.20	26.20	26.20
21	WZK15604	3024	37.32	20.80	47.30	29.89	48	WZK24404	3120	11.10	23.35	50.15	37.02
22	WZK16401	2980	5.89	23.25	40.85	31.78	49	WZK24405	3170	21.71	20.20	43.40	30.01
23	WZK16402	3008	1.53	21.00	21.00	21.00	50	WZK25201	3150	20.80	20.50	47.80	37.91
24	WZK16404	2990	8.95	27.80	49.15	40.79	51	WZK25203	3273	3.61	15.00	37.50	31.11
25	WZK16405	2993	17.06	21.60	48.60	32.28	52	WZK25204	3168	8.22	29.55	50.20	41.83
26	WZK17201	3025	18.14	21.70	48.05	35.84	53	WZK26002	3117	10.72	35.55	47.40	40.25
27	WZK17202	2880	43.85	21.85	51.00	39.57	54	WZK26004	3161	5.97	23.70	44.85	32.84

续表

序号	工程号	矿体中心标高/m	厚度/m	TFe 品位/%			序号	工程号	矿体中心标高/m	厚度/m	TFe 品位/%		
				最低	最高	平均					最低	最高	平均
55	WZK26005	2943	13.70	45.50	56.85	53.09	60	WZK27604	3110	27.11	20.20	57.00	34.95
56	WZK26005	3263	1.94	20.10	30.30	24.01	61	WZK29204	3175	8.23	24.40	47.95	39.35
57	WZK26005	3285	2.55	27.70	40.40	32.35	62	WZK31602	3123	15.60	20.70	41.90	31.73
58	WZK27601	3075	8.02	39.80	54.90	45.49	63	WZK34802	3025	7.00	26.70	48.90	40.09
59	WZK27602	3036	3.19	27.35	30.85	29.10	64	WZK34802	2972	23.38	7.55	48.35	34.94

注：矿体厚度平均值为 13.80m；矿体 TFe 品位平均值为 34.57%。

2）矿体规模、形态及产状

矿体形态总体呈不很规则近水平的似层状，在相邻剖面上矿体形态变化较大，有的呈似层状，有的剖面中呈帽顶状、透镜状。矿体南端一般厚度迅速变厚，北段一般变薄或分叉，最后尖灭。总体在走向、倾向上具有波状弯曲的产出特征。矿体长 2050m，厚 0.79 ~ 58.60m，平均厚度为 5.62m。控制最大斜深（180 线）475m，最小斜深（196 线）75m，平均为 224m。矿体单工程最大见矿厚度位于 WZK26005（58.60m），最小见矿厚度于 WZK22801（0.79m）。矿体厚度为 0.79 ~ 5m 的居多，有 30 个工程点，其次为 5 ~ 15m，有 8 个工程点，大于 15m 的有 3 个工程点（表 12-3）。矿体在走向、倾向上为膨大缩小的似层状，矿体厚度变化系数为 167.77%，属厚度变化复杂的矿体。总体走向近东西，呈近水平的舒缓波状产出，严格受地层及夕卡岩带控制（图 12-3、图 12-4）。

表 12-3　V8 号主矿体单工程见矿厚度、品位一览表（据新疆第一区域地质调查大队，2014）

序号	工程号	矿体中心标高/m	厚度/m	TFe 品位/%			序号	工程号	矿体中心标高/m	厚度/m	TFe 品位/%		
				最低	最高	平均					最低	最高	平均
1	WZK11602	3062	6.83	25.28	33.75	28.99	22	WZK21202	3264	12.32	20.20	53.8	39.26
2	WZK11603	3018	2.05	29.10	29.10	29.10	23	WZK21203	3275	5.04	22.10	35.30	27.07
3	WZK14001	3133	1.98	38.10	38.10	38.10	24	WZK22801	3222	0.79	38.50	38.50	38.50
4	WZK14801	3134	4.43	24.35	33.20	25.35	25	WZK22802	3270	11.75	20.50	38.50	28.93
5	WZK14801	3095	5.81	24.90	31.20	27.80	26	WZK22805	3279	4.96	22.40	51.80	40.74
6	WZK14802	3036	1.63	27.50	27.50	27.50	27	WZK23604	3267	1.80	27.30	27.30	27.30
7	WZK14806	3008	2.75	29.20	31.80	30.50	28	WZK24403	3282	1.71	23.25	29.40	26.37
8	WZK15601	3006	3.43	21.90	49.55	33.47	29	WZK24404	3150	3.45	39.95	45.60	42.73
9	WZK16402	3033	1.51	25.00	25.00	25.00	30	WZK24405	3200	1.50	21.00	21.00	21.00
10	WZK16404	3015	1.18	34.60	34.60	34.60	31	WZK25201	3166	1.03	32.85	32.85	32.85
11	WZK16405	3006	4.78	20.3	22.45	20.81	32	WZK25203	3288	1.14	29.00	29.00	29.00
12	WZK17202	2915	1.28	44.30	44.30	44.30	33	WZK25204	3222	1.02	37.30	37.30	37.30
13	WZK18001	2999	6.54	25.10	42.60	33.60	34	WZK26002	3139	3.28	21.50	30.10	28.37
14	WZK18003	3082	7.33	40.20	54.20	45.21	35	WZK26004	3185	18.90	34.2	58.9	45.79
15	WZK18004	2980	2.33	27.90	38.15	33.03	36	WZK26005	3304	1.58	20.15	34.10	29.26
16	WZK18005	2972	23.23	21.40	45.20	29.26	37	WZK26005	3235	5.43	23.70	41.10	31.69
17	WZK18801	3056	1.99	23.30	23.30	23.30	38	WZK26005	3017	58.60	24.00	63.10	48.09
18	WZK18803	3105	3.17	25.85	26.10	25.99	39	WZK27601	3102	1.27	26.50	26.50	26.50
19	WZK19602	3150	2.79	21.88	45.55	30.82	40	WZK27602	3052	2.35	37.85	37.85	37.85
20	WZK19602	3136	2.88	38.45	38.45	38.45	41	WZK27604	3132	3.15	26.00	36.90	31.45
21	WZK21201	3265	1.28	26.00	26.00	26.00		矿体平均值		5.62			38.60

3）主要组分含量变化

矿体单工程 TFe 品位为 20.81%~48.09%，平均品位为 38.60%，矿体中单样 TFe 最大值为 63.10%、最小值为 20.15%，分布区间如下：TFe 品位小于 25% 的有 3 个工程点，TFe 品位为 25%~40% 的有 32 个工程点，TFe 品位大于 40% 的有 6 个工程点，品位变化系数为 32.58%，属有用组分分布均匀矿体。

12.1.4　资源量估算

1）铁矿床工业指标的确定

根据 1987 年国家储委出版的《矿产工业要求参考手册》、1999 年新疆维尔自治区地质矿产厅签发的《地质矿产勘查标准汇编》、2002 年自然资源部发布的《铁、锰、铬矿地质勘查规范》，确定本次资源量估算铁矿工业指标如下：边界品位 TFe≥20%；最低工业品位 TFe≥25%；最低可采厚度≥1m；夹石剔除厚度≥1m。

2）资源量计算方法的选择

喀腊大湾铁矿田 7910–7918 铁矿床中，主矿体 V4 号矿体厚度大，形态较复杂，受向斜构造控制，矿体分布范围内无大的成矿后期断裂破坏，矿体在各见矿工程、剖面间对应连续性相对较好，具有较明显的规律。钻探布置采用规则的勘探网，均布置在相互平行的勘查线上。故本矿区对矿体形态变化较复杂的矿体采用垂直断面法估算资源量，计算工作主要在主勘查线剖面图上进行，纵剖面图仅起到对矿体的对比连接作用。

3）矿石体重的计算

详查工作共采集合格小体重样 100 件，来自探槽、平硐、钻孔。采样时充分考虑到矿石品位分布、矿体大小、矿体赋存岩性、矿石结构构造、矿体的空间分布等因素。达到了在控制主矿体的同时兼顾其他较小矿体的目的。样品分布合理，具有较好的代表性。

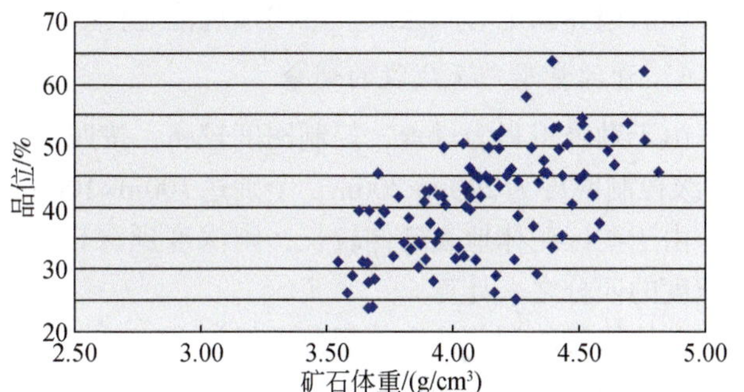

图 12-5　体重与品位散点图（据新疆第一区域地质调查大队，2014）

从矿区 100 件小体重样所构成的散点图（图 12-5）可以看出，小体重值为 3.56 ~ 4.81g/cm³。矿石的小体重与其品位呈明显线性相关关系，样品品位较高时，体重也相对较大。通过体重与品位的关系求得相关系数为 0.595734，一元线性回归方程为 $Y=0.021829X+3.229783$。本书采用块段品位作为变量求得相对品位下矿体块段的体重，使得矿床资源量估算的参数能够达到真实、客观反映矿区不同地段矿石体重的目的。

4）垂直剖面法矿体体积的计算

矿体采用水平断面法来估算资源量，其参数确定如下。

垂直剖面法的体积计算公式为

$$V=\frac{S_1+S_2}{2}\times L \tag{12-1}$$

$$V=\frac{S_1+S_2+(S_1\times S_2)^{1/2}}{3}\times L \tag{12-2}$$

$$V=\frac{S\times L}{2} \tag{12-3}$$

式中，V 为两相邻剖面间矿体的体积，m³；L 为两相邻剖面的水平间距，m；S_1、S_2 为两相邻剖面的矿体截面积，m²，$S_1>S_2$；S 为单剖面上矿体截面积，m²；并且在 $|(S_1-S_2)|/S_1\times100\%<40\%$ 时，用式（12-1）；在 $|(S_1-S_2)|/S_1\times100\%\geq40\%$ 时，用截锥体公式［式（12-2）］；在仅一个剖面见矿，矿体呈

楔形尖灭时，块段体积用楔形体积公式［式（12-3）］。

垂直剖面法面积在勘查线剖面图中利用计算机在 MAPGIS 平台上一次成图测定求得；利用垂直剖面法来估算资源量时，矿体厚度仅作参考指标；矿体平均品位指的是加权平均。

单工程真厚度的计算按有关规范进行，主要涉及参数有单样长或多个样品长度、工程导线方向与矿体走向夹角、工程穿过矿体时坡度角（或钻孔顶角）、矿体倾角。

块段平均真厚度为块段内各工程点真厚度之和的算术平均值；单工程平均品位、块段平均品位、矿体平均品位、矿床平均品位按相关规范进行确定计算。块段面积在垂直纵投影图面上进行面积测定。

5）矿体的圈定及资源量估算边界的确定

矿床的控制及研究程度已达详查要求，根据控矿因素、矿体产出特征规律，确定矿床为先期喷流沉积后期夕卡岩改造型矿床。主要矿体受向形构造控制呈似层状沿向形两翼分布，矿体产状完全受向形控制。矿体连接以总的矿体形态、产状及矿化规律为依据，通过不同方向剖面对比，合理确定矿体连接原则。剖面图上，矿体边界用曲线连接矿体外推皆推至零尖灭点，一般剖面两工程间所圈定矿体厚度不大于相邻两工程实际见矿厚度。个别地段为了矿体的连续性，将小于最小可采厚度的矿体也进行了圈连。

按工业指标规定，凡全铁品位≥20% 的单个样品皆圈入矿体，矿体内允许带入单样品位<20% 的样品，但其连续出现的厚度不得大于夹石剔除厚度（1.0m），且须同时满足样品段平均品位≥20%；为了保证矿体的连续性，减少复杂程度，对凡全铁品位≥20% 的矿体进行全部圈连。对低品位矿体按有关规范处理。

矿体圈连是在单工程矿体圈定的基础上，在剖面图上用曲线将相邻工程上的各矿体边界点连接而成。各矿体的边界圈定有限无限外推均按规范进行。

6）资源量类别及块段的划分

由于勘查工程为详查，控制网度较高，按照国家有关规定，达到了资源量类型 332 级和 333 级，其中 332 级控制网度为 200m×200m，个别达 100m×100m，333 级控制网度大于 200m×200m、小于 400m×400m。

由于矿区矿体地表延伸较长，则深度延深较大的特点，对仅有地表工程控制的矿体，推深按矿体出露长度的四分之一计算。

矿体块段的划分按有关规范进行。

7）资源量估算结果

经过新疆第一区域地质调查大队 2011～2015 年的普查和详查工作，喀腊大湾铁矿田 7910–7918 铁矿床共求得矿石量（332+333）80461760t，矿区平均品位为 34.37%。其中 332 矿石量为 28584459t，333 矿石量为 51877301t，332 占比 35.53%；低品位矿石量为 435018t，工业矿石量为 80026742t，工业矿石量占比 99.46%（表 12-4）。

表 12-4　喀腊大湾铁矿田 7910–7918 铁矿资源量估算结果汇总表

（据新疆第一区域地质调查大队，2014）

矿段编号	矿体编号	332 矿石量/t	333 矿石量/t	低品位矿石量/t	工业矿石量/t	平均品位/%	总矿石量/t
V	V1	562618	4067279		4629897	32.32	4629897
	V3		895390		895390	37.37	895390
	V4	22026086	31831207		53857293	35.10	53857293
	V5		111533		111533	29.39	111533
	V5-1		31584		31584	31.50	31584
	V5-2		15164	15164		22.10	15164
	V6-1		124991		124991	29.59	124991
	V6-2	204116	383944	97928	490132	27.58	588060

续表

矿段编号	矿体编号	332矿石量/t	333矿石量/t	低品位矿石量/t	工业矿石量/t	平均品位/%	总矿石量/t
V	V6-3	96037	3164730		3260767	30.74	3260767
	V7-1		126676		126676	49.78	126676
	V7-2	186547	332728	58664	460611	26.68	519275
	V7-3		363770	36156	327614	26.83	363770
	V7-4		103069		103069	31.47	103069
	V7-5		171214		171214	37.17	171214
	V8	5104053	5489535	41781	10551807	38.60	10593588
	V9-1	405002	3225853	168316	3462539	36.28	3630855
	V9-2		479604		479604	34.60	479604
	V9-3		658975		658975	30.48	658975
	V10		43087		43087	32.30	43087
	V11		22932		22932	28.60	22932
	V12		14993		14993	28.15	14993
	V13		44989		44989	28.95	44989
	V14		39607		39607	25.67	39607
	V15		10898		10898	44.05	10898
	V16		30410		30410	36.80	30410
	V17-1		17009	17009		20.70	17009
	V17-2		21991		21991	45.87	21991
	V18-1		28746		28746	28.80	28746
	V18-2		25393		25393	33.80	25393
合计		28584459	51877301	435018	80026742	平均品位34.37	80461760

其中最大铁矿体V4号单矿体达到5386万t，与前期项目专题5年前初步推断7910铁矿Ⅰ号矿体5500万t非常吻合。

值得指出的是主矿体V4号深部控制没有封边，储量计算只考虑了280m延深。如果其他指标不变，延深按矿体长度的六分之一（600m）计算，则该矿体矿石量就超过1.15亿t。

12.2 泉东铅锌矿找矿示范区

泉东铅锌矿是本研究团队在2011年根据对成矿后断裂构造的运动学和位移的精确确定而发现的，是以矿田构造、构造控矿为主线，综合运用多元信息解决找矿预测的典型实例。泉东铅锌矿区位于喀腊达坂北东2～5km处，海拔为3500～3928m，相对高差大于400m，沟谷纵横，地形切割强烈，交通困难。东西长4.38km，南北宽2.31km，面积约为10km^2。

12.2.1 泉东铅锌矿发现过程

泉东铅锌矿是喀腊达坂铅锌多金属矿床被北西向断裂断错的一部分。喀腊达坂铅锌多金属矿床是阿尔金成矿带（红柳沟-拉配泉一带）近年发现并勘查的唯一大型矿床，在原1∶20万化探异常基础上，2000年新疆第一区域地质调查大队1∶10万化探圈定异常，2002～2005年开展地表工程控制，进展不大，2006年进行深部钻探工程控制，取得突破。本团队研究认为属于火山成因块状硫化物型（VMS）矿床，成矿作用与岛弧火山喷发作用关系密切，矿化带与矿体受火山岩特殊层位和岩性控制；该矿床以铅锌为主，共生铜金，至2010年新疆第一区域地质调查大队完成详查，其铅锌铜储量已经达到大型规模。然而在勘查过程中，虽然在2006年完成的1：1万地质草测图就发现了矿床的东段被北北西向泉水断裂（沿该断裂在4337高地南侧出露多个泉水而得名）断错，但是断到哪里去了一直没有引起重视，也未开展相应的调查。

1. 科学问题与研究任务目标的一致性

本团队在国家科技支撑计划项目立项中就将矿床与构造的关系作为主要科学问题之一，针对“喀腊达坂铅锌多金属矿床东端被北北西向后期断裂活动断错，断裂的东侧矿化带的确切位置没有查明”的实际情况（图12-6），团队将“成矿后斜向断裂的运动学特点和位移量的确定”作为最重要的研究任务之一，以“查明北北西向断裂东侧矿化带的确切位置”作为主要研究目标之一。

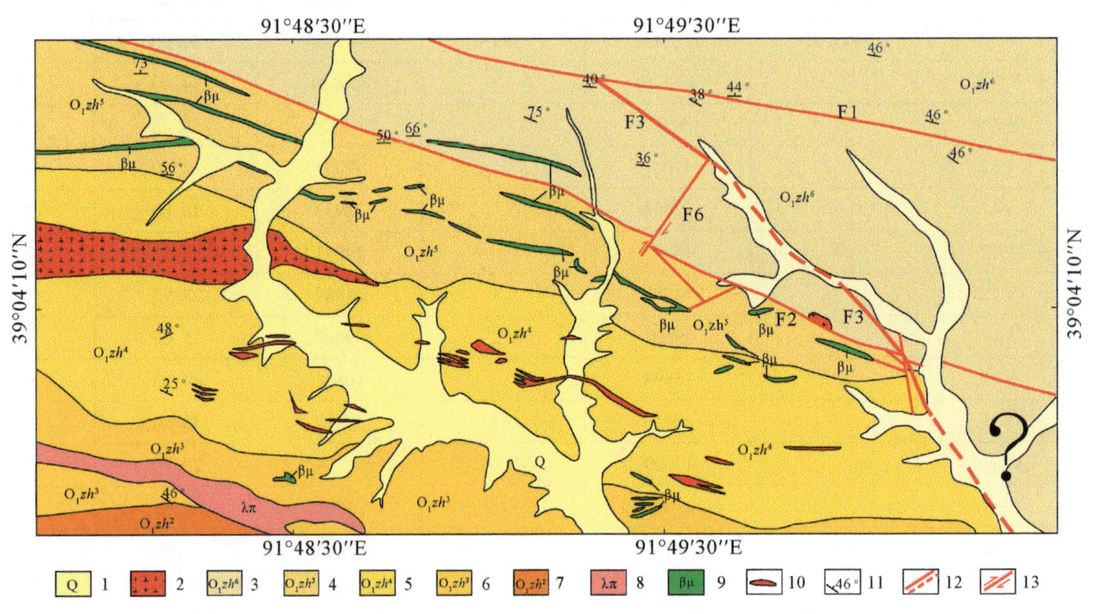

图12-6　喀腊达坂铅锌矿地质图

1. 第四系；2. 花岗闪长岩；3. 卓阿布拉克组第六岩性段；4. 卓阿布拉克组第五岩性段；5. 卓阿布拉克组第四岩性段；6. 卓阿布拉克组第三岩性段；7. 卓阿布拉克组第二岩性段；8. 石英钠长斑岩；9. 辉绿岩脉；10. 铅锌矿体；11. 地层产状；12. 性质未明（推测）断层；13. 走滑断层

2. 遥感影像资料初步分析

遥感影像资料具有宏观性、客观性，受人为因素干扰少等特点，在多元信息成矿预测中，往往是重要的信息源之一。在2011年开展野外地质调查之前，通过室内资料综合研究，结合遥感影像分析（图12-7），团队对北北西向泉水断裂的特点有了初步认识。

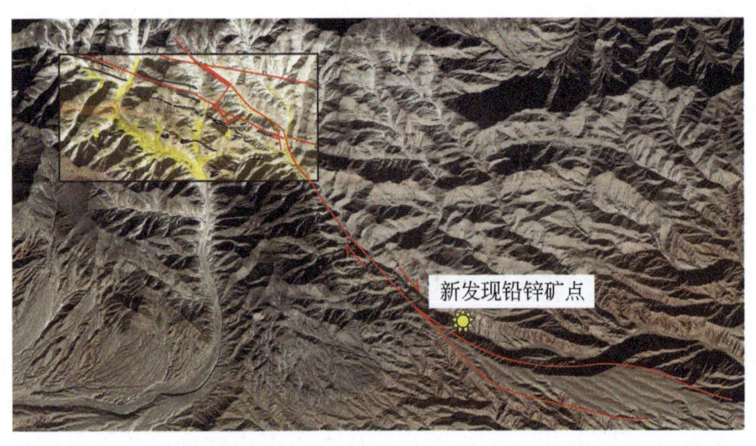

图12-7　喀腊达坂铅锌矿东部地质与遥感影像叠制图

3. 断矿断裂运动学研究与位移确定

野外工作期间通过地表追索、探槽揭露，特别是对断裂旁侧小构造的观测分析、断层破碎带内断层泥的叶理及其与主断裂关系等研究（图 12-8），确定断裂走向北北西（约 340°）、倾向北东，并准确地确定了该断裂具有右行正断的运动学特征（图 12-8、图 12-9）。同时通过地表追索、标志层对比、遥感影像分析，确定了该断裂的右行走滑位移约 1.2km（其中主断裂位移约 1.0km，其西侧三条次级断裂合计位移约 0.2km）（图 12-7、图 12-9a～c）。

图 12-8　揭露喀腊达坂铅锌矿北北西向断裂的探槽及断裂带内片理与小褶皱构造

a-揭露喀腊达坂东侧北北西向泉水断裂西 2 探槽全景，断裂位置显示鞍部地貌，见黑色断层泥、破碎带及大理岩透镜体；b-揭露喀腊达坂北北西向泉水断裂西 1 探槽全景，见大理岩被右行断错，在断裂带内见大理岩透镜体（断片），显示平面上为右行断错；c-揭露喀腊达坂东北北西向泉水断裂西 2 探槽 26m，大理岩断片与北侧断层泥接触关系；d-揭露喀腊达坂东北北西向泉水断裂西 2 探槽 32m，断裂破碎带中灰黑色断层泥，北西壁；e-断裂片理化带中片理和小褶皱，指示剖面上的正断活动，西 2 探槽 6m；f-断裂带内片理化带中片理和小褶皱指示剖面上为正断，西 2 探槽 4m

4. 沿泉水断裂地表追索

野外沿泉水断裂自北西向南东追索及调查显示，在北北西向泉水断裂东侧，喀腊达坂铅锌多金属矿床的矿化带被断错部分出现了，并继续向东延伸。矿化带出露位置自 39°03′36″、91°50′08″到 39°03′04″、91°51′23″，地表延伸长度约 1.85km，再往东被 E_3—N_1 红层不整合覆盖（图 12-9d）。主要岩性及其分层、蚀变特点均与喀腊达坂铅锌矿完全一样。矿体在地表绝大多数已风化为褐铁矿和黄钾铁矾，仅在北西向冲沟的沟底见到原生和微风化矿体，可见原生闪锌矿，断续出露长度达 145m，宽 2～3m，赋矿岩石为晶屑凝灰岩（图 12-9e、f），找矿前景良好。

5. 初次拣块样品含矿性分析

2011 年首次发现泉东铅锌矿时，对地表风化-半风化含矿中酸性火山岩进行了拣块采样，其铜铅锌成矿元素含量测试结果见表 12-5。Pb+Zn 品位为 0.6%～1.1%（表 12-5 中 3、6、9 和 10）。

发现泉东铅锌矿后，本团队当即将找矿信息告知合作单位——新疆第一区域地质调查大队，并亲自带新疆第一区域地质调查大队六分队项目负责祁万修高工和地质工程师李希良一同去泉东铅锌矿，2012～2013 年新疆第一区域地质调查大队对泉东铅锌矿实施了普查项目。

2012～2013 年泉东铅锌矿区普查项目完成的主要工作量：1∶10000 地质草图 10km^2、1∶10000 激电剖面 20km、测深点 8 个。针对矿化蚀变带开展 1∶2000 地质草（修）测 2.10km^2，槽探 1905.52m^3。针对圈定的蚀变带、激电异常区，分别在 28 线、00 线、15 线施工了 QZK2801、QZK0001、QZK1501 孔，累计进尺 1002.40m。通过上述工作，大致查明了矿化蚀变带特征，矿体的规模、形态、产状及矿石质量特征。

图 12-9　喀腊达坂铅锌矿东侧北北西向泉水断裂及其两侧矿化蚀变带照片

a-喀腊达坂东侧泉水断裂呈弧形，北西段为北西向，南东段为北北西向，平面上显示为右行，断距 1.2km；b-北北西向泉水断裂，平面上显示为右行；c-喀腊达坂东侧北北西向泉水断裂，平面上显示为右行，示意已有矿床（矿化带）及其被断错后的相对位置，断距约 1.2km；d-在泉水断裂东侧新发现的被断错的喀腊达坂铅锌矿另一半（泉东铅锌矿），矿化带地表出露长度约 1.85km；e-泉水断裂东侧新发现矿化蚀变带局部，半风化，可见新鲜闪锌矿；f-泉水断裂东侧新发现矿化蚀变带局部，风化，可见鲜黄色的黄钾铁矾化

表 12-5　泉东铅锌矿成矿元素测试结果　（单位：μg/g）

序号	样品原号	样品位置	岩性	Cu	Zn	Pb
1	K275-3	达坂东段（泉东）	含 Py 酸性火山岩	6.40	30.4	203
2	K275-4	达坂东段（泉东）	含 Py 酸性火山岩	8.61	223	9.67
3	K276-3	达坂东段（泉东）	风化铅锌矿石	117	6055	53.9
4	K277-2	达坂东段（泉东）	矿化酸性火山岩	37.4	1080	360
5	K277-3	达坂东段（泉东）	矿化酸性火山岩	16.5	497	126
6	K278-1①	达坂东段（泉东）	半风化铅锌矿石	165	5404	2205
7	K278-2②	达坂东段（泉东）	半风化铅锌矿石	159	1071	713
8	K396-2	达坂东段（泉东）	矿化酸性火山岩	49.3	329	115
9	K397-1①	达坂东段（泉东）	半风化铅锌矿石	147	7868	3705
10	K397-1②	达坂东段（泉东）	半风化铅锌矿石	212	4230	1793

12.2.2　矿区地质特征

泉东铅锌矿区在区域上与喀腊达坂铅锌矿、喀腊大湾铜锌矿、翠岭铅锌矿均属同一成矿带内的同一套地层，即下-中寒武统喀腊大湾组（$\epsilon_{1\text{-}2}k$）。其分布广泛，构成了工作区的主体。通过综合分析研究，依据沉积建造、环境、火山活动、岩性组合、变质变形特征、岩石学和矿物学等明显差异，对比翠岭铅锌矿、喀腊达坂铅锌矿矿体产出地层，由老至新进一步划分为 4 个岩性段（图 12-10）。

1. 地层

矿区地层走向近东西，倾向北，整体上为一北倾单斜岩层，局部岩层发生褶皱。区内出露地层主要为下-中寒武统喀腊大湾组（$\epsilon_{1\text{-}2}k$），东南部出露古近系干柴沟组（E_3—N_1g），区内冲沟中有少量第四系残坡积物（Qh^{esl}）、洪冲积物（Qh^{pal}）。以下-中寒武统喀腊大湾组（$\epsilon_{1\text{-}2}k$）为主体，岩性为一套浅海相

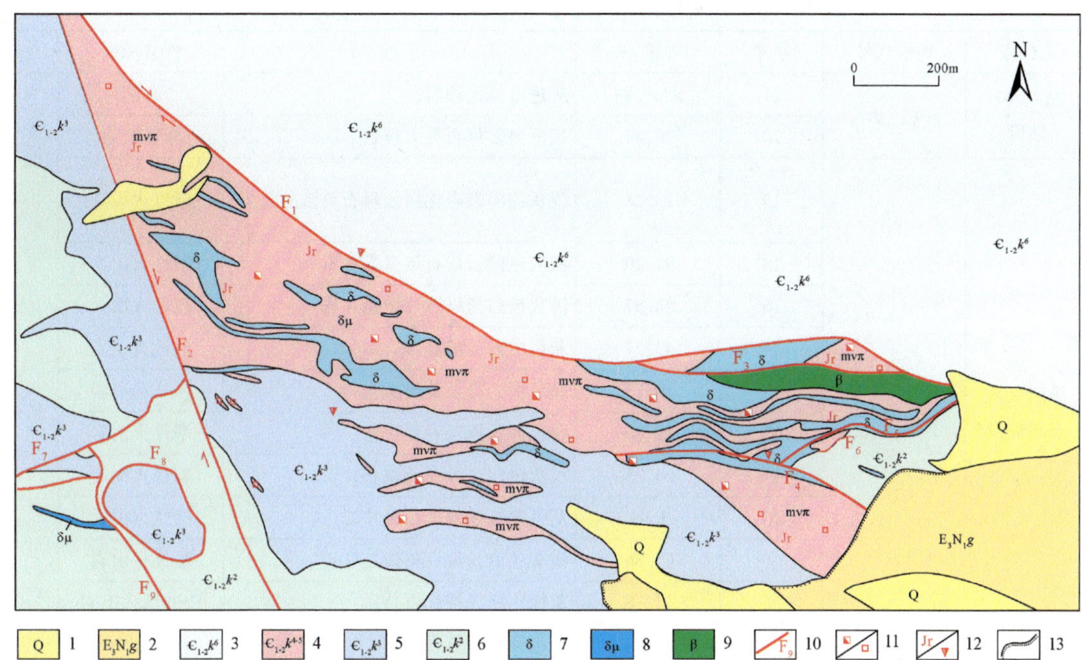

图12-10　若羌县泉东铅锌矿区地质图（据新疆第一区域地质调查大队，2015）

1. 第四系；2. 干柴沟组；3. 喀腊大湾组第六岩性段；4. 喀腊大湾组第四-第五岩性段（变霏细岩+英安质晶屑凝灰岩）；5. 喀腊大湾组第三岩性段；6. 喀腊湾组第二岩性段；7. 细粒闪长岩；8. 闪长玢岩；9. 玄武岩；10. 断层及编号；11. 褐铁矿化/黄铁矿化；12. 黄钾铁矾化/闪锌矿化；13. 不整合面

正常沉积中-浅变质碎屑岩、碳酸盐岩及中基-中酸性火山岩，普遍具有较强变质变形。

1）下-中寒武统喀腊大湾组

其层序以P01号剖面为例，由老至新的顺序叙述如下（表12-6）。

（1）喀腊大湾组第二岩性段（Є$_{1-2}k^{2}$）：该段主要分布于矿区南西部，出露面积为0.89km^2，约占矿区总面积的9%，不含矿。经岩矿鉴定确认出露岩性主要为灰色、黑灰色泥质粉砂岩、深灰色绢云母长英质板岩夹少量灰色透镜状大理岩，总体为一套正常沉积的碎屑岩建造。岩石中不含矿化，地貌呈较平缓的开阔洼地，与第三岩性段（Є$_{1-2}k^{3}$）呈整合或断层接触，厚度>580.79m，未见底。该岩性段岩石中具有较强的区域变形变质，后期叠加有较强烈的动力变质，见灰绿色中基性脉岩穿插，导致该段地层支离破碎，分布零星。经岩矿鉴定确认中基性脉岩体为闪长玢岩。灰色绢云母长英质板岩为显微鳞片隐晶变晶结构，板状构造。岩石经变质作用，均变质重结晶成隐晶状长英质、显微鳞片状绢云母、绿泥石集合体，鳞片状矿物平行定向排列，原岩结构无残留，仅残留少量碎屑，次圆状，粒径<0.06mm。变质矿物100%（绢云母20%、绿泥石10%、长英质70%），少量粒状磁铁矿。

（2）喀腊大湾组第三岩性段（Є$_{1-2}k^{3}$）：广泛分布于矿区西部、中西部，向东南被新近系、第四系沉积覆盖。受断裂构造的影响，多呈孤岛状分布，出露面积为0.86km^2，约占矿区总面积的9%，厚度为319.29m，岩石中几乎不含矿化，地貌多呈较高山体。西部与第二岩性段（Є$_{1-2}k^{2}$）、第四—第五岩性段（Є$_{1-2}k^{4-5}$）、第六岩性段（Є$_{1-2}k^{6}$）呈断层或整合接触，中西部与第四—第五岩性段（Є$_{1-2}k^{4-5}$）呈整合接触。出露岩性主要为灰绿色、灰黄色变质英安岩夹变质霏细岩（主要由浅灰色白云母微晶片岩、灰色白云母石英微晶片岩、灰色钾长石英岩等组成）。以斑状结构、块状构造为主，局部可见条带状、片状构造，由长英质矿物及少量绢白云母、绿泥石组成。原岩为一套以中基性火山岩为主的火山熔岩夹中酸性火山岩建造。

（3）喀腊大湾组第四—第五岩性段（Є$_{1-2}k^{4-5}$）：下-中寒武统喀腊大湾组第四—第五岩性段是矿区的含矿层位，在喀腊达坂铅锌矿第四与第五岩性段界线比较明显，本矿区两者分界不明显。为便于同一成矿带赋矿岩性段的对比，将该区第四与第五岩性段划为赋矿岩性段（Є$_{1-2}k^{4-5}$）。

表 12-6　泉东铅锌矿区地层一览表（据新疆第一区调队，2015）

时代	岩性段	地层代号	层序	厚度/m	岩性	恢复原岩	典型剖面
下-中寒武统喀腊大湾组	第六岩性段	$€_{1-2}k^6$	21	>337.94	灰色微晶大理岩	灰岩	P01 号剖面
			20	26.44	灰色黑云母石英大理岩	泥质灰岩	
	第四—第五岩性段	$€_{1-2}k^{4-5}$	19	13.28	浅灰色碎裂岩化白云母石英微晶片岩	酸性火山岩	
			18	31.29	浅灰色白云母石英微晶片岩	酸性火山岩	
			16	44.57	浅灰色白云母石英微晶片岩	酸性火山岩	
			14	43.27	灰色白云母微晶岩	酸性火山岩	
			13	19.73	灰色绢云母长英质板岩	泥质粉砂岩	
			12	19.89	灰色钾长黑云石英片岩	酸性火山岩	
			11	64.25	浅灰色白云母石英微晶片岩	酸性火山岩	
			10	3.99	灰色钾长黑云母石英片岩	酸性火山岩	
			9	65.86	浅灰色白云母石英微晶片岩	酸性火山岩	
			8	17.78	灰绿色绿泥钾长石英岩	中酸性火山岩	
			7	85.94	灰色钾长石英岩	酸性火山岩	
	第三岩性段	$€_{1-2}k^3$	6	204.41	黄灰色变质英安岩	酸性火山岩	
			4	114.88	黄灰色变质英安岩	酸性火山岩	
	第二岩性段	$€_{1-2}k^2$	5	95.01	灰色绢云母长英质板岩	泥质粉砂岩	
			3	3.49	灰色绢云母长英质板岩	泥质粉砂岩	
			1	>482.29	灰色泥质粉砂岩	泥质粉砂岩	

该段位于矿区中西部，呈北东-南西向展布，为铅锌矿含矿层位。南部与第三岩性段整合接触，西部与第三岩性段呈断层接触，北部与第六岩性段呈断层接触。从变质岩原岩恢复看出，该岩性段原岩为一套中酸性次火山岩（变质霏细岩）。岩石普遍发生区域变质，主要由浅灰色钾长石英岩、灰色绿泥钾长石英岩、浅灰色钾长黑云母石英片岩、浅灰色白云母微晶片岩、浅灰色白云母石英微晶片岩等组成。多具显微鳞片粒状变晶结构，片状、定向、条带状构造发育。出露面积为 0.53km²，约占矿区总面积的 5%，厚度为 409.85m。该岩性段岩石中具有较强的区域变形变质，后期叠加有较强烈的动力变质，并见灰绿色中基性脉岩穿插，经岩矿鉴定确认基性岩脉为辉长岩，中酸性岩脉为细粒闪长岩、闪长玢岩。主要由以下岩性组成。

灰色黑云母石英微晶片岩：灰色，显微鳞片粒状变晶结构，片状构造。岩石经变质作用后，由变质矿物长石、石英、黑云母组成。长石、石英呈他形微粒状，粒径<0.1～0.03mm，长石为钾长石，可见条纹结构，石英波状消光，长轴平行定向排列（钾长石少量、石英 80%）。黑云母呈片状，片径为 0.03～0.1mm，黄色-褐色，可见绿泥石化，多富集成条带状集合体平行定向排列（20%）。另有少量白云母、磷灰石。

浅灰色钾长石英岩：浅灰色，粒状变晶结构，块状构造。岩石经变质作用后，由变质矿物长石、石英组成，原岩结构无残留，仅见少量钾长石、斜长石残留，粒径为 0.5～1.0mm。长石、石英呈他形微粒状，粒径<0.2～0.03mm，长石为钾长石，具条纹结构，石英波状消光，彼此呈紧密镶嵌状接触，粗细分布不均匀（钾长石 20%、石英 78%）。黄铁矿呈粒状（2%），粒径为 0.05～0.3mm，可见黄钾铁矾化。少量粒状、柱状磷灰石，粒径为 0.1～0.6mm。

浅灰色变质霏细岩：浅灰色，斑状结构，基质具变余霏细结构，定向构造。岩石由斑晶和基质组成。斑晶含量为 3%，由熔蚀状斜长石组成，粒径为 0.4～0.1mm，聚片双晶不发育，轻微泥化，含量为 1%。钾长石呈熔蚀状，粒径为 0.4～0.1mm，双晶不发育，轻微泥化，含量为 2%。基质为 97%，主要由霏细状长英质集合体组成，在长英质之间分布显微鳞片状绢云母（约 15%）、绿泥石（5%）集合体，多已变质重结晶。鳞片状矿物常聚集呈细长条带状定向分布。黄铁矿少量，粒状，粒径为 0.4 ~ 0.1mm。

浅灰色白云母石英微晶片岩：浅灰色，显微鳞片粒状变晶结构，片状构造。主要由变质矿物长石、石英、白云母组成。长石、石英呈他形粒状，粒径<0.1mm，长石为斜长石及钾长石，石英具波状消光，长轴定向。以石英为主（64%），长石少量。白云母呈显微鳞片状，片径<0.1mm，长轴平行定向排列，含量为 30%。绿泥石呈显微鳞片状，片径<0.1mm，长轴平行定向排列，含量为 2%。黄铁矿呈粒状，粒径为 0.3 ~ 0.1mm，含量为 2%。原岩残留少量零星长石，多为钾长石，少量斜长石，粒状，粒径为 0.4 ~ 0.1mm，含量为 2%。

灰绿色二云石英微晶片岩：灰绿色，显微鳞片粒状变晶结构，片状构造。岩石经变质作用后，均由变质矿物石英、黑云母、白云母、方解石组成。石英呈他形粒状，粒径<0.1mm，具波状消光，长轴定向，含量为 60%。白云母呈显微鳞片状，片径<0.1mm，长轴平行定向排列，含量为 10%。黑云母呈显微鳞片状，片径<0.1mm，具褐色-浅黄色多色性，长轴平行定向排列，含量为 20%。方解石呈粒状，粒径<0.1mm，含量为 10%。少量粒状绿帘石、黄铁矿。

灰色绿泥石石英微晶片岩：灰色，显微鳞片粒状变晶结构，片状构造。岩石经变质作用后，均由变质矿物长石、石英、绿泥石组成。长石、石英呈他形粒状，粒径<0.1mm，长石为斜长石，石英具波状消光，长轴定向。石英为主（68%），长石少量。绿泥石呈显微鳞片状，长轴平行定向排列，含量为 30%。黄铁矿呈粒状，粒径为 0.4 ~ 0.02mm，部分分布于微裂纹中，含量为 2%。

灰绿色绿泥石石英岩：灰绿色，显微鳞片粒状变晶结构，定向构造。岩石经变质作用后，均由变质矿物长石、石英、白云母、绿泥石组成。长石、石英呈他形粒状，粒径<0.1mm，长石为斜长石，石英具波状消光，长轴定向分布，含量为长石 5%、石英 75%。绿泥石呈显微鳞片状，片径<0.1mm，长轴平行定向排列，含量为 15%。白云母呈显微鳞片状，片径<0.1mm，长轴平行定向排列，含量为 5%。少量粒状黄铁矿，粒径为 0.2 ~ 0.1mm。

（4）喀腊大湾组第六岩性段（$\epsilon_{1\text{-}2}k^6$）

该段分布于矿区北部，与第四、第五岩性段断层接触，不含矿，地貌上形成较高山体。主要岩性为灰色中厚-中薄层状黑云母石英大理岩与浅灰绿色微晶大理岩不均匀互层，夹少量灰黑色钙质粉砂岩、碳质粉砂岩、板岩及灰岩。原岩为正常海相沉积岩，层位稳定，未见矿化。出露面积为 3.98km^2，约占矿区总面积的 40%，厚度>409.85m，未见顶。主要岩性特征如下。

浅灰绿色微晶大理岩：浅灰绿色，鳞片粒状变晶结构，块状构造。岩石由方解石、石英、绿泥石组成。方解石他形粒状，粒径为 0.03 ~ 0.1mm，可见机械双晶，双晶纹平行菱形解理的长对角线，彼此呈紧密镶嵌状接触，晶面不干净，含量为 95%。石英他形微粒状，粒径为 0.1 ~ 0.03mm，波状消光，含量为 2%。绿泥石片状，片径为 0.03 ~ 0.3mm，淡绿色，具异常干涉色，杂乱分布，含量为 3%。

灰色黑云母石英大理岩：灰色，鳞片粒状变晶结构，条带状构造。岩石由方解石、石英、黑云母组成。方解石他形粒状，粒径为 0.05 ~ 0.3mm，机械双晶发育，双晶纹平行菱形解理的长对角线，长轴大致平行定向排列，晶面不干净，含量为 75%。石英他形微粒状，粒径为 0.1 ~ 0.03mm，波状消光，含量为 15%。黑云母片状，片径为 0.03 ~ 0.3mm，黄-褐色，多色性显著，多呈条带状集合体平行定向排列，含量为 10%。少量粒状黄铁矿，粒径为 0.05 ~ 0.1mm。

2）古近系干柴沟组（E_3—N_1g）

主要岩性为砖红色砾岩、砂砾岩、砂岩及泥质岩。中厚层状，呈角度不整合覆盖于寒武纪地层之上，地层倾向为 160°，倾角为 21°。在普查区以南、以东广泛分布。

3）第四系（Qh）

（1）第四系洪冲积物（Qh^{pal}）：区内冲沟中有少量第四系洪冲积物，局部形成残留阶地，为松散砂砾石堆积，局部堆积物底部与寒武纪地层接触，残留少量灰褐色、褐黄色风化壳，风化壳内褐铁矿化强，经 X 射线荧光光谱仪分析有铅锌矿化显示，是一种找矿标志。

（2）第四系残坡积物（Qh^{esl}）：多分布于矿区东南部及河道两侧阶地上，呈零星小面积分布。以灰色-浅灰色砾石层为主或为黄土层及土黄色砂、黏土、亚黏土薄层或透镜体，下部半胶结，上部为胶结，厚度为0～30m。

2. 脉岩

区内脉岩较为发育，且广泛分布，其岩性杂，数量多，延伸相差较大，具有多期侵入和充填的特点。岩脉的展布方向多数与区域构造线基本一致，以近东西向展布为主。脉岩规模大小不一，出露宽度由数米厚至数百米不等，长度由数米至数千米。依据野外观察、室内岩矿鉴定及岩石化学成分确认，脉岩类型以中酸性及基性脉岩为主，脉岩岩石类型有灰绿色辉长岩、灰色蚀变细粒闪长岩、灰色闪长玢岩、石英脉等，尤其灰色蚀变细粒闪长岩、灰色闪长玢岩多见（表12-7、表12-8）。

表12-7　泉东铅锌矿区主要岩脉统计表

序号	代号	岩石类型	产状	产出部位
1	δ	灰色蚀变细粒闪长岩	岩脉	$€_{1-2}k^6$、$€_{1-2}k^{4-5}$
2	δμ	灰色闪长玢岩	岩脉	$€_{1-2}k^2$、$€_{1-2}k^{4-5}$
3	υ	灰绿色辉长岩	岩脉	$€_{1-2}k^{4-5}$
4	q	灰白色石英脉	岩脉	以$€_{1-2}k^{4-5}$为主

注：新疆第一区域地质调查大队采样测试。

表12-8　泉东铅锌矿区主要脉岩岩石化学成分表

序号	样号	岩性	分析结果/10^{-2}												数据来源
			SiO_2	Al_2O_3	TiO_2	Fe_2O_3	FeO	MnO	MgO	CaO	Na_2O	K_2O	P_2O_5	烧失量	
1	QD-2	灰色蚀变细粒闪长岩	55.73	14.03	2.00	4.15	7.80	0.25	2.41	4.16	3.60	1.58	0.68	2.60	新疆第一区域地质调查大队
2	QD-7	灰色蚀变细粒闪长玢岩	67.97	15.04	0.48	1.52	2.40	0.07	1.69	1.00	5.77	1.91	0.07	1.74	
3	QD-3	灰绿色辉长岩	47.86	15.65	1.41	2.27	7.45	0.18	7.64	8.61	3.94	0.40	0.19	3.49	
4	QD-8	灰绿色辉长岩	48.68	15.56	1.47	3.66	6.95	0.27	7.19	7.31	3.86	0.74	0.19	3.25	
5	CL-1	灰绿色辉长岩	44.37	12.02	1.23	4.41	6.35	0.16	12.60	11.98	1.62	1.41	0.06	3.01	

1）灰色细粒闪长玢岩脉（δμ）

该岩脉是区内出露较多的岩脉，多发育于赋矿岩性段地层。一般长数十米至数百米，宽度数米至数十米，多呈近东西向脉状产出，少量呈透镜状产出。岩石呈深灰绿色，斑状结构，基质具半自形粒状结构，块状构造。岩石由斑晶和基质组成。斑晶成分为斜长石（10%），呈半自形板状，粒径为0.5mm×0.3mm～2.0mm×1.2mm，普遍中度绢白云母化、高岭土化、绿帘石化，可见聚片双晶、环带构造。基质含量为90%，由斜长石、石英、暗色矿物组成。斜长石呈半自形粒状，粒径一般为0.05～0.3mm，中轻度碳酸盐化、泥化、绢云母化，含量为80%。黑云母呈黄色–褐色，少数绿泥石化、绿帘石化，含量为10%。少量石英、磷灰石、榍石、磁铁矿。

2）灰色蚀变细粒闪长岩脉（δ）

该岩脉是区内出露最多的岩脉，多发育于赋矿岩性段地层，一般长数十米至数百米，宽度数米至数十米；在区内北侧第六岩性段也有较大面积出露，长数千米，宽度数十米至数百米；呈脉状近东西向产出，少量呈透镜状产出。岩石呈浅灰色，半自形细粒粒状结构，块状构造。岩石由斜长石和暗色矿物组成。斜长石呈半自形板状，粒径为0.2mm×0.1mm～1.0mm×0.3mm，聚片双晶发育，普遍中轻度黑云母化、高岭土化、绿帘石化，含量为75%。普通角闪石呈半自形柱状，粒径为0.3～0.8mm，黄色–绿色，多色性显著，具闪石式解理，少量黑云母化，含量为20%。黑云母呈片状，片径为0.5～2.4mm，黄色–褐色，多色性显著，可见绿泥石化、绿帘石化，含量为5%。副矿物有磷灰石、榍石、磁铁矿。

3）辉长岩脉（v）

该岩脉矿区分布较少，仅有两处，位于矿区中部第四—第五岩性段与第六岩性段地层的接触带，靠近 F_1 断裂产出。单脉长约250m，宽40～70m，总体走向近东西，呈透镜状产出。岩石呈灰绿色，斑状结构，块状构造，由斜长石和暗色矿物组成。斜长石呈半自形板状，粒径为0.2mm×0.2mm～1.0mm×0.2mm，普遍中轻度隐晶帘石化、阳起石化、绿泥石化、高岭土化，可见聚片双晶。暗色矿物均蚀变成阳起石，仅残留他形柱状形态，粒径为0.4～0.45mm，内嵌有斜长石，形成嵌晶含长结构，原矿物应为辉石。磷灰石为柱、粒状，粒径为0.03～0.2mm。榍石呈粒状，粒径为0.03～0.6mm。

4）石英脉（q）

石英脉也是矿区中出露较多的岩脉，规模普遍很小，一般长数米至十米，宽几十厘米至一米。呈灰白色，少量褐红色，主要成分为石英；由于受压力作用而具有压扁菱形状错位，岩石破碎，局部强褐铁矿化。

从岩脉分布特征可知：①岩脉生成顺序为辉长岩、闪长岩、闪长玢岩、石英脉；②闪长岩、闪长玢岩脉在全区分布最为广泛，大多数呈近东西向，在赋矿岩性段更加密集，其形成明显受断裂构造控制；③石英脉形成稍晚于矿体，常无规律穿切地层和矿体，对矿体有破坏作用。

3. 火山岩

矿区内火山岩普遍发育，分布较为广泛，不论是赋矿地层（喀腊大湾组第四—第五岩性段）或无矿地层（喀腊大湾组第三岩性段），均普遍发育大量火山岩，特别是赋矿岩性以中酸性火山岩为主夹少量中基性火山岩。因此，本区岛弧火山岩的喷发对铅锌成矿起到了极其重要的控制作用。

1）火山岩与成矿关系

区内火山岩均不同程度发生变质作用，岩石类型相对较为简单。喀腊大湾组第三岩性段（$\text{Є}_{1\text{-}2}k^3$）原岩为一套以中酸性火山熔岩为主的英安岩系，与成矿关系不大。喀腊大湾组第四—第五岩性段（$\text{Є}_{1\text{-}2}k^{4\text{-}5}$）可能为一套偏酸性次火山岩夹火山碎屑岩，是矿区的赋矿层位。

从表12-6可以看出，未见火山角砾、集块等喷发产物，说明火山活动的环境相对比较安静，该区火山活动的特点是由中酸性向酸性方向逐步演化，表现溢流-喷溢的火山作用过程。在整个喷发旋回，火山活动与成矿关系较为密切，表明火山喷发的中晚期是本区铅锌矿成矿的最主要时期。向北地层中出现大量的碳酸盐建造，说明该区经历火山活动后进入相对宁静时期。

2）火山岩特征

（1）喀腊大湾组第三岩性段（$\text{Є}_{1\text{-}2}k^3$）火山岩：该组中火山岩普遍发育，据本次实测地质剖面中采样及岩矿鉴定，岩石类型以中酸性火山熔岩（表12-9）为主，夹少量酸性次火山岩、火山碎屑岩；岩性以块状厚层的英安岩为主，夹有霏细岩（已变质为灰色二云母石英片岩、白云母石英微晶片岩、石英岩等）。其中变英安岩在显微镜下具有斑状结构，略具定向构造。主要矿物成分为角闪石（10%）、绿泥石（35%）、石英（20%）、长石（35%）。从化学成分看（表12-9）为相对贫硅高铝的中酸性孤岛型火山熔岩。

（2）喀腊大湾组第四—第五岩性段（$\text{Є}_{1\text{-}2}k^{4\text{-}5}$）火山岩：该岩性段火山岩分布于矿区中部，岩石类型有次火山岩，也有火山碎屑岩；岩性以酸性次火山岩为主。次火山岩主要为变质霏细岩（表12-9），大多已变质为浅灰色石英岩、白云母石英微晶片岩等。火山碎屑岩类主要为凝灰岩、火山灰凝灰岩、晶屑岩屑凝灰岩、岩屑凝灰岩等。地表出露以灰色、灰白色石英岩、白云母石英微晶片岩等为主。次火山岩从化学成分看为相对高镁富钠及贫钾的海相火山岩，属一套偏酸性的岩石。

火山岩在空间上受断裂控制，呈近东西向带状展布。本矿区的铅锌矿化发育在喀腊大湾组第四—第五岩性段（$\text{Є}_{1\text{-}2}k^{4\text{-}5}$）火山岩中呈似层状产出，这与火山喷发密切相关。因此，喀腊大湾组第四—第五岩性段（$\text{Є}_{1\text{-}2}k^{4\text{-}5}$）是寻找岛弧火山沉积型铅锌矿的重要层位。

表 12-9　泉东铅锌矿区主要火山岩岩石化学成分表

序号	样号	岩性	分析结果/10^{-2}												数据来源
			SiO_2	Al_2O_3	TiO_2	Fe_2O_3	FeO	MnO	MgO	CaO	Na_2O	K_2O	P_2O_5	烧失量	
1	QD-4	变质英安岩	55.96	14.09	2.04	3.33	8.50	0.22	2.31	3.98	3.53	2.84	0.67	1.39	新疆第一区域地质调查大队
2	QD-5	变质英安岩	53.64	13.96	2.23	3.03	9.30	0.40	3.79	4.23	2.81	2.21	0.69	2.51	
3	QD-1	变质霏细岩	68.78	12.63	0.55	1.45	2.87	0.11	1.18	2.09	3.65	3.67	0.07	2.45	
4	QD-6	浅灰色石英岩	76.89	11.05	0.25	2.77	0.50	0.06	0.36	0.52	6.10	0.17	0.03	1.23	
5	CL-2	白云母石英微晶片岩	72.15	12.81	0.25	2.03	2.10	0.25	1.10	0.54	5.00	2.10	0.02	1.28	

4. 变质作用及变质岩

矿区内变质作用复杂，按变质岩类型和变质作用的方式，划分出区域变质作用、动力变质作用和接触交代变质作用。

（1）区域变质作用：广泛分布于整个矿区内，在赋矿岩性段表现尤为明显，岩石变质程度达到低绿片岩相，变质程度不深，变质岩有各种浅变质的微晶片岩及千枚岩、板岩、大理岩，变质矿物组合为绿泥石（黑云母）-绢云母（白云母）-钠长石等，标志矿物为绿泥石、黑云母。

（2）动力变质作用：区内岩石普遍遭受动力变质，具体表现为碎裂岩化、构造片岩化；在主断裂两侧发育有构造片岩带，带宽 10～50m，岩石因动力变质发生明显形变，局部出现构造片岩、千糜状构造片岩，其片理方向与构造线一致。主要分布于断裂附近，并有石英脉、碳酸盐脉穿插分布。

（3）接触交代变质作用：表现为两种变质形式——热接触变质和接触交代变质，以热接触变质为主。热接触变质作用出现在中部岩脉边缘，以变质带内出现少量长英质角岩为特征；接触交代变质作用出现在辉长岩脉、北部闪长岩脉与围岩接触带附近，岩石蚀变强烈，可见绿帘石化、绿泥石化、纤闪石化、阳起石化、透闪石化、碳酸盐化，局部发育含黄铁矿碳酸盐脉，并具弱褐铁矿化。

5. 构造

矿区地层总体为走向近东西，倾向北-北北东的单斜构造，倾向为 350°～60°，以倾向 20°～30°占优。第二岩性段地层倾角为 50°～55°，第三—第五岩性段倾角为 45°～60°，第六岩性段倾角为 34°～60°。受构造挤压应力作用影响，局部岩层发生南倾或直立状分布，也可见挤压破碎带。断裂构造较发育，对区内地层、火山岩、变质岩的分布具有控制作用。

1）断裂

区内断裂构造较为发育，按断裂构造的展布方向，主要有近东西向、北北西向及北东向三组。以近东西向和北北西向平移兼逆断层为主，在区内由北西部向东南方向分支展布，东南部分被渐新统—中新统干柴沟组砖红色砂砾岩覆盖，两条断层带宽数十米，发育泥化、碎裂化，局部含灰黑色断层泥（炭泥质）及断层角砾岩。控制着矿区地层、火山岩、变质岩的分布。

（1）近东西向断裂：该组断裂是区域红柳沟-拉配泉大断裂所派生的次级断裂，也是矿区出露的主要断裂构造。该组断裂呈多条平行分布，构造破碎带规模相对较大。断裂带发育有碎裂岩、角砾岩、断层泥以及矿物颗粒压扁拉长现象、褪色化、绿帘石化等蚀变现象。近东西向断裂以 F_1 为代表，该断裂分布于矿区中西部，总体展布方向为北西向，西段走向北西，向东逐渐变为近东西向。区内出露长度 2300m 以上，向西与 F_2断裂相交，向东南被渐新统—中新统干柴沟组砖红色砂砾岩覆盖。断裂在平面上呈舒缓波状，沿着下-中寒武统喀腊大湾组第六岩性段（$\epsilon_{1\text{-}2}k^6$）碳酸盐岩与第四—第五岩性段（$\epsilon_{1\text{-}2}k^{4\text{-}5}$）火山岩接触带发育。以右行平移为主兼逆断层（倾向北，倾角为 70°左右）。在遥感图像上呈明显线性构造影像，地貌上见有断层三角面，见有较宽的构造破碎带、碎裂岩及断层泥等。断裂带分隔矿区北部碳酸盐岩和南部火山岩，其附近又有多条中酸性脉岩和辉长岩脉分布，对脉岩分布起控制作用。

(2) 北北西向断裂：该组断裂也是区域性大断裂所派生的次级断裂，在分布数量上，矿区内仅次于近东西向断裂构造。此类断裂一般规模不一，也呈多条平行分布；以右行平移为主，对早期形成的地层、岩脉和断裂造成位移和改造。北北西向断裂以 F_2为代表，其主要断裂的特征如下。F_2断裂分布于矿区西部，呈160°方向展布，向北西延出矿区，向东南被渐新统—中新统干柴沟组砖红色砂砾岩覆盖，矿区内出露长度2300m以上。此断裂在卫星图像上为线性构造影像，断裂两侧的喀腊大湾组($\epsilon_{1\text{-}2}k^6$) 地层发生明显位移，两侧错距约1.2km，表现为右行正断的力学性质。沿断裂带发育宽10～50m的破碎带，发育泥化、碎裂化，局部含灰黑色断层泥（碳泥质）及断层角砾岩。控制着矿区地层、火山岩、变质岩的分布。

(3) 北东向断裂：此组断裂均为主干平移断裂的配套断裂，规模相对更小，构造活动较弱。断裂以脆性变形为主，以晚期的平移断裂产出，对早期形成的地层、岩脉易造成错位和改造作用。北东向断裂以 F_7为代表，其主要特征如下。F_7断裂分布于矿区西部，以65°方向展布，出露长度约700m。断裂将喀腊大湾组（$\epsilon_{1\text{-}2}k^3$）变质英安岩明显错断并位移，使东盘向南西位移数十米，属右行平移性质的断裂。该断裂构造远离赋矿地层，对区内矿体影响不大。

2) *褶皱*

矿区内未见大的褶皱构造，总体上为北倾的单斜层，受构造挤压作用影响，常见地层产状直立状分布或南倾，局部地层产状紊乱，各种小型变形构造发育，形态较复杂，主要有宽缓褶皱、直立褶皱、斜卧褶皱、平卧褶皱、尖棱状褶皱等，以后四种褶皱类型较多，相比之下其构造变形也相对较强。矿区内微型变形构造主要集中分布在以下两个地段和部位。

(1) 喀腊大湾组第六岩性段（$\epsilon_{1\text{-}2}k^6$）中的褶皱：主要发育于该段的大理岩、泥质灰岩中，见有斜卧褶皱、尖棱状褶皱、平卧褶皱等，变形构造发育处岩石破碎，常见细小石英脉、方解石脉，伴有轻微褐铁矿化蚀变。该段是区内褶皱变形种类出露最全、变形构造最强的部位。

(2) 喀腊大湾组第二岩性段（$\epsilon_{1\text{-}2}k^2$）：主要分布在粉砂岩、绢云母长英质板岩中，褶皱变形构造多分布在塑性岩石与脆性岩石的接触带部位，可见斜卧褶皱、平卧褶皱、尖棱状褶皱、宽缓褶皱等，局部尚可见复杂形态的变形组合。

3) *构造片岩带*

主要分布在 F_1、F_2断裂两侧，构造片岩带展布方向与断裂走向基本一致，带内构造面理极为发育，局部发育拉伸线理，构造片理化作用对矿体、矿石结构构造影响不大。

6. 地层岩石含矿性

泉东铅锌矿区赋矿地层为下-中寒武统喀腊大湾组第四—第五岩性段($\epsilon_{1\text{-}2}k^{4\text{-}5}$)，铅锌矿化均产于火山岩内，受地层层位控制明显，赋矿岩石主要为灰绿色绿泥石石英片岩、灰色白云母石英微晶片岩等。依据钻孔基岩光谱分析统计结果（表12-10，图12-11），赋矿岩性段地层主要岩石及脉岩微量元素含量平均值与地壳克拉克值对比，赋矿段底板围岩 Pb、Zn 含量远高于地壳克拉克值，其他微量元素含量与地壳克拉克值相比较，它们之间相差不大，都处于一个数量级，与成矿关系不大。赋矿段岩石和脉岩 Pb、Zn 含量远高于地壳克拉克值，尤其灰绿色绿泥石石英片岩、灰色白云母石英微晶片岩 Pb、Zn 含量与地壳克拉克值相比较，它们之间相差极大。说明泉东铅锌矿区 Pb、Zn 元素成矿，无共生、伴生其他矿产。另外，赋矿

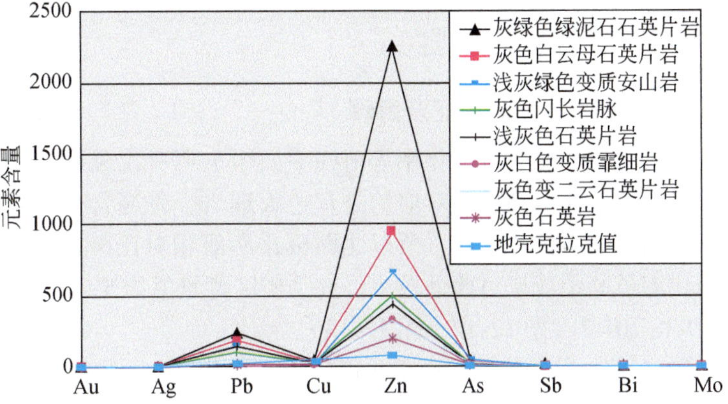

图12-11 泉东铅锌矿赋矿岩性和岩脉主要成矿元素、微量元素含量与地壳克拉克值对比图（据新疆第一区域地质调查大队，2015）

Au 含量单位为10^{-9}，其他为10^{-6}

段底板围岩和脉岩 Pb、Zn 含量明显高于地壳克拉克值，说明该区 Pb、Zn 背景值含量相对较高。

表 12-10　泉东铅锌矿区赋矿岩性及岩脉主要微量元素含量与地壳克拉克值对比表

岩石类型		元素分析结果									数据来源
		Au	Ag	Pb	Cu	Zn	As	Sb	Bi	Mo	
赋矿层岩性	浅灰色石英片岩	0.776471	0.125353	135.8706	29.45868	442.8398	5.605882	0.805294	0.608824	2.703668	新疆第一区域地质调查大队
	灰色白云母石英片岩	1.802128	0.327383	179.5255	21.86329	953.8623	21.58936	2.063404	1.291064	4.265274	
	灰绿色绿泥石石英片岩	2.790698	0.327795	233.8372	43.81438	2243.603	29.70698	1.896047	0.85814	2.836542	
	灰色二云石英片岩	0.636364	0.104	48.63636	14.96719	315.154	4.718182	0.83	0.456364	1.885696	
	灰色石英岩	0.658824	0.098294	24.8	20.4127	207.9311	6.511765	0.772353	0.565294	1.749389	
	灰白色变质霏细岩	1.238095	0.064952	16.07143	16.2217	327.8901	9.261905	0.529048	0.395714	2.645213	
岩脉	灰色闪长岩脉	0.72381	0.069429	94.49048	19.87789	501.9379	7.266667	1.119524	0.217619	1.597135	
围岩	浅灰绿色变质英安岩	1.128	0.08748	86.492	12.36227	667.7491	49.788	0.7064	1.4856	1.8749	
地壳克拉克值		3.5	0.08	12	63	94	2.2	0.6	4.3	1.3	

注：Au 含量单位为 10^{-9}；其他为 10^{-6}。

7. 矿化蚀变带特征

矿区喀腊大湾组第四—第五岩性段为铅锌矿化蚀变带，长约 2.00km，宽 20～400m，矿化带东南部被渐新统—中新统干柴沟组砖红色砂砾岩覆盖，北西部尖灭于两条断层交汇处，具有一定规模。带内黄铁矿化普遍，以细粒稀疏浸染状为主，少数呈细脉状，地表岩石节理面、裂隙面染成褐黄色、褐红色、灰白色，发育黄色粉末状黄钾铁矾。局部个别褐黄色土状黄钾铁矾化带中可见粒状方铅矿化（立方体状），也可见棕褐色细脉状闪锌矿、孔雀石等。区内铅锌矿化与黄铁矿化关系密切，且赋矿地层与含矿岩石与喀腊达坂铅锌矿、翠岭铅锌矿一致。已圈定的矿体均分布在该岩性段内，总体走向近东西，倾向北，倾角为 55°左右，呈似层状分布。

12.2.3　矿区地球物理特征

1. 矿区激电异常特征及解释

从泉东铅锌矿区视极化率等值线平面图上可看出极化率由南往北逐步升高，高值几乎集中在矿区的中部及北部。北面高值区对应的是灰色大理岩，普遍含少量褐铁矿等氧化矿物，根据物性测量北部岩石普遍比南部岩石极化率高，所以北面极化率值相对比南面高，局部高值异常为碳质粉砂岩所致。该岩性段极化率虽高但成矿可能性较小。整个矿区背景值约 5%，中部在背景之上可划分出两个有意义的激电异常 JD-1、JD-2（图 12-12、图 12-13）。

JD-1 激电异常位于矿区的中部，以 8% 为异常下限圈定，激电异常带长约 2000m，宽约 120m，异常走向与蚀变带走向一致。异常极大值为 17.6%，电阻率为 50～200Ω · m，为低阻高极化异常，局部出现极化率高值点，异常带东西两侧未封闭。地表出露地层为下-中寒武统喀腊大湾组第四—第五岩性段，为铅锌矿含矿段，主要岩性为浅灰色-浅灰绿色白云母石英片岩，夹少量绿泥石英片岩，原岩为一套偏酸性火山岩。带内发育的石英脉具黄铁矿化、褐铁矿化。激电异常带地表见明显的褐铁矿化、黄铁矿化，推断 JD-1 激电异常带主要由蚀变带中金属硫化物引起，局部高激电异常由金属硫化物富集引起。JD-2 激电异常位于 JD-1 北侧，以 8% 为异常下限，圈定激电异常带长约 800m，宽约 100m，异常呈东西向展布，位于下-中寒武统喀腊大湾组第四—第五和第六岩性段接触带附近（图 12-12）。异常极大值为 19.9%，电阻率为 100～500Ω · m，地表出露浅灰色-浅灰绿色石英片岩、灰色大理岩。矿化蚀变以褐铁矿化、黄铁

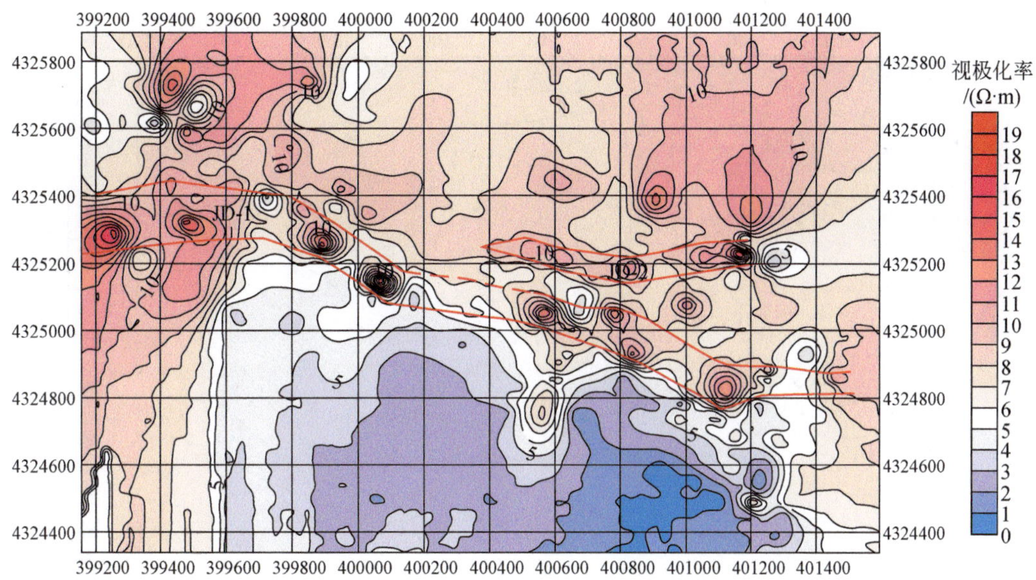

图 12-12　泉东铅锌矿区激电视极化率等值线平面图（据新疆第一区域地质调查大队，2015）

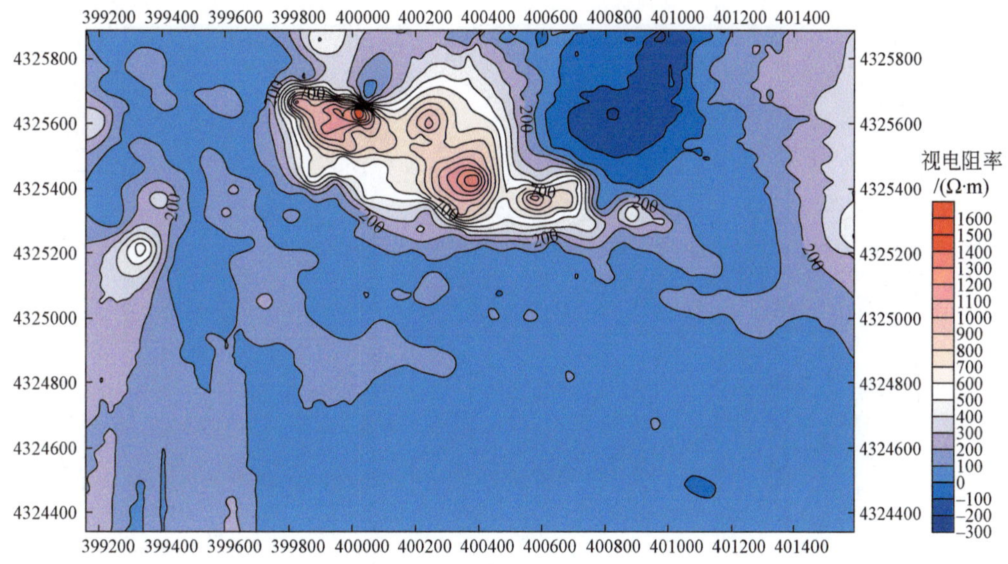

图 12-13　泉东铅锌矿区激电视电阻率等值线平面图（据新疆第一区域地质调查大队，2015）

矿化为主。综合物探、地质资料认为 JD-1、JD-2 激电异常带由蚀变带中的硫化物引起。

2. CS1 线激电异常特征及解释

CS1 线激电测深剖面位于矿区的中部，与激电中梯剖面 9 线重合，测深极化率等值线图主要显示了蚀变带在地表以下硫化物的分布情况，由图 12-13 可看出蚀变带电阻率多在-200 ~ 50Ω · m 变化，为典型的低阻特征，根据电阻率变化情况可划分为一个相对高阻层和一个相对低阻层，相对高阻层为 0 ~ 30m，该层应为地表蚀变带较破碎的反映，相对低阻层为 30m 以下，主要为蚀变带电阻率分布形态及趋势。极化率异常总体向北倾，背景值为 1.8%，极化率由地表向下逐渐增大，大部分测深点在大约 60m 处开始起跳，其中 6 号点在 20m 处极化率开始起跳，以 2.2% 为异常下限划分出两个激电异常 JD-3 和 JD-4（图 12-14、图 12-15）。

JD-3 位于测点 6 号及 8 号之间，北倾，深度在 20 ~ 100m 处，异常极大值为 2.5%，对应电阻率在 50 ~ 100Ω · m。JD-4 位于测点 9 号及 11 号之间，北倾，深度在 40 ~ 100m 处，异常极大值 3.9%，对应电阻率为 50 ~ 100Ω · m。两个激电异常均为低阻高极化异常。

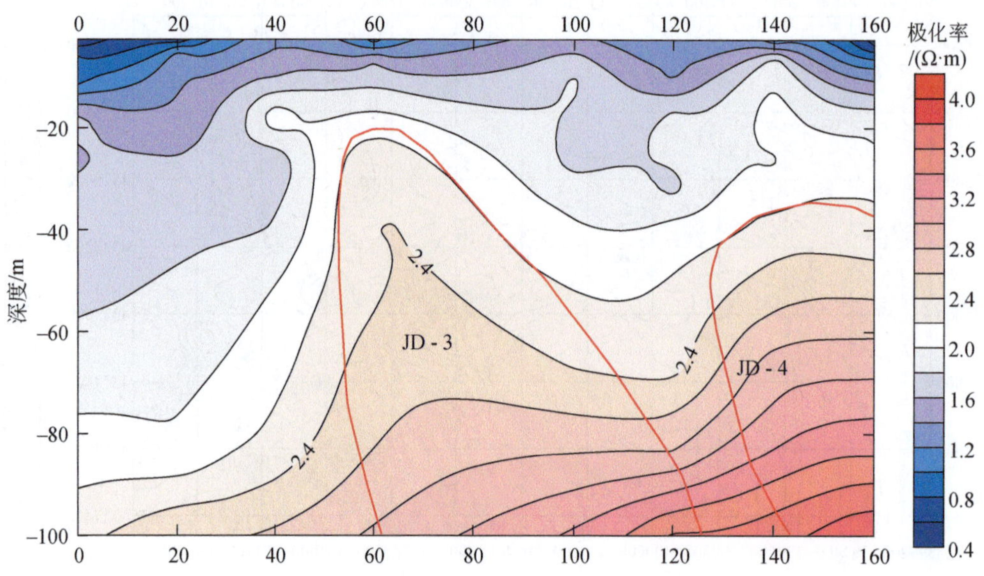

图 12-14　泉东铅锌矿区对称测深极化率等值线剖面图（据新疆第一区域地质调查大队）

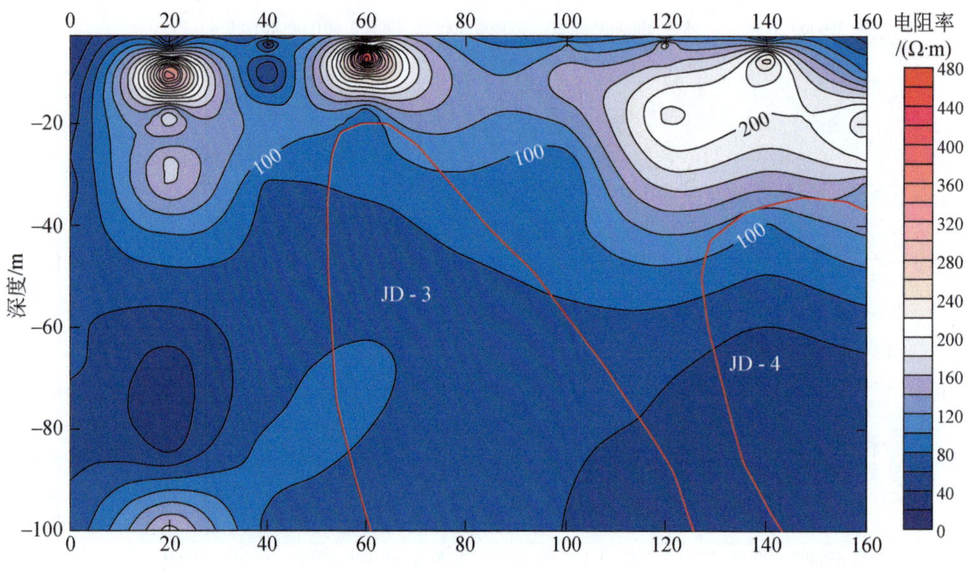

图 12-15　泉东铅锌矿区对称测深电阻率等值线剖面图（据新疆第一区域地质调查大队）

测深点的整体极化率特征表明，浅地表（20m）以上无较强的极化体，分析认为地表蚀变带虽然有较强的褐铁矿化，但硫化物含量相对较少，随着测深极距 AB/2 逐渐增大测量深度逐步加深，在 40m 深度极化率开始起跳，极化率逐渐增大但并无二次起跳也无衰减现象，说明硫化物在 40m 下以一定质量分数向下延伸，倾向北。

12. 2. 4　蚀变矿化特征

1. 蚀变带特征

依据火山岩岩性特点、蚀变矿物空间展布特征及铅锌矿（化）体分布范围等圈定矿化蚀变带，矿区内总体上为一条矿化蚀变带，分布于喀腊大湾组第四—第五岩性段（$\epsilon_{1\text{-}2}k^{4\text{-}5}$）内（图 12-10）。蚀变带呈北西西向延伸，自矿区西北角泉水断裂起（图 12-16a 和 b）向南东东延伸，约 1. 25km 与北西向冲沟小角度斜交，蚀变带总体顺冲沟北侧延伸，约 1. 85km 处，蚀变带南侧部分被新近系红层不整合覆盖，至 2. 15km 整个蚀变带被红层覆盖（图 12-10 和图 12-16c、d）。平均走向为 288°，倾向北东，平均倾角为

42°。蚀变带出露长度为 2.45km，宽 100～500m，强蚀变宽为 50～200m。地表呈黄色、褐红色、褐色等（图 12-9d～f）；主要有黄铁矿化（风化为黄钾铁矾、褐铁矿）、硅化等。地表半风化英安质晶屑凝灰岩中可见少量含铁闪锌矿。有用组分 Pb、Zn，伴生少量 Cu 等（表 12-5）。

图 12-16　泉东铅锌矿蚀变带特征

a-泉东铅锌矿，自北西段向南东矿化蚀变带远景，可见黄色、褐黄色、褐色的强烈褐铁矿化、黄钾铁矾化等蚀变；b-泉东铅锌矿西端，矿化蚀变带具有强烈的褐铁矿化和黄钾铁矾化蚀变，宽度为 500～600m，终止于泉水断裂南段东侧；c-泉东铅锌矿中段，可见黄色、褐黄色、褐色的强烈褐铁矿化、黄钾铁矾化等蚀变；d-泉东铅锌矿中段，可见黄色、褐黄色、褐色的强烈褐铁矿化、黄钾铁矾化等蚀变；e-泉东铅锌矿东段冲沟边，矿化蚀变带远被新近系红层覆盖，K278 点；f-泉东铅锌矿东段冲沟北坡，矿化蚀变带远被新近系红层覆盖，K279 点

2. 矿体特征

矿区内圈定了矿（化）体五个，矿体长 135～190m，单层厚度为 0.32～1.41m（表 12-11）。赋矿地层为下-中寒武统喀腊大湾组第四—第五岩性段（$€_{1\text{-}2}k^{4\text{-}5}$），含矿岩石为灰绿色绿泥石英片岩和灰色白云母石英微晶片岩，矿体形态为似层状、脉状。矿体品位 Pb 最高为 0.32%、Zn 为 0.51%～1.43%。矿石为星点浸染状和细脉状构造，显微粒状变晶结构。矿石矿物以闪锌矿为主，少量方铅矿，次为孔雀石和少量黄铁矿、褐铁矿。脉石矿物以石英、长石、白云母为主，次为绢云母、少量方解石、绿泥石等。据赋矿岩性段采集基岩光谱样进行多元素分析，均不含其他伴生与共生元素，为单一的 Pb、Zn 成矿类型。现将主要矿体特点分述如下。

（1）L1 号锌矿体：位于矿化蚀变带中部 00 号勘查线，为低品位锌矿体，由 TC00 探槽控制。矿体长 190m，厚度为 1.36m；品位 Zn 为 0.53%。矿体形态呈似层状或脉状，与围岩火山岩层理产状一致，走向为 310°，倾向北东，倾角为 56°。QZK0001 孔光谱样成果显示，该矿体在孔深 107.10～112.60m 锌元素最高值达 3784×10^{-6}，需补采化学样（图 12-17）。

表 12-11　泉东铅锌矿区矿体厚度和品位一览表（据新疆第一区域地质调查大队，2015）

序号	矿体编号	工程号	见矿孔深/m		视厚/m	真厚/m	宽度/m	品位/%	
			自	至				Pb	Zn
1	M1	QZK2801	99.90	101.90	2.00	1.41	1.85	0.05	1.43
2	M2	QZK2801	108.00	110.00	2.00	1.41	1.85	0.32	0.74
3	L1	TC00	40.90	42.40	1.50	1.36	1.64	0.08	0.53
4	L2	TC00	148.10	148.50	0.40	0.32	0.41	0.01	0.60
5	L3	TC0301	13.70	15.70	2.00	0.83	1.02	0.02	0.51

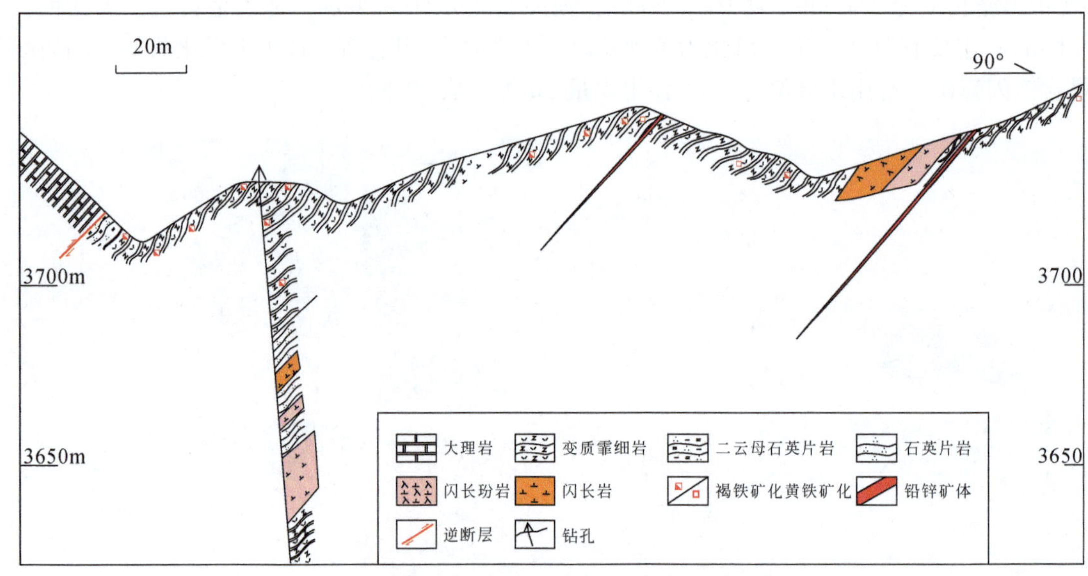

图 12-17　泉东铅锌矿区 QZK000 勘探线剖面（据新疆第一区域地质调查大队，2015）

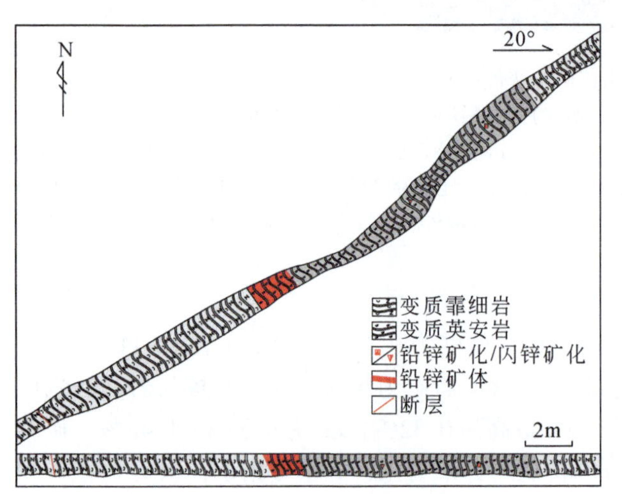

图 12-18　泉东铅锌矿区 TC301 探槽素描图（据新疆第一区域地质调查大队，2015）

（2）L2 号锌矿化体：位于矿化蚀变带中部 00 号勘查线，为锌矿化体，由 TC00 探槽控制。矿体长 190m，真厚为 0.32m；品位 Zn 为 0.60%。矿体形态呈似层状或脉状，总体与围岩火山岩层理产状一致，局部产状走向为 75°，倾向北北西，倾角为 50°。QZK0001 孔光谱样成果显示，该矿体在孔深 193.70～200.30m 铜元素最高值达 171×10^{-6}，需补采化学样（图 12-17）。

（3）L3 号锌矿化体：位于矿化蚀变带东部，为锌矿化体，由 TC0301 探槽控制。矿体长 135m，真厚为 0.83m；品位 Zn 为 0.51%。矿体形态呈似层状，与围岩火山岩层理产状一致，倾向为 9°，倾角为 55°（图 12-18）。

（4）M1 号锌矿体：位于矿化蚀变带西部 28 号勘查线，为隐伏锌矿体，最小埋深 60m，由 QZK2801 孔单工程控制。矿体长 190m，视厚为 2.00m，真厚为 1.41m，斜深为 160m。矿体品位 Zn 为 1.43%，矿体形态呈似层状，与围岩火山岩层理一致，倾向为 20°，倾角为 50°（图 12-19）。

（5）M2 号铅锌矿体：位于矿带西部 28 号勘查线，为隐伏低品位铅锌矿体，最小埋深为 65m，由 QZK2801 孔单工程控制。矿体长 190m，视厚为 2.00m，真厚为 1.41m，斜深为 160m。矿体品位 Pb 为 0.32%、Zn 为 0.74%，体形态呈似层状，倾向为 20°，倾角为 50°（图 12-19）。

3. 矿床成因初步分析

泉东铅锌矿与喀腊达坂铅锌矿同属于一个矿床，是被泉水断裂右行断错 1.2km 而被分离成两个矿区，两者具有同样的成因，属于火山岩型，主要控矿因素、矿化蚀变特点、找矿标志等完全一样。其成矿作用与奥陶系卓阿布拉克组（下-中寒武统喀腊大湾组）火山岩密切相关，并受其控制。矿体具有似层状特点，与围岩产状一致，矿石为微晶结构、似层状、浸染状构造，矿体就是含矿火山岩达到工业品位的部分。成矿作用时代与喀腊达坂铅锌矿相同，为早古生代寒武纪末或奥陶纪早期（480Ma 左右）。没有显示后期叠加改造成矿作用的迹象，晚期断裂主要是破坏了矿化蚀变带、矿体延伸的完整性。

在区域上，自东向西更新沟、泉东、喀腊达坂、喀腊大湾、喀腊大湾西（翠岭）及芦草沟均属于同一成矿作用类型，即火山岩型。其成矿作用与早古生代阿尔金北缘沟弧盆系统偏南侧岛弧构造环境密切相关，属于火山岩型（VMS）矿床大类中与岛弧中酸性火山岩有关矿床亚类。该带沿走向自更新沟到芦草沟，所出现的矿种类型的差异代表了成矿作用发生时微环境的差异，或者说与主火山口距离的不同。按照上述矿床目前的出露状态，喀腊大湾铜锌矿应该是距离主火山口最近的，矿种为铜锌矿；喀腊大湾西（翠岭）和喀腊达坂与主火山口距离次之，形成以铅锌为主的矿床类型。

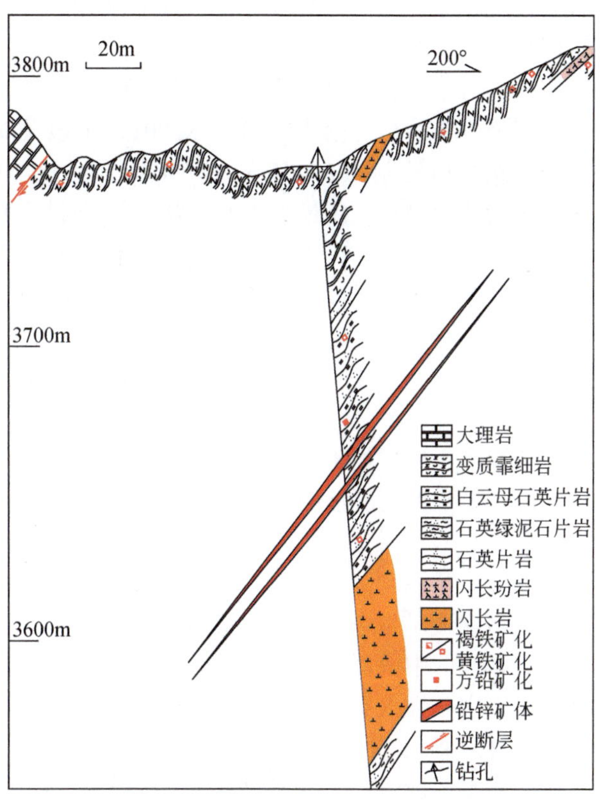

图 12-19　泉东铅锌矿区 QZK28 勘探线剖面
（据新疆第一区域地质调查大队，2015）

12.2.5　资源量估算

1. 等级资源量

1）资源量估算依据与方法

资源量估算按照相关国家标准及相关规范进行。锌边界品位≥0.5%、最低工业品位 0.7%、最小可采厚度 1m、夹石剔除厚度≥2m。铅边界品位≥0.3%、最低工业品位 1%、最小可采厚度 1m、夹石剔除厚度≥2m。以最低工业品位样品圈出的矿体，按自然、合理、可靠的外推确定矿体边界，选择地质块段法，通过由勘查工程的视厚度计算真厚度、确定的矿体边界求得矿体体积，结合小体重样确定矿石体重（2.90t/m^3），最终求得资源量。按照相关勘查规范，结合确定铅锌矿地表及钻探工程控制情况，地表有稀疏工程控制、深部有钻孔控制的资源量等级为 333；仅有地表工程控制、单工程控制或 333 外推部分的资源量确定为 334 资源量。

2）资源量估算结果

总计探求 334 铅锌矿石量 154570t；金属量铅 188.587t、锌 439.58t（表 12-12）。

表 12-12　泉东铅锌矿区矿体资源量估算一览表（据新疆第一区域地质调查大队，2015）

序号	矿体编号	控制工程	面积/m^2		矿体厚度/m	体积/m^3	体重/(t/m^3)	矿石量/t	平均品位/%		金属量/t	
			长/m	推深/m					Pb	Zn	Pb	Zn
1	M1	QZK2801	200	50	1.41	14100	2.90	40890	0.05	1.43	20.445	201.63
2	M2	QZK2801	200	50	1.41	14100		40890	0.32	0.74	130.848	104.34
3	L1	TC00	200	50	1.36	13600		39440	0.08	0.53	31.552	72.08
4	L2	TC00	200	50	0.32	3200		9280	0.01	0.60	0.928	19.2
5	L3	TC0301	200	50	0.83	8300		24070	0.02	0.51	4.814	42.33
合计								154570			188.587	439.58

2. 科研资源量

由于泉东铅锌矿区，勘查工程比较少，尚没有控制矿化带的延伸情况，特别是东段新近系红层覆盖比较薄的部位没有工程控制。一方面由于地表风化淋漓作用，探槽中样品铅锌品位比较低；另一方面由于所施工的三个钻孔（QZK0001、QZK2801 和 QZK1501）只有一个钻孔（QZK2801）见矿，影响了后续立项，没有能够提高工程控制程度。地表工程（探槽）矿化比较弱的情况与 2003～2004 年喀腊达坂铅锌矿所面临情况非常相似，喀腊达坂自 2002 开始，到 2005 年基本是地表工程，一直进展不大，直到 2006 年钻探施工后才取得突破。

所以，对于泉东铅锌矿的找矿前景不应该过早下结论，应该有很好的找矿前景。目前稀疏的勘查工程见矿还是不错的，不论西段的 QZK2801、中段的 TC00，还是东段的 TC0301 均有矿化显示，如果按照 QZK2801 钻孔所控制的 M1 和 M2 矿体的合计厚度计算（2. 82m），长度按矿化蚀变带出露 2250m 计算，斜深按喀腊达坂铅锌矿床最大控制斜深（还未封边）780m 的三分之二（约 500m）计算，品位按 Pb+Zn 为 1. 5% 计算，体重按 2. 9t/m^3 计算，则矿体体积为 3172500m^3，Pb+Zn 金属量为 13. 8 万 t。

如果考虑矿区东段被新近系红层覆盖的 2. 1km，则 Pb+Zn 金属量超过 26 万 t。

12. 3　芦草沟多金属矿找矿示范区

芦草沟多金属矿找矿示范区位于阿尔金成矿带的中部（图 11-1），该区主要是根据喀腊大湾地区岛弧火山岩的区域延伸情况预测向西追索，由新疆第一区域地质调查大队结合新一轮化探资料发现的。

12. 3. 1　芦草沟多金属矿区地质概况

在阿尔金成矿带东段的拉配泉-喀腊大湾地区，中酸性岛弧火山岩主要分布于喀腊达坂断裂北侧靠近喀腊达坂断裂的中南部区域，而靠近阿尔金北缘断裂的北部地区主要出露洋盆（或弧后盆地）有关的深海沉积岩夹中基性火山岩。中酸性岛弧火山岩是阿尔金成矿带中与多金属矿床最密切的，矿床类型属于火山岩型（VMS），中酸性岛弧火山岩既是成矿地质体，也是赋矿围岩。由于早古生代之后构造变形的改造，包括大平沟地区广泛发育的陡枢组褶皱构造、冰沟花岗岩体的侵位以及近南北向的挤压缩短，使得在喀腊大湾南段的中酸性岛弧火山岩带在喀腊大湾西沟开始延伸上向南偏转，并被喀腊达坂断裂断错和被古近纪—新近纪红层盆地覆盖。

1. 矿区地层

区内出露地层主要为蓟县系木孜萨依组（Jx*m*）、蓟县系金雁山组（Jx*j*），南部、东部出露古近系渐新统下干柴沟组（E_3—N_1g），另外在矿区沟谷中有少量第四系全新统冲洪积（Qh^{pal}）和冲积物（Qh^{al}）（图 12-20）。其中木孜萨依组和金雁山组为 1∶20 万确定的时代，但是很可能是下古生界。

1）蓟县系塔昔达坂群木孜萨依组（Jx*m*）

该组岩性主要由灰色钙质粉砂岩夹透镜状、条带状灰岩，深灰色、灰黑色粉砂质板岩，灰褐色砂岩，浅灰色、灰白色绢云千枚岩，灰色、灰白色、黄褐色灰岩组成。岩石普遍发生中-浅变质。为一套正常沉积碎屑岩夹碳酸盐岩、碎屑岩建造，由南至北大致划分出两个岩性层。第一层分布在矿区中南部，主要岩性为灰色、灰白色、黄褐色泥晶灰岩和灰色钙质板岩，该层南侧与新近系下干柴沟组呈断层或不整合接触，北侧与灰黑色粉砂质板岩整合接触；第二层分布在矿区中北部，主要岩性为深灰色、灰黑色粉砂质板岩夹灰色、灰白色绢云千枚岩、灰色钙质粉砂岩夹灰岩、黄褐色砂岩及透镜状、条带状灰岩。其中，灰色、灰白色白云母石英片岩为矿区的赋矿层位，沿岩石片理方向石英脉、重晶石脉发育，并可见少量白云岩脉，铅锌多金属矿化均与脉岩密切相关。

2）蓟县系塔昔达坂群金雁山组（Jx*j*）

该组岩性主要由灰绿色、灰褐色砂岩，灰白色、浅灰色灰岩，浅灰色泥质粉砂岩，灰色钙质粉砂岩夹透镜状、条带状灰岩组成，岩石普遍发生浅变质。为一套正常沉积碎屑岩夹碳酸盐岩建造，由南至北大致划分出五个岩性层。第一层分布在矿区中北部，主要岩性为灰色钙质粉砂岩夹透镜状、条带状灰岩；第二层分布在矿区中北部，主要岩性为浅灰色泥质粉砂岩；第三层分布在矿区北部，主要岩性为灰褐色砂岩；第四层分布在矿区北西部，主要岩性为灰白色、浅灰色灰岩，该层与其顶底板接触带石英脉较发育，个别石英脉内可见孔雀石、少量铜蓝；第五层分布在矿区西北角，主要岩性为灰绿色砂岩。

3）古近系渐新统下干柴沟组（E_3—N_1g）

该组主要分布在矿区东部，与北侧木孜萨依组（Jx*m*）灰岩呈断层或不整合接触关系。岩性为砖红色

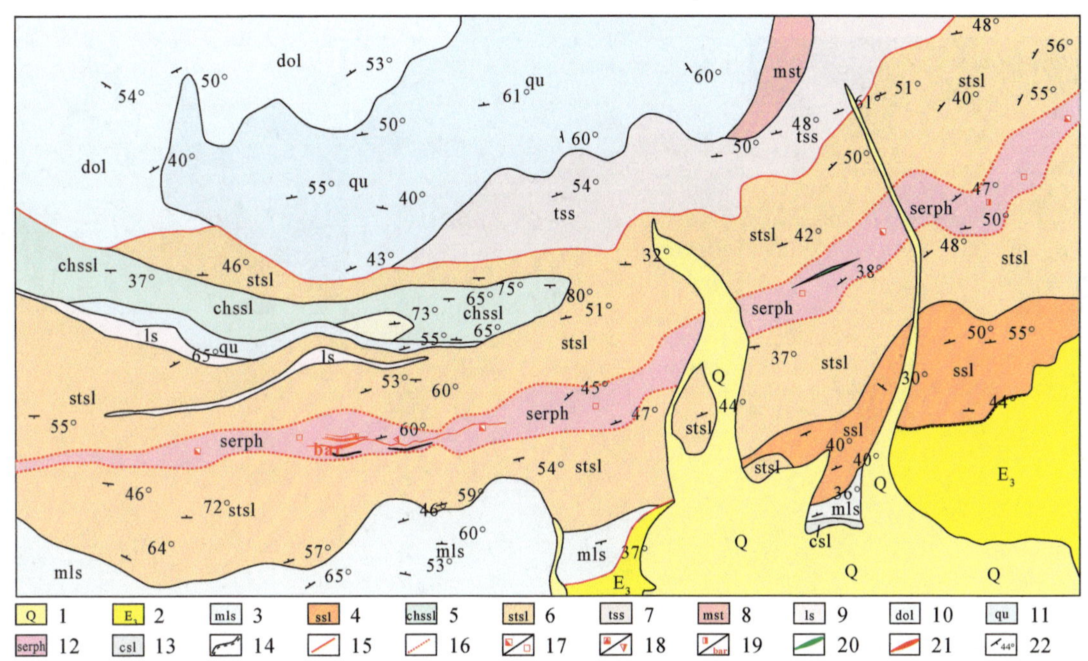

图 12-20　阿尔金成矿带芦草沟找矿预测区地质构造图（据新疆第一区域地质调查大队，2015）

1-第四系；2-渐新统；3-深灰色泥晶灰岩；4-灰色砂质板岩；5-浅绿色粉砂质板岩；6-深灰色粉砂质板岩；7-灰色凝灰质砂岩；8-灰白色泥质粉砂岩；9-浅灰色灰岩；10-浅黄色白云岩；11-灰白色石英砂岩；12-灰白色绢云千枚岩；13-钙质板岩；14-不整合界线；15-断层；16-推测断层；17-褐铁矿化/黄铁矿化；18-方铅矿化/闪锌矿化；19-辉锑矿化/重晶石化；20-铜矿体；21-铅锌矿体；22-层理产状

砂砾岩、砂岩、粉砂岩。

2. 脉岩

矿区内脉岩极为发育，主要分布在矿区中部，尤其是灰黑色粉砂质板岩和灰色、灰白色绢云千枚岩内分布更为密集。脉岩的展布方向多数与区域构造线一致，绝大多数呈近东西向展布，少数为北西向等。脉岩规模大小不一，出露宽度由数毫米至数米不等，长度由数米至数十米，具有多期次侵入和充填的特点。

脉岩种类有重晶石脉、石英脉、白云石脉等，尤其以重晶石脉、石英脉较为多见。脉岩与金属矿产的分布有着密切的关系，个别脉岩可见少量孔雀石、方铅矿、闪锌矿、钛铁矿、辉锑矿、褐铁矿和黄铁矿，地表个别槽探经化学采样分析，铜铅锌品位达边界以上，少量样品则达工业品位要求。后期热液的上升和充填，对有益元素的进一步富集形成富矿体可能起到了重要的聚矿作用。

3. 构造

芦草沟多金属矿区范围内，地层岩石系统主要由三部分组成，即三个构造层，一是新元古代末—早古生代中酸性火山岩构造层；二是早古生代碎屑岩构造层；三是古近纪—新近纪构造层。

1）*新元古代末—早古生代中酸性火山岩构造层*

该构造层位于芦草沟多金属矿区中部，总体呈近东西向展布，中西段为近东西向，东段转向为北东东向（图 12-20）；中酸性火山岩构造层是矿区内的含矿地质体，主要为一套片理化中酸性火山岩，原岩以流纹岩、安山岩及流纹质安山岩为主，夹流纹质和安山质火山碎屑岩（凝灰岩）；岩石片理化非常强烈，已经比较难分辨火山岩的原始层理构造，片理产状为近东西向（北东东向），近直立或向北陡倾，倾角为 70°～85°。地层总体构造格架呈近东西走向，为一北倾的单斜层，倾向以 330°～20°为主，倾角为 30°～85°。其中中部的一套中酸性火山岩富含黄铁矿，风化后为强烈褐铁矿化和黄钾铁矾化，以鲜艳的黄色为特征，宽度为 400～600m（图 12-21a、b）。

该构造层南侧与古近纪—新近纪构造层多数为断层接触关系，即含矿火山岩向南逆冲在红层之上；局部（主要在东南角一带）可见含矿火山岩被古近纪—新近纪红层不整合覆盖；北侧与碎屑岩构造层呈断层接触关系（图 12-21a、b）。新疆第一区域地质调查大队将其定为黄褐色泥岩、泥灰岩、灰岩不妥。

图 12-21　芦草沟多金属矿区新元古代末—早古生代中酸性火山岩构造层及其变形、蚀变特征

a-芦草沟多金属矿化蚀变带远景，富含黄铁矿中酸性火山岩风化后呈较宽的带状出露黄钾铁矾化和褐铁矿化蚀变；b-芦草沟多金属矿化蚀变带远景，富含黄铁矿中酸性火山岩风化后呈现宽度约 400m 的带状出露黄钾铁矾化和褐铁矿化蚀变；c-芦草沟多金属矿区西北部浅变质碎屑岩（砂岩）中面理置换，层理近南北向，倾向西，倾角较小，片理北东走向，陡立；d-芦草沟多金属矿区北部中段浅变质碎屑岩（砂岩）中面理置换，层理近北北西向，倾向北东东，倾角中等，片理北东走向，陡立；e-芦草沟多金属矿区北部东段浅变质碎屑岩（粉砂岩）中面理置换，层理近北北东向，倾向南东东，倾角陡立，片理北东走向，陡立；f-芦草沟多金属矿区北部东段浅变质碎屑岩（粉砂岩）中面理置换，层理近北北西向，倾向北东东，倾角陡立，片理北东走向，陡立

2）早古生代碎屑岩构造层

早古生代碎屑岩构造层位于矿区北部，总体呈近东西向展布，中西段为近东西向，东段转向为北东东向（图 12-20）；该碎屑岩构造层位于矿区西北部和北部。虽然不是矿区内的主要含矿地质体，但是在其砂岩、砂砾岩层位可见明显的铜矿化。

特别值得注意的是这套碎屑岩构造层面理置换非常发育，其中层理产状变化较大，片理产状变化不大。在矿区西北部，层理产状为走向近南北向，倾向西，倾角中-低；片理产状为走向北东或北北东，倾角陡立（图 12-21c、d）；往东北方向，层理变为近直立，而片理保持不变（图 12-21e、f）。

该构造层与南侧含矿中酸性火山岩构造层呈断裂接触关系，在图 12-20 中，可以清楚见及断层断错北部的碎屑岩构造层（即碎屑岩的层理与南侧边界断层具有明显夹角）。

该构造层与矿区内含矿构造层具有完全不同的构造变形形式，从区域上分析，该碎屑岩系与大平沟地区发育褶皱构造的细碎屑岩具有相似的特征，片理的产状与边界相近，与南侧含矿火山岩的空间关系也是一致的。

3）古近纪—新近纪构造层

古近纪—新近纪构造层位于芦草沟矿区东南部，主要为红层沉积物，在矿区中段，与含矿火山岩呈断层接触关系（图 12-22a）；在矿区东南角局部可见红层以不整合覆盖于含矿火山岩构造层之上（图 12-22b、c）。

在上述构造层内，可见各种低级别的次级构造，如泥岩经过变质变形形成千枚岩，其中的石英细脉又被压扁褶皱，反映了该岩层发生了巨大的压缩应变（图 12-23a），经过初步估算，其应变缩短率达到 67%。在泥岩与泥灰岩互层的岩石中，由于受到垂直岩层的压扁变形，较强硬的泥灰岩沿层理被拉断，形成石香肠构造（图 12-23b），同样代表了巨大的压扁应变。

12.3.2　矿化蚀变带特征

芦草沟多金属矿区内已发现的矿化蚀变带位于蓟县系木孜萨依组一套碎屑岩夹火山岩内，严格受岩

图12-22　芦草沟多金属矿区古近纪—新近纪红层与含矿火山岩的接触关系

a-芦草沟多金属矿区中部中西东段含矿火山岩逆冲于古近纪—新近纪红层之上；b-芦草沟多金属矿区东南角，含矿中酸性火山岩被古近纪—新近纪红层不整合覆盖；c-芦草沟多金属矿区东南角，含矿中酸性火山岩被古近纪—新近纪红层不整合覆盖

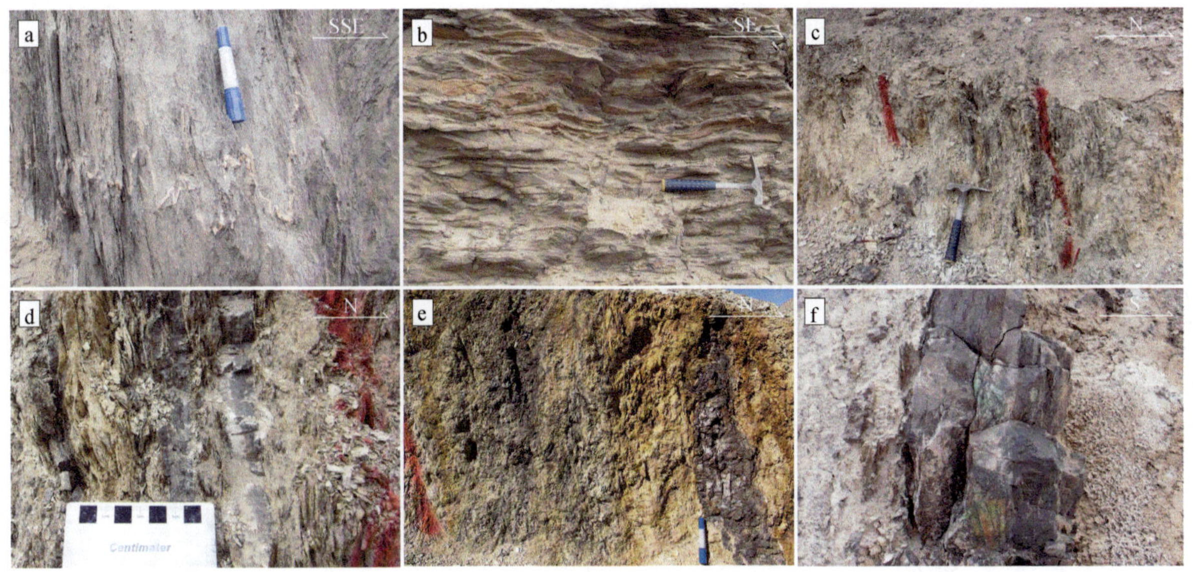

图12-23　芦草沟多金属矿区变质岩中的小型变形构造和探槽矿化剖面

a-芦草沟多金属矿区北部泥岩（已变质为千枚岩）中石英细脉的褶皱构造，指示该泥岩片理化过程中巨大的压缩应变；b-芦草沟多金属矿区北部东段，含凝灰岩夹层的泥岩发生顺层压扁作用，其中泥灰岩被拉断，形成石香肠构造；c-变形中酸性火山岩中片理化明显，沿片理发育含方铅矿、闪锌矿和黄铜矿重晶石脉；d-c的局部放大，变形中酸性火山岩中的含方铅矿、闪锌矿和黄铜矿重晶石脉；e-变形中酸性火山岩中片理化明显，沿片理发育含方铅矿、闪锌矿和黄铜矿重晶石脉；f-变形中酸性火山岩中沿片理发育含黄铜矿、方铅矿、黄铁矿重晶石脉

层内中酸性火山岩控制，即矿化蚀变带均发育于含大量黄钾铁矾的蚀变火山岩带内。矿化蚀变带地表出露长大于4km，宽50～200m（图12-20和图12-21a、b）。火山岩夹层内石英脉、重晶石脉发育，并可见少量白云石脉，脉宽几毫米至0.70m，长几米至几十米，大多沿火山岩（已变质为白云母石英片岩）片理面填充，走向近东西，倾向北，倾角为65°～85°，个别切穿岩石片理。

主要矿化类型有方铅矿化、闪锌矿化、孔雀石化、钛铁矿化、黄铁矿化（风化为褐铁矿、黄钾铁矾），偶见铜蓝矿化、锰矿化、辉锑矿化等。铜、铅、锌多金属矿化主要与重晶石脉、石英脉、白云石脉有关（图12-23c～f）。

12.3.3　矿体特征

通过钻探及槽探工程控制，共圈定了13条铅矿体，隐伏矿体5条，个别伴生锌，4条铜矿体，均出露地表（图12-20，表12-13）。总体规律是矿区西部以含铅锌氧化物的绢云千枚岩（绢云母石英片岩）为主，东西走向；中部为含方铅矿的重晶石脉，近东西走向；东部以孔雀石化的石英脉为主，呈北东-南西走向。由此推断，矿区由西向东剥蚀程度逐渐加深。

表 12-13　芦草沟铅锌矿区矿体特征一览表（据新疆第一区域地质调查大队，2015）

序号	矿体编号	形态	规模/m		厚度/m		品位/%			产状/(°)			控制工程	有用组分
			长度	延伸	视厚度	平均	Pb	Zn	Cu	走向	倾向	倾角		
1	L1	脉状	120	20	0.3	0.3	3.17	—	—	260	350	68	LTC31	Pb
2	L2	脉状	170	20	4.25	4.25	0.35			260	350	68	LTC31	Pb
3	L3	脉状	140	20	0.65	0.65	1.87	1.17		260	350	68	LTC31	Zn、Pb
4	L4	脉状	140	20	0.40	0.40	3.33			260	350	68	LTC31	Pb
5	L5	脉状	2100	330	0.90～9.40	3.56	0.94			260	350	65	TC12701、TC9501、TC63、TC31、TC15、TC00、TC16、TC32、LZK1501	Pb
6	L6	脉状	90	20	1.35	1.35	0.55			260	350	68	TC31	Cu、Pb
7	L7	脉状	100	70	0.80	0.80	1.74			260	350	68	TC31、LZK3102	Pb
8	L8	脉状	120	20	2.00	2.00			0.20	260	350	68	TC31	Cu
9	L9	脉状	180	50	4.00	4.00			0.27	260	350	70	TC15	Cu
10	L10	脉状	160	50	0.60	0.60			0.48	260	350	65	TC48	Cu
11	L11	脉状	150	50	0.30	0.30	3.17			230	320	56	TC96	Pb
12	L12	脉状	480	120	0.30～13.00	4.63			1.44	230	320	63	TC96、TC128、C136	Cu
13	M-1	脉状	200	50	2.80	2.80	9.29	1.29		260	350	65	LZK3102	Pb、Zn
14	M-2	脉状	200	50	3.20	3.20	1.91			260	350	65	LZK3102	Pb
15	M-3	脉状	200	50	7.20	7.20	2.09			260	350	65	LZK3102	Pb
16	M-4	脉状	200	50	1.00	1.00	1.02			260	350	65	LZK3102	Pb
17	M-5	脉状	200	50	8.20	8.20	1.12			260	350	65	LZK3102	Pb

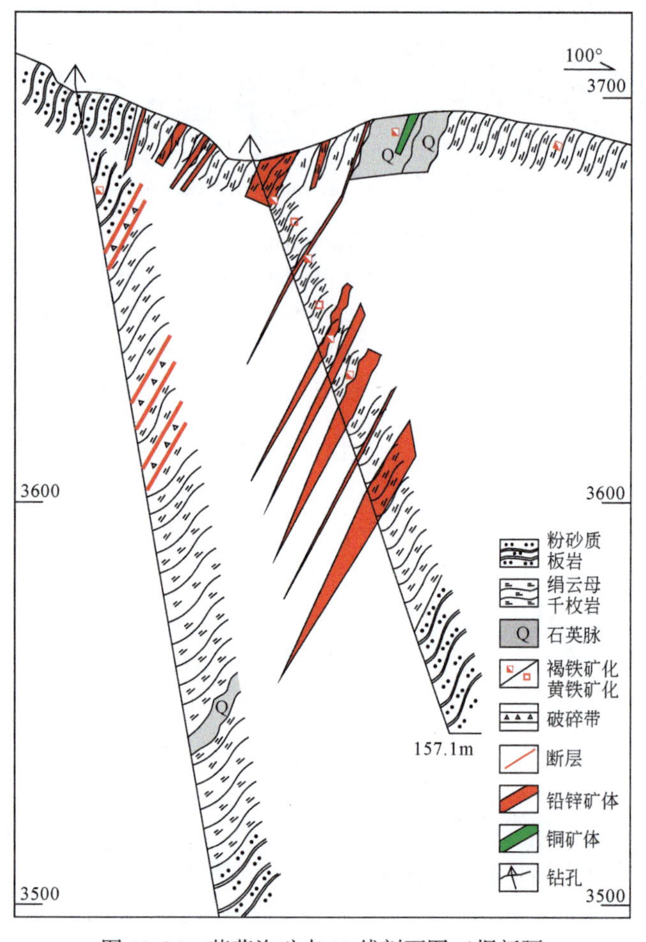

图 12-24　芦草沟矿点 31 线剖面图（据新疆第一区域地质调查大队，2015）

1）铅矿体

铅矿体长 50～2100m，平均视厚度为 0.30～8.20m，Pb 品位为 0.31%～9.29%，单样最高品位为 15.53%。

现将主矿体特征简述如下。

（1）L-5 矿体：矿体呈脉状产出，主要赋矿岩石为重晶石脉，矿体长 2100m，视厚度为 0.90～9.40m，平均视厚度为 3.56m，控制矿体最大斜深为 330m，矿体倾向北，倾角为 60°～70°，平均品位 Pb 为 0.94%，主要控制工程为 TC12701、TC9501、TC63、TC31、TC15、TC00、TC16、TC32、LZK1501。

（2）M-1 矿体：该矿体为隐伏矿体，呈脉状产出，赋矿岩石为重晶石脉，矿体长 200m，视厚度为 2.80m，控制矿体最大斜深为 50m，矿体倾向北，倾角为 65°，平均品位 Pb 为 9.29%、Zn 为 1.29%，主要控制工程为 LZK3102（图 12-24）。

2）铜矿体

铜矿体长 120～480m，视厚度为 0.60～4.36m，Cu 平均品位为 0.20%～1.44%，单样最高品位为 3.71%。其中，L12 为主矿体，呈脉状产出，赋矿岩石为石英脉，矿体长 480m，视厚度为 0.3～13.00m，矿体延伸 120m，倾向北西，倾角为63°，平均品位Cu为1.44%，主要控制工程为TC96、TC128、TC136。

12.3.4　矿体储量估算

（1）L5矿体金属量估算：L5为芦草沟多金属矿区最大矿体，按目前控制工程，矿体长度为2100m、延伸（深）为330m、平均厚度为3.56m、岩石密度按3.5g/cm^3、品位按0.94%计算，则其铅金属量为8.12万t。

（2）L12矿体金属量估算：L12为芦草沟多金属矿区第二大的矿体，也是最大铜矿体。按目前控制的工程，矿体长度为480m、延伸（深）为120m、平均厚度为4.63m、岩石密度按3.5g/cm^3、品位按1.44%计算，则其铜金属量为1.34万t。

（3）L13矿体金属量估算：L13铅锌金属量为1.04万t。

加上其他小矿体，芦草沟矿区，铜铅锌金属量约为12万t。

考虑矿体延伸与走向长度的关系，结合喀腊达坂铅锌矿矿体斜深超过800m，芦草沟各矿体倾向延深按700m计算，其他参数不变，则铜铅锌资源量为32万t。

12.4　阿尔金成矿带无名铜矿点

阿尔金成矿带无名铜矿点为本团队2015年野外工作期间新发现的铜矿点。同时开展了1∶2000草测和连续拣块样品的采集。

12.4.1　矿区地质简况

该铜矿点位于阿尔金成矿带西段，区域上属于阿尔金北缘沟弧盆构造体系偏南侧接近岛弧大地构造背景，但是周边没有出露很多岛弧型中酸性火山岩，仅仅有部分中酸性火山岩出露。

根据野外1∶2000地质草图填制，矿区出露的岩石主要有以下几类。

（1）中基性火山岩：出露于矿区南北两侧（图12-25），以玄武岩、安山质玄武岩为主，部分为安山岩，岩石呈灰绿色、暗绿色，微晶-隐晶质，发生浅变质作用，部分出现绿泥石微晶，局部弱片理化。走向呈北西西向，倾向以北北东为主，倾角较陡，为55°~83°。

（2）中酸性火山岩：出露于矿区中部（图12-25），以英安岩、安山岩、安山质流纹岩为主，岩石呈灰白色、浅灰色、浅肉红色等，微晶-隐晶质，发生浅变质作用，部分出现绢云母微晶，可见丝绢光泽，局部弱片理化，在矿区西南角片理化强烈。总体走向呈北西西向，倾向以北北东为主，倾角较陡，62°~85°。

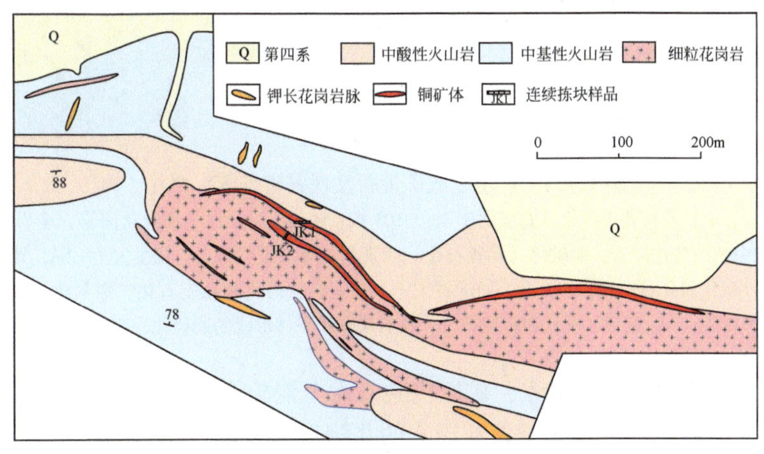

图12-25　阿尔金成矿带新发现铜矿点1∶2000草测平面地质图

（3）细粒花岗岩：出露于矿区中部略偏南侧，西端已经圈闭，东段延伸出图区之外（图12-25）。岩石呈灰白色、浅肉红色，矿物组成石英为30%~35%，他形粒状晶体，1~2mm；正长石为35%~40%，自形-半自形板状晶体，1.5~2.5mm；斜长石为25%~30%，自形-半自形板状晶体，1~2mm；黑云母为1%~3%，半自形-自形片状晶体，0.5~1.5mm。块状构造。细粒花岗岩与中酸性火山岩和中基性火山岩具有明显的侵入接触关系。

（4）钾长花岗岩脉：零星出露于矿区各个部位，规模不大，一般长度为几十米，最长100余米，宽度为1~5m，个别达十余米。岩石呈肉红色，矿物组成钾长石为65%~70%，自形-半自形板状晶体，2.5~4mm；石英为20%~25%，他形粒状晶体，2~3mm；斜长石为5%~15%，半自形板状晶体，2~3mm。钾长花岗岩脉延伸方向比较杂乱，有北西西向，也有北东东向、近南北向等。其形成比较晚，明显穿切中酸性火山岩和中基性火山岩的片理构造。

（5）第四系沉积物：出露于矿区西北角和东部北侧，主要为现代冲积物，少量晚更新世冲积物，以砂砾层为特点。

12.4.2　铜矿化特征

（1）含（赋）矿地质体：含（赋）矿地质体为细粒花岗岩，目前发现的铜矿化均发育于细粒花岗岩体中或者细粒花岗岩的边部，在该花岗岩体之外还没有发现铜矿化（图12-25）。

（2）矿化带宏观特征：矿化带发育于矿区中部细粒花岗岩的北侧边缘附近，矿化蚀变带长度超过620m（图内长度，东侧图外因地形非常陡峻无法追索），宽度为2~40m，整体呈北西西向延伸，西段为北西西向，东段为近东西向。

（3）主要矿化蚀变类型：主要蚀变为硅化，主要矿化是孔雀石化（图12-26），局部见少量黄铁矿化。含铜蚀变花岗岩或者孔雀石化花岗岩就是铜矿石。

图12-26　阿尔金成矿带新发现铜矿点露头照片

a-岩石为灰白色细粒花岗岩，全岩发育孔雀石化，宽度大于4m，T03点；b-岩石为灰白色细粒花岗岩，全岩发育孔雀石化，宽度大于12m，T01点；c-岩石为灰白色细粒花岗岩，铜矿化（孔雀石化）表现为细脉浸染状特点，宽度大于12m，T01点；d-岩石为灰白色细粒花岗岩，全岩发育黄钾铁矾化和孔雀石化，T13点，局部放大；e-强黄钾铁矾化和孔雀石化，强氧化多水条件形成的胆矾化，T32点，野外露头；f-强黄钾铁矾化和孔雀石化，强氧化多水条件形成的胆矾化，T32点，手标本照片

（4）矿体特征：通过地表填图和追索，矿区内共有六个铜矿体，其中规模比较大的有三个。

L1铜矿体：出露于矿区西部，位于细粒花岗岩的北侧边部，长300m，宽1~11m，平均宽7m，呈弧形延伸，西段顺岩体边界呈近东西向，中东段为北西向（290°~315°），倾向北东，倾角为80°。地质控制点T01、T13、T33、T34、T37、T38、T41、JK1、JK3（图12-25，表12-14）。

L2 铜矿体：出露于矿区西部，位于细粒花岗岩的北部，L1 铜矿体南侧，长 180m，宽 1 ~ 9m，平均宽 7m，呈北西向延伸，走向为 290° ~ 315°，倾向北东，倾角为 80°。地质控制点 T03、T31、T32、T36、JK2（图 12-25，表 12-14）。

L3 铜矿体：出露于矿区东部，位于细粒花岗岩体东段的北部边缘，长 340m，宽 1 ~ 8m，平均宽 5m，呈东西向延伸，走向为 78° ~ 103°，倾向北，倾角为 80°。地质控制点 T29、T57、T61、T62（图 12-25，表 12-14）。

表 12-14　阿尔金成矿带新发现铜矿点矿体特征一览表

序号	矿体编号	形态	规模/m			产状/(°)			控制地质点
			长度	厚度范围	平均厚度	走向	倾向	倾角	
1	L1	脉状	300	1 ~ 11	7.0	272 ~ 315	北东	80	T01、T13、T33、T34、T37、T38、T41、JK1、JK3
2	L2	脉状	180	1 ~ 9	7.0	290 ~ 315	北东	80	T03、T31、T32、T36、JK2
3	L3	脉状	340	1 ~ 8	5.0	78 ~ 103	北	80	T29、T59、T61、T62
4	L4	脉状	80	1 ~ 2	1.0	310	北东	80	T42、T44
5	L5	脉状	40	1 ~ 2	1.5	304	北东	80	T05
6	L6	脉状	40	1 ~ 3	2.0	304	北东	86	T04

其他铜矿体规模小，不一一描述。

（5）铜矿成因初步分析：铜矿化主要呈浸染状发育于细粒花岗岩中，没有见到明显的破碎带，矿石就是矿化岩体，而且目前所见的矿体都发育在矿区细粒花岗岩体的北缘或近边缘部位，说明铜矿化与该岩体具有密切关系。从上述地质特征初步认为该铜矿化与斑岩型铜矿有一些相似之处，可能属于斑岩型铜矿。

12.4.3　铜资源量初步估算

野外对 L1 和 L2 铜矿体，进行三个剖面（JK1、JK2 和 JK3）的连续拣块采样，加上1：2000 填图其他单样，总共送出铜元素分析样品 21 件，铜元素测试结果见表 12-15，铜品位为 0.07%~1.85%。

表 12-15　阿尔金成矿带新发现铜矿点样品分析结果

序号	野外编号	位置（矿区）	样长/m	岩性	Cu/%	序号	野外编号	位置（矿区）	样长/m	岩性	Cu/%	备注
1	JK1-1	矿区西段	1	铜矿石	0.96	12	T29-1	矿区中段	单样	铜矿石	0.40	有样长的为连续拣块样品，无样长的为单块样品
2	JK1-2	矿区西段	4	铜矿石	0.78	13	T31-1	矿区中段	单样	铜矿石	0.28	
3	JK1-3	矿区西段	4	铜矿石	0.63	14	T32-1	矿区中段	单样	铜矿石	0.37	
4	JK1-4	矿区西段	4	铜矿石	0.17	15	T33-1	矿区中段	单样	铜矿石	0.34	
5	JK1-5	矿区西段	5	铜矿石	0.67	16	T35-1	矿区中段	单样	铜矿石	0.07	
6	JK2-1	矿区西段	3	铜矿石	0.73	17	T37-1	矿区西段	单样	铜矿石	1.85	
7	JK2-2	矿区西段	3	铜矿石	0.28	18	T44-1	矿区西段	单样	铜矿石	0.50	
8	JK2-3	矿区西段	3	铜矿石	0.19	19	T57-1	矿区东段	单样	铜矿石	0.53	
9	JK3-1	矿区中段	1.5	铜矿石	0.40	20	T61-1	矿区东段	单样	铜矿石	0.56	
10	JK3-2	矿区中段	1.5	铜矿石	0.28	21	A347-1-1	矿区中段	单样	铜矿石	0.62	
11	T05-1	矿区西段	单样	铜矿石	0.39							

对三个地表规模较大的铜矿体，其长度分别为 300m、180m 和 340m，依据多数斑岩型矿床矿体延深大于水平延长的特点，我们推算三个较大矿体的倾向延深为 350m，矿石体重按 2.9t/m^3 计算，品位按 0.5% 计算，可求得矿体体积为 5135900m^3，Cu 金属量为 2.57 万 t（表 12-16）。

表 12-16　阿尔金成矿带新发现铜矿点矿体资源量估算一览表

序号	矿体编号	控制地质点	矿体规模/m			体积/m^3	体重/(t/m^3)	矿石量/t	品位/%	金属量/万 t
			长	推深	厚度					
1	L1	T01、T13、T33、T34、T37、T38、T41、JK1、JK3	300	350	7.0	735000	2.90	2131500	0.5	1.07
2	L2	T03、T31、T32、T36、JK2	180	350	7.0	441000		1278900	0.5	0.64
3	L3	T29、T59、T61、T62	340	350	5.0	595000		1725500	0.5	0.86
合计								5135900		2.57

限于各方面条件，目前还没有开展更多的工作，就现有资料，应该具有良好的找矿前景。如果参考喀腊达坂铅锌矿矿体倾向延深很大的特点，按 700m 计算，则铜资源量约为 5 万 t。

12.5　超基性侵入岩含矿性研究

阿尔金成矿带作为早古生代造山带，发育一套蛇绿混杂岩，其中超基性侵入岩也非常发育。超基性侵入岩主要出露于卓阿布拉克以西的阿尔金成矿带中西段，大平沟及其以东，一直到拉配泉一带出露比较零星，其与后期构造的破坏有关（见第 4 章 4.2.4 节和图 4-21）。

超基性侵入岩具有其特殊的成矿专属性，这种成矿专属性是与超基性侵入岩不同成因或者形成于不同大地构造环境具有密切关系。与超基性侵入岩有关的矿床矿种类型主要是岩浆熔离型铜镍硫化物矿床、钒钛磁铁矿床、铬铁矿床、铂族元素矿床等。本研究团队对区内超基性侵入岩的含矿性开展了初步研究。

12.5.1　超基性侵入岩形成的构造环境

微量元素含量及分布形式受控于岩浆体系，不同的构造环境又发育不同的岩浆体系，因此通过对比讨论岩体就位的构造环境，比如洋中脊拉斑玄武岩以亏损大离子亲石元素、富 LREE 为特征；岛弧拉斑玄武岩以低钾低钛、平坦型稀土配分为特征；而岛弧钙碱玄武岩则具有高钾低钛、高 Sr 含量、富 LREE、亏损高场强元素的特征（Lassiter and Depaolo，2013）。微量元素标准化图解显示第二组样品亏损 Nb、Ta 等元素，可能和来自消减带物质的加入有关（张旗等，1999）。从表 12-17 可以看出第一组样品与大陆裂谷拉斑玄武岩地球化学特征相似或者介于大陆裂谷拉斑玄武岩与岛弧钙碱玄武岩之间，第二组样品与图拉尔根含矿岩体，以及喀拉通克、岛弧钙碱玄武岩相似，具有洋脊拉斑玄武岩或者类似岛弧钙碱玄武岩属性。

表 12-17　阿尔金成矿带超基性侵入岩地球化学特征与典型类型对比表

构造位置	TiO_2/%	K_2O/%	Na_2O/K_2O	$Rb/10^{-6}$	$Sr/10^{-6}$	K/Rb	$(La/Yb)_N$	资料来源
大陆裂谷拉斑玄武岩	1.5~3.2	0.66	3~6	31	350	176	10	Condie，1982
洋脊拉斑玄武岩	0.75~2.23	0.14	10~15	0.2~5.0	70~150	1000	1~2	涂光炽，1984
岛弧拉斑玄武岩	0.54~0.99	0.40	4~6	3~10	100~200	1000	1~2	涂光炽，1984
岛弧钙碱性玄武岩	0.70	1.06	2	14	550	400~500	6~8	Perfit，1980
喀拉通克 2 号岩体	0.21~0.94	0.81~3.28	1.26~2.01	10~40	57~150	415~731	6.51~8.51	冉红彦和肖森宏，1994
图拉尔根 1 号岩体	0.32~0.76	0.13~1.52	0.12~2.17	3.1~42	19~165	297~510	7	孙赫等，2006
阿尔金北缘（第一组）	3.69	2.08	3.38	39.24	178.00	473.00	10.51	本书
阿尔金北缘（第二组）	0.02	0.02	2.83	0.56	17.68	302	11.9	本书

从微量元素特征上看，阿尔金成矿带超基性侵入岩不完全属于典型的大洋中脊成因，或多或少带有一些大陆裂谷或者岛弧的属性，这也可能从一个侧面说明当时的洋壳范围不是非常大，应该是一个有限洋盆，或者是弧后盆地。

12.5.2　铜镍铬成矿潜力

对区内超基性侵入岩的地球化学特征在2.6节做了专门介绍，而超基性侵入岩的成矿专属性与其地球化学特征具有密切的关系。戈德列夫斯基按照岩石中MgO的含量把超基性岩浆及其结晶产物分为三类：①无硫化物的镁铁质岩石（MgO≤8%）；②含铜镍中等镁铁质岩石（MgO=8%~30%）；③无硫化物的超镁铁质岩石（MgO>30%）。

同时，镁铁比值是识别超基性岩性及其成因的标志之一，对研究成矿预测亦颇有成效（吴利仁，1963）。超基性岩的 *M/F* 值为0.5~2时属无矿的富铁质超基性岩；*M/F* 值为2~6.5时属铁质超基性岩，有利于形成Cu-Ni（PGE）硫化物矿床；*M/F* 值为6.5~14为与铬铁矿有关的镁质超基性岩。此次研究第一组样品的MgO含量为4.15%~13.01%，平均值为8.35%，应属于无硫化物的镁铁质岩石，*M/F* 值为0.51~1.85，平均值为1.13，属于无矿的富铁质超基性岩（表12-18）。

表12-18　基性-超基性岩的镁铁比及含矿性

序号	岩石	*M/F* 值（平均值）	矿化特征	资料来源
1	镁质超基性岩	6.5~14	铬铁矿	（吴利仁，1963）
2	铁质超基性岩	2~6.5	铜镍及铂族	
3	富铁质超基性岩及铁质基性岩	0.5~2	无矿	
4	富铁质基性岩	<0.5	钒钛磁铁矿	
5	超基性岩	3.11~5.17（4.21）	岩体中铜镍及铂族	
6	基性岩	1.21~1.65（1.36）	岩体无矿，围岩中铜镍及铂族	
7	阿尔金北缘第一组	0.62~2.42（1.13）	为富铁质超基性岩，无矿	本书
8	阿尔金北缘第二组	5.36~48.63（13.64）	铬铁矿有关的镁质超基性岩	

因此第一组样品不具有Cu-Ni成矿潜力（图12-27）。第二组超基性岩样品MgO含量为37.09%~46.56%，平均值为42.60%，应属于无硫化物的超镁铁质岩石，*M/F* 值为3.44~14.33，平均值为13.64，属于铬铁矿有关的镁质超基性岩，因此阿尔金北缘超基性岩具有铬铁矿的成矿潜力，化学分析Cr的平均品位为0.273%，这与野外所观察到的超基性岩体铬铁矿化主要发育在蛇纹石化方辉橄榄岩和二辉辉橄岩中相吻合。

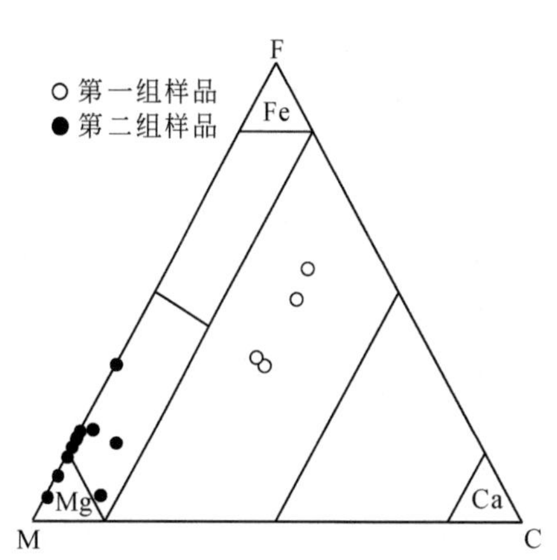

图12-27　超基性岩F-M-C图解

12.5.3　铂族元素成矿潜力

本书对阿尔金成矿带的超基性侵入岩选择了部分样品进行了铂族元素分析，分析结果见表12-19，可以看出，第一组样品的铂族元素含量总和较低，为4.23×10^{-9}~12.04×10^{-9}，平均为7.89×10^{-9}，各元素含量差别较大，以Pt含量最高，为1.20×10^{-9}~5.21×10^{-9}，Rh含量最低，为0.08×10^{-9}~0.41×10^{-9}。第二组样品的铂族元素含量较高，为13.03×10^{-9}~40.93×10^{-9}，平均为25.68×10^{-9}，Pt和Rh含量较高。PGE含量与岩石的SiO_2含量并没有明显的相关性。国内的一些超基性岩Cu-Ni硫化物矿床如喀拉通克铜镍矿的镁铁质岩石PGE含量变化于0.2×10^{-9}~44×10^{-9}，平均为10×10^{-9}（钱壮志等，2009），白马寨矿床岩石的PGE含量为3×10^{-9}~71×10^{-9}，平均为19×10^{-9}（王生伟等，2006），白石泉PGE含量为2×10^{-9}~78×10^{-9}，平均为15×10^{-9}（柴凤梅等，2006），东天山香山和图

拉尔根矿区岩石 PGE 含量为$1\times10^{-9}\sim5\times10^{-9}$（孙赫等，2008），金川矿床超镁铁质岩石 PGE 平均含量为35×10^{-9}（汤中立和李文渊，1995）。可以看出第一组样品的 PGE 含量普遍低于国内主要的超基性岩 Cu-Ni 硫化物矿床，而第二组样品 PGE 含量与金川矿床岩石中的 PGE 含量相近。

表 12-19　阿尔金北缘地区超基性侵入岩铂族元素分析结果　　（单位：10^{-9}）

序号	样号	元素							序号	样号	元素						
		Ru	Rh	Pd	Os	Ir	Pt	Tol			Ru	Rh	Pd	Os	Ir	Pt	Tol
1	A04-1	0.21	0.08	1.21	1.35	0.18	1.20	4.23	8	A23-2	2.94	0.34	1.69	3.38	2.44	2.24	13.03
2	A04-2	0.85	0.23	1.62	1.11	0.49	3.65	7.95	9	A23-3	10.5	1.76	4.87	4.81	4.25	6.03	32.22
3	A04-3	0.82	0.24	1.41	1.26	0.61	2.98	7.32	10	A23-4	5.63	0.84	9.49	2.61	1.51	4.92	25.00
4	A52-1	0.15	0.41	5.52	0.29	0.46	5.21	12.04	11	A23-5	5.46	1.02	0.57	7.02	3.57	6.72	24.36
5	A29-1	6.09	1.17	5.26	4.12	2.75	6.53	25.92	12	A24-1	8.07	1.26	2.16	2.55	4.24	4.99	23.27
6	A31-1	5.21	1.06	3.01	4.37	2.66	5.82	22.13	13	A25-1	6.68	1.27	5.14	3.41	3.94	7.11	27.55
7	A23-1	5.02	1.06	2.76	3.67	3.45	6.40	22.36	14	A73-1	9.85	2.04	6.08	6.06	5.70	11.2	40.93

12.5.4　超基性岩浆演化分异与成矿潜力

Naldrett（1999）总结了世界上大型 Cu-Ni 硫化物矿床具有的共同特征：①能够结晶大量橄榄石的岩浆；②明显的地壳缝合带（切穿地壳的深大断裂）；③围岩中含足够的硫；④相关的岩浆具有明显的亲铜元素亏损；⑤与围岩相互作用；⑥矿化产生在岩浆运移通道附近或者其中，主要定位于含矿岩浆通道突然变宽或变缓的部位。但是，这几个特征并不是必须完全都满足才能形成世界级的镍铜硫化物矿床。

研究表明，高 Mg 的岩浆在形成之初离开地幔时硫都是不饱和的（Keay，1995），并且需要较高程度的部分熔融，所以其可以携带大量成矿元素上升到地壳。但是，要形成岩浆 Cu-Ni 硫化物矿床，原始岩浆必须产生硫化物的熔离，而引起硫化物熔体熔离的机制主要包括：①岩浆分异（Haughton et al.，1974），富 Fe 矿物的分异（橄榄石、辉石、磁铁矿）可能导致 S 溶解度的降低，而产生 S 的饱和；②不同成分的 S 不饱和岩浆的混合导致 S 的饱和（Li et al.，2001）；③围岩混染，通过熔体的液化作用或者含硫化物围岩的混染导致外来硫的加入，而产生 S 饱和（Lesher and Campbell，1993；Ripley et al.，1999）；也可能是围岩 Si 加入，降低了岩浆硫的溶解度（Irvine，1975；Li and Naldrett，1999；张招崇和王福生，2003）。许多地壳混染证据分别已在诺里尔斯克、肖德伯里、金川等地区得到了广泛的同位素、稀土元素、痕量元素等资料的证实（Naldrett，1999；张招崇和王福生，2003）。通常认为高 La/Sm 值（>4.5）指示了地壳物质的混染（Lassiter and Depaolo，2013），阿尔金北缘地区超基性岩第一组样品的 La/Sm 值平均为 3.72，说明没有发生地壳混染或者混染程度很弱，第二组样品由于 Sm 含量很低，导致了 La/Sm 值变化范围较大，无法确定地壳混染的程度。

上文可以看出，在国内一些大型的铜镍矿床镁铁质岩石的 PGE 含量总体并不一定很高。一般认为，从硅酸盐岩浆中熔离出来的硫化物中 PGE、Ni、Cu 的含量最初由它们在硅酸盐岩浆中的浓度和硅酸盐熔体与硫化物熔体的比值决定（Campbell and Naldrettt，1979）。PGE、Ni、Cu 在硫化物中的含量也可能因为与新鲜补给的岩浆发生反应以及硫化物熔体分异而改变，或者因为后期热液作用而改变（Ebel and Naldrett，1996；Barnes et al.，1997；唐冬梅等，2008）。

Pd 和 Ir 是 PGE 元素中地球化学性质差异最大的元素，常用 Pd/Ir 值表征铂族元素的总体分异特征，原始地幔 Pd/Ir 值为 1.22，而不同成因硫化物矿床具有不同的 Pd/Ir 值分布范围。研究区超基性岩的 Pd/Ir 值大部分小于 10，说明该超基性岩 PGE 特征主要为岩浆作用的结果；受热液交代作用的硫化物和岩体的 Pd/Ir 值一般高于 100。本区样品 Pd/Ir 值最大值为 12，出现在红柳沟超基性岩中，说明其在所有样品中 PGE 分异程度最高，其他超基性岩 PGE 分异程度差别不大。

一般来说，部分熔融程度越大，岩浆中的 Pd/Ir 值越小，Ni/Cu 值越大。除红柳沟超基性岩外，其他岩体 Pd/Ir 值为 0.16～12，平均值为 2.77，Ni/Cu 值变化范围较大，为 0.21～1658。第一组样品为0.21～21.24，平均值为 4.98，低于原始地幔值（71.4），变化范围包括了超镁铁质岩浆（>7）和镁铁质岩浆（<2）形成的硫化物矿床的 Ni/Cu 值，说明该组样品母岩浆可能为玄武质岩浆和超镁铁质岩浆混合的结果。第二组样品为 208～1658，其 Ni 含量一般大于 1000ppm，最大为 2577ppm，该组样品的另一个特征为 PGE 含量较高，在 Ni/Cu-Pd/Ir 图解上，第一组样品主要落在高 MgO 玄武岩和溢流玄武岩区域，个别样品位于科马提岩区域的边缘（图 12-28），研究认为，形成高 Mg 玄武质岩浆的地幔部分熔融程度应该≥10%，高镁玄武质岩浆和科马提岩浆在形成之初为硫化物不饱和岩浆。第二组样品主要落在了地幔区域内，说明其岩浆来源于地幔。

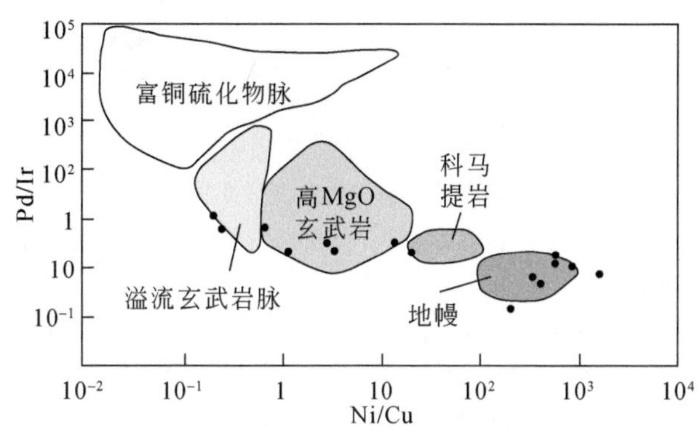

图 12-28　阿尔金地区超基性岩 Ni/Cu-Pd/Ir 图解

岩浆在演化过程中硫达到饱和发生硫化物熔离时，发生硫化物熔离后的残余岩浆中的 PGE 较 Cu、Ni、Ti 大大亏损，Ni 和 Cu 只发生微弱的降低。因此，硫化物熔离后的残余岩浆具有比原始地幔高得多的 Cu/Pd 值（Cu/Pd = 6500）和 Ti/Pd 值（Ti/Pd = 3000），并且早期形成的硫化物较晚期形成的硫化物 PGE 富集。第一组样品的 Cu/Pd 和 Ti/Pd 值明显高于第二组，分别为 13～585（平均 146）和 1573～28787（平均为 12333），Cu/Pd 值小于原始地幔，Ti/Pd 大于原始地幔值，表明这些岩体发生过少量的硫化物熔离作用。第二组样品的 Cu/Pd 和 Ti/Pd 值分别为 0.49～3.6 和 14～53，未发生硫化物的熔离作用。

纵观阿尔金成矿带铜镍铬成矿元素含量，铬普遍较高，共 18 个样品超过 0.1%，13 个超过 0.2%，5 个超过 0.3%，最高 0.5%（表 12-20）。同时以镍为主，除个别外，铜与镍相关性不明显，而且超基性岩基性程度不够高，成矿元素以分散状态为主，其中贝克滩东超基性岩最为典型，全岩都有较高镍元素含量，但是大多数达不到矿体的品位要求，镍含量最高为 0.26%，铜含量仅有个别达到 0.5%，成矿潜力有限。

表 12-20　阿尔金成矿带超基性侵入岩铜镍铬成矿元素分析结果

序号	样品号	样品位置	测试结果/10^{-6}			序号	样品号	样品位置	测试结果/10^{-6}		
			Cr	NI	Cu				Cr	NI	Cu
1	K56-1	贝克滩金矿	3370	2167	8.37	10	A23-4	贝克滩南	2175	1414	5553
2	K159-1	白尖山东沟	2840	2110	5.0	11	A23-5	贝克滩南	5064	1875	8.99
3	A04-2	恰什坎萨依	1176	452	155	12	A24-1	贝克滩南	3229	2577	6.07
4	A10-1	红柳沟路边	1998	840	0.05	13	A25-1	贝克滩南	3014	1951	3.30
5	A22-1	贝克滩	3027	1968	6.00	14	A29-1	沟口泉铁矿	2554	1769	2.94
6	A22-2	贝克滩	2271	1072	4.11	15	A31-1	冰沟北口	2851	1780	2.04
7	A23-1	贝克滩南	2487	2222	1.34	16	A73-1	拉配泉	2677	1665	0.05
8	A23-2	贝克滩南	1924	2148	6.09	17	A205-1	马特克萨依	2775	1978	1.07
9	A23-3	贝克滩南	1495	1270	0.05	18	A249-1	白尖山西	1028	106	24.9

综上所述，认为阿尔金成矿带超基性岩体具有两种不同的岩浆源区和成因，虽然经历了不同的演化过程，但总体上经历的硫化物熔离作用有限，形成岩浆型铜镍硫化物矿床潜力不大，局部可能形成铬铁矿床。

参考文献

边千韬. 1989. 白银厂矿田地质构造及成矿模式. 北京：地质出版社.

柴凤梅，张招崇，毛景文，等. 2006. 新疆哈密白石泉含铜镍镁铁-超镁铁质岩体铂族元素特征. 地球学报，27（2）：123-128.

曹淑云，刘俊来. 2006. 岩石显微构造分析现代技术 EBSD 技术及应用. 地球科学进展，21（10）：1091-1095.

车自成，孙勇. 1996. 阿尔金麻粒岩相杂岩的时代及塔里木盆地的基底. 中国区域地质，15（1）：51-57.

车自成，刘良. 1997. 板块结合带与边缘海的壳幔同位素演化. 地球学报，18（增刊）：31-33.

车自成，刘良，孙勇. 1995a. 阿尔金铅钕锶氩氧同位素研究及其早期演化. 地球学报，16（3）：334-337.

车自成，刘良，刘洪福，等. 1995b. 阿尔金地区高压变质泥质岩石的发现及其产出环境. 科学通报，40（14）：1298-1300.

陈柏林. 1999. 运用磁组构方法研究构造变形与成矿作用时序关系. 高校地质学报，5（3）：269-274.

陈柏林，刘兆霞. 1996. 构造地质研究中应用 X 光岩组方法需注意的几个问题. 地质力学学报，2（4）：73-79.

陈柏林，李中坚. 1997. 北京怀柔崎峰茶-琉璃庙地区岩石磁组构特征及其构造意义. 地球学报，18（2）：134-141.

陈柏林，王小凤，陈宣华，等. 2002. 阿尔金北缘地区韧性剪切带型金矿床构造控矿解析. 地质学报，76（2）：235-243.

陈柏林，王小凤，杨风，等. 2003. 阿尔金北缘索尔库里北山铜银矿床控矿构造分析. 地质力学学报，9（3）：232-240.

陈柏林，杨屹，王小凤，等. 2005. 阿尔金北缘大平沟金矿成因. 矿床地质，24（2）：168-178.

陈柏林，王世新，祁万修，等. 2008. 阿尔金北缘大平沟韧脆性变形带特征. 岩石学报，24（4）：637-644.

陈柏林，蒋荣宝，李丽，等. 2009. 阿尔金山东段喀腊大湾地区铁矿带的发现及其意义. 地球学报，30（2）：143-154.

陈柏林，崔玲玲，王世新，等. 2010a. 阿尔金断裂走滑位移的新认识——来自阿尔金山东段地质找矿进展的启示. 岩石学报，26（11）：3387-3396.

陈柏林，陈正乐，崔玲玲，等. 2010b. 阿尔金喀腊大湾地区成矿构造环境初步研究. 西北地质，43（增刊）：175-176.

陈柏林，赵恒乐，马玉周，等. 2012. 阿尔金山阿北银铅矿控矿构造特征与矿床成因初探. 矿床地质，31（1）：13-26.

陈柏林，崔玲玲，陈正乐. 2014. 阿尔金山喀腊大湾地区变形岩石 EBSD 组构分析. 地质学报，88（8）：1475-1484.

陈柏林，王永，陈正乐，等. 2015. 阿尔金山喀腊大湾地区控矿构造系统研究. 地学前缘，22（4）：67-77.

陈柏林，李松彬，蒋荣宝，等. 2016a. 阿尔金喀腊大湾地区中酸性火山岩 SHRIMP 年龄及其构造环境. 地质学报，90（4）：708-727.

陈柏林，李丽，祁万修，等. 2016b. 阿尔金喀腊大湾铁矿田地质特征与时形成代. 矿床地质，35（2）：315-334.

陈德潜，陈刚. 1990. 实用稀土元素地球化学. 北京：冶金工业出版社.

陈光远，孙岱生，殷辉安. 1987. 成因矿物学与找矿矿物学. 重庆：重庆出版社.

陈建平，陈勇，王全明. 2008. 基于 GIS 的多元信息成矿预测研究——以赤峰地区为例. 地学前缘，15（4）：18-26.

陈建平，严琼，李伟，等. 2013. 地质单元法区域成矿预测. 吉林大学学报（地球科学版），43（4）：1083-1091.

陈文寄，计凤桔，王非. 1999. 年轻地质体系的年代测定（续）——新方法、新进展. 北京：地震出版社.

陈宣华，王小凤，杨风，等. 2001. 阿尔金山北缘早古生代岩浆活动的构造环境. 地质力学学报，7（3）：193-200.

陈宣华，尹安，Gehrels G，等. 2002. 青藏高原北缘中生代伸展构造$^{40}Ar/^{39}Ar$ 测年和 MDD 模拟. 地球学报，23（4）：305-310.

陈宣华，Gehrels G E，王小凤，等. 2003. 阿尔金山北缘花岗岩的形成时代及其构造环境探讨. 矿物岩石地球化学通报，22（4）：294-298.

陈永清，夏庆霖，黄静宁，等. 2007. “证据权”法在西南“三江”南段矿产资源评价中的应用. 中国地质，34（1）：132-141.

陈育晓，夏小洪，宋述光，等. 2012. 北祁连山西段志留纪高硅埃达克岩：洋壳减压熔融的证据. 科学通报，57（22）：2072-2085.

陈毓川，叶庆同，冯京，等. 1996. 阿舍勒铜金成矿带成矿条件和成矿预测. 北京：地质出版社.

陈正乐，王小凤，冯夏红，等. 2001a. 稳定同位素在山脉隆升历史重建中的应用. 矿物岩石地球化学通报，20（4）：211-213.

陈正乐，张岳桥，王小凤，等.2001b. 阿尔金山脉新生代隆升的裂变径迹证据. 地球学报，22（5）：413-418.
陈正乐，高荐，张岳桥，等.2002a. 阿尔金断裂中段晚新生代构造变形的ESR证据. 地质论评，48（增）：140-145.
陈正乐，万景林，王小凤，等.2002b. 阿尔金断裂带8 Ma左右的快速走滑及其地质意义. 地球学报，23（4）：295-300.
陈正乐，陈宣华，王小凤，等.2002c. 阿尔金地区构造应力场及其对金属矿产分布的控制作用. 地质与勘探，38（5）：18-23.
陈正乐，陈宣华，王小凤，等. 2002d. 新疆阿尔金山拉配泉铜矿矿区地质特征及成因初析. 地质力学学报，8（1）：71-78.
陈正乐，宫红良，李丽，等. 2006. 阿尔金山脉新生代隆升-剥露过程. 地学前缘，13（4）：91-102.
陈正乐，李丽，刘健，等. 2008. 西天山隆升-剥露过程初步研究. 岩石学报，24（4）：625-636.
崔军文，唐哲民，邓晋福，等. 1999. 阿尔金断裂系. 北京：地质出版社.
崔军文，张晓卫，李朋武. 2002. 阿尔金断裂：几何学、性质和生长方式. 地球学报，23（6）：509-516.
崔玲玲，陈柏林，杨农，等. 2010. 阿尔金山东段喀腊大湾中基性火山岩岩石地球化学特征及成因探讨. 地质力学学报，16（1）：96-107.
邓晋福，赵海玲，莫宣学，等. 1996. 大陆根柱构造：大陆动力学的钥匙. 北京：地质出版社.
丁汝福，赵伦山，王京彬，等. 1999. 新疆可可塔勒金与多金属矿带成矿演化. 地质论评，45（增刊）：1132-1138.
丁振举，刘丛强，姚书振，等. 2003. 东沟坝多金属矿床矿质来源的稀土元素地球化学限制. 吉林大学学报（地球科学版），33（4）：437-442.
杜泽忠，叶天竺，庞振山，等. 2014. 甘肃白银厂铜多金属矿田折腰山矿床含铁硅质岩地球化学特征及其找矿意义. 地质通报，33（6）：924-932.
董得源，王宝瑜. 1984. 新疆古生界层孔虫及其地层意义. 中国科学院南京地层古生物研究所丛刊，（7）：237-286.
董国安，杨宏仪，刘敦一，等. 2007a. 龙首山岩群碎屑锆石SHRIMP U-Pb年代学及其地质意义. 科学通报，52（6）：688-697.
董国安，杨怀仁，杨宏仪. 2007b. 祁连地块前寒武纪基底锆石SHRIMP U-Pb年代学及其地质意义. 科学通报，52（13）：1572-1585.
冯益民，何世平. 1995. 北祁连蛇绿岩的地质地球化学研究. 岩石学报，11（增刊）：125-146.
福尔·G. 1986. 同位素地质学原理. 潘曙兰等译. 北京：科学出版社.
付明希. 2003. 磷灰石裂变径迹退火动力学模型研究进展综述. 地球物理学进展，18（4）：650-655.
甘肃省地质矿产勘查开发局. 1989. 甘肃省区域地质志. 北京：地质出版社.
甘肃省地质矿产勘查开发局. 1997. 甘肃省岩石地层. 武汉：中国地质大学出版社.
高庆华，徐炳川，毕子威，等.1996. 地质力学的方法与实践 第四篇（上）：地壳运动问题. 北京：地质出版社.
高永丰，侯增谦，魏瑞华. 2003. 冈底斯晚第三纪斑岩的岩石学、地球化学及其地球动力学意义. 岩石学报，19（3）：418-428.
葛肖虹，刘俊来. 1999. 北祁连造山带的形成与背景. 地学前缘，6（4）：223-230.
葛肖虹，刘俊来. 2000. 被肢解的"西域克拉通". 岩石学报，16（1）：59-66.
葛肖虹，张梅生，刘永江，等. 1998. 阿尔金断裂研究的科学问题与研究思路. 现代地质，12（3）：295-301.
耿新霞，杨建民，姚佛军，等. 2010. 新疆阿尔泰阿巴宫铁矿遥感找矿综合信息研究. 地质论评，56（3）：365-373.
耿元生，周喜文. 2010. 阿拉善地区新元古代岩浆事件及其地质意义. 岩石矿物学杂志，29（6）：779-795.
耿元生，王新社，沈其韩. 2002. 阿拉善地区新元古代晋宁期变形花岗岩的发现及其地质意义. 岩石矿物学杂志，21（4）：412-420.
宫江华，张建新，于胜尧，等. 2012. 西阿拉善地块 ~2.5Ga TTG岩石及地质意义. 科学通报，57（28-29）：2715-2728.
郭进京，赵风清，李怀坤. 1999. 中祁连东段晋宁期碰撞型花岗岩及其地质意义. 地球学报，20（1）：10-15.
郭武林. 1984. 岩石磁化率各向异性及其地质应用. 国外地质勘探技术，3：9-17.
郭召杰，张志诚，王建君.1998. 阿尔金山北缘蛇绿岩带的Sm-Nd等时线年龄及其大地构造意义. 科学通报，43（18）：1981-1984.
郭召杰，张志诚，刘树文，等. 2003. 塔里木克拉通早前寒武纪基底层序与组合颗粒锆石U-Pb年龄新证据. 岩石学报，19（3）：537-542.
国家地震局"阿尔金活动断裂带"课题组.1992. 阿尔金活动断裂带. 北京：地震出版社.
虢顺民，向宏发. 1998. 阿尔金构造系渐新世—中新世以来断裂左旋位错时空分布规律研究. 地震地质，20（1）：9-18.
韩凤彬，陈柏林，崔玲玲，等. 2012. 阿尔金山喀腊大湾地区中酸性侵入岩SHRIMP年龄及其意义. 岩石学报，28（7）：2277-2291.

郝杰，王二七，刘小汉，等．2006. 阿尔金山脉中金雁山早古生代碰撞造山带：弧岩浆岩的确定与岩体锆石 U-Pb 和蛇绿混杂岩^{40}Ar-^{39}Ar 年代学研究的证据．岩石学报，22（11）：2743-2752.

郝瑞祥，陈柏林，陈正乐，等．2013. 新疆阿尔金喀腊大湾地区玄武岩的地球化学特征及地质意义．地球学报，34（3）：307-317.

何国琦，李茂松，刘德权，等．1994. 中国新疆古生代地壳演化及成矿．乌鲁木齐：新疆人民出版社．

何世平，王洪亮，陈隽璐，等．2006. 甘肃白银矿田变酸性火山岩锆石 LA-ICP-MS 测年——白银式块状硫化物矿床形成时代新证据．矿床地质，25（4）：401-411.

何世平，王洪亮，徐学义，等．2007. 北祁连东段红土堡基性火山岩锆石 LA-ICP-MS U-Pb 年代学及其地质意义．地球科学进展，22（2）：143-151.

侯青叶，赵志丹，张宏飞，等．2005. 北祁连玉石沟蛇绿岩印度洋 MORB 型同位素组成特征及其地质意义．中国科学 D 辑：地球科学，35（8）：710-719.

侯增谦，李荫清，张绮玲，等．2003. 海底热水成矿系统中的流体端员与混合过程：来自白银厂和呷村 VMS 矿床的流体包裹体证据．岩石学报，19（2）：221-234.

黄立功，钟建华，郭泽清，等．2004. 阿尔金造山带中、新生代的演化．地球学报，25（3）：287-294.

蒋坤．2010. 白银厂铜矿床地质特征．中国西部科技，9（35）：21-23.

李博泉，王京彬．2006. 中国新疆铅锌矿床．北京：地质出版社．

来庆洲，丁林，王宏伟，等．2006. 青藏高原东部边界扩展过程的磷灰石裂变径迹热历史制约．中国科学 D 辑：地球科学，36（9）：785-796.

李海兵，许志琴，杨经绥，等．2007. 阿尔金断裂最大累积走滑位移量——900km？．地质通报，26（10）：1288-1297.

李怀坤，Niu Y L. 2003. 岩石中 Pb 同位素的多接收等离子质谱测定——数据、分析和处理流程以及注意事项．地质学报，77（1）：54.

李怀坤，陆松年，赵风清，等．1999. 柴达木北缘新元古代重大地质事件年代格架．现代地质，13（2）：224-225.

李惠民，陆松年，郑健康，等．2001. 阿尔金山东端花岗片麻岩中 3.6Ga 锆石的地质意义．矿物岩石地球化学通报，20（4）：259-262.

李锦轶，肖序常．1999. 对新疆地壳结构与构造演化几个问题的简要评述．地质科学，34（4）：405-419．

李四光．1973. 地质力学概论．北京：科学出版社．

李四光．1976. 地质力学方法．北京：科学出版社．

李松彬，陈柏林，陈正乐，等．2013. 阿尔金北缘喀腊大湾地区早古生代中酸性火山熔岩岩石地球化学特征及其构造环境．地质论评，59（3）：423-436.

李松峰，徐思煌．2009. 磷灰石裂变径迹研究进展．重庆科技学院学报（自然科学版），11（1）：61-64.

李文渊．1991. 龙首山地区的震旦系．西北地质，12（2）：1-5.

李献华，苏犁，宋彪．2004. 金川超镁铁侵入岩 SHRIMP 锆石 U-Pb 年龄及地质意义．科学通报，49（4）：401-402.

李小明．1999. 裂变径迹退火动力学及其研究进展．矿物岩石地球化学通报，18（3）：202-204.

李小明，谭凯旋，龚文君，等．2000. 利用磷灰石裂变径迹法研究金顶铅锌矿成矿时代．大地构造与成矿学，24（3）：282-286.

李新中，赵鹏大，肖克炎，等．1998. 矿床统计预测单元划分的方法与程序．矿床地质，17（4）：369-375.

李学智，陈柏林，陈宣华，等．2002. 大平沟金矿床矿石特征与金的赋存状态．地质与勘探，38（5）：49-53.

李曰俊，宋文杰，吴根耀，等．2005. 塔里木盆地中部隐伏的晋宁期花岗闪长岩和闪长岩．中国科学 D 辑：地球科学，35（2）：97-104.

李月臣，陈柏林，陈正乐，等．2007. 阿尔金北缘红柳沟-拉配泉一带铜金矿床硫同位素特征及其意义．地质力学学报，13（2）：131-140.

廖桂香，王世称，许亚明，等．2007. 白银厂矿区及外围区域地质背景、地球化学异常特征及找矿潜力．地质与勘探，43（2）：28-32.

林师整．1982. 磁铁矿矿物化学、成因及演化的探讨．矿物学报，（3）：166-174.

刘超，王国灿，王岸，等．2007. 喜马拉雅山脉新生代差异隆升的裂变径迹热年代学证据．地学前缘，14（6）：273-281.

刘崇民．2006. 金属矿床原生晕研究进展．地质学报，80（10）：1528-1538.

刘第镛，张梓歆，邸巧玲．1984. 昆仑-阿尔金地区中奥陶世腕足类．古生物学报，23（2）：155-169.

刘函，王国灿，杨子江，等．2013. 恰什坎萨伊沟玄武岩年代学、地球化学特征及其对北阿尔金洋盆闭合过程的制约．地质学报，87（1）：38-54.

刘华山, 李秋林, 于浦生, 等. 1998. “镜铁山式”铁铜矿床地质特征及其成因探讨. 矿床地质, 17 (1): 25-35.

刘家远. 2003. 复式岩体和杂岩体-花岗岩体岩石组合的两种基本形式及其意义. 地质找矿论丛, 18 (3): 143-148.

刘俊来, 曹淑云, 邹运鑫, 等. 2008. 岩石电子背散射衍射 (EBSD) 组构分析及应用. 地质通报, 27 (10): 1638-1644.

刘良, 车自成, 王焰, 等. 1998. 阿尔金芒崖地区早古生代蛇绿岩的 Sm-Nd 等时线年龄证据. 科学通报, 43 (8): 880-883.

刘良, 车自成, 王焰, 等. 1999. 阿尔金高压变质岩带的特征及其构造意义. 岩石学报, 15 (1): 57-64.

刘牧, 陈柏林, 李松彬, 等. 2014. 阿尔金山北缘喀腊大湾地区早古生代中酸性侵入岩岩石地球化学特征及构造意义. 地质与资源, 23 (4): 370-375.

刘庆, 2005. 电子背散射衍射技术在材料学中的应用. 中国体视学与图像分析, 10 (4): 205-210.

刘文灿, 王瑜, 张祥信, 等. 2004. 西藏南部康马岩体岩石类型及其同位素测年. 地学前缘, 11 (4): 491-501.

刘训, 姚建新, 王永. 1997. 再论塔里木板块的归属问题. 地质论评, 43 (1): 1-9.

刘英俊, 邱德同. 1987. 勘查地球化学. 北京: 地质出版社.

刘永江, Franz N, 葛肖虹, 等. 2007. 阿尔金断裂带年代学和阿尔金山隆升. 地质科学, 42 (1): 134-146.

刘永顺, 辛后田, 周世军, 等. 2010. 阿尔金山东段拉配泉地区前寒武纪及古生代构造演化. 北京: 地质出版社.

柳振江, 王建平, 郑德文, 等. 2010. 胶东西北部金矿剥蚀程度及找矿潜力和方向——来自磷灰石裂变径迹热年代学的证据. 岩石学报, 26 (12): 3597-3611.

陆松年, 于海锋, 赵凤清, 等. 2002a. 青藏高原北部前寒武纪地质初探. 北京: 地质出版社.

陆松年, 于海峰, 金巍. 2002b. 塔里木古大陆东缘的微大陆块体群. 岩石矿物学杂志, 21 (4): 317-326.

陆松年, 于海峰, 李怀坤, 等. 2006. 中国前寒武纪重大地质问题研究——中国西部前寒武纪重点地质事件群及全球构造意义. 北京: 地质出版社.

陆松年, 李怀坤, 王惠初, 等. 2009. 秦-祁-昆造山带元古宙副变质岩层碎屑锆石年龄谱研究. 岩石学报, 25 (9): 2195-2208.

马宗晋, 杜品仁. 1995. 地质力学的方法与实践 第四篇 (下): 现今地壳运动问题. 北京: 地质出版社.

毛景文, 杨建民, 张招崇, 等. 1998. 甘肃寒山剪切带型金矿床地质、地球化学和成因. 矿床地质, 17 (1): 1-13.

毛景文, 张作衡, 杨建民, 等. 2000. 北祁连山西段剪切带型金矿床成矿流体特征. 矿床地质, 19 (1): 9-16.

毛景文, 杨建民, 张招崇, 等. 2003. 北祁连山西段铁铜金钨多金属矿床成矿规律和成矿预测. 北京: 地质出版社.

梅安新, 彭望禄, 秦其明. 等. 2001. 遥感导论. 北京: 高等教育出版社.

梅华林, 于海峰. 1997. 甘肃敦煌-北山早前寒武纪岩石组合-构造初步框架. 前寒武纪研究进展, 20 (4): 47-54.

梅华林, 于海峰, 李铨. 1998a. 甘肃北山地区首次发现榴辉岩和古元古花岗质岩石. 科学通报, 43 (19): 2105-2111.

梅华林, 于海峰, 陆松年, 等. 1998b. 甘肃敦煌太古宙英云闪长岩: 单颗粒锆石 U-Pb 年龄和 Nd 同位素. 前寒武纪研究进展, 21: 41-45.

孟繁聪, 张建新, 于胜尧, 等. 2010. 北阿尔金红柳泉早古生代枕状玄武岩及其大地构造意义. 地质学报, 84 (7): 981-990.

孟繁聪, 张建新, 相振群, 等. 2011. 塔里木盆地东北缘敦煌群的形成和演化: 锆石 U-Pb 年代学和 Lu-Hf 同位素证据. 岩石学报, 27 (1): 59-76.

潘成泽, 陈柏林, 陈正乐, 等. 2015. 阿尔金山喀腊大湾铁矿床成因再认识——来自元素地球化学的证据. 新疆地质, 33 (3): 340-346.

潘裕生, 许荣华, 王东安, 等. 1998. 青藏高原北部加里东构造带与原特提斯//潘裕生, 孔祥儒. 青藏高原岩石圈结构演化和动力学. 广州: 广东科技出版社.

彭礼贵, 任有祥, 李佩智, 等. 1995. 甘肃省白银厂铜多金属矿床成矿模式. 北京: 地质出版社.

彭秀红. 2007. 白银厂矿田构造-岩浆-成矿动态演化模式. 成都: 成都理工大学.

戚学祥, 李海兵, 吴才来, 等. 2005a. 北阿尔金恰什坎萨依花岗闪长岩的 SHRIMP U-Pb 锆石定年及其地质意义. 科学通报, 50 (6): 571-576.

戚学祥, 吴才来, 李海兵. 2005b. 北阿尔金喀孜萨依花岗岩锆石 SHRIMP U-Pb 定年及其构造意义. 岩石学报, 21 (3): 859-866.

祁万修, 马玉周, 王瑞, 等. 2008. 阿尔金北缘八八铁矿地质特征与找矿标志. 新疆地质, 26 (3): 253-257.

钱青, 张旗, 孙晓猛. 2001. 北祁连九个泉玄武岩的形成环境及地幔源区特征: 微量元素和 Nd 同位素地球化学制约. 岩石学报, 17: 385-394.

钱壮志, 王建中, 姜常义, 等. 2009. 喀拉通克铜镍矿床铂族元素地球化学特征及其成矿作用意义. 岩石学报, 25 (4): 832-844.

乔建新，赵红格，王海然．2012. 裂变径迹热年代学方法、应用及其研究展望．地质与资源，21（3）：308-312.
秦海鹏，吴才来，王次松，等．2014. 北祁连下古城花岗岩体 LA-ICP-MS 锆石 U-Pb 年代学及岩石化学特征．地质学报，88（10）：1832-1842.
青海地质矿产局．1981. 1/20 万俄博梁幅区域地质图和调查报告．
青海地质矿产局．1993. 青海省区域地质志．北京：地质出版社．
冉红彦，肖森宏．1994. 喀拉通克含矿岩体的微量元素与成岩构造环境．地球化学，25（4）：392-401.
阮天建，朱有光．1985. 地球化学找矿．北京：地质出版社．
沈焕峰，袁强强，曹丽琴，等．2009. ENVI 遥感影像处理方法．北京：地质出版社．
沈传波，梅廉夫，徐振平，等．2007. 四川盆地复合盆山体系的结构构造和演化．大地构造与成矿学，31（3）：288-299.
史仁灯，杨经绥，吴才来，等．2004. 北祁连玉石沟蛇绿岩形成于晚震旦世的 SHRIMP 年龄证据．地质学报，78（5）：649-657.
宋彪，张玉海，万渝生，等．2002. 锆石 SHRIMP 样品靶制作、年龄测定及有关现象讨论．地质论评，48（增刊）：26-40.
宋彪，张拴宏，王彦斌，等．2006. 锆石 SHRIMP 年龄测定数据处理时系统偏差的避免．岩矿测试，25（1）：9-14.
宋叔和．1955. 祁连山一带黄铁矿型铜矿的特征与区域成矿规律．地质学报，35（1）：1-21.
宋述光．1997. 北祁连山俯冲杂岩带的构造演化．地球科学进展，12：351-365.
宋述光，张立飞，Niu Y，等．2004. 北祁连山榴辉岩 SHRIMP 定年及其构造意义．科学通报，49（6）：592-595.
宋志高．1982. 白银厂块状硫化物矿床的形成环境及其成因意义．地质论评，28（4）：335-343.
宋忠宝，杨合群，邬介人．2003. 北祁连山石居里铜矿硅、铅、硫同位素组成特征．西北地质，36（2）：83-86.
孙赫，秦克章，李金祥，等．2006. 东天山图拉尔根铜镍钴硫化物矿床岩相、岩石地球化学特征及其形成的构造背景．中国地质，33（3）：606-617.
孙赫，秦克章，李金祥，等．2008. 地幔部分熔融程度对东天山镁铁质-超镁铁质岩铂族元素矿化的约束：以图拉尔根和香山铜镍矿为例．岩石学报，24（5）：1079-1086.
孙勇，车自成，刘池阳，等．1992. 阿尔金隆起区下地壳断块的组成和构造意义．西北大学学报，22（增刊）：101-113.
孙勇，刘池阳，车自成．1997. 阿尔金山拉配泉地区元古宙裂谷火山岩系及其构造意义．地质论评，43（1）：17-24.
汤中立，李文渊．1995. 金川铜镍硫化物（含铂）矿床成矿模式及地质对比．北京：地质出版社．
汤中立，白云来．1999. 华北古大陆西南边缘构造格架与成矿系统．地学前缘，6（2）：271-283.
汤中立，白云来．2000. 华北板块西南边缘大型、超大型矿床的地质构造背景．甘肃地质学报，9（1）：1-15.
唐冬梅，秦克章，刘秉光，等．2008. 铂族元素矿床的主要类型、成矿作用及研究展望．岩石学报，24（3）：569-588.
天津地质矿产研究所．2008. 1/20 万石棉矿幅地质矿产修测报告（初稿）．
田淑芳，詹骞．2013. 遥感地质学．北京：地质出版社．
涂光炽．1984. 构造与地球化学．大地构造与成矿学，8（1）：1-5.
万景林，王瑜，李齐，等．2001. 阿尔金山北段晚新生代山体抬升的裂变径迹证据．矿物岩石地球化学通报，20（4）：222-224.
王超，刘良，车自成，等．2006. 阿尔金南缘榴辉岩带中花岗片麻岩的时代及构造环境探讨．高校地质学报，12：74-82.
王登红．1996. 新疆阿舍勒火山岩型块状硫化物铜矿硫铅同位素地球化学．地球化学，25（6）：582-590.
王登红，陈毓川．2001. 与海相火山作用有关的铁铜铅锌矿床成矿系列类型及成因初探．矿床地质，20（2）：112-118.
王功文，陈建平．2008. 基于 GIS 技术的三江北段铜多金属成矿预测与评价．地学前缘，15（4）：27-32.
王金龙，董宁芳，常华进，等．2005. 甘肃白银厂小铁山韧性剪切带体积亏损与成分变异．兰州大学学报（自然科学版），41（6）：1-5.
王润生，丁谦，张幼莹，等．1999. 遥感色调异常分析的协同优化策略．地球科学，24（5）：498-502.
王生伟，孙晓明，石贵勇，等．2006. 云南白马寨铜镍硫化物矿床铂族元素地球化学及其对矿床成因的制约．地质学报，80（9）：1474-1486.
王世称，陈永良，夏立显．2000. 综合信息矿产预测理论与方法．北京：科学出版社．
王世成，康铁笙．1991. 裂变径迹定年法的标准化——Zeta 常数校准法．地质地球化学，19（2）：59-62.
王涛．2000. 花岗岩研究与大陆动力学．地学前缘，7（B08）：137-146.
王涛，刘少锋，杨金中，等．2007. 改进的光谱角制图沿照度方向分类法及其应用．遥感学报，11（1）：77-84.
王小凤，陈宣华，陈正乐，等．2004. 阿尔金地区成矿条件与远景预测．北京：地质出版社．
王兴安．1999. 甘肃白银厂铜矿田硫铅同位素地球化学研究．西北地质，32（1）：18-23.
王绪诚，许长海．2010. 合肥盆地构造演化：磷灰石裂变径迹的多元动力学模拟．世界核地质科学，27（4）：202-209.

王焰，钱青，刘良，张旗．2000. 不同构造环境中双峰式火山岩的主要特征．岩石学报，16（2）：169-174.

王焰，张旗，许荣华，等．2001. 北祁连白银矿田火山成因块状硫化物矿床成矿金属来源讨论．地质科技情报，20（4）：46-50.

王永和，校培喜，张汉文，等．2004. 素吾什杰幅地质调查成果及主要进展．地质通报，23（5-6）：560-563.

王瑜，万景林，李齐等．2002. 阿尔金山北段阿克塞-当今山一带新生代山体抬升和剥蚀的裂变径迹证据．地质学报，76（2）：191-198.

王云山，陈基娘．1987. 青海省及毗邻地区变质地质及变质作用．北京：地质出版社．

邬介人．1992. 白银厂矿田黄铁矿型铜多金属矿床的地质特征及成矿条件分析．西北地质科学，13（2）：83-96.

邬介人，于浦生，闫玉海．1997. 在北祁连西段柳沟峡铁（铜）矿田发现牙形刺化石．西北地质，30（1）：64.

邬介人，于浦生，任秉琛．2001. 北祁连石居里地区 Cu（Zn）-S 矿床地质特征及综合成矿模式．矿床地质，20（4）：339-346.

吴才来，杨经绥，杨宏仪，等．2004. 北祁连东部两类 I 型花岗岩定年及其地质意义．岩石学报，20（3）：425-432.

吴才来，杨经绥，姚尚志，等．2005. 北阿尔金巴什考供盆地南缘花岗杂岩特征及锆石 SHRIMP 定年．岩石学报，21（3）：846-858.

吴才来，姚尚志，曾令森，等．2006. 北祁连早古生代洋壳双向俯冲的花岗岩证据．中国地质，33（6）：1197-1208.

吴才来，姚尚志，曾令森，等．2007. 北阿尔金巴什考供-斯米尔布拉克花岗杂岩特征及锆石 SHRIMP U-Pb 定年．中国科学 D 辑：地球科学，37（1）：10-26.

吴才来，徐学义，高前明，等．2010. 北祁连早古生代花岗质岩浆作用及构造演化．岩石学报，26（4）：1027-1044.

吴福元，李献华，郑永飞，等．2007. Lu-Hf 同位素体系及其岩石学应用．岩石学报，23（2）：185-220.

吴汉宁．1988. 岩石的磁性组构及其在岩石变形分析中的应用．岩石学报，4（1）：94-98.

吴汉泉．1980. 东秦岭和北祁连山的蓝闪片岩．地质学报，54（3）：195-207.

吴峻，李继亮，兰朝利，等．2001. 阿尔金红柳沟蛇绿岩研究进展．地质科学，36（3）：342-349.

吴峻，兰朝利，李继亮，等．2002. 阿尔金红柳沟蛇绿混杂岩中 MORB 与 OIB 组合的地球化学证据．岩石矿物学杂志，21（1）：24-30.

吴利仁．1963. 论中国基性岩、超基性岩的成矿专属性．地质科学，（1）：29-41.

吴益平，陈克强，钟莉．2008. 新疆阿尔金断裂北缘喀腊大湾铜多金属矿床地质特征及控矿因素．地球科学与环境学报，30（2）：118-124.

席振，高光明，林腾．2013. 基于 GIS 和证据权法的秘鲁中南部成矿预测研究．大地构造与成矿学，27（2）：340-348.

夏林圻，夏祖春，徐学义．1995. 北祁连山构造-火山岩浆演化动力学．西北地质科学，16：1-28.

夏林圻，夏祖春，任有祥，等．1998. 祁连山及邻区火山作用与成矿．北京：地质出版社．

夏林圻，夏祖春，任有祥，等．1999. 北祁连山古海底火山作用与成矿．地球学报，20（3）：259-264.

夏小洪，宋述光．2010. 北祁连山肃南九个泉蛇绿岩形成年龄和构造环境．科学通报，55（15）：1465-1473.

向树元，马新民，泽仁扎西，等．2007. 嘉黎断裂带两侧晚新生代差异隆升的磷灰石裂变径迹纪录．地球科学——中国地质大学学报，32（5）：615-121.

肖庆辉．2002. 花岗岩研究思维与方法．北京：地质出版社．

新疆地矿局．1981a. 1/20 万巴什考供幅区域地质调查报告．

新疆地矿局．1981b. 1/20 万索尔库里幅区域地质调查报告．

新疆第一区域地质调查大队．2012. 新疆若羌县喀腊达坂铅锌多金属矿普查报告．

新疆第一区域地质调查大队．2014. 新疆若羌县喀腊大湾铁矿普查（详查）报告．

新疆第一区域地质调查大队．2015. 新疆阿尔金山大平沟-拉配泉一带矿产地质调查报告．

新疆维吾尔自治区地质矿产厅．1993. 新疆维吾尔自治区区域地质志．北京：地质出版社．

邢凤，陈建平．2005. 矿化蚀变信息的遥感提取方法综述．遥感信息，（2）：62-65.

修群业，陆松年，于海峰．2002. 龙首山岩群主体划归古元古代的同位素年龄证据．寒武纪研究进展，25（2）：93-96.

修群业，于海峰，刘永顺，等．2007. 阿尔金北缘枕状玄武岩的地质特征及其锆石 U-Pb 年龄．地质学报，81（6）：787-794.

徐国风，邵洁涟．1979. 磁铁矿的标型特征及其实际意义．地质与勘探，15（3）：30-37.

徐海军，金淑燕，郑伯让．2007. 岩石组构学研究的最新技术——电子背散射衍射（EBSD）．现代地质，21（2）：213-225.

许安东，姜修道．2003. 华北地台西缘中元古界蓟县系墩子沟群特征及其地质意义．长安大学学报（地球科学版），25（4）：27-31.

许志琴，徐慧芬，张建新，等．1994. 北祁连走廊南山加里东俯冲杂岩增生地体以及动力学．地质学报，8（1）：1-15.

许志琴，杨经绥，张建新，等．1999. 阿尔金断裂两侧构造单元的对比及岩石圈剪切机制．地质学报，73（3）：193-205.

许志琴，杨经绥，姜枚．2001. 青藏高原北部的碰撞造山及深部动力学．地球学报，22（1）：5-10.

薛重生，张志，董玉森，等．2011. 地学遥感概论．北京：地质出版社．

薛春纪，姬金生，张连昌，等．1997. 北祁连镜铁山海底喷流沉积铁铜矿床．矿床地质，16（1）：21-30.

阎桂林．1996. 岩石磁化率各向异性在地学中的应用．武汉：中国地质大学出版社．

杨风，陈柏林，陈宣华，等．2001. 阿尔金北缘大平沟金矿床成因初探．地质与资源，10（3）：133-138.

杨富全，毛景文，徐林刚，等．2007. 新疆蒙库铁矿床稀土元素地球化学及对铁成矿作用的指示．岩石学报，23（10）：2243-2256.

杨合群，李文渊，赵东宏，等．2000. 北祁连山石居里沟富铜矿床成矿特征．地质与勘探，36（6）：20-22.

杨建国，黄振泉，任有祥，等．2003. 甘肃北祁连山寒山金矿床控矿条件与成矿模式．西北地质，36（1）：41-51.

杨建国，杨林海，任有祥，等．2005. 北祁连山寒山金矿床成矿作用同位素地质年代学．地球学报，26（4）：315-320.

杨建军，朱红，邓晋福，等．1994. 柴达木北缘石榴石橄榄岩的发现及其意义．岩石矿物学杂志，13（2）：97-104.

杨经绥，许志琴，李海兵，等，1998. 我国西部柴北缘地区发现榴辉岩．科学通报，43（14）：1544-1549.

杨经绥，吴才来，史仁灯．2002. 阿尔金山米兰红柳沟的席状岩墙群：海底扩张的重要证据．地质通报，21（2）：69-74.

杨经绥，史仁灯，吴才来，等．2008. 北阿尔金地区米兰红柳沟蛇绿岩的岩石学特征和 SHRIMP 定年．岩石学报，24（7）：1567-1584.

杨平．2007. 电子背散射衍射技术及其应用．北京：冶金工业出版社．

杨兴吉．1999. 安西县寒山剪切带构造蚀变岩型金矿床地质特征．甘肃地质学报，8（1）：42-48.

杨屹．2003. 阿尔金大平沟金矿床成矿时代 Rb-Sr 定年．新疆地质，21（3）：303-306.

杨屹，陈宣华，George G，等．2004. 阿尔金山早古生代岩浆活动与金成矿作用．矿床地质，23（4）：464-472.

杨子江，王宗秀，王成．2011. 阿尔金山东段恰什坎萨依沟的地层新发现．中国地质，38（5）：1257-1262.

杨子江，马华东，王宗秀，等．2012. 阿尔金山北缘冰沟蛇绿混杂岩中辉长岩锆石 SHRIMP U-Pb 定年及其地质意义．岩石学报，28（7）：2269-2276.

叶得金，张作衡，赵彦庆．2003. 北祁连西段鹰咀山蚀变碎裂岩型金矿床控矿因素和成因．地球学报，24（4）：311-318.

尹安．2001. 喜马拉雅-青藏高原造山带地质演化——显生宙亚洲大陆生长．地球学报，22（3）：193-230.

于海峰，梅华林，李铨．1998. 甘肃敦煌地区孔慈岩系特征．前寒武纪研究进展，21（1）：19-25.

于海峰，陆松年，刘永顺，等．2002. “阿尔金山岩群”的组成及其构造意义．地质通报，21（12）：834-840.

翟裕生，林新多．1993. 矿田构造学．北京：地质出版社．

张宝贞，陈柏林．1985. 日本千岛群岛火山成因矿床硫同位素组成．同位素地质译文集，陕西地质科技情报室：48-59.

张达，李东旭．1999. 铜陵凤凰山岩体侵位构造变形特征．地球学报，20（3）：239-245.

张德全，孙桂英，徐洪林．1995. 祁连山金佛寺岩体的岩石学和同位素年代学研究．地球学报，37（4）：375-385.

张峰．2014. 东准噶尔卡拉麦里地区金铜多金属矿成矿规律与成矿预测．北京：中国地质大学（北京）．

张峰，王科强，喻万强，等．2008. 阿尔金北缘喀腊大湾地区火山岩岩石地球化学特征及环境时代分析．矿床地质，27：105-114.

张洪培，刘继顺，方维萱，等．2004. 甘肃白银厂矿区及外围区域地质背景、成矿系列及找矿潜力．地质与勘探，40（5）：21-26.

张建新，许志琴．1995. 北祁连中段加里东俯冲-增生杂岩/火山弧带及其变形特征．地球学报，16（2）：153-163.

张建新，孟繁聪．2006. 北祁连和北阿尔金硬柱石榴辉岩：冷洋壳俯冲作用的证据．科学通报，51（14）：1683-1688.

张建新，许志琴，陈文，等．1997. 北祁连中段俯冲-增生杂岩/火山弧的时代探讨．岩石矿物学杂志，16（2）：111-118.

张建新，许志琴，崔军文．1998a. 一个韧性转换挤压带的变形分解作用——以阿尔金断裂带东段为例．地质论评，44（4）：348-356.

张建新，许志琴，徐惠芬，等．1998b. 北祁连加里东期俯冲-增生楔结构及动力学．地质科学，33（3）：290-299.

张建新，张泽明，许志琴，等．1999a. 阿尔金构造带西段榴辉岩的 Sm-Nd 及 U-Pb 年龄——阿尔金构造带中加里东期山根存在的证据．科学通报，44（10）：1109-1112.

张建新，张泽明，许志琴，等．1999b. 阿尔金西段孔兹岩系的发现及岩石学、同位素年代学初步研究．中国科学 D 辑：地球科学，29（4）：298-305.

张建新，杨经绥，许志琴，等．2002. 阿尔金榴辉岩中超高压变质作用证据．科学通报，47（3）：231-234.

张建新，孟繁聪，于胜尧，等．2007. 北阿尔金 HP /LT 蓝片岩和榴辉岩的 Ar-Ar 年代学及其区域地质意义．中国地质，

34（4）：558-564.

张建新，孟繁聪，于胜尧．2010．两条不同类型的HP/LT和UHP变质带对祁连–阿尔金早古生代造山作用的制约．岩石学报，26（7）：1967-1992.

张建新，李怀坤，孟繁聪，等．2011．塔里木盆地东南缘（阿尔金山）"变质基底"记录的多期构造热事件：锆石U-Pb年代学的制约．岩石学报，27（1）：23-46.

张兰英，曲晓明，辛洪波．2008．北祁连黑矿型和塞浦路斯型硫化物矿床容矿火山岩的物质来源与形成环境．矿床地质，27（3）：345-356.

张旗，孙晓猛，周德进，等．1997．北祁连蛇绿岩的特征、形成环境及其构造意义．地球科学进展，12（4）：366-393.

张旗，钱青，王焰．1999．造山带火成岩地球化学研究．地学前缘，6（3）：113-120.

张显庭，郑健康，苟金，等．1984．阿尔金山东段槽型晚奥陶世地层的发现及其构造意义．地质论评，30（2）：184-186.

张新虎．1992．龙首山古裂谷带的基本特征及其演化历史．西北地质，13（1）：6-13.

张占武，黄岗，李怀敏，等．2012．北阿尔金拉配泉地区齐勒萨依岩体的年代学、地球化学特征及其构造意义．岩石矿物学杂志，37（1）：13-27.

张招崇，王福生．2003．一种判别原始岩浆的方法——以苦橄岩和碱性玄武岩为例．吉林大学学报（地球科学版），33（2）：130-134.

张志诚，龚建业，王晓丰，等．2008．阿尔金断裂带东端$^{40}Ar/^{39}Ar$和裂变径迹定年及其地质意义．岩石学报，24（5）：1041-1053.

张志诚，郭召杰，宋彪．2009．阿尔金山北缘蛇绿混杂岩中辉长岩锆石SHRIMP U-Pb定年及其地质意义．岩石学报，25（3）：568-576.

张治洮．1985．阿尔金断裂带的地质特征．中国地质科学院西安地质矿产研究所所刊，(9)：20-32.

赵鹏大，胡旺亮，李紫金．1994．矿床统计预测．北京：地质出版社．

甄世军，杜泽忠，梁婉娟，等．2013．白银厂铜多金属矿床的白云母化．矿物学报，(增刊)：544-545.

郑伯让，金淑燕．1989．构造岩组学．武汉：中国地质大学出版社．

中法合作"阿尔金–祁连"项目组．1999．柴达木盆地北缘大柴旦榴辉岩同位素年代学测定结果．中国区域地质，18（2）：224.

中国地质科学院地质力学研究所．1978．论构造体系//国际交流地质学术论文集（一）．北京：地质出版社．

钟大赉，丁林．1996．青藏高原的隆起及其机制探讨．中国科学D辑：地球科学，26（4）：289-295.

钟端，郝永祥，刘均儒．1995．阿尔金山地区寒武系、奥陶系//塔里木盆地震旦纪至二叠纪地层古生物（4）——阿尔金山地区分册．北京：石油出版社．

周延贵，周继强，宋史刚，等．2002．小柳沟铜钨矿田矿化特征与找矿方向．地质与勘探，38（2）：37-41.

周永恒．2011．辽东地区硼矿矿产资源评价．长春：吉林大学．

周勇，潘裕生．1998．茫崖–肃北段阿尔金断裂右旋走滑运动的确定．地质科学，33（1）：9-16．

周勇，潘裕生．1999．阿尔金断裂早期走滑运动方向及其活动时间探讨．地质论评，45（1）：1-9.

朱亮璞．1994．遥感地质学．北京：地质出版社．

朱文斌，张志勇，舒良树，等．2007．塔里木北缘前寒武基底隆升剥露史：来自磷灰石裂变径迹的证据．岩石学报，23（7）：1671-1682.

左国朝．1985．甘肃白银厂黄铁矿型多金属矿床火山岩系的时代．中国地质，22（3）：17-18.

左国朝，刘义科，张崇．2002．北祁连造山带中–西段陆壳残块群的构造–地层特征．地质科学，37（3）：302-312.

Abdelsalam M G，Stern R J，Berhane W G. 2000. Mapping gossans in arid regions with Landsat TM and SIR-C images：the Beddaho Alteration Zone in northern Eritrea. Journal of African Earth Sciences，30（4）：903-916.

Agterberg F P，Bonham-Carter G F，Wright D F. 1990. Statistical pattern intergration for mineral exploration//Gall G，Merriam D F. Computer application for mineral exploration in resource exploration. Oxford：Pergamon Press.

Agterberg F P，Bonham-Carter G F，Cheng Q M，et al. 1993. Weights of evidence modeling and weighted logistic regression for mineral potential mapping//Davis J C，Herzfeld U C. Computers in Geology，25 Years of Progress. Oxford：Oxford University Press.

Atherton M P，Tarney J. 1980. Origin of granite batholiths：geochemical evidence. Mineralogical Magazine，43（332）：1074.

Barbarin B. 1996. Genesis of the two main types of peraluminous granitoids. Geology，24（4）：295.

Barker J A，Menzies M A. 1997. Petrogenesis of quaternary intraplate volcanism，Sana'a Yenmen：implication for plume-lithosphere interaction and polybaric melt hybridization. Journal of Petrology，38（10）：1359-1390.

Barnes S J, Makovicky E, Makovicky M, et al. 1997. Partition Coefficients for Ni, Cu, Pd, Pt, Rh and Ir between mono-sulfide solid solution and sulfide liquid and the implication for the formation of composition ally zoned Ni- Cu sulfide bodies by fractional crystallization of sulfide liquid. Canadian Journal of Earth Science, 34 (4): 366-374.

Ben- Dor E, Kruse F A, Lefkoff A B, et al. 1994. Comparison of three calibration techniques for utilization of GER 63-channel aircraft scanner data of Makhtesh Ramon, Negev, Israel. Photogrammetric Engineering and Remote Sensing, 60 (11): 1339-1354.

Bonham- Carter G F, Agterberg F P. 1990. Application of a microcomputer- based geographic information system to mineral potential mapping. Oxford: Pergamon Press.

Boynton W V. 1984. Cosmochemistry of the rare earth elements (Meteorite studies Dev) . Geochemistry, 2: 63-114.

Burchfiel B C, Deng Q, Molnar P, et al. 1989. Intracrustal detachment within zones of continental deformation. Geology, 17: 448-452.

Campbell H, Naldrett A J. 1979. The influence of silicate: sulfide ratios on the geochemistry of magmatic sulfides. Economic Geology, 74 (6): 1503-1506.

Celal Sengon A M, Borrka A A. 1992. Evolution of escape- related strike- slip system: implication for disruption of collisional orogens. 29th International Geological Congress, Abstract, 1: 232.

Chen B L, Wang X F, Yang Y, et al. 2005. Metallogenic age of Dapinggou gold deposit in northern Altyn area, north-western China. Journal of China University of Geosciences, 16 (4): 324-333.

Chen Y X, Song S G, Niu Y L, et al. 2014. Melting of continental crust during subduction initiation: a case study from the Chaidanuo peraluminous granite in the North Qilian suture zone. Geochimica et Cosmochimica Acta, 132: 311-336.

Clark M K, Bush J, Royden L H. 2005. Dynamic topography produced by lower crustal flow against rheological strength heterogeneities bordering the Tibetan Plateau. Oxford: Oxford University Press.

Clayton R N, O'Neil J R, Mayeda T K. 1972. Oxygen isotope exchange between quartz and water. Journal of Geophysical Research, 77 (17): 3057-3067.

Cloos M. 1984. Landward- dipping reflectors in accretionary wedges: active dewatering conduits? . Geology, 12 (9): 519-522.

Compston W, Williams I S, Meyer C. 1984. U- Pb geochronology of zircons from lunar breccia 73217 using a sensitive high mass-resolution ion microprobe. Journal of Geophysical Research, 89 (Suppl): B525- B534.

Compston W, Williams I S, Kirschvink J L, et al. 1992. Zircon U-Pb ages for the Early Cambrian timescale. Journal of the Geological Society (London), 149 (2): 171-184.

Condie K C. 2005. TTGs and adakites: are they both slab melts? . Lithos, 80 (1-4): 33-44.

Condie X C. 1982. Plate tectonic and crustal evolution. New York: Pergamon Press.

Cowgill E, Yin A, Harrison T M, et al. 2003. Reconstruction of the Altyn Tagh fault based on U- Pb geochronology: role of back thrusts, mantle sutures, and heterogeneous crustal strength in forming the Tibetan Plateau. Journal of Geophysical Research Atmospheres, 108 (B7): 2346.

Craig H. 1961. Isotopic variations in meteoric water. Science, 133: 1702-1703.

Crouvi O, Ben- Dor E, Beyth M, et al. 2006. Quantitative mapping of arid alluvial fan surfaces using field spectrometer and hyperspectral remote sensing. Remote Sensing Environment, 104 (1): 103-117.

Debari S M, Sleep N H. 1991. High- Mg, low- Al bulk composition of the Talkeetna island arc, Alaska: implications for primary magmas and the nature of arc crust. Geological Society of America Bulletin, 103 (1): 37-47.

Defand M J, Drummond M S. 1990. Derivation of some modern arc magmas melting of young subducted lithosphere. Nature, 347 (6294): 662-665.

Dickinson W R, Seely D R. 1979. Structure and stratigraphy of forearc regions. AAPG Bulletin, 63 (1): 2-31.

Dupuy C, Dostal J. 1984. Trace element geochemistry of some continental tholeiites. Earth and Planetary Science Letters, 67 (1): 61-69.

Ebel D S, Naldrett A J. 1996. Fractional crystallization of sulfide ore liquids at high temperature. Economic Geology, 91 (3): 607-621.

Eby G N. 1992. Chemical subdivision of the A-type granitoids: petrogenetic and tectonic implications. Geology, 20 (7): 641.

Foder R V, Vetter S K. 1984. Rift- zone magmatism: petrology of basaltic rocks transition from CFB to MORB, southeartern Brail margin. Mineralogy and Petrology, 88 (4): 307-321.

Gaspar M, Knack C, Meinert L D, et al. 2008. REE in skarn systems: a LA- ICP- MS study of garnets from the Crown Jewel gold deposit. Geochimica et Cosmochimica Acta, 72 (1): 185-205.

Gehrels G, Yin A, Chen X H, et al. 1999. Preliminary U-Pb geochrononlogic studies along the Altyn Tagh, western China. Eos Trans. AGU, 80 (17), Fall Meet. Suppl., F1018.

Gehrels G E, Yin A, Wang X F. 2003a. Magmatic history of the northeastern Tibetan Plateau. Journal of Geophysical Research-Solid Earth, 108 (B9): 2423.

Gehrels G E, Yin A, Wang X F. 2003b. Detrital zircon geochronology of the northeastern Tibetan plateau. Geological Society of America Bulletin, 115 (7): 881-896.

Gleadow A. 1981. Fission-track dating methods: what are the real alternatives? Nuclear Tracks, 5 (1-2): 3-14.

Gleadow A J W, Duddy I R, Green P F, et al. 1986. Fission track lengths in the apatite annealing zone and the interpretation of mixed ages. Earth and Planetary Science Letters, 78 (2-3): 245-254.

Graham J W. 1954. Magnetic susceptibility anisotropy, an unexploited petro fabric element. Geological Society of America Bulletin, 65: 1257-1258.

Green T H. 1995. Significance of Nb/Ta as an indicator of geochemical process in the crust-mantle system. Chemical Geology, 120 (3-4): 347-359.

Griggs D T, Tumer F J, Heard H C. 1960. Chapter 4: Deformation of rocks at 500 to 800m rock deformation. The Geological Society of America, 79: 39-104.

Guo Z J, Yin A, Robinson A, et al. 2005. Geochronology and geochemistry of deep-drill-core samples from the basement of the central Tarim basin. Journal of Asian Earth Sciences, 25 (1): 45-56.

Haughton D R, Roeder P L, Skinner B J. 1974. Solubility of sulfur in mafic magmas. Economic Geology, 69 (4): 451-467.

Heidelbach F, Kunze K, Wenk H R. 2000. Texture analysis of a recrystallized quartzite using electron diffraction in the scanning electron microscope. Journal of Structure Geology, 22 (1): 91-104.

Hewson R D, Cudahy T J, Mizuhiko S, et al. 2005. Seamless geological map generation using ASTER in the Broken Hill-Curnamona province of Australia. Remote Sensing of Environment, 99 (1-2): 159-172.

Hofmann A W, Jochum K P, Seufert M, et al. 1986. Nb and Pb in oceanic basalts: new constraints on mantle evolution. Earth and Planetary Science Letters, 79 (1-2): 33-45.

Hou Z Q, Gao Y F, Qu Z Y, et al. 2004. Origin of adakitic intrusives generated during mid-Miocene east-west extension in southern Tibet. Earth and Planet Science Letters, 220 (1-2): 139-155.

Hround F. 1982. Magnetic anisotropy of rock and its application in geology and geophysics. Geophysics Sarveys, 5 (2): 37-82.

Huang H, Niu Y L, Geoff N, et al. 2015. The nature and history of the Qilian Block in the context of the development of the Greater Tibetan Plateau. Gondwana Research, 28 (1): 209-224.

Hurford A J, Green P F. 1983. The zeta age calibration of fission-track dating. Chemical Geology, 41: 285-317.

Hutchinson R W. 1980. Massive base metal sulphide deposits as guides to tectonic evolution//Strangway D W. The continental Crust and its mineral deposits. Geol Assoc Can Spec PaP, 20: 323-339.

Irvine T N. 1975. Crystallization sequences in the Muskox intrusion and other layered intrusions–Ⅱ. Origin of chromitite layers and similar deposits of other magmatic ores. Geochimica et Cosmochimica Acta, 39 (6-7): 991-1008.

Irvine T N, Baragar W R. 1971. A guide to the chemical classification of common igneous rocks. Canadian Journal of Earth Sciences, 8 (5): 523-548.

John T, Klemd R, Klemme S, et al. 2011. Nb-Ta fractionation by partial melting at the titanite-rutile transition. Contributions to Mineralogy and Petrology, 161 (1): 35-45.

Johnson M R W. 2002. Shortening budgets and the role of continental subduction during the India-Asia collision. Earth Science Reviews, 59: 101-123.

Jolivet M, Brunel M, Seward D, et al. 2001. Mesozoic and Cenozoic tectonics of the northern edge of the Tibetan Plateau: fission-track constraints. Tectonophysics, 343 (1-2): 0-134.

Karig D E, Moore G F. 1975. Tectonic complexities in the bonin arc system. Tectonophysics, 27 (2): 97-118.

Karig D E. 1971. Origin and development of marginal basins in the western Pacific. Journal of Geophysical Research, 76 (11): 2542-2561.

Karson J A, Dick H. 1983. Tectonics of ridge-transform intersections at the Kane fracture zone. Marine Geophysical Research, 6 (1): 51-98.

Kay R W. 1978. Aleutian magnesian andesites: melts from subduction Pacific ocean crust. Journal of Volcanology and Geothermal Research, 4 (1-2): 117-132.

Kay S M, Godoy E, Kurtz A. 2005. Episodic arc migration, crustal thickening, subduction erosion, and magmatism in the south-central Andes. Geological Society of America Bulletin, 117 (1-2): 67-88.

Keay S. 1995. The role of komatiitic and picritic magmatism and saturation in the formation of ore deposits. Lithos, 34 (1-3): 1-18.

Kelemen P B, Johnson K, Kinzler R J, et al. 1990. High-field-strength element depletions in arc basalts due to mantle-magma interaction. Nature, 345 (6275): 521-523.

Ketcham R A, Donelick R A, Carlson W D. 1999. Variability of apatite fission track annealing Kinetics Ⅲ: extrapolation to geological time scales. American Mineralogist, 84 (9): 1224-1234.

Khan S D, Mahmood K. 2008. The application of remote sensing techniques to the study of ophiolites. Earth Sciences Reviews, 89 (2-3): 135-143.

Kirby E, Reiners P W, Krol M A, et al. 2002. Late Cenozoic evolution of the eastern margin of the Tibetan Plateau: inferences from $^{40}Ar/^{39}Ar$ and (U-Th) /He thermochronology. Tectonics, 21 (1): TC001246.

Kligfield R, Lowrie W, Dalziel I. 1977. Magnetic susceptibility anisotropy as a strain indication in the sudbury basin, Ontario. Tectonophysics, 40 (3-4): 287-308.

Kligfield R, Lowrie W, Pfiffner O A. 1982. Magnetic properties of deformed oolitic limestones from the Swiss Alps: the correlation of magnetic anisotropy and strain. Eclogae Geology, 75 (1): 127-157.

Kruse F A, Lefkoff A B, Boardman J W, et al. 1993. The spectral image processing system (SIPS) -interactive visualization and analysis of imaging spectrumeter data. Remote Sensing of Environment, 44 (2-3): 145-163.

Lassiter J C, Depaolo D J. 2013. Plume/Lithosphere interaction in the generation of continental and oceanic flood basalts: chemical and isotope constraints. American Geophysical Union, Geophysical Monograph Series: 335-355.

Le Bas M J, Lemaitre R W, Streckeisen A, et al. 1986. A chemical classification of volcanic rocks based on the total alkali-silica diagram. Journal of Petrology, 27 (3): 745-750.

Le Maitre R W. 1986. A proposal by the IUGS subcommission on the systematics of igneous rocks for a chemical classification of volcanic rocks based on the total alkali silica (TAS) diagram. Australian Journal of Earth Science, 31 (2): 243-255.

Le Maitre R W. 1989. A classification of igneous rocks and glossary of terms, recommendations of the international union of science sub-commission on the systematics of igneous rocks. London: Blackwell Scientific Publications.

Lesher C M, Campbell I H. 1993. Geochemical and fluid dynamic modeling of compositional variations in Archaean komatiite-hosted nickel sulfide ores in Western Australia. Economic Geology, 88 (4): 804-816.

Li C, Maier W D, Waal S A D. 2001. The role of magma mixing in the genesis of PGE mineralization in the Bushveld Complex: thermodynamic calculations and new interpretations. Economic Geology, 96: 653-663.

Li C, Naldrett A J. 1999. Geology and petrology of the Voisey's Bayintrusion: reactions of olivine with sulphide and silicate liquids. Lithos, 47 (1): 1-31.

Li Z X, Li X H. 2007. Formation of the 1300-km-wide intracontinental orogen and postorogenic magmatic province in Mesozoic south China: a flat-slab subduction model. Geology, 35 (2): 179-182.

Li Z X, Li X H, Chung S L. 2012. Magmatic switch-on and switch-off along the south China continental margin since the Permian: transition from an Andean-type to a western Pacific-type plate boundary. Tectonophysics, 532-535 (6): 271-290.

Lister G, Foster M. 2009. Tectonic mode switches and the nature of orogenesis. Lithos, 113 (1-2): 274-291.

Liu L, Che Z C, Wang Y, et al. 1998. The evidence of Sm-Nd isochron age for the early Paleozoic ophiolite in Mang'ai area, Altun Mountains. Chinese Science Bulletin, 43 (9): 754-756.

Lu S N, Li H K, Zhang C L, et al. 2008. Geological and geochronological evidence for the Precambrian evolution of the Tarim Craton and surrounding continental fragments. Precambrian Researcn, 160 (1-2): 94-107.

Ludwig K R. 2001. Squid 1.02: a user's manual. Berkeley Geochronology Center, Special Publication, 2: 15-35.

Ludwig K R. 2003. User's manual for Isoplot/EX version 3.00: a geochronological toolkit for Microsoft Excel. Berkeley Geochronology Center, Special Publication, 4: 1-70.

McCulloch M T, Gamble J A. 1991. Geochemical and geodynamical constraints on subduction zone magmatism. Earth and Planetary Science Letters, 102 (3-4): 358-374.

Mecdonald R, Rogers N W, Fitton J G, et al. 2001. Plume lithosphere interactions in the generation of the basalts of the Kenya Rift, East Africa. Journal of Petrology, 42 (5): 877-900.

Meinert L D. 1992. Skams and skarn deposits. Geoscience in Canada, 19 (4): 145-162.

Meng Q R, Hu J M, Yang F Z. 2001. Timing and magnitude of displacement on the Altyn Tagh fault: constraints from stratigraphic correlation of adjoining Tarim and Qaidam basins, NW China. Terra Nova, 13 (2): 86-91.

Meschede M. 1986. A method of discriminating between different types of mid-ocean ridge basalts and continental tholeiites with the Nb-Zr-Y diagram. Chemical Geology, 56 (3-4): 207-218.

Michael B. 1991. Rare-earth element mobility during hydrothermal and metamorphic fluid-rock interaction and significance of the oxidation state of europium. Chemical Geology, 93 (3-4): 219-230.

Michael B. 1996. Controls on the fractionation of isovalent trace elements in magmatic and aqueous systems: evidence from Y/Ho, Zr/Hf, and lanthanide tetrad effect. Contribution to Mineralogy and Petrology, 123 (3): 323-333.

Michael B, Peter D. 1995. Comparative study of yttrium and rare-earth element behaviours in fluorine-rich hydrothermal fluids. Contribution to Mineralogy and Petrology, 119 (2): 213-223.

Michael P G, Eva S S. 2000. From continents to island arcs: a geochemical index of tectonic setting for arc-related and within-plate felsic to intermediate volcanic rocks. The Canadian Mineralogist, 38 (5): 1065-1073.

Miyashiro A. 1974. Volcanic rock series in island arcs and active continental margins. American Journal of Science, 274 (4): 321-325.

Mullen E D. 1983. $MnO/TiO_2/P_2O_5$: a minor element discriminant for basaltic rocks of oceanic environments and its implications for petrogenesis. Earth and Planetary Science Letters, 62 (1): 53-62.

Naldrett A J. 1999. World-class Cu-Ni-PGE deposits: key factors in their genesis. Mineralium Deposita, 34 (3): 227-240.

Ninomiya Y. 2003. A stabilized vegetation index and several mineralogic indices defined for ASTER VNIR and SWIR data. IEEE International Geoscience & Remote Sensing Symposium, IEEE, 3: 1552-1554.

Oliver S, Kalinowski A. 2004. ASTER mineral index processing manual. Glenelg South: Remote Sensing Applications, Geoscience Australia.

Paster T P, Schauwecker D S, Haskin L A. 1974. The behavior of some trace elements during solidification of the Skaergaard layered series. Geochimica et Cosmochimica Acta, 38 (10): 1549-1577.

Pearce J A. 1982. Trace element characteristics of lavas from destructive plate boundaries//Thorp R S. Andesites: orogenic andesites and related rocks. New York: John Wiley and Sons.

Pearce J A. 1983. A user's guide to basalt discrimination diagrams. Overseas Geology, 4: 1-13.

Pearce J A, Cann J R. 1973. Tectonic setting of basic volcanic rocks determined using trace element analysis. Earth and Planetary Science Letters, 19: 290-300.

Pearce J A, Gale G H. 1977. Identification of ore-deposition environment from trace element geochemistry of associated igneous host rocks. Geological Society, London, Special Publications, 7: 14-24.

Pearce J A, Norry M J. 1979. Petrogenetic implications of Ti, Zr, Y and Nb variations in volcanic rocks. Contribution to Mineralogy and Petrology, 69 (1): 33-47.

Pearce J A, Peate D W. 1995. Tectonic implications of the composition of volcanic arc magmas. Annual Review of Earth and Planetary Science, 23: 251-285.

Pearce J A, Harris N B W, Tindle A G. 1984. Trace element discrimination diagrams for the tectonic interpretation of granitic rocks. Journal of Petrology, 25 (4): 956-983.

Peccerillo A, Taylor S R. 1976. Geochemistry of eocene calc-alkaline volcanic rocks from the Kastamonu area, Northern Turkey. Contributions to Mineralogy and Petrology, 58 (1): 63-81.

Pelzer G, Tapponnier P. 1988. Formation and evolution of strike-slip faults, rifts, and basins during the India-Asia collision: an experimental approach. Journal of Geophysical Research, 93 (B12): 15085-15117.

Perfit M R. 1980. Chemical characteristics of island arc basalts: implications for mantle sources. Chemical Geology, 30 (3): 256-277.

Rathore J S. 1980. The magnetic fabrics of same slates from Borrow dale volcanic group in the English Lake district and their correlation with strains. Tectonophysics, 67 (3-4): 207-220.

Raymond L A. 2007. Petrology: the study of igneous, sedimentary, and metamorphic rocks (Reprinted 2nd. Ed.). Illinois: Long Grove, IL, Waveland Press.

Rickwood P C. 1989. Boundary lines within petrologic diagrams witch use oxides of major and micro elements. Lithos, 22 (3): 247-263.

Ripley E M, Young-Rok P, Li C. 1999. Sulfur and oxygen isotopic evidence of country rock contamination in the Voisey's Bay Ni-Cu-Co deposit, Labrador, Canada. Lithos, 47 (1-2): 53-68.

Ritts B D, Biffi U. 2000. Magnitude of post- Middle Jurassic (Bajocian) displacement on the central Altyn Tagh fault system, northwest China. Geological Society of America Bulletin, 112 (1): 61-74.

Ritts D B, Yue Y J, Graham S A. 2004. Oligocene-Miocene tectonics and sedimentation along the Altyn Tagh fault, northern Tibetan Plateau: analysis of the Xorkol, Subei, and Aksay Basins. The Journal of Geology, 112: 207-229.

Rowley D B. 1998. Minimum age of initiation of collision between India and Asia North of Everest based on the subsidence history of the Zhepure Mountain Section. The Journal of Geology, 106: 229-235.

Rudnick R L, Gao S. 2014. Composition of the continental crust. Treatise on Geochemistry (Second Edition), 4: 1-51.

Safwat G, Abduwasit G, Timothy K. 2010. Detecting areas of high- potential gold mineralization using ASTER data. Ore Geology Reviews, 38 (1-2): 59-69.

Sakai H, Des Marais D J, Ueda A, et al. 1984. Concentrations and isotope ratios of carbon, nitrogen and sulfur in ocean- floor basalts. Geochimica et CosmoChimica Acta, 48 (12): 2433-2441.

Saleeby J B. 1984. Tectonic significance of serpentinite mobility and ophiolitic melange. Geological Society of America, 198: 153-168.

Searle M P, Parrish R R, Hodges K V. 1997. Shisha Pangma leucogranite, South Tibetan Himalaya: field relations, geochemistry, age, origin, and emplacement. The Journal of Geology, 105 (3): 295-318.

Selby D, Creaser R A. 2004. Macroscale NTIMS and microscale LA- MC- ICP- MS Re- Os isotopic analysis of molybdenite: testing spatial restrictions for reliable Re- Os age determinations and implications for the decoupling of Re and Os within molybdenite. Geochimica et Cosmochimica Acta, 68 (19): 3897-3908.

Sobel E R, Arnaud N. 1999. A possible middle Paleozoic suture in the Altun Tagh, NW China. Tectonics, 18 (1): 64-74.

Song S G, Su L. 1998. Rheological properties of mantle peridotites at Yushigou in the North Qilian Mountains and their implications for plate dynamics. Acta Geologica Sinica, 72 (2): 131-141.

Song S G, Zhang L F, Niu Y, et al. 2007. Eclogite and carpholite- bearing metasedimentary rocks in the North Qilian suture zone, NW China: implications for early Palaeozoic cold oceanic subduction and water transport into mantle. Journal of Metamorphic Geology, 25 (5): 547-563.

Stacey J S, Kramers J D. 1975. Approximation of terrestrial lead isotope evolution by a two- stage model. Earth and Planetary Science Letters, 26 (2): 207-221.

Stacey J S, Hedlund D C. 1983. Lead- isotope compositions of diverse igneous rock sand ore deposits from southwestem New Mexico and their implications for early Proterozoic crustal evolution in the western United States. Geological Society of America Bulletin, 94 (1): 1558-1567.

Sun J M, Zhu R X, An Z S. 2005. Tectonic uplift in the northern Tibetan Plateau since 13. 7 Ma ago inferred from molasse deposits along the Altyn Tagh Fault. Earth and Planetary Science Letters, 235 (3-4): 641-653.

Sun S, McDonough W F. 1989. Chemical and isotopic systematics of oceanic basalts: implications for mantle composition and processes. Special Publications, Geological Society of London, 42: 313-345.

Sylvester P J, Campbell I H, Bowyer D A. 1997. Niobium/Uranium evidence for early formation of the Continental Crust. Science, 275 (5299): 521-523.

Tamura Y, Yuhara M, Ishii T. 2000. Primary arc basalts from Daisen Volcano, Japan: equilibrium crystal fractionation versus disequilibrium fractionation during supercooling. Journal of Petrology, 41 (3): 431-448.

Tapponnier P, Molnar P. 1977. Active faulting and Cenozoic tectonics of China. Journal of Geophysical Research, 82 (20): 2905-2930.

Tapponnier P, Mattauer M, Proust F, et al. 1981. Mesozoic ophiolites, suture and largescale movement in Afghanistan. Earth and Planetary Science Letters, 52 (2): 355-371.

Tapponnier P, Xu Z, Roger F, et al. 2001. Oblique stepwise rise and growth of the Tibet plateau. Science, 294 (23): 1671-1677.

Taylor S R, Mc Lennan S M. 1985. The continental crust: its composition and evolution. Oxford: Blackwell Scientific Publications.

Twiss R J. 1977. Theory and application of a recrystallized grain size paleopiezometer. Pure Application Geophysics, 115 (1): 227-244.

Volesky J C , Stern R J , Johnson P R. 2003. Geological control of massive sulfide mineralization in the Neoproterozoic Wadi Bidah shear zone, southwestern Saudi Arabia, inferences from orbital remote sensing and field studies. Precambrian Research, 123 (2-4): 235-247.

Wan Y S, Xu Z Q, Yan J S, et al. 2001. Ages and compositions of the Precambrian high-grade basement of the Qilian Terrane and its adjacent areas. Acta Geologica Sinica, 75 (4): 375-384.

Wei C J, Song S G. 2008. Chloritoid-glaucophane schist in the north Qilian orogen, NW China: phase equilibria and P-T path from garnet zonation. Journal of Metamorphic Geology, 26 (3): 301-316.

Williams I S. 1998. U-Th-Pb geochronology by ion microprobe//McKibben M A, Shanks W C, Ridley W I. Applications of microanalytical techniques to understanding mineralizing processes. Reviews in Economic Geology, 7: 1-35.

Williams I S, Claesson S. 1987. Isotopic evidence for the Precambrian provenance and Caledonian metamorphism of high grade paragneisses from the Seve Nappes, Scandinavian Caledonides Ⅱ, on microprobe zircon U-Th-Pb. Contribution Mineral Petrology, 97 (2): 205-217.

Williams I S, Buick S, Cartwright I. 1996. An extended episode of early Mesoproterozoic metamorphic fluid flow in the Reynolds Range, central Australia. Journal of Metamorphic Geology, 14 (1): 29-47.

Wilson M. 1989. Igneous petrogenesis. London: Unwin Hyman Press.

Winchester J A, Floyd P A. 1977. Geochemical discrimination of different magma series and their differentiation products using immobile elements. Chemical Geology, 20 (4): 325-343.

Wood D A. 1980. The application of a Th-Hf-Ta digram to problems of tectonomagmatic classification and to establishing the nature of crustal contamination of basaltic lavas of the British Tertiary volcanic province. Earth and Planetary Science letters, 50 (1): 11-30.

Wood D A, Joron J L, Treuil M. 1979. A re-appraisal of the use of trace elements to classify and discriminate between magma series erupted in different tectonic settings. Earth and Planetary Science Letters, 45 (2): 326-336.

Woodhead J D. 1988. The origin of geochemical variations in Mariana Lavas: a general model for petrogenesis in intra-oceanic island arcs. Journal of Petrology, 29 (4): 805-830.

Wu F Y, Jahn B M, Wilde S A, et al. 2002. Highly fractionated I-type granites in NE China (Ⅰ): geochronology and petrogenesis. Lithos, 66 (3-4): 241-273.

Wu H Q, Feng Y M, Song S G. 1993. Metamorphic and deformation of blueschist belts and their tectonic implications, North Qilian Mountains, China. Journal of Metamorphic Geology, 11 (4): 523-536.

Xia B, Chen G , Wang R, et al. 2008. Seamount volcanism associated with the Xigaze ophiolite, southern Tibet. Journal of Asian Earth Sciences , 32 (5-6): 96-405.

Xia L Q, Xia Z C, Xu X Y. 2003. Magmagenesis in the Ordovician backarc basins of the northern Qilian Mountains, China. Geological Society of America Bulletin, 115 (12): 1510-1522.

Xia X H, Song S G, Niu Y L. 2012. Tholeiite-Boninite terrane in the North Qilian suture zone: implications for subduction initiation and back-arc basin development. Chemical Geology, 328: 259-277.

Yang H, Zhang H F, Luo B J, et al. 2015. Early Paleozoic intrusive rocks from the eastern Qilian orogen, NE Tibetan Plateau: petrogenesis and tectonic significance. Lithos, 224-225: 13-31.

Yin A, Gehrels G, Chen X H, et al. 1999. Evidence for 280km of Cenozoic left slip motion along the eastern segment of the Altyn Tagh fault system, western China. Eos Transactions American Geophysical Union, 80 (17): F1018.

Yin A, Rumelhart P E, Butler R, et al. 2002. Tectonic history of the Altyn Tagh fault system in northern Tibet inferred from Cenozoic sedimentation. Geological Society of America Bulletin, 114 (10): 1257-1295.

Yu S Y, Zhang J X, Real P G, et al. 2013. The Grenvillian orogeny in the Altun-Qilian-North Qaidam mountain belts of northern Tibet Plateau: constraints from geochemical and zircon U-Pb age and Hf isotopic study of magmatic rocks. Journal of Asian Earth Sciences, 73: 372-395.

Yu S Y, Qin H P, Zhang J X, et al. 2015. Petrogenesis of the early Paleozoic low-Mg and high-Mg adakitic rocks in the North Qilian orogenic belt, NW China: implications for transition from crustal thickening to extension thinning. Journal of Asian Earth Sciences, 107: 122-139.

Yue Y, Ritts B D, Graham S A. 2001. Initiation and long-term slip history of the Altyn Tagh fault. International Geological Review, 43 (12): 1087-1093.

Zartman R E, Doe B R. 1981. Plumbotectonics–the model. Tectonophysics, 75 (1-2): 135-162.

Zhai M G, Guo J H, Liu W J. 2005. Neoarchean to Paleoproterozoic continental evolution and tectonic history of the North China Craton: a review. Journal of Asian Earth Sciences, 24 (5): 547-561.

Zhang J X, Meng F G. 2006. Lawsonite- bearing eclogites in the north Qiloan and north Altyn Tagh: evidence for cold subduction of oceanic crust. Chinese Science Bulletin, 51 (10): 1238-1244.

Zhang J X, Meng F C, Yang J S. 2005a. A new HP /LT metamorphic terrane in the northern Altyn Tagh, western China. International Geology Review, 47 (4): 371-386.

Zhang J X, Yang J S, Mattinson C G, et al. 2005b. Two contrasting eclogite cooling histories, North Qaidam HP/UHP terrane, western China: petrological and isotopic constraints. Lithos, 84 (1-2): 51-76.

Zhang J X, Meng F C, Wan Y S. 2007a. A cold Early Palaeozoic subduction zone in the North Qilian Mountains, NW China: petrological and U-Pb geochronological constraints. Journal of Metamorphic Geology, 25 (3): 285-304.

Zhang X F, Pazner M, Duke N. 2007b. Lithologic and mineral information extraction for gold exploration using ASTER data in the south Chocolate Mountains (California) . Journal of Photogrammetry & Remote Sensing, 62 (4): 271-282.

Zhao G C, Sun M, Wilde S A, et al. 2005. Late Archean to Paleoproterozoic evolution of the North China Craton: key issues revisited. Precambrian Research, 24 (5): 519-522.

Zhao G C, Wilde S A, Guo J H, et al. 2010. Single zircon grains record two Paleoproterozoic collisional events in the North China Craton. Precambrian Research, 177 (3-4): 266-276.